U0194760

王永强　祝新荣　主编

家蚕

性别控制技术与应用

SEX CONTROL TECHNOLOGY OF BOMBYX MORI AND ITS APPLICATION

国家蚕桑产业技术体系　浙江省农业新品种选育重大专项资助

中国农业出版社
北京

序言

　　蚕丝业是我国传统优势产业，茧丝产量与出口量分别占世界总量的70%和80%，优质蚕品种的育成与推广应用是提高茧丝质量的关键和基础。家蚕作为一种重要经济昆虫，不同性别的雌雄个体具有不同的经济性状和利用价值。雄蚕与雌蚕相比，具有出丝率高、茧丝质优、综合效益好的优势。在农村实现专养雄蚕是提高茧丝品质和综合效益最为有效的途径，而在蚕种生产企业多养雌蚕，利用雄蛾可多次交配的性能，可有效提高蚕种生产效率，降低蚕种生产成本。因此，"农村专养雄蚕，蚕种场多养雌蚕"是蚕业工作者长期追求的目标。

　　在农村专养雄蚕方面，半个多世纪来，世界各国科学家开展了大量的研究和探索，试图通过性别控制技术培育专养雄蚕品种并在生产上实现专养雄蚕，但一直未能实现实用化的目标。苏联科学院V.A.Strunnikov院士从20世纪50年代开始，开展家蚕细胞遗传育种学研究，经20余年的努力，成功培育了能够有效控制后代群体性别的家蚕性连锁平衡致死系，其研究结果发表在1975年的《Nature》杂志上，这是遗传学领域的重要成果，得到了国际同行的高度认可。

　　1996年在国家科技部、浙江省人民政府的支持下，针对我国高品质茧丝的发展需求，通过中国农业科学院蚕业研究所原所长吕鸿声研究员的牵线搭桥，浙江省农业科学院蚕桑研究所从俄罗斯科学院引进了家蚕性连锁平衡致死品系和相关知识产权。通过20余年持续创新研究，采用杂交、回交与标记基因选择的方法，创建了性连锁平衡致死系性别控制基因的转育改良方法，构建了家蚕性别控制种质资源库，选育出实用化的专养雄蚕新品种，研制成功利用CCD和计算机辅助技术的雌雄蚕卵自动分选机，制定了雄蚕种质量标准及雄蚕茧生产技术规程，实现了专养雄蚕技术的产业化，并先后在浙江、四川、山东、云南、广西等蚕茧主产区推广应用，目前已累计推广雄蚕杂交种120余万张。为加快创建雄蚕种、茧、丝、绸及产品的一体化生产模式，利用雄蚕高品位生丝的特有性能，打造高端雄蚕丝产品，加强与知名丝绸企业的合作。2014年四川绵阳天虹丝绸有限公司生产的雄蚕6A级顶级生丝，供货给达利丝绸（浙江）有限公司，成功用于2014年APEC领导人中式服装面料的原料。2016年浙江凯喜雅国际股份有限公司、万事利集团有限公司利用雄蚕6A级顶级生丝开发了G20丝绸礼品，进一步提升了雄蚕丝的影响力。2018年浙江省农业科学院以雄蚕品种秋·华×平30的母种、杂交种知识产权及相关技术入股与浙江凯喜雅国际股份有限公司组建浙江凯喜雅蚕桑研究院有限公司，加强雄蚕全产业链建设，打造高端雄蚕丝产品，进一步提升了雄蚕影响力，目前已为爱马仕、LV、MARC ROZIER等国际品牌提供高品质原料。

在蚕种场多养雌蚕方面，自1996年以来，浙江省农业科学院蚕桑研究所开展了雌蚕无性克隆系的系列研究。雌蚕无性克隆（也称孤雌生殖，孤雌克隆）是家蚕的一种单性生殖技术，后代产生全雌群体且基因型完全一致。国内外学者虽然在雌蚕无性克隆诱导方法等方面做了大量研究和探索，但后代孵化率低、经济性状差一直是影响其实用化的技术瓶颈。浙江省农业科学院蚕桑研究所通过20余年的创新研究，探明了雌蚕无性克隆性状的遗传规律，创立了二化性雌蚕无性克隆实用技术体系，无性克隆后代孵化率从10%左右提高到90%以上，为家蚕性别控制研究与育种提供了丰富的种质资源。利用具有高孵化率的雌蚕无性克隆系与限性卵色系、平衡致死系杂交分别育成了新型单交常规蚕品种"浙凤1号"及低制种成本雄蚕品种"浙凤2号"并通过浙江省蚕品种审定，与CCD雌雄蚕卵自动分选机、雌蛾集团取卵机等配套设备的集成应用，为省力高效原蚕饲养、蚕种制造提供了一套免雌雄鉴别的新技术、新模式，解决了困扰蚕种生产企业鉴蛹技术人员缺乏、费时费工、准确率低的技术难题。

农业新品种是科技创新的原动力，浙江省农业科学院蚕桑研究所家蚕性别控制研究团队本着淡泊名利、潜心研究和长江后浪推前浪的团队拼搏精神，在国家和省级部门的长期支持下，通过一代又一代团队成员的共同努力，开辟了家蚕育种的新途径，丰富了家蚕遗传资源，使我国在家蚕性别控制技术与应用研究方面达到了国际领先水平。雄蚕系列品种的育成与应用，使我国成为世界上唯一能够大规模生产雄蚕丝的国家，为提高蚕桑产业的比较效益和丝绸产品的国际竞争力提供了强有力的科技支撑。相关研究成果两次获得浙江省科学技术奖一等奖。

《家蚕性别控制技术与应用》一书系统总结了20余年来在家蚕性别控制技术、实用化品种选育、繁育与推广及相关应用基础研究领域的成果，收录了性连锁平衡致死系、限性卵色系、雌蚕无性克隆系等114份家蚕性别控制种质资源，计约2300余个数据和140余幅彩色图片；介绍了家蚕性连锁平衡致死系的选（转）育方法与技术、雌蚕无性克隆系选育方法与技术、雌雄蚕卵自动分选仪设备与技术等17个发明专利；对14对通过审定的性别控制蚕品种的品种来源、特征特性、饲养要点、适宜区域等作了详细描述；介绍了雄蚕种质量、检验检疫、雄蚕种繁育、雄蚕茧生产、雄蚕茧收烘等技术标准与规程，以淳安茧丝绸有限公司、绵阳天虹丝绸有限责任公司为例总结了在雄蚕品种推广应用方面的成功经验及雄蚕种、茧、丝一体化开发与全产业链打造方面的进展；并分概述篇、品种选育与技术篇、品种饲养与繁育技术篇、品种示范与推广篇、基础研究篇5个章节收录了相关学术论文128篇。可以说，本书是继吕鸿声研究员《家蚕性别控制原理》译著后，一部较为完整地介绍家蚕性别控制实用化研究的著作，可供家蚕遗传育种研究、蚕种繁育与推广等工作者参考使用。

本书的付梓，凝聚了在家蚕性别控制实用化品种培育、蚕种繁育与推广等方面几代人的智慧与付出，参与本书编写的有来自浙江、山东、四川、广西、云南等我国蚕桑主产区从事蚕品种选育、繁育与推广的一线工作者，是有关科研、生产单位密切合作的产物，一章一节倾己所学，内容翔实、图文并茂，充分展示了我国在家蚕性别控制实用化研究的成果。本书将成为又一部记录我国遗传育种领域研究成果的经典著作，必将为推动我国蚕桑产业的可持续发展发挥重要作用。

目录

第一章　蚕性别控制
种质资源库

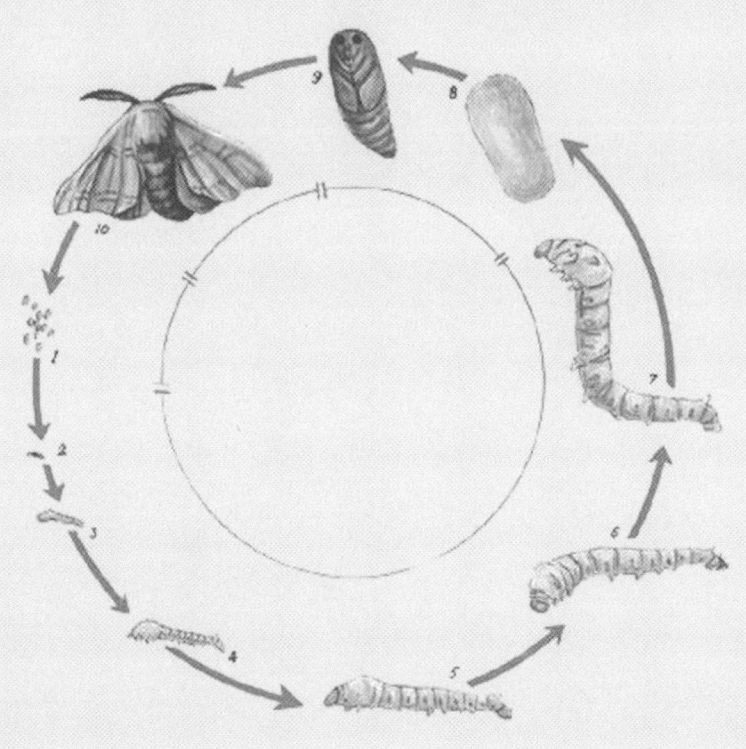

雌29号

选育单位：浙江蚕研所	食桑习性：不择叶、不踏叶
保存单位：浙江蚕研所	茧色：白色
育种亲本：学65、夏5	茧形：椭圆
育成年份：2000	缩皱：中
种质类型：特用品种	蛾体色：白色
地理系统：中国系统	蛾眼色：黑色
化性：二化	全茧量(g)：2.14
眠性：四眠	茧层量(g)：0.481
催青经过(d:h)：11:00	茧层率(%)：22.53
5龄经过(d:h)：6:11	虫蛹率(%)：96.77
全龄经过(d:h)：21:21	死笼率(%)：0.39
蛰中经过(d:h)：16:00	双宫茧率(%)：2.19
卵色：灰绿色	茧丝长(m)：1098
卵壳色：淡黄色	解舒丝长(m)：646
蚁蚕体色：黑褐色	解舒率(%)：58.82
蚁蚕趋性：趋密性	茧丝纤度(dtex)：3.651
壮蚕体色：青白色	洁净(分)：90.83
壮蚕体形：粗壮	调查年季：2019年春期
壮蚕斑纹：素斑	调查单位：浙江蚕研所

卵

蚕

茧

蛾

雌29C

选育单位：浙江蚕研所	食桑习性：不择叶、不踏叶	
保存单位：浙江蚕研所	茧色：白色	
育种亲本：雌29、学613乙	茧形：椭圆	
育成年份：2010	缩皱：中	
种质类型：特用品种	蛾体色：白色	卵
地理系统：中国系统	蛾眼色：黑色	
化性：二化	全茧量(g)：2.08	
眠性：四眠	茧层量(g)：0.459	
催青经过(d:h)：11:00	茧层率(%)：22.09	
5龄经过(d:h)：6:11	虫蛹率(%)：98.44	蚕
全龄经过(d:h)：21:21	死笼率(%)：0.09	
蛰中经过(d:h)：16:00	双宫茧率(%)：4.57	
卵色：灰绿色	茧丝长(m)：1018	
卵壳色：淡黄色	解舒丝长(m)：661	
蚁蚕体色：黑褐色	解舒率(%)：64.94	茧
蚁蚕趋性：趋密性	茧丝纤度(dtex)：3.786	
壮蚕体色：青白色	洁净(分)：97.50	
壮蚕体形：粗壮	调查年季：2019年春期	
壮蚕斑纹：素斑	调查单位：浙江蚕研所	蛾

雌35号

选育单位：浙江蚕研所	食桑习性：不择叶、不踏叶	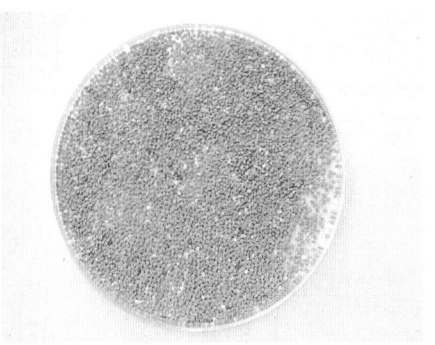
保存单位：浙江蚕研所	茧色：白色	
育种亲本：无5	茧形：椭圆	
育成年份：2001	缩皱：中	卵
种质类型：特用品种	蛾体色：白色	
地理系统：中国系统	蛾眼色：黑色	
化性：二化	全茧量(g)：2.08	
眠性：四眠	茧层量(g)：0.469	
催青经过(d:h)：11:00	茧层率(%)：22.58	蚕
5龄经过(d:h)：5:19	虫蛹率(%)：95.73	
全龄经过(d:h)：21:05	死笼率(%)：0.55	
蛰中经过(d:h)：16:00	双宫茧率(%)：7.58	
卵色：灰绿色	茧丝长(m)：1176	
卵壳色：淡黄色	解舒丝长(m)：436	茧
蚁蚕体色：黑褐色	解舒率(%)：37.04	
蚁蚕趋性：趋密性	茧丝纤度(dtex)：3.137	
壮蚕体色：青白色	洁净(分)：95.83	
壮蚕体形：粗壮	调查年季：2019年春期	
壮蚕斑纹：素斑	调查单位：浙江蚕研所	蛾

雌35C

选育单位：浙江蚕研所	食桑习性：不择叶、不踏叶	
保存单位：浙江蚕研所	茧色：白色	
育种亲本：雌35、学613乙	茧形：椭圆	
育成年份：2010	缩皱：中	卵
种质类型：特用品种	蛾体色：白色	
地理系统：中国系统	蛾眼色：黑色	
化性：二化	全茧量(g)：1.96	
眠性：四眠	茧层量(g)：0.447	
催青经过(d:h)：11:00	茧层率(%)：22.81	
5龄经过(d:h)：5:19	虫蛹率(%)：95.38	蚕
全龄经过(d:h)：21:05	死笼率(%)：0.86	
蛰中经过(d:h)：16:00	双宫茧率(%)：4.13	
卵色：灰绿色	茧丝长(m)：1138	
卵壳色：淡黄色	解舒丝长(m)：661	
蚁蚕体色：黑褐色	解舒率(%)：58.14	茧
蚁蚕趋性：趋密性	茧丝纤度(dtex)：3.314	
壮蚕体色：青白色	洁净(分)：90.00	
壮蚕体形：粗壮	调查年季：2019年春期	
壮蚕斑纹：素斑	调查单位：浙江蚕研所	蛾

雌29N

选育单位：浙江蚕研所	食桑习性：不择叶、不踏叶
保存单位：浙江蚕研所	茧色：白色
育种亲本：雌29、秋丰N	茧形：椭圆
育成年份：2018	缩皱：中
种质类型：特用品种	蛾体色：白色
地理系统：中国系统	蛾眼色：黑色
化性：二化	全茧量(g)：1.95
眠性：四眠	茧层量(g)：0.384
催青经过(d:h)：11:00	茧层率(%)：19.74
5龄经过(d:h)：6:19	虫蛹率(%)：95.30
全龄经过(d:h)：22:05	死笼率(%)：3.28
蛰中经过(d:h)：17:00	双宫茧率(%)：1.76
卵色：灰绿色	茧丝长(m)：967
卵壳色：淡黄色	解舒丝长(m)：605
蚁蚕体色：黑褐色	解舒率(%)：62.67
蚁蚕趋性：趋密性	茧丝纤度(dtex)：3.546
壮蚕体色：青白色	洁净（分）：97.92
壮蚕体形：粗壮	调查年季：2019年春期
壮蚕斑纹：素斑	调查单位：浙江蚕研所

卵

蚕

茧

蛾

雌29CN

选育单位：浙江蚕研所	食桑习性：不择叶、不踏叶	
保存单位：浙江蚕研所	茧色：白色	
育种亲本：雌29C、秋丰N	茧形：椭圆	卵
育成年份：2018	缩皱：中	
种质类型：特用品种	蛾体色：白色	
地理系统：中国系统	蛾眼色：黑色	
化性：二化	全茧量(g)：1.92	
眠性：四眠	茧层量(g)：0.416	
催青经过(d:h)：11:00	茧层率(%)：21.67	蚕
5龄经过(d:h)：7:00	虫蛹率(%)：98.95	
全龄经过(d:h)：23:10	死笼率(%)：0.52	
蛰中经过(d:h)：16:00	双宫茧率(%)：2.66	
卵色：灰绿色	茧丝长(m)：1033	
卵壳色：淡黄色	解舒丝长(m)：475	茧
蚁蚕体色：黑褐色	解舒率(%)：46.26	
蚁蚕趋性：趋密性	茧丝纤度(dtex)：3.108	
壮蚕体色：青白色	洁净(分)：85.42	
壮蚕体形：粗壮	调查年季：2019年春期	
壮蚕斑纹：素斑	调查单位：浙江蚕研所	蛾

雌35N

选育单位：浙江蚕研所	食桑习性：不择叶、不踏叶
保存单位：浙江蚕研所	茧色：白色
育种亲本：雌35、秋丰N	茧形：椭圆
育成年份：2018	缩皱：中
种质类型：特用品种	蛾体色：白色
地理系统：中国系统	蛾眼色：黑色
化性：二化	全茧量(g)：1.82
眠性：四眠	茧层量(g)：0.359
催青经过(d:h)：12:00	茧层率(%)：19.73
5龄经过(d:h)：7:00	虫蛹率(%)：97.74
全龄经过(d:h)：23:10	死笼率(%)：0.97
蛰中经过(d:h)：16:00	双宫茧率(%)：3.54
卵色：灰绿色	茧丝长(m)：908
卵壳色：淡黄色	解舒丝长(m)：531
蚁蚕体色：黑褐色	解舒率(%)：57.24
蚁蚕趋性：趋密性	茧丝纤度(dtex)：3.244
壮蚕体色：青白色	洁净（分）：80.84
壮蚕体形：粗壮	调查年季：2019年春期
壮蚕斑纹：素斑	调查单位：浙江蚕研所

卵

蚕

茧

蛾

雌35CN

选育单位：浙江蚕研所	食桑习性：不择叶、不踏叶	
保存单位：浙江蚕研所	茧色：白色	
育种亲本：雌35C、秋丰N	茧形：椭圆	
育成年份：2018	缩皱：中	卵
种质类型：特用品种	蛾体色：白色	
地理系统：中国系统	蛾眼色：黑色	
化性：二化	全茧量(g)：1.78	
眠性：四眠	茧层量(g)：0.380	
催青经过(d:h)：11:00	茧层率(%)：21.35	
5龄经过(d:h)：6:23	虫蛹率(%)：97.82	蚕
全龄经过(d:h)：23:05	死笼率(%)：1.83	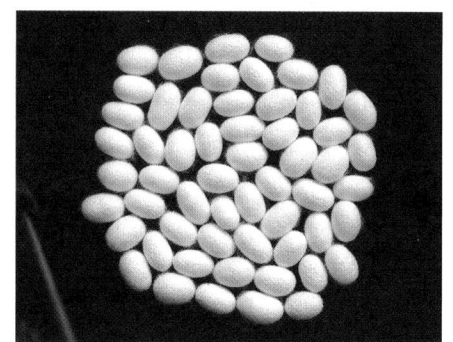
蛰中经过(d:h)：16:00	双宫茧率(%)：2.14	
卵色：灰绿色	茧丝长(m)：998	
卵壳色：淡黄色	解舒丝长(m)：751	
蚁蚕体色：黑褐色	解舒率(%)：76.25	茧
蚁蚕趋性：趋密性	茧丝纤度(dtex)：3.151	
壮蚕体色：青白色	洁净(分)：88.75	
壮蚕体形：粗壮	调查年季：2019年春期	
壮蚕斑纹：素斑	调查单位：浙江蚕研所	蛾

无9N

选育单位：浙江蚕研所	食桑习性：不择叶、不踏叶
保存单位：浙江蚕研所	茧色：白色
育种亲本：无9、秋丰N	茧形：椭圆
育成年份：2018	缩皱：中
种质类型：特用品种	蛾体色：白色
地理系统：中国系统	蛾眼色：黑色
化性：二化	全茧量(g)：1.86
眠性：四眠	茧层量(g)：0.392
催青经过(d:h)：11:00	茧层率(%)：21.06
5龄经过(d:h)：6:11	虫蛹率(%)：93.98
全龄经过(d:h)：21:21	死笼率(%)：1.74
蛰中经过(d:h)：16:00	双宫茧率(%)：2.64
卵色：灰绿色	茧丝长(m)：978
卵壳色：淡黄色	解舒丝长(m)：532
蚁蚕体色：黑褐色	解舒率(%)：54.35
蚁蚕趋性：趋密性	茧丝纤度(dtex)：3.244
壮蚕体色：青白色	洁净(分)：93.33
壮蚕体形：粗壮	调查年季：2019年春期
壮蚕斑纹：素斑	调查单位：浙江蚕研所

卵

蚕

茧

蛾

雌1号

选育单位：浙江蚕研所	食桑习性：不择叶、不踏叶
保存单位：浙江蚕研所	茧色：白色
育种亲本：PC-43、繁花	茧形：椭圆
育成年份：1998	缩皱：中
种质类型：特用品种	蛾体色：白色
地理系统：中国系统	蛾眼色：黑色
化性：二化	全茧量(g)：1.75
眠性：四眠	茧层量(g)：0.333
催青经过(d:h)：11:00	茧层率(%)：19.01
5龄经过(d:h)：6:00	虫蛹率(%)：79.37
全龄经过(d:h)：22:21	死笼率(%)：0.79
蛰中经过(d:h)：16:00	双宫茧率(%)：2.63
卵色：灰绿色	茧丝长(m)：769
卵壳色：淡黄色	解舒丝长(m)：281
蚁蚕体色：黑褐色	解舒率(%)：36.54
蚁蚕趋性：趋密性	茧丝纤度(dtex)：2.908
壮蚕体色：青白色	洁净(分)：94.17
壮蚕体形：粗壮	调查年季：2019年春期
壮蚕斑纹：普斑	调查单位：浙江蚕研所

卵

蚕

茧

蛾

雌5号

选育单位：浙江蚕研所	食桑习性：不择叶、不踏叶	
保存单位：浙江蚕研所	茧色：白色	
育种亲本：无5、夏5	茧形：椭圆	
育成年份：2001	缩皱：中	卵
种质类型：特用品种	蛾体色：白色	
地理系统：中国系统	蛾眼色：黑色	
化性：二化	全茧量(g)：1.88	
眠性：四眠	茧层量(g)：0.373	
催青经过(d:h)：11:00	茧层率(%)：19.86	蚕
5龄经过(d:h)：6:11	虫蛹率(%)：93.97	
全龄经过(d:h)：22:21	死笼率(%)：0.00	
蛰中经过(d:h)：16:00	双宫茧率(%)：2.65	
卵色：灰绿色	茧丝长(m)：1035	
卵壳色：淡黄色	解舒丝长(m)：270	茧
蚁蚕体色：黑褐色	解舒率(%)：26.09	
蚁蚕趋性：趋密性	茧丝纤度(dtex)：3.057	
壮蚕体色：青白色	洁净(分)：89.17	
壮蚕体形：粗壮	调查年季：2019年春期	
壮蚕斑纹：素斑	调查单位：浙江蚕研所	蛾

雌29F

选育单位：浙江蚕研所	食桑习性：不择叶、不踏叶	
保存单位：浙江蚕研所	茧色：白色	
育种亲本：雌29、秋丰A	茧形：椭圆	
育成年份：2012	缩皱：中	卵
种质类型：特用品种	蛾体色：白色	
地理系统：中国系统	蛾眼色：黑色	
化性：二化	全茧量(g)：1.93	
眠性：四眠	茧层量(g)：0.390	
催青经过(d:h)：11:00	茧层率(%)：20.22	
5龄经过(d:h)：6:11	虫蛹率(%)：96.85	蚕
全龄经过(d:h)：22:21	死笼率(%)：0.00	
蛰中经过(d:h)：16:00	双宫茧率(%)：0.41	
卵色：灰绿色	茧丝长(m)：958	
卵壳色：淡黄色	解舒丝长(m)：442	
蚁蚕体色：黑褐色	解舒率(%)：46.15	茧
蚁蚕趋性：趋密性	茧丝纤度(dtex)：3.086	
壮蚕体色：青白色	洁净(分)：97.50	
壮蚕体形：粗壮	调查年季：2019年春期	
壮蚕斑纹：素斑	调查单位：浙江蚕研所	蛾

雌33号

选育单位：浙江蚕研所	食桑习性：不择叶、不踏叶
保存单位：浙江蚕研所	茧色：白色
育种亲本：无1	茧形：椭圆
育成年份：2003	缩皱：中
种质类型：特用品种	蛾体色：白色
地理系统：中国系统	蛾眼色：黑色
化性：二化	全茧量(g)：1.92
眠性：四眠	茧层量(g)：0.384
催青经过(d:h)：11:00	茧层率(%)：20.00
5龄经过(d:h)：6:08	虫蛹率(%)：84.92
全龄经过(d:h)：23:05	死笼率(%)：0.96
蛰中经过(d:h)：16:00	双宫茧率(%)：2.89
卵色：灰绿色	茧丝长(m)：871
卵壳色：淡黄色	解舒丝长(m)：422
蚁蚕体色：黑褐色	解舒率(%)：48.39
蚁蚕趋性：趋密性	茧丝纤度(dtex)：3.118
壮蚕体色：青白色	洁净(分)：95.83
壮蚕体形：粗壮	调查年季：2019年春期
壮蚕斑纹：素斑	调查单位：浙江蚕研所

卵

蚕

茧

蛾

雌37G1

选育单位：浙江蚕研所	食桑习性：不择叶、不踏叶
保存单位：浙江蚕研所	茧色：白色
育种亲本：无9、秋·华	茧形：椭圆
育成年份：2015	缩皱：中
种质类型：特用品种	蛾体色：白色
地理系统：中国系统	蛾眼色：黑色
化性：二化	全茧量(g)：1.76
眠性：四眠	茧层量(g)：0.409
催青经过(d:h)：11:00	茧层率(%)：23.17
5龄经过(d:h)：6:08	虫蛹率(%)：90.76
全龄经过(d:h)：23:05	死笼率(%)：0.26
蛰中经过(d:h)：16:00	双宫茧率(%)：0.52
卵色：灰绿色	茧丝长(m)：801
卵壳色：淡黄色	解舒丝长(m)：328
蚁蚕体色：黑褐色	解舒率(%)：40.98
蚁蚕趋性：趋密性	茧丝纤度(dtex)：3.177
壮蚕体色：青白色	洁净(分)：93.33
壮蚕体形：粗壮	调查年季：2019年春期
壮蚕斑纹：素斑	调查单位：浙江蚕研所

卵

蚕

茧

蛾

雌51号

选育单位：浙江蚕研所	食桑习性：不择叶、不踏叶
保存单位：浙江蚕研所	茧色：白色
育种亲本：雌29、秋丰N	茧形：椭圆
育成年份：2015	缩皱：中
种质类型：特用品种	蛾体色：白色
地理系统：中国系统	蛾眼色：黑色
化性：二化	全茧量(g)：1.97
眠性：四眠	茧层量(g)：0.371
催青经过(d:h)：11:00	茧层率(%)：18.85
5龄经过(d:h)：6:13	虫蛹率(%)：91.20
全龄经过(d:h)：23:10	死笼率(%)：1.06
蛰中经过(d:h)：16:00	双宫茧率(%)：4.24
卵色：灰绿色	茧丝长(m)：1022
卵壳色：淡黄色	解舒丝长(m)：548
蚁蚕体色：黑褐色	解舒率(%)：53.57
蚁蚕趋性：趋密性	茧丝纤度(dtex)：3.250
壮蚕体色：青白色	洁净(分)：91.67
壮蚕体形：粗壮	调查年季：2019年春期
壮蚕斑纹：素斑	调查单位：浙江蚕研所

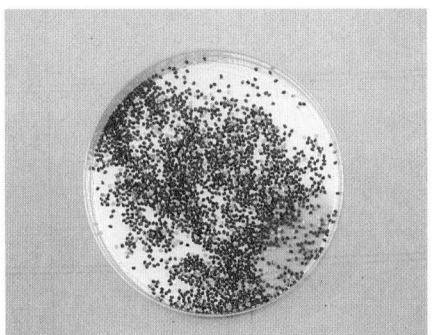

卵

蚕

茧

蛾

雌51B

选育单位：浙江蚕研所	食桑习性：不择叶、不踏叶
保存单位：浙江蚕研所	茧色：白色
育种亲本：雌29、秋丰N	茧形：椭圆
育成年份：2016	缩皱：中
种质类型：特用品种	蛾体色：白色
地理系统：中国系统	蛾眼色：黑色
化性：二化	全茧量(g)：1.72
眠性：四眠	茧层量(g)：0.367
催青经过(d:h)：11:00	茧层率(%)：21.31
5龄经过(d:h)：6:13	虫蛹率(%)：95.87
全龄经过(d:h)：23:10	死笼率(%)：0.43
蛰中经过(d:h)：16:00	双宫茧率(%)：3.43
卵色：灰绿色	茧丝长(m)：839
卵壳色：淡黄色	解舒丝长(m)：318
蚁蚕体色：黑褐色	解舒率(%)：37.88
蚁蚕趋性：趋密性	茧丝纤度(dtex)：3.022
壮蚕体色：青白色	洁净(分)：89.17
壮蚕体形：粗壮	调查年季：2019年春期
壮蚕斑纹：素斑	调查单位：浙江蚕研所

卵

蚕

茧

蛾

雌53号

选育单位：浙江蚕研所	食桑习性：不择叶、不踏叶
保存单位：浙江蚕研所	茧色：白色
育种亲本：雌29C、秋丰N	茧形：椭圆
育成年份：2015	缩皱：中
种质类型：特用品种	蛾体色：白色
地理系统：中国系统	蛾眼色：黑色
化性：二化	全茧量(g)：1.92
眠性：四眠	茧层量(g)：0.389
催青经过(d:h)：11:00	茧层率(%)：20.28
5龄经过(d:h)：6:13	虫蛹率(%)：81.26
全龄经过(d:h)：23:10	死笼率(%)：0.80
蛰中经过(d:h)：16:00	双宫茧率(%)：4.26
卵色：灰绿色	茧丝长(m)：828
卵壳色：淡黄色	解舒丝长(m)：370
蚁蚕体色：黑褐色	解舒率(%)：44.64
蚁蚕趋性：趋密性	茧丝纤度(dtex)：3.081
壮蚕体色：青白色	洁净（分）：93.33
壮蚕体形：粗壮	调查年季：2019年春期
壮蚕斑纹：素斑	调查单位：浙江蚕研所

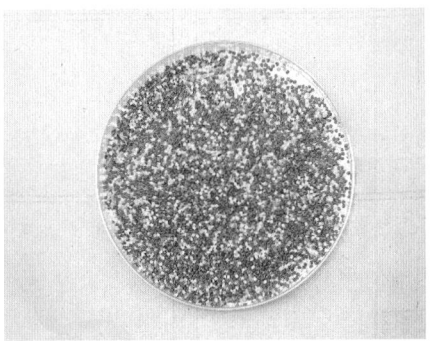

卵

蚕

茧

蛾

雌53C

选育单位：浙江蚕研所	食桑习性：不择叶、不踏叶	
保存单位：浙江蚕研所	茧色：白色	
育种亲本：雌29C、秋丰N	茧形：椭圆	
育成年份：2016	缩皱：中	卵
种质类型：特用品种	蛾体色：白色	
地理系统：中国系统	蛾眼色：黑色	
化性：二化	全茧量(g)：1.58	
眠性：四眠	茧层量(g)：0.380	
催青经过(d:h)：11:00	茧层率(%)：24.16	蚕
5龄经过(d:h)：6:00	虫蛹率(%)：90.44	
全龄经过(d:h)：23:10	死笼率(%)：0.26	
蛰中经过(d:h)：16:00	双宫茧率(%)：7.71	
卵色：灰绿色	茧丝长(m)：846	
卵壳色：淡黄色	解舒丝长(m)：410	
蚁蚕体色：黑褐色	解舒率(%)：48.54	茧
蚁蚕趋性：趋密性	茧丝纤度(dtex)：3.198	
壮蚕体色：青白色	洁净（分）：90.00	
壮蚕体形：粗壮	调查年季：2019年春期	
壮蚕斑纹：素斑	调查单位：浙江蚕研所	蛾

雌55

选育单位：浙江蚕研所	食桑习性：不择叶、不踏叶
保存单位：浙江蚕研所	茧色：白色
育种亲本：雌35、秋丰N	茧形：椭圆
育成年份：2015	缩皱：中
种质类型：特用品种	蛾体色：白色
地理系统：中国系统	蛾眼色：黑色
化性：二化	全茧量(g)：1.94
眠性：四眠	茧层量(g)：0.398
催青经过(d:h)：11:00	茧层率(%)：20.59
5龄经过(d:h)：6:13	虫蛹率(%)：90.85
全龄经过(d:h)：23:10	死笼率(%)：3.25
蛰中经过(d:h)：16:00	双宫茧率(%)：2.16
卵色：灰绿色	茧丝长(m)：799
卵壳色：淡黄色	解舒丝长(m)：315
蚁蚕体色：黑褐色	解舒率(%)：39.37
蚁蚕趋性：趋密性	茧丝纤度(dtex)：3.124
壮蚕体色：青白色	洁净（分）：95.00
壮蚕体形：粗壮	调查年季：2019年春期
壮蚕斑纹：素斑	调查单位：浙江蚕研所

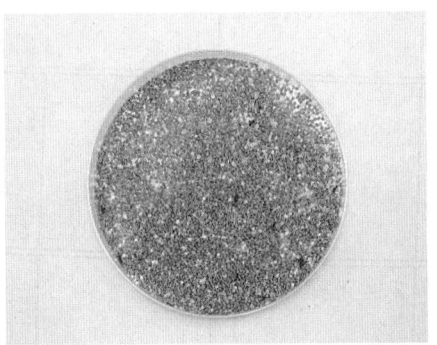

卵

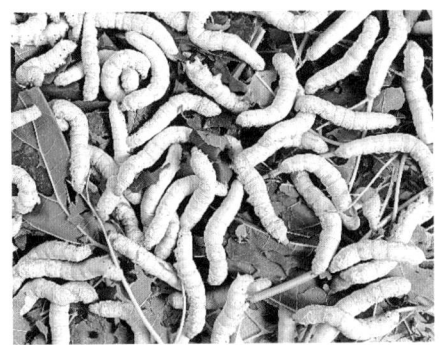

蚕

茧

蛾

平30

选育单位：浙江蚕研所	食桑习性：不择叶、不踏叶
保存单位：浙江蚕研所	茧色：白色
育种亲本：白云、平2	茧形：浅束腰
育成年份：2001	缩皱：中
种质类型：特用品种	蛾体色：白色
地理系统：日本系统	蛾眼色：黑色
化性：二化	全茧量(g)：1.59
眠性：四眠	茧层量(g)：0.361
催青经过(d:h)：11:00	茧层率(%)：22.70
5龄经过(d:h)：6:01	虫蛹率(%)：98.79
全龄经过(d:h)：21:01	死笼率(%)：1.08
蛰中经过(d:h)：17:00	双宫茧率(%)：2.28
卵色：灰、黄色	茧丝长(m)：—
卵壳色：乳白色	解舒丝长(m)：—
蚁蚕体色：黑褐色	解舒率(%)：—
蚁蚕趋性：逸散性	茧丝纤度(dtex)：—
壮蚕体色：青白色	洁净(分)：—
壮蚕体形：普通	调查年季：2019年春期
壮蚕斑纹：普斑	调查单位：浙江蚕研所

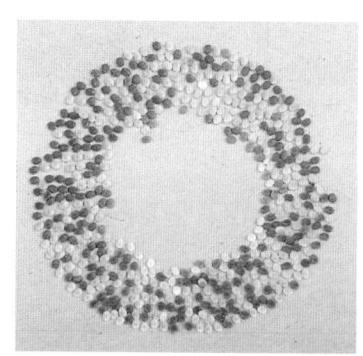

卵

蚕

茧

蛾

平28

选育单位：浙江蚕研所	食桑习性：不择叶、不踏叶
保存单位：浙江蚕研所	茧色：白色
育种亲本：白玉、平30	茧形：浅束腰
育成年份：2003	缩皱：中
种质类型：特用品种	蛾体色：白色
地理系统：日本系统	蛾眼色：黑色
化性：二化	全茧量(g)：1.54
眠性：四眠	茧层量(g)：0.355
催青经过(d:h)：11:00	茧层率(%)：23.05
5龄经过(d:h)：6:07	虫蛹率(%)：95.87
全龄经过(d:h)：21:07	死笼率(%)：3.20
蛰中经过(d:h)：17:00	双宫茧率(%)：1.38
卵色：灰、黄色	茧丝长(m)：—
卵壳色：乳白色	解舒丝长(m)：—
蚁蚕体色：黑褐色	解舒率(%)：—
蚁蚕趋性：逸散性	茧丝纤度(dtex)：—
壮蚕体色：青白色	洁净(分)：—
壮蚕体形：粗壮	调查年季：2019年春期
壮蚕斑纹：普斑	调查单位：浙江蚕研所

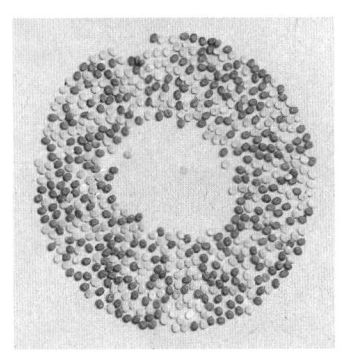

卵

蚕

茧

蛾

平48

选育单位：浙江蚕研所	食桑习性：不择叶、不踏叶
保存单位：浙江蚕研所	茧色：白色
育种亲本：白云、平30	茧形：浅束腰
育成年份：2005	缩皱：中
种质类型：特用品种	蛾体色：白色
地理系统：日本系统	蛾眼色：黑色
化性：二化	全茧量(g)：1.57
眠性：四眠	茧层量(g)：0.375
催青经过(d:h)：11:00	茧层率(%)：23.89
5龄经过(d:h)：6:10	虫蛹率(%)：97.58
全龄经过(d:h)：21:10	死笼率(%)：0.80
蛰中经过(d:h)：17:00	双宫茧率(%)：0.93
卵色：灰、黄色	茧丝长(m)：—
卵壳色：乳白色	解舒丝长(m)：—
蚁蚕体色：黑褐色	解舒率(%)：—
蚁蚕趋性：逸散性	茧丝纤度(dtex)：—
壮蚕体色：青白色	洁净(分)：—
壮蚕体形：粗壮	调查年季：2019年春期
壮蚕斑纹：普斑	调查单位：浙江蚕研所

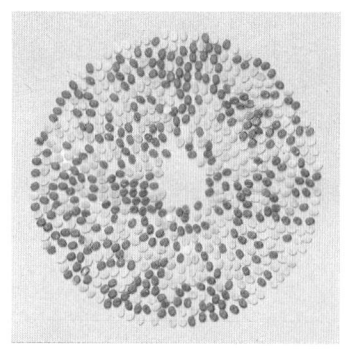

卵

蚕

茧

蛾

平72

选育单位：浙江蚕研所	食桑习性：不择叶、不踏叶
保存单位：浙江蚕研所	茧色：白色
育种亲本：872、平8	茧形：浅束腰
育成年份：2007	缩皱：中
种质类型：特用品种	蛾体色：白色
地理系统：日本系统	蛾眼色：黑色
化性：二化	全茧量(g)：1.56
眠性：四眠	茧层量(g)：0.388
催青经过(d:h)：11:00	茧层率(%)：24.87
5龄经过(d:h)：6:00	虫蛹率(%)：98.09
全龄经过(d:h)：21:00	死笼率(%)：1.40
蛰中经过(d:h)：17:00	双宫茧率(%)：0.90
卵色：灰、灰紫、橙色	茧丝长(m)：—
卵壳色：白色、淡黄	解舒丝长(m)：—
蚁蚕体色：黑褐色	解舒率(%)：—
蚁蚕趋性：逸散性	茧丝纤度(dtex)：—
壮蚕体色：青白色	洁净(分)：—
壮蚕体形：普通	调查年季：2019年春期
壮蚕斑纹：普斑	调查单位：浙江蚕研所

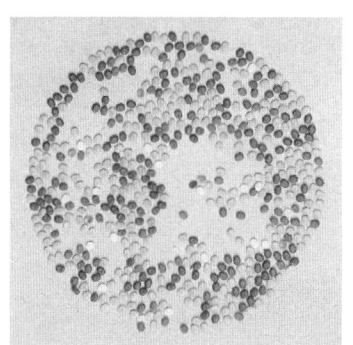

卵

蚕

茧

蛾

平2

选育单位：俄罗斯	食桑习性：不择叶、不踏叶
保存单位：浙江蚕研所	茧色：白色
育种亲本：—	茧形：浅束腰
育成年份：—	缩皱：中
种质类型：特用品种	蛾体色：白色
地理系统：日本系统	蛾眼色：黑色
化性：二化	全茧量(g)：1.57
眠性：四眠	茧层量(g)：0.367
催青经过(d:h)：11:00	茧层率(%)：23.38
5龄经过(d:h)：6:00	虫蛹率(%)：94.35
全龄经过(d:h)：21:00	死笼率(%)：0.50
蛰中经过(d:h)：17:00	双宫茧率(%)：5.79
卵色：灰、橙色	茧丝长(m)：—
卵壳色：白色	解舒丝长(m)：—
蚁蚕体色：黑褐色	解舒率(%)：—
蚁蚕趋性：逸散性	茧丝纤度(dtex)：—
壮蚕体色：青白色	洁净(分)：—
壮蚕体形：普通	调查年季：2019年春期
壮蚕斑纹：普斑	调查单位：浙江蚕研所

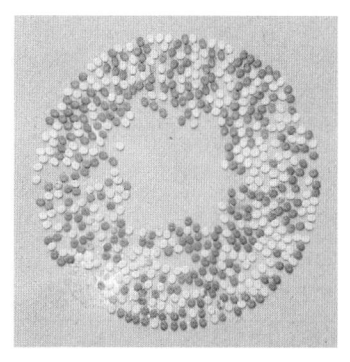

卵

蚕

茧

蛾

平1

选育单位：俄罗斯	食桑习性：不择叶、不踏叶
保存单位：浙江蚕研所	茧色：白色
育种亲本：—	茧形：椭圆
育成年份：—	缩皱：中
种质类型：特用品种	蛾体色：白色
地理系统：中国系统	蛾眼色：雌黑、雄白
化性：二化	全茧量(g)：1.87
眠性：四眠	茧层量(g)：0.455
催青经过(d:h)：11:00	茧层率(%)：24.33
5龄经过(d:h)：6:19	虫蛹率(%)：98.04
全龄经过(d:h)：22:07	死笼率(%)：2.00
蛰中经过(d:h)：17:00	双宫茧率(%)：4.74
卵色：灰紫色、黄色	茧丝长(m)：—
卵壳色：乳白色	解舒丝长(m)：—
蚁蚕体色：黑褐色	解舒率(%)：—
蚁蚕趋性：趋密性	茧丝纤度(dtex)：—
壮蚕体色：青白色	洁净(分)：—
壮蚕体形：普通	调查年季：2019年春期
壮蚕斑纹：素斑	调查单位：浙江蚕研所

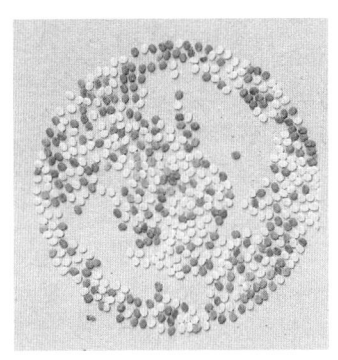

卵

蚕

茧

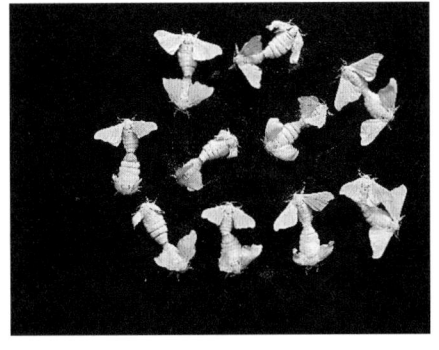

蛾

平21

选育单位：浙江蚕研所	食桑习性：不择叶、不踏叶
保存单位：浙江蚕研所	茧色：白色
育种亲本：丰1、平1	茧形：椭圆
育成年份：1999	缩皱：中
种质类型：特用品种	蛾体色：白色
地理系统：中国系统	蛾眼色：雌黑、雄白
化性：二化	全茧量(g)：1.76
眠性：四眠	茧层量(g)：0.423
催青经过(d:h)：11:00	茧层率(%)：24.03
5龄经过(d:h)：6:21	虫蛹率(%)：97.53
全龄经过(d:h)：21:21	死笼率(%)：3.00
蛰中经过(d:h)：17:00	双宫茧率(%)：7.18
卵色：灰、黄色	茧丝长(m)：—
卵壳色：淡黄色	解舒丝长(m)：—
蚁蚕体色：黑褐色	解舒率(%)：—
蚁蚕趋性：趋密性	茧丝纤度(dtex)：—
壮蚕体色：青白色	洁净(分)：—
壮蚕体形：普通	调查年季：2019年春期
壮蚕斑纹：素斑	调查单位：浙江蚕研所

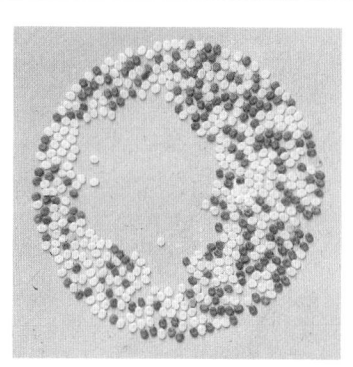

卵

蚕

茧

蛾

平31

选育单位：浙江蚕研所	食桑习性：不择叶、不踏叶
保存单位：浙江蚕研所	茧色：白色
育种亲本：丰1、平1	茧形：椭圆
育成年份：1999	缩皱：中
种质类型：特用品种	蛾体色：白色
地理系统：中国系统	蛾眼色：雌黑、雄白
化性：二化	全茧量(g)：1.57
眠性：四眠	茧层量(g)：0.383
催青经过(d:h)：11:00	茧层率(%)：24.39
5龄经过(d:h)：6:07	虫蛹率(%)：98.88
全龄经过(d:h)：21:07	死笼率(%)：0.50
蛰中经过(d:h)：17:00	双宫茧率(%)：1.99
卵色：灰绿、黄色	茧丝长(m)：—
卵壳色：黄色	解舒丝长(m)：—
蚁蚕体色：黑褐色	解舒率(%)：—
蚁蚕趋性：趋密性	茧丝纤度(dtex)：—
壮蚕体色：青白色	洁净(分)：—
壮蚕体形：普通	调查年季：2019年春期
壮蚕斑纹：素斑	调查单位：浙江蚕研所

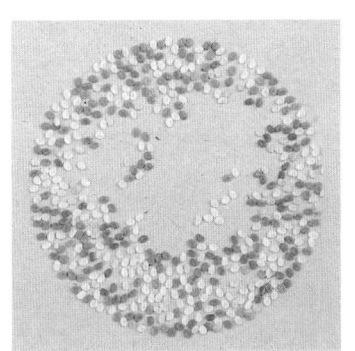

卵

蚕

茧

蛾

卵1

选育单位：俄罗斯	食桑习性：不择叶、不踏叶
保存单位：浙江蚕研所	茧色：白色
育种亲本：—	茧形：椭圆
育成年份：—	缩皱：中
种质类型：中丝量品种	蛾体色：白色
地理系统：中国系统	蛾眼色：黑色
化性：二化	全茧量(g)：1.68
眠性：四眠	茧层量(g)：0.388
催青经过(d:h)：11:00	茧层率(%)：23.09
5龄经过(d:h)：6:07	虫蛹率(%)：96.47
全龄经过(d:h)：21:07	死笼率(%)：1.50
蛰中经过(d:h)：17:00	双宫茧率(%)：1.75
卵色：灰绿、黄色	茧丝长(m)：—
卵壳色：淡黄色	解舒丝长(m)：—
蚁蚕体色：黑褐色	解舒率(%)：—
蚁蚕趋性：趋密性	茧丝纤度(dtex)：—
壮蚕体色：青白色	洁净(分)：—
壮蚕体形：普通	调查年季：2019年春期
壮蚕斑纹：素斑	调查单位：浙江蚕研所

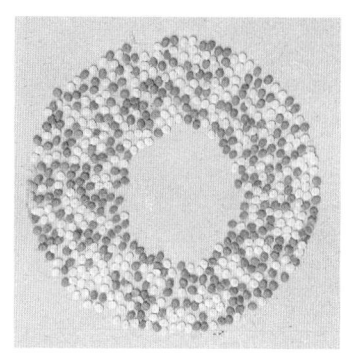

卵

蚕

茧

蛾

卵5

选育单位：浙江蚕研所	食桑习性：不择叶、不踏叶
保存单位：浙江蚕研所	茧色：白色
育种亲本：菁松、卵1	茧形：椭圆
育成年份：1999	缩皱：中
种质类型：特用品种	蛾体色：白色
地理系统：中国系统	蛾眼色：黑色
化性：二化	全茧量(g)：1.52
眠性：四眠	茧层量(g)：0.409
催青经过(d:h)：11:00	茧层率(%)：26.91
5龄经过(d:h)：6:20	虫蛹率(%)：98.54
全龄经过(d:h)：22:03	死笼率(%)：4.00
蛰中经过(d:h)：16:00	双宫茧率(%)：4.23
卵色：灰绿、黄色	茧丝长(m)：—
卵壳色：黄色	解舒丝长(m)：—
蚁蚕体色：黑褐色	解舒率(%)：—
蚁蚕趋性：趋密性	茧丝纤度(dtex)：—
壮蚕体色：青白色	洁净(分)：—
壮蚕体形：普通	调查年季：2019年春期
壮蚕斑纹：素斑	调查单位：浙江蚕研所

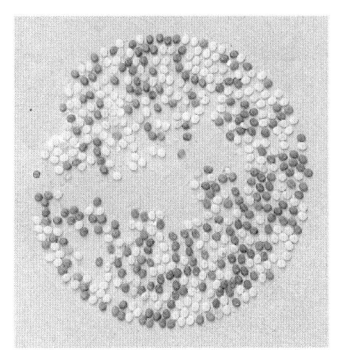
卵

蚕

茧

蛾

卵21

选育单位：浙江蚕研所	食桑习性：不择叶、不踏叶
保存单位：浙江蚕研所	茧色：白色
育种亲本：薪杭、卵1	茧形：椭圆
育成年份：1999	缩皱：中
种质类型：特用品种	蛾体色：白色
地理系统：中国系统	蛾眼色：黑色
化性：二化	全茧量(g)：1.45
眠性：四眠	茧层量(g)：0.334
催青经过(d:h)：11:00	茧层率(%)：23.03
5龄经过(d:h)：6:07	虫蛹率(%)：97.36
全龄经过(d:h)：21:07	死笼率(%)：4.00
蛰中经过(d:h)：16:00	双宫茧率(%)：3.62
卵色：灰紫、黄色	茧丝长(m)：—
卵壳色：淡黄色	解舒丝长(m)：—
蚁蚕体色：黑褐色	解舒率(%)：—
蚁蚕趋性：趋密性	茧丝纤度(dtex)：—
壮蚕体色：青白色	洁净(分)：—
壮蚕体形：普通	调查年季：2019年春期
壮蚕斑纹：素斑	调查单位：浙江蚕研所

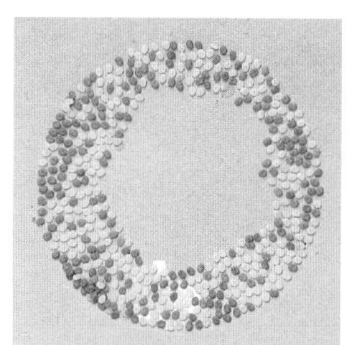

卵

蚕

茧

蛾

卵27

选育单位：浙江蚕研所	食桑习性：不择叶、不踏叶
保存单位：浙江蚕研所	茧色：白色
育种亲本：卵5、卵21	茧形：椭圆
育成年份：1999	缩皱：中
种质类型：特用品种	蛾体色：白色
地理系统：中国系统	蛾眼色：黑色
化性：二化	全茧量(g)：1.40
眠性：四眠	茧层量(g)：0.313
催青经过(d:h)：11:00	茧层率(%)：22.36
5龄经过(d:h)：6:00	虫蛹率(%)：88.44
全龄经过(d:h)：21:00	死笼率(%)：3.00
蛰中经过(d:h)：16:00	双宫茧率(%)：4.76
卵色：灰绿、黄色	茧丝长(m)：—
卵壳色：黄色	解舒丝长(m)：—
蚁蚕体色：黑褐色	解舒率(%)：—
蚁蚕趋性：趋密性	茧丝纤度(dtex)：—
壮蚕体色：青白色	洁净(分)：—
壮蚕体形：普通	调查年季：2019年春期
壮蚕斑纹：素斑	调查单位：浙江蚕研所

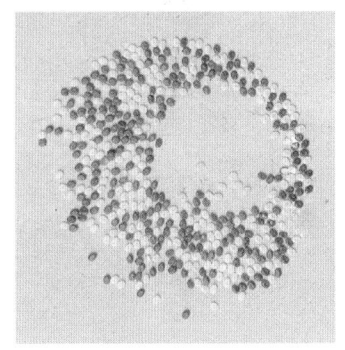

卵

蚕

茧

蛾

卵2

选育单位：俄罗斯	食桑习性：不择叶、不踏叶
保存单位：浙江蚕研所	茧色：白色
育种亲本：—	茧形：浅束腰
育成年份：—	缩皱：中
种质类型：特用品种	蛾体色：白色
地理系统：日本系统	蛾眼色：黑色
化性：二化	全茧量(g)：1.75
眠性：四眠	茧层量(g)：0.437
催青经过(d:h)：11:00	茧层率(%)：24.97
5龄经过(d:h)：7:00	虫蛹率(%)：98.62
全龄经过(d:h)：22:00	死笼率(%)：2.00
蛰中经过(d:h)：17:00	双宫茧率(%)：1.12
卵色：灰、橙色	茧丝长(m)：—
卵壳色：白色	解舒丝长(m)：—
蚁蚕体色：黑褐色	解舒率(%)：—
蚁蚕趋性：逸散性	茧丝纤度(dtex)：—
壮蚕体色：青白色	洁净(分)：—
壮蚕体形：普通	调查年季：2019年春期
壮蚕斑纹：普斑	调查单位：浙江蚕研所

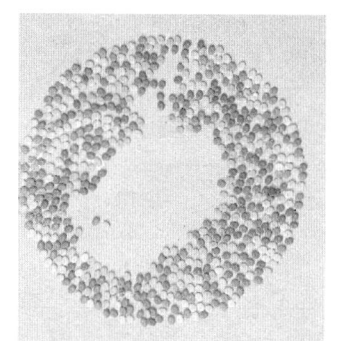

卵

蚕

茧

蛾

卵22

选育单位：浙江蚕研所	食桑习性：不择叶、不踏叶
保存单位：浙江蚕研所	茧色：白色
育种亲本：卵2、科明	茧形：浅束腰
育成年份：1999	缩皱：中
种质类型：特用品种	蛾体色：白色
地理系统：日本系统	蛾眼色：黑色
化性：二化	全茧量(g)：1.69
眠性：四眠	茧层量(g)：0.381
催青经过(d:h)：11:00	茧层率(%)：22.54
5龄经过(d:h)：6:12	虫蛹率(%)：97.29
全龄经过(d:h)：21:12	死笼率(%)：2.50
蛰中经过(d:h)：16:00	双宫茧率(%)：7.19
卵色：灰紫、橙、黄	茧丝长(m)：—
卵壳色：淡黄色	解舒丝长(m)：—
蚁蚕体色：黑褐色	解舒率(%)：—
蚁蚕趋性：逸散性	茧丝纤度(dtex)：—
壮蚕体色：青白色	洁净(分)：—
壮蚕体形：普通	调查年季：2019年春期
壮蚕斑纹：普斑	调查单位：浙江蚕研所

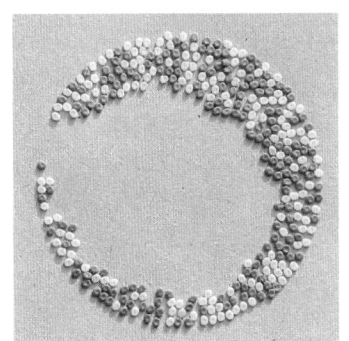

卵

蚕

茧

蛾

卵36

选育单位：浙江蚕研所	食桑习性：不择叶、不踏叶
保存单位：浙江蚕研所	茧色：白色
育种亲本：卵26、416	茧形：浅束腰
育成年份：2001	缩皱：中
种质类型：特用品种	蛾体色：白色
地理系统：日本系统	蛾眼色：黑色
化性：二化	全茧量(g)：1.62
眠性：四眠	茧层量(g)：0.402
催青经过(d:h)：11:00	茧层率(%)：24.81
5龄经过(d:h)：7:00	虫蛹率(%)：96.04
全龄经过(d:h)：22:07	死笼率(%)：5.71
蛰中经过(d:h)：18:00	双宫茧率(%)：0.30
卵色：灰、深棕色	茧丝长(m)：—
卵壳色：白色	解舒丝长(m)：—
蚁蚕体色：黑褐色	解舒率(%)：—
蚁蚕趋性：逸散性	茧丝纤度(dtex)：—
壮蚕体色：青白色	洁净(分)：—
壮蚕体形：普通	调查年季：2019年春期
壮蚕斑纹：普斑	调查单位：浙江蚕研所

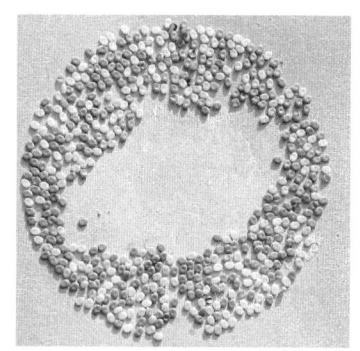

卵

蚕

茧

蛾

卵36NT

选育单位：浙江蚕研所	食桑习性：不择叶、不踏叶
保存单位：浙江蚕研所	茧色：白色
育种亲本：卵36、白玉N	茧形：浅束腰
育成年份：2018	缩皱：中
种质类型：特用品种	蛾体色：白色
地理系统：日本系统	蛾眼色：黑色
化性：二化	全茧量(g)：1.70
眠性：四眠	茧层量(g)：0.420
催青经过(d:h)：11:00	茧层率(%)：24.71
5龄经过(d:h)：6:22	虫蛹率(%)：96.99
全龄经过(d:h)：22:05	死笼率(%)：3.27
蛰中经过(d:h)：18:00	双宫茧率(%)：2.64
卵色：灰、深棕色	茧丝长(m)：—
卵壳色：淡黄色	解舒丝长(m)：—
蚁蚕体色：黑褐色	解舒率(%)：—
蚁蚕趋性：逸散性	茧丝纤度(dtex)：—
壮蚕体色：青白色	洁净(分)：—
壮蚕体形：普通	调查年季：2019年春期
壮蚕斑纹：普斑	调查单位：浙江蚕研所

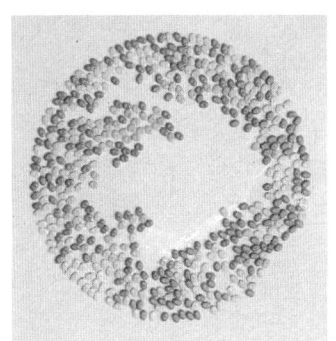

卵

蚕

茧

蛾

其他蚕性别控制种质资源（2019年春期调查）列于下表，表中所列品种品种资源皆由浙江省农科院蚕桑研究所育成并保存，都属于二化性四眠品种，催青经过约为11d，蛰中经过约约为16d。

品种名	育种亲本	地理系统	化性	眠性	5龄经过（d:h）	全龄经过（d:h）	卵色	壮蚕斑纹	茧形	全茧量（g）	茧层量（g）	茧层率（%）	由蛹率（%）	双宫茧率（%）
雌19	夏5、华光	中国系统	二化	四眠	6:13	23:10	灰绿色	素斑	椭圆	1.63	0.318	19.53	79.60	0.00
雌19D	夏5、华光	中国系统	二化	四眠	6:13	23:10	灰绿色	素斑	椭圆	1.85	0.381	20.53	90.64	2.27
雌29B	雌29、菁松	中国系统	二化	四眠	6:13	23:10	灰绿色	素斑	椭圆	1.89	0.402	21.34	96.81	4.52
雌29D	浙65、夏5	中国系统	二化	四眠	6:08	23:05	灰绿色	素斑	椭圆	1.94	0.409	21.10	90.83	3.63
雌35F	雌35、秋丰	中国系统	二化	四眠	6:19	23:05	灰绿色	素斑	椭圆	2.08	0.394	18.99	92.84	6.32
雌35G1	雌35、35 MP	中国系统	二化	四眠	6:13	23:10	灰绿色	素斑	椭圆	1.88	0.356	18.92	94.83	7.06
雌35H	雌35、35 MP	中国系统	二化	四眠	6:13	23:10	灰绿色	素斑	椭圆	1.96	0.420	21.48	92.77	2.74
雌37	无9、秋·华	中国系统	二化	四眠	6:11	22:21	灰绿色	素斑	椭圆	2.00	0.385	19.27	96.10	1.71
雌37G2	无9、秋·华	中国系统	二化	四眠	5:19	23:05	灰绿色	素斑	椭圆	1.30	0.256	19.60	81.54	0.00
雌39	无9、菁松	中国系统	二化	四眠	6:19	23:05	灰绿色	素斑	椭圆	1.96	0.424	21.61	98.65	2.73
雌39G1	无9、菁松	中国系统	二化	四眠	6:13	23:10	灰绿色	素斑	椭圆	2.01	0.429	21.33	95.09	3.13
雌39G2	无9、菁松	中国系统	二化	四眠	6:13	23:10	灰绿色	素斑	椭圆	1.68	0.366	21.71	92.13	2.28
雌51E	雌29、秋丰N	中国系统	二化	四眠	6:13	23:10	灰绿色	素斑	椭圆	1.82	0.362	19.83	83.20	4.90
雌53B	雌29C、秋丰N	中国系统	二化	四眠	6:08	23:05	灰绿色	素斑	椭圆	1.87	0.364	19.52	87.73	2.82
雌53D	雌29C、秋丰N	中国系统	二化	四眠	6:08	23:05	灰绿色	素斑	椭圆	1.81	0.370	20.40	91.58	4.69
雌53E	雌29C、秋丰N	中国系统	二化	四眠	6:00	23:10	灰绿色	素斑	椭圆	1.66	0.342	20.52	75.71	6.45
雌55B	雌35、秋丰N	中国系统	二化	四眠	6:13	23:10	灰绿色	素斑	椭圆	1.93	0.366	19.02	85.65	4.57
雌55C	雌35、秋丰N	中国系统	二化	四眠	6:13	23:10	灰绿色	素斑	椭圆	1.86	0.394	21.15	92.94	9.05
雌55D	雌35、秋丰N	中国系统	二化	四眠	6:13	23:10	灰绿色	素斑	椭圆	1.81	0.376	20.74	84.13	1.86

（续）

品种名	育种亲本	地理系统	化性	眠性	5龄经过（d:h）	全龄经过（d:h）	卵色	壮蚕斑纹	茧形	全茧量（g）	茧层量（g）	茧层率（%）	虫蛹率（%）	双宫茧率（%）
雌55E	雌35、秋丰N	中国系统	二化	四眠	6:13	23:10	灰绿色	素斑	椭圆	1.67	0.302	18.11	84.70	2.96
雌57	雌35C、秋丰N	中国系统	二化	四眠	6:13	23:10	灰绿色	素斑	椭圆	1.64	0.271	16.56	76.67	0.00
雌57B	雌35C、秋丰N	中国系统	二化	四眠	6:08	23:05	灰绿色	素斑	椭圆	1.81	0.380	21.03	92.64	1.23
雌57C	雌35C、秋丰N	中国系统	二化	四眠	6:13	23:10	灰绿色	素斑	椭圆	1.79	0.371	20.76	94.91	4.94
雌57E	雌35C、秋丰N	中国系统	二化	四眠	6:13	23:10	灰绿色	素斑	椭圆	1.56	0.306	19.66	88.61	2.43
雌59	无9、秋丰N	中国系统	二化	四眠	6:08	23:05	灰绿色	素斑	椭圆	1.92	0.409	21.36	87.37	2.39
雌59B	无9、秋丰N	中国系统	二化	四眠	6:08	23:05	灰绿色	素斑	椭圆	1.78	0.419	23.46	97.38	3.28
雌59C	无9、秋丰N	中国系统	二化	四眠	6:13	23:10	灰绿色	素斑	椭圆	1.88	0.377	20.03	88.12	5.30
雌59D	无9、秋丰N	中国系统	二化	四眠	6:08	23:05	灰绿色	素斑	椭圆	1.88	0.372	19.72	90.52	0.90
雌59E	无9、秋丰N	中国系统	二化	四眠	6:08	23:05	灰绿色	素斑	椭圆	1.97	0.402	20.39	91.21	0.46
无3	无1、新杭	中国系统	二化	四眠	6:13	23:10	灰绿色	素斑	椭圆	2.06	0.432	20.95	94.38	3.16
无7	无1、夏13	中国系统	二化	四眠	6:08	23:05	灰绿色	素斑	椭圆	1.75	0.372	21.19	85.82	0.00
无9	丰1	中国系统	二化	四眠	6:13	23:10	灰绿色	素斑	椭圆	2.00	0.412	20.61	89.91	2.66
无9B	无9、春华	中国系统	二化	四眠	6:08	23:05	灰绿色	素斑	椭圆	1.98	0.399	20.17	92.45	4.35
无9C	无9、丰1	中国系统	二化	四眠	6:13	23:10	灰绿色	素斑	椭圆	1.86	0.363	19.53	86.26	2.16
无9G1	无9、无9MP	中国系统	二化	四眠	6:11	22:21	灰绿色	素斑	椭圆	1.73	0.362	20.94	91.03	2.04
无9H	无9、无9MP	中国系统	二化	四眠	6:00	23:10	灰绿色	素斑	椭圆	1.69	0.321	18.95	78.66	11.18
无9黄	无9、黄	中国系统	二化	四眠	6:13	23:10	灰绿色	素斑	椭圆	2.06	0.418	20.34	95.95	3.98
雌10号	夏4	日本系统	二化	四眠	6:13	23:10	灰色	普斑	浅束腰	1.51	0.268	17.77	81.11	14.20
雌10G1	雌10、雌10MP	日本系统	二化	四眠	6:11	22:21	灰色	普斑	浅束腰	1.53	0.276	17.96	89.94	0.91
雌14号	春日甲、白玉	日本系统	二化	四眠	6:13	23:10	灰色	普斑	浅束腰	1.49	0.267	17.91	61.41	14.12

（续）

品种名	育种亲本	地理系统	化性	眠性	5龄经过（d:h）	全龄经过（d:h）	卵色	壮蚕斑纹	茧形	全茧量（g）	茧层量（g）	茧层率（%）	虫蛹率（%）	双宫茧率（%）
雌16号	春日乙、白云	日本系统	二化	四眠	6:13	23:10	灰色	普斑	浅束腰	1.36	0.224	16.41	67.05	3.40
雌20号	春日甲、春日乙	日本系统	二化	四眠	6:13	23:10	灰色	普斑	浅束腰	1.38	0.230	16.70	68.16	0.66
雌22号	白玉	日本系统	二化	四眠	6:13	23:10	灰色	素斑	浅束腰	1.93	0.414	21.43	93.91	0.00
无8	无2、春日	日本系统	二化	四眠	6:08	23:05	灰色	普斑	浅束腰	1.69	0.269	15.94	96.84	1.30
无10	无2、皓月、54A	日本系统	二化	四眠	6:08	23:05	灰色	普斑	浅束腰	1.63	0.276	16.97	85.56	4.37
无12	无2、春日、54A	日本系统	二化	四眠	6:08	23:05	灰色	普斑	浅束腰	1.73	0.281	16.28	93.70	0.46
无12G2	无12、无12MP	日本系统	二化	四眠	6:11	22:21	灰色	普斑	浅束腰	1.67	0.285	17.07	93.21	3.45
无14	54A	日本系统	二化	四眠	6:08	23:05	灰色	普斑	浅束腰	1.69	2.274	16.23	98.42	0.00
无14G1	无14、无14MP	日本系统	二化	四眠	6:13	23:10	灰色	普斑	浅束腰	1.70	0.298	17.59	77.02	2.83
雌101号	白玉、秋丰	杂交种	二化	四眠	6:11	22:21	灰色	素斑	椭圆	1.88	0.357	19.01	92.15	2.24
雌102号	明·丰、春·玉	杂交种	二化	四眠	6:19	23:05	灰绿色	素斑	椭圆	1.92	0.390	20.27	98.20	8.54
雌103号	学613、春日	杂交种	二化	四眠	6:00	23:10	灰绿色	素斑	椭圆	1.98	0.418	21.10	94.98	6.97
平30AC	白云、平2	日本系统	二化	四眠	6:02	21:02	限性卵色	普斑	浅束腰	1.56	0.347	22.24	97.38	2.90
平30BC	白云、平2	日本系统	二化	四眠	6:05	21:05	限性卵色	普斑	浅束腰	1.44	0.341	23.68	95.52	4.37
平30AS	白云、平2	日本系统	二化	四眠	6:05	21:05	限性卵色	普斑	浅束腰	1.53	0.332	21.70	96.59	4.42
平30BS	白云、平2	日本系统	二化	四眠	6:02	21:02	限性卵色	普斑	浅束腰	1.50	0.329	21.93	97.32	4.64
平8	春日、平2	日本系统	二化	四眠	6:17	22:00	限性卵色	素斑	浅束腰	1.68	0.391	23.27	94.95	2.84
平10	9202、平44	日本系统	二化	四眠	6:12	21:12	限性卵色	普斑	浅束腰	1.56	0.376	24.10	97.20	2.16
平32	54A、平2	日本系统	二化	四眠	6:03	21:03	限性卵色	普斑	浅束腰	1.68	0.378	22.50	97.30	1.82

（续）

品种名	育种亲本	地理系统	化性	眠性	5龄经过（d:h）	全龄经过（d:h）	卵色	壮蚕斑纹	茧形	全茧量（g）	茧层量（g）	茧层率（%）	虫蛹率（%）	双宫茧率（%）
平60	平30、416、平28	日本系统	二化	四眠	7:00	22:00	限性卵色	普斑	浅束腰	1.63	0.389	23.86	96.97	0.28
平66乙	平66、872	日本系统	二化	四眠	6:12	21:12	限性卵色	素斑	浅束腰	1.54	0.381	24.74	89.91	1.60
平68A	白玉、平56	日本系统	二化	四眠	6:00	21:00	限性卵色	普斑	浅束腰	1.56	0.352	22.56	93.80	0.87
平68B	白玉、平56	日本系统	二化	四眠	6:00	21:00	限性卵色	普斑	浅束腰	1.67	0.361	21.62	98.19	0.00
平84	平68、7532	日本系统	二化	四眠	6:00	21:00	限性卵色	普斑	浅束腰	1.47	0.333	22.65	95.51	0.56
卵5乙	卵5、华箐	中国系统	二化	四眠	7:00	22:00	限性卵色	素斑	椭园	1.60	0.423	26.44	96.62	4.47
卵11	卵27、九	中国系统	二化	四眠	6:16	21:19	限性卵色	素斑	椭圆	1.73	0.416	24.05	96.02	3.32
卵13	卵27、华	中国系统	二化	四眠	6:15	21:15	限性卵色	素斑	椭圆	1.78	0.412	23.15	97.25	2.94
卵15	卵27、菊	中国系统	二化	四眠	6:11	21:11	限性卵色	素斑	椭圆	1.63	0.397	24.35	97.79	4.07
卵17	卵27、限	中国系统	二化	四眠	6:00	21:00	限性卵色	素斑	椭圆	1.57	0.366	23.31	89.57	3.81
卵32	白玉、卵26	日本系统	二化	四眠	6:07	21:07	限性卵色	普斑	浅束腰	1.64	0.365	22.26	95.58	2.24
卵82A	卵22、872A	日本系统	二化	四眠	6:17	22:00	限性卵色	普斑	浅束腰	1.65	0.373	22.61	93.97	5.20
卵82B	卵22、872B	日本系统	二化	四眠	6:18	21:18	限性卵色	普斑	浅束腰	1.75	0.390	22.28	97.23	0.84
卵416	卵22、416	日本系统	二化	四眠	7:00	22:00	限性卵色	普斑	浅束腰	1.83	0.425	23.22	96.59	3.15
卵皓A	平皓、皓月A	日本系统	二化	四眠	7:00	22:00	限性卵色	普斑	浅束腰	1.42	0.364	25.63	92.98	1.19
卵皓B	平皓、皓月B	日本系统	二化	四眠	7:07	22:07	限性卵色	普斑	浅束腰	1.53	0.367	23.99	94.04	1.61
卵明	卵22、明	日本系统	二化	四眠	6:17	22:00	限性卵色	普斑	浅束腰	1.56	0.385	24.68	94.35	5.41
卵虎	卵22、虎	日本系统	二化	四眠	7:00	22:00	限性卵色	普斑	浅束腰	1.63	0.390	23.93	97.15	5.09
卵玉白	卵22、白玉	日本系统	二化	四眠	6:09	21:09	限性卵色	素斑	浅束腰	1.67	0.382	22.87	98.15	2.84
卵36NT白	卵36、白玉N	日本系统	二化	四眠	7:00	22:07	限性卵色	素斑	浅束腰	1.70	0.417	24.53	91.79	2.71

第二章　选（转）育方法
　　　　与相关技术专利

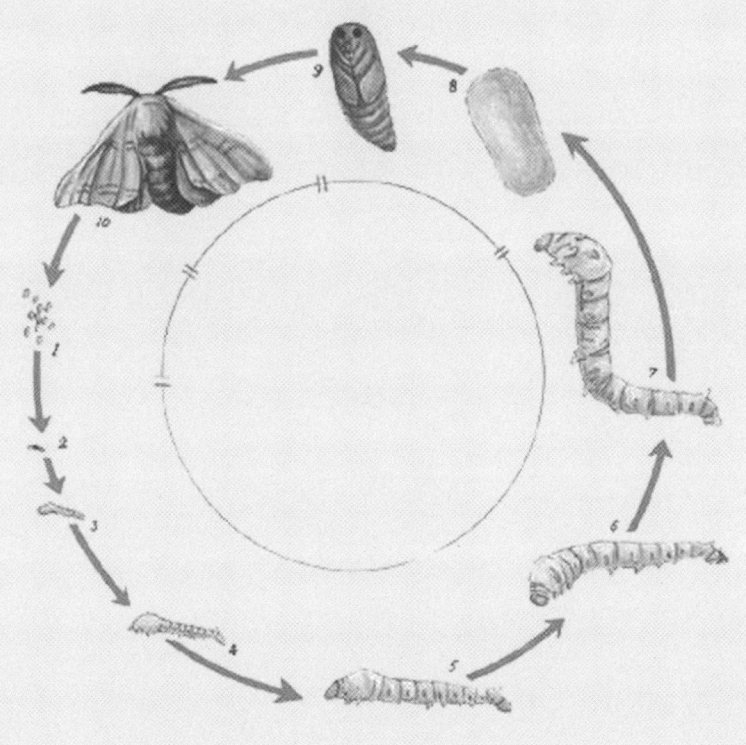

回交改良家蚕性连锁平衡致死系的方法

专利名称： 回交改良家蚕性连锁平衡致死系的方法

发明人： 何克荣，夏建国，祝新荣，黄健辉

专利权人： 浙江省农业科学院

专利号： ZL 01 1 26809.3

专利申请日： 2001年9月18日

授权公告日： 2004年1月7日

专利摘要： 本发明公开了一种回交改良家蚕性连锁平衡致死系的方法。采用通过平衡致死系与常规优良品种杂交、自交和回交三个过程组成的充血循环，逐步把优良蚕品种的基因替换到家蚕性连锁平衡致死系中，同时采用标记基因选择手段，在不丢失平衡致死系性别控制基因的前提下，提高其经济性状，以达到优良品种的经济性状水平。该方法操作简单，选育改良规模较小，经济性状提高较快，由该方法育成的平衡致死系配制雄蚕杂交种在农村推广应用，深受蚕农欢迎。

家蚕性连锁平衡致死系性别控制基因的导入方法

专利名称：家蚕性连锁平衡致死系性别控制基因的导入方法

发明人：何克荣，夏建国，祝新荣，黄健辉

专利权人：浙江省农业科学院

专利号：ZL 01 1 32108.3

专利申请日：2001年11月2日

授权公告日：2004年3月10日

专利摘要：本发明公开了一种家蚕性连锁平衡致死系性别控制基因的导入方法，采用通过平衡致死系与现行品种的杂交把平衡致死系的性别控制基因分散在3个子系统中；接着对每个子系统用现行品种连续回交，使3个子系统基本上全为现行品种血缘；最后通过3次不同型式的交配，把性别控制基因组合到一个新的品种中，形成新的平衡致死系。由于家蚕性连锁平衡致死系是用特殊基因来控制原种和杂交种的性别，使其自交能繁殖继代，与其他品种杂交保证下一代只有雄蚕孵化。本发明能育成经济性状优良，雄蚕率在98%以上的新型雄蚕品种。具有改良速度快、效果好的特点。

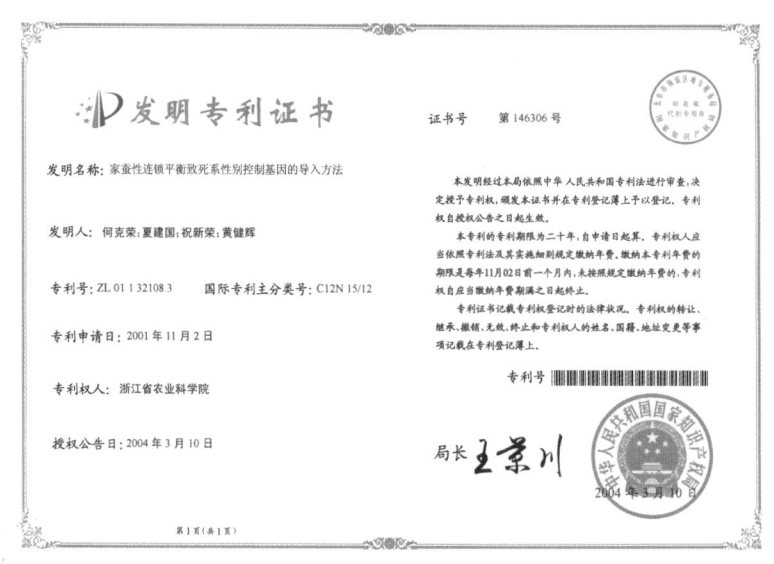

一种杂交改良家蚕性连锁平衡致死系性状的方法

专利名称： 一种杂交改良家蚕性连锁平衡致死系性状的方法

发明人： 何克荣，祝新荣，孟智启，陈诗，柳新菊

专利权人： 浙江省农业科学院

专利号： ZL 2008 1 0061660.5

专利申请日： 2008年5月21日

授权公告日： 2011年9月21日

专利摘要： 本发明公开了一种杂交改良家蚕性连锁平衡致死系性状的方法，属于家蚕育种技术领域。该方法通过常规品种的雄性与平衡致死系亲本雌蚕的连续回交，育成在性染色体W上带有易位基因的中间材料；用中间材料的雌性与平衡致死系雄蚕杂交、连续自交后，借助致死基因表型差异，选择、育成新的平衡致死系品种平60。该方法操作较为简单，育种规模较小，既保持了新家蚕性连锁平衡致死系的控制性别基因，又全面提高了经济性状；其雄蚕杂交组合华菁×平60的雄蚕率达99%以上；与当前生产主养雌雄蚕品种菁松×皓月相比，在茧丝质量与生命力方面均已超过，达到了现行品种雄性群体水平，可在家蚕育种单位应用。

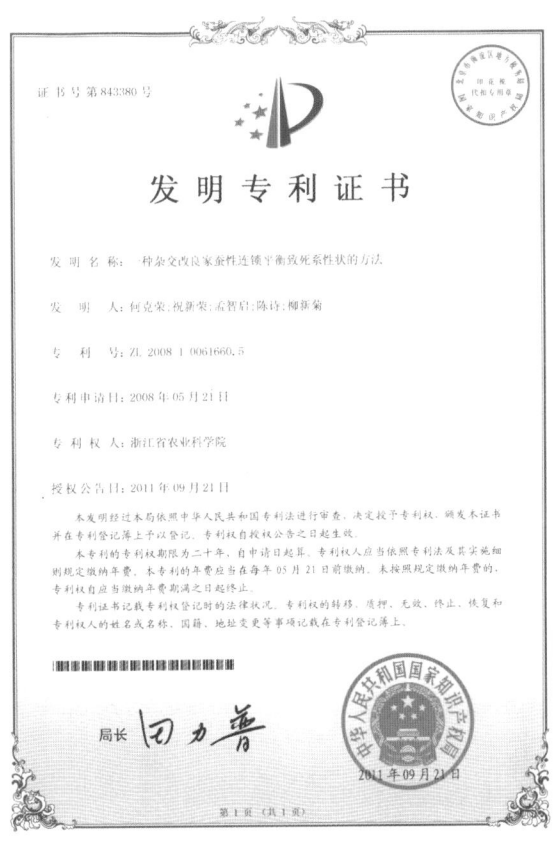

创建家蚕性连锁平衡致死系的雌回交法

专利名称：创建家蚕性连锁平衡致死系的雌回交法

发明人：廖鹏飞，董占鹏，白兴荣，黄平，朱水芬，陈松，钟健，杨文，吴克军，刘敏，
丁善明，李永福

专利权人：云南省农业科学院蚕桑蜜蜂研究所

专利号：ZL 2013 1 0328738.6

专利申请日：2013年7月31日

授权公告日：2016年1月20日

专利摘要：本发明涉及一种创建家蚕性连锁平衡致死系的雌回交法，其通过常规品种的雌蛾与家蚕性连锁平衡致死系的雄蛾杂交，得到F_1代；用F_1代的雄蛾与家蚕性连锁平衡致死系的雌蛾回交，得到的BC_1代依致死时间差异分为卵圈Ⅰ型和Ⅱ型；再将卵圈Ⅱ型的雌蛾与卵圈Ⅰ型的雄蛾交配，即可创建得到家蚕性连锁平衡致死系H_1；同时用常规品种的雌蛾与卵圈Ⅰ型的雄蛾回交，得到BC_2代；继续用创建得到的家蚕性连锁平衡致死系H_1的雌蛾与BC_2代雄蛾杂交，又得到致死时间不同的卵圈Ⅰ型和Ⅱ型，依此循环，即可创建得到符合目标要求的家蚕性连锁平衡致死系H_n。本发明操作简单，步骤少，效率高，易于创建得到基本保持常规品种各项性状的家蚕性连锁平衡致死系，适于推广应用。

应用液体冷媒诱导家蚕减数分裂型孤雌生殖的方法

专利名称： 应用液体冷媒诱导家蚕减数分裂型孤雌生殖的方法

发明人： 翁宏飚，刘培刚，王永强

专利权人： 浙江省农业科学院

专利号： ZL 2014 1 0008612.5

专利申请日： 2014年1月9日

授权公告日： 2015年4月15日

专利摘要： 家蚕减数分裂型孤雌生殖由于同源染色体间完全一致，染色体上的所有基因位点都处于纯合状态。因此在家蚕种质创新和育种遗传资源利用方面有特殊的利用价值。本申请提供了一种适合我国蚕品种资源进行减数分裂型孤雌生殖诱导的方法，提出利用液体冷媒介导诱导过程，并利用该方法获得了纯合雄体。

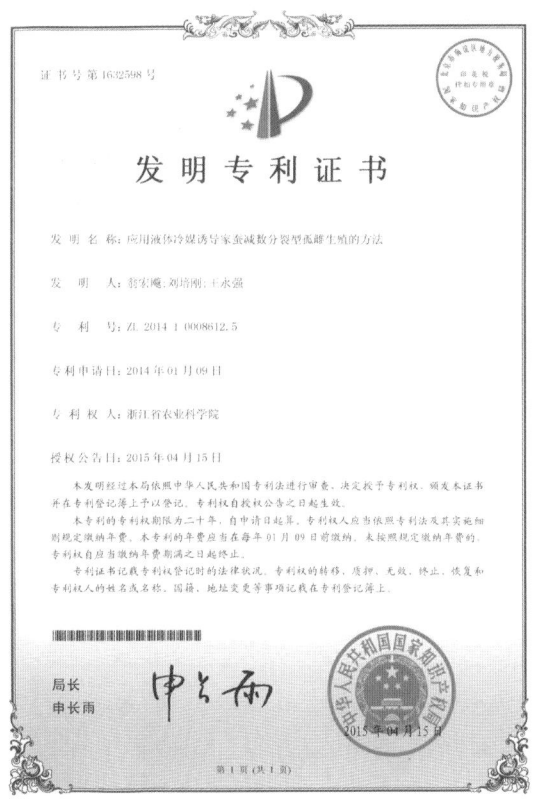

雌蚕无性克隆系的制种方法

专利名称：雌蚕无性克隆系的制种方法

发明人：杜鑫，王永强，张明建，姚陆松，宋㭪苏，孟智启

专利权人：浙江省农业科学院

专利号：ZL 2016 1 1146888.5

专利申请日：2016年12月13日

授权公告日：2019年11月15日

专利摘要：本发明涉及家蚕无性繁殖技术领域，涉及一种雌蚕无性克隆系的制种方法。其包括以下步骤：步骤一：采用取卵设备采集雌蚕蛾蚕卵，提纯后置于纱网袋中；步骤二：将装有蚕卵的纱网袋浸入44～46℃的水中恒温处理14～22min；步骤三：将经步骤二处理后的纱网袋立即置于20～28℃的水中恒温处理3～7min，之后捞出并在室温下晾干；步骤四：将经步骤三处理后的纱网袋置于恒温箱中处理60～80h，且保持恒温箱的温度为14～18℃、湿度为75～85g/m³，处理完成后取出即可。通过本发明的方法，能够较佳地提升制种的发生率和孵化率。

家蚕取卵设备及方法

专利名称：家蚕取卵设备及方法

发明人：杜鑫，王永强，张明建，姚陆松，宋礽苏，孟智启

专利权人：浙江省农业科学院

专利号：ZL 2016 1 1146016.9

专利申请日：2016年12月13日

授权公告日：2019年11月19日

专利摘要：本发明涉及家蚕制种技术领域，涉及一种家蚕取卵设备及方法。该取卵设备包括设备本体，设备本体包括工作台；工作台处设有旋转机构，旋转机构内设有至少一个驱动电机，任一驱动电机均用于带动一磨头旋转；旋转驱动机构突出于工作台，工作台位于旋转驱动机构的正下方设有一升降机构，升降机构用于驱动电机——对应地放置磨杯；磨头包括连接轴，连接轴上端用于与驱动电机的输出轴配合，连接轴下端设有用于与磨杯配合的磨盘；磨盘和磨杯内腔均为圆柱形且横截面尺寸基本吻合，磨盘下底面设有多个第一容纳孔，磨杯内腔底面设有多个第二容纳孔。该取卵方法借助上述设备加以实现。本发明较佳地实现了自动化、机械化取卵，大大提升了取卵效率。

一种提高家蚕孤雌生殖早期世代孵化率的方法

专利名称：一种提高家蚕孤雌生殖早期世代孵化率的方法

发明人：翁宏飚，牛宝龙，杜鑫，王永强

专利权人：浙江省农业科学院

专利号：—

专利申请日：2017年12月18日

授权公告日：—

专利摘要：本发明涉及昆虫遗传育种技术领域，具体涉及一种提高家蚕人工诱导孤雌生殖早期世代孵化率的方法。该方法采用老熟雌蛹在羽化前1～2d，注射浓度为0.5～2μmol/L的蛋白酶体抑制剂MG132；羽化后摘取处女蛾的腹部，获得未受精蚕卵；未受精蚕卵浸入46℃水浴中，热激诱导15～18min；诱导后未受精卵16℃保护3d后，二化性品种即时浸酸后催青，多化品种直接催青至孵化。本发明通过改进家蚕孤雌生殖诱导方法，在保持诱导未受精卵解除分裂阻滞，恢复有丝分裂的同时，减轻蚕卵孵化率下降的副作用，从而提高孤雌生殖早期世代孵化率，缩短孤雌生殖品种育种周期。

雌雄蚕卵激光分选仪及分选方法

专利名称：雌雄蚕卵激光分选仪及分选方法

发明人：宋㭊苏，孟智启，王征，左立耘，陈诗，何克荣

专利权人：浙江省农业科学院

专利号：ZL 2009 1 0095429.2

专利申请日：2009年1月12日

授权公告日：2012年7月4日

专利摘要：本发明公开了一种雌雄蚕卵激光分选仪及分选方法，该分选仪包括升降工作台，蚕连纸定位系统，蚕卵彩色图像处理系统，激光发生及光偏转扫描射卵系统，计算机。分选方法包括如下工作步骤：开机，使移位工作台复位，在负压吸附平台上放置蚕连纸，并开启抽气机，吸平蚕连纸；启动彩色图像采集程序，控制彩色图像传感器拍摄蚕连纸图像并传至计算机，计算机经过数据处理，向激光发生器及电控装置发出发射时序激光脉冲的工作指令，向振镜扫描及电控装置发出光偏转扫描的工作指令，发出激光束射击雌卵，任务完成后，放入新蚕连纸，重复上述步骤。本分选仪能自动、高速、准确分选不同卵色雌雄蚕卵，从而节省了人工，提高了分选精度。

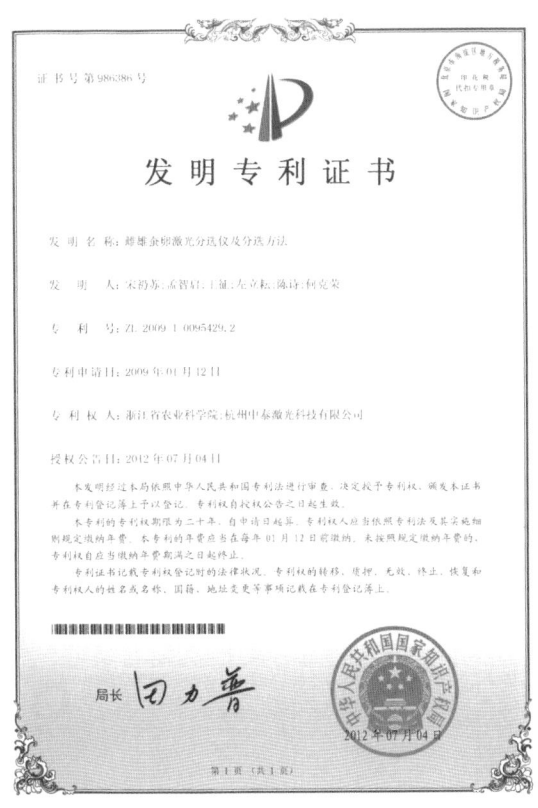

不同性别卵色的雌雄蚕卵分离仪

专利名称：不同性别卵色的雌雄蚕卵分离仪

发明人：宋㭾苏，孟智启，徐忠正，陈诗，夏世峰，蓝景针

专利权人：浙江省农业科学院

专利号：ZL 2009 1 0155156.6

专利申请日：2009年12月7日

授权公告日：2012年12月19日

专利摘要：本发明针对分离不同性别卵色的雌雄蚕卵所存在的耗时费工和难以满足蚕种制种对时间的进度要求，提供了一种能自动、高速、准确将雌卵和雄卵分离的仪器，节省人工并保证蚕卵不受损伤。本发明的雌雄蚕卵分选仪，是以不同性别具有不同卵色的特点，作为识别和区分雌雄蚕卵的设计特征；是以克服蚕卵本身存在的非常不利于机械和自动控制的生理特性作为攻坚重点。通过斜转管定量供卵、多通道旋转分流、有间距斜刮排序、各自独立的光电识别、样板卵色数据库对比、电磁射卵分离（或气流射卵分离）等装置，实现了高速精确分离雌雄蚕卵，并保证蚕卵不受损和保持活性的目标，还大大节省了人工。

雌雄蚕卵光电自动分选仪

专利名称：雌雄蚕卵光电自动分选仪

发明人：宋礽苏，孟智启，蓝景针，华娇，夏世峰，祝新荣，陈诗

专利权人：浙江省农业科学院

专利号：ZL 2011 1 0080170.1

专利申请日：2011年3月31日

授权公告日：2013年4月17日

专利摘要：本发明针对分离不同性别卵色的雌雄蚕卵所存在的耗时费工和难以满足蚕种制种对时间的进度要求，提供了一种能自动、高速、准确将雌卵和雄卵分离的仪器，节省人工并保证蚕卵不受损伤。本发明的雌雄蚕卵分选仪，是以不同性别蚕卵具有不同卵色的特点，作为识别和区分雌雄蚕卵的设计特征；是以克服蚕卵本身存在的非常不利于机械和自动控制的生理特性作为攻坚重点。通过转盘式斜刮输卵等技术，通过单通道预置计数控量供卵、多通道旋管分流和有间距辐射态排序、各自独立的颜色传感器光电识别和电磁兜卵器分离、斜刮集卵分贮等装置，实现了高速精确分离雌雄蚕卵，并保证蚕卵不受损和保持活性的目标，还大大节省了人工。

转盘斜刮式光电自动数粒仪

专利名称： 转盘斜刮式光电自动数粒仪

发明人： 宋矽苏，蓝景针，夏世峰，洪端安，华娇

专利权人： 浙江省农业科学院

专利号： ZL 2011 1 0170633.3

专利申请日： 2011年6月23日

授权公告日： 2013年4月17日

专利摘要： 本发明针对目前国内外最普遍采用的电磁铁扭振式数粒仪存在的缺点，在发现转盘斜刮能使颗粒自动移行、整齐排序和产生粒间距的原理基础上，发明了这种转盘斜刮式光电自动数粒仪。本数粒仪仅通过转盘和槽盘便实现了使粒料能自动移行，整齐排队和百分之百（除非黏滞、堵塞等非正常因素）地产生粒间距，为精确光电计数提供了所必需的可靠的透光间隙。不再需要有噪声的电磁扭振盘，也不再需要比较复杂的纵擒或孔穴等产生粒间距的机构。

雌雄蚕卵分选设备及分选方法

专利名称：雌雄蚕卵分选设备及分选方法

发明人：宋礽苏，方彧，欧明双，贾星明，段启掌，孟智启，王永强，祝新荣

专利权人：浙江省农业科学院

专利号：ZL 2016 1 0694810.0

专利申请日：2016年8月18日

授权公告日：2019年4月30日

专利摘要：本发明公开了一种雌雄蚕卵分选设备，包括设置在机架供卵装置、识别装置、分离装置和收集装置。用平移式电磁振动器使蚕卵在双层供卵装置中有序排列成直线移行，沿V形槽向下高速滑至分选室，经彩色CCD图像传感和计算机图像识别处理，指令高速电磁气阀把各靶卵吹入收集箱，同时非靶卵自落至振动装置输出，由此完成雌雄蚕卵的分选。本技术方案依据家蚕限性卵色差异的遗传特征，基于彩色线阵CCD的色选技术，可高速准确自动分离雌雄蚕卵，具有性能可靠的靶卵颜色选择功能，在分离过程中不损伤蚕卵；分选效率高，超过1×10^{6}粒/h，是人工分选的230倍；单选准确率超过96%，复选准确率超过99.5%；操作简便，故障率低。

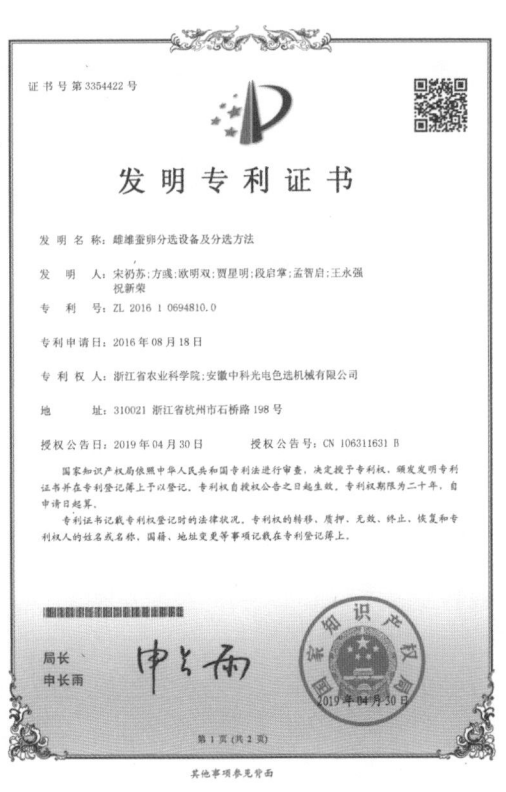

用分子遗传标记培育ZW型鳞翅目害虫性连锁平衡致死系的方法

专利名称： 用分子遗传标记培育ZW型鳞翅目害虫性连锁平衡致死系的方法

发明人： 孟智启，牛宝龙，翁宏飚，沈卫锋，顾伟平，夏大荣

专利权人： 浙江省农业科学院

专利号： —

专利申请日： 2004年4月21日

授权公告日： —

专利摘要： 本发明公开了一种用分子遗传标记培育ZW型鳞翅目害虫性连锁平衡致死系的方法。以常染色体上的分子标记为参照，利用比较定量PCR技术寻找目标害虫Z染色体上的分子标记，并以此标记作为易位筛选标记，用 γ 射线辐照诱发 W^Z 染色体易位，用比较定量PCR技术筛选发生 W^Z 染色体易位雌性个体，并用多色荧光原位杂交技术进行验证；用 γ 射线同时辐照雌雄虫，诱发隐性致死突变、互交产生F_1代，用一个F_1代雄虫先后与正常雌虫及 W^Z 易位雌虫交配，以 W^Z 染色体特异片段为标记，用PCR技术检测F_2代中是否有雌虫存活，同步筛选两个分别位于不同Z染色体上的非等位、且紧密连锁、并能被 W^Z 易位染色体片段显性基因掩盖的隐性致死基因，培育出性连锁平衡致死品系。

家蚕性染色体连锁基因*SLC35B1*及其隐性致死突变基因和它们在家蚕性比控制中的应用

专利名称： 家蚕性染色体连锁基因*SLC35B1*及其隐性致死突变基因和它们在家蚕性比控制中的应用

发明人： 牛宝龙，谭安江，孟智启，黄勇平，翁宏飙，祝新荣，刘岩，何丽华，柳新菊

专利权人： 浙江省农业科学院

专利号： ZL 2011 1 0457128.7

专利申请日： 2011年12月31日

授权公告日： 2013年9月11日

专利摘要： 本发明属于生物技术领域，特别是涉及一个来自家蚕性（Z）染色体，具有隐性致死突变特征的*SLC35B1*（solute carrier family 35 member B1）基因及其在家蚕杂交后代性比控制中的应用。本发明所公开的家蚕*SLC35B1*基因来自于家蚕性（Z）染色体，其隐性致死突变是来自于家蚕性连锁平衡致死系〔sex-linked balanced lethal（SLBL）〕的致死基因l_2（*SLBL-l$_2$*），能够引起雌蚕在胚胎期致死，而雄蚕可以存活，具有控制杂交后代性比的特性，利用其序列特性，在家蚕育种过程中，辅助进行家蚕性连锁平衡致死系的转育，专养雄蚕，提高丝质品质。

家蚕性染色体连锁基因*Pdp* I 及其隐性致死突变基因和它们在家蚕性比控制中的应用

专利名称：家蚕性染色体连锁基因*Pdp* I 及其隐性致死突变基因和它们在家蚕性比控制中的应用

发明人：牛宝龙，谭安江，孟智启，黄勇平，翁宏飙，祝新荣，刘岩，何丽华，柳新菊

专利权人：浙江省农业科学院

专利号：ZL 2011 1 0457127.2

专利申请日：2011年12月31日

授权公告日：2013年8月28日

专利摘要：本发明涉及生物技术领域，特别是涉及一个来自家蚕性染色体、具有隐性致死特征的*Pdp* I 基因缺失突变及其在家蚕杂交后代群体性比控制中的应用。具有隐性致死特性的家蚕性（Z）染色体连锁基因*Pdp* I，该突变来自于家蚕性连锁平衡致死系〔sex-linked balanced lethal（SLBL）〕的致死基因l_1（SLBL-l_1），该Z染色体末端缺失了包括*Pdp* I（Pardomain protein I）基因在内的0.184Mb的片段，并和一个约4.3Mb的10号染色体片段融合组成一个融合染色体。由于*Pdp*1基因的缺失，具有隐性致死的特性，造成家蚕胚胎发育停止，利用该变异的致死特性可对家蚕杂交后代的性比进行控制，同时利用其特异性的序列，在家蚕育种过程中，辅助进行家蚕性连锁平衡致死系的转育，专养雄蚕，提高丝质品质。

杂交后代全雄的家蚕性比控制培育方法

专利名称：杂交后代全雄的家蚕性比控制培育方法

发明人：牛宝龙，祝新荣，陈诗，翁宏飙，孟智启

专利权人：浙江省农业科学院

专利号：ZL 2015 1 0680765.9

专利申请日：2015年10月20日

授权公告日：2017年9月19日

专利摘要：本发明涉及家蚕遗传育种技术领域，尤其涉及连续两代杂交后代全雄的家蚕性比控制培育方法。该方法利用一个家蚕性连锁平衡致死系和一个Z染色体连锁条件致死系，通过两个品系间杂交组合，F_1代雌蚕全部死亡，雄蚕全部存活，但当F_1代雄蚕与其他常规雌蚕杂交后，F_2代雌蚕全部死亡，雄蚕全部存活，从而实现两代全雄。该方法降低家蚕育种成本，提高家蚕饲养的经济效益。

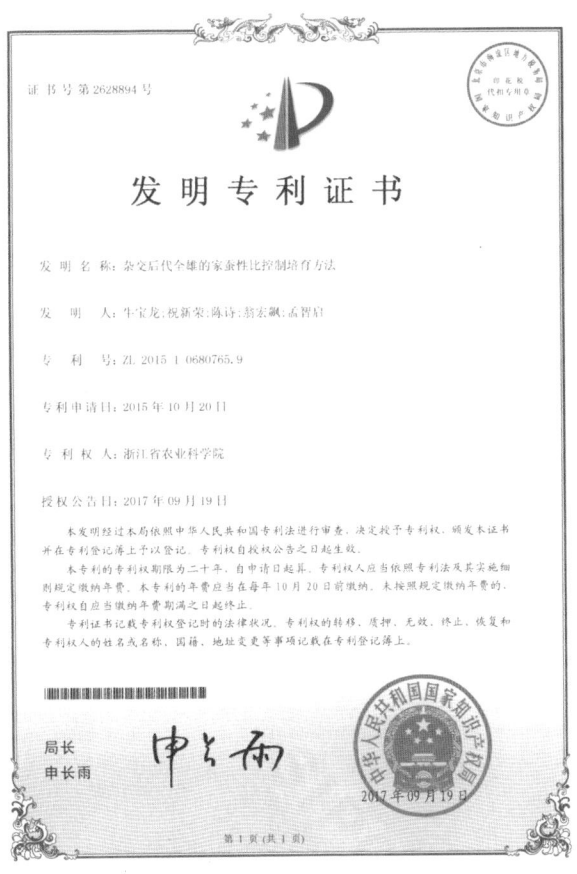

第三章　通过审定的性别控制蚕品种

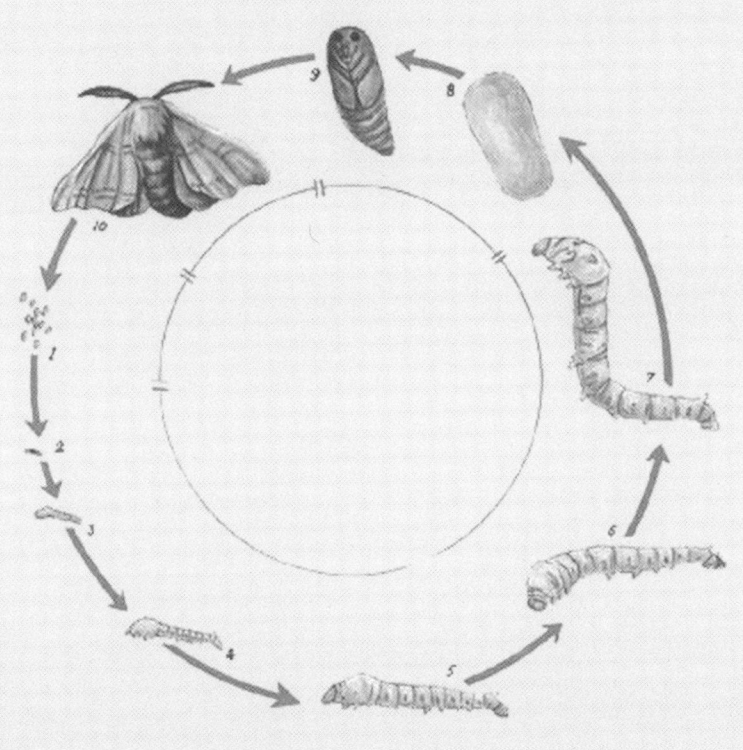

雄蚕品种秋·华×平30

品种名称：秋·华×平30

选育单位：浙江省农业科学院蚕桑研究所

品种来源：（秋丰×华光）×（S-14×白云）

审定情况：通过浙江省农作物品种审定委员会审定

审定编号：浙审蚕2005001

特征特性：秋·华×平30是一对夏秋用三元雄蚕杂交种，雄蚕率98%以上。体质强健、好养，茧丝质优良，茧层率与出丝率高，能缫制高品位生丝。二化性四眠，越年卵灰绿色，卵壳淡黄色或白色。因是平衡致死系雄蚕杂交种，只有正交，无反交，雌卵在胚胎期死亡，正常孵化率48%左右，有时部分雌蚕虽能孵化，但在1～2龄期自然死亡。克蚁头数2350头左右，各龄蚕眠起齐一，食桑旺，壮蚕体色灰白，普斑，大小均匀。全龄经过22d左右，5龄经过6.5d左右。

饲养要点：雄蚕杂交种雌蚕不孵化，盒种装卵量比常规蚕品种增加1倍左右，补催青摊卵面积应是常规蚕品种的1.5倍以上；按二化性蚕品种标准催青，催青后期温度可偏高0.5℃；小蚕用叶宜适熟偏嫩，饲育温度以较常规蚕品种偏高0.5～1℃为宜；雄蚕杂交种性别单一，发育齐，老熟涌，茧层率高，蔟中要特别注意通风排湿，避免上蔟过密，以提高茧丝质量。

适宜区域：适宜长江中下游地区饲养。

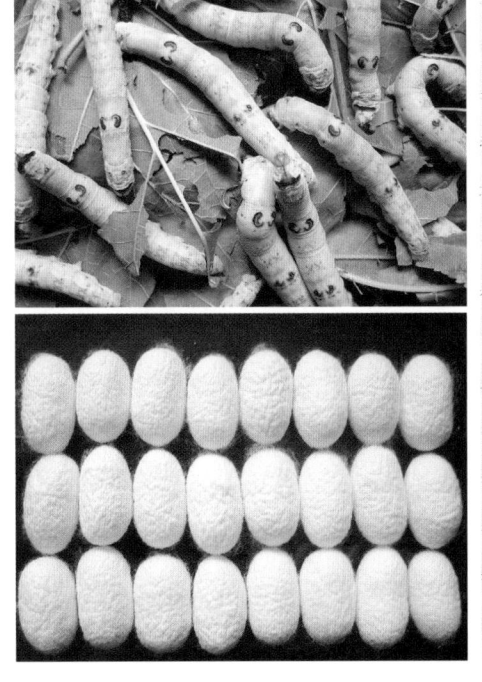

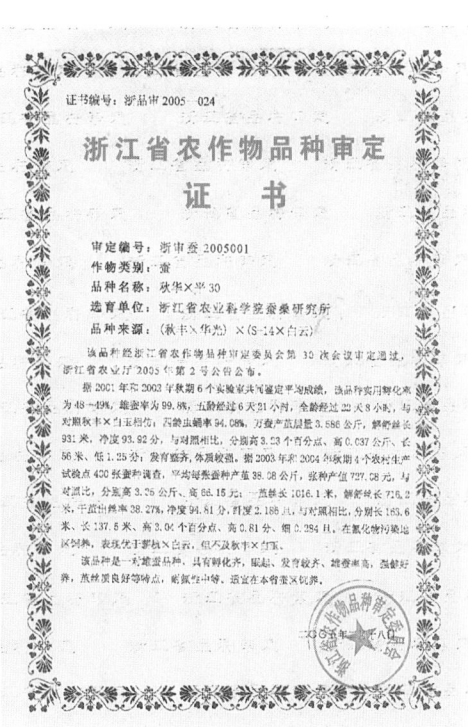

雄蚕品种秋丰×平28

品种名称：秋丰×平28

选育单位：浙江省农业科学院蚕桑研究所

品种来源：秋丰×（平30×白玉）

审定情况：通过浙江省农作物品种审定委员会审定

审定编号：浙审蚕2007001

特征特性：秋丰×平28是一对优质好养的夏秋用雄蚕品种。二化性四眠，滞育卵灰绿色，卵壳淡黄色或白色，只有正交，无反交。雌卵在胚胎期死亡，雄卵正常孵化，孵化率48%左右，克蚁头数2400头左右。各龄蚕眠起齐一，食桑旺盛。壮蚕体色灰白，普斑，大小均匀。全龄经过22d左右，5龄经过7d左右。各龄蚕发育整齐，老熟齐涌，茧层率高。

饲养要点：雄蚕品种出库胚子较大，但发育较慢，要注意做好催青与补催青工作，催青后期温度宜偏高0.5℃，湿度适当偏高，蚕种摊卵面积为普通种的1.5～2倍。补催青要求绝对黑暗，收蚁前2～3h感光，以利于孵化齐一。严格消毒防病，搞好养蚕前蚕室蚕具与环境的清洗与消毒，特别重视血液型脓病的防治。小蚕用叶要适熟新鲜，老嫩一致，注意超前扩座、稀放饱食。选用优良蔟具，强化蔟中管理，适时采茧。雄蚕杂交种性别单一，发育齐，老熟涌，要提早做好上蔟准备。蔟具以方格蔟为优，充分发挥其茧丝质优势。蔟中注意通风排湿，避免上蔟过密，及时抬高蔟片，耙去蚕沙，开门开窗。

适宜区域：适宜在长江中下游蚕区饲养。

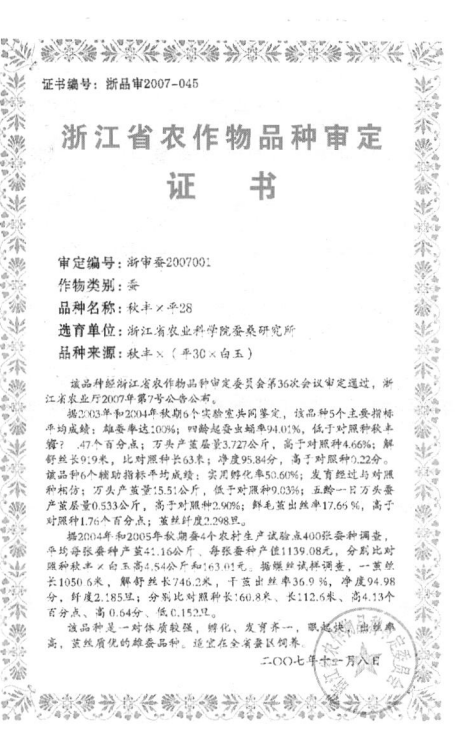

雄蚕品种限7×平48

品种名称： 限7×平48

选育单位： 浙江省农业科学院蚕桑研究所

品种来源：（夏7×薪杭）×（S-14×夏6）

审定情况： 通过浙江省农作物品种审定委员会审定

审定编号： 浙审蚕2009001

特征特性： 限7×平48是一对夏秋用雄蚕杂交种，二化性四眠，越年卵灰褐色，卵壳滞白色。雄蚕杂交种只有正交，无反交。雌卵在胚胎期死亡，有时虽有少量孵化，但在1～2龄眠中自然死亡，只有雄卵能正常孵化、生长，正常孵化率50%左右，克蚁头数2300头左右。各龄蚕眠起齐一，食桑旺，应注意充分饱食。壮蚕体色灰白，普斑，大小均匀。全龄经过22d左右，5龄经过6.5d左右。

饲养要点： 因雌蚕不孵化，盒种卵量为常规品种的一倍以上，补催青摊卵面积应是常规蚕种的1.5～2倍。按二化性蚕品种标准催青，催青后期温度可偏高0.5℃。1～2龄用叶宜适熟偏嫩，饲育温度以较常规品种偏高0.5～1℃为好。小蚕趋密性强，每次给桑前应做好匀扩座工作。雄蚕杂交种性别单一，发育齐、老熟涌，茧层率高，蔟中要注意通风排湿，避免上蔟过密，以提高茧丝质量。

适宜区域： 适宜在长江中下游蚕区饲养。

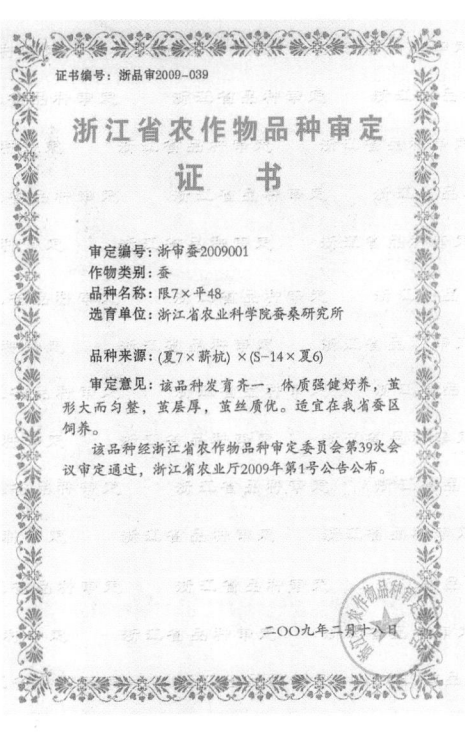

雄蚕品种华菁×平72

品种名称：华菁×平72

选育单位：浙江省农业科学院蚕桑研究所

品种来源：（华光×菁松）×（平8×872）

审定情况：通过浙江省农作物品种审定委员会审定

审定编号：浙审蚕2013001

特征特性：华菁×平72是一对多丝量雄蚕品种。二化性四眠，滞育卵灰褐色，卵壳白色。因是平衡致死系雄蚕杂交种，只有正交，无反交。雌卵在胚胎期致死，雄卵正常孵化，孵化率50%左右。克蚁头数2300头左右。各龄蚕眠起齐一，食桑旺盛，壮蚕体色青白，普斑，大小均匀。全龄经过23d左右，5龄经过7d左右。

饲养要点：注意做好催青与补催青工作，催青后期温度宜偏高0.5℃，湿度适当偏高，蚕种摊卵面积为普通种的1.5～2倍。补催青过程要求绝对黑暗，收蚁前2～3h感光，以利孵化齐一。严格消毒防病，认真抓好养蚕前的蚕室蚕具与环境的清洗消毒，抓好各龄蚕的蚕体蚕座消毒。小蚕用叶宜适熟偏嫩、新鲜、老嫩一致。各龄做好超前扩座、稀放饱食。选用优良蔟具，强化蔟中管理，适时采茧。雄蚕杂交种性别单一，发育齐快，及时做好上蔟准备。蔟具以使用方格蔟为宜，以利充分发挥其茧丝质优势。雄蚕茧茧层厚，蔟中要注意通风排湿，避免上蔟过密，上蔟后要及时抬高蔟片，耙去蚕沙，开门开窗。

适宜区域：适宜在环境、叶质条件较好的季节和区域饲养。

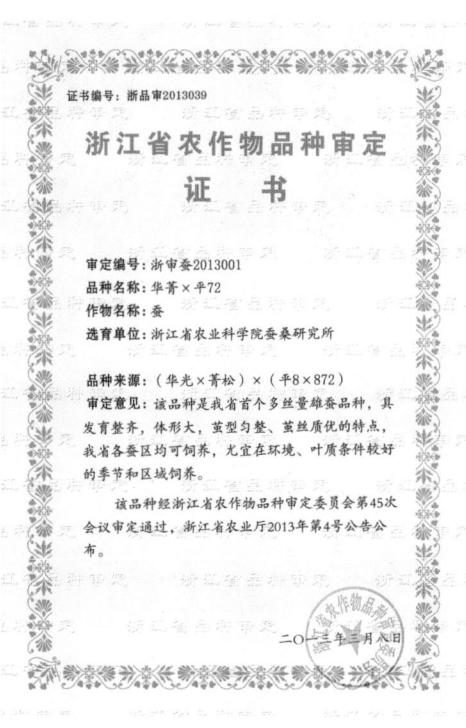

单交蚕品种浙凤1号

品种名称： 浙凤1号（雌29×卵36）

选育单位： 浙江省农业科学院蚕桑研究所

品种来源：（学65×夏5）×（卵26×416）

审定情况： 通过浙江省农作物品种审定委员会审定

审定编号： 浙审蚕2013002

特征特性： 该品种为国内外首次利用高孵化率雌蚕无性克隆系（雌29）与限性卵色系（卵36）杂交育成的新型单交家蚕品种，杂交种生产可免去蚕蛹雌雄鉴别。二化性四眠，滞育卵灰褐色，卵壳淡黄色。实用孵化率99%左右，蚁蚕黑褐色，壮蚕体色青白，蚕体粗壮，普斑。全龄经过22d，5龄经过6.5d。

饲养要点： 该品种只有正交无反交，杂交种繁育时，雌29：卵36的原种蚁量可按2：1配比，以降低蚕种生产成本，免去蚕蛹雌雄鉴别，可推迟削茧；按二化性蚕品种标准催青；各龄盛食期食桑旺盛，应充分良桑饱食；含有多丝量血统，秋蚕期饲养应注意做好防病工作，壮蚕期和蔟中注意通风。

适宜范围： 适宜长江中下游地区饲养。

低制种成本雄蚕品种浙凤2号

品种名称： 浙凤2号（雌35×平28）

选育单位： 浙江省农业科学院蚕桑研究所

品种来源：（PC-43×学65×夏5）×（平30×白玉）

审定情况： 通过浙江省农作物品种审定委员会审定

审定编号： 浙审蚕2016001

特征特性： 该品种是利用高孵化率雌蚕无性克隆系（雌35）与平衡致死系（平28）杂交育成的新型雄蚕品种。二化性四眠，滞育卵灰褐色，卵壳淡黄色。催青经过10d，孵化齐一，实用孵化率49%左右；蚁蚕黑褐色，1～2龄趋光、趋密性强。发育快，眠起齐，体质强健，易养。壮蚕普斑，蚕体匀整，食桑较旺盛。由于后代全为雄蚕，性别单一，老熟齐涌，营茧快，茧层厚，茧色洁白，椭圆形，大小较整齐。缩皱细，解舒较好，净度优，纤度细。全龄经过22d2h，5龄经过6d10h。

饲养要点： 该品种为单交蚕品种，只有正交无反交；一代杂交种生产时，雌35：平28的蚁量比可按2：1配发，可免去蚕蛹雌雄鉴别，明显提高制种效率，降低生产成本，还可有利提高蚕种杂交率；按二化性蚕品种标准催青，后期温度可偏高0.5℃；补催青摊卵面积为常规品种的1.5～1.7倍；稚蚕期趋光、趋密性强，注意及时匀座、扩座；饲育温度较常规品种高0.5～1℃；各龄发育较快，应做好超前扩座、及时加眠网，盛食期食桑旺盛，要稀放饱食；性别单一、发育齐，老熟涌，及早做好上蔟准备；由于含有多丝量血统，饲养中，应注意做好防病、防高温；壮蚕期和蔟中注意通风。

适宜范围： 适宜长江中下游地区饲养。

雄蚕品种菁·云×平28·平30

品种名称：菁·云×平28·平30

选育单位：浙江省农业科学院蚕桑研究所

品种来源：[（871A×菁松A）×（57B×锦6）]×[（平30×白玉）×（S-14×白云）]

审定情况：通过浙江省农作物品种审定委员会审定

审定编号：浙审蚕2019003

特征特性：菁·云×平28·平30是一对四元雄蚕品种，二化性四眠，滞育卵灰褐色，卵壳白色，平衡致死系雄蚕杂交种，只有正交，无反交。雌卵在胚胎期致死，只有雄卵能正常孵化，孵化率50%左右，克蚁头数2300头左右。各龄蚕眠起齐一，壮蚕体色青白，普斑，蚕体大小均匀，食桑旺盛。全龄经过22～24d，5龄经过7d左右。

饲养要点：雄蚕品种盒装卵量较常规品种多，补催青摊卵面积应是常规品种的1.5倍以上；小蚕用叶宜适熟，用叶过老易发育不齐，饲育温度以较常规品种偏高1℃为宜；及时做好匀扩座，良桑饱食；雄蚕品种性别单一，发育齐快，老熟涌，应提前做好上蔟准备，避免上蔟过密。加强蔟中管理，做好通风排湿，以提高茧丝品质。

适宜区域：适宜在饲养条件较好的季节饲养。

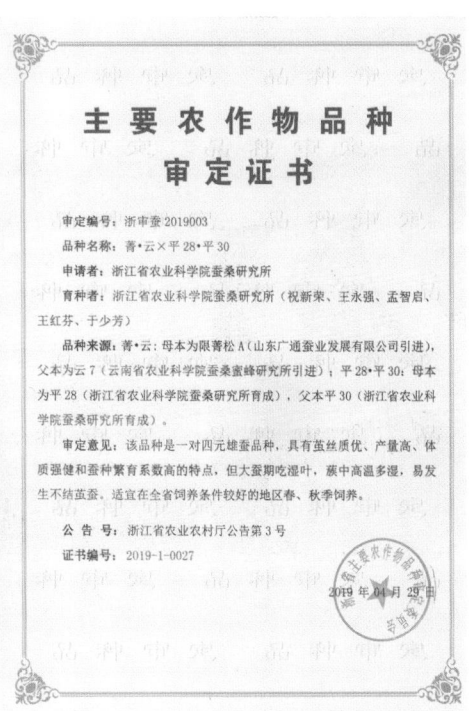

雄蚕品种鲁菁 × 华阳

品种名称：鲁菁 × 华阳

选育单位：山东广通蚕种有限公司，浙江省农业科学院蚕桑研究所

品种来源：（菁松 × 857）×（平·76 × 皓月）

审定情况：通过全国蚕品种审定委员会初审

特征特性：鲁菁 × 华阳是二化性、四眠专养雄蚕品种，杂交组合只有正交，无反交，雌卵在催青期致死，仅雄蚕孵化，孵化率50%左右，越年卵为灰绿色，卵壳黄色间有白色。蚁蚕黑褐色，壮蚕体色青白，普斑，因性别单一，各龄发育及眠起整齐，发育快，盛食期食桑旺盛，不踏叶，抗逆性强；营茧快，茧形中等，大小匀整，普通茧率高，茧色洁白，缩皱中等偏细，解舒好，洁净优，纤度偏细，茧丝质优良。

饲养要点：雄蚕杂交种雌蚕不孵化，盒种装卵量比常规蚕品种增加1.1倍左右，补催青摊卵面积应是常规蚕品种的1.5倍以上；按二化性蚕品种标准催青，催青后期温度可偏高0.5℃；小蚕用叶宜适熟偏嫩，饲育温度以较常规蚕品种偏高0.5 ～ 1℃为宜；雄蚕杂交种性别单一，发育齐，老熟涌，茧层率高，蔟中要特别注意通风排湿，避免上蔟过密，以提高茧丝质量。

适宜区域：适宜长江、黄河流域地区春季饲养。

鲁菁 × 华阳

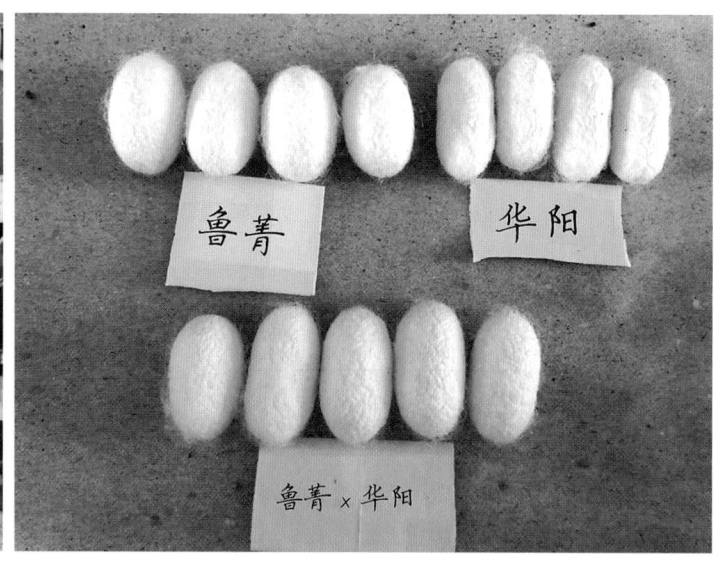

鲁菁　华阳

鲁菁 × 华阳

雄蚕品种云蚕7×红平2

品种名称：云蚕7×红平2

选育单位：云南省农业科学院蚕桑蜜蜂研究所，云南美誉蚕业科技发展有限公司，浙江省农业科学院蚕桑研究所

品种来源：（57B×锦6）×（平30×云蚕8）

审定情况：通过四川省家蚕品种审定委员会审定

审定编号：川蚕品审（2013）03号

特征特性：云蚕7×红平2是二化性春秋兼用三元雄蚕杂交种，具有体质强健好养、茧层率与出丝率高、丝质优的特点，雄蚕率98%以上，能缫制高品位生丝。该品种越年卵灰绿色，卵壳淡黄色或白色。雌卵在胚胎期死亡，雄卵能正常孵化，孵化率约48%左右，孵化齐一，克蚁头数约2200头，蚁蚕暗黑色，行动活泼，有趋光性和趋密性。各龄眠起整齐，蚕体强健，壮蚕体色青白，普斑。5龄经过约7d，全龄经过约25～26d。茧型大而洁白，茧形匀整，缩皱中等。

饲养要点：催青需按催青技术规范操作，戊₃后温度宜偏高$0.5℃$。补催青时摊卵面积为普通种的1.5～2倍，且需遮光黑暗，摇种和调种等操作须在红光下操作。蚁蚕活泼，感光宜偏迟，并及时做好收蚁工作。稚蚕期用叶适熟偏嫩，温度宜适当偏高$0.5～1℃$，壮蚕期注意通风换气，避免饲喂雨叶、湿叶、变质叶等。小蚕期趋密性强，应做好匀扩座工作，以利于雄蚕发育整齐度。食桑速度偏慢，1～3龄宜全覆盖或半覆盖育，4～5龄做到少食多餐，一般以4～5回育为好。老熟快而涌，上蔟要均匀，不能过密，蔟中加强通风换气，以利于提高茧丝质和健蛹率。蚕种浸酸标准：即时浸酸盐酸相对密度1.072～1.075，液温$46℃$，浸酸时间4.5～5min；冷藏浸酸盐酸相对密度1.092～1.094，液温$47.8℃$，浸酸时间5.5～6.0min。

适宜区域：适宜云南各蚕区春秋季饲养。

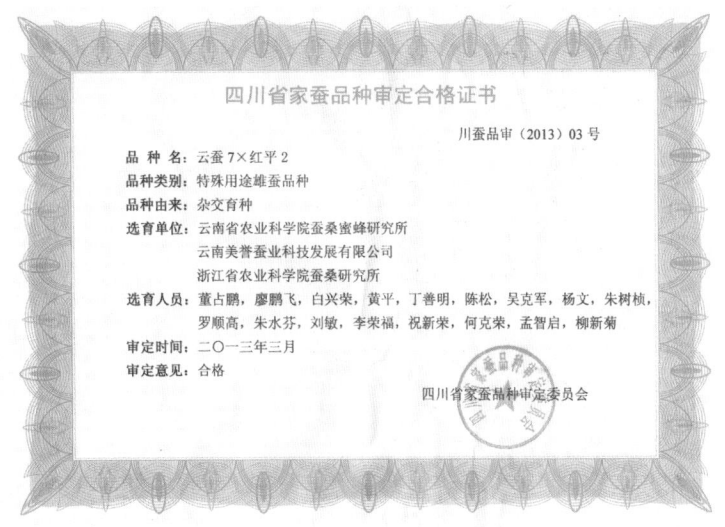

雄蚕品种蒙草×红平4

品种名称：蒙草×红平4

选育单位：云南省农业科学院蚕桑蜜蜂研究所，云南美誉蚕业科技发展有限公司，浙江省农业科学院蚕桑研究所

品种来源：（蒙草A×蒙草B）×（平28×红云）

审定情况：通过四川省家蚕品种审定委员会审定

审定编号：川蚕品审（2013）04号

特征特性：蒙草×红平4是二化性春秋兼用雄蚕杂交种。该品种滞育卵灰绿色，卵壳淡黄色或白色，雌卵在胚胎期死亡，雄卵能正常孵化，孵化率约48%，孵化齐一，蚁蚕暗黑色，克蚁头数约2200头，蚁蚕行动活泼，有趋光性和趋密性。各龄眠起整齐，眠性稍慢，蚕体强健。大蚕体色青白，普斑，大小均匀。茧大洁白，长椭圆形，缩皱中等。雄蚕率达99%左右，产茧量高，产量稳定，茧层厚，茧丝质优良，可缫制高品位生丝。

饲养要点：雄蚕杂交种因盒种装卵量加倍，补催青时摊卵面积应是常规品种的2倍左右；催青前期标准参照常规品种，催青后期以提高约0.5℃为宜；因雄蚕食桑速度偏慢，1～4龄可依据蚕室湿度采用全防干或半防干育，以保持桑叶新鲜度，增加蚕的食下率；小蚕饲养温度较常规品种提高0.5～1.0℃，并采用覆盖或半覆盖育和多回薄饲的方法，每次给桑前应做好扩座匀座工作；大蚕用叶要求新鲜，注意提青分批，加强管理，提高蚕儿发育整齐度和强健度；在饲养中应良桑饱食，上蔟要均匀，不宜过密，并注意通风排湿，防止不结茧蚕发生和保证茧质；浸酸标准：即时浸酸盐酸相对密度1.072～1.075，液温46℃，浸酸时间4.5～5.0min；冷藏浸酸盐酸相对密度1.092～1.094，液温47.8℃，浸酸时间5.5～6.0min。

适宜区域：适宜云南各蚕区春秋季饲养。

蒙草×红平4

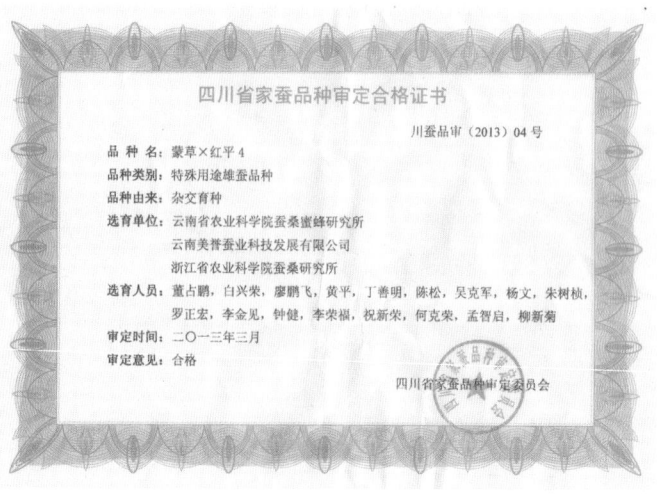

雄蚕品种桂蚕3号

品种名称：桂蚕3号

选育单位：广西壮族自治区蚕业技术推广总站

品种来源：（932·芙蓉）×（平桂228×平桂6A）

审定情况：通过广西壮族自治区农作物品种审定委员会审定

审定编号：桂审蚕2015001

特征特性："桂蚕3号"是一对二化含多化的夏秋用三元雄蚕杂交种，雄蚕率97%以上；卵色褐绿色，卵壳白色，孵化齐一，孵化率约48%，蚁蚕黑褐色，克蚁头数2300头左右；各龄眠起齐一，食桑旺，活泼，体质强健，抗高温多湿性能强，易养；全龄经过20d左右，5龄经过5.5d左右，壮蚕体色青白，素斑，食桑旺盛，熟蚕齐一，营茧快；茧形长椭圆微束腰，茧色白，缩皱中等；一茧丝长约980m，净度94.19分。

饲养要点：采用两段高温催青，前期：蚕卵戊3胚子前，温度24～25℃左右，干湿差2～2.5℃，自然光照；后期：蚕卵戊3胚子后，温度27～28℃，干湿差1～1.5℃，自然光照；见点后全黑保护，促使孵化齐一。原种催青时，为稳定化性，采用两段高温催青的同时，在后期（蚕卵戊3胚子后）改自然光照为18h感光。严格贯彻养蚕前、中、后的防病消毒措施，蚕期中要加强防病消毒处理，尽力杜绝病源，减少病蚕的发生。收蚁、饲食要精选新鲜适熟优质桑叶喂饲。稚蚕期适宜温度为27～29℃，干湿差2～2.5℃。壮蚕期要饱食良桑，特别5龄盛食期蚕座宜稀（约500头/m²），食桑要足，切忌给湿叶、嫩叶及发酵叶等不良桑叶，温度26～28℃为宜，干湿差2.5～3℃。避免养蚕环境闷热多湿，遇高温多湿时要加强通风换气。适熟上蔟，密度宜稀，避免强光直射，蔟室光线宜暗，注意上蔟室通风排湿，力求蔟室干爽。避免上蔟环境闷热多湿，遇高温多湿，要加强通风排湿。

浸酸标准：即时浸酸温度46.1℃，相对密度1.075，浸酸时间5min；冷藏浸酸温度47.8℃，相对密度1.095，浸酸时间5min30s。

适宜区域：适用于广西等亚热带蚕区夏秋期饲养，广西各蚕区全年各造均可饲养。

广 西 农 作 物 品 种
审 定 证 书

审定编号：桂审蚕2015001号
作物种类：蚕
品种名称：桂蚕3号
选育单位：广西壮族自治区蚕业技术推广总站
品种育成人：闭立辉、韦博尤、苏红梅、祁广军、张桂征、黄玲莉、张雨丽、黄文功、蒙艺英
品种来源："9·芙×平桂86"（"中·中×日"），选用中系亲本"932"、"芙蓉"与性连锁平衡致死新品系"平桂2286A"，采用"中·中×日"杂交方式组配的三元雄蚕杂交品种。

该品种已经第五届广西农作物品种审定委员会审定通过，广西壮族自治区农业厅于二〇一五年六月二十六日公告公布，可在各蚕区应用。

二〇一五年六月二十六日

雄蚕品种桂蚕4号

品种名称：桂蚕4号

选育单位：广西壮族自治区蚕业技术推广总站

品种来源：（932×8810）×（平桂228×平桂6A）

审定情况：通过广西壮族自治区农作物品种审定委员会审定

审定编号：桂审蚕2015002

特征特性："桂蚕4号"是一对夏秋用三元雄蚕杂交种，二化含多化，四眠，雄蚕率97%以上；卵色灰绿或深灰，卵壳浅黄色或白色，孵化齐一，孵化率约48%，蚁蚕黑褐色，克蚁头数2300头左右；各龄眠起齐一，食桑旺，活泼，体质强健，抗高温性能较强，抗湿性能稍差，易养；全龄经过20d左右，5龄经过5.5d左右，壮蚕体色青白，素斑，食桑旺盛，熟蚕齐一，营茧快；蔟中熟蚕排尿较多。茧形长椭圆，茧色白，缩皱中等；一茧丝长约1000m，净度94.01分。

饲养要点：同桂蚕3号。

适宜区域：适用于广西等亚热带蚕区夏秋期饲养，广西各蚕区全年各造均可饲养。

广 西 农 作 物 品 种
审 定 证 书

审定编号：桂审蚕 2015002 号
作物种类：蚕
品种名称：桂蚕 4 号
选育单位：广西壮族自治区蚕业技术推广总站
品种育成人：闭立辉、韦博尤、苏红梅、祁广军、张桂征、黄玲萍、张雨丽、黄文功、蒙艺英
品种来源："9·10×平桂 86"（"中·中×日"）。选用中系亲本"932"、"8810"与性连锁平衡致死新品系"平桂 2286A"，采用"中·中×日"杂交方式组配的三元雄蚕杂交品种。

该品种已经第五届广西农作物品种审定委员会审定通过，广西壮族自治区农业厅于二〇一五年六月二十六日公告公布，可在各蚕区应用。

二〇一五年六月二十六日

雄蚕品种川山 × 平30

品种名称： 川山 × 平30

选育单位： 四川省南充蚕种场，浙江省农业科学院蚕桑研究所，杭州市蚕桑技术推广总站，四川省蚕业管理总站

品种来源：（秋芳 × 732）×（S-14 × 白云）

审定情况： 通过四川省家蚕品种审定委员会审定

审定编号： 川蚕品审（2018）06号

特征特性： 该品种是利用高品位茧丝品种（川山）与平衡致死系（平30）杂交育成的雄蚕品种。二化性四眠，雄蚕率高达99%以上。越年卵灰紫色。体质强健好养。丝质优良，茧层率和出丝率高，能缫制6A级高品位生丝。卵壳淡黄色或白色。因为是平衡致死系雄蚕杂交种，只有正交，无反交。雌卵几乎全在胚胎期死亡，有时虽有少量孵化，但在1～2龄期自然死亡，只有雄性能正常发育。各龄眠起齐一，食桑旺盛，注意充分饱食，壮蚕体色灰白，普斑，大小均匀。因是雄蚕杂交种，性别单一，发育齐，老熟齐涌，蚕茧茧层厚，茧色洁白，大小匀整。缩皱细，解舒较好，净度优，纤度细。

饲养要点： 雄蚕品种川山 × 平30出库时胚胎发育较慢，要求严格按催青技术规范操作，后期温度应偏高0.5℃。做好补催青工作，促进孵化整齐，收足蚁量。认真抓好养蚕前蚕室、蚕具与环境的打扫清洗与彻底消毒；抓好各龄眠起时的蚕体蚕座消毒、叶面消毒。重视抓好病毒病、细菌病防治，尤其是血液型脓病的防治。要严防农药和氟污染中毒的发生。雄蚕因具有欧洲蚕血统，小蚕期发育较慢，眠性较韧，掌握1～2龄温度比现行标准偏高0.5～1℃，促进发育齐一。要求实行小蚕标准化规模共育，加强饲育管理，提高蚕儿发育整齐度和强健度，做好良桑饱食工作，充分发挥其优质高产的品种优势。应使用方格蔟，发挥其茧质优的优势，避免上蔟过密；蔟中更应强调做好通风排湿工作。

适宜范围： 适宜四川省蚕区饲养。

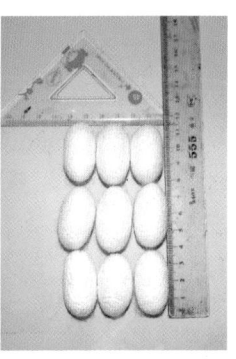

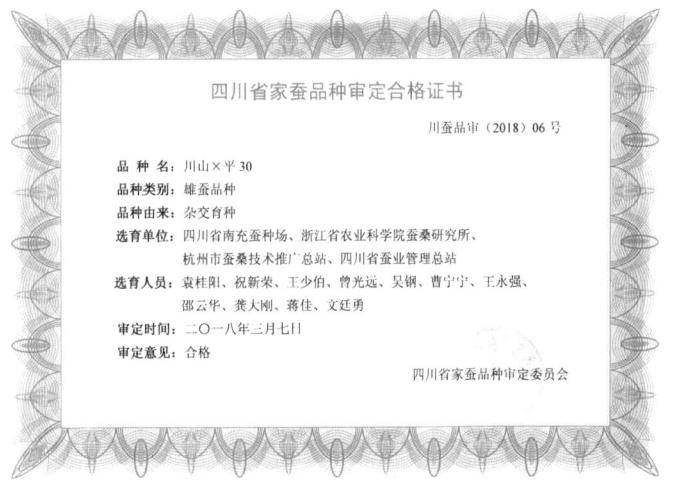

雄蚕品种碧海×平30

品种名称：碧海×平30

选育单位：四川省南充蚕种场，浙江省农业科学院蚕桑研究所，杭州市蚕桑技术推广总站，四川省蚕业管理总站

品种来源：（锦六）×（S-14×白云）

审定情况：通过四川省家蚕品种审定委员会审定

审定编号：川蚕品审（2018）05号

特征特性：该品种是利用限性斑纹品种（碧海）与平衡致死系（平30）杂交育成的新型雄蚕品种。二化四眠夏秋用二元杂交蚕品种，雄蚕率高达98%以上。越年卵灰紫色。体质强健好养。丝质优良，全茧量、茧层量重，茧丝长长，能缫制高品位生丝。卵壳淡黄色或白色。因为是平衡致死系雄蚕杂交种，只有正交，无反交。雌卵几乎全在胚胎期死亡，有时虽有少量孵化，但在1～2龄期自然死亡，只有雄性能正常发育。各龄眠起齐一，食桑旺盛，注意充分饱食，壮蚕体色灰白，普通斑，大小均匀。因是雄蚕杂交种，性别单一，发育齐，老熟齐涌，蚕茧茧层厚，茧色洁白，大小匀整。缩皱细，解舒较好，净度优，纤度细。

饲养要点：雄蚕品种碧海×平30出库时胚胎发育较慢，要求严格按催青技术规范操作，后期温度应偏高0.5℃。做好补催青工作，促进孵化整齐，一次性收足蚁量。认真抓好养蚕前蚕室、蚕具与环境的打扫清洗与彻底消毒；抓好各龄眠起时的蚕体蚕座消毒、叶面消毒。重视抓好病毒病、细菌病防治，尤其是血液型脓病的防治。要严防农药和氟污染中毒的发生。雄蚕因具有欧洲蚕血统，小蚕期发育较慢，眠性较韧，掌握1～2龄温度比现行标准偏高0.5～1℃，促进发育齐一。要求实行小蚕标准化规模共育，加强饲育管理，提高蚕儿发育整齐度和强健度，做好良桑饱食工作，充分发挥其优质高产的品种优势。应使用方格蔟，发挥其茧质优的优势，避免上蔟过密；蔟中更应强调做好通风排湿工作。

适宜范围：适宜四川省蚕区饲养。

第四章 雄蚕品种推广应用与种茧丝一体化开发 ▶

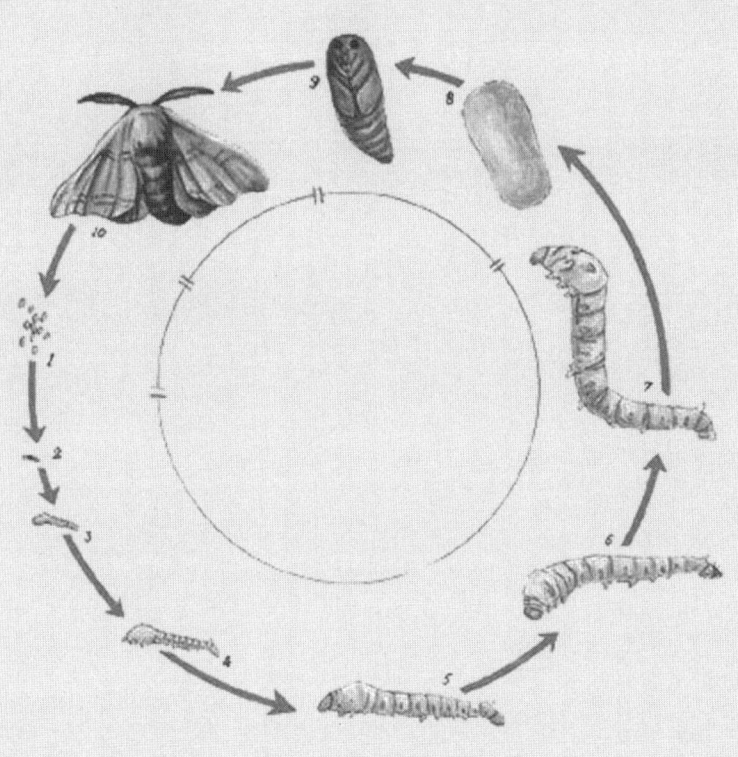

ICS 65.020.30

B 47

DB33

浙　江　省　地　方　标　准

DB33/T 698.1—2008

雄蚕种
第1部分：质量要求

Male silkworm eggs
Part 1：Quality requirement

2008-05-29发布　　　　　　　　　　　　2008-06-01实施

浙江省质量技术监督局　发布

前　　言

本部分第4章和第6章为强制条款。

DB33/T 698—2008《雄蚕种》按部分发布，分为二个部分：

——第1部分：质量要求；

——第2部分：质量检验检疫规程。

本部分是DB33/T 698—2008《雄蚕种》标准的第1部分。

本部分由浙江省农业厅提出并归口。

本部分起草单位：浙江省蚕种管理站、浙江省农业科学院、浙江省蚕种质量检验站、湖州市经济作物站。

本部分的主要起草人：陶涛、何克荣、楼黎静、林宝义、祝新荣、陈诗、黄衍峰。

雄蚕种

第1部分：质量要求

1　范围

本部分规定了雄蚕种的术语和定义、质量要求、包装标识、判定规则。

本部分适用于雄蚕种的繁育与生产。

2　规范性引用文件

下列文件中的条款通过本标准的引用而成为本标准的条款。凡是注日期的引用文件，其随后所有的修改单（不包括勘误的内容）或修订版均不适用于本标准，然而，鼓励根据本标准达成协议的各方研究是否可使用这些文件的最新版本。凡是不注日期的引用文件，其最新版本适用于本标准。

DB33/T 217.1—2007《桑蚕种质量》

DB33/T 698.2—2008《雄蚕种质量检验检疫规程》

3　术语和定义

下列术语和定义适用本部分。

3.1　雄蚕种

利用家蚕性连锁平衡致死系使雌蚕在胚胎期或稚蚕期死亡，仅有雄蚕卵正常孵化、发育的蚕种。

3.2　平衡致死系原种

供制造雄蚕一代杂交种用的平衡致死系蚕种。

3.3　雄蚕一代杂交种

利用杂种优势，以不同地理系统的常规蚕品种雌性蚕与平衡致死系雄性蚕进行杂交制成，供生产原料茧用的蚕种。

3.4 良卵

在调查期内，符合蚕卵固有外观形态和色泽的卵。

3.5 纯度

原种中符合该品种性状蚕的数量占总蚕头数的百分比。

3.6 雄蚕率

雄蚕的数量占调查蚕总头数的百分比。

3.7 实用孵化率

在催青条件下，连续最大2d孵化的蚁蚕头数占良卵总数的百分比。

3.8 微粒子病蛾率

带微粒子病的母蛾占制种批（段）母蛾总数的百分比。

4 质量要求

雄蚕平衡致死系原种、一代杂交种质量及疫病指标，见表1。

表1 雄蚕平衡致死系原种、一代杂交种质量及疫病指标

种类	良卵率（%）	实用孵化率（%）	雄蚕率（%）	纯度（%）	微粒子病蛾率（%）	盒装良卵量（粒）
平衡致死系原种	≥88	≥35	—	99	≤0.2	34000±500
雄蚕一代杂交种	≥97	≥49	≥98	—	≤0.5	62000±1000

注：平衡致死系原种盒装良卵量系指雄蚕卵量。

5 检验、检疫方法

按DB33/T 698.2—2008规定。

6 包装标识

6.1 包装盒要求

无破漏和发霉现象；透气、牢固，所用材料对蚕种无害。

6.2　标识

6.2.1　包装盒上应标明生产单位、许可证号、执行标准、品种、批号。

6.2.2　批号用7位阿拉伯数字标记，前2位为制种年份，3、4位为制种月份，后3位为生产批次。

6.2.3　附有微粒子病检疫证和质量检验合格证。

7　判定规则

达到本标准质量和检疫指标及包装标识要求的为合格，有一项达不到的为不合格。

ICS 65.020.30

B 47

DB33

浙 江 省 地 方 标 准

DB33/T 698.2—2008

雄蚕种
第2部分：质量检验检疫规程

Male silkworm eggs

Part 2：Inspection rule of quality

2008-05-29发布　　　　　　　　　　　　　2008-06-01实施

浙江省质量技术监督局　发布

前　言

DB33/T 698—2008《雄蚕种》分为二个部分：

——第1部分：质量要求；

——第2部分：质量检验检疫规程。

本部分是DB33/T 698—2008《雄蚕种》的第2部分。

本部分由浙江省农业厅提出并归口。

本部分起草单位：浙江省蚕种管理站、浙江省农业科学院、浙江省蚕种质量检验站、湖州市经济作物站。

本部分的主要起草人：陶涛、周金钱、张庆芳、祝新荣。

雄蚕种

第2部分：质量检验检疫规程

1 范围

本标准规定了雄蚕种质量的检验项目、检疫项目、检验程序和方法、检疫程序和方法、数据修约。

本标准适用于雄蚕种质量的检验检疫。

2 规范性引用文件

下列文件中的条款通过本标准的引用而成为本标准的条款。凡是注日期的引用文件，其随后所有的修改单（不包括勘误的内容）或修订版均不适用于本标准，然而，鼓励根据本标准达成协议的各方研究是否可使用这些文件的最新版本。凡是不注日期的引用文件，其最新版本适用于本标准。

DB33/T 217.3—2007　桑蚕种母蛾检疫规程

DB33/T 217.7—2007　桑蚕种催青技术规程

3 检验项目

3.1 平衡致死系原种

检验项目如下：

a）盒装良卵数；

b）良卵率；

c）实用孵化率；

d）纯度；

e）包装标识。

3.2 雄蚕一代杂交种

检验项目如下：

a）盒装良卵数；

b）良卵率；

c）实用孵化率；

d）雄蚕率；

e）包装标识。

4　检疫项目

微粒子病蛾率。

5　检验程序和方法

5.1　抽样

5.1.1　抽样时间

春制夏秋用冷浸蚕种，在浸酸装盒后进行；越年种在冬季入库后进行。

5.1.2　抽样方法、数量

以制种批为单位、每批随机抽样10盒，一代杂交种每盒取 2 .00g（原种1.00g）卵，混成 1 个样品，作各项检验用。

5.1.3　样品保存

样品保存条件与被抽样的制种批相同。

5.2　检验流程

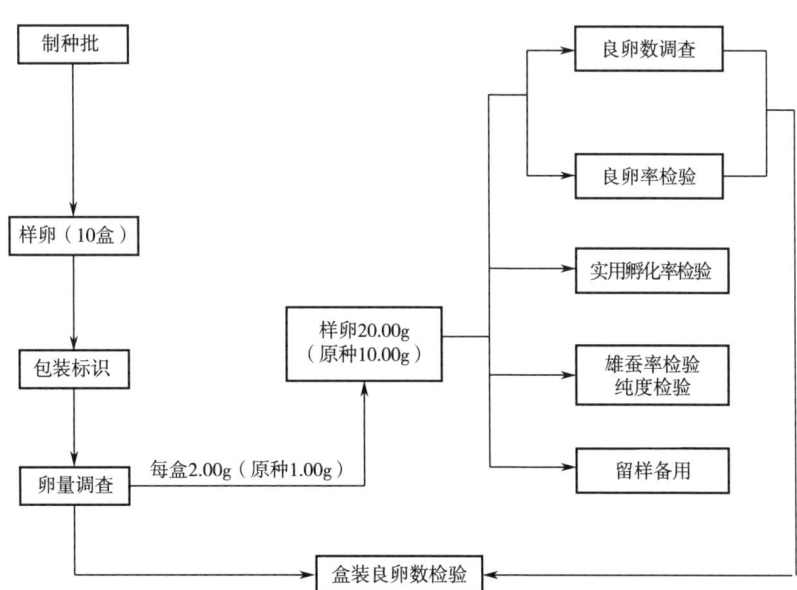

5.3 检验方法

5.3.1 包装标识

在5.1.2抽取的样品中，逐盒检查外观包装、标识是否符合要求。

5.3.2 良卵率和盒装良卵数

经包装、标识检验后的样品卵，逐盒称量，做好记录，然后每盒中随机抽取一代杂交种 2 .00g（原种1.00g），混匀成一代杂交种20.00g（原种10.00g）样卵，从中称取3个1.00g小样，分别调查良卵粒数和总卵粒数，取平均数作为该批的每克良卵数和总卵数，计算良卵率、每盒良卵粒数。

$$良卵率（\%）=\frac{克卵良卵粒数}{克卵总粒数}\times100$$

$$每盒良卵粒数=平均每克良卵粒数\times每盒平均重量克数$$

5.3.3 实用孵化率

从良卵率调查后的三个小样中取2个小样的良卵，按DB33/T 217.7—2007中的简化催青标准催青孵化后，计算实用孵化率。

$$实用孵化率（\%）=\frac{连续最大2d孵化晚熟蚕头数}{调查良卵数}\times100$$

5.3.4 雄蚕率和纯度

从样品卵中取0.5克进行催青，全部蚁蚕饲养至4龄第二天起，调查蚕的性别，体色、斑纹等，选出不符合品种固有性状的蚕，若在蚕期难以判别蚕的雌雄性别、品种性状的，则需饲养至结茧，化蛹，根据茧形、蛹的性别，判断其性状特征、雌雄蛹，做好记载，计算原种的纯度和一代杂交种的雄蚕率。

$$纯度（\%）=\frac{调查蚕总头数-（不符合品种性状蚕+不符合品种性状茧）}{调查蚕总头数}\times100$$

$$雄蚕率（\%）=\frac{雄蚕头数+雄蛹颗数}{调查蚕总头数}\times100$$

6 检疫程序和方法

按DB33/T 217.3—2007规定。

7 数据修约

卵粒数取整数，其余按数学修约规则，保留两位小数。

ICS 07.080

B 47

DB33

浙 江 省 地 方 标 准

DB33/T 990—2015

雄蚕种繁育技术规程

Technical regulation for Male silkworm eggs production

2015-09-25发布   2015-10-25实施

浙江省质量技术监督局 发布

前　言

本标准根据GB/T 1.1—2009给出的规则起草。

本标准由浙江省农业厅提出。

本标准由浙江省种植业标准化技术委员会归口。

本标准起草单位：浙江省农业技术推广中心、湖州市经济作物技术推广站、浙江省农业科学院蚕桑研究所、浙江省蚕种公司、海宁市蚕桑技术服务站、海宁市新兴蚕种制造有限公司、德清县东庆蚕种有限公司、杭州千岛湖蚕种有限公司。

本标准主要起草人：谷利群、周金钱、陈诗、祝新荣、钱文春、吴怀民、戴建忠、潘美良、章仲儒、陈法荣、邵云华。

雄蚕种繁育技术规程

1　范围

本标准规定了雄蚕种繁育的基本要求，质量预控，养蚕、制种及蚕种保护，母蛾抽样及处理等技术内容。

本标准适用于雄蚕种繁育。

2　规范性引用文件

下列文件对于本文件的应用是必不可少的。凡是注日期的引用文件，仅所注日期的版本适用于本文件。凡是不注日期的引用文件，其最新版本（包括所有的修改单）适用于本文件。

DB33/T 217　蚕种质量及检验检疫

DB33/T 217.4　桑蚕种繁育技术规程

DB33/T 217.7　桑蚕种催青技术规程

3　基本要求

3.1　繁育制度

雄蚕平衡致死系蚕种繁育实行三级繁育、四级制种制度。即饲养原原母种制原原种并择优留原原母种，饲养原原种制原种，饲养原种制一代杂交种。

3.2　饲育形式

3.2.1　原原母种

采用3蛾混合育。每3蛾蚁量为1个饲育区，饲养量应不少于20个饲育区，制种前不并区。

3.2.2　原原种

采用蛾区蚁量育。1～3龄每饲育区为2～4g蚁量，3龄后经预知检查无微粒子病可并区。

3.2.3　原种

采用分区蚁量育。1～3龄每饲育区蚁量不超过50g，3龄后经预知检查无微粒子病可并区。农村原蚕区饲育以户为单位设立饲育区，超过100g蚁量的，应分设饲育区。

3.3 制种方式

3.3.1 原原母种、原原种

实行同品种（品系）异蛾区交配制种。每蛾单独产卵，原原母种、原原种制成以14个卵圈为1张的框制种。

3.3.2 原种

按品种的规定方式交配制种。一个制种批的毛种数量应不超过1000张。每蛾单独产卵，制成28个卵圈为1张的框制毛种。在母蛾检疫合格后，把框制毛种加工成散卵，去雌卵，留雄卵装盒，每盒装卵量按DB33/T 217规定。

3.3.3 一代杂交种

以常规品种为母本、平衡致死系为父本。制种时先采用混合平附产卵，最后加工成盒装散卵成品。生产条件相同或相似的若干农户，经种茧调查合格后可以合并为一个制种批，一个制种批内应按日或按户分段制种。

4 质量预控

4.1 种茧质量要求

4.1.1 调查单位

以饲育区为单位调查种茧质量。

4.1.2 平衡致死系原原母种、原原种

4.1.2.1 平衡致死系原原母种、原原种种茧质量要求，见表1。

表1 平衡致死系原原母种、原原种种茧质量要求

项目	熟蚕虫蛹生命率（%）	死笼率（%）	全茧量（g）	茧层量（g）	茧层率（%）
春制	≥90.00	≤4.00	≥1.45	≥0.30	≥21.00
秋制	≥75.00	≤9.00	≥1.25	≥0.25	≥20.00

4.1.2.2 原原母种留种区间全茧量开差控制在0.1g以内，区内个体开差控制在0.2g以内；茧层量区内个体选择标准，应控制在留种区全茧量的平均值乘以合格茧层率所得平均值之上。

4.1.2.3 原原种留种区间全茧量开差控制在0.2g以内，区内个体开差控制在0.3g以内。

4.1.3 平衡致死系原种

平衡致死系原种种茧质量要求，见表2。

表2　平衡致死系原种种茧质量要求

项目	克蚁收茧量（g）	死笼率（%）	全茧量（g）	茧层量（g）	茧层率（%）
春制	≥2400	≤8.00	≥1.35	≥0.28	≥21.00
秋制	≥1700	≤10.00	≥1.20	≥0.24	≥20.00

4.1.4　平衡致死系一代杂交种

平衡致死系一代杂交种种茧质量要求，见表3。

表3　平衡致死系一代杂交种种茧质量要求

项目	死笼率（%）
春期	≤12.00
秋期	≤18.00

4.2　补正及预知检查

以饲育区为单位，对收蚁后的残蚁、死卵进行微粒子病补正检查，各龄迟眠蚕进行微粒子病预知检查，及时淘汰有微粒子病的饲育区。

4.3　淘汰不符合要求的饲育区及个体

4.3.1　各级蚕种在饲养过程中，应及时淘汰性状不良的饲育区与个体；原原母种、原原种应整区淘汰不符合品种、品系固有性状的饲育区。

4.3.2　各级蚕种在饲养过程中，应及时淘汰病蚕、小蚕及发育明显不齐的饲育区。

4.4　种茧选除

4.4.1　原原母种种茧应选除不符合品种固有性状的茧和薄皮茧、烂茧、畸形茧、绵茧、特小茧等不良茧，饲育区内个体选除率应不低于25%，饲育区淘汰率应不低于28%，选茧后良茧率达到99%以上的，方可制种；原原种饲育区内个体选除率应不低于20%；原原母种、原原种种茧选除率超过50%的饲育区不能留种。

4.4.2　原种种茧应选除不符合品种固有性状的茧和薄皮茧、烂茧、畸形茧、绵茧、特小茧等不良茧，选茧后良茧率达到90%以上的，方可制种。

5　养蚕、制种及蚕种保护

5.1　桑园及管理

按DB33/T 217.4规定。

5.2 生产用房

每饲养100g蚁量需配备生产用房，见表4。

表4　每100g蚁量生产用房配备表

生产用房	蚕室	蔟室	贮桑室	附属室	保护室
一代杂交种	100	70	50	70	按75张/m²越年毛种配备
原　　种	100	100	50	100	
原原种、原原母种				按每4饲育区折合1g蚁量计算	

注：相应的催青室、低温室和消毒设施等另配。

5.3 催青与收蚁

5.3.1 催青

5.3.1.1 催青标准

催青设施、催青准备、蚕卵解剖、环境控制及常规品种催青标准，按DB33/T 217.7。平衡致死系蚕种催青标准，见表5。

表5　平衡致死系蚕种催青标准

催青日期	第1～4天	第5～11天	第12天
胚胎代号	丙$_2$～戊$_2$	戊$_3$～己$_5$	孵化
目的温度（℃）	22±1	25～26	/
目的湿度（%）	75±5	80±5	/
光线	自然光	感光18h，转青后24h遮黑	收蚁前2h感光

5.3.1.2 转青卵抑制

遇特殊情况需延迟收蚁时，可进行转青卵冷藏抑制，抑制温度为5℃，抑制时间以2～3d为限。进入抑制温度前和抑制结束时，都应经10～13℃的中间温度过渡3～5h。

5.3.2 收蚁

5.3.2.1 收蚁适时

收蚁当天应先感光，盛孵化（40%～50%）后2～3h为收蚁适时。收蚁全过程，应不超过2h。

5.3.2.2 蚁量比

平衡致死系原种与对交品种的实收蚁量比，控制在1：4为宜。

5.3.2.3 收蚁方法

收蚁时，蚕室温度调节到26～27℃、相对湿度80%～85%。原原母种，可用直接桑收法；蚁量育，可用网收法，定量分区；逸散性强的品种，可结合用打落法。同一卵圈的蚁蚕不能分到不同饲育区内。

5.4　原蚕饲养

5.4.1　饲育标准

1～3龄饲育温度应比常规品种偏高1～2℃，并注意薄饲，加强蚕座整理及光线调节。饲育标准，见表6。各龄眠中温度应降低1～2℃，见起后，相对湿度适当提高。

表6　原蚕饲育标准

龄别	1龄	2龄	3龄	4龄	5龄
目的温度（℃）	28～29	27～28	25～26	25	25
相对湿度（%）	80～85	80～85	80～85	70～80	70～80
给桑次数（次/d）	3	3	3	3	3
除沙（次）	眠1	起、眠各1	起、中、眠各1	起、中、眠各1	起、每天各1
蚕体消毒（次）	收蚁、将眠各1	起蚕、将眠各1	起蚕、将眠各1	起蚕、盛食、将眠各1	起蚕、见熟各1，龄中每天各1

5.4.2　用叶标准

平衡致死系收蚁第1天用叶应比常规品种适当偏嫩，其他时期参照常规品种用叶标准。

5.4.3　对交常规品种雌、雄分离

对交常规品种应在4龄第2天开始"去雄留雌"，淘汰雄性个体，雌蚕率达到99%以上。

5.4.4　上蔟与种茧处理

按DB33/T 217.4规定。

5.5　制种

5.5.1　发蛾调节

在饲养期进行发蛾调节基础上，种茧保护期应随时观察蛹体发育进度，并根据品种的发蛾习性，通过温、湿度进行调节，确保雄蛾比雌蛾提前1 d见苗蛾。盛发蛾时，雄、雌蛾数量比以1∶2～1∶2.5为宜。

5.5.2　发蛾、捉蛾、选蛾

5.5.2.1　发蛾

发蛾当天雌蛾感光时间以3～4h为宜，根据当天发蛾数量及雄蛾交配次数确定。当天雄蛾需再交，雌蛾感光时间应适当提前。

5.5.2.2　捉蛾

蚕蛾鳞毛充分干燥，蛾翅展开，蛾体收缩，为捉蛾的适宜时间。一般先雌后雄，自上而下逐匾

进行，捉出的蚕蛾均匀置于蚕匾中。

5.5.2.3 选蛾

在捉蛾、投蛾、交配过程中，应随时选除病态蛾、半蜕皮蛾、大腹蛾、特小蛾、黑节蛾和鳞毛脱落蛾等不良蛾以及纯对蛾、苗（末）蛾等。

5.5.3 交配、拆对

5.5.3.1 交配

5.5.3.1.1 交配环境

交配室应保持无风、弱光、安静，温度为23～25℃，湿度保持在75%～80%。

5.5.3.1.2 雄蛾数

交配时将雄蛾均匀撒于雌蛾匾内，撒雄蛾数以雌蛾数的105%为宜。

5.5.3.1.3 雄蛾再交

交配时应分清新鲜雄蛾与再交雄蛾。新鲜雄蛾交配时间以3 h为宜，再交雄蛾交配时间应不少于4h。同一只雄蛾1 d交配以2次为宜，交配总次数不超过4次。

5.5.3.2 理对

交配10 min后，捉出单只雌、雄蛾，另行交配。交配对的间隔距离以蛾翅不相碰为宜。

5.5.3.3 拆对

按交配时间先后进行拆对，同时选除不良蛾及雄蛾。

5.5.4 投蛾、巡蛾、产卵

5.5.4.1 投蛾

雌蛾充分排尿后即送产卵室，产卵室温度为24～26℃，相对湿度为75%～80%，室内保持黑暗，注意换气，防止闷热。框制产卵按框投蛾，平附产卵以平产1层为宜。

5.5.4.2 巡蛾、产卵

投蛾后由专人巡蛾。捉出雄蛾，吸干蛾尿。框制种对准框线，补足空蛾圈。

5.5.5 蚕蛾冷藏

5.5.5.1 雄蛾冷藏

第2天要利用的雄蛾应稀放冷藏，冷藏温度以3～5℃为宜。雄蛾低温室应保持黑暗、干燥。

5.5.5.2 雌蛾冷藏

雌蛾冷藏应尽量避免，当天无法完成交配的雌蛾应进行冷藏，温度以5℃为宜，冷藏时间不超过1 d，第2天取出稍回暖后，即用新鲜雄蛾交配，交配时间缩短为2h，拆对后即投蛾产卵。

5.6 蚕种保护及浴消

按DB33/T 217.4规定。

6 母蛾抽样及处理

6.1 袋蛾

按DB33/T 217.4规定。

6.2 母蛾抽样与蛾盒处理

按DB33/T 217规定。

DB3305

湖 州 市 农 业 地 方 标 准 规 范

DB3305/T 26.1—2009

雄蚕种
第1部分：雄蚕种繁育技术规程

2009-12-01发布   2010-01-01实施

湖州市质量技术监督局 发布

前　言

DB3305/T 26《雄蚕种》分为两个部分：

——第1部分：雄蚕种繁育技术规程；

——第2部分：雄蚕茧生产技术规程。

本部分为DB3305/T 26《雄蚕种》系列标准的第1部分。

本部分由湖州市农业局提出并归口。

本部分起草单位：湖州市蚕业技术推广站、浙江省农业科学院蚕桑研究所。

本部分主要起草人：吴怀民、楼黎静、祝新荣、陈法荣、冯世民。

雄蚕种

第1部分：雄蚕种繁育技术规程

1 范围

本部分规定了雄蚕种繁育基本要求、桑园管理、养蚕制种、袋蛾、蚕种保护与浴消整理技术规范。

本部分适用于雄蚕种繁育。

2 规范性引用文件

下列文件中的条款通过本标准的引用而成为本标准的条款。凡是注日期的引用文件，其随后所有的修改单（不包括勘误的内容）或修订版均不适用于本标准，然而，鼓励根据本标准达成协议的各方研究是否可使用这些文件的最新版本。凡是不注日期的引用文件，其最新版本适用于本标准。

DB33/T 217—2007 桑蚕种

3 繁育基本要求

3.1 繁育制度

平衡致死系蚕种繁育实行三级繁育、四级制种制度。即饲养原原母种制原原种并择优留原原母种，饲养原原种制原种，饲养原种制一代杂交种。

3.2 饲育形式

3.2.1 原原母种

采用3蛾混合育，每3蛾蚁量为一个饲育区，饲育量不少于20个饲育区，制种前不并区。

3.2.2 原原种

采用蛾区蚁量育。1～3龄每饲育区为2～4g蚁量，3龄后经预知检查无微粒子病后可并区，但每区不超过20g蚁量。

3.2.3 原种

采用分区蚁量育。1～3龄每饲育区蚁量，专业场不超过50g，原蚕区以户为单位；3龄后经预知检查无微粒子病后，可适当并区。

3.3 制种方式

3.3.1 原原母种、原原种

生产原原种，平衡致死系采用饲育蛾区数应不少于10个饲育区，严格实行同品种（品系）异蛾区交配制种。每蛾单独产卵，制成以10个或14个卵圈为1张的框制种。

3.3.2 原种

生产原种严格实行同品种异饲育区交配制种，杂交原种按规定的组合交配。以本生产单位相似条件的若干饲育区所制的蚕种作为制种批，一个制种批的毛种数量应不超过1000张。每蛾单独产卵，制成28个卵圈为1张的框制种。

平衡致死系原种在母蛾检疫合格后，把框制种制成散卵，去掉黑色雌卵，选留黄色雄卵装盒，每盒装卵34000粒±500粒。

3.3.3 一代杂交种

生产雄蚕一代杂交种，以常规品种为母本、平衡致死系为父本。制种时先采用混合平附产卵，最后加工成盒装散卵成品。

生产条件相同或相似的若干农户经种茧调查，微粒子病促进检查合格后可以混合制种为一个制种批，一个制种批内可按日或按农户分段制种。

每批成品蚕种总量不超过1500盒，并有记录可追溯合并前的批次及质量检验、母蛾检疫情况。

3.4 质量预控

3.4.1 种茧质量要求

各级蚕种在生产过程中都应随时选除不符合品种固有特性及不良的卵、蚕、茧、蛹、蛾，达到相应的种茧质量要求。各级种茧质量要求，见表1、表2、表3。

表1　平衡致死系原原母种、原原种种茧质量要求

项目	熟蚕虫蛹生命率（%）	茧层量（g）	茧层率（%）
春制	88	≥0.30	≥21
秋制	84	≥0.25	≥20

注1.原原母种留种区间全茧量开差控制在0.1g以内，区内个体开差控制在0.2g以内。茧层量区内个体选择标准，应控制在留种区全茧量的平均值乘以茧层率要求所提平均值之上。

2.原原种留种区间全茧量开差控制在0.2g以内，区内个体开差控制在0.3g以内。

表2　平衡致死系原种种茧质量要求

项目	克蚁收茧量（g）	死笼率（%）	茧层量（g）	茧层率（%）
春制	2600	≤8	≥0.30	≥21
秋制	2100	≤10	≥0.24	≥20

表3 平衡致死系一代杂交种种茧质量要求

项目	死笼率（%）
春期	≤14
秋期	≤17

3.4.2 预知检查

以饲育区为单位，对收蚁后的残蚁、死卵、各龄迟眠蚕进行微粒子病预知检查，及时淘汰有微粒子病的饲育区。

3.4.3 淘汰不良饲育区及个体

各级蚕种的繁育应防止品种、品系混杂，做好品种、品系之间饲养、制种时的隔离工作，及时淘汰性状不良的饲育区与个体。繁育母种、原原种的应整区淘汰不符合品种、品系固有性状的饲育区。

3.4.4 淘汰不健康饲育区

各级蚕种应按规定实行分区饲育，同一卵圈的蚕只能在同一饲育区内饲养。在蚕期发育明显不齐、暴发蚕病、中毒等导致蚕健康度严重下降而产生大批淘汰蚕、种茧的，应严格控制制种。凡淘汰率达到40%以上的饲育区，不能制种。

3.4.5 种茧选除

原原母种、原原种种茧，饲育区选除率应不低于28%，蛾区内个体选除率应不低于25%；选茧后良茧率达到100%的，方可制种。原原母种、原原种种茧选除率超过60%的饲育区不能留种，原种种茧个体选除率应不少于总收茧量的10%，选茧后良茧率在90%以上的，方可制种。

3.4.6 母蛾抽样及处理

微粒子病母蛾检验抽样，按DB33/T 217.3—2007中3.1、3.2、3.3规定。

4 桑园管理

按DB33/T 217.4—2007中第4章的规定。

5 养蚕制种

5.1 生产用房配备

生产用房配备，见表4。

表4　每100g蚁量生产用房配备　　　　　　　　　　　　单位：m²

房屋类别	蚕室	蔟室	贮桑室	附属室	保护室
一代杂交种	100	70	50	70	按生产越年种的数量以75
原　种	100	100	50	100	张毛种/m²配备
原原种、母种	按每4饲育区折1g原种计算				

注：蚕种生产单位还应配备相应的催青室、低温室和消毒设施等。

5.2　催青与收蚁

5.2.1　催青

5.2.1.1　出库日期

春期蚕种出库日期以本场不同品种的桑芽生长情况为主，结合参考当时气象预报和本场历年出库日期等情况来确定。以中晚熟桑开放4～5叶为适期。确定出库日期时应以大批为主，适当照顾前后批开差。

中秋期原种出库日期以8月上中旬为适期，不能迟于8月下旬。

5.2.1.2　催青标准

母本催青标准，按DB33/T 217.7—2007规定执行。平衡致死系催青标准见表5。

表5　平衡致死系催青标准

催青日期	第1～4天	第5～11天	第12天
胚胎代号	丙₂～戊₂	戊₃～己₅	孵化
目的温度（℃）	22	25	
目的湿度（%）	76	81	
光线	自然光	感光18h，转青后24h遮黑	收蚁前2h感光

注：简化催青前后段温差大，应在催青第5天早晨8时起，每小时升高0.5℃的方法逐渐把温度提高到目的温度。

5.2.1.3　催青卵抑制

遇特殊情况需延迟收蚁时，可进行转青卵的冷藏抑制，抑制温度为5℃，抑制时间以2～3d为限。进入抑制温度前和抑制结束时都要有3～5h的中间温度过渡。

5.2.2　收蚁

5.2.2.1　收蚁准备

准备好收蚁用具；采好收蚁用叶；调节好蚕室室温、湿度，标准为温度26～26.5℃，相对湿度80%～85%。

收蚁当日早晨5时左右感光，中系品种在盛孵化（50%左右孵化）后2～3h为收蚁适期。收蚁全过程尽量不超过2h，掌握在上午11时前定座完毕。

5.2.2.2　蚁量配比

按实收蚁量平衡致死系与其对交种的比例，控制在1：5，最多不超过1：6。

5.2.2.3 收蚁方法

单蛾育收蚁可采用直接桑收法。蛾区蚁量育可采用网收法，定量分区；逸散性强的品种，可结合用打落法收蚁；同一卵圈的蚁蚕不能分入不同饲育区内。散卵原种采用尼龙网收蚁法，定量分区。

收蚁后，保留卵壳、残蚁、残卵作微粒子病补正检查，及时淘汰有微粒子病的饲育区。

各品种应另称1g蚁蚕调查克蚁头数，作为后期调查的基础。

5.3 原蚕饲养

5.3.1 饲养标准

平衡致死系1～3龄用温应比常规品种偏高1～2℃，注意薄饲，并加强蚕座整理及光线调节工作。

饲养标准，见表6。

表6 平衡致死系饲养标准

龄别	1龄	2龄	3龄	4龄	5龄
目的温度（℃）	29～30	28～29	26～27	25～26	24～25
相对湿度（%）	90～95	85～90	80～85	75～80	70～80
给桑次数（次/d）	3～4	3～4	3～4	4	4
切桑标准（cm²）	0.25～1.0	1.0～4	4～16	片叶	片叶或芽叶
除沙次数	眠1次	起、眠各1次	起、中、眠各1次	起、眠各1次、每日中1次	起1次，每日1次
蚕体消毒次数	收蚁、将眠各1次	起蚕、将眠各1次	起蚕、将眠各1次	起蚕、盛食、将眠各1次	起蚕、见熟各1次，龄中每日1次
2g蚁量最大蚕座面积（m²）	收蚁时0.06，最大0.24	0.65	2.00	4.00	9.00～10.00
2g蚁量匾数	1	2	3	5	7～8

注：1：多丝量品种1～3龄饲育温度宜适当偏高。
   2：各眠眠中温度降低1～2℃。

5.3.2 用叶标准

平衡致死系品种1～3龄用桑应较常规品种偏嫩。

用叶标准，见表7。

表7 平衡致死系各龄用叶标准

期别	龄别	收蚁当日	1龄	2龄	3龄	4龄	5龄
春期	叶色	黄绿色	嫩绿色	绿色	较深绿色	深绿色	深绿色
	叶位	生长芽最大叶上1叶	生长芽最大叶	生长芽最大叶下1～3叶	止芯芽叶或生长芽成熟叶片	止芯芽叶或成熟叶片	条叶
	含水率（%）	79～80	77～78	76～77	75～76	74～75	71～73

（续）

期别	龄别	收蚁当日	1龄	2龄	3龄	4龄	5龄
	叶色	黄绿色	嫩绿色	绿色	较深绿色	深绿色	深绿色
秋期	叶位	最大叶上1叶	最大叶	最大叶下1叶	第6～7叶	第8～12叶	除基部5～6叶外，均可
	含水率（%）	78～80	77～78	76～77	75～76	74～75	71～73

5.3.3　常规品种雌雄分离

常规品种应在4龄第2天"去雄留雌"，淘汰雄性个体，在两日内完成，雌蚕率应达到99.5%以上。

5.3.4　平衡致死系雄蚕率

平衡致死系雄蚕率应达到99%以上。

5.4　种茧保护

按DB33/T 217.4—2007中5.4.4的规定。

5.5　制种

5.5.1　发蛾调节

在饲养期进行发蛾调节基础上，在种茧保护期应随时观察蛹体发育进度，并根据品种的发蛾习性，通过温、湿度进行调节，确保雄蛾提前1～2d见苗蛾。盛发蛾时，雌雄蛾数量比例以1.5～2：1为宜。

5.5.2　发蛾、捉蛾、选蛾

5.5.2.1　发蛾

发蛾当日雌蛾感光时间，应根据当天发蛾数量及雄蛾交配次数确定。如当日雄蛾需再交，雌蛾感光时间应适当提前。

5.5.2.2　捉蛾

鳞毛充分干燥，蛾翅展开，蛾体收缩，为捉蛾的适宜时间。一般在上午6～7时开始，先雌后雄，先落地蛾、匾边蛾，后自上而下逐匾进行。捉出的蚕蛾均匀置于蚕匾中，每匾放200～250只雌蛾。

5.5.2.3　选蛾

在捉蛾、投蛾、交配过程中，都应随时选除病态蛾、半蜕皮蛾、大腹蛾、特小蛾、黑节蛾和鳞毛脱落蛾等不良蛾以及纯对蛾、苗（末）蛾等。

5.5.3　交配、拆对

5.5.3.1　交配

交配室应保持无风、弱光、安静，温度以24℃为中心，湿度保持在75%～80%。交配时，应将雄蛾均匀地撒于雌蛾匾内，撒雄蛾数以雌蛾数的95%左右为宜。交配时，应分清新鲜雄蛾与再交雄蛾。新鲜雄蛾交配时间为3h左右，再交雄蛾交配时间应保持4h以上，同一雄蛾当天交配以2次为度，同一只雄蛾交配以3次为宜。

5.5.3.2 理对

交配5～10min后进行，捉出单只雌、雄蛾，另行交配。交配对间隔以蛾翅不相碰为宜。

5.5.3.3 拆对

按交配时间先后进行，注意动作轻巧。拆对后轻轻震动雌蛾匾，使之充分排尿，同时选除不良蛾及雄蛾。

5.5.4 投蛾、巡蛾、产卵

5.5.4.1 投蛾

雌蛾充分排尿后即送产卵室，产卵室温度为25～25.5℃、相对湿度为75%，室内要保持黑暗，注意换气，切忌闷热。框制产卵按框投蛾，平附产卵以每10cm²左右投1蛾，平产一层为宜。

5.5.4.2 巡蛾、产卵

投蛾后由专人巡蛾。捉出逸出蛾，扶正朝天蛾，选出雄蛾，吸干蛾尿，框制种对准框线，补足空蛾圈。对产卵性差、残存卵多的品种，除适当迟交、长交外，产卵室温度可适当偏高。

5.5.5 蚕蛾保护

5.5.5.1 雄蛾保护

拆对后的雄蛾应妥加保护，宜稀放。雄蛾保护温度以3～5℃为宜，不超过8℃。雄蛾保护室应保持黑暗状态。雄蛾应先羽化先使用，以防冷藏时间过长。

5.5.5.2 雌蛾冷藏

雌蛾冷藏应尽量避免，当日无法完成交配的雌蛾冷藏，温度以3～5℃为宜，第2天取出稍回暖后，即用新鲜雄蛾交配，交配时间缩短为2h，拆对后即投蛾产卵。

6 袋蛾、蚕种保护及浴消整理

袋蛾、蚕种保护及浴消整理按DB33/T 217.4—2007中5.5.7～6规定。

DB3305

湖 州 市 农 业 地 方 标 准 规 范

DB3305/T 26.2—2009

雄蚕种
第2部分：雄蚕茧生产技术规程

2009-12-01发布　　　　　　　　　　　　2010-01-01实施

湖州市质量技术监督局　发布

前　言

DB3305/T 26《雄蚕种》分为两个部分：

——第1部分：雄蚕种繁育技术规程；

——第2部分：雄蚕茧生产技术规程。

本部分为DB3305/T 26《雄蚕种》系列标准的第2部分。

本部分由湖州市农业局提出并归口。

本部分起草单位：湖州市蚕业技术推广站、浙江省农业科学院蚕桑研究所。

本部分主要起草人：楼黎静、沈玉丽、朱剑勋、沈根生、沈汉初、柳丽萍。

雄蚕种

第2部分：雄蚕茧生产技术规程

1 范围

本规程规定了雄蚕茧的生产准备、养蚕布局、领种和补催青与收蚁、小蚕饲养、大蚕饲养、上蔟、采茧与投售等技术要求。

本规程适用于雄蚕茧生产。

2 规范性引用文件

下列文件中的条款通过本标准的引用而成为本标准的条款。凡是注日期的引用文件，其随后所有的修改单（不包括勘误的内容）或修订版均不适用于本标准，然而，鼓励根据本标准达成协议的各方研究是否可使用这些文件的最新版本。凡是不注日期的引用文件，其最新版本适用于本标准。

DB33/T 698.1—2008 雄蚕种质量要求

DB33/T 217.7—2007 桑蚕种 第7部分：桑蚕种催青技术规程

3 生产准备

3.1 蚕室

3.1.1 蚕室选址要求：地势高燥、环境洁净、用水方便，周边无废气及有害污染物污染。

3.1.2 蚕室结构及地面要宜于冲洗和药物消毒，便于温度、湿度、光线、气流的调节，便于饲养人员操作，安全性能好。

3.2 蚕室蚕具配备

以一次饲养10盒蚕种计算，需要配备：蚕室440m²，贮桑室45m²，蚕匾（110cm×90cm）180只，小蚕加温设备，温度计2只，方格蔟2200片，消毒池1个。另外还需要蚕架、给桑架、防干纸（或保鲜膜）、蚕网、切桑板等辅助用具。

3.3 清洁消毒

3.3.1 蚕室四周清扫干净，用1%有效氯液喷雾消毒，并撒布新鲜石灰粉。

3.3.2 蚕室先扫后洗，先用1%有效氯消毒液消毒后保湿半小时，次日再用熏烟剂熏蒸消毒1次。

3.3.3 蚕具要"一洗二晒三消毒"，蚕匾要在消毒池中浸渍后，放在密闭性能较好的蚕室内保湿半小时。

4 养蚕布局

4.1 蚕期布局

全年4期蚕布局，具体饲养时间和饲养量，可根据当年的气象情况和桑叶产量，布局安排见表1。

表1 各期蚕饲养安排表

期别	时间安排		677m² 桑园饲养量	
	出库中心日期	发种中心日期	蚕种张数（张）	所占比例（%）
全 年	—	—	4.0	100
春 蚕	4月18日	4月28日	1.5	37.5
夏 蚕	6月17日	6月25日	0.5	12.5
中 秋	8月20日	8月30日	1.2	30
晚 秋	9月15日	9月25日	0.8	20

注1：按DB33/T 698.1—2008规定的蚕种卵量计算。
　2：具体时间可在中心日期前后3d的范围内调整。

5 领种、补催青和收蚁

5.1 按DB33/T 217.7—2007的规定催青。雄蚕种催青设施设备比常规种数量多一倍。

5.2 领种

用清洁黑布将蚕种包裹遮光，途中严防日晒、雨淋、剧烈振荡和挤压，避免接触有毒物、不良气体和高温。

5.3 补催青

5.3.1 领种前1d蚕室加温至24℃。蚕种到室后，将蚕卵平摊于蚕匾或装入收蚁袋中。蚕室遮光保持黑暗，温度24℃，相对湿度80%，保护2d，收蚁前一天傍晚将温度升高到25.5℃。

5.3.2 采用网收法、打孔薄膜和纸包法的，先在蚕匾内平铺1张防干纸，上面再铺1张白纸，将蚕卵平摊在白纸上，每张蚕种摊卵面积60cm×55cm，卵面上盖一张压卵网或薄膜或白纸（四周折好），然后盖上蚕匾，进行补催青。

5.3.3 采用收蚁袋的，将收蚁袋开口处掀起，装入蚕卵，粘住开口处端平轻轻左右晃动，使蚕卵均匀粘于袋内的特种胶上，然后将收蚁袋黑胶纸朝上，白棉纸朝下平放在蚕匾内，进行补催青。

5.4 收蚁

5.4.1 收蚁时间

早晨5～6时开始感光，光源距离蚕卵1.5m以上，春蚕8时收蚁，夏秋蚕7时收蚁。

5.4.2 收蚁方法

5.4.2.1 网收法：收蚁当天早晨掀去上面的蚕匾，在压卵网上再覆盖1只收蚁网，感光2～3h，网上撒上干桑叶，待蚁蚕爬上后，把收蚁网提起放到另1只蚕匾中，进行蚁体消毒后给桑。当天未孵化的蚕卵继续黑暗保护，第2天再收。

5.4.2.2 收蚁袋法：收蚁当天早晨把收蚁袋翻面，使白棉纸朝上感光2～3h，然后用海绵或布头吸取清水，沿四周黑线滋润，轻轻揭开棉纸四周粘合处，取下带蚁蚕的棉纸放到另一蚕匾中给桑喂蚕。收蚁时应立即撒1圈小蚕防病1号，以防棉纸四周胶水粘蚕；如不能1d收齐，则可用大小相同的白棉纸与黑胶纸粘好，继续黑暗保护，第2天再进行收蚁。

5.4.2.3 纸包法：先在蚕匾内铺1张防干纸，再在上面铺1张比摊卵面积大的60cm×50cm红纸，将蚕种倒入红纸上，用鹅毛充分摊匀，每盒摊卵面积60cm×55cm，蚕卵上面盖1张65cm×60cm的棉纸，然后把下面的红纸与上面的棉纸一起四边折叠好，上面盖上1只潮匾，进行补催青。收蚁当天早晨掀去上面的蚕匾，感光2～3h，感光后蚁蚕全部爬附在棉纸上，将爬满蚁蚕的棉纸揭起，铺在空匾内，即可进行蚕体消毒、喂桑、定座。

6 小蚕饲养

6.1 小蚕饲养设施和温湿度

采用暗火加温设施，饲养温湿度标准见表2。

表2 雄蚕杂交种饲养标准

龄别	1龄	2龄	3龄	4龄	5龄
目的温度（℃）	28～30	28～29	26～27	25～24	24～23
相对湿度（%）	90～85	90～85	85～80	80～75	75～70
给桑次数（次/d）	2～3	2～3	2～3	3～4	3～4

（续）

龄别	1龄	2龄	3龄	4龄	5龄
切桑标准（cm²）	0.5～2.0	2.0～2.5	4～16	片叶	片叶或芽叶
用桑量（kg）	1～1.1	4～4.5	17～18	110～115	700～750
除沙次数	眠1次	起、眠各1次	起、中、眠各1次	起、眠各1次，每日中1次	起1次，每日1次
蚕体消毒次数	收蚁、将眠各1次	起蚕、将眠各1次	起蚕、将眠各1次	起蚕、盛食、将眠各1次	起蚕、见熟各1次，龄中每日1次
张种最大蚕座面积（cm²）	收蚁时60×50，最大110×80	饲食时110×80，最大100×85	饲食时110×80，最大100×85	饲食时110×80，最大100×85	35～40m²
张种匾数	1	2	4	8～10	地蚕

注1：多丝量品种1～3龄饲育温度宜适当偏高。

2：各眠眠中温度降低1℃。

6.2 采叶标准

采叶标准见表3。

表3 各龄采叶标准

期别	龄别	收蚁当日	1龄	2龄	3龄	4龄	5龄
春期	叶色	黄绿色	嫩绿色	绿色	较深绿色	深绿色	深绿色
	叶位	生长芽最大叶上1叶	生长芽最大叶	生长芽最大叶下1～3叶	止芯叶或生长芽成熟叶片	止芯芽叶或成熟叶片	条叶
	含水率（%）	80～79	78～77	77～76	76～75	75～74	73～71
秋期	叶色	黄绿色	嫩绿色	绿色	较深绿色	深绿色	深绿色
	叶位	最大叶上1叶	最大叶	最大叶下1叶	第6～7叶	第8～12叶	除基部5～6叶外，均可
	含水率（%）	80～79	79～78	78～77	77～76	75～74	73～71

6.3 桑叶保鲜

用聚乙烯薄膜，1、2龄上盖下垫，四周包折，3龄只盖不垫；1、2龄给桑前提早半小时揭膜，3龄提早1小时揭膜。各龄见眠后不盖薄膜，并根据天气及残桑情况进行调整揭膜时间。

7 大蚕饲养

7.1 饲养技术要点

7.1.1 适时加网 大眠时，以蚕座中有少量眠蚕出现为加网适时。

7.1.2　分批提青　在加眠网8h后，提青，青头分批饲养。

7.1.3　适时饷食　春蚕有90%以上（夏秋蚕有80%以上）起蚕的头部色泽呈淡褐色时为饷食适时，给桑量以4龄最大1次给桑量的80%左右为宜。

7.1.4　通风换气　5龄中后期应开门开窗，加强通风，切忌密闭饲养。

8　上蔟

8.1　蔟具准备

8.1.1　纸板方格蔟营茧，每盒蚕种配备纸板方格蔟220片，小竹竿110根，长竹竿3根，水泥墩6个。

8.1.2　稻草蜈蚣蔟营茧，每盒蚕种配备蔟枝长26cm左右的稻草蜈蚣蔟50～60条，一般长3.3～3.5m为宜。

8.2　上蔟技术要点

8.2.1　上蔟适期　一般以春蚕见熟30%，夏秋蚕见熟20%时为宜。

8.2.2　纸板方格蔟地蚕上蔟：蔟架距离以能搁架蔟片为度，蔟片间隔距离为10～12cm，上蔟一昼夜后，蚕基本入格定位成茧。及时抬高蔟架，至少离地50cm。

8.2.3　蜈蚣蔟地蚕上蔟：待见熟蚕30%左右，放上蜈蚣蔟，切忌上蔟过密。

8.3　蔟中管理

8.3.1　及时清场　春蚕上蔟20～24h，夏秋蚕上蔟16～20h，茧形见白后，及时清理蔟室场地，清除蚕沙。

8.3.2　通风排湿　在上蔟当时应避免强风直吹。上蔟1足天后，开门开窗，加强通风换气，如遇高温闷热或阴雨多湿天气，可用电风扇微风面墙而吹。

8.3.3　蔟室温度　蔟室温度以24℃为中心，上蔟初期25℃左右，结茧后期24℃。如遇22℃以下低温时，要用微火加温。

8.3.4　蔟室光线　蔟室要保持光线暗淡均匀，避免强光直射。

9　采茧与投售

9.1　适时采茧

春蚕、晚中秋上蔟后6～8d，夏蚕、中秋蚕上蔟5～6d，蛹体呈黄褐色时采茧。不采毛脚茧、嫩蛹茧。

9.2　严格选茧

采茧时按上茧、次茧、下茧不同类别，严格选茧，分类放置，分类投售，不售统茧。

9.3　装茧投售

用竹篓、箩筐等透气性好的器具松装快运，适时投售。不用编织袋、布袋装茧，以防蒸热。

雄蚕茧收烘技术规程

1 范围

本部分规定了桑蚕茧收烘的设施设备、收烘准备、鲜茧收购、鲜茧处理、蚕茧干燥、干茧处理、适干蛹的鉴定标准及方法等方面的技术规范。

本部分适用于浙江省范围内桑蚕雄蚕茧的收烘贮藏。

2 规范性引用文件

下列文件中的条款通过本标准的引用而成为本标准的条款。凡是注日期的引用文件，其随后所有的修改单（不包括勘误的内容）或修订版均不适用于本标准，然而，鼓励根据本标准达成协议的各方研究是否可使用这些文件的最新版本。凡是不注日期的引用文件，其最新版本适用于本标准。

GB/T 19113—2003桑蚕鲜茧分级（干壳量法）

3 设施设备

3.1 收烘场地

按春茧收购量确定。

秤场：每50000kg鲜茧占地面积100m²。鲜茧量每增加一倍，面积扩大25m²。

堆场：设鲜茧堆场、半干茧堆场和干茧堆场（茧库）。每1000kg鲜茧配15m²。

烘房：每50000kg鲜茧占地面积120m²。

附属室：设办公用房、生活用房、机电用房。

3.2 主要设备

选用自动循环热风烘茧机或车子风扇烘茧灶。

3.3 配套设备

3.3.1 茧车

规格：长164cm，宽106cm，高（轮底起）212cm，共分14档。

数量：每副茧灶配备8台茧车，3副以上按此标准的75%配备。

3.3.2 茧格

规格：长78cm，宽98cm，边内高4.5cm。

数量：每台茧车配备28只。

3.3.3 茧篮

规格：上口直径46.0cm，下口直径35.6cm，高24.0cm。

数量：每1000kg鲜茧配备240只。

3.3.4 称茧篓

每台秤配备4只，大小规格和重量一致。

3.3.5 倒茧台

按开秤台数配备，斜面坡度15º。

3.3.6 收茧仪器

茧层含水率测定仪、评茧仪、台秤、电子秤等。

4 收烘准备

4.1 房屋和设备检修

每年4月30日前，对房屋、收茧仪器和烘茧设备等进行全面检修。

4.2 燃煤质量要求

无烟块煤：发热量29000kJ/kg以上；含硫量小于0.8%。

烟煤：发热量23000kJ/kg以上；含硫量小于1%。

5 鲜茧收购

5.1 初验

化蛹、干燥正常的蚕茧过磅称重。

5.2 含水率测定

每笔茧测定3次，得出平均值。

5.3 抽样

倒茧时观察色泽、匀净度，确定升降标准。随机抽取大样1000g，从中抽取小样250g。

5.4 检验

5.4.1 助评

按 GB/T 19113—2003 规定进行选茧。剥光小样中上车茧的茧衣，称准50g，数清粒数，检查嫩蛹、内印等非好蛹，称准茧壳重量。

5.4.2 测干壳量

茧壳预烘5～10min，进入决烘箱，测出干壳量。

5.5 定级定价

5.5.1 定级方法

以干壳量确定基本茧级；以色泽匀净度、上车茧率、好蛹率修正单价。

5.5.2 评级标准

按表1规定执行。

表1 评级标准

项目标准	评级标准
茧层含水率	12%以下，升0.5级；16%以上，高1个百分点扣除鲜茧重量的0.5%
色泽匀净度	茧色洁白，光泽正常，茧衣蓬松者为好；外表灰白或米黄，光泽呆滞，茧衣萎瘪者为差。匀净度满85%为好，不满70%者为差。两项均好升一级，两项均差降一级
上车茧率	下茧每满5g降0.5级
好蛹率	春茧和中、晚秋茧，每50g检验样茧中非好蛹1粒以内升一级，2粒不升不降，3～4粒降一级，余类推。夏茧、早秋茧，非好蛹2粒以内升一级，3～4粒不升不降，5～7粒降一级，余类推

6 鲜茧处理

6.1 铺格装车

每格铺茧4.25～4.5kg，四周比中间略厚。顶格和底格加铺0.25kg。插入茧车后摘去外挂茧。

6.2 装篮堆放

不能立即进烘的鲜茧应分类装篮堆放。装茧八成满，中间成"凹"形。"品"字形堆叠不超过8层，每6行留一通道。堆放时间，春季不超过24h，夏秋季不超过16h，对有蝇蛆、化蛹老的茧，优先进烘。

装篮、铺格中随时拣出双宫、印烂、血茧等下茧，拣净落地茧。

7 蚕茧干燥

7.1 烘茧工艺参数

按表2规定执行。

表2　ZJH92—1型和ZJH92—2型车子风扇烘茧灶烘茧工艺参数

	头　冲	二　冲
温度	春茧、晚秋110℃；夏蚕、早、中秋105℃	96℃～100℃～82℃，出灶时降至82℃以下
烘茧时间	2～2h30min	2h40min
调车	进烘后1h20min	进烘后1h20min
排气	进烘后温度达82℃开，出灶时关	进烘后温度达82℃时开2/3，转车后改开1/3，出灶前30min关
给气	一般不开，温度超用温标准3℃以上配合高温闸门使用，开1/2或全开，温度恢复正常关	温度超用温标准配合高温闸板使用，改开1/2或全开，并按逐步降温需要确定关启量，出灶前30min降至82℃左右全关至出灶
风扇	头冲450转/min，二冲300转/min，头冲、二冲均进出灶后开，每15min调向一次，进出灶和调车时关	
加煤	出灶前15min左右加28～30kg，调车前10min加7～10kg	出灶前5min加18～20kg，调车时如底火较差视情补加煤5～7kg
高温闸板	进烘后开，转车出灶时关，温度超标准3℃以上改开1/2，加煤捅灰时关	进灶后开，温度超过用温标准3℃时改开1/2或全关，出灶前30min全关
烟囱闸门	发灶、加煤、捅灰时开，其他时间全关（闸门不能漏气）	
出灶	蛹体六至七成干	蛹体断浆成片、重油而不腻

7.2 头冲

7.2.1 进灶

开秤前4 h升温排湿，进灶前壁温达到115℃。进灶前关闭所有排气筒、给气口、烟囱、高温闸板、电机风扇。进灶后拉出高温闸板，启动电机风扇。

7.2.2 烘茧记录

定时监测、记录各种仪表执行情况。

7.2.3 半干茧判断

出灶前，抽取样茧，判断蛹体干燥程度，蛹尾及头腹部明显收缩，腹部深凹，或烘率达到60%时出灶。

7.3 半干茧处理

7.3.1 装篮

将半干茧按出灶日期装篮堆放，装茧九成满，篮堆8层高，对窗排6行，四周留通道，篮外无挂茧。一楼堆场底格应倒放一层空茧篮。干燥成数开差较大，分别标识堆放，单独处理。

7.3.2　还性

茧篮中部蚕茧阴凉，茧层弹性较弱，略有馊味，蛹色稍暗时为还性适当。进二冲前，根据茧层潮湿程度和气候情况，适当拢堆6～12h，进行二冲。

7.3.3　翻篮

堆放3d后翻篮一次，防止还性过度。

7.4　干茧烘制

7.4.1　铺格装车

每格铺茧2.75～3kg，四周比中间略厚。顶格和底格加铺0.25kg茧量。插入茧车后摘去外挂茧。

7.4.2　烘干

按7.1二冲工艺要求操作。

7.4.3　出灶

车子风扇烘茧灶在预定干茧出灶时间前30min，逐渐定温82℃左右，鼻闻灶内未香，手伸灶内茧格间用手背手碗撩水分，手感微湿，不见手碗皮肤有明显水气即可出灶。

8　干茧处理

8.1　冷却装包

出灶冷却后，堆成1.5m高，36h装包。干燥程度不一或烘干不当的茧单独处理，标识清楚。

8.2　保管

8.2.1　堆放

不同庄口干茧分别堆放。茧包堆垛在干燥通风处，2～4排一行，每行之间留1m宽通道，三面离墙0.7m以上，走道与墙间距1.4m。堆垛高度不超过桁梁，最高不超过10层，标签位置一致。

8.2.2　翻包

进仓后1个月内，每隔10d翻包一次，偏嫩、多雨季节提前翻包。1个月后每30d翻包一次，偏嫩庄口、多雨季节15d翻包一次，入冬以后可延迟翻包时间。翻包时上下互换，里外互换，茧包翻面。

8.2.3　温湿度调节

茧库内外均挂干湿度温度计，每日上、下午定时检查记录，保持库内温度20～25℃，相对湿度65%±5%。

8.3 异常茧包处理

8.3.1 轻潮茧：整包敞晒或换袋改装。

8.3.2 重潮茧：开包摊晒（防强烈阳光）或50℃低温复烘。

8.3.3 霉茧：轻者低温复烘，重者去除霉茧，及早下库。

8.3.4 嫩烘茧：复烘处理。

8.3.5 老嫩不匀茧：分别堆放，勤翻包、勤检查。

8.4 干茧装运

不同类别的蚕茧分别做好标识，分类装运。装运过程中不重踩重压，防雨淋受潮、日光曝晒。卸载时，分清茧别分类堆放，防进库混杂。

9 适干蛹的鉴定标准及方法

9.1 感官检验法

9.1.1 干茧出灶感官检验标准
按表3规定执行。

表3 出灶感官检验标准

干燥程度	标 准
适干	微香、有微湿、声音清脆；捻蛹断浆成片，重油而不腻
偏老	浓香，摇茧声音轻微，捻蛹成粉，略带油
过老	捻蛹成小硬粒或硬块，断油
偏嫩	声音轻浊略带闷声，捻蛹成大片，带腻性
过嫩	捏蛹成饼，蛹浆似牙膏状

9.1.2 出站及入库检验标准（干茧出灶48h至20d内）
按表4规定执行。

表4 出站及入库检验标准

干燥程度	标 准
适干	蛹体易碎，带油，无腻性
偏老	捻蛹成白粉，稍有硬粒，无油
过老	捻蛹成硬粒或硬块
偏嫩	捻蛹成薄片或软块，带重油，有腻性，不粘手指
过嫩	未断浆，粘手指

9.2 回潮率计量法

在干茧仓库内抽取500g样茧，称准50g干茧，检验三次，测定平均茧层和蛹体回潮率。蛹体和茧层回潮率11%～12%为适干茧；蛹体回潮率超过15%为偏嫩；蛹体回潮率12%，而茧层回潮率大于15%为受潮；蛹体和茧层回潮率均低于8%为偏老。

9.3 进仓检验标准

4000kg以下逐包抽，4000kg以上隔包抽，每包不少于200g，在充分混匀的大样中随机抽取1000g小样，取正常蛹100粒检验，计算适干率和偏老、偏嫩率。

按表5规定执行。

表5　进仓检验标准

偏老率（%） ╲ 偏嫩率（%）	<6	6～10	>10
<7	适干	偏嫩	过嫩
7～11	偏老	老嫩不匀	重老嫩不匀
>11	过老	老嫩不匀	重老嫩不匀

浙江省杭州市淳安县雄蚕品种推广应用

邵国庆[1]　章朝凯[2]　方　正[2]　方小友[3]　姚仙岭[4]
黄月水[5]　方新华[2]　张姣萍[1]

（1.淳安县蚕桑管理总站　2.淳安县茧丝绸有限公司　3.淳安县威坪镇　4.淳安县姜家镇　5.淳安县梓桐镇）

　　雄蚕好养、食桑省、桑叶利用效率高，能节约养蚕成本，且雄蚕产丝量多，茧层率和出丝率均比雌蚕高。雄蚕丝纤度细、偏差小，利于缫制高档生丝，符合丝绸制品向高档化发展的需求。还有试验表明，雄蚕丝织造的绸缎制品，抗撕破强力、断裂强力强于对照，可开发特种丝绸产品。因而作为缫制高品位丝的雄蚕茧具有广阔的市场前景。专养雄蚕技术是20世纪末蚕业科技上的一项重大突破，对于改造、提升传统蚕业具有十分重要的意义。从2004年开始，淳安县开始引进雄蚕新品种试养，试养结果表明，雄蚕品种的茧丝长、解舒丝长，毛茧出丝率、清洁、洁净等指标均优于常规品种，充分表现了雄蚕强健好养、茧层厚、出丝多、丝质优、品位高等优良特性。现将历年来推广饲养雄蚕工作总结如下。

1 基本情况

1.1 推广数量

　　淳安县2004年春期、早中秋蚕期在中桐茧站范围开始饲养雄蚕品种，当年饲养量295张；2005年春期扩大到800张，早中秋达上千张，全年达5810张；2006年开始大面积推广至近9000张；2007年以来每年均在2万张左右，其中2008年和2009年达4.2万张以上，至今已累计推广31.26万张（图1）。

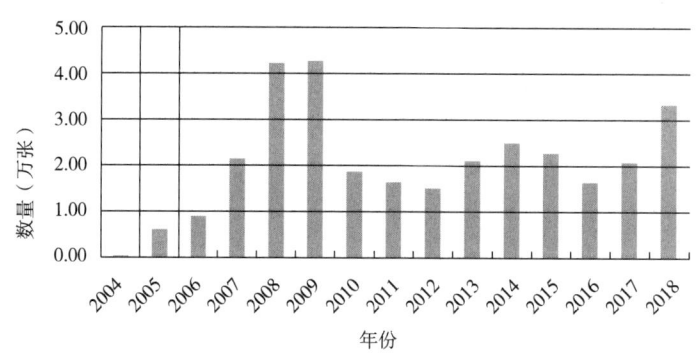

图1　推广数量

1.2　推广品种

饲养（试养）的品种有7对，其中秋·华×平30、秋丰×平28、限7×平48、华菁×平72、浙凤2号（雌35×平28）已通过审定，雌29×平30、菁·云×平28·平30为试验示范。通过多年比较，秋·华×平30综合性状最好，累计饲养了25.5万张，占所有雄蚕的82.3%（图2）。

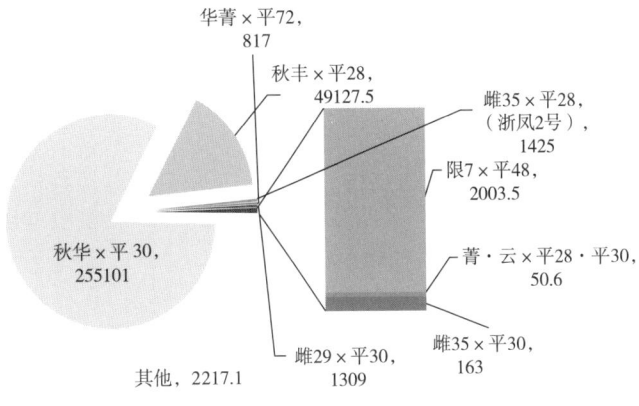

图2　推广品种

1.3　饲养期别

2007年全年5期均进行了试养，其他年份以春蚕和晚中秋为主。通过几年的饲养比较，以晚中秋和春蚕期为适宜，最为适宜的为晚中秋，该期总饲养量达15.25万张，占49.2%，其次为春蚕8.2万张，占26.6%，晚秋4.6万张，占14.9%，其他仅占9.3%。其中2007年全县为5期布局，2008年、2010—2012年南片为5期布局，北片为4期布局（图3）。

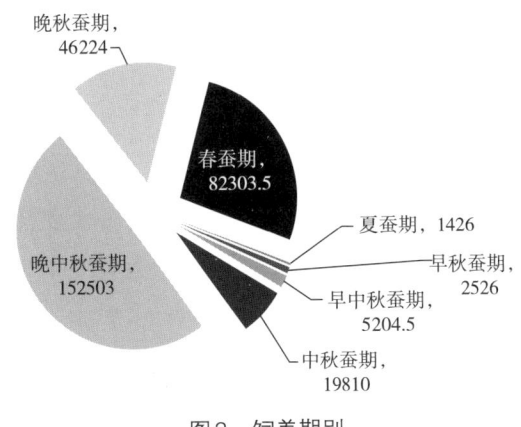

图3　饲养期别

1.4　庄口分布

全县各庄口均饲养过雄蚕，饲养期数最多的为中桐（含外桐），2015年中共饲养了32期次，然后依次是南赋、里桐、郭村、双源、浪川、汾口、姜家、叶家、横沿、唐村、妙石、方宅、界首、虹桥头、横双。饲养量最多的为浪川茧站，共饲养4.08万张；其次为郭村茧站，共饲养3.7万张；中桐（含外桐）茧站，共饲养3.62万张；然后依次是里桐、汾口、唐村、双源、南赋、方宅、姜家、界首、横双、叶家、虹桥头、横沿、妙石（图4）。

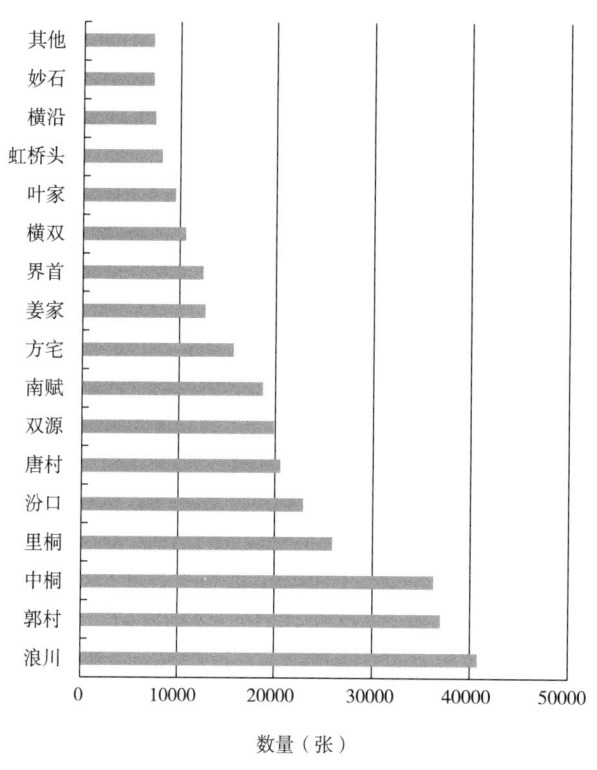

图4　庄口分布

2　推广成效

2.1　农民增收

通过多年对农户饲养成绩调查显示，蚕农经济效益显著。主要体现在如下几个方面：

一是体现在茧价上。雄蚕由于干壳量较高，一般比常规品种高2个等级以上，按现行的计价办法，蚕农在茧价上每50kg可增收50元左右（表1）。31.26万张蚕种可增加蚕农收入1563万元。

二是体现在单产上。雄蚕由于体质强健好养不易发病，与常规品种相比单产较为稳定，且张种卵量较足，叶丝转化率高，张种产茧量提高1.5kg以上，蚕农增收85元左右，因而在养蚕效益上占有比较优势，特别在晚中秋蚕期，优势更为突出；相对而言，在正常的气候条件下，春、夏、早秋蚕期优势就不明显。31.26万张蚕种可多产蚕茧66.9万kg，累计为蚕农增收2657万元。

表1 雄蚕张种产量与收购价对比情况

年份期别	蚕品种	张种产量（kg）	收购价（元/50kg）
2015春	雄蚕	41.3	2114
	菁松×皓月	40.0	2098
	比较（+−）	1.3	16
2015晚	雄蚕	33.5	2026
	菁松×皓月	31.9	1980
	比较（+−）	1.6	46
2016春	雄蚕	45.6	2118
	菁松×皓月	41.0	2109
	比较（+−）	4.6	9
2016晚	雄蚕	36.2	2362
	菁松×皓月	35.7	2349
	比较（+−）	0.5	13
2017春	雄蚕	40.1	2629
	菁松×皓月	42.0	2518
	比较（+−）	−1.9	111
2017晚	雄蚕	40.6	3014
	菁松×皓月	38.1	2922
	比较（+−）	2.5	92
2018春	雄蚕	36.3	3061
	菁松×皓月	37.3	2996
	比较（+−）	−1.0	65
2018晚	雄蚕	41.6	2706
	菁松×皓月	37.2	2648
	比较（+−）	4.4	58
合计对比	雄蚕	39.4	2503.8
	菁松×皓月	37.9	2452.5
	比较（+−）	1.5	51

三是雄蚕种由于孵化率仅为50%左右，张种装卵量是常规品种的1倍以上，才能维持正常的张产，因而张种种款比普通种高。但高出的种款差价均由县茧丝绸总公司承担，蚕农仍按普通种支付。31.26万张蚕种蚕农少付种款1125万元。

以上三项蚕农共增收节支5345万元。

2.2 茧、丝质情况

2.2.1 全年饲养情况对比

由于气候原因，不同年份各项指标略有差异，2007年是唯一全年各期都有饲养的一年，从全年的饲养情况看，雄蚕在干茧茧层率上优势比较明显，春蚕50.16%，增加1.95个百分点；夏蚕49.75%，增加2.13个百分点；早秋49.84%，增加2.35个百分点；中秋52.59%，增加2.48个百分点；晚秋48.45%，增加0.69个百分点。其中以夏蚕、早秋和中秋较为显著，均比全县平均高2个百分点以上。

茧丝长，春蚕、晚秋雄蚕品种较全县平均数低，夏蚕、早秋、中秋3期分别比全县长126.1m、180.2m、24.8m，特别是早秋优势较为明显。解舒率，雄蚕品种与对照品种相比稍有降低，但从晚秋的情况看，较全县平均高5.57个百分点，特别是外桐庄口高达88.88%。毛茧出丝率，雄蚕品种与对照品种相比略高，全年各期分别为36.68%、34.59%、34.76%、39.24%、35.83%，分别高0.05、0.66、0.90、1.34、1.00个百分点。尤以中秋、晚秋蚕期表现较好。毛折，雄蚕品种表现较好。春蚕为272.7kg，除比对照品种高2.9个百分点外，其他各期分别为289.2kg、287.9kg、254.9kg、279.4kg，分别比对照品种低6.4kg、8.6kg、9.3kg、8.3kg。洁净，雄蚕品种与对照品种相比略有优势，以春蚕最为显著，为94.65分，比对照品种高1.24分。茧丝纤度，雄蚕细于同期对照种，全年各期分别为2.400dtex、2.208dtex、1.950dtex、2.229dtex、2.616dtex，分别比全县平均细0.138dtex、0.293dtex、0.431dtex、0.129dtex、0.151dtex，其中早秋的茧丝纤度仅为1.950dtex，稍偏细（表2）。

表2　2007年雄蚕茧质对比情况表

蚕期	品种	上车茧率（%）	茧层率（%）	茧丝长（m）	解舒率（%）	毛茧出丝率（%）	毛折（kg）	洁净（分）	茧丝纤度（dtex）
春蚕	雄蚕	91.52	50.16	1042.6	65.08	36.68	272.7	94.65	2.400
	菁松×皓月	90.86	48.21	1133	68.15	36.63	269.8	93.41	2.538
	比较（+−）	0.66	1.95	−90.4	−3.07	0.05	2.9	1.24	−0.138
夏蚕	雄蚕	87.23	49.75	1020.6	61.55	34.59	289.2	94.20	2.208
	秋丰×白玉	88.34	47.62	894.5	63.35	33.93	295.6	93.91	2.501
	比较（+−）	−1.11	2.13	126.1	−1.8	0.66	−6.4	0.29	−0.293
早秋	雄蚕	85.25	49.84	1113.6	62.70	34.76	287.9	94.63	1.950
	秋丰×白玉	86.53	47.49	933.4	69.89	33.86	296.5	94.14	2.381
	比较（+−）	−1.28	2.35	180.2	−7.19	0.90	−8.6	0.49	−0.431
中秋	雄蚕	91.54	52.59	1109.4	71.02	39.24	254.9	94.20	2.229
	秋丰×白玉	91.57	50.11	1084.6	71.68	37.90	264.2	94.08	2.358
	比较（+−）	−0.03	2.48	24.8	−0.66	1.34	−9.3	0.12	−0.129
晚秋	雄蚕	91.73	48.45	949.1	79.85	35.83	279.4	93.93	2.616
	菁松×皓月	91.51	47.76	954.6	74.28	34.83	287.7	93.66	2.767
	比较（+−）	0.22	0.69	−5.5	5.57	1.00	−8.3	0.27	−0.151

2.2.2 春蚕饲养茧质对比分析

表3 2015—2018年春期雄蚕茧质对比表

年份	蚕品种	上车茧率（%）	解舒率（%）	茧丝纤度（dtex）	洁净（分）	万米吊糙（次）	烘折（kg）	毛折（kg）	吨丝成本（50kg茧）
	雄蚕	88.53	64.71	2.436	94.41	3.72	225.4	260.1	117.3
2015	菁松×皓月	89.86	77.27	2.574	93.90	2.63	228.8	279.3	127.8
	比较（+-）	-1.33	-12.56	-0.138	0.51	1.09	-3.4	-19.2	-10.6
	雄蚕	85.89	57.48	2.508	94.17	4.30	232.0	293.5	136.5
2016	菁松×皓月	87.01	59.99	2.633	93.57	4.40	238.8	301.4	144.9
	比较（+-）	-1.12	-2.51	-0.126	0.60	-0.10	-6.9	-7.9	-8.4
	雄蚕	87.29	72.18	2.435	94.91	3.68	221.8	267.1	118.9
2017	菁松×皓月	90.45	76.71	2.654	94.34	2.94	234.1	279.3	130.9
	比较（+-）	-3.16	-4.53	-0.220	0.57	0.74	-12.3	-12.3	-12.0
	雄蚕	81.65	52.61	2.237	94.37	5.91	235.5	296.7	139.8
2018	菁松×皓月	88.57	69.30	2.477	94.10	4.02	241.5	291.8	141.0
	比较（+-）	-6.92	-16.68	-0.240	0.27	1.88	-6.0	4.9	-1.2
合计比较（+-）		-3.1	-9.1	-0.181	0.49	0.90	-7.1	-8.6	-8.0

对2015年至2018年4年的情况进行了分析，表3显示春期饲养雄蚕主要表现为：一是成本优势明显。雄蚕叶丝转化率高，出丝率高，4年平均雄蚕比对照品种菁松×皓月烘折低7.1kg、毛折低8.6kg、吨丝成本低400kg茧，按42万元成本测，成本低212元/50kg。二是适宜缫制优质丝。洁净好，4年平均为94.5分，大部分为6A的原料茧，比对照种高0.49分；纤度细，4年平均为2.404dtex，适宜做小纤度偏差，比对照种细0.181dtex。三是上蔟环境恶劣抵抗力差。表现在解舒、上车茧率、万吊均比对照种差，尤其是2015年和2018年春茧上蔟环境较为恶劣，解舒比菁松×皓月分别低12.56、16.68个百分点。

2.2.3 晚中秋蚕饲养茧质对比分析

我们对2015年至2017年3年的情况进行了分析，由表4显示晚中秋期饲养雄蚕主要表现为：一是吨丝成本优势明显。3年平均雄蚕比对照品种菁松×皓月烘折低4.3kg、毛折低14.8kg、吨丝成本低465kg茧，按42万元成本测，成本低249元/50kg。二是丝质好但优势不大。洁净基本与菁松×皓月相同，3年平均为94.63分，大部分为6A的原料茧；优势明显的还是纤度为2.293dtex，比菁松×皓月低0.24dtex，利于做小纤度偏差。

综上所述，雄蚕种均优于常规品种，但夏蚕和早中秋（早秋）的纤度太细，春蚕虽然各项指标都非常好，但通过多年饲养与菁松×皓月对比，张种产量、一茧丝长及解舒优势不大，因此雄蚕宜在晚中秋时大量推广。

表4　2015—2017年晚中秋期雄蚕茧质对比表

年份	蚕品种	上车茧率（%）	解舒率（%）	茧丝纤度（dtex）	洁净（分）	万吊（次）	烘折（kg）	毛折（kg）	吨丝成本（50kg茧）
	雄蚕	88.66	75.83	2.356	94.88	3.70	228.9	281.1	129.4
2015	菁松×皓月	91.41	80.40	2.494	94.88	3.77	234.0	286.3	134.5
	比较（+−）	−2.75	−4.57	−0.138	0.00	−0.07	−5.1	−5.2	−5.1
	雄蚕	87.67	75.47	2.230	94.61	3.57	237.7	272.8	129.7
2016	菁松×皓月	84.87	83.96	2.537	94.56	2.63	243.0	298.4	145.0
	比较（+−）	2.80	−8.49	−0.307	0.05	0.94	−5.3	−25.6	−15.3
	雄蚕	89.82	71.23	2.292	94.38	5.77	228.8	250.2	114.5
2017	菁松×皓月	91.75	77.36	2.578	94.39	3.51	231.5	263.5	122.0
	比较（+−）	−1.93	−6.13	−0.286	−0.01	2.26	−2.7	−13.3	−7.5
合计比较（+−）		−0.63	−6.38	−0.244	0.02	1.04	−4.3	−14.8	−9.3

2.3　经营效益

雄蚕茧丝质好、净度优，是缫制高品位6A级以上生丝的理想原料茧。由于茧、丝品质的提高，不但缫制出的白厂丝比普通茧高二级，且节约了各种费用支出，按每吨厂丝增收1.5万元计算，实现增效约300多万元。同时，雄蚕销售茧本比菁松×皓月高2万元，增收168元/50kg，雄蚕丝质优的优势初步得到体现。多年来，雄蚕茧干茧的烘折和缫折均比常规种要低，从而降低了吨丝成本，因此销售价格与普通蚕茧相比每吨均价高3000～5000元。随着市场上高低品位生丝价差的逐渐拉大，雄蚕丝质优的优势将会得到更大的体现。

2.4　丝厂效益

由于雄蚕单纤度、洁净等综合指标较好，是缫制6A级高品位生丝的优质原料，价格优势比较突出，近两年6A、5A和4A级生丝价格差逐渐拉大，更有利于丝厂获取较好的经济效益；同时雄蚕茧层率高，缫折低，降低了生丝成本，雄蚕白厂丝每吨可增收1.1万元。雄蚕丝织物弹性好、绸面挺括、滑糯、手感厚实，产品更是受到了市场的青睐，深受丝绸加工企业的欢迎。

3　主要工作措施

3.1　加强领导，落实责任

为使推广工作每年都能落到实处，原茧丝绸总公司和有限公司领导每年都要多次召开专题会议进行研究，制定相关政策和措施；下属各部门各负其责，抓具体实施和各项技术的贯彻落实，数据和材料的调查、整理。

3.2　重视对比试验，奠定推广基础

针对全年每期蚕的不同气候环境，认真做好各期蚕的对照饲养试验，尽早尽快掌握好雄蚕品种在我县饲养的适宜性，这是规模化推广饲养雄蚕品种的重要前提。因此，在省农科院引进优质雄蚕品种的基础上，公司安排好饲养点，落实好试验户，先是按全年5期的养蚕布局，把雄蚕品种分期别与菁松×皓月、秋丰×白玉、薪杭×白云及不同雄蚕品种之间相互对照进行试验比较，通过对比确定每年的推广期别和推广量。

3.3　总结经验教训，制定技术标准

通过前几年的示范推广，我们充分掌握了雄蚕品种的饲养特性，在多次调研和召开蚕农座谈会的基础上，深入基层调查研究，规范技术总结经验，初步制定了雄蚕品种饲养技术标准，严格消毒防病工作措施，改进了不良的传统养蚕陋习，形成了切合生产实际，为广大蚕农易明白、易掌握的高产技术创新模式。

3.4　强化服务功能，增加技术含量

雄蚕的品种特性和饲养特点与常规品种存在一定差异。为此，我们充分发挥所有技术力量优势，利用进村入户、面对面的形式组织开展内容具体、实际实用的技术专题培训，加深了蚕农对雄蚕品种特性的认识，提高了蚕农的思想水平和技术水平，推动了广大蚕农掌握雄蚕品种饲养管理特点，确保各项技术措施落实到位，为示范推广打下了坚实的基础。历年来，积极为饲养雄蚕品种的乡镇、村举办各类技术培训班，召开现场会，发放雄蚕技术资料，切实提高了蚕农的思想认识和饲养水平。

3.5　出台扶持政策，增强生产能力

雄蚕品种的蚕种价格较常规种要高，差价不足部分全部由公司补助。这一补助政策的实施，大大提高了蚕农饲养雄蚕品种的信心和积极性，加快了雄蚕品种示范推广工作的节奏和步伐。另外对雄蚕茧收购实行奖励，在全面实行"公司+农户"和"合同蚕业"体制的基础上，对雄蚕饲养户，公司根据其茧层厚、干壳量高的特点，坚持仪评原则，从不压级压价，让蚕农充分享受到雄蚕茧的质量优势，切实保护好蚕农利益，使得雄蚕饲养户个个热心养、户户效益好。同时加大力度扶持"十天养蚕法"、大棚养蚕、方格蔟营茧等实用技术的推广。

4　主要技术措施

4.1　规范催青与补催青，提高一日孵化率

雄蚕品种到催青室时胚子一般稍快，应与普通种分室放置催青。催青时要严格按催青技术规

范操作，前期可按标准温湿度保护，后期则应加强观察蚕卵胚子发育程度，不同品种间视具体胚子的发育情况而决定合理温湿度。据我们观察，如与春用种同期催青，雄蚕品种后期所需温度要比春用种偏低0.5℃左右；如与秋用种同期催青，可用基本相同温湿度保护。需提醒的是，雄蚕品种盒装卵量以2张折算为1张，蚕农摊种面积应为普通种的2～2.5倍。发种当天蚕室温度掌握24℃，干湿差1.5℃，第2天早上升至25～26℃，干湿差1℃，孵化前湿度一定要偏高些，有利于提高一日孵化率。经催青室多次孵化试验和农村孵化实地调查，雄蚕种通常有超过50%以上、甚至高达70%以上的孵化率现象，因此有部分蚕在2龄前后会陆续死亡，这属于正常现象，应及早告知蚕农。

4.2 实行配套服务，严格消毒防病

雄蚕虽然具有强健好养，发育齐一的特性，但也不能马虎。公司每年都在三秋蚕期为蚕桑重点村免费提供大环境消毒所需的新鲜石灰、消特灵和漂白粉等消毒药品，为"合同蚕业"户赠送亚迪欣等消毒药品，严格要求广大蚕农做好养蚕前蚕室蚕具两次消毒及回山消毒工作。雄蚕品种对血液型脓病较敏感，要特别重视抓好病毒病防治工作，应做好各龄眠起时的蚕体蚕座消毒、叶面消毒及养蚕前、中、后的全程消毒工作。雄蚕对农药污染同样较敏感，要严防农药污染和中毒现象的发生。

4.3 提倡小蚕专育，精心饲养管理

小蚕期按十天眠三眠要求，掌握饲育温度比常规蚕品种偏高0.5～1℃为好；小蚕要求全部进入"十天养蚕法"示范点饲养，采用电子温湿自动控制器、空调等控温控湿安全性能较好的设施。在食性方面，小蚕期对叶质要求高，选叶要新鲜、适熟一致；大蚕期则表现出食桑旺、吃叶净、不踏叶、不费叶现象，对叶质要求不是很高，老嫩虫叶都吃得很干净，要增大饲养面积，充分饱食，以弥补蚕体偏小的品种缺点。

4.4 加强眠起处理，促进体质强健

雄蚕发育较快，小蚕期趋密性强，每次给桑前应做好扩座匀座工作。要加强饲养管理，特别是注意提青分批工作，以提高蚕儿发育整齐度和强健度。大蚕期一定要给予充足的蚕座面积（比常规品种增大饲养面积10m²），做到充分稀放饱食。

4.5 适时合理上蔟，加强蔟中管理

雄性杂交种性别单一，发育齐，老熟涌，要及早做好上蔟准备，适时上蔟。蔟具应使用纸板方格蔟，每张蚕种使用方格蔟260片（比普通种多40片左右），避免上蔟过密；熟蚕上蔟时，行动平稳，向上爬现象不多见，不需翻动蔟具；雄蚕熟蚕尿量偏多，上蔟后有一个明显的高湿时段，再加上雄蚕茧层厚，抗高温、闷热性能弱，对湿度比较敏感，所以蔟中要特别强调通风排湿

工作，上蔟24h后及时抬高蔟具，清扫蚕沙，开门开窗，通风排湿。

4.6　针对雄蚕茧特点，做好收烘处理

由于雄蚕茧具有茧层厚、茧丝纤度细、密度高等特点，在收烘管理上，应采取相应的技术措施：① 严格选茧，特别是要选除尿黄茧、双宫茧，以提高上车茧率和解舒率。② 鲜茧应及时进烘、及时装篮，严禁拢堆，以防蒸热。③ 在烘茧工艺上，头冲排湿更要充分，温度控制可稍低，以达到干燥快丝胶变性小的目的。半干茧处理要注意散热、排湿，以保全茧质。

5　存在的主要问题和对策

5.1　抓好上蔟和蔟中管理工作

一要防高温。雄蚕品种，在夏蚕、早中秋蚕期黄斑茧有增多现象。出现这种情况可能与雄蚕对持续高温天气适应性较差有关，因此在上蔟的前3d也要注意防高温，否则会出现纤度过细现象，纤度太细不利于缫高品位丝。二要充分做好准备，适熟偏早上蔟，要比普通种多准备20～30片方格蔟。三要特别重视蔟中管理，及时清理蔟室场地，开门开窗、加强通风排湿。

5.2　重视孵化率偏高现象

雄蚕种理论孵化率不超过50%，但生产上往往高于50%以上，这是因为有部分雌蚕孵化，但这部分雌蚕在1～2龄自然死亡，与蚕种质量无关，不会影响蚕茧产量，但一定要做好宣传和蚕座消毒工作。

5.3　合理布局

春蚕期气候适宜，饲养多丝量品种产量高质量好，雄蚕单产优势不明显；同时由于夏蚕、早中秋蚕期蔟中温度相对较高，对雄蚕的茧丝纤度和上茧率有较大影响，茧质优势不明显。为扬长避短，充分发挥雄蚕的品种优势，建议在春蚕期适当饲养，夏蚕和早中秋时饲养其他中丝量品种，晚中秋蚕期大量推广。

5.4　规模推广雄蚕，须协调好三方利益

经过多年大规模的饲养，笔者认为要能持续实现大规模饲养雄蚕，要取决于蚕农、蚕茧经营单位（茧丝绸总公司）、丝厂三者之间能否实现经济利益共赢，只要一方无利可图，就难以达到持续规模推广。对蚕农而言，养雄蚕的经济效益明显高于常规种，需要解决的主要是蚕种价格高、等量蚕卵张产低和优质优价问题；对经营单位而言，销售干茧价格要高于常规种茧，需要解决的主要是不混庄收烘问题；就丝厂而言，雄蚕茧毛折要小，出丝率要高，最终实现质优能缫高品位丝。

四川省绵阳市涪城区雄蚕品种推广应用

杨慧君　贾艳芳

（绵阳天虹丝绸有限责任公司）

雄蚕品种自2012年由绵阳天虹丝绸有限责任公司从浙江省农业科学院蚕桑研究所引进绵阳市涪城区实验饲养，至今已是第8个年头，该品种在涪城区春季饲养表现出抗性强，发育整齐，茧层厚，烘折低，缫折低，单纤适中，清洁净度优，能缫精品6A级生丝等优点。现将历年来雄蚕推广饲养情况总结如下：

1　推广单位简介

绵阳天虹丝绸有限责任公司座落在绵阳市涪城区，是专注于蚕茧、生丝生产的专业公司。公司有专业技术人员60余人，其中高级职称5人；基层技术人员150余人。公司下设7个蚕茧分站具体从事蚕桑生产技术服务、蚕茧收购等工作，1个蚕种孵化中心、1个科技开发中心，并建有涪城蚕业专家大院，中国工程院向仲怀院士工作站。拥有33000亩①桑园基地，其中通过土地流转建设标准桑园10000亩，9000余户养蚕农户；公司旗下丰谷制丝有限公司，有全新自动缫丝机10组，员工近100人，年产高品位精品6A级生丝100余吨，全行业年工农业总产值2.5亿元。

公司是四川省级优秀重点农业产业化龙头企业，绵阳市"十佳龙头企业"，公司基地被评为"中国优质茧丝生产基地"，四川省现代蚕桑产业示范园区，蚕桑产业是绵阳国家级现代农业科技示范园主导产业，拥有"涪城蚕茧"国家地理标志证明商标。

公司成立19年来致力于做好品种推广、小蚕共育、回转架方格蔟的科学使用；致力培育技术服务体系，与蚕农建立紧密的利益关系；用市场的手段、仪评的方式收购蚕茧；恪守诚信、自律、自强、创新的精神发展生产，开拓市场，以优质的产品和良好的信誉赢得客户。小蚕共育率、回转架方格蔟使用率均达到100%；公司创立的"公司+共育户+农户"的天虹模式，建立了与蚕农紧密、互相信赖的联结机制，十多年来蚕茧的收购率均保持在100%；鲜茧仪评收购，极大地激发了蚕农学习技术、生产优质蚕茧的积极性，蚕茧质量逐年提高；全体员工始终以精益求精的工作态度，将各项生产技术落实到每个生产环节，确保产品质量满足市场需求。

---

① 亩为非法定计量单位，1亩等于667m²。

蚕茧质量是天虹生存的根本，赢得客户的基础。在生产的各个环节，从员工到养蚕农户都有强烈的质量意识。目前"涪城蚕茧"各项质量指标均居全国第一，是我国生产精品生丝的首选原料，全年所产蚕茧均可生产6A级以上生丝。主要质量指标：上车率96%以上，解舒率73%以上，茧丝长1150m，清洁100分，洁净96分，全年平均缫丝毛折245kg以内。尤其是由浙江省农科院蚕桑研究所选育的"秋·华×平30"雄蚕品种，因其好饲养、丝质优、缫折低，全部缫制精品6A丝，已在欧洲注册奢侈品专用"涪城·春·雄蚕丝"商标。

公司旗下丰谷制丝有限公司，是具有40余年生产历史的老企业，技术力量雄厚，用现代企业管理理念，激发员工敬业、专注、创新精神，全部采用天虹基地原料，所生产的生丝品质稳定，从2016年起，全部使用春季涪城雄蚕茧，生产的雄蚕丝全部商检为连号6A级生丝。丰谷所缫白厂丝获得国家有机认证（ORGANIC）和全球有机纺织品标准（GOTS）认证。2014年亚洲太平洋经济合作组织（APEC）领导人"新中装"和2016年二十国集团（G20）峰会丝绸用（礼）品所用生丝主要出自丰谷制丝生产的雄蚕丝，目前公司所生产的雄蚕丝已全部对接欧洲LVMH/FENDI、KERING/GUCCI等奢侈品牌。

2　雄蚕品种推广情况

2.1　推广年份及数量

涪城区从2012年春季开始引进试验100张雄蚕品种秋·华×平30，同年秋季和晚秋季又连续试验630张，当年共饲养730张，均是选共育技术好、饲养技术好的片区进行饲养。2013年春季扩大到1500张，金峰镇全镇饲养；晚秋试验600张，杨家镇全镇饲养，全年养2100张。再从2014年至今的春季全区全面推广，经过少量到全部使用，经过小区试验到全面推广，连续8年推广雄蚕秋·华×平30共计60048张（图1，表1）。

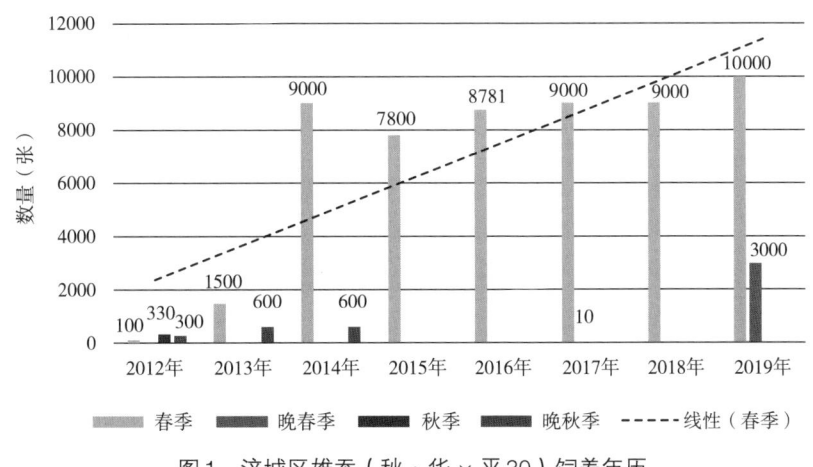

图1　涪城区雄蚕（秋·华×平30）饲养年历

表1　涪城区历年雄蚕品种推广量（张）

年份	2012	2013	2014	2015	2016	2017	2018	2019	合计
推广量	730	2100	9600	7800	8781	9010	9027	13000	60048

2.2　推广季别及数量

从2012年开始引进的当年，就进行了春季、秋季、晚秋季三季的对比实验，第2～3年又继续进行了春季和晚秋季的对比实验。经过连续验证，确定春季全面饲养，后续年份至今都是春季全季饲养秋·华×平30（图2，表2）。

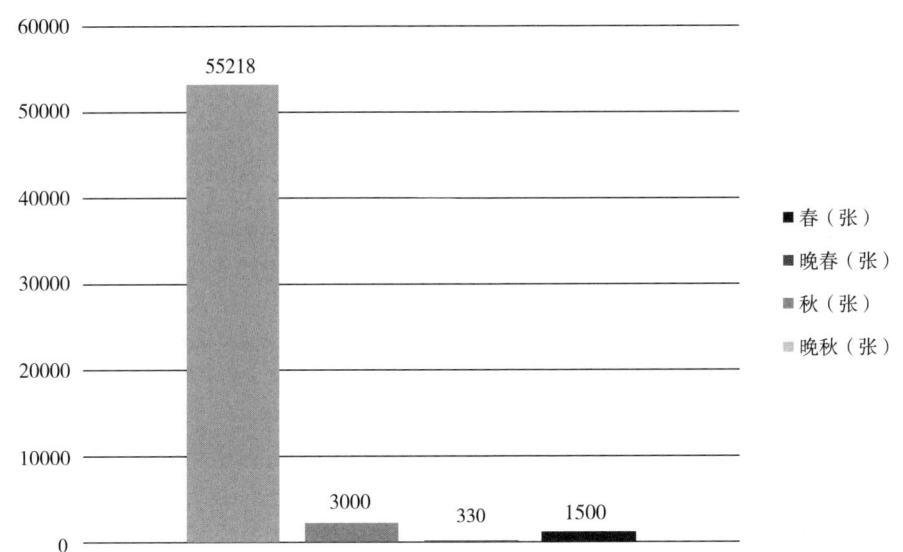

图2　涪城区雄蚕品种分季推广情况

表2　涪城区雄蚕品种分季推广量（张）

季别	春季	晚春季	秋季	晚秋季	合计
合计	55218	3000	330	1500	60048

2.3　推广季别质量对比 ①

从表3数据分析，春季饲养效果最好，单产高于晚秋，其他鲜壳量、非正常蛹、茧层率、茧丝长、解舒率、出丝率、光折等等指标均优于晚秋季。经过综合比较，最终认为雄蚕秋·华×平30最适宜涪城区春季气候及叶质，春季饲养抗性强，蚕儿不易发病，茧层率高，解舒率高，缫折低，清洁洁净优，完全能缫超6A级生丝。因而，该品种在涪城区春季的推广量占绝对优势，占比达92%。

---

①　因涪城区经过实验筛选后，从2014年春季后基本就是一季只养雄蚕一个品种，同季没有其他品种进行对比，故只有前期的同季对比数据。下面其他对比同理。

表3　2013—2014年雄蚕品种不同季节质量对比

季别	单产（kg）	鲜壳量（g）	非蛹数（粒）	茧层率（%）	出丝率（%）	茧丝长（m）	解舒率（%）	解舒丝长（m）	万吊（次）	茧丝纤度（dtex）	光折（kg）	清洁（分）	洁净（分）
2013春	35.47	11.79	1.49	52.24	44.16	1195.9	75.02	897.1	2.9	2.355	216.5	99.5	96.00
2014春	31.89	10.99	2.16	51.58	40.54	1092.8	71.44	758.9	3.3	2.187	233.1	99.5	95.90
春季平均	32.47	11.39	1.82	51.91	42.35	1144.4	73.23	828.0	3.1	2.271	224.8	99.5	95.95
2013晚秋	31.34	10.79	4.19	50.84	41.58	1098.4	73.00	801.9	3.5	2.382	234.0	100.0	96.75
2014晚秋	32.53	11.25	5.35	50.10	39.49	1092.0	71.68	782.8	2.6	2.376	235.3	99.5	96.00
晚秋平均	31.93	11.02	4.77	50.47	40.54	1095.2	72.34	792.4	3.0	2.379	234.6	99.8	96.38

3　推广成效

3.1　农民增收情况

雄蚕秋·华×平30自推广以来，深受老百姓喜爱，因其抗性强，好饲养，发育齐一，鲜壳量高，茧价高，老百姓春季养雄蚕的收益在其全年中的份量是非常重要的，也是收益非常有保障的。具体从以下几方面进行分析：

3.1.1　单产及茧质

表4　2013—2014年不同品种饲养成绩对比

季别	品种	单产（kg）	鲜壳量（g）	非蛹数（粒）
2013春	秋·华×平30	35.47	11.79	1.49
	川山×蜀水	33.74	10.89	1.39
2014春	秋·华×平30	31.88	10.99	2.16
	苏秀×春丰	35.16	10.85	1.96
2013晚秋	秋·华×平30	31.34	10.79	4.19
	川山×蜀水	35.03	10.09	2.71
2014晚秋	秋·华×平30	32.53	11.25	5.35
	川山×蜀水	31.39	10.04	7.69
平均	秋·华×平30	33.11	11.28	3.40
	川山×蜀水	33.39	10.34	3.44

因涪城区实行仪评收茧，仪评各项指标完整反映了各季各品种之间的饲养差异（表4）。单从品种进行分析，雄蚕品种鲜壳量平均比常规品种川山×蜀水高0.94g，单产差异不大。鲜壳量高就意味着茧级高，茧级高就意味着价格高。

3.1.2 单价

表5 2013—2014年不同品种收购价对比

季别	品种	收购均价（元/kg）
2013春	秋·华×平30	45.45
	川山×蜀水	42.15
2013晚秋	秋·华×平30	43.87
	川山×蜀水	40.69
2014春	秋·华×平30	39.80
	苏秀×春丰	39.65
2014晚秋	秋·华×平30	38.76
	川山×蜀水	35.02
平均	秋·华×平30	42.69
	川山×蜀水	39.29

涪城区仪评收购政策是0.1g鲜壳量对应一个等级，一个等级0.35元左右的级差，上面分析的鲜壳量相差接近1g，也就是相差10级，价格差异也就是3.50元左右，表5中，实际价格差异3.40元，与鲜壳量差异相符，表示蚕农养雄蚕茧的价格较常规品种单价高3.40元/kg。按此计算，累计推广的雄蚕品种约为蚕农增收650万元。

3.1.3 种款

雄蚕种由于孵化率仅为50%左右，张种装卵量是常规品种的1倍以上，才能维持正常的张产，因而张种种款比普通种高。但高出的种款差价均由天虹丝绸公司承担，蚕农仍按普通种支付种款。60048张蚕种蚕农少付种款约为300万元。

以上两项共为蚕农增收节支约950万元。

3.2 企业增效情况

3.2.1 茧质及公司增效分析

从表6可以看出，不同年份及季节因气候原因不同，同一品种会表现出不同的结果，但不同品种的表现趋势还是很明显的。从仪评结果看鲜壳量，雄蚕茧较川山×蜀水高0.94g，干茧茧层率高2.67个百分点，烘折少8kg，解舒光折少13.4kg。按同样推广量60048张，按各自单产及烘折计算，雄蚕种较川山×蜀水多产干茧22369kg（雄：60048张×张种产鲜茧量33.1kg÷（烘折226÷100）=干茧879464kg；川山×蜀水：60048张×张种产鲜茧量33.4kg÷（烘折234÷100）=干茧857095kg）；按相同茧本不同缫折计算干茧销售价，雄蚕茧至少较川山×蜀水每千克干茧多卖10元。扣除雄蚕茧鲜茧每千克多支付3.40元，以及扣除雄蚕种多支付种款，企业仍能多盈利

360万元左右。

表6 2013—2014年不同品种茧质对比

季别	品种	鲜壳量（g）	茧层率（%）	烘折（kg）	茧丝长（m）	解舒率（%）	解舒光折（kg）
2013春	秋·华×平30	11.79	52.24	225	1195.9	75.02	216.5
	川山×蜀水	10.89	49.79	229	1106.3	77.24	235.0
2014春	秋·华×平30	10.99	51.58	225	1092.8	71.44	233.1
	苏秀×春丰	10.85	49.92	229	1200.7	54.50	237.2
2013晚秋	秋·华×平30	10.79	50.84	224	1098.4	73.00	234.0
	川山×蜀水	10.09	47.49	233	1066.0	76.25	245.1
2014晚秋	秋·华×平30	11.25	50.10	230	1092.0	71.58	235.3
	川山×蜀水	10.04	46.85	239	1022.8	76.06	255.3
平均	秋·华×平30	11.28	51.19	226	1119.8	72.76	229.7
	川山×蜀水	10.34	48.52	234	1098.9	76.52	243.1
比较（+-）		0.94	2.67	-8	20.9	-3.76	-13.4

3.2.2 丝质及丝厂增效分析

表7和表8分别从前几年相同季节不同品种以及相同品种不同年份的丝质情况进行了对比。从表7可以看出，川山×蜀水品种各方面的表现也非常不错，一样是缫制高品位生丝的优质蚕茧，但与雄蚕茧相比，雄蚕茧更有优势，不仅单纤细于川山×蜀水，更有利于做小偏差，清洁净度也更胜一筹；同时缫折更小，出丝率更高，经济指标也更优于川山×蜀水。从表8历年雄蚕茧试缫成绩更看出了雄蚕茧丝质的稳定性，没有大的起伏，是缫制超6A级生丝的优质原料。

表7 2013—2014年雄蚕种和川山×蜀水丝质情况对比

季别	品种	茧丝长（m）	解舒率（%）	解舒丝长（m）	万吊（次）	茧丝纤度（dtex）	解舒光折（kg）	出丝率（%）	清洁（分）	洁净（分）
2013春	秋·华×平30	1195.9	75.02	897.1	2.9	2.355	216.5	44.16	99.50	96.38
	川山×蜀水	1106.3	77.24	854.4	3.5	2.624	235.0	41.18	99.67	95.17
2014春	秋·华×平30	1092.8	71.44	758.9	3.3	2.187	233.1	40.54	99.50	95.90
	苏秀×春丰	1200.7	54.50	654.4	5.3	2.059	237.2	39.06	99.60	94.85
2013晚秋	秋·华×平30	1098.4	73.00	801.9	3.5	2.382	234.0	41.58	100.00	96.75
	川山×蜀水	1066.0	76.25	807.7	4.1	2.600	245.1	38.46	99.67	95.83
2014晚秋	秋·华×平30	1092.0	71.58	782.8	2.6	2.376	235.3	39.49	99.50	96.00
	川山×蜀水	1022.8	76.06	778.7	3.5	2.530	255.3	36.68	99.00	95.50
平均	秋·华×平30	1119.8	72.76	810.2	3.1	2.33	229.7	42.09	99.63	96.26
	川山×蜀水	1098.9	76.52	773.8	4.1	2.58	243.1	39.57	99.49	95.34
比较（+-）		20.9	-3.76	36.4	-1.0	-0.25	-13.4	2.52	0.14	0.92

表8 涪城区历年雄蚕茧试缫成绩

项目 季别	解舒率（%）	茧丝长（m）	解舒丝长（m）	茧丝纤度（dtex）	清洁（分）	洁净（分）	解舒光折（kg）
2012年春	62.61	1138.5	712.8	2.403	99.00	95.65	230.6
2012年秋	70.53	1042.0	734.9	1.972	99.20	95.70	243.9
2012年晚秋	68.00	1012.3	688.4	2.405	99.30	95.50	235.4
2013年春	79.41	1207.9	959.2	2.350	99.50	96.38	217.5
2013年晚秋	73.00	1098.4	801.9	2.382	100.00	96.75	234.0
2014年春	68.73	1113.3	765.2	2.179	99.50	95.91	232.3
2014年晚秋	71.58	1092.6	782.1	2.379	99.50	96.00	235.3
2015年春	74.79	1129.2	844.5	2.311	99.09	95.58	224.9
2016年春	79.21	1142.6	905.1	2.361	99.17	95.43	223.1
2017年春	79.49	1137.8	904.4	2.342	99.72	96.43	223.7
2017年晚春	61.66	1158.3	714.2	2.128	99.50	95.75	239.7
2018年春	83.05	1133.2	941.1	2.452	99.42	96.55	224.7
2019年春	78.78	1167.9	920.2	2.455	99.66	96.28	221.3
2019年晚春	78.51	1170.1	918.6	2.152	99.20	95.85	229.9
平均 春季	75.76	1146.3	869.1	2.360	99.38	96.03	224.8
晚春	70.09	1164.2	816.4	2.140	99.35	95.80	234.8
秋季	70.53	1042.0	734.9	1.972	99.20	95.70	243.9
晚秋	70.86	1067.8	757.4	2.389	99.60	96.08	234.9
全年	71.81	1105.1	794.4	2.210	99.38	95.90	234.6

我们选取同样是春季的指标进行对比，川山×蜀水选表7中2013年春季指标，雄蚕选表8中春季平均指标，虽然质量指标两个品种都能做6A级丝，但雄蚕茧明显具有优势。最可对比的是经济指标，川山×蜀水解舒光折为235.0kg，雄蚕茧解舒光折为224.8kg。我们仍然按同样60048张种的干茧量来测算生丝生产量，假定上车率都按96%计算，递增系数按3%，则川山×蜀水与雄蚕茧的毛折分别为252.1kg和241.2kg，按此毛折和茧本按42万元计算，原料成本雄蚕茧将比川山×蜀水多支付约为1040万元。同样按此毛折计算，川山×蜀水与雄蚕茧分别生产生丝为339928kg和364680kg，雄蚕茧较川山×蜀水多产丝24752kg，按同样6A丝50万元/吨计算，雄蚕丝将多销售1237.6万元，除去原料成本，雄蚕茧较川山×蜀水多盈利约200万元。

3.2.3 缫丝生丝品级

表9和表10分别从雄蚕丝厂检和商检角度进行了数据对比，从偏差、大差、清洁净度及其他辅助检验项目看，春季指标都是符合6A级生丝标准的，与试缫成绩相吻合。自从涪城区春季全养雄蚕后，丰谷丝厂基本全年都缫制的是雄蚕茧，因此全年生产的都是6A级、甚至是超6A级生丝。

表9　涪城区近年雄蚕茧实缫成绩

项目 季别	偏差	大差	清洁（分）	洁净（分）	实缫光折（kg）	厂检品位
2015年春	0.90	2.37	98.59	95.07	228.3	6A
2016年春	0.84	2.38	99.08	95.70	230.7	6A
2017年春	0.87	2.45	99.08	95.67	228.2	6A
2018年春	0.84	2.39	99.05	95.66	229.5	6A
2019年春	0.84	2.43	99.22	95.73	231.6	6A
平均	0.86	2.40	99.00	95.57	229.7	6A

表10　涪城区近年雄蚕茧丝商检成绩

项目 季别	偏差	大差	清洁（分）	洁净（分）	断裂强度	抱合
2012年春	0.98	2.28	98.40	95.75	4.12	106
2012年秋	1.01	3.20	98.60	95.15	4.02	104
2012年晚秋	0.96	2.79	98.45	96.48	4.14	105
2013年春	1.03	2.94	98.72	95.25	4.18	105
2013年晚秋	1.09	2.76	99.20	95.40		
2014年春	0.94	2.42	98.94	95.16		
2014年晚秋	0.93	2.62	99.40	96.13	4.06	103
2015年春	0.96	2.74	98.94	95.84	4.12	103
2016年春	0.85	2.36	99.15	95.88	4.19	104
2017年春	0.87	2.38	99.17	95.91	4.18	104
2018年春	0.87	2.37	99.07	95.54	4.12	103

3.3　品牌形象建立

3.3.1　"涪城蚕茧"品牌

"涪城蚕茧"国家地理标志证明商标取得后，从雄蚕品种饲养后更得以发扬光大，声名远扬。前面分析过雄蚕茧的指标，是各方面都符合缫制精品6A生丝的标准，故全国各地一流的缫丝企业，为了缫制高品位生丝，都慕名而来争相采购涪城区的以雄蚕茧为代表的优质原料。"涪城蚕茧"生产基地被授予"中国优质茧丝生产基地"称号，"涪城蚕茧"获得有机农产品认证、"四川省优质农产品品牌"。2019年，因涪城蚕茧全面符合全国名特优新农产品名录收集登录要求，被正式纳入全国名特优新农产品名录。"涪城蚕茧"品牌效应得以彰显。

3.3.2　"七彩之虹"生丝

丰谷制丝公司全年生产原料全部为天虹丝绸所提供的雄蚕茧，公司2014年生产的雄蚕茧丝成为APEC领导人会议"新中装"面料的唯一生丝原料，2016年G20峰会丝绸用（礼）品所用生丝也主要出自丰谷制丝生产的雄蚕丝，目前公司所生产的"七彩之虹"雄蚕丝已全部对接欧洲LVMH/FENDI、KERING/GUCCI等奢侈品牌。所缫白厂丝获得国家有机认证（ORGANIC）和全球有机纺织品标准（GOTS）认证。能获得国家重大活动用丝认可，能获得国际著名奢侈品品牌青睐，能取得ORGANIC和GOTS认证，让"七彩之虹"品牌响亮世界，雄蚕丝扮演着功不可没的重要角色。

4 采取措施

4.1 工作措施

4.1.1 保持对优良蚕品种的敏感性

天虹丝绸是涪城区唯一蚕桑产业发展主体单位，既发展生产，又收烘蚕茧，还有缫丝厂。这个产业链条上每一个环节的成功，蚕品种的选择至关重要。所以公司一直在探寻优良蚕品种的道路上前行，不仅要好养单产高；还要茧质好，好销售；最关键的是丝厂能缫出高品位生丝。所以，雄蚕品种秋·华×平30就是因为满足贸工农三方需求而在涪城区得到逐步推广的。

4.1.2 反复对比试验，寻找最适季节及生产方式

引进及推广一个新蚕品种必须慎重，在其他地区表现优良的，在涪城区不一定适应；在春季适应的，在夏秋也不一定适应。所以我们会先少量反复多季多次进行对比实验，寻找其最适季节。观察饲养中的抗病性、整齐度、茧形大小厚薄、单产；调查烘折、茧层率、解舒率；做试缫了解茧质内在所有指标，如茧丝长、缫折、单纤、万吊、清洁净度等；并做中试，所产干茧能上庄缫丝，再看缫丝过程中的各种表现以及丝片成形、商检指标等，通过多次对比试验，比如雄蚕品种，我们最终得出结论，在涪城区，最适饲养季节为春季。

4.1.3 挖掘品种最佳潜能，增强农户饲养信心

一个品种抗病性与单产、茧质往往属于"鱼和熊掌不得兼得"，当其抗病性强，农户很喜欢时，也许其单产又不高。比如最初我们没掌握雄蚕品种孵化特性时，实行散卵收蚁，先发种的共育户和后发种的共育户的单产差异很明显。通过调查才知孵化后期有部分雌蚕孵化，而雌蚕是会在龄中死亡，故造成单产低。这样我们引进了收蚁袋收蚁法，并适当加大卵量，就解决了雌雄头量不平衡的问题，也就解决了单产低的问题。

4.1.4 加强技术指导，发挥品种最优特性

这体现在最开始的推广阶段，公司通过会议方式培训员工了解雄蚕品种饲养特性，然后茧站员工又下去培训乡镇技术员和共育户，技术员和共育户又培训到农户。这样层层进行技术指导和培训，让农户了解品种特性，并践行到生产中，才发挥了雄蚕品种的优良特性，让涪城区成为了雄蚕品种的舒适家园。

4.2　技术措施

4.2.1　重视蚕种质量，年年实行试催青

天虹丝绸重视蚕种质量是全国有名的，因为这不仅关乎公司的利益，更是关乎广大蚕农的利益。但凡在催青阶段就发现蚕种有异常的，就立即通知制种方、蚕业管理部门领导及蚕业界专家一同来会商分析，一旦认定蚕种质量有问题，立即烧毁不用。所以，年年都未中断过春季养蚕前的试催青工作，提前掌握蚕种发育及孵化情况，以做到发种前的蚕种质量是合格过关的，从而保证养蚕生产的顺利进行。

4.2.2　强化催青技术贯彻，提高一日孵化率

天虹丝绸一直采用的是电子科大设计的蚕种智能催青保种设备，再配以升、降温，补湿感光等硬件设备，在催青过程中能达到标准催青技术要求，这是保证胚胎发育健康齐一的必要条件。同时，参照雄蚕品种特殊要求，在催青后期温度偏高0.5℃，有利雄蚕的孵化和雌蚕胚胎的死亡。对值班要求更是严格，实行24小时值班制以及每半小时抄温湿度并加以调节，保证蚕种在标准温湿度环境中发育并一日孵化率高。

4.2.3　坚持孵化调查，掌握孵化规律，推行收蚁袋收蚁法

雄蚕品种从2012年开始引进到现在，每年都坚持进行孵化调查，并掌握孵化规律为：（1）雄蚕品种中仍有雌蚕孵化，并趋向于后期孵化比例较高。（2）雌蚕虽孵化，但在饲养过程中部分会逐步死亡，其中主要集中在1～3龄期，4～5龄期逐步减少。（3）雌蚕在饲养过程中并不会全部死亡，最后仍有约3.6%的雌蚕结茧化蛹。（4）对比第1天收蚁及多压1d收蚁情况，多压1d收蚁的雌蚕孵化量更多。（5）第1天感光收蚁后对未孵化卵再进行第2天感光收蚁的，雌蚕孵化比例更是远高于一日感光的蚕头。说明雄蚕品种不适宜于二日孵化，尤其对于集中共育分户发种的地方不宜采用此法。于是，涪城区从2014年开始全面引进推行收蚁袋收蚁法，并录制教学视频，多层次、多渠道进行培训和演练。

4.2.4　加强饲养技术贯彻指导

雄蚕品种要求小蚕用叶宜适熟偏嫩，饲育温度较常规蚕品种偏高0.5～1℃。小蚕期趋密性强，每次给桑前要做好匀扩座工作。同时雄蚕杂交种性别单一，发育齐、老熟涌，要提前备足上蔟用具。茧层厚，蔟中要特别注意通风排湿，避免上蔟过密，以提高茧丝质量。这些技术措施在推广初期印成资料发给共育户，然后再在各种培训会上提前培训，让蚕农了解掌握雄蚕品种饲养技术要点，从而养出健康的蚕，产出优质的茧。

5　存在问题及对策

5.1　孵化率控制

尽管已掌握催青技术，但仍然没办法完全控制雌蚕不孵化，仍然会产生同样的卵量，并在不

同年份会有不同的孵化率。只有尽量保持催青环境条件的标准，以及装卵时期的一致性和卵量的一致性，从可控的条件环节来创造同一性。

5.2 品种选育复壮，保持品种优良特性及稳定性

最近几年出现雄蚕茧茧形不是特别匀整的现象。异形茧、粗缩绉茧出现，如图3所示。

图3 茧形的异常

这在最初几年是不多见的，但现在却很普遍。已与科研单位及制种单位沟通，分析是否是品种选育环节出现的问题，或者是饲养过程中的异常。以期雄蚕品种的性状越来越优良。

雄蚕种、茧、丝一体化开发与全产业链打造

雄蚕品种具有强健好养，饲料效率高（可降低饲料成本10%），出丝率高（产丝量可增加20%～25%），丝质优（生丝品位可从3A级提高到5～6A级）等优点，因此，雄蚕品种的育成与推广应用是提高蚕丝品质和综合效益最为有效的途径。

随着国际市场对高品位生丝需求的稳定增长，促进了雄蚕品种的推广应用。在浙江淳安、四川绵阳等雄蚕种、茧、丝一体化基地建设稳步推进的同时，通过茧丝绸企业带动，四川宜宾、四川安泰、云南保山、云南普洱、山东莒县等新基地建设取得积极进展，目前雄蚕种推广量年均达8万～12万张。

为进一步发挥雄蚕品种茧丝质优的特点，加强与凯喜雅集团公司等知名丝绸企业的合作，每年召开"全国雄蚕品种示范推广交流与技术研讨会"，来自雄蚕种培育、雄蚕种繁育、雄蚕茧生产及丝绸企业的代表共同就今后雄蚕全产业链开发、进一步发挥雄蚕种优势等议题进行了深入探讨与交流，共商加快创建雄蚕种、茧、丝、绸及产品的一体化生产新模式，利用雄蚕高品位生丝的特有性能，打造高端雄蚕丝产品。

2014年，四川绵阳天虹丝绸有限公司生产的雄蚕6A级顶级生丝，供货达利丝绸（浙江）有限公司，成功用于2014年APEC领导人中式服装面料的原料。

2016年，凯喜雅集团、万事利集团利用雄蚕6A级顶级生丝开发了G20丝绸礼品，进一步提升了雄蚕丝的影响力。

2018年，雄蚕品种秋·华×平30的母种、杂交种知识产权及相关技术以980万元的价格（占注册资本49%的股份）与浙江凯喜雅国际股份有限公司参股组建"浙江凯喜雅蚕桑研究院有限公司"，加强雄蚕全产业链建设，打造高端雄蚕丝产品，进一步提升了雄蚕影响力，目前已为爱马仕、LV、MARC ROZIER等国际名牌提供高品质原料。

第五章　相关论文

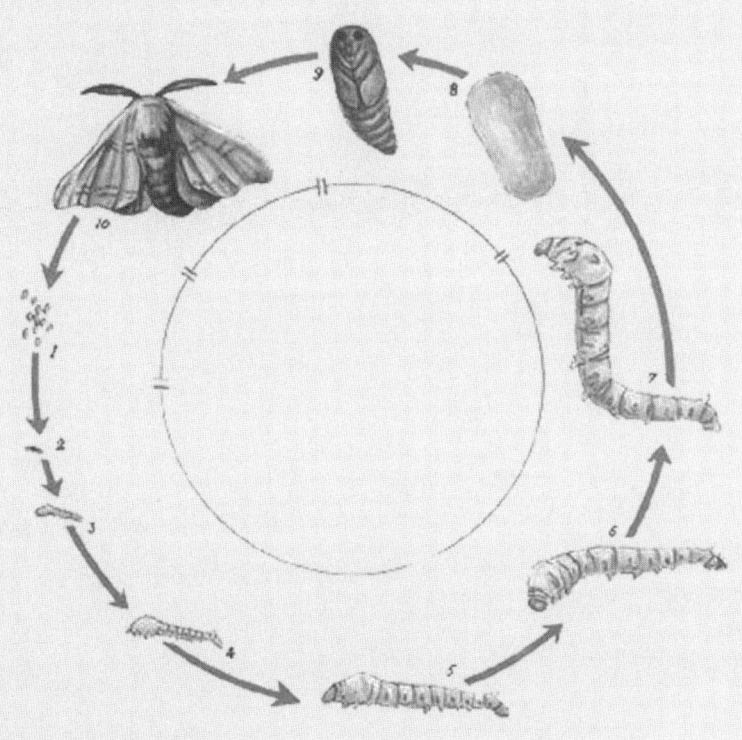

一、概 述 篇

桑蚕的性别控制与专养雄蚕的研究①

何克荣　夏建国　黄健辉

（浙江省农业科学院蚕桑研究所　杭州　310021）

　　已知雄蚕较雌蚕除了具有较高的生命力外，还有食桑少，发育快，茧层率高，出丝率高和茧丝长长，解舒丝长长，净度好等优点。因而丝茧育人们都希望专养雄蚕。另一方面为了提高蚕种场的制种效益，人们希望多养雌蚕，因为雄蛾可利用2次，所以最好是按雌：雄=2：1的蚁量比安排蚕种生产。可见，生产目的不同，对蚕的性别要求也不同，最好能对蚕的性别加以控制，以便按生产要求调节蚕的性比。为此，各国蚕业科技工作者，经长期探索，找到了一些控制桑蚕性别的途径。本文对桑蚕的性别控制方法进行综合分析，认为利用性连锁平衡致死系是较实用的方法。

1　桑蚕性别控制的途径

1.1　人工孤雌生殖

　　对未交配的雌蛾，按以下步骤施以人工处理，可实现孤雌生殖。即当卵龄发育到10～12h，将蚕卵浸入46℃的热水中18min，然后取出在20～25℃温水中保护5min，凉干后在15℃、R.H.80%～95%的环境中保护3d，以后与一般蚕种一样作浸酸或越年保护。用上述方法处理的蚕卵，催青孵化后全部为雌蚕，用于蚕种繁育无需削茧鉴蛹，既省工，又可彻底杂交。孤雌生殖由于完全拷贝了母本的基因型，在遗传上相当纯一，配合力稳定，杂种优势明显。

　　孤雌生殖处理的成功率，因蚕品种而异，多数品种在30%以下，但它也可以经选择积累，达到80%以上的成功率。例如俄罗斯科学院的PC-8和PC-43这两个品种其孤雌处理孵化率可达85%以上。

---

　　① 本文原载于《蚕桑通报》，1998，29（3）：1-4。

1.2 雄核发育

雄核发育是指进入卵内的2个精核融合后发育为个体的现象。诱发雄核发育的方法有高温、低温、CO_2处理等多种，采用较多的是辐照与热处理相结合的方法。20世纪80年代以来，黄君霆等用80kr[①]的γ射线照射羽化前1日的雌蛹，化蛾后与正常雄蛾交配，取产下后经80min常温保护的蚕卵，用38℃高温冲击200min，获得雄核发育蚕，并由此育成了雄核发育系。经雄核发育处理所获后代全部为雄蚕，但这种方法得到的雄蚕基因纯合性较高，孵化率低，生命弱。不能用于专养雄蚕。

1.3 限性突变蚕品种

1.3.1 限性卵色系

通过辐照诱变，将第10染色体上的第2白卵基因易位到W染色体上，获得了限性白卵突变系，其雌性为黑卵，雄性为白卵。以此系为基础，再加上选择和杂交改良，育成了一批限性卵色品种，如苏卵限，苏卵6，苏卵7等。但是这类品种的雄卵为白卵，孵化率低，雄蚕生命力较弱，难于推广应用。后来又通过辐射，将第10染色体上的第3白卵基因易位到W染色体上，育成了雌蚕为黑卵，雄蚕为浅棕色卵的限性卵色品种，如JSME-2等，进而育成了雌蚕为白卵、雄蚕为黑卵的限性卵色系，这种系统雄蚕的孵化率和生命力明显提高，具有实用价值。上述限性卵色品种，因雌雄间的卵色截然不同，可用光电分卵仪将雌雄卵分开。如果要专养雄蚕（丝茧育），则只用雄卵；若要多养雌蚕（种茧育），则可多取雌卵，控制蚕的性别十分方便。

1.3.2 限性皮斑系

田岛（1941）用X射线照射雌蛹，将第2染色体上含有斑纹基因的染色休片段易位到W染色体上，获得了限性煤灰斑突变系并以此为基础育成了限性普斑系和限性暗色斑系等。此外，桥本（1948）用X射线照射虎斑蚕蛹，使含有虎斑基因的第3染色体片段易位到W染色体上获得限性虎斑系。

上述限性皮斑系可根据幼虫皮斑的有无，在4～5龄期将雌雄分开，凡有斑纹者为雌蚕，无斑纹者为雄蚕，虽可弃雌养雄，实现丝茧育的雄蚕化饲养，但由于蚕已过3龄，去雌养雄浪费人力物力较多。因此，限性皮斑品种主要用于种茧育。

为提早将雌雄蚕分开，孙本忠，蒋同庆将茶斑（褐圆斑）导入限性皮斑系，育成了茶斑限性品种，可在3龄分开雌雄，把控制性别的时间提早了一个龄期。

1.3.3 限性蚁色系

黄君霆等（1983）用40kr的X射线照射WZ^{+sch}雌蛹，羽化后与伴性赤蚁的雄$Z^{sch}Z^{sch}$交配，获

---

① r（rad），中文名为拉德，辐射计量旧单位。辐射计量国际单位制单位为戈瑞（Gy）。1r=0.01Gy。

得含有+^{sch}基因的Z染色体片段易位于W染色体上的突变系,用其与伴性赤蚁雄连续回交,育成了限性蚁色系,黑蚁为雌蚕,红蚁为雄蚕。在孵化时淘汰黑蚁. 可专养雄蚕,1993—1994年用限性蚁色品种J31×4S1和J41×3S1,在江苏溧阳作专养雄蚕示范,但孵化时去雌处理很麻烦,工作量大,尚需进一步研究解决。

1.3.4 限性黄茧系

木村（1971）等用6kr的γ射线照射中125号雌蛹,使第2染色体上的黄血基因Y易位于W染色体上,获得了限性黄茧突变系,并以此为基础,经多代改良和选择,育成了限性黄茧品种,可依茧色分开雌雄,黄茧为雌,白茧为雄,用于种茧育可提高雌雄鉴别的工作效率和准确性,用于丝茧育可实行雌雄茧分煮分缲,提高丝质,但不是专养雄蚕。

1.4 利用催青温湿度抑制特异品种的雌蚕孵化

潘庆中等（1992）以新9×sch（伴性赤蚁）为材料,对其F_1代的蚕卵用高温（30℃）和干燥（R.H.60%）催青,雄蚕孵化率为99.66%,而雌蚕孵化率仅3.27%,基本上可达到专养雄蚕的要求。但反交sch×新9雌雄蚕均能正常孵化,未能达养雄蚕的要求。林健荣等（1996）以华1×sch为材料,也得到与潘相似的结果。上述研究表明,以sch作父本,采用高温干燥催青能有效抑制雌蚕的孵化,是控制蚕的性别,专养雄蚕的技术途径之一。但对其反交则无效,其遗传机理有待阐明,此外用高温干燥催青对蚕的生理有一定的影响,有待改进。

1.5 性连锁平衡致死系的育成和利用

V.A.Strunnikov院士等（1969,1975,1983）用5kr的γ射线辐照处理,诱导染色体Z-W易位和Z染色体的隐性致死突变。利用标记基因反复筛选,育成了桑蚕性连锁平衡致死系。在此基础上经转育改良培育出多个雄蚕品种,在乌兹别克农村试养,雄蚕率达99.85%。大沼（1989）用4kr^{co}Co-γ射线辐射雌蛹,诱导染色体Z-W易位型,育成了新的平衡致死系。

性连锁平衡致死系（如S-8,S-14等）在其雄蚕的Z染色体上带有2个非等位的胚胎期隐性纯合致死突变基因l_1和l_2即雄蚕的性染色体结构为$Z^{l_1+}Z^{+l_2}$,而其雌蚕的W染色体上则易位有这2个致死基因的正常型等位基因,因而该系统内的雌雄交配,能完整地保留平衡致死基因;常规品种雌与性连锁平衡致死的雄杂交,其后代（F_1）的雌蚕均在胚胎期死亡,而雄蚕能正常孵化,从而为专养雄蚕奠定了基础。

性连锁平衡致死系,由于其Z染色体上的l_1和l_2致死基因间交换,因而子代的实际性比是雄:雌=99.6:0.4,达到了雄蚕化的要求. 可供专养雄蚕之用。

2 专养雄蚕的研究与展望

鉴于专养雄蚕的优越性,因此培育雄蚕品种专养雄蚕是蚕业科技追求的目标,也是在21世纪提高蚕茧出丝率的重大突破口。在比较和分析近半个世纪人们在控制蚕的性别,专养雄蚕研究中业已取得的成就的基础上,笔者认为利用性连锁平衡致死系是一条较为有效和可行的技术途径。为此,浙江省农业科学院蚕桑研究所于1996年从俄罗斯引进了性连锁平衡致死系S-8和S-14两个品种,以此为基础培育雄蚕品种,取得了以下进展。

(1)经系统选育使S-8和S-14的生命力和适应性有显著提高,虫蛹率由引进时的51.47%和28.65%(1996年春)分别提高到94.68%和90.28%(1997年春),全茧量,茧层量和茧层率也有所提高,而其对性别控制的绝对能力被完整地保存下来,应用价值进一步提高,为选育雄蚕品种奠定了种质基础。

(2)运用杂交和标记基因选择等手段,已将性连锁平衡致死系S-8和S-14的性别控制基因转移到我国现行品种中。初步育成了一批具有我国现行品种优良经济性状的性连锁平衡致死新品种,如平3,平5,平6和平22等。在生命力,茧质和丝质方面均优于引进种S-8和S-14,具有良好的应用前景。

(3)通过杂交组合的选配与鉴定,已选拔出生命力、茧层量与对照种相仿而茧层率、万蚕产茧层量和出丝率明显高于对照种的几对雄杂交组合(表1及表2)。

表1 几对较优的雄蚕杂交组合茧质成绩(1997年)

组合名称	季别	雄蚕率(%)	虫蛹率(%)	全茧量(g)	茧层量(g)	茧层率		万茧产茧量(kg)	万蚕茧层量	
						实数(%)	指数		实数(kg)	指数
菁松×皓月(对照)	春	50.00	99.25	1.84	0.431	23.41	100	18.63	4.361	100
菁松×平2	春	100.00	98.32	1.67	0.445	26.71	114	16.90	4.515	104
春晓×平1	春	100.00	99.21	1.79	0.440	24.62	105	18.21	4.483	103
春日×平1	春	100.00	99.08	1.85	0.467	25.17	108	19.31	4.860	111
镇丰×平1	春	100.00	98.21	1.77	0.461	26.11	112	17.74	4.631	106
薪杭×科明(对照)	中秋	50.00	98.49	1.41	0.299	21.26	100	14.17	3.012	100
丰1×平2	中秋	100.00	97.96	1.45	0.348	24.06	113	14.74	3.546	118
夏3×平2	中秋	96.00	95.26	1.55	0.371	23.96	113	14.71	3.525	117
夏5×平2	中秋	100.00	98.14	1.44	0.341	23.70	112	14.26	3.379	112
夏4×平1	中秋	96.00	97.10	1.49	0.328	22.05	104	14.94	3.296	109

注:据调查,单养雄蚕较雌雄蚕混养节省桑叶10%左右、本表在计算万蚕产茧量和万蚕产茧层量时不含雄蚕节叶效益。

(4)1997年中秋,2对雄蚕杂交种白云×平1和夏5×平2,计28盒蚕种在浙江湖州农村试养。结果雄蚕率达99%以上,除张种产茧偏低外,无其他不良表现。据湖州市茧质检定所调查,雄蚕茧丝质全面优于对照种。表3反映的是我省专养雄蚕的首次尝试,显示出其推广应用的光明前景。

表2 几对较优的雄蚕杂交组合丝质成绩（1997年）

组合名称	季别	茧丝长		解舒丝长		解舒率（%）	茧丝量（g）	纤度（dtex）	净度（分）	鲜茧出丝率	
		实数（m）	指数	实数（m）	指数					实数（%）	指数
菁松×皓月（对照）	春	1188	100	617	100	51.85	0.3777	2.862	93.75	19.19	100
菁松×平2	春	1257	106	597	97	47.39	0.3992	2.857	95.00	22.39	117
春晓×平1	春	1247	105	896	145	71.86	0.3974	2.869	96.50	20.94	109
春日×平1	春	1203	101	828	134	68.73	0.4225	3.161	92.25	21.53	112
镇丰×平1	春	1191	100	788	128	66.22	0.4082	3.085	90.75	21.91	114
薪杭×科明（对照）	中秋	856	100	720	100	84.14	0.2579	2.712	99.50	16.62	100
丰1×平2	中秋	1122	131	837	116	74.54	0.3199	2.566	97.50	20.44	123
夏3×平2	中秋	1148	134	793	110	69.08	0.3245	2.543	95.75	19.22	116
夏5×平2	中秋	1069	125	768	107	71.50	0.2965	2.497	98.00	18.61	112
夏4×平1	中秋	1161	136	935	130	80.55	0.3001	2.326	100.00	18.37	111

表3 2个雄蚕组合在农村试养的产量及茧丝成绩

品种名	饲养数量（盒）	单产（kg/盒）	上车茧率（%）	茧丝长		解舒丝长		解舒率（%）	茧丝纤度（dtex）	鲜茧出丝率	
				实数（m）	指数	实数（m）	指数			实数（%）	指数
夏5×平2	2	34.5	94.59	1046	117	669	128	63.69	2.39	15.4	113
白云×平1	26	34.7	94.57	959	107	612	117	63.12	2.41	16.9	110
丰1×54A对照	5.25	41.8	93.56	896	100	524	100	55.82	2.49	15.4	100

性连锁平衡致死系自1996年春引入我省以来，经2年研究，得到了可喜的结果，令人鼓舞，再经3～5年的试验研究和中试示范，一项利用雄性杂种专养雄蚕的新型技术可望在我省率先推广应用。

雄蚕产业化发展战略的思考①

孟智启

（浙江省农业科学院蚕桑研究所　杭州　310021）

1　前言

众所周知，就一个蚕品种而言，其雄性群体与雌性群体相比，具有多方面的优势，一是体质强健，容易饲养；二是食桑量少，饲料效率高，养蚕成本低，一般可节约成本10%左右，雄蚕茧与雌蚕茧相比，具有更高的出丝率，产丝量可增加15%左右，因此调控性别，在生产上实现专养雄性群体比当前的雌雄蚕各半混养，可大幅度提高蚕丝的产量和质量和蚕业经济效益。

鉴于专养雄蚕的巨大优越性，蚕的性别控制技术作为蚕业领域的尖端技术，一直得到各蚕业生产国的重视和不懈追求。中国、日本、苏联、印度等，均投入相当的科技力量和资金，从不同角度研究蚕的性别控制技术，探索专养雄蚕的技术途径。苏联科学院发育生物学研究所V.A.Strunikov院士等（1969，1975，1983），运用巧妙的遗传设计和辐射诱变处理等手段，经数十年的努力，先后育成了限性黑卵、限性白卵和平衡致死等系统，特别是限性白卵性连锁平衡致死系统的育成，为实现专养雄蚕、生产雄茧奠定了基础，是蚕性别控制技术上的重大突破，引起了世人的高度重视和评价。性连锁平衡致死系的最大价值在于，该系在致死基因的作用下，与任何一个普通品种杂交，其后代的雌蚕卵皆在胚胎期死亡（不孵化），而雄蚕卵均能正常孵化，使全龄专养雄蚕不仅变成了现实，而且方便、实用，便于推广。

1996年春，在科学技术部、浙江省人民政府和浙江省科技厅等的支持下，浙江省农业科学院从俄罗斯科学院引进了家蚕性别控制配套品系及相关的技术资料。经"消化、吸收、创新"，目前专养雄蚕技术已取得了阶段性研究成果，并开始呈现出产业化发展的良好前景。

我国是世界上最大的蚕丝生产国和供应国（产丝量和生丝出口量约占世界的70%和90%），蚕丝业是我国传统的外向型优势产业。近年来，我国丝绸贸易量占世界蚕丝贸易总量的80%以上，年均出口创汇达25亿美元左右。在生产上推广专养雄蚕，使我国在世界上率先生产雄蚕茧、缫制和出口雄蚕丝，对于大幅度提高蚕丝产量、质量和经济效益，提升我国传统蚕丝业，增强我国生丝和丝绸制品在国际贸易中的竞争创汇能力，实现从丝绸大国向丝绸强国转变具有十分重要

① 本文原载于《蚕桑通报》，2001，32（2）：1-6。

的战略意义。

2 雄蚕产业化发展的可行性

2.1 技术积累

笔者认为，专养雄蚕实用化必须有两个突破的关键技术：①实现引进种的转育、改良，培育出强健且经济性状优良的雄蚕品种。由于俄罗斯并无蚕丝业，其研究蚕平衡致死系只是从遗传角度出发，再加上中俄两国环境气候条件相差甚远，导致引进种在我国饲养经济性状差，不能直接利用，必须对这些品系进行改良、提高和转育。②降低雄蚕杂交种的制种成本。利用平衡致死系生产雄蚕杂交种时，由于雌卵致死成为无效卵，同时平衡致死系的雌蚕和对交常规种的雄蚕不能利用，雄蚕种制种成本很高，从理论上讲其制种成本为普通种的4倍。几年来，通过专养雄蚕技术研究，已取得了以下几项重大科技成果：

（1）建立了一套以家蚕性连锁平衡致死系为主，包括限性品种在内的蚕性别控制品种的转育改良新方法，在此技术体系的指导下已初步建立起了一个以桑蚕性连锁平衡致死系为关键材料的蚕性别控制种质资源库，其中包括平衡致死系38个，限性蚕品种29个和高孵化率无性孤雌克隆系8个。这一种质资源库的建立，为培育成功优良的性连锁平衡致死雄蚕品种奠定了基因资源基础。

（2）雄蚕杂交种制种成本降低到普通蚕种的2倍左右，较好地解决了制约专养雄蚕实用化的另一技术难题。其关键技术为：①在平衡致死系蚕品种中导入限性卵色基因，以此作为筛选平衡致死系原种雌雄卵的标志，让蚕种场只养其雄蚕；②对交种的另一方选用限性皮斑品种，以此作为筛选对交种雌雄蚕的标志，让蚕种场把常规对交种饲养至4龄第2天淘汰雄蚕，以减少对交种饲养成本，蚕种场在饲养原种时只养性连锁平衡致死系的雄蚕和对交的雌蚕，基本解决了反交不能利用的矛盾；③利用雄蛾可多次交配的特性，加强平衡致死系雄蛾和雌蛾交配性能的选择，使育成的平衡致死系具有很强的再交配能力，以减少雄蚕的饲养量，控制原种雌雄饲养比为♀：♂=2.5～3：1；④对交的雌性品种采用产卵量高的中系杂交原种，以提高单蛾产卵量。通过以上措施，目前雄蚕种的制种成本已降低到普通种的2倍左右。

（3）利用我国自行转育成功的性连锁平衡致死品种，组配雄蚕杂交组合，从中筛选出优良雄蚕杂交组合。经1999—2000年2年5期的较大规模选配筛选工作和2年实验室重复比较，筛选出2对综合经济性状较为优良的雄蚕杂交组合：夏·华×平8和秋·华×平30，其中夏·华×平8为春秋兼用型品种，秋·华×平30为强健型夏秋用品种，该2对雄蚕杂交组合的茧丝质性状已接近或超过了我国现行的优良蚕品种，其中的茧层率、万蚕产茧层量和鲜毛茧出丝率均明显高于现行的优良蚕品种，显示出专养雄蚕的优越性，我国的雄蚕品种已基本达到了实用化生产水平。经几年农村试养，实践证明雄蚕茧茧价（干壳量）比对照种提高4～5个等级，解舒良好，鲜茧出丝率提高1.5个百分点以上，茧丝品位提高1～2个等级，50kg桑产茧量提高10%～15%，唯蚕种成本为普通种的2倍左右。如夏华×平8，2000年在全国5省（浙江、山东、江西、四川、陕西）11个农村中试点试养1400余盒，蚕农普遍反映雄蚕品种强健好养，发育齐一，产茧量高，茧价高，盒种产值高，深受蚕农欢迎。经缫丝试样，雄蚕品种较当地主养蚕品种鲜茧出丝率提高1.5～2个百分点，显示出雄蚕新品种良好的应用前景。

2.2 市场价值

2.2.1 特殊性

经前期研究证明，性连锁平衡致死基因对蚕的性别具有绝对的控制能力。生产上推广应用的杂交种是利用性连锁平衡致死品种的雄性原种与常规品种的雌性原种对交制成的，其一代杂交种只有雄蚕能孵化、发育营茧，只要控制好性连锁平衡致死品种的保持系，其他单位就无法私自繁制雄蚕杂交种，其技术可控性高，易于保证种源的质量和市场的垄断。

2.2.2 优越性

经前期研究和雄蚕示范试养证实，雄蚕较常规蚕品种叶丝转化率高、养蚕成本低；雄蚕茧鲜茧出丝率高2个百分点左右，生丝品位提高1～2个等级，扣除雄蚕种与常规蚕品种制种成本的差额部分，按当前全国蚕茧平均生产水平（30kg/盒）和生丝市场价格（3A：185元/kg；4～5A：210元/kg），每盒雄蚕种生产的茧经缫丝后可多获利200～250元，经济效益十分显著。按此测算，浙江省年蚕种饲养量约为250万盒，如果普及推广面达30%，则每年可为我省多增效益1.50亿～1.87亿元；全国年蚕种饲养量约为1500万盒，按普及推广面10%计算，全国可多增效益达3.00亿～3.75亿元，而且雄茧的纤度偏差小，缫制的生丝品位高，出口创汇竞争力强，因而具有明显的市场价值。

2.3 市场需求

2.3.1 满足生产经营市场需求

当前在农村产业结构调整时期，普遍存在着农民增收、稳收困难的问题。蚕茧现今仍是国家指定的由专业公司专营的少数农产品之一，由于从事蚕桑生产具有相对稳定性，因此在这个转型期间蚕桑生产仍是具有较好经济回报的产业。同时，就蚕桑生产而言，优良的蚕品种是蚕桑生产赖于发展的基础。自1949年以来，我国的蚕品种已经过4次更新换代。由于杂交育种技术自20世纪初运用于生产以来，技术水平已高度成熟，再加上现有育种素材的有限性，致使目前生产推广的主养品种种质资源雷同，其经济性状水平处于水平发展阶段，难以大幅度提高，生产上迫切需要对主养品种进行第5次更新换代，在经济性状方面取得突破性进展，以进一步提高蚕业经济效益。从雄蚕强健易养，叶丝转化率高及经济效益好等优点出发，专养雄蚕适应了现阶段发展效益农业的需求。

2.3.2 满足消费市场需求

随着人们物质生活水平的提高，"崇尚自然、回归自然"将更趋深入人心，作为绿色、环保产品，"纤维皇后"的蚕丝纤维（目前约占世界纤维总量的0.2%）将会受到越来越多消费者的青睐。据业内人士分析预计，到2015年世界生丝总需求量将达到10万t，而且蚕丝纤维的多样化、高档化发展将是消费市场的主流趋势。由于雄蚕茧的质量优越，可缫制高品位的雄蚕丝，雄蚕丝制品及其织物的品位和强度也较现有雌雄混养蚕茧丝高，因此，无论从潜在市场容量和未来市场发展方向来看，专养雄蚕产业化都具有巨大的市场潜力。

3　产业化发展步骤与产业链的形成

21世纪初，伴随着蓝田股份、如意集团等一大批走产业化经营之路的公司脱颖而出，以产业化发展为主要特征的现代农业已初露端倪。蚕桑生产作为一项传统产业，在当前具有完整的产业系统和良好的产业化发展基础，蚕种生产有蚕种场，农村养蚕有农业局、蚕业站指导，蚕茧的收购与缫丝有专门的收购站或丝厂，生丝的出口有丝绸公司。在实施专养雄蚕产业化发展中可以利用这些有利的条件。但专养雄蚕有其特殊性，雄蚕种的生产较常规品种具有较高的制种成本，雄蚕丝在丝厂缫制时，必须有专一的庄口，否则其优越性就得不到体现。因此，在产业化发展中要不断探索，建立利益互补机制。

3.1　以种、茧为突破口

3.1.1　建立雄蚕种繁育基地

优良的雄蚕杂交种是产业化发展的物质基础，同时雄蚕规模化制种也有利于制种成本的进一步降低。考虑到我省蚕种场大多生产能力过剩，可以利用蚕种场现有的设施、设备来从事雄蚕种的生产。因此，首先应选择一些具有良好生产设施、设备条件和技术革新能力的蚕种场，由科研育种单位提供平衡致死雄蚕原种及对交原种委托蚕种场进行试繁，通过生产成本、蚕种质量等各方面的比较，逐步建立雄蚕种生产基地。

3.1.2　建立雄蚕茧生产基地

自1997年以来，专养雄蚕在各地农村已进行了不同程度的试养，但面广量少，未能形成规模效应。雄蚕高新技术具有极强的增值率，但优势的体现最终在其形成的产品生产上。只有进行集约化、适度规模化的雄蚕茧生产，才能发挥技术的增效作用，才能保证雄蚕产业化的尽快发展。因此，当前在我省选择栽桑养蚕具有良好的基础，且产业系统较完善的地区建立年饲养规模在500～8000盒的雄蚕茧生产示范基地，既能为产业链形成提供物质基础，又有利于发挥其示范效应，按此思路我们已逐步开始了雄蚕茧基地创建工作。同时，以本省为中心，向华东（安徽、山东）、西南（四川）、西北（陕西、新疆）等地提供雄蚕种进行试养，为雄蚕种的推广、雄蚕茧新生产基地的建立打下良好基础。

3.2 实施雄蚕产业化发展

以技术为纽带，组建股份公司，建立蚕农与大市场之间有效沟通的桥梁，使之成为当前引导农业和农村经济结构战略性调整的一支骨干力量。

以专养雄蚕技术为纽带，通过行业整合，优势互补，组建股份公司。以科研单位为发起人，吸引社会企业参与，组建成以雄蚕种的育、繁、推为主、兼营雄蚕茧收购的龙头企业（股份公司），以"公司＋基地＋农户"的形式，以"订单农业"等灵活有效、节本的生产方式，实现雄蚕茧生产、经营的产业化发展。

3.3 专养雄蚕产业链的形成

当前的有效途径之一是在我省的蚕茧产区建立行业特区，利用现有的茧丝绸产业链，实行"风险共担、利益共享"，形成雄蚕种繁育基地提供蚕种、生产基地生产雄蚕茧、丝厂专—缫制雄蚕丝、丝织厂开发雄蚕丝织物，共同开发雄蚕丝及其织物市场的产业链新格局，促进专养雄蚕产业化发展。

4 产业链的发展与产业新格局

4.1 不间断的技术创新是产业链得以维系和发展的基石

4.1.1 基础性研究是专养雄蚕应用技术发展的前提

自桑蚕性别控制配套品种及相关的技术资料引进后，在基础研究方面，我们侧重于从实验遗传学角度对引进种的性状进行测试分析，相继查明了引进品系的性别控制能力，并利用其达到专养雄蚕目的；通过对性连锁平衡致死基因对家蚕经济性状影响的研究，表明这些致死基因对一代杂交种的主要经济性状无明显不良影响，这些研究为后来雄蚕种的转育改良奠定了理论基础。目前，性连锁平衡致死基因控制蚕性别的能力已得到了充分验证，其在蚕业生产上的巨大潜力和广阔的应用前景，更进一步说明了性连锁平衡致死基因资源的弥足珍贵和深入研究的必要。实用化技术的创新突破，往往是在基础性研究的不断深入前提下取得的，前期有关雄蚕的应用基础研究就是一个很好的佐证。作为未来蚕品种育种的基础材料之一，其基础性研究还有待在现代生物技术平台上得以展开。从有关引进技术文献资料中得知，性连锁平衡致死系是在其雄蚕的2条Z性染色体各带有1个非等位的胚胎期隐性纯合突变基因l_1和l_2，即雄蚕的性染色体结构为$Z^{l_1}Z^{l_2}$，而其雌蚕的W染色体则易位有l_2致死基因的正常等位基因$+^{l_2}$，因而该系统内的雌雄交配，能使雌、雄个体存活，完整地保留平衡致死系。但是由于常规品种的雌蚕不带有$+^{l_2}$基因，常规雄蚕的Z染色体带有$+^{l_1}$和$+^{l_2}$基因，因此其后代（F_1）的雌蚕均在胚胎期死亡，雄蚕均能自然孵化正常生长发育。上述这些研究积累，是在实验遗传学的基础上得出的。究竟致死突变基因l_1和l_2，在Z染色体上的确定位点，其表达调控方式，表达产物生化特征等，都未有详实而深入的研究报道。因而，在分子生物学水平来研究克隆致死基因，阐明致死基因作用机理、表达调控方式，对于性连锁平衡致死基因及致死机理知识产权的拥有，基因资源的多用途、高效利用，推动我国桑蚕分子生物学发展，乃至于整个昆虫领域的性别控制利用都有十分重要的学术意义和实用价值。

4.1.2　实用技术的发展有赖于应用研究的深入

利用蚕性连锁平衡致死基因，控制蚕性别，实现专养雄蚕，是蚕丝业界一项具有战略发展意义的项目。通过近5年的基础性前期研究、试养，使我们已经看到了实现该项目的可行性和推广应用的前景。但是，我们也应该清醒地看到，现行的常规家蚕品种是在基础性蚕品种不断发掘、整理、积淀；历经近一个世纪以杂交育种为核心技术的不断创新、完善；经数代遗传育种工作者辛勤劳动选拔培育成功的。而利用性连锁平衡致死培育雄蚕品种工作和实施产业化发展刚刚起步，基础性雄蚕品种的有效积累还远远不够；雄蚕品种选育技术尚须不断总结完善；现行的雄蚕品种性状表现还不够全面，其优越性尚未充分体现；与雄蚕品种相适应的配套技术（繁育、饲养、收烘、缫制等）还有待深入研究。在雄蚕产业化发展的进程中，我们还可能遇到挫折。因此在实用化雄蚕技术的研究方面，我们有必要进一步深入广泛地开展雄蚕理论基础和实用技术的研究，在理论研究上系统地开展性别控制品种转育方法和选育改良技术的研究，建立起一个完整的蚕性别控制基础蚕品种资源库；在实用技术上还须加强实用化雄蚕品种选育、改良，不断培育出经济性状优良、符合生产和市场需求的雄蚕新品种。同时，为产业的长远发展着想，进一步开展低成本雄蚕繁育新技术的研究也显得尤为必要。如进一步选育限性卵色蚕品种作为平衡致死系的对交品种，在繁育雄蚕杂交种时实现全龄单养雄、雌原蚕；利用孤雌生殖技术选育全雌家蚕品种，用作平衡致死系的对交雌性品种，不仅能大大降低雄蚕种的制种成本，同时还能提高下一代的杂种优势（无性孤雌系基因高度纯合，有较强的杂种优势）。同时还要开展与品种相配套的饲养、收烘、缫丝技术的研究。

4.2　构建全新的雄蚕产业格局是产业链得以维系和发展的重要保障

蚕丝业属于劳动密集型产业，其兴衰主要决定于两个方面，即：一是劳动力价格，二是产业链的完善与否。从世界范围看，我国拥有充足的劳动力资源和良好的产业链，因此，我国蚕丝业这一古老产业仍具有极强的竞争力。据1992年一份世界性杂志统计各国劳动价格形成费用比较：以美国为100，日本为159，巴西为15，印度为5，而我国为2；但从国内蚕桑发展形势来看，东南沿海地区随着工业化进程的加快，劳动力价格升值，栽桑养蚕在经济发展中的地位正在逐步减弱。因此，从雄蚕产业化的长远发展考虑，必须构建全新的产业格局。

蚕丝业是浙江省的优势产业之一，不仅蚕茧产量居全国前茅，而且其丝绸工业、贸易也具有良好的基础。当前，全省有10个市（地）的60多个县（市）的79.2万户蚕农从事蚕桑生产，这在一定程度上消化了较高生产成本而带来的不利因素（由于劳动者报酬收入在全国相对较高，致使整个产业优势正在逐步减弱，从浙江省物价局1999年全省蚕茧生产成本调查汇总资料看，每

50kg蚕茧平均含税生产成本为658.02元）。随着我省经济的进一步发展，农村产业结构在不断调整中得以提升、优化，农业生产方式将由千家万户型向种、养大户集中，对农业产业的选择将更注重于劳动者报酬的体现。因此，为了体现雄蚕的优势，又有利于稳定和发展我省蚕丝产业链，笔者认为，在雄蚕产业化发展中，我省应抓住两头（雄蚕种、雄蚕茧），而把栽桑养蚕环节向劳动力价格更低地区转移。即把雄蚕种的育、繁放在本省，而通过在劳动力价格更低的地区建立雄蚕茧基地生产雄蚕茧，再利用我省较先进的缫丝织绸技术、工艺进行雄蚕茧后加工。这样更有利于雄蚕种质量的保证、专养雄蚕优势的体现，同时利于整个产业链在更高的层次上发展。

4.3　实施名牌战略是专养雄蚕产业链得以维系和发展的重要环节

在雄蚕产业化发展中应尽力改变以低档、初级产品出口换汇的现状，利用雄蚕丝的高品位和雄蚕丝的生产在国际上独一无二的这些特色，着力培育和发展雄蚕丝织物名牌，使雄蚕丝织物以更高档、更优质、更高附加值来体现，有利于彻底改变当前国际丝绸市场"中国的丝绸原料、意大利的品牌、国际市场的价格"这种局面，有利于增强我省在国际丝绸市场的竞争力。

专养雄蚕项目的实施效果①

孙　勇　于　兰　刘国俊　孙廷举

（山东省青州桑蚕育种场　青州　262500）

雄蚕好养、桑叶利用率高，专养雄蚕比普通养蚕可节省桑成本约10%。雄蚕的叶丝转化率高，雄蚕茧的茧层率和鲜茧出丝率一般要比雌蚕茧高约20%，可使蚕农受益。雄茧鲜茧出丝率高，每50kg鲜茧可多缫生丝1000g以上，从而使丝厂受益。雄蚕茧的纤度细、偏差小、丝质优，一般可缫5A级高位生丝，又可使丝厂受益。由于雄蚕茧能缫制高品位生丝，适合丝绸制品向高档化发展的要求，尤其在我国加入WTO以后，推行雄蚕茧化生产，能增强我国生丝和丝绸制品在国际贸易中的竞争创汇能力，具有战略意义。

1 具温敏性致死基因的专养雄蚕品种的开发利用

潘庆中等发现sch（伴性赤蚁）品种的催青温敏性，为赤蚁蚕的应用展现了广阔的前景。普通蚕品种的雌ZW×伴性赤蚁雄$Z^{sch}Z^{sch}$其F_1代的蚕种在催青后期经过高温干燥处理，雌蚕基本不孵化，雄蚕率达到95%以上，反交无效，为专养雄蚕奠定了基础。

1998年年底，青州桑蚕育种场与华南农业大学进行温敏性专养雄蚕项目的合作研究，引进了伴性赤蚁材料华1、华2，因其经济性状低，不能在山东直接应用，必须对其进行改良。1999年春季配制材料，利用回交、杂交系统选择等手段，进行改良选育，取得了以下几方面的经验和成绩：①摸清了杂交一代蚕种后期高温干燥保护的时期及温湿度保护的具体标准，达到既不伤害到蚕种生理，又能保证雌蚕基本不孵化，达到专养雄蚕的目的。②因雄蚕杂交种相对于雌雄混养来讲其全茧量低，在生命力相同的情况下产量就低，因此在纯种选育中要特别注意量的提高。又伴性赤蚁基因sch在纯合态下，对全茧量、茧层量具有减效作用，因而在纯种选育过程中对量的提高，除进行系统选择提高外，选择好亲本，对杂交后代分离出的优良蛾区和个体及时发现进行固定，效果明显。伴性赤蚁基因sch在杂合状态下，对量的减效作用不明显。③温敏性雄蚕纯种存在当日产卵不良的特性，通过设置各种环境条件，仍得不到有效的改善，说明该品种产卵性状的遗传力高，受环境的影响小，通过严格的系统选择，取得了良好的效果。④通过几年的选育，已初步育成了一批中、日系温敏性专养雄蚕品种，组配雄蚕杂交组合并从中选优。目前已选出几

---

① 本文原载于《中国蚕业》，2003，24（2）：72-73。

对组合，实验室鉴定表明，温敏性雄蚕杂交组合除产量低于对照外，其他各项成绩均达到或超过对照种，特别是解舒、光折及干茧出丝率都远远优于对照。

2 平衡致死系的利用

性连锁平衡致死系统的育成，为实现专养雄蚕、生产雄蚕茧奠定了基础，是蚕性别控制技术的重大突破，引起了蚕业界的高度重视和评价。性连锁平衡致死系的最大价值在于，利用该系统的雄蚕与常规品种的雌蚕杂交，后代的雌蚕卵皆在胚胎期死亡（不孵化），而雄蚕卵均能正常孵化，使全龄专养雄蚕不仅变成了现实，而且方便实用，便于推广。青州桑蚕育种场率先与国内独家拥有性连锁平衡致死系统品种和技术的浙江省农科院蚕桑研究所建立了合作关系，开始了专养雄蚕技术的实际应用与研究。

2.1 平衡致死系统雄蚕杂交种的生产

2001年秋季和2002年春、秋两季，在浙江省农科院蚕桑研究所专家的指导下，青州桑蚕育种场对专养雄蚕品种夏·华×平8、秋·华×平30进行了繁育生产，均取得了良好的成绩。我们在雄蚕种繁育中对中、日系的收蚁日差、分批蚁量、用桑老嫩、温湿度要求、发蛾调节等关键技术都已基本摸清，并建立了雄蚕杂交种繁育技术规范，为今后大批量生产雄蚕杂交种奠定了坚实的技术基础。

2.2 平衡致死系统雄蚕杂交种的试养推广

近几年青州桑蚕育种场先后从浙江省农科院蚕桑研究所引进专养雄蚕杂交种1500张，在山东省丝绸总公司的支持下，率先在山东省进行了实验室鉴定和农村试养，均取得了良好的成绩，受到县、市丝绸公司的欢迎，显示了专养雄蚕在山东的广阔应用前景（表1）。由以上实验室成绩可知，夏·华×平8与对照菁松×皓月相比较，虫蛹率、茧层率、解舒率、解舒丝长、净度等成绩均高于对照，仅出丝率与全茧量指标不及对照，由此可以看出专养雄蚕品种在实验室条件下已达到或超过现行品种。2001年春季，专养雄蚕杂交种在山东5个县丝绸公司进行了500张的农村试养，2001年中秋期在山东的昌乐、沂水、东阿、岱岳等丝绸公司进行了1000张的农村试养，其中将岱岳区进行试养的调查成绩列于表2。

表1　2000年秋青州桑蚕育种场实验室鉴定成绩

品种	虫蛹率（%）	全茧量（g）	茧层量（g）	茧层率（%）	茧丝长（m）	解舒丝长（m）	解舒率（%）	净度（分）	纤度（dtex）	清洁（分）	干出丝率（%）	鲜出丝率（%）
夏·华×平8	98.49	1.90	0.483	25.47	1197.0	846.9	70.35	92.5	3.001	98.4	42.93	17.16
菁松×皓月	97.49	2.04	0.512	25.17	1318.9	842.3	63.86	92.2	3.072	98.4	43.09	17.87

表2　2001年岱岳区雄蚕农村试养成绩调查

品种	用桑量 （kg/张）	张产茧 （kg）	茧数 （粒/kg）	全茧量 （g）	茧层量 （g）	茧层率 （%）	上茧率 （%）	茧丝长 （m）	解舒丝长 （m）	解舒率 （%）	纤度 （dtex）	净度 （分）
夏·华×平8	620	37.4	600	1.67	0.434	26.0	98.0	1158	754	65.06	2.851	91.50
鲁七×9202	710	40.2	580	1.72	0.430	25.0	97.0	1284	859	66.96	2.770	91.90

由表2可以看出，夏·华×平8的实用孵化率较鲁七×9202低，因为专养雄蚕品种夏·华×平8的雌卵在转青时致死不孵化，仅雄蚕孵化。发育经过较对照略短，茧层量、茧层率等鲜茧茧质高于对照，解舒、净度、茧丝长略低于对照，全茧量低于对照，50kg桑产茧量高于对照，具有明显的经济效益，初步显示出了专养雄蚕品种在农村饲养的前景。

3　存在的问题及对策

具温敏性致死基因的专养雄蚕品种，其杂交种在催青后期高温干燥处理后，虽然能够达到95%的雄蚕率，但如条件控制不严，雄蚕率将会降低，仍需要在选育中选配好的组合，继续探索催青后期的处理方法，以保证高雄蚕率。专养雄蚕品种的原种由于育成时间短，各项成绩还不稳定，仍需要继续选育和提高。

浙江省农业科学院蚕桑研究所目前育成的平衡致死系统雄蚕杂交种的茧层量、茧层率相对于山东推广的现行品种来讲，还没有大的优势，其他丝质成绩相对于山东的品种也只是持平或略超过，无大的优势。目前育成推广的现行专养雄蚕品种在山东省的推广成绩还不稳定，有些指标还不能超过本省现行推广的普通品种，所有这些问题还有待进一步研究解决。

目前，专养雄蚕的研究和推广工作只取得了阶段性的成果，青州桑蚕育种场与浙江省农业科学院蚕桑研究所签定了繁育雄蚕杂交种的合同，利用山东现行推广的高丝量蚕品种作为轮回亲本，进一步改造性连锁平衡致死品种，预计2～3年后将会选育出适应山东气候特点的、成绩全面优于山东现行品种的雄蚕品种。

性连锁平衡致死雄蚕品种培育的实践与追求[①]

柳新菊　何克荣　祝新荣　王永强　陈　诗

（浙江省农业科学院蚕桑研究所　杭州　310021）

蚕桑是我国历史悠久的传统优势产业，蚕丝产量占世界的75%以上，出口量占世界茧丝贸易总额的80%以上，具有垄断地位。中华人民共和国成立后，我国蚕丝业的跨越式发展离不开蚕品种的不断推陈出新。时至今日，由于受家蚕种质资源和育种技术的瓶颈制约，一直未能有兼顾强健好养、出丝率高和茧丝质优的理想蚕品种在生产上大面积推广应用。雄蚕较雌蚕食桑少，体质强健，出丝率高而且茧丝品质优，专养雄蚕是解决当前蚕桑生产技术瓶颈的有效手段之一。

1　雄蚕品种培育的实践

鉴于专养雄蚕的巨大优越性及其诱人的经济价值，中国、日本、韩国等国蚕业科技工作者从不同的角度研究蚕的性别控制技术，探索专养雄蚕的技术途径，虽取得了显著成绩，但均未能在生产上有效推广应用。俄罗斯科学院斯特隆尼科夫院士等利用性状标记和辐射诱变技术，成功地育成了家蚕性连锁平衡致死系。该系统自交，有一半雌性和雄性在胚胎期死亡，另一半能正常孵化，使品系得以保持。平衡致死品系的雄与常规品系的雌交配的后代只有雄蚕能够正常孵化，雌蚕在胚胎期致死，达到家蚕性别控制、专养雄蚕的目的。1996年，浙江省农业科学院从俄罗斯引进了性连锁平衡致死系为主的家蚕性别控制系列基础材料。10年来，雄蚕品种培育经历了3个阶段。

1.1　1996—1999年第一阶段

期间一方面开展性连锁平衡致死基因转移到现行优良家蚕品种的方法研究，另一方面是利用引进品种的雄与我国当时优良家蚕品种雌配成杂交组合，从中筛选较优良的杂交组合到农村试养，夏4×平1及夏5×平2成为这一阶段的代表品种。这些品种主要表现为性别控制能力好，但由于引进品种主要是基础类研究成果，其实用性很差，致使组配的雄蚕杂交组合尚不能体现强健好养和茧丝质优的特点。

---

①　本文原载于《蚕桑通报》，2007，38（2）：6-8。

1.2 2000—2002年第二阶段

期间随着性连锁平衡致死基因转移技术的不断完善，成功地把性连锁平衡致死基因转移到我国现行优良品种上，育成了性连锁平衡致死新品系。夏·华×平8是这一阶段培育的全新雄蚕品种。这代雄蚕品种在农村饲养强健度及产量方面均优于或相似于当时大量饲养的常规品种，但各地试养稳定性差，丝质仍不尽如人意，特别是与夏秋品种相比，强健性、解舒率和净度等仍有一定差距。

1.3 2003年至今第三阶段

期间构建了成熟的性连锁平衡致死基因转移技术平台，建立了较完整的雄蚕种质资源库。该种质库包括性连锁平衡致死系、限性蚕品种和孤雌克隆系等三大类的130余个新种质资源。这代雄蚕品种的综合经济性状，尤其在强健好养、丝质方面，已超过常规主养品种，目前通过审定的第一个夏秋用雄蚕品种秋·华×平30已在我省主要蚕区大规模推广应用；优质丝雄蚕品种秋丰×平28已完成农村生产鉴定（成绩见表1），有望通过省级审定；强健性雄蚕品种限7×平48已完成浙江省实验室联合鉴定，综合成绩良好（见表2），万蚕产茧量、解舒丝长、出丝率分别比秋·华×平30提高2.68%、24m、1.54个百分点，2007年有望进入农村区试鉴定。

表1 夏秋用雄蚕品种秋丰×平28浙江省6个实验室平均鉴定成绩

品种名	年份	全龄经过（d:h）	5龄经过（d:h）	虫蛹率（%）	全茧量（g）	茧层量（g）	茧层率（%）	万蚕产茧量（kg）	万蚕产茧层量（kg）	茧丝长（m）	解舒丝长（m）	纤度（dtex）	净度（分）	出丝率（%）
秋丰×平28	2003	22:20	7:04	92.41	1.46	0.343	23.60	14.30	3.365	1177	956	2.421	95.50	17.96
秋丰×白玉		22:14	7:00	94.65	1.64	0.342	21.01	15.98	3.344	1030	868	2.806	95.40	16.14
秋丰×平28	2004	22:22	6:23	95.61	1.68	0.412	24.28	16.72	4.089	1218	882	2.686	96.17	17.37
秋丰×白玉		22:18	6:21	96.31	1.78	0.372	20.77	18.12	3.778	1017	844	3.016	95.85	15.67
秋丰×平28	平均	22:21	7:02	94.01	1.57	0.378	23.99	15.51	3.727	1198	919	2.553	95.84	17.66
秋丰×白玉		22:16	6:23	95.48	1.71	0.357	20.89	17.05	3.561	1024	856	2.911	95.63	15.90

注：秋丰×白玉为对照种。

表2 雄蚕品种限7×平48浙江省6个实验室平均鉴定成绩

品种名	年份	全龄经过（d:h）	5龄经过（d:h）	虫蛹率（%）	全茧量（g）	茧层量（g）	茧层率（%）	万蚕产茧量（kg）	万蚕产茧层量（kg）	茧丝长（m）	解舒丝长（m）	纤度（dtex）	净度（分）	出丝率（%）
限7×平48	2005	21:15	6:14	94.17	1.75	0.440	25.08	17.50	4.299	1257	862	2.801	94.81	17.40
秋·华×平30		21:20	6:18	94.38	1.66	0.419	25.18	12.28	4.101	1258	877	2.639	95.92	17.03
限7×平48	2006	22:12	6:18	95.03	1.66	0.404	24.31	16.33	3.969	1226	997	2.821	95.90	19.09
秋·华×平30		22:12	6:14	96.41	1.62	0.393	24.34	16.23	3.950	1246	975	2.539	96.07	17.36
限7×平48	平均	22:04	6:16	94.57	1.70	0.422	24.70	16.72	4.134	1232	950	2.811	95.38	18.74
秋·华×平30		22:04	6:16	95.40	1.64	0.406	24.76	16.26	4.026	1252	926	2.589	96.00	17.20

2 存在的问题和不足

众所周知，大田农作物育种周期为8～10年，而茶、桑、果、畜、禽、水产等的育种周期为20年左右。自从俄罗斯引进家蚕性别控制系列基础材料，开展雄蚕品种选育研究才10年时间，还存在着以下几方面的问题：一是育种基础材料仍有待于积累和丰富。要培育优良雄蚕品种，必须要有良好的育种素材；二是目前培育成功的雄蚕品种适应面小，类型少。主要适合长江流域饲养，而且主要用于夏秋季饲养；三是缺乏有较大幅度降低雄蚕杂交种成本的对交品种。尽管经近几年的努力，雄蚕杂交种的制种技术研究已取得较大突破，但目前已处于水平发展状态，制种成本已难于有大的降低。

与常规蚕品种选育已有80余年的研究历史相比，雄蚕品种培育才刚刚起步。一方面常规蚕品种培育研究为我们积累了丰富多彩的育种素材，另一方面常规蚕品种的经济性和良好的产业链体系也向我们提出了严峻挑战。在生产上实现专养雄蚕已得到了实践证明，但要替代现行常规品种在生产上大面积推广应用仍需要深入开展专养雄蚕技术攻关。无疑，不间断地进行雄蚕品种的选择改进，培育出比现有雄蚕品种在产量上有大幅度提高（大面积推广增产15%）并兼顾茧丝品质与抗性的超级雄蚕品种是最有效方式之一。

3 关于培育超级雄蚕品种的几点设想

3.1 重视基础常规蚕品种的收集、整理和利用

自人类运用近代科学技术知识开展家蚕基础品种研究以来，各项经济指标得到显著提高。家蚕茧丝长、高出丝率基础品种、限性斑纹基础品种、不同茧丝纤度的基础品种等方面的研究亦取得很大进展，这些将为培育超级雄蚕品种提供理想的育种素材。

3.2 重视性连锁平衡致死雄蚕对交品种的筛选和培育

一个良好的对交品种，不仅能起到优势互补，充分发挥专养雄蚕潜能的作用，而且能降低雄蚕杂交种的制种成本。因此，在培育超级雄蚕品种时，一方面要适应丝绸市场和生产需求，培育和筛选合适的对交品种；另一方面从进一步降低制种成本考虑，要开展优良限性蚕品种和全雌蚕品种选育工作。

3.3 重视适合不同地区、不同季节饲养的多元化雄蚕新品种培育

一方面我国区域性气候条件差异很大，各地的饲养技术和环境条件也不尽相同。特别是东南沿海一带，随着乡镇工业的发达，养蚕环境污染严重，对蚕品种的抗逆性有了更高的要求。另一方面，随着国内制丝工艺的改进及丝绸纺织的新热点，要求提供更多高质量的原料茧。这些都迫切需要培育多元化的超级雄蚕品种。

3.4　重视雄蚕杂交组合优选的预测研究工作

开展杂交组合优选预测研究，能减少育种工作的盲目性，尽可能快地培育出超级雄蚕品种。浙江省农科院早在20世纪80年代就开始利用电子计算机进行家蚕杂交组合的优选预测研究，大大缩短了家蚕品种培育周期，随着信息技术、数模理论和家蚕杂种优势理论的进一步发展，为构建一个全新的超级雄蚕杂交组合优选预测模型提供了良好的条件。

雄蚕规模饲养茧质与效益的比较分析[①]

余荣峰　柯红成　张姣萍　童裳峰　徐世民　方林儿

（浙江省淳安县茧丝绸总公司　淳安　311700）

　　淳安县"千岛湖"牌蚕茧的定位不仅是缫制高品位生丝的优质原料，而且要具有多样性，能满足丝厂中高档产品对多种蚕茧的需求。为增强"千岛湖"牌蚕茧的竞争力，促进淳安蚕桑产业的稳定发展，迫切需要引进一批适应千岛湖气候环境、综合性状优良特别是茧丝质优势明显的蚕品种。淳安县目前春秋蚕期饲养的蚕品种仍然是菁松×皓月，该品种已有20多年的使用历史，部分性状出现了明显的退化现象，但至今还没有一个常规新品种在茧丝品质等综合指标上能超过它。雄蚕品种秋·华×平30、秋丰×平28是浙江省农科院近几年来培育成功的优良新品种，具有强健好养，茧丝质良好等特点。淳安县从2004年春蚕开始连续三年开展多期多点雄蚕饲养，对雄蚕的综合经济性状、收烘特点、适应性等方面有所了解和掌握。在浙江省农科院、杭州市农业局等单位的大力支持下，2007年5期雄蚕饲养量都达到了一定数量，现将一年来雄蚕饲养的茧质、效益比较与分析如下。

1　饲养情况与效益分析

1.1　雄蚕饲养分布与数量

　　全县5个乡镇113个村6650户蚕农全年共饲养雄蚕种21490张，其中春蚕占15.8%，夏蚕占6.6%，早秋蚕占11.7%，中秋蚕占22.4%，晚秋蚕占43.5%。品种分布秋丰×平28共16906张，占78.7%，秋·华×平30共4584张，占21.3%，详见表1。

表1　2007年淳安县雄蚕种饲养张数

茧站	春蚕		夏蚕	早秋	中秋	晚秋		全年
	秋丰×平28	秋·华×平30	秋丰×平28	秋·华×平30	秋丰×平28	秋丰×平28	秋·华×平30	
合计	3000	398	1426	2516	4800	7680	1670	21490
浪川						4060		4060
双源	1681	310	900	542	1541	1600		6574

①　本文原载于《蚕桑通报》，2008，39（2）：25-27。

（续）

茧站	春蚕		夏蚕	早秋	中秋	晚秋		全年
	秋丰×平28	秋·华×平30	秋丰×平28	秋·华×平30	秋丰×平28	秋丰×平28	秋·华×平30	
南赋	1319	88	526		843		677	3453
外桐				690	776		510	1976
中桐				1184	1577	440	483	3684
里桐						1478		1478
富文等				100	63	102		265

1.2　结果对比

2007年春蚕期，在淳安县浪川乡三榜、全朴、林家坞村，鸠坑乡的晨光村选择责任心强、饲养条件、饲养技术和桑叶质量基本相近的8个养蚕户作为试验户进行对比试验，供试品种秋丰×平28和秋·华×平30由山东青州桑蚕育种场提供，与当家品种菁松×皓月对比。饲养成绩调查结果见表2。

表2　2007年春期雄蚕饲养4个试验户成绩

品种	饲养数量（盒）	5龄经过（d:h）	全龄经过（d:h）	千克茧颗数（颗）	张种茧量（kg）	50g茧干壳量（g）	鲜茧层率（%）	万蚕产茧量（kg）	5龄用桑（kg）	全龄用桑（kg）
菁松×皓月平均	4	7:19	28:05	543	49.0	9.39	19.85	18.47	556	744
秋丰×平28平均	7	7:22	28:10	594	53.0	9.85	19.93	17.93	587	721
对比（+−）	—	0:03	0:05	51	4.0	0.46	0.08	−0.54	31	−23

从表2可见，全龄经过，雄蚕比对照长5h，这可能与雄蚕小蚕期在生理上需要较高温度饲养，而试验户春蚕小蚕期饲养温度没有达到目的而延长，从而造成整个龄期的延长；用桑量，无明显差异，雄蚕为秋用品种，个体的食桑量较少，但因盒种卵量多、蚕头足，用桑量相近；养蚕成绩，千克茧粒数雄蚕比对照多51粒，盒种产茧量雄蚕比对照高4.0kg，50g鲜茧干壳量雄蚕比对照高0.46g、高2个等级，万蚕产茧量雄蚕低于对照0.54kg。

1.3　蚕农效益

蚕农饲养雄蚕的效益优势如下：

一是茧价。饲养雄蚕由于干壳量较高，一般比常规品种高2个等级以上，按现行的计价办法，蚕农在茧价上每50kg可增收40元左右。

二是单产。根据蚕农反映，雄蚕由于体质强健好养不易发病，与常规品种相比单产较为稳定，且张种卵量较足（雄蚕张种卵量64000粒左右，常规品种张种卵量28000粒左右），张产茧一般要高3kg以上，蚕农可增收60元左右，因而在养蚕效益上占有比较优势，特别在中秋、晚秋蚕期，优势更为突出；相对而言，在正常的气候条件下，春、夏、早秋蚕期优势就不明显。大面积饲养雄蚕种张产情况见表3。

表3　2007年雄蚕与全县平均张产比较　　　　　　　　　　　　　　单位：kg

蚕期	春蚕	夏蚕	早秋	中秋	晚秋	全年
雄蚕平均	39.2	33.0	33.0	42.8	36.4	37.8
全县平均	43.1	35.5	32.1	37.4	35.6	38.3
张产（+－）	−3.9	−2.5	0.9	5.4	0.8	−0.5

从表3可见，雄蚕种与对照品种相比，全年5期张种产茧，春蚕、夏蚕，雄蚕分别低3.9kg、2.5kg，早秋、中秋、晚秋雄蚕分别高0.9kg、5.4kg、0.8kg（晚秋蚕浪川和里桐茧站部分蚕农缺叶比较严重，影响了雄蚕张种产茧量），全年平均单产低0.5kg。

雄蚕种由于孵化率仅为50%左右，必须比常规品种多1倍以上的卵量，才能保持正常的张产，因而张种种款也自然比普通种高出许多。但高出的种款差价均由县茧丝绸总公司承担，蚕农仍按普通种支付。

2　茧质与效益分析

2.1　收烘特点

在收烘过程中，雄蚕茧呈现以下特点：①雄蚕上蔟时如遇夏季连续高温，则容易出现较多的尿黄茧。由于总体发育较为齐一、老熟齐涌，双宫茧也偏多，影响上车茧率。②雄蚕茧形大小相对齐一，茧层厚薄基本均匀。蛹体小而均匀，烘茧处理易适干程度均匀。③由于茧层率较高，烘折相对较低，增加了收烘部门效益。④雄蚕茧层厚，茧丝纤度相对较细，致使茧层间密度相对较高，使茧层的通透性下降，如处理不当，色泽和解舒会受到一定的影响。

2.2　收烘处理

针对雄蚕茧层厚、茧丝纤度细、密度高等特点，在收烘管理上，应采取相应的技术措施：①严格选茧，特别是要选除尿黄茧、双宫茧，以提高上车茧率和解舒率。②鲜茧应及时进烘、及时装篮，严禁拢堆，以防蒸热。③在烘茧工艺上，头冲排湿更要充分，温度控制可稍低，以达到干燥快、丝胶变性小的目的，半干茧处理要注意散热、排湿，以保全茧质。

2.3　茧质比较

雄蚕种与常规品种茧质比较见表4。

表4 2007年雄蚕种与常规品种茧质情况比较

蚕期	品种	上车茧率（%）	茧层率（%）	茧丝长（m）	解舒率（%）	毛茧出丝率（%）	毛折（kg）	洁净（分）	茧丝纤度（dtex）
春蚕	雄蚕	91.52	50.16	1042.6	65.08	36.68	272.7	94.65	2.667
	菁松×皓月	90.86	48.21	1133.0	68.15	36.63	269.8	93.41	2.820
	雄蚕比常规（+−）	0.66	1.95	−90.4	−3.07	0.05	2.9	1.24	−0.153
夏蚕	雄蚕	87.23	49.75	1020.6	61.55	34.59	289.2	94.20	2.453
	秋丰×白玉	88.34	47.62	894.5	63.35	33.93	295.6	93.91	2.779
	雄蚕比常规（+−）	−1.11	2.13	126.1	−1.80	0.66	−6.4	0.29	−0.326
早秋	雄蚕	85.25	49.84	1113.6	62.70	34.76	287.9	94.63	2.167
	秋丰×白玉	86.53	47.49	933.4	69.89	33.86	296.5	94.14	2.646
	雄蚕比常规（+−）	−1.28	2.35	180.2	−7.19	0.90	−8.6	0.49	−0.479
中秋	雄蚕	91.54	52.59	1109.4	71.02	39.24	254.9	94.20	2.477
	秋丰×白玉	91.57	50.11	1084.6	71.68	37.90	264.2	94.08	2.620
	雄蚕比常规（+−）	−0.03	2.48	24.8	−0.66	1.34	−9.3	0.12	−0.143
晚秋	雄蚕	91.73	48.45	949.1	79.85	35.83	279.4	93.93	2.907
	菁松皓月	91.51	47.76	954.6	74.28	34.83	287.7	93.66	3.074
	雄蚕比常规（+−）	0.22	0.69	−5.5	5.57	1.00	−8.3	0.27	−0.167

从表4可见，茧层率，雄蚕优势比较明显，春蚕高1.95个百分点，夏蚕高2.13个百分点，早秋高2.35个百分点，中秋高2.48个百分点，晚秋高0.69个百分点，尤以夏蚕、早秋和中秋较为显著，高2个百分点以上。茧丝长，雄蚕种比菁松×皓月（春蚕、晚秋）短，但比秋丰×白玉要长，夏蚕、早秋、中秋分别长126.1m、180.2m和24.8m，特别是早秋更为明显。解舒率，雄蚕种比常规种稍低，但从晚秋的情况看，要高5.57个百分点，特别是外桐庄口高达88.88%，这个现象已引起我们的注意。毛茧出丝率，雄蚕种比常规种略高，各期分别高0.05、0.66、0.90、1.34和1.00个百分点，尤以中秋、晚秋蚕表现较好。毛折，雄蚕种更为明显，除春蚕比常规种高2.9kg外，其他各期分别低6.4kg、8.6kg、9.3kg和8.3kg。

2.4 收烘及丝厂效益

蚕茧的烘折和缫折直接关系到干茧的成本。从2007年雄蚕的烘折和缫折情况看，都低于常规种。据调查，在鲜茧价格每50kg 1100元情况下，烘折每降低1kg，吨茧成本可降低240元，2007年淳安县全年雄蚕烘折比常规种降低0.7kg，则每吨干茧可降低成本168元；在干茧价每吨6.2万～7.1万元、毛折在260～280kg的情况下，毛折每升降1kg，则吨丝成本升降620～710元，全县全年平均毛折比常规种降低3.5kg以上，吨丝成本可下降2170～2485元。淳安县在干茧销售时把毛折指标作为一个重要因素予以考虑。从淳安县销售情况看，春茧、中秋茧和晚秋茧销售价格与常规种蚕茧价格相比，每吨干茧要高2500～3000元，大约高出销价3%～4%，而蚕茧仍然供不应求，一般均可缫6A级丝，客户做后反映较好；夏茧、早秋茧销售价格稍高于常规种蚕茧，一般可缫5～6A级丝，销售较为平稳。

从丝厂情况看，由于雄蚕单纤度、洁净等综合指标较好，可缫制高品位生丝，生丝价格优势比较突出，2007年6A、5A和4A生丝价格差拉大，有利于丝厂获取较好的经济效益；同时雄蚕茧层率高，缫折低，降低了生丝成本。如夏蚕南赋雄蚕茧，从客户反馈的实缫成绩和商检成绩看，生丝的平均品位为6A，缫折、净度等指标都相当好，见表5。

表5　2007年夏期南赋雄蚕茧实缫及商检成绩

实缫成绩						商检成绩				
光折 （kg）	纤度 （dtex）	偏差 （dt）	洁净 （分）	清洁 （分）	品位 （级）	洁净 （分）	清洁 （分）	纤度 （dtex）	强力/伸长 （gf/d%）	抱合 （次）
265	23.1	0.99	95.76	98.49	6A	95.62	98.73	23.43	3.96/22.77	105

3　体会与建议

3.1　规模推广雄蚕，须协调好三方利益

经过几年的实践，淳安县已基本具备了大规模饲养雄蚕的基础，但是雄蚕能否大规模推广应用，笔者认为取决于蚕农、蚕茧经营单位（茧丝绸总公司）、丝厂三者之间能否实现经济利益共赢，只要一方无利可图，就难以达到规模推广。对蚕农而言，养雄蚕的经济效益较明显高于常规种，需要解决的主要是蚕种价格高、等量蚕卵张产低和优质优价问题；对经营单位而言，销售干茧价格要高于常规种茧，需要解决的主要是不混庄收烘问题；就丝厂而言，雄蚕茧毛折要小，出丝率要高，真正实现质优能缫高品位丝。

3.2　规模推广雄蚕，需重视的几个问题

3.2.1　抓好上蔟和蔟中管理工作

一要防高温。在推广过程中部分蚕农反映：雄蚕品种，在夏蚕、早秋蚕，黄斑茧有增多现象。如2006年早中秋梓桐镇饲养的1447张秋·华×平30雄蚕，遇连续高温，在营茧过程中，生产蚕茧58.2t，其中尿黄茧就有了3t多，占蚕茧总量5%以上。出现这种情况是否与雄蚕对持续高温天气适应性较差有关？在上蔟的前3d也要注意防高温，否则会出现纤度过细现象，纤度太细不利于缫高品位丝。二要充分做好准备，适熟偏早上蔟，应比常规种多准备20～30片方格蔟。三要特别应重视蔟中管理，及时清理蔟室场地，开门开窗、加强通风排湿。

3.2.2 保证卵量和蚕种质量

雄蚕品种由于千克茧颗数多、单个蚕茧绝对量小，故相同卵量的蚕种单产要低于常规品种，因此雄蚕种卵量要适当增加，以单产和经济效益上的优势，保护蚕农的利益。

雄蚕从理论上讲，孵化率为50%左右，但在实际生产中，实用孵化率均超过50%，高者甚至超过70%。如2007年春蚕期，山东产的1-4-5批秋·华×平30，在催青室内调查，实用孵化率为70.2%。由于孵化率高，在1～3龄小蚕饲养过程中陆续出现死蚕的情况，引起了蚕农担忧，给雄蚕推广带来困难。

3.2.3 合理布局

雄蚕小蚕期用偏高温度饲养，才能体现品种优势。春蚕期由于不易达到目的温度，单产优势不明显；同时由于夏蚕、早秋蚕期蔟中温度相对较高，对雄蚕的茧丝纤度和上车茧率有较大影响，茧质优势不明显。为扬长避短，充分发挥雄蚕的品种优势，从本县情况看，建议在中秋、晚秋蚕期稳步推广雄蚕品种，而在春蚕、夏蚕、早秋蚕期，则要慎重，并且宜选择蚕农乐意接受新事物新思想，培桑养蚕技术水平相对较高，蚕室条件比较配套的乡村。

雄蚕种质量标准与研究①

陶　涛

（浙江省蚕种管理站　杭州　310004）

　　雄蚕品种是浙江省农业科学院蚕桑研究所引进家蚕性连锁平衡致死系材料培育并应用于生产的新品种。雄蚕品种和常规蚕品种相比，具有强健好养、叶丝转化率高、丝质优、经济效益显著等优点，在蚕丝生产中具有较强的竞争优势，对提升传统蚕业，促进蚕桑业的发展具有重大的现实意义；因而，专养雄蚕技术被蚕业界人士称为是继利用一代杂交种饲养家蚕后的蚕业科技上的第2次重大革命。

　　浙江省自1996年开展专养雄蚕实用化技术研究，经过10年的努力，已攻克了专养雄蚕实用化技术上的一系列难题，育成了秋·华×平30、秋丰×平28、限7×平48等专养雄蚕的系列品种，并在生产上得到了推广应用，取得了明显的社会效益与经济效益，越来越受到蚕农和丝厂的欢迎。近年来，雄蚕品种在浙江省乃至全国各地的饲养量不断增加，年推广量已达10万盒左右，累计推广量已达50万余盒；浙江省是目前国内雄蚕种推广应用量最多的省份。

　　专养雄蚕的技术日趋成熟，雄蚕种也从研究试用阶段，开始作为商品步入市场流通，雄蚕种质量标准，目前已成为使用者关注的问题之一。由于雄蚕种是一个新生事物，其本身的特点与常规蚕品种有较大的差异，NY 326—1997《桑蚕一代杂交种》、DB33/T 217—2007《桑蚕种》等常规蚕品种的质量指标不能应用于雄蚕品种；因此，浙江省于2008年研究颁布了DB33/T 698—2008《雄蚕种》的浙江省地方标准，以促进雄蚕种生产技术进一步提高，确保雄蚕种质量，维护使用者的合法利益，使"专养雄蚕"这一高新技术，能更好地在浙江省推广应用。DB33/T 698—2008《雄蚕种》标准分2个部分，第1部分是雄蚕种质量要求，第2部分是雄蚕种质量检验检疫规程。现将浙江省研究制订该标准的主要内容和方法介绍如下。

1　雄蚕种主要检验项目的设置

　　DB33/T 698—2008《雄蚕种》标准基本吸收了目前为各方认可，也为常规蚕品种通用的5个方面的检验项目，即良卵率（常规品种的原种为单蛾良卵数）、实用孵化率、雄蚕率（常规品种的一代杂交种为杂交率，原种为纯度）、微粒子病蛾率和盒装良卵量。由于平衡致死系原

---

　　① 本文原载于《中国蚕业》，2009，3：82-84。

种其成品提供形式为散卵，因此单蛾良卵数由盒装良卵量替代。雄蚕一代杂交种的杂交率以雄蚕率表示，对于雄蚕一代杂交种来说，雄蚕率既反映雄蚕种的杂交情况，又反映了雄蚕种的纯度。

2　雄蚕种质量指标的制订方法

目前，常规蚕品种的质量技术指标就是蚕种生产企业和农村生产应用者双方基本都能承受的质量平衡点。在充分考虑用户要求的基础上，同时兼顾考虑雄蚕种的特点，我们在制订雄蚕种质量指标时，以常规蚕品种的质量指标为参考，结合雄蚕种实际情况和用户的意见，根据大部分批次雄蚕种能达到质量指标的原则，来确定雄蚕种质量指标，其中微粒子病蛾率质量指标完全参照常规蚕品种。

2.1　平衡致死系原种的质量指标

2.1.1　良卵率

平衡致死系原种在根据卵色分鉴雌雄时，会有一些黄色不受精卵混入，从而影响其良卵率。对2004—2006年的18个批次922盒平衡致死系原种的良卵率实际调查结果是，良卵率在86.0%～87.0%的有2个批次，在88.0%～90.0%的有12个批次，在91.0%～94.0%的有6个批次；根据调查结果综合考虑，将平衡致死系原种的良卵率定为≥88.0%。

2.1.2　实用孵化率

平衡致死系原种的理论孵化率是50.0%，为了能区分平衡致死系原种的性别，在平衡致死系原种中导入了卵色限性基因（白卵基因），因卵色限性基因的作用，雄蚕种的平衡致死系原种孵化率要低于常规蚕品种。对2001—2007年12个批次850盒平衡致死系原种的实用孵化率实际调查结果是，实用孵化率在40.0%以上的有5个批次，在35.0%～40.0%的有5个批次，在35.0%以下2个批次；因此，将平衡致死系原种的实用孵化率定为≥35.0%。

2.1.3　纯度

参考常规蚕品种DB33/T　217—2007《桑蚕种》标准执行，将平衡致死系原种的纯度定为≥99.0%。

2.1.4　微粒子病蛾率

参考常规蚕品种DB33/T　217—2007《桑蚕种》标准执行，将平衡致死系原种的微粒子病蛾率定为≤0.2%。

2.1.5　盒装良卵量

平衡致死系原种的成品为散卵，根据其实用孵化率≥35.0%，结合对交的常规蚕品种原种的蚁量（盒收蚁量为4.5～5.5g）标准及生产企业对原种蚁量的要求，将平衡致死系原种的盒装良卵量，按实用孵化率≥35.0%折算成盒收蚁量达到4.5～5.5g；当平衡致死系原种的盒装良卵量标准定为34000±500粒时，平衡致死系原种的盒收蚁量与对交的常规蚕品种盒收蚁量相仿。

2.2 雄蚕一代杂交种的质量指标

2.2.1 良卵率

湖州市是浙江省雄蚕一代杂交种应用最多的地方，2000—2007年湖州市共调查了18个批次9.1万盒的雄蚕一代杂交雄蚕种，其良卵率均在97.0%以上；因此，将雄蚕一代杂交种的良卵率定为≥97.0%，与常规蚕品种DB33/T 217—2007《桑蚕种》的良卵率质量指标一致。

2.2.2 实用孵化率

理论上雄蚕杂交种雌卵不孵化，孵化的全为雄卵，最大孵化率应为50.0%。从2000—2007年湖州市对18个批次9.1万盒的雄蚕一代杂交种孵化试验调查情况看，虽然孵化率都在50.0%以上，但由于其中有少量雌卵孵化而在1～2龄陆续死亡，以及部分孵化蚕因杂交不彻底引起实际孵化率略高于理论值，因此，综合考虑各因素后将雄蚕一代杂交种的实用孵化率定为≥49.0%。

2.2.3 雄蚕率

雄蚕率是雄蚕品种的重要指标，也是与常规蚕品种区别的重要方面，根据浙江省雄蚕品种审定［浙江省作物品种审定委员会蚕桑专业组会议纪要，农经蚕字（2001）第7号］的要求，将雄蚕一代杂交种的雄蚕率定为≥98.0%。

2.2.4 微粒子病蛾率

参考常规蚕品种DB33/T 217—2007《桑蚕种》标准执行，将雄蚕一代杂交种的微粒子病蛾率定为≤0.5%。

2.2.5 盒装良卵量

雄蚕一代杂交种实用孵化率为常规蚕品种的1/2左右，故盒种装卵量需增加1倍，加上雄蚕较常规蚕品种食桑量少10%以上，考虑到农户能达到种叶平衡，提高桑叶利用率，充分发挥雄蚕种叶丝转化率高的特点，因此，将雄蚕一代杂交种的盒装良卵量标准定为在常规蚕品种装盒量翻倍的基础上，再增加10%左右，即62000±1000粒。

3 雄蚕种的质量指标

根据上述方法，2007年浙江省立项，并开始起草制订雄蚕平衡致死系原种与雄蚕一代杂交种的质量标准——DB33/T 698—2008《雄蚕种》的浙江省地方标准，该标准于2008年5月29日，由浙江省质量技术监督局发布，并于2008年6月1日在浙江省实施。制订的DB33/T 698—2008《雄蚕种》主要质量指标见表1。

表1 浙江省雄蚕平衡致死系原种、一代杂交种质量及疫病指标

蚕种类别	良卵率（%）	实用孵化率（%）	雄蚕率（%）	纯度（%）	微粒子病蛾率（%）	盒装良卵量（粒）
平衡致死系原种	≥88.0	≥35.0		≥99.0	≤0.2	34000±500
雄蚕一代杂交种	≥97.0	≥49.0	≥98.0		≤0.5	62000±1000

注：平衡致死系原种盒装良卵量系指雄蚕卵量。

4 雄蚕种的质量检验检疫方法

雄蚕种的平衡致死系原种和一代杂交种的质量检验检疫方法，主要参照常规蚕品种的方法进行。由于雄蚕种的成品均采用散卵盒包装，而且装盒卵量比常规蚕品种增加1倍以上；因此，为确保样卵的代表性，雄蚕种质量检验的样卵抽取数量也相应增加1倍。微粒子病蛾率的检疫则完全按照常规蚕品种的方法进行。

专养雄蚕是一项全新的事物，雄蚕种质量标准目前还没有相应的标准可参鉴，指标的制订可能存在一些不完善的地方，需要在执行过程中不断加以完善与修正。相信DB33/T 698—2008《雄蚕种》标准的制订，对于促进雄蚕种的基础研究和进一步提高生产技术，确保雄蚕种质量，维护使用者的合法权益，加快雄蚕种这一高新技术的推广应用具有一定的意义。

雄蚕品种研究现状及其推广①

陈 诗 祝新荣 王红芬

（浙江省农业科学院蚕桑研究所 杭州 310021）

1 雄蚕品种研究现状

作为蚕品种育种技术的又一次革命——专养雄蚕技术，在我国自1996年从俄罗斯引进雄蚕品种的基础材料到第一个实用品种秋·华×平30通过省级审定，历经10年。回顾十余年研究历程，整个过程可分成3个阶段：1996—2000年为第1阶段，这一阶段主要是研究引进材料的性别控制可靠性、引进材料系统选纯及与我省现行优秀的家蚕品种组配杂交组合，其中以夏4×平1及夏5×平2为这一阶段的代表品种。通过这个阶段工作，使农村对专养雄蚕技术有了感性认识。随着雄蚕品种选育研究的进展，2000—2002年为雄蚕技术研究的第2阶段，这一研究阶段主要是把成套的性连锁平衡致死基因转育到我国现行品种上，形成了吸收、消化"进口技术"后的"国产化"雄蚕品种，以夏·华×平8为这一阶段的代表性品种，通过这个阶段的农村试养，雄蚕技术广为蚕农认识，尽管这代雄蚕品种在农村饲养强健度及产量方面均优于或相似于当时大量饲养的常规品种，但丝质仍不尽人意，通过这一阶段工作，平衡致死基因对家蚕性别的绝对控制能力及雄蚕品种的强健好养性状已为行业专家与蚕桑研究所肯定，行业人士纷纷看好雄蚕品种的前景，为雄蚕技术的全面铺开奠定了基础。2001年浙江省农业科学院选育出了符合生产需要的中丝量品种秋·华×平30，当年该组合参加省级家蚕品种实验室鉴定，标志着雄蚕技术进入第3阶段。通过2年实验室鉴定于2003年开始进入农村生产鉴定，同年又推出了第2对雄蚕品种秋丰×平28参加实验室鉴定。2005年，秋·华×平30通过省级审定，进入推广阶段；2007年，秋丰×平28也通过审定；第3对雄蚕品种限7×平48正在审定，通过在即，多丝量雄蚕品种华菁×平72已申请参加省级鉴定。

秋·华×平30、秋丰×平28是适应华东地区使用的中丝量雄蚕品种。这2对品种总的特点是：强健好养，烘率及出丝率高于常规品种，生丝品位高。

---

① 本文原载于《蚕桑通报》，2009，40（3）：36-37。

2　雄蚕品种的推广及问题

目前雄蚕品种在我省已进入全面推广阶段，但作为一个新的技术，在推广过程中，不乏会出现一些问题。既有技术问题，也有市场问题。从浙江大面积推广的实践中，技术层面的问题不是主要的，雄蚕总体饲养性状要好于雌雄混养的常规品种，只要帮助蚕农了解一些雄蚕品种与常规品种的不同特点然后采取相应措施即可；而蚕茧产业链的市场现状却使我们看到了这一技术在推广过程出现的一些问题。

蚕茧产业链由蚕种生产单位、蚕农、蚕茧收烘单位、干茧使用单位等既有联系又互相独立的经济单位组成。

由于雄蚕杂交种的遗传基础和生产方式与常规蚕品种不同，由此决定了其繁育成本远高于常规蚕品种，尽管采用了多项技术措施，有效地降低了其繁育成本，但目前雄蚕杂交种繁育成本仍是常规种的1.8倍左右，目前由于雄蚕茧收购的返利机制不完善，无法让雄蚕杂交种价格一步到位，使蚕种繁育单位收不到应有的效益，影响了雄蚕种的生产数量，从而影响到雄蚕技术的推广。

蚕农是蚕茧产业链中最基层的单位，蚕农以出售鲜茧为自己的最后经营手段，但由于目前鲜蚕茧定价以目测为主，茧质、茧层率与鲜茧价格基本无关，提高蚕茧重量是蚕农取得最大利润的唯一手段，雄蚕茧全茧量小于常规品种的雌雄平均值，如果不通过卵量进行调整，雄蚕品种的张产是不可能高于常规品种的，这样对蚕农来说，饲养雄蚕品种则达不到应有的经济效益，从而影响到雄蚕品种的推广使用。

雄蚕鲜茧的茧层率明显高于雌蚕茧，而雄蚕茧的含水率低于雌蚕茧，这两个因素决定了雄蚕茧的烘折要低于常规品种；雄蚕茧的干茧茧层率高，决定了雄蚕茧的缫折要低于常规品种，由此决定了收购雄蚕鲜茧比收购常规品种鲜茧有更大的效益。

干茧使用单位根据解舒率、出丝率、丝质向蚕茧收烘单位收购雄蚕干茧，与收烘单位共享由雄蚕茧出丝率高、丝质好，台时工本费低所带来的效益。

从上述分析来看，蚕种生产单位在雄蚕种价格没有到位的前提下与繁育常规品种相比利润率下降；蚕农在"优质优价"措施没有到位，通过增加卵量来"虚增"张产，虽然雄蚕的担桑产茧量不低于常规品种，但仍无法消化高价雄蚕种带来的负效益；蚕茧收烘单位、蚕茧使用单位由于收到了鲜（干）雄蚕茧，不需要任何付出即可享受到雄蚕技术带来的效益。这4个环节是互相独立的经济实体，雄蚕技术带来的经济效益在这4个环节合理分配成为推广雄蚕品种的主要瓶颈。

3　解决雄蚕品种推广瓶颈的思考

3.1　实行规模生产

笔者认为：要解决这个瓶颈，首先要在规模生产下实测雄蚕品种与常规品种的效益差异，客观地评价雄蚕品种的增效效果，然后进行协调，把后2个环节带来的新增效益部分地返利到前2个环节，各个环节共享雄蚕品种带来的增效成果，使雄蚕品种的推广步入良性循环。

据浙江淳安茧丝绸公司生产规模的实测，2007年，该县饲养5期雄蚕种共21490张，平均烘折下降0.7kg（对照品种春期、晚秋期为菁松×皓月，夏、早中秋、中秋期为秋丰×白玉），毛折比常规品种平均下降3.5kg，茧质一般均可缫制6A级生丝。

据最早试用雄蚕品种的浙江湖州市结合生产规模的实测，雄蚕鲜茧出丝至少能提高1.5个百分点，烘率提高2个百分点，生丝等级提高一个等级（以当地主推品种秋丰×白玉为对照），仅此3个指标，在正常情况下，每张雄蚕杂交种就能增效150元以上。

3.2 调整市场运作机制

笔者以为：要使雄蚕品种推广进入良性循环，必须调整市场机制进行运作，兼顾蚕种繁育单位、蚕农、蚕茧经营单位、蚕茧使用单位的利益，达到各个环节的经济共赢。

自雄蚕技术引进起，笔者一直从事雄蚕技术推广工作，根据多年实践掌握的数据，认为只要把雄蚕杂交种价格提高到55元/张左右，即可以让蚕种繁育单位避免由于雄蚕种繁育成本高所带来的利润率下降，生产雄蚕杂交种产值会有较大幅度提升，繁育利润就会有较大幅度的提高，使蚕种繁育单位享受到雄蚕技术所带来的增效效益，在源头上解决雄蚕技术应用的蚕种来源问题。然而要让蚕农自觉地接受价格高于常规品种的雄蚕种，一是需要在张种卵量上得以保证使其产量不低于常规品种，二是确保雄蚕茧收购价高于常规品种1元/kg，这样就能让蚕农享受到雄蚕品种带来的增效效应。如果蚕茧收购能做到"按质论价"，则将使蚕农得到更大实惠。蚕茧收烘单位，通过提高雄蚕茧鲜茧收购价即可把雄蚕品种所产生的效益部分地转让给蚕农，并通过合理的干茧售价与干茧使用单位共享雄蚕技术所带来的效益。

由于雄蚕品种客观存在的增效效果，在规模推广应用中，不少蚕桑专业合作社或丝绸企业都乐意承担雄蚕品种与常规品种的蚕种价格差，但蚕农所产的雄蚕茧的流向是由鲜茧收购价格确定的，而现行的"收购秩序"，难以保证蚕种差价承担企业从蚕农手中收回雄蚕茧，以弥补承担的蚕种价格差。

3.3 建立经济合作社

由此笔者建议由蚕桑技术推广部门牵头，由蚕农、蚕茧收购等单位组成经济合作社，建立订单农业，以较高的价格（如100元/张甚至更高）向蚕农收取雄蚕种费用，然后以高于市场收购价（相对于常规品种）的价格向蚕农回收雄蚕茧，这样可以保证雄蚕茧基本不外流。如果经济合作社以100元/张（常规品种按40元/张）向蚕农收取雄蚕种款，按单产40kg计，在雄蚕茧收购时，就可以按高于市场价2元/kg收购，当张产量为30kg时，蚕农获得的养蚕效益与常规种相同，以后每提高1kg，饲养雄蚕的蚕农可以增收2元纯收益。即使外来市场以更高的价格干扰经济合作社正常收购，使雄蚕茧外流，至少也不会造成经济合作社的经济损失，相反由于雄蚕种的溢价，还有一定的"效益"。如果外来市场能高于市场价2元/kg以上的价格收购，从资本本身性质来说，说明雄蚕茧的潜在效益还存在着再分配的动力。

雄蚕技术的全面推广应用，除雄蚕品种本身需要进一步改善提高以适应不同地区的需要外，更需要的是通过经济杠杆调节雄蚕技术产生的经济效益在产业链中的再分配，使这一蚕业技术革命成果，能正直体现出它的价值，服务于"三农"，服务于蚕丝业。

云南省实现雄蚕产业化的思考[①]

廖鹏飞　白兴荣　董占鹏

（云南省农业科学院蚕桑蜜蜂研究所　蒙自　661101）

雄蚕相对于雌蚕，具有强健好养、叶丝转化率高、雄蚕丝纤度细偏差小、易缫制高品位生丝等优点。专养雄蚕对提高中国蚕丝的质量和产量都具有较大的作用，并且符合丝绸制品向高档化发展的要求，有助于提升中国丝绸制品在国际市场的竞争能力，将会成为未来蚕业发展的主要方向。为此，在云南省科技厅的大力支持下，云南省美誉蚕业科技发展有限公司于2005年与浙江省农科院蚕桑研究所合作，引进雄蚕资源，经过3年的创新性研究，开发出了2对适宜云南省及周边地区饲养的春秋兼用雄蚕品种，然而推广的数量有限，未能实现产业化。本文就云南省雄蚕的研究进展、影响雄蚕产业化的因素及如何实现雄蚕产业化等方面进行了阐述，以寻求扩大雄蚕在云南省饲养规模的有效途径，达到蚕业增效，蚕农增收的目的，提升云南省蚕桑产业在现代化农业中的地位。

1　云南省开展雄蚕研究的背景

近年来全国所选育的新品种大多是通过有限家蚕资源的杂交选育得到，同质现象严重，因此没有较大的突破，相对于现行推广的品种，提高的潜力有限，也就不能较好地解决中国蚕业生产所面临的问题。而云南省地处中国的西部，属亚热带—热带高原型湿润季风气候，气候温和，并且拥有丰富的土地、劳力资源，适合大力发展蚕桑生产。在中国"东桑西移"工程的支持下，云南省的蚕桑业将会得到更快速的发展和提高。因此，选育具有云南省地域特色的、适用程度高的家蚕新品种，努力提高茧、丝品质和云南省蚕业的整体经济效益，是蚕业科技工作者追求的目标。

据夏建国等（1980）调查得知，雄蚕不仅较雌蚕的生命力强，食桑少，叶丝转化率和茧层率高，而且雄蚕丝的纤度细，丝质优，容易缫制高品位的生丝。鉴于雄蚕具有如此强的优势，国内外学者为实现专养雄蚕进行了长期的探索和研究，找到了限性斑纹、限性茧色等调控家蚕性别的一些方法。近年来，中国育成了一些双限性斑纹蚕品种和限性茧色蚕品种，虽然这些品种还不能实现专养雄蚕的目的，但为专养雄蚕奠定了种质基础。苏联科学院发育生物学研究所

---

①　本文原载于《云南农业科技》，2009，增刊：99-102。

V.A.Smmnikov院士等运用辐射诱变手段，育成了平衡致死系统，结合限性白卵、限性斑纹和孤雌生殖等的运用，实现了专养雄蚕的目标。1996年浙江省农科院蚕桑研究所从俄罗斯引进性连锁平衡致死系，为中国的家蚕育种注入了新鲜血液，现已育成几对适用于中国部分蚕区饲养的抗氟强的夏秋用雄蚕品种，并探索出相关的一些繁育及饲养技术。2005年云南省的桑园面积已接近6.67万hm²，发种量在80万张以上，年产鲜茧近4万t，蚕桑业已成为云南省特色经济产业之一。因此，在云南省进行雄蚕品种研发的技术和时机已经成熟。

2　云南省雄蚕研究的进展

云南美誉蚕业科技发展有限公司、云南省农科院蚕桑蚕蜂研究所2005年与浙江省农业科学院蚕桑研究所携手合作并引进性连锁平衡致死系的资源，已组配、选育出适合云南本土饲养的雄蚕品种，并研究出相应的繁育、饲养、缫丝等技术，服务于云南的蚕桑生产。通过3年的研究，取得了如下成果：

2.1　对雄蚕资源进行了引进、消化、吸收及创新

雄蚕资源是开展雄蚕育种的基础，也是后续研发和深入利用的必需条件，因此对于云南美誉蚕业科技发展有限公司来说，首要工作是引进雄蚕资源。2005年从浙江省农业科学院蚕桑研究所引进雄蚕种质资源7份，经过3年的研究，不仅完成了对雄蚕资源的消化吸收及安全继代工作，并对引进资源进行创新研究，创建新的雄蚕资源16份，不仅丰富了云南省的家蚕种质资源，而且为成功培育优良的雄蚕品种奠定了种质基础。

2.2　选育出强健好养的春秋兼用雄蚕品种2对

利用新创建的资源选配出强健好养、经济效益高的春秋兼用雄蚕新品种2对，通过2年省内外5个实验室（浙江、云南、贵州、四川、湖南等蚕业研究所）饲养比较和云南省5个主蚕区（陆良、保山、楚雄、祥云、鹤庆）农村鉴定表明，选育出的这2对雄蚕品种的茧丝质性状已超过了云南省现行的优良对照品种菁松×皓月，其中的茧层率比对照提高5%以上，干壳质量比对照提高3～4个等级，解舒良好，鲜茧出丝率提高6个百分点以上，尤其是净度分较高，达到95分以上，茧丝等级提高了1～2个等级。另外雌蚕致死能力强，雄蚕率在99%以上，抗逆能力强，健康好养，适合采用省力方式饲养，实现了既节省劳动力，又增加经济效益的目的，显示出专养雄蚕的优越性。

2.3　建立了相应的繁育、饲养、缫丝等技术体系

由于雄蚕遗传物质的特殊性和复杂性，其繁育、饲养和缫丝技术与常规品种有所不同，如果要推广雄蚕品种，就需要配套的专养雄蚕技术。根据云南省的气候特点，参照了浙江省农业科学

院蚕桑研究所提供的资料和查询到的一些文献，结合云南省农村养蚕技术水平及自动烘茧机和缫丝机的原理特点，建立了相应的繁育、饲养、缫丝等技术体系，为雄蚕的产业化奠定了技术基础。

3 示范推广取得的效益

3.1 蚕农获得的效益

通过云南省5个主要蚕区的饲养试验，雄蚕的单产比对照增加3kg左右，干壳量比对照高出0.6g以上，采用"干壳量"计价法，蚕农卖茧可以提高3个等级以上。蚕农每饲养1张雄蚕种，增加收入10%以上。

3.2 丝绸公司获得的效益

从云南省主要蚕区反馈的试验成绩得知，雄蚕的鲜茧出丝率、清洁、洁净等成绩好于对照，容易提高生丝的产量和品位，从而提高生丝的价格；另外雄蚕的蛹体小，烘折低，变相地降低了原料茧的价格，使丝绸公司获得增益。

通过以上2个方面的增益分析，实现雄蚕品种产业化推广，在蚕茧和生丝生产两大环节上较常规品种可以产生较大的增值效益，尤其是在雄蚕茧的加工环节增效显著，约为25%左右。

4 制约云南省雄蚕产业化的因素

尽管专养雄蚕技术是一项国际领先水平的科研成果，它的推广应用可以给养蚕生产带来较高的经济效益，但是云南省的雄蚕推广数量小，不能实现雄蚕的产业化。通过分析，制约云南省雄蚕产业化的因素有以下几个方面：

4.1 制种技术含量高，操作繁琐，且制种成本高，利润少

由于性连锁平衡致死系的遗传物质组成和雌蚕致死原理，使雄蚕种的生产技术与常规品种有较大的差异，需要进行再次学习和掌握，并且操作的难度提高；尽管引入了限性斑纹、限性卵色等标志基因以及调节雌雄收蚁比例等一系列成熟可靠的技术措施，将雄蚕种的生产成本由4倍降低到了2倍以下，但还是偏高，造成雄蚕种生产的利润相对降低，形成蚕种生产企业不愿接受的局面。

4.2 雄蚕茧相对较小，蚕农接受需要时间

雄蚕的叶丝转化率高，但是由于食下量低，为了便于蚕农量桑养蚕，雄蚕种生产企业增加了张种卵量，在使用相同桑叶的情况下，张种的产茧量提高了，但蚕农忽略了这种隐性的增长，

反而更注重全茧量和千克颗粒数指标，雄蚕在这2项指标方面都处于劣势，所以蚕农一时还难以接受。

4.3　评茧体系不健全，雄蚕的优势对蚕农的吸引力小

目前，许多地区依然是采用"手感目测"的方法评价茧的质量，专养雄蚕的优势得不到体现，即使是采用"干壳量"计价法，蚕农的获益依然较小，雄蚕的优势对蚕农的吸引力小。

4.4　政府对雄蚕产业化的支持力度小，产业化需要的资金不足

目前，除保山市隆阳区蚕桑站从省农业厅获得雄蚕产业化的项目支持外，其他各地还没有获得政府的支持，从而影响了雄蚕的产业化进程。

5　云南省实现雄蚕产业化的对策

5.1　加强雄蚕专养的宣传，为雄蚕品种的推广做好铺垫

根据覃嘉庆等（2003）对当地桑蚕新品种"桂蚕一号"的推广经验，做好新品种的宣传和发动工作是新品种能否顺利快速推开的前提，是推广工作中的首要任务。尤其是目前，雄蚕在云南省还是一个新鲜事物，要人们接受还需要一个过程。更需要向乡（镇）干部和技术辅导员及广大蚕农宣传雄蚕专养的特点和优势，以获得他们的认可和支持。

俗话说，"众人拾柴火焰高。"如果仅仅依靠某个单位或部门宣传，取得的效果也是非常有限的，因此需要各地政府、蚕桑技术指导站和蚕业方面的公司等积极参与，通过散发传单、广播电视介绍、蚕桑技术员讲座等宣传方式，同时做好雄蚕种的试验示范工作，并带领蚕农参观观摩，使蚕农充分认识到雄蚕这一新鲜事物的优越性，从而乐于接受专养雄蚕这一养蚕史上的革新技术。

5.2　加强雄蚕饲养技术培训，为雄蚕品种的推广奠定技术基础

"良种需要良法"，实践证明，任何新品种的优良经济性状得以充分发挥都是建立在一定的技术方法基础上的。更何况雄蚕的基因组成、食性及特性等因素与常规品种存在较大差异，势必导致其技术处理有别于常规品种。需要雄蚕品种研发单位选派技术力量到各县（市）蚕桑技术指导站或蚕业公司，对其属下的技术骨干进行指导培训，重点是客观介绍雄蚕的优缺点和不同于常规品种的个性化技术措施，然后在这些技术骨干的辐射带动下，将雄蚕的知识技术传授给直接从事养蚕生产的农户，让蚕农对雄蚕品种有较为客观的认识，并掌握其独特的饲养技术，在生产中即使遇到问题，也不至于手慌足乱、丧失信心，而会应用所了解的知识予以解决，从而扫除制约雄蚕产业化过程中的技术障碍。

5.3 探索、实施优茧优价的评茧体系，以合理分配雄蚕产业化带来的效益

从雄蚕产业化的效益分析可以看出，专养雄蚕的经济效益增值主要表现在蚕茧后加工（生丝、丝织品）产品上，如果还是单纯采用手感目测的评茧方法，蚕农获益较小，将会影响蚕农对雄蚕接受的积极性，势必影响雄蚕的推广速度和数量。虽然"干壳量"计价法可以在一定的程度上体现蚕农饲养雄蚕的收益，但还不能够全面体现专养雄蚕的效益。为此，需要蚕业界的科研单位、丝绸企业等共同研究出优茧优价的评茧体系，推广完善的蚕茧收购体系和相配套的价格政策，均衡利益分配，切实平衡好蚕农与生产企业之间的利益分配关系，充分调动蚕农饲养雄蚕的积极性，使雄蚕产业化步入一个健康、有序的发展轨道。

5.4 进一步开展降低成本的雄蚕繁育新技术研究

优质低成本的雄蚕杂交种是产业化发展的物质基础，尽管采用了许多措施，将雄蚕种的生产成本控制在常规种的2倍以下，但是成本依然偏高，在比较效益不高的情况下，蚕农一时还无法接受价高的雄蚕种。为此，需要改变当前使用限性斑纹蚕品种作为平衡致死系的对交品种现状，考虑选育限性卵色蚕品种或孤雌生殖品种等作为平衡致死系的对交品种，在繁育雄蚕杂交种时实现全龄单养雄、雌原蚕，而不饲养交配时不能利用的部分雌、雄蚕，从而有效降低养蚕的人、财、物消耗，达到进一步降低成本的目的；另外，利用蚕种场闲置的设施，选择技术和环境相对较好的地区，逐步建立雄蚕种生产基地，扩大雄蚕种的繁殖数量，通过雄蚕种的规模化生产，达到进一步降低雄蚕种生产成本的目的。

5.5 采用适合雄蚕产业化发展的模式，使雄蚕产业化步入健康、成熟的发展轨道

雄蚕产业化相对于常规新品种的推广有其特殊性，雄蚕种的生产成本较常规品种高；雄蚕茧在丝厂缫制时，需要统一庄口，否则其优越性就得不到体现。因此，在雄蚕的产业化发展中要不断探索，建立利益互补机制，参照现有蚕桑产业化的运作模式，在不同的产业化阶段，应当采用适合其发展的模式。

5.5.1 在雄蚕产业化的市场培育阶段采用"科技团体+农户"模式

在雄蚕产业化的前期，主要是为了培育雄蚕产品市场，适宜采用"科技团体+农户"模式，科技团体是指科研院所、地方蚕桑技术指导站等单位。由于在这个阶段，丝绸企业对雄蚕的优势没有充分的评估，在产业化方面投入的资金较少，而过高的雄蚕制种成本和全茧量稍低的现状，势必会影响到蚕种生产企业和蚕农的接受积极性，这就需要由科技团体向政府部门申请一定的资金，对雄蚕种生产企业和蚕农进行一定的补贴，并组织丝绸企业进行雄蚕茧的回收和缫制，让其从中获得雄蚕专养的增值效益，从而认识到雄蚕专养的经济优势，自觉投入人力、物力开发雄蚕丝市场，从而实现初步的雄蚕产业化。

5.5.2 在雄蚕产业化的成长阶段采用"蚕业公司＋基地＋农户"模式

"蚕业公司＋基地＋农户"模式是由蚕业公司根据养蚕农户以户为单位从事蚕桑生产形成的散、小的特点，而提出的一种新的模式，这种模式在中国已经得到广泛应用，如云南省红河哈尼族彝族自治州蒙自市以云南美誉蚕业科技发展有限公司为龙头的蚕桑生产加工基地，取得了许多成功经验。这种模式以公司或企业集团为主导，通过合同或契约与基地［乡（镇）行政单位］、蚕农有机联系，进行一体化经营，形成"风险共担，利益共享"的共同体。在实现初步的雄蚕产业化后，蚕业公司已经认识到雄蚕产品较大的市场潜力和较高的利润回报空间，从而在雄蚕产业化方面注入资金，代替科技团体进行雄蚕蚕种价格补贴，配合科研单位制定落实优茧优价的雄蚕茧收购体系及其他奖励等措施，充分保证蚕农的收益，以提高蚕农饲养雄蚕的积极性，实现雄蚕产业稳步健康的发展，从而做大做强雄蚕产业。

5.5.3 在雄蚕产业化步入成熟期时采用"市场＋蚕农合作社（或蚕桑协会）＋农户"模式

"市场＋蚕农合作社（或蚕桑协会）＋农户"模式适用于蚕桑产业成熟阶段，目前在云南省大姚县已得到应用。蚕农合作社（或蚕桑协会）是蚕农在自愿互利基础上联合而形成的以养蚕户为主体的群众性经济组织，具有法人资格，社员共同制订并遵守章程，交纳股金，享有和承担章程规定的权利和义务，负责组织规划、引种、技术指导、蚕茧回收、加工和销售，蚕农负责生产和出售蚕茧。这种模式是实现蚕农利益最大化、助农增收的有效方式。雄蚕产业化采用这种模式，可以减少蚕桑产业的运作环节，实现降低成本，增加效益的目标，最重要的是使雄蚕产业化的利益分配得到均衡，从而消除雄蚕种价格和蚕茧大小的因素，保障雄蚕茧生产、经营进入成熟的市场化轨道。

5.6 建立雄蚕产业发展风险保障基金

尽管雄蚕有非常强的优势，但雄蚕产业同当前的蚕桑产业一样，受自然灾害和生丝出口价格的影响较大。为保证雄蚕产业持续、稳定、健康发展，切实保护蚕农利益，提高蚕农抵御市场风险和自然灾害的能力，有必要建立雄蚕产业发展风险保障基金。该基金由政府、茧丝绸公司或蚕农合作社、蚕农三方按一定比例筹措，真正形成"风险共担、利益共享"的利益共同体，使雄蚕产业的健康发展得到保障。

雄蚕新品种的推广及种、茧、丝一体化的开发应用[①]

沈玉丽[1]　楼黎静[2]

（1. 浙江省湖州市吴兴区农林技术推广服务中心　湖州　313000；
2. 湖州市经济作物技术推广站　湖州　313000）

雄蚕的经济性状明显优于现行推广的蚕品种，专养雄蚕技术是蚕业科技上的一次重大革命。浙江省湖州市从1997年春率先引进雄蚕品种并在农村逐步进行试养推广，至今无论是在雄蚕种繁育上，还是在雄蚕种数量的推广上，均取得了令人满意的成绩。为了更好地发挥雄蚕品种的优势，提高雄蚕的经济效益，湖州市在浙江省农业科学院的省级重大科技农业攻关项目——"雄蚕新品种选育及种、茧、丝一体化开发"项目的支持下，在雄蚕品种的育成与应用已经处于国际领先水平的基础上，进一步开展"雄蚕新品种和种、茧、丝一体化开发"推广应用研究，经过多年实践，取得了一定成效和经验。

1　雄蚕种、茧、丝一体化应用的成效

1.1　雄蚕新品种产茧量与产值高

雄蚕新品种强健好养，发育齐一，抗性强，产茧量高，项目实施4年来，雄蚕新品种产茧量无论是春蚕期或秋蚕期均高于对照种秋丰×白玉。4年来共饲养雄蚕种99654盒，平均盒种产茧量达到47.9kg/盒，比对照种秋丰×白玉的43.2kg/盒，高4.7kg，其中春蚕期平均盒种产茧量为50.6kg/盒，秋蚕期平均盒种产茧量为38.8kg/盒。盒种产值雄蚕种为1000.4元/盒，比秋丰×白玉盒种产值909.4元/盒，增加91元，加上平均每盒雄蚕种返利后净收入20元（扣除蚕种成本），合计盒种产值增加111元（表1）。

1.2　雄蚕茧丝品质优

根据浙江省第三茧质鉴定所检测资料，雄蚕种的茧丝长、解舒率、毛茧出丝率、光折、清洁等均要高于现有当家品种秋丰×白玉。从2006年和2009年缫丝成绩看（表2），雄蚕茧的平均干茧茧层率春蚕期达到51.60%，秋蚕期为51.86%，比普通蚕品种秋丰×白玉干茧茧层率分别提高3.60、3.71个百分点；雄蚕茧的茧丝长春茧平均为1127.81m，秋茧为941.05m，比对照种秋丰×

---

①　本文原载于《中国蚕业》，2011，1：77-80。

白玉的春茧987.39m和秋茧872.14m，分别增加140.42m、68.91m；雄蚕茧的解舒丝长春茧增加了73.56m，秋茧增加了33.74m，由于雄蚕茧的茧形小而紧密，解舒率略低于对照种秋丰×白玉；雄蚕茧的毛茧出丝率平均春茧为36.57%，秋茧为32.68%，比对照种秋丰×白玉春茧32.58%、秋茧30.42%，分别提高3.99、2.26个百分点；雄蚕茧的春秋平均光折为239.82kg，对照种秋丰×白玉为256.77kg，雄蚕茧减少95kg，减少了7.07%；雄蚕茧的清洁和洁净分别高于对照种秋丰×白玉0.43分、1.80分；因此，雄蚕茧可缫制高品位的生丝，茧级可提高2个等级。

表1　2006—2009年雄蚕饲养情况及饲养成绩

年份	蚕品种	春蚕			秋蚕			全年合计			
		盒数（盒）	单产（kg/盒）	总产（t）	盒数（盒）	单产（kg/盒）	总产（t）	盒数（盒）	单产（kg/盒）	总产（t）	产值（元/盒）
2006	雄蚕	10420	50.0	521.0	2660	39.5	105.1	13080	47.9	626.1	1292.8
	普蚕	117026	48.6	5687.5	87680	38.4	3366.9	204706	44.2	9054.4	1193.0
2007	雄蚕	8345	47.9	399.7	1805	36.1	65.2	10150	45.8	464.9	859.7
	普蚕	123276	45.2	5572.1	71875	35.2	2530.0	195151	41.5	8102.1	756.7
2008	雄蚕	31924	49.5	1580.7	6000	37.9	227.6	37924	47.7	1808.3	842.5
	普蚕	96354	47.6	4583.7	80249	36.6	2934.9	176603	42.6	7518.6	749.7
2009	雄蚕	26200	52.9	1386.0	12300	39.5	485.6	38500	48.6	1871.8	1006.5
	普蚕	68626	51.5	3534.2	55512	37.6	2087.3	124138	45.3	5621.5	938.0
合计（平均）	雄蚕	76889	50.6	3887.4	22765	38.8	883.7	99654	47.9	4771.1	1000.4
	普蚕	405282	47.8	19377.5	295316	37.0	10919.1	700598	43.2	30296.6	909.4
增幅（±）		2.8			1.8			4.7			91.0

雄蚕品种以秋·华×平30为主，普蚕品种以秋丰×白玉为主；2006年雄蚕茧平均价为25.86元/kg，普蚕茧平均价为24.55元/kg；2007年雄蚕茧平均价为17.95元/kg，普蚕茧平均价为16.74元/kg；2008年雄蚕茧平均价为17.00元/kg，普蚕茧平均价为15.75元/kg；2009年雄蚕茧平均价为19.03元/kg，普蚕茧平均价为18.21元/kg。

表2　2006—2009年雄蚕品种的丝质成绩

年份	期别	蚕品种	上车率（%）	茧层率（%）	茧丝长（m）	解舒丝长（m）	解舒率（%）	纤度（dtex）	毛茧出丝率（%）	光折（kg）	清洁（分）	洁净（分）	茧级
2006	春期	雄蚕	85.20	51.12	1175.90	869.40	73.94	2.858	37.98	231.30	99.40	95.30	2
		普蚕	82.50	46.47	1033.90	844.00	81.64	2.947	33.76	252.50	98.60	93.50	3
	中秋	雄蚕	83.74	51.73	920.34	671.95	73.02	2.429	34.57	242.91	99.20	94.80	2
		普蚕	82.21	47.62	831.28	632.06	76.05	2.747	31.79	258.72	99.10	94.48	3

（续）

年份	期别	蚕品种	上车率（%）	茧层率（%）	茧丝长（m）	解舒丝长（m）	解舒率（%）	纤度（dtex）	毛茧出丝率（%）	光折（kg）	清洁（分）	洁净（分）	茧级
2007	春期	雄蚕	85.11	52.71	1107.05	779.81	70.48	2.689	37.33	228.03	98.72	94.63	2
		普蚕	81.58	48.75	935.40	696.12	74.47	3.034	32.98	247.34	98.59	94.14	3
	中秋	雄蚕	77.13	51.98	961.76	613.54	63.82	2.379	30.79	251.01	98.31	93.84	3
		普蚕	76.85	48.67	912.99	585.94	64.13	2.697	29.05	264.57	98.19	93.45	4
2008	春期	雄蚕	81.51	50.51	1145.00	647.70	56.53	2.734	35.08	232.30	98.80	94.31	2
		普蚕	79.14	48.13	988.50	577.10	58.33	2.987	31.44	251.70	98.80	94.00	4
2009	春期	雄蚕	85.84	52.06	1083.30	833.20	76.91	2.871	35.90	239.10	99.40	99.30	3
		普蚕	82.17	48.65	991.78	718.66	72.47	3.031	32.12	256.00	99.20	94.35	7
春期合计（平均）		雄蚕	84.42	51.60	1127.81	782.53	69.47	2.776	36.57	232.68	99.20	95.88	2.25
		普蚕	81.35	48.00	987.39	708.97	71.73	2.994	32.58	251.89	98.77	94.08	4.25
		增幅（±）	3.07	3.60	140.42	73.56	−2.26	−0.218	3.99	−19.21	0.43	1.80	−2.00
秋期合计（平均）		雄蚕	80.44	51.86	941.05	642.74	68.42	2.404	32.68	246.96	98.65	94.32	2.50
		普蚕	79.53	48.15	872.14	609.00	70.09	2.622	30.42	261.65	98.65	93.97	3.50
		增幅（±）	0.91	3.71	68.91	33.74	−1.67	−0.218	2.26	−14.69	0	0.35	−1.00

注：雄蚕品种是秋·华×平30，普蚕品种是秋丰×白玉；表中丝质成绩数据由浙江省第三茧质鉴定所提供。

1.3 雄蚕经济效益明显

1.3.1 饲养雄蚕种蚕茧增加的效益

雄蚕种平均每盒蚕种的产量比普蚕种增加4.7kg/盒，产值比普蚕种增加111元/盒。2006—2009年湖州地区4年共推广雄蚕种99654盒，蚕农共可增加收入1106.2万元。

1.3.2 雄蚕茧缫丝增加的效益

雄蚕茧出丝率和茧丝品位提高，4年来雄蚕茧平均春茧毛茧出丝率比秋丰×白玉平均提高3.99%；秋蚕期雄蚕茧毛茧出丝率比秋丰×白玉平均提高2.26%；按茧丝市价20万元/t计算，4年合计春蚕期生产雄蚕茧3887.4t，雄蚕烘折按2.4计算，增加效益1292.6万元（3887.4÷2.4×0.0399×20＝1292.6万元）；秋蚕期生产雄蚕883.7t，雄蚕烘折按2.5计算，增加效益159.8万元（883.7÷2.5×0.0226×20＝159.8万元）。2期合计雄蚕茧生丝增加效益为1452.4万元。平均每盒蚕种增加效益145.7元。

以上2项合计共增加效益2558.6万元，平均每盒雄蚕种比普蚕种可增收256.75元（雄蚕种的产量和出丝率的提高）。

1.4 雄蚕的繁育系数有所提高

我们通过几年的实践与探索，已总结出一套繁育雄蚕的技术，使雄蚕杂交种的繁育系数提高

10%以上，克蚁制种量从8.00盒提高至9.20盒，如德清东衡蚕种场2008年秋·华×平30克蚁制种量达到10.25盒，降低了雄蚕种制种成本。

2　雄蚕种、茧、丝一体化应用的措施

2.1　建基地，加快雄蚕推广步伐

为了加快雄蚕的推广步伐，我们注重基础设施建设，改善雄蚕饲养条件，一是在吴兴区建立了专养雄蚕的示范基地。二是对蚕种生产单位的桑园进行了灌溉设施的配套，并对蚕种保护室、蚕室、冷库进行了维修和添置部分蚕具，达到了繁育雄蚕种的饲养与保护的要求。三是抓好雄蚕饲养示范基地的桑园改造和小蚕共育设施建设，全市共建设蚕桑小区的桑园面积有8667hm²，全面开展新品种农桑系列（农桑12号、农桑14号）的种植，桑园的产量高，叶质好，为养好雄蚕打好基础。四是实施小蚕共育暗火加温，推广适宜单家独户养蚕的智能型蚕用温度控制器加温，小蚕共育率达到95%以上。这些基础设施的建设，有利于雄蚕茧生产的稳定和蚕茧产量的提高，加快了雄蚕的推广步代，雄蚕的饲养从1个吴兴区逐步推广到3县2区，从1个乡（镇）扩大到8个乡（镇）195个村，25840户，4年共饲养雄蚕种99654盒，生产雄蚕茧4771t。

2.2　强基础，提高雄蚕繁育技术

根据雄蚕种的原蚕催青、交配、产卵等环节与常规品种不同的特性，为了提高雄蚕的繁育系数，降低雄蚕的制种成本，我们和蚕种场一起协作探讨，在3个方面进行了规范和改进。第一，提出了雄：雌蚁量配比1：2.5，最多不超过1：3的合理配比。第二，雄蚕饲养的强健与否，直接关系到雄蚕种的质和量；因此，精心饲养、周密安排、严格要求是保证雄蚕种质和量的基础。第三，在饲养技术上采取小蚕桑叶偏嫩和温度偏高，大蚕稀放饱食等技术。通过几年的实践与探索，已总结出一套雄蚕繁育的技术，使雄蚕杂交种的繁育系数提高10%以上，克蚁制种量最高达到12盒以上。随着雄蚕种推广量的增加，我们建立雄蚕繁育基地，从2006年塔山、长兴2个蚕种企业繁育雄蚕种，逐步发展到德清、湖州市蚕桑科学研究所等6个蚕种生产企业繁育雄蚕种，增加雄蚕种的制种量，以满足广大蚕农的需求。

2.3　制标准，规范雄蚕饲养技术

专养雄蚕是一项新技术，其蚕种生产的技术与常规蚕种有较大差异，为了在大规模生产中有一个统一的技术标准，我们根据浙江省DB33/T 698.1—2008《雄蚕种质量要求》和DB33/T 217.7—2007《桑蚕种催青技术规程》，制订完成了浙江省地方标准，即湖州市农业标准DB3305/T 26.2—2009《雄蚕茧生产技术规程》和DB3305/T 26.1—2009《雄蚕种繁育技术规程》。在此基础上又根据蚕农的饲养要求，制定了一套雄蚕饲育技术模式表（小蚕一日二回育、大蚕一日三回育），便于蚕农操作。

2.4　抓培训，提高雄蚕饲养水平

为了提高蚕农饲养雄蚕的技术水平，我们通过印发技术资料、电视、网络等各种手段和信息途径进行技术传播，对饲养雄蚕的农户进行技术培训，使雄蚕饲养技术落实到每个饲养农户，并经常开展雄蚕饲养技术交流和研讨，近年来共举办雄蚕繁育、饲养技术培训班12期，参加人数1.6万人次，发放各种雄蚕技术资料及雄蚕饲育技术模式表5.5万份，做到每个雄蚕饲养户1份。

2.5　签订单，体现雄蚕的"优茧优价"

专养雄蚕是一项高新技术，雄蚕饲养的优势在于好养、丝质优，能缫高品位的生丝，最终受益的是丝绸企业。而现行的蚕茧收购采用"目评"一刀切的评茧收购方法，不利于提高茧质，雄蚕茧不能体现出"优质优价"，在某种程度上会影响雄蚕饲养的推广。为了提高蚕农饲养雄蚕的积极性，我们加强与浙江中维丝绸集团有限公司协作，走茧丝一体化途径，做到共同协商推广计划，共谋发展方向。

2.5.1　雄蚕饲养实行"订单蚕业"

建立规范的雄蚕专业合作社，做好"订单蚕业"工作，实行"公司+基地+农户"或"公司+合作社+农户"的雄蚕茧收购模式。凡是饲养雄蚕的农户，都实施"订单蚕业"。由湖州市蚕桑技术推广站统一印制雄蚕售茧卡，浙江中维丝绸集团有限公司所辖的蚕茧收烘管理站负责发放到各茧站，再由各茧站站长负责把雄蚕售茧卡发到村、户，并逐一登记各村各户饲养蚕种盒数，凭此卡到指定茧站出售。近年来参加雄蚕"订单蚕业"的农户有25820户，雄蚕订单率为100%。

2.5.2　建立雄蚕种饲养基地

建立一乡一品、一站一品的雄蚕种饲养基地，防止在蚕茧收购时雄蚕茧与常规蚕茧混合。

2.5.3　采取1次收购、2次结算茧价的方式

浙江中维丝绸集团有限公司采取1次收购、2次结算的方式。第1次按市场价售茧时结算，第2次通过浙江省第三茧质鉴定所缫丝后，按质量好坏进行结算，真正体现雄蚕茧的"优质优价"。丝绸公司与丝厂结算以缫折高低计算吨丝成本，提取超过吨丝价格部分，做到种场、丝厂、农民的利益均衡分配。通过几年的实践，取得了较好的效果，蚕农由于雄蚕产量高、茧质好，返利可增加收入；丝厂由于缫折低，能缫高品位生丝，降低了成本，提高了效益；而种场从丝厂中得到了蚕种价格补助，已形成了种场、农民、丝厂三方的共同利益体，真正体现了种、茧、丝一体化的优越性。

3　存在的主要问题及建议

目前在雄蚕茧生产中主要存在2个问题，一是蚕茧收购机制及检验设施落后，"优质优价"不能较好地体现，无法体现雄蚕茧的质量优势，增加了推广饲养雄蚕的难度。二是推广饲养雄蚕

种，功在农民，利在丝绸；但由于制种成本较高，农业技术推广部门难以独家作主，必须与种场、丝绸公司、缫丝厂等部门联合，协调工作难度大，这在一定程度上影响了雄蚕品种的推广步伐。

为了进一步推广饲养雄蚕，提高蚕桑经济效益，建议一是加快蚕茧收烘及蚕茧质量快速议评设施的研发，在蚕茧收购中充分体现"优质优价"原则。二是加大投入，对新品种研发、技术推广应用的部门和科研等有关单位给予项目支持，加快雄蚕饲养的推广力度，提高蚕桑生产整体效益。

雄蚕品种的茧质性状研究及其对雄蚕产业的影响[①]

陈小龙

（浙江省农业科学院蚕桑研究所　杭州　310021）

雄蚕品种的育成和推广提升了传统蚕桑业，也提高了种桑养蚕的经济效益。近年来有关雄蚕品种的选育及示范推广情况已有众多的文献报道，但是对现行推广的雄蚕品种的茧质性状尚缺乏深入研究，所以有必要开展针对雄蚕品种的茧质性状研究，掌握现行推广的雄蚕品种与常规蚕品种在茧质性状上的差异，为雄蚕品种的收茧、烘茧、煮茧及缫丝工艺设计提供基础数据，进而推动雄蚕产业的发展。

1　实验材料

干壳量调查及茧层含胶率测定材料采用2007年春期在淳安县浪川乡同一蚕农家饲养的2个品种——秋丰×平28（雄蚕品种）和菁松×皓月（常规对照种），饲养条件完全一样。

其余调查均采用2010年春期在湖州同一蚕农家饲养的4个品种：雄蚕品种秋丰×平28和常规品种皓月×菁松、秋丰×白玉、白云×薪杭。

2　实验方法

2.1　干壳量计价法评价茧质

抽取了2007年春期饲养的2个品种的部分样茧（只写编号），请淳安县浪川乡双源茧站的工作人员，用干壳量计价法，对上述2个品种进行评价。

2.2　茧层丝胶含量及含胶率测定

抽取2007年春期饲养的2个品种的茧层若干，烘干、称重、剪碎。采用重量法（重复3次），脱胶采用0.1mol/L NaHCO$_3$溶液，浴比1：25，（98±2）℃水浴中加热，并不断搅拌使之充分脱胶，脱胶过程中每10min用苦味酸-胭脂红检测脱胶程度，脱胶完全后取出脱除丝胶的材料用热水和冷水充分洗涤，挤干水分烘干至恒重，用公式：丝胶含量=脱胶前干量-脱胶后干量，茧层

---

① 本文原载于《蚕桑通报》，2011，42（2）：14-18。

含胶率（％）＝丝胶含量／脱胶前干量×100％，计算茧层丝胶含量及含胶率。

2.3　全茧量、茧层量、茧层率调查

随机抽取样茧，设3个重复，雄蚕种每区抽取蚕茧50粒，常规3个品种每区随机抽取♀、♂蚕茧各25粒，剖茧称量，分别调查全茧量、茧层量、茧层率。

2.4　茧幅整齐度测定

随机抽取样茧，设3个重复，雄蚕与常规3个品种每个重复均25粒茧，用游标卡尺按常法测定蚕茧茧幅，计算平均茧幅、茧幅整齐度。

2.5　含水量、含水率及干燥率测定

用测定茧幅的4个品种样茧，测定其鲜茧茧层量、鲜蛹体重量，然后使用Y802A型8篮恒温烘箱，将温度控制在100℃，烘至无水恒量后称量，测定茧层干量、蛹体干量，推算出蛹体含水量、蛹体含水率、茧层含水率，最后得到蛹体适干干燥率、茧层适干干燥率，推算适干茧理论烘率。

2.6　恒温干燥曲线测定

随机抽取雄蚕与常规3个品种样茧各20粒，用电子天平核准相同重量，在Y802A型8篮恒温烘箱中干燥，采用100℃，每隔30min记录1次重量，直到烘至无水恒量。通过得到的数据，绘出雄蚕品种与常规品种的全茧恒温干燥曲线。

3　结果与讨论

3.1　干壳量计价法评价茧质

由表1可以看出，雄蚕品种秋丰×平28与对照种菁松×皓月相比，50g鲜光茧的粒数比后者多4粒，干壳量高0.5g，张种产量高1kg，茧价比后者高出近2个等级，蚕茧单价高出对照种菁松×皓月90元/50kg鲜茧，其余各项指标基本相似。由此可见，采用干壳量计价法评茧，能体现雄蚕茧的优势，有利于雄蚕茧的推广。

表1　干壳量计价成绩对比

内容	项目	单位	菁松×皓月	秋丰×平28
50g光茧	粒数	粒	26	30
	干壳量	g	9.2	9.7

（续）

内容	项目	单位	菁松×皓月	秋丰×平28
色泽匀净度	升	级	升1级	升1级
	降	级		
方格蔟	升级补贴	元	120	120
下茧	重量	g	0	0
	降	降级	平	平
好蛹率	%	升级	升1级	升1级
毛血嫩僵	粒		无	无
	降级		不升不降	不升不降
含水率	%		16.2	15.4
	升降级	级	不升不降	不升不降
单位		元	2152	2242
张总产量		kg	55	56

注：调查地点淳安县浪川乡；调查日期：2007年6月。

3.2 茧层丝胶含量及含胶率测定

表2 茧层丝胶含量及含胶率比较

品种名	茧层原量（g）	脱胶后重量（g）	丝胶含量（g）	茧层含胶率（%）
菁松×皓月	4.72	3.44	1.28	27.12
秋丰×秋28	4.93	3.69	1.24	25.15

表3 全茧量、茧层量及茧层率、茧幅整齐度对比

品种	全茧量（g）	茧层量（g）	鲜茧茧层率（%）	平均茧幅（mm/粒）	茧幅整齐度（%）
秋丰×平28	1.55	0.405	26.13	17.35	95
皓月×菁松	1.97	0.46	23.35	18.6	85
秋丰×白玉	1.76	0.38	21.59	17	90
白云×薪杭	1.76	0.395	22.44	17.5	90

表4 含水量与含水率比较

	品种名	鲜量（g/粒）	干量（g/粒）	含水量（g/粒）	含水率（%）
茧层	秋丰×平28	0.405	0.358	0.047	11.60
	皓月×菁松	0.460	0.405	0.055	11.96
	秋丰×白玉	0.380	0.340	0.040	10.53
	白云×薪杭	0.395	0.349	0.046	11.65
蛹体	秋丰×平28	1.111	0.315	0.796	71.65
	皓月×菁松	1.460	0.396	1.064	72.88
	秋丰×白玉	1.280	0.364	0.916	71.59
	白云×薪杭	1.295	0.374	0.921	71.14

从表2中可以看出，在饲养条件完全相同的条件下，雄蚕品种秋丰×平28的茧层丝胶含量及茧层含胶率比对照种菁松×皓月分别低0.04g和1.97个百分点。蚕丝主要由丝素和丝胶两种蛋白质组成，常规品种的丝胶含量在茧丝中约占20%～30%。丝胶含量多少对生丝品质、茧丝离解难易、出丝率均有重要影响。据资料表明，在正常情况下，丝胶含量多的茧丝解舒好，并且在一定范围内，其出丝率也相应提高。雄蚕品种秋丰×平28的丝胶含量比常规品种少，可能是导致该品种解舒差的原因之一。

3.3　全茧量、茧层量、茧层率

表3的调查结果表明，雄蚕品种的全茧量比其他常规蚕品种都要低、茧层量比常规春用品种低，比常规秋用品种高。茧层率则均高于现行常规蚕品种。

3.4　雄蚕品种的茧幅整齐度

茧幅整齐度（连续3档）是反映茧型大小均匀的一项指标，以测量茧的横幅为主。影响茧型大小的因素除蚕品种外，还有食桑条件、上蔟情况等。茧幅的整齐度对烘茧干燥程度的一致、煮茧适熟的程度、茧丝纤度都有影响。从表3可以看出雄蚕品种秋丰×平28的平均茧幅比皓月×菁松低，而与秋丰×白玉、白云×薪杭这2个夏秋品种十分接近，而茧幅整齐度明显高于其他3个对照常规品种。从茧幅上看，现行的烘茧、煮茧及缫丝设备也完全适用于专养雄蚕的茧，而且茧幅整齐度高的特点，非常有利于雄蚕品种的烘茧及煮茧工艺设计。

3.5　茧层和蛹体的含水量与含水率调查

从表4可以看出，雄蚕品种秋丰×平28的茧层鲜量与干量都比常规春用品种低，比常规秋用品种高，与3.3全茧量、茧层量、茧层率调查结果一致。鲜茧茧层含水率与3个对照常规品种之间互有高低，说明雄蚕茧与常规品种一样，其茧层含水率受品种的影响很小，不同品种之间的茧层含水率差异，主要受空气湿度的影响。雄蚕品种蛹体的鲜量、干量及含水量明显低于常规品种。排列依次为：雄蚕品种低于夏秋用品种低于春用品种，但雄蚕茧蛹体含水率则与常规夏秋品种之间非常接近。

3.6　茧层干燥率、蛹体的干燥率及理论烘率调查

从表5可以看出，除秋丰×白玉的茧层适干干燥率（96.63%）偏高一点外，雄蚕品种秋丰×平28的茧层适干干燥率与其他2个对照常规品种皓月×菁松和白云×薪杭之间都非常接近，都为95%左右。雄蚕品种秋丰×平28的蛹体适干干燥率达到32.61%，比皓月×菁松31.19%高1.42个百分点，与秋丰×白玉32.68%最为接近。雄蚕品种秋丰×平28鲜茧理论烘率为49.03%，比对照常规品种皓月×菁松高2.92个百分点；比秋丰×白玉高2.55个百分点；比白云×薪杭高1.88个百分点。可见在同等条件下，雄蚕品种的鲜茧理论烘率都高于对照春用及秋用品种。影响

鲜茧理论烘率的因素，主要是蛹体适干干燥率、茧层适干干燥率及鲜茧茧层率。从上述实验结果可知，雄蚕茧的蛹体适干干燥率和茧层适干干燥率与常规品种都基本相同，影响雄蚕茧鲜茧理论烘率的主要原因应该是雄蚕茧的鲜茧茧层率高于常规品种。

表5　茧层干燥率、蛹体干燥率及理论烘率对比表

品种名	鲜茧茧层率（%）	蛹体适干干燥率（%）	茧层适干干燥率（%）	鲜茧理论烘率（%）
秋丰×平28	26.13	32.61	95.47	49.03
皓月×菁松	23.35	31.19	95.09	46.11
秋丰×白玉	21.59	32.68	96.63	46.48
白云×薪杭	22.44	33.19	95.42	47.15

注：适干茧层回潮率：8%；适干蛹体回潮率：15%。

还有一个数据值得关注，雄蚕品种秋丰×平28的茧层适干干燥率和传统用于计算理论烘率时的数值95%非常相近，但蛹体适干干燥率为32.61%，远高于传统的蛹体适干干燥率标准26.5%。所以有必要对雄蚕的蛹体适干干燥率标准进行进一步的研究，以确定一个更合理的数值，从而保证以此为基数计算的鲜茧理论烘率的正确性，确保雄蚕茧能适时出灶。

3.7　恒温干燥曲线

比较雄蚕品种秋丰×平28与其他3个常规品种的全茧恒温干燥曲线（100℃）（图1），除了所处位置不同外，曲线的走势基本相同。说明雄蚕茧的干燥规律与常规品种的蚕茧相似，雄蚕茧的干燥过程也有3个阶段即预热、等速干燥和减速干燥阶段。从4条曲线的排列位置来看，雄蚕茧秋丰×平28的干燥曲线位于最下部，夏秋用品种白云×薪杭、秋丰×白玉位居中间，春用品种皓月×菁松在最上面，说明雄蚕茧的失水速度比常规春用或夏秋用蚕品种茧都要快。以烘率达到45%为例，雄蚕茧秋丰×平28只需190min、2个夏秋用品种大概需要210min、而春用品种则需要240min。也就是说与常规蚕茧烘茧工艺相比，雄蚕茧的烘茧时间要缩短。头冲的等速干燥后半阶段与减速干燥前半段，雄蚕茧与常规品种的差距拉大，所以在雄蚕茧烘茧时，特别要注意等速干燥后半阶段与减速干燥前半段的排湿及温度控制。

4　雄蚕品种的茧质特性对雄蚕产业的影响

随着雄蚕品种的推广利用，雄蚕产业在全省乃至全国的市场前景被普遍看好。但由于生产上一直实行雌雄茧混养、雌雄茧混缫，对雄蚕品种与雌雄混合的常规品种的茧质成绩差异的实际状况以及这种差异对收、烘、煮、缫各阶段的工艺处理与生丝质量所带来的影响把握不足，从而造成雄蚕茧的各种优良性状在丝厂实缫中体现不出来，制约了雄蚕产业的健康发展。具体表现在以

下几个方面：

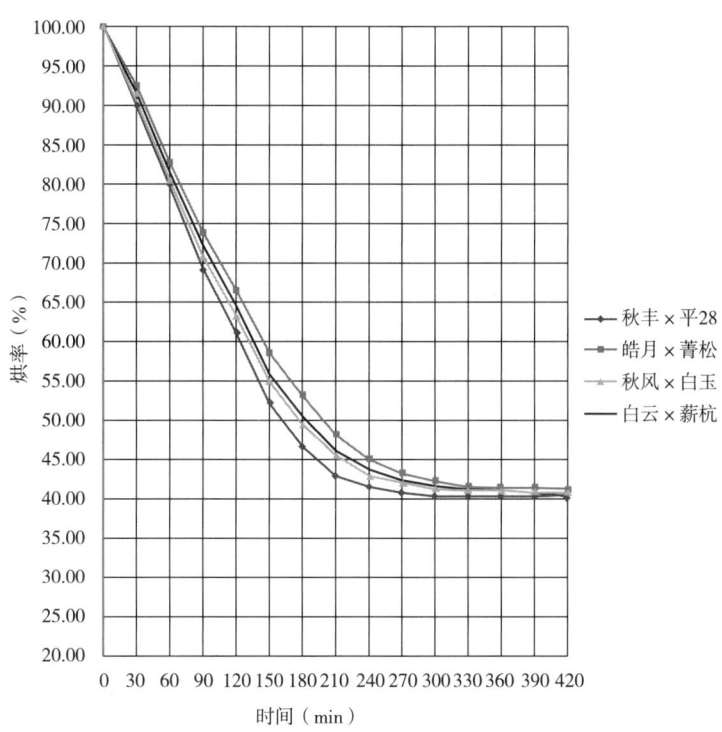

图1　相同温度下的雄蚕茧与常规品种恒温干燥曲线图的比较

4.1　不规范的收烘茧方式，无法保全雄蚕茧的茧质，影响产业的健康发展

对于一个确定的蚕品种而言，从上蔟到干茧入库，影响蚕茧质量的主要因素有两个：一是蔟具的使用及蔟中管理，二是茧站收烘过程中茧质的保全。收烘茧处于整个产业链的中部，在丝厂与蚕农之间起着纽带作用，对雄蚕产业的健康发展起着至关重要的作用。

对广大蚕农而言，是养雄蚕还是常规品种，关键是看雄蚕茧售价的高与低。由于雄蚕茧有全茧量低的缺点，如果没有合理的收购方式，不管质量好坏，一律采用一个价格，那么蚕农肯定没有饲养雄蚕品种的积极性。雄蚕产业的经济效益主要体现在丝厂，丝厂再通过收茧环节返利给蚕农。对于丝厂来说，他们需要的是干茧，如果在收烘茧环节无法保全雄蚕茧的茧质，致使雄蚕茧质量恶化，缫折升高，成本增高，丝厂都无利可图，更别说返利给蚕农，从而会导致雄蚕产业化成为空谈。

4.2　优质雄蚕原料茧，因缺少配套的煮茧及缫丝工艺，导致无法缫制高品位的雄蚕生丝，阻碍了雄蚕产业的发展

由于雄蚕茧的茧幅整齐度高，使得原料的匀整度能显著提高。实行雄蚕茧独立庄口缫丝，采用合理的煮茧、缫丝工艺，充分发挥雄蚕茧丝质优、出丝率高等优点，缫制高品位的生丝，最终将雄蚕茧的茧质性状优势，通过丝厂转变成经济效益优势，实现雄蚕产业的良性循环。如缺少配

套的煮茧及缫丝工艺，导致优质的雄蚕原料茧无法缫制高品位的生丝，那么必将阻碍雄蚕产业化的发展。

5　结论

通过对雄蚕茧茧质性状的研究，初步明确以下几点：

雄蚕品种与常规对照蚕品种相比，雄蚕的全茧量低、茧层率高、茧幅整齐度高，茧层量比常规春用品种低，比常规秋用品种高。因鲜茧茧层率是计算烘率的主要依据，故雄蚕品种茧层率高的这种特点，在雄蚕茧烘茧工艺设计时应重点考虑。同时，这种茧层率高的特点也会影响煮茧工艺。雄蚕茧幅整齐度高的特点，非常有利于雄蚕品种的烘茧及煮茧工艺设计。

雄蚕蛹的鲜量、干量及含水量均明显低于常规对照品种，鲜茧茧层及蛹体的含水率两者基本接近。按湿多多排、湿少少排的原则，考虑到雄蚕品种的蛹在烘茧过程中所要除去的水分量要明显少于常规品种，故在雄蚕茧的烘茧过程中，排湿量的控制要较常规烘茧工艺少。

雄蚕茧的干燥规律与常规品种相似，茧幅基本一致，所以现行的常规蚕茧烘茧设备同样适用于雄蚕茧烘茧。但干燥速度快于春用及夏秋用常规品种，故烘茧时间较常规品种要适当缩短。

雄蚕品种秋丰×平28的茧层适干干燥率仍可采用95%，但蛹体适干干燥率有必要进行进一步的研究，以正确计算雄蚕适干茧的理论烘率，为雄蚕茧的适干出灶提供依据。

雄蚕品种茧的干壳量比常规品种茧高，在还没有建立专门针对雄蚕茧的评茧方法前，坚持采用规范的干壳量计价法收茧，能体现雄蚕茧的优势（与常规品种相比），有利于雄蚕茧的推广。

在正常情况下，丝胶含量多的茧丝解舒好。在相同饲养条件下，雄蚕品种秋丰×平28的茧层含胶率比对照种菁松×皓月要低，可能是导致该品种解舒差的原因之一，生产实践中应有针对性地采取相应的煮茧工艺。

嘉兴市雄蚕种推广的现状、问题及对策[①]

周海明

（浙江省嘉兴市林特技术推广总站 嘉兴 314050）

雄蚕品种与常规品种相比，具有强健好养、高产稳产、食桑省、茧层厚、出丝率高等优势。为了探索雄蚕品种在实际饲养中的性状水平及经济效益，以及本市环境条件的适应性，嘉兴市从2003年开始引进秋·华×平30等雄蚕品种在海盐、海宁两地进行了多点试养，经过几年的推广实践，完成了从用浙江省农业科学院蚕桑所生产的原种，本地化繁育雄蚕杂交种，农村的示范推广，丝厂试缫的成功，取得了良好的社会、经济效益。

1 推广现状

嘉兴市从2003年海盐县试养第一批雄蚕种以来，受蚕桑行业不景气的影响，雄蚕品种的推广工作进展一直不快，到2007年，雄蚕品种的年饲养量首次突破万张，且主要还是集中在海盐县。2008年以来，雄蚕品种的推广区域逐步扩大，年饲养量基本稳定在1.5万张。截至2011年，嘉兴市累计饲养雄蚕种83426张，其中秋·华×平30 60651张，秋丰×平28 19190张，限7×平48 10张，华菁×平72 3575张，主要在海盐县、海宁市和秀洲区，其中海盐县推广数量最多，多年雄蚕品种占到了该县年饲养量的10%。

2 主要优势

2.1 蚕桑生产历史悠久，产业基础深厚、产业链完善

嘉兴市是全国蚕桑的重点蚕区，历史上蚕茧产量曾占全国1/4，产业规模一直位居浙江省首位。桑蚕文化已有几千年历史，农村一直有栽桑养蚕的传统，全市现有桑园面积20339hm^2，养蚕农户18.06万户，2011年饲养蚕种59.8万张，总产蚕茧2.70万t。嘉兴蚕桑产业链完善，精深加工能力强，集中了一批像嘉欣丝绸、浙江花神丝绸集团等行业内领军企业，诞生了"金三塔"、"神神家纺"等多个知名品牌，建立了全国首个茧丝绸网上交易市场——嘉兴茧丝绸交易市场，年交易量占全国半壁江山。

---

① 本文原载于《蚕桑通报》，2012，43（2）：35-36。

2.2 雄蚕饲养省工节本增效，符合产业转型发展需要

雄蚕的最大优点是强健好养，烘率及出丝率高于常规品种，生丝品位高。以秋·华×平30为例，该品种孵化齐、眠起齐、体质强健好养，鲜茧出丝率较对照种秋丰×白玉至少能提高1.5个百分点，烘率提高2个百分点，生丝等级提高一个等级，饲养每张雄蚕杂交种能增效150元以上。推广雄蚕品种可以很好地缓解当前蚕桑生产面临的劳动力成本上涨、生态环境恶化、比较效益不高等问题，推进蚕桑产业向科技化、省力化和高效化方向发展，更好地推动蚕桑产业的转型升级。

2.3 雄蚕种生产技术成熟，为进一步推广提供了保障

2003年以来，嘉兴市通过雄蚕品种的试繁与推广，掌握了制种技术关键，总结形成了先进、实用、系统的雄蚕新品种繁育与饲养配套技术，为雄蚕品种在嘉兴市的进一步推广提供了基础。通过近几年改制重组，全市现有蚕种生产单位5家，年生产能力60万张。改制后的蚕种生产单位实现了轻装上阵，技术队伍更加年轻，设施装备更加完善，经营机制更加灵活。对照雄蚕种的生产条件和技术要求，嘉兴有多个蚕种生产单位具备生产能力，如海宁新兴蚕种制造有限公司2011年春期繁育秋·华×平30杂交种达6521张。

2.4 雄蚕推广具备生产基础，相关环节积累了一定经验

从2003年试养开始，全市累计推广雄蚕品种83426张，随着雄蚕饲养量的上升，各级蚕业管理部门，通过举办培训班、发放技术资料和上门指导等方式，有针对性地对雄蚕饲养集中区域，加强技术指导，提高饲养水平。目前，试点地区蚕农已对雄蚕收蚁仅一半，雄蚕茧比常规种小等正常现象已习以为常，雄蚕的生理特点和饲养技术要点已逐步被蚕农了解和接受。同时，蚕茧收烘企业、缫丝企业，通过几次的收购和加工，也渐渐认识到雄蚕茧在提高出丝率、缫制高品位生丝等方面的优势，并就雄蚕茧的收购环节建立反哺机制进行了探索和尝试，为今后雄蚕种更大面积的推广积累了一定经验。

3 存在问题

3.1 雄蚕种普及推广力度不够

专养雄蚕是一个新生事物，颠覆了千百年来蚕桑生产的传统。近年来，雄蚕品种的普及和推广仅局限于蚕桑业务部门的推动，缺乏党委、政府的关心和重视，既没有明确的扶持政策，也没有纳入议事日程，普及和推广力度不够。

3.2 雄蚕杂交种的制种成本偏高

由于雄蚕杂交种的遗传基础和生产方式与常规蚕品种不同，理论上它的孵化率只有50%，同

时因雄蚕茧小和蛹轻，考虑到雄蚕食桑省，增加10%卵量达到常规种的产量，所以实际雄蚕品种的盒装卵量为常规杂交种的2.2倍，造成雄蚕杂交种的制种成本偏高，基本上是常规种的1.6倍左右。

3.3 雄蚕茧优质优价难以体现

雄蚕茧相较于常规茧的优点是，茧层厚，出丝量多，丝质好。但目前鲜蚕茧定价以目测为主，茧质、茧层率与鲜茧价格基本无关，蚕农取得利润最大化的手段为提高蚕茧重量。在收购环节，蚕茧的优质优价没有很好的体现。

4 对策建议

4.1 高度重视雄蚕推广，加大政府扶持力度

雄蚕具有强健好养，抗逆性强，出丝率高，丝质好等优点，推广雄蚕对当前稳定蚕桑生产，促进蚕桑产业转型升级具有非常重要的意义。蚕桑重点县（市、区）要高度重视此项工作，尽快把雄蚕推广列入政府的议事日程，设定工作目标，制定实施方案，明确职能部门，加强监督考核。要研究制定支持雄蚕推广的扶持政策，从雄蚕种的生产、面上的推广到蚕茧的收购等环节都给予一定补助，鼓励有关主体建立雄蚕制种和饲育的示范点、示范户，引导社会各界充分认识雄蚕推广的优势，以点带面加快推进。

4.2 改革雄蚕制种工艺，降低蚕种生产成本

雄蚕杂交种生产成本偏高，是阻碍雄蚕推广的重要因素之一。为降低雄蚕种生产成本，在母本品种选育上，可以利用中系品种产卵量多的优势，选择以中系杂交原种为母本的组合，提高单蛾产卵量和原种的强健度。在饲养雌雄交配比例的搭配上，可以利用雄蚕日系原种交配性能好的特点，人为扩大雌雄原蚕饲养比。只要雄蛾保护合理，雄蛾在3～4交范围内是有效的。同时，应组织力量加强对孤雌生殖技术的研究，利用该技术培育雌性原种，既可以降低原种成本，又可以避免无效饲养母本原种小蚕期的雄性幼虫，将使雄蚕技术得到实质性的飞跃，大幅降低繁育成本，为农村雄蚕种大面积推广打好基础。

4.3 加强技术指导和培训，提高雄蚕饲养水平

要加大宣传力度，充分利用报社、广播、电视和网络等各类媒体，积极宣传饲养雄蚕的优点，营造雄蚕饲养的良好氛围。各级蚕业主管部门，要通过举办培训班、编印技术资料和开展上门指导等，向蚕农讲解雄蚕的生理特点和技术要点，打消蚕农顾虑，普及雄蚕知识，提高雄蚕饲养水平。要优化雄蚕饲养在时间和空间上的布局，空间上坚持区域相对集中，可以一个镇或相连的几个镇同时饲养雄蚕，茧站庄口收烘的雄蚕茧不掺杂其他茧。在时间上，坚持以春蚕、晚秋蚕

为宜，有利于实现稳产和高产，发挥雄蚕种最大的经济效益。

4.4 改革蚕茧收烘体制，提高雄蚕饲养收益

雄蚕的主要优势在于茧丝质量较高，其茧丝纤度更合适生产高品质生丝，所以雄蚕饲养效益最终在制丝环节得以体现。据初步调查，与常规品种相比，每张雄蚕杂交种能增效150元以上。在雄蚕的推广上，主要涉及制种、生产和收烘加工三个环节，如何平衡三个环节的利益分配，做到各方利益均沾，显得尤为重要。可以由丝绸加工企业即用茧单位从新增效益拿出一定比例反哺给制种单位和蚕农，如给予蚕种场生产每张雄蚕种20元的补贴。在收烘环节建立科学的按质论价制度，适当提高雄蚕茧的收购价格等，使蚕农比饲养常规种有更高的收益，促进雄蚕品种的推广步入良性循环。

雄蚕品种选育与产业化20年的回顾与展望[①]

王永强　祝新荣　何克荣　夏建国　孟智启

（浙江省农业科学院蚕桑研究所　杭州　310021）

　　雄蚕强健好养、饲料效率高（可降低饲料成本10%），雄蚕茧出丝率高（产丝量增加20% ～ 25%）、丝质优（生丝品位可达5A ～ 6A级），因此，选育雄蚕品种实现专养雄蚕是提高茧丝品质和综合效益最为有效的途径。鉴于专养雄蚕极为可观的经济效益，国内外蚕业科技工作者自20世纪初就开始基于家蚕不同表型性状（限性卵色、幼虫斑纹、茧色以及伴性赤蚁催青期温敏致死和荧光茧色等），探索专养雄蚕、生产雄蚕茧丝的技术途径。但历经半个多世纪，仍未能使专养雄蚕实用化。1975年，苏联科学院的Strunnikov院士创建了家蚕性连锁平衡致死品系，这是利用辐射诱变技术实现家蚕群体性别控制的重大科学成果。利用该平衡致死系的雄性与现行普通家蚕品种的雌性杂交，后代只有雄性个体存活，雌性全部致死，可达到专养雄蚕的目的。该平衡致死系的性别控制性能稳定可靠，但实用经济性状差，一直未能育成实用雄蚕品种在生产上应用。

　　1996年，由中国农业科学院蚕业研究所原所长吕鸿声研究员牵线搭桥并在中俄两国政府间科技合作项目的资助下，浙江省农业科学院蚕桑研究所从俄罗斯科学院引进了家蚕性连锁平衡致死品系及其相关知识产权。经20年的创新研究，解决了利用性连锁平衡致死系专养雄蚕实用化技术上的一系列关键性难题，育成了多对实用化雄蚕品种，使专养雄蚕技术在生产上得到了较大规模的推广应用，为提高我国茧丝品质和高品位生丝生产提供了技术支撑，取得了显著的经济效益和社会效益。本文对近20年在引进家蚕性连锁平衡致死品系基础上的雄蚕品种选育以及专养雄蚕的产业化进程作一回顾与展望。

1　家蚕性连锁平衡致死系的转育改良方法研究

1.1　平衡致死系的利用原理

　　家蚕性连锁平衡致死系带有特殊性别控制基因，其雄性2条性染色单体Z上各带有1个突变的胚胎期隐性纯合致死基因l_1或l_2，在第10号常染色体上带有隐性纯合第3白卵基因w_3/w_3，因而雄性基因结构为$Z^{l_1}Z^{l_2}$，w_3/w_3；其雌性的W性染色体上同时易位有l_1和w_3的等位正常型基因片段$+^{l_1}$及$+^{w_3}$，

---

　　① 本文原载于《蚕业科学》，2016，42（2）：189-195。

性染色体Z上带有致死突变基因l_1，第10号常染色上也带有纯合第3白卵基因w_3/w_3，因而雌性的基因结构为$W^{+w_3+l_1}Z^{l_1}$，w_3/w_3。性连锁平衡致死系的雄性与常规家蚕品种的雌性杂交，由于致死基因的作用，其杂交一代的雌性在胚胎期死亡，而雄性则能正常孵化，得到杂种一代的全雄群体。性连锁平衡致死系自交，也因致死基因的作用，雌雄蚕卵各有一半在胚胎期死亡，另一半正常孵化，可以用于自身继代。另外，利用性连锁平衡致死系实现专养雄蚕，只能采用平衡致死系雄性与常规家蚕品种雌性杂交的型式，反交后代不产生全雄性群体，也就是说，在生产雄蚕杂交种时，平衡致死系只利用其雄性。因此，在性连锁平衡致死系转育过程中不能丢失其限性卵色基因，在饲养性连锁平衡致死系原种时须根据雌雄卵色不同去雌留雄，即只饲养其雄性，以降低雄蚕杂交种的繁育成本。综上所述，在利用家蚕性连锁平衡致死系选育新的雄蚕品种时，必须把平衡致死系中性别控制的有关基因完全导入到现行家蚕品种中，并使育成的雄蚕品种仍保持现行家蚕品种的优质性状。

1.2 转育改良方法及其特点

用于家蚕平衡致死系转育的方法不仅要符合家蚕遗传学规律，还要具有实践的可操作性。俄罗斯科学院创建家蚕性连锁平衡致死系几十年仍未能使这项重大科学成果在生产上应用，主要是未找到可操作的转育改良方法整合平衡致死系的性别控制基因与现行品种的优良性状基因。

根据上述家蚕性连锁平衡致死系的遗传规律和雄蚕品种的育种目标，我们建立了回交改良家蚕性连锁平衡致死系的方法、家蚕性连锁平衡致死系性别控制基因的导入方法、杂交改良家蚕性连锁平衡致死系性状的方法等3个实用有效的转育改良方法并获得国家发明专利授权。这些方法利用家蚕性连锁平衡致死系有关基因的遗传特性，通过杂交、回交和测交等，结合标记基因选择，在保留原品种优良性状的基础上，把家蚕性连锁致死基因和限性卵色基因导入现行优良品种中，使性别控制基因与优良经济性状基因得到遗传整合，为雄蚕品种选育提供了有效的技术和方法。其中，回交改良家蚕性连锁平衡致死系方法可以只将性连锁平衡致死系的关键基因导入到常规家蚕品种，而仍保持原有品种经济性状的优良性；家蚕性连锁平衡致死系性别控制基因的导入方法，可以对已育成的性连锁平衡致死品系的个别不良性状进行改良；杂交改良家蚕性连锁平衡致死系性状的方法则可以较全面地提高性连锁平衡致死品系的经济性状。

根据不同的育种目标，选择上述转育方法，均可实现改良和提高家蚕平衡致死系经济性状的目的。例如，本所选育并通过审定的雄蚕品种平30、平28、平48，山东省蚕区推广的雄蚕品种华阳、云南省蚕区推广的雄蚕品种红平2、红平4等，均是利用上述方法育成的。上述转育方法不仅可以用于改良家蚕性连锁平衡致死系，也可以用于家蚕其他标记基因的导入，是家蚕育种方法上的一项创新。

2 家蚕性别控制种质资源库的构建

利用家蚕性连锁平衡致死品系培育雄蚕品种，其杂交方法与常规家蚕品种选育不同，前者是利用性连锁平衡致死系的雄性与常规家蚕品种的雌性杂交，产生的一代杂交种的雌性在胚胎期死亡，只有雄性孵化，但其反交不能利用，即仅能利用一种交配型式生产杂交种。为降低雄蚕种的生产成本，除了雄性亲本必须采用性连锁平衡致死系以外，通常雌性亲本也采用性别控制家蚕品种（限性斑纹、限性卵色或无性克隆系等）。自引进家蚕性连锁平衡致死系后，经过10多年的研究，新的品系不断产生，并逐步构建起了一个家蚕性别控制种质资源库，包含性连锁平衡致死系、限性斑纹品系和无性克隆系，为实用化雄蚕品种的选育奠定了基础条件，同时也极大地丰富了家蚕种质资源。

2.1　性连锁平衡致死系种质资源

性连锁平衡致死系是实用化雄蚕品种选育的关键材料，其带有9个特殊基因，用于控制原种和一代杂交种的性别。在对家蚕性连锁平衡致死系进行转育改良时，必须把这9个基因都导入现行家蚕品种，因而转育的技术难度较大。应用这类种质资源以及前述转育改良方法，目前已育成新的性连锁平衡致死品系63个，这些新品系的幼虫发育经过、虫蛹生命力以及茧丝品质性状已达到了较高水平。经测试，新育成的性连锁平衡致死系其性别控制能力稳定可靠，雄蚕杂交组合的雄蚕率均达到99%以上。另外，山东、广西、云南等省（自治区）的蚕业科研单位也分别构建了适应当地生态环境条件的家蚕性连锁平衡致死系资源库。

2.2　限性系统种质资源

限性卵色和限性斑纹家蚕品种（品系），是用作性连锁平衡致死系的对交品种，在雄蚕杂交种生产上仅利用其雌性。根据这些品种雌雄间卵色或幼虫斑纹的不同来区分性别，去雄留雌，在繁育雄蚕杂交种时实现对交原种只养雌蚕，从而较大幅度地降低雄蚕种制种成本。由于其带有限性基因，转育改良方法也与常规品种不尽相同。目前育成和收集的限性系统品种（品系）共37个，其中限性卵色品系20个，限性斑纹品系17个。

2.3　雌蚕无性克隆种质资源

雌蚕无性克隆是家蚕的一种单性生殖技术，该项技术利用人工诱导未受精卵发育，后代产生全雌群体，且基因型完全一致。雌蚕无性克隆系正好符合生产雄蚕杂交种时，一方对交原种需全部雌性的要求，不仅能大大降低雄蚕种的制种成本，同时还能提高下一代的杂种优势。由于雌蚕无性克隆系后代独特的遗传结构，在家蚕育种及杂种优势机制研究领域具有很高的利用价值。国内外学者在雌蚕无性克隆诱导方法等方面做了大量研究，但后代孵化率低（10%以下）一直是影响其实用化的技术瓶颈。通过10多年研究，我们建立了适合我国二化性家蚕品种的雌蚕无性克隆技术，利用优化的技术条件，以综合经济性状优良的现行家蚕品种为材料，以发生率和孵化率为主要考核指标，结合其他重要经济性状选择提高，育成实用化雌蚕无性克隆系45个，后代雌蚕率100%，发生率和孵化率平均达92.55%、89.05%，兼具优良的茧丝质性状。

3 实用化系列雄蚕品种的选育

建立的家蚕性连锁平衡致死系转育方法和丰富的性别控制种质资源库，为雄蚕实用品种的育成奠定了良好基础。根据家蚕性连锁平衡致死系专养雄蚕的特点，利用家蚕数量性状的遗传规律，特别是茧丝性状的伴性遗传规律，对雌雄双亲材料设置不同的选育重点，通过配合力分析测定，对亲本配合力和综合性状进行评定，有针对性地对亲本进行定向选择提高，选育出了适合不同地区饲养的具有不同性状特点的一系列雄蚕品种。

3.1 中丝量雄蚕品种夏·华 × 平 8

1999年育成中丝量雄蚕品种夏·华×平8，这也是第一对携带国内现行家蚕品种血统的雄蚕品种。该品种以从俄罗斯引进的性连锁平衡致死系S-14和国内育成的多丝量家蚕品种春日为育种材料，采用杂交、回交并结合测交和标记基因选择的方法，育成性连锁平衡致死系平8，再将其与常规限性家蚕品种夏·华组配而成。该雄蚕品种的雄蚕率达到99%以上，在浙江省的湖州、海宁、海盐以及江西省等全国11个农村试养点进行试养，表现出发育齐一、强健好养、产量高等特点，但解舒率和茧丝洁净偏低。

3.2 中丝量雄蚕品种秋·华 × 平 30

2001年育成中丝量雄蚕品种秋·华×平30，该品种强健好养、茧丝品质优、繁育系数高，深受种场、蚕农、丝厂欢迎。经浙江省实验室鉴定与农村生产试验，2005年通过浙江省农作物品种审定委员会审定，成为国内外第一对通过审定的雄蚕品种，也是目前推广量最大的雄蚕品种。该品种的虫蛹率、解舒丝长、出丝率分别较对照杂交组合秋丰×白玉提高3.55%、3.21%、26.10%，洁净达93.92分，其5龄幼虫和蚕茧照片见图1。

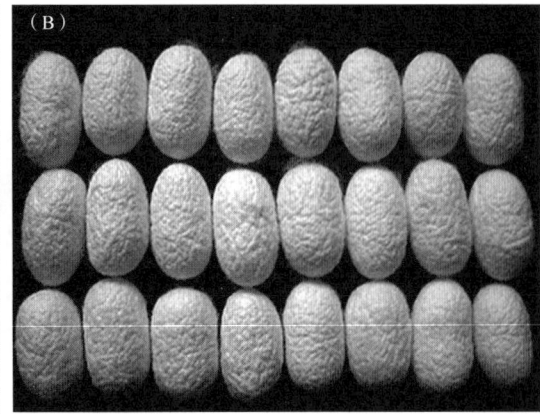

图1 中丝量雄蚕品种秋·华×平30的5龄幼虫（A）和蚕茧（B）

3.3　中丝量雄蚕品种秋丰 × 平 28

2003年育成的中丝量雄蚕品种秋丰 × 平28，于2007年通过浙江省农作物品种审定委员会审定。该品种的平衡致死系平28是以平30为受体亲本，以现行优良夏秋用家蚕品种白玉作为优良基因的供体材料，采用回交改良家蚕性连锁平衡致死系的方法，对原有性连锁平衡致死系平30的经济性状，特别是茧丝品质性状进行定向优选后育成的，再与现行常规优良中系家蚕品种秋丰组配成杂交组合秋丰 × 平28。该杂交组合较秋·华 × 平30具有更高的产茧量和更稳定更优良的茧丝性状，其雄蚕率达98%以上，茧层率、万蚕产茧层量、鲜茧出丝率分别比对照秋丰 × 白玉提高14.84%、4.66%、11.07%，洁净达95.84分。

3.4　中丝量雄蚕品种限 7 × 平 48

2005年育成中丝量雄蚕品种限7 × 平48，于2009年通过浙江省农作物品种审定委员会审定。雌性亲本限7是以现行常规夏秋用品种夏7与薪杭杂交选育固定而成。雄性亲本平48是以性连锁平衡致死品系平2为母本，以常规家蚕品种夏6为优良经济性状的基因供体，获得的新的性连锁平衡致死系再连续多个世代与优良经济性状供体亲本逐代回交和纯化选育而成的。该雄蚕品种具有茧型大、产茧量高等特点，万蚕产茧量、万蚕产茧层量、出丝率分别较对照种秋·华 × 平30提高2.83%、2.68%、6.05%。

3.5　多丝量雄蚕品种华菁 × 平 72

2009年育成多丝量雄蚕品种华菁 × 平72，于2013年通过浙江省农作物品种审定委员会审定，该品种也是本所育成的首对多丝量雄蚕品种，具有幼虫发育整齐、体形大，茧型匀整、茧丝品质优的特点，适宜在气候环境及叶质条件较好的季节和区域饲养。其张种产茧量、张种产值分别为56.9kg、2301元，分别比各农村鉴定点主推的常规家蚕品种提高3.8kg、156元，干茧出丝率37.92%，绝对值比对照种提高1.19个百分点。

3.6　多丝量雄蚕品种鲁菁 × 华阳

山东广通蚕种集团有限公司与我所合作，于2006年育成了适应黄河中下游蚕区饲养的多丝量雄蚕品种鲁菁 × 华阳。以家蚕性连锁平衡致死品系平76为受体亲本，以丝质优良的常规家蚕品种皓月为基因供体，采用杂交、自交和回交改良的方法，育成经济性状优良的性连锁平衡致死品系华阳；以家蚕限性斑纹品种857为母本，以茧丝质优良、茧层率高、配合力好的家蚕品种菁松为父本，转育成限性斑纹品种鲁菁。将2个新品种组配成雄蚕杂交组合鲁菁 × 华阳，其雄蚕率达到98%以上，茧层率、万蚕产茧层量和鲜茧出丝率分别比对照菁松 × 皓月提高13.94%、9.52%、18.41%。

3.7 适合云南蚕区饲养的雄蚕品种云蚕7×红平2

云南省农业科学院蚕桑蜜蜂研究所与本所合作，于2008年育成了适合云南蚕区饲养的雄蚕品种云蚕7×红平2。以性连锁平衡致死品系平30为供体亲本，以现行家蚕品种云蚕8为受体亲本，采用回交改良的方法，育成经济性状优良的性连锁平衡致死品系红平2。用该品系与家蚕限性斑纹品种云蚕7组配成云蚕7×红平2。新品种雄蚕率达98%以上，具有强健好养，产量稳定，茧丝产量高、品质优的特点，其虫蛹率、解舒丝长分别比对照种菁松×皓月提高0.63个百分点、154m，茧层率、万蚕产茧层量和鲜茧出丝率分别比对照种提高9.20%、6.93%、7.89%，洁净达97.2分。

3.8 无性克隆系与平衡致死系杂交育成的雄蚕品种雌35×平28

为进一步降低雄蚕种生产成本，于2001年提出了选育优质全雌家蚕品种组配雄蚕杂交种的设想。经过10余年研究，利用高孵化率雌蚕无性克隆系与性连锁平衡致死系杂交育成了新型雄蚕品种雌35×平28。该品种于2016年通过浙江省农作物品种审定委员会审定。该品种的主要性状与现行主推雄蚕品种秋·华×平30相仿，虫蛹率高于对照种0.66个百分点，万蚕产茧量、万蚕产茧层量分别比对照提高2.99%、3.73%，洁净94.80分。该品种在杂交种生产过程中免去了雌雄鉴别工序，提高了制种效率，蚕种生产成本较现行雄蚕品种降低10%左右，可提高蚕种场的生产效益和一代杂交种的杂交率。

4 雄蚕品种繁育技术研究

4.1 低成本雄蚕杂交种繁育方法

利用家蚕性连锁平衡致死系生产雄蚕杂交种，只有一种交配型式，即性连锁平衡致死系雄性与常规家蚕品种的雌性杂交，反交不能利用，因而若采用常规家蚕品种的繁育方法，其平衡致死系原种的雌性和常规家蚕品种的雄性都不能利用。另外，雄蚕杂交种的雌性不能孵化，盒种卵量要增加1倍以上，因而雄蚕杂交种的制种成本为常规家蚕品种的4倍以上。采取在杂交双亲中导入限性基因来控制其双亲性别的方法，可以降低雄蚕杂交种生产成本。具体方法是：在性连锁平衡致死系中利用其限性卵色基因作为筛选性连锁平衡致死系原种雌卵和雄卵的标志，蚕种场只饲养其雄性原蚕，而与之对交的常规家蚕品种则利用幼虫的限性斑纹性状，饲养至4龄初期根据雌雄个体斑纹的不同，淘汰呈姬蚕表型的雄性，减少所需雌性原种的饲养成本。同时，利用雄蛾可多次交配的特性，加强性连锁平衡致死系雄蛾的寿命和交配性能的选择，使育成的平衡致死系的雄蛾具有较强的交配能力，通过调整对交原种（雌、雄亲本）的饲养比例为2：1.0～2.5：1.0左右，以减少对性连锁平衡致死系雄性的饲养量。同时对交品种的常规品种采用产卵量高的中系品种或杂交原种，以提高单蛾产卵量。

通过以上措施，雄蚕种的制种成本已降低到普通蚕种的2倍以下。浙江省湖州、杭州和山东省青州等多个蚕种场繁育雄蚕杂交种的实践也证明，每盒雄蚕种直接生产成本为普通种的2倍以下，相较按常规家蚕品种繁育方法，降低制种成本达50%以上，较好地解决了专养雄蚕实用化的难题。上述利用高孵化率的雌蚕无性克隆系与性连锁平衡致死系杂交选育的新型雄蚕品种，不仅开辟了新的雄蚕品种选育的技术育种新途径，也将进一步降低雄蚕种的生产成本。

4.2 雄蚕种生产的系列标准制定

随着实用化雄蚕品种的育成与应用，浙江省制定了针对雄蚕种生产特殊性的雄蚕种繁育技术规程（DB3305/T 26.2—2009）、雄蚕茧生产技术规程（DB3305/T 26.1—2009），并由相关部门颁布实施。通过进一步制定雄蚕茧收烘技术规程、雄蚕茧煮缫技术规程，可有效提高雄蚕种、雄蚕茧的产品质量，使专养雄蚕技术产业化应用的质量保障体系逐步完善。

4.3 CCD蚕卵自动分选机研制

为降低雄蚕杂交种的生产成本，利用性连锁平衡致死系的限性卵色基因，以卵色作为区分蚕卵性别的标志，去雌留雄，蚕种场只养平衡致死系雄性。由于生产上的蚕卵量巨大，不可能实施人工分选蚕卵，导致平衡致死系原种生产成本的大幅度增加，给蚕种生产造成极大困难。

2014年本所与企业合作成功研发了国内外第一台依据卵色的电荷耦合元件CCD蚕卵自动分选机。该机通过彩色CCD摄像、计算机图像处理、高速喷气枪等技术，分辨筛选具有不同卵色的雌卵雄卵，实现了对雌、雄蚕卵的高速准确自动分离，提高了分卵效率，分选效率超过9.6×10^5粒/h，复选准确率超过99.7%，解决了雌雄蚕卵分离费时、费工的问题。该机的主要工作原理是：机器通过不同振速的双层震移供料装置，将蚕卵有序排列，沿64路三角槽通道向下加速斜滑至分选室，经彩色CCD摄像机传感和计算机图像识别处理，指令64路高速电磁气阀，将黑色雌卵吹入雌卵箱；而使黄色雄卵自落至雄卵箱。该机还具有色差调节功能，以适应不同家蚕品种的卵色差异；同时，还具有供料调速功能，以适应不同的色选状态。CCD蚕卵自动分选机已成功应用于雄蚕种生产。

5 雄蚕品种的生产应用及雄蚕丝的产业化发展

5.1 雄蚕品种的应用

拥有优质雄蚕品种是雄蚕丝产业化生产的基础。通过对雄蚕种生产企业的技术指导与培训，已有杭州千岛湖蚕种制造有限公司、浙江省德清县东庆蚕种制造有限公司、山东广通蚕业发展有限公司等3个重点雄蚕种繁育基地，雄蚕种年繁育能力达到25万张。

在浙江省淳安、湖州，以及四川省绵阳、山东省高青等地，已建立了雄蚕种及雄蚕茧、丝一体化生产基地，育成的雄蚕品种在基地大规模推广应用，取得明显成效，已累计推广雄蚕品种95.79万张，与常规家蚕品种相比，雄蚕种每张种平均新增效益20%左右。据淳安基地的调查，雄蚕种平均张产茧43.7kg，较对照菁松×皓月增产4.5%；干壳量10.03g/粒，较对照增加0.60g/粒，蚕茧品质提高3个等级；雄蚕鲜茧收购价格达48000元/t，张种效益增加117.2元；烘折224kg，较对照低4.23kg。该基地雄蚕干茧的竞拍价格达14.74万元/t，能缫制6A级高品位生丝。绵阳基地2012年试点饲养雄蚕品种获得成功后，2014年春蚕期已全部饲养雄蚕品种，茧丝品质明显提高，50g茧鲜壳量达到10.99g，干茧的茧层率51.58%、出丝率40.54%、烘折225kg，缫制生丝的清洁达99.5分，洁净95.50分，茧丝纤度1.968dtex，生丝品质超6A级。图2是用雄蚕品种生产的优质雄蚕生丝。

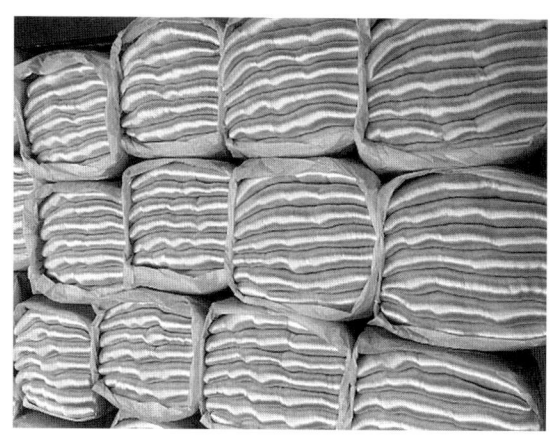

图2　饲养雄蚕品种生产的优质生丝

目前正在逐步建立高品位雄蚕茧丝绸产品的一体化生产模式。继四川省绵阳天虹丝绸有限责任公司生产的6A级雄蚕生丝供货给达利丝绸（浙江）有限公司，用作2014年APEC领导人中式服装面料的原料丝之后，雄蚕丝的品质影响力进一步提升，已成为爱马仕、LV、MARC ROZIER等国际知名名牌高品质产品生产的原料茧丝。

5.2　雄蚕丝产业化生产的展望

蚕丝业是我国的传统优势产业，我国的茧丝产量与出口量分别占世界总量的70%和80%。从今后国际市场对生丝需求的发展趋势来看，5A～6A级以上高品位生丝市场需求稳定，4A级以下生丝需求将受到印度等国家生丝产量增加的影响。要提高蚕茧质量和生丝品位，优质家蚕品种的育成与推广应用是关键和基础。雄蚕品种的育成与推广应用使我国在家蚕性别控制应用研究、实用雄蚕品种选育和配套技术开发处于国际领先水平，为提高我国的茧丝品质和产业的综合效益提供了技术支持，使我国成为世界上唯一能够大规模生产雄蚕丝的国家，可以满足国际市场对高品质原料茧丝的需求，这对提高我国丝绸行业的国际竞争力和巩固我国丝绸产品在国际市场上的垄断地位都具有现实意义，也有益于我国蚕桑产业的可持续发展。

目前虽然已在浙江省淳安、四川省绵阳等地初步建立了雄蚕种及雄蚕茧、丝一体化开发模式，发挥了雄蚕品种的优势，提升了全产业链的效益，实现了农民增收、企业增效的良性循环，但由于我国很多蚕区蚕茧收购机制及蚕茧质量检验设施落后，蚕茧优质优价政策未能实施，由此导致专养雄蚕的优势不能体现，给生产部门的技术推广工作增加了难度，也制约了雄蚕品种的大规模推广应用。希望正在运行的国家蚕桑产业技术体系建设项目加快评茧设备的研发与推广应用，也希望行业管理部门尽早实施优质优价的蚕茧收购方案，积极培育有一定规模的蚕茧收购主体，以利于发挥专养雄蚕的效益优势。

在今后雄蚕丝生产的产业化发展中，还应尽力改变以低档、初级产品出口的现状，利用雄蚕丝的高品位特点和雄蚕丝在国际茧丝绸市场上独一无二的资源优势，加强雄蚕茧丝绸产品生产的一体化、产业化建设与全产业链开发，实施名牌战略，着力培育与打造雄蚕丝产品品牌，使雄蚕丝产品彰显出更高的档次、更优良的品质、更高的附加值，以此改变当前国际丝绸市场"中国的丝绸原料、意大利的品牌、国际市场的价格"的格局，增强我国丝绸产品在国际市场的竞争力。

二、品种选育与技术篇

性连锁平衡致死系S-8、S-14对桑蚕性别控制能力的测试分析①

祝新荣　何克荣　夏建国　黄健辉

（浙江省农业科学院蚕桑研究所　杭州　310021）

雄蚕与雌蚕相比，具有强健好养、食桑少、桑叶利用率高、产丝量多，茧层率和鲜茧出丝率高，茧丝纤度细，偏差小等优点，适于缫制高品位生丝。专养雄蚕比雌雄蚕各半混养，可提高经济效益10%左右。为了实现专养雄蚕之目的，我所于1996年春从俄罗斯科学院发育生物学研究所引进了包括桑蚕性连锁平衡致死系S-8、S-14在内的蚕性别控制配套品系，为了研判性连锁平衡致死系对蚕性别控制的能力，我们于1996年早、中秋两期对其进行了测试分析，现将测试结果报告如下。

1 材料与方法

1.1 供试材料

性连锁平衡致死系2个，中系：S-8、日系：S-14。

普通蚕品种18个，其中中系8个：菁松、浙蕾、丰1、芳山、夏7、薪杭、秋丰、春蕾；日系10个：皓月、春晓、54A、白云、夏6、科明、白玉、镇丰、明珠、春日。

1.2 试验方法

以普通蚕品种为母本，平衡致死系为父本，于1996年春期按两种不同用途配制成2类交配形式，即作为转育改良材料的以中×中、日×日的形式配制，计9个材料于早秋进行试验；作为杂交比较试验用的，以中×日，日×中的形式配制，计17个组合于中秋进行试验，按常规饲育方法，化蛹后调查每一交配形式的雄蛹率，早秋每个选育材料调查100个健蛹的雌雄蛹个数，中秋每个杂交组合设3个重复，每个重复调查100个健蛹的雌雄蛹个数，计算早、中秋各交配形式

---

① 本文原载于《蚕桑通报》，1997，28（1）：15-17。

的雄蛹率（即雄蚕率）。

$$计算公式：雄蚕率 = \frac{雄蛹数}{调查蛹数} \times 100\%$$

2 结果与分析

首先分析试验材料的基因结构。本试验的雄性亲本为从俄罗斯引进的性连锁平衡致死系 S-8 和 S-14，其基因结构为 2 个 Z 性染色单体上各带有一个非等位的、在胚胎期有隐性纯合致死作用的突变基因 l_1 和 l_2，所以其性染色体基因型是 $Z^{+l_2}Z^{l_1+}$，（以下简写作 Z^lZ^l）。雌性亲本为我国的普通蚕品种，它们的性染色体基因型为 $WZ^{+l_1+l_2}$（以下简写作 WZ）。以普通蚕品种的雌与性连锁平衡致死系的雄进行杂交，杂交后代的基因型结构如图 1 所示。

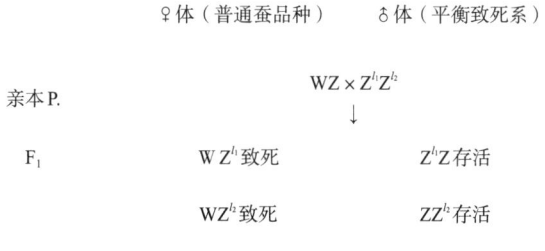

图 1　普通蚕品种雌与平衡致死系雄杂交 F₁ 基因型

从图 1 可知，杂交后 F₁ 代的雌体由于带有致死基因 l_1（或 l_2），因而在胚胎期全部致死，不孵化，而雄性个体虽也带有致死基因，但由于是杂合的，并因另一染色单体上的等位正常型基因的显性作用而存活。由此看来，以普通蚕品种的雌体与性连锁平衡致死系的雄体进行杂交，理论上其 F₁ 代应几乎全为雄性。再看生物试验结果（见表 1）。

表 1　早、中秋二期各品种的雄蚕率（1996 年）

期别	品种	雄蚕率（%）	期别	品种	雄蚕率（%）	期别	品种	雄蚕率（%）
	菁松 × S-8	100.00		科明 × S-8	100.00		薪杭 × S-14	96.33
	浙蕾 × S-8	100.00		白玉 × S-8	100.00		秋丰 × S-14	99.33*
	丰 1 × S-8	99.00		白云 × S-8	99.67		芳山 × S-14	100.00
	芳山 × S-8	100.00		54A × S-8	100.00		丰 1 × S-14	100.00
早秋	夏 7 × S-8	100.00	中秋	夏 6 × S-8	100.00	中秋	夏 7 × S-14	97.00
	皓月 × S-14	99.00		春晓 × S-8	100.00		菁松 × S-14	99.00*
	春晓 × S-14	100.00		春日 × S-8	100.00		浙蕾 × S-14	94.00
	春日 × S-14	100.00		镇丰 × S-8	100.00		春蕾 × S-14	100.00
	白玉 × S-14	100.00		明珠 × S-8	100.00			

*该两材料在收蚁时均发现有一个卵圈的孵化率为 70% ～ 80%。

从表1可知，在早秋的9个组合中，仅有2个材料，丰1×S-8与皓月×S-14，在100个健蛹中各发现一个雌蛹，它们的雄蛹率为99%，而其余7个材料，它们的雄蛹率均达到100%。在中秋的17个组合中，所有日×中的组合，即雄性为S-8的9个组合中，除白云×S-8的雄蛹率为99.67%外，其余8个组合的雄蛹率均达到100%。而在中×日的8个组合中，即雄性为S-14的组合，有薪杭×S-14等5个组合的雄蛹率为94%以上，其余3个组合的雄蛹率达到100%。再从所有调查蛹数的雄蛹率来看，早秋总共调查了900粒蛹，其中雄蛹898粒，雄蛹率达到99.78%；中秋总共调查了5100粒蛹，其中雄蛹数5056粒，平均雄蛹率达到99.14%。由此看来，以普通蚕品种的雌体与性连锁平衡致死系的雄体进行杂交，其后代F_1的雄蚕率可以达到99%以上，甚至达到100%，这表明性连锁平衡致死系S-8、S-14对控制杂交后代F_1的雄性性别的能力是可靠而十分有效的。

3 讨论

按前述基因结构分析，杂交后代F_1应几乎全为雄性，而生物试验时却在F_1中鉴到了个别雌体，且F_1的材料在收蚁时出现了孵化率为70%～80%的个别卵圈，分析其中的原因，笔者认为存在以下两种可能：

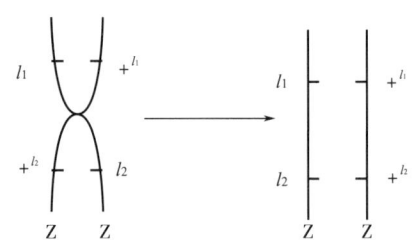

图2 平衡致死系雄体2个性染色单体发生交换

可能1：雄性亲本在减数分裂时，由于性染色体的交换，使本来位于不同性染色单体上的2个非等位致死基因重组在同一染色单体上，而另一染色单体则完全为正常型（如图2），这样，其后代F_1就会出现雌性个体（如图3），但由于该交换重组值很低，故发生的只是极个别的雌体。

可能2：如果可能1所发生的这种交换在平衡致死系的亲本中已发生，即我们用来组配材料的雄性亲本的基因型不是$Z^{l_1}Z^{l_2}$，而是$Z^{l_1l_2}Z$，则以该雄体与普通蚕品种的雌体进行杂交，其杂交后代F_1的一半雌体由于致死基因l_1与l_2的作用而在胚胎期致死，另一半雌体与全部雄体由于没有致死基因的纯合而存活（同见图3），因而就出现了70%～80%的孵化率。

图3 普通蚕品种雌与经交换后的致死系雄杂交的后代基因型

蚕性别控制系列品种性状介绍[①]

祝新荣　何克荣　黄健辉

（浙江省农业科学院蚕桑研究所　杭州　310021）

为实现专养雄蚕，从俄罗斯科学院发育生物学研究所引进了以性连锁平衡致死系为主的蚕性别控制系列蚕品种，经饲养调查，基本查明了这些品种的主要特性，现简介如下：

1　限性卵色系

1.1　CSME-1

CSME-1为中国系统，带一化性血统的二化性四眠蚕，限性第2白卵。卵色雌褐色，雄黄色，卵壳黄色。1996年春期调查，实用孵化率雌卵88%，雄卵72.5%。蚁蚕黑褐色，行动文静，有趋光、趋密性。稚蚕喜偏高温，眠性慢，眠起尚齐，有小蚕发生，迟小蚕率为10.16%。壮蚕体色青白、素蚕，体形中偏小，行动文静，食桑中等。熟蚕体色玉白，多营上层茧，茧长椭圆形，茧色白，茧形偏小，缩皱匀、细。蛹体黄褐色，无黑翅蛹，习性文静。蛾眼雌黑色，雄淡黄色，蛾体白色，蛾翅无花纹斑，行动活泼，羽化分散，交尾性能好，每蛾产卵415粒，其中黑卵203粒，黄卵228粒。

全茧量雌1.49g，雄1.42g；茧层量雌0.310g，雄0.353g；茧层率雌20.80%，雄24.86%。茧丝长737m，解舒率26.10%，净度85.75分，纤度2.585dtex。

催青期11月，5龄经过8d，全龄经过25d12h，蛰中经过15d，虫蛹率为55.62%，死笼率12.60%。

1.2　JSME-2

JSME-2为日本系统，带一化性血统的二化性四眠蚕，限性第3白卵。卵色雌褐色，雄浅棕色，卵壳白色。1996年春期调查，实用孵化雌卵86.50%，雄卵89%。蚁蚕黑褐色，行动活泼、有趋光性、逸散性。稚蚕喜偏高温，易发生迟小蚕，眠性慢、不齐。壮蚕体色青白，普斑，少数素蚕，体形中等，行动文静，食桑慢。熟蚕体色带微红，多营上层茧，茧形为浅束腰形，茧色白，茧形中偏小，缩皱细、匀。蛹体黄褐色，无黑翅蛹，习性文静。蛾眼黑色，蛾体白色，蛾翅无花纹斑，行动活泼，羽化分散，交尾性能好，每蛾产卵419粒，其中黑卵207粒，浅棕色卵

---

①　本文原载于《蚕桑通报》，1997，28（3）：38-39。

212粒，蚕卵少卵胶或无卵胶，为部分天然散卵。

全茧量雌1.49g，雄1.37g；茧层量雌0.298g，雄0.353g；茧层率雌20.00%，雄25.77%。茧丝长809m，解舒率68.49%，净度88.33分，纤度3.196dtex。

催青期12d，5龄经过8d12h，全龄经过25d19h，垫中经过16d，虫蛹率36.43%，死笼率13.42%。

2 性连锁平衡致死系

2.1 S-14

S-14为日本系统，带一化性血统的二化性四眠蚕。限性第3白卵，雌体的W染色体上同时易位含有$+^{w3}$的染色体片段，及一极小的Z染色体片段，在该Z染色体片段上带有遮盖隐性致死基因l_1的正常型基因（$+^{l_1}$），而雄体的2个Z染色单体上有2个非等位的平衡隐性致死基因l_1与l_2（$Z^{l_1+l_2}Z^{+l_1l_2}$）。该品在自交继代时，各有一半雌体与一半雄体在胚胎期死亡，而以存活的那一半雄体与任何普通蚕种雌体杂交，其后代的雌雄性比为0.41%：99.59%，几乎全为雄蚕。该品种卵色雌卵褐色，雄卵深棕色，卵壳淡黄色。1996年春期调查，实用孵化率雌卵42%，雄卵44.5%。蚁蚕黑褐色，行动活泼，有趋光性、逸散性。稚蚕喜偏高温，眠性慢，易发生迟小蚕，迟小蚕率为17.26%。壮蚕体色青白，斑纹驳杂，体形粗壮，行动呆滞，食桑迟缓。熟蚕难识别，环节有套叠现象，老熟时行动不活泼，多营下层茧，茧表浅束，茧色白，大小中等，缩皱匀、细。蛹体黄褐色，无黑翅蛹，习性文静。蛾眼黑色，蛾体雌白色，雄灰色，蛾翅无花纹斑，行动活泼，羽化分散，交尾性能好，每蛾产卵451粒，其中褐色卵224粒，深棕色卵227粒，蚕卵少卵胶或无卵胶，为部分天然散卵。

全茧量雌1.82g，雄1.52g；茧层量雌0.403g，雄0.383g；茧层率雌22.14%，雄25.20%。茧丝长855m，解舒率67.57%，净度92.14分，纤度2.782 dtex。

催青期12d，5龄经过8d12h，全龄经过25d15h，垫中经过16d，虫蛹率41.13%，死笼率12.3%。

2.2 S-8

S-8为中国系统，带一化性血统的二化性四眠蚕。限性第2白卵，雌体的W染色体上同时易位有含$+^{w}$的染色体片段，及一极小的Z染色体片段，在该Z染色体片段上带有遮盖隐性致死基因l_1的正常型基因（$+^{l_1}$），而雄体的2个Z染色单体上有2个非等位的平衡隐性致死基因l_1与l_2（$Z^{l_1+l_2}Z^{+l_1l_2}$）。该品种在自交继代时，各有一半雌体与一半雄体在胚胎期死亡。以S-8的雄体与任何普通蚕品种的雌体杂交，其后代几乎全为雌蚕。该品种卵色雌卵褐色，雄卵黄色，卵壳有黄色、白色两种。1996年春期调查。该品种实用孵化率雌卵47%，雄卵45%。蚁蚕黑褐色，行动文静，有趋光、趋密性。稚蚕喜偏高温，发育较齐快，迟小蚕发生率8.35%。壮蚕体色青白，素蚕，体形粗壮，行动文静，食桑一般。熟蚕体色白，不易识别，环节有套叠现象，不活泼，多营中下层茧，茧长椭圆形，中间带缢痕，茧色白，茧形中大，缩皱中细。蛹体黄褐色，无黑翅蛹，习性文静。蛾眼雌黑色，雄淡黄色，蛾体雌白色，雄灰色，蛾翅无花纹斑，行动活泼，羽化较集中，交尾性好，每蛾产卵500粒，其中褐色卵252粒，黄色卵249粒，蚕卵少卵胶或无卵胶，为部分天然散卵。全茧量雌1.72g，雄1.51g；茧层量雌0.363g，雄0.354g；茧层率雌21.10%，雄23.44%。茧丝长842m，解舒率36.79%，净度60.50分，纤度2.644dtex。

催青期11d，5龄经过8d，全龄经过25d12h，垫中经过16d，虫蛹率51.47%，死笼率7.61%。

3　无性孤雌系

3.1　PC-43

PC-43为中国系统，带一化性血统的二化性四眠蚕，经长期无性繁殖选育而成。用孤雌生殖方法产生的后代个体全为雌性。1996年春期调查，经孤雌生生殖处理后孤雌发育卵率可达到80%～90%，发育卵孵化率86.5%。该品种卵色灰绿，卵壳黄色。蚁蚕黑褐色，行动文静，有趋光、趋密性。稚蚕喜偏高温，发育较齐，迟小蚕发生少，迟小蚕发生率3.26%。壮蚕体色青白，素蚕，体形中偏小，行动文静，食桑迟缓。熟蚕体色玉白色，多营上层茧，茧层薄，茧层量低。茧色白，长椭圆形，茧形中偏小，缩皱细、匀。蛹体黄褐色，全为雌性，无黑翅蛹，习性文静。蛾眼黑色，蛾体白色，蛾翅无花纹斑，行动文静，羽化集中，每蛾造卵450粒。雌全茧量1.41g，茧层量0.218g，茧层率15.46%。催青期11d，5龄经过8d15h，全龄经过27d，垫中经过17d，虫蛹率25.15%，死笼率5.42%。

3.2　PC-8

PC-8为日本系统，带一化性血统的二化性四眠蚕，经长期无性繁殖选育而成，用孤雌生殖方法产生的后代个体全为雌性。1995年春期调查，经孤雌生殖处理后，孤雌发育卵率可达到80%～90%。该品种卵褐色，卵壳白色，发育卵孵化率92.5%。蚁蚕黑褐色，行动活泼，有逸散性。稚蚕喜偏高温，发育一般。壮蚕体色微红，普斑，体型小，行动不活泼，食桑慢。熟蚕体色赤色，多营上层茧。茧层薄，茧层量低，黄色茧，茧长椭圆形或束腰形，形小，缩皱细。蛹体黄褐色，蛹小，全为雌性，无黑翅蛹，习性文静，蛾眼黑色，蛾体白色，蛾翅无花纹斑，行动文静，羽化集中。雌全茧量1.08g，茧层量0.125g，茧层率11.48%。催青期12d，5龄经过9d，全龄经过27d，垫中经过16d，虫蛹率42.05%，死笼率5.93%。

家蚕平衡致死系S-14的性连锁致死基因
对生命力和全茧量的影响研究①

何克荣　祝新荣　夏建国　叶爱红

（浙江省农业科学院蚕桑研究所　杭州　310021）

为了实现专养雄蚕，我们于1995年春首次引进了俄罗斯科学院发育生物学研究所育成的家蚕性连锁平衡致死系S-14的雄蚕。初步饲养表明，S-14对浙江省气候条件的适应性较差，表现为生命力、产茧量不高，难以直接用于生产。我们利用S-14与现行品种回交世代的数据，分析了这两个性连锁致死基因对生命力和全茧量的影响。现报道如下。

1　材料与方法

1.1　供试材料

雄蚕亲本采用S-14，日系，其基因结构为2个性染色单体Z上各带有一个不等位的胚胎期隐性致死基因l_1和l_2，基因型是$Z^{+l_1 l_2}Z^{l_1 + l_2}$（以下简写作$Z^{l_1}Z^{l_2}$）。雌性亲本为现行蚕品种薪杭、芳山、夏13、科明和春晓，基因型是$WZ^{+l_1 + l_2}$（以下简写作WZ）。

1.2　试验方法

1995年春饲养以上6个原种。配制成5个一代杂交种，即薪杭×S-14、芳山×S-14、夏13×S-14、科明×S-14和春晓×S-14，冷浸后同年中秋饲养5个杂交种和5个亲本原种，配制成5个回交形式。1996年春同时饲养这5个回交世代。每回交型式饲养2个区，分区调查。从图1可见，杂交F_1代雌体由于带有致死基因l_1（或l_2），因而全部死亡。雄性虽也带有致死基因，但由于另一染色单体上的等位正常基因的显性作用而存活，而且在同一蛾区中存在着2种基因型（$Z^{l_1}Z$和ZZ^{l_2}），根据l_1和l_2致死作用的差异，在BC世代中把它们分开饲养，每种基因型饲养1区，分别调查它们对经济性状的作用。在BC世代的每1蛾区中，雌体的一半因带有致死基因而死亡；雄性的1/2为$Z^{l_1}Z$（或ZZ^{l_2}）型，另1/2为ZZ型，全能存活，故其孵化率约为75%。如果让BC代雄蛾再与普通品种雌蛾交配，则ZZ型雄蛾后代全能存活，孵化率接近100%，而$Z^{l_1}Z$或ZZ^{l_2}型雄蛾的后代基因型如同BC世代，雌体的1/2在胚胎期死亡，孵化率约为75%，这样根据后代的孵

---

①　本文原载于《蚕业科学》，1998，24（1）：23-25。

化率可以确定上代雄蚕是否带有致死基因l_1和l_2。我们就可以把BC世代中的雄性，按是否带有基因l_1（或l_2）分成2个子群体。但当群体足够大时，上述2个子群体间的基因组成的差异将只体现在Z^lZ（或ZZ^l）与ZZ间，这时2个子群体在分布上的差异就仅决定于基因型Z^lZ（或ZZ^l）和ZZ。如图2，当Z^lZ（或ZZ^l）与ZZ对某一经济性状的作用大小不同时，2个分布就产生分离，这时若用一个标准（阈值）截取（留下大于阈值的个体）时，那么截取的个体中2种基因型的个体数就明显不同，表现优良者之个体数大于低劣者。反之，当Z^lZ（或ZZ^l）与ZZ对某一经济性状作用相同时，这2个分布就重合在一起，这时用同一阈值截取后，截取的个体中，2种基因型的个体数相同。因而用此法就能判别不同基因型对某一性状作用的差异。采用X^2检定。

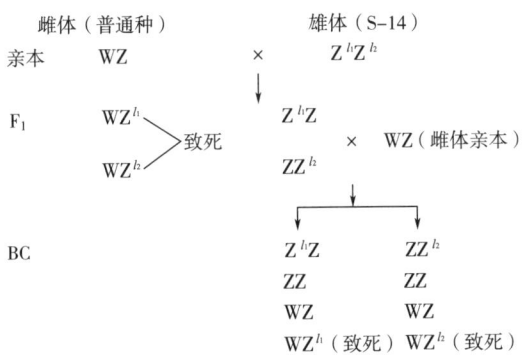

图1　现行品种与平衡致死系杂交后代的基因组成

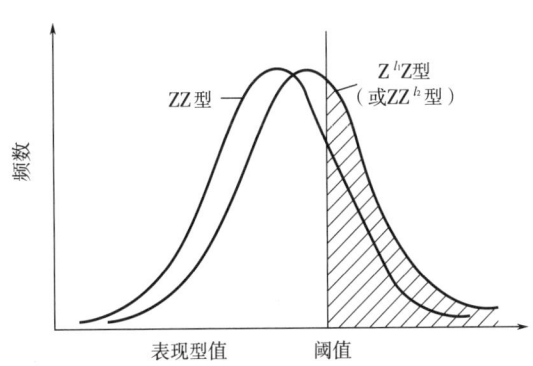

图2　2种标记基因型子群体的概率分布曲线

2　结果与分析

2.1　性连锁致死基因对家蚕生命力的影响

当给于BC世代科明×（科明·S-14）和春晓×（春晓·S-14）一个较为恶劣的条件时，其一部分体弱者死亡，存活下来的个体（相当于图2中斜线部分）可以认为是具有较强抗性基因型的个体。用4龄起蚕羽化率来近似地作为这个阈值，然后选出存活个体中的雄蛾与现行品种雌蛾交配。产卵后即浸、催青，调查每蛾区孵化率，确定上代父本的基因型。从表1可以看出，在存活个体数上Z^lZ（或ZZ^l）基因型较ZZ基因型多，除最后一行的春晓×（春晓·S-14）经X^2测试，ZZ^l型与ZZ型之间有显著差异外，其余无显著差异。因而初步认定：基因型Z^lZ与ZZ^l对家蚕的生命力无明显的不良影响。

表1　2个回交群体中存活的2类基因的个体数

回交型式	科明×（科明·S-14）				春晓×（春晓·S-14）			
羽化率	59.74		59.44		57.78		51.75	
基因型	Z^lZ	ZZ	ZZ^l	ZZ	Z^lZ	ZZ	ZZ^l	ZZ
个体数	51	44	50	43	58	51	50	30

（续）

回交型式	科明 × （科明·S-14）		春晓 × （春晓·S-14）	
X^2值	0.561	0.527	0.450	5.00
置信概率	$P > 0.30$	$P > 0.30$	$P > 0.50$	$P \approx 0.02$

2.2 性连锁致死基因对全茧量的影响

对3个回交型：薪杭 × （薪杭·S-14）、芳山 × （芳山·S-14）和夏13 × （夏13·S-14），按蛾区内含有l_1和l_2基因分成2区，同室饲养，采茧后调查每粒茧的全茧量，再按表2中的阈值选取每区中全茧量大于阈值的雄蛾与普通品种雌蛾交配。产卵后即浸、催青，按蛾区的孵化率确定其上代父本的基因型，然后分别统计每区中2类基因型的个体数，试验结果列于表2。从表2看，基因型Z^lZ和基因型ZZ的个体数差异，在3个回交型式中有2个是Z^lZ型个体数多于ZZ型，但未达到统计上的显著水平，说明2种基因型对全茧量的贡献没有差异；夏13 × （夏13·S-14）的Z^lZ型明显地少于ZZ型，说明Z^lZ型对全茧量的贡献小于ZZ型。对于基因型ZZ^{l_2}来看，除芳山 × （芳山·S-14）的ZZ^{l_2}型与ZZ型无显著差异外，其余2个回交型的ZZ^{l_2}型个体数均极显著地多于ZZ型，说明在这2个回交型式中，ZZ^{l_2}型对全茧量的贡献大于ZZ型。综上所述，就对全茧量的作用而言，带有致死的基因型与正常之间，因杂交形式的不同而有一定的差异。但总体上看，致死基因对全茧量没有明显的不良影响。

表2 3个回交群体中按全茧量截取的2类基因型的个体数

回交型式	薪杭 × （薪杭·S-14）				芳山 × （芳山·S-14）				夏13 × （夏13·S-14）			
阈值及比例*	> 1.32g		> 1.32g		> 1.33g		> 1.43g		> 1.65g		> 1.70g	
	26%		49%		42%		30%		20%		20%	
基因数	ZZ^{l_1}	ZZ	ZZ^{l_2}	ZZ	ZZ^{l_1}	ZZ	ZZ^{l_2}	ZZ	ZZ^{l_1}	ZZ	ZZ^{l_2}	ZZ
个体数	27	22	50	23	45	40	29	27	10	24	25	10
X^2值	0.510		9.986		0.294		0.071		5.67		6.42	
置信概率	$P > 0.30$		$P < 0.01$		$P > 0.50$		$P \approx 0.80$		$P \approx 0.02$		$P \approx 0.01$	

注：*产卵蛾区占总结茧数的比例。

本文研究致死基因对经济性状的作用，是采用了分析标记基因与数量性状关系的截尾分析法，对研究生命力和要在后代才能得到标记基因之类的性状来讲是特别有用的，方便、取样少。这对于参数估计不要求十分精确的试验，是值得借鉴的方法。

桑蚕性别控制品种的转育改良与利用研究[①]

夏建国　祝新荣

（浙江省农业科学院蚕桑研究所　杭州　310021）

1 蚕的雌雄与经济性状

为查明专养雄蚕的优越性，作者等（1980）曾以科1（中系限性皮斑）和科2（日系限性皮斑）2个蚕品种为材料，对雌雄蚕的经济性状作了调查比较，结果如下。

1.1 雄蚕优于雌蚕的性状

（1）5龄丝腺的增长倍数大。5龄起蚕的丝腺增重倍数，雌蚕为107.5倍，而雄蚕则高达140倍。

（2）5龄期的食桑量少。以雌蚕的5龄食桑量为100，雄蚕仅88。

（3）对高温多湿的抵抗力强。在4～5龄用30～32℃、RH95%的高温多湿冲击，雄蚕的病死蚕、死笼茧比雌蚕少，虫蛹率明显高于雌蚕。在正常环境条件下饲养，雄蚕的虫蛹率一般都高于雌蚕。

（4）雄蛹发育快。蛰中经过比雌蛹短1d。

（5）茧层率高。以雌蚕的茧层率为100，雄蚕为122，显著高于雌蚕。

（6）茧丝长及解舒丝长长。以雌蚕为100，雄蚕的茧丝长为109.8、解舒丝长为109.9。

（7）茧丝纤度细。以雌蚕为100，雄蚕为89.2。

（8）净度优。以雌蚕为100，雄蚕为103.9。

（9）鲜茧出丝率高。以雌蚕为100，雄蚕为122.4，雄茧明显高于雌茧。

（10）烘率高。以雌雄茧混烘为100，雄茧单烘为103.7。

（11）生丝等级高。雌雄茧混缫一般为3A，雄茧单缫可达5A，提高2个等级。

另据苏州市新苏丝织厂（1987）对雄蚕茧丝的试样、试织报告，雄蚕丝还有以下优点。

一是生丝抱合力好。原丝抱合力雄丝为140次、普通丝（雌雄茧混缫丝）仅88次，浸泡丝抱合力雄丝为59次、普通丝仅46次。

二是织物物理性能好。雄丝弹性好、成品11207-A电力纺的各项物理指标均是雄丝织物优于普通丝织物。雄丝织物绸面平挺、挺括、滑糯、手感厚实，的确是一种理想的真丝原料。

---

① 本文原载于《蚕桑通报》，1998，29（4）：4-8。

1.2　雌蚕优于雄蚕的性状

（1）蚕体重。5龄最大体重以雌蚕为100，雄蚕仅82。

（2）全茧量大。以雌蚕为100，雄蚕约为81。

（3）产茧量高。万蚕产茧量以雌蚕为100，雄蚕为84。

1.3　雌雄蚕两者相仿的性状

5龄经过、全龄经过、消化率、对胃肠型脓病的抵抗力、茧层量、万蚕产茧层量、茧丝量、双宫茧率等性状，在雌雄间互有高低，但彼此接近，差异不显著。

2　性别控制品种转育研究的进展

由于雄蚕具有强健好养、食桑省、茧层率和出丝率高、丝质优、制丝效益高和织物性能好等突出优点，因而丝茧育希望专养雄蚕。为了提高制种效益，种茧育则希望多养雌蚕、少养雄蚕，因为雄蛾可以再交（利用2次）。以利用雄蛾制药为目的者也希望专养雄蚕。可见，生产目的不同，对蚕的性比要求亦不同，这就需要对蚕的性别加以控制，以便按生产的不同要求调节蚕的雌雄比例。这是一项面向21世纪的重大课题。

为了控制蚕的性别、实现丝茧育专养雄蚕和种茧育多养雌蚕的宏远目标，我所于1996年春从俄罗斯引进了一套蚕的性别控制品种，分别与我国实用蚕品种杂交（回交），开展性别控制基因的转育研究，经2年多的努力，取得了以下突破和进展。

2.1　育成了一批性连锁平衡致死新品种

通过回交和标记性状选择等技术，已把引进种S-8和S-14的限性卵色基因和2个平衡致死基因全部转育到我国实用蚕品种中，在国内首次育成了一批性连锁平衡致死新品种，如中系的平3、平5、平9、平25、平29，日系的平4、平6、平8和平22等。它们对蚕性别的控制能力是十分可靠和有效的，与任何品种雌杂交，可生产出雄蚕率在99%以上的雄蚕杂种（表1），主要经济性状全面优于引进种（表2），应用价值很高，完全可以替代引起种，实现性连锁平衡致死品种的国产化。

表1　平衡致死引进系与育成新系对蚕性别控制能力的比较

系统	品种编号	供试组合数（个）	调查茧数（颗）	雌蛹数（头）	雄蛹数（头）	杂种雄蚕率（%）
中国系统	S-8*	16	3100	6	3094	99.81
	平3	5	400	2	398	99.50
	平5	5	750	0	750	100.00
	平25	2	300	1	299	99.67
	平29	2	300	0	300	100.00

（续）

系统	品种编号	供试组合数（个）	调查茧数（颗）	雌蛹数（头）	雄蛹数（头）	杂种雄蚕率（%）
日本系统	S-14*	16	3100	35	3065	98.87
	平4	4	350	0	350	100.00
	平6	5	600	2	598	99.67
	平22	1	300	0	300	100.00

注：有*者（S-8和S-14）为引进种，其余为育成的新品种（系）。

表2 平衡致死引进系与育成新系的经济性状比较（1998年春蚕期）

系统	品种编号	5龄经过（d:h）	全龄经过（d:h）	虫蛹率（%）	全茧量（g）	茧层量（g）	茧层率（%）	茧丝长（m）	千米切断（次）	颣节数（个）
中国系统	S-8*	8:11	25:10	91.20	1.67	0.370	22.16	1135	1.0	21
	平3	8:00	23:21	94.05	1.76	0.402	22.83	1254	0.6	10
	平5	8:00	23:21	93.34	1.78	0.410	23.03	1245	0.4	10
	平9	8:00	23:21	91.95	1.76	0.438	24.89		未缫丝	
	平25	7:20	23:19	97.51	1.69	0.409	24.20		未缫丝	
	平29	8:05	24:05	95.15	1.91	0.456	23.87		未缫丝	
日本系统	S-14*	11:08	29:04	70.35	1.45	0.332	22.90			
	平4	7:21	24:15	94.13	1.71	0.393	22.98			
	平6	7:00	22:14	95.59	1.73	0.387	22.37			
	平8	7:21	24:21	86.35	1.77	0.403	22.77			
	平22	7:22	23:19	98.25	1.61	0.360	22.36			

2.2 限性卵色基因的转育获得成功

利用引进种限性卵色系CSME-1、JSME-2与我国实用品种杂交，杂交后累代以限性卵色基因为标记作系统选择，已把引进种CSME-1和JSME-2的限性卵色基因转育到我国实用蚕品种中，育成了限性卵色新品系，如中系的卵21和日系的卵22、卵24、卵26，均可依卵色分开雌、雄卵，凡雌卵为黑色，雄卵为浅棕色或黄色。和引进种相比，它们的发育齐快、虫蛹率高，但全茧量、茧层量、茧层率尚不及引进种（表3），有待继续选择提高。

表3 限性卵色引进系与育成新系的比较（1998年春蚕期）

系统	品种编号	5龄经过（d:h）	全龄经过（d:h）	虫蛹率（%）	全茧量（g）	茧层量（g）	茧层率（%）	茧丝长（m）	千米切断（次）	颣节数（个）
中国系统	CSME-1*	8:08	25:05	84.57	1.72	0.423	24.59		未缫丝	
	卵21	7:03	23:05	97.10	1.37	0.336	24.53	1020	0.3	2
日本系统	JSME-2*	8:08	25:01	89.20	1.68	0.423	25.18		未缫丝	
	卵22	7:08	23:00	98.89	1.56	0.345	22.12		未缫丝	
	卵24	7:14	23:16	91.47	1.34	0.303	22.61		未缫丝	
	卵26	7:16	22:21	97.05	1.53	0.357	23.33		未缫丝	

注：有*者（CSME-1和JSME-2）为引进种，其余为育成的新品系。

2.3 孤雌无性生殖系的转育

利用引进种孤雌无性克隆系PC-43与我国实用蚕品种杂交，对其后代连续作孤雌生殖处理，并作系统选择，结果如表4。从表4看，3个孤雌无性转育材料的发育经过、虫蛹率、全茧量、茧层率均优于引进种PC-43，唯实用孵化率尚不及PC-43，有待继续选择提高。这些转育材料经孤雌无性生殖处理后，孵化后全部为雌蚕，无一例外。它们的眠起、发育、结茧、化蛹、羽化等一切正常，未发现任何异常性状。

表4 孤雌无性克隆引进系与无性克隆选育材料的比较（1998年春蚕期）

品种或选育材料	5龄经过（d:h）	全龄经过（d:h）	结茧率（%）	死笼率（%）	虫蛹率（%）	全茧量（g）	茧层量（g）	茧层率（%）	实用孵化率（%）
PC-43	11:20	29:17	91.96	1.15	90.88	1.85	0.358	19.35	76.2
PC-43×夏5F4	9:00	27:12	99.17	0.55	98.62	1.96	0.432	22.04	66.0
PC-43×夏13F4	9:00	27:16	99.06	0.94	98.13	1.92	0.380	19.79	66.0
PC-43×薪杭F5	9:08	27:05	99.05	2.87	96.21	1.84	0.380	20.65	69.5

2.4 筛选出几对优良的雄蚕杂交组合

通过选配、比较鉴定，已筛选出5对优良的雄蚕杂交组合，其中春用品种2对，即春晓×平1和春日×平1；夏秋用品种3对，即夏4×平1、夏5×平2和丰1×平2。雄蚕率除夏4×平1为96%外，其余均达100%，可供农村作专养雄蚕之用。综合经济性状也较理想，与对照品种相比，生命力、万蚕产茧量相仿，茧层量、茧层率和万蚕产茧层量一般都较高，茧丝长、茧丝量和解舒丝长优于对照，清洁、净度优良，鲜茧出丝率显著超过对照（表5和表6）。

表5 几对优良雄蚕杂交组合的养蚕结果

组合名称	年季	雄蚕率（%）	虫蛹率（%）	全茧量（g）	茧层量（g）	茧层率		万蚕产茧量（kg）	万蚕产茧层量	
						实数（%）	指数		实数（kg）	指数
菁松×皓月（对照）	1997春	50	99.25	1.84	0.431	23.41	100	18.63	4.361	100
春晓×平1（雄）	1997春	100	99.21	1.79	0.440	24.62	105	18.21	4.483	103
春日×平1（雄）	1997春	100	99.08	1.85	0.467	25.17	108	19.31	4.860	111
菁松×皓月（对照）	1998春	50	96.11	1.68	0.415	24.64	100	16.14	3.988	100
春晓×平1（雄）	1998春	100	98.58	1.76	0.429	24.39	99	17.58	4.289	108
春日×平1（雄）	1998春	100	99.04	1.82	0.456	25.05	102	18.64	4.672	117
薪杭×科明（对照）	1997秋	50	98.49	1.41	0.299	21.26	100	14.17	3.012	100
丰1×平2（雄）	1997秋	100	97.96	1.45	0.348	24.06	113	14.74	3.546	118
夏5×平2（雄）	1997秋	100	98.14	1.44	0.341	23.70	112	14.26	3.379	112
夏4×平1（雄）	1997秋	96.0	97.10	1.49	0.328	22.05	104	14.94	3.296	109

表6　几对优良雄蚕杂交组合的缫丝调查

组合名称	年季	茧丝长（m/粒）	解舒丝长（m/次）	解舒率（%）	茧丝量（g）	茧丝纤度（dtex）	清洁（分）	净度（分）	鲜茧出丝率	
									实数（%）	指数
菁松×皓月（对照）	1997春茧	1188	617	51.85	0.378	2.86	97.5	93.75	19.19	100
春晓×平1（雄）	1997春茧	1247	896	71.86	0.397	2.87	99.5	96.50	20.94	109
春日×平1（雄）	1997春茧	1203	828	68.73	0.422	3.16	97.0	92.25	21.53	112
薪杭×科明（对照）	1997秋茧	900	729	81.16	0.268	2.68	99.5	99.35	16.72	100
丰1×平2（雄）	1997秋茧	1122	837	74.54	0.320	2.57	99.0	97.50	20.14	120
夏5×平2（雄）	1997秋茧	1069	768	71.50	0.296	2.50	100	98.00	18.61	111
夏4×平1（雄）	1997秋茧	1161	935	80.55	0.300	2.33	100	100	18.37	110

2.5　在农村专养雄蚕获得成功

1997年在湖州市太湖乡试养雄蚕品种30张（其中春期2张，秋期28张）。1998年春扩大到湖州市太湖乡、德清科技示范园区、海宁石路乡、淳安梓桐镇，试养雄蚕种春晓×平1、春日×平1、夏5×平2共65张。均获得成功，雄蚕率99%以上，张种产茧量因品种而异，春日×平1在45kg左右，春晓×平1为40kg，夏5×平2约35kg，张种用桑量比常规对照品种少10%～15%，干壳量比对照种高1g左右，即茧质提高5个等级，50kg茧价高90～100元。主要问题是雌卵不孵化、蚕种损失一半，卵量不足，因而导致产茧量偏低。

丝质方面，雄蚕品种优于常规对照品种，尤其是出丝率和解舒丝长提高幅度大（表7），雄茧的各项缫丝成绩均优于常规品种，烘率也较高。

表7　雄蚕品种农村示范试养的缫丝调查（1997年中秋茧）

品种名	上车茧率（%）	茧丝长（m）	解舒丝长		解舒率（%）	茧丝纤度（dtex）	鲜茧出丝率		烘率（%）	干茧重量（g/粒）
			实数（m/次）	指数			实数（%）	指数		
夏5×平2（雄）	94.59	1046.6	669.1	127.6	63.69	2.39	17.30	112.7	42.3	0.644
丰1×54A（对照）	93.56	896.1	524.4	100	55.82	2.49	15.35	100	40.8	0.575

注：缫丝试样单位为湖州市茧质检定所。

这是我省农村专养雄蚕、生产雄茧的首次尝试，获得了成功，积累了经验。也是在我国首次利用平衡致死系选配的雄蚕品种，在农村实施专养雄蚕，其性别控制技术先进。

3　存在的问题与建议

3.1　如何协调蚕种场、蚕农和丝绸工业三者利益问题值得研究

通过前期研究和雄蚕示范试养，得出雄蚕茧较常规品种（雌雄各半）茧的鲜茧出丝率高2个

百分点，生丝品位高2个等级，但雄蚕种的雌卵不孵化（即蚕种损失一半），所以蚕种成本高一倍以上。其利弊，按我省目前蚕茧生产水平和生丝市场价格，每盒雄蚕种和常规品种的收益如表8所示。

表8 雄蚕杂种与常规品种一盒蚕种的效益比较

	蚕种成本（元/盒）	产茧量（kg/盒）	鲜茧出丝率（%）	产丝量（kg/盒）	生丝等级	生丝价格（元/kg）	生丝产值（元/盒）
雄蚕种	70	40	16	6.4	5A	230	1472
常规种	30	40	14	5.6	3A	200	1120
差额（+−）	−40	0	2	0.8	2A	30	352

从表8看，减去因雄蚕种成本增加额约40元，每盒雄蚕种生产的茧经缫丝后可获净利312元，净增益27.8%，此效益如果是丝绸工业独占，则蚕种场、蚕农毫无积极性，专养雄蚕这项新技术便无法推广应用；如果将此收益一分为三，即丝绸工业得50%，蚕农得25%，蚕种场得25%，兼顾丝绸工业、蚕农、蚕种场三者利益，形成合力，则专养雄蚕技术可迅速推广应用。

3.2 雄蚕产业的建立与发展问题

雄茧单独缫丝，可生产5A级高品位生丝，且雄茧丝织物性能好，可生产高档丝织品；如果雄茧与常规品种茧混缫，则优势消失，显示不出提高生丝质量的作用。因此专养雄蚕应作为一项蚕丝新产业，自成体系。在示范推广初期，由浙江省农科院主持，组织一个蚕种场生产雄蚕种，3～5个乡专养雄蚕、生产雄茧，1～2个丝厂收购雄茧缫制雄茧丝出口，或生产雄茧丝织物，形成一个从种、茧到丝绸的雄蚕丝生产体系，为今后的发展和推广积累经验，奠定技术基础。在没有形成规模生产以前，雄蚕种差价由政府有关部门补贴，以扶持这一新产业的建立。

3.3 雄蚕品种的审定问题

由于雄蚕品种培育和专养雄蚕是一项全新的技术，我省起步仅2年多时间，雄蚕品种的审定办法和审定标准尚未建立。为加快雄蚕品种的推广应用，建议有关部门尽快建立雄蚕品种审定办法，制定审定标准。在没有建立雄蚕品种审定办法以前，允许已在实验室选配成功的优良雄蚕杂交组合经农村中试示范后扩大试养面积。同时，希望把"专养雄蚕实用化技术研究"列入省重大科技攻关研究项目，继续给予力度较大的经费支持，善始善终，直到专养雄蚕技术大面积推广为止。

温汤处理诱导桑蚕孤雌生殖适宜条件的探讨[①]

王永强[1]　　夏建国[1]　　姚陆松[1]　　徐孟奎[2]

（1.浙江省农业科学院蚕桑研究所　杭州　310021；2.浙江大学蚕学系　杭州　310029）

家蚕除了一般的两性生殖外，也有不经过受精而由一个雌性生殖细胞直接发育成新个体的孤雌生殖现象。家蚕属偶发性的孤雌生殖，在自然状态下发生率很低，但是人为地用理化因素进行刺激都可获得一定比例的孤雌生殖卵及幼虫。目前应用最多的孤雌生殖诱导方法为Astaurov的温汤处理，该方法能获得较高的孤雌生殖发生率，主要操作为：从羽化的雌蛾中取出卵，在25℃下放置10～12h后用46℃温水浸卵18min，再放于23～25℃水中3～5min，取出晾干后在15～17℃、80%RH条件下放置3d，即可得到较多的孤雌生殖发育卵。然而，目前国内对温汤处理的温度和时间尚无进一步研究的报道，故笔者于1997年秋季进行了这方面的试验，现将结果报道如下。

1　试验材料

现行蚕品种三个：菁松、科明、白玉；孤雌生殖系两个：PC-43（从俄罗斯引进的中系品种）、PC-W（从现行蚕品种中克隆的日系品种）。

2　试验方法

各品种羽化的处女蛾分成两组，一组是在处理温度为46℃下，浸渍时间分为14min、16min、18min、20min、22min 5种，以18min为对照；另一组是浸渍时间为18min，处理温度分为42℃、44℃、46℃、48℃、50℃ 5种，以46℃为对照。温汤处理前后条件与Astaurov的方法相同。各处理设置3个重复区，随机取2蛾为一重复区。

3　结果与分析

（1）不同浸渍时间与孤雌生殖发生率的关系见表1。

---

① 本文原载于《蚕桑通报》，1998，29（4）：30-31。

表1 各品种不同浸渍时间与孤雌生殖发生率的关系

浸渍时间	菁 松	白 玉	科 明	PC–W	PC–43	行总和
14min	48.76	61.65	37.67	79.22	93.50	320.8
16min	52.14	61.13	44.22	74.76	95.91	328.16
20min	51.22	53.09	38.33	71.84	91.09	305.57
22min	43.81	53.00	31.27	42.12	85.59	255.79
18min（对照）	53.28	57.43	50.99	76.34	96.17	334.21
列总和	249.21	286.30	202.48	344.28	462.26	T=1544.53

注：表内各品种数据为3个重复区的平均值。

对上表进行二因素（品种和浸渍时间）方差分析，结果列于下表：

变异来源	Df	SS	MS	F	F0.05	F0.01
品 种	4	8033.98	2008.50	9.49**	3.01	4.77
浸渍时间	4	796.98	199.24	0.941	3.01	4.77
误 差	16	3387.75	211.73			
总变异	24	12218.71	509.11			

结果表明，5个品种间孤雌生殖发生率有极显著差异，而不同浸渍时间孤雌生殖发生率间无显著差异，但其诱导效果18min＞16min＞14min＞20min＞22min。因此，浸卵时间以14～18min为宜。

（2）不同处理温度与孤雌生殖发生率的关系见表2。

表2 各品种不同处理温度与孤雌生殖发生率的关系

处理温度	菁 松	白 玉	科 明	PC–W	PC–43
42℃	2.03	0.60	2.27	3.41	11.74
44℃	61.74	58.43	70.41	0.62	0.42
48℃	1.18	0.82	0.32	0	0.97
50℃	0	0.10	0.15	0.28	0.18
46℃（对照）	53.28	57.43	50.99	76.34	96.17

注：表中数据为3个重复区的平均值。

从表2可以明显看出，处理温度对孤雌生殖发生率影响更大，5个品种中，菁松、白玉、科明3品种孤雌生殖发生率以44℃最高，其次是46℃；而PC-W、PC-43则是46℃的孤雌生殖发生率较高，其余均较低，这可能是与两孤雌生殖系都以46℃、18min条件继代有关。

利用平衡致死系S-8、S-14选配雄蚕杂交组合的研究[①]

祝新荣　夏建国　黄健辉　何克荣

（浙江省农业科学院蚕桑研究所　杭州　310021）

雄蚕与雌蚕相比，具有食桑省、强健易养、养蚕成本低、出丝率高和丝质优等显著优点，因此在生产上一直希望能实现专养雄蚕，缫制雄蚕丝。为满足生产的这一需求，我们于1996年春从俄罗斯科学院引进了桑蚕性连锁平衡致死系S-8、S-14等品种。为了对引进种的直接利用作出评估，为培育雄蚕品种，开展专养雄蚕研究提供依据，我们对引进种S-8、S-14的性别控制能力及组配雄蚕杂交组合的配合力进行了研究，结果报告如下。

1　材料与方法

1.1　材料

常规中系蚕品种薪杭、丰1、秋丰、夏5、浙蕾、菁松等15个。

常规日系蚕品种科明、54A、白玉、夏4、春晓、皓月等13个。

性连锁平衡致死中系S-8。

性连锁平衡致死日系S-14。

对照品种薪杭×科明，菁松×皓月。

1.2　方法

采用顶交法，即以各常规品种为母本，平衡致死系为父本，按中×日或日×中的形式选配雄蚕杂交组合。

雄蚕杂交组合的饲养与调查同常规杂交种的品种比较试验，只是增加对雄蚕率的调查。雄蚕率的调查方法，以某一组合的每一重复抽取健蛹100粒作为样本，调查雄蛹率，计算各重复雄蛹率的平均值，以平均雄蛹率度量该组合的雄蚕率。

以某一交配形式（中×日或日×中）所有杂交组合的某一茧质或丝质性状的平均值作为衡量指标，对引进种S-8、S-14各项性状的配合力进行比较，凡某一组合某性状的表型值超出该性状的平均表型值指标愈高，说明其配合力愈好。

---

① 本文原载于《蚕桑通报》，1999，30（2）：12-14。

2　试验结果

平衡致死系 S-8、S-14 于 1996 年春引进后，于当年的春、秋及 1997 年春，直接利用 S-8、S-14 选配雄蚕杂交组合，分别于 1996 年秋，1997 年春、秋三期进行饲养比较，各组合三期饲养的平均成绩见表 1、表 2。

从表 1 看，日系 ×S-8 各组合的雄蚕率基本都达到 99% 以上，说明平衡致死系 S-8 在控制蚕的性别方面是稳定可靠的，可以作为组配雄蚕杂交组合供农村专养雄蚕之用。在养蚕成绩方面，有些组合的配合力很不错，生命率与对照接近，茧层率、万蚕产茧量、万蚕产茧层量，都明显超过对照品种。丝质方面，各组合的出丝率均明显高于对照种，但解舒率与净度两项指标，多数组合均不及对照种。比较各组合的蚕期、丝质成绩，发现组合夏 4×S-8 表现最佳，其生命率与对照接近，茧层率比对照提高 6.3%，万蚕产茧量高于对照，万蚕产茧层量比对照种提高 10.7%，尤其是丝质成绩，在多数组合不尽如人意的情况下，该组合的丝质成绩明显优于对照种，除净度与对照接近外，解舒丝长比对照长 196m，出丝率比对照提高 12%，达到 19.28%。该组合 1998 年中秋已在农村有少量试养，试养成绩还有待于收集。

表 1　S-8 组配的雄蚕杂种的饲育及茧丝质成绩

组合名	雄蚕率（%）	虫蛹率（%）	茧层率（%）	万蚕产茧量（kg）	万蚕产茧层量（kg）	解舒丝长（m/次）	解舒率（%）	净度（分）	出丝率（%）
科明 ×S-8	99.90	94.15	23.26	15.43	3.597	638	62.89	90.33	18.47
白云 ×S-8	99.90	97.91	24.45	15.97	3.907	656	60.43	92.60	18.41
白玉 ×S-8	100	96.63	23.96	16.28	3.898	646	59.52	84.77	18.88
54A×S-8	100	97.10	25.10	16.84	4.226	621	50.02	85.62	18.46
夏 6×S-8	100	95.10	24.14	17.13	4.142	633	57.21	89.25	18.50
夏 4×S-8	99.50	98.13	23.13	16.70	3.876	923	75.90	97.00	19.28
夏 2×S-8	99.30	99.30	23.55	18.04	4.248	751	61.41	96.75	19.87
平均	99.80	96.90	23.94	16.63	3.985	695	61.05	90.90	18.84
薪杭 × 科明	50.00	98.42	21.76	16.00	3.500	727	73.93	98.82	17.21
皓月 ×S-8	99.00	96.92	25.59	15.89	4.067	740	61.29	92.62	20.80
春晓 ×S-8	98.90	94.85	24.60	16.02	3.942	723	59.65	93.77	18.96
春日 ×S-8	100	97.23	24.26	17.43	4.260	720	62.01	90.52	19.30
镇丰 ×S-8	99.10	92.24	25.18	16.10	4.063	700	60.62	89.68	19.92
明珠 ×S-8	100	91.82	24.93	15.11	3.774	739	62.21	91.58	20.14
浙 6×S-8	100	96.61	23.65	14.58	3.450	870	72.12	99.50	18.22
平均	99.50	94.94	24.70	15.85	3.926	749	62.98	92.94	19.56
菁松 × 皓月	50.00	84.23	23.45	14.60	3.415	827	68.19	96.39	18.22

注：表中数据为三期蚕的平均值（1996 年秋、1997 年春、秋）。

表2 S-14组配的雄蚕杂种的饲育及茧丝质成绩

组合名	雄蚕率（%）	虫蛹率（%）	茧层率（%）	万蚕产茧量（kg）	万蚕产茧层量（kg）	解舒丝长（m/次）	解舒率（%）	净度（分）	出丝率（%）
薪杭×S-14	96.16	91.18	25.17	14.98	3.771	585	54.26	94.12	19.10
丰1×S-14	100	92.37	24.54	14.94	3.674	611	54.82	96.75	18.50
秋丰×S-14	99.33	78.29	25.25	13.04	3.300	370	32.64	88.00	16.49
芳山×S-14	100	90.15	26.67	14.65	3.908	390	36.48	92.00	17.57
兰天×S-14	100	97.02	24.28	15.66	3.821	874	76.40	96.87	19.83
秋菊×S-14	100	97.05	22.59	14.16	3.198	713	71.50	99.25	18.44
夏13×S-14	100	97.47	22.79	14.12	3.218	583	53.19	98.75	18.24
夏7×S-14	98.50	95.41	25.28	16.58	4.186	706	56.34	91.87	19.95
夏5×S-14	99.65	98.57	24.50	16.25	3.996	850	73.81	96.75	19.56
夏3×S-14	96.00	95.26	23.96	14.71	3.525	793	69.08	95.75	19.12
9011×S-14	96.70	96.32	22.88	14.41	3.296	724	65.08	96.50	18.25
平均	98.76	93.55	24.35	14.86	3.627	654	58.51	95.15	18.64
薪杭×科明	50.00	98.42	21.76	16.00	3.500	727	73.93	98.82	17.21
菁松×S-14	99.67	97.10	25.47	15.36	3.930	748	61.29	97.12	21.31
浙蕾×S-14	97.77	77.32	23.86	12.80	3.104	715	66.18	97.58	18.63
春蕾×S-14	100	75.01	23.94	11.58	2.779	596	53.90	92.65	17.86
苏春×S-14	96.00	95.46	25.02	14.31	3.582	863	74.16	98.25	18.90
平均	98.36	86.22	24.57	13.51	3.349	730	63.88	96.40	19.17
菁松×皓月	50.00	84.23	23.45	14.60	3.415	827	68.19	96.39	18.22

注：表中数据为三期蚕的平均值（1996年秋、1997年春、秋）。

从表2看，在中系×S-14的15个组合中，与日系×S-8的组合有相同的趋势，有些组合各方面的配合力均表现较好。如夏5×S-14，雄蚕率为99.65%，生命率、万蚕产茧量、解舒率三项指标与对照相仿，净度略低于对照，而茧层率、万蚕产茧层量与出丝率均明显优于对照种，分别比对照提高12.6%，14.2%及13.6%；解舒丝长850m，比对照长123m，是一个很有希望的杂交组合。该组合1997年秋，1998年春、秋分别在农村试养，农民反映，该雄蚕品种好养、用桑省、干壳量高、茧价高，经湖州市茧质检定所测试，该雄蚕品种解舒好、出丝率高。同时我们也发现，在表2的15个雄蚕组合中，有薪杭×S-14等5个组合的雄蚕率为96%～98%，这其中的可能原因是由于本来位于2条不同Z染色体上的2个非等位隐性纯合致死基因之间发生交换，从而使2个致死基因组合到了同一条Z染色体上，而在另一Z染色体上没有致死基因，若以该发生了交换的平衡致死系雄与常规品种雌交配，其后代便会出现成活的雌蚕，从而影响杂交后代的雄蚕率，当然，发生这种交换的概率是很低的。

3 小结

（1）综合上述分析，利用平衡致死系S-8、S-14选配雄蚕杂交组合，其控制性别的能力是稳定可靠的，杂交组合的雄蚕率可以达到99%以上，可以直接利用S-8、S-14选配雄蚕杂交组合供农村专养雄蚕之用。

（2）利用S-8、S-14直接选配，可以选配到各项茧、丝质性状有较好配合力的组合，达到直接利用的目的。

（3）同时也发现，多数组合的解舒率与净度尚不尽如人意，经向俄方了解，因俄方缺乏必要的丝质检验设备，在选育过程中，没有对这些品种作丝质选择，导致引进种的丝质较差，为此在今后的研究工作中，要加强对引进种的丝质选择。

（4）正因为上述原因，为了能选配到丝质优良的雄蚕组合，必须对平衡致死系S-8、S-14进行转育改良，仅利用其控制性别的隐性纯合致死基因，将该基因转育到茧丝质优的常规品种中去，以培育出全新的平衡致死系，然后利用转育成功的新平衡致死系来选配优良的雄蚕杂交组合，这方面的研究目前已取得了很大的进展。

（5）对选配出的2对优良雄蚕杂交组合夏5×S-14、夏4×S-8可进一步扩大在农村的示范试养，测算它们的经济效益，并评估其应用前景。

选育优质全雌家蚕品种组配雄蚕杂种的可行性分析①

王永强[1] 夏建国[1] 徐孟奎[2]

（1.浙江省农业科学院蚕桑研究所　杭州　310021；2.浙江大学蚕学系　杭州　310029）

由于雄蚕强健好养、食桑省、茧层率和出丝率高、丝质优、制丝效益高和织物性能好等突出特点，因而丝茧育希望专养雄蚕。广大蚕业科技工作者也很希望培育出实用化的雄蚕品种，这是一项面向21世纪的重大课题。为了控制蚕的性别，实现丝茧育专养雄蚕，浙江省农科院蚕桑所于1996年从俄罗斯引进了一套蚕的性别控制品种，分别与我国实用蚕品种杂交、回交，开展了性别基因的转育研究。经两年多的努力，初步培育出了一批性连锁平衡致死新品种，并已筛选出5对优良的雄蚕杂交组合，在浙江省的湖州、海宁、淳安、德清及四川、安徽等地农村试养初步获得成功。

虽然本所在性别控制品种的引进、测试、转育、改良及农村试养等方面取得了重大进展，但离雄蚕品种的大规模推广应用尚有一定距离。从专养雄蚕今后的发展方向来分析，建立一个从种、茧到丝绸的雄蚕丝生产体系，实现雄蚕的产业化生产是必然趋势。在整个雄蚕产业化过程中，笔者认为在建立适度规模的雄蚕丝生产基地，提高雄蚕的制丝效益，从而拉动从种茧到丝的整个雄蚕丝生产体系的同时，降低雄蚕杂交种的生产成本也是加快整个雄蚕产业化的关键。目前，收购一张雄蚕杂交种的价格在50元左右，才能使生产单位有利可图，大约是常规品种的2.5倍（常规品种每张杂交种约为20元），极大地制约了雄蚕产业化的进程。特别是在雄蚕产业化的初始阶段显得尤其重要，一方面广大蚕农对专养雄蚕这一新生事物知之甚少，在没有见到好处即制丝效益没有反馈以前，对较高的雄蚕杂交种价格难以接受；另一方面雄蚕在没有大规模形成产业化生产，提高制丝效益前，这一差价始终困扰着科研部门、推广部门及蚕种场。

因此，若能采取一定的措施，降低雄蚕杂交种的生产成本及其在市场上的销售价格，提高市场的竞争力，将使雄蚕推广工作处于主动位置，在很大程度上也将推动整个雄蚕产业化的进程及我国蚕丝业的发展。笔者通过近几年的研究，从造成雄蚕杂交种生产成本高的原因着手进行分析，提出了降低雄蚕杂交种生产成本较为理想的途径，并进行了可行性分析，现简述如下。

---

① 本文原载于《中国蚕业》，2000，3：53-54。

1 雄蚕杂交种生产成本高的原因分析

雄蚕杂交种与常规杂交种在产生机理上有一定差异。通常，常规品种是以中日系品种相互杂交，即以中 × 日或日 × 中两种形式产生的。而雄蚕杂交种的产生则不同，是以常规品种的雌蚕与含平衡致死基因的雄蚕杂交产生，只有一种交配形式。因此在雄蚕杂交种的生产过程中，常规品种只利用其雌蚕，雄的则不利用造成浪费；同时，雄蚕的子代中，雌性胚子由于致死基因的作用致死而不能孵化，只有雄性胚子才能存活。因此，每张雄蚕杂交种的标准卵量是常规品种的2倍。以上两个因素造成了雄蚕杂交种的生产成本较高。对于后者则是由于其遗传机理所致无法改变，而对于前者则可以采取一定的措施来降低生产成本，即与平衡致死雄蚕杂交的常规品种多养雌蚕，少养雄蚕，来提高制种效益。

2 降低雄蚕杂交种生产成本的几条途径

2.1 利用限性斑纹品种

用现有的限性斑纹品种与平衡致死雄蚕杂交来组配雄蚕一代杂交种。由于限性斑纹品种在壮蚕期可依据斑纹不同而将雌雄分离，这样减少了壮蚕期的饲养量和用桑量，在一定程度上节约了成本，降低了雄蚕杂交种的生产价格。在这方面，浙江省农科院蚕桑所初步选育出了春日 × 平1、夏5 × 平2等杂交组合。但是该方法的不足之处在于，目前家蚕限性品种的素材较少，错过了与平衡致死雄蚕组配产生具有优良经济性状杂种的可能，另外限性品种在稚蚕期的工作量则没有减少。

2.2 利用限性卵色品种

根据雌雄卵具有不同的卵色，在卵期就将该品种的雌雄分开，这样常规品种就可以专养雌蚕，在这方面，浙江农科院蚕桑所利用从俄罗斯引进的限性卵色系CSME-1、JSME-2与我国实用品种杂交，杂交后代继代以限性卵色基因为标记进行系统选择，已把引进种CSME-1、JSME-2的限性卵色基因转育到我国实用蚕品种中，育成了一些限性卵色新品系，雌卵为黑色，雄卵为浅棕色或黄色。该方法的不足之处在于，在没有光电自动分离装置的情况下，将雌雄卵分开的工作量很大，且由于限性卵色品种的遗传机理，其有关经济性状不是很理想。

2.3 利用子代为全雌的家蚕品种

运用人工单性生殖方法产生家蚕雌蚕无性克隆系，并逐步培育出具有优良经济性状、子代为全雌的家蚕品种来代替目前雌雄各半的常规品种作为母本，与转育改良后的平衡致死雄蚕杂交来生产雄蚕杂交种，这是最为理想的一条途径。这将缩小近1/3的饲养规模，大幅度降低雄蚕杂交种的生产成本。

3　选育优质全雌家蚕品种与平衡致死雄蚕组配雄蚕杂交种的可行性分析

这方面开展的研究较少，笔者从1996年开始进行了人工单性生殖方面的试验，初步积累了一些经验。

3.1　在人工单性生殖条件下培育的品种一般具有较高配合力

杂交种的杂种优势强度，因杂交组合的不同而异。配合力是一种潜在的生产能力，其大小通常以杂交种的生产能力为指标。随着人工单性生殖方面的研究进展，Strunnikov等提出了配合力的遗传基础是由亲本中有用基因的综合作用形成的。在人工单性生殖条件下，由于改变了其自然的遗传规律，许多个体处于死亡的边缘，往往是那些具有优良基因数目多的个体才能在选择过程中保留下来，也就是适者生存。因此经累代选择后，存活下来的个体其包含的有用基因数目往往达到最大量。从遗传学角度来分析，它们一般具有较高的配合力。因此利用人工单性生殖方法选育的全雌家蚕品种，从理论上而言具有较高的配合力。这样与平衡致死雄蚕杂交，其子代将表现出超强的杂种优势，具有优良的经济性状。

3.2　掌握了适合于我国现行蚕品种人工单性生殖诱导的最适条件

从1996年开始，笔者以中、日系二化性现行蚕品种为材料，在诱导方法及条件优化上做了大量的基础性研究工作。特别是对Astaurov的温汤处理诱导家蚕单性生殖的方法和条件作了进一步改进，初步确立了适合于我国二化性现行蚕品种单性生殖诱导的最适条件。运用改进的温汤处理方法对20多个二化性现行品种进行单性生殖诱导试验表明，目前的中、日系品种分别能得到53.02%和49.25%的单性生殖发生率，其孵化率平均为35.78%。

3.3　初步建立了使处女蛾在有效时间内自然产下较高比例未受精卵的简便方法

在单性生殖诱导所需的材料即未受精卵的获得方法上，目前是运用人工解剖处女蛾取卵的方法，不但费时费工且易损伤蚕卵，只适合少量的蚕卵处理。笔者采用温度激变的方法，能使处女蛾在7h内自然产下60%～80%的未受精卵，用这些卵进行温汤处理诱导可获得比人工取卵方法更高比例的单性生殖发生率。这为大规模开展全雌家蚕品种选育所需未受精卵的获得提供了方便。

3.4　拥有开展全雌家蚕品种选育所需的单性生殖遗传资源

浙江省农科院蚕桑研究所从俄罗斯引进的性别控制品种中包括了一个单性生殖品种即PC-43。该品种经引进测试表明其单性生殖发生率较为稳定，位于85%～95%左右，但其相关的经济性状不理想。通过对其进一步继代选择提高，同时也通过PC-43与现行品种配制有关材料，把二化性家蚕血统导入该品种中，再进行单性生殖诱导继代并选择提高，改善其经济性状。另外，运用改良的Astaurov方法直接从二化性现行品种中选择单性生殖发生率高的蛾区留种，再进行进一步的单性生殖选择。这些工作的开展，为全雌家蚕品种的选育提供了丰富的遗传资源。

综上所述，从遗传机理、遗传资源、掌握的技术和积累的经验来分析，培育出雌蚕率100%、孵化率85%，并具有优良经济性状的中、日系全雌家蚕品种，与转育改良后的平衡致死雄蚕配套使用来生产具有优良性状的雄蚕一代杂交种，从而达到缩小饲养规模，降低生产成本，提高制种效益，加快整个雄蚕产业化进程是切实可行的。

家蚕现行品种孤雌生殖的研究[①]

王永强[1,2] 徐孟奎[2] 何秀玲[2] 夏建国[2]

（1.浙江大学动物科学院蚕蜂科学系 杭州 310029；
2.浙江省农业科学院蚕桑研究所 杭州 310021）

家蚕孤雌生殖（Parthenogenesis）指的是由一个雌性生殖细胞直接发育成新个体的现象。在自然状态下，其发生的频率很低，但人为地用理化因素进行刺激可获得一定比例的孤雌生殖发育卵或幼虫。国内外已有许多学者开展了这方面的研究，如Sato（1934）、Vermel（1934）、桥本（1953）、Astaurov（1968）、Strunnikov（1975）及夏显朝（1961）、徐厚镕等、方瑗等、吕继业等。1996年浙江省农业科学院蚕桑所从俄罗斯引进了家蚕性别控制品种，开展了专养雄蚕的研究。作为配套技术之一，为了提高孤雌生殖诱导技术，加快其实用化进程并为今后的家蚕性别控制领域、基因纯化及杂种优势机理等方面的研究提供丰富的材料，笔者于1996年开始，以现行品种为材料，运用温汤处理方法进行了孤雌生殖的研究。本文报告部分研究结果。

1 材料与方法

1.1 供试材料

现行家蚕品种原种16个，其中中系原种8个：芳草、秋丰、薪杭、丰一、夏7、菁松、浙蕾、繁花；日系原种8个：晨星、白玉、科明、54A、夏6、皓月、春晓、春梅。杂交种4对（包括正反交），其中春用品种2对：浙蕾×春晓、菁松×皓月；夏秋用品种2对：丰一×54A、秋丰×白玉。孤雌生殖系1个：PC-43（从俄罗斯引进）。孤雌生殖初世代材料2个：PCN-1、PCN-2。

1.2 方法

1.2.1 孤雌生殖发生率调查方法

采用温汤处理诱导方法，即羽化的雌蛾在25℃下放置10～12h后取出卵用46℃温水浸卵18min，再放入室温水中3～5min，晾干后在16℃、湿度为80%的生化培养箱中放置3d，从生化培养箱中取出的时间相当于常规品种盛产卵的时间。

以PC-43为对照，在7d内调查着色卵数，着色卵即为孤雌生殖发育卵，计算着色卵率即为孤

---

① 本文原载于《蚕业科学》，2001，27（1）：20-23。

雌生殖发生率。各品种设8个重复区，随机3蛾为1重复区。

1.2.2 不同处理条件与孤雌生殖诱导率分析

各品种羽化的雌蛾分成两组，一组是处理温度为46℃，而浸渍时间为14、16、18、20、22min 5个处理区，其中以18min为对照；另一组浸渍时间为18min，处理温度分为42℃、44℃、46℃、48℃、50℃，其中以46℃为对照，温汤处理前后条件与孤雌生殖调查方法同上。各处理设3个重复，随机2蛾为1重复区。

1.2.3 家蚕处女蛾自然产卵并进行温汤诱导的可行性分析

各品种处女蛾经5℃冷藏4d后取出，在30℃高温环境下放置6h，使其在蚕连纸上产卵，产下的卵再进行温汤处理，各品种设10个重复，每1重复为1蛾。以同品种未经冷藏，羽化后经10～12h经人工取卵进行温汤处理诱导为对照。

1.2.4 孤雌生殖系的选育

运用两种不同的方法进行孤雌生殖系的选育。一种方法是利用PC-43与现行品种配制成选育材料，进行孤雌生殖继代，注重提高其相关经济性状水平；另一种方法是运用温汤处理诱导，孤雌生殖继代，直接从现行品种中进行选育，注重提高其孵化率。

2 结果与分析

2.1 现行蚕品种孤雌生殖发生率调查

2.1.1 原种的孤雌生殖发生率

表1收录了16个原种及对照种PC-43的孤雌生殖发生率的调查结果。

表1　家蚕原种孤雌生殖的诱导结果

品种	浙蕾	菁松	繁花	薪杭	芳草	秋丰	丰一	夏7	PC-43
总卵数（粒）	1486	1396	1330	1422	1837	1406	1260	1468	1613
孤雌生殖发生率（%）	69.42	50.69	47.34	34.20	86.76	37.90	41.94	55.88	86.29
品种	春晓	皓月	春梅	科明	晨星	白玉	54A	夏6	PC-43
总卵数（粒）	1154	1065	1226	1388	2117	1426	1321	1388	1613
孤雌生殖发生率（%）	38.52	76.07	42.45	46.09	56.41	50.75	42.87	40.85	86.29

由表1可知，16个原种都可获得一定数量的孤雌生殖发育卵，品种间发生率有一定差异，在34.20%～86.76%之间，平均为51.13%，而对照种PC-43的孤雌生殖发生率为86.29%。中系原种的孤雌生殖发生率水平稍高于日系原种，两者分别为53.02%和49.25%。春用品种的孤雌生殖发生率高于夏秋用品种，其中春用中系与夏秋用中系品种分别为55.82%和51.34%；春用日系与夏秋用日系分别为52.35%和47.39%。

2.1.2　杂交种的孤雌生殖发生率

从表2的4对杂交种孤雌生殖的诱导结果可以看出，杂交种的孤雌生殖发生率明显高于原种，平均为79%，而其母本的孤雌生殖发生率平均为51.13%。

表2　家蚕杂交种孤雌生殖的诱导结果

品　种	着色卵数（粒）	未着色卵数（粒）	总卵数（粒）	孤雌生殖发生率（%）
浙蕾×春晓	1038	282	1320	78.02
春晓×浙蕾	1140	380	1520	75.00
菁松×皓月	1311	185	1496	87.71
皓月×菁松	988	268	1256	78.47
丰一×54A	1093	478	1571	69.74
54A×丰一	1026	106	1132	90.13
秋丰×白玉	1106	354	1460	75.30
白玉×秋丰	1066	322	1388	77.67
平　均	1096	297	1393	79.00

2.2　现行蚕品种孤雌生殖诱导条件的比较结果

2.2.1　不同浸渍时间与孤雌生殖发生率的关系

表3的数据经方差分析认为，5个品种间孤雌生殖发生率有极显著的差异，而不同浸渍时间孤雌生殖发生率无显著差异，但其诱导效果18min>16min>14min>20min>22min。因此，现行品种浸卵时间以14～18min为宜。

表3　各品种不同浸渍时间与孤雌生殖发生率（%）的关系

品　种	14min	16min	20min	22min	18min
白　玉	61.65	61.13	53.09	53.0	57.43
科　明	37.67	44.22	38.33	31.27	50.99
菁　松	48.76	52.14	51.22	43.81	53.28
PCN-1	79.22	74.76	71.84	42.12	76.34
PC-43	93.50	95.91	91.09	85.59	96.17

2.2.2　不同处理温度与孤雌生殖发生率的关系

从表4可以看出，处理温度对孤雌生殖发生率影响比浸渍时间更显著，5个品种中，菁松、白玉、科明3品种孤雌生殖发生率以44℃最高，其次是46℃；而PCN-1、PC-43则是46℃的孤雌生殖发生率较高，其余均较低，这可能是与两材料都以46℃、18min条件继代有关。

表4　各品种不同处理温度与孤雌生殖发生率的关系

品种	42℃	44℃	48℃	50℃	46℃（CK）
白　玉	0.60	58.43	0.82	0.10	57.43
科　明	2.27	70.41	0.32	0.15	50.99
菁　松	2.03	61.74	1.18	0	53.28
PCN-1	3.41	0.62	0	0.28	76.34
PC-43	11.74	0.42	0.97	0.18	96.17

2.3　家蚕处女蛾自然产卵并进行温汤处理的效果

对PCN-1、PCN-2、秋丰×白玉3个材料5℃冷藏4d后，取出再用30℃高温刺激，可使各品种自然产下较多的未受精卵，6h内产出卵率，秋丰×白玉为82.13%、PCN-1为70.67%、PCN-2为61.43%。，对产出的卵进行温汤处理，可获得较高的孤雌生殖发生率，平均为91.08%，比人工取卵进行温汤处理诱导高出15个百分点左右。

2.4　孤雌生殖系的选育研究结果

用PC-43与现行品种配制成的选育材料，经饲养及孤雌生殖继代结果如表5所示。所配制的6个材料与PC-43相比，其经济性状有所提高，特别是茧层量和茧层率尤为明显，孤雌生殖发生率水平也较高，达75%左右，仅低于对照10%左右，但其孵化率则相对较低，未能达到实用水平，需要进一步选育继代，以培育出具有优良性状水平的孤雌生殖系。

表5　孤雌生殖选育成绩

品　种	全茧量（g）	茧层量（g）	茧层率（%）	孤雌生殖发生率（%）
PC-43×菁松	1.54	0.326	21.20	72.33
PC-43×繁花	1.50	0.340	22.67	69.67
PC-43×浙蕾	1.58	0.354	22.37	88.06
平均	1.54	0.340	22.08	76.68
PC-43×秋丰	1.45	0.336	23.17	74.16
PC-43×丰一	1.57	0.346	22.07	74.39
PC-43×薪杭	1.57	0.374	23.79	67.89
平均	1.53	0.352	23.01	72.15
PC-43对照	1.50	0.260	17.33	86.94

另一种方法是直接从现行原种中筛选孤雌生殖系，如PCN-1已用孤雌生殖方法继代3次，结果表明，PCN-1进行温汤处理诱导可获得较高比例的孤雌生殖发育卵，运用冷藏浸酸和即时

浸酸孵化法也可获得一定比例的幼虫，且各性状水平在继代中比较稳定，特别是茧层率维持在18%～21%之间（表6）。

表6 PCN-1经济性状及孤雌生殖继代情况

品种代数	年 期	全茧量（g）	茧层量（g）	茧层率（%）	孤雌生殖发生率（%）
PCN-1	1996秋	1.31	0.274	20.92	—
PCN-1 Pg1	1997春	1.50	0.300	20.00	—
PCN-1Pg2	1997秋	1.31	0.240	18.32	—
PCN-1Pg3	1998春	1.53	0.300	19.61	88.98

3 讨论

通过近几年对部分现行蚕品种的孤雌生殖进行的研究，我们已较好地掌握了有关运用温汤处理诱导孤雌生殖的技术，并提出了适合部分现行蚕品种的最适诱导温度和浸渍时间，特别是运用温度激变的方法，较好地解决了处女蛾不产卵或极少产卵的问题，使处女蛾自然产下较高比例的未受精卵，避免人工取卵的繁琐，为孤雌生殖技术的实用化提供了方便。同时，我们认为通过以PC-43为材料及直接从现行品种中定向选拔等方法，建立新的具有优良经济性状的实用孤雌生殖系是完全可行的。

回交改良家蚕性连锁平衡致死系的研究[①]

何克荣　祝新荣　黄健辉　夏建国

（浙江省农业科学院蚕桑研究所　杭州　310021）

雄蚕与雌蚕相比具有食桑省、养蚕成本低、出丝率高和丝质优等优点，专养雄蚕比目前的雌雄各半混养可提高经济效益10%以上。俄罗斯学者Strunnikov（1969）通过辐照，创建了家蚕性连锁平衡致死系，用该系统的雄蛾与其他品种的雌蛾杂交，F_1代雌卵在胚胎期死亡，而雄卵仍能正常孵化，实现了专养雄蚕的目标。浙江省农业科学院蚕桑研究所于1996年从俄罗斯引进了家蚕性连锁平衡致死系。引进种虽然有很好的性别控制性状，但其经济性状很差，必须经过改良方可应用于生产。由于平衡致死系是由特殊的致死基因和性标记基因来控制性别的，用常规的杂交育种方法会丢失这些基因，因而我们在品种改良的过程中研究建立了一系列适合于家蚕性连锁平衡致死系的改良方法，本文报道其中易于操作的回交改良方法。

1 材料与方法

1.1 供试材料

被改良的性连锁平衡致死系采用从俄罗斯引进的中系品系S-8，该品系性别控制性能好，其基因结构为：雄性的1对性染色体上分别带有2个不等位的胚胎期隐性致死基因l_1和l_2，第10染色体上带有1对隐性第2白卵基因，即雄性基因结构为$Z^{l_1+l_2}Z^{+l_1l_2}w_2/w_2$，为白卵；雌性的W性染色体上易位有2段染色体片段，一段为与Z染色体上隐性致死基因l_1等位的正常型基因片段$+^{l_1}$，另一段为与第10染色体上第2白卵基因等位的正常型基因片段$+^{w_2}$，雌体的Z性染色体上带有胚胎期隐性致死基因l_1，其第10染色体上也带有1对第2白卵隐性基因，因此，雌体的基因结构为$W^{+l_1+w_2}Z^{l_1}w_2/w_2$。雌性因W染色体上易位片段$+^{w_2}$的作用，表现型为黑卵。S-8的性别控制原理如图1所示，系统内雌雄自交，保持雌体为黑卵，雄体为白卵，而且雌雄各一半在胚胎期死亡。该系统的雄与其他品种雌性杂交，全部黑卵，雌体99%以上在胚胎期死亡。也就是说该系统同时带有2组与性别有关的基因，一组是限性卵色基因，用来区别原种性别，另一组是平衡致死基因，用来控制杂交一代的雄性。引进种S-8的经济性状特别是生命力、解舒和洁净差。用来改良充血的品种采用我国现行优良品种菁松，该品种生命力较强，茧丝性状优。

---

① 本文原载于《蚕业科学》，2001，27（3）：185-188。

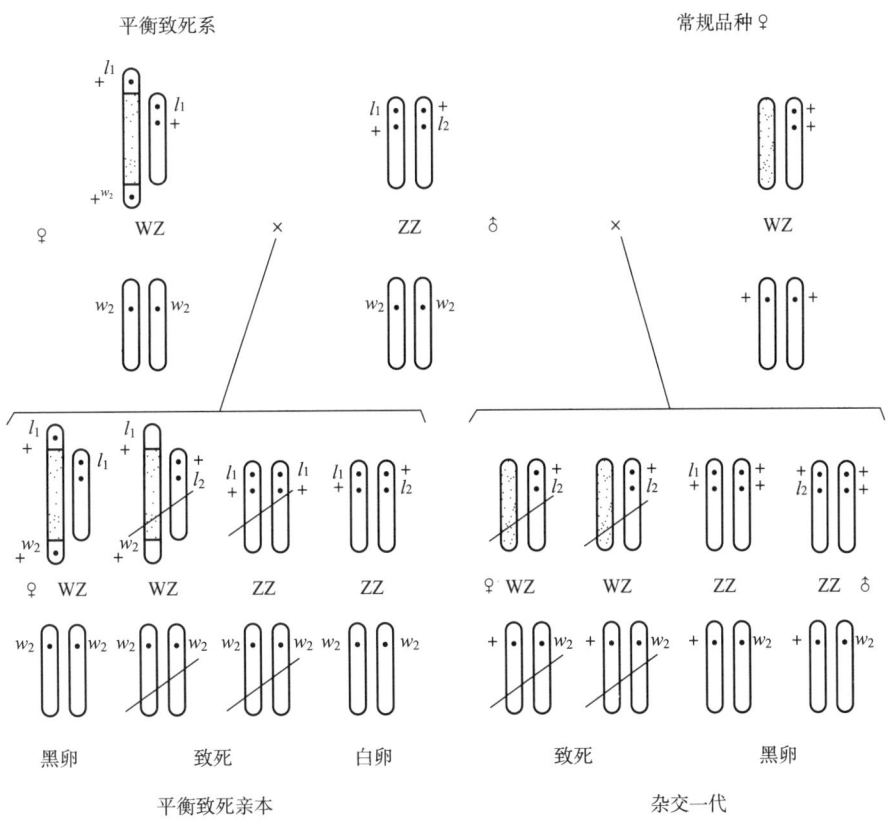

图1 性连锁平衡致死系性别控制基因结构及原理

1.2 改良方法

对平衡致死系品种改良的要求是在导入现行品种的优良经济性状基因的同时又不丢失与性别控制有关的基因。本文采用一种称作循环轮回充血改良的方法，也就是先以平衡致死系品种为基础，通过一次杂交，自交和回交完成一个充血循环，形成一个新的平衡致死系。然后可再以新的平衡致死系为基础，重复上述过程进行第二次血充循环，如此循环进行，直至达到改良目标。

图2绘出了一个充血循环的改良步骤。第1步，用S-8的雌蛾与菁松雄蛾杂交，得到F_1代。第2步，F_1代自交，得到F_2代，F_2为分离世代，基因组产生分离，其中雌体会产生6种不同的基因型，图2中列出了这6种基因型及其比例，其中第6种基因型为$W^{+l_1+w_2}Z^{l_1}w_2/w_2$，是平衡致死系雌性的基因型，再把它与S-8雄回交，就可得到一个带有菁松血缘的平衡致死新品系。第3步是把F_2的雌与S-8的雄回交，这时回交一代会产生6种带有不同表现的蛾区，即全黑卵，75%孵化；1/4白卵，75%孵化；1/2白卵，75%孵化；全黑卵，50%孵化；1/4白卵，50%孵化；1/2白卵，50%孵化（全部为理论比率和孵化率），其中只有第6种分离黑卵（♀）：白卵（♂）为1:1，而且雌雄均有1/2卵胚胎期致死，由此判定为新的平衡致死系，其数量占总蛾区的1/8，这些蛾区可以用来继代。完成一个或几个充血循环后，根据要求可作自交纯化选择，提高新平衡致死品系

的基因纯合度和稳定经济性状。

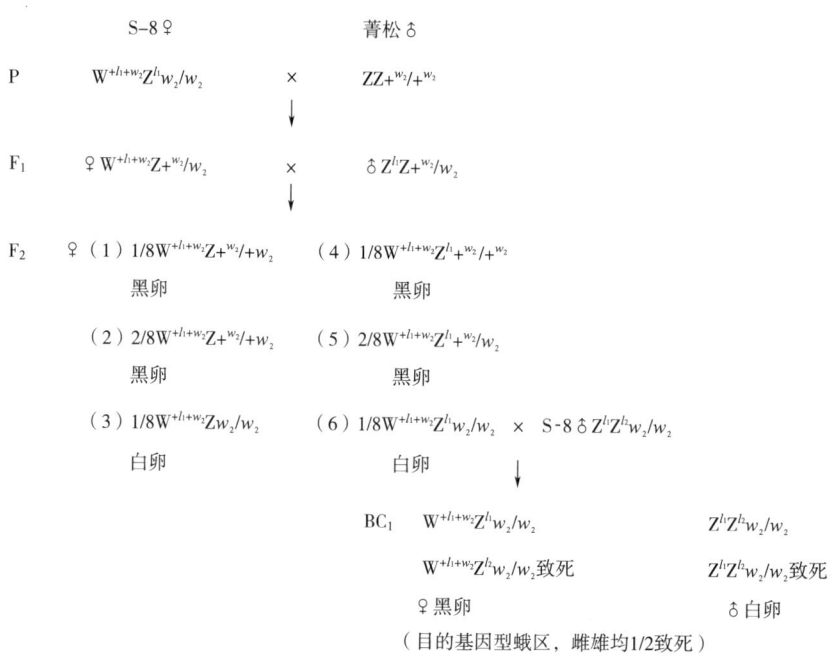

图2 回交改良家蚕性连锁平衡致死系的过程

(1)、(4)回交S-8雄后代全为黑卵；(2)、(5)回交S-8雄后代黑卵中有1/3为雄；
(3)回交S-8雄虽为黑卵雌白卵雄，但雄全部孵化不致死，由此将(6)与(1)～(5)相区别

若充血力度不够，或性状不够全面，还可把新育成的平衡致死系作为基础，用其他优良品种再按上述步骤作充血改良，加大优良品种血缘成分。

2 结果与分析

如前所述，我们用S-8和菁松为材料作了2次充血改良后，接着进行自交选择，在自交选择的早期世代中，注重个体选择，采用不良环境条件选择和活蛹缫丝，个体茧丝性状选择交替进行，以提高原种的生命力和茧丝性状。经6代自交选择后，初步形成性状较稳定的平衡致死新品种，取名平3。其2000年春的养蚕成绩从表1可见，该原种的生命力和茧质性状已达到了实用水平。另外在1999年秋，用该亲本与限性卵色系品种卵2配制杂交组合，进行测交。2000年春饲养该雄蚕杂交组合，其养蚕缫丝成绩从表2可见，卵2×平3的茧丝成绩除解舒率、洁净低于对照外，其余经济性状均明显高于现行品种菁松×皓月。该品种再经几代选择和基因纯化，性状稳定后有望组配出优良的雄蚕杂交组合。

3 讨论

家蚕性连锁平衡致死系与普通蚕品种杂交以后，与蚕的性别控制有关的基因就会分散在不同

的个体中，或因致死基因的作用而丢失。因此用现行优良蚕品种来改良平衡致死品系时要求在保留与控制性别有关的基因型的前题下提高其经济性状。本文报道的改良方法对每一个充血循环作基础的平衡致死系要交配2次，从理论上讲现行优良品种血缘成分较少，改良进度也较慢。但实际上杂交和回交后代的个体含有亲本的血缘成分是服从二项概率分布的，所留种后代中含有多少优良亲本的血统将直接决定于选择，只是选留到优良个体的概率较小而已。因而加大试验规模和加强早期世代的选择，对此方法来讲显得比常规杂交育种更为重要。

表1　2000年春平3的实验室饲养成绩

全龄经过 （d:h）	5龄经过 （d:h）	4龄起蚕结 茧率（%）	死笼率 （%）	4龄起蚕虫蛹率（%）	全茧量 （g）	茧层量 （g）	茧层率 （%）
23:12	7:15	96.59	2.02	94.63	1.32	0.320	24.24

表2　2000年雄蚕杂交组合卵2×平3的养蚕和缫丝成绩

品种名	全龄经过 （d:h）	5龄经过 （d:h）	4龄起蚕 结茧率（%）	雄蚕率 （%）	全茧量 （g）	茧层量 （g）	茧层率 （%）	万蚕收茧量 （kg）	万蚕茧层量 （kg）
卵2×平3	23:21	7:16	98.44	100	1.73	0.476	27.51	17.61	4.853
菁松×皓月	24:15	7:18	98.99	50	1.70	0.396	23.29	17.34	4.034

品种名	茧丝长 （m）	解舒丝长 （m）	解舒率 （%）	茧丝量 （g）	茧丝纤度 （dtex）	清洁 （分）	净度 （分）	鲜茧出丝率 （%）
卵2×平3	1410	910	64.53	0.3891	2.756	100.00	96.50	21.14
菁松×皓月	1197	877	73.26	0.3311	2.762	100.00	98.00	18.29

本方法采用致死基因作为标记基因来进行选择，即根据孵化率来判断留种后代，因而应尽可能创造良好的孵化条件，提高孵化率。另外用这种循环轮回充血改良的方法来改良平衡致死系的某几个性状，效果特别明显。本文为了便于说明和操作方便，用F_2代6种基因型雌体与平衡致死系雄回交，根据后代的雌雄卵色及致死性状的分离，选留第6种基因型个体（新平衡致死系）留种（图2）。但实际图2中F_2代的第4、5、6三种基因型后代与平衡致死系的雄杂交后代均可留种，只是在留种后代的选择中，不能丢失第2白卵基因。特别是与F_2雌的第4种基因型回交时，第2白卵为杂合体而不表现，在以后的几代中可通过自交或测交来确定和纯合第2白卵基因。

家蚕雌蚕单性生殖无性繁殖系的配合力研究[①]

王永强[1, 2]　徐孟奎[1]　孟智启[2]　何克荣[2]　何秀玲[2]

（1.浙江大学动物科学院蚕蜂科学系　杭州　310029；2.浙江省农业科学院蚕桑研究所　杭州　310021）

笔者从1996年开始，利用孤雌生殖方法，开展了从我国现行二化性家蚕品种资源中建立雌蚕单性生殖无性繁殖系（parthenoclone）的研究工作。经7～8代的选育，初步育成了后代雌蚕率100%，孤雌生殖发生孵化率51%～76%，性状趋于稳定的中、日系二化性雌蚕单性生殖无性繁殖系9个。为了测试其相关性状水平，对雌蚕单性生殖无性繁殖系进行了配合力测试。

1　材料与方法

1.1　供试品种

中系二化性雌蚕单性生殖无性繁殖系4个，分别为PC1、PC2、PC3、PC4以及其原两性繁殖系分别为C1、C2、C3、C4；俄罗斯引进的一化性雌蚕单性生殖无性繁殖系1个PC43；日系二化性雌蚕单性生殖无性繁殖系5个，分别为PJ1、PJ2、PJ3、PJ4、PJ5以及其原两性繁殖系分别为J1、J2、J3、J4、J5。常规品种华光、春日；平衡致死雄蚕品种2个分别为平5、平8。

1.2　研究方法

2001年春期按不完全双列杂交法，将中系雌蚕单性生殖无性繁殖系及其两性繁殖系分别与常规日系品种春日、日系平衡致死雄蚕平8配制杂交组合；将日系雌蚕单性生殖无性繁殖系及其两性繁殖系分别与常规中系品种华光、中系平衡致死雄蚕平5配制杂交组合。采用即时浸酸方法，于夏期饲养各组合，每个组合蚁蚕来自15个卵圈，收蚁0.3g，4龄起蚕24h后分区，每一组合2区，每区200头。在相同条件下饲养，上蔟6d后按常规方法调查各组合的蚕期成绩，并以综合经济性状万蚕产茧层量为指标，进行了配合力的统计分析。配合力计算方法参照《中国蚕种学》的方法，一般配合力主要计算公式为$G_i=X_i-\mu$（其中G_i代表品种i的一般配合力，X_i代表品种i所有F$_1$代的平均生产能力，μ代表所有杂交组合的平均生产能力）；特殊配合力的主要计算公式为$S_{ij}=X_{ij}-T_{ij}$（S_{ij}代表品种i与品种j杂交，其F$_1$代的特殊配合力，X_{ij}为品种i与品种j的F$_1$代实际生产能力，T_{ij}为品种i与品种j杂交F$_1$的预期值，而$T_{ij}=\mu+G_i+G_j$）。

---

①　本文原载于《蚕业科学》，2001，27（4）：272-276。

2　结果与分析

2.1　饲养成绩

由表1、表2可以看出，各杂交组合的主要成绩无论是中系还是日系雌蚕单性生殖无性繁殖系，与平衡致死雄蚕及常规品种雄蚕组配的杂交种其发育经过与其两性繁殖系所组配的杂交种相仿。在生命力方面，用中系单性生殖无性繁殖系组配的杂交种大多比其两性繁殖系所配的杂交种水平高；利用日系雌蚕单性生殖无性繁殖系组配的杂交种，其生命力水平大多与其两性繁殖系所配的杂交种相仿。就产量而言，利用4个中系雌蚕单性生殖无性繁殖系与平衡致死雄蚕组配的杂交种，有2个杂交组合的产量高于其两性繁殖系，且均优于利用从俄罗斯引进的雌蚕品系PC43所组配的杂交种，与常规品种组配的杂交种有3个组合明显高于其两性繁殖系。而日系无性繁殖系与平衡致死雄蚕、常规品种配制的杂交种的产量与其两性繁殖系相仿。因此经多代孤雌生殖选育，这些雌蚕单性生殖无性繁殖系已具有较好的组配性能和较高的杂种优势水平，许多组合已超过原两性系。

表1　中系雌蚕单性生殖无性繁殖系及其两性繁殖系配制杂交组合的饲养成绩

品种	龄期经过（d:h）	4龄虫蛹率（%）	全茧量（g）	茧层量（g）	茧层率（%）	万蚕收茧量（kg）	万蚕茧层量（kg）
PC1×平8	23:05	93.91	1.68	0.416	24.76	16.78	4.156
C1×平8	22:21	91.28	1.74	0.432	24.83	17.14	4.254
PC2×平8	23:05	94.39	1.64	0.416	25.37	16.58	4.206
C2×平8	22:21	94.21	1.70	0.428	25.18	17.51	4.409
PC3×平8	22:21	94.68	1.75	0.436	24.94	17.10	4.266
C3×平8	22:21	91.71	1.76	0.436	24.77	16.65	4.125
PC4×平8	22:21	95.83	1.70	0.416	24.47	16.42	4.019
C4×平8	23:05	93.97	1.65	0.412	24.94	16.22	4.045
PC43×平8	23:05	91.01	1.64	0.392	23.96	16.27	3.899
PC1×春日	22:21	89.66	1.93	0.440	22.82	18.00	4.109
C1×春日	22:21	93.53	1.86	0.444	23.82	18.95	4.513
PC2×春日	22:21	96.32	1.85	0.436	23.52	18.61	4.376
C2×春日	22:21	90.59	1.79	0.412	23.07	17.46	4.029
PC3×春日	22:21	95.51	1.82	0.430	23.60	18.99	4.481
C3×春日	22:21	92.86	1.86	0.432	23.20	18.30	4.245
PC4×春日	22:21	95.56	1.87	0.436	23.37	18.61	4.349
C4×春日	22:21	92.96	1.92	0.432	22.55	18.19	4.102
PC43×春日	22:21	91.85	1.93	0.450	23.34	18.90	4.412

表2　日系雌蚕单性生殖无性繁殖系及其两性繁殖系所配制杂交组合的饲养成绩

品　种	龄期经过（d:h）	4龄虫蛹率（%）	全茧量（g）	茧层量（g）	茧层率（%）	万蚕收茧量（kg）	万蚕茧层量（kg）
PJ1×平5	23:05	92.86	1.58	0.400	25.25	16.63	4.199
J1×平5	23:05	96.53	1.62	0.412	25.43	16.59	4.219
PJ2×平5	23:05	95.59	1.50	0.364	24.27	15.56	3.776
J2×平5	23:05	98.47	1.59	0.372	23.43	16.28	3.813
PJ3×平5	23:08	97.26	1.58	0.372	23.54	16.68	3.928
J3×平5	22:21	96.69	1.66	0.408	24.64	16.30	4.017
PJ4×平5	23:08	95.36	1.65	0.416	25.24	16.29	4.112
J4×平5	23:05	94.71	1.54	0.404	26.23	16.14	4.235
PJ5×平5	23:08	96.53	1.66	0.420	25.30	17.51	4.431
J5×平5	23:05	97.35	1.62	0.412	25.43	14.14	3.595
PJ1×华光	22:21	96.37	1.80	0.434	24.06	17.65	4.247
J1×华光	22:21	97.77	1.79	0.422	23.55	18.36	4.324
PJ2×华光	22:21	97.07	1.71	0.388	22.74	17.45	3.968
J2×华光	22:21	97.84	1.71	0.400	23.45	17.61	4.130
PJ3×华光	22:21	94.68	1.80	0.402	22.33	17.50	3.909
J3×华光	22:21	95.45	1.71	0.388	22.66	17.07	3.869
PJ4×华光	22:21	95.61	1.76	0.416	23.64	17.69	4.182
J4×华光	22:21	96.98	1.75	0.412	2.354	17.72	4.173
PJ5×华光	22:21	88.70	1.86	0.434	23.31	18.01	4.197
J5×华光	22:21	97.45	1.84	0.440	23.86	18.44	4.399

2.2　配合力测试

以综合经济性状万蚕茧层量为指标，对中系雌蚕单性生殖无性繁殖系和日系雌蚕单性生殖无性繁殖系及其原两性繁殖系与常规品种雄蚕、平衡致死雄蚕进行配合力分析测试（具体计算过程从略），其结果见表3、表4。

表3　中系雌蚕无性繁殖系及其原两性繁殖系配合力测定结果

品种	PC1	C1	PC2	C2	PC3	C3	PC4	C4	PC5	一般配合力
平8	93	−61	−16	259	−39	9	−96	40	−188	−69[*]
春日	−93	60	16	−259	38	−9	96	−41	187	69[*]
一般配合力	−89[*]	162[*]	69[*]	−3[*]	152[*]	−37[*]	−38[*]	−148[*]	−66[*]	

注：*为各品种的一般配合力值，其余为各杂交组合的特殊配合力值。

从表3可以看出，中系雌蚕单性生殖无性繁殖系及其原两性繁殖系一般配合力水平由高到低依次为C1 > PC3 > PC2 > C2 > C3 > PC4 > PC43 > PC1 > C4；雌蚕单性生殖无性繁殖系PC2、PC3、PC4的一般配合力水平明显优于其原两性繁殖系；另外，特殊配合力水平前5对品种分别为C2×平8、PC43×春日、PC4×春日、PC1×平8、C1×春日。初步育成的中系雌蚕单性生殖无性繁殖系一般配合力水平较高。因此，利用中系雌蚕单性生殖无性繁殖系与平衡致死雄蚕配制成优良的雄蚕杂交组合是可以预期的。

表4　日系雌蚕单性生殖无性繁殖系及其两性繁殖系配合力测定结果

品种	PJ1	J1	PJ2	J2	PJ3	J3	PJ4	J4	PJ5	J5	一般配合力 ty
平5	30	1	−42	−105	63	128	19	85	171	−348	−54*
华光	−30	−2	42	104	−64	−128	−19	−85	−171	348	54*
一般配合力	137*	186*	−214*	−114*	−167*	−143*	61*	118*	228*	−89*	

从表4可以看出，日系雌蚕单性生殖无性繁殖系及其原始两性繁殖系一般配合力水平由高到低依次为PJ5 > J1 > PJ1 > J4 > PJ4 > J5 > J2 > J3 > PJ3 > PJ2，因此，除PJ5一般配合力水平显著优于其他品种外，其余4个雌蚕单性生殖无性繁殖系一般配合力水平稍低于其原始两性繁殖系；而从特殊配合力水平分析，前5对品种分别为J5×华光、PJ5×平5、J3×平5、J2×华光、PJ3×平5，因此，利用日系雌蚕无性繁殖系与平衡致死雄蚕配制成优良的杂交组合也是可以预期的。

3　讨论

从蚕期饲养成绩和配合力测试分析表明，以我国现行二化性家蚕遗传资源为材料，利用孤雌生殖技术经7～8代选育初步建立的中、日系雌蚕单性生殖无性繁殖系与其原两性繁殖系相比，许多已具有比原系统更高的杂种优势和配合力水平。就其产生的原因，笔者认为，虽然孤雌生殖的雌性后代完全拷贝了母本的基因型，但由于孤雌生殖继代改变了其正常的繁殖方式，因此其孤雌生殖选育过程相当于在"恶劣的遗传背景"下进行筛选的过程（初世代时孵化率低，难养等情况就是具体的表现），由于适者生存，存活的个体其基因型中有用基因频率相对增加，加快了该群体中不良基因的淘汰和有用基因的积累。

从雌蚕单性生殖无性繁殖系的实用化角度分析，其主要目的是与平衡致死雄蚕组配雄蚕杂交种，降低制种成本。目前利用限性斑纹品种与平衡致死雄蚕杂交，虽然在较大程度上降低了雄蚕杂交种的制种成本，但是常规品种的雄蚕未被利用而淘汰，造成损失。因此，若培育出雌蚕率100%，发生孵化率在50%以上及其他经济性状与原系统相仿的雌蚕单性生殖无性繁殖系，就有与平衡致死雄蚕杂交来生产雄蚕杂交种的实用价值，从而大幅度降低制种成本。当然本研究目前所建立的雌蚕单性生殖无性繁殖系大多为7～8代的选育水平，其孵化率、发生率和相关经济性状水平还有待进一步提高，特别是提高雌蚕单性生殖无性繁殖系的生命力十分重要。从选育过程分析，虽然初世代时出现生命力水平低，难养等情况（主要是出现畸形蚕），但随着代数增加已有了明显的改良，因此经过若干世代的选育可以培育出经济性状优良、具有实用价值的优良雌蚕单性生殖无性繁殖系，并与平衡致死雄蚕组配杂交组合，这将为降低雄蚕杂交种的生产成本，加快雄蚕产业化的进程提供一条新的途径和技术储备。此外，在前人研究的基础上，本研究在降低雌蚕单性生殖无性繁殖系原种的生产成本和大批量孤雌生殖操作技术方面均有改善。在今后工作中，重点是要加强雌蚕单性生殖无性繁殖系的发生孵化率和生命力性状的选择提高，使该项技术早日应用于专养雄蚕的产业化生产。

家蚕性连锁平衡致死系性别控制基因转移方法研究[①]

何克荣　祝新荣　黄健辉　夏建国

（浙江省农业科学院蚕桑研究所　杭州　310021）

雄蚕较雌蚕食桑少，出丝率高而且茧丝品质优。专养雄蚕是蚕业工作者多年来梦寐以求的愿望。Strunnikov通过辐照首次育成了家蚕性连锁平衡致死系，该系统的雄蚕与其他品种雌蚕杂交，下一代的雌蚕在胚胎期死亡，只有雄蚕孵化，是一种较为理想的专养雄蚕的方法。我所于1996年春从俄罗斯引进了家蚕性连锁平衡致死系。由于中俄两国环境差异大，引进种不适应我国气候条件，再加上引进种茧丝性状差，不能直接用于生产。同时，从育种角度考虑，希望把该系统的性别控制基因导入现行蚕品种，使现行蚕品种也具有性别控制能力。为此我们开展了家蚕性连锁平衡致死系性别控制基因导入方法的研究，经4年多工作，已初步育成了一些新的性连锁平衡致死系蚕品种。它们的主要经济性状已接近或超过了我国现行品种，开始在生产上应用，初步显示出专养雄蚕的经济效益。

1　平衡致死系的性别控制基因结构

引进种的性别控制基因较传统文献中介绍的蚕性连锁平衡致死系更完美，图1绘出了引进种性别控制基因结构以及性别控制机理。从图1可见，该系统雄性的2条性染色体（Z）上各带有1个不等位的隐性胚胎期致死基因，即l_1或l_2。两基因位点的交换率为0.8%；在第10常染色体上带有隐性纯合第2白卵基因w_2/w_2，因而雄性基因型为Z^{l_1}，Z^{l_2}，w_2/w_2（按标准基因型应写成$Z^{l_1+l_2}$，$Z^{+l_1 l_2}$，w_2/w_2，为书写方便，在不会引起混淆的情况下，删除了正常型基因）。雌性的W性染色体上载有易位的l_1和第2白卵w_2的等位正常型基因片段$+^{l_1}$及$+^{w_2}$，Z染色体上也载有致死突变基因l_1和l_2的等位正常型基因$+^{l_1}$；第10常染色体上也带有纯合第2白卵基因w_2/w_2，雌性基因型为$W^{+w_2+l_1}Z^{l_1}$，w_2/w_2。也就是说它同时带有2组性别控制基因，一组限性卵色基因控制亲本自身性别，以用于原种生产，降低制种成本，另一组平衡致死基因控制杂种一代性别。其控制性别机理如图1，即该系统自交，雌雄各有一半胚胎期死亡，而且雌性为黑卵，雄性为白卵；其雄性与其他品种雌性杂交，雌性胚胎期死亡，雄性孵化。因而在基因导入时这2组基因均不可丢失。

---

① 本文原载于《中国农业科学》，2002，35（2）：213-217。

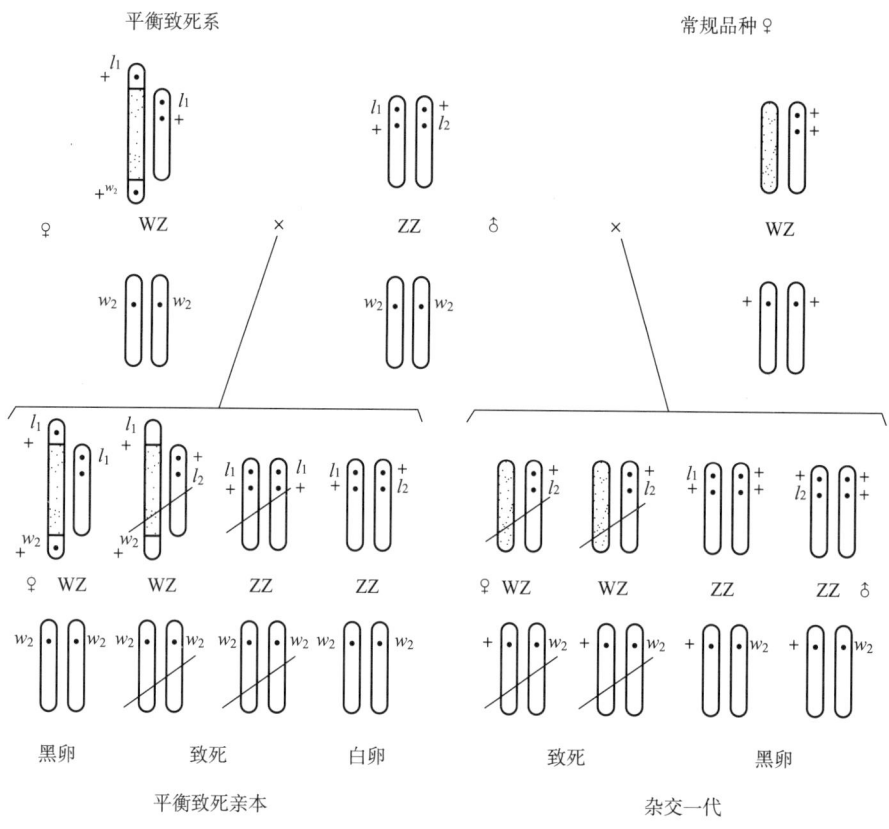

图1 性连锁平衡致死系性别控制基因结构及原理

2 基因导入方法

性别控制基因导入后的新品种要求既有平衡致死系的性别控制能力，又要保持现行蚕品种的优良经济性状。因而我们的设计方案是：先通过平衡致死系与现行品种的杂交把性别控制基因分散在3个子系统中，接着对每个子系统用现行品种连续回交，使这3个子系统基本上全为现行品种血缘，最后通过3次不同型式的交配把性别控制基因组合到一个新的品种中，形成新的平衡致死系品种。在回交和交配过程中，采用测交和标记基因选择相结合的方法，以保证在留种继代过程中不丢失性别控制基因。下面分步叙述导入方法。

2.1 子系统1的建立（$W^{+w_2+l_1}Z^{l_1}$的导入）

先用平衡致死系的雌与现行品种的雄杂交，得到F_1代。然后再用现行品种的雄与F_1代雌回交，连续多代回交。这时，从BC_1起每一世代的雌体均带有性染色单体$W^{+w_2+l_1}$，从理论上讲经4～5代回交后，子系统带有$1-\left(\frac{1}{2}\right)^4$–$1-\left(\frac{1}{2}\right)^5\approx94\%～97\%$的现行品种血统（图2）。

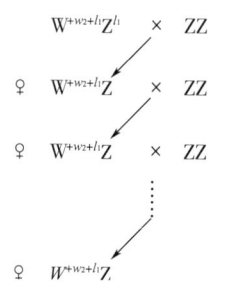

图2 子系统1的构建方案

2.2　子系统 2 和 3 的建立（Z^{l_1}、Z^{l_2} 及 w_2 基因的导入）

这两个子系统的建立在时间上可与子系统 1 同时进行。首先用现行品种的雌蛾与平衡致死系的雄蛾杂交，其后代雌卵在胚胎期死亡。雄卵正常孵化。但存在 2 种不同基因型，即 ZZ^{l_1}，$+^{w_2}/w_2$ 及 ZZ^{l_2}，$+^{w_2}/w_2$，然后再用现行品种的雌蛾与杂交后代的雄蛾回交，回交一代卵由于 Z^{l_1} 和 Z^{l_2} 基因的致死作用，雌卵有 $\frac{1}{2}$ 致死，不孵化，可根据 2 种致死基因的致死作用差异把 2 种基因型分开，称带有 ZZ^{l_1}，$+^{w_2}/w_2$ 基因者为子系统 2，另一种为子系统 3。然后把 2 个子系统的雄与现行蚕品种的雌回交并连续多代。其过程如图 3。从图 3 可见，每一子系统的回交世代里均带有 4 种基因型的雄蛾，即①ZZ，$+^{w_2}/+^{w_2}$；②ZZ，$+^{w_2}/w_2$；③$ZZ^{l_1 l_2}$，$+^{w_2}/^{w_2}$；④$ZZ^{l_1 l_2}$，$+^{w_2}/^{w_2}$。只有第 4 类基因型同时带有致死基因 $Z^{l_1 l_2}$ 和第 2 白卵基因 w_2，可继代留种。为了找出带有这类基因型的雄蛾，利用雄蛾能再交的特性，在回交一代雄蛾与现行品种雌蛾交配后，再一次与纯合第 2 白卵雌娥（w_2/w_2）测交，对应上述 4 种不同的基因型的雄蛾与测交下的卵具有 4 种不同的表现型。即

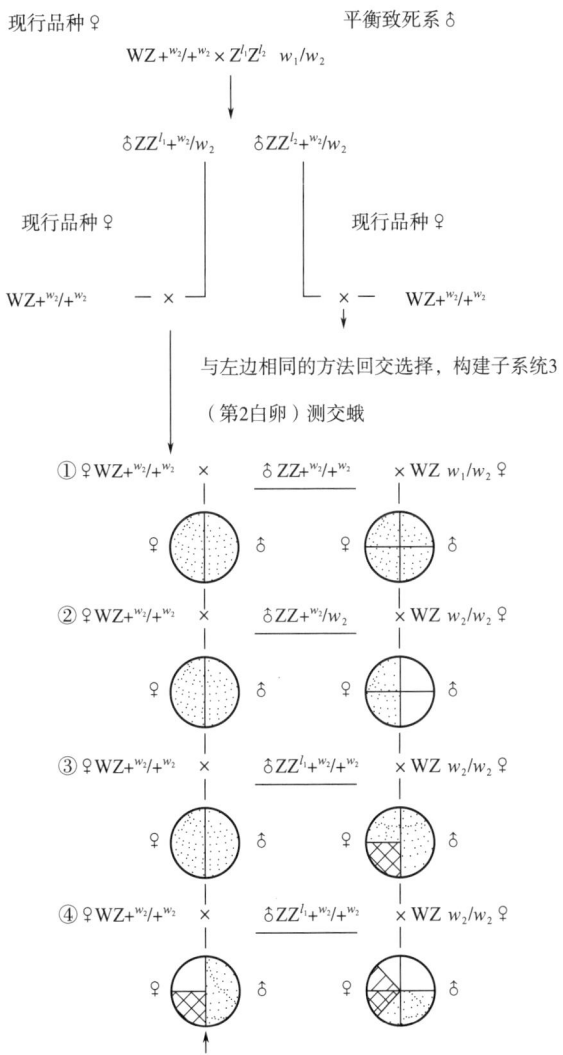

该卵圈的雄性用来进行下一代回交继代，如此多代回交选择，形成了系统 2

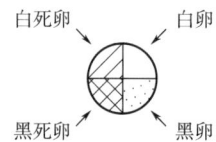

图3　子系统2和3的构建方案

①全黑卵100%孵化（理论孵化率，以下同）。②1/2白卵，100%孵化。③全黑卵，75%孵化。④1/2白卵，75%孵化。显然，第4种表现型之雄蛾是目的型个体，该蛾与现行品种交配后产下的卵可用来留种继代。如此重复进行回交选择，经4～5代后，理论上讲子系统2和3也可含有94%～97%的现行品种血统，而且这2个系统中又带有性别控制基因Z^{l_1}，Z^{l_2}和w_2。

2.3　过渡体的建立（子系统间的第一次交配）

经多代回交后，3个子系统均带有90%以上的现行品种血统，但性别控制基因分散在3个子系统中，可通过3次交配把它们合并在一起，形成了一个平衡致死系新品种。第一次交配是用子系统1的雌与子系统2的雄交配，同时利用纯合第2白卵雌蛾测交，选出所需卵圈，即雌性含有$W^{+w_2+l_1}Z^{l_1}$，$+^{w_2}/w_2$基因型者继代，这个继代蛾区称作过渡体。测交选择过程如图4所示，类似于子系统2或3。

2.4　2个中间体的建立（子系统间的第2次交配）

形成了过渡体后，接下去用过渡体的雌蛾同时与子系统2和子系统3的雄蛾交配，产生中间体1（过渡体♀×子系统2♂）和中间体2（过渡体♀×子系统3♂）。通过遗传分析不难得知，过渡体的雌蛾也具有4种基因型，即①$W^{+w_2+l_1}Z$，$+^{w_2}/+^{w_2}$；②$W^{+w_2+l_1}Z^{l_1}$，$+^{w_2}/+^{w_2}$；③$W^{+w_2+l_1}Z$，$+^{w_2}/w_2$；④$W^{+w_2+l_1}Z^{l_1}$，$+^{w_2}/w_2$。而子系统2及3的雄蛾如前所述也有4种基因型。它们之间可以产生16种交配型式。很明显，当过渡体雌蛾的第4种基因型（$W^{+w_2+l_1}Z^{l_1}$，$+^{w_2}/w_2$）与系统2的第4种基因型（ZZ^{l_1}，$+^{w_2}$）交配时，产下的卵圈表现为75%孵化率并带有$\frac{1}{8}$的第2白卵。它含有的基因型为$W^{+w_2+l_1}Z^{l_1}$，w_2/w_2的雌性个体，可选留作为中间体1。同样当过渡体基因型④的雌蛾与子系统3基因型④的雄蛾交配时，产下的卵圈的孵化率也为75%并带有$\frac{1}{8}$的第2白卵。它含有基因型为$Z^{l_2}Z^{l_1}$，w_2/w_2的雄性个体，可选择为中间体2。

2.5　新平衡致死系的合成（2个中间体间的交配）

把中间体1的雌蛾和中间体2的雄蛾交配，这时当♀$W^{+w_2+l_1}Z^{l_1}$，w_2/w_2与$Z^{l_2}Z^{l_1}$，w_2/w_2相交时，产下卵圈的孵化率为50%并带有$\frac{1}{2}$的第2白卵。很明显，该卵圈就是新的

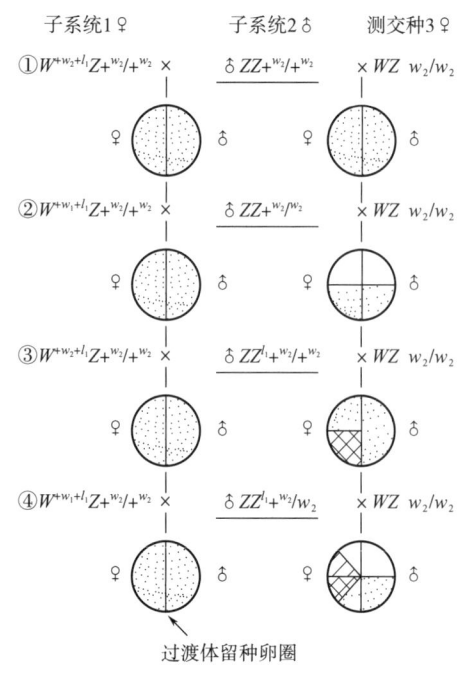

过渡体留种卵圈

图4　过渡体的选出方案

平衡致死系。

按以上原理和设计，从1996年春开始用以俄罗斯引进的家蚕平衡致死系S-8为性别控制基因供体，现行品种菁松作为受体。经4年多育成了一个新的蚕性连锁平衡致死系，取名平9。该品种与其他品种杂交F_1代雄蚕率在99%以上，亲本及其杂交组合在1999年春的饲养成绩列于表1，表2。从表2可知，该雄蚕杂交组合无论在茧丝质量还是生命力等方面已超过了现行蚕品种菁松×皓月，接近现行品种雄性群体水平，具有实用价值。

3　讨论

3.1　平衡致死系

共用了4个基因（$W^{+w_2+l_1}$，Z^{l_1}，Z^{l_2}，和w_2）来控制性别，而在基因导入的每一步中，必须保留这4个基因。该法采用标记基因跟踪法，因而测交是试验中的重要一步，它起到2个作用：（1）检测w_2基因的存在；（2）验证致死基因Z^{l_1}和Z^{l_2}的存在（75%的孵化率）。由于每一世代中可用蛾区常常只有$\frac{1}{4}$或更少（最后的几次交配），为了加大选择余地，每一世代都必须饲养足够的数量。

表1　新育成的家蚕性连锁平衡致死系原种平9的饲养成绩（1999年春）

全龄经过 （d:h）	5龄经过 （d:h）	4龄起蚕结茧率 （%）	死笼率 （%）	4龄起蚕虫蛹率 （%）	全茧量 （g）	茧层量 （g）	茧层率 （%）
23:21	8:00	96.51	2.41	94.19	1.85	0.464	25.08

表2　雄蚕杂交组合春日×平9的茧丝成绩（1999年春）

品种名	全龄经过 （d:h）	5龄经过 （d:h）	4龄起蚕结茧率 （%）	死笼率 （%）	全茧量 （g）	茧层量 （g）	茧层率 （%）	万蚕产茧量 （kg）	万蚕产茧层量 （kg）
春日×平9	23:02	7:13	98.34	1.00	1.97	0.533	27.12	20.03	5.432
菁松×皓月	23:00	7:12	98.54	0.00	1.93	0.445	23.08	19.06	4.399

品种名	茧丝长 （m）	解舒丝长 （m）	解舒率 （%）	茧丝量 （g）	茧丝纤度 （dtex）	清洁 （分）	净度 （分）	鲜茧出丝率 （%）
春日×平9	1438	1103	76.72	0.4570	2.861	100.00	97.25	21.51
菁松×皓月	1257	1081	86.09	0.3746	2.686	99.00	98.00	18.70

3.2　是否带有致死基因是用后代的孵化率来推测的，创造良好的孵化条件对选择十分必要；为了验证留种后代蛾区是否正确，也可用调查饲养蛾区的雌雄性比来校验，以保证留种后代不丢失性别控制基因。

3.3　从理论上讲，每回交一代增加$\frac{1}{2}$轮回亲本血统。但这只是一个概率值，留选后代占多少轮回亲本血缘，很大程度上决定于后代的选择，因而在后代选择中应注意选留保持轮回亲本性状的个体。

雄蚕品种的几个茧质性状遗传效应分析①

何克荣　祝新荣　柳新菊

（浙江省农科院蚕桑研究所　杭州　310021）

用家蚕性连锁平衡致死系的雄蚕与常规蚕品种的雌蚕杂交，能组配成雄蚕杂交组合，使下一代只有雄卵孵化，实现专养雄蚕。我们从俄罗斯引进家蚕性连锁平衡致死系后，经5年研究育成了一批性状较为优良的家蚕平衡致死系品种。为了了解各类亲本材料各种性状的遗传规律，在育种过程中有目的地进行亲本选育和杂交组合选配，需要对雄蚕亲本的性状遗传规律和配合力进行有效分析，用以指导品种选育。由于雄蚕种的反交不能利用，所以利用不完全双列杂交进行雄蚕种的配合力分析是较为理想的办法。本文利用不完全双列杂交方法，对雄蚕杂交种亲本材料的几个茧质性状遗传规律进行了首次探讨，得到了一些具有参考价值的遗传参数，供今后雄蚕品种选育和雄蚕杂交组合选配时参考。

1　材料和方法

2001年春用4个皮斑限性常规原种（中933、871、夏华、华秋）雌蚕与4个家蚕性连锁平衡致死系原种（平8、平20、平26、平30）雄蚕，按不完全双列杂交形式制成4×4=16个雄蚕杂交种，2001年秋期在同一蚕室按随机区组设置试验排列，饲养16个雄蚕杂交组合，每组合设置3个重复，共48区，在相同条件下饲养、上簇。采茧后调查每区的结茧率、全茧量、茧层量、茧层率和万蚕产茧量等5个主要茧质性状。所得数据按不完全双列杂交配合力分析方法进行分析。

2　结果与分析

2.1　组合间的方差分析

5个性状的组合间方差分析结果列于表1。从表1可见，父母的亲本效应中除茧层量的父本效应外，其余均达显著或极显著水平，可见亲本的基因差异，对杂交一代的影响极大。即亲本自身性状的好坏直接影响杂交组合的优劣。结茧率、茧层率和万蚕产茧量3性状的亲本互作效应达极显著水平，说明这些性状双亲基因的交互作用对它们也有较大影响。

---

①　本文原载于《蚕桑通报》，2002，33（3）：17-19。

表1　组合间的方差分析

变异来源	结茧率 （%）	全茧量 （g）	茧层量 （g）	茧层率 （%）	万蚕产茧量 （kg）
母本	11.83**	0.022**	0.0021**	8.16**	3.17**
父本	27.67**	0.030**	0.0008	1.87*	0.98**
父母本互作*	9.74*	0.004	0.0007	1.98**	0.72**
机误	2.02	0.003	0.0004	0.55	0.18

注：表中数值为均方值；** 为1%显著水平；* 为5%显著水平。

2.2　遗传参数分析

5个性状的主要遗传参数列于表2。从表2可见，结茧率的一般配合力方差较小，而特殊配合力方差较大，遗传力也是广义遗传力较大，而狭义较小，说明这个性状特殊配合力较一般配合力更为重要，它的非加性基因作用大于加性效应。在组配雄蚕杂交组合时，应充分考虑亲本间的组合形式，利用它们间的杂种优势。全茧量的一般配合力方差远远大于特殊配合力，其广义遗传力与狭义遗传力也很接近，说明该性状主要受加性基因控制，在选育过程中，应着重注意亲本自身性状的提高，选用全茧量大的亲本材料。茧层量、茧层率和万蚕产茧量，这3个性状的一般配合力和特殊配合力方差相差无几，而且狭义遗传力接近于广义遗传力的1/2，说明对这3个性状而言，2种配合力同等重要，它们同时受到加性基因效应和非加性基因效应影响，在组配雄蚕杂交组合时，既要选定优良亲本，又要注意充分发挥它们的杂种优势。

表2　5个性状的主要遗传参数

遗传参数	结茧率	全茧量	茧层量	茧层率	万蚕产茧量
一般配合力方差（%）	39.34	96.96	58.44	51.38	55.57
特殊配合力方差（%）	60.66	3.04	41.56	48.62	44.43
广义遗传力（%）	67.70	55.10	33.17	64.29	68.99
狭义遗传力（%）	26.64	53.43	19.39	33.04	38.34

2.3　亲本一般配合力的相对效应估算

8个亲本5个性状的一般配合力相对效应列于表3。从表3可见，就该5个性状综合而言，中933的一般配合力较差，华秋和平26较好。但对单项性状各个原种都有自己的特点，例如，就生命率（结茧率）而言，夏华与平30较高；全茧量夏华与平8较高；茧层量871与平26较高；茧层率871与平30较高；万蚕产茧量夏华与平8较高。因而我们在利用这些亲本作为选育材料时，可根据材料的选育目的和性状要求，有选择地利用、改良，选育出优良的雄蚕亲本。

表3　8个亲本一般配合力的相对效应估算（%）

品　种	中933	871	夏·华	秋·华	平8	平20	平26	平30
结茧率	−0.410	−0.796	1.576	−0.370	−2.333	0.731	0.190	1.412
全茧量	−3.504	−0.900	2.977	1.426	3.254	−1.177	2.036	−4.113
茧层量	−4.603	3724	−0.995	1.874	1.874	−2.105	1966	−1.735
茧层率	−1.171	4.487	−3.725	0.409	−1.286	−0.931	−0.151	2.368
万蚕产茧量	−3.339	−2.428	4.720	1.048	2.327	−0.101	0.399	−2.625

3　讨论

（1）由于雄蚕杂交种只利用平衡致死系的雄和常规品种的雌，所以利用不完全双列杂交分析常规品种和雌蚕和平衡致死系的雄蚕的遗传规律，对选育组配雄蚕杂交种具有较大的指导意义，在亲本选育时可以根据所得到的遗传信息，加强常规品种的雌性和平衡致死雄性的选择，并对伴性遗传性状设置不同的侧重，进行有目的地选择，以提高选育效果，快速培育出优良雄蚕新品种。

（2）充分利用亲本的配合力一直是组配杂交组合的难题，不完全双列杂交是利用杂交组合的成绩，反推亲本的一般配合力和估算特殊配合力，其结果具有可靠性和实用价值，具有较强的参考价值，是目前一种较好的配合力分析方法。但该法估算的遗传力估算值偏大，这是双列杂交分析方法的通病之一。我们在利用这个参数时应充分注意这一点。

（3）本次探讨仅用一次试验数据，而且选用亲本数量较少，所以分析结果带有一定的局限性。例如表1（组合间的方差分析）中的有些性状在这次试验中未达显著水平，只能说明对该试验的材料而言，这些性状中没有明显的基因作用，很可能是由于样本选择而造成的，对此只有通过大量多次试验才能得出肯定的结论。但是相反，那些分析结果有显著作用的项目，其结果是有参考价值的。

春秋兼用雄蚕品种夏·华×平8的选育①

祝新荣 何克荣 黄健辉 夏建国 柳新菊

（浙江省农业科学院蚕桑研究所 杭州 310021）

雄蚕较雌蚕食桑少，出丝率高而且茧丝品质优。Strunnikov育成了家蚕性连锁平衡致死系，用该系统的雄性与其他普通蚕品种的雌性杂交，下一代的雌性在胚胎期死亡，只有雄卵能正常孵化，是一种较为理想的专养雄蚕的方法。浙江省农业科学院蚕桑研究所于1996年春从俄罗斯引进了家蚕性连锁平衡致死系。由于中俄两国环境差异大，引进种不适应我国的气候环境，加上引进种的茧丝性状差，不能直接应用于生产。为此，我们开展了家蚕性连锁平衡致死基因导入现行品种的研究。平8就是将性连锁平衡致死基因导入现行春用多丝量品种春日育成的一个新的性连锁平衡致死系，用它组配的雄蚕杂交组合夏·华×平8，其主要经济性状已接近或超过了我国现行品种，生产试养初步显示出专养雄蚕的优越性。

1 选育经过

以普通蚕品种为母本，性连锁平衡致死系为父本的单交杂种形式生产雄蚕杂交种。

1.1 夏（夏5）·华（华光）

作为母本方的普通品种采用限性皮斑品种，根据限性皮斑，淘汰雄蚕，降低制种成本。夏·华即为中系限性皮斑品种夏5和华光的杂交原种，均为本所育成的中×中固定种。

1.2 平8

平8是将引进的性连锁平衡致死系S-14的性别控制基因导入现行日系春用多丝量品种春日，育成的卵色限性性连锁平衡致死系品种。选育方法是：先通过平衡致死系S-14与普通品种春日杂交，把性别控制基因分散在3个子系统中，接着对每个子系统用春日连续回交，使这3个子系统基本上全为春日血缘，最后通过3次不同型式的交配，把性别控制基因组合到一个新的品种中，形成新的平衡致死系品种即平8。在回交和交配过程中，采用测交和标记基因选择相结合的方法，以保证在留种继代过程中不丢失性别控制基因。其育成经过中各世代饲养成绩列

---

① 本文原载于《蚕业科学》，2003，29（1）：95-98。

于表1。

表1 平8的育成经过及成绩

年份	蚕期	世代	5龄经过（d:h）	全龄经过（d:h）	结茧率（%）	死笼率（%）	虫蛹率（%）	全茧量（g）	茧层量（g）	茧层率（%）
1996	夏	S-14×春日 F₁	7:00	22:21	97.50	8.00		1.62	0.360	22.2
		春日×S-14F₁	7:00	22:21	95.37	5.00		1.62	0.388	23.95
	秋	S-14×春日 BC₁（子系统1）	6:09	22:23	74.63	13.75	64.59	1.52	0.352	23.16
		春日×S-14 11 BC₁（子系统2）	6:06	23:03	84.42	12.13	76.76	1.68	0.384	22.86
		春日×S-14 12 BC₁（子系统3）	6:07	23:02	87.83	12.07	77.18	1.70	0.392	23.06
1997	春	（S-14·春日）×11（过渡体）	7:00	24:06	93.94	0.16	93.79	1.95		
		春日×S-14 11 BC₂（子系统2BC2）	7:04	24:08	97.43	0.62	96.83	2.14		
		春日×S-14 12 BC₂（子系统3BC2）	7:00	24:05	97.54	0.87	96.69	2.00		
	夏	[（S-14·春日）·11]×11（中间体1）	6:08	22:05	88.24	4.11	84.61	1.79		
		[（S-14·春日）·11]×12（中间体2）	6:04	22:05	92.40	3.58	89.11	1.69		
	秋	平8G1	7:07	24:10	94.95	0.65	94.33	1.40		
1998	春	平8G2	7:08	24:05	96.64	0.69	95.17	1.75	0.380	21.17
	秋	平8G3	7:16	24:21	88.41	3.65	85.19	1.48	0.298	20.14
1999	春	平8G4	8:19	25:20	91.68	10.47	81.87	1.68	0.388	23.09
	秋	平8G5	7:00	23:21	66.49	13.43	57.28	1.31	0.254	19.39
2000	春	平8G6	7:14	24:11	88.60	2.52	86.34	1.54	0.330	21.41
	夏	平8G7	6:06	23:06	88.94	2.82	86.43	1.55	0.136	20.39
	秋	平8G8	7:05	22:23	83.76	11.96	73.78	1.24	0.248	19.98

2 实验室鉴定

夏·华×平8为1对春秋兼用型雄蚕杂交组合，1999、2000年春蚕期在本所实验室进行养蚕和缫丝鉴定，成绩如表2所示。夏·华×平8的雄蚕率在99%以上，龄期经过较对照种短1d左右，4龄起蚕虫蛹率、全茧量、万蚕产茧量、茧丝长、解舒率等与对照种相仿，茧层率提高近3个百分点，万蚕产茧层量较对照种增加0.66kg，提高15.6%，解舒丝长达1000m以上，较对照种长40m，出丝率提高1.5个百分点，是一对具有实用价值的雄蚕杂交组合。

表2　雄蚕新品种夏·华×平8实验室养蚕和丝质成绩（1999、2000年春）

蚕品种	年份	全龄经过（d:h）	5龄经过（d:h）	虫蛹率（%）	死笼率（%）	全茧量（g）	茧层量（g）	茧层率（%）	万蚕收茧量（kg）
夏·华×平8	1999	22:16	7:04	98.32	0.67	1.95	0.512	26.56	20.15
	2000	22:23	6:16	96.00	1.80	1.68	0.429	25.53	16.67
	平均	22:20	6:22	97.16	1.24	1.82	0.471	26.05	18.41
	指数			98.48				112.42	
菁松×皓月（对照）	1999	23:00	7:12	98.54	0	1.93	0.445	23.08	19.06
	2000	24:15	7:18	98.79	0.20	1.40	0.369	23.25	17.34
	平均	23:20	7:15	98.66	0.10	1.82	0.407	23.17	18.20

蚕品种	年份	万蚕收茧层量（kg）	雄蚕率（%）	茧丝长（m）	解舒丝长（m）	解舒率（%）	茧丝纤度（dtex）	洁净（分）	鲜茧出丝率（%）
夏·华×平8	1999	5.354	99.67	133.6	1085	81.20	3.22	98.50	20.78
	2000	4.399	99.60	1225	961	78.44	2.84	99.50	19.39
	平均	4.877	99.64	1280.5	1023	79.82	3.03	99.00	20.09
	指数	115.65		104.36	104.49				108.59
菁松×皓月（对照）	1999	4.399	50	1257	1081	86.09	2.99	98.00	18.70
	2000	4.034	50	1197	877	73.26	2.76	98.00	18.27
	平均	4.217	50	1227	979	79.68	2.87	98.00	18.50

3　农村试养与种场试繁

3.1　农村试养

2000年春季，夏·华×平8在浙江省湖州市太湖乡农村少量试养。饲养结果：夏·华×平8较对照种镇·珠×春·蕾，解舒丝长增加128m，解舒率提高10%，出丝率提高2.18个百分点，盒种产值增加235.49元。

2000年秋，夏·华×平8在江西省和浙江省的湖州、海盐、海宁等地农村合计试养1400余盒种，获得了较好成绩。除解舒、洁净低于对照外，蚕农普遍反映雄蚕品种夏·华×平8发育齐一、强健好养、茧价高、经济效益明显（表3）。

表3　2000年秋雄蚕品种夏·华×平8农村试养成绩

试养点	蚕品种	张产茧（kg）	张产值（元）	茧丝长（m）	解舒丝长（m）	解舒率（%）	茧丝纤度（dtex）	洁净（分）	鲜茧出丝率（%）	干茧出丝率（%）
湖州	夏·华×平8	36.00	749.12	1117.3	810.7	72.58	2.85		18.46	
	秋丰×白玉	31.75	625.4	1055.3	875.3	82.94	2.86		16.54	

（续）

试养点	蚕品种	张产茧（kg）	张产值（元）	茧丝长（m）	解舒丝长（m）	解舒率（%）	茧丝纤度（dtex）	洁净（分）	鲜茧出丝率（%）	干茧出丝率（%）
海盐	夏·华×平8	39.22	729.49	990.6	793.6	80.08	2.59	90.00		39.77
	薪杭×白云	29.32	533.77	873.0	714.7	81.87	2.46	94.00		37.40
海宁	夏·华×平8	40.05	712.89	1101.0	822.0	74.75	2.53	98.75		
	丰一×54A	38.00	608.00	850.0	729.0	85.77	2.34	99.37		
江西	夏·华×平8	34.54	597.54	1108.2	812.9	73.35	2.16	98.00	16.89	
	芙蓉×湘晖	34.46	482.44	1009.5	535.5	53.05	2.57	98.50	14.18	

3.2 种场试繁

2000年中秋，杭州蚕种场饲养夏·华、平8原种400g，父、母本按1：2蚁量饲养，即夏·华蚁蚕270g（4龄按皮斑淘汰白蚕），平8雄蚁蚕130g（按卵色只收白卵雄蚕），试繁雄蚕杂交种获得成功，共繁育夏·华×平8杂交种3666盒，平均克蚁单产9.16盒（每盒装卵6万粒），制种成本为普通种（每盒装卵2.5万粒）的1.7倍左右。

4 讨论

（1）在平衡致死系的转育过程中，是否带有致死基因是以后代的孵化率来判定的，因而创造良好的孵化条件对选择十分有利。

（2）从理论上讲每回交一代，增加1/2轮回亲本血统，但这只是一个概率值，留选后代占多少轮回亲本血缘，很大程度上决定于后代的选择，因而在后代选择中应注意选留保持轮回亲本性状的个体。

（3）夏·华×平8是我们育成的第一个带中国现行品种血统的雄蚕品种，也是我国第一个平衡致死系雄蚕种，目前推广量已达1万余盒，我们近2年又相继育成了具有各种特色的雄蚕新品种，以适应不同地区和不同丝织物的需要。

家蚕性别控制种质资源库的构建与利用[①]

祝新荣　何克荣　柳新菊

（浙江省农业科学院蚕桑研究所　杭州　310021）

利用平衡致死系实现专养雄蚕，其雄蚕杂交种的制造方法与常规普通种的制造方法不同，它是利用性连锁平衡致死系的雄与常规蚕品种的雌杂交，产生的一代杂交种雌蚕在胚胎期死亡，而雄性能正常孵化，其反交不能利用。由于仅能利用一交，为降低雄蚕种的生产成本，除了雄性亲本必须采用家蚕性连锁平衡致死系以外，雄蚕种的双亲通常均采用能控制性别的蚕品种，即：对交的常规种通常采用限性斑纹、限性卵色品种或孤雌克隆蚕品种，而雄性方采用带限性卵色基因的性连锁平衡致死系蚕品种，这就需要建立一个新的专门用于雄蚕品种选育的能控制蚕儿性别的种质资源库。经过9年的研究，现已构建起一个包含平衡致死系、限性蚕品种和孤雌克隆系在内的，具一定规模的家蚕性别控制种质资源库，利用该种质资源库，已成功培育出数对优良雄蚕品种，显现出建立该资源库在雄蚕品种选育中的必要性与可行性。

1　性连锁平衡致死系资源库的构建

家蚕性连锁平衡致死系是一种带有特殊性别控制基因的蚕品种，其雄性的2条性染色单体Z上各带有1个突变的隐性纯合胚胎期致死基因l_1或l_2；在第10常染色体上带有隐性纯合第2白卵基因w_2/w_2，因而其雄性基因结构为$Z^{l_1}Z^{l_2}$，w_2/w_2。雌性的W染色体上同时易位有性连锁致死基因l_1和第2白卵w_2的等位正常型基因片段$+^{l_1}$及$+^{w_2}$，Z染色体上也带有致死突变基因l_1；第10常染色体上也带有纯合第2白卵基因w_2/w_2，雌性基因结构为$W^{+w_2+l_1}Z^{l_1}$，w_2/w_2。在转育改良平衡致死系构建种质资源库时，必须把所有这些基因导入常规蚕品种中去。为此，利用染色体工程技术，设计了一套转育改良性别控制蚕品种的方法：第一，采用杂交、自交、回交结合标记基因选择，把我国优良蚕品种的性状基因逐步导入引进种；第二，运用标记基因辅助选择并结合测交的方法，把性别控制的特殊基因导入我国现行优良蚕品种，育成新的家蚕性连锁平衡致死系蚕品种。经9年研究，现已成功构建起一个含有57个（55个是新育成的）平衡致死系的种质资源库，其中中国系15个，日本系42个，这些新品系的幼虫发育经过、虫蛹生命率以及茧质性状已达到了较高水平（表1和表2），经测试，由这些新育成的平衡致死系组配的杂交组合，其F_1代的雄蚕率

① 本文原载于《蚕桑通报》，2005，36（3）：1-4。

均达到99%以上，说明新品系在控制F₁代雄性能力上是十分可靠的，已可用于雄蚕品种的选育研究。

表1　资源库中的日本系统性连锁平衡致死系信息（2004年春）

品种名	亲本	世代	全龄经过（d:h）	5龄经过（d:h）	虫蛹率（%）	死笼率（%）	全茧量（g）	茧层量（g）	茧层率（%）
平2	引进		24:02	7:08	80.20	9.00	1.47	0.332	22.65
平4	日3/16，平213/16	G₁₂	23:05	7:08	98.00	0.25	1.66	0.376	22.62
平6	明6/16，日3/16，平27/16	G₁₂	23:21	7:10	97.96	0.00	1.61	0.370	22.92
平8	日13/16，平23/16	G₁₅	24:05	7:08	82.62	4.80	1.67	0.365	21.79
平10	9202 25/32，平44 7/32	G₃	23:11	7:14	93.72	0.48	1.51	0.352	23.34
平12	晓21/32，平211/32	G₁₀	24:05	7:08	95.68	0.28	1.66	0.376	22.71
平14	晓29/32，平23/32	G₉	23:21	7:00	95.95	0.67	1.56	0.366	23.43
平16	月7/32，平225/32	G₇	23:08	7:11	91.44	3.54	1.71	0.374	21.09
平16乙	月53/128，平275/128	G₁	22:21	7:00	95.65	0.00	1.88	0.412	21.91
平18	日1/4，平83/4	G₈	23:21	7:00	85.71	3.18	1.57	0.321	20.52
平20	平301/2，平81/2	G₉	23:20	6:23	94.95	1.05	1.72	0.407	23.62
平22	明12/16，平24/16	G₁₁	24:05	7:18	97.80	0.00	1.44	0.316	21.91
平24	明11/16，平2 5/16	G₉	23:21	7:10	98.02	0.50	1.48	0.346	23.32
平26	夏6 7/32，平2 25/32	G₁₃	23:05	7:08	95.13	2.00	1.63	0.366	22.42
平28	玉1/4，平30 3/4	G₁₂	22:20	6:23	92.44	1.41	1.63	0.355	21.77
平30	云27/32，平25/32	G₁₄	22:22	6:16	94.50	1.79	1.52	0.324	21.31
平32	54A 3/16，平213/16	G₁₀	22:21	7:00	98.59	0.16	1.52	0.340	22.34
平34	平181/4，梅1/4，平281/2	G₇	23:06	7:08	97.69	0.85	1.54	0.362	23.48
平34乙	平34 3/4，梅1/4	G₁	23:05	7:08	95.02	2.00	1.54	0.362	23.48
平36	平181/4，学721/4，平281/2	G₆	22:22	7:01	93.09	4.21	1.76	0.378	21.46
平38	平18 3/4，梅1/4	G₃	23:11	6:14	92.47	0.00	1.46	0.294	20.16
平40	云1/4，平30 3/4	G₈	22:11	7:14	93.80	2.41	1.52	0.341	22.36
平42	云1/4，平22 3/4	G₉	23:05	7:08	92.21	1.34	1.37	0.304	22.19
平44	平8 1/2，平6 1/2	G₈	23:23	7:02	88.56	1.46	1.65	0.359	21.78
平48	夏6 1/4，平26 3/4	G₈	23:20	6:23	88.19	1.78	1.90	0.405	21.36
平50	54A 1/4，平32 3/4	G₇	23:02	7:05	95.34	1.57	1.52	0.343	22.58
平52	平321/4，54A1/4，平201/2	G₇	22:10	7:13	97.60	1.64	1.61	0.334	20.75
平54	平28 3/4，雪松1/4	G₅	22:01	7:04	93.19	2.28	1.63	0.353	21.15
平56	平28 3/4，玉1/4	G₇	23:11	7:14	95.62	0.39	1.60	0.341	21.39
平58	平321/4，吉1/4，平281/2	G₇	21:21	7:00	98.23	0.30	1.64	0.357	21.75
平60	平301/4，4161/4，平281/2	G₇	23:01	7:04	97.07	1.31	1.61	0.340	21.11
平62	平44 3/4，限2 1/4	F₃	23:08	7:11	93.24	0.96	1.75	0.391	22.29
平62乙	（平62*限2）×平54	G₁	21:16	7:11	98.14	0.20	1.92	0.420	21.88
平64	平44，9202	F₅	23:04	7:07	91.02	2.37	1.84	0.413	22.48

（续）

品种名	亲本	世代	全龄经过（d:h）	5龄经过（d:h）	虫蛹率（%）	死笼率（%）	全茧量（g）	茧层量（g）	茧层率（%）
平66	平8 3/4，872 1/4	F_5	23:08	7:03	94.55	0.59	1.78	0.388	21.85
平68	玉 1/4，平56 3/4	G_4	22:17	7:06	96.86	0.30	1.82	0.377	20.68
平70	平44 3/4，9406 1/4	G_4	23:25	7:08	91.99	2.00	1.69	0.400	23.67
平72	872 27/32，平8 5/32	G_2	22:16	6:19	92.75	1.53	1.66	0.401	24.21
平74	平64 3/4，9202 1/4	G_2	23:11	7:14	85.16	5.33	1.84	0.424	22.99
平76	平20 3/4，9202 1/4	G_2	23:11	7:05	94.20	0.72	1.56	0.376	24.13
平78	平34 1/4，梅 1/4，平54 1/2	G_1	21:21	7:00	97.52	0.84	1.60	0.372	23.25
平80	平66 3/4，872 1/4	G_2	23:05	7:08	94.47	0.89	1.84	0.432	23.48

表2　资源库中的中国系统性连锁平衡致死系信息（2004年春）

品种名	亲本	世代	全龄经过（d:h）	5龄经过（d:h）	虫蛹率（%）	死笼率（%）	全茧量（g）	茧层量（g）	茧层率（%）
平1	引进		24:05	7:08	86.43	4.00	1.53	0.342	22.35
平3	菁9/16，平1 7/16	G_9	22:05	7:08	93.58	4.00	1.60	0.390	24.38
平5	浙3/16，平1 13/16	G_{15}	22:17	7:20	82.78	1.51	1.68	0.375	22.36
平7	浙3/16，菁3/16，平1 10/16	G_9	23:21	7:14	95.12	1.00	1.81	0.416	22.98
平9	菁13/16，平1 3/16	G_{14}	23:06	7:09	93.71	0.89	1.87	0.408	21.88
平11	平5，菁松，平17	G_1	22:05	6:18	96.60	0.00	1.82	0.391	21.53
平13	平9，菁松，平17	G_1	22:21	7:00	93.32	2.00	1.81	0.424	23.48
平21	丰13/16，平1 13/16	G_{13}	23:08	7:03	95.74	0.85	1.66	0.355	21.39
平25	丰19/16，平1 7/16	G_{12}	22:11	7:06	98.21	1.00	1.60	0.372	23.19
平27	薪3/16，平1 13/16	G_{11}	22:11	7:06	98.05	1.00	1.62	0.350	21.58
平29	薪3/16，丰13/16，平1 10/16	G_{13}	23:05	8:00	97.44	1.00	1.91	0.420	21.97
平31	丰1 13/16，平1 3/16	G_{15}	23:00	7:03	97.07	0.63	1.49	0.338	22.62
平33	芳7/32，平1 25/32	G_{11}	23:11	7:14	92.25	4.00	1.64	0.408	24.85
平35	秋21/64，菁8/64，平1 35/64	G_8	23:11	7:14	97.20	0.14	1.73	0.378	21.83
平37	秋39/64，菁12/64，东8/64，平1 5/64	G_8	22:11	6:22	93.30	1.03	1.69	0.366	21.64

2　限性系统常规蚕品种资源库的构建

本资源库中的蚕品种主要包括限性卵色和限性皮斑两大类，它们是用来作为平衡致死系的对交雌性亲本的，在雄蚕杂交种生产上仅利用其雌性。利用这些蚕品种雌雄蚕卵色或皮斑的不同来区分其性别，去雄留雌，在繁育雄蚕杂交种时只饲养雌蚕，从而较大幅度地降低雄蚕种制种成本。该资源库中的限性卵色系主要由本所自主转育而成，而限性皮斑品种除我们育成的，部分从现行品种中收集。限性卵色品种由于带有限性基因，其转育方法与常规品种不尽相同，笔者利用自行设计的限性卵色系转育方法，育成了较多数量的限性卵色蚕品种，经这几年的转育与收集，已构建起一个有38个限性蚕品种的资源库（表3），分别包括限性卵色系20个（18个为新育成的），其中中国系统11个，日本系统9个；限性皮斑系18个（7个为新育成的），其中中国系统16个，日本系统2个。该资源库的蚕品种，均能利用雌雄卵卵色或蚕儿斑纹的不同，准确区分其性别。生产实践表明，将该技术用于雄蚕杂交种的生产，大幅度降低了雄蚕种的生产成本，取得了良好的经济效益。

表3　资源库中的限性蚕品种信息（2004年春）

品种名	系统	亲本	世代	全龄经过 (d:h)	5龄经过 (d:h)	虫蛹率 (%)	死笼率 (%)	全茧量 (g)	茧层量 (g)	茧层率 (%)
卵1		引进		23:05	7:08	94.86	1.00	1.52	0.360	23.75
卵5		菁1/2，卵11/2	G_9	23:11	7:14	95.14	3.00	1.26	0.322	25.26
卵7		学711/2，卵11/2	G_9	22:05	7:08	94.12	2.00	1.77	0.426	24.12
卵9		学451/2，卵11/2	G_9	21:21	7:00	96.64	1.00	1.47	0.338	22.99
卵11		学811/2，卵11/2	G_9	22:11	7:06	92.13	3.00	1.58	0.364	23.01
卵13	中系限性卵色系	华光甲1/2，卵11/2	G_9	21:11	7:00	91.63	3.00	1.62	0.394	24.35
卵15		卵31/2，卵51/2	G_7	21:05	6:18	92.31	2.00	1.48	0.392	26.52
卵21		卵13/16，薪13/16	G_{12}	22:07	7:02	93.40	1.14	1.49	0.344	23.13
卵25		卵31/2，卵211/2	G_8	24:05	7:08	92.80	1.87	1.46	0.361	24.65
卵27		卵51/2，卵211/2	G_8	20:21	6:10	96.67	0.47	1.45	0.326	22.40
卵29		丰1，卵27	G_3	20:21	6:10	94.93	2.81	1.42	0.308	21.72
卵2		引进		22:11	7:06	87.92	6.00	1.48	0.336	22.24
卵4		月1/2，卵21/2	G_7	24:05	7:08	92.82	3:00	1.19	0.272	22.86
卵6		卵41/2，卵21/2	G_9	23:21	7:00	93.33	2.43	1.49	0.360	24.22
卵22		卵21/2，明1/2	G_{13}	21:23	7:02	92.88	1.09	1.80	0.398	22.08
卵26	日系限性卵色系	卵21/2，54A1/2	G_{14}	21:18	6:21	96.88	0.48	1.67	0.382	22.83
卵32		玉1/2，卵261/2	G_8	22:05	7:00	90.07	2.01	1.67	0.355	21.42
卵34		夏61/2，卵281/2	G_8	23:05	7:08	87.17	7.11	1.57	0.365	23.15
卵36		卵26，416	G_4	23:01	7:14	90.21	2.91	1.62	0.366	22.59
卵38		871　13/16，卵26　3/16	G_2	22:05	7:18	97.33	1.00	1.38	0.336	24.35
华菁		华光，菁松	F_7	22:21	7:10	95.58	1.00	1.64	0.422	25.63
中限1		871，9405	F_5	22:15	7:04	95.96	2.07	1.64	0.398	24.19
学菁		学45，菁松	F_7	23:07	7:10	96.08	1.14	1.64	0.387	23.64
华鲁	中系限性斑纹系	华光，鲁七	F_9	22:18	6:21	94.86	2.09	1.56	0.379	24.29
限7		夏7，薪杭	F_9	21:11	6:14	94.12	2.00	1.71	0.384	24.62
秋玉		秋丰，薪杭	F_8	21:05	7:05	95.67	1.00	1.67	0.382	22.92
限9		秋丰，丰1	F_5	20:20	6:15	96.64	0.00	1.54	0.332	21.56

注：收集的限性斑纹系有：华光、学45、华峰、秋丰、夏5、夏7、中933、限1、871、限2、春日等。

3 孤雌克隆全雌后代蚕品系的构建

孤雌无性克隆（这里指的是非减数分裂孤雌生殖）是家蚕的一种单性生殖技术。它利用物理刺激，激发未受精蚕卵配子发育，产生全雌群体，正好符合生产雄蚕杂交种时，一方原种需完全雌性的要求。该项技术如能完全实用，将能大大降低雄蚕种的制种成本。通过连续孤雌克隆选择，目前已有12个（11个为新育成的）孤雌克隆蚕品种，其中中国系统7个，日本系统5个，它们的胚胎发生率在80%以上，实用孵化率在60%左右，蚕期表现良好（表4），若进一步提高它们的丝质性状，就可应用于雄蚕种生产。

表4 资源库中的孤雌生殖蚕品种信息（2004年春）

品种名	系统	亲本	世代	孵化率（%）	全龄经过（d:h）	5龄经过（d:h）	虫蛹率（%）	死笼率（%）	全茧量（g）	茧层量（g）	茧层率（%）
无1		引进		54.70	24:08	7:08	76.34	10.35	1.87	0.376	20.09
无3		无1，薪杭	BCpt$_{14}$	68.40	24:21	7:16	88.81	1.01	2.02	0.405	20.06
无5		无1，夏5	F$_1$pt$_{12}$	55.70	24:05	7:08	86.86	0.67	1.76	0.369	20.97
无7	中国系统	无1，夏7	F$_1$pt$_{11}$	60.81	24:07	8:00	84.70	2.13	1.90	0.359	18.88
丰1无		丰1	G$_8$	55.30	24:21	8:00	88.64	1.36	1.68	0.316	18.76
无9		丰1，无3	F$_1$pt$_7$	45.20	23:11	7:00	90.69	2.00	1.59	0.292	18.34
无11		菁松，夏5	F$_1$pt$_9$	66.41	24:21	8:00	88.24	1.00	1.72	0.344	20.05
无4		无2，（朝日）	F$_1$pt$_8$	60.12	24:13	7:08	91.40	1.21	1.65	0.292	17.65
无8		无2，春日	F$_2$pt$_7$	64.32	24:05	7:08	92.61	0.00	1.62	0.284	17.57
无10	日本系统	无2，（月54A）	F$_1$pt$_{12}$	65.10	23:11	7:00	91.16	2.00	1.62	0.272	16.79
无12		春日	G$_{10}$	60.71	24:05	8:00	87.65	2.00	1.73	0.315	18.21
54A		54A	G$_8$	50.32	24:05	7:08	84.13	1.55	1.68	0.211	18.46

4 性别控制种质资源库的利用

利用该以性连锁平衡致死系为主体的家蚕性别控制种质资源库，进行了大规模的雄蚕杂交组合选配，已选育出数对优良雄蚕杂交组合，其中雄蚕品种秋·华×平30已于2005年通过浙江省桑蚕新品种审定，雄蚕品种秋丰×平28将于2005年进入农村生产鉴定，雄蚕品种2005年将参加浙江省桑蚕新品种实验室鉴定。雄蚕新品种秋·华×平30与秋丰×平28 2对雄蚕品种，目前已累计推广7万余盒，显现出良好的推广应用前景。同时利用该种质资源库，对雄蚕杂交种的繁育技术进行了深入研究，根据雄蚕杂交种的制种特点和平衡致死系品种的特有性状，建立了一个新型的利用平衡致死系专养雄蚕的杂交种生产体系，同时使雄蚕杂交种的制种成本下降了50%，初步解决了雄蚕种制种成本高的难题，雄蚕品种及专养雄蚕技术已完全成熟，并在生产上得到了较好应用。

雄蚕品种秋·华 × 平30性状介绍①

柳新菊 何克荣 祝新荣 陈 诗

（浙江省农业科学院蚕桑研究所 杭州 310021）

秋·华 × 平30是浙江省农业科学院蚕桑研究所利用改良后的性连锁平衡致死系与我国优良常规品种选配的夏秋用三元雄蚕杂交种，经2001—2002年两年浙江省实验室联合鉴定和2003—2004两年浙江省农村生产鉴定，综合经济性状优良，于2005年通过浙江省农作物品种审定委员会审定，这是国内外第一个通过审定的雄蚕品种。现将该品种的性状及饲养繁育技术要点介绍如下。

1 原种性状

1.1 秋·华

秋·华是限性皮斑品种秋丰与华光组成的中系杂交原种，中国系统，二化四眠，蚕卵灰绿色，卵壳淡黄色，每蛾卵数500粒左右，良卵率95%左右。蚕种孵化齐一，蚁蚕黑褐色，文静，克蚁头数2100 ~ 2300头。各龄眠起齐一，食桑猛，行动活泼，强健好养，壮蚕体色青白，限性皮斑，雌性花蚕，雄性白蚕。熟蚕营茧快，茧色洁白，茧形椭圆，缩皱中等。催青经过10d，幼虫期22 ~ 23d，蛹中经过16d，全蚕期50 ~ 51d，与平30对交需掌握起点胚子一致，推迟1 ~ 2d出库催青为宜。

1.2 平30

平30为二化性日本系统性连锁平衡致死系品种，限性卵色品种，四眠，蚕卵雌性为灰褐色，雄性淡黄色，每蛾卵数450粒左右，孵化齐一，因属平衡致死系原种，雌雄各有一半在胚胎期死亡，孵化率46%左右，蚁蚕黑褐色，小蚕趋密性强，小蚕用叶宜适熟偏嫩，中秋期饲养若小蚕用叶偏老，易发生5眠蚕，大蚕体色灰白，普斑，体质强健好养，茧色白，茧形浅束腰，缩绉中等，蚕蛾交配性能适中。催青经过11d，幼虫期23 ~ 24d，蛹中17d，全蚕期51 ~ 52d，在繁制雄蚕杂交种时，利用限性卵色区分雌雄，饲养雄性白卵。与秋·华对交时提早1 ~ 2d出库催青。

---

① 本文原载于《蚕桑通报》，2005，36（4）：31-32。

2 杂交种性状

秋·华×平30是一对夏秋用三元雄蚕杂交种，雄蚕率高达98%以上，体质强健好养，茧丝质优良，茧层率与鲜茧出丝率高，能缫制高品位生丝。二化四眠，蚕卵灰绿色，卵壳淡黄色或白色，因是平衡致死系雄蚕杂交种，只有正交，无反交。雌卵在胚胎期死亡，不孵化，有时虽有极少部分能孵化，但在1龄期自然死亡，而雄卵能正常孵化生长，正常孵化率48%左右，克蚁头数2300头左右。各龄眠起齐一，食桑旺，应注意充分饱食，壮蚕体色灰白，普斑，大小均匀。全龄经过22d左右，5龄经过6.5d左右。

3 杂交种饲育技术要点

因雌蚕不孵化，为调节叶种平衡，雄蚕种较常规种盒种装卵量加倍，补催青时摊卵面积应是常规品种的1.5倍左右；

按二化性蚕品种标准催青，后期温度可偏高0.5℃；

小蚕期用叶宜适熟偏嫩，饲育温度以较常规蚕品种偏高0.5～1℃为好；

小蚕期趋密性强，每次给桑前应做好扩座匀座工作；

因雄蚕杂交种性别单一，发育齐，老熟涌，茧层率高，蔟中要特别强调通风排湿，避免上蔟过密，以提高茧丝质量。

4 雄蚕杂交种繁育技术要点

（1）由于秋·华壮蚕期食桑量特别旺盛，故在5龄后期应适当控制给桑量，防止蚕体过于肥大、体质虚弱导致虫蛹率下降。

（2）一代杂交种的雄蚕率是衡量蚕种质量的重要指标，而雄蚕率提高的关键取决于秋·华去雄率的提高，在饲养过程中利用其限性斑性状，在4龄第2天进行去雄留雌工作，应在2d内完成，以节约用桑，降低生产成本，由于去雄留雌工作量大，应安排足够劳力，以免造成工作忙乱。在操作中要建立责任制，精操细作，避免蚕体受伤，在5龄期间，每天安排1～2h做好复查工作。

（3）原种平30在饲养过程中，应适当提高饲育温度，一般比正常温度提高1～1.5℃，有利于提高蚕体匀整度，增强蚕儿体质，大眠期应注意做好补湿工作，以减少半脱皮蚕的发生。小蚕期对叶质要求比较高，注意选择各龄用桑适熟偏嫩，忌吃变质叶、湿叶、露水叶，否则易发生不结茧蚕，因食桑缓慢，宜多回薄饲。

（4）因雄蚕杂交种是利用平衡致死系的雄与常规蚕品种的雌杂交的单交型式，为降低制种成本，利用雄蛾可多次交配的特性，一般原种的雌雄饲养比例控制在2∶1左右，即平衡致死雄性平30饲养1份，则普通对交种秋·华的雌蚕饲养2份。

（5）在生产安排时应有意识地控制对交批的蚁量比例，因平衡致死系雄蚕配发较少，应做好发蛾调节以确保正常交配工作。

在饲养期应注意拉开发育进程，防止过于集中，一般控制在中系品种分3d上蔟，日系品种分3～4d上蔟，如有失调则在种茧保护期间拉开差距，同时在整个过程中加强观察，及时调整。

为减少雄蛾损失，拆对时应边拆边交，直接把拆对后的雄蛾投入交配匾中。

雄蛾应专人专管，冷藏使用，冷藏温度以5～10℃为宜。

5 原种与杂交种饲养成绩（见下表）。

项目	原种性状		项目	杂交种性状
品种	秋·华	平30	品种	秋·华×平30
系统	中	日	系统	中×日
化性	2	2	化性	2
眠性	4	4	眠性	4
催青经过（d:h）	10	11	催青经过（d:h）	11
5龄经过（d:h）	6:13	7:10	5龄经过（d:h）	6:21
幼虫经过（d:h）	22:07	23:06	幼虫经过（d:h）	22:00
蛹期经过（d）	16	17	万头产茧量（kg）	14.57
全期经过（d）	50～51	51～52	万头茧层量（kg）	3.586
克蚁头数（头）	2200	2300	鲜茧出丝率（%）	19.08
茧形	椭圆	浅束腰	茧形	长椭圆
茧色	白	白	茧色	白
缩皱	中等	中等	缩皱	中等
全茧量（g）	2.09（♀）	1.52（♂）	全茧量（g）	1.50
茧层量（g）	0.460（♀）	0.324（♂）	茧层量（g）	0.368
茧层率（%）	22.01（♀）	21.31（♂）	茧层率（%）	24.60
1蛾产卵数（粒）	500	450	茧丝长（m）	1230
良卵率（%）	95	92	解舒丝长（m）	931
1g卵数（粒）	1750	1844	茧丝纤度（dtex）	2.508
			净度（分）	93.92
调查年季	2005春		调查年季	2001，2002秋
调查单位	浙江省农科院蚕桑研究所		调查单位	浙江省实验室鉴定平均成绩

雄蚕新品种秋·华×平30的育成[①]

何克荣 祝新荣 柳新菊 夏建国 黄健辉 姚陆松 王永强

（浙江省农业科学院蚕桑研究所 杭州 310021）

雄蚕强健好养，叶丝转化率高，茧丝质量优良，因而"专养雄蚕技术"被人们预言为是继利用一代杂交种后，蚕业科技上的第二次重大革命。

半个多世纪以来，国内外蚕业科技工作者对专养雄蚕技术开展了广泛的理论研究和应用性探索，获得了许多设想和方法。20世纪40年代日本专家首先用辐照的方法，育成了斑纹限性蚕品种，这种蚕品种可以根据蚕儿皮肤上斑纹的不同，来区分雌雄；50年代日本专家又育成了卵色限性蚕品种，这种蚕品种可以根据蚕卵颜色的不同，来区分雌雄；然后日本人又育成了茧色限性蚕品种，即能以蚕茧颜色的不同，来区分雌雄的蚕品种；80年代中国学者黄君霆也用辐照的方法育成了蚁色限性蚕品种，这个蚕品种可以根据蚁蚕体色的不同，来区分雌雄。研究者希望能用这些方法去雌留雄，来达到专养雄蚕的目的。但是用这些方法人为地区分雌雄是一件费工费时的工作，而且这些品种在生命率、孵化率或茧丝质量等经济性状上存在不同程度的缺陷，因而制约了这些品种的推广应用。1992年中国学者潘庆中发现了家蚕的催青温敏基因，把带有该基因的雄性与普通蚕雌性杂交，其F_1代在高温干燥条件下催青，其雌卵孵化率极低，而雄卵的孵化率基本不受影响，也可以达到专养雄蚕的目的。俄罗斯科学院院士V.A. Strunnikov利用辐照育成了家蚕性连锁平衡致死系，用该系统的雄蚕与其他品种雌蚕杂交，雌卵在胚胎期死亡，只有雄卵孵化，达到了专养雄蚕的目的。这是一种切实可行的方法，但俄罗斯的研究也仅停留在实验室中，其育成的品种经济性状很差，以致于家蚕性连锁平衡致死系育成数十年后，仍没有在生产上得到应用的报道。

笔者1996年春从俄罗斯引进了家蚕性连锁平衡致死系。开展了专养雄蚕实用化技术的研究，经近10年的攻关研究，建立了一套家蚕性连锁平衡致死系蚕品种的转育改良方法，成功地把引进种的控制性别基因转移到了中国现行优良蚕品种，育成了完全实用的雄蚕新品种。

1 材料与方法

1.1 性连锁平衡致死系的选育经过

选育成强健优质家蚕性连锁平衡致死系是实现专养雄蚕技术的关键，而引进的家蚕性连锁平

---

① 本文原载于《中国农业科学》，2006，39（6）：1272-1276。

衡致死系虽然具有很强的性别控制能力，但其生命力弱，茧丝质量差，所能利用的只是一些控制性别的基因。以引进的平衡致死系蚕品种S-14作为性别控制基因供体，选用抗病性较强，茧丝质较优的夏秋用常规蚕品种白云作为受体亲本，开展了家蚕性连锁平衡致死系的性别控制基因导入工作。家蚕性连锁平衡致死系具有9个基因，分别控制其原种和杂交种的性别，在选育中不能丢失这些基因中的任何一个，因而需要有一个特殊的基因导入方法，为此设计了一种家蚕性连锁平衡致死基因导入方法，利用这个方法能成功地将性别控制基因导入受体蚕品种内。该方法总体上分为3个步骤：①通过S-14与白云正反杂交，形成3个子系统，把9个性别控制基因分散在3个子系统中。②然后再用白云连续多次与3个子系统连续回交，使3个子系统基本上全含有白云血统。因为被导入的基因大部分是隐性基因，与常规蚕品种的显性基因杂交后，其隐性性状被显性基因所掩盖，不表现出来，为了找出这些带有这些性别控制基因的个体，采用含有隐性纯合基因的蚕品种，进行测交和标记基因选择，保证每个子系统在保持自己特有的性别控制基因的基础上，替换成白云血统品系。③接着通过3个子系统间的3次不同形式的交配，再把分散在这3个子系统中的9个性别控制基因集合到一个新的个体上，形成一个新的性连锁平衡致死系。这样这个新的平衡致死系既含有平衡致死系的9个性别控制基因，又具有中国优良蚕品种白云的优秀经济性状。这个新育成的平衡致死系取名为平30。

初育成的平30基因杂合性仍然较高，必须进行自交纯化，因而在初期世代仍采用蚁量混合育，选择优良个体留种。到F_4代后采用单蛾饲养，选留优良蛾区中的优良个体留种，由于家蚕性连锁平衡致死系亲本其一半雌性和一半雄性在胚胎期死亡，存活孵化者仅为另一半，单蛾饲养个体数较少，很难分蛾区缫丝，进行丝质选择，为了选留优良丝质个体留种，在选育过程中，我们采用单粒茧活蛹缫丝技术，选择茧丝长，无切断，颣节少的个体编号，对号交配留种，使平30的茧丝质量有了较快的提高。

1.2 对交常规蚕品种的选择

选择丝质优、抗性强的夏秋用斑纹限性原种秋丰和强健型多丝量斑纹限性原种华光杂交，用杂交原种作为母系亲本。

1.3 降低杂交种制种成本的策略

利用平衡致死系实现专养雄蚕，由于雌卵不孵化，而且反交不能利用，又考虑到雄蚕较普通雌蚕吃桑省，全茧量小，为了调整好盒种用桑量和盒种产茧量，雄蚕种每盒装卵为常规种的2.4倍。如此若按常规制种方法，雄蚕杂交种的制种成本将是普通蚕种的4.8倍左右，这将给雄蚕的实用推广产生一个很大的障碍。为降低杂交种成本，采取了以下措施：①平衡致死系雄性亲本导入限性卵色基因，在卵期就根据蚕卵的颜色，选出雄卵；常规种的雌性亲本选用斑纹限性蚕品种，在4龄期，根据斑纹的有无，选留雌蚕，淘汰雄蚕。这样蚕种场在饲养原种时，平衡致死系只养雄蚕，而对交种几乎只养雌蚕，基本解决了反交不能利用的矛盾。②利用雄蛾可多次交配的特性，控制原种雌雄饲养比为♀：♂=2.5～2∶1，在不减少产卵量的前提下，减少原种的饲养量。③选用单蛾产卵量高的中国系统杂交原种为雌性亲本，以提高单蛾制种量。由于以上措施的实施，目前的雄蚕种制种成本已降低到普通种的2倍以下。近几年在浙江的塔山、海盐、杭州和山东的青州4个蚕种场繁育雄蚕杂交种60000余盒（每盒60000～64000粒卵）。蚕种场的繁制实践证明，每盒雄蚕种直接生产成本核算为普通种的1.7倍左右。

2 结果与分析

2.1 一代杂交种的实验室鉴定

新的性连锁平衡致死系平30育成后，在初期世代G_2代开始初配测交比较，1999年秋进行第一次测交饲养，2000年夏、秋又进行了2期实验室比较试验，经浙江省农业科学院蚕桑研究所2年3期实验室杂交比较试验表明，新雄蚕品种秋·华×平30，除净度外，各项经济性状明显高于对照种薪杭×白云，而且净度也平均达到94.75分，超过了蚕品种鉴定要求，是一对很有希望的雄蚕品种。

2.2 浙江省桑蚕新品种实验室共同鉴定

根据实验室初交比较试验成绩，于2001年向浙江省农作物鉴定小组提出申请，参加浙江省桑蚕新品种鉴定，经2001—2002年全省6个实验室鉴定，秋·华×平30的雄蚕率达99.8%，在实验室饲养其茧丝质成绩明显优于对照种，特别是茧层率较对照种提高18.67%，鲜茧出丝率较对照种提高26.11%，表现出专养雄蚕种的明显优越性。利用实验室鉴定数据，对专养雄蚕的经济效益进行了大体估算，饲养1盒秋·华×平30雄蚕种较对照种可增加效益292元，增幅达26.63%。

2.3 农村生产鉴定

按浙江省家蚕新品种鉴定要求，新蚕品种必须经过4个农村点的2年生产区试鉴定。笔者在湖州、海宁、海盐和长兴4个农村点实施鉴定，每个试验点每次饲养50盒蚕种。这4个农村点2003—2004年秋饲养的平均成绩均超过了对照种。

2.4 秋·华×平30农村较大面积饲养

该品种在2001年开始在浙江湖州试养，同年秋在湖州织里镇开始较大面积饲养，饲养量达2338盒，为大面积推广奠定了基础。之后，秋·华×平30在浙江湖州、海盐农村得到大面积推广，表现出色。该品种于2005年2月通过了浙江省农作物新品种鉴定委员会的审定，是国内外第一个通过审定的雄蚕品种。

3 讨论

秋·华×平30是一对夏秋用三元雄蚕杂交种，因是平衡致死系雄蚕杂交种，只能利用正交，无反交。雌卵几乎全在胚胎期死亡，有时虽有极少部分能孵化，但在1龄期自然死亡，只有雄卵正常孵化生长，孵化率48%左右，各龄眠起齐一，食桑旺，应注意充分饱食。因是雄性杂交种，性别单一，发育齐，老熟涌，茧层率高，蔟中要特别强调通风排湿，避免上蔟过密，以提高茧丝质量。

目前推行的雄蚕杂交种虽已达到了实用水平。但继续提高雄蚕品种的经济性状水平还有很大的改进余地，这是因为雄蚕品种不同于常规品种的雄性群体，它具有品种的特异性（群体全为雄性）和制种方法上的特异性（杂交种采用单交形式），利用这些特异性，就能育成更优秀的雄蚕品种。

4 结论

在生产上实现专养雄蚕是几代蚕业科技工作者梦寐以求的愿望，它具有明显的社会经济效益及广阔的推广应用前景。国内外第一个雄蚕实用品种的育成标志着中国在这方面的研究已处于国际领先地位。

家蚕雌蚕无性克隆系与限性卵色品种杂交的配合力初探[①]

王永强[1]　祝新荣[1]　黄衍峰[2]　周金钱[2]　姚耀涛[3]　何克荣[1]　柳新菊[1]　何秀玲[1]

（1.浙江省农业科学院蚕桑研究所　杭州　310021；2.浙江省蚕种公司　杭州　310020；
3.湖州农业科学院蚕桑研究所　湖州　313000）

家蚕是一种重要的经济昆虫，其雌雄具有不同的经济性状和利用价值。农村专养雄蚕可提高养蚕和制丝业的综合经济效益，而蚕种场多养雌蚕可降低蚕种生产成本。因此，"农村专养雄蚕，蚕种场多养雌蚕"是蚕业研究者追求的目标。近年来"农村专养雄蚕"技术已实用化，但在"蚕种场多养雌蚕"方面还未取得突破性进展。若能利用性别控制技术，培育后代全部为雌性的家蚕品种（这里称为雌蚕无性克隆系，female parthenogenetic clones）作为杂交种生产的母本，利用经济性状优良的限性卵色品种作为父本，即可在杂交种生产中实现原种的性别控制，形成一方只养雌蚕，另一方只养雄蚕的生产模式（称之为"单交制种"），从而实现"蚕种场多养雌蚕"的目标，建立起一种全新的家蚕杂交种生产模式。

笔者于1996年开始利用孤雌生殖方法，以我国优良的种质资源为材料，开展了雌蚕无性克隆系的研究工作，经过10余年的大规模筛选和选择提高，逐步育成了发生率和孵化率分别在90%、80%以上，其他性状优良的雌蚕无性克隆系17个（包括中系7个、日系7个和杂交种3个）。为探讨单交制种新模式的可行性，将雌蚕无性克隆系与本所育成的限性卵色品种组配杂交组合，测定了其配合力的水平。

1　材料与方法

1.1　供试品种

中系雌蚕无性克隆系7个，分别为雌蚕1号、雌蚕3号、雌蚕5号、雌蚕19号、雌蚕29号、雌蚕33号、雌蚕35号；日系雌蚕无性克隆系7个，分别为雌蚕8号、雌蚕10号、雌蚕12号、雌蚕14号、雌蚕16号、雌蚕20号、雌蚕22号；日系限性卵色品种4个，分别为卵22、卵32、卵36、卵38；中系限性卵色品种2个，分别为卵5、卵21。供试蚕品种均为本所保存种。

————————————
①　本文原载于《蚕业科学》，2007，33（2）：335-359。

1.2 杂交组合的配制

2006年春期按不完全双列杂交法，将7个中系雌蚕无性克隆系与4个日系限性卵色品种配制杂交组合（7×4=28个组合），7个日系雌蚕无性克隆系与2个中系限性卵色品种配制杂交组合（7×2=14个组合）。采用冷藏浸酸法于秋期饲养，各组合来自20个卵圈，混合收蚁0.3g，4龄起蚕24h后分区，每个组合2区，每区500头。

1.3 饲养及调查方法

参照浙江省家蚕新品种实验室鉴定操作规程，以秋丰×白玉为对照种。上蔟6d后调查各组合的饲养成绩，并以万蚕产茧层量为指标，进行配合力的统计分析。

1.4 配合力计算方法

一般配合力计算公式为$G_i=X_i-\mu$（其中G_i代表品种i的一般配合力，X_i代表品种i所有F_1代的平均生产能力，μ代表所有杂交组合的平均生产能力）；特殊配合力的计算公式为$S_{ij}=X_{ij}-T_{ij}$（S_{ij}代表品种i与品种j杂交其F_1代的特殊配合力，X_{ij}代表品种i与品种j的F_1代实际生产能力，T_{ij}为品种i与品种j杂交F_1代的预期值，$T_{ij}=\mu+G_i+G_j$）。

2 结果与分析

2.1 饲养成绩

利用中系雌蚕无性克隆系与日系限性卵色品种配制的28对杂交组合饲养成绩见表1，从全龄经过的数据来看，有10对单交组合与对照种秋丰×白玉相同，其他均略长于对照；根据万蚕产茧量指标分析，单交组合平均值为15.86kg，区间开差平均为0.36kg，其中有17对组合超过对照（占60.7%），最高的组合雌33号×卵32为17.33kg，超过对照种10.9%；从万蚕产茧层量指标分析，单交组合平均值为3.468kg，区间开差平均为0.114kg，其中有16对组合超过对照（占57.1%），最高的组合雌19号×卵36达3.775kg，超过对照种11.9%；综合万蚕产茧量和万蚕产茧层量两项指标，有14对品种（占50.0%）均优于对照；从虫蛹率指标分析，除雌29号×卵22水平偏低外（90.47%），其他单交组合的虫蛹率均在93%以上，而雌19号×卵36、雌35号×卵36这两个组合虫蛹率水平与对照相仿。

利用日系雌蚕无性克隆系与中系限性卵色品种配制的14对杂交组合饲养成绩见表2，从全龄经过的数据来看，所有单交组合均长于对照种秋丰×白玉；根据万蚕产茧量指标分析，单交组合平均值为15.36kg，区间开差平均为0.29kg，有5对组合万蚕产茧量超过对照（占35.7%）；从万蚕产茧层量指标分析，单交组合平均值为3.387kg，区间开差平均为0.079kg，其中有7对组合万蚕产茧层量超过对照（占50.0%），最高的组合雌22号×卵21万蚕产茧量和万蚕产茧层量分别达16.48kg、3.724kg，分别超过对照种5.4%和10.3%；综合万蚕产茧量和万蚕产茧层量两项指标，有5对品种（占35.7%）均优于对照；从虫蛹率指标分析，有2对单交组合高于对照种，3对组合与对照种相仿。

对比表1和表2可以发现，中系雌蚕无性克隆系与日系限性卵色品种杂交组合的饲养成绩要好于日系雌蚕无性克隆系与中系限性卵色品种的杂交组合，虫蛹率水平虽然略低于对照，但是从绝对值看，大部分组合虫蛹率在93%以上，在秋期仍属于较高水平，而对照秋丰×白玉的抗性在秋用品种中属于较高水平。同时，由于单交组合没有正反交，因此在优良单交组合的筛选过程中，中系雌蚕无性克隆系与日系限性卵色品种的杂交组合形式是选育的重点，因为中系品种的卵量多，而日系限性卵色品种仅用雄性个体。

表1 中系雌蚕无性克隆系与日系限性卵色品种杂交组合的饲养成绩

品 种	全龄经过（d:h）	虫蛹率（%）	全茧量（g）	茧层量（g）	茧层率（%）	万蚕产茧量（kg）	万蚕产茧层量（kg）
雌1号×卵22	25:21	94.25	1.63	0.346	21.22	15.72*	3.336
雌1号×卵32	25:21	95.11	1.57	0.325	20.70	15.48	3.204
雌1号×卵36	25:21	95.09	1.52	0.327	21.61	14.59	3.154
雌1号×卵38	25:21	93.44	1.51	0.333	22.11	14.49	3.203
雌3号×卵22	25:21	93.07	1.50	0.317	21.14	14.40	3.044
雌3号×卵32	25:21	95.46	1.60	0.330	20.63	15.29	3.153
雌3号×卵36	25:21	95.46	1.43	0.314	21.92	14.12	3.097
雌3号×卵38	25:21	94.85	1.52	0.319	21.01	14.59	3.065
雌5号×卵22	25:21	94.27	1.59	0.336	21.09	15.40	3.247
雌5号×卵32	27:05	95.52	1.63	0.349	21.39	15.75*	3.370
雌5号×卵36	26:21	96.60	1.54	0.332	21.50	15.63*	3.361
雌5号×卵38	26:01	94.99	1.55	0.339	21.96	15.27	3.354
雌19号×卵22	26:13	94.40	1.63	0.372	22.78	16.28*	3.708*
雌19号×卵32	26:13	94.99	1.64	0.374	22.84	16.51*	3.772*
雌19号×卵36	26:13	97.48	1.57	0.368	23.45	16.09*	3.775*
雌19号×卵38	27:05	96.92	1.57	0.373	23.79	15.58	3.705*
雌29号×卵22	25:21	90.47	1.74	0.373	21.39	16.65*	3.562*
雌29号×卵32	27:05	95.25	1.68	0.353	21.00	17.18*	3.609*
雌29号×卵36	26:05	96.71	1.63	0.360	22.02	16.66*	3.668*
雌29号×卵38	27:05	94.50	1.62	0.368	22.72	15.84*	3.598*
雌33号×卵22	27:05	93.95	1.66	0.364	21.92	16.66*	3.650*
雌33号×卵32	26:21	95.14	1.74	0.374	21.46	17.33*	3.721*
雌33号×卵36	26:21	96.16	1.67	0.368	22.00	16.83*	3.702*
雌33号×卵38	27:05	93.07	1.66	0.367	22.05	15.82*	3.492*

（续）

品　　　种	全龄经过 （d:h）	虫蛹率 （%）	全茧量 （g）	茧层量 （g）	茧层率 （%）	万蚕产茧量 （kg）	万蚕产茧层量 （kg）
雌35号×卵22	26:21	94.84	1.72	0.371	21.55	16.67*	3.592*
雌35号×卵32	26:21	93.98	1.70	0.377	22.11	17.06*	3.772*
雌35号×卵36	26:21	97.02	1.66	0.371	22.28	16.90*	3.764*
雌35号×卵38	27:01	93.85	1.58	0.353	22.25	15.35	3.418*
秋丰×白玉	25:21	97.68	1.57	0.339	21.60	15.63	3.375

*表示该值超过对照种（表2同）。

表2　日系雌蚕无性克隆系与中系限性卵色品种杂交组合的饲养成绩

品　　　种	全龄经过 （d:h）	虫蛹率 （%）	全茧量 （g）	茧层量 （g）	茧层率 （%）	万蚕产茧量 （kg）	万蚕产茧层量 （kg）
雌8号×卵5	27:05	91.75	1.49	0.337	22.59	13.90	3.136
雌8号×卵21	26:21	95.12	1.56	0.317	20.34	15.13	3.078
雌10号×卵5	27:05	95.26	1.56	0.341	21.91	15.18	3.325
雌10号×卵21	27:05	97.36	1.66	0.352	21.25	16.15*	3.431*
雌12号×卵5	27:05	97.92	1.56	0.359	23.03	15.36	3.538*
雌12号×卵21	27:05	97.39	1.63	0.364	22.28	16.00*	3.564*
雌14号×卵5	27:05	93.71	1.53	0.329	21.55	15.11	3.255
雌14号×卵21	27:01	98.26	1.60	0.343	21.45	16.09*	3.452*
雌16号×卵5	27:01	95.30	1.48	0.337	22.75	14.62	3.326
雌16号×卵21	27:05	98.21	1.54	0.328	21.34	15.48	3.304
雌20号×卵5	27:05	96.63	1.52	0.345	22.65	14.64	3.315
雌20号×卵21	27:01	97.02	1.57	0.344	21.89	15.69*	3.435*
雌22号×卵5	27:01	95.89	1.58	0.366	23.25	15.20	3.534*
雌22号×卵21	26:21	96.67	1.66	0.375	22.60	16.48*	3.724*
秋丰×白玉	25:21	97.68	1.57	0.339	21.60	15.63	3.375

2.2　配合力测试

为了解雌蚕无性克隆系的配合力水平，进一步筛选经济性状优良的杂交组合，以万蚕产茧层量为指标，对中系雌蚕无性克隆系、日系雌蚕无性克隆系的一般配合力及组合的特殊配合力进行统计分析，其主要结果见表3、4。

从表3可以看出，7个中系雌蚕无性克隆系的一般配合力水平从高到低分别为雌19号＞雌33号＞雌35号＞雌29号＞雌5号＞雌1号＞雌3号，特殊配合力前5对单交组合分别为雌1号×卵22、雌35号×卵36、雌35号×卵32、雌5号×卵38、雌29号×卵38。一般配合力水平较高的雌19号、雌33号、雌35号、雌29号，其杂交组合的蚕期饲养成绩表现也较好（表1），这是因为一般配合力起源于基因的加性效应，而特殊配合力起源于基因的非加性效应，特殊配合力的高低与实际产量不尽一致，如雌1号×卵22的特殊配合力最高，但是蚕期成绩却不理想。因此，在育种过程中，一般配合力尤为重要。

表3　中系雌蚕无性克隆系与限性卵色品种的配合力测定结果

品种	卵22	卵32	卵36	卵38	一般配合力
雌1号	132	−66	−105	42	−244*
雌3号	−26	7	−28	38	−378*
雌5号	−66	−9	−7	84	−135*
雌19号	−12	−14	0	28	272*
雌29号	−27	−46	24	52	141*
雌33号	29	34	26	−86	173*
雌35号	−25	89	92	−156	169*
一般配合力	−20*	46*	35*	−63*	

*为各品种的一般配合力值，其余为各单交组合的特殊配合力值（表4同）。

从表4可以看出，7个日系雌蚕无性克隆系的一般配合力水平从高到低分别为雌22号＞雌12号＞雌10号＞雌20号＞雌14号＞雌16号＞雌8号，特殊配合力前5对单交组合分别为雌8号×卵5、雌14号×卵21、雌22号×卵21、雌16号×卵5、雌12号×卵5。在一般配合力和特殊配合力水平高低与蚕期饲养成绩的关系上也存在上述现象。

表4　日系雌蚕无性克隆系与限性卵色品种的配合力测定结果

品种	卵5	卵21	一般配合力
雌8号	69	−69	−280*
雌10号	−13	13	−9*
雌12号	27	−27	164*
雌14号	−59	58	−33*
雌16号	51	−51	−72*
雌20号	−20	20	−12*
雌22号	−55	55	242*
一般配合力	−55*	55*	

3　讨论

现行家蚕杂交育种一般都有正反交，如果育成的品种正反交差异大，对品种推广也是不利的，如目前生产上推广的秋丰×白玉，正反交因抗性差异，其反交供不应求，而正交蚕农大多不愿饲养。我们利用后代为全雌的雌蚕无性克隆系实现一方专养雌蚕，利用限性卵色品种实现一方专养雄蚕，形成"单交制种"新模式，由于反交不再利用，在亲本选育时可充分利用伴性遗传的规律，对双亲设置不同的选择重点，有望选育出性状特殊的蚕品种；同时能有效解决现行育种过程中常出现的品种正反交差异问题。利用该模式，结合家蚕雄蛾可多次交配的特性，原种饲养的雌雄比例可从目前的1∶1提高到2∶1以上，实现"蚕种场多养雌蚕"的目标，对资源进行最合理的配置和利用，使得生产同样数量的蚕种，原种饲养规模可缩小25%，将有效降低蚕种生产成本。

利用雌蚕无性克隆系可进一步降低"农村专养雄蚕"技术的蚕种生产成本，加速雄蚕产业化进程。目前，雄蚕种的生产是利用限性斑纹品种作为常规对交种与平衡致死系雄蚕杂交。若用雌蚕无性克隆系替代限性斑纹品种作为常规对交种，与平衡致死系雄蚕杂交，生产同样数量的雄蚕种，饲养规模可再进一步减小，雄蚕种生产成本有望进一步降低，从而兼顾蚕种场生产和蚕农饲养雄蚕种的积极性，加速雄蚕产业化进程，促进"农村专养雄蚕"高新技术的快速、大规模推广应用。有关方面的研究也在同步进行中。

本试验利用雌蚕无性克隆系与限性卵色品种杂交，通过42对单交组合的蚕期饲养成绩调查和配合力测定，发现有19对组合的万蚕产茧量和万蚕产茧层量均优于浙江省目前推广量最大的品种秋丰×白玉，通过进一步的丝质筛选，有望培育出经济性状优良的"单交制种"模式新品种，从而实现"蚕种场多养雌蚕"的目标，创新蚕种生产模式，有效降低蚕种生产成本。

家蚕单交组合选育研究初报[①]

何克荣 祝新荣 柳新菊 王永强

（浙江省农业科学院蚕桑研究所 杭州 310021）

中华人民共和国成立以来，我国蚕品种经4次换代，品种性状取得了较大的改善，为蚕丝业的发展作出了巨大贡献。然而，近年来由于可利用蚕品种资源材料雷同和育种技术的陈旧，家蚕品种的经济性状改良很难取得更大的进展，几乎在同一水平上徘徊。开辟新的育种方法和育种素材是家蚕品种选育取得突破性进展的理想途径。

家蚕人工非减数分裂孤雌生殖技术早在20世纪初已被人们开发，该技术能产生全雌后代，是一种具有利用价值的繁殖方式。但该技术由于其孤雌生殖的配子发生率及孵化率低，一直未能在生产上应用。限性卵色蚕品种的雌性和雄性蚕卵色明显不同，可以据此区分蚕卵的雌雄性别，是一类具有利用价值的家蚕品种资源，然而，家蚕孤雌生殖技术及限性卵色品种资源尚未在生产上开发应用。

孤雌生殖雌蚕与限性卵色雄蚕交配的单一杂交组合，可以降低杂交种制种成本和提高蚕品种的经济性状。为此，我们利用上述两类蚕品种的殊特性，经过近10年研究，既明显提高了家蚕非减数分裂孤雌生殖蚕系的配子发生率和实用孵化率，又改良了限性卵色蚕品种的综合经济性状，从而配制成"非减数分裂孤雌生殖系♀×限性卵色系♂"的单一杂交组合型式（无反交，简称单交组合）。并从中进一步筛选出综合性状优良的组合无11×卵36，该组合经2年4期实验室试养，其经济性状已达到实用水平，有望应用于生产。

1 材料与方法

1.1 亲本材料

孤雌生殖系家蚕品种无11选用中系品种菁松与夏5杂交，经多代选择而成；限性卵色家蚕品种卵36选用日系限性卵色蚕品种卵22与日系蚕品种416杂交选育而成。

1.2 选育方法

1.2.1 高孵化率孤雌生殖系的育成

选用春用多丝量品种菁松为母本，强健型夏秋用品种夏5为父本的杂交一代作为选育材料，

---

① 本文原载于《蚕业科学》，2007，33（3）：462-465。

自交选择2代，以提高原种经济性状水平，然后对该品种连续多代进行孤雌生殖选择，以提高其孤雌生殖发生率及实用孵化率。孤雌生殖选育方法：每代饲养多个蛾区，选择配子发生率高、经济性状优良的蛾区继代。经连续多代选育，育成孵化率高，经济性状优良的新孤雌生殖系，定名为无11。

1.2.2 限性卵色系的育成

限性卵色系卵22是本所为专养雄蚕技术而选育的日系第3白卵限性卵色系材料，但其丝质性状不很稳定，而日系夏秋用常规品种416具有相对较好的茧丝质性状，用这两个品种为亲本材料，采用限性蚕品种改良方法，经5年选育，育成了经济性状优良的限性卵色系，定名卵36。

2 结果与分析

2.1 孤雌生殖系无11的主要经济性状

经近多年选育，无11的非减数分裂孤雌生殖配子发生率已达到90%左右（图1），实用孵化率也达70%左右。对于非减数分裂孤雌生殖系而言，其实用孵化率只要在40%以上就具有应用价值，这是因为孤雌生殖产生的后代为全雌性，在蚕种生产时可以百分之百产卵，不像常规品种那样有一半雄性不能产卵。另外在孤雌生殖诱导时，蚕卵是人工从雌蛾腹部取出的，不存在不产卵蛾和体内残留卵，所以其40%孵化率相当于常规蚕品种的95%以上的孵化率。从表1可见无11的主要经济性状已达到实用水平。

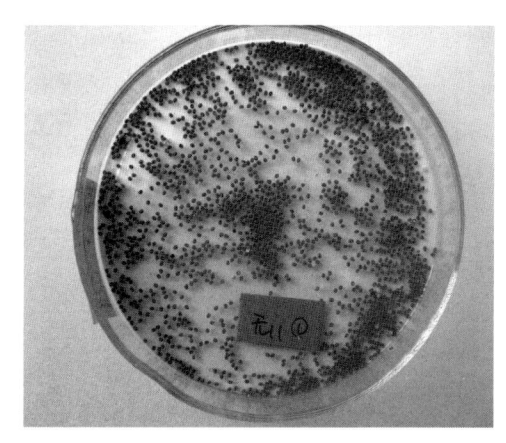

图1 孤雌生殖系无11的胚子发生蚕卵

表1 孤雌生殖系蚕品种无11和限性卵色系蚕品种卵36的饲养成绩（2006年春）

品种	全龄经过（d:h）	5龄经过（d:h）	虫蛹率（%）	死笼率（%）	全茧量（g）	茧层量（g）	茧层率（%）	孵化率（%）
无11	22:13	7:04	100.00	0.00	2.10	0.419	19.99	68.21
卵36	23:21	7:10	94.43	5.00	1.52	0.372	24.50	95.78

2.2 限性卵色蚕品种卵36的经济性状

卵36为第3白卵的限性卵色蚕品种，雌性卵色为棕褐色，雄蚕为黄色，可以明显区分（图2）。经5年选育，卵36的经济性状已达到较高的水平（表1）。

2.3 单交杂交组合无11×卵36的选配

从众多的孤雌生殖系与限性卵色系杂交组合选配中，筛选出无11×卵36这对单交杂交组合，该组合于2005—2006年春秋共4期在实验室饲养鉴定，饲养成绩见表2，已优于浙江省生产上大规模应用的蚕品种秋丰×白玉，达到实用化水平。

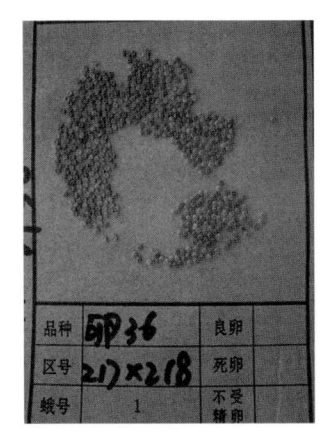

图2 限性卵色系蚕品种卵36的卵

利用性别控制蚕品种配制单交组合，其最明显的优点是可以大幅度降低杂交种生产成本。以该组合无11×卵36为例，与常规蚕品种相比较，同样饲养100g蚁量，常规蚕品种只有50g雌可以制种。由于孤雌生殖系无11个体全为雌蚕，卵36属限性卵色系可根据卵色区分雌雄，原种可只养雄性，而雄蛾又可多次交配，因而在原种饲养上至少可采用♀:♂比为2:1的饲养比例，所以，在饲养的100g蚁量中至少可饲养66g雌，即可增加近1/3的杂交种制种量。

表2 单交组合无11×卵36的实验室饲养成绩

期别	品种	全龄经过（d:h）	虫蛹率（%）	全茧量（g）	茧层量（g）	茧层率（%）	万蚕产茧量（kg）
2005春	无11×卵36	23:10	98.55	1.98	0.461	23.30	19.73
	秋丰×白玉	22:05	98.26	1.97	0.409	20.74	19.09
2005秋	无11×卵36	23:06	85.20	1.80	0.392	21.77	15.90
	秋丰×白玉	22:21	84.09	1.83	0.376	20.52	15.24
2006春	无11×卵36	23:12	99.23	2.06	0.492	23.89	20.71
	秋丰×白玉	23:07	97.43	2.00	0.440	21.96	18.79
2006秋	无11×卵36	26:10	96.15	1.65	0.380	23.03	16.51
	秋丰×白玉	25:21	97.68	1.57	0.339	21.60	15.63
平均	无11×卵36	24:03	94.78	1.87	0.431	23.00	18.21
	秋丰×白玉	23:14	94.37	1.84	0.391	21.20	17.19
期别	品种	茧丝长（m）	解舒丝长（m）	解舒率（%）	纤度（dtex）	洁净（分）	出丝率（%）
2005春	无11×卵36	1287	914	71.02	2.985	95.75	18.62
	秋丰×白玉	1073	670	62.41	3.203	95.50	16.03
2005秋	无11×卵36	1154	804	69.69	2.727	93.25	16.04
	秋丰×白玉	1057	828	78.33	2.963	97.25	14.40
2006春	无11×卵36	1266	1008	79.58	3.160	94.50	17.81
	秋丰×白玉	1117	1046	93.61	3.309	97.25	15.58
2006秋	无11×卵36	1172	963	82.19	2.535	95.00	20.04
	秋丰×白玉	1072	943	87.09	2.631	96.12	16.67
平均	无11×卵36	1220	922	75.62	2.842	94.63	18.13
	秋丰×白玉	1087	872	80.36	3.027	96.53	15.67

3 讨论

（1）蚕种生产希望原种能多产卵，以提高蚕种产量；而丝茧育中蚕卵是多余产物，又希望蚕儿能少造卵多产丝，以提高饲料效益。目前在生产上推广应用的常规蚕品种很难解决这一矛盾。采用本研究选育的单交杂交组合，能使这一矛盾得到较好的平衡。研究表明，家蚕的性染色体Z上有一个控制产卵量的基因，因而家蚕的产卵量具有偏父遗传倾向。利用该基因可以提高家蚕杂交种的饲料效益。即选择雄性限性卵色亲本时，选用Z染色体上具减少产卵量基因的品种，适当控制其产卵数。而孤雌生殖蚕品种中具有增效造卵基因，可以增加产卵量。因而在原种饲养时，母本是高造卵品种，性染色体组成 WZ^{+l}（假设 $+l$ 为蚕卵的增效基因，l 为减效基因）；父本为低造卵品种，性染色体组成为 Z^lZ^l。由于产卵量为母本效应，杂交后母本产卵数仍较多。但杂交种雌性的性染色体为 WZ^l，产卵量应该偏低（雌性W染色体为一空染色体，其性状由Z染色体基因决定），而雄性性染色体构成为 $Z^{+l}Z^l$，由于雄性不产生蚕卵，所以无论产卵基因为显性或隐性，均不影响产卵量，从而达到了减少杂交种产卵量的目的。本研究采用的组合无11×卵36其茧层率和出丝率明显较对照种高，可能也包含了杂交种雌性的产卵量偏低的因素。同理，若运用家蚕经济形状的伴性遗传特性，也能够提高这种单交形式的经济性状指标。

（2）一般中系蚕品种的产卵量高于日系蚕品种，而在单交杂交组合中，雄性亲本一方的产卵量是不利用的，所以在选配杂交组合时，通常是以中系蚕品种作为母本育成孤雌生殖系，以日系蚕品种作为父本育成限性卵色系。

（3）孤雌生殖诱导的人工取卵看似繁琐，但是，它省去了投蛾、交配、理对和产卵等一系列常规制种的操作，所以整个过程不会比常规制种多花费人力。我们曾以30蛾为1操作单位（合1张原种）作模拟生产试验，结果花费时间与常规制种差不多，而且，蚕卵的孵化率也与小规模试验相同。

（4）家蚕非减数分裂孤雌生殖是克隆了上代亲本基因型，所以其后代不仅全是雌性，而且同一蛾的孤雌生殖后代基因型与其母本完全相同，按理继代选择对基因型改变不发生作用，选择效果几乎为零；但是，我们在众多品种的孤雌生殖发生率的继代选择中，确实产生了效果，而且经多代选择后，孤雌生殖发生率能提高很多。这是一个值得探讨的问题。我们认为这很可能是一种对环境刺激响应的累积效应，可能属于外遗传的作用，即孤雌生殖的发生率可能与某些基因的激活或沉默有关，而这些基因的激活和沉默，是受环境条件的刺激影响的；也很可能是由于这些基因被甲基化或去甲基化之故，确切原因有待于进一步研究。

家蚕雌蚕无性克隆系与平衡致死雄蚕杂交组合比较试验[①]

姚耀涛[1] 祝新荣[2] 赵丽华[1] 何克荣[2] 李玉峰[1] 柳新菊[2] 何秀玲[2] 王永强[2]

（1. 湖州市农业科学研究院蚕桑研究所 湖州 313000；
2. 浙江省农业科学院蚕桑研究所 杭州 310021）

　　1996年浙江省农业科学院蚕桑研究所从俄罗斯科学院引进了家蚕性连锁平衡致死系，经十余年的攻关，利用自主设计的两项国家发明专利技术，将性连锁平衡致死基因导入我国经济性状优良的品种中，先后育成了雄蚕品种秋·华×平30、秋丰×平28，逐步在浙江省的湖州、淳安、海盐、海宁等蚕区及四川、云南等省推广应用，经济效益明显。但是，围绕雄蚕品种选育及其配套技术研究，还有不少潜力可以挖掘，如培育适合不同地区饲养的雄蚕新品种、进一步降低雄蚕种的生产成本等。

　　由于雄蚕种生产的特殊性，其蚕种的生产成本较高，理论上是常规品种的4倍。目前，生产上用限性斑纹品种的雌蚕（饲养至4龄期淘汰雄性个体）与平衡致死系雄蚕杂交，通过雌雄的合理配比，已使雄蚕种的生产成本降至常规种的1.7倍左右。如果设想应用后代为全雌个体的蚕品种与平衡致死系雄蚕杂交生产雄蚕种，再配以2♀∶1♂的比例进行生产，则雄蚕种的生产成本有望进一步降低。浙江省农科院蚕桑所在雄蚕品种选育的同时，逐步育成了后代为全雌、具有实用价值的雌蚕无性克隆系。

　　本文利用雌蚕无性克隆系与平衡致死系雄蚕进行杂交，组配成多对杂交组合，分别于2006年秋期和2007年春期在湖州市农科院实验室进行比较试验，期望从中筛选出综合经济性状优良、能有效降低制种成本的新型雄蚕杂交组合。现将试验报告如下。

1 材料与方法

1.1 供试品种

　　利用7个中系雌蚕无性克隆系：雌蚕1号、雌蚕3号、雌蚕5号、雌蚕19号、雌蚕29号、雌蚕33号、雌蚕35号，与4个日系平衡致死系雄蚕：平28、平30、平48、平68杂交；日系雌蚕无性克隆系雌蚕20号，与3个中系平衡致死系雄蚕平21、平35、平31杂交，组配30对组合，以秋丰×白玉作为对照进行对比试验。

---

①　本文原载于《蚕桑通报》，2007，38（4）：9-12。

1.2 试验设区

2006年秋期共饲养包括对照种31对杂交组合,其中30对雄蚕组合和对照种秋丰×白玉正反交,每个组合设2个重复区(4龄分区数蚕,每区500头),共64区。在2006年秋期比较筛选的基础上,2007年春期对6对重点组合作进一步比较,包括对照种共饲养16区,方法同上。

1.3 调查项目及方法

参照浙江省家蚕新品种实验室鉴定操作规程,进行经济性状的调查。蚕期项目主要有龄期经过、4龄起蚕结茧率、死笼率、4龄起蚕虫蛹率、全茧量、茧层量、茧层率、万蚕产茧量、万蚕产茧层量;丝质项目主要有:上车茧率、茧丝长、解舒丝长、解舒率、茧丝量、纤度、净度、清洁、鲜毛茧出丝率。

2 结果与分析

2.1 饲养成绩

2006年秋期,经过蚕期饲养观察与茧质、体质、经过等调查,初步确定6对组合为重点,进行丝质检验,蚕期饲养成绩详见表1。从2006年秋和2007年春两期饲养平均成绩可见,5龄经过与对照种相比差距都不大,全龄期经过试验种均短于对照种,且除雌蚕19号×平68外的其余5个品种全龄经过短于对照种约1d,4龄虫蛹率除雌蚕29号×平68外,其余5个品种均不同程度超过对照种,全茧量与万蚕产茧量都不同程度低于对照种,主要经济指标万蚕产茧层量雌蚕19号×平68为3.799kg,比对照种提高7.1%,雌蚕35号×平28和雌蚕33号×平28分别比对照种提高1.2%和1.8%,雌蚕29号×平30与对照种相仿,雌蚕29号×平28和雌蚕29号×平68略低于对照种。在6个试验种中,具有产量优势的是雌蚕19号×平68,而雌蚕29号×平68体质与万蚕产茧层量均表现不够理想。

表1　2006年秋期和2007年春期6对雄蚕组合的蚕期饲养成绩

品种	期别	5龄经过(d:h)	全龄经过(d:h)	结茧率(%)	死笼率(%)	虫蛹率(%)	全茧量(g)	茧层量(g)	茧层率(%)	万蚕产茧量(kg)	万蚕产茧层量(kg)
雌蚕19号×平68	2006年秋	7:12	23:22	91.79	1.84	90.10	1.52	0.354	23.26	14.51	3.376
	2007年春	6:10	22:08	100	3.52	96.49	1.68	0.402	23.92	17.65	4.222
	平均	6:23	23.03	95.90	2.68	93.30	1.60	0.378	23.59	16.08	3.799
雌蚕35号×平28	2006年秋	7:00	23:10	91.94	0.22	91.74	1.41	0.328	23.26	13.50	3.142
	2007年春	6:07	22:05	99.62	2.43	97.21	1.64	0.400	24.39	16.62	4.055
	平均	6:16	22:20	95.78	1.33	94.48	1.53	0.364	23.83	15.06	3.599

（续）

品种	期别	5龄经过（d:h）	全龄经过（d:h）	结茧率（%）	死笼率（%）	虫蛹率（%）	全茧量（g）	茧层量（g）	茧层率（%）	万蚕产茧量（kg）	万蚕产茧层量（kg）
雌蚕29号×平30	2006年秋	7:00	23:10	90.63	0.99	89.73	1.45	0.332	22.90	13.17	3.013
	2007年春	6:07	22:05	99.63	1.90	97.98	1.66	0.414	25.02	16.81	4.204
	平均	6:16	22:20	95.13	1.45	93.86	1.56	0.373	23.96	14.99	3.609
雌蚕33号×平28	2006年秋	6:19	23:05	93.24	0.95	92.35	1.43	0.342	23.88	13.61	3.250
	2007年春	6:12	22:10	99.11	1.14	97.97	1.66	0.396	23.79	16.62	3.955
	平均	6:16	22:20	96.18	1.05	95.16	1.55	0.369	23.84	15.12	3.603
雌蚕29号×平28	2006年秋	7:00	23:10	94.62	0.90	93.77	1.44	0.342	23.75	13.61	3.232
	2007年春	6:10	22:08	97.34	2.74	94.68	1.62	0.400	24.70	15.35	3.794
	平均	6:17	22:21	95.98	1.82	94.23	1.53	0.371	24.23	14.48	3.513
雌蚕29号×平68	2006年秋	7:00	23:10	87.62	0.64	87.05	1.47	0.344	23.49	13.34	3.134
	2007年春	6:07	22:05	99.49	8.46	91.08	1.63	0.396	24.29	16.22	3.939
	平均	6:16	22:20	93.56	4.55	89.07	1.55	0.370	23.89	14.78	3.537
秋丰×白玉	2006年秋	6:22	23:08	91.27	1.83	90.38	1.63	0.332	20.39	14.66	2.988
	2007年春	6:10	22:08	98.95	2.68	95.90	1.81	0.380	21.38	19.49	4.167
	平均	6:16	23:20	95.11	2.26	93.14	1.72	0.356	20.89	17.08	3.578

2.2　丝质成绩

从两年两期的平均丝质成绩看（见表2），在6个雄蚕品种中，解舒丝长在1000m以上、解舒率在80%以上、净度95.5分以上的有3个品种，分别是雌蚕35号×平28、雌蚕29号×平28和雌蚕29号×平30，而雌蚕33号×平28和雌蚕29号×平68解舒率相对较低。另外，鲜茧出丝率均明显高于对照种，显示出专养雄蚕的优越性。

表2　2006年秋期和2007年春期6对雄蚕组合的丝质检验成绩

品　种	期别	上车茧率（%）	茧丝长（m）	解舒丝长（m）	解舒率（%）	茧丝量（g）	茧丝纤度（dtex）	清洁（分）	净度（分）	鲜茧出丝率（%）
雌蚕35号×平28	2006年秋	97.48	1184.0	1058.0	89.29	0.2856	2.411	99.0	96.5	18.31
	2007年春	97.63	1265.0	999.0	78.95	0.3385	2.673	100.0	95.5	20.14
	平均	97.55	1224.5	1028.5	84.12	0.3120	2.542	99.5	96.0	19.22
雌蚕29号×平30	2006年秋	97.39	1244.0	1102.0	88.51	0.2768	2.226	96.0	95.0	16.89
	2007年春	97.80	1356.0	1005.0	74.08	0.3507	2.586	99.0	97.5	20.79
	平均	97.60	1300.0	1053.5	81.29	0.3137	2.406	97.5	96.5	18.84

（续）

品　种	期别	上车茧率 （%）	茧丝长 （m）	解舒丝长 （m）	解舒率 （%）	茧丝量 （g）	茧丝纤度 （dtex）	清洁 （分）	净度 （分）	鲜茧出 丝率（%）
雌蚕19号×平68	2006年秋	97.37	1101.0	1017.0	92.31	0.3038	2.536	98.0	95.5	18.32
	2007年春	95.60	1168.0	813.0	69.61	0.3534	3.026	100.0	97.0	20.11
	平均	96.48	1134.5	915.0	80.96	0.3286	2.891	99.0	96.2	19.21
雌蚕33号×平28	2006年秋	97.41	1215.0	1036.0	85.23	0.2871	2.362	100.0	95.5	18.07
	2007年春	96.73	1223.0	681.0	55.67	0.3361	2.748	100.0	97.5	19.58
	平均	97.07	1219.0	858.5	70.45	0.3116	2.554	100.0	96.5	18.82
雌蚕29号×平28	2006年秋	97.86	1197.0	1118.0	93.46	0.2819	2.354	99.0	96.0	18.02
	2007年春	97.43	1282.0	956.0	74.59	0.3437	2.681	100.0	95.0	20.93
	平均	97.64	1239.5	1037.0	84.02	0.3128	2.518	99.5	95.5	19.47
雌蚕29号×平68	2006年秋	96.71	1071	948.0	88.5	0.2883	2.691	100.0	96.5	18.28
	2007年春	97.74	1152	838.0	72.82	0.3229	2.803	98.0	95.5	19.36
	平均	97.22	1111.5	893.0	80.66	0.3056	2.747	99.0	96.0	18.82
秋丰×白玉	2006年秋	97.62	1008.0	927.0	92.02	0.2694	2.672	100.0	97.5	15.56
	2007年春	97.39	1279.0	1139.0	89.03	0.3565	2.784	100.0	96.0	18.97
	平均	97.50	1143.5	1033.0	90.52	0.3129	2.726	100.0	96.7	17.26

综合两年春、秋重复调查的饲养成绩和丝质检验成绩，初步筛选出经济性状优良的3个雄蚕组合，分别是雌蚕35号×平28、雌蚕29号×平28和雌蚕29号×平30，而雌蚕19号×平68产量优势明显，以上4个品种，需要再进行重复试验观察，从中筛选出1～2对综合经济性状最佳的组合。

从实验室试验结果表明，与秋丰×白玉相比，雄蚕组合在龄期经过、强健性、茧层率、鲜茧出丝率等性状上具有较强的优势，由于雄蚕品种龄期经过短、食桑相对少、强健好养、叶丝转化率高，符合效益蚕业的发展方向，如国家在此基础上制订优质优价的售茧政策，则农村专养雄蚕前景更为广阔。

从育种角度而言，采用雌蚕无性克隆系与平衡致死系雄蚕杂交，是雄蚕品种选育的新模式，将提高雄蚕种的生产效率，进一步降低雄蚕种的生产成本，加速雄蚕产业化的进程。其中，雌蚕无性克隆系的培育非常重要，即在兼顾雌蚕综合经济性状优良的前提下，使雌蚕发生率与实用孵化率指标达到实用化，适合蚕种场的繁育。

本试验通过两期重复调查，初步筛选出了4对综合经济性状优良的雄蚕新组合，但仅仅限于实验室条件下，雌蚕无性克隆系×平衡致死系雄蚕在蚕种场的制种试验还未开展，这些杂交组合还需要进一步比较，并在农村进行适应性试验。

雄蚕新品种秋丰×平28的育成[①]

祝新荣　何克荣　柳新菊　孟智启

（浙江省农业科学院蚕桑研究所　杭州　310021）

雄蚕强健好养，出丝率高，丝质优。20世纪60年代，俄罗斯科学院院士V.A.Strunnikov.在世界上首先育成了家蚕性连锁平衡致死系。用平衡致死系的雄性与常规品种的雌性相交，下一代雌蚕在胚胎期死亡，仅雄性能正常孵化，并能正常结茧，可实现专养雄蚕的愿望。为了在我国蚕业生产上应用专养雄蚕技术，提高我国茧丝生产效率和茧丝品质，1996年春，本所从俄罗斯引进了家蚕性连锁平衡致死系。由于俄罗斯无蚕丝产业，其研究的家蚕平衡致死系尚属实验室成果，其生命率和丝质均很差，不能直接应用于生产。为此，我们利用引进的家蚕平衡致死系统开展了专养雄蚕实用化技术的研究，经过近10年攻关，建立了一套家蚕性连锁平衡致死系蚕品种的转育改良方法，成功地将我国现行蚕品种的优良性状基因导入平衡致死系，从而育成了实用的雄蚕新品种。本文报道雄蚕新品种秋丰×平28的选育。

1 性连锁平衡致死系平28的选育经过

选育强健优质家蚕性连锁平衡致死系是实现专养雄蚕的技术关键，为进一步提高性连锁平衡致死系平30的茧丝质性状，我们用平30作为性连锁平衡致死系的基础材料，选用抗病性较强，茧丝质较优的夏秋用常规日系蚕品种白玉作为优良基因的供体亲本，开展了家蚕性连锁平衡致死的转育改良工作。在家蚕性连锁平衡致死系上有9个基因，分别标记原种性别和控制杂交种的性别致死，在选育过程中，不能丢失这些基因中的任何一个，因而其选育方法完全不同于常规蚕品种的选育。为此，我们设计了回交改良家蚕性连锁平衡致死系的方法，以使供体亲本优良性状基因能成功导入平30，该方法分3步完成：（1）2000年春季将平30（雌）与白玉（雄）杂交，形成性连锁平衡致死系与常规蚕品种的杂交种；（2）2000年夏季再在这一杂交种的雌雄间进行一次自交，形成F_2代基因分离，以利于选择；（3）2000年秋季通过F_2代雌与平30雄间的一次回交，把性连锁平衡致死系的性别控制基因补回到F_2代中，形成一个新的性连锁平衡致死系。由此，新的平衡致死系既含有平衡致死系的9个性别控制基因，又补充了优良蚕品种白玉的优良经济性状。新育成的平衡致死系取名为平28。

---

① 本文原载于《蚕业科学》，2008，34（1）：45-49。

初育成的平28基因杂合性仍然较高，必须进行自交纯化，因而在初期世代仍采用蚁量混合育，选择优良个体留种。到G_4代后采用单蛾饲养，选留优良蛾区中的优良个体留种，由于家蚕性连锁平衡致死系有一半雌性和一半雄性在胚胎期死亡，存活孵化者仅为一半，单蛾饲养个体数较少，故很难分蛾区缫丝进行丝质选择。为了选留优良丝质个体留种，我们在选育过程中采用单茧活蛹缫丝方法，选留丝质优良个体进行编号，对号交配留种，使平28的茧丝品质有了较快的提高。为增强新平衡致死系的耐氟性，在平28育成的早期世代对3龄小蚕用含氟化钠60～70mg/kg的桑叶饲养选择，淘汰迟眠蚕。平28的谱系成绩列于表1。

表1　性连锁平衡致死系平28的育成经过

期别		世代	全龄经过（d:h）	5龄经过（d:h）	虫蛹率（%）	死笼率（%）	全茧量（g）	茧层量（g）	茧层率（%）
	夏	F_1	22:22	6:16	86.50	5.96	1.39	0.306	22.01
2000	秋	F_2	21:06	7:08	73.59	15.00	1.21	0.252	20.76
	春	G_1	21:05	5:17	93.40	3.12	1.57	0.325	20.76
	夏	G_2	22:08	5:20	86.42	7.49	1.10	0.224	20.15
2001	秋	G_3	22:21	6:16	83.53	3.42	1.16	0.234	20.15
	春	G_4	23:12	7:07	93.23	1.58	1.74	0.359	20.66
	夏	G_5	21:22	6:10	81.76	12.19	1.40	0.292	20.81
2002	秋	G_6	23:23	7:06	78.72	6.23	1.20	0.266	22.14
	春	G_7	24:08	7:11	97.31	0.31	1.70	0.344	20.23
	夏	G_8	22:15	6:17	84.55	4.77	1.19	0.261	21.99
2003	秋	G_9	23:20	6:23	71.76	12.59	1.08	0.209	19.33
	春	G_{10}	22:20	6:23	92.44	1.41	1.63	0.355	21.78
2004	秋	G_{11}	24:20	7:23	76.60	9.12	1.39	0.280	20.19
	春	G_{12}	23:07	7:01	92.71	0.80	1.65	0.347	20.99
2005	秋	G_{13}	24:19	7:08	77.77	4.66	1.26	0.265	21.05
2006	春	G_{14}	22:01	7:00	91.13	1.93	1.65	0.351	21.23

饲育形式：F_1～G_3混合蚁量育，G_4～G_{14}单蛾育。

2　对交常规家蚕品种的选择

由于平衡致死系平28含有普通品种白玉的血缘，根据白玉与常规原种秋丰具有较好的配合力的特点，我们选择茧丝质优、抗性强的夏秋用皮斑限性中系品种秋丰作为平28的对交常规母系亲本。

3　一代杂交种的鉴定

3.1　实验室鉴定

平28从2000年春开始选育，2001年夏蚕期完成了平30与白玉间的杂交、自交和回交组成的一个回交充血循环，形成一个新的平衡致死系；同年秋进行早期杂交组合的选配测试，发现新的平衡致死系与现行常规优良中系品种秋丰具有较好的配合力。2002年对平28经3个世代的纯化选育，以及春秋2期实验室杂交比较试验，结果显示新杂交组合秋丰×平28不仅产茧量较本所育成的第一个雄蚕品种秋·华×平30高，而且解舒率较为稳定（2002年和2003年春，在人为制造高温多湿的蔟中环境，其解舒率也不低于常规对照种秋丰×白玉）。从表2可见，雄蚕品种秋丰×平28各项经济性状均高于对照种秋丰×白玉，是一对颇具推广前景的雄蚕品种。

表2　雄蚕品种秋丰×平28在浙江省蚕桑所实验室鉴定的2年平均成绩

调查性状	秋丰×平28	秋丰×白玉
全龄经过（d:h）	23:03	22:21
5龄经过（d:h）	7:01	6:20
虫蛹率（%）	96.16	94.17
死笼率（%）	1.67	2.67
全茧量（g）	1.69	1.86
茧层量（g）	0.388	0.378
茧层率（%）	22.93	20.39
万蚕产茧量（kg）	16.67	17.91
万蚕茧层量（kg）	3.819	3.675
茧丝长（m）	1194	1100
解舒丝长（m）	780	656
解舒率（%）	64.93	59.68
纤度（dtex）	2.662	2.800
洁净（分）	95.33	93.67
鲜茧出丝率（%）	17.99	15.20

3.2　浙江省家蚕新品种实验室共同鉴定

新雄蚕品种秋丰×平28经2003、2004年2年浙江省6个实验室共同鉴定成绩列于表3。除虫蛹统一生命力低于对照种秋丰×白玉1.5个百分点以外，其他各项主要经济性状指标均超过对照种，而且虫蛹统一生命力这项指标仍符合浙江省家蚕新品种实验室鉴定要求。于2005年2月通过浙江省家蚕新品种实验室共同鉴定。

3.3　农村饲养鉴定

选择浙江省淳安、海宁、湖州和长兴4个农村区试点实施2年实际饲养鉴定。4个农村区试点2005、2006年两年秋期饲养平均成绩列于表4。从表4可见，雄蚕品种秋丰×平28饲养、缫丝成绩均超过了各区试点当期主养品种。特别是2005年秋季，浙江遇到了历史上罕见的高温天气，常规蚕品种的产量和质量受到了严重影响，但秋丰×平28在全省4个农村区试点均表现出较好的饲养成绩，2年农村区试结果表明，该品种强健好养，丝质优，出丝率高，茧丝质性状稳定。

新品种受到蚕农和丝厂的好评，具有较好的推广应用前景。

表3　雄蚕品种秋丰×平28在浙江省6个实验室鉴定的2年平均成绩

调查性状	秋丰×平28	秋丰×白玉
全龄经过（d:h）	22:21	22:16
5龄经过（d:h）	7:02	6:23
虫蛹率（%）	94.01	95.48
全茧量（g）	1.57	1.71
茧层量（g）	0.378	0.357
茧层率（%）	23.99	20.89
万蚕产茧量（kg）	15.51	17.05
万蚕茧层量（kg）	3.727	3.561
茧丝长（m）	1198	1024
解舒丝长（m）	919	856
纤度（dtex）	2.551	2.908
洁净（分）	95.84	95.63
鲜茧出丝率（%）	17.66	15.90

表4　雄蚕品种秋丰×平28的农村区试2年平均成绩

调查性状	秋丰×平28	对照品种
全龄经过（d:h）	22:12	22:03
5龄经过（d:h）	6:15	6:11
张种产量（kg）	41.2	36.6
张种产值（元）	1139.08	976.07
50kg桑产值（元）	89.10	78.93
茧丝长（m）	1050.6	889.8
解舒率（%）	70.3	70.3
解舒丝长（m）	746.2	633.6
纤度（dtex）	2.425	2.594
洁净（分）	94.98	94.34
干茧出丝率（%）	36.9	32.8

注：对照品种分别为各区试点当期主养品种。

4　平28原种性状

平28为日本系统限性卵色性连锁平衡致死系原种，二化四眠，滞育卵雌性为灰紫色，雄性黄色，每蛾总卵数500粒左右，因属平衡致死系原种，雌雄各有一半在胚胎期死亡，孵化率45%左右，孵化齐一，蚁蚕黑褐色，小蚕趋光趋密性强，小蚕用叶要求适熟偏嫩。大蚕体色灰褐，普斑，体质强健好养，茧色白，茧型浅束腰，缩皱中等。发育经过：催青期11d，幼虫期

23～24d，蛰中17d，全蚕期50～51d。可利用限性卵色性状区分雌雄，在繁育雄蚕杂交种时，只饲养雄性黄色卵。由于雄蛾可以多次交配，为降低制种成本，生产雄蚕杂交种时，一般原种饲养的雌雄性比控制在2.0：1～2.5：1。

5 秋丰×平28杂交种性状

秋丰×平28是一对优质好养的夏秋用雄蚕杂交种。二化四眠，滞育卵灰色，卵壳微黄色、白色。因是与平衡致死系杂交产生雄蚕种，故只能利用正交，反交不利用。雌卵在胚胎期死亡，只有雄卵孵化，孵化率48%左右，克蚁头数2300头以上。各龄眠起齐一，食桑旺，应注意充分饱食，春季饲养小蚕期避免用叶过嫩，以免发生三眠蚕。壮蚕体色灰白，普斑，大小均匀。全龄经过22d左右，5龄经过6.5d左右，因是雄性杂交种，性别单一，发育齐，老熟涌，茧层率高，蔟中要特别强调通风排湿，避免上蔟过密，以提高茧丝质量。

6 讨论

（1）家蚕平衡致死系选育与常规家蚕品种选育不同，不但要注意经济性状的选择，更要注意不能丢失平衡致死基因，否则一旦丢失，很难重新转入。

（2）利用平衡致死系组配雄蚕组合，采用的是单交制种模式，即常规品种的雌性与平衡致死系的雄性交配，反交不能利用，为此，可利用家蚕某些性状的伴性遗传规律，选择合适的亲本，利于选育出经济性状更为优良的雄蚕品种，而不同于常规品种选育必须考虑正反交的性状差异问题。

（3）目前育成的雄蚕品种秋·华×平30、秋丰×平28等均为夏秋用雄蚕品种，在全年饲养春用品种的地区不能显示其优越性，今后要加强春用雄蚕品种的选育。

家蚕性连锁平衡致死系原种的孵化率与发育调查[①]

祝新荣　柳新菊　孟智启　王永强　何克荣

（浙江省农业科学院蚕桑研究所　杭州　310021）

　　用家蚕性连锁平衡致死系的雄性与常规家蚕品种的雌性相交，下一代雌性在胚胎期死亡，仅雄性能正常孵化、发育并结茧，可实现专养雄蚕。本所在近10余年间育成的实用雄蚕品种秋·华×平30和秋丰×平28，已通过浙江省农作物品种审定委员会的审定，并开始在生产上规模化推广应用。生产雄蚕杂交种只能采用单一交配形式，反交不能利用，为降低雄蚕杂交种生产成本，可利用雄蛾多次交配的特性，在蚕种场尽可能做到合理的原种雌雄饲养配比，以提高单位饲养量的蚕种生产量，因而原种的雌雄配比必须准确，如果雌配比过高（即雌多），可能会没有足够雄蛾与之交配，造成浪费，而多饲养平衡致死系雄蚕，又会增加饲养成本与原种成本，影响种场效益。

　　根据平衡致死系的性状及遗传机制，理论上其雌性黑卵与雄性黄卵各有一半个体在胚胎期致死而不能孵出，其雌性、雄性的理论孵化率应各为50%。生产雄蚕杂交种时，性连锁平衡致死系只利用其雄性，一般性连锁平衡致死系均为限性卵色蚕品种，即雄性为黄卵，雌性为黑卵，因而在卵期区别其性别，实现去雌留雄饲养。基于为种场制定原种的合理雌雄配比提供依据，我们于2006年春期对目前生产上应用的平衡致死系原种平28、平30的雄性黄卵与雌性黑卵的实用孵化率及幼虫发育情况进行了调查。

1　材料与方法

1.1　材料

　　家蚕平衡致死系散卵原种（秋制春用种）：平28（A×B）雄性黄卵、平28（A×B）雌性黑卵、平30（A×B）雄性黄卵、平30（A×B）雌性黑卵。品种由浙江省农业科学院蚕桑研究所生产。

1.2　方法

　　每个品种雌、雄各设3个重复，每一重复准确数取200粒良卵，4个品种计12个试验区。采用二段催青孵化法催青，散卵压网收蚁法收蚁，一日三回育饲养，连续孵化2d后，调

---

　　①　本文原载于《蚕桑科学》，2008，34（2）：342-344。

查已孵化卵粒数及未孵化卵粒数，计算二日实用孵化率。1龄不除沙，稀饲薄喂、仔细操作，待1龄就眠后仔细翻拨每片残沙，调查1龄成活蚕头数，二日孵化卵粒数与1龄成活蚕头数的差额作为1龄的减蚕头数，2龄的饲育操作与调查方法同1龄，3、4龄分别调查死蚕头数与成活蚕头数作为减蚕数与成活蚕头数，4龄期调查在4龄起蚕第2天进行，根据4龄起蚕第2天的成活蚕头数与孵化卵粒数计算4龄有效起蚕率，并以此作为种场原种雌雄配比的参考依据。

1.3　计算公式

二日孵化率=（二日孵化卵粒数/调查卵粒数）×100%，减蚕率=（减蚕数/孵化蚕头数）×100%，4龄有效起蚕率=（4龄起蚕头数/孵化蚕头数）×100%。

2　结果与分析

2.1　家蚕平衡致死系原种的二日孵化率

性连锁平衡致死系原种平28、平30的雄性黄卵与雌性黑卵的孵化及发育情况列于表1。

表1　家蚕性连锁平衡致死系原种平28、平30的孵化率及发育调查

调查项目	平28（A×B）雄性黄卵	平28（A×B）雌性黑卵	平30（A×B）雄性黄卵	平30（A×B）雌性黑卵
调查卵数（粒）	600	600	600	600
二日孵化卵数（粒）	238	244	177	219
未孵化卵数（粒）	362	356	423	381
二日孵化率[①]（%）	39.67	40.67	29.50	36.50
1龄减蚕数/成活数（头）	19/219	34/210	10/167	21/198
2龄减蚕数/成活数（头）	6/213	7/203	5/162	5/193
3龄减蚕数/成活数（头）	2/211	1/202	2/160	2/191
4龄减蚕数/成活数（头）	0/211	1/201	0/160	1/190
4龄有效起蚕率[①]（%）	35.17	33.50	26.67	31.67
1～2龄减蚕占比[②]（%）	92.59	95.35	88.24	89.66

注：表中数据为3次重复合计或平均数；①进行方差分析时，对百分率数据进行反正弦转换；②为1～4龄减蚕中1～2龄减蚕的比率。

从表1可见，平28的雄卵、雌卵的二日孵化率分别为39.67%、40.67%，平30的雄卵、雌卵的二日孵化率分别为29.50%、36.50%，2个品种的黄色雄卵孵化率均低于黑色雌卵的孵化率，尤以平30原种更为明显。通过对二日孵化率的方差分析（表2），不同品种间的二日孵化率

达极显著差异（$P < 0.01$），雌雄间存在差异（$P < 0.10$）。黄色雄卵孵化率低于黑色雌卵，可能是黄色卵在蚕种保护中卵内胚胎除受致死基因的影响外，更易受到外界不利环境的影响，如光线等。

表2　二日孵化率方差分析

变异来源	（SS）	（DF）	（MS）	F
品种	56.1738	1	56.1738	15.588[**]
性别	17.8613	1	17.8613	4.956[##]
品种*性别	10.3281	1	10.3281	2.866
误差	28.8301	8	3.6038	

注："**" $P < 0.01$；"##" $P < 0.10$。

2.2　家蚕平衡致死系原种孵出蚕在各龄的生长发育情况

调查发现无论是雄性黄卵还是雌性黑卵，孵化后均有部分蚕儿不能正常生长，1～4龄起蚕第2天的减蚕率，平28黄卵、平28黑卵与平30黄卵、平30黑卵分别为11.34%、17.62%与9.60%、13.24%，显示雌性减蚕率高于雄性，其中88%～95%的减蚕发生在1～2龄的小蚕期。分析认为，在收蚁至2龄眠蚕主要减蚕期内，同室饲养的其余蚕品种发育良好，并无弱小蚕、病死蚕发生，蚕儿发育整齐，因此认为平28、平30原种黄卵、黑卵在1～2龄的减蚕可排除发病因素，而在3、4龄期有2～3头的减蚕为1、2龄延留下来的弱小蚕。初步认为孵化后的减蚕可能是由于致死基因的不利影响所致。据此推断可能有2个原因：一是本应在卵内胚胎致死不孵化的蚕，由于致死作用的延后效应，孵化出来后不能正常生长，并在1～2龄小蚕期致死，个别虽能进入3～4龄，但由于体质虚弱，也不能正常发育结茧，在4龄初期死亡；二是致死基因可能对正常孵化的蚕儿产生微弱不利影响，从而影响正常孵出蚕儿的生长发育。

2.3　家蚕平衡致死系原种孵出蚕的4龄有效起蚕率

一般认为蚕儿自收蚁并正常发育到4龄起蚕第2天的蚕儿均能老熟营茧，本试验对孵出的蚕儿正常发育至4龄起蚕第2天的有效起蚕率进行了调查。平28雄蚕、雌蚕与平30雄蚕、雌蚕的4龄有效起蚕率分别为35.17%、33.50%与26.67%、31.67%。平28的4龄起蚕率高于平30的4龄起蚕率，尤其是平28雄卵的4龄起蚕率明显高于平30雄卵的起蚕率。通过对4龄有效起蚕率的方差分析（表3），品种间的4龄有效起蚕率达显著性差异（$P < 0.05$），因而种场在确定常规原种与平衡致死系原种的雌雄配比时应主要考虑平衡致死系雄性原种的4龄有效起蚕率情况，防止雌雄配比失衡。

表3　4龄有效起蚕率方差分析

变异来源	（SS）	（DF）	（MS）	F
品种	31.4785	1	31.4785	5.611[*]
性别	3.6074	1	3.6074	0.643
品种*性别	13.4668	1	13.4668	2.400
误差	44.8809	8	5.6101	

注："*" $P < 0.05$。

3　讨论

为降低雄蚕种生产成本，有必要尽可能提高原种的雌雄配比，多养能产卵的雌性原种，少养能多次交配的平衡致死系雄性原种。因此，必须对平衡致死系雄性原种事先作孵化率调查，同时对该孵化率作适当的减蚕率折扣。本试验中雄性黄卵的减蚕率在10%左右，因此认为可将4龄有效起蚕率，作为决定常规雌性原种的饲养比例的依据。

不同蚕季、不同的平衡致死系原种，其二日实用孵化率及各龄期的减蚕率可能会存在差异，对此有待今后作进一步试验。家蚕平衡致死系原种雌、雄蚕卵的二日孵化率明显低于50%的理论孵化率，致死基因对孵化率及减蚕率是否存在影响，以及如何提高平衡致死系的实用孵化率，降低蚕期减蚕率等，尚需进一步探明。

雌蚕无性克隆系的构建及应用研究[①]

王永强[1]　何克荣[1]　祝新荣[1]　柳新菊[1]　何秀玲[1]　姚耀涛[2]

（1. 浙江省农业科学院蚕桑研究所　杭州　310021；

2. 湖州市农业科学研究院蚕桑研究所　湖州　313000）

家蚕是一种重要的经济昆虫，其雌雄具有不同的经济性状和利用价值。"农村专养雄蚕"可提高养蚕和制丝业的综合经济效益，而"蚕种场多养雌蚕"可降低蚕种生产成本。利用性别控制技术实现"农村专养雄蚕，蚕种场多养雌蚕"是蚕业研究者追求的目标。目前，"农村专养雄蚕"技术已实用化，已育成了雄蚕新品种秋·华×平30、秋丰×平28等。而构建实用化的雌蚕无性克隆系是实现"蚕种场多养雌蚕"的有效途径。雌蚕无性克隆（Female parthenogenetic clones，也称雌蚕无性繁殖、孤雌繁殖）是指雌性生殖细胞在未受精情况下直接发育成新个体的现象，雌蚕无性克隆系是利用雌蚕无性克隆技术培育的后代为全雌、基因型完全相同的遗传群体。笔者从1996年开始，对雌蚕无性克隆性状的遗传特性、无性克隆系构建及在育种上的应用，开展了系列研究，现将主要研究进展介绍如下。

1　雌蚕无性克隆性状的遗传特性

在自然状态下，雌蚕无性克隆发生的频率很低，但人为地用理化因素进行刺激可获得一定比例的无性克隆发育卵或幼虫，其中俄罗斯科学院Astaurov在这方面做了大量的研究工作，以欧洲一化性品种为材料，应用温汤处理方法获得了较高比例的无性克隆发育卵，并获得了孵化的幼虫。针对我国二化性品种资源的特点，我们对温汤处理诱导雌蚕无性克隆的条件进行了优化，得出了适宜的浸卵温度和时间分别为44～46℃、14～18min。同时通过对16个原种和4对杂交种的无性克隆发生率调查发现，原种无性克隆发生率为34.20%～86.76%，平均值为51.13%；杂交种的无性克隆发生率为75.00%～90.13%，平均值为79.00%。品种间存在显著差异，杂交种高于原种，遗传因素较大。

利用世代平均值多元回归的方法，对无性克隆性状的遗传规律进行研究表明，该性状杂种优势率为20.71%，属于杂种优势特别强的性状类型，狭义遗传力为74.02%，由1对以上的多基因所控制，符合加性-显性遗传模型，主要受加性效应控制，其次是显性效应，两者占总遗传变异的

①　本文原载于《蚕桑通报》，2008，39（3）：8-10。

97.05%，起决定性作用，与家蚕耐氟性状的遗传模式相似。因此，通过对该性状的累代选择，预期可提高其发生率水平。

2　雌蚕无性克隆系的构建

在分析了雌蚕无性克隆遗传特性的基础上，以经济性状优良的二化性种质资源为材料，对无性克隆性状进行选择提高，注重提高其无性克隆发育卵的孵化率水平（常规品种雌雄各50%，因此无性克隆系孵化率达50%以上，在育种上就具有应用价值）。为此，制定了实用化雌蚕无性克隆系的育种目标：发生率和孵化率分别达到90%和80%，其他茧丝质性状优良。

在早期世代的选择过程中，尽管一些品种资源的无性克隆发生率达70%～90%，但是孵化率相当低，有的品种只有1、2条幼虫孵化，多见畸形蚕、难养。在选育至9代以后，情况得到改善，孵化率明显提高，蚕儿逐渐易饲养。经过10多年的选育，目前，已成功构建了国内外最大的包括25个二化性雌蚕无性克隆系的资源库，其中中系品种11个，包括雌蚕19号、雌蚕29号、雌蚕33号、雌蚕35号、无11等；日系品种11个，包括雌蚕8号、雌蚕12号、雌蚕20号、雌蚕22号、无8等；杂交种3个，包括雌蚕101号、雌蚕102号、雌蚕103号，其中13个雌蚕无性克隆系的发生率和孵化率分别达90%和80%以上，经济性状稳定，在育种上已具备应用价值。

3　雌蚕无性克隆系在育种上的应用

3.1　利用雌蚕无性克隆系与限性卵色品种培育新型单交蚕品种

以育成的实用化雌蚕无性克隆系作为杂交种生产的母本，利用经济性状优良的限性卵色品种（可根据卵色将雌雄分开）作为父本，即可在杂交种生产中实现原种的性别控制，形成一方只养雌蚕，另一方只养雄蚕的生产模式（称之为"单交制种"），从而实现"蚕种场多养雌蚕"的目标，建立起一种全新的家蚕杂交种生产模式。由于反交不再利用，在亲本选育时可充分利用伴性遗传的规律，对双亲设置不同的选择重点，有望选育出性状超常规的蚕品种；同时能有效解决现行育种过程中常出现的品种正反交差异问题。利用该模式，结合家蚕雄蛾可多次交配的特性，原种饲养的雌雄比例可从目前的1∶1提高到2∶1以上，可实现"蚕种场多养雌蚕"的目标，对资源进行最合理的配置和利用，使得生产同样数量蚕种，原种饲养规模可缩小25%以上，将有效降低蚕种生产成本。

为探讨"单交制种"新模式在家蚕育种和蚕种生产上应用的可行性，运用不完全双列杂交法，将雌蚕无性克隆系与限性卵色品种组配杂交组合，以秋丰×白玉为对照，在相同条件下进行饲养，在初步筛选的基础上，对重点组合进行了多年多点的比较试验，已筛选出雌29×卵36、雌35×卵36、无11×卵36等优良单交组合，主要经济性状优于秋丰×白玉。如2007年秋期本所和湖州农科院蚕研所实验室对雌29×卵36联合鉴定成绩表明，4龄虫蛹率93.76%，高于对照种0.32个百分点；万蚕产茧量、万蚕产茧层量、5龄一日万蚕产茧层量分别为16.27kg、3.736kg、0.544kg，分别比对照种提高10.23%、19.28%、17.24%；解舒丝长845m；出丝率17.55%，比对照种提高0.28个百分点；净度和纤度分别为94.25分、2.649dtex。2007年秋期在湖州安吉农村初步试养，产量达51.5kg，比对照种秋丰×白玉增产8.42%。

3.2 利用雌蚕无性克隆系与平衡致死雄蚕培育雄蚕新品种

目前，雄蚕新品种逐步在我省的湖州、淳安、海盐、海宁等主要蚕区及四川、云南等省推广应用，经济效益明显。但是，围绕雄蚕品种选育及其配套技术研究，还有不少潜力可以挖掘，如培育适合不同地区饲养的雄蚕新品种、进一步降低雄蚕种的生产成本等。由于雄蚕种生产的特殊性，其蚕种的生产成本较高，理论上是常规品种的4倍。生产上用限性斑纹品种的雌蚕（饲养至4龄期淘汰雄性个体）与平衡致死系雄蚕杂交，通过雌雄的合理配比，雄蚕种的生产成本已降至常规种的1.7倍左右。

2000年，我们从遗传机理和种质资源等角度，综合分析了选育全雌家蚕品种组配雄蚕杂交种的可行性，认为培育出孵化率80%以上、经济性状优良的二化性全雌家蚕品种，与转育改良后的平衡致死雄蚕杂交，培育雄蚕新品种，从而达到缩小饲养规模，降低生产成本，提高制种效益是切实可行的。近些年来，以雌蚕无性克隆系为母本，平衡致死雄蚕为父本，组配了大量的雄蚕杂交组合。经多年多点的比较试验，从中初步筛选出雌蚕35号×平28、雌蚕29号×平28、雌蚕29号×平30等3对组合，其4龄虫蛹率、万蚕产茧层量、鲜茧出丝率等主要指标优于对照种秋丰×白玉，解舒和净度优良；与现行雄蚕新品种秋华×平30、秋丰×平28相比，生命力和丝质成绩相仿，产量已超过雄蚕新品种。如2007年秋期本所和湖州农科院蚕研所实验室对雌35×平28联合鉴定成绩表明，虫蛹率91.82%，净度94.0分，解舒丝长930m，出丝率18.84%，与对照种秋丰×平28相仿，万蚕产茧量、万蚕产茧层量14.40kg、3.550kg，分别比对照提高4.50%、8.56%。

4 展望

开展雌蚕无性克隆性状的遗传特性、无性克隆系的构建及在育种上的应用研究已有10余年，摸清了其遗传规律，并构建了包括25个雌蚕无性克隆系的种质资源库，进一步丰富了我所在家蚕性别控制研究领域的育种素材。雌蚕无性克隆系在育种上的应用，无论是利用雌蚕无性克隆系与限性卵色品种杂交培育新型单交蚕品种，还是与平衡致死系雄蚕杂交培育雄蚕新品种，都有家蚕遗传育种与繁育模式的创新，将提高蚕种的生产效率，进一步降低蚕种的生产成本，加速雄蚕产业化的进程。其中，雌蚕无性克隆系的培育非常重要，即在兼顾雌蚕综合经济性状优良的前提下，使雌蚕实用孵化率指标实用化并稳定，适合蚕种场的繁育。今后，雌蚕无性克隆系将在蚕种场进行繁育性能测试，杂交组合要在农村进一步试验，有望利用雌蚕无性克隆系育成在生产推广应用的新型单交品种或雄蚕新品种，从而降低蚕种的生产成本，实现"蚕种场多养雌蚕"的目标。

同时，由于雌蚕无性克隆系其独特的基因型结构，是杂种优势机理、数量性状分析及表达遗传调控机理等基础研究的很好材料，相关研究将逐步开展。

春用多丝量雄蚕品种鲁菁 × 华阳的育成[①]

孙勇[1]　房德文[1]　朱勤高[1]　管瑞英[1]　刘国俊[1]　陈诗[2]　何克荣[2]

（1. 山东广通蚕种集团有限公司　青州　262500；

2. 浙江省农业科学院蚕桑研究所　杭州　310021）

雄蚕品种较普通家蚕品种具有强健好养、叶丝转化率高、出丝率高、生丝品位高的特点，能够大幅度地提高养蚕生产的经济效益，因此专养雄蚕是提高我国蚕丝品质和生产效率的重要技术途径之一。1996年，浙江省农业科学院蚕桑研究所从俄罗斯引进性连锁平衡致死系，育成了一系列雄蚕实用品种，并在以浙江省为主的全国各蚕区推广饲养。由于目前育成的专养雄蚕品种均为夏秋用品种，在全年气候条件均可饲养春用品种的山东蚕区不能彰显其品种的优势特点。为此，2003年山东广通蚕种集团有限公司（以下简称山东广通）与浙江省农业科学院蚕桑研究所（以下简称浙江蚕桑所）合作，采用家蚕性连锁平衡致死系转育改良方法，利用春用多丝量品种材料和性连锁平衡致死系统材料，选育适应山东省蚕区气候特点的春用多丝量雄蚕品种。经4年8代的选育研究，初步培育出一对实用春用多丝量专养雄蚕品种鲁菁 × 华阳。新品种于2006—2008年在山东蚕区试养，表现出春用专养雄蚕品种强健好养及茧丝高产出、高品位的品种特性。

1　亲本选育

1.1　性连锁平衡致死系华阳的育成经过及关键技术

山东省蚕区的气候条件优越，可全年饲养春用多丝量蚕品种。鉴此，2003年我们以浙江蚕桑所育成的性连锁平衡致死系平76为母本，以山东广通保存的综合饲养性状和茧丝品质优良的春用多丝量日系品种皓月作为父本，采用杂交、自交和回交3个过程组成的回交改良家蚕性连锁平衡致死的选育方法，经3代的转育改良，于2005年形成一个新的平衡致死系，定名为华阳。之后连续2年对华阳进行系统选育。

平衡致死系是育成专养雄蚕品种的关键材料，所具有的平衡致死和限性卵色9个特殊基因，可实现对原种和一代杂交种的性别控制，故在转育改良时，必须将这9个基因都导入现行品种。因此，在平衡致死系华阳的育成过程中，关键是F_2代的雌蚕回交平76的后代选择一定要准确，否则就会丢掉性染色体上的致死基因或常染色体上的第3白卵基因，无法形成新的平衡致死系。

---

①　本文原载于《蚕业科学》，2009，35（1）：165-169。

从理论上讲，用该方法新育成的平衡致死系华阳含父本皓月的血统较少，但在形成新的平衡致死系初期，由于基因的杂合性较高，选择效果较明显，因此在后代的系统选育过程中，我们加大了选育规模和选择强度，以提高华阳的实用经济性状。2006—2007年的系统选育中，在保持华阳综合经济性状优良的基础上，着重加强了茧层量和茧层率的选择。华阳的系统选育成绩列于表1。

表1 家蚕性连锁平衡致死系华阳的选育成绩

蚕季		世代	全龄经过 （h）	5龄经过 （h）	虫蛹率 （%）	死笼率 （%）	全茧量 （g）	茧层量 （g）	茧层率 （%）
2003	夏	F_1	557	168	88.10	7.98	1.93	0.510	26.42
	秋	F_2	610	188	92.57	3.62	1.76	0.454	25.79
2004	春	G_1	644	206	95.34	1.25	1.75	0.462	26.40
	夏	G_2	560	173	90.46	6.72	1.78	0.449	25.21
	秋	G_3	582	176	89.92	4.85	1.66	0.425	25.64
2005	春	G_4	618	183	92.48	3.39	1.69	0.429	25.47
	夏	G_5	557	168	89.55	5.67	1.66	0.413	24.88
	秋	G_6	613	193	83.56	7.59	1.50	0.412	27.37

1.2 对交普通品种鲁菁的育成经过及关键技术

鲁菁是以茧丝质优良特别是茧层率高、配合力优的现行品种菁松为父本，以斑纹限性品种857为母本选育而成的斑纹限性品种。F_1 ~ F_3代进行蚁量混合育，从F_4代开始实行单蛾育，F_4 ~ F_6代进行同蛾区交配留种，F_7代以后进行异蛾区交配。因鲁菁的产卵量较少，在选育的早期世代，除保持品种的综合经济性状优良外，加强了产卵量的选择。由于鲁菁的选育重点是提高茧层率和产卵量，因此选育工作主要放在气候和叶质条件较好的春、中秋蚕季进行，并控制好蚕室小气候，选择优良的桑叶饲育，以利后代多丝量性状的充分表现。经4年连续8代的选育，品种的各项性状趋于稳定。鲁菁的选育成绩列于表2。

表2 普通家蚕品种鲁菁的选育成绩

蚕季		世代	全龄经过 （h）	5龄经过 （h）	虫蛹率 （%）	死笼率 （%）	全茧量 （g）	茧层量 （g）	茧层率 （%）
2004	春	F_1	581	172	99.04	0.58	1.91	0.520	27.23
	秋	F_2	583	173	94.49	5.02	1.75	0.458	26.07
2005	春	F_3	584	174	97.50	1.93	1.83	0.473	26.05
	秋	F_4	588	173	96.96	2.66	1.65	0.426	25.87

（续）

蚕季		世代	全龄经过（h）	5龄经过（h）	虫蛹率（%）	死笼率（%）	全茧量（g）	茧层量（g）	茧层率（%）
2006	春	F_5	581	177	98.28	1.43	1.55	0.367	23.59
	秋	F_6	586	176	96.45	2.90	1.67	0.415	25.02
2007	春	F_7	583	178	98.37	0.84	1.53	0.380	25.10
	秋	F_8	596	173	98.30	1.11	1.69	0.420	24.90

2 一代杂交种鲁菁×华阳的鉴定

2.1 实验室饲养鉴定

性连锁平衡致死系华阳选育纯合后，与普通品种鲁菁组配成杂交组合鲁菁×华阳，并于2006年秋季和2007年春、秋2季进行实验室鉴定，其平均成绩列于表3。雄蚕新品种鲁菁×华阳的各项经济性状除全茧量与万蚕产茧量低于对照品种外，其余各项成绩均超过对照品种，是一对有推广潜力的多丝量雄蚕新品种。

表3　雄蚕品种鲁菁×华阳的实验室鉴定成绩（2006年秋季，2007年春、秋季）

调查性状	鲁菁×华阳	菁松×皓月
全龄经过（h）	605	603
5龄经过（h）	183	183
虫蛹率（%）	98.57	97.13
死笼率（%）	1.05	2.05
全茧量（g）	1.86	1.98
茧层量（g）	0.520	0.486
茧层率（%）	27.96	24.54
万蚕产产茧量（kg）	18.77	19.73
万蚕茧层量（kg）	5.29	4.83
茧丝长（m）	1536	1453.5
解舒丝长（m）	1152	997.9
纤度（dtex）	3.141	3.138
洁净（分）	94.10	93.00
鲜毛茧出丝率（%）	22.64	19.12

注：表中数据为3个蚕期的平均成绩。

2.2 农村饲养鉴定

雄蚕品种鲁菁×华阳于2006—2007年的春季、中秋、晚秋在山东省莒南县大店茧站共试养

2000张种，新品种表现出上茧率高的特点，平均茧层率较对照常规品种高2%以上，烘折较全县平均烘折低10kg以上，使试养点的蚕茧综合经济指标排名由全县最差一跃而为全县第一，说明新品种的茧丝产量和品质性状对比菁松×皓月具有明显的优势。新品种分别于2006—2007年春季在山东省昌邑市丝绸公司饮马蚕茧站饲养800、1200张种，均表现出强健性好、茧层率高的特点，解舒光折平均成绩239kg，较菁松×皓月降低11kg，经济效益明显。2006—2007年春季，新品种分别在山东省日照市陈疃蚕茧站饲养1400、1600张种，成绩良好：平均张种产茧量分别为39.21、36.80kg，较菁松×皓月增加2.4、1.2kg，并且强健好养，深受蚕农喜欢；鲜茧茧层率分别为23.5%、24.3%，较菁松×皓月高1～2个百分点，干茧茧层率分别为52.0%、52.92%，较常规品种高1～3个百分点，可明显提高丝厂的经济效益。2008年春季，新品种还分别在山东省日照、昌邑、莒南丝绸公司的茧站饲养6160、2000、1250张种，均表现出雄蚕品种具有的优良性状，3个试养点的张种产茧量分别较对照菁松×皓月高出1.73、2.06、1.95kg，鲜茧茧层率分别较对照高出1.75、1.80、2.1个百分点，烘折也均较对照低。表4是山东省莒南县大店、日照市陈疃茧站2006—2007年2年春季的平均成绩。

表4　雄蚕品种鲁菁×华阳的农村试养平均成绩（2006、2007年春季）

调查性状	鲁菁×华阳	菁松×皓月
张种产值（元）	1347	1150
茧丝长（m）	1275	968
解舒率（%）	60.00	61.23
解舒丝长（m）	765	596.79
纤度（dtex）	2.395	2.628
洁净（分）	94.00	93.74
干茧出丝率（%）	39.65	34.88

3 原种、杂交种性状及饲育要点

3.1 鲁菁原种

3.1.1 原种性状

鲁菁为中系斑纹限性原种，二化四眠。越年卵为灰绿色，单蛾卵粒数550粒左右。蚁蚕黑褐色，小蚕期有趋光趋密性，壮蚕体色青白，花蚕为雌，素蚕为雄。各龄眠性快，眠起齐一，老熟齐涌，茧型短椭圆，缩皱中等，茧色洁白。催青期经过11d，蚕期经过24d，蛹中经过16d。与华阳对交宜迟2d出库。

3.1.2 饲育要点

该品种趋光性和趋密性较强，并且生长发育较快，在每次给桑前要先匀后喂，预先扩座，注意充分饱食。壮蚕期对叶质要求高，需饲喂适熟偏老叶强壮蚕体，禁止饲喂嫩叶、水叶、泥叶等变质叶，防止后期死笼的发生。此外，4龄大眠和5龄期须严格控制饲育温度，避免25℃以上高温刺激，以防止因高温干燥或局部高温诱发脓病或影响化性的稳定。

3.2 华阳原种

3.2.1 原种性状

华阳为日系限性卵色性连锁平衡致死系原种，二化四眠。越年卵雌性为紫灰色，雄性黄色，单蛾卵粒数500粒左右。催青后期雌、雄卵各有一半在胚胎期致死，孵化率46%左右。蚁蚕黑褐色，逸散性强。壮蚕蚕体粗壮，雄性个体有油蚕表型。茧色洁白，茧形浅束腰，缩皱中等偏粗。催青期11d，蚕期25d，蛹中17d。因是卵色限性，蚕卵可区分雌雄，制杂交种时只饲养雄性黄卵，中系、日系的雌雄比列控制在2：1～2.2：1左右。

3.2.2 饲育要点

该品种稚蚕期的保护温度应较其他品种高，宜27.5～28℃保护。由于蚕儿易发育不齐，在各龄就眠时要及时分批适时提青，将不同批次的提青蚕分别饲育管理，并饲喂适熟偏嫩叶，促使蚕儿发育齐一。

3.3 一代杂交种鲁菁 × 华阳

3.3.1 品种性状

鲁菁 × 华阳是一对春用多丝量专养雄蚕的杂交组合，二化四眠。越年卵为灰绿色，卵壳黄色间有白色。该组合只利用正交，雌卵在催青期致死，仅雄蚕孵化，孵化率50%左右。各龄眠起齐一，食桑旺盛。

3.3.2 饲育要点

按二化性品种催青标准催青，后期温度可偏高0.5℃。小蚕用叶应适熟偏嫩，饲育温度较常规品种高0.5～1℃，由于蚕儿眠性快，应提早加眠网，每次给桑前做好匀座扩座工作。大蚕期用叶保持新鲜，注意良桑饱食。因蚕儿性别单一，发育齐一，老熟齐涌，需要提前做好上蔟准备，避免上蔟过密，同时加强蔟中通风排湿和保持蔟室光线均匀。

4 讨论

（1）在家蚕平衡致死系的选择的过程中，须注意致死基因和第3白卵基因的选择，不能丢失。同时要加强经济性状的选择，在致死基因和第3白卵基因纯合的早期世代，经济性状的杂合性较高，因此提高选择的强度，可加快育种进度，缩短育种年限。

（2）因雄蚕杂交种制种只利用正交，反交不制种，使雄蚕杂交种的原种成本费用增加至普通种的2.5倍左右，加之雄蚕杂交种较普通品种要多装1倍的卵量，这样每张雄蚕杂交种的成本约是普通种的2倍多。为降低雄蚕杂交种的生产成本，一般中系用皮斑限性品种，在3龄期淘汰素蚕，只保留普斑雌蚕，并将中系、日系的饲养比例调整适当，尽可能提高雄蚕杂交种的千克茧制种量与张原种制种量。为此，日系平衡致死系的雄蛾需要多次交尾，所以在日系平衡致死系选育过程中，一定要加强对雄蛾生命力的选择，提高日系品种雄蛾的交尾性能和存活时间，适应多次交尾的要求。在系统选育过程中，要加强对黄卵转青率的选择，以降低日后原种的不良卵率，提高日系黄卵原种的孵化率，降低雄蚕杂交种的原种费用成本。此外，在选育与日系对交的中系品种时，也应注重提高繁育系数。

（3）由于专养雄蚕的一代杂交种只有一半蚕卵孵化，要弥补所造成的蚕种成本增加的损失，唯一的途径就是通过雄蚕品种在蚕茧生产和缫丝生产过程中丝量和丝质的增值部分补偿，但这涉及丝绸产业链上不同环节的利益重新分配，操作难度比较大。然而，雄蚕品种丝量和丝质的增值要远大于蚕种成本的增加，相信随着丝绸生产各环节、各部门对雄蚕品种增产与增值潜力的进一步认识，雄蚕品种一定会大面积推广应用。

家蚕性连锁平衡致死系的杂交改良方法[①]

何克荣　祝新荣　孟智启　陈　诗　柳新菊

（浙江省农业科学院蚕桑研究所　杭州　310021）

雄蚕与雌蚕相比具有食桑少，出丝率高和丝质优等特点。俄罗斯科学院发育生物研究所经数十年的努力，创建了家蚕性连锁平衡致死系，利用该系统的雄蚕与常规品种的雌蚕杂交，下一代雌性个体全部在胚胎期死亡，只有雄蚕才能正常孵化，可以达到专养雄蚕的目的。本所于1996年春从俄罗斯引进了家蚕性连锁平衡致死系，由于该系统仅是从遗传的角度在实验室构建的，其经济性状很差，无法直接用于生产。为此，我们开展了家蚕性连锁平衡致死系的改良工作，目的是在不丢失平衡致死系性别控制基因的前提下较大幅度地提高其实用经济性状水平。目前已利用家蚕性连锁平衡致死系性别控制基因的导入方法和回交改良家蚕性连锁平衡致死系的方法，育成了秋·华×平30、秋丰×平28等新的平衡致死系蚕品种在生产中推广应用。为了更加快速和全面提高家蚕性连锁平衡致死系蚕品种的实用经济性状水平，我们采用类似于常规家蚕品种的杂交育种技术，建立了一种新的家蚕性连锁平衡致死杂交改良方法，希望以此进一步促进雄蚕新品种的实用化。

1　供试材料

家蚕性连锁平衡致死系采用本所育成的新品种平30，该品种雄性的2条性染色单体（Z）上各带有1个突变的隐性纯合胚胎期致死基因，即l_1和l_2。2个基因的交换率为0.8%；在第10常染色体上带有隐性纯合第3白卵基因w_3/w_3，因而雄性基因型结构为$Z^{l_1}Z^{l_2}w_3/w_3$（按标准基因型应写成$Z^{l_1+}Z^{+l_2}w_3/w_3$，为书写方便，在不会引起混淆的情况下，删除了正常型基因）。该品种雌性的W性染色体上同时易位有性连锁致死基因l_1和第3白卵w_3的等位正常型基因片段$+^{l_1}$及$+^{w_3}$，Z染色体上也带有致死突变基因l_1；第10常染色上也带有纯合第3白卵基因w_3/w_3，雌性基因型结构为$W^{+l_1+w_3}Z^{l_1}w_3/w_3$。综上说明，该系统同时带有2组性别控制基因，以一组限性卵色基因控制亲本自身性别，应用于原种生产可降低制种成本；以一组平衡致死基因控制杂种一代性别。该系统自交，后代雌雄各有一半在胚胎期死亡，而且雌性为黑卵、雄性为白卵；该系统雄性与其他品种的雌性杂交，后代雌性在胚胎期死亡，雄性孵化。因而，在新的性连锁平衡致死系品种的选育改良

---

① 本文原载于《蚕业科学》，2009，35（3）：558-561。

过程中，这2组基因均不可丢失。

常规蚕品种采用强健性夏秋用品种416，由中国农业科学院蚕业研究所育成。

2 家蚕性连锁平衡致死系的杂交改良方法及选育的雄蚕杂交组合

2.1 杂交改良方法

新设计的家蚕性连锁平衡致死系的杂交改良方案如图1所示，共包括4个步骤。

步骤1：用性连锁平衡致死系平30的雌与常规蚕品种416的雄杂交，选择后代的雌性连续与常规品种的雄性回交2～3代，后代选择经济性状与常规蚕品种相近的个体留种。

步骤2：用回交后代的雌性与平衡致死系平30的雄性杂交，杂交后代再进行自交，在自交后代蛾区中，选择蚕卵转青期致死，蛾区内成活个体雌、雄比例为2：1的蛾区（A蛾区）中的雌性，与蚕卵早期致死，蛾区内成活个体雌、雄比例为1：2的蛾区（B蛾区）的雄性交配，则产生4种不同基因型组成的蛾区。

步骤3：在下代蛾区中选择孵化率为50%，同时带有早期死卵和转青致死卵的蛾区饲养，该蛾区即为新的平衡致死系。

步骤4：初选出的新的平衡致死系再经几代自交选择、纯化固定基因即育成一个新的平衡致死系。

为了能区分平衡致死系亲本的雌、雄，必须使平衡致死系亲本材料带有限性卵色基因，有2种方法可以保证不丢失限性卵色基因：（1）在上述第2个步骤中，利用雄蛾多次交配的特性，将B蛾区的雄蛾与A蛾区的雌蛾交配，所产卵为选育用卵圈，再将交配过的雄蛾与带有纯合白卵w_3/w_3基因的雌蛾进行测交，所产卵为测交卵圈，同一雄蛾交配的选育用卵圈和测交卵圈标上对应的编号，留种时观察测交卵圈，选择对应测交卵圈中带有白卵的选育用卵圈饲养继代，以保证留种后代带有白卵基因；（2）在上述第3个步骤中的个体带有白卵基因的概率很大，故可加大留种蛾数，并通过自交选留带有白卵的后代。

2.2 用改良方法选育的家蚕性连锁平衡致死系及其杂交组合

用家蚕性连锁平衡致死系平30为平衡致死系亲本，以现行品种416为常规蚕品种亲本，从2001年春季开始，按上述方法，经4年选育研究，组合成一个新的家蚕性连锁平衡致死系，然后再经过3年多代的纯化，育成了一个性状稳定的新的性连锁平衡致死系品种平60。平60在2007年秋期的饲养成绩列于表1。

平60与普通蚕品种华菁杂交，F_1代的雄蚕率在99%以上。从表2可见，华菁×平60的实用经济性状成绩优于华菁×平30，说明以平30为起始亲本育成的家蚕性连锁平衡致死系新品种平60在性状上得到了较全面的改良；同时，华菁×平60无论在茧丝质量还是生命力性状方面均优于现行蚕品种菁松×皓月，达到了现行品种雄性群体水平，具有实用价值。

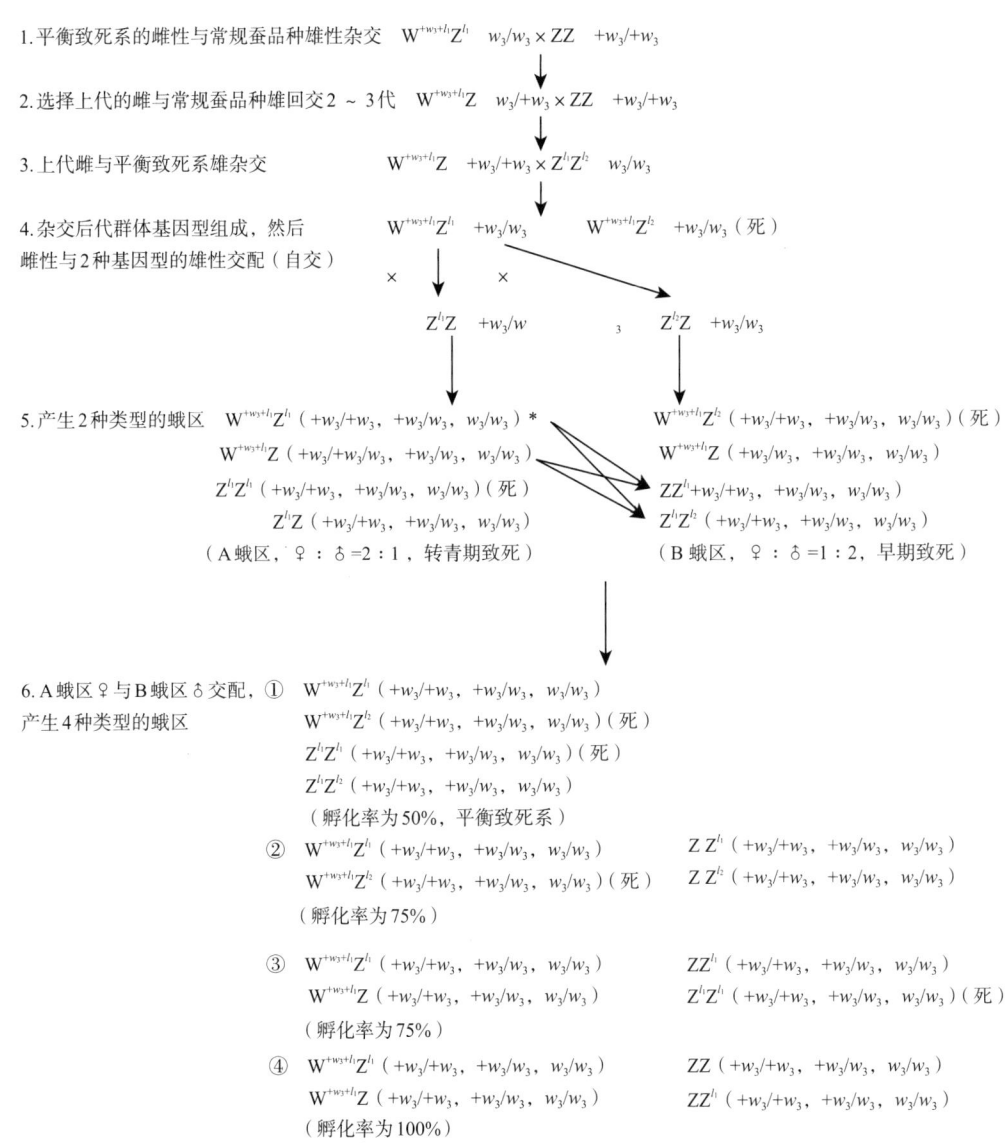

图1　家蚕性连锁平衡致死系的杂交育种方案图

*：表示在同一种性染色体的基因型下有第10染色体的 $+w_3/+w_3$，$+w_3/w_3$，w_3/w_3　3种基因型个体

表1　家蚕性连锁平衡致死系品种平60的实验室饲养成绩（2007年秋季）

品种名	全龄经过（h）	5龄经过（h）	4龄起蚕结茧率（%）	死笼率（%）	4龄起蚕虫蛹率（%）	全茧量（g）	茧层量（g）	茧层率（%）
平30	621	168	92.43	3.74	88.98	1.17	0.249	21.28
平60	557	163	96.33	2.33	94.07	1.61	0.349	21.68

表2 雄蚕杂交组合华菁×平60的主要性状成绩（2007年秋季）

品种名	全龄经过（h）	5龄经过（h）	4龄起蚕虫蛹率（%）	全茧量（g）	茧层量（g）	茧层率（%）	万蚕产茧量（kg）	万蚕产茧层量（kg）
华菁×平60	582	177	85.34	1.38	0.373	26.98	12.45	3.358
华菁×平30	582	168	84.20	1.35	0.326	24.18	12.28	2.971
菁松×皓月	582	177	84.14	1.44	0.344	23.83	13.22	3.151

品种名	茧丝长（m）	解舒丝长（m）	茧丝量（g）	纤度（dtex）	清洁（分）	净度（分）	鲜茧出丝率（%）
华菁×平60	1208	889	0.3154	2.349	100	96	20.93
华菁×平30	1099	817	0.2634	2.156	99	93	17.97
菁松×皓月	1042	786	0.2828	2.442	99	95	18.19

3 讨论

应用家蚕性连锁平衡致死系可以实现专养雄蚕目的。本课题组在以前曾建立过2种改良家蚕性连锁平衡致死系的方法：一种方法是向常规蚕品种中导入家蚕性连锁平衡致死系的性别控制基因，该作用近似于把一个常规蚕品种改变成一个性连锁平衡致死系蚕品种，而品种的其他性状改变得较少，且操作比较繁琐；另一种方法是回交改良平衡致死系，该方法操作虽然比较简单，但其作用只能提高原平衡致死系的个别性状。本研究建立的杂交改良家蚕性连锁平衡致死系的方法，其原理与常规蚕品种选育中的杂交育种相同，用这种方法育成的品种可以同时兼顾双亲的优良基因，从而更好更全面地提高家蚕性连锁平衡致死系的经济性状水平。

在家蚕性连锁平衡致死系的选育改良中，保证2个致死基因的完整存在是选育的关键，而在整个选育过程中，我们都是根据孵化率来判断致死基因是否存在，因而创造良好的孵化环境条件对平衡致死系的选育来讲更为重要，必须十分重视。

利用性连锁平衡致死系进行雄蚕品种选育的方法研究[①]

廖鹏飞[1, 3]　白兴荣[1, 3]　董占鹏[1, 3]　何克荣[2]　祝新荣[2]　柳新菊[2]

（1.云南美誉蚕业科技发展有限公司　蒙自　661100；
2.浙江省农业科学院蚕桑研究所　杭州　310021；
3.云南省农业科学院蚕桑蜜蜂研究所　蒙自　661100）

专养雄蚕是蚕业研究和开发的主要方向。雄蚕与雌蚕相比，在生命力、桑叶利用率和吐丝结茧等方面具有更大的优势。国内外学者为实现专养雄蚕进行了长期的探索和研究，找到了控制家蚕性别的一些方法，如孤雌生殖、雄核发育、限性卵色、限性蚁色、限性斑纹、限性茧色、温敏致死及平衡致死等。近年来，中国育成了一些双限性斑纹蚕品种和限性茧色蚕品种，可以提高制种期间雌雄鉴别的准确率而使杂交彻底，也可以用于丝茧育，实行雌雄茧分缫而提高生丝的质量，但是，这些品种还不能实现雄蚕专养的目的。目前发展较为成熟的方法是利用平衡致死系实现专养雄蚕的目的。

家蚕的性染色体属于雌异配型，即雌蚕是WZ型，雄蚕是ZZ型。家蚕性连锁平衡致死系含有平衡致死和限性卵色（黑卵是雌、白卵是雄）2对标志基因。平衡致死是指在同一染色体上具有2个不等位的隐性致死基因，其中任何1个处于纯合状态时，就表现致死作用，只有当这2个致死基因都处于杂合状态时，才不表现致死作用，其个体才得以存活，因此平衡致死基因是控制家蚕性别比例的。限性卵色是指在雌蚕的W性染色体上移位有一段第10常染色体正常型第二白卵$+w_2$（或第三白卵w_3）基因，而在第10常染色体同时含有隐性第二白卵w_2（或第三白卵w_3）基因，白卵基因在隐性纯合时表现为白卵（雄），在杂合时表现为黑卵（雌）。故而这对基因是在卵期反映雌雄的，可以依卵色分开雌雄卵，调节雌雄的收蚁比例，限性卵色基因是没有致死作用的。

家蚕性连锁平衡致死系的雄蚕性染色体上带有2个非等位胚胎隐性致死突变基因l_1和l_2，在第10常染色体含有隐性第二白卵w_2（或第三白卵w_3）基因，其基因结构为$Z^{l_1+l_2} Z^{+l_1 l_2}w_2/w_2$（或$Z^{+l_1 l_2}Z^{+l_1 l_2}w_3/w_3$）。雌蚕的W性染色体则易位有2段染色体片段，其中一段是与Z染色体上的隐性致死基因l_1等位的正常基因$+l_1$，而另一段是与第10染色体的第二白卵w_2（或第三白卵w_3）基因等位的正常型基因$+w_2$（或$+w_3$）。雌蚕的Z性染色体含有隐性致死基因l_1，同样在第10常染色体上也含有隐性第二白卵w_2（或第三白卵w_3）基因，其基因结构为（$W^{+l_1+w_2}Z^{l_1}w_2/w_2$（或$W^{+l_1+w_3}Z^{l_1}w_3/w_3$）。家

---

①　本文原载于《西南农业学报》，2009，22（3）：842-846。

蚕性连锁平衡致死系的雌蚕因 W 染色上的 $+w_2$（或 $+w_3$）的显性作用而表现为黑卵，雄蚕染色体上的白卵基因是隐性纯合的，故而表现为白卵，该系统内的雌雄交配，其雌雄各有一半在胚胎期死亡，从而可以保持系统。常规品种的 W 染色体上没有隐性致死突变基因 l_1、l_2 和隐性第二白卵 w_2（或第三白卵 w_3）基因的移位片段，但 Z 染色体上有两条隐性致死基因等位的正常型片断 $+l_1$ 和 $+l_2$，在第 10 染色体上有第二白卵 w_2（或第三白卵 w_3）基因等位的正常型基因 $+w_2$ 或 $+w_3$，家蚕性连锁平衡致死系的雄与常规品种的雌杂交，则杂交后代全部为黑卵，雌蚕在胚胎期死亡，孵化的都是雄蚕，从而实现雄蚕专养。因此雄蚕品种的遗传基础不同于常规品种，其选育方法同常规品种也有一定的差异，为此，在总结实际操作经验的基础上，对利用性连锁平衡致死系进行雄蚕品种选育的方法进行简要的阐述。

1　利用引进的雄蚕资源进行组配

雄蚕资源在引进之初，可以结合引进资源的性状调查及了解其致死性能的工作，利用保存的和生产上使用的一些优良种质资源与之杂交形成杂交组合，通过比较鉴定，筛选出新的雄蚕品种。

采用这种方法的前提是需要拥有一定量的限性品种资源，也可以在获得好的组配后对非限性雌性亲本进行限性导入改造。此方法的优点是育种时期短，收效快，但组配之前亲本间未经配合力测定，盲目性大，有可能得不到好的杂交组合。

云南美誉蚕业科技发展有限公司于 2005 年从浙江省农业科学院蚕桑研究所引进雄蚕资源 7 个，结合对引进资源经济性状及其致死性能雄蚕率和孵化率的评估，用云南省农业科学院蚕桑蜜蜂研究所保存的常规品种 10 余个与之杂交，获得杂交组合 50 余个，通过实验室的比较鉴定，其中 3 个杂交组合的表现优良，成绩见表 1。

2　将性连锁平衡致死基因转入现行家蚕品种

由于选育目标和地区差异等因素，引进的雄蚕资源一般不能够直接投入本地生产，需要通过改良和适应性评估后才能被推广应用。现行品种性状表现较好，在当地的使用量大，蚕农对品种的特性也比较了解。如果将家蚕性别控制基因导入现行蚕品种，使现行蚕品种在保持本身优良经济性状的同时又具有性别控制能力，可以加快雄蚕品种的推广速度，发挥雄蚕品种的优势，使蚕农和蚕业公司及早受益。

浙江省农科院蚕桑研究所经过多年探索研究，已经构建了一套比较成熟的技术操作体系。通过雌雄连续回交、测交等方法，将性连锁平衡致死基因转入受体材料，形成新的平衡致死系，性状选择固定后，再用现行品种对应的品系与之相交而生产所需的雄蚕种。此方法的优点是由于使用现行品种亲本之一作为受体，经过多代回交，因此，新形成的雄系材料性状较原系改变较小，

表1 雄蚕组合实验室饲养鉴定成绩

品种	5龄经过(d:h)	全龄经过(d:h)	雄蚕率(%)	虫蛹率(%)	全茧量(g)	茧层量(g)	茧层率(%)	万蚕产茧量(kg)	万蚕产茧层量(kg)	克蚁收茧量(g)	茧丝长(m)	解舒丝长(m)	解舒率(%)	纤度(dtex)	鲜茧出丝率(%)	洁净(分)	等级
菁松×皓月(对照1)	7:20	26:03	/	94.53	1.710	0.393	22.98	16.10	3.57	3.25	1075	707	65.7	2.578	18.17	91.3	3A
两广二号(对照2)	7:05	24:12	100	97.49	1.625	0.330	20.31	15.84	3.09	3.53	956	760	79.5	2.515	18.24	92.0	4A
雄1号	7:06	25:21	100	98.25	1.820	0.445	24.45	17.92	4.11	3.97	1188	905	76.0	2.628	19.09	97.0	6A
雄2号	7:05	25:16	100	93.61	1.770	0.415	23.47	16.61	3.80	3.45	1025	650	63.3	2.536	18.59	92.8	4A
雄3号	7:00	25:05	100	95.54	1.705	0.410	24.05	16.30	3.73	3.56	1030	686	66.7	2.565	18.21	93.5	4A

注：以上成绩为2005—2007年3年的平均成绩。

表2 春用雄蚕品种云雄1号、云雄2号实验室鉴定主要成绩

品种	5龄经过(d:h)	全龄经过(d:h)	雄蚕率(%)	虫蛹率(%)	死笼率(%)	全茧量(g)	茧层量(g)	茧层率(%)	万蚕产茧量(kg)	万蚕产茧层量(kg)	克蚁收茧量(g)	千克茧粒数(粒)	上茧率(%)	茧丝长(m)	解舒丝长(m)	解舒率(%)	缫折(kg)	茧丝纤度(dtex)	鲜茧出丝率(%)	清洁(分)	洁净(分)	生丝等级
菁松×皓月(对照)	7:20	26:03	/	93.20	2.17	1.810	0.429	23.89	16.90	3.968	3.51	550	96.38	1133	819	72.0	240	2.711	18.19	98.2	90.9	3A
云雄1号	7:06	25:11	100	96.93	0.78	1.826	0.459	25.14	17.31	4.350	3.821	557	96.23	1281	991	77.9	222	2.530	19.61	98.6	95.3	6A
云雄2号	7:05	25:11	99.2	95.09	1.49	1.732	0.434	25.10	16.34	4.106	3.608	575	96.42	1213	949	78.1	224	2.603	19.49	98.8	94.7	5A

注：以上成绩为云南、贵州、四川、湖南、浙江等蚕研所实验室2006—2007两年的平均成绩。

表3 春用雄蚕品种云雄1号、云雄2号农村鉴定成绩

品种	5龄经过(d:h)	全龄经过(d:h)	雄蚕率(%)	虫蛹率(%)	死笼率(%)	全茧量(g)	茧层量(g)	茧层率(%)	万蚕产茧量(kg)	万蚕产茧层量(kg)	千克茧粒数(粒)	上茧率(%)	茧丝长(m)	解舒丝长(m)	解舒率(%)	缫折(kg)	茧丝纤度(d)	鲜茧出丝率(%)	清洁(分)	洁净(分)	生丝等级
菁松×皓月(对照)	9:02	28:14	/	87.90	5.0	1.778	0.391	21.96	17.04	3.725	561	90.74	1121	784	69.9	247	2.618	16.10	93.6	92.8	2A
云雄1号	8:19	28:00	98.50	92.75	2.6	1.659	0.371	23.45	16.39	3.850	601	90.47	1141	828	72.6	236	2.444	16.89	95.8	93.2	3A
云雄2号	8:21	28:10	99.3	91.17	3.7	1.774	0.408	22.98	17.47	4.038	558	92.98	1156	842	72.9	228	2.580	17.93	95.2	92.1	3A

注：以上成绩为陆良、保山、祥云、鹤庆、楚雄等5个试验基点2007年的平均成绩。

可以直接进行组合形成雄蚕品种，不需要开展配合力的测定等工作，保持了原组合的特点，加快了育种的速度。缺点是由于需要测交，工作程序复杂，工作量大，稍有不慎，就可能遗失3对标志基因中的1对，从而导致育种的失败。

采用这种方法，浙江省农科院蚕桑研究所已经育成了几对经济性状表现优良的雄蚕品种，如秋丰×平28这对品种已经在生产上大面积推广。云南美誉蚕业科技发展有限公司利用此方法已育成了一些新的春用性连锁平衡致死系材料，通过实验室筛选、鉴定，获得了2对较好的春用雄蚕杂交组合。经投入农村试验比较，其健康性好、出丝率高、丝质优良，经济性状已达到实用化水平。实验室和农村试养成绩见表2、表3。

3　构建雄蚕种质资源库

3.1　限性卵色资源系的构建方法

3.1.1　雌雄连续回交法

参照何克荣等（1999）的方法进行：①使用限性卵色系的雌与受体材料的雄杂交，产生的后代雌连续与受体材料的雄回交n代。得到Gn代的雌系。②同样，在进行①的操作时，用限性卵色系的雄与受体材料的雌杂交，产生的后代雄连续与受体材料的雌回交n代，得到Gn代的雄系，在回交的过程中，需要使用限性卵色系对回交后代的雄进行测交，以确保限性卵色基因的存在，并找到含目的基因的卵圈。③然后，将①、②中Gn代的雌雄系杂交，就可以依限性卵色的表现而选出新的限性卵色系。

3.1.2　回交充血法

这种方法只需要3个步骤就可以育成新系：第一步是将限性卵色系的雌与受体材料的雄杂交；第二步是将得到的杂交后代自交；最后一步是把自交后代的雌与限性卵色的雄回交，就可以从其所产的蚕卵中选择到目的卵圈。这种方法的优点是不需要测交，操作容易、成功率高，但由于在整个过程中，受体材料只使用了一次，因此得到的限性卵色系含有受体材料的基因成分相当少，其经济性状与受体材料可能会有较大差异。如果要使新形成的限性卵色系的基因组成及经济性状与受体材料基本一致，可以采用相同的方式连续充血若干次（5次以上）就能达到目的。

3.2　限性斑纹资源系的构建方法

可以使用自己引进和创新的限性斑纹材料，也可以将一些经济性状优良但不是限性斑纹的资源进行改造，构建限性斑纹资源库。在许多家蚕育种单位都创造有一定数量的限性斑纹新资源，技术方法也比较成熟，在此就不作介绍。

3.3　孤雌克隆蚕品种的创建与改良

据研究，孤雌生殖具有一定的遗传力，大多数品种都具有一定的孤雌生殖能力，只是不同的品种，其孤雌生殖的能力有差异，一般的成功率在30%以下，但由于孤雌生殖的遗传性，可以经过多代连续的孤雌处理提高孤雌生殖的孵化率，如俄罗斯选育的PC-8和PC-43的着色卵率已达到90%以上，孵化率也在85%以上。因此，连续用物理方法刺激筛选出孤雌生殖材料，创建孤雌克隆蚕品种；也可以用引进的孤雌克隆系与受体材料的雄杂交后，连续孤雌生殖处理，不仅可以改良引进材料，还可以获得高孤雌能力的品种。

3.4　性连锁平衡致死系的构建方法

3.4.1　雌雄连续回交法

参照何克荣等（2002）的方法进行：①将受体材料的雄和含有平衡致死基因品种的雌杂交形成的杂交后代雌，连续与受体材料的雄回交n代后，得到目的Gn♀，使之基本含有受体材料的血缘成分；②同时，将受体材料的雌与含有平衡致死基因品种的雄杂交后，由于致死基因的作用，其杂交后代只有雄性一方。再用受体材料的雌与之回交，由于含有平衡致死基因品种的雄含有2个致死基因，它们的致死时间不一致，可以依此分成2个系；③然后再将这2个系分别与受体材料的雌回交，在回交的过程中，需要利用标志基因对其进行检测，以确定目的基因的存在。经过n次回交后，形成2个Gn♂系；④用Gn♀交Gn♂含其中的一个系形成过渡体，在下一代时，用过渡体♀分别与2个Gn+1♂系杂交后形成2个中间体；⑤最后，两个中间体再相互杂交，就可以形成新的性连锁平衡致死系。

这种方法的优势在于形成的新平衡致死系几乎含有受体材料的全部基因成分，其经济性状接近并可能超过受体材料，因此效果较好，但是由于平衡致死基因分布在3个系中，期间需要不断测交，工作难度大，并且所需时间较长。为减小工作量，扩大留种比例，可以考虑：①在测交时使用含有限性卵色基因的平衡致死系材料，而不需要饲养其他限性卵色品种；②测交时，将Gn代的♂先与含有限性卵色基因的平衡致死系的雌杂交，拆对时将配对的雌雄蛾进行相同的编号后，把雄蛾分号放入冷库，雌蛾投入产卵圈，待其产下的蚕卵变色后（约2～3d），取出所有有限性卵色卵圈对应的雄蛾同Gn代的♀随意交配，不需要分号，也不需要对测交种进行催青，收蚁时选取具有相应致死情况的卵圈即可；③Gn+1和Gn+2代的雌雄相交时，采用②的测交方法，对Gn+1和Gn+2代的雄测交，可以提高选出目的卵圈的比例，提高将平衡致死基因和限性卵色基因转入受体材料的成功率。

3.4.2　回交充血法

此方法可以参照上述限性卵色资源系构建中的3.1.2回交充血法进行，只是在最后一步选择目的卵圈时，除需要选择限性卵色外，还需要对孵化情况和致死表现进行选择。

云南美誉蚕业科技发展有限公司利用引进的限性卵色、性连锁平衡致死系等材料，通过上述方法已经获得新的雄蚕资源10多个，现将部分有代表性的资源成绩列于表4。通过表中数据可以看出，采用雌雄连续回交法比回交充血法构建的资源的经济性状表现要稍好一些，与受体材料2042或云8B更接近。

表4 2008年部分引进资源及构建资源的实验室饲养综合成绩

品种	资源类型	保存方式	5龄经过 (d:h)	全龄经过 (d:h)	虫蛹率 (%)	全茧量 (g)	茧层量 (g)	茧层率 (%)
2042	黑色卵（受体材料）	母种继代	7:00	25:10	96.97	1.585	0.360	22.69
卵2	限性卵色	母种继代	7:07	24:05	94.08	1.522	0.351	23.06
云H_2	限性卵色	回交充血法	7:17	25:06	95.21	1.638	0.366	22.31
云H_6	YunH6限性卵色	雌雄连续回交法	7:17	25:06	98.06	1.662	0.368	22.15
云8B	现行品系（受体材料）	母种继代	8:00	25:05	96.06	1.769	0.425	24.05
平48	性连锁平衡致死系	母种继代	7:11	24:23	95.61	1.721	0.385	22.36
云H_{12}	性连锁平衡致死系	回交充血法	7:07	24:12	98.37	1.741	0.377	21.62
云$H18$	性连锁平衡致死系	雌雄连续回交法	7:07	24:13	96.33	1.777	0.413	23.24

4 雄性材料的后续选育与育种手段

新获得的性连锁平衡致死系，还不能直接应用于品种选育，必须进行自交纯化，采用传统的纯系育种方法，经过多代选择后，育成性状稳定、优良的雄性系材料用于雄蚕品种选育。雄蚕资源创建后，可依生产需要而制定不同的育种目标和方向，如用于丝茧育则要求雄蚕品种具有蚕体强健、叶丝转化率高、茧层重、解舒好和丝质优良等性状；而对一些特殊用途的需要，如用于保健方面的雄蚕品种，对丝质成绩要求不高，但对蚕、蚕蛹的体重和雄蛾的大小要求较高。除了性连锁平衡致死系的育成采用特殊方法外，雄蚕品种的后期选育也主要采取系统育种、杂交育种等基本手段，需要考虑的是由于性连锁平衡致死系的特性所引起的一些问题，如在致死基因可能带来的某些不良影响（如白卵孵化率低）和只能利用正交而反交不能利用等情况下，如何保证选育朝着预定目标前进。

利用雌蚕无性克隆系的新型雄蚕品种选育及应用[①]

王永强[1]　祝新荣[1]　何克荣[1]　姚耀涛[2]　曹锦如[1]　周金钱[3]
黄衍峰[3]　柳新菊[1]　何秀玲[1]　孟智启[1]

（1. 浙江省农业科学院蚕桑研究所　杭州　310021；
2. 湖州市农业科学院蚕桑研究所　湖州　313000；
3. 浙江省蚕种公司　杭州　310020）

　　家蚕是一种重要的经济昆虫，雌蚕和雄蚕具有不同的经济性状和利用价值。雄蚕具有强健好养、出丝率高、茧丝质优等特点，因此在农村专养雄蚕与现行雌雄混养相比，综合经济效益增幅达25%以上；而在蚕种场，多养雌蚕可降低蚕种生产成本。因此，利用性别控制技术实现"农村专养雄蚕，蚕种场多养雌蚕"，将有效提高整个蚕丝产业链的综合效益。

　　浙江省农业科学院自1996年从俄罗斯引进家蚕性连锁平衡致死系以来，经过10多年的创新研究解决了雄蚕实用化的关键性技术难题，利用常规品种雌蚕与平衡致死系雄蚕杂交，育成的秋·华×平30、秋丰×平28、限7×平48等3对雄蚕新品种通过浙江省农作物品种审定委员会审定，已在浙江、山东、广西等9省（自治区）推广应用，经济效益明显，实现了农村专养雄蚕的目标。

　　由于雄蚕杂交种生产的特殊性，其生产成本在理论上是常规品种的4倍。目前育成并在生产上应用的雄蚕品种秋·华×平30等，都是用限性斑纹的常规品种（如秋·华）与平衡致死系雄蚕杂交，常规品种饲养至4龄期淘汰雄性个体，通过雌雄的合理配比，雄蚕杂交种的生产成本已降至常规种的1.75倍。若能进一步降低雄蚕杂交种的生产成本，将加快专养雄蚕的产业化进程。

　　利用雌蚕无性克隆（也称孤雌生殖、无性繁殖）技术选育高发生率和高孵化率的实用化雌蚕无性克隆系（基因型完全相同、后代全部为雌性的品种），可实现"蚕种场多养雌蚕"的目标。笔者从1996年开始，采用直接以综合经济性状优良的现行品种或以俄罗斯引进的一化性高发生率无性克隆系PC-43为母本，开展了雌蚕无性克隆系的研究，成功构建了发生率和孵化率达90%和80%以上，综合性状优良的实用化雌蚕无性克隆系。在此基础上，进一步开展了雌蚕无性克隆系在育种上的应用研究，以雌蚕无性克隆系为母本，经济性状优良的限性卵色品种（根据卵色能将雌、雄分开）为父本，建立了一方只养雌蚕，另一方只养雄蚕的"单交制种"模式，经实验室多年多期的比较试验，筛选出的无11×卵36、雌29×卵36（待发表）等新型常规单交家蚕品种，

---

　　① 本文原载于《蚕业科学》，2010，36（2）：268-273。

其主要茧丝质性状超过对照种。同时，我们还以雌蚕无性克隆系为母本，平衡致死系雄蚕为父本，筛选出综合经济性状优良的新型雄蚕品种雌蚕35号×平28、雌蚕29号×平28（以下简称雌35×平28、雌29×平28）。本文主要介绍2对新型雄蚕品种的选育及农村试养情况。

1 雌蚕无性克隆系的选育

1.1 亲本及选育经过

以构建发生率和孵化率分别达90%和80%以上，其他综合经济性状优良的实用化雌蚕无性克隆系为目标，从上述2条途径开展雌蚕无性克隆系的选育。目前已成功构建了包括25个雌蚕无性克隆系的资源库，其中11个无性克隆系的发生率和孵化率在90%和80%以上，7个中系雌蚕无性克隆系的发生率和孵化率平均值达92.6%、89.0%，并兼具优良的茧丝质性状。

雌蚕29号的选育经过：2000年春期以春用多丝量常规品种学65为母本，以夏秋用品种夏5为父本杂交，取F_1代雌蛾的卵用无性克隆技术选育继代，至2008年秋期已选育至14代，性状稳定。在无性克隆继代过程中，在保持品种优良经济性状的同时，着重提高其发生率和孵化率水平。在早期世代，严格淘汰畸形蚕和发育迟缓的个体，保持蚕体发育整齐度，并在春期重点进行活蛹缫丝，选择千米切断次数少、颣节少的个体留种；中后期世代选择无性克隆发生率、孵化率和生命力高的蛾区留种。

雌蚕35号的选育经过：2001年春期以俄罗斯引进的一化性无性克隆系PC-43为母本，以夏秋用品种夏5为父本杂交，取F_1代雌蛾的卵用无性克隆技术选育继代，至2008年秋期已选育至12代，性状稳定。选育方法与雌蚕29号相类似，但在保持后代高发生率和孵化率的同时，着重提高其经济性状水平。至2008年秋期已选育至12代，性状稳定。

雌蚕29号、雌蚕35号在整个选育过程中，各代孵化的全为雌蚕，在F_9之前虽然发生率较高，但存在孵化率很低、发育欠整齐、畸形蚕较多、生命力较差的问题，F_9以后性状有了明显变化，生命力与常规品种相近。目前，雌蚕29号、雌蚕35号在蚕期饲养过程中，发育经过、眠起、食桑、上蔟等与常规品种相比已无明显差异。

1.2 孵化率及主要经济性状成绩

2008年秋期委托浙江省农业厅蚕种科技服务中心对25个雌蚕无性克隆系的发生率和孵化率进行了调查，其中雌蚕29号、雌蚕35号的发生率分别为93.3%、91.2%，孵化率分别为92.3%、90.7%。

表1为2006—2008年雌蚕29号、雌蚕35号各期的孵化率和蚕期饲养成绩。雌蚕29号、雌蚕35号的孵化率分别为91.0%和89.0%，达到了预期育种目标；4龄起蚕虫蛹率分别为91.08%和86.93%，茧层率接近20%，与常规品种雌性个体相仿，接近实用化水平。

表2为2008年秋期雌蚕29号、雌蚕35号的主要茧丝质性状测试结果，其中茧丝长分别为979m、945m，解舒丝长分别为735m、738m以上，解舒率75%以上，洁净95分以上，且茧丝纤度较细，在育种上已具利用价值。

表1 雌蚕无性克隆系的孵化率和蚕期饲养成绩（2006—2008年）

品种	年份	孵化率（%）	5龄经过（d:h）	全龄经过（d:h）	虫蛹率（%）	全茧量（g）	茧层量（g）	茧层率（%）
雌蚕29号	2006春	85.0	7:06	22:11	95.07	2.07	0.406	19.61
	2006秋	94.0	7:21	25:13	90.38	1.64	0.324	19.76
	2007春	94.0	6:18	23:05	94.22	1.75	0.362	20.69
	2007秋	88.0	7:00	23:21	87.61	1.72	0.346	20.12
	2008春	93.0	7:00	23:05	93.85	2.23	0.441	19.78
	2008秋	92.3	7:00	24:05	85.34	1.84	0.363	19.73
	平均	91.0	7:04	23:18	91.08	1.88	0.374	19.95
雌蚕35号	2006春	88.0	8:00	22:05	93.70	2.27	0.441	19.43
	2006秋	91.0	8:00	25:21	91.62	1.60	0.319	19.94
	2007春	91.0	6:18	23:05	90.12	1.90	0.388	20.42
	2007秋	82.0	7:04	24:10	88.12	1.72	0.339	19.71
	2008春	91.0	7:00	23:05	78.13	2.19	0.419	19.13
	2008秋	90.7	7:00	24:05	79.91	1.81	0.344	19.01
	平均	89.0	7:08	23:20	86.93	1.92	0.375	19.61

注：2008年秋期孵化率为浙江省农业厅蚕种科技服务中心调查成绩，其余为实验室调查成绩。

表2 雌蚕无性克隆系的主要茧丝质成绩（2008年秋）

品种	茧丝长（m）	解舒丝长（m）	解舒率（%）	茧丝量（g）	纤度（dtex）	洁净（分）
雌蚕29号	979	735	75.08	0.2580	2.631	95.83
雌蚕35号	945	738	78.10	0.2369	2.504	95.83

2 新型雄蚕杂交组合的选配与实验室筛选

利用育成的高发生率和高孵化率的7个中系（雌蚕1号、雌蚕3号、雌蚕5号、雌蚕19号、雌蚕29号、雌蚕33号、雌蚕35号）和1个日系（雌蚕20号）雌蚕无性克隆系，分别与4个日系（平28、平30、平48、平68）和3个中系性连锁平衡致死系（平21、平35、平37）按不完全双列杂交方法组配成31个新型雄蚕杂交组合，通过3年5个蚕期（2006年秋、2007年春、2007年秋、2008年春、2008年秋）比较试验（饲养要求及调查方法参照浙江省地方标准DB33/T 692—2008《桑蚕新品种试验技术规程》），从中筛选出2对综合经济性状优良的新型雄蚕品种组合雌35×平28、雌29×平28，实验室调查成绩见表3。以雌35×平28的平均成绩为例，除解舒丝长、解舒率、万蚕产茧量低于对照种外，其他主要茧丝质成绩超过秋丰×白玉，其中：虫蛹率94.79%，高于对照种1.83个百分点；茧层率24.08%，高于对照种2.55个百分点；万蚕产茧层量3.784kg，较对照种提高3.67%；茧丝长1234m、洁净96.2分、鲜毛茧出丝率18.55%，分别较对照种长122m、高0.5分、高1.59个百分点。

2006、2007年秋期，雌35×平28分别以目前生产上推广应用的雄蚕品种秋·华×平30、秋丰×平28为对照进行了实验室比较。平均成绩可见表4，除解舒率、洁净略低于对照品种外，其他主要茧丝质性状成绩均超过对照种，其中：虫蛹率88.88%，高于对照种6.35个百分点；茧层率24.26%，较对照种高0.34个百分点；万蚕产茧量13.24kg、万蚕产茧层量3.212kg，分别较对照种提高9.24%、10.68%；茧丝长1191m、解舒丝长1018m，分别较对照种长84m、38m；鲜毛茧出丝率18.60%，提高0.26个百分点。

综合以上成绩认为雌35×平28是一对综合性状优良的新型雄蚕品种：与秋丰×白玉相比，具有茧层率和出丝率高等明显优势；与现行推广应用的雄蚕品种相比，具有茧型大和产量高等优势，且主要丝质性状优良。另一对新型雄蚕品种雌29×平28与雌35×平28相比，除产量成绩略低外，其他各项成绩互有高低。

表3　新型雄蚕品种的实验室比较试验成绩（以现行品种秋丰×白玉为对照）

品　　种	虫蛹率（%）	万蚕产茧量（kg）	万蚕产茧层量（kg）	全茧量（g）	茧层量（g）	茧层率（%）
雌35×平28	94.79	15.68	3.784	1.59	0.382	24.08
雌29×平28	93.33	15.13	3.691	1.58	0.386	24.35
秋丰×白玉	92.96	16.95	3.650	1.71	0.370	21.53
品　　种	茧丝长（m）	解舒丝长（m）	解舒率（%）	纤度（dtex）	洁净（分）	出丝率（%）
雌35×平28	1234	920	74.51	2.555	96.2	18.55
雌29×平28	1266	982	77.56	2.536	95.9	19.00
秋丰×白玉	1112	963	86.62	2.794	95.7	16.96

注：表中数据为3年5期比较试验成绩的平均值。

表4　新型雄蚕品种以现行雄蚕品种为对照的实验室比较试验成绩

品　　种	虫蛹率（%）	万蚕产茧量（kg）	万蚕产茧层量（kg）	全茧量（g）	茧层量（g）	茧层率（%）
雌35×平28	88.88	13.24	3.212	1.42	0.346	24.26
现行雄蚕品种	82.53	12.12	2.902	1.35	0.323	23.92
品　　种	茧丝长（m）	解舒丝长（m）	解舒率（%）	纤度（dtex）	洁净（分）	出丝率（%）
雌35×平28	1191	1018	85.46	2.414	94.75	18.60
现行雄蚕品种	1107	980	88.50	2.433	95.25	18.34

注：表中数据为2006年、2007年2年秋期的平均成绩，其中2006年秋期以现行雄蚕品种秋·华×平30为对照，2007年秋期以秋·华×平28为对照。

3　新型雄蚕杂交组合的农村试养

2008年春期和秋期，新型雄蚕品种雌35×平28、雌29×平28在浙江省的淳安、海盐、德清等蚕区累计饲养20余张，以通过审定并在当地推广的雄蚕品种秋·华×平30为对照，其中雌35×平28各地的饲养成绩见表5。海盐县晚秋期饲养雌35×平28与对照种秋·华×平30相比，除张种产量和张种产值略低于对照种外，主要丝质指标超过对照种，其中解舒丝长长109m，鲜茧出丝率提高1.03个百分点；淳安县晚秋期饲养雌35×平28与对照种秋·华×平30相比，张种产量提高5.71%，解舒丝长长142m，鲜茧出丝率提高1.32个百分点，洁净相仿；德清县春期饲养雌35×平28与对照种秋丰×平28相比，张种产量提高21.9%，茧丝长长156m，解舒丝长短116m，洁净和出丝率相仿。

表5　新型雄蚕品种雌35×平28农村试养成绩（2008年）

饲养县	品种	蚕期	5龄经过（d:h）	张种产量（kg）	张种产值（元）	茧丝长（m）	解舒丝长（m）	解舒率（%）	洁净（分）	出丝率（%）
海盐	雌35×平28	晚秋	6:23	36.5	434.4	1113	704	63.30	97.0	13.66
	秋·华×平30	晚秋	6:23	38.0	452.2	1082	595	54.94	96.0	12.63
淳安	雌35×平28	晚秋	8:06	37.0	740.0	1038	792	76.30	93.5	15.75
	秋·华×平30	晚秋	8:06	35.0	700.0	956	650	67.99	94.0	14.43
德清	雌35×平28	春期	6:04	52.4	1026.2	1316	950	72.20	95.0	18.97
	秋丰×平28	春期	6:04	43.0	842.8	1160	1066	86.20	95.5	19.24
平均	雌35×平28		7:03	42.0	733.5	1156	815	70.60	95.2	16.13
	对照种		7:03	38.7	665.0	1066	770	69.71	95.2	15.43

综合雌35×平28在3县蚕区农村饲养的平均成绩看，与现行推广应用的雄蚕品种秋·华×平30或秋丰×平28相比，张种产量、张种产值分别提高8.53%、10.30%，茧丝长、解舒丝长分别长90m、45m，解舒率、洁净与对照相仿，鲜茧出丝率提高0.7个百分点，有望进一步扩大饲养规模。

4　小结

2000年，笔者从遗传机制和种质资源等角度，综合分析了选育全雌家蚕品种组配雄蚕杂交种的可行性，认为培育出孵化率80%以上、经济性状优良的二化性全雌家蚕品种，与转育改良后的平衡致死系雄蚕杂交，培育雄蚕新品种，从而达到缩小饲养规模，降低生产成本，提高制种效益的目的是切实可行的。10多年来，浙江省农业科学院开展高发生率和孵化率实用化雌蚕无性克隆性系的选育，并通过实验室大量组合选配与比较试验，筛选出了新型雄蚕品种雌35×平28、雌29×平28，并在农村成功试养，初步达到了选育目标，新型雄蚕杂交组合的推广应用，可同时实现农村专养雄蚕与蚕种场多养雌蚕的目的，将进一步降低雄蚕杂交种的生产成本。

在今后的育种研究中，还将根据农村试养反馈的信息，完善新型雄蚕品种的经济性状，重点提高其解舒率水平，进一步发挥新模式选育的雄蚕品种能降低雄蚕杂交种生产成本的优势，充分利用单交品种的特点（后代无正反交）和家蚕经济性状伴性遗传规律，在中、日杂交亲本的选育过程中设置不同的选择重点，如进一步选择提高雌蚕无性克隆系的产卵量和丝质性状成绩，而对平衡致死系品种则控制产卵量，进一步提高生命力，利用杂交互补原则，使雄蚕品种的经济性状更为优良。将加快新型雄蚕品种的推广应用作为专养雄蚕技术的配套技术，能有效推进专养雄蚕产业化进程。

雌雄蚕卵激光自动分选仪的工作原理和基本结构与设计思路[①]

宋祁苏[1]　禹　果[2]　孟智启[1]　白　剑[2]　祝新荣[1]　陈　诗[1]　王　政[3]

（1. 浙江省农业科学院蚕桑研究所　杭州　310021；

2. 浙江大学现代光学国家重点实验室　杭州　310027；

3. 杭州中泰激光科技有限公司　杭州　311400）

自1996年浙江省农业科学院从俄罗斯引进家蚕性连锁平衡致死系以来，经过10多年的改良创新研究，利用常规限性家蚕品种雌蚕与平衡致死系雄蚕杂交，育成秋·华×平30、秋丰×平28、限7×平48等3对雄蚕新品种，并通过了浙江省农作物品种审定委员会审定，已在浙江、山东等省蚕区推广应用，经济效益明显。在雄蚕杂交种生产中，为降低繁育成本，平衡致死系原蚕只饲养雄蚕，在卵期需要依据平衡致死系的限性卵色性状（雌性卵为灰黑色，雄性卵为棕黄色）将雌雄卵分离，淘汰雌卵。目前在蚕种生产中完全依靠人工分选雌雄蚕卵，不仅耗时费工，而且操作者视力疲劳易产生差错，因此难以适应"专养雄蚕"产业化规模不断扩大对雄蚕原种的需求，特别是秋期雄蚕品种供不应求的矛盾表现尤为突出。为了解决雄蚕品种繁育中的这一技术难题，我们利用计算机图像识别处理和激光振镜偏转扫描等技术，研制出可根据雌雄蚕卵具有不同卵色的特点，自动、高速、准确进行分离的仪器设备——雌雄蚕卵激光自动分选仪（以下简称激光分卵仪），该仪器已申请国家发明专利（申请号：2009100954292，公开号：CN101462112A）。

1　激光分卵仪的工作原理

激光分卵仪具有可分选平附种黏附于蚕连纸上的雌雄蚕卵和分选散制种雌雄蚕卵的功能。基本工作原理是：通过图像采集和计算机图像处理，分辨具有不同卵色的雌雄蚕卵，指令激光器通过光偏转扫描，正确地将平附种黏附在蚕连纸上或散制种平附在六角旋转式吸附装置上的灰黑色雌卵（或称靶色卵）射杀，使其细胞质蒸发流失，在蚕种浸酸脱粒过程中漂浮后清除，获取沉降在浸酸液中的棕黄色活性雄卵。主要的工作原理及工作流程如图1所示。

①　本文原载于《蚕业科学》，2010，36（4）：631-638。

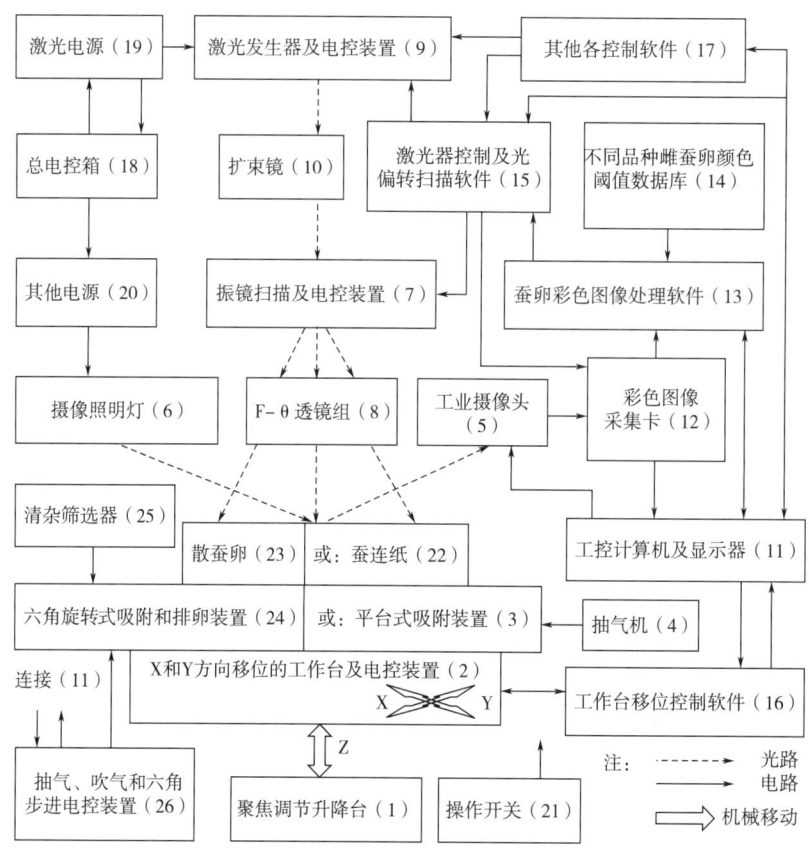

图1 雌雄蚕卵激光自动分选仪的工作原理及流程示意图

2 激光分卵仪的基本结构及其功能作用与工作流程

激光分卵仪由蚕连纸自动位移及吸附工作台系统、图像采集和计算机图像处理系统、激光发生及光偏转扫描射卵系统、计算机和软件及样板数据库系统、电控及机械系统等多个系统构成（图1）。对于分选散制蚕种还配有特制的六角旋转式吸附和排卵装置、叠卵及杂物筛选清除器。仪器的外形结构如图2所示。

2.1 蚕连纸自动位移及吸附工作台系统

如图1所示，该系统是由Z方向的聚焦调节升降台（1）和X、Y方向移位的工作台（2）组成三维移动装置。移位工作台（2）上装有1只上平面开有许多吸孔的平台式吸附装置（3），通过抽气机（4）将整张柔性不平的蚕

图2 雌雄蚕卵激光自动分选仪的外形

连纸（22）吸平。抽气机采用CZR60离心式交流中压低噪声风机，风量7m/min。转动升降台（1）的调节盘可以让蚕连纸沿Z方向上下移动，以调节与工业摄像头（5）之间的聚焦、与F-θ透镜组（8）之间的聚焦。

虽然振镜式光偏转扫描射卵系统具有扫描目标准确，无空行程，高速高效的特点，但由于属光偏转扫描，受到光角度限制，须在激光器离蚕卵距离不大的情况下进行扫描，其扫描范围较小。如果按大焦距设计，虽可一次性处理完整张蚕连纸，但光斑粗，蚕卵图像变形，不利于精准扫射目标蚕卵，再加上摄像头（5）侧偏安装也增加了图像变形的因素。因此，在该系统将蚕连纸上的28个卵圈作为单位区块，分28次完成，工作效率相对降低，但射卵精度明显提高。当一个区块的图像在激光扫描射卵结束后，移位工作台（2）便根据计算机（11）指令，通过单片机移位控制软件（16）控制2只步进电机带动蚕连纸沿X或Y方向移动，按卵区间距精确抵达彩色图像采集和激光射卵的中心区域，并定位；摄像头（5）又开始自动拍摄和传感图像，实施下一区工作程序；当整张卵纸的卵分选处理完成后，仪器自动停止工作，人工取下蚕连纸，换上另一张开始下一个循环。

2.2　图像采集和计算机图像处理系统

该系统由工业摄像头（5）、环装在F-θ大透镜（8）外的摄像照明灯（6）、列入软件系统的彩色图像采集卡（12）、蚕卵彩色图像处理软件（13）和不同品种雌蚕卵颜色阈值数据库（14）等组成。工业摄像头（5）[像素：320万（2080×1560），维视摄像头，灰阶7位，最大分辨率0.08mm；镜头M1214-MP（12mm）]用于拍摄蚕卵二维平面彩色图像。由于大透镜（8）必须安装在扫描装置的中心下面，因此摄像头（5）只能倾斜安装在大透镜（8）的旁边，造成摄像中心与扫描中心有一定的偏角，所以图像处理软件（13）在编制中需要有修正程序。

摄像照明灯（6）采用15W环形日光灯。由于强外界光会影响卵色的数据采集，因此本仪器应安放在偏暗的无强外界光的地方。

摄像头（5）捕获蚕卵图像后，输出RAW信号至图像采集卡（12）。采集卡（12）以BMP格式传感至计算机（11）。计算机通过1394视频卡接收并显示，根据雌雄不同的卵色，与阈值数据库（14）对照，由图像处理软件（13）分辨蚕卵的颜色、位置及轮廓，为各灰黑色的雌卵计算确定激光打击的靶心或射点，并自动编制激光射击蚕卵所需的TEXT文件，然后自动启动激光系统。对于重叠卵判别，以图像看到的上面一粒卵为准。

2.3　激光发生及光偏转扫描射卵系统

该系统的激光发生器及电控装置（9）、扩束镜（10）、包括开关电源和振镜扫描2组正负电源的激光电源（19）等被水平安装在一个框式机架座内。该系统的振镜扫描及电控装置（7）悬臂式被垂直安装在头部。振镜装置中心下面是F-θ大透镜（8）。

激光器发生器及电控装置（9）采用10W风冷金属射频管，CO_2激光器连续发射的是不同时序的脉冲激光，经过扩束镜（10），使其变为更为准直和所需直径的光束（4倍镜，出射光斑的直径≤0.2mm）。

振镜装置（7）及F-θ透镜组（8）等组成了光偏转扫描系统。根据计算机（11）及彩色图像处理软件（13）下达的TEXT文件指令，通过射卵软件，控制2组二维伺服电机带动2个反射镜作高精度、短矢量的转动或摆动（因速度极高，反射镜如同在振摆，故又称振镜装置）。当XY2个反射镜停在对某卵射杀的给定位置时，脉冲激光自动开启，穿过扩束镜射到X反射镜片上，再反射到Y反射镜片上，形成向下偏转的光束，并通过自聚焦F-θ透镜组（8）射出。所形成的光斑在透镜同一焦平面内作二维高速移动，精确地对每粒靶色卵中心发射激光束。F-θ透镜组（8）又称平面场镜，在150mm焦距下，视场范围为125mm×125mm。振镜式光偏转扫描系统由位置传感器（高精度的角度测量装置）、误差放大器、功率放大器、位置区分器、电流积分器等5大控制电路及装置组成闭环反馈控制。其运动控制卡为双路16位D/A，运动定位精度=125/65536=0.002mm。

2.4　计算机和软件及样板数据库系统、电控及机械系统

如图1所示，计算机系统主要包括一台15英寸*液晶显示屏的工控计算机（11）、彩色图像采集卡（12）、蚕卵彩色图像处理软件（13）、自建的不同品种雌蚕卵颜色阈值数据库（14）、激光器控制及光偏转扫描软件（15）、工作台移位（89C52单片机）控制软件（16）和其他各控制软件（17）；电控系统主要包括与各软件配套的电路，激光发生器及控制电路，振镜式光偏转扫描系统的2个伺服电机的控制电路，X和Y移位工作台2个步进电机的控制电路，离心抽气机电路，总电控箱、激光电源电路，其他电源电路，传感和反馈电路，测试显示电路，安保电路，操纵电路，以及各电控器件等，整机总功率800W；机械系统主要包括座架、箱壳、传动、连接、润滑等装置。

2.5　六角旋转式吸附和排卵装置

该装置（24）是专门为散制种蚕卵分选配置的。其主体是一个在抽气时呈负压状态的六角形滚筒（主要由6块吸卵面板围成），安装在矩形盒中。滚筒由步进电机带动按计算机指令作间歇性旋转，60°/次。每次停歇后总有一块吸卵面板保持水平状态，即A面（图3）。

各面板上开有间距为3mm×3mm的625个小孔（直径0.5mm），形成一个70mm×70mm的正方形，蚕卵被吸附在这些小孔上。摄像头拍摄水平面板上的蚕卵，经计算机图像处理后，指令激光通过光偏转扫描，正确地射杀A面板上的靶色卵。然后，计算机指令六角形滚筒继续旋转60°。在旋转过程中，由于滚筒内部特设的弧形挡气板和外面筒状毛刷的作用，处理过的蚕卵从右边B处被刷下落入排卵盒；C处的扁形吹气器把残留在C面板的蚕卵吹入排卵盒。而滚筒左边的D、E、F面板经过贮卵室，在旋转中吸附蚕卵，未被吸附的多余蚕卵从F斜面落回贮卵室。每次激光射杀完毕，计算机就指令滚筒旋转60°，开始下一个工作循环。

左右聚气锥盘的作用是缩小抽气空间，提高抽气效果。贮卵室底盘在拉簧作用下关闭，与贮

---

　　*　英寸为非法定计量单位，1英寸等于2.54cm。此处所述长度（15英寸），是指液晶显示屏对角线的长度，其实际长度应为381mm。

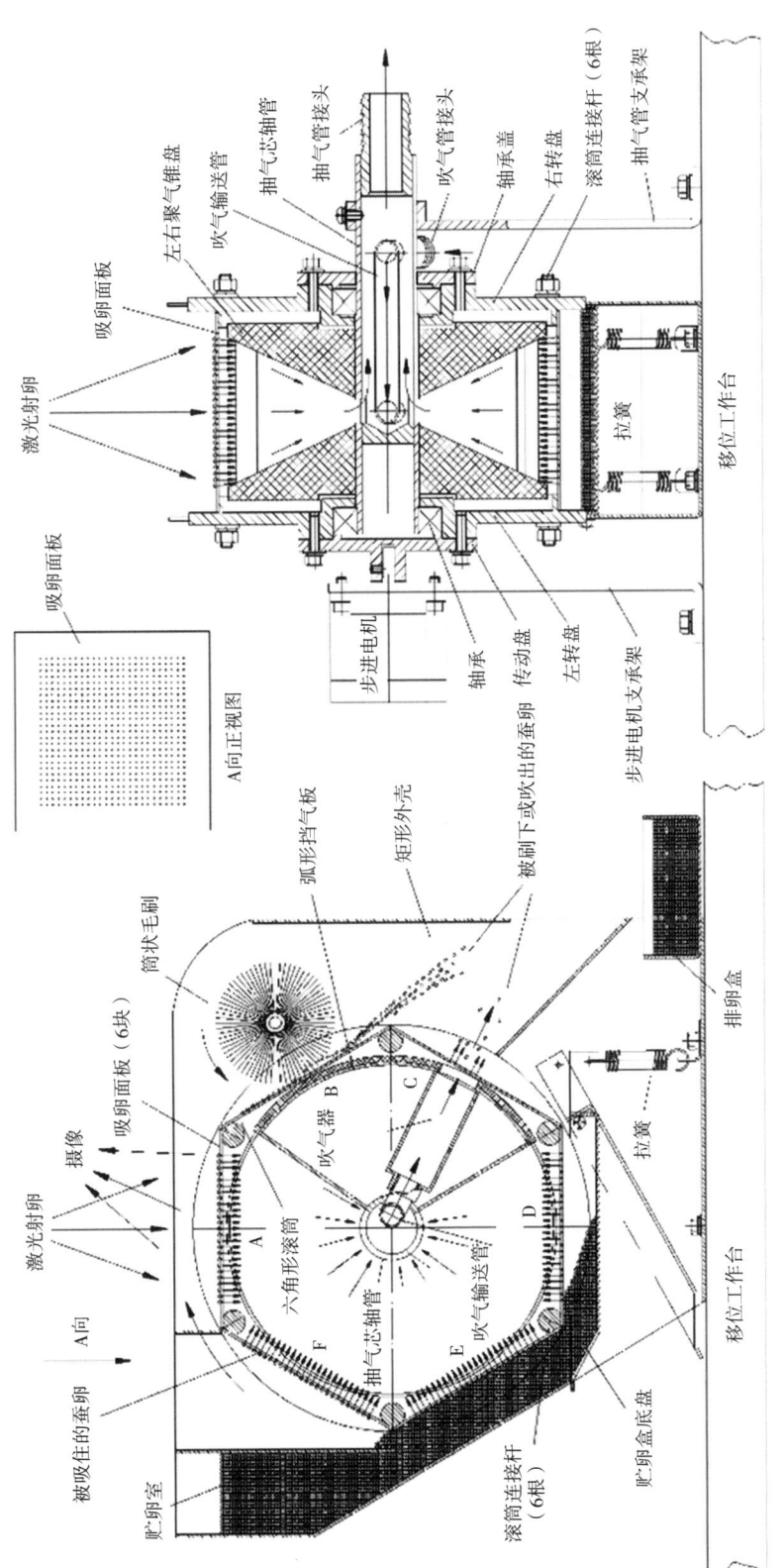

图3　雌雄蚕卵激光自动分选仪的六角旋转式吸附和排卵装置

卵室成为一体。当压下贮卵室底盘，可以放掉和清除剩卵。

2.6 叠卵及杂物筛选清除器

散制蚕种进入旋转式吸附装置前通过清杂筛选器（图4），将杂质、特小的非受精卵、叠卵清除。

将蚕卵用漏斗倒入进卵管，蚕卵将在倾斜的出卵筒的大肚腹腔中旋转，并从腔底的多个漏孔中逐步漏出，进入小口径粗网筛筒内。在倾斜的旋转中，一些能穿出粗网筛孔的蚕卵或小杂质落入大口径细网筛筒内；一些不能穿出粗网筛孔的叠卵和大杂质，在旋滚和下翻的运动中落入叠卵排出槽，再滑入叠卵盒中。

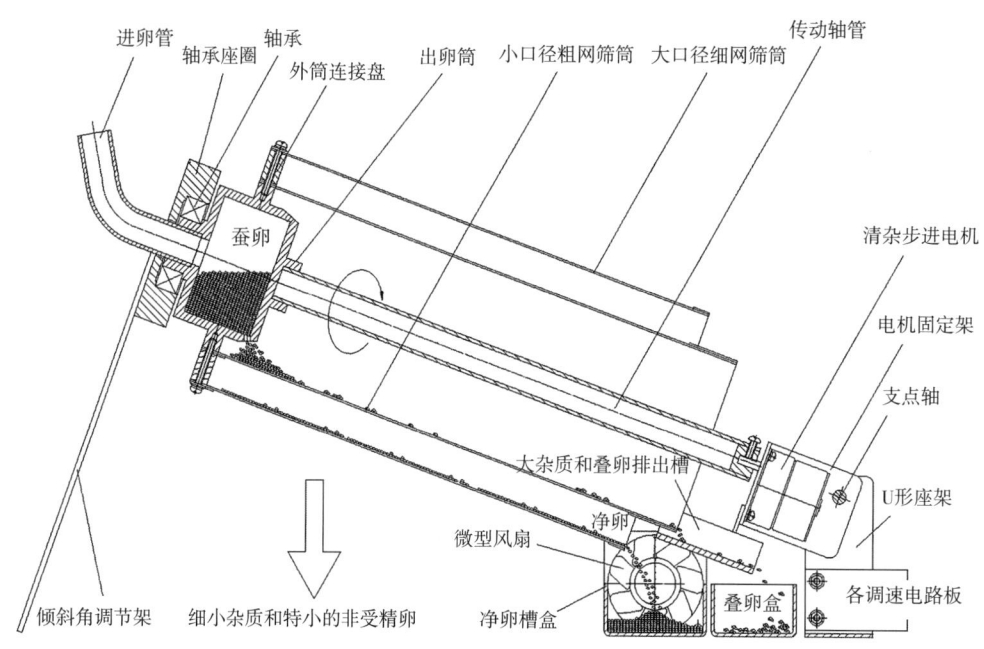

图4 雌雄蚕卵激光自动分选仪的叠卵及杂物筛选清除器

进入细网筛筒内的小杂质穿出细网筛孔，落入桌面；不能穿出细网筛孔的蚕卵在旋滚和下翻运动中落入净卵槽盒中。槽盒是一矩形开口长槽，一端靠在微形风扇旁。蚕卵在出网口下落的过程中，杂尘被风扇沿长槽吹掉。吹尘风量、筛卵速度和蚕卵下翻速度可通过调速电路或机械装置进行调整。

3 激光分卵仪用于平附种和散制种的雌雄蚕卵分选比较

3.1 用于平附种和散制种雌雄卵分选的主要技术参数

平附种分选功效约为10min/张，每张种分28次自动完成。其中：图像处理时间 < 3s/次；工作台移位时间 < 3s/次。分辨和射卵准确率 > 85%；误伤率：< 100粒/张。

散制蚕种分选功效为$10 \times 10^6 \sim 12 \times 10^6$粒/h，分辨和射卵准确率 > 95%，误伤率 < 0.1%。

3.2 平附种蚕卵彩色图像处理软件的分选方法与存在问题

图像处理软件根据摄像图发现每一颗靶色卵，然后根据该卵的轮廓，计算出其中心靶点，并指令发射激光。由于蚕蛾产卵的随意性，每圈中的卵分布状态较零乱，有的连片连条，也有重叠卵，还有杂质和脏物等，形成的影像轮廓复杂多变，很难精确每一颗雌卵的靶心。因此在软件设计中，首先根据摄像图中蚕卵色值与靶卵阈值（如灰黑色）相比，计算出靶色卵的全部分布形态，构划出每一粒靶卵或多颗靶卵连接在一起的外轮廓，显示出高反差的黑白分割图（设计雌卵显示为亮白，其余全黑，图5），然后依照等距曲线法则，将轮廓向内缩小一定的像素值（如5个像素值）后形成射卵区域。可以一支激光束为一个单位建立像素面积单元块（如5×5、10×10的像素块），再用像素块去填充上述的靶卵区域。如果某区填了5块，相当于要向该区发射5枪。显然，因形状原因未能填上的那部分便产生漏打。如果像素块越小，填充率越高，漏卵率也越少，即正确率越高，但射卵密度增加，甚至一颗卵可能打上好几枪，效率明显降低，且误伤非靶卵（如雄卵）的概率也会增高。如上所述，虽然激光射卵速度极快，但激光分卵仪完成一张蚕连纸却至少需10min，也就是1h最多只能处理3万～4万颗蚕卵，仅是人工分选速度的4倍。

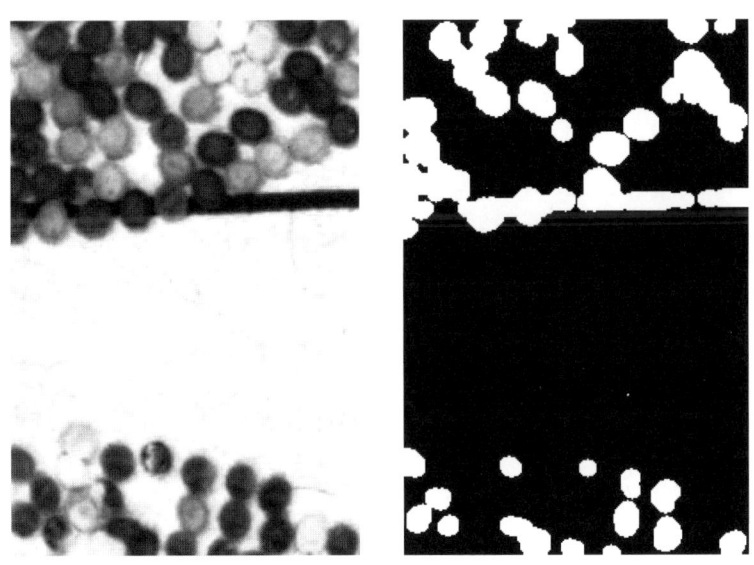

图5 彩色图像处理软件显示的平附种雌雄蚕卵分割图像

3.3 利用六角旋转式吸附和排卵装置分选散制雌雄蚕卵的优点

如"2.5"所述，散制蚕卵按3mm×3mm被定距吸附于面板的小孔中，且叠卵和杂质等已提前被清除，这为蚕卵彩色图像处理软件编制提供了极大的方便，可以精确计算出卵的轮廓和靶心，每颗靶色卵只需射1～2枪，而且卵与卵之间分开，不会误伤雄卵。因此，利用本装置分选散制雌雄蚕卵的工效约为人工分选的12倍，且对雄卵的误伤明显减少。

4 激光分卵仪彩色图像处理软件的设计特点

激光分卵仪涉及多种软件设计，以下简略介绍图像处理软件设计的几个重要特点。

4.1 摄像机标定和摄像头偏斜安装引起的图像变形修正

由于摄像头侧偏安装，造成摄像中心与扫描中心有一定的偏角，因此在编制彩色图像处理软件中，涉及到摄像机标定和偏位变形修正程序。

摄像机标定是为了建立成像模型与确定摄像机的位置和属性参数，以确定空间坐标系中物体点与其像点之间的对应关系。摄像机的标定方法可分为2大类：第1类是直接估计摄像机的位置、光轴方向、焦距等参数；第2类是通过最小二乘法拟合，确定三维空间点映射为二维图像点的变换矩阵。在本设计中采用了平面标定方法，该方法是介于传统标定方法和自标定方法之间，既避免了传统方法设备要求高、操作繁琐等缺点，而且较之自标定方法又具有精度高等优点，符合办公、家庭使用的桌面视觉系统（DVS）的标定要求。该标定算法的基本原理可表示为：

$$s \begin{bmatrix} u \\ v \\ 1 \end{bmatrix} = K \begin{bmatrix} r_1 & r_2 & r_3 & t \end{bmatrix} \begin{bmatrix} X \\ Y \\ 0 \\ 1 \end{bmatrix} = K \begin{bmatrix} r_1 & r_2 & t \end{bmatrix} \begin{bmatrix} X \\ Y \\ 1 \end{bmatrix} \tag{1}$$

这里假定模板平面在世界坐标系 $Z=0$ 的平面上，其中 K 为摄像机的内参数矩阵，$\begin{bmatrix} X & Y & 1 \end{bmatrix}$ 为模板平面上点的齐次坐标，$\begin{bmatrix} u & v & 1 \end{bmatrix}$ 为模板平面上点投影到图像平面上对应点的齐次坐标，$\begin{bmatrix} r_1 & r_2 & r_3 \end{bmatrix}$ 和 t 分别是摄像机坐标系相对于世界坐标系的旋转矩阵和平移向量。

具体实现方法：首先，使用激光在白纸上打出标定板的模板图像（图6）。该模板是7×7的标准矩形棋盘格，每个小格边长为5000μm。然后，启动摄像机拍下该棋盘格的变形图像（图7）。在离线状态下通过手动标的找到变形图上的49个图像坐标，作为世界坐标（即真实坐标系下的坐标）记录下来。假定标定板所在平面即是X-Y平面（$Z=0$）。这样就可以按照已有文献的方法标定摄像机，计算出摄像机在此位置下的参数。

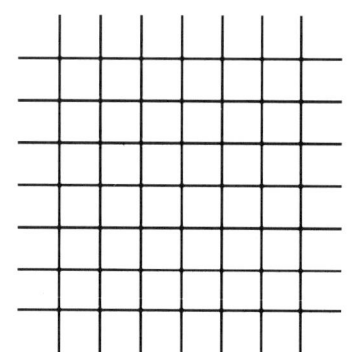

图6　使用激光在白纸上打出的用于对比
变形偏位的棋盘格模板图像

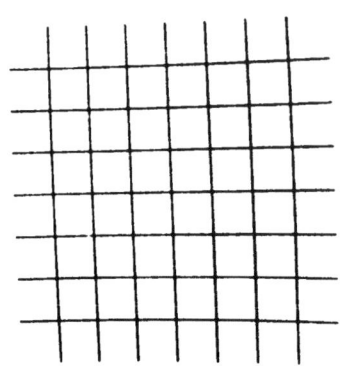

图7　实际拍摄的变形棋盘格模板图照片

4.2　图像分割

为了识别复杂的靶色卵的全部分布形态，需勾划出高反差的黑白外轮廓，实现图像分割（图5）。试验表明，由于雌卵是灰黑色的，所以图像中雌卵的颜色R（红色）通道的亮度值较为稳定，因此，采用了一种简单有效的颜色分割方法，即阈值分割法来对蚕卵图像进行分割。从获得的RGB图像中分离出R通道的值：$r(x, y)=R(I(x, y))$。式中$I(x,y)$为原来的图像。之后可以通过设定阈值对$r(x, y)$进行二值化：

$$b(x, y)=\begin{cases} 0, r(x, y) \leq T \\ 1, r(x, y) > T \end{cases}$$

式中，T为阈值，可以根据仪器所处环境的光照环境而设定，$b(x, y)$为二值分割结果。分割完成后，即可对分割结果$b(x, y)$进行蚕卵的定位算法。

4.3　连通区域搜索

对图像进行二值化之后，我们在算法设计中使用了一种连通区域中矩形分割的算法，从分割结果中搜索和定位蚕卵中心，即通过形态学闭运算图像处理方法减少噪声对以后处理算法的影响。

4.4　激光发生及光偏转扫描射卵系统软件

采用杭州中泰激光科技有限公司的"lasermarker"软件，主要包括有激光发生和发射控制程序、光偏转扫描射卵程序（包括图像识别文件接收、数字/模拟/数字信号转换、ESIA总线传输、A/D运动控制卡，振镜伺服电机驱动、激光脉冲启动、系统运行反馈等程序）、计算机及其他软件的接口程序等，还包括振镜坐标的标定和线性度及定位精度校正调试界面、操作调试界面的程序。

操作调试界面有多个参数设置框，配有几十个设置项，如激光输出模式、激光移动速度、激光射卵停留时间（直接决定了激光对蚕卵的杀伤程度，一般设定为10000μs，）、激光能量调节、激光脉冲频率、激光预热方式等。

4.5　不同品种雌蚕卵颜色阈值数据库和蚕卵射点图像预显系统

考虑到不同雄蚕品种的雌性蚕卵的灰黑色颜色阀值有可能不同，而且与光照、摄像机参数、图象背景等因素相关，因此图像处理软件设计中，在计算机显示的操作界面上设立了选择范围为0～225的阀值调整框格、数据存贮栏（有品种名输入、确认和取消键等）和蚕卵射点图像预显系统。预显系统有2个作用：一是射卵前会显示扫射区带有射击标志（红色"·"）的彩色蚕卵图像，可预览射点的位置是否偏移，以及漏打或误打程度；二是帮助选择阀值。

当分选的蚕卵为新品种或仪器安放环境发生了变化，要进行简单的射前调试。先将阀值数暂定在40，打开预显系统，如在图像中发现漏打，将阀值数调小，如发现误打，则调大。当调试合适后，在数据存贮栏进行保存，也就是建立了阈值数据库（14）。以后的操作一般不需要再进行调试。大量试验表明，雄蚕原种卵色介于棕黄色（雄卵）和灰黑色（雌卵）之间的中间色卵大多数是雄卵，这对卵色阈值判定和设置提供了极大的方便。

5　讨论

利用计算机图像识别处理和激光振镜偏转扫描等技术，研制成功了依据不同卵色的雌雄蚕卵激光自动分选仪，其特点是分选效率和图像分辨率高，从而为雄蚕品种选育及其一代杂交种繁育提供了重要的雌雄蚕卵分选设备，可改变人工分选费时、低效的现状，降低蚕种生产成本。

雌雄蚕卵激光分卵仪在应用中还存在以下问题：在仪器的计算机图像识别处理软件和机电同步控制及射点位置精确调整等方面仍需进一步改进；雌性蚕卵均被射杀，所以尚不能适用于雌雄蚕卵都要保留的育种与繁育需要。

在雌雄蚕卵激光分卵仪设计的基础上，我们正在研制基于机械移行和光电识别的"不同卵色的雌雄蚕卵分离仪"，达到既可进行雌雄蚕卵分离，又不损伤蚕卵的目的，以适应不同蚕种生产的需要。

平衡致死系雄蚕原种平30的雄蛾交配性能研究[①]

陈　诗[1]　祝新荣[1]　王红芬[1]　柳新菊[1]　傅春红[2]　孟智启[1*]

（1.浙江省农业科学院蚕桑研究所　杭州　310021；

2.浙江临安春秋蚕种制造有限公司　临安　311300）

利用平衡致死系专养雄蚕是采用常规蚕品种的雌性与平衡致死系的雄性杂交（反交无效），其后代雌性在胚胎期致死，或虽有少量雌蚕孵化但不能正常发育而在小蚕期致死，孵化的雄蚕能正常发育、营茧，平衡致死系雄蚕的雄蚕率高达98%以上，可实现专养雄蚕。

由于平衡致死系产生的杂交种雌性不孵化，同时家蚕的雄性的食桑量略少于雌蚕，而其全茧量又小于雌蚕，为了保证让蚕农在饲养雄蚕时与常规种有相当的用桑量和张种产茧量，目前雄蚕种的装卵量为62000粒/盒，是普通种的一倍以上，根据雄蚕种生产的特殊性，若按现行蚕种生产模式，雄蚕种的繁育成本为普通种的4倍以上。现通过采取各种技术措施，雄蚕种的价格降低到了普通种的1.8倍以下，其中最主要的一项技术措施是通过调整对交原种的饲养蚁量配比，通过提高雌雄对交原种的配比，提高单位饲养蚁量的制种量，以降低雄蚕种的生产成本，因此平衡致死系雄蛾的交配性能好坏直接影响到雄蚕种的质量与成本。

为了解平衡致死系原种的交配性能，确立合理的雌雄饲养蚁量配比，最大限度地降低雄蚕种生产成本，我们以目前饲养量最大的雄蚕品种秋·华×平30的原种秋华、平30为材料，作了交配性能的测试，通过调查平衡致死系雄蛾不同交配次数及交配后雌蛾所产蚕卵的质量，判断雄蛾交配性能的优劣。现将试验结果报告如下。

1　材料与方法

1.1　试验材料

以雄蚕品种秋·华×平30的原种秋·华、平30为试验材料，其中秋·华为限性斑常规对交原种，平30为限性卵色平衡致死系原种。

1.2　试验设置

雄蚕蛾的交配性能除与品种性状有关外，应该与原蚕在饲养阶段的体质是否强健、种茧期的

---

① 本文原载于《蚕桑通报》，2010，41（3）：21-25。

保护环境是否适当、制种阶段的摊蛹密度、使用频度、雄蛾冷藏温度及放置密度等相关，为此，设置了以下处理。

1.2.1 饲养阶段的营养条件

在原蚕饲养过程中，饲养阶段的营养条件，除遇到极端的环境、极端的叶质条件外，主要决定于食桑程度，因此我们设计了原蚕饲养过程中的充分饱食与相对饥饿2种情况。充分饱食：5龄一日3回育，下次给桑前蚕座必有残桑；相对饥饿：5龄一日2回育，下次给桑前绝无残桑。

1.2.2 种茧期的保护环境

为研究种茧保护温度对雄蛾交配性能的影响，我们对平衡致死系种茧保护设置了自早采茧至羽化全程21℃、25℃、29℃3种保护温度，保护至第9天削茧，21℃与29℃2个处理待见苗蛾后移入25℃环境，再继续保护至羽化。

1.2.3 雄蛾每天的使用频度

设计1d交配1次与1d交配2次两种交配频度。

1.2.4 雄蛾冷藏温度

雄蛾冷藏是雄蛾次日再利用的必要条件之一，我们设置了5℃、10℃、15℃3种冷藏温度。

1.3 调查方法

在大批发蛾时，选择60只左右的平衡致死系雄蛾平30与常规对交原种秋·华雌蛾交配，选择其中的50对作为试验样本，第1交的交配率为100%，交配2.5h后拆对，从50只雌蛾中随机选择28只，单蛾投蛾产卵。1交拆下的50只雄蛾马上与秋·华进行第2次交配，调查2交的交配率，2交时间为3.5h，2交拆对后，仍选择正常雌蛾28只，单蛾投蛾产卵。2交拆下的50只雄蛾即刻冷藏（除试验处理外，冷藏温度不超过10℃），次日重复前一天交配方式，分别完成第3交、第4交，第3天按同样方法完成第5交、第6交。待所产蚕卵变为固有色后，分别调查1～6交的单蛾产卵量及受精情况，根据各交的交配率、产卵量及其卵质，研判平30的交配性能。

2 结果与分析

2.1 饲养阶段的营养条件对雄蛾交配性能的影响

雄蛾的交配性能除与品种性状有关外，与原蚕在饲养阶段的体质是否强健有关。在原蚕饲养过程中，原蚕的营养条件主要决定于食桑程度，我们设计了原蚕饲养过程中充分饱食与相对饥饿2个因素。而上蔟、种茧保护、制种阶段保护等条件相同，羽化后调查其交配性能，结果见表1、表2。

表1 不同营养条件对平30原蚕茧质及雄蛾交配率的影响（2009年春）

处理	全茧量（g）	茧层量（g）	健蛹率（%）	1交率（%）	2交率（%）	3交率（%）	4交率（%）	5交率（%）	6交率（%）	利用率（%）
饱食区	1.41	0.333	93.0	100	96	94	96	90	76	550
饥饿区	1.36	0.313	93.3	100	98	92	94	86	80	552

表2 不同营养条件对平30原蚕雄蛾1～6交卵质的影响（2009年春）

处理	卵质	1交	2交	3交	4交	5交	6交
饱食区	良卵数（粒）	503.4	552.6	524.1	499.8	531.0	511.2
	不良卵数（粒）	18.7	26.5	39.4	23.5	51.8	53.0
	良卵率（%）	96.3	95.4	93.0	95.3	91.1	90.6
饥饿区	良卵数（粒）	523.1	502.1	556.0	518.4	468	512.3
	不良卵数（粒）	15.0	37.2	60.4	50.6	34.1	58.8
	良卵率（%）	97.2	93.1	90.2	91.1	93.2	89.7

注：母本为秋·华，来自同一处理，10蛾平均；不良卵指不受精卵。

从表1、表2看，饲养中的营养条件对平衡致死系原蚕除饥饿区的全茧量、茧层量有所下降外，与羽化后的雄蛾交配性能没有明显的相关关系，当然，能在饲养过程中提供优质的饲养条件对原蚕饲养有百利而无一害。

2.2 种茧期的保护环境对雄蛾交配性能的影响

种茧保护主要是指对种茧期环境条件的控制，尤其是温度，当遇到要进行发蛾调节或其他客观条件限制时，种茧保护往往不是处在最佳温度。一般认为发蛾调节的适宜温度为21～29℃，我们对雄蚕原种的种茧保护设置了自早采茧至羽化全程21℃、25℃、29℃ 3种保护温度，待保护至第9天削茧，当21℃与29℃ 2个处理见苗蛾后，移入25℃环境再继续保护到羽化，取盛发蛾日的蛾子测试其交配性能，表3、表4列出了测试结果。

表3 种茧期不同保护温度对平30原种雄蛾交配率的影响（2009年春）

保护温度（℃）	羽化率（%）	1交率（%）	2交率（%）	3交率（%）	4交率（%）	5交率（%）	6交率（%）	利用率（%）
21	98.0	100	99	94	97	82	84	556
25	98.0	100	96	94	96	88	76	550
29	96.5	100	100	88	90	70	72	522

注：雌蛹品种为秋·华。

表4 种茧期不同保护温度对平30原蚕雄蛾1～6交卵质的影响（2009年春）

保护温度（℃）	卵质	1交	2交	3交	4交	5交	6交
21	良卵数（粒）	511.8	532.6	498.6	544.3	562.1	483.9
	不良卵数（粒）	25.1	24.7	32.1	45.5	62.6	43.6
	良卵率（%）	95.3	95.6	93.9	92.3	90.0	91.7

（续）

保护温度（℃）	卵质	1交	2交	3交	4交	5交	6交
	良卵数（粒）	503.4	552.6	524.1	499.8	531.0	511.2
25	不良卵数（粒）	18.7	26.5	39.4	23.5	51.8	53.0
	良卵率（%）	96.3	95.4	93.0	95.3	91.1	90.6
	良卵数（粒）	498.8	562.1	542.4	522.6	532.9	509.1
29	不良卵数（粒）	14.5	44.3	86.4	46.6	87.5	92.3
	良卵率（%）	97.1	92.7	86.2	91.8	85.9	85.6

注：母本为秋华，来自同一处理，10蛾平均；不良卵指不受精卵。

从上述调查数据看，只要在合适的范围内，雄蚕蛾的羽化率及利用率差距不大，但从良卵率方面看，29℃保护要明显差于21℃及25℃保护。

2.3 雄蛾每天的使用频度对雄蛾交配性能的影响

雄蛾每天的使用频度，我们设计了1d交配1次与1d交配2次两种频度，研究结果认为就雄蛾单蛾利用率来讲，雄蛾1d使用2次，比1d使用1次的利用率为高，主要原因是一日1交，冷藏时间延长至6d，雄蛾的生命力受到了影响，羽化3d后，雄蛾的死亡率明显提高，调查数据见表5、表6。

表5　雄蛾每天的使用频度对平30原种雄蛾交配率的影响（2009年秋）

处理	1交率（%）	2交率（%）	3交率（%）	4交率（%）	5交率（%）	6交率（%）	利用率（%）
一日1交	100	98	92	80	66	48	483
一日2交	100	98	94	96	86	84	558

表6　雄蛾每天的使用频度对平30原蚕雄蛾1～6交卵质的影响（2009年秋）

处理	卵质	1交	2交	3交	4交	5交	6交
	良卵数（粒）	589.9	613.0	482.0	494.1	485.2	522.0
一日1交	不良卵数（粒）	21.4	30.6	24.7	19.3	28.5	46.1
	良卵率（%）	96.3	95.0	95.0	96.0	94.12	91.1
	良卵数（粒）	690.2	659.8	633.1	652.2	618.5	534.2
一日2交	不良卵数（粒）	35.2	29.4	61.0	61.0	56.9	70.6
	良卵率（%）	94.9	95.5	90.4	90.6	90.8	86.8

注：母本为秋·华，来自同一处理，10蛾平均；不良卵指不受精卵。

2.4 雄蛾冷藏温度对雄蛾交配性能的影响

雄蛾冷藏是雄蛾次日再利用的必要条件之一，我们设置了5℃、10℃、15℃3种冷藏温度对雄蛾交配性能的影响，结果见表7、表8。

表7　雄蛾冷藏温度对平30原种雄蛾交配率的影响（2009年秋）

冷藏温度（℃）	1交率（%）	2交率（%）	3交率（%）	4交率（%）	5交率（%）	6交率（%）	利用率（%）
5	100	100	90	90	88	80	548
10	100	98	94	96	86	84	558
15	100	100	92	86	68	50	496

表8　雄蛾冷藏温度对平30原蚕雄蛾1～6交卵质的影响（2009年秋）

保护温度（℃）	卵质	1交	2交	3交	4交	5交	6交
5	良卵数（粒）	632.0	665.3	584.1	618.4	499.8	601.2
	不良卵数（粒）	23.4	39.9	50.5	49.4	37.5	65.0
	良卵率（%）	96.3	94.0	91.3	92.0	92.4	89.2
10	良卵数（粒）	690.2	659.8	633.1	652.2	618.5	534.2
	不良卵数（粒）	35.2	29.4	610	61.0	569	70.6
	良卵率（%）	94.9	95.5	90.4	90.6	90.8	86.8
15	良卵数（粒）	611.9	598.2	625.3	549.3	586.3	576.4
	不良卵数（粒）	17.8	41.6	37.2	54.4	101.3	68.4
	良卵率（%）	97.1	93.0	94.0	90.1	82.7	88.1

注：母本为秋·华，来自同一处理，10蛾平均；不良卵指不受精卵。

从表7和表8可以看出，雄蛾的冷藏温度只对雄蛾的生命率（交配率）有影响，只要雄蛾冷藏室温度低于10℃，各种不同冷藏温度间差异不大，冷藏温度如果高于10℃，将使雄蛾的利用率下降，但只要能正常交配，其所产的蚕卵质量几乎没有差异。

2.5　浙江临安春秋蚕种制造有限公司生产调查

2009年春期，浙江临安春秋蚕种制造有限公司根据我们的设计，对平衡致死系原种平30的雄蛾交配性能做了调查，调查数据见表9、表10。从调查结果看，与实验室条件下所取得的结果趋势相同。

表9　平30原种的雄蛾交配率调查（2009年春，浙江临安春秋蚕种制造有限公司）

交配交数	1交	2交	3交	4交	5交	6交	使用率（%）
交配雄蛾数（头）	100	98	96	96	88	84	562
未交雄蛾数（头）	0	2	4	4	12	16	
交配率（%）	100	98	96	96	88	84	

表10　平30原种雄蛾1～6交卵质调查（2009年春浙江临安春秋蚕种制造有限公司）

卵质s	1交	2交	3交	4交	5交	6交
良卵数（粒）	776.2	680.8	770.8	579.7	825.3	694.7
不良卵数（粒）	22.1	40.3	49.1	67.6	31.0	55.4
良卵率（%）	97.2	94.4	94.0	89.6	96.4	92.6

注：母本为秋·华，10蛾平均；不良卵指不受精卵。

3　讨论

　　综上所述，只要在日常饲养管理过程中，严格按操作技术规范执行，特别在上蔟制种阶段做好各项技术管理工作，平30的雄蛾利用率可达500%以上，雄蛾在5交范围内是安全有效的。考虑到实验室条件与大规模生产条件不同，规模化生产条件及操作不可能做得像实验室一样仔细，摊放雄蛹、冷藏雄蛾甚至保护温度等也达不到实验室条件，因此建议各繁育单位在繁育雄蚕杂交种时，根据自身条件，雌、雄原蚕饲养比例把握在3∶1范围内，既可保证雄蚕种繁育质量又可最大限度地降低繁育成本。

　　另外，据我们试验，摊蛹密度过密对雄蛾的交配性能有不利影响。主要是摊蛹过密，羽化时在单位面积上会沉积大量的蛾尿，加之羽化的雄蛾具有趋光性、群集性，大量蛾尿会造成蛾翅无法展开，雄蛾被蛾尿浸渍干燥后，尿酸盐结晶会黏滞在蛾体上，将严重影响雄蛾的交配性能。根据我们的实践经验，认为在一只标准匾内，以摊800颗左右雄蚕蛹为宜，以1000颗为最高限度，同时匾内要放置吸湿材料，保证雄蛹羽化时蛾翅能充分展开，提高雄蛾的交配性能，尽管方法简单，但却是最有效的措施之一。

广西性连锁平衡致死系雄蚕品种材料选育初报①

韦博尤 闭立辉 黄玲莉 顾家栋 罗 坚 苏红梅 蒙艺英

（广西蚕业科学研究院 南宁 530007）

雄蚕比雌蚕体质强健、好养、食桑少、产丝率高、茧丝品质优，产丝量比雌蚕增加25%左右，且雄蚕茧纤度偏差小，缫制的生丝品位高，因此专养雄蚕能有效提高单位蚕茧面积的产丝量和蚕茧出丝率。

家蚕性连锁平衡致死系是由Strunnikov院士运用辐射手段进行遗传改良选育获得，该系统蚕品种的雄性个体与任何普通蚕品种的雌性个体杂交，其后代的雌卵均在胚胎期死亡而不能孵化，雄卵却能正常孵化，为实现专养雄蚕奠定了技术基础（廖鹏飞等，2009；李凤波等，2010）。1996年春，浙江省农业科学院从俄罗斯引进全套控制蚕种性别的品种（伴性平衡致死基因系统），经过消化吸收改良，取得突破性进展，现已育成实用性雄蚕品种，如夏·华×平8等。此后，何克荣等（2001）将家蚕性连锁平衡致死系与优良常规品种杂交后，F_1代自交后再与平衡致死系回交，利用标记基因选择，可将常规品种的血缘导入平衡致死系，改良其经济性状；同时还将一个家蚕性连锁平衡致死的性别控制基因导入现行品种，使其也具有性别控制能力，达到生产上专养雄蚕的目的（何克荣等，2002）。祝新荣等（2008）对家蚕性连锁平衡致死系原种的孵化率与发育进行调查，发现平衡致死系的致死基因可能对正常孵化蚕儿产生微弱不利影响，从而影响正常孵出蚕儿的生长发育。何克荣等（2009）用杂交改良家蚕性连锁平衡致死系方法育成的平衡致死系品种平60与普通品种华菁进行杂交，发现其F_1代杂交种的雄蚕率达99%以上，茧丝质量和生命力性状均达到现行普通品种的雄蚕群体水平。王海龙等（2010）以P48和白云（BY）这对近等位基因系为分析材料，利用AFLP筛选并分析差显标记，发现家蚕性连锁平衡致死系Z染色体特异性连锁标记C094，该标记与P50的对应序列间存在显著差异。李凤波等（2010）对家蚕性连锁平衡致死系雌性胚胎的组织形态学进行初步研究，发现携带致死基因l_2的雌性胚子死亡可能不是由于胚胎组织结构异常造成，有可能是在己$_2$期胚子停滞发育致死。

家蚕品种地理区域性很强，目前可用的伴性平衡致死雄蚕品种均为适用于温带的家蚕品种，尚无可供热带、亚热带蚕区饲养的雄蚕品种。为填补这一空白，2005年广西蚕业科学研究院从浙江省农业科学院蚕桑研究所引进性连锁平衡致死系雄蚕品种材料进行培育改良，利用家蚕性连

① 本文原载于《南方农业学报》，2011，42（10）：1280-1283。

锁平衡致死系性别控制基因导入方法（专利号为：ZL01132108）将性连锁平衡致死系性别控制基因导入广西常规品种7532中，经过3年多的不断筛选，初步选出亚热带型雄蚕品种材料（韦博尤等，2007）。

通过对比调查，了解现有培育材料的改良情况，旨在创新南亚热带桑蚕品种资源。

1 材料与方法

1.1 试验材料

性连锁平衡致死系雄蚕品种为2005年从浙江省农业科学院蚕桑研究所引进的日系基础品种材料平28和平32；培育的雄蚕品种材料（将性连锁平衡致死系性别控制基因导入广西常规基础品种7532中培育改良获得）平桂12L_1L_2·平28、平桂10L_1L_2·平32以及常规基础品种7532（日系品种）、二元杂交原种芙·9（芙蓉×932）和两广2号正交（芙·9×7·湘）均由广西蚕业科学研究院提供。

1.2 试验方法

平28、平32、平桂12L_1L_2·平28、平桂10L_1L_2·平32、7532在平均温度为28.5℃、湿度为85%的母种选育环境中饲养，1～3龄薄膜全密闭（全覆盖），4～5龄半覆盖和普通育交叉进行。以7532为对照，调查雄蚕品种的龄期经过和茧质成绩。

以二元杂交原种为母本、雄蚕品种为父本，组合成"中×日"三元杂交种：芙·9×平28、芙·9×平32、芙·9×平桂12L_1L_2·平28、芙·9×平桂10L_1L_2·平32；经实验室鉴定环境饲养，调查三元杂交组合的生命力、茧质等指标，同时以两广2号正交（芙·9×7·湘）为对照；选送部分样茧到横县桂华茧丝绸有限公司进行缫丝检测，了解雄蚕杂交组合的各项丝质性状，为下一步组配热带、亚热带型优良实用性雄蚕品种组合提供依据。

2 结果与分析

2.1 母种调查结果

新组配的蚕种杂交组合由于存在两个性连锁平衡致死基因，在胚胎期雌卵死亡而未能孵化，雄卵能正常孵化，虽然理论上实用孵化率仅为50%，但也能实现专养雄蚕的目的。在平均温度为28.5℃、湿度为85%的饲养条件下，雄蚕品种全龄饲养成绩见表1。由表1可知，在饲养龄期方面，引进的雄蚕品种与正在选育中的雄蚕基础品种材料没有明显差别，日系雄蚕改良品种平桂10L_1L_2·平32 5龄期比较短，与对照7532相差几个小时；但幼虫生命率比7532低2.74%（绝对值，下同），虫蛹生命率低1.80%。引进的性连锁平衡致死系雄蚕基础品种在28.5℃的饲养条件下生命率均不高，但经培育后雄蚕基础品种在生命率方面有很大提高，比培育前提高

10.67%～24.43%，其中品种平桂12L₁L₂·平28提高最明显，虫蛹生命率达87.26%，比培育改良前其亲本平28提高了22.15%。

表1 雄蚕品种选育饲育成绩

品种	5龄经过（d:h）	全龄经过（d:h）	蛰中经过（d:h）	幼虫生命率（%）	虫蛹生命率（%）
平28	7:09	20:01	15:00	68.46	65.11
平32	7:09	20:01	16:00	81.69	76.59
平桂12L₁L₂·平28	7:09	20:01	15:00	90.43	87.26
平桂10L₁L₂·平32	6:20	20:01	14:00	90.72	89.54
7532（CK）	7:01	20:01	14:00	93.46	91.34

2.2 茧质调查结果

从表2可以看出，培育改良雄蚕品种的茧层率为21.64%～23.32%，其中平桂12L₁L₂·平28茧层率达到23.32%，比亲本7532高2.44个百分点，比引进雄蚕品种亲本平28高0.13个百分点。新培育改良的雄蚕基础品种材料在全茧量和茧层量方面均比较高，其中平桂12L₁L₂平28提高最明显，全茧量达1.436g，比其充血亲本7532高0.105g；茧层量达0.335g，比7532高0.057g；与另一亲本平28相比，平桂12L₁L₂·平28的3项茧质成绩均高于平28，但相差较小。平桂10L₁L₂·平32的3项茧质成绩略高于其充血亲本7532，但相差幅度较小，略低于平32。

表2 茧质调查成绩

品种	全茧量（g）	茧层量（g）	茧层率（%）
平28	1.345	0.312	23.19
平32	1.395	0.318	22.79
平桂12L₁L₂·平28	1.436	0.335	23.32
平桂10L₁L₂·平32	1.349	0.292	21.64
7532（CK）	1.331	0.278	20.88

2.3 雄蚕三元杂交组合 F_1 代试养效果

在相同的温、湿度条件下，组配的雄蚕三元杂交组合F_1代5龄经过均为6:03（d:h），全龄经过19:07（d:h），与两广2号正交各龄期差异不显著。从表3可知，雄蚕品种均表现出很强的性别控制优势，与常规品种雌蚕杂交，其F_1代雄蚕率达到100.00%，能够实现专养雄蚕。雄蚕三元杂交组合的茧层率均在23.50%以上，比对照种两广2号正交提高了2.64～3.59个百分点；在结茧率方面也有所提高，培育改良的雄蚕品种三元杂交组合与对照种两广2号正交相近。由于两广2号正交为雌雄蚕混养，其万蚕产茧量比雄蚕杂交组合高1.504～3.672kg，但万蚕产茧层量较雄蚕杂交组合轻0.191～0.628kg；经培育改良的雄蚕品种三元杂交组合（芙·9×平桂12L₁L₂·平

28、芙·9×平桂10L₁L₂·平32）比引进雄蚕品种三元杂交组合（芙·9×平28、芙·9×平32）万蚕产茧层量高0.004～0.437kg，差异不明显。

表3 雄蚕三元杂交组合F₁代试养成绩

品　　种	雄蚕率（%）	结茧率（%）	全茧量（g）	茧层量（g）	茧层率（%）	万蚕产茧量（kg）	万蚕产茧层量（kg）
芙·9×平28	100.00	95.16	1.480	0.366	24.73	14.203	3.512
芙·9×平32	100.00	92.93	1.692	0.417	24.65	15.335	3.779
芙·9×平桂12L₁L₂·平28	100.00	97.02	1.602	0.381	23.78	15.905	3.783
芙·9×平桂10L₁L₂·平32	100.00	97.57	1.708	0.412	24.12	16.371	3.949
两广二号正交（CK）	52.35	97.89	1.826	0.386	21.14	17.875	3.321

2.4 丝质调查结果

雄蚕品种选育目的是筛选优良的杂交组合，充分发挥专养雄蚕的优势。对三元杂交组合样茧选送丝厂进行调查，发现培育改良的雄蚕品种材料杂交组合芙·9×平桂10L₁L₂·平32比引进雄蚕品种的三元杂交组合的上车茧率均有所提高；雄蚕品种组合的解舒率均比对照种两广2号正交高7.42%～16.87%；除芙·9×平桂12L₁L₂·平28茧丝纤度偏细外，其他雄蚕组合品种均相对较粗，说明雄蚕组合品种5龄期食桑足，丝腺合成的丝蛋白质多，叶丝转化率高；上蔟后，蔟中温度高，蚕体丝腺内丝液多，压力大，单位时间内绢丝物质吐出量多、纤度粗。芙·9×平桂12 L₁L₂·平28茧丝净度比芙·9×平28高1.5分，芙·9×平桂10L₁L₂·平32茧丝净度比芙·9×平32高3.0分，说明经过选育改良，可以提高雄蚕品种杂交组合的茧丝净度。雄蚕杂交均为雄蚕群体专养，而两广2号正交品种是雌雄混养，斤茧粒数少、全茧量高、茧层量低，雄蚕品种三元杂交组合干茧出丝率明显比对照种高。从多项调查项目成绩分析可知，培育改良的雄蚕基础品种材料的雄体与芙·9原种雌体组成的三元杂交组合（芙·9×平桂12L₁L₂·平28、芙·9×平桂10L₁L₂·平32）茧丝质各项指标比其雄蚕亲本与芙·9组成的三元杂交组合（芙·9×平28、芙·9×平32）的茧丝质均有所提高。

3 讨论

在高温多湿的环境下，新培育改良的日系品种平桂10L₁L₂·平32的虫蛹生命率达89.54%，与其引进雄蚕亲本平32虫蛹生命率相比提高了12.59%；新培育改良的雄蚕品种三元杂交组合芙·9×平桂10L₁L₂·平32结茧率达97.57%，比引进雄蚕品种的三元杂交组合（芙·9×平32）提高2.41%～4.64%，与两广2号正交结茧率差异不明显。说明培育改良的雄蚕品种与其雄蚕亲本相比在全茧量和茧层量方面均有所提高。平桂12L₁L₂·平28的全茧量达1.436g、茧层率达23.329%，比平28的茧质成绩均有所提高。说明培育改良的雄蚕基础品种与常规二元原种雌体组成的三元杂交组合相比，其雄蚕亲本在实验室饲养成绩和茧丝质各项指标上均有所提高。

本研究结果表明，除芙·9×平桂12L_1L_2·平28茧丝纤度偏细外，其他雄蚕组合品种茧丝纤度均较粗，这与上蔟环境温度有关。同时也说明雄蚕组合品种5龄期食桑足，丝腺合成的丝蛋白质多，叶丝转化率高；上蔟后，蔟中温度高，蚕体丝腺内丝液多，压力大，单位时间内绢丝物质吐出量多、纤度粗；但雄蚕品种杂交组合相互间的茧丝纤度差异不明显。芙·9×平28、芙·9×平32、芙·9×平桂12L_1L_2·平28、芙·9×平桂10L_1L_2·平32在结茧率上存在一定差距，其他经济性状差异小。此外，还发现引进的平28、平32比经培育改良的含有7532血统的雄蚕品种平桂12L_1L_2·平28、平桂10L_1L_2·平32，其幼虫生命率和虫蛹生命率均较低，即蚕种场不宜饲养雄蚕原种平28、平32用于制雄蚕三元杂交种。

4　结论

本研究结果表明，平桂12L_1L_2·平28、平桂10L_1L_2·平32的生命力较强，其组配的三元杂交组合在实验室的饲养成绩与两广2号正交的差异不明显，经后续转育改良，有望成为热带及亚热带型性连锁平衡致死系雄蚕品种，在广西可实现专养雄蚕。

雄蚕品种限7×平48性状介绍[①]

柳新菊　　何克荣　　陈　诗　　祝新荣*

（浙江农业科学院蚕桑研究所　杭州　310021）

限7×平48是浙江农科院蚕桑研究所利用改良后的性连锁平衡致死系与我国优良常规品种组成的夏秋用雄蚕杂交种，该品种于2005—2008年参加浙江省实验室和农村鉴定，综合经济性状优良，于2009年3月通过浙江省农作物品种审定委员会审定。现将其品种性状及繁育、饲养技术要点介绍如下：

1　原种性状

1.1　限7

限性皮斑中系原种，二化性四眠，滞育卵灰色，卵壳微黄色，每蛾总卵数春制550粒左右，良卵率95%左右，蚕种孵化齐一，蚁蚕黑褐色，文静。壮蚕体色青白，雌性花蚕，雄性白蚕。在繁制雄蚕杂交种时，只利用其雌蛾，故在4龄期第2天应去除雄性白蚕，只养雌性花蚕，以降低制种成本。各龄眠起齐一，食桑旺盛，行动活泼。小蚕期用桑宜适熟，壮蚕期用叶要新鲜成熟。熟蚕营茧快，茧色洁白，椭圆，缩皱中等。

发育经过：催青10d，幼虫期23～24d，蛰中16d，全蚕期49～50d。与平48对交需掌握起点胚子一致，推迟2d出库。

1.2　平48

二化性四眠日本系统性连锁平衡致死系，限性卵色，滞育卵雌性为灰紫色，雄性黄色，每蛾总卵数500粒左右，因属平衡致死系原种，雌雄各有一半在胚胎期死亡，孵化率37%左右。孵化齐一，蚁蚕黑褐色，小蚕趋光趋密性强，大蚕体色灰白，普斑，体质强健好养，茧色白，茧型浅束腰，缩皱中等，蚕蛾交配性能好。

发育经过：催青10d，幼虫期23～24d，蛰中17d，全蚕期50～51d。利用限性卵色，雄性黄卵，雌性黑卵，可方便区分雌雄，在繁制雄蚕杂交种时，只饲养雄性黄卵。利用雄蛾可多次交配的性能，为降低制种成本，生产雄蚕杂交种时，雌雄原种收蚁性比一般控制在♀：♂=4～5：1，

---

①　本文原载于《蚕桑通报》，2011，42（4）：29-30。

常规对交种4龄期去雄后雌雄性比控制在♀：♂=2～2.5：1。

2 杂交种性状

限7×平48是一对高产好养的夏秋用雄蚕杂交种，二化性四眠，滞育卵灰色，卵壳微黄色、白色，因是平衡致死系雄蚕种，在雄蚕杂交种繁育中只利用正交，反交不利用。雄蚕杂交种雌卵在胚胎期死亡，而雄卵能正常孵化，孵化率48%左右，克蚁头数2200左右。各龄眠起齐一，食桑旺，应注意充分饱食，壮蚕体色灰白，普斑，大小均匀。全龄经过23d左右，5龄经过7d左右。雄蚕杂交种性别单一，发育齐，老熟涌，茧层率高，蔟中要特别注意通风排湿，避免上蔟过密，以提高茧丝质量。

3 杂交种饲养技术要点

雄蚕杂交种因雌蚕不孵化，盒种装卵量加倍，雄蚕种摊卵面积应是常规品种的1.5～1.7倍。

做好催青与补催青，促使孵化齐一。雄蚕品种出库时胚子较大，按二化性蚕品种标准催青，后期催青温度可偏高0.5℃。蚕种领回后补催青要及时，当天掌握蚕室温度24℃，干湿差1.5℃，第2天升至25～26℃，干湿差1℃，孵化前湿度适当偏高。

小蚕用叶宜适熟偏嫩，饲育温度以较常规蚕品种偏高0.5～1℃为好。由于雄蚕发育较快，要超前做好扩座、稀放饱食。

雄蚕杂交种性别单一，发育齐，老熟涌，要及早做好上蔟准备。雄蚕茧茧层厚，蔟中要注意通风排湿，避免上蔟过密。

4 雄蚕杂交种繁育技术要点

雄蚕率是衡量雄蚕种质量的主要指标，提高雄蚕率的关键是提高常规对交种的去雄率，因此在饲养过程中4龄期第2天开始的去雄留雌工作，尽量在2d内完成，以节约用桑，降低生产成本，去雄留雌工作量大，应安排足够劳力，以免造成工作忙乱，在操作中要建立责任制，精操细作，避免蚕体受伤，在5龄期间，应每天安排时间做好复查工作。

平衡致死系原种平48在饲养过程中，小蚕期应适当提高饲育温度，一般比正常温度提高1～1.5℃，有利于提高蚕体匀整度，增强蚕儿体质，平衡致死系小蚕期要注意分批提青，加强管理，大眠期应注意做好补湿工作，以减少半脱皮蚕的发生。

在生产安排时应有意识地控制对交批的蚁量比例，因平衡致死系雄蚕配发较少，应做好发蛾调节以确保正常交配工作：①在饲养期应注意拉开发育进程，防止过于集中，一般控制好中系品种分3d上蔟，日系品种分3～4d上蔟，如有失调则在种茧保护期间拉开差距，同时在整个过程中加强观察，及时调整。②为减少雄蛾损失，拆对时应边拆边交，直接把拆对后的雄蛾投入交配匾中。③雄蛾应妥善冷藏，专人管理，冷藏温度以5～10℃为宜。

5 雄蚕原种与杂交种饲养成绩

雄蚕原种与杂交种饲养成绩见表1。

表1 雄蚕原种与杂交种饲养成绩

项目	原种性状		项目	杂交种性状
品种	限7	平48	品种	限7×平48
系统	中系	日系	系统	中×日
化性	2	2	化性	2
眠性	4	4	眠性	4
催青经过（d:h）	10	11	催青经过（d:h）	11
5龄经过（d:h）	6:21	7:01	5龄经过（d:h）	6:16
幼虫经过（d:h）	23:06	23:21	幼虫经过（d:h）	22:04
蛹期经过（d）	16	17	万头产茧量（kg）	16.72
全期经过（d）	49～50	50～51	万头茧层量（kg）	4.134
茧形	椭圆	浅束腰	鲜茧出丝率（%）	18.24
茧色	白	白	茧形	长椭圆
缩皱	中等	中等	茧色	白
全茧量（g）	1.53	1.39	缩皱	中等
茧层量（g）	0.342	0.300	全茧量（g）	1.70
茧层率（%）	22.38	21.71	茧层量（g）	0.422
1蛾产卵数（粒）	550	500	茧层率（%）	24.70
良卵率（%）	95		茧丝长（m）	1232
			解舒丝长（m）	930
			茧丝纤度（dtex）	2.53
			净度（分）	95.38
调查年季	2009—2010秋		调查年季	2005，2006秋
调查单位	省农科院蚕桑所		调查单位	省实验室鉴定

雌雄蚕卵光电自动分选仪器的基本结构设计与工作原理分析[①]

宋祃苏[1]　蓝景平[2]　华　娇[3]　夏世峰[2]　祝新荣[1]　陈　诗[1]　孟智启[1]

（1.浙江省农业科学院蚕桑研究所　杭州　310021；

2.福鼎市电子仪表厂　福鼎　355200；

3.浙江大学现代光学国家重点实验室　杭州　310027）

为解决雄蚕品种的平衡致死系原种生产中需要将雌雄蚕卵分离的难题，本课题组利用计算机图像识别处理和激光振镜偏转扫描等技术，研制出了可依据不同性别蚕卵的颜色差别，自动准确地获得雄蚕卵的仪器设备——雌雄蚕卵激光自动分选仪。然而，该仪器是通过精确地射杀待筛选蚕卵中所有的雌蚕卵来达到分选目的，不适用于需要雌雄蚕卵全部存活保留的雄蚕品种和限性卵色蚕品种选育研究与蚕种繁育。因此，我们应用光电识别传感及自动控制等技术原理，设计新型雌雄蚕卵分选仪器，期望在蚕卵全部存活的前提下自动、快速、准确分离雌、雄蚕卵。

1　总体设计思路

基于雄蚕品种或限性卵色蚕品种不同性别蚕卵的颜色差别分离雌、雄蚕卵，解决蚕卵体积微小、卵壳薄易破损流出黏液、有静电吸引等不利于机械自动控制的难题。通过单通道光电预置计数控量供卵、多通道分流，使原本无序排列的蚕卵整齐而有适当间距排列成辐射状，形成可以同时移行的各个单元，经可编程颜色传感器检测系统识别卵色，再采用电磁分离器等控制装置进行分卵、集卵、分贮，从而实现高速精确分离雌、雄蚕卵，并使蚕卵全部存活不受损伤。

2　基本结构与工作原理

雌雄蚕卵光电自动分选仪器由控量供卵系统、分流排序系统、检测分卵系统、集卵分贮系统、仪器盒及电控系统、测试备用及附助系统等组成。仪器的基本结构见图1，工作流程见图2。

---

①　本文原载于《蚕业科学》，2011，37（3）：473-480。

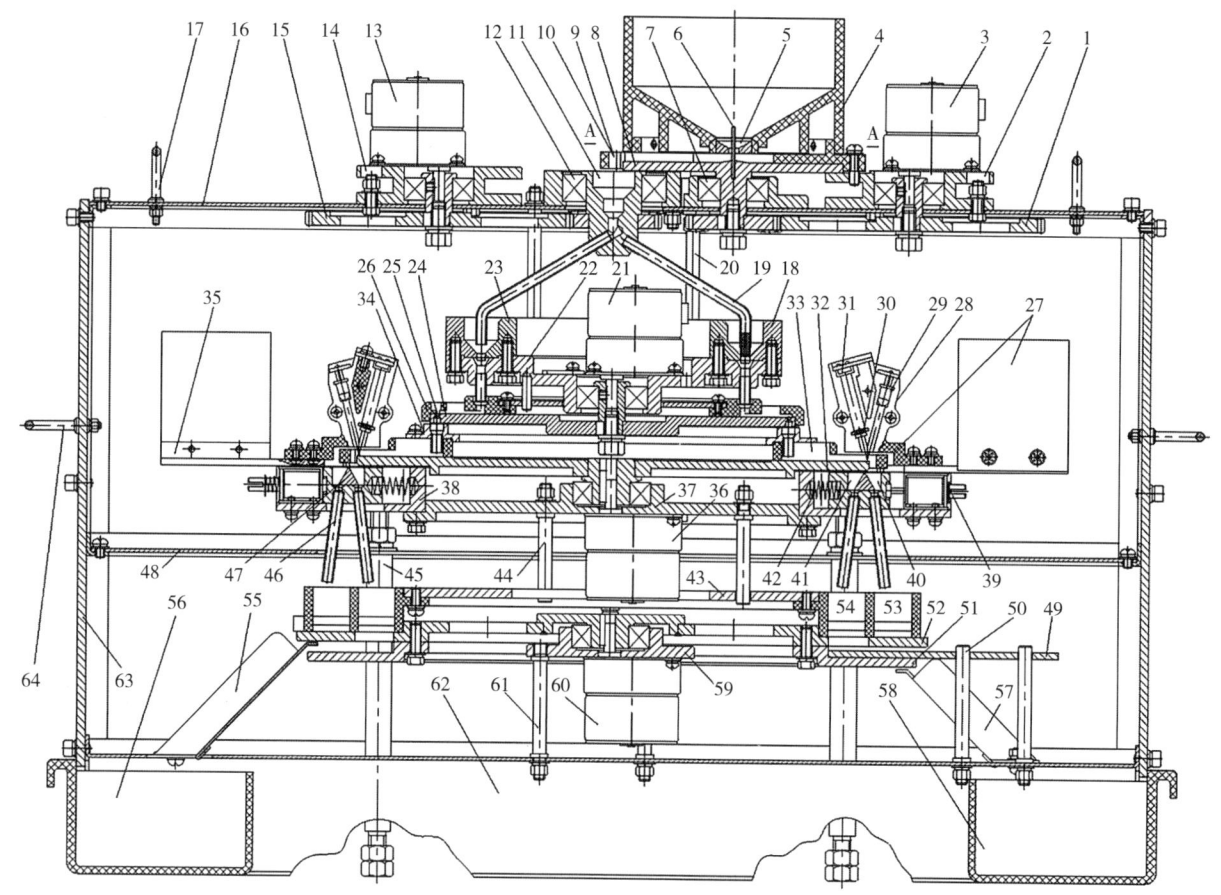

图1　雌雄蚕卵光电自动分选仪器的基本结构（正视剖面）

1. 供卵齿轮传动装置　2. 供卵电机轴承座　3. 供卵步进电机及控制电路　4. 锥形供卵筒　5. 限量套筒　6. 防堵搅卵杆　7. 供卵转盘轴承座　8. 供卵转盘　9. 供卵槽盘　10. 蚕卵流量光电检测传感器　11. 旋管分流器　12. 旋管分流器轴承座　13. 旋管分流器步进电机及控制电路　14. 分流电机轴承座　15. 分流齿轮传动装置　16. 供卵系统部件安装板　17. 供卵系统部件提手　18. 48通道的分流落卵盘　19. 分流清扫橡皮及旋管　20. 分流槽盘吊杆　21. 分流隔距步进电机及控制电路　22. 分流隔距电机轴承座及落卵管　23. 分流盘内槽圈　24. 圆周有等距孔的分流转盘　25. 橡皮挡卵片　26. 分流槽盘　27. 光电卵色识别传感装置及检则控制电路　28. 光电传感器座　29. 光电发射管　30. 凸镜　31. 颜色传感器　32. 卵色检测与分卵转盘　33. 卵色检测与分卵槽盘　34. 分选落卵孔盘与出卵管　35. 光电传感器座固定架　36. 分卵转盘步进电机及控制电路　37. 分卵电机轴承座　38. 卵色检测与分卵底盘　39. 微型电磁铁　40. 雄卵兜卵口　41. 雌卵兜卵口　42. 压缩弹簧　43. 集卵槽圈定位盘　44. 定位杆　45. 分选系统部件支撑柱　46. 雌雄蚕卵电磁分离器　47. 双管兜卵器　48. 分选系统部件安装板　49. 收集雌卵的斜刮板　50. 雌卵斜刮板定位柱　51. 雌卵收集盘　52. 集卵转盘　53. 雄卵收落槽圈　54. 雌卵收落槽圈　55. 雄卵滑梯　56. 雄卵集卵盒　57. 雌卵滑梯　58. 雌卵集卵盒　59. 集卵转盘电机轴承座　60. 集卵转盘步进电机及控制电路　61. 集卵系统部件支撑柱　62. 集卵系统部件安装槽架　63. 仪器盒　64. 仪器盒提手　A. 供卵部件

2.1　控量供卵系统

控量供卵系统的主要作用是依据仪器对雌、雄蚕卵的分离效率，通过转盘供卵装置和卵量光电计数与预置控制装置提供合理的供卵速度和合适的卵量，既防止供卵过多来不及处理而堆积，也防止供卵过少而降低分离效率，还要保证在供卵过程中蚕卵不破损、不黏滞堵塞。

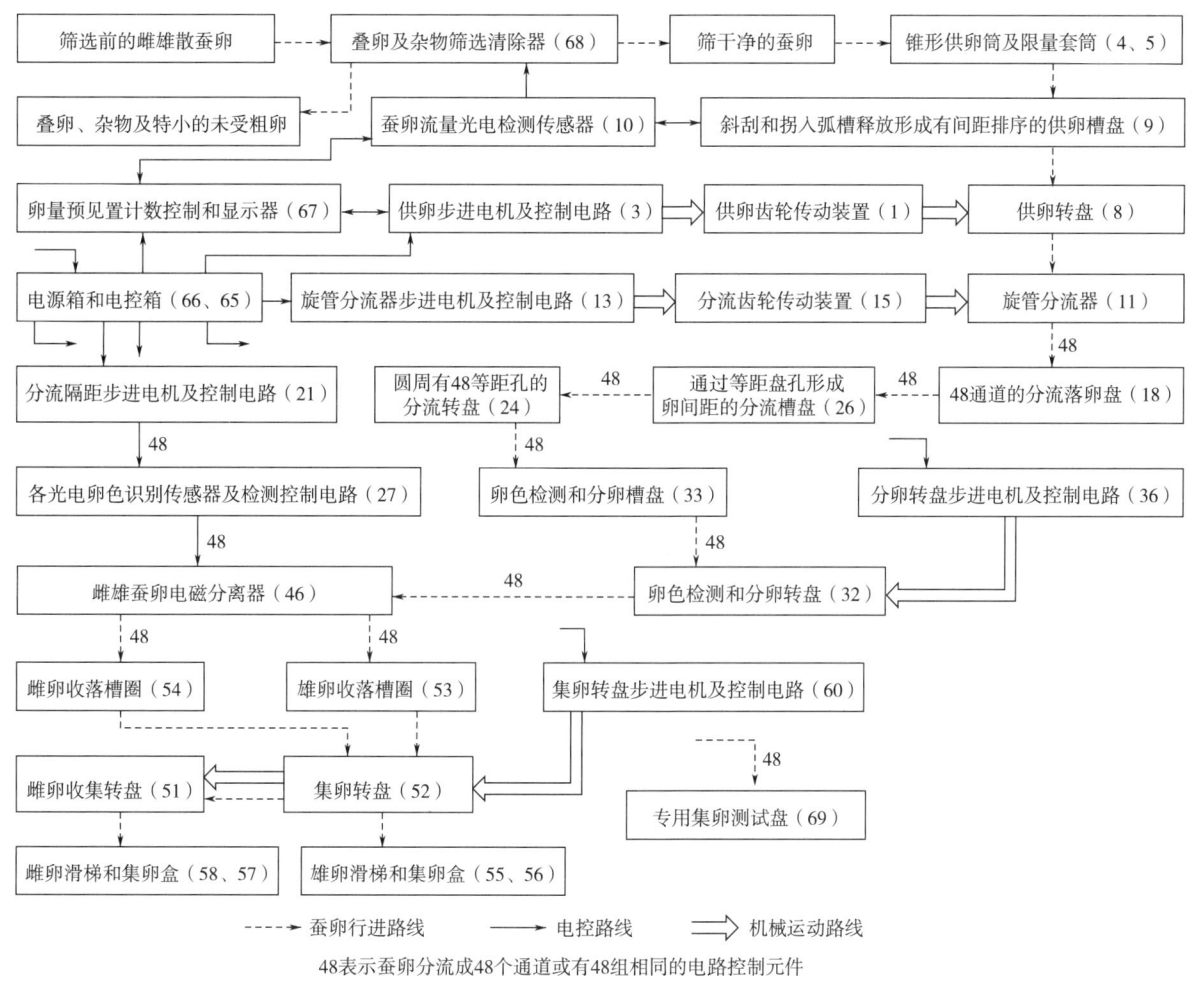

图 2　雌雄蚕卵光电自动分选仪器的工作流程示意图

2.1.1 转盘供卵装置

固定在供卵电机轴承座（图1-2）上的供卵步进电机（图1-3）通过供卵齿轮传动装置（图1-1），经增速带动固定在供卵转盘轴承座（图1-7）上的供卵转盘（图1-8）顺时针方向旋转。锥形供卵筒（图1-4）中的蚕卵经限量套筒（图1-5）落入单通道的供卵槽盘（图1-9）中，在底部供卵转盘的切向旋转力的作用下，沿斜槽和弧槽逐级向外移行，形成了斜刮排序和拐口释放形成间距的供卵状态。转盘在转动时还带动防堵搅卵杆（图1-6）在限量套筒中挠动，使黏滞的蚕卵不会堵塞。图3是斜刮排序及拐口释放产生间距的原理示意。图3中有斜槽和弧槽的供卵槽盘（图3-9）套装在供卵转盘（图3-8）上面，当供卵转盘旋转时，斜槽中的蚕卵在底部供卵转盘切向力 F 的作用下移动并接触到斜度为 α 的斜槽边时，切向力 F 便会被分解为方向与斜槽平行的径向力 $F1$ 和方向与斜槽垂直的正压力 $F2$。同时，也产生两个摩擦力 $f1$ 和 $f2$。$f1 = $ 卵自重 × 摩擦系数，作用在卵底中心，因卵极轻，可忽略不计。$f2 = F2 \times$ 摩擦系数，作用在卵与槽边的接触点上，方向与 $F1$ 相反。当蚕卵在斜槽中有间距移行时，因 $F1$ 作用在卵底中心，便以卵半径为力矩，以摩擦阻力 $f2$ 为动态支点，使蚕卵向前滚动或滑移。当许多蚕卵无间距移行时，一些卵的滚动力被卵互挤而抵消则不一定滚动，F_1克服摩擦阻力f_2，推动蚕卵以径向速度V_1沿斜槽平移，同时F_2挤压蚕卵嵌入卵间而实现整齐排列。由于斜角的分力，蚕卵在槽中的运行速度比转盘的切向速度v要低，但形成了队列，因斜槽的设计斜度都不大，有足够的推力使蚕卵在移行中不会发生停滞现象。当蚕卵脱离斜槽，拐入圆弧槽，因失去F_2和f_2的约束而释放，蚕卵速度突然加快了约$1/\cos\alpha$倍，形成拐口处的切向速度V，而排在其后的蚕卵还未脱离斜边的约束。此时，卵与卵之间自动产生了少量的间距（S），$S=（h+d）/\cos\alpha$……（1）。从式中可知间距S仅和切向斜刮角α、卵沿斜槽方向的径向尺寸d和两粒卵之间在斜槽中的原有空隙h有关，而与转盘推卵点直径D、转速n或角速度β无关。例：当$h=0$（即卵与卵之间无空隙），$d=1.5mm$，斜角α分别为30°、45°和60°时，间距S分别约为1.73、2.12、3.00mm，无论转盘的转速n或角速度β有多快多慢，一般不会改变间距S的数值，而d如果变大或有空隙（h），间距S也将变大。另外，α和D随斜槽的直线向外延伸而增大，在盘中某一段直线斜槽中，其进端径向速度与出端径向速度之比$i=D_1\cos\alpha_1/D_2\cos\alpha_2=1$……（2），式中的$D$值与$\cos\alpha$成反比（公式推导略），因此蚕卵的径向速度$V_1$在该直线斜槽段中各处的速度均相同，实现同速移卵。如换一段槽分析，也可以证明同速，但如果进端速度不同，与前述一段的速度也就不同。从图3中还可以看到，圆弧槽至斜刮槽的再次转向连接有2种形式：一种是折线转向（图3-A），它将使已经产生的卵间距消失或变小；另一种是切线转向（图3-B），将切线槽延伸，斜刮角从零度伸展至所需的α斜角角度，然后再拐入圆弧线，这可以进一步增加卵间距。以上结构设计可以实现蚕卵在高速或低速流通中均能自动整齐排队和产生卵间距。虽然蚕卵尺寸较小，由此产生的卵间距值不算大，但作为光电计数和光电识别所需的间距已是足够了，由于间距是自动产生，并与转速快慢无关，因此这种方法是快速控量供卵和卵量检测的最佳选择，但仍然无法提供电磁铁分离蚕卵所需的间距，虽然可以用多次切线转向的方法来增大间距，但其结构占用体积偏大，只能设计成单通道或2～3个通道，不能用于高效率分选的多通道。斜刮排序结构还在其他4个部件中应用。为了防止蚕卵误入槽盘和转盘之间造成损伤，让静态的槽盘通过自重和配重在动态的转盘上浮动，以压紧转盘保证无隙。

2.1.2 卵量光电计数与预置控制装置

传感器（图3-10）的发光二极管和光敏三极接收管为TP808对管，安装在供卵槽盘的圆弧槽两边，由于移行中卵与卵之间自动实现了透光间距，因此每一颗蚕卵经过传感器时，便能被精确计数，并将检测信号传给卵量预置计数控制和显示器（图4-67）。流量可以通过操作面板（图4-65）进行预置。如果卵流量预置参数设定为50粒/s时，供卵步进电机的初始基准转速为48°/s。每当计数20s，数显超过1000粒，单片机（型号为STC12C5A，其最大优点是程序运行速度快，可在线编程）便会指令控制电路减少步进脉冲，使带动供卵转盘旋转的步进电机（型号为42BY48HJ25B或42BY48HJ120，步距角均为7.5°，电压分别为24V和12V，其驱动器采用Microstep Driver M542型）减速，从而降低卵流量。反之，单片机会控制电机增速来增大卵流量。为了防止初始供卵量过多造成堆积，供卵设计中通过折线转向阻挡、增加斜刮次数（即多拐几次弯）和延长斜刮路程等加以解决。为了获得较大的透光间距，设计中采用了两次切线转向结构（图3）。

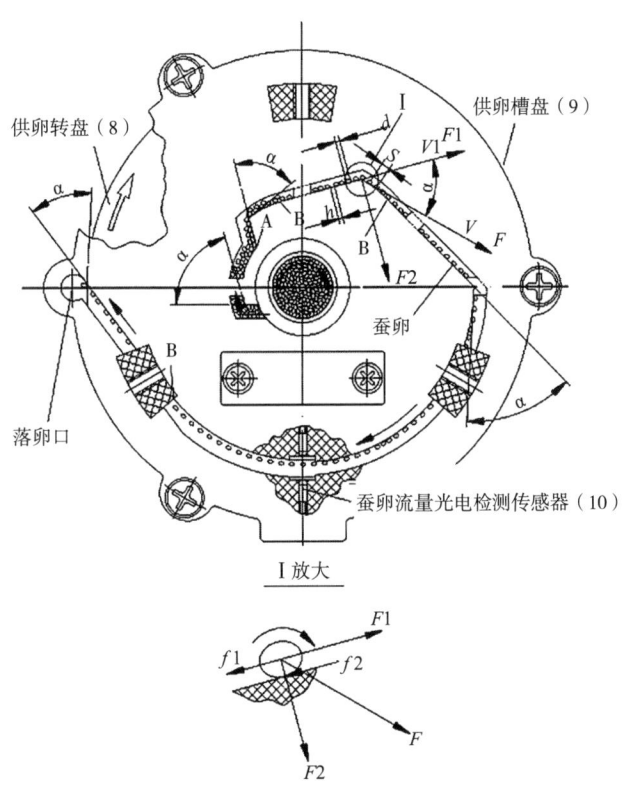

F—切向力，F_1—径向分力，F_2—垂直分力，V—圆弧切向速度，V_1—径向速度，d—卵（粒）尺寸，h—卵（粒）间空隙，S—卵（粒）间距，A—从圆弧转入斜槽的折线转向，B—从圆弧转入斜槽的切线转向，α—圆切线与斜槽的夹角（图中 α 表示的是从斜槽拐入圆弧处的斜刮角）

图3　雌雄蚕卵光电自动分选仪器供卵部件
A–A　剖切的部分俯视图

2.2　分流排序系统

分流排序系统是将单通道控量输出的蚕卵按时序分流到各自独立运行的多通道单元中去，其主要作用是：产生所需的时间序列及较大卵间距；将蚕卵分流为48个通道，以形成同时运行的48个控制单元来全面提高工效，并为每个单元的光电检测和物理分离蚕卵提供较宽裕的时间和空间；产生检测分选所必须的时序单粒输卵条件。

2.2.1　旋管分流装置

由旋管分流器步进电机（图1-13）与分流齿轮传动装置（图1-15）组成的传动结构与前述的供卵传动装置基本相同。齿轮带动呈卜字形的旋管分流器（图1-11）以1圈/s的速度旋转，蚕卵按约48粒/s的量有序地落入旋管分流器的进卵筒，从其向下倾斜30º的旋管滑出，像空中撒种那样，沿圆周线落入分流落卵盘（图1-18）中48个沿圆周等距排列的锥孔中，再经各圆直管落入分流槽盘（图1-26）的48条斜槽中，实现多通道分流，并产生时间序列及较大间距。安装在旋管分流器另一侧的分流清扫橡皮及斜管（图1-19）在旋转中将可能滞留的蚕卵扫入分流落卵盘的各孔中，但橡皮不与锥形透空的环槽直接接触，保持有约0.3mm间隙。

2.2.2　盘孔式时序单粒输卵装置

虽然旋管分流基本均匀，但为防止出现差异，增设该装置。在分流转盘（图1-24）接近外圆的圆弧线上按相同的角度开有48个等距小通孔，每孔径仅供一粒蚕卵掉入，而分流槽盘的各斜槽在分流转盘小通孔经过的圆弧轨迹处中断。蚕卵经48条落卵管进入分流槽盘的48条斜槽后，在底部分流转盘以7.5°/s角速度（相当于1孔/s）的带动下，沿斜槽以5.66mm/s的径向速度和间距，呈辐射状向外移行至斜槽中断处，该处的蚕卵便从小通孔落入下面的卵色检测与分卵槽盘（图1-33）中。如果小通孔还未转到中断处，该处已到达的蚕卵将等到小通孔到位才落下，实现下一步检测分离1粒/s的时序单粒输卵条件。转盘在小通孔处的圆周切向速度约为10.5mm/s。48个橡皮挡卵片（图1-25）倾斜约30°，固定在分流槽盘的48条斜槽的终止端，采用软橡皮和斜槽的作用是防止蚕卵入孔时可能发生的剪切损伤。

2.3　检测分卵系统

检测分卵系统由送卵装置、卵色光电识别装置、电磁分卵装置等组成，并围绕分卵底盘（图1-38）布局安装。底盘上面是分卵槽盘和分卵转盘（图1-32）。该系统主要作用是：将从48条落卵管下来的蚕卵沿48条斜槽呈辐射状移送至48个光电传感位置下，通过各TCS230可编程颜色传感器（图1-31）识别和微处理器电路处理，指令各电磁分卵装置通过双管兜卵器（图1-47）的滑移兜卵来分选雌、雄蚕卵。

2.3.1　送卵装置

从分流转盘的48个小通孔中下落的蚕卵，经分选落卵孔盘（图1-34）圆周上均布的48个落卵孔和其下的出卵管，进入分卵槽盘的48条斜槽中。在步进电机（图1-36）驱动下，分卵转盘以3.75°/s的角速度顺时针方向转动，推动蚕卵在斜刮作用下沿48条斜槽移行，以约5.37mm/s的径向速度和间距，单粒进入卵色光电识别装置下。检测的精确位置在332mm直径与斜槽的交点处。

2.3.2　卵色光电识别装置

采用光电发射管（图1-29）和TCS230可编程颜色传感器等组成光电识别电路。每片TCS230的2mm×2mm传感窗口上集中有64个硅光电二极管阵列，分红色、绿色、蓝色滤波器和无滤波全透光4类（各占1/4）。可直接根据雌雄蚕卵不同的颜色范围，通过2只引脚与单片机进行编程设定。当TCS230接受到蚕卵颜色信号，便依据已编程的雌、雄蚕卵光谱界限，直接将模拟信号转换成用于控制的数字信号，不仅具有高分辨的识别功能，还使电路大为简化。光路传感采用对称反射式结构，并用凸镜（图1-30）将微小的蚕卵颜色图像放大数倍，覆盖颜色传感器的整个传感窗口。光电传感器座（图1-28）为塑注，分前后半体，通过嵌入抱合组成一体，各光电器件和透镜均卡装其中，因此拆装十分方便。

2.3.3　电磁分卵装置

分卵底盘上等角度均布排列有48条辐射状的径向滑槽，各槽中安装有雌雄蚕卵电磁分离器（图1-46），形成48组各自独立的分卵控制单元，分别对准在其上面的分卵槽盘的48条斜槽出卵口。各电磁分离器的上面悬装有光电卵色识别传感装置及检测控制电路（图1-27），通过固定架（图1-35）安装在底盘上，同样形成了48组各自独立的识别控制单元。双管兜卵器的主体为矩形滑块，内部长槽被三角块分为2区，朝外圆的雄卵兜卵口（图1-40）和朝圆心的雌卵兜卵口（图1-41）；并采用了八字形双管出卵结构，各管出口始终不离开集卵槽盘各自相应的槽圈（图1-53、54），使进入兜卵器内的蚕卵可以经各自的通管自如地落卵，即便暂时出现阻挡现象也完全不受兜卵器在底盘径向透空滑槽中左右快速滑移的影响。另外，无推击损伤蚕卵的过程，结构整体化且简单紧凑。蚕卵进入光电检测区，从卵体边缘移到卵中心约需0.1s时间，即整卵通过约需0.2s。从卵中心移出转盘，落入兜卵口约需0.5s。因此电磁铁（图1-39）在获得雄卵信号后，吸合维持时间>0.5s。为尽可能增加蚕卵顺利落入兜卵口的时间，电磁铁吸合时间延时至接收下一粒蚕卵进入检测区的信号时才释放，但吸合时间一般不超过2s。

2.4　集卵分贮系统

该系统的作用是将各单元分选好的蚕卵按雌雄分别集中，并分贮到雌或雄的卵盒中去。

集卵槽盘由透空的雄卵收落槽圈和雌卵收落槽圈构成，分别对准各双管兜卵器上的雄卵输出管和雌卵输出管的移动范围。2个收落槽圈的底部各斜横有一条刮卵板，与下面的集卵转盘（图1-52）接触。当各雄卵下落至外圈的雄卵收落槽圈内时，被集卵转盘输送到雄卵刮板前，经斜刮向外移行，落到雄卵滑梯（图1-55）后滑入雄卵集卵盒（图1-56）。当各雌卵下落至内圈的雌卵收落槽圈内时，由于被外圈的雄卵收落槽圈挡住，无法向外输出雌卵，因此在集卵转盘内侧开了一些径向排列的透空槽，使雌卵落入下层的雌卵收集转盘（图1-51），少量搁在透空槽边的剩余蚕卵也被刮卵板斜刮而落入该转盘。转盘旁边有2根定位柱（图1-50），上面套装有一条收集雌卵的斜刮板（图1-49），斜向伸入转盘并搁在盘上，可上下浮动，以保持与雌卵转盘没有空隙，作用是将各落下的雌卵斜刮集中输送到雌卵滑梯（图1-57）后滑入雌卵集卵盒（图1-58）。

2.5　仪器盒和电控系统

分卵仪的整体尺寸为长652mm×宽535mm×高382mm，仪器盒规格为长652mm×宽490mm×高248mm（图4），前面是电控箱（图4-65），后面是电源箱（图4-66），中间是分卵仪的主体部分。仪器盒上面和两侧各安装固定有提手（图4-17、64）以方便搬运。

2.5.1　电控箱和电源箱

电控箱内包括有各系统步进电机的控制电路板、卵量预置计数控制电路及显示器、其他相关控制电器和显示器等。最前面的开关和数显操作面板采用触摸式薄膜结构，有触摸式开关、LED

指示灯和数显等。电源箱内包括有电源变压器、精密直流电源、电源连接端子板等。电源箱的后面板上安装有220V电源输入线、电源输出插座、保险装置和辅助接插端口等。

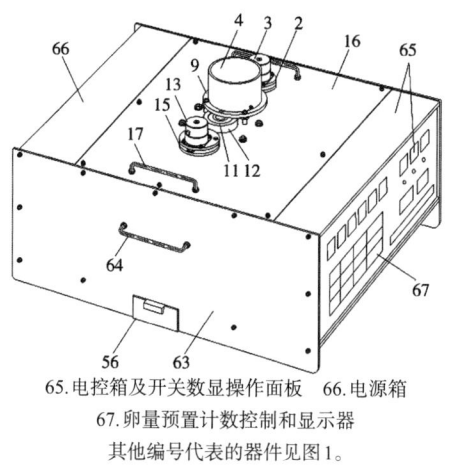

65.电控箱及开关数显操作面板　66.电源箱
67.卵量预置计数控制和显示器
其他编号代表的器件见图1。

图4　雌雄蚕卵光电自动分卵仪器的外形图

2.5.2　分卵仪的主体部分

分卵仪的主体分成上、中、下各自独立的3层，叠合成一个整体。供卵和分流系统设在上层，锥形供卵筒等部分零件被安装和露出仪器盒（图4-63）顶部；检测分卵系统在中层；集卵分贮系统设在底层。分层设计可以按系统方便地整体拆卸，以方便清洁保养和故障排除。

2.6　测试备用及其附助系统

测试备用及其附助系统主要由专用集卵测试盘（图2-69）、叠卵及杂质筛选清除器（图2-68）等组成。

2.6.1　专用集卵测试盘

分卵仪通过48个单元同时运行来分选蚕卵，虽然工效很高，但万一发生问题，很难判断故障方位，为此配套有一个专用集卵测试盘。该盘外形呈盘格状，底部密封。一旦发现雌雄蚕卵分离不清，可卸下集卵系统部件，关停集卵步进电机（图2-60），替换专用集卵测试盘进行工作。由于被分离的蚕卵按运行单元分别落在测试盘各自独立的48个雌卵格和48个雄卵格中，可以很方便地用肉眼从格中观察发现出故障的单元，以防止某单元错误分选而引起的整体蚕卵混淆。

2.6.2　叠卵及杂质筛选清除器

散制蚕卵在倒入锥形供卵筒前，要通过叠卵及杂物筛选清除器（图2-68）将叠卵、特小的非受精卵、杂物和杂尘清除，以获得干净蚕卵。特别是大规模分卵，筛选清除器是必不可少的。其工作原理是通过不同孔径的多层网筛筒倾斜旋转及风扇分层筛选。

3　样机试制进展

目前已完成雌雄蚕卵光电自动分选仪器的全部设计图纸，进入样机试制阶段，开始了各种模具、零部件、电路和调试安装配套装置的加工，总体进展顺利，并申请了中国发明专利［专利名称和申请号分别为不同性别卵色的雌雄蚕卵分离仪200910155156（已公告）和雌雄蚕卵光电自动分选仪201110080170.1］。样机的设计分卵速度为48粒/s，综合考虑叠卵和杂质筛选所占时间、旋管分流不均匀可能出现时序单粒输卵空缺段等因素后，样机的实际分卵速度约为12万粒/h；单部件模型试验表明，分卵正确率＞95%。此外，样机试制中还需要解决一些材料及加工和调试等工艺问题。在材料方面，采用防静电的全黑塑料材料以及用于卵色检测底色的全黑防磨损转盘材料；在加工调试方面，应防止转盘和槽盘结合平面变形，并尽可能精确卵色界限划分、光电检测和电磁分卵的时序配合等。

春秋兼用雄蚕新品种云蚕7×红平2的育成

董占鹏[1]　廖鹏飞[1]　白兴荣[1]　黄　平[1]　丁善明[1]　陈　松[1]

吴克军[1]　杨　文[1]　朱树帧[1]　祝新荣[2]　何克荣[2]　孟智启[2]

（1.云南省农业科学院蚕桑蜜蜂研究所　蒙自　661101；

2.浙江省农业科学院蚕桑研究所　杭州　310021）

雄蚕与雌蚕相比，具有体质强健、容易饲养、叶丝转化率以及茧层率高、茧丝纤度细、丝质优等特点，适合于缫制高品位生丝，因此专养雄蚕技术一直是蚕业科学研究的重要课题之一。

半个多世纪以来，国内外蚕业科技工作者通过辐射诱变获得皮斑、茧色、卵色等类型的限性育种素材或发掘控制性别的基因，期望培育专养雄蚕或可实现雌雄分养、分别缫丝的家蚕品种，但均未能达到实用化水平。1996年，浙江省农业科学院从俄罗斯引进了家蚕性连锁平衡致死系，经过近10年的研究，建立了一套家蚕性连锁平衡致死系品种的转育改良方法，育成了实用化的雄蚕品种，实现了雄蚕品种的产业化生产。为了提高云南蚕区的蚕茧产量与茧丝品质，云南省农业科学院蚕桑蜜蜂研究所与浙江省农业科学院合作，利用引进的家蚕性连锁平衡致死系，通过回交改良的方法，选育适合在云南蚕区饲养的春秋兼用优良雄蚕品种。

1　雄蚕品种的选育技术与选育方法

1.1　日系亲本性连锁平衡致死系的回交改良

由于引进的家蚕性连锁平衡致死系材料为改良型夏秋用品种选育素材，不能满足云南蚕区蚕茧生产全年饲养春用品种的需要，因此采用回交改良法，以引进的性连锁平衡致死系蚕品种平30作为性别控制基因供体，以云南蚕区现行饲养的家蚕杂交组合云蚕7×云蚕8的日系品种云蚕8作为受体亲本，分3个步骤对平30进行回交改良：（1）将平30♀与云蚕8♂杂交；（2）将F_1代自交，获得F_2代；（3）F_2♀与亲本平30♂回交，并利用标志基因（第3白卵w_3与隐性胚胎期致死基因l_1、l_2）的表型特征选择目的卵圈。通过以上步骤回交1代改良，获得新的家蚕性连锁平衡致死系红平2，随后对红平2进行系统选育。红平2在初期世代采用蚁量混合育，选择优良个体留种，到G_4代后采用单蛾饲养，选择优良蛾区中的优良个体留种。各代选择中的技术措施：幼虫期严格淘汰弱小蚕和病死蚕发生较多，蚕体呆滞，发育不齐的小区；种茧期严格淘汰茧层厚薄不匀或者深束腰，茧身不结实，发生膨大茧较多和薄头茧较多的小区，在中选区中去除特大茧和特小茧，选择茧形匀整、缩皱偏细、全茧量中等偏上的个体留种；蛹期选留体型端正、饱满、体色正常的个体；蛾期淘汰畸形蛾、秃翅蛾、脱节蛾等不良蛾；产卵后，严格淘汰卵胶着性不好、蛾尿多且尿褐色浓厚以及产附差、产卵量少的蛾区。

1.2 中系亲本的选择

云蚕7是家蚕杂交组合云蚕7×云蚕8的中系限性皮斑品种，选择经济性状稳定、体质强健、产附好和产卵量高的个体留种作为对交亲本母系，组配杂交组合云蚕7×红平2。

表1 家蚕性连锁平衡致死系红平2的选育成绩

年份	蚕季	世代	5龄经过（d:h）	全龄经过（d:h）	虫蛹率（%）	死笼率（%）	全茧量（g）	茧层量（g）	茧层率（%）
2004	夏	F_1	7:00	24:10	97.66	1.3	1.633	0.376	23.03
	秋	F_2	7:15	25:14	96.35	1.5	1.752	0.411	23.46
	晚秋	G_1	8:07	26:19	97.23	0.8	1.671	0.373	22.32
2005	春	G_2	7:17	25:20	98.37	0	1.743	0.427	24.50
	夏	G_3	7:19	25:07	95.49	0.8	1.642	0.370	22.52
	秋	G_4	7:00	26:05	98.25	1.0	1.702	0.413	24.51
	晚秋	G_5	7:07	25:12	94.68	1.5	1.645	0.368	22.58
2006	春	G_6	7:10	25:05	99.50	0.5	1.708	0.399	23.36

1.3 杂交组合配置

对多个性连锁平衡致死系材料和普通中系品种进行杂交组合试验，结果显示新的性连锁平衡致死系红平2与现行皮斑限性品种云蚕7的组合表现出很好的杂交优势，确定为新的雄蚕品种。

2 雄蚕品种的鉴定方法与鉴定成绩

2.1 鉴定方法

2.1.1 实验室鉴定

雄蚕品种的省内实验室鉴定于2006—2007年春、秋、晚秋3季在云南省农业科学院蚕桑蜜蜂研究所实验场进行，省外实验室鉴定于2007—2008年春、秋2季在四川、湖南、贵州和浙江4省的家蚕育种实验室进行。各实验室雄蚕品种和对照品种（含正反交）分别收蚁1.5～2.0g，饲养条件一致，4龄期第2次给桑后每个品种设置4个重复小区（400头/区，蚕体大小均匀），上蔟7d后采茧调查。

2.1.2 农村饲养鉴定

于2008—2009年春、夏、秋3季在云南省蚕茧主产区陆良、楚雄、祥云、鹤庆和保山市（县）选择雄蚕品种的农村饲养鉴定点，各市（县）选择3个典型蚕区，每区不少于3家蚕户，每户饲养量3～4张种（雄蚕品种，良卵数30000粒/张，对照品种菁松×皓月，良卵数26000粒/张）。采用当地常规饲养技术，4龄期后设置3个重复小区（400头/区），调查4龄蚕虫蛹率和万蚕收茧量等，随机抽取样茧2kg。各地收集样茧混匀后再选择2份样茧缫丝鉴定，取平均成绩。

2.1.3　农村大面积饲养示范试验

2010年春、秋季选择云南省蚕茧主产区陆良、楚雄、祥云、鹤庆和保山等市（县）进行农村大面积饲养试验，雄蚕品种总饲养量2500张（良卵数30000粒/张），对照品种菁松×皓月总饲养量2500张（良卵数26000粒/张）。统计每个饲养户的产茧量、产值，计算平均数。

2.2　鉴定成绩

2.2.1　实验室鉴定成绩

省内实验室鉴定成绩如表2所示。雄蚕品种云蚕7×红平2在春、秋、晚秋季鉴定的雄蚕率均达到100%，与对照春用多丝量品种菁松×皓月相比，云蚕7×红平2的5龄经过、全龄经过较短，全茧量、万蚕收茧量偏低，但茧层率、50g鲜茧干壳量、茧丝长、解舒丝长、解舒率、缫折、鲜茧出丝率、洁净等重要茧丝品质指标均优于对照品种，由于雄蚕体质强健，在气候条件较差的晚秋季饲养雄蚕品种的优势更为明显，其全茧量、万蚕收茧量均明显高于对照品种，分别比对照品种高12.25%、0.03%。云蚕7×红平2在四川、湖南、贵州和浙江4省家蚕育种实验室的鉴定成绩如

表2　春秋兼用雄蚕品种云蚕7×红平2在云南省的实验室鉴定成绩（2006—2007年）

蚕季	品种	5龄经过（d:h）	全龄经过（d:h）	雄蚕率（%）	虫蛹率（%）	死笼率（%）	全茧量（g）	茧层量（g）	茧层率（%）	万蚕收茧量（kg）	万蚕产茧层量（kg）
春季	菁松×皓月	7:00	25:05		97.43	1.1	1.875	0.446	23.79	17.77	4.227
	云蚕7×红平2	6:20	24:17	100	99.49	0	1.837	0.455	24.77	17.49	4.332
秋季	菁松×皓月	7:01	24:21		94.54	3.2	1.834	0.432	23.55	18.22	4.291
	云蚕7×红平2	7:01	25:05	100	97.68	0.3	1.829	0.457	24.99	17.74	4.433
晚秋季	菁松×皓月	9:12	29:08		89.79	1.1	1.624	0.380	23.40	13.78	3.225
	云蚕7×红平2	8:16	27:12	100	98.89	0.3	1.823	0.449	24.63	16.54	4.074

蚕季	品种	上茧率（%）	50g鲜茧干壳量（g）	茧丝长（m）	解舒丝长（m）	解舒率（%）	缫折（kg）	茧丝纤度（dtex）	鲜茧出丝率（%）	洁净（分）
春季	菁松×皓月	96.05	10.37	1122	731	65.1	251	3.074	17.57	88.0
	云蚕7×红平2	97.00	10.76	1252	925	73.9	229	2.881	18.83	94.5
秋季	菁松×皓月	96.70	10.68	1163	785	67.5	230	2.878	18.84	93.2
	云蚕7×红平2	96.70	11.26	1250	930	74.4	216	2.779	19.92	94.2
晚秋季	菁松×皓月	97.20	9.84	1033	758	73.4	250	3.099	17.34	89.2
	云蚕7×红平2	96.80	10.72	1255	956	76.2	227	2.904	19.15	95.3

注：表中数据为2年的平均数据。

表3所示，其雄蚕率均达到100%，除全茧量、万蚕收茧量低于对照品种菁松×皓月外，虫蛹率略高于对照品种，茧层率、50g鲜茧干壳量、茧丝长、解舒丝长、解舒率、鲜茧出丝率分别比对照品种高2.2个百分点、0.64g、155m、154m、1.9个百分点、1.5个百分点，并且缫折低，洁净高，品种经济性状表现出的优势与云南省实验室的鉴定结果趋于一致。

表3　春秋兼用雄蚕品种云蚕7×红平2在4省实验室的鉴定成绩（2007—2008年春、秋季）

品种	5龄经过（d:h）	全龄经过（d:h）	雄蚕率（%）	虫蛹率（%）	死笼率（%）	全茧量（g）	茧层量（g）	茧层率（%）	万蚕收茧量（kg）	万蚕产茧层量（kg）
菁松×皓月	7:19	25:20		91.04	3.26	1.908	0.456	23.90	17.82	4.259
云蚕7×红平2	7:16	24:12	100	91.67	2.53	1.816	0.474	26.10	17.45	4.554

品种	上茧率（%）	50g鲜茧干壳量（g）	茧丝长（m）	解舒丝长（m）	解舒率（%）	缫折（kg）	茧丝纤度（dtex）	鲜茧出丝率（%）	洁净（分）
菁松×皓月	95.58	10.42	1214	1002	82.5	229	2.996	19.02	93.3
云蚕7×红平2	94.41	11.06	1369	1156	84.4	214	2.681	20.52	97.2

注：表中数据为四川、湖南、贵州、浙江4省2007—2008年春、秋季鉴定的平均成绩。

2.2.2　农村饲养鉴定和生产示范成绩

云蚕7×红平2在云南省重点蚕区陆良、楚雄、鹤庆、祥云、保山等市（县）农村试验点的饲养成绩如表4所示，其雄蚕率达到98.5%。与对照品种菁松×皓月相比，云蚕7×红平2的全茧量、万蚕收茧量偏低，但虫蛹率、茧层率分别高4.85、1.46个百分点，50g鲜茧干壳量高2个等级，茧丝长、解舒丝长、解舒率、鲜茧出丝率分别超过对照品种45m、63m、2.8个百分点和0.79个百分点，洁净也优于对照。大面积生产示范的饲养成绩显示，云蚕7×红平2的克蚁收茧量、张种产茧量、张种产值均高于对照品种菁松×皓月（表5），蚕户反映雄蚕品种发育整齐、好养，特别是在饲养条件较差时，产量比较稳定。

表4　春秋兼用雄蚕品种云蚕7×红平2的农村饲养鉴定成绩（2008—2009年春、夏、秋季）

品种	5龄经过（d:h）	全龄经过（d:h）	雄蚕率（%）	虫蛹率（%）	死笼率（%）	全茧量（g）	茧层量（g）	茧层率（%）	万蚕收茧量（kg）	万蚕产茧层量（kg）
菁松×皓月	9:02	28:14		87.90	5.0	1.778	0.391	21.99	17.04	3.747
云蚕7×红平2	8:19	28:00	98.50	92.75	2.6	1.659	0.389	23.45	16.39	3.843

品种	上茧率（%）	50g鲜茧干壳量（g）	茧丝长（m）	解舒丝长（m）	解舒率（%）	缫折（kg）	茧丝纤度（dtex）	鲜茧出丝率（%）	洁净（分）
菁松×皓月	90.74	9.72	1096	765	69.8	247	2.909	16.10	92.8
云蚕7×红平2	90.47	10.24	1141	828	72.6	236	2.716	16.89	93.2

注：表中数据为2008—2009年春、夏、秋3季在云南省陆良、楚雄、祥云、鹤庆和保山市（县）各试验点饲养的平均成绩。

表5　春秋兼用雄蚕品种云蚕7×红平2的农村示范试验成绩（2010年春、秋季）

品种	张种产茧量（kg）	克蚁收茧量（kg）	张种产值（元）
菁松×皓月	34.58	3.517	1088.3
云蚕7×红平2	36.63	3.520	1152.8

注：表中数据为2010年春、秋季在云南省陆良、楚雄、祥云、鹤庆和保山等市（县）各试验点饲养的平均成绩。试验品种和对照品种各饲养2500张，菁松×皓月的张种良卵数为26000粒，云蚕7×红平2的张种良卵数为30000粒。

3　原种及一代杂交种性状

3.1　原种性状

3.1.1　中系原种云蚕7

二化性四眠，中×中杂交原种。卵色有绿色和灰绿色2种，卵壳淡黄色。蚁蚕黑褐色，行动活泼，稚蚕期有趋光性和趋密性，眠起整齐。壮蚕体色青白，为双限性交原种，雄蚕为白蚕，雌蚕为花蚕。老熟较齐涌，营茧稍慢，多结中上层茧，茧形长椭圆，间有球形，茧色洁白，缩皱中等。蛹体黄色，蛾体乳白，羽化早，发蛾集中，发蛾率高，交尾性能良好，不易散对。产附排列平整，产卵量多，每蛾产卵数600～800粒，良卵率98%，普通孵化率99%，克卵粒数约1560粒，克蚁头数约2150头。催青经过11d，全龄经过26～27d。

3.1.2　日系原种红平2

限性卵色平衡致死系，二化性四眠。雌卵灰紫色，雄卵黄色（越年卵浅棕色），卵壳乳白色，产附整齐，每蛾产卵数约500粒，克卵粒数1700粒左右，因含有平衡致死基因，雌雄各有一半在胚胎期死亡，孵化率约45%，孵化齐一，一日孵化率40%左右。克蚁头数2300头，蚁蚕黑褐色，行动活泼，趋密性强，眠时有吐丝现象，眠性慢，食桑缓慢，有轻度油蚕特性，大蚕体色灰褐，普斑，体质强健好养。茧色白，茧形浅束腰，缩皱中等。蛹体黄色，体型中等，发蛾较慢，雄蛾活泼耐冷藏，交配性能好，多次交配对产卵量和不良卵率等无影响。催青经过11d，全龄经过26～27d。

3.2　一代杂交种性状

云蚕7×红平2为二化性春秋兼用雄蚕杂交种。雌卵在胚胎期死亡，雄卵能正常孵化，孵化率约48%左右，孵化齐一，克蚁头数约2200头，蚁蚕暗黑色，行动活泼，有趋光性和趋密性。各龄眠起整齐，蚕体强健，壮蚕体色青白，普斑。5龄经过约7d，全龄经过约25～26d。茧形大而洁白，茧形匀整，缩皱中等。

4　小结

春秋兼用雄蚕品种云蚕7×红平2的雄蚕率达98%以上，实验室饲养鉴定、农村饲养鉴定和生产推广示范试验结果表明，新品种的主要经济性状优良，生命力强，饲养性状成绩稳定，具有稳产增效的特点，是适宜云南省蚕区全年饲养的优良雄蚕品种，新品种也可在省外条件适宜地区推广应用。

春秋兼用雄蚕品种云蚕7×红平2在强健性和茧丝质的平衡上达到了较高水平，并且其饲养技术要求与普通品种基本一致，从而有利于雄蚕品种在农村大面积推广应用。为了充分发挥雄蚕品种的生产优势，在饲养中应注意良桑饱食，避免上蔟过密，使用优良蔟具，蔟中要特别加强通风除湿，以提高茧丝质量。

由于云蚕7×红平2在实验室和农村饲养的全茧量、万蚕收茧量普遍低于普通对照品种，而且雄蚕食桑量少，所以在制定饲养计划时应适当增加雄蚕品种的饲养蚁量，以保证盒种产茧量和农户的总体经济效益不低于普通品种。此外，雄蚕品种的主要优势体现在优良的丝质成绩，所以在大面积推广应用的同时，如果能改进蚕茧收购方式和健全蚕户与缫丝企业双方的互惠机制，将有助于雄蚕品种的推广应用。

几个家蚕性连锁平衡致死系与限性斑纹母本的配合力测定①

廖鹏飞　朱水芬　白兴荣　黄　平　冉瑞法　黎勇谋　杨继芬　董占鹏

（云南省农业科学院蚕桑蜜蜂研究所　蒙自　661101）

尽管杂交优势在生物界普遍存在，但在家蚕杂交育种和良种繁育的实践中，经常存在杂交后代与亲本表现不一致的现象，其主要原因是相互杂交的两个亲本的相对结合能力（即配合力）不同所致。因此，在家蚕的育种工作中，配合力测定是准确选择亲本或获得优良杂交组合的重要手段。为了培育专养雄蚕的家蚕品种，提高茧丝品质与蚕茧生产效率，1995年浙江省农业科学院从俄罗斯引进家蚕性连锁平衡致死系的种质资源，经过10余年的研究探索，建立了一系列性连锁平衡致死系转育的创新方法和雄蚕品种选育方法，已经创建有100余份以家蚕性连锁平衡致死系为主体的性别控制种质资源库，育成了以秋·华×平30为代表的实用雄蚕品种5对，使我国的专养雄蚕品种选育工作实现了一次技术飞跃。然而，目前对家蚕性连锁平衡致死系配合力的测试分析则少有报道，不利于现有家蚕性连锁平衡致死系种质资源间潜在杂交优势的充分利用。为此，本项研究选择产茧量、茧层量两个茧丝产量性状指标，测定分析家蚕性连锁平衡致死系与普通家蚕品种的配合力，探索通过配合力选择亲本在雄蚕育种领域的适用性，供高产优质雄蚕品种选育参考。

1 材料与方法

1.1 材料

雄蚕杂交组合的母本有Y7、JS和MC3个品系，均为中系、斑纹限性；父本有sd2、px2、YH4、YH8、YH12和YH18共6个品系，均为日系、性连锁平衡致死系。以上材料均由云南省农业科学院蚕桑蜜蜂研究所家蚕种质资源库提供。

1.2 试验方法

根据性连锁平衡致死基因的遗传规律，只有采用普通品种的雌性个体与含性连锁平衡致死基因的雄性个体杂交，才会产生致死作用，实现专养雄蚕的目的，而反交（普通品种的雄性个体与含性连锁平衡致死基因的雌性个体杂交）是无效的，不会产生致死作用，因此采用不完全双列杂

---

① 本文原载于《蚕业科学》，2012，38（3）：483-488。

交法对配合力进行测定分析。

2010年春将供试的3个母本和6个父本材料进行不完全双列杂交，配制得到18个雄蚕杂交组合。2010年夏，每个杂交组合收蚁1.0g，在相同的环境条件下（同一间实验室，每天上下左右调箔2次），采用相同的技术处理。饲养至4龄起蚕数蚕分区，每区400头，每个杂交组合分作3区（即设置3个重复）。待熟蚕上蔟后7d采茧，称量每区的收茧量，之后每区随机抽取50粒蚕茧，剖开调查雄蚕率及茧层量、全茧量等经济性状指标，计算万蚕产茧量和万蚕产茧层量，按照配合力的计算方法进行配合力分析。依据配合力筛选符合要求的雄蚕杂交组合，并与对照品种菁松 × 皓月于2010年秋进行实验室比较试验，试验方法按照家蚕品种实验室鉴定要求进行。

1.3 杂交组合配合力的测算方法

配合力沿用司派戈的划分方法，分为一般配合力和特殊配合力2种，其测算方法参照刘治国等的不完全双列杂交法。首先测试杂交组间的方差，若存在显著差异，则表明不同杂交组合的基因效应存在显著差异，然后进一步比较分析配合力方差，以测定不同亲本间的一般配合力和不同杂交组间的特殊配合力是否存在差异显著性，在配合力方差显著的前提下，进行配合力效应值的估算。一般配合力相对效应值测算公式：$\hat{g}'_i = (\overline{X}_{i.} - \overline{X}_{..}) / \overline{X}_{..} \times 100$，$\hat{g}'_j = (\overline{X}_{.j} - \overline{X}_{..}) / \overline{X}_{..} \times 100$。式中，$\hat{g}'_i$表示第$i$个母本的一般配合力相对效应值，$\hat{g}'_j$表示$j$个父母的一般配合力相对效应值。$\overline{X}_{i.}$表示第$i$个母本与对交父本所有杂交组合F$_1$代实测值的平均值，$\overline{X}_{.j}$表示第$J$个父本与对交母本所有杂交F$_1$组合代实测值的平均值，$\overline{X}_{..}$表示所有杂交F$_1$组合代实测值的平均值。特殊配合力相对效应值测算公式：$\hat{s}'_{ij} = (X_{ij} - \overline{X}_{..} - \hat{g}'_i - \hat{g}'_j) / \overline{X}_{..} \times 100$。式中$\hat{s}'_{ij}$表示第$i$个母本与第$j$个父本杂交F$_1$代的特殊配合力相对效应值，$X_{ij}$表示第$i$个母本与第$j$个父本杂交F$_1$代实测值的平均值。配合力总效应值测算是将一般配合力和特殊配合力的相对效应值按线性累加，即 t.c.a=$\hat{g}'_i + \hat{g}'_j + \hat{s}'_{ij}$。

2 结果与分析

2.1 不完全双列雄蚕杂交组合的产茧量性状成绩

18个不完全双列杂交组合的雄蚕率为97.83% ～ 100%，其万蚕产茧量和万蚕产茧层量见表1。各杂交组合间的试验成绩有较大差异：MC×sd2的万蚕产茧量在19kg以上，平均产茧量达到20.13kg，而Y7×YH4的万蚕产茧量在17kg左右，平均值还不到18kg；万蚕产茧层量以MC×sd2为最高，平均值达到了5.12kg，Y7×px2只有4.35kg，极差为0.77kg。相同杂交组合不同重复间存在一定的差异：Y7×px2的万蚕产茧量的极差为1.05kg，MC×YH18的万蚕产茧层量的极差为0.59kg；而Y7×sd2的万蚕产茧量的极差只有0.15kg，Y7×YH4的万蚕产茧层量的极差只有0.04kg。进一步通过方差分析确定这些差异是否显著。

表1 不完全双列雄蚕杂交组合的产茧量性状成绩比较

杂交组合	万蚕产茧量（kg）					万蚕产茧层量（kg）				
	测量值 I	测量值 II	测量值 III	总和	平均	测量值 I	测量值 II	测量值 III	总和	平均
Y7×px2	16.95	17.90	18.00	52.85	17.62	4.24	4.42	4.40	13.06	4.35
Y7×sd2	17.85	17.80	17.95	53.60	17.87	4.46	4.53	4.36	13.35	4.45
Y7×YH4	17.10	17.30	16.65	51.05	17.02	4.35	4.39	4.39	13.13	4.38
Y7×YH8	18.20	17.85	20.75	56.80	18.93	4.77	4.58	5.16	14.51	4.84
Y7×YH12	18.60	18.65	20.05	57.30	19.10	4.70	4.69	5.03	14.42	4.80
Y7×YH18	19.45	19.50	19.75	58.70	19.57	5.02	4.90	4.87	14.79	4.93
JS×px2	17.20	16.60	16.50	50.30	16.77	4.63	4.40	4.46	13.49	4.50
JS×sd2	17.55	17.90	17.65	53.10	17.70	4.52	4.59	4.51	13.62	4.54
JS×YH4	17.00	17.40	16.65	51.05	17.02	4.42	4.54	4.39	13.35	4.45
JS×YH8	17.25	17.60	17.55	52.40	17.47	4.54	4.42	4.55	13.51	4.50
JS×YH12	17.10	17.85	18.60	53.55	17.85	4.64	4.72	4.75	14.11	4.70
JS×YH18	17.75	17.35	17.90	53.00	17.67	4.60	4.51	4.64	13.75	4.58
MC×px2	19.55	18.75	19.55	57.85	19.28	4.99	4.64	4.95	14.58	4.86
MC×sd2	20.40	20.85	19.15	60.40	20.13	5.21	5.33	4.83	15.37	5.12
MC×YH4	18.40	16.65	18.85	53.90	17.97	4.86	4.38	4.83	14.07	4.69
MC×YH8	19.30	19.10	19.85	58.25	19.42	5.04	4.94	5.12	15.10	5.03
MC×YH12	18.60	18.50	20.65	57.75	19.25	4.77	5.11	4.68	14.56	4.85
MC×YH18	19.21	19.38	18.34	56.93	18.98	4.83	4.80	5.42	15.05	5.02
总和	327.46	326.93	334.39	988.78		84.59	83.88	85.35	253.82	
平均	18.19	18.16	18.58		18.31	4.70	4.66	4.74		4.70

2.2 不完全双列雄蚕杂交组合产茧量性状成绩的方差分析

对不完全双列雄蚕杂交组合的万蚕产茧量和万蚕产茧层量进行方差分析，结果表明：在各杂交组合之间的万蚕产茧量（$F=5.93$）和万蚕产茧层量（$F=5.44$）达到 $F_{0.01}$［$F_{0.01(17,34)}=1.93$］水平的极显著差异；在同一杂交组合各重复间的方差［万蚕产茧量 $F=1.83$，万蚕产茧层量 $F=0.93$，$F_{0.01(2,34)}=2.54$］不显著。以上结果反映出各杂交组合间存在基因效应的显著性差异，而同一杂交组合不同重复间出现的差异可能是偶然误差，可以进行配合力方差分析。

2.3 雄蚕杂交组合产茧量性状配合力的方差分析

不同杂交组合间的变异（方差）主要来自于杂交亲本的一般配合力方差和不同杂交组合的特殊配合力方差。万蚕产茧量和万蚕产茧层量的配合力方差分析表明，母本对万蚕产茧量的一般配合力效应的F值为26.57，影响达到了极显著水平（$F_{0.01}$=5.39），即供试3个母本对于杂交一代的万蚕产茧量的影响存在极显著差异；父本对万蚕产茧量的一般配合力效应的F值为5.64，影响也达到了极显著水平（$F_{0.01}$=3.70），说明供试6个父本对于杂交一代的万蚕产茧量的影响也存在极显著差异；母本对万蚕产茧层量的一般配合力效应的F值为22.92，影响达到了$F_{0.01}$水平的极显著差异，表明供试3个母本对于杂交一代的万蚕产茧层量的影响也存在极显著差异；父本对万蚕产茧层量的一般配合力效应的F值为5.11，影响也达到了极显著水平，表明供试6个父本对于杂交一代的万蚕产茧层量的影响也存在极显著差异。由此表明，不同的父本和母本组配杂交一代的万蚕产茧量和万蚕产茧层量均存在极显著差异，可以进行下一步的配合力相对效应值的估算。

2.4 雄蚕杂交组合产茧量性状配合力相对效应值的估算

配合力的效应值一般是用于比较不同品种（系）间配合力的大小，而配合力的相对效应值除可以比较同品种（系）间配合力的大小外，还可以比较不同性状间配合力的大小。本研究涉及万蚕产茧量和万蚕产茧层量2个性状指标，因此对配合力的相对效应值进行估算。

2.4.1 一般配合力相对效应值分析

表2、3列出9个亲本的万蚕产茧量和万蚕产茧层量的一般配合力相对效应值。母本Y7和MC的万蚕产茧量一般配合力相对效应值为正值，分别为0.22和4.69，其中Y7的万蚕产茧量的一般配合力相对效应值虽为正值，但是数值较小；3个母本的万蚕产茧层量一般配合力相对效应值只有MC为正值，可选择MC作为杂交组合的候选母本。6个父本中，YH18、YH12、sd2的万蚕产茧量和万蚕产茧层量的一般配合力相对效应值都是正值，分别为2.83、1.81、1.39和3.07、1.80、0.09，可考虑将这3个材料作为杂交组合的候选父本。利用母本MC和父本sd2、YH12、YH18作亲本选配的杂交一代获得较高的万蚕产茧量及万蚕产茧层量的可能性很大，其余亲本的万蚕产茧量、万蚕产茧层量的一般配合力相对效应值较小，或为负值，将影响其组配杂交一代的茧丝生产性能，故在杂交组合中不使用这些亲本材料。

表2 不同亲本万蚕产茧量的一般配合力相对效应值及雄蚕杂交组合的特殊配合力相对效应值

母本及一般配合力相对效应值$\hat{g}_i'$	父本及杂交组合的特殊配合力相对效应值$\hat{s}_{ij}'$						父本一般配合力相对效应值$\hat{g}_{j.}'$
	px2	sd2	YH4	YH8	YH12	YH18	
Y7	−1.69	−4.02	−1.94	1.55	1.79	4.32	0.22
JS	−1.21	0.18	3.18	−1.30	0.08	−0.93	−4.91
MC	2.90	3.84	−1.23	−0.25	−1.87	−3.38	4.69
$\hat{g}_{.j}'$	−2.31	1.39	−2.69	−1.03	1.81	2.83	

表3　不同亲本万蚕产茧层量的一般配合力相对效应值及雄蚕杂交组合的特殊配合力相对效应值

母本及一般配合力相对效应值$\hat{g}_i'$	父本及杂交组合的特殊配合力相对效应值$\hat{s}_{ij}'$						父本一般配合力相对效应值$\hat{g}_j'$
	px2	sd2	YH4	YH8	YH12	YH18	
Y7	−3.07	−3.78	−3.64	5.08	1.96	3.45	−1.61
JS	1.79	−0.20	−0.27	−0.48	1.50	−2.33	−3.28
MC	1.29	3.98	3.91	−4.60	−3.46	−1.12	4.88
$\hat{g}_j'$	−2.74	0.09	−1.75	−0.47	1.80	3.07	

2.4.2　特殊配合力相对效应值分析

由于特殊配合力相对效应值大的组合可供选择的高产量基因型多，是较为理想的生产性杂交组合，可用于高产量杂交组合的选配。将各亲本组合的特殊配合力相对效应值列于表2和表3。基于万蚕产茧量的特殊配合力：Y7×YH8、Y7×YH12、Y7×YH18、JS×sd2、JS×YH4、JS×YH12、MC×px2、MC×sd2等8个杂交组合的特殊配合力相对效应值为正值，其中以Y7×YH18组合为最高（$\hat{s}_{ij}'$=4.32），MC×sd2组合次之（$\hat{s}_{ij}'$=3.84），然后是JS×YH4（$\hat{s}_{ij}'$=3.18），其余杂交组合的特殊配合力相对效应值或为负值或虽为正值但数值较小。特殊配合力相对效应值较高的杂交组合Y7×YH18、MC×sd2、JS×YH4将是优良的高产茧量组合，可作为家蚕高产茧量品种选育的候选组合。基于万蚕产茧层量的特殊配合力：以Y7×YH8的特殊配合力相对效应值为最高，达到5.08，其次是MC×sd2、MC×YH4、Y7×YH18，分别为3.98、3.91和3.45，其余还有3个杂交组合的特殊配合力相对效应值为正值，但是数值较小。因此考虑用特殊配合力相对效应值较高的杂交组合Y7×YH8、MC×sd2、MC×YH4、Y7xYH18等作为选育家蚕高茧层量品种的候选组合。

2.5　雄蚕杂交组合产茧量性状配合力总效应值分析

从以上配合力的分析可以看出，不同家蚕性连锁平衡致死系的配合力不同，即使是同一家蚕性连锁平衡致死系在不同性状间的配合力也存在一定差异，不便于进行亲本的选择，为此对配合力总效应值进行分析。将雄蚕杂交组合的万蚕产茧量和万蚕产茧层量2个性状的配合力总效应值列于表4。万蚕产茧量配合力总效应值为正值的有Y7×YH8、Y7×YH12、Y7×YH18、MC×px2、MC×sd2、MC×YH4、MC×YH8、MC×YH12、MC×YH18等9个杂交组合，其中Y7×YH18、MC×px2、MC×sd2、MC×YH12、MC×YH18的配合力总效应值相对较高，达到了4以上，这5个组合获得高产茧量杂交后代的机率较大，可以作为重点候选组合进一步筛选。万蚕产茧层量配合力总效应值为正值的有Y7×YH8、Y7×YH12、Y7×YH18、JS×YH12、MC×px2、MC×sd2、MC×YH4、MC×YH12、MC×YH18共9个杂交组合，其中Y7×YH8、MC×px2、MC×sd2、MC×YH4、MC×YH12、MC×YH18的配合力总效应值较大，利用这些杂交组合得到较高茧层量的基因型的可能性更大。综上所述，MC×px2、MC×sd2、MC×YH12、MC×YH18在万蚕产茧量和万蚕产茧层量方面的配合力总效应值均较大，如果采用MC作为雌性亲本，性连锁平衡致死系px2、sd2、YH12、YH18作为雄性亲本，组配的杂交组合可能会获得产茧量和茧层量都较高的效果。

表4　不同亲本组配雄蚕杂交组合产茧量性状的配合力总效应值

性状	母本	父本					
	t	px2	sd2	YH4	YH8	YH12	YH18
万蚕产茧量	Y7	−3.78	−2.41	−4.41	0.74	3.82	7.37
	JS	−8.43	−3.34	−4.42	−7.24	−3.02	−3.01
	MC	5.28	9.92	0.77	3.41	4.63	4.14
万蚕产茧层量	Y7	−7.42	−5.39	−5.25	3.48	0.35	1.84
	JS	−0.96	−3.38	−5.30	−4.23	0.02	−2.53
	MC	3.43	8.96	7.05	−0.19	3.22	6.83

3　优良雄蚕杂交组合的实验室饲养成绩

2010年秋将通过配合力测试分析筛选出的雄蚕杂交组合MC×sd2与生产推广品种菁松×皓月进行实验室饲养比较试验，结果如表5所示。雄蚕杂交组合MC×sd2的5龄经过和全龄经过比对照品种缩短1d左右，表现出雄蚕发育较快的特性；雄蚕率高达100%，表明性连锁平衡致死基因对雌蚕的致死效应强；虫蛹率较对照品种菁松×皓月提高2.84个百分点，表现出了雄蚕良好的抗病性能。雄蚕杂交组合MC×sd2的全茧量比对照品种略低，符合雄蚕的体型、质量比雌蚕小的特点；万蚕产茧量略高于对照品种菁松×皓月，万蚕产茧层量较对照品种提高了8.63%，显示出通过配合力测试分析筛选的雄蚕杂交组合具有较高的万蚕产茧量和万蚕产茧层量等特点。结果表明，雄蚕杂交组合MC×sd2的综合性状优良，具有优良的茧丝生产性能。

表5　雄蚕杂交组合MC×sd2的实验室饲养成绩（2010年秋）

杂交组合	5龄经过（d:h）	全龄经过（d:h）	雄蚕率（%）	虫蛹率（%）	全茧量（g）	茧层量（g）	茧层率（%）	万蚕产茧量（g）	万蚕产茧层量（g）
菁松×皓月（对照）	8:00	27:05		93.27	1.87	0.432	23.10	18.07	4.17
MC×sd2	7:00	26:08	100	96.11	1.84	0.457	24.84	18.22	4.53

4　讨论

通过对不完全双列雄蚕杂交组合的万蚕产茧量和万蚕产茧层量进行配合力方差分析，表明不同的家蚕性连锁平衡致死系及其杂交组合之间均存在差异显著性。配合力相对效应值估算结果表明，不同家蚕性连锁平衡致死系的配合力不同，同一家蚕性连锁平衡致死系不同性状间的配合力也存在一定差异，家蚕性连锁平衡致死系YH18、YH12、sd2的万蚕产茧量和万蚕产茧层量的一般配合力相对效应值均为正值，万蚕产茧量方面以杂交组合Y7×YH18、MC×sd2、JS×YH4的特殊配合力相对效应值较高，而万蚕产茧层量方面的特殊配合力相对效应值较高的是Y7×YH8、MC×sd2、MC×YH4、Y7×YH18，因此各杂交组合的万蚕产茧量和万蚕产茧层量的特殊配合力效应值存在一定差异，给亲本和杂交组合的选择带来较大的难度。估算配合力总效应值后发现，在万蚕产茧量和万蚕产茧层量2个性状方面各组合的趋势相近，这为选择杂交组合提供了方便，其中以MC×px2、MC×sd2、MC×YH12、MC×YH184个组合配合力总效应值较大。因家蚕性连锁平衡致死系px2、YH12的一般配合力相对效应值为负值，MC×YH18的特殊配合力相对效应值为负值，MC×px2、MC×YH12、MC×YH18这3个杂交组合获得高产茧量和高茧层量的机率较小。据此推断MC×sd2将是万蚕产茧量和万蚕产茧层量均高的优良雄蚕杂交组合。经实验室比较试验，雄蚕杂交组合MC×sd2的茧丝生产性能较好，表明通过配合力选择亲本的方法在雄蚕品种的选配中是可行的。基于本研究对雄蚕杂交组合的亲本配合力测定分析，认为仅依据一般配合力、特殊配合力和配合力总效应中的一种数值，很难准确筛选到具有高生产性能优势的雄蚕杂交组合，如果以配合力总效应值为基础，兼顾一般配合力和特殊配合力，将会提高筛选目标组合的准确性。对家蚕性连锁平衡致死系配合力的测定及其在育种选择中的应用，尚需进一步深入研究。

夏秋用雄蚕品种限7×平48的育成[①]

柳新菊　祝新荣　孟智启　陈　诗　曹锦如　叶爱红　何克荣

（浙江省农业科学院蚕桑研究所　杭州　310021）

雄蚕具有强健好养、出丝率高、丝质优的特点，饲养雄蚕种是提高蚕丝品质和蚕茧生产效益的重要途径之一。浙江省农业科学院自1996年从俄罗斯引进家蚕性连锁平衡致死系以来，相继开展了专养雄蚕品种选育技术的研究，建立了家蚕性连锁平衡致死系性别控制基因转移方法、回交改良家蚕性连锁平衡致死系的方法、杂交改良家蚕性连锁平衡致死系的方法。已育成的秋·华×平30、秋丰×平28等实用化雄蚕品种是以选育性连锁平衡致死系雄性亲本为重点，对交品种直接采用优良现行品种组配成功的。利用性连锁平衡致死系选育雄蚕品种，其杂交一代全为雄性，而生产杂交种时只利用性连锁平衡致死系的雄性和普通家蚕品种的雌性，反交不利用。针对这一特点，我们对雄蚕品种的双亲确定了不同的目标性状，选育出一对适合长江中下游蚕区夏秋季饲养的实用雄蚕新品种——限7×平48。

1　雄蚕新品种选育经过

1.1　日系雄性亲本性连锁平衡致死系平48的选育

性连锁平衡致死系雄性亲本平48以体质强健、交配性能好、茧丝质优良为重点选育目标。选用引进的性连锁平衡致死系S-14为母本，用普通家蚕品种夏6为优良基因供体，采用回交改良性连锁平衡致死系的方法，经2轮由杂交、自交和回交组成的循环改良和纯化选育而成。该品种从1996年夏季开始选育，至1998年完成了S-14与夏6的第1次循环改良，经自交纯化后，将新育成的性连锁平衡致死系取名为平26。2000—2002年将平26与夏6进行再次循环改良，育成新的性连锁平衡致死系，定名为平48。在对性连锁平衡致死系的循环改良过程中，着重其生命力和茧丝品质的选择，并经过7代自交纯化。在自交纯化过程中，饲喂氟化物含量高的桑叶，进行耐氟性选择，同时采用活蛹缫丝的方法，选择切断和颣节少的个体留种，以提高亲本的丝质性状。选育系谱成绩见表1。

---

①　本文原载于《蚕业科学》，2012，38（3）：575-580。

表 1 家蚕性连锁平衡致死系平 48 的选育系谱成绩

年份与蚕季		世代	饲养形式	全龄经过（d:h）	5龄经过（d:h）	虫蛹率（%）	死笼率（%）	全茧量（g）	茧层量（g）	茧层率（%）
1996	夏	F_1	蚁量育	22:22	6:16	86.50	5.96	1.39	0.306	22.01
	秋	F_2	蚁量育	21:06	7:08	73.59	15.00	1.21	0.252	20.82
1997	春	G_1	蚁量育	21:05	5:17	93.40	3.12	1.57	0.325	20.70
	夏（平26）	G_2	蚁量育	22:08	5:20	86.42	7.49	1.10	0.224	20.36
1998	春	G_4	单蛾育	23:12	7:07	93.23	1.58	1.74	0.359	20.63
	秋	G_5	单蛾育	23:23	7:06	78.72	6.23	1.20	0.266	22.17
1999	春	G_6	单蛾育	24:08	7:11	97.31	0.31	1.70	0.344	20.24
	秋	G_7	单蛾育	23:20	6:23	71.76	12.59	1.08	0.209	19.35
2000	春	G_8	双蛾育	22:20	6:23	92.44	1.41	1.63	0.355	21.78
	夏	F_1	蚁量育	22:22	6:16	77.42	13.00	1.36	0.209	21.32
	秋	F_2	蚁量育	21:22	7:00	81.64	4.00	1.19	0.234	19.66
2001	春	G_1	蚁量育	23:21	7:16	97.46	1.43	1.94	0.427	22.01
	秋（平48）	G_2	蚁量育	23:09	6:20	73.75	5.73	1.35	0.275	20.37
2002	春	G_3	蚁量育	25:04	8:06	87.00	1.76	2.13	0.420	19.72
	秋	G_4	蚁量育	23:11	6:14	82.85	6.55	1.50	0.316	21.07
2003	春	G_5	蚁量育	25:05	8:08	89.69	2.25	2.07	0.441	21.30
	秋	G_6	单蛾育	23:23	7:00	66.39	19.12	1.33	0.256	19.25
2004	春	G_7	单蛾育	23:23	6:23	88.19	1.78	1.90	0.405	21.32
	秋	G_8	单蛾育	24:15	7:18	67.43	6.31	1.56	0.293	18.78
2005	春	G_9	单蛾育	23:21	7:15	96.56	0.83	1.82	0.402	22.09
	秋	G_{10}	单蛾育	24:21	7:10	74.38	5.41	1.29	0.275	21.32
2006	春	G_{11}	单蛾育	23:09	6:22	95.25	0.5	1.71	0.369	21.58
	秋	G_{12}	双蛾育	24:21	7:00	86.99	2.88	1.41	0.297	21.06
2007	春	G_{13}	双蛾育	23:05	6:19	94.77	2.22	1.69	0.369	21.83
	秋	G_{14}	双蛾育	25:21	7:15	88.03	7.00	1.27	0.285	22.44
2008	春	G_{15}	双蛾育	23:02	6:12	92.91	2.75	1.74	0.396	22.76
	秋	G_{16}	双蛾育	24:05	7:08	86.28	5.93	1.60	0.343	21.44

1.2 中系雌性亲本限性皮斑品种限 7 的选育

雌性亲本限 7 为普通限性皮斑品种，是以限性皮斑品种夏 7 为母本，以素斑品种薪杭为父本杂交选育的。选育时根据单交制种对雌性亲本的要求，着重产卵量、卵质等性状的选择，以育成一个繁育系数和全茧量高，体质强健的中系斑纹限性品种为目标。1999 年春配制杂交材料，当年秋季饲养 F_1 代，以后每年选育 2 代。早期世代（$F_1 \sim F_5$）采用蚁量混合育，其中 F_1、F_2 代选择茧型大而匀整的个体留种，F₃～F₅代活蛹缫丝，选择茧丝长长、无切断和颣节少的雌雄个体对号交配留种。F₆代后采用单蛾育，选择生命力强、产量高、产卵量多、孵化率高的蛾区留种继代。气候环境良好的春蚕期重点选择蛾区的茧丝品质，高温多湿的夏蚕期着重于蛾区的抗性选择。选育系谱成绩见表2。

表2 家蚕限性皮斑品种限7的选育系谱成绩

年份与蚕季		世代	饲养形式	全龄经过（d:h）	5龄经过（d:h）	虫蛹率（%）	死笼率（%）	全茧量（g）	茧层量（g）	茧层率（%）
1999	秋	F₁	蚁量育	22:21	7:00	87.04	5.12	1.35	0.312	23.11
2000	春	F₂	蚁量育	24:03	7:14	96.32	3.11	1.55	0.358	23.10
	秋	F₃	蚁量育	23:03	7:14	83.59	8.72	1.33	0.300	22.56
2001	春	F₄	蚁量育	24:05	7:00	91.69	5.74	1.50	0.344	22.93
	秋	F₅	蚁量育	22:12	6:21	89.20	3.34	1.46	0.323	22.12
2002	春	F₆	单蛾育	23:21	7:00	95.87	3.21	1.57	0.357	22.74
	秋	F₇	单蛾育	23:15	7:14	72.54	3.47	1.28	0.284	22.19
2003	春	F₈	单蛾育	22:21	6:16	98.92	0.33	1.47	0.339	23.06
	秋	F₉	单蛾育	21:05	6:08	83.24	6.54	1.30	0.265	20.38
2004	春	F₁₀	单蛾育	20:20	6:15	96.64	0	1.54	0.332	21.56
	秋	F₁₁	单蛾育	22:21	7:09	93.81	2.38	1.35	0.277	20.52
2005	春	F₁₂	单蛾育	22:06	6:19	97.77	0	1.79	0.421	23.52
	秋	F₁₃	单蛾育	24:11	7:00	80.99	3.38	1.25	0.261	20.88
2006	春	F₁₄	单蛾育	23:06	7:00	94.94	1.50	1.70	0.407	23.94
	秋	F₁₅	单蛾育	22:21	6:15	88.28	7.08	1.34	0.295	22.01
2007	春	F₁₆	单蛾育	22:09	5:23	95.42	3.10	1.65	0.380	23.03
	秋	F₁₇	单蛾育	23:07	6:20	89.06	6.10	1.37	0.305	22.26
2008	春	F₁₈	单蛾育	22:06	5:19	95.60	2.07	1.72	0.392	22.79
	秋	F₁₉	单蛾育	24:09	6:12	80.25	8.50	1.44	0.302	20.97

2 雄蚕新品种的鉴定

2.1 浙江省家蚕新品种实验室鉴定成绩

雄蚕杂交组合限7×平48于2003—2004年进行初交测试鉴定，表现出较强的生命力及较高的茧丝产量和品质。2005—2006年在浙江省6个实验室共同鉴定，雄蚕杂交组合限7×平48除虫蛹率低于对照雄蚕品种秋·华×平30近1个百分点外，茧层率和茧丝洁净与对照品种相仿，其他各项主要经济性状指标均超过对照品种，而且虫蛹统一生命力也符合浙江省家蚕新品种实验室鉴定要求（表3）。

表3　雄蚕品种限7×平48在浙江省6个实验室的平均鉴定成绩（2005—2006年）

品种	全龄经过（d:h）	5龄经过（d:h）	虫蛹率（%）	全茧量（g）	茧层量（g）	茧层率（%）	万蚕产茧量（kg）	万蚕产茧层量（kg）
限7×平48	22:04	6:16	94.57	1.70	0.422	24.82	16.72	4.134
秋·华×平30（CK）	22:04	6:16	95.40	1.64	0.406	24.76	16.26	4.026

品种	茧丝长（m）	解舒丝长（m）	解舒率（%）	茧丝纤度（dtex）	茧丝洁净（分）	鲜茧出丝率（%）	雄蚕率（%）
限7×平48	1232	930	75.49	2.530	95.38	18.24	99.36
秋·华×平30（CK）	1252	926	73.96	2.330	96.00	17.20	99.54

注：表中数据为2年的平均值，表4同。

2.2　农村试养鉴定成绩

2007年和2008年的秋季，限7×平48分别在浙江省淳安、海宁、湖州和海盐4个县（市）进行农村试养鉴定。从表4可见，限7×平48的饲养成绩和缫丝成绩均超过了当地饲养的普通家蚕品种秋丰×白玉，张种产茧量和50kg桑产值分别较对照品种提高8.4%和9.4%，茧丝长、解舒丝长、解舒率和干茧出丝率分别较对照品种提高7.9%、12%、2.57个百分点和1.54个百分点，茧丝洁净和茧丝纤度与对照品种相仿，表现出强健好养、丝质优、出丝率高的特点，受到蚕农和丝厂的好评，显现出较好的推广应用前景。

表4　雄蚕品种限7×平48在4个农村区试点的平均鉴定成绩（2007—2008年）

品种名	全龄经过（d:h）	5龄经过（d:h）	张种产茧量（kg）	张种产值（元）	50kg桑产值（元）	上车茧率（%）
限7×平48	24:13	7:10	45.01	729.50	57.40	88.16
秋丰×白玉（CK）	24:07	7:09	41.51	672.07	52.47	86.42

品种名	茧丝长（m）	解舒丝长（m）	解舒率（%）	茧丝纤度（dtex）	茧丝洁净（分）	干茧出丝率（%）
限7×平48	1036.6	720.5	69.16	2.455	94.95	37.23
秋丰×白玉（CK）	960.8	643.1	66.93	2.427	94.90	35.69

3　雄蚕新品种的主要性状

3.1　原种性状

3.1.1　中系限性皮斑雌性亲本限7

二化性四眠，含少量多化性血统，滞育卵灰色，卵壳微黄色，每蛾总卵数春制550粒左右，良卵率95%左右，不良卵率2%～3%。孵化齐一，蚁蚕黑褐色，不喜动。壮蚕体色青白，雌性花蚕，雄性素蚕。在繁育雄蚕杂交种时，只利用其雌蛾，故在4龄第2天应去掉雄性素蚕，只养雌性花蚕，以降低制种成本。各龄蚕眠起齐一，食桑旺，行动活泼。小蚕期用桑宜适熟，壮蚕期用叶要求新鲜成熟。熟蚕营茧快，茧色洁白，椭圆形，缩皱中等。发育经过：催青期10d，幼虫期23～24d，蛰中16d，全蚕期49～50d。与平48对交需掌握起点胚子一致，宜推迟2d出库。

3.1.2 日系性连锁平衡致死系雄性亲本平48

二化性四眠，滞育卵雌性为灰紫色，雄性黄色，每蛾总卵数500粒左右，因属平衡致死系原种，雌雄各有一半在胚胎期死亡，孵化率40%左右，孵化齐一。蚁蚕黑褐色，小蚕有逸散性。大蚕体色灰褐，普斑，体质强健好养，茧色白，茧型浅束腰，缩皱中等，雄蛾交配性能好。发育经过：催青期11d，幼虫期23～24d，蛰中17d，全蚕期51～52d。利用限性卵色特性，可在卵期区分雌雄，在繁育雄蚕杂交种时，只饲养雄性黄卵。由于雄蛾可以多次交配，为降低制种成本，生产雄蚕杂交种时，收蚁时控制雌、雄原种饲养比例为4∶1～5∶1（普通品种雌性亲本限7于4龄初期淘汰雄性素蚕后，用于制种的雌、雄原种比例为2∶1～2.5∶1）。

3.2 杂交组合性状

限7×平48是一对高产好养的夏秋用雄蚕杂交组合，二化性四眠，滞育卵灰色，卵壳微黄色或白色，因是平衡致死系雄蚕品种，只能利用正交，反交不利用。雌卵在胚胎期死亡，只有雄卵孵化，孵化率48%左右，克蚁2250头左右，幼虫体型大，各龄眠起齐一，食桑旺，应注意充分饱食，壮蚕体色灰白，普斑，大小均匀。全龄经过24d左右，5龄经过7d左右，全龄发育齐，老熟涌，茧层率高，蔟中要特别注意通风排湿，避免上蔟过密，以提高茧丝质量。

4 讨论

利用性连锁平衡致死系选育雄蚕品种，是用普通家蚕品种的雌性与平衡致死系的雄性杂交，反交不利用，因而对于限7×平48的两个亲本的选育策略也有所不同：对普通品种雌性亲本侧重全茧量、产卵量、卵质选择；对平衡致死系雄性亲本则侧重于体质、茧丝品质、交配性能的选择。此外，为提高后代的选择强度，通过对雄蛾存活时间长短选择，选留存活时间长的交配卵圈留种，可加快育种进度，缩短育种时间。利用性连锁平衡致死系组配雄蚕杂交组合，采用的是单交制种模式，雄蚕杂交种的制种成本为普通品种的2倍以上。为降低雄蚕杂交种的生产成本，中系采用限性斑纹品种，在4龄第2天应去掉雄性素蚕，并合理调整中系、日系原种的饲养比例，可达到降低制种成本，提高繁育系数的目的。

春秋兼用雄蚕新品种蒙草×红平4的育成[①]

董占鹏[1]　白兴荣[1]　廖鹏飞[1]　黄　平[1]　丁善明[1]　杨　文[1]　陈　松[1]

罗正宏[1]　罗顺高[1]　祝新荣[2]　何克荣[2]　孟智启[2]

（1. 云南省农业科学院蚕桑蜜蜂研究所　蒙自　661101；

2. 浙江省农业科学院蚕桑研究所　杭州　310021）

专养雄蚕是一项高新产业化技术，能在两个环节上实现增值：蚕农饲养雄蚕，茧质好，茧价高，蚕农增收；雄蚕茧能降低缫丝成本，提高生丝品位，从而提高企业的经济效益，丝厂增收。从未来蚕业发展来看，专养雄蚕技术的推广应用前景，不亚于一代杂交种的利用，具有明显的社会效益和经济效益。为了推进这一技术的普及应用，促进专养雄蚕产业发展，首先要解决专用雄蚕品种的问题。本研究采用以现行品种杂交形式作为雄蚕品种基本杂交形式的选育组配模式，通过利用和改良从浙江省农业科学院引进的家蚕性连锁平衡致死系，育成了适宜云南饲养的春秋兼用雄蚕新品种蒙草×红平4。

1　材料与方法

1.1　日系亲本性连锁平衡致死系的育成

采用回交改良法，以性连锁平衡致死系日系材料平28作为性别控制基因供体，常规家蚕品系红云作为受体亲本，分3个步骤进行：①将性连锁平衡致死系平28的雌与受体材料红云的雄杂交，产生杂交一代（F_1代）；②将得到的杂交后代自交，获得F_2代；③F_2代的雌与原性连锁平衡致死系平28的雄回交，借助标志基因选择，从其所产的蚕卵中选择到目的卵圈，获得新的家蚕性连锁平衡致死系红平4。红平4育成后进行性状纯化固定，在初期世代采用蚁量混合育，选择优良个体留种。到G_4代后采用单蛾饲养，选留优良蛾区中的优良个体留种（表1）。各代严格按照选种要求进行选择，淘汰雌雄比例开差大的种区，保证种性纯一和杂交一代的高雄蚕率。

1.2　对交母系亲本的选择

选择经济性状良好、产卵量高、茧型大的中系限性皮斑品种蒙草作为母系亲本。蒙草是已通过鉴定的品种蒙草×红云的中系母本，可以直接作为育种材料。

---

①　本文原载于《西南农业学报》，2013，26（2）：820-825。

表1 性连锁平衡致死系红平4的选育成绩

年份	蚕季	世代	5龄经过（d:h）	全龄经过（d:h）	虫蛹率（%）	死笼率（%）	全茧量（g）	茧层量（g）	茧层率（%）
2006	夏	F₁	7:00	23:07	93.25	1.5	1.506	0.327	21.71
	秋	F₂	7:20	26:18	98.30	0.7	1.608	0.367	22.82
	晚秋	G₁	8:18	27:23	96.73	2.0	1.540	0.344	22.34
	春	G₂	7:10	25:02	98.44	0.5	1.754	0.415	23.66
2007	夏	G₃	7:01	23:15	96.12	1.2	1.604	0.360	22.44
	秋	G₄	7:08	24:17	97.89	0.7	1.733	0.401	23.14
	晚秋	G₅	8:10	25:00	95.43	1.5	1.608	0.370	23.01
2008	春	G₆	8:00	25:07	99.34	0.2	1.767	0.425	24.05

1.3 杂交组合配置

对多个性连锁平衡致死系材料和常规中系品种进行杂交组合试验，结果显示新的性连锁平衡致死系红平4与现行皮斑限性品种蒙草的组合蒙草×红平4表现出很好的杂交优势，确定为新的雄蚕品种。

1.4 实验室鉴定

雄蚕品种的省内实验室鉴定于2008—2009年春、秋、晚秋3季在云南省农业科学院蚕桑蜜蜂研究所实验场进行，省外实验室鉴定于2008年春、秋2季在四川、湖南、贵州和浙江4省的家蚕实验室进行。各实验室雄蚕品种和对照种（含正反交）分别收蚁1.5～2g，饲养条件一致，4龄蚕第2次给桑后设定重复区，每个品种设置4个重复小区，400头/区，上蔟7d后采茧调查。

1.5 农村饲养鉴定

2009—2010年春、秋2季选择在云南省蚕桑主产区陆良、楚雄、祥云、鹤庆和保山等市（县）对雄蚕品种进行农村饲养鉴定。各市（县）选择3家蚕户，每户饲养蚁量37～50g，雄蚕品种与对照品种菁松×皓月各半，采用当地常规饲养技术，4龄蚕后设置3个重复饲养小区（400头蚕/区），调查4龄蚕虫蛹率和万蚕产茧量以及其他养蚕成绩，随机抽取样茧2kg。各地收集样茧混匀后再抽2份样茧缫丝鉴定，取平均成绩。

1.6 农村饲养示范

2010年秋季选择云南省蚕桑主产区陆良、楚雄、祥云、鹤庆和保山等市（县）进行农村饲养示范，试验种总饲养蚁量24600g，对照品种菁松×皓月总饲养蚁量23600g。统计每个饲养户的产茧量、产值，计算平均数。

2 结果与分析

2.1 云南省内实验室鉴定成绩

通过多对杂交组合比较测试，从中选择出综合性状较为优良的组合蒙草×红平4。2008—2009年实验室鉴定成绩见表2。蒙草×红平4雄蚕率在99%以上，综合性状优良。与对照种菁松×皓月相比，蒙草×红平4全茧量略低，万蚕收茧量相当，万蚕产茧层量、茧层率、茧丝长、解舒丝长、解舒率、鲜茧出丝率分别比对照高0.183～0.318g、3.1%～6.7%、61～143m、83～332m、4.5%～28.73%和4.6%～9.3%，缫折、洁净等重要的茧丝质指标均优于对照。任何季节，雄蚕虫蛹率都高于对照，说明雄蚕体质强健。在养蚕条件较差的晚秋季，雄蚕品种表现出更强的生命力，龄期经过较短，主要经济性状均超过对照，优势明显。

表2 春秋兼用雄蚕品种蒙草×红平4在云南省实验室的鉴定成绩（2008—2009年）

季节	品种	5龄经过（d:h）	全龄经过（d:h）	雄蚕率（%）	虫蛹率（%）	全茧量（g）	茧层量（g）	茧层率（%）	千克茧粒数（粒）	万蚕收茧量（kg）	万蚕产茧层量（kg）	克蚁收茧量（kg）
春季	菁松×皓月	7:17	26:05	—	97.18	1.907	0.455	23.86	529	17.71	4.226	3.310
	蒙草×红平4	7:07	24:06	99.2	98.85	1.822	0.464	25.47	558	17.84	4.544	3.741
秋季	菁松×皓月	7:02	24:20	—	94.61	1.871	0.440	23.52	529	18.31	4.310	4.115
	蒙草×红平4	7:02	24:20	100	97.61	1.834	0.456	24.86	545	18.07	4.493	3.857
晚秋季	菁松×皓月	9:08	27:12	—	89.74	1.613	0.378	23.43	630	13.62	3.192	2.613
	蒙草×红平4	8:16	26:20	98.7	96.91	1.644	0.397	24.15	603	14.22	3.434	2.891

季节	品种	上茧率（%）	干壳量（g）	茧丝长（m）	解舒丝长（m）	解舒率（%）	缫折（kg）	茧丝纤度（dtex）	鲜茧出丝率（%）	清洁（分）	洁净（分）
春季	菁松×皓月	95.98	10.36	1132	737	65.1	253	3.113	17.60	97.1	89.3
	蒙草×红平4	97.60	10.82	1275	1069	83.8	226	2.798	19.08	98.2	93.6
秋季	菁松×皓月	96.60	10.59	1170	786	68.0	241	2.884	18.72	97.5	93.0
	蒙草×红平4	97.20	11.18	1231	884	71.6	222	2.896	19.59	99.5	94.2
晚秋季	菁松×皓月	96.80	9.91	1041	762	73.2	249	3.196	17.36	99.1	90.1
	蒙草×红平4	95.10	10.51	1109	845	76.5	229	3.082	18.98	98.7	93.1

注：表中数据为2年的平均数据。

2.2 云南省外实验室鉴定成绩

2008年春、秋季经四川、湖南、贵州和浙江4省实验室鉴定（表3）。结果表明，蒙草×红平4的雄蚕率在98%以上，与对照种菁松×皓月相比，蒙草×红平4的全茧量、万蚕产茧量、解舒率均略低于对照，虫蛹率略高，万蚕产茧层量、茧层率、干壳量、茧丝长、解舒丝长、鲜茧出丝率分别比对照高0.27g、8.1%、0.23g、118m、85m、8.1%，缫折低，纤度适中，洁净优，是一个优良的雄蚕品种，可以缫高品位生丝。

表3　春秋兼用雄蚕品种蒙草 × 红平4在4省实验室的鉴定成绩（2008年春、秋季）

品种	5龄经过 (d:h)	全龄经过 (d:h)	雄蚕率 (%)	虫蛹率 (%)	全茧量 (g)	茧层量 (g)	茧层率 (%)	千克茧粒数 （粒）	万蚕收茧量 (kg)	万蚕产茧层量 (kg)	克蚁收茧量 (kg)
菁松 × 皓月	7:18	25:12		86.21	1.761	0.412	23.80	580	15.42	3.670	3.805
蒙草 × 红平4	7:14	24:17	98.7	86.99	1.656	0.428	25.85	596	15.24	3.940	3.944

品种	上茧率 (%)	干壳量 (g)	茧丝长 (m)	解舒丝长 (m)	解舒率 (%)	缫折 (kg)	茧丝纤度 (dtex)	鲜茧出丝率 (%)	清洁 （分）	洁净 （分）
菁松 × 皓月	95.61	10.29	1119	912	81.5	237	2.834	18.80	98.7	93.9
蒙草 × 红平4	95.79	10.52	1237	997	80.6	220	2.793	20.32	98.9	97.9

注：表中数据为四川、湖南、贵州、浙江2季的平均数据。

2.3　农村饲养鉴定和生产示范成绩

2009—2010年经陆良、楚雄、鹤庆、祥云、保山等地农村基点试验鉴定，蒙草 × 红平4的雄蚕率在99%以上，与对照种菁松 × 皓月相比，蒙草 × 红平4的全茧量、千克茧粒数接近对照种，虫蛹率、茧层率、万蚕收茧量、万蚕产茧层量分别比对照高3.5%、7.2%、0.35kg和0.17kg，干壳量高0.23g，茧丝长、解舒丝长、解舒率、鲜茧出丝率分别超过对照30m、52m、4.0%和11.2%。结果表明，雄蚕品种在农村条件下饲养体质强健，茧丝质综合表现优于对照种（表4）。

表4　春秋兼用雄蚕品种蒙草 × 红平4农村饲养鉴定成绩（2009—2010年春、秋季）

品种	5龄经过 （d:h）	全龄经过 （d:h）	雄蚕率 （%）	虫蛹率 （%）	全茧量 （g）	茧层量 （g）	茧层率 （%）	千克茧粒数 （粒）	万蚕收茧量 （kg）	万蚕产茧层量 （kg）
菁松 × 皓月	9:03	28:17	/	88.10	1.782	0.401	22.50	550	17.12	3.852
蒙草 × 红平4	8:21	28:10	99.3	91.17	1.774	0.428	24.13	558	17.47	4.215

品种	上茧率 （%）	干壳量 （g）	茧丝长 （m）	解舒丝长 （m）	解舒率 （%）	缫折 （kg）	茧丝纤度 （dtex）	鲜茧出丝率 （%）	清洁 （分）	洁净 （分）
菁松 × 皓月	90.80	9.69	1126	790	70.2	249	2.959	16.12	93.9	92.8
蒙草 × 红平4	92.98	10.27	1156	842	72.9	228	2.978	17.93	95.2	92.1

注：表中数据为2009—2010年春、秋2季在云南省陆良、楚雄、祥云、鹤庆和保山市（县）各试验点饲养的平均成绩。

2010年秋季该品种在选定蚕区进行了农村饲养示范，总饲养量为24600g蚁量。饲养调查成绩显示，蒙草 × 红平4的10g蚁量产茧量、克蚁收茧量、10g蚁量张种产值均略高于对照品种菁松 × 皓月（表5）。结果表明，在相同蚁量条件下，雄蚕品种的产量与产值也能与常规品种的持平。蚕户反映该品种发育整齐、好养，产量比较稳定。

2.4　与夏秋用雄蚕品种的成绩比较

与夏秋用雄蚕品种秋·华 × 平30相比，春秋兼用雄蚕品种蒙草 × 红平4的龄期经过稍长，全茧量、万蚕收茧量、万蚕产茧层量、茧层率、茧丝长、解舒丝长、解舒率分别高0.127g、1.34kg、0.383kg、1.2%、52m、54m和1.8%，但蒙草×红平4的虫蛹率、鲜茧出丝率略低，其清洁与净度均比秋·华×平30稍差。结果表明，春秋兼用雄蚕品种较夏秋用雄蚕品种的茧型大、茧丝长，但强健性、出丝率、净度等经济性状有待提高（表6）。

表5　春秋兼用雄蚕品种蒙草×红平4一代杂交种的农村生产示范成绩（2010年秋季）

品种	养蚕蚁量（g）	10g蚁量产茧量（kg）	克蚁收茧量（kg）	10g蚁量产值（元）
菁松×皓月	24600	32.56	3.256	1009.6
蒙草×红平4	23600	33.46	3.346	1054.1

注：表中数据为2010年秋季在云南省陆良、楚雄、祥云、鹤庆和保山等市（县）各试验点饲养的平均成绩。

表6　春秋兼用雄蚕品种蒙草×红平4和夏秋用雄蚕品种秋·华×平30的饲养成绩比较

品种	饲养地点	5龄经过（d:h）	全龄经过（d:h）	雄蚕率（%）	虫蛹率（%）	全茧量（g）	茧层量（g）	茧层率（%）	千克茧粒数（粒）	万蚕收茧量（kg）	万蚕产茧层量（kg）
秋·华×平30	实验室	6:23	24:11	99.5	98.90	1.666	0.417	25.03	592	16.07	4.022
	农村	8:08	26:23	98.3	95.45	1.683	0.398	23.65	588	16.68	3.945
平均				98.9	97.17	1.674	0.407	24.34	590	16.37	3.983
蒙草×红平4	实验室	7:05	24:13	99.6	98.23	1.828	0.460	25.16	551	17.96	4.518
	农村	8:21	28:10	99.3	91.17	1.774	0.428	24.13	558	17.47	4.215
平均				99.4	94.70	1.801	0.444	24.64	554	17.71	4.366

品种	饲养地点	上茧率（%）	干壳量（g）	茧丝长（m）	解舒丝长（m）	解舒率（%）	缫折（kg）	茧丝纤度（dtex）	鲜茧出丝率（%）	清洁（分）	洁净（分）
秋·华×平30	实验室	95.15	10.95	1130	847	75.0	230	2.592	18.74	98.6	95.6
	农村	94.25	10.69	1175	863	73.4	228	2.421	19.09	97.6	94.5
平均		94.70	10.82	1152	855	74.2	229	2.506	18.91	98.1	95.1
蒙草×红平4	实验室	97.40	11.00	1253	976	77.9	224	2.847	19.34	98.9	93.9
	农村	92.98	10.27	1156	842	72.9	228	2.978	17.93	95.2	92.1
平均		95.19	10.64	1204	909	75.5	226	2.912	18.63	97.0	93.0

注：表中数据秋·华×平30为2005—2007年的平均成绩，蒙草×红平4为2008—2010年的平均成绩。

2.5　原种及一代杂交种性状

2.5.1　原种性状

（1）中系原种蒙草。该系统为二化性四眠，中系杂交固定种，卵色青灰色，间有绿色，卵壳黄色。单蛾卵粒数500粒以上，克卵粒数约1650粒。克蚁头数2200头左右。孵化齐一，蚁蚕体色黑褐色，行动活泼。稚蚕期有趋光性和趋密性，眠起整齐，但眠性稍慢。大蚕发育齐，体形粗状结实，体色青白，食桑快而旺盛。属于限性品种，花蚕（普斑）为雌蚕，白蚕（素斑）为雄蚕。老熟偏黄而透明，茧色洁白而有光泽，茧形短椭圆形，间有少量球形，缩皱中等，茧形匀整，蛹体黄色，习性文静。发蛾齐发蛾快，发蛾率高，蛾尿多，蛾体色乳白，交配性能较好，产卵集中产附好。催青经过11d，积温偏高，5龄经过8.5d左右，全龄经过26～28d，蛹期约16d。

（2）日系原种红平4。本品系为日系限性卵色性连锁平衡致死系，二化四眠。雄卵黄色（越年卵浅棕色），雌卵为灰紫色，卵壳乳白色，雌、雄卵各有1/2在胚胎期死亡。孵化较齐，一日孵化率在40%左右。蚁蚕黑褐色，行动活泼，趋密性强。小蚕有轻度油蚕特性，大蚕体色灰褐，普斑。食桑慢，眠性慢。吐丝、营茧速度快，多营上层茧，茧形浅束腰，茧色白。蛹体黄色，体型中等，发蛾较慢，雄蛾活泼耐冷藏，交配性能好，可交配2～3次，对产卵量和不良卵率等影响不大。产附好，每蛾产卵约450粒。催青经过11d，五龄经过7d，全龄经过26d，蛰中经过16d。

2.5.2　一代杂交种性状

"蒙草×红平4"是一对二化性的春秋兼用雄蚕杂交种。二化性四眠蚕，滞育卵灰绿色，卵壳淡黄色或白色，雌卵在胚胎期死亡，雄卵能正常孵化，孵化率约48%左右，孵化齐一，蚁蚕暗黑色，克蚁头数约2200头，蚁蚕行动活泼，有趋光性和趋密性。各龄眠起整齐，但眠性稍慢，蚕体强健。大蚕体色灰白，普斑，大小均匀。茧大洁白，长椭圆形，缩皱中等。

3　讨论

通过实验室、农村饲养比较表明，蒙草×红平4雄蚕率高达98%以上，健康易养，产量稳定，茧丝质优良，可缫制高品位生丝，能够满足专养雄蚕的需要，是一个优质雄蚕品种，适宜云南春季和秋季饲养。

蒙草×红平4是一对经济性状优良的春秋兼用三元雄蚕杂交种，孵化率48%左右，其饲养技术标准与常规品种基本一致。在饲养中应良桑饱食，上蔟要均匀，不宜过密，注意通风排湿，防止不结茧蚕发生和保证茧质。

采用现有品种杂交形式来作为雄蚕品种选育的组配模式，不仅极大地缩短了育种年限，而且还能够存续原有品种的杂种优势，弥补专养雄蚕带来的一些不足，是一种较好的育种方式。在实际应用中，可根据生产需要和品种性状表现进一步改良雄蚕系，使品种更适应各地养蚕需要。

利用平衡致死系实现专养雄蚕，由于雌卵不孵化，反交又不能利用，且考虑到雄蚕全茧量小，每盒装卵数超过常规品种的标准，造成雄蚕杂交种的制种成本在普通蚕种的2倍以上，这种高成本制种严重阻碍了专养雄蚕技术的推广应用。因此，进一步提高雄蚕的全茧量和强健性，深入研究雄蚕制种成本技术，保障专养雄蚕稳产增值和把制种成本控制在普通蚕种的1.5倍以下是实现专养雄蚕技术普及推广的关键。同时，建立雄蚕养殖、蚕茧收购与蚕丝缫制一体化专营运作模式，体现雄蚕丝的经济增值，也能积极推动专养雄蚕技术的应用。

雄蚕四元杂交组合的不完全双列杂交分析[①]

陈　诗　祝新荣　孟智启　柳新菊　何克荣

（浙江省农业科学院蚕桑研究所　杭州　310021）

专养雄蚕技术是蚕业科技领域的一项重大创新，其中利用家蚕性连锁平衡致死系育成的多对实用化雄蚕杂交组合已在生产上推广应用。杂交组合的配合力分析对雄蚕杂交组合的选配具有重要意义。何克荣等利用4个普通家蚕品种和4个家蚕性连锁平衡致死系组配雄蚕杂交组合的不完全双列杂交试验，研究了5项茧质性状的遗传效应，在雄蚕杂交组合亲本的一般配合力分析中起到了较重要的作用。廖鹏飞等利用3个普通家蚕品种和6个家蚕性连锁平衡致死系进行不完全双列杂交试验，对组配的18个雄蚕杂交组合的万蚕产茧量和万蚕产茧层量2项经济性状进行配合力分析，并据此选出了一般配合力较高的亲本，获得了特殊配合力较高的雄蚕杂交组合。这些研究结果对雄蚕杂交组合的选配具有一定参考意义。但是，已有的研究均是对雄蚕二元杂交组合进行的分析，而且用于分析的杂交组合数量及目标性状都较少，其实用参考价值有限。本项研究以12个中系家蚕斑纹限性杂交原种为母本，以12个日系性连锁平衡致死系杂交原种为父本，按不完全双列杂交组配形式，配制成144个雄蚕四元杂交组合，用于各亲本组合3项生命力性状和5项茧质性状的遗传参数分析，在此基础上根据雄蚕四元杂交组合的特点构建雄蚕四元杂交组合不完全双列杂交模型，并应用于其单品系（祖亲）的一般配合力分析，希望能明确对雄蚕杂交组合选配具有实际指导意义的主要经济性状的遗传参数，并优化四元杂交组合的组配方式。

1　材料与方法

1.1　供试材料配制及目标性状调查方法

2012年春季，在本所实验室饲养华苏、华菊、华菁、限菁、871、云7、限1、蒙菁8个中系家蚕斑纹限性原种和平22、平12、平30、平26、平28、平60、平72、平32、平82、平84等10个日系家蚕性连锁平衡致死系原种，同时配制成12个中系家蚕斑纹限性杂交原种（华苏·871、华苏·限菁、华苏·云7、华菊·苏华、华菊·871、华菊·限菁、华菊·限1、华菊·云7、华菁·华苏、华菁·华菊、限菁·蒙菁和限菁·云7）和12个日系性连锁平衡致死系杂交原种（平

①　本文原载于《蚕业科学》，2013，39（5）：900-905。

22・平12、平22・平30、平22・平26、平28・平30、平30・平60、平30・平72、平30・平32、平32・平60、平60・平72、平82・平26、平82・平60和平84・平82）。当年中秋蚕期在本所实验室饲养以上24个杂交原种，并按不完全双列杂交形式配制12×12=144个雄蚕四元杂交组合。

2012年晚秋蚕期在浙江和顺现代农业有限公司的同一蚕室内饲养这144个杂交组合，4龄1d后，每个组合分成2个重复，共288个试验小区，每小区饲养500头蚕。各小区的饲养条件和处理基本相同，并按家蚕新品种鉴定方法调查每一个小区的4龄起蚕结茧率（简称结茧率）、死笼率、4龄起蚕虫蛹统一生命力（简称虫蛹率）等3个生命力性状与全茧量、茧层量、茧层率、万蚕产茧量和万蚕产茧层量等5个茧质性状。

1.2 不完全双列杂交配合力分析

参照《作物数量遗传学基础》（六、配合力：不完全双列杂交）一文报道的不完全双列杂交分析方法，首先对上述8个经济性状进行144个杂交组合的随机区组方差分析。当8个性状在四元杂交组合间的方差均达到极显著水平，则进一步进行其配合力的方差分析，估算一般配合力方差和特殊配合力方差及其相对效应，同时估算各性状的广义遗传力和狭义遗传力，然后进一步计算各杂交原种主要经济性状的一般配合力效应值和特殊配合力效应值。数据分析时，对百分率数据（结茧率、死笼率、虫蛹率和茧层率）均进行反正弦转换后，再进行计算。

1.3 单品系（祖亲）主要经济性状的一般配合力效应值估算

《作物数量遗传学基础》（六、配合力：不完全双列杂交）一文报道的不完全双列杂交方法是针对二元杂交组合，而本研究将其用于四元杂交组合的分析，所以得出的一般配合力只是表示杂交原种的效应，特殊配合力也是表示2个杂交原种的互作效应，故对于单品系（即祖亲）的效应则采用以下模型进行分析：

$$X_{(ij)(kl)m}= \mu + MG_i+ MG_j+ MS_{ij}+ PG_k+ PG_l+PS_{kl}+ S_{(ij)(kl)}+ \varepsilon_{(ij)(kl)m} \tag{1}$$

式中：$X_{(ij)(kl)m}$ 是第 i 个中系单品系和第 j 个中系单品系杂交的母本杂交原种与第 k 个日系单品系和第 l 个日系单品系杂交的父本杂交原种的四元杂交种的第 m 个重复的成绩；μ 是群体平均值；MG_i、MG_j 是第 i 个或第 j 个中系单品系的一般配合力效应值；MS_{ij} 是中系单品系 i 与 j 杂交的特殊配合力效应值；PG_k、PG_l 是第 k 个或第 l 个日系单品系的一般配合力效应值；PS_{kl} 是日系单品系 k 与 l 杂交的特殊配合力效应值；$S_{(ij)(kl)}$ 是母本杂交原种 ij 与日系杂交原种 kl 杂交的四元杂交组合的特殊配合力效应值；$\varepsilon_{(ij)(kl)m}$ 是随机误差。由公式（1）可以得到各单品系主要经济性状的一般配合力效应值。

中系单品系 i 的一般配合力效应值：

$$MG_i=X_i./ \left[2 \times 12 \times N_i \right]-\mu \tag{2}$$

日系单品系 k 的一般配合力效应值：

$$PG_k = X_k./[2 \times 12 \times N_k] - \mu \qquad (3)$$

中系单品系 i 和 j 杂交的特殊配合力效应值：

$$MS_{ij} = GC_{ij} - MG_i - MG_j \qquad (4)$$

日系单品系 k 和 l 杂交的特殊配合力效应值：

$$PS_{kl} = GJ_{kl} - PG_k - PG_l \qquad (5)$$

式中：$X_i.$、$X_k.$ 分别表示含有 i 或 k 单品系的所有四元杂交组合成绩之和；N_i、N_k 分别表示含有 i 或 k 单品系的所有杂交原种的数量（个）；GC_{ij}、GJ_{kl} 分别表示杂交原种 ij 和 ki 的一般配合力；μ 是群体平均值。

2 结果与分析

2.1 杂交原种的主要经济性状配合力效应值分析

根据文献［7］的方法求出雄蚕四元杂交组合的8项经济性状在12个母本中系斑纹限性杂交原种和12个父本平衡致死系杂交原种的一般配合力效应值，列于表1、表2。

表1 雄蚕四元杂交组合不完全双列杂交母本杂交原种的8个经济性状的一般配合力效应值

中系杂交原种	结茧率	死笼率	虫蛹率	全茧量	茧层量	茧层率	万蚕产茧量	万蚕产茧层量
华苏·871	0.086	−3.41	2.237	−0.023	−0.010	−0.146	−0.249	−0.099
华苏·限菁	0.143	−0.780	0.570	−0.020	−0.015	−0.103		−0.120
华苏·云7	−1.469	3.411	−3.658	0.027	0.003	−0.188	0.142	−0.005
华菊·华苏	−0.419	−0.517	0.224	−0.019	−0.009	−0.197	−0.286	−0.120
华菊·871	−0.183	0.463	−0.219	−0.021	−0.005	0.028	−0.119	−0.027
华菊·限菁	−1.048	0.943	−1.350	−0.038	−0.015	−0.129	−0.482	−0.173
华苏·限1	−0.203	1.097	−0.866	−0.037	−0.003	0.246	−0.312	−0.030
华菊·云7	0.768	1.312	−0.474	0.024	0.002	−0.165	0.280	0.035
华菁·华苏	0.503	0.095	0.289	0.006	−0.003	−0.218	0.103	−0.023
华菁·华菊	0.533	−1.236	1.629	−0.015	−0.011	−0.326	−0.108	−0.101
限菁·蒙菁	0.861	−1.902	1.748	0.067	0.035	0.753	0.781	0.358
限菁·云7	0.427	0.496	−0.130	0.043	0.031	0.863	−0.426	0.306

表2 雄蚕四元杂交组合不完全双列杂交父本杂交原种的8个经济性状的一般配合力效应值

日系杂交原种名	结茧率	死笼率	虫蛹率	全茧量	茧层量	茧层率	万蚕产茧量	万蚕产茧层量
平22·平12	−1.162	−0.641	−0.323	0.005	−0.003	−0.171	−0.041	−0.050
平22·平30	0.398	−1.433	1.563	0.042	0.013	0.009	0.552	0.165

（续）

日系杂交原种名	结茧率	死笼率	虫蛹率	全茧量	茧层量	茧层率	万蚕产茧量	万蚕产茧层量
平22·平26	0.808	−0.761	1.021	−0.051	−0.026	−0.575	−0.399	−0.228
平28·平30	−0.166	1.012	−0.749	−0.074	0.004	0.462	−0.244	0.040
平30·平60	0.540	−1.141	1.216	0.002	0.01	0.505	0.004	0.110
平30·平72	0.602	2.836	−1.910	0.013	0.005	0.091	0.148	0.053
平30·平32	1.720	−2.750	3.019	−0.036	−0.015	−0.265	−0.192	−0.107
平32·平60	−0.746	0.591	−0.844	−0.004	−0.000	0.022	−0.058	−0.008
平60·平72	−0.239	1.581	−1.071	0.019	0.016	0.510	0.231	0.171
平82·平26	−0.490	0.835	−1.019	0.052	0.010	−0.127	0.451	0.085
平82·平60	0.502	−0.073	0.372	−0.006	−0.010	−0.394	−0.117	−0.113
平84·平82	−1.768	−0.057	−1.364	−0.012	−0.006	−0.156	−0.334	−0.118

如表1～表2所示，结茧率具较高一般配合力的母本杂交原种有限菁·蒙菁、华菊·云7和华菁·华菊，父本杂交原种有平30·平32、平22·平26、平30·平72；死笼率较低的母本杂交原种有华苏·871、限菁·蒙菁、华菁·华菊，父本杂交原种有平30·平32、平22·平30、平30·平60；虫蛹率较高的母本杂交原种有华苏·871、限菁·蒙菁、华菁·华苏，父本杂交原种有平30·平32、平22·平26、平30·平60；全茧量较高的母本杂交原种有限菁·蒙菁、限菁·云7、华苏·云7，父本杂交原种有平82·平26、平22·平30、平60·平72；茧层量较高的母本杂交原种有限菁·蒙菁、华菁·华菊、华菊·云7，父本杂交原种有平60·平72、平22·平30、平30·平60；茧层率较高的母本杂交原种有限菁·云7、限菁·蒙菁和华苏·限1等，父本杂交原种有平60·平72、平30·平60、平28·平30等；万蚕产茧量较高的母本杂交原种有限菁·蒙菁、华菁·华菊、华菊·云7，父本杂交原种有平22·平30、平82·平26、平60·平72；万蚕产茧层量较高的母本杂交原种有限菁·蒙菁、限菁·云7、华菊·云7，父本杂交原种有平60·平72、平22·平30、平30·平60。综合以上8项经济性状，一般配合力较高的母本中系斑纹限性杂交原种有限菁·蒙菁和限菁·云7，父本日系性连锁平衡致死系有平22·平30、平30·平60和平60·平72。采用这些杂交原种有可能选配出较理想的雄蚕四元杂交组合。

由于特殊配合力效应值是针对某一特定组合而言，缺乏一般性意义且数据量大，故在此不作分析。

2.2　杂交原种的主要经济性状配合力方差和遗传力估算

通过不完全双列杂交试验对杂交原种8项经济性状的一般配合力方差和特殊配合力方差以及相关遗传力进行估算，结果列于表3。

从表3可见，杂交原种及四元杂交组合3项生命力性状的一般配合力方差较小，而特殊配合力方差较大，说明其非加性遗传效应占有较大比率。相对于生命力性状，5项茧质性状的一般配合力相对方差较大，在50%左右。从遗传角度看，虫蛹率等生命力性状的遗传力较低，而茧层率和茧层量等茧质性状则表现出较高的遗传力，这与前人的研究结果一致，也与普通家蚕品种杂交组合相应性状的遗传力分析结果相一致。

表3 雄蚕四元杂交组合8项经济性状的配合力基因型方差及遗传力估算结果

性状	母本杂交原种一般配合力方差（%）	父本杂交原种一般配合力方差（%）	四元杂交的特殊配合力方差（%）	一般配合力相对方差（%）	特殊配合力相对方差（%）	广义遗传力（%）	狭义遗传力（%）
结茧率	0.146	0.552	1.989	26.89	73.11	35.29	9.49
死笼率	2.04	1.199	5.295	37.95	62.05	37.62	14.28
虫蛹率	1.61	1.286	5.765	33.44	66.56	47.37	15.84
全茧量	0.001	0.001	0.002	39.58	60.42	57.9	22.92
茧层量	0.0002	0.0001	0.0004	48.44	51.56	66.29	32.11
茧层率	0.146	0.1	0.195	55.78	44.22	66.86	37.29
万蚕产茧量	0.09	0.06	0.19	44.1	55.9	53.84	23.75
万蚕产茧层量	0.023	0.012	0.032	51.91	48.09	64.91	33.70

《作物数量遗传学基础》（六、配合力：不完全双列杂交）一文是针对普通二元杂交组合，采用有重复的2个因素交叉方差分析，得出的一般配合力方差只是2个主因素的方差，特殊配合力方差是2个主因素的交互作用的方差。而本项研究是针对四元杂交组合，其一般配合力是指杂交原种的效应，而特殊配合力是表示2个杂交原种的互作效应。因而，这里的一般配合力方差并不完全表示基因型的加性效应方差，同样狭义遗传力也并不能表示纯加性效应的比例，仅是表示2组亲本（杂交原种）基因型效应的方差，其中显然包含了部分非加性效应。

2.3 单品系（祖亲）主要经济性状的一般配合力效应值分析

在四元杂交组合不完全双列杂交试验中，一般配合力是杂交原种的效应，特殊配合力是四元杂交组合的2个杂交原种交互作用的效应。为进一步了解其单品系（祖亲）的效应，通过不完全双列杂交试验并应用上述估算模型对单品系配合力效应值进行分析，把杂交原种的一般配合力效应值进一步分解成2个单品系的一般配合力效应及其交互作用（杂交原种的特殊配合力）效应值，如公式（1）。《数量遗传分析的生物统计方法》报道的双杂交分析方法中，一个单品系（祖亲）的一般配合力效应值是用含有某一祖亲（如i）的所有四元杂交组合成绩之和的平均值减去整个群体的平均值，即公式（2）和（3）；杂交原种中2个单品系的特殊配合力效应值是用杂交原种的一般配合力效应值减去2个单品系（祖亲）的一般配合力效应值和来定义的，即公式（4）和（5）。将8个母本单品系和10个父本单品系的8项经济性状的一般配合力估算结果分别列于表4与表5。

表4　母本（中系斑纹限性品种）单品系8项经济性状的一般配合力分析结果

品种名	结茧率	死笼率	虫蛹率	全茧量	茧层量	茧层率	万蚕产茧量	万蚕产茧层量
华苏	−0.332	−0.072	−0.242	−0.010	−0.010	−0.328	−0.126	−0.107
华菊	−0.193	0.506	−0.350	0.020	−0.010	−0.198	−0.219	−0.102
华菁	0.417	−0.408	0.785	−0.009	−0.010	−0.364	−0.050	−0.095
限菁	−0.005	−0.148	0.035	0.009	0.006	0.150	0.090	0.060
871	−0.150	−1.312	0.835	−0.026	−0.010	−0.152	−0.231	−0.096
云7	−0.192	1.912	−1.595	0.027	0.009	0.078	0.235	0.079
限1	−0.304	1.260	−1.041	−0.035	−0.006	0.153	−0.359	−0.063
蒙菁	0.760	−1.740	1.574	0.063	0.032	0.661	0.661	0.325

表5　父本（日系性连锁平衡致死系）单品系8项经济性状的一般配合力分析结果

品种名	结茧率	死笼率	虫蛹率	全茧量	茧层量	茧层率	万蚕产茧量	万蚕产茧层量
平22	0.236	−1.016	0.968	0.001	−0.004	−0.202	0.080	−0.024
平12	−0.941	−0.712	−0.108	0.008	−0.002	−0.157	0.001	−0.036
平30	0.840	−0.367	0.860	0.002	0.005	0.192	0.096	0066
平26	0.380	−0.034	0.216	0.002	−0.007	−0.337	0.068	−0.058
平28	0.054	0.941	−0.535	−0.022	0.005	0.476	−0.202	0.054
平60	0.235	0.168	0.133	0.005	0.005	0.175	0.057	0.054
平72	0.402	2.137	−1.276	0.018	0.011	0.314	0.232	0.126
平32	0.708	−1.151	1.347	−0.018	−0.007	−0.107	−0.083	−0.044
平82	−0.365	0.163	−0.456	0.013	−0.001	−0.212	0.042	−0.035
平84	−1.548	−0.129	−1.150	−0.010	−0.006	−0.142	−0.292	−0.104

表4的数据显示蒙菁、限菁和云7这3个母本品种具有较好的单品系一般配合力效应值，特别是蒙菁的8项经济性状的一般配合力效应值都处于最优范围，是一个具有较强一般配合力的单品系材料。表5的数据显示，父本性连锁平衡致死系的10个单品系中一般配合力较好的有平30、平60和平72这3个品种，其中平30表现比较突出，但是没有母本品种蒙菁显著。按照文献［9］的分析方法认为：在双杂交分析中，假定单品系是纯合体的前提下，单品系的平均效应（一配合力效应值）说明了加性效应的总和。所以，在表4和表5中具有较高一般配合力效应值的单品系也说明它们相应的性状中包含有较多的加性基因。其原因有二：一是这些单品系的相对纯合度较高；二是这些品系在该性状中具有较高的加性累积基因效应。无论是哪一种原因都表示这些品系在选配杂交组合时，对于相应选择性状会具有比较理想的表型值。

3　讨论

关于双杂交（四元杂交）分析早在1962年辛格等就提出过一种分析方法，该方法虽然能获得较多的遗传信息，但在试验中需要所有供试单品系可能组成的全部四元杂交组合，其所需的杂交组合数为 3 [$P!$ / 4! (P − 4) !]，其中 P 为单品系数。可见当 P 较大时，其试验规模很大。本试验的目的是要组配雄蚕杂交组合，需要采用特殊的交配形式，即只能利用性连锁平衡致死系雄性与普通品种的雌性杂交，后代才能全是雄性，反交则不能利用，并且平衡致死系带有特殊的致死基因，所以《数量遗传分析的生物统计方法》一文的试验设计不适于雄蚕杂交组合的配制。而不完全双列杂交法符合雄蚕杂组合中不同父本、母本相交的要求，是一种较为理想的雄蚕杂交组合选配试验方法。本项研究参照《数量遗传分析的生物统计方法》一文的分析方法，根据不完全双列杂交试验的结果建立了雄蚕四元杂交组合不完全双列杂交的分析模型，并应用该模型对一次项遗传参数（主要是配合力效应值）进行估算，找出了一般配合力较高的祖亲品种。

用表1、表2中列出的杂交原种的一般配合力效应值减去表4和表5中对应的单品种一般配合力效应值，就是杂交原种中2个单品系的交互作用（特殊配合力）效应值。再次依据8项经济性状进行综合分析，特殊配合力较高的母本杂交原种有华苏·871、限菁·云7、华菁·华苏、华菊·871和华菊·云7等，父本（性连锁平衡致死系）杂交原种有平22·平12、平22·平30、平82·平26、平84·平82等。由于杂交原种内的特殊配合力效应值只对该杂交原种有意义，而对于特定的杂交原种更重要的是其一般配合力效应值，所以这种反映杂交原种内的特殊配合力效应值的实用价值不大。然而，对这种特殊配合力进一步做二次项（平方和）分析，能获得一些非加性效应的结果，从而可增强其实用性和参考价值。

由于人们对杂种优势的产生原因仍不完全明了，为了组配出优良的杂交组合，目前最常用的方法是利用初交测定的方法，从大量的杂交组合中选取优良组合。但许多育种者进行初交试验的目的只是简单比较杂交组合间的性状成绩优劣，很少利用初交试验的成绩来反推亲本配合性能的优劣。本试验最初也是进行雄蚕四元杂交组合的初交测试试验，但是把杂交组合配制成不完全双列杂交的形式，然后按照遗传模型进行配合力分析，这样不仅能从中筛选出优良的杂交组合，同时也获得了有关亲本配合力的遗传信息，有助于进一步的亲本选择和杂交组合组配形式优化。

单交制种专用家蚕品种浙凤1号的选育[①]

王永强　孟智启　祝新荣　姚陆松　杜　鑫　刘培刚　沈爱琴　柳新菊　曹锦如　何秀玲

（浙江省农业科学院蚕桑研究所　杭州　310021）

家蚕是一种重要的经济昆虫，雌蚕和雄蚕具有不同的经济性状和利用价值。与雌蚕相比，雄蚕具有强健好养、出丝率高、茧丝品质优等特点。在农村专养雄蚕与现行雌雄混养相比，综合经济效益增幅达20%以上；而在蚕种场多养雌蚕可降低蚕种生产成本，特别近几年来，原蚕区蚕种生产中的雌雄蚕蛹鉴别费时、费工，已成为迫切需要解决的问题。因此，利用性别控制技术实现"农村专养雄蚕，蚕种场多养雌蚕"将有效提高整个蚕丝产业链的综合效益。在农村专养雄蚕方面，育成的秋·华×平30、秋丰×平28、限7×平48等系列雄蚕新品种已在生产上大规模推广应用，显示出提高茧丝产量和品质的作用。若能利用性别控制技术，培育后代全部为雌性的家蚕品种，作为杂交种生产的母本，利用经济性状优良的限性卵色系（可依据卵色将雌雄卵分开）或平衡致死系作为父本，便可在杂交种生产中实现原种的性别控制，形成一方只养雌蚕，另一方只养雄蚕的生产模式，即单交制种，从而实现蚕种场多养雌蚕的目标，提高蚕种企业的经济效益。

雌蚕无性克隆（Female parthenogenetic clones）是家蚕的一种单性生殖技术，利用温汤处理等方法人工诱导未受精卵发育，后代产生全雌群体且基因型完全一致。虽然近一个多世纪以来国内外学者在雌蚕无性克隆诱导方法等方面做了大量研究和探索，但后代孵化率低、经济性状差一直是影响其实用化的技术瓶颈，未见有实用二化性雌蚕无性克隆系成功构建及生产应用的报道。

1996年以来，浙江省农业科学院蚕桑研究所利用我国优良的家蚕种质资源开展了雌蚕无性克隆系改良的系列研究。目前已建立了适合我国二化性品种的雌蚕无性克隆处理技术，并利用优化的技术条件，以无性克隆发生率和孵化率为主要指标并结合经济性状选择，通过连续选育，成功构建了国内外最大的二化性雌蚕无性克隆系资源库，包括雌蚕29号、雌蚕35号等25个品系，这些品系的后代雌蚕率达100%，无性克隆发生率和孵化率平均值分别达90%、80%以上，且兼具优良的茧丝质性状。

本课题组以高无性克隆发生率和孵化率的雌蚕无性克隆系为母本，限性卵色系为父本组配了42个杂交组合。经实验室多年多期的配合力测试与比较，筛选出综合经济性状优良的新型常规单交家蚕品种雌29×卵36。该品种2010年在杭州千岛湖蚕种有限公司进行试繁，由于免去了一代杂交种生产中雌雄鉴别这道复杂的工序，大幅度提高了制种效率，并且提高了蚕种杂交率和

① 本文原载于《蚕业科学》，2013，39（5）：906-912。

蚕种质量。该单交品种雌29×卵36于2011—2012年参加浙江省家蚕新品种农村生产试验，并于2013年1月通过浙江省农作物品种审定委员会审定，定名为浙凤1号。

1 新品种选育方法与选育经过

1.1 亲本来源

雌29为雌蚕无性克隆系，其母本为学65，父本为夏5；卵36为日系品种卵26（母本）与日系品种416（父本）杂交固定种。

1.2 雌蚕无性克隆系雌29的选育

雌29是具有高实用孵化率的无性克隆系（全雌蚕品种）。2000年春期以春用多丝量品种学65为母本，以夏秋用品种夏5为父本进行杂交，取F_1代雌蛾产下的卵参照王永强（2001）报道的无性克隆技术选育继代。无性克隆系继代选育策略是在保持品种优良经济性状的同时，着重提高其无性克隆发生率和孵化率水平。选择目标是雌蚕率100%，无性克隆发生孵化率（即无性克隆发生率×孵化率）50%以上，其他综合经济性状优良。选育技术措施为：在早期世代的无性克隆选育过程中，严格淘汰畸形蚕和发育迟缓的个体，保持蚕体发育整齐度，并在春期重点进行活蛹缫丝，选择千米切断次数少、颣节少的个体留种；中后期世代选择无性克隆发生率、孵化率和生命率高的蛾区留种。至2012年秋期已选育至23代，后代全部为雌性且发育整齐，无性克隆发生率和孵化率分别达到90%和80%以上，茧丝质性状优良。2008年秋期委托浙江省农业厅蚕种科技服务中心对25个雌蚕无性克隆系的发生率和孵化率进行了调查，其中雌蚕29号的发生率、孵化率分别为93.33%、92.33%。

表1为2006—2012年各蚕期雌蚕29号的孵化率和饲养成绩，其中孵化率平均为91.0%，4龄起蚕平均虫蛹率分别为90.99%，茧层率接近20%，与常规品种雌性个体相仿。2008年秋期、2011春期饲养雌蚕29号的主要茧丝质性状达到实用化水平：茧丝长分别为979m、1013m，解舒丝长分别为735m、791m，解舒率75%以上，洁净95分以上，且茧丝纤度较细。

表1　雌蚕无性克隆系雌29号的孵化率与饲养成绩

年份与蚕季	孵化率（%）	5龄经过（d:h）	全龄经过（d:h）	虫蛹率（%）	全茧量（g）	茧层量（g）	茧层率（%）
2006春	85.0	7:06	22:11	95.07	2.07	0.406	19.61
2006秋	94.0	7:21	25:13	90.38	1.64	0.324	19.76
2007春	94.0	6:18	23:05	94.22	1.75	0.362	20.69
2007秋	88.0	7:00	23:21	87.61	1.72	0.346	20.12
2008春	93.0	7:00	23:05	93.85	2.23	0.441	19.78
2008秋	92.3	7:00	24:05	85.34	1.84	0.363	19.73

（续）

年份与蚕季	孵化率（%）	5龄经过（d:h）	全龄经过（d:h）	虫蛹率（%）	全茧量（g）	茧层量（g）	茧层率（%）
2009春	—	7:10	23:21	92.24	2.06	0.429	20.80
2009秋	—	7:08	25:05	88.13	2.29	0.436	19.04
2010春	—	7:04	24:01	91.28	2.38	0.478	20.12
2010秋	—	6:08	22:05	84.07	1.94	0.374	19.23
2011春	—	7:00	24:05	97.75	1.95	0.413	21.18
2011秋	—	6:13	22:11	92.51	1.96	0.378	19.27
2012春	—	7:01	23:21	90.39	2.24	0.445	19.84
平均	91.0	7:01	23:17	90.99	2.00	0.400	19.94

注：2008年秋期孵化率为浙江省农业厅蚕种科技服务中心调查成绩，其余为实验室调查成绩。"—"表示未做调查。

1.3　限性卵色品种卵36的选育

卵36采用向普通家蚕品种导入限性标记基因的回交改良方法育成。在选育过程中，以卵26（日系）为限性基因供体，以优良夏秋用蚕品种416为限性基因受体，为确保限性基因的存在，用带有w_3纯合基因的家蚕品种雌性进行测交。2001年秋蚕期以卵26和416配制育种材料，2002年春期开始回交改良。2003年春蚕期合成新的限性卵色系，用常规的杂交育种方法进行自交纯化，$G_1 \sim G_3$均采用蛾区蚁量混合育选择，选择茧质和丝质优良的个体留种，G_4代开始进行单蛾育，选择发育整齐、抗性强及茧丝质优的蛾区留种继代，至2012年秋已选育至G_{22}代，品种性状稳定。

2　新品种单交组合鉴定成绩

2.1　实验室联合鉴定成绩

从2005年开始以雌蚕无性克隆系和限性卵色系为材料，组配42个单交组合进行对比试验，以常规秋丰×白玉为对照品种，饲养及调查方法参照浙江省地方标准DB33/T 692—2008《桑蚕新品种试验技术规程》执行。在组合初选和配合力测定基础上，对蚕期饲养和茧丝质成绩较好的10个重点组合进行多年多期的实验室比较，在综合考虑不同组合的生命力和茧丝质成绩的基础上，筛选出雌蚕无性克隆发生和孵化率高，茧丝综合性状优良的单交组合雌29×卵36，2007年秋期委托湖州市农业科学院进行联合鉴定的结果见表2。该单交组合4龄起蚕虫蛹率比对照品种高0.32个百分点；万蚕产茧层量比对照种高19.28%；解舒丝长和洁净略低于对照品种；5龄经过和全龄经过比对照品种略长；万蚕产茧量和5龄一日万蚕产茧层量分别比对照品种高10.23%、17.24%；鲜毛茧出丝率比对照品种高0.28个百分点。

表2 雌29×卵36的实验室联合鉴定成绩

品种名	5龄经过 （d:h）	全龄经过 （d:h）	虫蛹率 （%）	全茧量 （g）	茧层量 （g）	茧层率 （%）	万蚕产茧量 （kg）	万蚕产茧层量 （kg）
雌29×卵36	6:21	23:15	93.76	1.66	0.382	22.98	16.27	3.736
秋丰×白玉（CK）	6:20	23:06	93.44	1.54	0.327	21.24	14.76	3.132

品种名	5龄一日万蚕产 茧层量（kg）	茧丝量 （g）	茧丝长 （m）	解舒丝长 （m）	解舒率 （%）	纤度 （dtex）	洁净 （分）	出丝率 （%）
雌29×卵36	0.544	0.3100	1171	845	72.22	2.649	94.75	17.55
秋丰×白玉（CK）	0.464	0.2802	1060	882	83.28	2.646	95.62	17.27

注：表中数据为新品种2007年秋季在浙江省农业科学院蚕桑研究所与湖州市农业科学院实验室鉴定的平均成绩。

2.2 家蚕新品种实验室共同鉴定成绩

2008—2009年雌29×卵36参加浙江省家蚕新品种实验室共同鉴定（表3）。在实验室鉴定的4个主要指标中：4龄起蚕虫蛹率比对照品种低0.93个百分点；万蚕产茧层量比对照种高9.60%；解舒丝长、洁净高于对照品种。在实验室鉴定的6个辅助指标中：实用孵化率98.76%；发育经过比对照品种略长；万蚕产茧量比对照品种高6.82%；5龄一日万蚕产茧层量比对照品种高6.20%；鲜毛茧出丝率略高于对照品种；茧丝纤度2.856dtex。

表3 雌29×卵36参加浙江省家蚕新品种实验室共同鉴定的成绩

品种名	5龄经过 （d:h）	全龄经过 （d:h）	虫蛹率 （%）	全茧量 （g）	茧层量 （g）	茧层率 （%）	万蚕产茧量 （kg）	万蚕产茧层量 （kg）
雌29×卵36	6:12	22:00	94.31	1.96	0.434	22.26	19.42	4.327
秋丰×白玉（CK）	6:07	21:17	95.24	1.82	0.395	21.67	18.18	3.948

品种名	5龄一日万蚕产 茧层量（kg）	茧丝量 （g）	茧丝长 （m）	解舒丝长 （m）	解舒率 （%）	茧丝纤度 （dtex）	洁净 （分）	出丝率 （%）
雌29×卵36	0.668	0.3577	1217	874	71.68	2.856	95.88	16.24
秋丰×白玉（CK）	0.629	0.3222	1109	860	77.76	2.917	95.16	16.20

注：表中数据为2008、2009年秋期6个鉴定点的平均成绩。

2.3 农村生产试验成绩

2011、2012年秋期，雌29×卵36在浙江省的湖州、海宁、海盐、淳安4个点进行农村生产试验，2年4个试验点的平均成绩见表4。张种产茧量、张种产值（张种装卵量28000±500粒，按DB33/T 217.1—2007标准执行）分别比对照种提高9.53%、9.77%；茧丝长、解舒丝长和干毛茧出丝率均高于对照品种，洁净略低于对照品种，纤度3.012dtex。该品种孵化齐一、好养，抗性与当地对照品种秋丰×白玉相仿，5龄发育经过较对照品种略长，食桑旺盛，蚕体和茧形大，产量较高，主要茧丝质成绩优于对照品种。

表4 雌29×卵36的农村生产试验成绩

品种名	张种产茧量（kg）	张种产值（元）	解舒丝长（m）	洁净（分）	纤度（dtex）	5龄经过（d:h）
雌29×卵36	49.4	1808	680	94.53	3.012	8:14
秋丰×白玉（CK）	45.1	1647	658	94.56	2.888	8:03

品种名	全龄经过（d:h）	上车茧率（%）	茧丝长（m）	解舒率（%）	干茧出丝率（%）
雌29×卵36	26:23	86.26	936	72.62	33.46
秋丰×白玉（CK）	26:08	85.56	925	70.68	33.42

注：表中数据为新品种2011、2012年秋期在浙江省4个农村试验点的饲养成绩。

2.4 试繁成绩

2008年春期，雌29×卵36首次在湖州长兴龙华蚕业有限公司蚕种场进行试繁试验，以普通品种秋丰、白玉为对照。雌29号在饲养过程的性状表现与对照品种无明显差异，后代全部为雌性，全龄经过比秋丰长8h，全茧量较对照品种提高11.83%，茧层率20%以上；卵36的雄蚕率达到99.5%（表5）。繁育成绩见表6，新品种平均健蛹率比对照品种略低，平均克蚁单产比对照品种提高42.75%；平均千克茧制种量比对照品种提高32.83%。雌29×卵36制种量提高的原因是没有反交，雌29号全部为雌，可用来全部制种，有效制种蚕茧数量明显增加，从而提高了制种效率；而普通品种秋丰、白玉分别只有一半用于制种。

表5 单交品种雌29、卵36在蚕种场的饲养成绩

品种	死笼率（%）	全茧量（g）	茧层量（g）	茧层率（%）	雌蚕率（%）	雄蚕率（%）
雌29	3.5	2.08	0.420	20.19	100.0	0.0
卵36	4.0	1.68	0.440	26.19	0.5	99.5
秋丰	2.5	1.86	0.411	22.10	50.0	50.0
白玉	3.0	1.76	0.370	21.02	50.0	50.0

注：表中数据为2008年春蚕期饲养成绩。表6同。

表6 单交品种雌29×卵36在蚕种场的繁育成绩

品种	蚁量（g）	收茧量（kg）	健蛹率（%）	千克茧颗数（粒）	蚕种数量（张）	克蚁制种量（张）	千克茧制种量（张）
雌29	2	8.61	96.50	480	63.5	31.75	7.38
卵36	1	3.47	96.00	595			
平均	3	12.08	96.25	538	63.5	21.17	5.26
秋丰	3	11.55	97.50	537	48.0	16.00	4.16
白玉	3	10.93	97.00	568	41.0	13.67	3.75
平均	6	22.48	97.25	552	89.0	14.83	3.96

3 新品种的主要性状

3.1 原种性状

3.1.1 雌29

中国系统，杂交原种，二化性四眠，后代全部为雌性；越年卵灰绿色，卵壳淡黄色，每蛾总卵数550粒左右；雌蚕无性克隆发生率和孵化率分别达90%和80%以上，蚁蚕黑褐色，文静，克蚁2300头左右；壮蚕体色青白，蚕体粗壮，素蚕；各龄眠起较齐一，食桑旺盛；老熟齐涌，营茧快，茧色白，茧形大，椭圆形，缩皱中细；发蛾集中，交配、制种性能良好；催青经过10d，全龄经过23～24d，全蚕期较卵36短1d，与卵36对交，宜推迟1～2d出库催青。

3.1.2 卵36

日本系统，二化性四眠，限性卵色种，越年卵雌性为灰褐色，雄性深黄色，每蛾总卵数500粒左右。孵化齐一，蚁蚕黑褐色，小蚕趋密性强，大蚕体色灰褐，普斑，体质强健好养，茧色白，茧形浅束腰，缩绉中等。发育经过：催青经过10d，全龄经过23～24d，全蚕期50～51d，利用限性卵色可区分雌雄，在采用单交制种时，可只饲养雄性黄卵，与雌29对交宜提早1～2d出库催青。

3.2 杂交种性状

多年多蚕期实验室鉴定和农村试验成绩表明，单交制种组合雌29×卵36的幼虫具有体质强健、好养、产量高等特点。催青经过10d，良卵率97%左右，孵化齐一，实用孵化率99%以上，蚁蚕黑褐色，1～2龄趋光、趋密性强，应注意匀座。幼虫发育快，眠起齐。壮蚕体色青白，普斑，蚕体粗壮，食桑旺盛。老熟齐涌，营茧快，茧层厚，茧色洁白，椭圆形，大小整齐。蚕茧缩皱细，解舒较好，茧丝洁净度优，纤度细。

3.3 杂交种饲养技术要点

该品种按二化性蚕品种催青标准催青；稚蚕期趋光、趋密性强，注意及时匀座、扩座；各龄眠性较快，注意及时加眠网；各龄盛食期食桑旺盛，5龄发育经过较秋丰×白玉稍慢，蚕体大，注意大蚕期充分良桑饱食。该品种为中丝量品种，春蚕期饲养体质强健，饲养容易，产茧量高，注意良桑饱食；由于含有多丝量血统，秋蚕期饲养，应适时防病、防高温，壮蚕期和蔟中注意通风。

4 小结

本实验室通过10多年的持续选育，解决了雌蚕无性克隆系孵化率低的技术瓶颈，构建了国内外最大的二化性雌蚕无性克隆系资源库，并实现了雌蚕无性克隆技术和品种的实用化，用雌蚕无性克隆系与限性卵色品种或平衡致死系雄性杂交，可在家蚕一代杂交种生产中实现单交制种，开辟了家蚕育种新途径。

　　雌29×卵36是利用雌蚕无性克隆系与限性卵色系结合常规育种技术育成的实用新型单交家蚕品种。该品种的单交制种模式，结合家蚕雄蛾可多次交配的特性，使原种饲养的雌雄比例从目前的1∶1提高到2∶1以上，达到了蚕种场多养雌蚕的目标，提高了蚕种生产效率。理论上分析，该品种生产同样数量的蚕种，原种饲养规模将缩小1/3，蚕种生产成本可降低20%以上。雌29×卵36的试繁结果显示其公斤茧制种量分别比秋丰×白玉、薪杭×白云提高32.83%、23.0%；该品种在制种过程中免去了雌雄鉴别这道复杂的工序，将有效解决目前原蚕区蚕种生产过程中的雌雄蚕蛹鉴别费时、费工的问题，可大幅度提高制种效率；利用雌蚕无性克隆系实现的单交制种新模式，在蚕种生产的蚕蛾交配过程中不会出现纯对现象，杂交彻底，有利于提高蚕种质量。

多丝量雄蚕新品种华菁 × 平72的育成[①]

祝新荣　何克荣　柳新菊　王永强　陈　诗　孟智启

（浙江省农业科学院蚕桑研究所　杭州　310021）

雄蚕强健好养，茧形大小匀整、结构均匀，出丝率高，茧丝质优，有利于缫制高品位生丝。自开展专养雄蚕研究以来，已先后育成并审定通过了多对中丝量雄蚕品种。虽然这些中丝量雄蚕品种的全茧量、茧层率、万蚕产茧量、万蚕产茧层量分别达到1.70g、25%、17kg、4.20kg的较高指标，但在全年可以饲养普通多丝量品种的蚕区推广，雄蚕品种应有的高茧丝量优势尚不够明显。为满足进一步提高蚕茧生产效益的需求，我们以多丝量作为主要选育目标，同时兼顾品种的强健性，选育综合经济性状优良的多丝量雄蚕新品种。

1　新品种选育经过

1.1　多丝量斑纹限性品种华菁的选育

已有的平衡致死系雄蚕品种采用普通中系限性斑纹品种雌性与日系平衡致死系雄性杂交的方式育成。拟将生产上大面积推广的多丝量品种菁松×皓月的中系原种菁松用作新品种选育的亲本材料。菁松的斑纹表型为姬蚕。为把菁松转育成限性斑纹品种，2002年春选用限性斑纹多丝量家蚕品种华光作为限性斑纹基因供体，以菁松作为优良多丝量基因供体，配制选育材料华光×菁松，当年夏蚕期饲养F_1代，后续世代以菁松连续回交3次，此后进行自交选择，每年选育2～3代。早期回交世代采用混合蚁量育，选取茧形大而匀整的个体留种，F_2代活蛹缫丝，选择茧丝长长，无切断，颣节少的雌雄个体对号交配留种。F_5代开始蛾区育，结合单蛾缫丝，选择具有优良茧丝质性状的蛾区继代，2006年秋已至F_8代，育成中系×中系的限性斑纹杂交固定种华菁。华菁的系谱成绩列于表1。

表1　限性斑纹家蚕品种华菁的选育系谱成绩

年份与蚕季		世代	饲育形式	全龄经过（d:h）	5龄经过（d:h）	虫蛹率（%）	死笼率（%）	全茧量（g）	茧层量（g）	茧层率（%）
2002	夏	F_1	蚁量育	21:21	6:16	89.74	6.00	1.44	0.292	20.28
	秋	BC_1	蚁量育	24:02	7:15	62.2	12.95	1.25	0.279	22.32

[①]　本文原载于《蚕业科学》，2014，40（2）：248-253。

（续）

年份与蚕季		世代	饲育形式	全龄经过（d:h）	5龄经过（d:h）	虫蛹率（%）	死笼率（%）	全茧量（g）	茧层量（g）	茧层率（%）
2003	春	BC$_2$	蚁量育	25:05	7:18	96.56	1.00	1.62	0.362	22.35
	秋	BC$_3$	蚁量育	22:16	7:11	79.86	10.25	1.19	0.284	23.87
2004	春	F$_2$	单蛾育	22:21	7:10	92.79	1.00	1.64	0.422	25.73
	夏	F$_3$	单蛾育	20:17	6:18	91.20	3.67	1.53	0.367	23.99
	秋	F$_4$	单蛾育	25:17	8:20	78.59	8.55	1.39	0.322	23.16
2005	春	F$_5$	单蛾育	23:10	7:05	/	/	1.99	0.534	26.83
	秋	F$_6$	单蛾育	23:06	7:09	77.04	4.75	1.26	0.289	22.94
2006	春	F$_7$	单蛾育	23:06	7:00	95.47	1.50	1.75	0.45	25.71
	秋	F$_8$	单蛾育	22:21	6:15	88.28	7.08	1.34	0.295	22.01
2007	春	F$_9$	单蛾育	23:05	6:19	/	5.50	1.61	0.392	24.35
	秋	F$_{10}$	单蛾育	25:06	8:09	80.98	12.00	1.37	0.351	25.62
2008	春	F$_{11}$	单蛾育	23:05	6:08	93.45	2.50	1.84	0.469	25.49
	秋	F$_{12}$	单蛾育	25:02	7:05	63.54	17.63	1.49	0.356	23.89

1.2 性连锁平衡致死系平72的选育

根据平衡致死系雄蚕只有一种交配方式和雄蛾需多次利用的特点，培育体质强健、交配能力强的平衡致死系是育成优良雄蚕品种的关键。2002年春，选用强健性好、交配性能强，但茧丝质一般的平8作为性连锁平衡致死系的基础材料，选用丝量较多、强健好养的日系品种872作为优良性状基因供体，采用回交改良家蚕性连锁平衡致死系的方法对平8进行转育改良，通过1轮杂交、自交与回交组成的循环，经5代选育，至2003年夏初步育成新的平衡致死系，命名为平72。进一步经过2003年秋至2006年秋4年8个世代的自交纯化，目标性状的遗传基因基本固定，茧丝质性状稳定。平72的系谱成绩列于表2。

2 新品种一代杂交种的鉴定

2.1 实验室鉴定成绩

以普通多丝量品种菁松×皓月为对照品种，2007年、2008年连续2年春蚕期，在本所实验室对雄蚕杂交组合华菁×平72进行品种比较鉴定，其主要性状成绩明显优于菁松×皓月（表3），其中，4龄起蚕虫蛹率高1.06个百分点，茧层率高1.90个百分点，万蚕产茧层量高0.101kg，解舒丝长增加26.5m，洁净高6.2分，出丝率高2.65个百分点。

表2 家蚕性连锁平衡致死系平72的选育系谱成绩

年份与蚕季		世代	交配型式	饲育形式	全龄经过（d:h）	5龄经过（d:h）	虫蛹率（%）	死笼率（%）	全茧量（g）	茧层量（g）	茧层率（%）
	春	F₁	平8×872	蚁量育	24:21	8:00	97.56	1.00	1.83	0.415	22.68
	春	F₁	872×平8	蚁量育	24:21	8:00	97.62	0.57	1.84	0.436	23.70
	夏	BC₁	（平8×872）×872	蚁量育	21:16	6:11	79.13	12.38	1.31	0.285	21.75
	夏	BC₁	872×（872×平8）11	蚁量育	22:01	6:19	78.38	12.56	1.57	0.345	21.97
2002	夏	BC₁	872×（872×平8）12	蚁量育	21:11	6:06	81.65	7.83	1.38	0.287	20.80
	秋	BC₂	（平8×872）×11	蚁量育	23:11	7:00	78.76	14.13	1.46	0.368	25.20
	秋	BC₂	872×（872×平8）11	蚁量育	23:15	7:04	84.05	9.10	1.45	0.352	24.27
	秋	BC₂	872×（872×平8）12	蚁量育	23:06	6:19	86.29	8.67	1.39	0.346	24.89
	春	BC₃	（平8×872）×11×11	蚁量育	24:17	7:20	96.86	0.13	1.71	0.404	23.62
	春	BC₃	（平8×872）×11×12	蚁量育	24:19	7:22	94.87	1.64	1.66	0.401	24.16
2003	夏	G₁	平72同蛾区交配	单蛾育	22:05	6:07	72.00	3.25	1.32	0.239	18.11
	秋	G₂	平72同蛾区交配	单蛾育	24:21	7:10	68.29	21.13	1.13	0.228	20.18
	春	G₃	平72同蛾区交配	单蛾育	22:16	6:19	92.75	1.53	1.62	/	/
2004	夏	G₄	平72异蛾区交配	双蛾育	22:07	6:10	88.80	3.00	1.33	0.278	20.90
	秋	G₅	平72异蛾区交配	双蛾育	24:05	7:08	91.68	2.52	1.34	/	/
2005	春	G₆	平72异蛾区交配	双蛾育	23:06	7:00	90.20	0.50	1.77	0.385	21.75
	秋	G₇	平72异蛾区交配	双蛾育	24:21	7:10	65.04	10.12	1.14	0.241	21.14
2006	春	G₈	平72异蛾区交配	双蛾育	23:05	6:18	97.32	0.51	1.72	0.377	21.92
	秋	G₉	平72异蛾区交配	双蛾育	25:03	7:06	89.91	5.50	1.18	0.264	22.37
2007	春	G₁₀	平72异蛾区交配	双蛾育	23:05	6:19	92.46	5.20	1.67	0.374	22.39
	秋	G₁₁	平72异蛾区交配	双蛾育	25:06	7:00	89.40	5.25	1.16	0.262	22.59
2008	春	G₁₂	平72异蛾区交配	双蛾育	22:21	6:16	94.53	2.70	1.66	0.378	22.77
	秋	G₁₃	平72异蛾区交配	双蛾育	24:21	7:00	65.39	19.70	1.31	0.294	22.44

表3　雄蚕杂交组合华菁 × 平72的实验室鉴定平均成绩（2007—2008年）

杂交组合	全龄经过（d:h）	5龄经过（d:h）	虫蛹率（%）	全茧量（g）	茧层量（g）	茧层率（%）	万蚕产茧量（kg）
华菁 × 平72	22:12	6:13	96.58	1.87	0.490	26.20	18.87
菁松 × 皓月	23:05	6:20	95.52	2.00	0.486	24.30	19.95

杂交组合	万蚕产茧层量（kg）	茧丝长（m）	解舒丝长（m）	解舒率（%）	茧丝纤度（dtex）	洁净（分）	鲜茧出丝率（%）
华菁 × 平72	4.947	1489.5	992.5	66.66	2.822	96.5	20.91
菁松 × 皓月	4.846	1411.5	966.0	68.50	2.884	90.3	18.26

2.2　浙江省家蚕新品种实验室共同鉴定成绩

2009—2010年，多丝量雄蚕新品种华菁 × 平72参加浙江省家蚕新品种实验室共同鉴定。6个实验室共同鉴定的结果（表4）表明：华菁 × 平72除解舒丝长比菁松 × 皓月短52m外，鲜茧出丝率提高1.56个百分点，洁净高1.70分，其它主要性状指标超过菁松 × 皓月或与菁松 × 皓月相仿。2011年4月华菁 × 平72通过浙江省家蚕新品种实验室共同鉴定。

表4　雄蚕杂交组合华菁 × 平72在浙江省6个实验室共同鉴定的平均成绩（2009—2010年）

杂交组合	全龄经过（d:h）	5龄经过（d:h）	虫蛹率（%）	全茧量（g）	茧层量（g）	茧层率（%）	万蚕产茧量（kg）
华菁 × 平72	22:18	6:22	97.68	1.84	0.48	26.06	19.24
菁松 × 皓月	22:17	6:22	97.43	1.98	0.46	23.31	20.18

杂交组合	万蚕产茧层量（kg）	茧丝长（m）	解舒丝长（m）	纤度（dtex）	洁净（分）	鲜茧出丝率（%）
华菁 × 平72	5.016	1260	970	3.129	96.36	19
菁松 × 皓月	4.708	1212	1022	3.137	94.66	17.44

2.3　农村饲养鉴定成绩

根据浙江省对家蚕新品种农村鉴定要求，结合多丝量雄蚕品种华菁 × 平72的选育目标，选择淳安、开化、湖州、海盐4个县（市）作为农村鉴定点，对照品种为当地主推家蚕品种。2011年、2012年各鉴定点的平均成绩列于表5。华菁 × 平72的主要经济性状指标超过对照品种，其中干茧出丝率比对照品种高1.19个百分点。2013年1月多丝量雄蚕新品种华菁 × 平72通过浙江省农作物新品种审定。根据各鉴定点反映，华菁 × 平72还具有孵化、发育整齐，食桑旺、不踏叶，对家蚕血液型脓病有较强的抵抗力的特点，虽然蚕体比菁松 × 皓月略小，但熟蚕上蔟入孔快，浮丝少，洁净、出丝率成绩优。

表5 雄蚕杂交组合华菁 × 平72的农村区域试验平均成绩（2011—2012年）

杂交组合	全龄经过（d:h）	5龄经过（d:h）	张种产量（kg）	张种产值（元）	50kg桑产值（元）	茧丝长（m）
华菁 × 平72	26:00	8:5	56.9	2301.2	135.08	1131.8
对照品种[1]	25:00	7:18	53.1	2145.2	136.45	1129.7

杂交组合	解舒率（%）	解舒丝长（m）	纤度（dtex）	洁净（分）	干茧出丝率（%）
华菁 × 平72	66.81	751.3	2.925	95.06	37.92
对照品种[1]	66.27	741.9	2.967	94.62	36.73

注：1）对照品种为各试验点当期主养品种。

3 原种性状及饲养要点

3.1 主要性状

3.1.1 华菁

皮斑限性中系原种，二化性四眠，滞育卵灰绿色、灰紫色，卵壳微黄色、白色，每蛾总卵数春制550粒，良卵率96%，不良卵率2%～3%。蚕卵孵化齐一，蚁蚕黑褐色，文静。壮蚕体色青白，雌性花蚕，雄性白蚕。各龄蚕眠起齐一，食桑旺，行动活泼。熟蚕营茧快，茧色白，茧形椭圆，缩皱中等。催青期10d，幼虫期22～24d，蛰中16d，全蚕期48～50d。

3.1.2 平72

性连锁平衡致死系，卵色限性日系原种，二化性四眠，滞育卵雌性灰紫色，雄性黄色，每蛾总卵数500粒。因是平衡致死系原种，雌雄各有1/2蚕卵在胚胎期致死，孵化率45%左右。蚕卵孵化齐一，蚁蚕黑褐色，小蚕有逸散性，大蚕体色青白，普斑。茧型浅束腰，茧色白，缩皱中等，雄蛾交配性能好。催青期11d，幼虫期22～25d，蛰中17d，全蚕期50～53d。

3.2 饲养要点

3.2.1 华菁

由于原种在生产雄蚕杂交种时只利用其雌蛾，为提高雄蚕杂交种的杂交彻底率，降低雄蚕种生产成本，华菁收蚁量控制在平72收蚁量的5～6倍，在3龄盛食期至4龄第2天，利用其限性斑纹特性，淘汰雄性白蚕，只饲养雌性花蚕。华菁蚕卵出库应比平72推迟3d，并分批收蚁，前后批比例以6：4为宜。

3.2.2 平72

可利用其卵色限性性状，即雄性黄卵，雌性黑卵的特性，在卵期依据卵色区分雌雄蚕卵，蚕种场只饲养雄性黄卵。由于平衡致死系原种的雄蛾需多次利用，所以要特别注意做好雄蛾的保护及对交亲本的发蛾调节工作。

4 杂交种性状及饲养要点

4.1 主要性状

华菁 × 平72是一对多丝量雄蚕新品种，二化性四眠，滞育卵灰褐色、灰绿色，卵壳白色、淡黄色，只有正交，无反交。由于致死基因的作用，雌卵在胚胎期致死，雄卵能正常孵化，杂交种孵化率50%左右，克蚁头数2300头左右。各龄蚕眠起齐一，壮蚕体色青白，普斑，蚕儿大小均匀，食桑较旺。全龄经过时间22～23d，5龄经过时间7d左右。

4.2 饲养要点

由于雄蚕品种雌卵不孵化，盒种装卵量较普通品种多1倍左右，补催青的摊卵面积应达普通蚕品种的1.5倍左右。小蚕用叶宜适熟，用叶过老易发育不齐，饲育温度以较普通家蚕品种偏高1℃为宜，及时做好匀座、扩座，良桑饱食。雄蚕品种性别单一，发育齐快，老熟涌，应提前做好上蔟准备，避免上蔟过密。

5 讨论

华菁 × 平72是一对以多丝量为主要特征，同时兼顾强健性的雄蚕新品种。华菁的选育是把现行生产上推广的优良多丝量姬蚕品种菁松转育为限性斑纹品种。在转育过程中通过多次回交，同时结合活蛹缫丝与单蛾缫丝选择的方法，使转育的限性斑纹蚕品种华菁保持了菁松的优良经济性状。平衡致死系平72的选育以体质强健、雄蛾多次交配能力强为主要目标。平衡致死系平8具备强健性好、交配性能强的特性，但其茧丝质性状一般，为此，选用丝量较多、强健好养的普通家蚕品种872作为优良性状基因供体，对平8进行转育改良，育成的新平衡致死系平72不但具有较强的多次交配能力，同时具有较好的经济性状。多丝量雄蚕新品种华菁 × 平72在气候、叶质条件较好的蚕区饲养可发挥其丝量多的性状优势，有效提高蚕茧生产经济效益。

一种将性连锁平衡致死系限性卵色和致死基因
导入现行家蚕品种的方法[①]

廖鹏飞[1]　陈安利[1]　朱水芬[1]　黄　平[1]　杨伟克[1]　罗顺高[1]

祝新荣[2]　杨继芬[1]　陈世良[1]　董占鹏[1]

（1. 云南省农业科学院蚕桑蜜蜂研究所　蒙自　661101；

2. 浙江省农业科学院蚕桑研究所　杭州　310021）

相对于雌蚕，雄蚕具有食桑少、出丝率高及丝质优等特点。国内外的蚕业科技工作者自20世纪初相继开展雄核发育、限性卵色等专养雄蚕的技术研究，但却一直未能提供可以实用化的技术。自1996年我国引进家蚕性连锁平衡致死系以来，已经采用转导法、回交改良法和杂交改良等种质资源创新的方法，创制了大量新的家蚕性连锁平衡致死系种质资源，并育成了多对实用性雄蚕品种提供雄蚕茧丝生产应用。在推进专养雄蚕产业化发展进程中，需要性状特点更加丰富和适应不同区域饲养的优良实用雄蚕品种，因此也需要快速获得优良的家蚕性连锁平衡致死新系和快速育成雄蚕新品种。目前的雄蚕品种选育方法从性连锁平衡致死系的创制到雄蚕杂交组合的选配，需要耗费大量的时间和人力。基于现行家蚕品种及其杂交组合实用经济性状优良和配合力强的优势，对实用家蚕品种进行遗传改良获得新的家蚕性连锁平衡致死新系，能够简化育种流程，缩短育种时间，改良育成的雄蚕品种也易于被蚕农接受，有利于加快雄蚕品种的推广应用进程。为此，本研究采用简单易行的雌回交法，将性连锁平衡致死系中原种雌雄鉴别的限性卵色基因和控制一代杂交组合性比的隐性胚胎期致死基因导入到现行家蚕品种中，期望能快速育成保持现行品种优良性状的家蚕性连锁平衡致死系，为进一步选育实用雄蚕品种提供良好材料。

1　供试材料

云蚕8A、云蚕8B是云南省现行推广家蚕杂交组合云蚕7×云蚕8的日系亲本，由云南省农业科学院蚕桑蜜蜂研究所育成。云D_{26}是以引自浙江省农业科学院蚕桑研究所的家蚕性连锁平衡致死系平48为材料，采用转导的方法育成的家蚕性连锁平衡致死新系，该材料中同时具有3对标志基因——1对限性卵色基因、2对隐性胚胎期致死基因，其中限性卵色基因（w_3）具有雌雄辨

————————————
①　本文原载于《蚕业科学》，2014，40（6）：1011-1016。

别作用，有利于在原种繁育中调节雌雄蚕的饲养比例，降低蚕种生产成本，2对隐性胚胎期致死基因（l_1、l_2）直接决定着杂交后代的雌雄性比。

2 新的家蚕性连锁平衡致死系创建方法

2.1 基本策略

首先将2对隐性胚胎致死基因进行分离，然后用现行家蚕品种进行回交，最后通过杂交重组即可使现行家蚕品种获得性比控制的性能。

2.2 性连锁平衡致死系目的基因导入步骤

为表述方便，将云D_{26}的基因型$W^{+l_1+w_3}Z^{+l_1l_2}$ w_3/w_3、$W^{+l_1+w_3}Z^{+l_1l_2}$ w_3/w_3、$Z^{+l_1l_2}Z^{+l_1l_2}$ w_3/w_3、$Z^{+l_1l_2}Z^{+l_1l_2}$ w_3/w_3、简化为$W^{+l_1+w_3}Z^{l_1}$ w_3/w_3、$W^{+l_1+w_3}Z^{l_2}$ w_3/w_3、$Z^{l_1}Z^{l_1}$ w_3/w_3、$Z^{l_1}Z^{l_2}$ w_3/w_3，现行品种云蚕8A或云蚕8B的基因型$WZ^{+l_1+l_2}$ $+w_3/+w_3$、$Z^{+l_1l_2}Z^{+l_1l_2}$ $+w_3/+w_3$简化为$WZ+w_3/+w_3$、ZZ $+w_3/+w_3$。目的基因的具体导入步骤如图1所示。

第1步操作（步骤1）：用现行家蚕品种云蚕8A、云蚕8B的雌蛾分别与家蚕性连锁平衡致死系云D_{26}的雄蛾杂交，得到F_1代；F_1代的个体基因型有4种，其中雌性个体（$WZ^{l_1}+w_3/w_3$、$WZ^{l_2}+w_3/w_3$）因性染色体W上没有与致死基因l_1或l_2相对应的正常基因，在胚胎期致死，而雄性个体（$ZZ^{l_1}+w_3/w_3$和$ZZ^{l_2}+w_3/w_3$）Z染色体上有隐性致死基因对应的正常基因，故能正常孵化并生长发育，因此F_1代仅雄蚕孵化，理论孵化率为50%。

第2步操作（步骤2）：用家蚕性连锁平衡致死系云D_{26}的雌蛾与F_1代的雄蛾回交，得到BC_1代，因F_1代的雄蛾的基因型仅有$ZZ^{l_1}+w_3/w_3$和$ZZ^{l_2}+w_3/w_3$ 2种，所以回交产生的BC1代卵圈出现致死时间不同的2种表现型的卵——卵表型Ⅰ和卵表型Ⅱ，其中卵表型Ⅰ的蚕卵在转青前25%致死（即早期死卵率为25%），卵表型Ⅱ的蚕卵在转青后25%致死（即转青死卵率为25%），将2种表型的蚕卵分别催青饲养。

第3步操作（步骤3）：用卵表型Ⅱ的雌蛾与卵表型Ⅰ的雄蛾交配，得到S_1代，因Ⅱ型卵的雌蛾基因型有4种，Ⅰ型卵的雄蛾也有4种基因型，因此交配后得到的组合方式有4×4=16种，仅有基因型为$W^{+l_1+w_3}Z^{l_1}$ w_3/w_3的雌蛾与基因型为$Z^{l_1}Z^{l_2}$ w_3/w_3的雄蛾交配，才会出现黑卵数量:白卵数量=1:1且发生转青前（早期）和转青致死率分别为25%的卵，该卵的基因型为$W^{+l_1+w_3}Z^{l_1}$ w_3/w_3、$W^{+l_1+w_3}Z^{l_2}$ w_3/w_3、$Z^{l_1}Z^{l_1}$ w_3/w_3、$Z^{l_1}Z^{l_2}$ w_3/w_3，即为新的性连锁平衡致死系H_1。尽管该步骤已经得到具有性别控制能力的新性连锁平衡致死系H_1，但因含有现行家蚕品种云蚕8A或云蚕8B的基因成分仅为1/4，其性状与原品系相差甚远，因此需要在该步骤进行2种表型卵交配的同时，将BC_1代卵表型Ⅰ保留的雄蛾与现行家蚕品种云蚕8A或云蚕8B的雌蛾回交，得到致死率25%和50%不同表现型的BC_2代卵圈，并仅选留发生50%致死的卵圈催青饲养，其余表现型卵圈淘汰。

第4步操作（步骤4）：步骤3创建的家蚕性连锁平衡致死系H_1中，基因型为$W^{+l_1+w_3}Z^{l_1}$ w_3/w_3

的雌蚕在蚕卵转青前致死（早期致死），能正常孵化发育的雌蚕基因型仅有 $W^{+l_i+w_3}Z^{l_i}$ w_3/w_3，将其与BC$_2$代的雄蛾（$ZZ^{l_i}+w_3/w_3$、$ZZ^{l_3}+w_3/w_3$、$ZZ^{l_i}+w_3/+w_3$、$ZZ^{l_3}+w_3/+w_3$）交配，得到F$_2$代，产下的卵有4种表现型，选留出现白卵的卵圈，且依致死时间的不同分为卵表型Ⅰ（转青前致死25%）和卵表型Ⅱ（转青后致死25%）。

第5步操作（步骤5）：重复步骤3的操作，创建得到家蚕性连锁平衡致死系H$_2$，并得到BC$_3$代。最后再重复步骤4的操作，得到卵表型Ⅰ和卵表型Ⅱ。如此重复步骤（3）和步骤（4）的操作3～4次，作同蛾交配固定，即得到与云蚕8A或云蚕8B性状表现相近的新的家蚕性连锁平衡致死系，命名为云蚕8A平、云蚕8B平。

3 新的家蚕性连锁平衡系及其杂交组合的主要性状成绩

3.1 新品系的主要性状成绩

导入性连锁平衡致死系限性卵色基因和胚胎致死基因的2个新品系与原品系相比，蚕卵、幼虫、成虫的生物学特征相仿；5龄经过、全龄经过时间增减不一，其中，云蚕8A平分别增加6h、16h，云蚕8B平均减少4h、18h；虫蛹率、全茧量、茧层量与茧层率等性状成绩也是增减不一，其中，云蚕8A平分别增加1.82个百分点、3.68%、6.28%、0.57个百分点，云蚕8B平除虫蛹率稍有增加（2.63个百分点）外，全茧量、茧层量与茧层率则分别降低了1.82%、4.59%、0.69个百分点。总体上看，建立的新家蚕性连锁平衡致死系与原品系的性状表现相近，基本保留了原品系的特征特性（表1）。

表1 新的家蚕性连锁平衡致死系云蚕8A平、云蚕8B平及其轮回亲本的主要饲养成绩比较（2013年春季）

品系名称	5龄经过（d:h）	全龄经过（d:h）	虫蛹率（%）	全茧量（g）	茧层量（g）	茧层率（%）
云蚕8A	7:12	25:06	95.24	1.658	0.382	23.04
云蚕8A平	7:18	25:22	97.06	1.719	0.406	23.61
云蚕8B	7:22	25:12	93.55	1.702	0.414	24.32
云蚕8B平	7:18	26:06	96.18	1.671	0.395	23.63

3.2 新品系杂交组合的主要性状成绩

2013年春季配制杂交组合云蚕7A×云蚕7B、云蚕8A平×云蚕8B平，2013年秋配制雄蚕杂交组合云蚕7×云蚕8平，2014年春蚕期以原品种杂交组合云蚕7×云蚕8为对照，在实验室进行比较试验。从表2可见，以新的家蚕性连锁平衡系云蚕8平组配的雄蚕杂交组合云蚕7×云蚕8平的雄蚕率达100%，除产茧量较原杂交组合云蚕7×云蚕8稍低外，健康性和茧丝质均有不同程度提高，尤其是出丝率增加明显，茧丝纤度更细，有利于提高生丝导入现行家蚕品种，并育成经济性状优良的雄蚕品产量和品质。上述结果说明，采用性连锁平衡致死系的胚胎期致死基因和限性卵色基因导入现行家蚕品种，并育成经济性状优良的雄蚕品种是可行的。

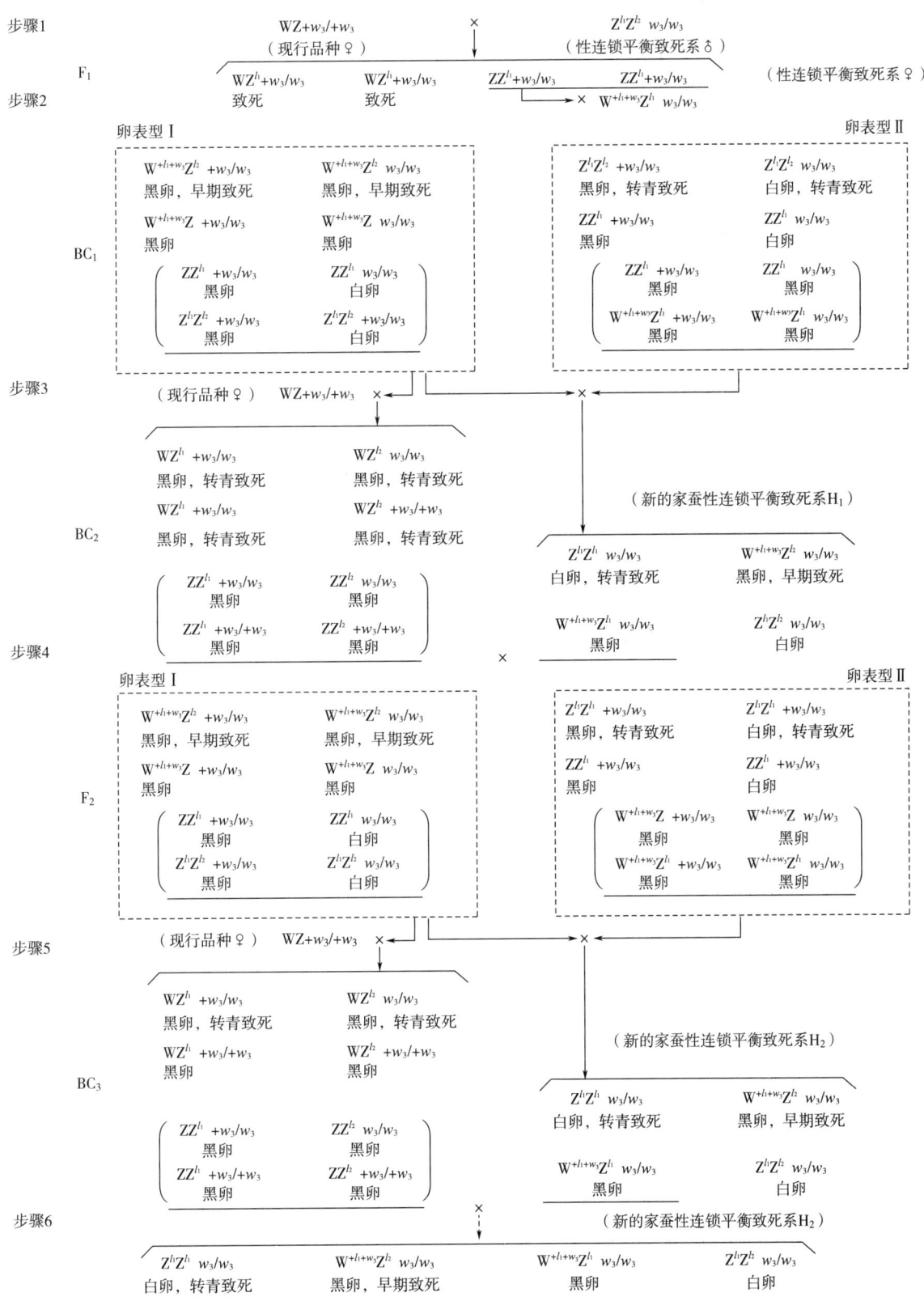

图1 用雌回交法向现行家蚕品种导入性连锁平衡致死系限性卵色基因和胚胎期致死基因的示意图

表2　新的雄蚕杂交组合云蚕7×云蚕8平的实验室饲养成绩（2014年春季）

杂交组合	5龄经过（d:h）	全龄经过（d:h）	雄蚕率（%）	虫蛹率（%）	全茧量（g）	茧层量（g）	茧层率（%）	万蚕收茧量（kg）	万蚕产茧层量（kg）	千克茧粒数（粒）
蚕7×云蚕8	7:17	25:06	50	95.15	2.191	0.532	24.28	20.69	5.02	466
云蚕7×云蚕8平	7:12	24:18	100	97.48	1.922	0.493	25.65	19.47	4.99	515

杂交组合	上车茧率（%）	茧丝长（m）	解舒丝长（m）	解舒率（%）	缫折（kg）	干茧出丝率（%）	茧丝纤度（dtex）	清洁（分）	洁净（分）
云蚕7×云蚕8	95.4	1125	863	76.27	230	42.8	3.136	97.8	94.2
云蚕7×云蚕8平	96.8	1262	1032	81.80	217	45.4	2.924	99.5	95.4

4　讨论

　　现行家蚕品种因推广应用的时间长，蚕农与生丝加工企业对品种的饲养和茧丝加工特性已经熟悉，根据育种需要对现行家蚕品种进行成对遗传改良后，由于亲本的大部分性状得以保留，亲本间的配合力和杂交优势也不会受到太大的影响，故获得的改良新品种可按照原有品种的杂交型式组配，从而易于在生产中推广。因此，以现行普通家蚕品种为材料，培育专养雄蚕品种，既能简化育种流程，又能发挥现有品种专养雄蚕的性状优势，促进雄蚕品种的实用化。采用这种选育雄蚕品种的方法，需要将1对限性卵色基因、2对隐性胚胎期致死基因全部导入现行家蚕品种以获得其雄蚕系材料，同时还要尽可能多地保留现行家蚕品种的优良性状基因，因而该选育方法与常规品种选育方法有一定的差异。目前报道的创建家蚕性连锁平衡致死系的方法有回交改良法、杂交改良法和转导法。前2种方法只是针对已育成的优良平衡致死系的某一性状进行改良，方法简便有效；利用转导法在平衡致死系转育中导入优良基因的效率较高，但在导入平衡致死系的目的基因的过程中，需要进行测交和标志基因筛选等多种繁琐过程，容易导致转育失败。本试验建立的雌回交方法，仅需通过交配后代的卵色观察和孵化率估算，就可筛选到符合选育目标的留种卵，能较大幅度地提高转育的成功率。在改良过程中，每2个世代即可完成1次回交，并得到1个新的性连锁平衡致死系，对其进行评价鉴定，如果新的性状与预期的差异较大，便于有针对性地引入其他优良品系。因此，雌回交法能较大幅度缩短平衡致死系限性卵色基因和隐性胚胎期致死基因导入现行家蚕品种的时间，获得符合目标要求的雄蚕品种育种材料。

　　在导入平衡致死系限性卵色基因和隐性胚胎期致死基因的过程中，为便于准确选择到含有标志基因的蛾区，除步骤1和步骤2可以采用蛾区混合育外，其余步骤均需采用单蛾育，并饲育足够多的蛾区，尤其是步骤3中将卵表型I和卵表型II交配时，不同基因型个体的组合方式有16种之多，而符合目标要求的仅有基因型为 $W^{+l_1+w}Z^{l_1}$ w_3/w_3 的雌蛾与基因型为 $Z^{l_1}Z^{l_1}$ w_3/w_3 的雄蛾交配一种组合，选出机率为1/16，这就需要对足够多的2种表型卵进行筛选，通常以各饲育8～10蛾为宜。尽管饲育量扩大会增加饲育成本，但因选择面也相对较大，有利于提高选择效率。

　　孵化率是检测所选择蛾区对隐性胚胎期致死基因携带情况的重要指标，而孵化率受蚕种处理和催青条件的影响，可能会导致一定程度的误判，为此，在种茧调查阶段，可以通过雌雄性别比例（卵表型I的雌雄比约为1：2，卵表型II的雌雄比约为2：1，$BC_2 \sim BC_n$代几乎全部为雄性，$S_1 \sim S_n$代雌雄比约为1：1的为目的蛾区）的调查，准确选择到符合要求的目的蛾区，以保证留种后代不丢失最为关键的隐性胚胎期致死基因。

　　因回交后代的个体含有亲本基因成分的多少符合二项概率分布，留种后代中含有多少亲本优良性状基因受选择方法的影响。因此，在雌回交改良过程中，偏向于轮回亲本进行蛾区和个体选择，从而在较短的转育时间内得到生物学性状和经济性状均与轮回亲本表现一致的性连锁平衡致死系统。

　　云蚕8A、云蚕8B改良前后的饲养成绩以及杂交组合的实验室比较试验结果，均证明了本试验建立的通过雌回交创建经济性状优良的家蚕性连锁平衡致死系的方法具有实用价值。

广西两个家蚕雄蚕品种实验室鉴定试验[①]

黄文功　黄玲莉　张桂征　韦博尤　苏红梅　蒙艺英　张雨丽　闭立辉

（广西蚕业科学研究院　南宁　530007）

1　引言

雄蚕品种具有食桑少、叶丝转化率高、丝纤度细、发育整齐等优点，是提高亩桑效益和茧丝质量的有效途径。20世纪60年代，俄罗斯科学院院士斯特隆尼柯夫（Strunnikov）运用辐射诱变技术首次成功选育出家蚕性连锁平衡致死系，性连锁平衡致死系雄性与常规品种雌性杂交，杂交后代绝大多数雌性个体不能正常孵化，但雄性个体能正常孵化、生长发育并结茧，是实现专养雄蚕的有效途径。

浙江省农业科学院蚕桑研究所于1995年从俄罗斯引进性连锁平衡致死系品种资源之后，国内多省已成功选育出一系列雄蚕品种，如浙江省的秋丰×平28和秋·华×平30、云南省的蒙草×红平4、山东省的鲁菁×华阳，等等，这些品种在茧层率、出丝率、净度等指标普遍高于常规品种，已推广应用到原料茧生产。

广西蚕业技术推广总站于2006年从浙江省农业科学院蚕桑研究所引进平衡致死系雄蚕品种资源，通过杂交转育和多年高温多湿定向培育，创新形成一系列亚热带型性连锁平衡致死系雄蚕新品系，择优组配形成2对雄蚕品种组合，分别暂时命名为雄蚕1号和雄蚕2号，于2013年开展省级新品种鉴定试验。

2　材料与试验方法

2.1　参试品种

雄蚕品种：雄蚕1号、雄蚕2号由广西蚕业技术推广总站供种；
对照品种：两广2号由广西蚕业技术推广总站供种。

---

①　本文原载于《广西蚕业》，2015，52（1）：1-4。

2.2　试验方法

按照广西蚕品种省级鉴定安排，分别于2013年5月14日和8月20日在广西蚕业技术推广总站品种鉴定实验室收蚁。雄蚕品种各混收10区，对照正交、反交各混收5区；4龄起蚕定头数分区，每区400头，雄蚕每个品种8区，对照正交、反交各4区。采用折蔟上蔟营茧，6足天采茧，样茧用直干法烘干。样茧送具有省级丝质检验资质的单位鉴定，丝质鉴定指定单位为横县茧丝绸有限责任公司。

3　鉴定试验结果

3.1　生命率调查

根据家蚕饲养成绩，调查各区的虫蛹生命率见表1，并进行多重比较，结果见表2。

表1　2013年雄蚕1号、雄蚕2号饲养成绩

品种	蚕季	虫蛹生命率（%）	全茧量（g）	茧层量（g）	茧层率（%）	万蚕收茧量（kg）	万蚕茧层量（kg）
两广2号（CK）	上半年	97.91	1.32	0.28	21.00	12.901	2.71
	下半年	97.67	1.53	0.29	19.10	14.872	2.84
	全年平均	97.79	1.43	0.29	20.04	13.887	2.77
雄蚕1号	上半年	98.61	1.26	0.28	22.31	12.857	2.87
	下半年	99.04	1.44	0.30	20.85	14.177	2.96
	全年平均	98.82	1.35	0.29	21.58	13.517	2.91
雄蚕2号	上半年	97.72	1.30	0.30	23.11	12.783	2.96
	下半年	98.23	1.52	0.31	20.35	14.731	3.00
	全年平均	97.97	1.41	0.31	21.73	13.757	2.98

注：2013年上半年于5月14日收蚁，下半年于8月20日收蚁。

从表1和表2分析结果看出，雄蚕1号虫蛹生命率为98.82%，比对照种高1.03个百分点，SPSS多重比较结果显示有显著差异；雄蚕2号虫蛹生命率为97.97%，略高于对照，多重比较结果显示无显著差异。

表2　虫蛹生命率多重比较（LSD）

因变量	品种	品种	均值差	标准误	显著性
虫蛹生命率	两广2号（CK）	雄蚕1号	−1.033*	0.339	0.003
		雄蚕2号	−0.180	0.339	0.598

注：*为显著差异。下同。

3.2 茧质调查

对调查多区雄蚕1号和雄蚕2号的茧质，见表1并进行多重比较，结果见表3。

表3 茧质指标多重比较（LSD）

因变量	品种	品种	均值差	标准误	显著性
全茧量	两广2号（CK）	雄蚕1号	0.078*	0.035	0.028
		雄蚕2号	0.012	0.035	0.739
茧层量	两广2号（CK）	雄蚕1号	−0.005	0.004	0.237
		雄蚕2号	−0.021*	0.004	0.000
茧层率	两广2号（CK）	雄蚕1号	−1.535*	0.369	0.000
		雄蚕2号	−1.686*	0.369	0.000

由表1和表3看出，全茧量：雄蚕1号为1.35g，比对照低0.08g，有差异显著；雄蚕2号为1.41g，略低于对照，无显著差异。茧层量：雄蚕1号比对照高0.01g，无显著差异；雄蚕2号比对照高0.02g，有显著差异。茧层率：雄蚕1号为21.58%，比对照高1.54个百分点，有显著差异；雄蚕2号为21.73%，比对照高1.67个百分点，有显著差异。

3.3 万蚕产茧量调查

调查多区的万蚕茧层量和万蚕收茧量见表1，并进行多重比较见表4。

表4 万蚕收茧量、万蚕产茧层量多重比较（LSD）

因变量	品种	品种	均值差	标准误	显著性
万蚕收茧量	两广2号（CK）	雄蚕1号	0.369	0.330	0.267
		雄蚕2号	0.130	0.330	0.696
万蚕产茧层量	两广2号（CK）	雄蚕1号	−0.138*	0.049	0.007
		雄蚕2号	−0.203*	0.049	0.000

从表1和表4来看，雄蚕1号和雄蚕2号万蚕收茧量分别为13.52kg、13.76kg，分别比对照低0.37kg和0.13kg，多重比较结果显示均与对照无显著差异。万蚕茧层量分别为2.91kg、2.98kg，分别比对照高0.14kg和0.20kg，多重比较结果显示均与对照有显著差异。雄蚕1号和雄蚕2号万蚕收茧量虽低，但其食桑量小，50kg桑叶产茧量、茧层量和叶丝转化率都比常规品种两广2号高。

3.4 丝质

调查各试验品种的丝质成绩，见表5。

从表5丝质指标来看，雄蚕1号和雄蚕2号干茧出丝率分别为42.02%、42.32%，分别比对照高2.22%、2.52%；茧丝长分别为905.0m、977.5m，分别比对照种长66m、138.5m；解舒率稍低于对照，纤度较对照细；雄蚕1号净度为96分，比对照高0.75分，雄蚕2号净度94.75分，比对照低0.5分。

表5 2013年雄蚕1号、雄蚕2号丝质成绩

品种	蚕季	干茧出丝率（%）	茧丝长（m）	解舒丝长（m）	解舒率（%）	纤度（dtex）	清洁（分）	洁净（分）
两广2号（CK）	上半年	41.81	898.0	768.0	85.50	2.216	99.00	97.50
	下半年	37.79	780.0	593.0	76.00	2.427	99.50	93.00
	全年平均	39.80	839.0	680.5	80.75	2.322	99.25	95.25
雄蚕1号	上半年	44.51	944.0	755.0	80.00	2.295	100.00	97.00
	下半年	39.52	866.0	693.0	80.00	2.269	99.00	95.00
	全年平均	42.02	905.0	724.0	80.00	2.282	99.50	96.00
雄蚕2号	上半年	44.99	1032.0	813.0	78.80	2.145	100.00	95.00
	下半年	39.65	923.0	666.0	72.20	2.160	98.50	94.50
	全年平均	42.32	977.5	739.5	75.50	2.153	99.25	94.75

注：丝质由广西桂华丝厂检测。

4 结果与讨论

4.1 雄蚕品种的强健性较好

这两对雄蚕品种的强健性较好，雄蚕1号虫蛹生命率比对照种两广2号高1.03个百分点，有显著差异；雄蚕2号虫蛹生命率略高于对照，无显著差异。

4.2 雄蚕品种的茧层率较高

雄蚕1号和雄蚕2号的全茧量均显著低于对照，但茧层率分别比对照高1.54、1.69个百分点，有显著差异。由此可见，利用性连锁平衡致死基因培育的雄蚕品种，可有效提高茧层率。

4.3 丝质较优

这两对雄蚕品种的丝质较优，雄蚕1号和雄蚕2号的干茧出丝率比对照高2个百分点以上；一茧丝长分别比对照长66m、138.5m；净度分别达96分、94.75分。由此可见，利用雄蚕品种可大幅度提高干茧出丝率、茧丝长，有利于提升茧丝企业效益。

彩色CCD雌雄蚕卵色选机的工作原理和应用①

宋祊苏¹　方　彧²　段启掌³　孟智启¹

（1.浙江省农业科学院蚕桑研究所　杭州　310021；
2.安徽中科光电色选机械有限公司　合肥　231202）

为降低雄蚕品种的杂交种生产成本，原蚕在卵期需要依据平衡致死系的限性卵色性状将雌卵（黑色）和雄卵（黄色）分离，只选留雄卵催青孵化后饲养雄蚕。长期以来，这项雌雄蚕卵的分选工作完全依靠人工进行，不仅耗时费工，而且操作者因视力疲劳易产生差错。为解决雄蚕丝生产的产业链中这一技术难题，我们开始研制能识别蚕卵颜色，实现对不同性别蚕卵无损检测及高速分离的自动化设备，先后研制了雌雄蚕卵激光自动分选仪、雌蚕卵光电自动分选仪。其中，雌雄蚕卵激光自动分选仪是通过彩色电荷耦合元件（CCD）图像传感器识别卵色，指令激光将黑色雌卵射杀，从而获取雄卵。对平附框制种蚕卵和散卵的分选工效分别为3×10^4粒/h和1.2×10^5粒/h，正确率分别为83%和95%。该机的缺点是当黑色蚕卵连成片时，容易误判各靶卵中心，造成多射、漏射或误伤雄卵。雌雄蚕卵光电自动分选仪则是通过光电传感器识别卵色，指令气阀或电磁阀分离雌雄蚕卵，分选正确率约95%，工效约1.2×10^5粒/h。该机的缺点是蚕卵移行要经过一个闭式通道，易使蚕卵粘连，造成堵塞。在此基础上，我们与安徽中科光电色选机械有限公司合作，成功研制了彩色CCD雌雄蚕卵卵色分选机（以下简称蚕卵色选机），这是一种依据家蚕限性卵色差异的遗传特征，采用彩色线阵CCD的色选技术，快速准确自动分离雌雄蚕卵的机具设备。本文报道该机的基本结构、工作原理和应用效果。

1　蚕卵色选机的基本结构和工作原理

1.1　样机的基本结构

该机主要由供卵系统、识别系统、分离系统、收集系统、电控系统、操控系统、供气系统和清洁系统等组成。样机的基本结构见图1。

---

①　本文原载于《蚕业科学》，2016，42（4）：693-699。

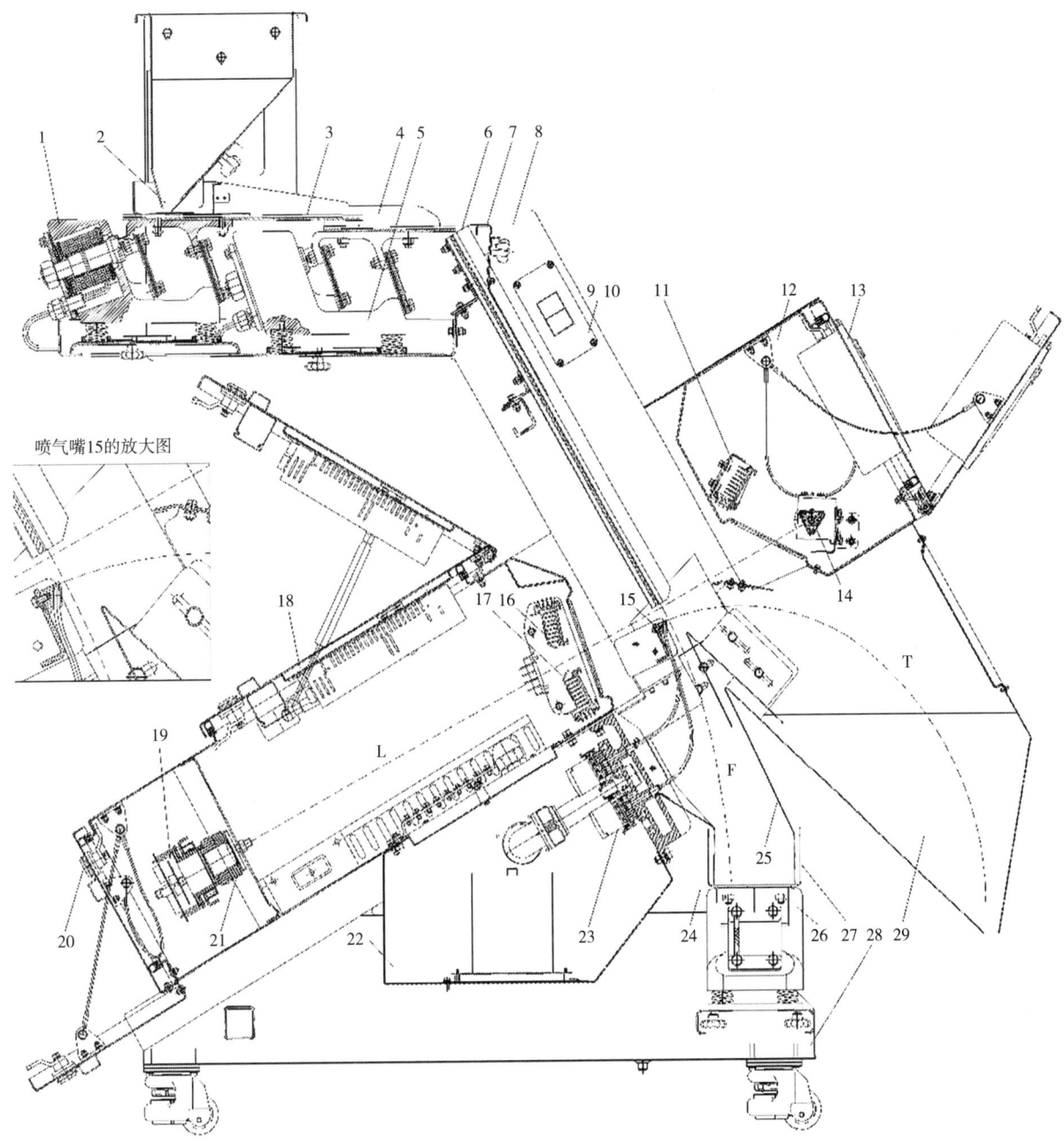

喷气嘴15的放大图

图1　彩色CCD雌雄蚕卵色选机的基本结构（正视剖面）

1.平移式电磁振动器（分A和B 2个）　2.料斗　3.控量供卵槽（分A和B 2个）　4.排序供卵槽（分C和D2个）　5.平移式电磁振动器（分C和D 2个）　6.V形溜卵滑槽　7.防止蚕卵蹦跳的挡板　8.侧边机架和电控箱（分别置于左右两侧）　9.电源总开关（右机架上）　10.外接开关和振速调节旋钮（左机架上）　11.背景器LED光源　12.前电控箱　13.可触摸操控的人机界面　14.三棱柱背景器（还包括光敏定位传感器、步进电机和传动装置）　15.喷气嘴（共64组）　16.摄像用LED光源（上）　17.摄像用LED光源（下）　18.中间电控箱　19.彩色线阵CCD传感器　20.后电控箱　21.物镜　22.下电控箱　23.高速电磁阀（共64组）及供气装置　24.空气调压器、过滤器和气动清洁枪　25.自落卵收集箱　26.输卵用平移式电磁振动器　27.自落卵振出槽　28.底部机架　29.靶卵收集箱；T.靶卵吹离轨迹，F.非靶卵自落轨迹，L.光电传感轨迹

1.2　样机各系统的工作原理及工作流程

该机各个系统的工作流程见图2，基本工作原理见图3。

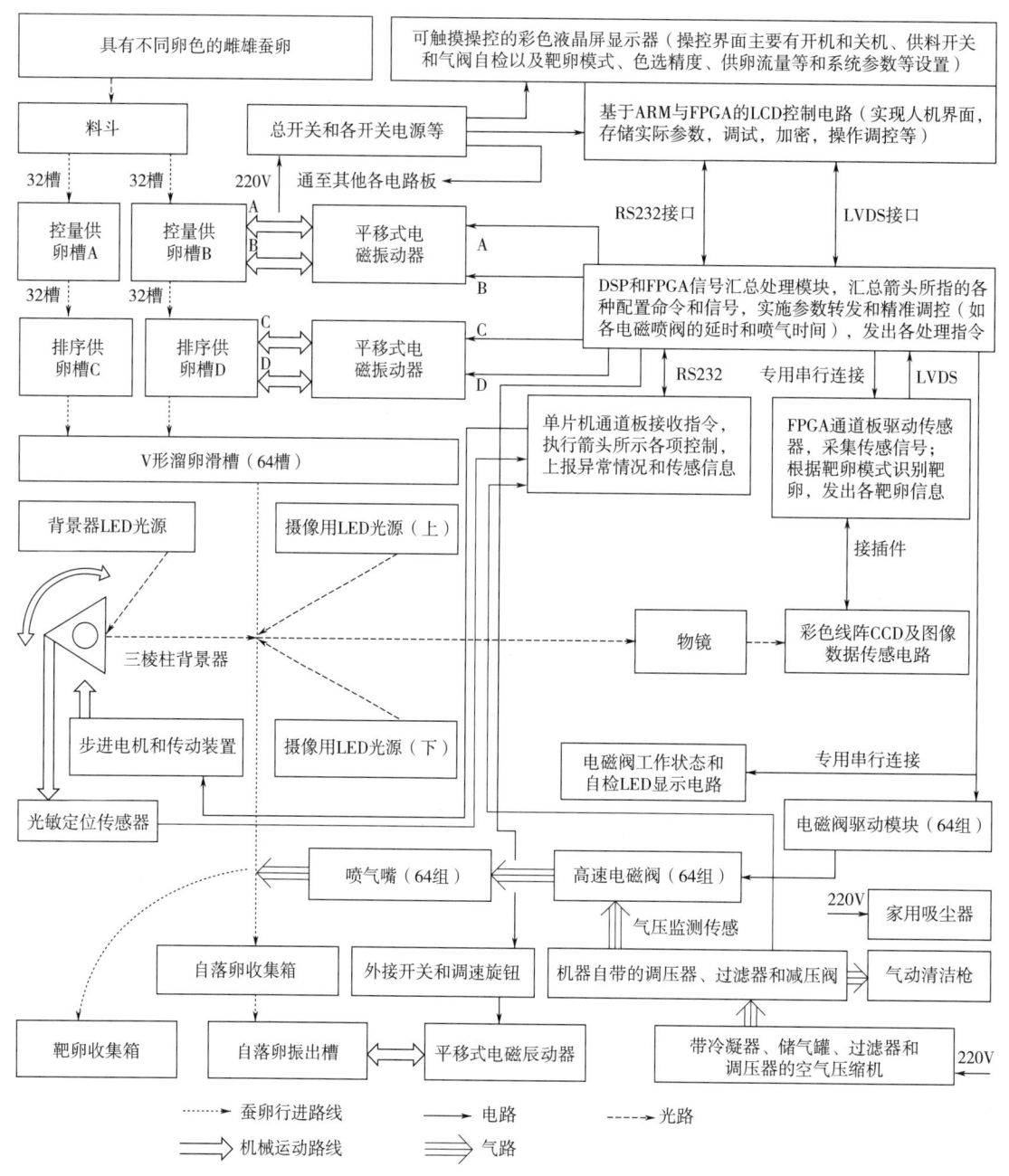

图2　彩色CCD雌雄蚕卵色选机的工作流程示意图

1.2.1　供卵系统

该系统的作用是将蚕卵有序排列，并按照合理的供卵量和输卵速度移送至分选箱。将卵色有差异的雌雄蚕卵经筛选后倒入料斗（图1-2），落入底部2个（A和B）各有32槽且并列的控量供卵槽（图1-3）中。在槽下各自的平移式电磁振动器（A和B）（图1-1）作用下，蚕卵沿U形槽直线振移前行，并落入下层相对应的两只排序供卵槽（C和D）（图1-4）中，在槽下各自的平移式电磁振动器（C和D）（图1-5）作用下，继续沿V形槽直线振移前行，最后落入溜卵滑槽（图1-6）中，以60°陡角沿64条V形槽道高速下滑，减少了阻滞，并且滑槽倾斜又使蚕卵在重力作用下紧贴滑槽，不会发生飘移，从而保证蚕卵在传送过程中有足够的距离自动调整形成单列卵串流动并匀速通过识别系统中CCD传感器感应区域（微小的卵体通过时间不足1/1000s），以便在分离系统中被精准分离。通过可触摸操控的人机界面（图1-13）分别调节4只平移式电磁振动器（A～D）的振动幅度。控量供卵槽（A和B，1-3）的振动频率较低，可使供卵量均匀适度，蚕卵的移动速度慢；而排序供卵槽（C和D，图1-4）的振动频率较高，使蚕卵的移行速度明显高于前者，从而使在排序供卵槽移行的蚕卵能形成有间距或无间距的数条整齐的单粒排序，以保证蚕卵能逐一地被识别系统检测到。平移式电磁振动器非常适合输送蚕卵，其工作原理是：通过电磁铁吸合，联动供卵槽（图1-4，图1-5）下的2组板弹簧向后倾斜变形；当在负弦波时，磁场和吸引力回落，板弹簧复原状态，其回复弹力带动供卵槽迅速向前返回到原状态，使槽上的蚕卵受到弹力的作用沿滑槽向前移动。由于板弹簧垂向倾斜20°，反弹时有向上和向前的分力，在电磁铁快速一吸一放的作用下，蚕卵不断地被向前抛起，按微小的抛物线轨迹向前匀速振移。整个供卵装置向下倾斜约0.5°安装，使蚕卵更易向前振移。每个电磁振动器基座底部四角安装有4个减振弹簧，以减轻振动对蚕卵的影响。根据蚕卵形状而设计的各U形槽和V形槽宽度均为5mm，圆弧深3mm，而V形为120°开角。U形槽使蚕卵移行更通畅，V形槽使蚕卵排序更居中。

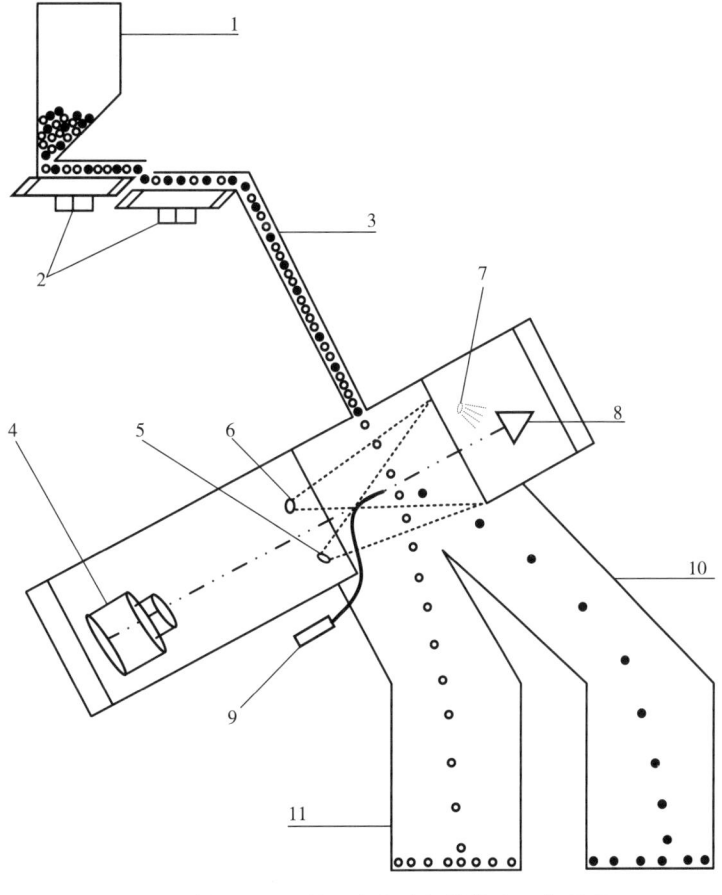

图3 彩色CCD雌雄蚕卵色选机的基本工作原理

1.料斗 2.平移式电磁振动器及供卵槽 3.V形溜卵滑槽 4.彩色线阵CCD传感器
5.摄像用LED光源（下） 6.摄像用LED光源（上） 7.背景器LED光源
8.三棱柱背景器 9.高速电磁阀及喷气嘴 10.靶卵收集箱 11.自落卵收集箱

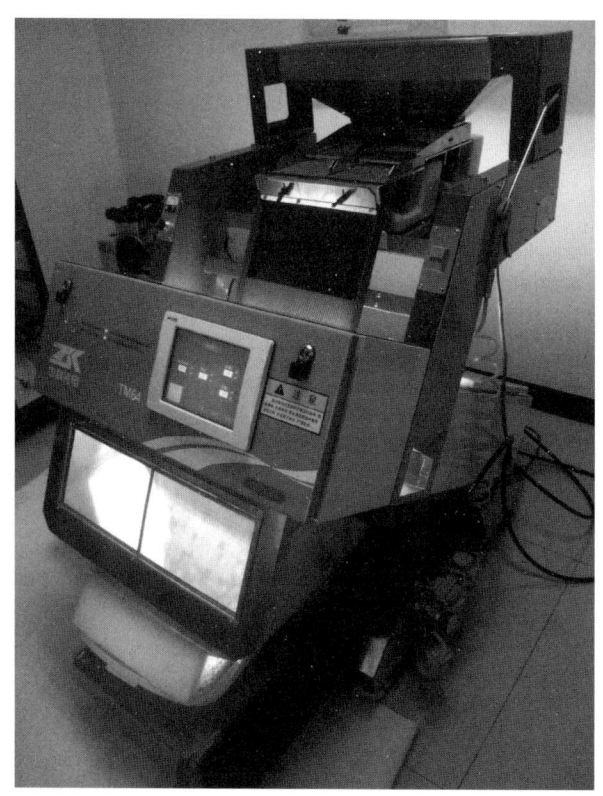

图4 彩色CCD雌雄蚕卵色选机的样机

1.2.2 识别系统

　　该系统是蚕卵色选机的核心，主要通过计算机图像处理系统来识别具有不同卵色的雌雄蚕卵，以保障雌雄蚕卵分选的准确率。沿64条V形槽道高速下落的蚕卵进入识别系统分选箱，被上下均有的摄像用LED光源（图1-16和图1-17）照射，在背景器（图1-14）前形成对比图像，并反射至物镜（图1-21）和彩色线阵CCD传感器（图1-19）。CCD传感器实时采集蚕卵的图像并反馈给现场可编程门阵列芯片（FPGA），FPGA根据不同性别蚕卵的卵色特征进行图像识别和区分雌雄蚕卵，并将处理结果发送给分离系统，由分离系统将雌雄蚕卵分离开。背景器由三棱柱背景器（还包括光敏定位传感器、步进电机和带齿轮减速箱的传动装置）和背景器LED光源（图1-11）等组成，其作用是为需分离的目标色蚕卵（简称靶卵）成像提供背景对比色差，以利于图像识别。三棱柱背景器的三面被附上黑色、白色和特定色3种颜色的背景条，以满足把黄色卵或黑色卵设定为靶卵模式及其他不同靶卵模式的需要。当靶卵模式设定后，电路能在开机时自动控制步进电机带动背景板旋转角度，转换成相应的背景色。例如：把黄色卵设为靶卵模式时，背景板自动转换为黑色；把黑色卵设为靶卵模式，背景板则自动转换为白色。光敏定位传感器将位置信号传感至控制电路，实现自动精准定位。

1.2.3 分离系统

　　该系统的作用是依据识别系统发出的命令控制喷阀将雌雄蚕卵分离开来，主要由喷气嘴（共64组，图1-15）和高速电磁阀（共64组）及供气装置（图1-23）构成。当识别系统获得的蚕卵图像信号与靶卵模式基准信号的比较差值大于或等于设定的阈值时，就会向分离系统发出开启电磁阀的命令。电磁阀驱动电路根据命令打开高速电磁阀（图2-23），从喷气嘴吹出压缩空气，将选定的蚕卵吹入靶卵收集箱（图1-29）；反之，高速电磁阀不启动，未被选定的蚕卵会沿着正常下落轨迹掉入自落卵收集箱（图1-25）内。依据蚕卵特征而设计的64组喷气嘴的各喷口为4mm×1mm的矩形，各喷气嘴间距为5mm，与溜卵滑槽（图1-6）的64槽相对应。经测试而设定的喷气压力可确保微小的靶卵沿预定抛物线轨迹飞行。蚕卵经过成像点到达分离点的距离约16mm，电路经过计算发出精准的延时，以确保喷气嘴能准确吹离高速下落的靶卵。由于蚕卵下滑的速度接近自由落体速度，雄蚕品种的靶卵比率为50%，因此对电磁气阀频率有极高的要求。为此设计了脉冲宽度调制（PWM）和双压驱动相结合的电路，并选用绝缘栅型场效应功率开关作为电路的功放器件，通过高压启动、高压维持和大吸合电流实现高反应速度的可靠开启；反之，通过小维持电流来实现缩短释放时间和不发热。

1.2.4　收集系统

该系统主要由靶卵收集和自落卵收集2个部分组成。靶卵收集箱（图1-29）是一个按靶卵呈抛物线飞落轨迹而设计的大铁皮箱，为靶卵提供了一个防止撞击的飞离空间，并从底部漏卵口排出。自落卵收集箱（图1-25）则是一只根据自落卵从溜卵滑槽（图1-6）上高速下滑轨迹而设计的四边形铁皮箱，底部有长矩形漏卵口，沿口的长边粘有防止自落卵弹出的橡皮裙边，并插入下面长槽式自落卵振动槽（图1-27）内，槽前是排卵出口，槽下是平移式电磁振动器（图1-26），掉在槽中的蚕卵在振动中朝出口移动并排出。靶卵收集箱和自落卵振动槽内均粘有防撞硅胶。

1.2.5　操控系统

该系统主要为用户提供了人机交互界面，色选机的相关配置参数通过液晶显示器（图1-13）显示出来。操作界面通俗易懂，用户通过触摸板调节合适的参数，以不同的模式保存在机器的存储系统内，方便下次调用，因此在常规使用机器时，只需通过一些简单的界面操作就可以自动进行蚕卵卵色分选，不需要繁琐的人工操作，仅在必要时才需人工调整。

1.2.6　电控系统

该系统由较为复杂的电路板和特定功能模块（图2）组成，并被分别安装在机器的各电控箱中和机架上。其最大特点是采用了先进的FPGA和数字信号处理芯片（DSP）协同工作的控制技术。该系统主要包括显示模块（基于32位嵌入式微处理器ARM与FPGA的彩色液晶显示屏LCD控制电路）、彩色线阵CCD图像采集电路模块、FPGA通道处理模块、信号汇总处理模块（基于DSP与FPGA的信号控制电路）、电磁气阀驱动模块（64组电磁阀驱动电路、电磁阀工作状态和自检LED显示电路）、电源保护模块等（图2）。FPGA是识别系统中最核心的部件。色选机图像处理最大的特点是数据量大和实时性要求高，且图像识别算法复杂，运算量极大，传统的软件设计方法很难做到，而FPGA以并行运算为主，运算速度快，因此我们选用基于FPGA的硬件设计方法来对图像进行处理，并识别出目标靶卵。

1.2.7 供气系统

该系统由独立的静音无油空气压缩机和色选机供气装置两大部分构成。前者带有带冷凝器、储气罐、过滤器和调压器；后者主要有管道及自身配置的空气调压器、过滤器和气动清洁枪（图1-24，图2）。

1.2.8 清洁系统

系统设计中配有备用清灰电路来控制清灰刷除尘，但由于蚕卵比较清洁，因此机器没有配置用于清除识别系统玻璃灰尘的自动清灰装置，但在必要时可以安装。同时色选机配有气动清洁枪（图1-24）和小型吸尘器（图2）。前者为高压喷气枪，主要用来快速吹掉少量黏滞或在嵌夹在缝隙中的蚕卵，但易使蚕卵四处飞散；后者则可以干净地吸除蚕卵，且不会导致散乱。当改换另一品种进行雌雄分选时，需做分选前清理工作。2种清洁工具结合，可非常便利和有效防止不同品种的蚕卵混杂。

2 蚕卵色选机的应用

2.1 适用范围

不同性别间卵色有较明显差异的蚕种或卵色不同的未受精卵均可利用该机（样机见图4）准确分选，如用于平衡致死系的雄蚕品种的原种、限性卵色家蚕品种、具有性别标记卵色的家蚕品种和雌蚕无性克隆系的蚕卵分选，还可用于剔除非受精卵和不良卵等。

2.2 靶标卵色精度确定和雌雄卵分选效率

鉴于家蚕卵的卵色较多且常有色差，在研发及试验过程中确定了黑卵吹出模式和黄卵吹出模式共2种靶卵模式及相对应的靶标卵色精度（即色选阈值）。根据CCD采集的蚕卵RGB色彩模式（即代表红、绿、蓝3个通道的颜色）信息，通过试验分析确定使用R分量（红）信息作为卵色判断的依据，并通过量化方法将靶标卵色精度范围设为0-255。黑卵吹出模式的靶标卵色精度范围为185-255，228为常用和优选值，数字越大越趋向于黑卵色。黄卵吹出模式的靶标卵色精度范围为100-165，135为常用和优选值，数字越小越趋向于白卵色。另外，还制定了详细的蚕卵颜色分选工艺和操作规范。例如：平衡致死系的雄蚕原种分选只需要分离黄色的雄卵，其色选工艺通常设置黑卵吹出模式，推荐靶标卵色精度为228。如河南鹿邑蚕种场生产限性卵色家蚕品种的杂交种，其雄卵颜色更黄，与雌卵的色差小，雌雄卵都要保留，因而2种模式都可以选用。如果设置为黄卵吹出模式，推荐靶标卵色精度为135。总之，生产中可以根据卵色和色差对靶标卵色精度作适当调整。

自2014年开始，浙江农业科学院蚕桑研究所和山东广通蚕种集团生产的所有平衡致死系雄蚕原种已全部采用蚕卵色选机进行原种的蚕卵分选。如按2×10^6粒/h的分选速度，64组喷气嘴约以10^6粒/h的速度吹离黑色的靶卵，此时高速电磁阀每组平均开闭频率是4～5次/s，在近似自由落体下落的分选过程中，难免出现未能正确吹到黑卵，或在吹离过程中误带出黄卵的现象，由此产生一定的分离误差，通常在黑卵占比50%的情况下，一次性色选的黄卵正确率约96%。因此，雄蚕原种蚕卵的颜色分选一般还要对靶卵和自落卵分别进行复选。由于复选时的靶卵比已经大大下降，因此获取黄卵的准确率都可超过99.5%，如果再增加色选次数，获取黄卵的准确率还可进一步提升。一般情况下，利用蚕卵色选机对雄蚕原种的蚕卵进行2次分选的工效约为10^6粒/h，约是人工分选（约4300粒/h）的230倍，是前述激光分选仪和光电分选仪的30倍和8倍左右。

另外，该机还应用于浙江省农业科学院蚕桑研究所的雌蚕无性克隆系的蚕卵卵色分选。江苏、云南等省一些蚕种场还采用该机进行常规品种未受精卵的剔除，一般只进行一次分选即可达到要求。

2.3 样机使用性能的可靠性和稳定性

蚕卵是活体，一旦被挤压或剪切卵液便会流出，此外，蚕卵不仅体积微小，体质量轻，且易粘滞。因此，我们在样机研制中除了围绕蚕卵特性和形态设计了前述的精密机械和高性能电路来确保分选的高效和精准，还全面考虑了机器使用性能的可靠性和稳定性，例如蚕卵在机具设备上的运行通道设计完全是敞开式和光滑的，不存在可产生机械剪切等损伤蚕卵的结构。特别是蚕卵的输入和输出装置均采用电磁振动输送方法（如1.2.1和1.2.4所述），让蚕卵在振动器的振动下匀速移动，不会对蚕卵造成任何挤压，另外，蚕卵在机器内的运行轨迹上均添加了缓冲装置或防撞硅胶，防止蚕卵受到振动和弹撞影响。2年来已推广使用的4台样机没有发生过机器对蚕卵造成损伤的事故，具有较强的可靠性和稳定性，且可连续长时间（>72h）运行。另外，该机还带有状态自检和报警装置，操作和调试也非常简单，故能以可靠和稳定的性能保证准确、安全地进行蚕卵分选。

浙江农业科学院蚕桑研究所于2014、2015年连续3个蚕期对同批次雄蚕品种原种散卵进行机械分选与人工分选的蚕卵孵化率对比试验，在相同环境下的试验结果显示：2种蚕卵分选方法，对蚕卵的孵化率没有明显的影响（表1）。分选后获取的雄蚕品种原种因平衡致死等原因，雄卵（黄色卵）的孵化率<50%。

表1 用彩色CCD雌雄蚕卵色选机分选蚕卵的孵化率（%）

分选方法	2014年秋	2015年春	2015年秋	平均
机器分选	44.6	42.1	45.0	43.9
人工分选	44.8	41.6	44.7	43.7

注：表中数据为雄蚕品种原种雄卵的孵化率。

由于该机设计时考虑主要用于家蚕品种选育工作，因此机型选择为小型机，如若用于蚕种场大规模蚕种繁育的蚕卵卵色分选时，可根据需求设计制成中型或大型机，以提高工效。

雄蚕新品种浙凤2号的选育①

姚陆松 杜 鑫 祝新荣 孟智启 何秀玲 沈爱琴 王永强

（浙江省农业科学院蚕桑研究所 杭州 310021）

　　家蚕的雌性和雄性个体因生理性状特征造成的经济性状差异，使其具有不同的利用价值。雄蚕比雌蚕的体质强健，更容易饲养，而且生产蚕茧的茧层率高、出丝率高，茧丝品质相对更优，因此在农村的丝茧育生产中，专养雄蚕和现行普通雌雄混养方式相比，综合经济效益能提高20%左右。然而，在蚕种生产过程中，原蚕总饲养量相同的情况下，多养雌蚕可增加产卵蚕蛾数，显著提高蚕种繁育系数，同时雌雄分养可解决鉴蛹技术难题，大幅减少蚕种繁育用工成本。故此，利用性别控制技术实现"农村专养雄蚕，蚕种场多养雌蚕"将有效提高整个蚕丝产业的综合效益。近10余年来，本实验室利用家蚕平衡致死系育成的秋·华×平30、秋丰×平28等系列雄蚕新品种已通过浙江省家蚕新品种审定，并在生产上大规模推广应用，实现了在农村专养雄蚕之目标。雄蚕品种与常规品种相比，除了提高饲料转化率，更主要的是提高了蚕茧的质量与丝质，但因雄蚕杂交种生产的特殊性，其生产成本远高于常规品种。如果能进一步利用性别控制技术培育后代全部为雌蚕的家蚕品种，用作杂交种生产的母本，并利用能依据卵色区分雌、雄卵的限性卵色系或平衡致死系作为父本，则可在杂交种繁育生产过程中实现原种的性别控制，形成一方只养雌蚕，另一方只养雄蚕的单交（单向交配）制种模式，从而使蚕种场能多养雌蚕，达到降低蚕种繁育成本，提高蚕种生产企业效益的目的。雌蚕无性克隆技术（Female parthenogenetic clones）是家蚕的一种单性生殖技术，利用人工辅助方法诱导未受精卵发育，后代产生全部为雌蚕的群体，且基因型完全一致。该技术的应用为培育后代全部为雌性群体的家蚕品种，实现蚕种场雌雄蚕分养及多养雌蚕的单交制种模式提供了可能。

　　一个多世纪来，国内外学者在雌蚕无性克隆诱导方法等方面做了很多研究和探索，但无性克隆系后代的孵化率较低（10%以下），成为影响其实用化的技术瓶颈。本实验室自1996年开始开展雌蚕无性克隆系的研究工作，通过10多年的探索，逐步建立了适合我国二化性家蚕品种的雌蚕无性克隆处理技术条件。在此基础上，以综合经济性状优良的家蚕种质资源为材料，开展雌蚕无性克隆系的构建工作。以雌蚕发生率及后代孵化率为主要考核指标进行定向选择提高，结合实用经济性状选择，成功构建了目前国内外最大的二化性雌蚕无性克隆系资源库，其中包括雌蚕

---

① 本文原载于《蚕业科学》，2017，43（4）：610-615。

29号、雌蚕35号等近50个后代全部为雌蚕的品系资源，雌蚕发生率平均90%以上，孵化率平均80%以上，且茧丝质性状优良。以高雌蚕发生率和后代高孵化率的雌蚕无性克隆系为母本，以限性卵色系为父本培育而成的新型单交家蚕品种浙凤1号（雌蚕29号×卵36），已在2013年通过浙江省农作物品种审定委员会审定，并在生产上饲养推广。

为了降低雄蚕杂交种的生产成本，促进雄蚕品种的推广应用，我们以雌蚕无性克隆系品系雌蚕35号为母本，以平衡致死系品系平28为父本杂交育成时一方只养雌蚕，另一方只养雄蚕的新一代雄蚕品种浙凤2号。该品种2012—2015年秋季参加浙江省家蚕新品种实验室鉴定和农村生产试验，各项经济性状成绩优良，蚕种试繁成绩达到预期目标。该雄蚕新品种于2016年5月通过浙江省农作物品种审定委员会审定，定名为浙凤2号，可在长江中下游蚕区及四川、山东、河南等省蚕区春季、晚秋季推广饲养。

1　新品种选育

1.1　选育方法及亲本来源

新品种采用雌蚕无性克隆技术结合杂交育种的方法育成。母本雌35为雌蚕无性克隆系中系品种，其母为PC-43，父本为夏5、学65；父本平28为日系×日系固定种，其母本为平衡致死系平30，父本为普通品种白玉。

1.2　选育经过

1.2.1　雌35的选育

1996年春期以从俄罗斯引进的雌蚕发生率高，但经济性状差的一化性雌蚕无性克隆系PC-43为母本，与本所保育的夏秋用品种夏5杂交，取F_1代雌蛾产下的卵用无性克隆技术选育继代。前期世代注重提高其无性克隆发生率水平，2002年春期开始应用优化的二化性雌蚕无性克隆方法继代，在进行高雌蚕发生率选择的同时，注重提高茧丝质性状。确定选育目标为后代个体全部为雌，无性克隆发生孵化率（无性克隆发生率×孵化率）在50%以上，综合经济性状优良。在早期世代的无性克隆系选育过程中，严格淘汰畸形以及发育迟缓的个体，保持蚕体发育整齐度，并在春期进行活蛹缫丝，选择丝质优的个体留种；中后期世代着重对无性克隆发生率、孵化率和生命力等进行选择，以无性克隆发生率、孵化率和生命力高的蛾区留种。2008年秋期经浙江省农业厅蚕种科技服务中心调查，雌35的无性克隆发生率和孵化率分别达91.25%、90.67%。2009年秋期为进一步提高其丝质水平，与多丝量、丝质优的本所保育春用蚕品种学65杂交，后代继续采用上述的雌蚕无性克隆方法留种继代。至2011年秋期已选育至29代，后代全部为雌蚕，发育整齐，无性克隆发生率和孵化率分别达到90%和80%以上，茧丝质性状优良。雌35的选育系谱成绩见表1。

表1　雌蚕无性克隆系雌35的选育系谱成绩

年份与蚕季	世代	饲育形式	5龄经过 （d:h）	全龄经过 （d:h）	孵化率 （%）	虫蛹率 （%）	全茧量 （g）	茧层量 （g）	茧层率 （%）
2000春	F_8	○	7:10	23:07		96.87	2.07	0.456	21.97
2000秋	F_9	○	7:20	22:18		82.29	1.61	0.328	20.37
2001春	F_{10}	○	7:18	25:23		90.71	2.03	0.447	22.03
2002春	F_{11}	○	7:20	24:22		88.37	1.90	0.372	19.58
2002秋	F_{12}	○	7:00	24:05		90.55	1.36	0.252	18.53
2003春	F_{13}	○	7:10	23:22		96.01	2.16	0.456	21.11
2003秋	F_{14}	○	7:00	24:06		81.92	1.48	0.280	18.92
2004春	F_{15}	○	7:14	23:11		93.66	1.87	0.380	20.30
2005春	F_{16}	○	7:00	23:21		88.21	1.84	0.372	20.22
2005秋	F_{17}	○	7:08	24:05		81.96	1.58	0.300	18.99
2006春	F_{18}	○	8:00	22:05	88.00	93.70	2.27	0.441	19.41
2006秋	F_{19}	○	8:00	25:21	91.00	91.62	1.60	0.319	19.96
2007春	F_{20}	○	6:18	23:05	91.00	90.12	1.90	0.388	20.42
2007秋	F_{21}	□	7:04	24:01	82.00	88.12	1.72	0.339	19.72
2008春	F_{22}	□	7:00	23:05	91.00	85.52	2.23	0.442	19.79
2008秋	F_{23}	□	7:00	24:05	90.67	79.91	1.81	0.344	19.05
2009春	F_{24}	□	7:07	24:07		93.38	1.96	0.401	20.47
2009秋	F_{25}	□	7:07	25:14		85.15	2.30	0.430	18.70
2010春	F_{26}	□	7:06	24:03		95.17	2.23	0.452	20.24
2010秋	F_{27}	□	6:10	22:07		91.62	1.88	0.375	19.95
2011春	F_{28}	□	7:00	24:05		97.16	1.91	0.405	21.16
2011秋	F_{29}	□	6:14	22:11		91.59	1.98	0.396	20.00

注：表内○为混合育，□为蛾区育。1996年秋期F_1代至1999秋期F_7代，由于孵化个体很少，未调查茧质性状。

1.2.2　平28的选育

选育经过见《雄蚕新品种秋丰×平28的育成》一文。

2　新品种的鉴定成绩

2.1　实验室品种比较试验成绩

从2006年开始，育成的雄蚕新品种浙凤2号（雌35×平28）在本所及湖州市农业科学院先后4年于秋·季进行了实验室品种比较试验。新品种的各项性状成绩优良，发育经过与对照雄蚕品种秋·华×平30相仿，虫蛹率高于对照品种1.60个百分点，茧层率较对照品种高0.19个百分点；万蚕产茧量、万蚕产茧层量分别较对照品种提高4.22%、4.88%；茧丝长1248m、解舒丝长892m，分别较对照品种长86m、短15m；茧丝洁净、鲜毛茧出丝率与对照品种相仿（表2）。

表2 雄蚕新品种浙凤2号的实验室品种比较试验成绩

品种名	5龄经过（d:h）	全龄经过（d:h）	虫蛹率（%）	全茧量（g）	茧层量（g）	茧层率（%）	万蚕产茧量（kg）	万蚕产茧层量（kg）
浙凤2号	6:13	21:23	90.03	1.55	0.377	24.33	14.57	3.547
秋·华×平30（CK）	6:15	22:01	88.43	1.49	0.360	24.14	13.98	3.382

品种名	5龄一日万蚕产茧层量（kg）	茧丝量（g）	茧丝长（m）	解舒丝长（m）	解舒率（%）	茧丝纤度（dtex）	茧丝洁净（分）	鲜毛茧出丝率（%）
浙凤2号	0.542	0.3042	1248	892	72.05	2.192	95.62	18.31
秋·华×平30（CK）	0.510	0.2942	1162	907	77.97	2.274	95.75	18.31

注：表中数据为新品种2006、2007、2010、2011秋期在实验室鉴定的平均成绩。

2.2 实验室共同鉴定成绩

2012—2013年，新品种浙凤2号参加浙江省家蚕新品种实验室共同鉴定，综合2年5个鉴定点（浙江省农业科学院蚕桑研究所、湖州市农业科学院、浙江省和顺现代农业有限公司、桐乡市蚕业有限公司、绍兴大禹蚕种制造有限公司）的成绩，达到浙江省家蚕新品种实验室鉴定要求（表3）。

在实验室共同鉴定的4项重要指标中：4龄起蚕虫蛹率比对照雄蚕品种秋·华×平30高0.66个百分点；万蚕产茧层量比对照品种高3.73%；解舒丝长比对照品种短20m；茧丝洁净比对照品种低0.84分。在实验室鉴定的5个辅助指标中：实用孵化率51.50%；万蚕产茧量比对照品种高2.99%；鲜毛茧出丝率比对照种高0.03个百分点；茧丝纤度2.646dtex。

表3 雄蚕新品种浙凤2号参加浙江省家蚕新品种实验室共同鉴定的成绩

品种名	5龄经过（d:h）	全龄经过（d:h）	虫蛹率（%）	全茧量（g）	茧层量（g）	茧层率（%）	万蚕产茧量（kg）	万蚕产茧层量（kg）
浙凤2号	6:10	22:02	96.54	1.70	0.416	24.47	17.24	4.224
秋·华×平30（CK）	6:09	22:00	95.88	1.66	0.404	24.29	16.74	4.072

品种名	5龄一日万蚕产茧层量（kg）	茧丝量（g）	茧丝长（m）	解舒丝长（m）	解舒率（%）	茧丝纤度（dtex）	茧丝洁净（分）	鲜毛茧出丝率（%）
浙凤2号	0.661	0.3274	1236	998	80.82	2.646	94.80	17.40
秋·华×平30（CK）	0.644	0.3240	1241	1018	82.12	2.606	95.64	17.37

注：表中数据为新品种2012年、2013年秋期在浙江省5个实验室共同鉴定的平均成绩。

2.3 农村生产试验成绩

新品种浙凤2号在通过浙江省家蚕新品种实验室共同鉴定的基础上，2014年、2015年秋期继续在浙江省湖州、海宁、海盐、淳安蚕区4个点进行农村生产试验。该品种孵化齐一，发育经过和体质强健性与现行主推雄蚕品种秋·华×平30（对照品种）相仿，蚕体和茧形大于对照品种。4个试验点2年饲养的平均成绩见表4：平均张种产茧量、张种产值分别比对照雄蚕品种秋·华×平30提高3.88%，4.86%；茧丝长、解舒丝长分别比对照品种增加16m、7m，干茧出丝率比对照品种高0.36个百分点，茧丝洁净比对照品种低0.05分，茧丝纤度2.729dtex。

新品种浙凤2号从2008年开始先后在浙江省淳安、湖州、海宁、海盐等县（市）累计饲养近500张种，综合经济性状表现优良。2012年春季淳安茧丝绸总公司在浪川乡饲养345张浙凤2号，与雄蚕品种秋·华×平30相比，龄期经过稍长，茧形大、产量高，受到蚕农欢迎。丝质性状优良，茧丝长比对照品种长44m，解舒丝长比对照品种短20m；茧丝洁净、出丝率分别较对照品种高0.4分、0.73个百分点。

表4 雄蚕新品种浙凤2号参加浙江省家蚕新品种农村生产试验的成绩

品种名	张种产茧量（kg）	张种产值（元）	解舒丝长（m）	茧丝洁净（分）	茧丝纤度（dtex）	5龄经过（d:h）
浙凤2号	44.4	1532	696	94.66	2.729	8:00
秋·华×平30（CK）	42.7	1461	689	94.71	2.756	8:02

品种名	全龄经过（d:h）	上车茧率（%）	茧丝长（m）	解舒率（%）	干茧出丝率（%）
浙凤2号	25:08	82.55	1049	66.76	35.96
秋·华×平30（CK）	25:11	81.08	1033	66.48	35.60

注：表中数据为2014、2015年秋期浙江省湖州、海宁、海盐、淳安4个点的平均成绩。

2.4 繁育试验成绩

在雄蚕新品种浙凤2号的杂交种繁育生产过程中，雌35（母本）能全部只饲养雌蚕，从而降低雄蚕杂交种的生产成本。于2011年秋期及2015年春、秋共三期在杭州千岛湖蚕种有限公司汾口原蚕区进行了浙凤2号的杂交种试繁试验。其中2011年秋期饲养雌35的蚁量22g、平28的蚁量11g，共繁育雄蚕杂交种345张（装卵量62000粒/张），千克茧制种量2.30张，按雄蚕种68元/张收购价计，千克茧产值156.4元，与该原蚕区同期繁育的普通家蚕品种秋丰×白玉相比，产值提高15.68%。从原蚕饲养情况看，雌35号表现出蚕体大、体质强健好养的特点，健蛹率92.50%，比秋丰、白玉平均健蛹率提高2.12个百分点。浙凤2号的杂交种试繁主要成绩见表5。

表5 雄蚕新品种浙凤2号一代杂交种的繁育试验成绩

品种	蚁量（g）	收茧量（kg）	健蛹率（%）	千克茧颗粒数（粒）	蚕种数量（张）	克蚁制种量（张）	千克茧制种量（张）
雌35	22	116.90	92.50	620	345	10.45	2.30
平28	11	33.00	92.25	909			

注：表中数据为2011年秋期杭州千岛湖蚕种有限公司汾口原蚕区繁育成绩。

3 新品种的性状

3.1 原种性状

3.1.1 雌35

中国系统，雌蚕无性克隆系原种，二化性四眠，后代全部为雌性；越年卵灰绿色，卵壳淡黄色，每蛾产卵量550粒左右；雌蚕无性克隆发生率和孵化率分别达90%和80%以上，蚁蚕黑褐色，克蚁2250头左右；壮蚕体色青白，蚕体粗壮，素蚕；各龄眠起较齐一，食桑旺盛；老熟齐涌，营茧快，茧色白，茧形大，椭圆形，缩皱中细；发蛾集中，交配、制种性能良好；催青经过时间10d，全龄经过时间23～24d，全蚕期较对交品种平28短1d，宜推迟1～2d出库催青。

3.1.2 平28

为日本系统，性连锁平衡致死系原种，二化性四眠，越年卵雌性为灰紫色，雄性黄色，每蛾产卵量500粒左右，雌雄各有一半在胚胎期死亡，孵化率45%左右，孵化齐一，蚁蚕黑褐色。小蚕趋光趋密性强，小蚕用叶要求适熟偏嫩。大蚕体色灰褐，普斑，体质强健好养，茧色白，茧型浅束腰，缩皱中等。发育经过：催青期10d，幼虫期23～24d，蛰中17d，全蚕期50～51d。可利用限性卵色性状区分雌雄，在繁育雄蚕杂交种时，只饲养雄性黄色卵。由于雄蛾可以多次交配，为降低制种成本，生产雄蚕杂交种时，一般原种饲养的雌雄性比控制在2.0∶1～2.5∶1。

3.2 一代杂交种性状

与现行雄蚕品种相比，浙凤2号的一代杂交种具有茧形大和产量高等优势，丝质性状优良。催青经过10d，良卵率98%左右，孵化齐一，实用孵化率51.50%，蚁蚕黑褐色，1～2龄趋光、趋密性强，注意匀座。小蚕发育快，眠起齐，体质强健，易养。壮蚕普斑，蚕体匀整，食桑较旺盛。幼虫老熟齐涌，营茧快，茧层厚，茧色洁白，椭圆形，大小整齐，缩皱细，解舒较好，茧丝洁净优，纤度细。

3.3 饲养技术要点

该品种的一代杂交种按二化性家蚕品种标准催青，催青后期温度可偏高0.5℃，补催青摊卵面积为常规品种的1.5～1.7倍。稚蚕期趋光、趋密性强，注意及时匀座、扩座，饲育温度较常规种高0.5～1℃；各龄发育较快，应超前扩座并及时加眠网，盛食期食桑旺盛，需稀放饱食；孵化幼虫性别单一、发育齐，老熟涌，应及早做好上蔟准备。由于含有多丝量血统，饲养中应注意做好防病、防高温、防闷热多湿等工作，壮蚕期和蔟中注意通风。

4 小结

通过连续10多年的持续研究，探索并逐步建立了适合我国二化性家蚕品种的雌蚕无性克隆处理的优化技术条件，从而提高了雌蚕无性克隆系的发生孵化率水平，并结合实用经济性状选择，进一步构建了国内外最大的二化性雌蚕无性克隆系资源库，初步实现了雌蚕无性克隆技术和无性克隆雌蚕品种的实用化，用雌蚕无性克隆系与限性卵色品种或平衡致死系雄性杂交，创新了家蚕育种途径。

浙凤2号即是应用雌蚕无性克隆结合常规育种技术培育成的新一代雄蚕品种，实现了雄蚕杂交种生产过程中一方专养雌蚕，一方专养雄蚕，从而实现蚕种场雌雄分养、多养雌蚕，农村专养雄蚕的生产目标。浙凤2号的推广应用，显著降低了雄蚕杂交种的生产成本，同时也提高了杂交率和蚕种质量，可促进雄蚕新品种的推广应用。从历年实验室鉴定与农村生产试验成绩看，浙凤2号的主要经济性状与现行主推雄蚕品种秋·华×平30相仿，原料茧生产性能更优，且杂交种生产更省力、高效。因此，雄蚕新品种浙凤2号的推广应用，将有利于加快雄蚕产业化的进程。

新型单交家蚕品种浙凤1号和新型雄蚕品种浙凤2号的育成，标志着雌蚕无性克隆系的实用化研究进入了新的阶段，在今后研究中将进一步发挥单交家蚕品种的优势，加强各项实用经济性状的选育，培育更为优良的新型单交蚕品种，促进蚕桑产业的技术进步和发展。

雄蚕品种秋·华×平30的孵化率与雄蚕率调查[①]

于少芳　王红芬　王永强　祝新荣

（浙江省农业科学院蚕桑研究所　杭州　310021）

雄蚕具有强健好养、出丝率高、茧丝质优的特点，生产上实现专养雄蚕能有效提高蚕桑产业链的经济效益。本所自1996年开始专养雄蚕研究以来，先后育成并审定通过了5对实用化雄蚕品种，其中秋·华×平30是首对通过审定的雄蚕品种，一直以来作为专养雄蚕的主推品种在生产上得到较大规模的推广应用，深受蚕农与茧丝绸企业的欢迎与好评。

近年来，秋·华×平30在推广过程中，在有些蚕期会出现孵化率偏高的异常情况，杂交种孵化率大大高于理论孵化率（50%左右）。为探明雄蚕杂交种孵化率异常的可能原因，2017—2018年我们将平30的2个品系、采用不同的用叶处理及不同的雄蚕杂交种处理方式（不同用种期别），对其高孵化率的发生与结茧率、雄蚕率的影响进行了试验与调查。

1　材料与方法

1.1　试验材料

限性斑纹杂交原种秋·华、平衡致死系单系原种平30A、平30B均由本所生产，试验用桑叶来自本所桑园，桑树品种为农桑14号。

1.2　试验方法

1.2.1　原蚕收蚁与饲育处理

杂交原种秋·华采用蛾区蚁量育，14个蛾区合并收蚁作为1个饲育区，常规饲养至4龄第2天，根据雌雄不同斑纹，淘汰雄性白蚕，只饲养雌性花蚕，用于试验用雄蚕杂交种的制备。

平30A、平30B分别选取50个蛾区，每个蛾区分成3等份。按品系将来自50个不同蛾区的1个等份合并为1个饲育区，平30A、平30B分别组成3个来自同一种质的饲育区。催青过程中，在平30A、平30B蚕卵点青前，用钢针将其雌性黑卵刺死，只留雄性黄卵饲养（蛹期进行雌雄复鉴）。每个品系的3个饲育区全龄分别以新梢上部叶（嫩叶）、新梢中部叶（适熟叶）与新梢下部叶（老叶）进行喂饲。

---

①　本文原载于《蚕桑通报》，2019，50（2）：19-22。

1.2.2　试验蚕种的制造

3种不同饲育形式的平衡致死系，分别按秋·华×平30A（B）的交配方式制成3套试验用种，分别作为即时浸酸种、冷藏浸酸种与越年种进行试验调查，每套蚕种以28蛾框制形式各制备3张。

1.2.3　孵化率、结茧率与雄蚕率调查

即时浸酸种与越年种用二段催青法催青，经2d孵化后分别调查每个处理每张连纸不同孵化率的蛾圈数（如图1），统计不同处理的高孵化率蛾圈百分率。

冷藏浸酸种在催青过程中根据蚕卵的转青情况，选择高转青率的卵圈包种，分别饲养秋·华×平30A与秋·华×平30B高孵化率卵圈各5个，调查各蛾区蚕儿的生长发育与结茧率、雄蚕率情况，并统计各处理的高孵化率蛾圈发生的百分率。

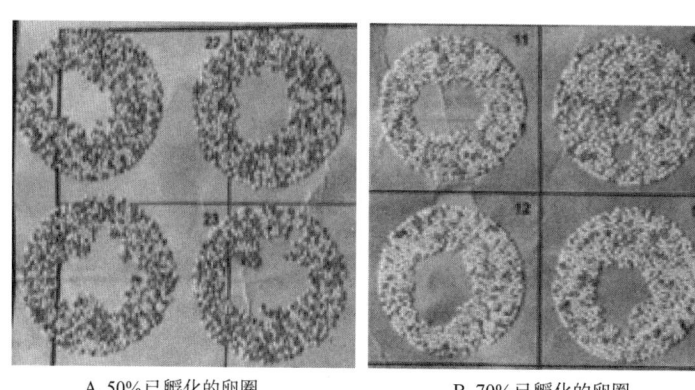

A. 50%已孵化的卵圈　　　　B. 70%已孵化的卵圈

图1　秋·华×平30A（B）的2种孵化率情况
A. 秋·华×平30A（B）50%孵化率卵圈　B. 秋·华×平30A（B）70%孵化率卵圈

2　结果与分析

2.1　高孵化率卵圈的发生

秋·华×平30A、秋·华×平30B各处理雄蚕杂交种高孵化率卵圈发生率调查结果分别见表1与表2。从表1可见，秋·华×平30A孵化率高于70%的卵圈数的发生比例，即时浸酸种与冷藏浸酸种在不同用叶处理间为38.67%～51.22%之间不等，且表现为适熟叶>老叶>嫩叶。而越年种没有发生高孵化率的卵圈。从表2可见，秋·华×平30B孵化率高于70%的卵圈在3种不同用种期别中均存在，发生比例即时浸酸种>冷藏浸酸种>越年种，不同用叶处理间以老叶的发生率为最高，嫩叶与适熟叶的发生率相仿。

从雄蚕种的不同交配形式看，秋·华×平30A的高于70%孵化率的卵圈发生率要明显高于秋·华×平30B的发生率。从不同用种期别蚕种的高孵化率卵圈发生率来看，即时浸酸种与冷藏浸酸种明显高于越年种，其中秋·华×平30A的越年种没有发生高孵化率卵圈的情况。

表1　秋·华 × 平30A两种孵化率卵圈数及高孵化率卵圈数占比

品种	用叶	用种期别	正常孵化率卵圈数（个）	70%高孵化率卵圈数（个）	调查总卵圈数（个）	高孵化率卵圈数占比（%）
秋·华 × 平30A	嫩叶	即时浸酸种	49	31	80	38.75
		冷藏浸酸种	46	29	75	38.67
		越年种	80	0	80	0
	老叶	即时浸酸种	42	37	79	46.84
		冷藏浸酸种	41	37	78	47.44
		越年种	82	0	82	0
	适熟叶	即时浸酸种	40	42	82	51.22
		冷藏浸酸种	41	41	82	50.00
		越年种	76	0	76	0

注：表中数据为3张28蛾框制种的总卵圈数调查结果。

表2　秋·华 × 平30B两种孵化率卵圈数及高孵化率卵圈数所占比例

品种	用叶	用种期别	正常孵化率卵圈数（个）	70%高孵化率卵圈数（个）	调查总卵圈数（个）	高孵化率卵圈数占比（%）
秋·华 × 平30B	嫩叶	即时浸酸种	73	8	81	9.88
		冷藏浸酸种	73	6	79	7.59
		越年种	79	1	80	1.25
	老叶	即时浸酸种	73	10	83	12.05
		冷藏浸酸种	70	11	81	13.58
		越年种	78	1	79	1.27
	适熟叶	即时浸酸种	65	7	72	9.72
		冷藏浸酸种	69	4	73	5.48
		越年种	63	3	66	4.55

注：表中数据为3张28蛾框制种的总卵圈数调查结果。

2.2　高孵化率卵圈蚕儿的发育

通过秋·华 × 平30A、秋·华 × 平30B各5个高孵化率卵圈的饲养观察，高孵化率卵圈的蚕儿发育至2龄眠前，蛾区内的蚕儿出现极度不齐的情况（如图2），蚕座中出现部分弱小个体蚕，而待发育到2龄眠中与3龄起蚕时，在蚕座上又看不到这些弱小个体蚕，这些被埋在蚕座下面的虚弱小蚕因吃不到喂饲的桑叶而不能继续生长发育，该部分虚弱小蚕是本来就不应孵化出来的雌性个体。

| A. 2龄第1天 | B. 2龄眠中 | C. 3龄第1天 |

图2　高孵化率卵圈的小蚕发育情况

A. 2龄眠前蚕体发育情况　B. 2龄眠中蚕体发育情况　C. 3龄起蚕发育情况

2.3　高孵化率卵圈的结茧率与雄蚕率

分别饲养秋·华×平30A、秋·华×平30B高孵化率的冷藏浸酸种各5蛾，单蛾饲养，调查收蚁蛾区的孵化率、结茧率与雄蚕率，结果见表3所示。从表3可见，2种交配方式的高孵化率卵圈的孵化率均为70%左右，结茧率均在40%～50%之间，而雄蚕率均为100%，表明高孵化率孵出的雌蚕在2～3龄期间死亡，雄蚕杂交种的高孵化率对雄蚕种的健康度、结茧率与雄蚕率均没有影响。

表3　5个高孵化率卵圈冷藏浸酸种的孵化率、结茧率与雄蚕率

品　　种	孵化率（%）	结茧率（%）	雄蚕率（%）
秋·华×平30A	70.55	43.78	100
秋·华×平30B	69.94	41.77	100

注：表中数据为5个饲育区平均数。

3　讨论与分析

平衡致死系雄蚕杂交种因致死基因的作用，雌性个体理论上在胚胎期致死，不能孵化与生长发育，雄蚕杂交种的理论孵化率应在50%左右。近年来，在雄蚕种推广过程中，在不同的蚕期时常出现孵化率偏高的状况，尤其是在夏秋期饲养更易发生。

通过本次试验，可以得出以下基本结论：雄蚕杂交种不同的蚕种处理方式（用种期别）对高孵化率的发生有明显影响，尤其是即时浸酸种与冷藏浸酸种更易发生高孵化率的情况，而越年种则很少发生。平衡致死系的不同品系杂交，对雄蚕杂交种的高孵化率发生存在差异，平30A系杂交的雄蚕杂交种更易发生高孵化率卵圈。不同用叶条件之间对高孵化率卵圈的发生存在一定差

异，但与不同用种期别比较差异不甚明显，而两个品系在不同用叶条件下的高孵化率发生存在差异不一致的情况，这可能是由于原蚕饲养在春蚕期进行，新梢上部叶、中部叶与下部叶的叶质老嫩程度差异不明显而造成的结果。

通过对高孵化率卵圈的饲养与发育调查及其对结茧率与雄蚕率影响的分析，认为雄蚕杂交种高孵化率情况的发生，对雄蚕品种的健康度、结茧率与雄蚕率均无不良影响。结合前期对雄蚕品种孵化率影响因子的研究，催青过程中的不同时长光照、不同温湿度条件等，均未能发现规律性结论，考虑到平衡致死系致死基因致死机理的复杂性，相关研究有待今后继续深入探讨。

生产中雄蚕杂交种高孵化率的发生对养蚕农户产生影响，本人认为最主要的影响是增加了小蚕期的用叶与用工，而对蚕茧产量与质量不会产生不良影响。

春秋兼用四元雄蚕品种菁·云 × 平28·平30的育成[①]

祝新荣[1]　王永强[1]　孟智启[1]　王红芬[1]　于少芳[1]　邵云华[2]

（1. 浙江省农业科学院蚕桑研究所　杭州　310021；2. 杭州蚕种场　杭州　310021）

　　雄蚕的最大优势是强健好养，出丝率高，茧丝质优，最明显的劣势是雄蚕种生产成本高。自专养雄蚕研究以来，已先后育成并审定通过了多对二元、三元雄蚕品种。在目前的雄蚕种生产中虽采取了多项降本措施，其生产成本仍是常规蚕品种的1.5倍以上。通过高产卵量中系杂交原种与强健性好、多次交配能力强的日系平衡致死系杂交原种的选配，培育经济性状好、繁育系数高的四元雄蚕品种，可有效降低雄蚕种生产成本，提高种场的生产效益。

1　新品种选育经过

1.1　斑纹限性品种菁的选育

　　2004年秋由山东广通蚕业发展有限公司配制选育材料871A × 菁松A，2005年春饲养F_1代，后续世代以菁松A作轮回亲本连续回交3次并经系统选育而成。2011年春从广通引进F_{10}代，引进当代采用单蛾育，在本省环境下进行适应性选择，在保持原有优良性状基础上，着重提高其抗逆性，2017年春已选育至F_{19}代。菁的系谱成绩列于表1。

表1　限性斑纹家蚕品种菁的选育系谱成绩

年份与蚕季	世代	饲育形式	全龄经过（d:h）	5龄经过（d:h）	虫蛹率（%）	死笼率（%）	全茧量（g）	茧层量（g）	茧层率（%）
2011春	F_{10}	单蛾	23:21	7:10	95.82	1.83	1.48	0.333	22.50
2012春	F_{11}	单蛾	24:13	8:02	94.34	2.50	1.68	0.399	23.77
2012秋	F_{12}	单蛾	23:21	7:00	88.36	5.80	1.42	0.323	22.67
2013春	F_{13}	单蛾	22:18	7:13	94.80	2.20	1.67	0.378	22.58
2014春	F_{14}	单蛾	23:03	7:16	97.36	0.50	1.68	0.362	21.48
2015春	F_{15}	单蛾	23:05	7:08	96.33	1.75	1.73	0.378	21.82
2015秋	F_{16}	单蛾	22:05	6:08	86.68	5.17	1.58	0.374	23.71
2016春	F_{17}	单蛾	24:00	6:19	82.28	5.38	1.76	0.371	21.07
2016秋	F_{18}	单蛾	22:21	7:00	79.88	10.25	1.47	0.367	25.01
2017春	F_{19}	单蛾	21:20	6:21	96.36	1.25	1.67	0.394	23.50

①　本文原载于《蚕业科学》，2019，45（5）：669-677。

1.2 斑纹限性品种云的选育

2007年春从云南省农业科学院蚕桑蜜蜂研究所引进育种材料云7，在本省环境下经多代系统选择培育而成。早期世代采用蛾区蚁量育，F$_5$代开始单蛾育，选择虫蛹率高，全茧量大，茧层率高的蛾区继代，2017年春已选育至F$_{14}$代。云的系谱成绩列于表2。

表2　限性斑纹家蚕品种云的选育系谱成绩

年份与蚕季	世代	饲育形式	全龄经过 (d:h)	5龄经过 (d:h)	虫蛹率 (%)	死笼率 (%)	全茧量 (g)	茧层量 (g)	茧层率 (%)
2007春	F$_1$	蚁量	23:05	6:19	95.38	2.60	2.02	0.465	23.07
2007秋	F$_2$	蚁量	24:11	7:14	91.44	3.50	1.50	0.348	23.19
2008春	F$_3$	蚁量	23:05	6:08	79.75	4.00	1.88	0.446	23.68
2009春	F$_4$	蚁量	25:01	7:20	95.39	4.00	1.89	0.445	23.62
2010春	F$_5$	单蛾	25:05	7:18	91.67	1.33	1.85	0.458	24.79
2011春	F$_6$	单蛾	24:23	7:18	94.17	3.00	1.66	0.398	24.01
2012春	F$_7$	单蛾	24:22	8:01	93.12	0.75	1.91	0.486	25.50
2013春	F$_8$	单蛾	22:21	7:16	77.48	6.33	1.85	0.458	24.85
2014春	F$_9$	单蛾	23:08	7:11	93.77	2.30	1.69	0.409	24.13
2015春	F$_{10}$	单蛾	23:21	7:10	89.63	2.63	1.78	0.420	23.66
2015秋	F$_{11}$	单蛾	22:02	6:05	94.67	2.67	1.71	0.406	23.69
2016春	F$_{12}$	单蛾	24:15	7:02	87.83	4.25	1.95	0.443	22.83
2016秋	F$_{13}$	单蛾	22:18	6:21	79.53	9.00	1.60	0.393	24.65
2017春	F$_{14}$	单蛾	20:05	7:08	95.86	1.63	1.55	0.359	23.09

1.3 性连锁平衡致死系平28的选育

为提高平衡致死系平30的耐氟性，2000年夏以平30为母本，具有强耐氟性的夏秋用品种白玉为父本，通过回交改良家蚕性连锁平衡致死系的方法，2001年春育成新的平衡致死系平28。在自交纯化过程中，通过喂饲含氟量高的桑叶，进行耐氟性选择，同时采用活蛹缫丝，选择切断少、额节少的个体留种，经连续7代自交纯化，经济性状趋于稳定，2017年春已选育至G$_{36}$代。平28的系谱成绩列于表3。

表3　家蚕性连锁平衡致死系平28的选育系谱成绩

年份与蚕季	世代	交配型式	饲育形式	全龄经过 (d:h)	5龄经过 (d:h)	虫蛹率 (%)	死笼率 (%)	全茧量 (g)	茧层量 (g)	茧层率 (%)
2000夏	F$_1$	平30×白玉	蚁量	22:22	6:16	86.50	5.96	1.39	0.306	22.01
2000秋	F$_2$	自交	蚁量	21:06	7:08	73.59	15.00	1.21	0.252	20.76

（续）

年份与蚕季	世代	交配型式	饲育形式	全龄经过（d:h）	5龄经过（d:h）	虫蛹率（%）	死笼率（%）	全茧量（g）	茧层量（g）	茧层率（%）
2001春	G_1	F2×平30	蚁量	21:05	5:17	93.40	3.12	1.57	0.325	20.76
2001夏	G_2	活蛹缫丝	蚁量	22:08	5:20	86.42	7.49	1.10	0.224	20.15
2001秋	G_3	活蛹缫丝	蚁量	22:21	6:16	83.53	3.42	1.16	0.234	20.15
2002春	G_4	同蛾区交配	单蛾	23:12	7:07	93.23	1.58	1.74	0.359	20.66
2002夏	G_5	同区蛾交配	单蛾	21:22	6:10	81.76	12.19	1.40	0.292	20.81
2002秋	G_6	同蛾区交配	单蛾	23:23	7:06	78.72	6.23	1.20	0.266	22.14
2003春	G_7	同蛾区交配	单蛾	24:08	7:11	97.31	0.31	1.70	0.344	20.23
2003夏	G_8	活蛹缫丝	单蛾	22:15	6:17	84.55	4.77	1.19	0.261	21.99
2003秋	G_9	异蛾区交配	单蛾	23:20	6:23	71.76	12.59	1.08	0.209	19.33
2004春	G_{10}	异蛾区交配	双蛾	22:20	6:23	92.44	1.41	1.63	0.355	21.78
2004秋	G_{11}	异蛾区交配	双蛾	24:20	7:23	76.60	9.12	1.39	0.280	20.19
2005春	G_{12}	异蛾区交配	双蛾	23:07	7:01	92.71	0.80	1.65	0.347	20.99
2005秋	G_{13}	异蛾区交配	双蛾	24:19	7:08	77.77	4.66	1.26	0.265	21.05
2006春	G_{14}	异蛾区交配	双蛾	22:01	7:00	91.13	1.93	1.65	0.351	21.23
2006秋	G_{15}	异蛾区交配	3蛾	25:05	6:18	82.66	6.20	1.25	0.244	19.48
2007春	G_{16}	异蛾区交配	3蛾	22:21	7:00	94.39	2.10	1.60	0.339	21.17
2007秋	G_{17}	异蛾区交配	3蛾	26:01	7:04	84.74	4.40	1.22	0.246	20.19
2008春	G_{18}	异蛾区交配	3蛾	22:09	6:22	94.52	2.00	1.59	0.359	22.55
2008秋	G_{19}	异蛾区交配	3蛾	23:21	7:00	89.03	4.09	1.54	0.327	21.28
2009春	G_{20}	异蛾区交配	3蛾	22:21	7:00	92.99	2.13	1.58	0.338	21.45
2009秋	G_{21}	异蛾区交配	3蛾	23:21	6:19	87.80	3.40	1.35	0.287	21.22
2010春	G_{22}	异蛾区交配	3蛾	22:21	7:00	92.55	2.33	1.49	0.328	22.01
2010秋	G_{23}	异蛾区交配	3蛾	23:12	7:01	84.58	7.70	1.42	0.298	20.97
2011春	G_{24}	异蛾区交配	3蛾	21:21	6:10	96.44	1.10	1.47	0.311	21.10
2011秋	G_{25}	异蛾区交配	3蛾	22:18	6:18	87.44	4.67	1.47	0.310	21.03
2012春	G_{26}	异蛾区交配	3蛾	22:08	7:03	95.15	1.40	1.62	0.340	20.97
2012秋	G_{27}	异蛾区交配	3蛾	23:05	6:08	86.74	7.17	1.43	0.284	19.77
2013春	G_{28}	异蛾区交配	3蛾	21:17	6:12	92.24	1.88	1.47	0.295	20.00
2013秋	G_{29}	异蛾区交配	3蛾	24:04	7:07	85.96	4.10	1.48	0.301	20.38
2014春	G_{30}	异蛾区交配	3蛾	22:19	6:22	93.52	1.60	1.56	0.316	20.22
2014秋	G_{31}	异蛾区交配	3蛾	22:04	6:07	79.08	7.00	1.58	0.316	19.96
2015春	G_{32}	异蛾区交配	3蛾	22:01	6:14	94.02	2.92	1.55	0.338	21.84
2015秋	G_{33}	异蛾交	4蛾	21:21	6:00	90.40	2.27	1.46	0.312	21.40
2016春	G_{34}	异蛾交	4蛾	21:14	6:09	95.61	1.08	1.70	0.332	19.54
2016秋	G_{35}	异蛾交	4蛾	22:16	6:19	91.91	3.00	1.41	0.309	21.91
2017春	G_{36}	异蛾交	4蛾	20:07	6:02	97.06	1.25	1.72	0.361	21.08

1.4　性连锁平衡致死系平30的选育

1996年春以家蚕性连锁平衡致死系S-14为母本，夏秋用品种白云为父本，转育改良家蚕性连锁平衡致死系，至1998年秋经连续7代转育和基因导入工作，同时把性连锁平衡致死基因和限性卵色基因导入现行品种白云中，育成新的家蚕性连锁平衡致死系平30，经1999—2000年2年5代自交纯化，基因基本固定，性状稳定遗传，2017年春已选育至G_{40}代。平30的系谱成绩列于表4。

表4　家蚕性连锁平衡致死系平30的选育系谱成绩

年份与蚕季	世代	交配型式	饲育形式	全龄经过（d:h）	5龄经过（d:h）	虫蛹率（%）	死笼率（%）	全茧量（g）	茧层量（g）	茧层率（%）
1996夏	F_1	白云×S-14		22:06	7:00	91.23	3.70	1.62	0.376	23.21
		S-14×白云		22:06	7:00	89.11	4.70	1.56	0.334	21.41
1996秋	BC_1	（S-14×白云）$_{F1}$×白云		22:21	6:09	74.66	5.06	1.34	0.279	20.82
		白云×（白云S-14）$^{L1}_{F1}$		22:21	6:09	75.53	6.30	1.40	0.285	20.36
		白云×（白云S-14）$^{L2}_{F1}$		22:21	6:09	78.24	5.16	1.38	0.280	20.29
1997春	BC_2	（S-14×白云）$_{BC1}$×白云		22:21	6:20	98.88	0.66	1.63	0.375	23.00
		白云×（白云S-14）$^{L1}_{BC1}$		22:21	6:20	99.14	0.57	1.52	0.360	24.66
		白云×（白云S-14）$^{L2}_{BC1}$		22:21	6:20	99.34	0	1.52	0.360	24.66
1997夏	BC_3	（S-14白云）$_{BC2}$×白云		21:05	5:23	96.30	1.57	1.46	0.336	23.00
		白云×（白云S-14）$^{L1}_{BC2}$	L1	21:05	5:23	95.40	3.80	1.38	0.314	22.76
		白云×（白云S-14）$^{L2}_{BC2}$	L2	21:06	5:19	91.26	5.78	1.50	0.332	22.15
1997秋	BC_4	（S-14白云）$_{BC3}$×L1		24:06	7:09	96.40	1.47	1.14	0.240	21.06
		白云×（白云S-14）$^{L1}_{BC3}$	L1	24:06	7:09	93.63	2.05	1.24	0.275	22.14
		白云×（白云S-14）$^{L2}_{BC3}$	L2	24:11	7:14	95.65	1.12	1.27	0.284	22.35
1998春		（S-14白云）$_{BC3}$×L1×L1	A	22:21	6:00	96.67	0	1.43	0.310	21.68
		（S-14白云）$_{BC3}$×L1×L2	B	22:21	7:09	98.91	1.09	1.34	0.304	22.69
1998秋	G_1	平30（A×B）	双蛾	23:18	7:03	92.43	1.29	1.11	0.241	21.71
1999春	G_2		双蛾	22:13	6:15	100	0	1.44	0.314	21.80
1999秋	G_3		双蛾	23:14	7:02	68.14	8.30	1.24	0.248	20.00
2000春	G_4		双蛾	23:16	7:05	96.99	1.43	1.39	0.311	22.34
2000夏	G_5		双蛾	23:09	6:09	88.48	6.27	1.21	0.279	23.17
2000秋	G_6		双蛾	21:21	6:23	88.05	6.01	1.49	0.318	21.39
2001春	G_7		双蛾	24:21	7:06	91.72	4.05	1.59	0.334	21.03
2001夏	G_8		双蛾	22:23	6:11	87.45	5.60	1.24	0.280	22.58
2001秋	G_9		双蛾	23:17	6:20	80.81	6.37	1.16	0.250	21.55
2002春	G_{10}		双蛾	24:21	8:00	95.13	0.81	1.78	0.373	20.97
2002秋	G_{11}		双蛾	25:04	8:07	70.96	11.80	1.11	0.258	23.21
2003春	G_{12}		双蛾	24:00	6:19	96.73	0.70	1.52	0.320	21.10

（续）

年份与蚕季	世代	交配型式	饲育形式	全龄经过（d:h）	5龄经过（d:h）	虫蛹（%）	死笼率（%）	全茧量（g）	茧层量（g）	茧层率（%）
2003秋	G₁₃		双蛾	23:15	6:18	76.22	1.21	1.10	0.226	20.64
2004春	G₁₄		双蛾	22:23	6:18	94.22	1.97	1.55	0.332	21.35
2004秋	G₁₅		双蛾	24:01	7:04	81.72	4.56	1.26	0.253	20.07
2005春	G₁₆	异蛾区交配	双蛾	23:00	6:18	92.78	1.13	1.66	0.347	20.99
2005秋	G₁₇	异蛾区交配	双蛾	24:15	7:04	83.04	4.96	1.17	0.252	21.62
2006春	G₁₈	异蛾区交配	3蛾	22:21	6:10	94.58	2.15	1.60	0.333	20.87
2006秋	G₁₉	异蛾区交配	3蛾	25:07	6:20	88.97	4.67	1.11	0.235	21.12
2007春	G₂₀	异蛾区交配	3蛾	22:19	6:22	94.33	2.37	1.53	0.316	20.67
2007秋	G₂₁	异蛾区交配	3蛾	25:21	7:00	88.98	3.73	1.17	0.249	21.29
2008春	G₂₂	异蛾区交配	3蛾	22:09	6:12	93.42	3.47	1.62	0.354	21.87
2008秋	G₂₃	异蛾区交配	3蛾	23:21	7:00	88.61	4.92	1.45	0.314	21.60
2009春	G₂₄	异蛾区交配	3蛾	22:21	7:00	95.16	1.13	1.39	0.301	21.59
2009秋	G₂₅	异蛾区交配	3蛾	23:20	6:16	82.98	6.30	1.26	0.282	22.40
2010春	G₂₆	异蛾区交配	3蛾	22:21	7:00	92.13	2.30	1.52	0.337	22.19
2010秋	G₂₇	异蛾区交配	3蛾	23:16	7:05	88.70	5.10	1.34	0.288	21.48
2011春	G₂₈	异蛾区交配	3蛾	21:21	6:10	95.33	2.63	1.49	0.325	21.75
2011秋	G₂₉	异蛾区交配	3蛾	22:17	6:17	88.49	5.50	1.42	0.300	21.19
2012春	G₃₀	异蛾区交配	3蛾	22:09	7:04	94.88	1.37	1.58	0.334	21.15
2012秋	G₃₁	异蛾区交配	3蛾	22:05	6:08	89.89	4.00	1.47	0.307	20.90
2013春	G₃₂	异蛾交	3蛾	21:13	6:08	94.39	1.40	1.41	0.287	20.39
2013秋	G₃₃	异蛾交	3蛾	23:22	7:01	84.69	4.93	1.40	0.284	20.19
2014春	G₃₄	异蛾交	3蛾	22:18	6:21	95.19	1.33	1.53	0.315	20.63
2014秋	G₃₅	异蛾交	3蛾	22:03	6:06	85.23	5.45	1.51	0.317	20.94
2015春	G₃₆	异蛾交	3蛾	21:21	6:16	96.31	1.73	1.54	0.340	22.08
2015秋	G₃₇	异蛾交	4蛾	21:21	6:00	94.90	1.83	1.35	0.290	21.48
2016春	G₃₈	异蛾交	3蛾	21:13	6:08	96.54	1.10	1.63	0.314	19.34
2016秋	G₃₉	异蛾交	4蛾	22:06	6:09	94.13	2.30	1.30	0.284	21.83
2017春	G₄₀	异蛾交	4蛾	20:04	5:23	97.04	1.30	1.69	0.354	20.97

2 新品种一代杂交种的鉴定

2.1 本所实验室鉴定成绩

以雄蚕品种秋·华×平30为对照品种，2013年春、秋2季，在本所实验室对四元雄蚕杂交组合菁·云×平28·平30进行比较鉴定，除4龄起蚕虫蛹率绝对值比对照种低0.62个百分点外，其余成绩优于对照种（表5），其中万蚕产茧量增加1.57kg，增幅9.26%；万蚕产茧层量增加0.615kg，增幅15.22%；鲜茧出丝率提高1.41个百分点，增幅8.38%；茧层率绝对值提高1.33%；雄蚕率99.84%。

表5　四元雄蚕杂交组合菁·云 × 平28·平30的实验室鉴定平均成绩（2013年春、秋）

杂交组合	全龄经过（dih）	5龄经过（dih）	虫蛹率（%）	茧层率（%）	万蚕产茧量（kg）	万蚕产茧层量（kg）	雄蚕率（%）	茧丝长（m）	解舒丝长（m）	茧丝纤度（dtex）	洁净（分）	鲜茧出丝率（%）
菁·云 × 平28·平30	22:13	6:20	96.42	25.13	18.53	4.657	99.84	1212	879	2.997	94.75	18.23
秋·华 × 平30	22:09	6:16	97.04	23.80	16.96	4.042	95.34	1120	870	2.773	94.75	16.82

2.2　浙江省桑蚕新品种实验室共同鉴定成绩

2015—2016年秋季，四元雄蚕品种菁·云 × 平28·平30参加浙江省桑蚕新品种实验室共同鉴定。5个实验室共同鉴定结果（表6）表明：四元雄蚕品种菁·云 × 平28·平30的解舒丝长比对照种秋·华 × 平30长12m，万蚕产茧量比对照提高0.73kg，万蚕产茧层量比对照提高0.216kg，增幅5.59%，其他成绩与对照相仿，2016年12月通过浙江省桑蚕新品种实验室共同鉴定。

表6　四元雄蚕杂交组合菁·云 × 平28·平30在浙江省5个实验室共同鉴定的平均成绩（2015—2016年）

杂交组合	全龄经过（d:h）	5龄经过（d:h）	虫蛹率（%）	万蚕产茧量（kg）	万蚕产茧层量（kg）	茧丝长（m）	解舒丝长（m）	解舒率（%）	茧丝纤度（dtex）	洁净（分）	鲜茧出丝率（%）
菁·云 × 平28·平30	21:10	6:02	96.07	16.22	4.082	1192	990	83.18	2.781	94.18	18.19
秋·华 × 平30	21:07	5:23	97.58	15.49	3.866	1174	978	83.42	2.613	95.64	18.36

2.3　农村饲养鉴定成绩

根据浙江省对家蚕新品种农村鉴定要求，选择重点蚕区淳安、湖州、海宁、海盐4个县（市）作为农村鉴定点，对照品种为雄蚕主推品种秋·华 × 平30。2017年、2018年秋季各鉴定点的平均成绩列于表7。四元雄蚕品种菁·云 × 平28·平30的鉴定成绩，除洁净比对照种低0.20分外，其余成绩优于对照种。其中张种产茧量、健蛹率、张种产值分别为56.9kg、97.02%、2701元，分别比对照种高4.3kg、3.13个百分点、193元。茧丝长、解舒率、解舒丝长、出丝率，分别为1090.4m、67.15%、721.1m、34.01%，分别比对照种长28.8m、高3.91%、长59.4m、高1.94个百分点。

表7 四元雄蚕杂交组合菁·云×平28·平30的农村区域试验平均成绩（2017—2018年）

杂交组合	张种产茧量（kg）	健蛹率（%）	张种产值（元）	上车茧率（%）	茧丝长（m）	解舒丝长（m）	解舒率（%）	茧丝纤度（dtex）	洁净（分）	干茧出丝率（%）
菁·云×平28·平30	56.9	97.02	2701	80.83	1090.4	721.1	67.15	2.920	94.74	34.01
秋·华×平30	52.6	93.89	2508	80.20	1061.6	661.7	63.24	2.778	94.94	32.07

2.4 蚕种场繁育成绩

2017年春经杭州千岛湖蚕种有限公司繁育试验，四元雄蚕品种菁·云×平28·平30的克蚁制种量为15.4张（表8），比对照种秋·华×平30的13.3张提高2.1张，增幅达15.79%。2019年4月四元雄蚕品种菁·云×平28·平30通过浙江省农作物新品种审定。

表8 四元雄蚕品种菁·云×平28·平30蚕种场制种成绩（2017年春）

品种	收蚁量（g）	收茧量（kg）	400粒茧死笼颗数（粒）	克蚁收茧量（kg）	千克茧颗数（粒）	克蚁制种量（张）
平30	16.0	47.50	11	2.97	675	
平28·平30	4.8	17.23	9	3.59	669	
秋·华	28.0	156.80	5	5.60	425	13.3
菁·云	8.4	45.86	5	5.46	397	15.4

3 原种性状及饲养要点

3.1 主要性状

3.1.1 菁·云

中国系统限性斑纹杂交原种，二化性四眠。越年卵灰绿、灰紫色，卵壳微黄色、白色，单蛾产卵数550粒。孵化齐一，蚁蚕黑褐色，文静，克蚁头数2350头。壮蚕体色青白、蚕体粗壮。各龄蚕眠起齐一，行动活泼，大蚕食桑旺盛。老熟齐一，营茧快，茧色白，茧形椭圆，缩皱中等。催青期10d，幼虫期23～25d，蛰中16d，全蚕期49～51d。

3.1.2 平28·平30

日本系统性连锁平衡致死系杂交原种，卵色限性，二化性四眠。滞育卵雌性灰紫色，雄性黄色，单蛾产卵数350～400粒，雌雄各有一半蚕卵在胚胎期致死，孵化率45%左右。孵化齐一，蚁蚕黑褐色、行动活泼有逸散性。大蚕体色青白，普斑。茧型浅束腰，茧色白，缩皱中等。雄蛾交配性能好。催青期11d，幼虫期22～25d，蛰中17d，全蚕期50～53d。利用卵色限性，在卵期依据卵色分选雌雄，在生产雄蚕杂交种时，蚕种场只饲养雄性黄卵。

3.2 饲养要点

3.2.1 菁·云

由于在生产雄蚕杂交种时，只利用其雌蛾，为降低雄蚕杂交种生产成本，菁·云收蚁量控制在平28·平30收蚁量的4～5倍，利用其斑纹限性，在4龄第2天开始去除雄性白蚕，只饲养雌性花蚕。为确保雄蚕杂交种的杂交彻底率，上蔟前菁·云的白蚕率应控制在1%以下，菁·云原种出库应比平28·平30推迟2d，并分批收蚁，前后批比例以6：4为宜。大蚕期应避免吃湿叶，蔟中防高温多湿，否则易发生不结茧蚕。

3.2.2 平28·平30

为降低雄蚕种生产成本，平28·平30可利用其卵色限性，即雄性黄卵，雌性黑卵的特性，在卵期分离雌雄，蚕种场只饲养雄性黄卵。平28·平30原种出库应比菁·云提前2d。1～2龄小蚕期用28～29℃较高温度饲育，否则易出现发育不齐。由于起蚕具有较强的逸散性，各龄饷食时间要适时。平衡致死系原种食桑缓慢、抗湿性差，给桑要多回薄饲，桑叶消毒后要适当晾干再喂饲，全龄吃湿叶，对其交配性能及耐冷藏能力会产生不利影响。由于雄蛾要多次利用，要特别注意做好发蛾调节与雄蛾的保管工作。

4 杂交种性状及饲养要点

4.1 主要性状

菁·云 × 平28·平30是一对四元雄蚕品种，二化性四眠，滞育卵灰褐色，卵壳白色，只有正交，无反交。由于致死基因的作用，雌性蚕卵在胚胎期致死，只有雄性蚕卵正常孵化，孵化率50%左右，克蚁头数2300头。各龄蚕眠起齐一，壮蚕体色青白，普斑，蚕体大小均匀，食桑旺盛。全龄经过22～24d，5龄经过7d左右。

4.2 饲养要点

由于雄蚕种的盒装卵量为常规蚕品种的2.2倍，补催青摊卵面积应是常规蚕种的1.5倍以上。小蚕用叶宜适熟，用叶过老易发育不齐，小蚕饲育温度以较常规蚕品种偏高1℃为宜，各龄蚕及时做好匀扩座并良桑饱食。雄蚕品种性别单一，发育齐快，老熟齐涌，应提前做好上蔟准备，避免上蔟过密，蔟中注意通风排湿，以提高茧丝品质。

5 讨论

菁·云 × 平28·平30是一对以提高雄蚕杂交种繁育系数为主要育种目标的春秋兼用四元雄

蚕新品种。根据雄蚕种的特殊交配形式，从中系限性斑纹品种资源中选配高单蛾产卵量的杂交原种，从日系平衡致死系资源中选配强健性好、多次交配能力强的平衡致死系杂交原种，通过四元雄蚕杂交组合的组配与配合力测试，得到繁育系数高、强健好养、茧丝质优的四元雄蚕杂交组合菁·云×平28·平30，经蚕种场繁育试验，菁·云×平28·平30的杂交种克蚁制种量达15.4张，比对照种提高2.1张，增幅达15.79%，可有效降低雄蚕种生产成本，提高种场生产效益。

三、品种饲养与繁育技术篇

雄蚕一代杂交种繁育技术的研究[①]

薛坤荣　田发芳　陆建国

（浙江湖州塔山蚕种制造有限公司　湖州　313000）

家蚕雄蚕与雌蚕相比具有抗逆性强、食桑量少、叶丝转化率高的特点，雄蚕茧不仅茧层率、出丝率高，而且丝质更优于雌蚕茧。专养雄蚕可极大地降低养蚕生产成本、提高出丝率和生丝品位。因此，雄蚕一代杂交种深受广大蚕农和丝绸企业的欢迎。浙江省农科院蚕桑所于1996年引进家蚕性连锁平衡致死系后，通过改良和转育选配育成系列雄蚕新品种。湖州市蚕业管理总站率先于1997年春期开始在农村试养雄蚕一代杂交种，取得了令人满意的成绩；塔山蚕种场2000年春期开始批量繁育雄蚕一代杂交种，至2003年累计饲养夏·华、平8、秋·华和平30原种900g，生产雄蚕一代杂交种12628张，不仅为科研和推广应用部门提供了试验所需的雄蚕杂交种，而且经过不断探索建立了配套的雄蚕一代杂交种繁育技术，为今后雄蚕茧的规模化生产奠定了技术基础。

1　雄蚕品种的性状特点

1.1　夏·华、秋·华

夏·华为春秋兼用二化性中系斑纹限性品种，蚕卵灰紫色，卵壳为淡黄色。秋·华为强健型夏秋用中系品种，体质和抗逆性比夏·华更为强健，蚕卵灰绿色，卵壳为淡黄色。夏·华、秋·华品种均具有一般中系品种的特点：蚁体均为黑褐色，克蚁头数2500头左右；幼虫期有较强的趋光性和趋密性，食桑快，眠起齐一，壮蚕期食桑旺盛；老熟齐一，营茧快，喜结上层茧，不结茧蚕少，营椭圆形茧，茧层率21%左右，蛹体肥大；制种期发蛾齐涌，交配性能良好，产卵快且时间集中，每蛾产卵数450～500粒左右，产附好，残存卵少，卵胶着力差。夏·华、秋·华分别为平8、平30的对交品种。

---

①　本文原载于《中国蚕业》，2004，25（2）：41-42。

1.2 平8、平30

平8、平30均为日本系统性连锁平衡致死系限性卵色品种，雄性蚕卵为淡黄色或黄色，孵化后全为雄性个体，蚁体黑褐色，有逸散性；稚蚕期经过长，个体间开差大，眠起极不齐一；4龄期蚕体肉色，伴有油蚕性状，眠起发育逐趋齐一；5龄期食桑一般，老熟齐一，喜营上层茧，茧形浅束腰，茧层率23%左右；雄蛾交配性能特好，耐冷藏保护，多次交配对良卵率、产卵量均无明显影响。平8、平30分别为夏·华、秋·华的对交品种。

2 雄蚕品种的饲养与一代杂交种的繁育

2.1 发育调节与中日系蚁量配比

平8、平30分别与夏·华、秋·华对交时，日系品种和中系品种催青日差以3d为宜，上蔟日差宜控制在2d左右；中系与日系蚁量比以2～3：1为宜。由于中系品种发育齐一、发蛾集中，而日系品种稚蚕期个体间发育开差较大，为确保制种期雌雄蛾的合理比例和正常交配，中系品种宜分2批收蚁，前后批间开差1d、蚁量比以6：4为宜（表1）。

表1 雄蚕品种各龄期发育经过（d:h）

| 蚕期 | 品种 | 1龄 | | 2龄 | | 3龄 | | 4龄 | | 5龄 | 全龄期 | 蛰中 |
		食桑	眠中	食桑	眠中	食桑	眠中	食桑	眠中			
春	夏·华	2:12	0:19	2:02	0:20	2:23	1:03	3:19	1:18	8:10	24:02	16:00
春	平8	3:01	0:20	2:17	0:20	2:22	1:03	3:20	1:17	8:12	25:10	18:00
春	秋·华	2:15	0:17	2:00	1:00	2:18	1:05	3:10	1:14	7:10	22:17	16:00
春	平30	2:20	0:20	1:22	0:17	2:18	1:01	3:06	1:12	8:10	23:06	18:00
秋	秋·华	2:12	0:17	2:01	0:22	2:09	1:03	3:12	1:12	6:12	21:04	15:00
秋	平30	2:20	0:12	2:00	0:23	2:22	1:00	3:11	1:08	7:00	22:00	17:00

由于上述中系品种为斑纹限性品种，至4龄第2天即可利用限性斑纹淘汰雄性个体而专养雌性个体制种，这样可大大提高桑叶、生产设备的利用率，有利于蚕种质量和生产效益的进一步提高。淘汰雄蚕后，中系品种原蚕与日系品种原蚕的头数比以2：1为佳。

2.2 雄蚕品种原蚕饲育

雄蚕品种的原蚕饲养技术与其他普通中系品种基本相同。夏·华、秋·华稚蚕都有趋光性和趋密性，应及时调匾，超前扩座，切勿过密。壮蚕期食桑特别旺盛，5龄后期要适当控制给桑量，防止蚕体过于肥大，导致体质虚弱和虫蛹生命率下降。在平8、平30饲养过程中，应适当提高饲育温度，一般比正常温度提高0.5～1℃，有利于提高蚕体发育匀整度，增强体质；大眠起蚕蜕皮时，应注意做好补湿工作，以减少半脱皮蚕的发生。平8、平30原蚕对叶质要求比较高，注意选择各龄用桑，忌吃变质叶、湿叶、露水叶，否则会导致不结茧蚕的大量发生；该品种由于食桑缓慢，伏鳜蚕较多，宜多回薄饲。

通过3年的繁育实践，我们已经掌握了平8、平30、夏·华、秋·华等雄蚕品种的性状，摸索建立了原蚕饲育温湿度条件和给桑量标准（表2）。

表2　平30原蚕饲育技术标准

龄别	温度（℃）	相对湿度（%）	给桑（回/d）	给桑量（kg）	克蚁蚕座（m²）
1	28.5～29	90～95	4	0.49	0.08
2	28.5～29	85～90	4	1.44	0.18
3	26.5	80～85	4	6.80	0.45
4	25.5	75～80	4	30.00	0.90
5	24.5～25	65～75	4.5	270.00	4.50

注：①补催青温湿度应严格掌握，有利于提高孵化率；
　　②1～2龄饲育温度宜比常规品种偏高。

2.3　雄蚕杂交种制种技术要点

2000年春期开始塔山蚕种场作为第1个批量繁育雄蚕种的单位，首次饲养雄蚕夏·华、平8原种450g，生产一代杂交雄蚕种4253张；至2003年累计饲养夏·华、平8、秋·华和平30原种900g，生产雄蚕一代杂交种12628张，平均1kg茧制种量达2.44张（只用中×日正交）（表3）。由于生产雄蚕品种一代杂交种只使用中系雌蚕和日系的雄蚕，所以实际上1kg茧制种量已经达到甚至超过了普通品种的制种水平。

表3　雄蚕原种饲养及一代杂交种制种成绩

期别	品种	杂交种量（张）	克蚁收茧（张）	健蛹率（%）	克蚁制种（张）	千克茧制种（张）
2000年春	夏·华、平8	4253	4.53	98.0	10.98	2.42
2001年春	秋·华、平30	6837	4.27	98.0	10.73	2.51
2002年秋	秋·华、平30	871	3.58	95.0	9.00	2.12
2003年春	秋·华、平30	667	3.62	98.0	9.70	2.68
合计（平均）	-	12628	4.00	97.2	10.10	2.44

注：①克蚁收茧量、千克茧制种量中均不含雄蚕，而克蚁制种量含雄蚕蚁量；
　　②每张雄蚕杂交种良卵数≥60000粒*（其中约一半为雌蚕卵，已于胚胎期死亡）。

2.4　注意事项

通过多年实践，我们认为在雄蚕一代杂交种繁育过程中应注意以下各方面的技术处理：①饲养夏·华、秋·华和平8、平30生产雄蚕一代杂交种，是以中系品种夏·华、秋·华为母本，分别与日系品种平8、平30杂交，不采用反交形式。②夏·华、秋·华出蛾齐涌，如果发育进度在幼虫期没有拉开差距，则应在种茧保护阶段进行调节，大批之间保护温差要掌握在1℃左右，使雌蛹分批出蛾，以免对交的雌蛾数量不够。由于中系品种雌蛾发蛾后易趋光密集成堆，因此，摊蛹宜适当偏稀，在大批制种过程中，早晨感光不宜过早，入工感光时雌蛾只感光一半左右，另一半则采用自然感光。③雄蛾一般需要使用2～3次，拆对时直接把拆对后的雄蛾投入待交尾的雌蛾匾中，雄蛾数量要适中，投蛾拆对动作要轻巧，以减少雄蛾损失。日系品种雄蛾应有专人管理，合理冷藏使用。

3　讨论

从2000年以来成功地进行了雄蚕杂交种的繁育制种，摸索了一套较成熟的繁育技术。认为雄蚕率是衡量雄蚕一代杂交种质量的重要指标，而雄蚕率的高低取决于夏·华、秋·华的雌蚕率。夏·华、秋·华均为限性品种，其雌蚕为花色斑纹，而雄蚕为素蚕。利用其限性性状，在4龄第2天进行去雄（白蚕）留雌（花蚕）工作，要求在2个工作日内完成，以节约用桑，降低生产成本。由于去雄留雌工作量大，因此，在4龄第2天开始应安排足够的劳力，以免造成工作忙乱，在操作过程中要建立责任制，精细操作，避免蚕体受伤。在去雄留雌之后，每天安排一定劳动力进行复查工作。同时，在制种期间应对平8、平30的雄蛾用食用色素经稀释后均匀喷洒于雄蛾上着色，理对过程中如发现无着色配对雄蛾则应视为纯对并及时淘汰，杜绝纯对的发生。

由于安排生产时有意控制中日系对交批的蚁量比例（2～3∶1），加上配发的雄蚕原种往往每圈的卵量偏少，孵化率偏低，至制种前调查雌雄比例时往往出现意外，最高可能达到4～4.5∶1。因此，做好发蛾调节，确保正常交配显得尤为重要。在整个过程中加强观察及时调整，在幼虫期应注意拉开发育进程，防止过于集中，一般控制在中系品种分3d上蔟，日系品种分3～4d上蔟，如有失调则应在种茧保护期间拉开差距。

优质丝雄蚕新品种秋·华×平30的饲养技术[①]

沈根生 马秀康

（浙江省湖州市蚕业技术推广站 湖州 313000）

秋·华×平30是浙江省农业科学院蚕桑研究所应用家蚕性连锁平衡致死系雄蚕品种，通过基因转育育成的优质丝雄蚕新品种。我们于2000年开始进行雄蚕杂交新品种秋·华×平30饲养试验，2001年春率先在塔山蚕种场进行了繁育制种，生产雄蚕新品种秋·华×平30计6837张，供本市及兄弟省份试验与示范应用，2001年秋期开始大面积示范推广。至今已饲养了4年8个蚕期共8825张，生产繁育秋·华×平30共18400张，建立了塔山、长兴两个优质丝雄蚕杂交种繁育基地，总结形成了优质丝雄蚕新品种秋·华×平30饲养配套技术与优质、高产、低成本的繁育技术。

1 秋·华×平30性状特点

秋·华×平30蚕卵呈灰绿及紫灰色，卵壳淡黄、白色。克蚁头数2300头。大蚕体色灰白，普通斑纹，蚕体强健，大小均匀。全龄22d左右，5龄期食桑经过6.5d左右。

秋·华×平30最显著特点：一是体质强健，好养高产，各龄眠起齐一，抗高温能力和不良环境能力强，抗氟化物和农药能力较弱；二是食桑旺，上叶快，发育快，不踏叶吃，各龄饷食后转青早，5龄第2天开始旺食，食桑量较大，张种产量稳。当气候不良、叶质较差特别在高温干旱的秋期，更突出其比对照种抗逆性强、产量高的特性；三是老熟齐涌，营茧快，茧形大而匀整，茧层厚；四是出丝率高、解舒好、纤度匀而偏细，清洁、净度优。

2 秋·华×平30的养蚕成绩与丝质成绩

据2002—2004年春秋各两期大批量饲养，从养蚕与茧质抽样成绩可以看出（表1），秋·华×平30干壳量平均为10.8g，比对照秋丰×白玉高出1.2g；平均张种产值634.65元，比对照高出61.65元；干茧茧层率平均51.09%，比对照高出2.78个百分点；茧丝长1083.4m，解舒丝长737.7m，比对照分别高出96.lm和28.8m；光茧出丝率平均42.21%，比对照高出2.02个百分点；

---

① 本文原载于《中国蚕业》，2004，25（4）：31-32。

纤度比对照偏小0.228dtex；清洁、净度平均为98.25分和94.49分，分别高出0.35和0.45分，是缫制高品位生丝的优质原料茧。

表1　2002—2004年秋·华×平30茧质检验成绩

蚕期	品种	茧层率（%）	茧丝长（m）	解舒率（%）	解舒丝长（m）	纤度（dtex）	出丝率（%）	光折（kg）	清洁（分）	净度（分）
2002秋	秋·华×平30	50.63	929.7	74.68	694.3	2.430	41.48	241.1	97.75	94.00
	秋丰×白玉	47.84	877.9	80.16	702.9	2.574	38.15	262.1	98.00	93.50
2003秋	秋·华×平30	51.18	1050.0	67.82	712.3	2.527	41.74	239.6	98.75	93.62
	秋丰×白玉	46.21	796.1	62.50	497.6	3.074	37.38	267.5	96.50	92.88
平均	秋·华×平30	50.90	989.9	71.25	703.3	2.478	41.61	240.4	98.25	93.81
	秋丰×白玉	48.24	837.0	71.28	600.2	2.825	37.77	264.8	97.25	93.19
2003春	秋·华×平30	50.51	1165.1	76.49	891.3	2.871	42.22	236.9	98.25	95.06
	秋丰×白玉	48.13	1161.3	73.48	853.3	2.887	41.20	242.7	98.62	94.81
2004春	秋·华×平30	52.05	1188.4	57.42	652.8	2.704	43.43	230.3	98.25	95.25
	秋丰×白玉	48.65	1113.9	70.22	782.1	2.903	41.09	242.5	98.50	95.00
平均	秋·华×平30	51.28	1176.8	66.96	772.1	2.787	42.85	233.6	98.25	95.16
	秋丰×白玉	48.39	1137.6	71.85	817.7	2.895	39.29	242.6	98.56	94.90

注：①茧质调查在湖州市吴兴区织里镇东乔茧站进行；②由中维公司统一抽取茧样，浙江省第三茧质检定所进行丝质检验。

3　秋·华×平30饲养技术要点

3.1　搞好催青与补催青

雄蚕秋·华×平30品种出库时胚胎发育较慢，要求严格按催青技术规范操作，温湿度均匀，后期温度应偏高0.5℃。补催青要求，蚕种领回后及时摊卵，面积为普通种的1.5～2倍。当天掌握蚕室温度24℃，干湿差1.5℃，第2天早上升至25～26℃，干湿差1℃，孵化前湿度宜偏高些。补催青过程要求绝对黑暗，收蚁前2～3h感光，有利于孵化齐一，一次收齐。收蚁后逐步升至1龄目的温度28.5～29℃，干湿差0.5℃。

3.2　严格消毒防病与严防农药中毒

认真抓好养蚕前蚕室、蚕具与环境的打扫清洗与彻底消毒；抓好各龄眠起时的蚕体蚕座消毒、叶面消毒。重视抓好病毒病、细菌病防治，尤其是血液型脓病的防治。雄蚕对农药、氟化物较敏感，要严防农药和氟污染中毒的发生。

3.3　小蚕共育

雄蚕因具有俄罗斯蚕血统，小蚕期发育较慢，眠性较慢，掌握1～2龄温度比现行标准偏高

0.5～1℃，促进发育齐一。要求实行小蚕规模共育，采用地火龙等能保温、保湿、安全的加温设施。

3.4　用叶适熟新鲜和注重稀放饱食

雄蚕对叶质要求高，选叶要适熟一致。小蚕期要特别注意叶质适熟新鲜，防止偏嫩；雄蚕头数较多，要做好超前扩座、匀座、稀放和良桑饱食工作，5龄食桑比秋丰×白玉时间长0.5d左右，食桑旺，要增加喂桑量和给桑回数，尽可能避免喂食湿叶和露水叶、蒸热叶；注意干燥蚕座，搞好蚕室通风排湿工作。秋期饲养雄蚕品种比现行秋用品种5龄食桑长0.5d，所以要增加喂桑，做到饱食上蔟，充分发挥其优质高产、丝量多的品种优势。5龄蚕座面积要求达到45m²左右。

3.5　加强眠起处理

雄蚕小蚕期要特别注意提青分批，分别给予不同的温湿度，加强管理，提高蚕儿发育整齐度和强健度。

3.6　选用优良蔟具

雄蚕杂交种性别单一，发育齐，老熟涌，要提前做好上蔟准备。应使用方格蔟，发挥其茧质优的优势，每张蚕种使用方格蔟250片左右，避免上蔟过密；雄蚕茧茧层厚，蔟中更应强调做好通风排湿工作，上蔟24h后及时抬高蔟片、开门开窗，降低室内相对湿度。适时采茧，春蚕一般在上蔟7d后、秋蚕6d后以偏老采茧为好。采茧时要求边采边分茧，达到选茧出售。

4　讨论

秋·华×平30茧丝质量优异，蚕茧产量稳产高产，抗逆性强。湖州市从1997年春以来8年间先后进行了16个雄蚕杂交种的试验，饲养雄蚕20978张，秋·华×平30是其中的佼佼者，受到蚕农和丝绸部门的肯定和欢迎，建议扩大推广应用。其次，秋·华×平30丝长长，茧层厚，干壳量高，更应重视"良种良法"，稀放饱食，采用方格蔟上蔟，重视蔟中保护，第2天开始要求开启门窗，通风排湿，改善蔟室环境，提高解舒率。由于现行收茧采用"目评"，不利于蚕农采取提高茧质的技术措施，不能拉开农户间茧质开差的价格，所以一定程度影响了应用"专养雄蚕"这一高新技术的价值和经济效益。因此，建议科研、丝绸、农业推广及有关部门共同研究，制订优质优价政策，以加快"专养雄蚕"的推广应用；丝绸部门根据雄蚕丝清洁优、净度优、纤度细而匀等优点，开发雄蚕丝绸系列新品种。

雄蚕蚕种繁育技术研究①

陈　诗　何秀玲　陈小龙

（浙江省农业科学院蚕桑研究所　杭州　310021）

利用家蚕性连锁平衡致死系基因控制家蚕性别达到专养雄蚕的目的，有着十分诱人的前景。几十年来业内人士进行了广泛研究，并取得了卓有成效的业绩，其中以俄罗斯斯特隆尼科夫研究最为成功。

1996年浙江省农业科学院蚕桑研究所引进了斯特隆尼科夫选育成功的成套家蚕性连锁平衡致死系，经该所技术人员的潜心研究，完成了引进技术的转化、利用，独创了一套性连锁平衡致死基因的转育技术，取得了实质性的成果。这套技术目前已经成熟并向国家专利局申请专利。

要使专养雄蚕技术的成果尽快在市场上得到体现，除选育出符合市场需要的品种外，还需要研究雄蚕技术与市场联结的中间环节——雄蚕种繁育技术。

按现行蚕种繁育制度，蚕种繁育包括母种、原原种、原种及杂交种的三级繁育四级制种。就常规家蚕品种来讲，尽管不同品种的经济性状、饲养技术要求有所不同，但制种技术或形式几乎没有区别，是一套完全成熟的技术。而雄蚕种因其遗传基础不同，繁育制种具有独特之处，即：①它只利用常规品种的雌性与平衡致死系的雄性杂交的单交形式，也就是反交不能利用；②杂交种的雌性蚕卵在胚胎期死亡，理论孵化率为50%；故需采用一套特殊的繁育技术。

1　母种、原原种繁育

母种、原原种分别是繁育原原种、原种的基础蚕种。这两级蚕种由于在繁育过程中地位不同，它必须确保品种原有的优良经济性状及平衡致死性状能累代遗传。由于雄蚕新品种刚开始形成，亲本仍处于中期世代。在专养雄蚕新技术领域中，这两级蚕种繁育更应注意保持和提高其经济性状，从这种意义上讲，这两级蚕种还没有进入真正意义上的繁育，是育种过程的继续。

2　原种繁育

原种是普通蚕种场繁育杂交种的最基本生产资料。从目前认为比较成熟的专养雄蚕技术的方

---

①　本文原载于《蚕桑通报》，2004，35（2）：34-36。

式来看，雄蚕杂交种的母本常采用中·中杂交原种，即利用两个血缘相对较近的中系固定种，进行品种间杂交，产生杂交原种，与现行的杂交原种制造方法没有任何区别，没有需要特别说明的问题。只是它的强健度、产卵量等有关经济性状利用了同系不同品种间的杂交优势，更有利于普通蚕种场的饲养繁育。雄蚕杂交种的父本常用带有平衡致死基因的日系品种。这类品种都是利用引进的原始材料经过精心的遗传设计转育而成的，这类品种除带有平衡致死基因外，还带有限性卵色基因，其雌体卵色呈黑色，雄体卵色呈黄色，遗传基础比较复杂。

雄蚕父本原种繁育的一个突出特点就是先繁育成平附框制种，经母蛾检疫、淘汰不良卵圈及可能的遗漏"错误"卵圈后，通过浴种或浸酸制成散卵，再利用光电分卵仪或人工挑选，对蚕卵按卵色进行逐粒选取，去掉黑色雌卵，选留黄色雄卵，制成全部呈黄色的全雄性父本成品。这是雄蚕种原种制造过程与常规原种制造的重要区别。由于这一领域涉及到知识产权等问题，对雄蚕原种制造暂不作过多的介绍。

3　杂交种繁育

雄蚕杂交种繁育是雄蚕技术走向农村、走向市场的一个重要中间环节。而雄蚕杂交种繁育由于其遗传特点，它采用单一的杂交方式进行繁育，即反交不能利用。又因为致死基因的作用，其雌蚕卵在胚胎期致死而不能孵化，生产同样的蚕茧量需要成倍的卵量，这些都决定了雄蚕杂交种的繁育制种成本将远远大于常规杂交种。雄蚕杂交种的繁育成本决定了雄蚕杂交种价格，又在一定程度上影响到专养雄蚕技术的推广应用。因此雄蚕杂交种繁育技术研究着重是从提高蚕种质量、降低蚕种繁育成本来进行的。

3.1　雄蚕杂交种的质量

雄蚕杂交种的质量，除常规家蚕品种的质量指标外，雄蚕率是一个新的重要的质量指标。

（1）雄蚕杂交种的雄蚕率。雄蚕杂交种的雄蚕率既反映了平衡致死基因对性别的控制能力，也反映了杂交率。为确保雄蚕杂交种的雄蚕率，确定杂交方式为第一重要。常规品种杂交种在繁育中存在正反交两种形式，但雄蚕杂交种只限于平衡致死系的雄蛾与常规品种的雌蛾进行，如果用平衡致死系的雌蚕与常规品种的雄蚕杂交，则其F_1不成为雄蚕杂交种，这是与常规杂交种繁育的一个重大区别。除交配方式正确外，要保证雄蚕率还决定于原种性别的单一性，这一工作分别由原种供应单位与杂交蚕种繁育单位完成；作为原种提供单位通过光电分卵仪或人工区分，将父本的雌卵彻底淘汰，杂交种繁育单位只饲养父本的雄蚕；对雌蚕亲本，蚕种繁育单位则在4龄后，利用限性斑纹彻底淘汰母本中的姬蚕（雄蚕），只将母本的普斑雌蚕饲养到上蔟。尽管通过光电分卵和人工去雄工作，可以保证父本原蚕全雄和母本原蚕全雌，但由于不可避免的工作误差，在种茧期还需要对父本、母本的性别进行再次甄别，羽化初期通过"抢雄蛾"工作等再次淘汰遗漏的个体，通过这些工作能确保雄蚕杂交种雄蚕率达到95%以上，也确保了其杂交率。

（2）杂交种的孵化率。孵化率是蚕种质量的重要指标，作为雄蚕杂交种，它又是杂交彻底与否的间接指标。雄蚕杂交种的孵化率理论上应是50%，但由于基因交换、突变等因素，孵化率一般为48% ～ 52%，个别品种孵化率可能会高些，但这些品种往往在孵化后有一些蚁蚕因致死基因作用而死亡。实际有效孵化率应为48% ～ 52%。如果孵化率过高，往往有杂交不彻底之嫌，同时雄蚕率下降。

（3）杂交种的毒率。毒率是决定杂交种质量极为重要的指标，由于目前繁育环境污染较为严重，迫使蚕种繁育单位不得不采用既原始又有效的全程桑叶消毒方法，工作量成倍增加，繁育成本大幅上扬。由于雄蚕种繁育，雌雄蚕分开饲养，而雄蚕蛾即使带毒并不会通过胚胎传染至下一代，因此在雄蚕杂交种繁育中，我们可以区分主次，抓住重点，做到事半功倍。当然如果雄蚕蛾严重带毒，通过鳞毛等传播，可能会提高母蛾毒蛾检出率，但这是不传染的"假性"毒率。

3.2　降低雄蚕杂交种繁育成本的途径

降低雄蚕杂交种的繁育成本，唯有千方百计提高单位蚁量的繁育系数，经研究，以下几条是提高繁育系数的重要途径。

（1）以中系品种为杂交种的母本。由于品种的遗传性状决定，一般中系品种的产卵量多于日系品种，因此我们利用雄蚕杂交种只用一种杂交形式的特点，在品种选育上，选择以中系品种为母本的杂交组合。为进一步提高单蛾产卵量，在品种选育上利用同系统不同品种进行品种间杂交，形成杂交原种，这不但提高了单蛾产卵量，而且提高了原种的强健度，是提高克蚁制种量的重要措施。目前在生产上应用的秋·华、夏·华等品种就是这样。

（2）扩大雌雄蚕饲养比。常规生物体性别比都是1：1，但由于雄蚕杂交种其双亲都是单一性别，这就有可能在饲养前设计好母本原蚕与父本原蚕的饲养比例，同时利用雄蚕日系原种交配性能好的特点，人为扩大雌雄原蚕饲养比。在已推广使用的几对杂交组合中，只要雄蛾保护合理，雄蛾在3 ～ 4交范围内是有效的，不会增加不受精卵的比例。3万余张杂交种的繁育实践认为：雄蚕杂交种在繁育时的雌雄蚕饲养比例以雌：雄=2 ～ 3：1为宜。

（3）利用孤雌生殖技术。把处女母蛾剖腹，取其卵，通过一定物理的刺激，使其雌核发育，这样形成的蚕卵全部是雌卵。这就是所谓的孤雌生殖技术。利用该项技术，培育雌性原种，既可以降低原种成本，又可以避免无效饲养母本原种小蚕期的雄性蚕儿。另外由于全为雌卵，还可以确保杂交种的雄蚕率及杂交种基因的纯一。这一技术一旦应用，将使雄蚕技术得到实质性的飞跃，其经济学意义不单纯在于降低繁育成本。

利用上述第1、2项技术，可以使雄蚕杂交种的生产成本降低到常规杂交种的1.7倍以下，目前孤雌生殖技术尚未实用化，相信近年内也将完成研究工作，一旦实用化，雄蚕杂交种的繁育成本将进一步降低至常规杂交种的1.5倍以下。

3.3　鉴定雄蚕杂交种质量参考指标

由于雄蚕杂交种是一个新的产业，目前在行业内尚未建立质量标准，但它是蚕种的"一种"，仍以省颁一代杂交种蚕种标准为"蓝本"，根据雄蚕杂交种的遗传特点，结合我们的调研，提出雄蚕杂交种的参考质量指标：

（1）毒率符合省颁标准；

（2）雄蚕杂交种有效孵化率应为48%～52%；

（3）雄蚕杂交种的雄蚕率应在95%以上；

（4）盒装卵量确定为常规品种杂交种的2.20倍（注：雄蚕杂交种蚕卵，由于平衡致死基因的作用，雌卵在胚胎的发育过程中死亡，因此在理论上它的孵化率只有50%；为了获得同样量的蚁量，其张种卵量必须增倍；另外由于雄蚕的蛹体小于雌蚕，雄蚕的食桑量亦小于雌蚕，为了满足蚕农对张种产量的一个"习惯"概念，同时又使蚕桑平衡，盒装有效卵量比常规蚕种卵量增加10%）。

雄蚕饲养技术与效益①

沈玉丽[1]　朱欣方[2]　袁建荣[2]

（1.浙江省湖州市吴兴区农林技术推广中心蚕桑站　湖州　313000；2.织里镇农技中心　湖州　313000）

　　雄蚕系列品种是浙江省农业科学院于1996年开始引进，并通过转育改良和选配而育成的春秋兼用系列家蚕新品种。吴兴区自1997年春开始在浙江省农业科学院蚕桑研究所的指导下，首次在织里镇太湖试养雄蚕品种，并获得成功。1997年至2000年春先后对夏·华×平8等7对雄蚕杂交组合，510张蚕种，经过反复试验对比认为雄蚕品种具有强健、好养、抗病、抗逆性强、生长发育齐，眠性快、产量高、茧层厚、出丝率高、丝质优良等特点。2001年全区大面积推广雄蚕杂交种。至今已连续饲养6年，我们从7对雄蚕杂交组合中筛选出最适合于吴兴区饲养的秋·华×平30、秋丰×平28两对雄蚕品种。为了充分发挥雄蚕品种的优势，我们与浙江中维丝绸集团有限公司协作，实行订单蚕业，通过缫丝计价实行2次返利，使专养雄蚕的价值得到了充分体现。现将6年来专养雄蚕的技术和经济效益情况报告如下。

1　雄蚕饲养成绩

　　从2001—2006年12期31541.5张雄蚕品种饲养情况看（表1、表2），无论是春期或秋期，雄蚕杂交种饲养成绩的各项经济指标全面优于目前吴兴区的当家品种秋丰×白玉。其中春期饲养17911.5张，平均张产51.8kg，比对照种秋丰×白玉高3.2kg，增加了6.58%；张种茧款收入884.16元，比对照种增加136.04元，增加了18.18%。秋期饲养13630张，平均张产35.5kg，比对照种秋丰×白玉高2.3kg，增加了6.9%。张种茧款收入704.4元，比对照增加159.7元，增加了29.3%。

表1　2001—2006年春期雄蚕饲养成绩比较

年份	蚕品种	饲养量（张）	产茧量（kg/张）	干壳量（g）	产值（元/张）
2001	夏·华×平8	3133.0	48.6	11.1	813.69
	对照	11526.0	44.8	10.2	750.52
2002	夏·华×平8	5853.0	51.8	10.5	506.64
	对照	9056.0	48.0	8.9	440.40

①　本文原载于《中国蚕业》，2007，28（2）：39-41。

（续）

年份	蚕品种	饲养量（张）	产茧量（kg/张）	干壳量（g）	产值（元/张）
2003	秋·华×平30	817.5	54.9	11.0	522.78
	对照	8907.0	51.7	9.8	454.45
2004	秋·华×平30	298.0	54.0	10.4	1086.50
	对照	2812.0	50.3	9.6	912.30
2005	秋·华×平30	2600.0	53.5	10.5	1121.50
	秋丰×平28	530.0	53.3	10.5	1117.40
	对照	7101.0	51.2	9.6	1033.70
2006	秋·华×平30	2129.0	53.1	10.6	1378.10
	秋丰×平28	2551.0	53.2	10.5	1380.40
	对照	6085.0	49.7	9.8	1252.40
合计（平均）	雄蚕品种	17911.5	51.8	11.2	884.16
	对照	45487.0	48.6	9.8	748.12
	增长比例（%）		6.58	14.3	18.18

注：对照种为秋丰×白玉。

表2　2001—2006年秋期雄蚕品种饲养成绩比较

年份	蚕品种	饲养量（张）	产茧量（kg/张）	干壳量（g）	产值（元/张）
2001	秋·华×平30	2337.5	39.0	10.3	574.48
	对照	10205.0	36.0	8.3	530.71
2002	秋·华×平30	381.5	34.7	10.3	292.70
	对照	4168.0	29.0	8.2	221.88
2003	秋·华×平30	916.0	37.0	10.3	866.86
	对照	7245.0	33.0	8.8	693.00
2004	秋·华×平30	2256.0	35.5	10.2	610.40
	对照	3104.0	35.2	10.2	609.20
2005	秋·华×平30	1740.0	32.2	8.6	528.10
	秋丰×平28	1696.0	28.6	9.8	591.40
	对照	1282.0	28.2	9.6	582.90
2006	秋·华×平30	2422.0	25.0	8.3	507.00
	秋丰×平28	1657.0	43.0	10.4	1405.70
	对照	2573.0	38.0	8.5	1227.00
合计（平均）	雄蚕品种	13630.0	35.5	10.4	704.4
	对照	28353.0	33.2	8.5	544.7
	增长比例（%）		6.9	22.4	29.3

注：对照种为秋丰×白玉。

2 雄蚕茧丝质检定成绩

从浙江省第三茧质检定所对雄蚕和对照种秋丰×白玉茧丝质检定成绩看（表3、表4），反映茧质的综合性指标茧级雄蚕比对照种秋丰×白玉好，5年平均茧级小1～2级，雄蚕种平均干茧层率春期51.46%、秋期51.24%，分别比对照种提高3.42和4.17个百分点。平均茧丝长春期1166.9m，秋期981.9m，比对照种秋丰×白玉长84.1m和149.6m，平均干茧出丝率高，春期40.92%、秋期39.30%。雄蚕由于茧形小，茧层厚、解舒率差于对照种秋丰×白玉，但解舒丝长、纤度、净度均优于对照种秋丰×白玉。

表3 2001—2006年春蚕期雄蚕品种茧丝质成绩比较

年份	蚕品种	茧量（kg）	干茧层率（%）	茧丝长（m）	解舒率（%）	解舒丝长（m）	纤度（dtex）	干茧出丝率（%）	清洁（分）	净度（分）	茧级（级）
2002	雄蚕种	25501.9	50.69	1069.7	63.64	680.7	2.984	42.02	98.0	94.0	6
	对照种	7037.1	47.97	1003.4	67.57	678.0	2.860	38.91	97.0	94.1	6
2003	雄蚕种	10601.4	50.51	1165.1	76.49	891.3	2.900	42.22	98.2	95.1	2
	对照种	15481.5	48.13	1161.3	73.48	853.3	2.917	41.20	98.6	94.8	3
2004	雄蚕种	25501.9	52.05	1188.4	57.42	652.8	2.731	43.43	98.2	95.2	6
	对照种	20567.7	48.65	1113.9	70.22	782.1	2.932	41.09	98.5	95.0	7
2005	雄蚕种	30585.3	52.92	1235.2	69.50	854.2	2.465	38.95	99.2	94.2	2
	对照种	51109.1	48.99	1101.5	69.57	766.3	2.746	35.95	98.8	94.5	4
2006	雄蚕种	28930.2	51.12	1175.9	73.94	869.4	2.573	37.98	99.4	95.3	2
	对照种	15726.3	46.47	1033.9	81.64	844.0	2.652	33.76	98.6	93.5	3
平均	雄蚕种		51.46	1166.9	68.20	815.5	2.732	40.92	98.0	94.8	3.6
	对照种		48.04	1082.8	72.50	758.9	2.821	38.18	98.3	94.4	4.6

注：雄蚕种为秋·华×平30、秋丰×平28；对照种为秋丰×白玉。

表4 2001—2006年秋蚕期雄蚕品种茧丝质成绩比较

年份	蚕品种	茧量（kg）	干茧层率（%）	茧丝长（m）	解舒率（%）	解舒丝长（m）	纤度（dtex）	干茧出丝率（%）	清洁（分）	净度（分）	茧级（级）
2002	雄蚕种	3879.4	50.63	927.7	74.68	694.3	2.454	41.48	97.8	94.0	6
	对照种	6537.1	47.84	877.9	80.16	702.9	2.600	38.15	98.0	93.5	6
2003	雄蚕种	11850.0	51.18	1050.0	67.82	712.3	2.552	41.74	98.8	93.6	5
	对照种	9260.2	46.21	796.1	62.50	497.6	3.105	37.38	96.5	92.9	12
2004	雄蚕种	15729.4	50.90	989.9	71.25	703.3	2.503	41.65	98.2	93.8	6
	对照种	7463.9	48.24	837.0	71.28	600.2	2.853	37.77	97.2	93.2	7

（续）

年份	蚕品种	茧量 （kg）	干茧层率 （%）	茧丝长 （m）	解舒率 （%）	解舒丝长 （m）	纤度 （dtex）	干茧出丝率 （%）	清洁 （分）	净度 （分）	茧级 （级）
2005	雄蚕种	28001.2	50.95	993.6	65.29	623.8	2.535	36.26	99.4	95.0	5
	对照种	30755.4	46.86	860.2	70.11	608.2	2.751	35.54	99.0	94.2	6
2006	雄蚕种	28930.2	51.12	1175.9	73.94	869.4	2.573	37.98	99.4	95.3	2
	对照种	15726.3	46.47	1033.9	81.64	844.0	2.652	33.76	98.6	93.5	3
平均	雄蚕种		51.24	981.9	70.39	685.0	2.448	39.30	98.0	94.3	4.8
	对照种		47.07	832.3	72.14	602.9	2.713	36.43	98.0	93.8	6.8

注：①雄蚕种为秋·华×平30、秋丰×平28；对照种为秋丰×白玉。②2003年秋蚕期饲养的秋丰×白玉大面积发生血液性脓病，所以茧级特别低。

3　雄蚕饲养表现和技术要求

专养雄蚕经过10年的农村试验示范和6年的大面积饲养推广实践，积累了一定经验，目前掌握了吴兴区主要饲养的秋·华×平30和秋丰×平28等雄蚕品种的性状特点，形成了饲养雄蚕品种的标准化技术操作规程。

3.1　雄蚕的性状特点

雄蚕新品种秋·华×平30和秋丰×平28是1对夏秋用三元雄蚕杂交种，具有体质强健好养、丝质优良、茧层率与鲜茧出丝率高，能缫制高品位生丝等特点。雄蚕率高达98%以上，二化性四眠，越年卵灰绿色，卵壳淡黄色或白色，因是平衡致死系雄蚕杂交种，只能利用正交，无反交。雌卵几乎全在胚胎期死亡，只有雄卵孵化，孵化率47%左右，克蚁头数2400头左右。各龄眠起齐一，食桑旺，应注意充分饱食，壮蚕体色灰白，普斑，大小均匀。全龄经过22d左右，5龄经过7d左右，因是雄性杂交种，性别单一，发育齐，老熟涌，茧层率高，蔟中要特别注意通风排湿，避免上蔟过密，以提高茧丝质量。

3.2　雄蚕饲育技术要点

3.2.1　加强雄蚕的催青和补催青

雄蚕的催青积温比普通蚕要高。由于雄蚕具有欧洲血统，胚子发育经过相对较长，因此，在催青过程中，除了与普通种同样的催青技术要求外，在温度保护上应比普通种提高0.5℃，前期（丙₂胚胎～戊₃胚胎）用22.5℃保护，后期（戊₃胚胎～己₄胚胎）用25.5℃保护，待雄蚕卵色转青90%以上发种。雄蚕种盒卵量头数比普通种高出1倍，因此在雄蚕种运输和催青房屋设备的安排上应相应增加。蚕种领回后及时摊卵，面积是普通种的2倍（60cm×50cm），蚕室内当天温度掌握在24℃，干湿差1.5℃，第2天早上升至25～26℃，干湿差1℃，蚕室内绝对黑暗，收蚁前

2～3h感光，促使孵化齐一。

3.2.2 严格消毒防病，严防农药中毒

认真抓好养蚕前蚕室、蚕具与环境的清洗与消毒；抓好各龄眠起的蚕体蚕座消毒。要特别重视抓好病毒病防治，尤其是血液型脓病的防治。雄蚕对农药、氟化物较敏感，要严防农药和氟化物中毒的发生。

3.2.3 规范饲养管理

雄蚕因具有欧洲血统，小蚕发育较慢，眠性也较慢，小蚕期按10d眠3眠要求，掌握温湿度不低于现行标准，以偏高0.5～1℃为好。雄蚕对叶质要求高，小蚕期要特别注意叶质适熟、新鲜，防止偏嫩，雄蚕头数相对较多，要做好超前扩座匀座，促使发育齐一。雄蚕大蚕期食桑时间比现行普通种要长，食桑旺，要增加给桑回数和给桑量，做好稀放和良桑饱食工作；尽可能避免吃湿叶、露水叶。秋期饲养雄蚕品种不要采吃虫口叶，搞好蚕室通风排湿工作，保持蚕座干燥。

3.2.4 强化蔟中管理

雄蚕杂交种性别单一，发育齐，老熟涌，要提前做好上蔟准备。蔟具最好使用方格蔟，充分发挥蚕茧优质的优势，每张蚕种使用方格蔟250片左右，避免上蔟过密；雄蚕茧茧层厚，蔟中要特别强调通风排湿工作，上蔟营茧24h后捉游山蚕，60h后及时抬高蔟片、耙去蚕沙，开门开窗通风换气，同时适时采茧。

4 小结与讨论

4.1 雄蚕杂交种强健好养产茧量高

从2001—2006年饲养结果看，雄蚕品种强健好养，发育齐一，抗性强，产茧量高，6年来的平均张种产茧量无论春期或秋期均高于对照种2～4kg。特别是秋期遇到不良的环境时，抗逆性、抗病性明显优于对照种，如2005年中秋期吴兴区长期高温干旱，在大蚕期遇到了连续9d高温闷热天气（最高气温35℃以上），叶质差，环境恶劣，蚕儿体质弱，致使全区大面积暴发蚕病，织里镇洋西、轧村片的秋丰×白玉单产只有20kg，而太湖片的雄蚕种平均张产28.6kg，比对照的秋丰×白玉提高3.6kg。

4.2 雄蚕杂交种茧质丝质优良

从茧丝质检定成绩分析，雄蚕干壳量春期11.2g，秋期10.4g，比对照种秋丰×白玉提高1.4g和1.9g；出丝率高2.74～2.87个百分点；缫折低，平均光折春期233.3kg、秋期240.3kg，比对照种秋丰×白玉低15.0kg和23.3kg。茧级小1～2级，如2003年秋蚕期雄蚕茧比普通茧小整整7级；平均纤度春秋2期分别为2.723dtex和2.448dtex，比秋丰×白玉细0.098dtex和0.265dtex；清洁、净度平均优于秋丰×白玉0.56分和0.45分。雄蚕茧质好、丝质优、出丝率高，可缫制高品

位生丝，深受丝厂青睐。

4.3 专养雄蚕经济效益好

通过6年12期大面积饲养，雄蚕成绩显示：春、秋平均每张可增收136元和159元，增幅高达18.2%和29.3%，特别是在茧丝市场较好的2006年，中秋平均张产43kg，张种收入1405.7元，有部分蚕农张产超50kg，如织里太湖幻娄村朱欣方中秋饲养2张秋·华×平30雄蚕种，平均张产54kg，张种收入1750元。由于雄蚕烘折小，缫折低，丝厂可降低成本，因此蚕农、丝厂同时获取较好的经济效益，达到"双赢"的目的。

4.4 推广雄蚕必须要有相应的茧价政策扶持

现行收茧采用"目评"一刀切的评茧方法，不利于提高茧质，在某种程度上影响了雄蚕种的推广。为了提高蚕农饲养雄蚕的积极性，吴兴区在推广专养雄蚕时与浙江中维丝绸集团有限公司协作，实行订单蚕业，通过缫丝计价返利实行第2次分配，蚕农饲养1张雄蚕种可获得返利50～80元。如2001年春、秋两期饲养雄蚕5470.5张，中维丝绸公司返利给蚕农38.8866万元，平均每张获返利71.10元，2006年中秋，公司每50kg雄蚕茧返利80元（每张返68.80元）。通过相应的茧价政策扶持，保障了蚕农的利益。

雄蚕品种各级蚕种繁育技术探讨①

廖鹏飞[1] 董占鹏[1] 白兴荣[1] 黄 平[2] 陈 松[2] 吴克军[2] 杨 文[2] 普琼华[2]

（1.云南美誉蚕业科技发展有限公司 蒙自 661101；

2.云南省农业科学院蚕蜂研究所 蒙自 661101）

雌蚕从桑叶中摄取的营养物质，除满足自身机体组织的需要外，其余大部分营养需要用来造卵，实际用来合成丝蛋白的物质很少。而雄蚕没有造卵机能，从外界获取的营养，主要用于丝蛋白的合成。因此，在吐丝结茧方面，雄蚕具有很大的优势。长期以来，专养雄蚕都是蚕桑生产者追求的梦想，也是桑蚕研究者追求的目标。中、日、俄等国家的桑蚕研究者经过不断探索和研究，找到了控制家蚕性别的一些方法，如：孤雌生殖、雄核发育、限性卵色、限性蚁色、限性斑纹、限性茧色、温敏致死及平衡致死等。目前，发展较为成熟的方法是利用温敏致死基因或平衡致死基因达到专养雄蚕的目的，其中以利用平衡致死基因的方法实用化水平较高，本文主要阐述性连锁平衡致死系雄蚕品种的繁育技术。

性连锁平衡致死系最初由浙江省农业科学院蚕桑研究所于1996年从俄罗斯引进，经过若干年的深入研究，现已育成一对适用于我国部分蚕区饲养的雄蚕品种及探索出相关的一些繁育及饲养技术。我们根据云南省蚕业发展的趋势和蚕桑发展的需要，在2002年和2004年先后从浙江省蚕桑研究所引进雄蚕的普种及原种，经过推广实验，雄蚕种表现出一定的优势，但由于单产低，推广的数量很小。通过分析认为，云南的气候温和，适合全年饲养春用蚕品种；而引进的雄蚕品种是夏秋用种，不适合云南饲养；而且，由于雄蚕的饲养是一门新技术，蚕农掌握这门技术还需要一定的时间。有鉴于此，我们在2005年又与浙江省蚕桑研究所携手合作并引进性连锁平衡致死系的资源，以组配、转育出一系列适合云南本土的雄蚕品种，并研究出相应的繁育、饲养、缫丝等技术，服务于云南的蚕桑生产。

目前，我国依然采用"三级繁育、四级制种"蚕种繁育制度。雄蚕种的繁育基本上采用现行蚕种繁育制度，由于其遗传上的特殊性，蚕种繁育存在一些特殊的技术处理要求。本文就雄蚕品种各级蚕种的饲繁技术谈谈我们的体会。

---

① 本文原载于《中国蚕业》，2007，28（3）：38-40。

1　原原（母）种的繁育

原原母种的繁育既要选留母种以进行保种，又要为生产原种提供亲本材料——原原种；原原种是生产原种的直接材料，原原种的质量将直接影响到原种的品质。所以，原原母种及原原种的繁育就担负着保持种性及繁育良种的双重任务，在工作中应当采用正确的方法和措施来保持品种的固有性状并为生产提供优良的原原种。雄蚕品种的原原（母）种是由常规品种和平衡致死系两部分组成。对雄蚕品种中的常规品种，原原母种及原原种的繁育技术和其他现行品种一样。而平衡致死系的原原（母）种的繁育和现行品种也有相同之处：依然采用单蛾形式饲育，在养蚕制种过程中要求采用适合品种特性的温湿度、防混杂、正确选择等保持种性的技术措施。家蚕性连锁平衡致死系含有平衡致死和卵色限性（黑卵是雌、白卵是雄）2种标志基因，在繁育过程中，不能遗失这2种基因，否则将影响到普种的雄蚕率和增加原种及普种的生产成本。因此，在做好常规技术处理的基础上，还需要一些独特的技术。

1.1　选择卵圈

在催青前，除观察蚕卵的卵形卵色、调查死卵等数据外，重点要对黑卵和白卵的比例进行统计，选择产附好并符合黑白卵各一半的卵圈进行催青；收蚁时，首先选择孵化率接近50%的优良卵圈，然后观察未孵化的蚕卵的卵色，选取转青前和转青后死卵各一半的卵圈收蚁。

1.2　少食多餐良桑饱食

由于平衡致死基因的作用，每蛾孵化的蚕只接近常规品种的一半，所以在饲养过程中，要掌握好蚕座的面积和给桑量等，避免给叶过多或过少，小蚕期怕湿、忌喂湿叶以免引起不良的蚕座环境或蚕儿饥饿诱发蚕病；含有平衡致死基因的蚕儿吃叶较慢，吃叶时间长，用叶要求新鲜偏嫩，并且要求"少食多餐"。

1.3　小蚕期温度要偏高

为控制日眠，提高蚕的发育整齐度，小蚕的饲育温度应比现行品种稍高，以偏高 1～1.5℃ 为宜。从 2 眠开始，可能会出现眠起不齐的现象，就要求加强提青分批工作。对蚕、茧、蛹、蛾等的选择参照常规品种的选择方法。制种及袋蛾方式同常规品种，没有多大差异。

2　原种的繁育

原种是普种场生产普通种的基础材料，原种的质量与普通种的质量息息相关，因此要求抓好原种生产的各个技术环节，提高原种的质量。与原原（母）种一样，雄蚕种的原种也包括常规品种（雌性亲本）和平衡致死系（雄性亲本）两个部分。常规品种的原种繁育同现行品种的原种一样，采用常规育种方法生产杂交原种。平衡致死系的原种繁育因其复杂的遗传基础，对繁育技术有一些特殊要求：采用蛾区蚁量育，饲养技术基本同原原母种，只是要求加收20%～25%的蚁量，加强病、弱、小蚕及小区的淘汰工作，以保证原原蚕的品质。另外，为保证普通种达到较高的杂交率和雄蚕率，在饲养及制种的每一个环节都要严防品种混杂，制种时实行同品种异品系或同品系异蛾区交配，制种形式采用28蛾框制，除淘汰带毒蚕种外，对检疫合格的蚕种还需要对不良卵圈和不符合品种性状的卵圈进行淘汰，尤其是要淘汰黑白卵所占比例开差较大的卵圈，然后在进行浸酸或浴消时将其洗落制成散卵，再利用光电分卵仪或人工挑选的方法留白（雄）去黑（雌），最后每盒装卵3万粒（因雄卵致死一半，实际有效卵为1.5万粒，相当于1张平附原种的卵量），直接供普种场生产雄蚕杂交种使用。

3 杂交种的繁育

由于平衡致死基因的特殊作用，为达专养雄蚕的目的，生产雄蚕杂交种只能采用单一的交配方式，即常规品种♀×平衡致死系♂，反交则不能利用；雄蚕杂交种的雌蚕在胚胎期因不能孵化而死亡（某些雄蚕品种可能会有部分雌蚕孵化，但会在饲养过程中死亡），只有雄蚕才能正常孵化生长发育，因此，雄蚕杂交种的生产成本相对比较高。为降低蚕种制造成本，现在常用的也是比较成熟的方法是：①以中系为雌性亲本。由于中系的产卵量比日系的高，交配方式以中系为雌性亲本，以日系为雄性亲本；②中系采用限性斑纹品种。在饲养过程中淘汰不能参与制种的雄蚕（白蚕），减少不必要的人力和物力消耗；③扩大雌蚕饲养比例。充分利用雄蛾能再交的特点，扩大雌：雄蚕的收蚁比例，一般♀：♂以2～3：1为适宜；④专养雄蚕。因平衡致死系的雌蚕不能利用，采用卵色限性在催青前就依卵色去雌（黑）留雄（白），淘汰雌卵而只养雄蚕。雄蚕杂交种的制造技术比较复杂，关键要掌握以下几点。

3.1 控制雌雄蚕饲养比例

利用雄蚕具有能再交的特性和含平衡致死基因的雄蚕还具有耐交的特点，可以扩大雌雄蚕的饲养比例，增加雌蚕的饲养量而减少雄蚕的饲养量；在花费同样成本的情况下，相应提高蚕种的生产量而降低单张蚕种的生产成本。提供给普种场做父本的雄蚕种是经过分卵后的全雄蚕种，由于致死基因的作用，只有一半的雄蚕孵化；而作为雌性亲本的斑纹限性品种，在大蚕期要淘汰全部雄蚕。为保证雌雄蛾的有效交配，防止不受精卵的增加，蚕卵在出库催青时，一般按照中（雌性亲本）：日（雄性亲本）在4～6：1的比例出库蚕种和收蚁。经过大蚕期中系雄蚕的淘汰，使雌雄饲养比例在2～3：1为适当。

3.2　分批收蚁

中系品种的发蛾齐而涌，而雄蚕饲养量又较少，为防止雄蛾不够交配而引起雌蛾的浪费，将中系品种分2～3d的日差进行收蚁；也可以在1d收齐，但在饲养过程中，有意识地进行分批处理，使发育开差在3～4d。如果在饲养过程中没有拉开差距，就需要注意做好种茧的发育调节，并加强蛹体的观察，调节好发蛾时间，避免发蛾过于集中。雄蚕日系的发育比较慢，应当比中系提前2d收蚁。为保证雄蛾的新鲜，减少因冷藏时间过长、体力消耗太多而影响交配，有必要进行3～4d的收蚁日差或与中系相同的处理，拉开发育差距，进行合理的发蛾调节。

3.3　适时进行雌雄分蚕

对作为雌性亲本的中系品种的饲育温湿度没有特殊要求，可参照现行品种进行。现在推广的雄蚕品种的雌性亲本大都采用的是斑纹限性品种，白蚕是雄蚕而花蚕是雌蚕。在蚕发育到4龄第2天时，就要求组织好人力开展分蚕工作，也就是根据斑纹的有无去雄（白蚕）留雌（花蚕），这项工作争取在2d内完成，以减少用桑，降低成本。在分蚕时，要求做到精细操作，轻拿轻放，避免蚕儿受伤，减少感染蚕病的机会。在进入5龄盛食期后，每天安排一定时间进行复查，及时淘汰白（雄）蚕。上蔟时，也要进行白蚕的淘汰工作。当然，同现行品种的生产一样，在蚕蛹发蛾前还需进行细致的复鉴蛹工作，减少纯对的发生而保证杂交种较高的雄蚕率。

3.4　控制好温湿度

对含平衡致死基因的日系品种，小蚕时饲养温度应高于现行常规品种标准温度1～1.5℃，以提高雄蚕的匀整度和强健性；大眠时要加强补湿以利于蚕的蜕皮。雄蚕的食性慢，吃叶时间长，宜饲喂新鲜偏嫩叶，忌喂水叶和变质叶，并做到"少食多餐"，使蚕能健康发育。

3.5　精心管理蛹蛾

雄蚕的饲养量较少，要求做好其蛹蛾的保护。有些雄蚕品种的蛾尿较多（如平30），蛹蛾的管理就显得更为重要，否则会造成雄蛾的损失。主要措施包括：摊蛹时尽量稀放，并将不同发育进度的蚕蛹摊放在同一箔中，使发蛾不太集中而避免蛾尿污染雄蛾影响其交配性能；在每一箔的雄蛹上撒梳光的短稻草并罩上2个大蚕网吸湿和方便捉蛾；在摊蛹蚕箔下地面靠外处，铺以吸湿性强的瓦楞纸或其他材料；适当延迟感光时间，捉蛾时先捉雌蛾，后捉雄蛾，然后将雄蛾直接投入到雌蛾蚕箔中，或者雌雄蛾同时捉，边捉边交，多余的雄蛾尽量捉得晚一点，让蛾尿洒在吸湿材料上；如果需要进行2交，应边拆边交，减少雄蛾的体能消耗。在雄蛾箱底部垫上一层吸湿材料（如瓦楞纸）后，再将用剩的雄蛾及时装箱，并注明时间及交配次数等信息后，由专人送入5～10℃的冷库冷藏并负责其他雄蛾的管理工作。

雄蚕的食桑少、蚕体略小、单产相对偏低，为便于蚕农能正确掌握看蚕给桑及达到相应的产茧量，每盒雄蚕杂交种的有效卵（因雌蚕致死不孵化或有少量孵化但在饲养过程中死亡，所以有效卵是指能孵化的雄蚕卵，理论值是50%）量应较常规品种扩大15%～20%，实际盒种良卵量以6.4万粒（有效卵3.2万粒）为适当。为避免蚕种在运输过程因装卵太多而发热和催青时感温均匀，可以按每盒3.2万粒进行分装，在雄蚕种出库、催青、发种时，2盒折算为1盒。

雄蚕一代杂交种的饲养技术[①]

廖鹏飞 董占鹏 白兴荣

（云南省农业科学院蚕桑蜜蜂研究所 蒙自 661101）

雄蚕相对于雌蚕，具有强健好养，叶丝转化率高，雄蚕茧丝纤度细偏差小，易缫制高品位生丝等优点。专养雄蚕对提高中国蚕丝的产量、质量具有很大的潜力，并且符合丝绸制品向高档化发展的要求，有利于提升中国丝制品在国际市场的竞争能力。目前，中国比较成熟的雄蚕技术是利用平衡致死系来达到专养雄蚕的目的。因此，雄蚕一代杂交种的饲养技术与现行杂交种的饲养既有相似的地方，又有一些特殊的技术要求。为了让养蚕工作者能够较好地掌握利用雄蚕的饲养技术，充分发挥雄蚕的优良经济性状，经过几年的饲养探索，现将雄蚕一代杂交种的饲养技术介绍如下，供养蚕工作者参考。

1 做好催青和补催青工作，促使蚁蚕孵化整齐、体质强健

雄蚕种的催青要求严格按照催青技术规范化操作。另外，由于雄蚕种的雌卵会在转青前后死亡，所以，在解剖蚕卵、观察蚕卵胚胎时，要掌握好戊$_3$胚胎到达期，不要被发育迟缓或停止发育的胚胎而延误进入高温的时间。

补催青是指蚕种从催青室领到小蚕饲养室后，继续将蚕种保护在适当的温湿度及遮黑的环境下直至孵化的过程。由于生产上常常是转青卵发种，而转青卵对不良环境的抵抗力很弱，如果处理不当，就容易导致孵化不齐，增加死卵。所以，在领种前一天，要对小蚕室进行升温补湿工作。领回的蚕种，要在小蚕饲养室内立即摊放，面积是常规品种的1.5～2倍（因雌蚕致死不孵化，所以1张雄蚕种的卵量相当于2张常规品种）进行补催青，补催青当天的温度掌握在24℃，干湿差1.5℃。第2天早上温度上升到25～26℃，湿度要求偏高一些，干湿差保持1℃为宜，并要求绝对遮光黑暗。补催青的温湿度不能变动太大，力求平稳。收蚁前2～3h开始感光，孵化就会齐一，可以一次收齐。

因雌卵在胚胎期死亡，雄蚕孵化率约为48%，个别雄蚕品种的孵化率约为70%，是由于有部分雌蚕孵化，这部分雌蚕会在小蚕期尤其是1、2眠眠中陆续死亡，这是正常情况。收蚁后可能还会有些蚕卵在陆续孵化，但这些蚁蚕不食桑而逐渐死亡，这也是正常的。这些情况的发生都不

[①] 本文原载于《云南农业科技》，2007，3：39-41。

会影响单产，因此不必担忧。

2 加强饲养管理，增进蚕的体质，提高蚕的抗病能力

2.1 做好桑叶的采、运、贮工作

桑叶是蚕唯一的营养来源，所以叶质的好坏，直接影响到蚕的体质及蚕茧的产量和质量，特别是小蚕用叶，要引起足够的重视。雄蚕食桑缓慢，这就要求雄蚕的小蚕用叶掌握新鲜偏嫩，以降低桑叶的萎凋速度，提高桑叶的食下率。大蚕则选用适熟叶以提供丰富的营养物质。采叶一般以叶位、叶色为选择依据。收蚁时及收蚁当天用芽梢顶端由上而下第2位叶，叶色黄中带绿，叶面带皱而未展开。1龄第2天开始用第3位叶，叶面平整。2龄用第3～4位叶，叶色绿中带黄（嫩绿色）。3龄用三眼叶或第4～5位叶。但要防止小蚕用叶过嫩，导致蚕体虚弱，抗病力差，且易多发三眠蚕。另外，小蚕用叶要求尽量做到桑品种一致，老嫩均匀，有利于蚕发育整齐度。4～5龄可利用三眼叶、枝条下部叶及小枝叶，5龄还可结合伐条饲喂条桑。

桑叶越新鲜，其营养价值越高，所以，桑叶的运输和储存关键是做好保鲜工作。要求做到随采随运，松装快运，防止阳光直晒，运到贮桑室后立即倒出，抖松散热。条桑则解捆散热后储存。严防桑叶积压而造成发热变质。

贮桑室要求低温、多湿、少气流，保持清洁卫生，每天早晚各换气一次，进出要换鞋，并定时用1%有效氯漂白粉液消毒，贮桑室要由专人负责，建立健全管理制度。

2.2 合理给桑

要掌握好给桑量，勿使残桑过多，不仅造成桑叶浪费，而且引起蚕座蚕沙过厚而诱发蚕病。也要防止给桑过少，使蚕食桑不足营养不良，发育不齐抗性下降。由于雄蚕食桑慢，吃叶时间长，应增加给桑次数，减少每次的给桑量，小蚕每日3～4次，如果大蚕用芽叶、片叶饲养并且不盖薄膜，则每天给桑3～4次；用条桑饲养，每天给桑1～2次。

2.3 适当扩座、匀座，勤除沙

蚕座稀密适当，不仅能使蚕吃饱吃好，增强体质，并且能减少桑叶的浪费，提高桑叶利用率，尤其是雄蚕头数多（3万头左右/张），更需要进行适当扩座、匀座。小蚕扩座时，一般用蚕筷、鹅毛将蚕连蚕沙一起向蚕座四周扩展到合适面积，也可以在给桑时有意识地在蚕座四周向外撒少量的桑叶而自动扩座。大蚕时则连蚕带叶移向四周。如果需要分箔，最好是加分箔网（网分法，可结合除沙进行）以减少蚕体受伤。匀座是将蚕从较密处移向较稀处。扩座、匀座宜结合进行。

除沙是保持蚕座清洁，防治蚕病的重要措施。除沙分起除、中除、眠除。1龄为减少遗失蚕，一般不除沙，如果蚕沙太多，可进行1次眠除；2龄经过时间短，进行起除、眠除各1次即可；3

龄起除、中除、眠除各1次；如果大蚕采用蚕箔育或活动蚕台育，4龄起除、眠除各1次，中除2次；5龄要求每天除沙1次。如果大蚕用固定蚕台、地面育，可以不除沙，但每天撒一次石灰消毒和干燥材料隔离蚕沙。如果是条桑育，也可以不用除沙，如果桑条太多，中途可抽去一定量的下部枝条。

在扩座、匀座、除沙过程中，动作一定要轻，以免蚕体受伤，减少蚕病的发生。除沙后要重视蚕室、蚕具的消毒工作。

2.4　加强气象因子的调节

影响蚕的气象因子主要是温度、湿度、空气和光线。

2.4.1　温度、湿度

为调节雄蚕的日眠，提高雄蚕的匀整度，增强蚕的体质，雄蚕杂交种小蚕期的蚕室温度应比普通品种高1～1.5℃，而湿度比常规品种稍高。1龄饲育温度为29℃，干湿度差应保持1.0℃；2龄为28～28.5℃，干湿度差1～5℃；3龄为26～27℃，干湿度差1.5～2℃；眠中温度降低1～2℃。但是，雄蚕小蚕期饲养不能用过高温度（超过29.5℃），因过高温度加上偏嫩桑叶，不利于雄蚕的生长发育。雄蚕大蚕与普通蚕一样，也需要较低温度和较干燥的环境，一般4龄蚕的饲养适温为24～25℃，干湿度差为2～3℃；5龄蚕饲养适温为23～24℃，干湿度差为3～4℃。

在调节温湿度时，应根据气象条件，分清主次。如遇高温干燥，其主要矛盾是温度高，重点是降温，可在蚕室的地面洒水或饲喂湿叶等方法降温补湿；如遇高温多湿，主要矛盾是多湿，对蚕的危害较大，可采用通风排湿、减少给桑量、勤除沙、在蚕室地面撒石灰、蚕座上多撒焦糠等干燥材料，通过这些措施可达到降温排湿的目的；如遇低温多湿，则应以升温为主，当温度升高后，湿度自然会下降。

2.4.2　气流和光线

雄蚕同常规种一样，因为小蚕的呼吸量小，小蚕不需强调换气，在给桑时打开门窗，揭开薄膜就能满足蚕对新鲜空气的需要。但大蚕由于食叶量大、排泄物多，需要加强通风换气，但要注意不能让强风直吹，以免加速桑叶的凋萎，影响蚕的食下率。

雄蚕也有一定的趋光性和背光性。每龄眠起的蚕趋光性较强，如果光线不均，就会使蚕密集打堆，影响食桑和操作。熟蚕具有背光性，如果光线太强，会使蚕爬向背光处，多结畸形茧、双宫茧等不良茧而影响茧质。因此，蚕室要求光线均匀、明暗一致。

2.5　眠起处理

蚕的眠起是龄期增进的转变过程，虽然蚕在眠中外观上是静止不动的，但是在此期间，蚕会消耗大量的营养进行蜕皮活动，对外界不良环境的抵抗力差，如果处理不当，就会影响蚕的发育。所以眠起处理要求做到"眠前吃饱，适时加网除沙止桑提青，眠中管好，适时饷食"。

2.5.1　眠前处理

掌握饱食就眠，适时加眠网除沙，严格提青分批。

眠前要注意良桑饱食，使蚕储备足够营养供蜕皮消耗。雄蚕小蚕的发育一般较快，所以小蚕加眠网宁早勿迟，而大蚕的眠性较慢，加眠网宜迟，以见个别眠蚕为加网适期。

雄蚕从2眠开始，容易出现发育开差，当蚕就眠时，在蚕座上撒焦糠石灰粉止桑，对蚕座消毒并使蚕座干燥，防止病菌蔓延和早起蚕啃食残桑。在止桑的同时要求做好提青分批工作，并分别给予不同的温湿度，加强管理，提高蚕发育整齐度。

2.5.2　眠中保护

蚕在眠中时，由于蚕体内某些器官的更新，对外界环境抵抗力差，因此要求眠中保护温度比饲育温度低1℃，眠中前期（停食后到出现起蚕前）干湿度差2～3℃，眠中后期（出现起蚕到饷食前）要适当补湿，干湿度差1.5～2℃，以满足蚕蜕皮对湿度的需求。眠中宜适当遮光，使光线稍暗而均匀，另外还应保持安静，防止震动及强风直吹，使蚕顺利蜕皮。

2.5.3　适时饷食

蚕在眠起后第一次给桑称为饷食。饷食要掌握适期，一般以全部起齐，大部分蚕头部呈淡褐色、头胸昂起并左右摆动为饷食适期。饷食时，先撒防病一号或防僵粉消毒后，加网给桑。饷食用叶要求新鲜、适熟偏嫩，给桑不宜太多，以前龄盛食期叶量的80%为宜。

2.6　严格消毒防病，严防农药中毒

虽然雄蚕的抗病力比常规品种强，为减少蚕病的危害，依然要做好消毒防病工作。但雄蚕对农药的敏感性强，尤其要防止农药污染桑叶引起中毒的发生。在蚕期中，还要注意观察，通过发育匀整度、食桑表现、体形体色及排粪等情况，了解蚕的健康状态，一旦发现蚕病，就应采取相应的技术措施，做到早发现早治疗，控制蚕病传染、蔓延危害。

3　选用优良蔟具，强化蔟中管理

雄蚕一代杂交种由于性别单一，老熟时齐而涌，要提前做好蔟室及上蔟的物资和人力准备工作，以免到时慌乱，造成不必要的损失。蔟具首选方格蔟，因方格蔟具有蚕营茧方便、多结横营茧、茧形好、污染小、茧色白、解舒好、易缫制高品位生丝，能够充分发挥雄蚕茧茧质优的优势。每张雄蚕种需方格蔟250片左右，每片放蚕150头左右，防止上蔟过密。也可采用塑料折蔟，密度以300～350头/个为宜。上蔟要掌握适熟，做到随熟随上，避免上蔟过生或过熟，以减小污染、丝量损失及畸形茧而影响茧质。上蔟方法可以采用手捉法或自动上蔟法，依蚕农的具体情况而定。

由于雄蚕茧的茧层较厚，在蔟中保护中，尤其要做好温湿度的调节和通风换气排湿工作。温度主要影响蚕吐丝速度和丝胶的溶解性能，从而影响茧质。在上蔟初期，温度应保持

24.5 ～ 25℃，待茧壳形成后降到24℃。湿度主要影响丝与丝之间的胶着面积及茧色，从而影响解舒，蔟中湿度以干湿差3 ～ 4℃为宜。熟蚕背光性强、排粪尿量大，上蔟吐丝前，保持蔟室光线稍暗均匀，打开门窗，通风排湿。但要防止强风直吹。上蔟后第2天，大多数蚕定位营茧，将蔟上少数未结茧的蚕另行上蔟，并拣出病死蚕，以免迟结茧蚕排出的粪尿及死蚕污染好茧。

4 适时采茧，分类售茧

采茧的适宜时期以蛹体呈棕黄色时为宜，不能采毛脚茧和嫩蛹茧，否则影响吐丝或嫩蛹受伤出血污染蚕茧，导致茧质下降，降低经济收益；若采茧过迟，有发蛾或出蛆的危险，降低收入。最适宜的采茧时期，一般从上蔟之日算起，春蚕第7 ～ 8天采茧，夏蚕第6 ～ 7天采茧，秋蚕第8天采茧为宜。采茧时，先剔除死蚕烂茧，以免污染好茧，降低茧质。先上蔟先采，轻采轻放，边采边分类，将上茧、双宫、次茧和下茧4种类型分别放置。蚕茧采下后，立即分类出售，如不能及时出售，要摊放在蚕匾上，不能堆积，防止发热。蚕茧运输最好用竹箩装茧，忌用袋子装运。用竹箩运茧时，中间插几根麦草、稻草等通气，运输途中要减少震动，以防蛹体受伤出血，产生内印茧。并要防止挤压、日晒、雨淋。收茧时，应将采用相同饲养技术和上蔟技术的雄蚕茧归类，特别要注意同常规种的蚕茧分开，单独烘茧、缫丝，以体现雄蚕茧的优势。

总之，只有建立成熟的专养雄蚕技术，才能充分发挥雄蚕的优良性状，才会有利于中国丝绸出口贸易的发展，从而推动中国茧丝绸企业的可持续发展，促进茧丝绸行业步入健康轨道，迎来新的发展机遇。

雄蚕杂交种特点及繁育技术①

陈　诗　王红芬

（浙江省农业科学院蚕桑研究所　杭州　310021）

专养雄蚕技术作为一项技术革命，目前已进入实用推广阶段。在实际推广应用过程中，由于雄蚕杂交种的制种特点，生产同样鲜茧量的蚕种繁育成本显著高于常规杂交种。如何降低雄蚕杂交种繁育成本，成为推广雄蚕技术需要解决的主要瓶颈之一。

1　雄蚕杂交种特点

1.1　性别单一

由于致死基因的作用，具有异型性染色体的雌性胚胎在胚胎发育期不能正常发育而死亡，只有同型性染色体的雄性胚胎正常发育而孵化，因此孵化的蚁蚕是单一性别的雄蚕。

1.2　孵化率不同

雄蚕杂交种理论上孵化率应为48%～50%，但实际情况往往达50%以上。有略超50%与远超50%两种情况，略超50%往往是制种前对母本"去雄"不彻底所致；远超50%是致死基因致死作用延迟所致，其机理尚不十分明确。一般在1龄眠中至2龄起死亡。

1.3　张种卵量不同

由于雌蛾所产的子代蚕卵雌雄性别的胚胎各占50%，且雄蚕食桑量小于雌蚕，为符合蚕农"桑蚕平衡"的习惯判断，张种卵量目前暂定为62000粒，有效卵量为31000粒。

2　雄蚕杂交种繁育特点

2.1　平衡致死系雄蚕原种（成品）形式不同

目前选育的雄蚕原种均为限性卵色品种，为使繁育单位只饲养全雄的蚁蚕，在卵期需要利用机械或人工进行雌雄卵分离，因此雄蚕原种制种形式虽为平附形式，但其成品为散卵。

---

①　本文原载于《蚕桑通报》，2007，38（3）：18-20。

2.2　雄蚕杂交种只有单交

雄蚕杂交种在制种时只有"正"交而没有反交，这是由其遗传基础所决定的，即只有以常规品种为母本的杂交方式而没有以平衡致死系品种为母本的杂交方式。

2.3　饲养时雌雄性别比不同

为提高雄蚕蛾利用率，理论上雌雄性别比以2～2.5：1为宜，但实际上往往是3：1甚至更高，产生原因是父本雄蚕原种收蚁量是个"准"常数，而平附种的母本收蚁量随着母蛾产卵量而变化，是个"准"变数。

2.4　1～4龄前期母本饲养量大

尽管利用了限性斑纹品种作为母本，但4龄前无法区别母本个体性别，因此1～4龄需饲养成倍的母本，到4龄24h后，利用限性斑纹，才能淘汰无用的母本雄蚕。通过"去雄"，可以省却蛹期雌雄鉴别工作。

2.5　发蛾调节技术要求高

由于雌雄蚕饲养比例不同，制种发蛾时，理论上要求做到每天发蛾量雌：雄为2～2.5：1，因此发蛾调节要求比较高，另外由于每天出蛾量的不同，雄蛾当天需要再交，因此制种时，工作量大，工作时间长。

2.6　饲养发育不整齐

就目前两对品种来说，雄蚕原种饲养发育不够整齐。

3　雄蚕杂交种繁育技术

3.1　桑园质量

为提高父本的交配性能，提高母本的单蛾产卵量，在可能的情况下，尽量多施用有机肥料，在化肥施用中，以复合肥为主，要正确把握N、P、K的配比，保证桑叶中含有合理的C/N比，确保桑叶成熟优质。桑园的质量是提高克蚁制种量的基础。

3.2　原种出库前的雌雄蚕比例确定

目前已通过省级鉴定的2对雄蚕品种，就雄蚕交配性能来说，以雄：雌=1：2.5是没有问题的。但由于父母原种制种形式不同，父本是"标准化"的散卵，其盒种收蚁量是个准常数，而母本是平附形式，张种收蚁量是个变数，一般有效蚁量可以达到3g（中系）甚至更高，因此在确定原种出库时：1g蚁量的父本配备一张母本原种为宜，实际收蚁时，以1∶5为宜。

3.3 催青日差

由于父本系日系品种，催青积温要求高，在饲养中发育整齐度差，在以后的发蛾中又相对缓慢；母本是中系品种，饲养中发育整齐度好，在以后的发蛾中相对集中；针对这个特点：要求父本提前3d催青，用标准温度掌握11d催青收蚁，如戊₃胚子后用略高的温度催青，用10d催青收蚁，则要求父本提前2d催青。母本要求分2批催青，相差2d，第1批占总蚁量的60%，第2批占40%。

3.4 父本饲养

雄蚕父本饲养难度要大于常规日系品种，重点要抓好：①父本发育不齐，对温、湿度比较敏感，小蚕宜用偏高温度饲养，1龄：29.5℃，2龄29℃为适宜，湿度根据饲养形式不同，以确保桑叶新鲜为目标；②饲养中尤要做好多批提青工作，使同批（匾）蚕发育整齐，便于进行技术处理，雄蚕眠前可能会出现大小蚕现象，但根据多年实践，这些蚕是健康小蚕，只要有耐心，这些蚕都能正常发育，只是经过有所延长。另外由于我们尚不完全明确的机理，父本有些批次致死期发生较迟，导致孵化率较高，但这些批次的蚁蚕在饲养过程中，一般到1龄眠中或2龄起蚕会发生批量生理性死亡，是致死基因所致，不影响整批蚕的后期饲养；③小蚕期尽量要选用适熟偏嫩，新鲜桑叶，大蚕期用叶要注意适熟，尽量避免露水叶、泥叶、老叶等不良叶，进行叶面消毒的要注意消毒后的桑叶晾干；④由于父本幼虫食桑缓慢，每次给桑量不宜太多，如果工作时间安排允许，宜薄饲多回；⑤由于父本分批多，应及时做好拼批、拼匾工作，尽量促使整批蚕相对齐一，匾内蚕头数量相对均匀，便于操作；⑥上蔟初期最好加盖复蔟网，以利吐丝完善，提高健蛹率；⑦适时采茧，要求每个茧子在匾内都是横放的，以保证父本有较高的交配性能，提高受精率。

3.5 母本饲养

母本是常规品种，在饲养上只要采用常规措施即可，但要特别注意利用母本限性斑纹特点，从4龄24h起，要用最短的时间淘汰无效的雄蚕（素蚕），去雄彻底与否，是决定繁育的杂交种雄蚕率的关键点。过早去雄，可能会伤害到雌体，但过迟则会造成桑叶与人工的浪费，去雄一次不可能彻底，因此要经常复查。另外由于母本发育整齐，往往可以做到一批同时上蔟，但为今后有利于发蛾调节，提高雄蛾利用率，不必过分强调整齐，有时可以有意识地分批饲食，在同批蚕中适当拉开些差距，以此缓和母本羽化的整齐度，有利于今后提高雄蛾利用率。

4 制种技术

在雄蚕杂交种制种技术上，要解决的主要问题是：发蛾调节、一日多交、雄蛾冷藏、雌蛾冷藏等。

4.1　发蛾调节

由于父本需要多交，做好发蛾调节，提高雄蛾利用率成为提高单产的一个重要技术手段。在饲养中要求做到大批上蔟父本早于母本1d，通过合理的温度控制，逐日观察，仔细调节，做到父本早1d出苗蛾，尽量保证每天出蛾数雌：雄=2～2.5：1。在正常情况下，母本确保在24～25℃保护，通过对父本的调节（合理的调控温度为22～27℃）达到发蛾调节的目的，只有在特殊情况下，才对母本进行调节，但尽可能不要离开中心温度太远。

4.2　一日多交

由于雄蛾数量少于雌蛾，在技术设计上要求雌雄蛾当日羽化比例为2～2.5：1，因此雄蛾当日多交成为必要。原则上要求新鲜雄蛾一日2交，避免一日3交，已交雄蛾一日交配1次，最多2交，同一雄蛾以交配4次为宜，至多不超过5次。为确保所产蚕卵的受精率，对雌蛾应视雄蛾数量进行分批感光，首批感光应早些，保证充分性成熟后再交配，首次交配时间以3h为宜，需再交的，拆对后，直接投入未交雌蛾匾中，再交时间应略长，如一日2交，可以延长到4h，如个别需当日3交的，第2交延长至3.5h，第3交延长至4h。

4.3　雄蛾冷藏

在雄蚕杂交种繁育中，雄蛾是比较珍贵的，因此要妥加保护。对当日不再用的雄蛾要尽快放入低温室，且每个雄蛾箱（匾）不能放置太多的雄蛾，冷藏的温度尽量保持在10℃以下，以确保雄蛾经冷藏后仍有较强的活力。

4.4　雌蛾冷藏

由于发蛾调节或其他原因，有时也会出现雌蛾过多，无奈中需要对雌蛾进行冷藏，应尽早用尽量低的温度（5℃左右）进行冷藏，第2天取出适当回暖后即用新鲜雄蛾进行交配，拆对后也要立即投蛾，如此处理对所产蚕种质量不会有什么影响。

4.5　劳动力安排

由于雄蛾的一日多交，工作量比较大，工作时间长，因此要有充分的思想准备与劳力准备，以免措手不及。

5　微粒子病控制

在繁育环境有所污染的情形下，对微粒子病的控制成为降低蚕种繁育成本的重要一环。对微粒子病以防为主，在日常饲养过程中必须贯彻始终，要很好地处理叶面消毒与饲养质量的关系，以达到最佳效果。

雄蚕系列品种一代杂交种繁育重点问题探讨①

吴怀民¹ 薛坤荣² 陈发荣³

（1. 浙江省湖州市蚕业技术推广站 湖州 313000；
2. 浙江省湖州塔山蚕种制造有限公司 湖州 313000；
3. 浙江省德清东衡蚕种有限公司 湖州 313000）

湖州市从1997年春期率先引进雄蚕系列品种并在农村进行试养推广，至今已推广数对雄蚕品种并取得了令人满意的成绩。2000年春期开始，塔山蚕种制造有限公司作为国内外第一个批量繁育雄蚕种的生产单位开始接受一代杂交种的繁育，以后其他蚕种制造企业都陆续参加了雄蚕系列品种的繁育。经过多年实践，对雄蚕繁育积累了一定体会，在此与各位共同探讨。

1 雄蚕繁育条件选择

目前推广的雄蚕杂交种的平衡致死系原种在饲育过程中自然分批较多，对温湿度、叶质等要求也偏高，而对交的常规品种要在饲育过程中人工去雄，因此早前一般主张选择在专业场场本部饲养。而目前要加快推广专养雄蚕步伐必须要扩大繁育规模，专靠场本部是远远不够的。湖州市经过几年探索，认为雄蚕也可在原蚕区繁育，但要注意的是原蚕户的选择一定要慎重。一是要求房屋、蚕具宽裕；二是劳力充足，1户饲养量不能超过20g；三是对交品种由于要去雄淘汰，配发蚁量要比实际增加1倍，小蚕用叶量大，因此要充分考虑小蚕用叶的保证。

2 催青与收蚁要求

2.1 催青前期

按GB33/T 315—2001之6.5.2—6.8.1标准执行。

2.2 催青后期

戊₃以后，特别是收蚁前温度适当偏高0.5℃，严格控制相对湿度，有利于提高孵化率、蚁蚕生命率等。

---

① 本文原载于《蚕桑通报》，2008，39（4）：50-51。

2.3　收蚁当日

若孵化量少需次日再收蚁，应注意保护温湿度，若此过程中发生温湿度剧变，对次日的孵化率影响较大，因此建议补催青收蚁工作不在场区蚕室或原蚕区进行，在催青室或标准温湿度条件下完成补催青收蚁工作。

3　饲育

3.1　性状特性

雄蚕杂交种的父本一般采用日本系统的性连锁平衡致死系限性卵色原种，雄性蚕卵为淡黄色或黄色；孵化后全为雄性个体，蚁体黑褐色，有逸散性；稚蚕期经过长，伴有油蚕性状，个体间开差大，眠起欠齐；4龄期蚕体肉色，眠起发育逐趋齐一；5龄期食桑一般，老熟齐一，喜营上层茧，茧形浅束腰，茧层率23%左右；雄蛾交配性能特好，耐冷藏保护，多次交配对良卵率、产卵量均无明显影响。

3.2　饲育标准

经过多年繁育观察，目前推广的雄蚕致死系品种具有共同特性，据此总结出如下饲育模式（见表1）。

表1　雄蚕原蚕全龄饲育技术模式（1g蚁量）

龄期	温度（℃）	相对湿度（%）	给桑（回/d）	给桑量（kg）	最大蚕座（m²）
1	28.5～29	90～95	4	0.49	0.08
2	28.5～29	85～90	4	1.44	0.18
3	26.5	80～85	4	6.80	0.45
4	25.5	75～80	4	30.0	0.90
5	24.5～25	65～75	4～5	270	4.50

3.3　注意事项

雄蚕平衡致死系原蚕在饲养过程中，应适当提高饲育温度，一般比正常温度提高1～1.5℃，有利于提高蚕体匀整度、增强蚕体体质；在饲养过程中应以提高强健度为最终目标；雄蚕平衡致死系原蚕大眠眠起后，同时应注意做好补湿工作，以减少半脱皮蚕（即封口蚕）的发生；对叶质要求比较高，注意选择各龄用桑，忌吃变质叶、湿叶、露水叶，否则会导致不结茧的大量发生；该品种由于食桑缓慢，辣蚕较多，宜多回薄饲。

雄蚕平衡致死系原蚕小蚕期有很强的背光性，因此要加强调匾与匀座工作。

4 繁育制种

4.1 蚁量配比

在繁育过程中一般雌（中系）雄（致死系）比例掌在 2 ～ 2.5：1 为最宜。但由于种种原因至制种前调查雌雄茧比例时往往出现意外，因此在整个生产过程中做好发蛾调节确保正常交配工作显得尤为重要。具体做法：在饲养期，应注意有意识地拉开发育进程，防止发育过于集中，一般控制在中系雌蚕品种分 3d 上蔟，日系品种分 3 ～ 4d 上蔟，如有失调则在种茧保护期间拉开差距，同时在整个过程中加强观察，及时调整保护温湿度。掌握雄蚕致死系品种发育不宜过快，在种茧保护期间拉开发育差距，高温气候条件下中系雌蚕品种见苗蛾比日系雄蚕品种早 1d，低温气候条件下中系品种见苗蛾比日系品种早 1 ～ 2d。

4.2 出库日差

根据发育经过（见表2），中系雌蚕品种与日系雄蚕品种催青日差以 3d、上蔟日差以 2d 为宜。由于中系雌蚕品种发育齐一、发蛾集中，为确保制种期雄蛾合理正常利用，宜分两批收蚁，两批之间开差 1d，前后批蚁量比以 6：4 为宜。日系雄蚕品种由于孵化率方面的因素（通常是分 2d 完成收蚁）和在稚蚕期生长发育开差较大，无须分批收蚁即可达到预期的目的。

表2 秋·华、平30原蚕发育经过

品种	龄期经过（d:h）						蛹期经过（d:h）	全期经过（d:h）
	1龄	2龄	3龄	4龄	5龄	全龄		
秋·华	3:08	3:00	4:06	5:23	7:12	24:01	14:00	38:01
平30	3:09	3:00	4:00	5:10	7:03	22:22	16:21	39:19

4.3 去雄

雄蚕一代杂交种通常是以常规中系品种雌性为母本，与平衡致死系雄性父本杂交取得，不存在反交形式。一代杂交种的雄蚕率是衡量蚕种质量的重要指标，而雄蚕率的高低取决于中系品种中雄蚕淘汰的彻底与否。目前，常规中系品种一般都是限性斑级品种，其雌蚕为普斑，雄蚕为素蚕，因此可在饲养过程中利用其限性性状进行雄蚕淘汰（去雄）。为确保去雄干净及避免蚕体损伤，一般要求在 4 龄第 2 天进行，要求在 2 个工作日内完成。去雄留雌工作量大，因此在 4 龄第 2 天开始应安排足够劳力，以免造成工作忙乱，在操作过程中要建立责任制，精操细作，避免蚕体受伤。在去雄留雌之后，在 5 龄期间，每天安排一定的劳动力，进行复查工作。

4.4 制种

雄蚕一代杂交种质量的提高与雄蚕的健康度、比例和雄蛾的管理密切相关。为此应做好以下工作：注意雄蚕上蔟环境，使雄蚕在适宜的环境下吐丝营茧，吐尽残丝提高健蛹率；在制种过程中减少雄蛾损失，故拆对时应边拆边交，直接把拆对后的雄蛾投入交尾匾中，雄蛾数量要适中，投蛾拆对动作要轻巧，以提高雄蛾利用率；平衡致死系雄蛾须专人专管，合理冷藏使用，雄蛾一般需要使用2～3次，随着交尾次数的增加，交尾性能下降，不受精卵增加，因此应控制交尾次数。

雄蚕杂交种繁育需注意的几个问题①

普琼华　江涌涛

（云南省农业科学院蚕桑蜜蜂研究所　蒙自　661101）

由于雄蚕具有健康好养、叶丝转化率高、丝质优良等优点，专养雄蚕是蚕业工作者多年来梦寐以求的愿望。据调查，雄蚕专养比雌雄蚕混养可提高经济效益15%左右。所以雄蚕专养技术能够在生产上被迅速推广应用。由于雄蚕遗传物质的特殊性，雄蚕杂交种的繁育只能以常规品种的雌与含有平衡致死基因的特殊品种的雄进行杂交，而反交无效。为有效降低雄蚕杂交种的生产成本，除利用雄蛾能再交的特性，扩大雌雄蚕的饲养比例（2∶1）外，通常使用的常规品种是含限性斑纹的中系品种，在蚕发育到4龄第2天时，去雄（白）留雌（花）。作为雄性的一方则采用限性卵色，在卵期就淘汰黑卵（雌）而保留白卵（雄），普种场得到的都是经过处理的全雄产品。因此，在雄蚕繁育的过程中，需要注意以下几个问题：

1　合理安排出库数量

普种场用来生产雄蚕杂交种的原种材料是含限性斑纹的常规品种（中系）和全雄的含平衡致死基因的特殊品种（日系），到4龄第2天，作为中系的常规品种的雄蚕需要淘汰，只有一半可用，因此，一张中系原种相当于其他常规品种的半张。而含平衡致死基因的特殊品种一般是散卵，每盒卵量是30000粒，由于致死基因的作用，含平衡致死基因的品种的孵化率低于50%，因此，一盒散卵只相当于一张常规平附原种。出库时，需要按中∶日=4∶1的张种比例（即出库4张中系原种，需要相应出库1张日系散卵）计算出具体的出库数量，以免造成雌雄蛾的浪费。

2　加强稚蚕期管理

稚蚕期是催青期的继续，加强稚蚕期的管理有利于提高蚕种的产量和质量。对于雄性的一方（日系），为促进蚕日眠，提高蚕的匀整度，需要适度提高饲育温度，一般较常规品种提高1～1.5℃。在收蚁当日，需要提前2～3h将蚕室温度调节到目的温度。由于雄蚕食叶慢，用叶要求使用含水率相对较高一些的桑叶，以利于桑叶的保鲜，所以要求在稚蚕期的用叶以适熟偏嫩

① 本文原载于《云南农业科技》，2008，增刊：96-97。

为宜，并控制好给桑量，主要是防止残桑过多，增加伏蚕，并会造成蚕座冷湿，影响蚕的健康，从而影响蚕种的产量。

中系没有特殊要求，参照常规品种的标准进行管理即可。

3　严格贯彻眠起处理技术

蚕在眠期对外界不良环境抵抗力弱，若处理不当，会造成蚕体虚弱，给养蚕制种增加难度。雄蚕的眠起，如果处理不当，容易出现眠起不齐，需注意提青分批工作，尤其是4眠，更需要加强提青分批工作。

在眠中，降低温度1℃并在见起蚕时，适当补湿，以利于蚕蜕皮，减少不蜕皮蚕的发生。饷食时应掌握见95%以上的起蚕，并且大部分蚕的头部呈淡褐色，表现活泼有求食要求时。饷食时先用漂白粉、防僵粉（小蚕用含有效氯2%，大蚕用含有效氯3%）进行蚕体蚕座消毒，撒药10min后开始给桑。饷食用桑要求新鲜适熟偏嫩，并控制给桑量，以食尽为原则。

4　强化种茧保护

原蚕上蔟后，不再从外界摄食，而是靠以前积累的营养物质来继续以后的生命活动。因此，蔟中环境不仅会影响到吐丝结茧，还会影响到化蛹，必须强化种茧的保护。在上蔟初期，为加快营茧速度，减少不结茧蚕的发生，温度以25～26℃为适宜，并注意通风排湿工作。待茧壳形成后，温度降低到24℃保护，适当补湿，湿度以75%～85%为中心，70%～85%为适湿范围。因此，蔟中保护的关键在于保持温度和加强通风换气，并注意防止震动和阳光直射。

由于横营茧的吐丝量最多，蛹体内残丝最少，离解比较容易，对蛹的生理危害最小；另外，横营茧可以使生殖器充分发育，而不会形成缩尾蛹。因此，为减少蛹体残存的茧丝而导致离解困难和减少缩尾蛹而使生殖器发育充分，需要贯彻早采茧技术，即掌握茧壳已形成并有相当硬度，吐丝尚未终了时进行。将茧轻轻采下，并1粒1粒地平铺，使直营和斜营茧全部成为横营茧，可以提高种茧品质，增加受精卵。

5　做好蛹蛾保护及发蛾调节

为降低生产成本，在生产安排时有意识地降低雄蚕的饲养量，一般雌：雄=2～3：1，因此，雄蚕一方配发较少，需要做好雄蛹、雄蛾的保护及发蛾调节，以保证正常的交配工作，而不会造成雌雄蛾的浪费。在饲养期，要利用收蚁日差或温差拉开发育进度，防止过于集中，中日系原蚕一般分3～4d上蔟。如果失调，则应在种茧期采用不同的温度保护而拉开发育差距，并注意观察蛹的发育情况，及时进行调整。

　　摊蛹时尽量稀放，并将不同发育进度的蚕蛹摊在同一箱中，使发蛾不太集中而避免蛾尿污染雄蛾影响其交配性能。在捉蛾时先捉雌蛾，然后捉雄蛾，直接投入到雌蛾蚕箔中，或者雌雄蛾同时捉，边捉边交，如果需要进行二交，应边拆边交，减少雄蛾的体能消耗。

　　用剩的雄蛾及时装箱，并注明时间及交配次数等信息后，由专人送入5～10℃的冷库冷藏并负责其他雄蛾管理工作。

专养雄蚕新品种鲁菁×华阳的繁育技术要点①

管瑞英¹　房德文¹　朱勤高¹　李素梅¹　刘仁忠²　韩　霞²

（1.山东广通蚕种集团有限公司　青州　262500；
2.日照市东港海通蚕茧有限公司　日照　276800）

鲁菁×华阳是一对适合山东蚕区饲养的春用多丝量专养雄蚕新品种。该品种是利用山东广通蚕种集团保存的春用多丝量品种菁松、857，浙江省农业科学院蚕桑研究所选拔的性连锁平衡致死系统平76，采用家蚕性连锁平衡致死系转育改良方法培育而成的。经山东省蚕区试养表明，鲁菁×华阳与现行普通春用品种相比，具有叶丝转化率高、丝质优等特点，经济效益较雌、雄混养的普通品种明显提高。然而，由于平衡致死系组配的雄蚕组合采用的是单交制种模式，所以使专养雄蚕品种的制种成本增加，在一定程度上影响了新品种的推广应用；因此，应尽可能养好原蚕，提高单位饲养量的制种量。为此，我们总结了鲁菁×华阳在2006—2008年繁育过程中的经验，专题介绍这对专养雄蚕新品种的性状和繁育技术要点，期望为蚕种场在繁育雄蚕品种时提供技术参考。

1　原种性状

1.1　日系限性卵色性连锁平衡致死系华阳

日系限性卵色性连锁平衡致死系原种华阳为二化四眠蚕。滞育卵中的雄卵黄色，卵壳白色，雌卵为紫灰色，雌、雄卵各有1/2在胚胎期死亡。蚕种出库催青前，将雌卵全部选除淘汰，只留黄色蚕卵，实用孵化率约为45%。蚁蚕浅褐色，大蚕体色青白，普斑，由于生长缓慢，眠起不齐，所以迟眠蚕一般为健康小蚕而不宜淘汰；幼虫食桑慢，对叶质要求高；营茧快，多营上层茧，茧形浅束腰，有穿头茧、纺锤形茧发生，死笼率较高，春期的茧层率为27.5%，秋期为26.3%。蚕期经过25d，蛰中经过17d。发蛾不齐，雄蛾较耐冷藏，交配性能较好，可进行一日3交，但随着交尾次数的增多，对交母蛾所产不良卵明显增多，体内残存卵也随之增加。

1.2　对交普通品种鲁菁

鲁菁为中系斑纹限性品种，二化四眠。越年卵为灰绿色，单蛾卵粒数550粒左右，卵壳淡

①　本文原载于《中国蚕业》，2009，1：95-97。

黄色；蚁蚕黑褐色，克蚁头数2190头，趋光性和趋密性较强；壮蚕体色青白，花蚕为雌，素蚕为雄；各龄眠性快，眠起齐一，老熟齐涌；茧形短椭圆，缩皱中等，茧色洁白，茧层率为25%～26%；催青期经过11d，蚕期经过24d，蛹中经过16d；发蛾齐涌，生种较常规品种偏多。

1.3 一代杂交种鲁菁 × 华阳

专养雄蚕杂交组合鲁菁×华阳为二化四眠蚕，越年卵为灰绿色，卵壳黄色间有白色。该组合只利用正交，雌卵在催青期致死，仅雄蚕孵化，孵化率50%左右，克卵粒数1700粒左右，克蚁头数2300～2400头。稚蚕有趋光性、趋密性，壮蚕体色青白，普斑。各龄眠起齐一，食桑旺盛；因性别单一，发育齐一，老熟一致，故茧层率高，且茧色洁白，茧形匀整呈长椭圆形。

2 原种饲育技术

2.1 日系限性卵色性连锁平衡致死系华阳的原蚕饲育技术要点

2.1.1 催青
华阳的催青时间可提前2d，使其与对交种的上蔟时间差1～2d为宜。

2.1.2 收蚁
鲁菁为普通种，收蚁时雌、雄无法分开，而华阳雌为致死，所以鲁菁与华阳的收蚁量以3.6～4.0：1为宜。雄蚕卵制种形式为散卵，收蚁时的动作要轻，将收蚁袋底板上的蚁蚕，采用条桑吸引法，用蚕筷轻轻挑下，严禁敲落蚁蚕，防止伤蚕和避免将收蚁袋上的卵碰落到蚕座内。

2.1.3 小蚕饲育温湿度
该品种小蚕期对饲育温、湿度要求较高，温度应控制在27.5～28.0℃，干湿差1.0～1.5℃，以防止温度偏低造成发育不齐、眠起处理困难。

2.1.4 给桑
该品种幼虫期对叶质的要求特别高。小蚕期需要适熟偏嫩叶，并保持叶质新鲜。由于幼虫食桑较慢，需要勤饲薄喂，杜绝蚕座内有陈桑、边角干桑出现，以确保蚕座内桑叶新鲜，并且给桑厚薄要均匀。壮蚕用桑要适熟，禁用湿叶、露水叶、变质发热叶，并保持叶面干净无污染，良桑饱食，防止不结茧蚕和后期死蛹的发生。

2.1.5 就眠与饷食处理
由于蚕儿易发育不齐，在各龄蚕就眠时，要及时分批适时提青，对不同批次的提青蚕分别饲育管理，压快赶慢，促使蚕儿发育齐一。因幼虫食桑量少且慢，在各批次蚕饷食时，要及时整理蚕座，使蚕座内的蚕儿相对集中、均匀，以利给桑喂蚕。

2.2　普通品种鲁菁的原蚕饲育技术要点

2.2.1　催青

因鲁菁发蛾齐涌、量大，故应分批催青收蚁，2批蚕相差1d，其中前批占60%，后批占40%。

2.2.2　给桑

该品种趋光性和趋密性较强，并且生长发育较快，在每次给桑前要先匀座扩座，注意充分饱食。壮蚕期由于食桑量大而猛，对叶质要求高，需要用适熟偏老叶，多吃叶脉，充实蚕体，以避免幼虫过于肥大、体质虚弱，还应避免吃偏嫩桑叶、泥水叶和变质桑叶，防止后期死笼的发生。

2.2.3　壮蚕期饲育温度

4龄大眠和5龄期需严格控制饲育温度，避免25.0℃以上高温刺激，以防高温干燥或局部高温诱发脓病或影响化性的稳定。

2.2.4　眠起处理

由于该品种眠性快而齐一，适时加网尤为重要，并要及时调匾，使不同位置的幼虫感温均匀一致，以利于眠起处理。

2.2.5　上蔟管理

由于幼虫老熟齐涌，营茧较快；因此，要提前做好熟蚕上蔟和及时早采茧的准备。周密布置，合理安排劳动力，减少出血蛹的发生。

2.2.6　雌雄鉴别

利用幼虫的限性斑纹，自3龄盛食开始，将鲁菁雄蚕即白蚕彻底选除淘汰。这项工作应尽量早做，以利节约用桑和用工支出。选除要彻底，要严格认真地多次复选，直到上蔟前达到100%雌蚕。为此必须组织好充足的劳力，精细安排，认真检查把关，确保生产出的一代杂交种全部为雄蚕。

3　制种技术要点

3.1　原种的雌雄配比及制种雌雄发蛾比例的调节

鲁菁与华阳的收蚁比率应为3.6～4.0：1为宜，制种时鲁菁雌蛾与华阳雄蛾的比例2～2.2：1为最适，最大不得超过2.5：1，这样有利于降低生产成本。

华阳发蛾不齐，并且数量相对较少，与鲁菁对交时需要认真抓好发蛾调节，勤观察、勤调节，做好压头促尾调大批的工作。要调节华阳雄蛹的保护温度，将发蛾时间控制在提前1～2d为宜。

鲁菁发蛾齐涌，除了在收蚁时搞好分批布局外，在雌蛹保护过程中也要进行温度调节，以控制日发蛾数量，雌、雄蛾日发蛾数比最大为2：1，否则将会造成损失，增加制种成本。由于鲁菁易发生生种，所以上蔟后的种茧保护温度不宜偏高，以24.0～25.0℃为宜。因此，雌、雄原种的对交调节要提早进行，避免因对交调节而采用过高温度保护。

3.2 制种时的注意事项

3.2.1 蛹期和蛾期交配的保护

因华阳原蚕的量少，故自始至终务必精细操作，特别是削茧、摊蛹、拾蛾、交尾、拆对以至冷藏各个环节都要高度细致，尽最大可能地减少健蛹、健蛾的损失，摊蛹也不宜过厚，以每匾1800头为宜；拾雄蛾时，防止地面有落地雄蛾踩伤现象发生。

鲁菁在大批发蛾时可以分批感光或拾蛾，对暂时没有雄蛾交尾的雌蛾，可放在温度相对较低的环境中保护。交尾时撒雄蛾比例要适宜，要做到雌、雄比例为1：1，在清对、拆对过程中，要轻拿轻放，防止受伤。

3.2.2 交尾室内温湿度及时间调节与控制

交尾室内温度以24.5～25.0℃，干湿差2.0℃为最适；雄蛾交尾时间第1次为3.0h，利用雄蛾进行2交、3交时，交尾时间要延长0.5～1.0h；当日雄蛾交尾次数不能超过3次。若有少部分雌蛾没有雄蛾可交，可将这部分雌蛾存放于冷库内保护，保护温度以10.0℃为宜，次日早晨提前出库，感受正常温度后，再用新鲜雄蛾交尾。这部分雌蛾所产蚕卵与当日交尾雌蛾所产蚕卵的质量无明显差异。

3.2.3 产卵室内温湿度调节

产卵室温度25.5～26.0℃为最适，干湿差为2.0℃，并保持室内空气新鲜，收种后蚕种以温度24℃，干湿差2.5℃进行保护。

3.2.4 雄蛾冷藏的温度调节

雄蛾冷藏温度以5～8℃最合适，并做到冷库内无异味、无积水。此外，冷藏时匾内雄蛾头数不宜过厚，每匾以800头为宜。

原蚕区雄蚕品种一代杂交种繁育探讨①

章仲儒　徐沈英

（浙江省海宁市新兴蚕种制造有限责任公司　海宁　314419）

雄蚕系列品种在浙江省繁育推广多年，由于该系列品种在繁育过程中的特殊要求，一般选择在专业场场本部饲养，近年来由于专业场场部饲养规模缩小，制约了雄蚕品种在我省的繁育和推广。目前我省饲养的雄蚕一代杂交种有很大一部分是从山东调入的。为解决雄蚕一代杂交种繁育问题，必须探索在原蚕区繁育雄蚕一代杂交种。近年来已有省内多家蚕种繁育单位在原蚕区试繁。海宁市新兴蚕种制造有限责任公司于2009年春期在原蚕区试繁雄蚕杂交种秋·华×平30，饲养原种180g，取得初步成功。现就在雄蚕繁育过程中遇到的一些问题在此与大家共同探讨。

1　原蚕户选择

根据有繁育经验的生产单位介绍，雄蚕杂交种的平衡致死系原种在饲养过程中自然分批较多，对温湿度、叶质等要求也偏高，而且原种收蚁不能在1d内完成。由于原种收蚁第1天能收多少也是不确定因素，所以在确定平30原种饲养户时难度很大，必须事先做好工作，并留有充分余地。秋·华原种在饲养过程中要人工去雄，小蚕饲养量大，制种任务重，要求房屋、蚕具、劳力充足。在确定饲养前必须事先对原蚕户说明情况，并制定相应的政策，让饲养户有充分的思想准备。

2　收蚁

出库平衡致死系原种平30 15盒，秋·华60张。平30催青经过11d，比秋·华早1d出库。秋华催青经过10d，分两批收蚁，第一批比平30迟2d收蚁，第2批转青卵抑制1d后收蚁，比平30迟3d收蚁。平30第1天收得61.93g，第2天收得9.72g，总孵化率约35%。秋·华2d收蚁约240g。

3　饲育

3.1　饲育标准及经过

根据品种特性及原蚕区饲养习惯，对平30原种制定了如下饲育模式，见表1。

---

①　本文原载于《蚕桑通报》，2009，40（4）：31-32。

表1　平30原蚕全龄3回育饲育模式（1g蚁量）

龄期	温度（℃）	相对湿度（%）	给桑（回/d）	给桑量（kg）
1	30	90	3	0.25
2	29	85～90	3	0.72
3	26.5	80～85	3	2.90
4	25.5	75～80	3	12.50
5	24～25	70～75	3	110.00

在饲养过程中小蚕期确保温湿度达到标准，壮蚕期及蛹期保护受原蚕区条件限制，温度受自然条件影响，不能完全达到标准，发育经过见表2。

表2　秋·华、平30原蚕发育经过

品种	龄期经过（d:h）						蛹期经过（d:h）	全期经过（d:h）
	1龄	2龄	3龄	4龄	5龄	全龄		
秋·华	3:13	3:02	4:04	4:23	7:00	22:18	16:00	38:16
平30	3:10	3:01	4:01	5:00	6:18	22:06	18:00	40:06

3.2　饲养特点及成绩

平30原种稚蚕有较强的背光性，要加强调匾与匀座工作。给桑不宜过厚，否则易发生黏蚕。食桑缓慢，宜适当密饲。营茧位置挑剔，营茧比一般品种慢。上蔟宜稀，蔟具以塑料折蔟为好。伞形蔟上蔟由于营茧位置少，会造成吐平板丝及较多不结茧蚕。蔟中要通风干燥，有利于吐尽残丝，减少死笼。秋·华原种抗细菌病能力一般，要做好眠起处理工作，并确保叶质新鲜。秋·华人工去雄工作是提高雄蚕率的关键，由于秋·华小蚕饲养量增加1倍，要占用大量蚕具及浪费桑叶，我们在3龄第2天开始去雄，在3龄期将大部分雄蚕淘汰。在4龄第2天再进行仔细复查，把雄蚕淘汰干净。以后每天给桑、除沙时认真检查有无遗漏。在人工去雄时可能会造成蚕体损伤，操作务必精细，并严格做好消毒防病工作。饲养成绩如表3。

表3　秋·华、平30饲养成绩

品种	蚁量	各龄眠蚕体重（g/50条）					千克茧颗数	克蚁收茧量（kg）	良蛹率（%）
		1龄	2龄	3龄	4龄	熟蚕			
秋·华	120	0.60	2.30	10.01	57.50	223	498	5.50	99.0
平30	60	0.55	2.10	10.01	40.25	147	660	3.75	97.5

4　制种

4.1　发蛾调节

平30原种分2d收蚁，自然分批多，上蔟分3d，第1天约30%，第2天约50%，第3天约

20%。秋·华发育较齐整，虽分2d收蚁，上蔟集中在2d。第1天约30%，第2天约65%，第3天少量。平30发蛾较慢，第1天约10%，第2天30%，第3天35%，第4天20%。秋·华发蛾相当快，而且集中，第1天30%，第2天50%，第3天15%。由于上蔟日差较近，平30在种茧保护期温度略低于秋·华。两品种同日见苗蛾，但制种时平30雄蛾略偏慢。平30雄蛾耐冷藏，交配性能好，在制种期自然温度较高时，平30可略早于秋·华发蛾。秋·华品种发蛾集中，在饲养期及种茧保护期要做好分批工作，尽量避免发蛾过涌。

4.2　制种

雄蚕品种在原蚕区的制种工作是繁育成败的关键。由于雄蛾的配比与常规品种相比差1倍以上，且雌蛾量比常规多1倍，雄蛾的管理与调配，交配时间的掌握，产卵室的安排，各方面工作难度增加。首先要在制种前加强宣传，使农户知道雄蚕品种制种特点，早作蚕具、房屋准备，同时对制种工作的力度作好心理准备。制种开始后，由于平30雄蛾略迟于秋·华发蛾，第1、2天雄蛾不够交配，第1天雌蛾在当天8：00时开始交配，10：30时拆对交第2次，14：00时拆对交第3次，第3次拆对18：00时，多余雌蛾放在荫凉处，第2天早上6：00时用新鲜雄蛾交配。以后每天限交3次，多余雌蛾在第2天一早交配。新鲜雄蛾1交控制2.5h，2交3～3.5h，3交3.5～4h。雄蛾限交3次。由于第1、2天秋·华发蛾过涌，工作量确实较大，但由于安排紧凑，雄蛾损失少，雌蛾产卵正常，不受精卵率无明显差异。制种成绩见表4。

表4　秋·华×平30制种情况（盒装卵量以6.2万计）

品种	蚁量（g）	制种茧量（kg）	估产净种（盒）	千克茧制种量（盒）	克蚁单产（盒）
秋·华	120	659.75	2709	4.10	22.58
平30	60	227.05			
合计	180	886.8	2709	3.05	15.05

雄蚕秋·华×平30饲养技术探讨①

陈素娟　韩崇雷　卢志行　陈　曦

（浙江省杭州蚕种场　杭州　310021）

1　原种性状

1.1　秋·华

限性皮斑中系原种，二化性四眠，滞育卵青色，良卵率99%左右，孵化齐一，蚁蚕黑褐色，文静。壮蚕体色青白，雌性花蚕，雄性白蚕。在繁制雄蚕杂交种时，只利用其雌蛾，故在4龄第2天应去除雄性白蚕，只养雌性花蚕，减少用桑量以降低制种成本。各龄眠起齐一，食桑旺盛，行动活泼。小蚕期用桑宜适熟，壮蚕期用叶要新鲜成熟。熟蚕营茧快，茧色洁白，椭圆，缩皱中等。

发育经过：催青10d，幼虫期23～24d，蛰中15～16d，全蚕期49～50d。与平30对交需掌握起点胚子一致，推迟3d出库。

1.2　平30

二化性四眠日本系统性连锁平衡致死系，限性卵色，滞育卵雌性为灰紫色，雄性黄色，因属平衡致死系原种，雌雄各有一半在胚胎期死亡，孵化率35%左右。孵化齐一，蚁蚕黑褐色，小蚕趋光趋密性强，大蚕体色灰白，体质强健好养，茧色白，茧形式浅束腰，皱缩中等，雄蛾交配性能好。

发育经过：催青11d，幼虫期24～25d，蛰中17d，全蚕期51～52d。利用限性卵色，雄性黄卵，可方便区分雌雄，在繁制雄蚕杂交种时，只饲养雄性黄卵。利用雄蛾可多次交配的性能，为降低制种成本，生产雄蚕杂交种时，雌雄原种收蚁性比一般可控制在♀：♂=4～5：1，常规对交种4龄去雄后雌雄性比控制在♀：♂=2～2.5：1。

2　雄蚕杂交种性状

2.1　品种性状

浙江省农业科学院蚕桑研究所育成的秋用雄蚕新杂交品种秋·华×平30，具有体质强健、

---

① 本文原载于《蚕学通讯》，2011，31（4）：30-31。

各龄眠起齐一、好养的优点，克蚁头数2300左右，5龄经过6d18h，全龄经过22.5d，二日孵化率49.34%，丝长1240m左右，茧形椭圆、大而匀整，茧色洁白，茧层率和出丝率高。

2.2　饲育技术要点

收蚁感光可适当比普通种偏早。省力育要及时匀扩座，防食桑不匀。大蚕要良桑饱食，用桑新鲜适熟。小蚕期饲育温度要偏高，注意桑叶新鲜，大蚕期要加强通风换气。蔟中温度要保持25～25.5℃，加强蔟中通风换气，提高解舒率。

3　雄蚕大蚕期的饲养管理

3.1　桑叶的采、运、贮

春蚕4龄用桑采摘三眼叶、枝条下部叶及小枝叶，5龄用桑采摘新梢上的芽叶或伐条叶。夏蚕期大蚕用桑采摘疏芽叶及新枝条基部叶，秋蚕期大蚕用桑采摘基部叶。晚秋蚕结束时枝条顶端留5～6片叶。

桑叶随采随运，松装快运，防止阳光直晒，运到贮桑室后立即倒出，抖松散热，严防桑叶发热变质。贮桑室仍然要求低温、多湿、少气流，保持清洁卫生，进出要换鞋并定时用1%有效氯漂白粉液消毒，贮桑室要加强管理，专人负责。

3.2　给桑

雄蚕大蚕期的给桑，既要考虑蚕的充分饱食，又要考虑节约用桑以提高单位用桑量。用芽叶、片叶饲养，每天给桑3～4次；用条桑饲养，每天给桑2～3次。雄蚕大蚕给片叶或芽叶时，先将桑叶抖松，再用双手将桑叶均匀地摊在蚕座上；给条桑时，将梢端与基部相间平行放置，从蚕座的一端顺次给到另一端。

3.3　扩座与匀座

为使雄蚕充分饱食，大蚕期应及时扩大蚕座面积并注意匀座。一般一张雄蚕种（3万头）大蚕期的最大蚕座面积为：4龄14m²左右，5龄35m²左右。匀座也是在每次给桑时进行，将分布密处的蚕移至稀处，使蚕座稀密均匀，促使蚕群体发育整齐。

3.4　除沙

雄蚕大蚕期食桑量多，残桑和排粪量也相应增多，为了保持蚕座清洁干燥，要勤除沙。一般4龄期起除和眠除各1次，中除2次，共除沙4次，5龄期起除后，每天除沙1次。除沙方法及注意事项与普通蚕种相同。

3.5 眠起处理

雄蚕大蚕期加眠网要适当偏迟，以每匾出现几头眠蚕为加眠网的最佳时间。眠中温度要求比饲育温度降低0.5～1℃，并保持安静、光线均匀，眠中前期保持干燥（干湿度差3～4℃），见起后适当补湿以利蜕皮。饷食时间以见90%以上的起蚕头部色泽呈淡褐色为标准，夏秋期因气温高，饷食可适当提早。饷食用桑仍需新鲜，给桑量适当控制，按照上龄最多一次给桑量的80%左右为标准。

3.6 饲养环境

雄蚕大蚕与普通蚕一样，适宜在较低温度和较干燥的环境里生长，一般4龄蚕饲养适温为24～25℃，干湿度差为2～3℃，5龄蚕饲养适温为23～24℃，干湿度差为3～4℃，4龄蚕要避免在20℃以下低温中饲养，5龄蚕要避免长时间在28℃以上高温中饲养。

雄蚕杂交种的催青与饲养技术①

沈汉初

（湖州市吴兴区农业技术推广服务中心　湖州　313021）

雄蚕系列品种是浙江省农科院于1996年开始引进，并通过转育改良和选配而育成的系列家蚕品种。吴兴区于1997年春首次在织里镇太湖饲养雄蚕，获得成功。如今在吴兴区饲养覆盖率达100%，成为全省乃至全国雄蚕茧生产基地。在这14年推广普及中，由于品种不断更新，收购政策采用"订单蚕业，缫丝计价，两次返利"，雄蚕的易饲养、茧质优、产量高、效益好的优势得到充分表现，其经济性状明显优于现行当家品种。笔者经十几年的推广实践，现将雄蚕催青饲养技术介绍如下，供参考。

1　雄蚕种的催青技术

1.1　催青技术要求

蚕种出库后，先在15℃的温度下保持到全部胚胎进入丙$_2$期，然后升温至20℃，从丁$_1$至戊$_2$以22～23℃的温度保护3d；从戊$_3$～己$_5$以25～26℃的温度保护6d。湿度戊$_3$前掌握干湿差2～3℃，戊$_3$后掌握1.5～2℃。同时，自戊$_3$到己$_4$之前，每日除自然光线12h外，再加人工感光6h，计每日感光18h，己$_4$己$_5$时，昼夜给予黑暗环境，收蚁当日黎明骤然给予光线刺激，以促使孵化齐一。

蚕种催青要求大批蚕种感温均匀。每天按一定顺序上下、左右、前后调换蚕种1次，同时进行摇种、换气，戊$_3$胚胎前每日换气1次，戊$_3$以后每日换气2次，每次约10min左右。

1.2　发种及补催青技术

雄蚕发种应适熟偏老，略见苗蚁为宜。因此，催青过程中，在温度保护上应比普通种每天提高0.5℃。发种前，催青室温度逐渐降低至自然温度。尽可能做到早晨发种，防止温度过高。

蚕种领回后要及时摊种，面积要求为常规种的150%～200%。当天温度掌握24℃，干湿差1.5℃，第2天早上升至25～26℃，干湿差1℃，孵化前湿度要高些。补催青时要保持黑暗，收蚁前2～3h感光，有利于提高一日孵化率。雄蚕收蚁后，尚有少量蚕种陆续孵化，这是雌蚕，

---

①　本文原载于《蚕桑通报》，2011，42（3）：56-57。

应予淘汰。

1.3 延迟收蚁办法

雄蚕延迟收蚁有两种办法：其一，胚胎发育不超过丁$_2$阶段，可在5℃中抑制，冷藏控制在15d以内。其二，胚胎已过丁$_2$阶段，应继续升温，待蚕种全部到达转青期，进行冷藏处理，冷藏温度5℃，冷藏期不超过10d。在催青中，当胚胎发育到反转期（己$_1$）以后，不应降低温度，至少要保持25℃，否则容易引起茧形不齐，茧质下降等不良后果。

2 雄蚕的饲养技术

2.1 小蚕期饲养管理

雄蚕因具有欧洲血统，小蚕发育较慢，眠性较韧，小蚕期按10d眠3眠要求，掌握温湿度不低于常规品种标准，以偏高0.5～1℃为好，做好扩座、消毒、眠起处理等工作。选叶标准要一致，在收蚁、饷食、将眠及老熟前，应选采富含蛋白质的较嫩的新鲜桑叶，4龄第1天尽量不吃三眼叶，有利于蚕体发育齐一。现行雄蚕杂交种每张种头数3万头，蚕座面积、给桑量要相应增加（见表1）。

2.2 大蚕期饲养管理

大蚕期食桑时间比现行常规种要长，食桑旺，务必稀放稀养，良桑饱食，以充分发挥其高产优质的性状。尽可能避免吃湿叶、露水叶，注意蚕座干燥，搞好蚕室通风排湿工作。同时雄蚕蚕种对农药较为敏感，在大蚕饲养中，应严防微量农药中毒。

2.3 蔟中管理

雄蚕杂交种由于性别单一，发育齐，老熟涌，要及早备好上蔟物质。蔟具以方格蔟为宜，要求每张雄蚕种备好250片方格蔟。

上蔟时要适当给桑，使所有蚕儿都能足食上山，并可避免叶里茧发生。

雄蚕茧层厚，蔟中要注意通风排湿，开门开窗，抬高蔟片，耙除蚕沙。

采茧时间视气温情况酌情掌握，一般上蔟6d整后采茧，要求宁老勿嫩，不采毛脚茧、嫩蛹茧。

表1　雄蚕小蚕二回育技术模式表

小蚕10d眠3眠饲育表

龄期	温湿度	日顺	给桑-回数	给桑-时间	给桑-叶量(g)	切叶分寸(cm)	蚕座面积(cm)	每日主要技术处理（包括10d、9d眠3眠）
1龄	84~85°F（29~29.5℃）干湿差0.5~1°F（0~0.5℃）	1	收蚁	7:00	25	0.8×0.8	60×60	早上5时感光，7时收蚁，撒小防消毒后给桑
			2	8:00	75	1×1.5		定座、给桑后，用打孔薄膜上盖下垫，四周折好
		2	3	19:00	125	1×2	70×75	扩、匀座，撒焦糠石灰
			4	7:00	300	1.5×2	90×105	扩、匀座，用小防消毒
		3	5	19:00	325	1.5×2	100×120	扩座、匀座，撒焦糠石灰后加眠网
			6	7:00	150		110×120	匀座，撒焦糠石灰
			本龄用叶合计		1000			止叶后，揭去上下打孔薄膜，适时提青，眠中见蚕种起蚕撒焦糠石灰后降温2°F
2龄	81~83°F（27~28℃）干湿差1~2°F（0.5~1℃）	4	饲食	16:00	150	2×2	80×60（3只匾）	用小防消毒后给桑，即盖打孔薄膜
			2	17:00	550			除沙分匾，扩座，打孔薄膜上盖下垫，四周折好
		5	3	7:00	750	3×5	90×80	扩、匀座，用小防消毒
			4	19:00	1100		100×80	撒焦糠石灰后加眠网
		6	5	7:00	750	2×3	110×80	除沙，撒焦糠石灰
			本龄用叶合计		3300			止叶后，揭去上下薄膜，适时提青，换气1~2次，眠中降温2°F

夏秋用种9d眠3眠饲育表

龄期	温湿度	日顺	给桑-回数	给桑-时间	给桑-叶量(g)	切叶分寸(cm)	蚕座面积(cm)	每日主要技术处理
1龄	84~85°F（29~29.5℃）干湿差0.5~1°F（0~0.5℃）	1	收蚁	7:00	25	0.8×0.8	60×60	早上5时感光，7时收蚁，撒小防消毒后给桑
			2	8:00	75	1×1.5		定座、给桑后，用打孔薄膜上盖下垫，四周折好
		2	3	19:00	125	1×2	70×75	扩、匀座，撒焦糠石灰
			4	7:00	300	1.5×2	90×105	扩、匀座，用小防消毒
		3	5	19:00	325	1.5×2	100×120	扩座、匀座，撒焦糠石灰后加眠网
			6	7:00	150		110×120	匀座，撒焦糠石灰
			本龄用叶合计		1000			止叶后，揭去上下打孔薄膜，适时提青，眠中见蚕种起蚕撒焦糠石灰后降温2°F
2龄	82~83°F（27.5~28℃）干湿差1~2°F（0.5~1℃）	4	饲食	14:00	150	2×3	80×60（3只匾）	用小防消毒后给桑，即盖打孔薄膜
			2	15:00	600			除沙分匾，扩座，打孔薄膜上盖下垫，四周折好
		5	3	7:00	750	3×5	90×80	扩、匀座，用小防消毒
			4	19:00	1100		100×80	撒焦糠石灰后加眠网
		6	5	7:00	700	2×3	110×80	除沙，撒焦糠石灰
			本龄用叶合计		3300			止叶后，揭去上下薄膜，适时提青，换气1~2次，眠中降温2°F

（续）

小蚕10d眠3眠饲育表

龄期	温湿度	日顺	回数	时间	叶量(g)	切叶分寸(cm)	蚕座面积(cm)	每日主要技术处理（包括10d、9d眠3眠）
3龄	76~77℉（25℃）干湿差2~3℉（1~1.5℃）	7	饲食	20:00	500	3×5	6只匾 80×60	用大防消毒后给桑，打孔薄膜只盖不垫
			2	21:00	900			除沙、扩座
		8	3	7:00	2000	三角叶	90×80	扩、匀座
			4	19:00	3100		100×80	扩、匀座、大防消毒
		9	5	7:00	4000			扩、匀座、撒焦糠石灰
			6	19:00	4000	3×5	满匾	撒焦糠石灰、加眠网
		10	7	7:00	2500	2×4		止叶后，揭去上盖膜，适时提青，降温通气
			本龄用叶合计 17000					

夏秋用种9d眠3眠饲育表

龄期	温湿度	日顺	回数	时间	叶量(g)	切叶分寸(cm)	蚕座面积(cm)
3龄	80~81℉（27℃）干湿差2~3℉（1~1.5℃）	7	饲食	8:00	500	2×4	6只匾 80×60
			2	9:00	1500		
			3	19:00	3300	三角叶	90×80
		8	4	7:00	4250		100×80
			5	19:00	4150		
		9	6	7:00	3300	2×4	满匾
			本龄用叶合计 17000				

注：1. 每龄眠起时每匾加2张防僵网（402抗菌素700倍液浸渍）作分匾用。
2. 打孔薄膜应在每次给桑前半小时揭去。

雄蚕品种秋·华×平30繁育现状及提高途径[①]

陈　诗[1]　王红芬[1]　陈法荣[2]

（1.浙江省农业科学院蚕桑研究所　杭州　310021；

2.德清县东庆蚕种制造有限公司　德清　313204）

秋·华×平30是目前推广量最大的雄蚕品种，年繁育、饲养量在6万张以上，单品种占全省总饲养量5%左右。经过多年的技术积累，该品种的繁育技术日趋成熟，单产趋于稳定，为大规模推广雄蚕品种做好了技术上的准备。

雄蚕杂交种遗传基础决定其繁育系数远低于常规品种，为降低繁育成本，技术部门设计了以单蛾产卵量多的中系品种为母本，扩大雌雄饲养比例等技术措施，千方百计提高繁育系数。通过多年的繁育经验积累，不断调整雌雄蚕饲养蚁量比例，特别是调整以散卵形式出现的平衡致死系克蚁卵数，使其与平附种收蚁量相协调，最终形成了浙江省地方标准DB33/T 698.1—2008。在品种、技术及设备没有新的突破之前，通过提高繁育单位内部技术管理水平，挖掘繁育潜力是目前提高繁育系数，降低雄蚕种繁育成本的有效途经，且潜力很大。

1　雄蚕种繁育现状

我们收集了相关繁育单位近几年的繁育技术数据发现：无论是平30原蚕还是秋·华原蚕，克蚁收茧量都相当稳定，这既说明了原种繁育单位提供的原种质量基本稳定，即平附种张卵量（克蚁卵量）及孵化率基本稳定，也说明了原种繁育单位繁育技术总体已稳定，但同时也发现有很多的不平衡。不平衡表现在：不同繁育单位之间、不同繁育年份之间、不同繁育点间、甚至在同年份、同单位、同繁育村不同繁育批间存在较大差异，这个差异就是我们挖掘潜力的着力点。从表1、表2可以清楚看到，不同繁育单位之间，不同繁育年份之间确实存在很大差异。

对D公司的繁育情况作进一步分析，发现在不同年份间、不同饲育村间仍存在较大差异；从表3可以看到，即使是同繁育单位，由于繁育村的不同，繁育系数也有很大差异；2008年，C村与G村之间克蚁收茧量相差20%，千克茧制种量相差近30%，折算成克蚁制种量相差40%以上；2010年及2011年，克蚁收茧量十分接近，但千克茧制种量有10%左右差异。

---

①　本文原载于《浙江农业科学》，2012，8：1192-1193。

表1 蚕品种秋·华不同繁育单位、年份的繁育成绩

年份	D蚕种公司			X蚕种公司		
	收蚁量（g）	收茧量（kg/g）	制种量/（张/kg）	收蚁量（g）	收茧量（kg/g）	制种量（张/kg）
2008	400	4.947	3.473	0	0	0
2009	0	0	0	120	5.500	4.30
2010	1108	4.921	3.253	336	6.350	3.85
2011	1560	5.008	2.710	336	6.170	3.85

注：收茧量指每1g蚁的收茧量，制种量指每1kg茧的制种量。下同。

表2 蚕品种平30不同繁育单位、年份的繁育成绩

公司代号	2008		2009		2010		2011	
	繁育量（g）	收茧量（kg/g）	繁育量（g）	收茧量（kg/g）	繁育量（g）	收茧量（kg/g）	繁育量（g）	收茧量（kg/g）
D	192	2.14	0	0	564	2.973	753	2.782
X	0	0	60	3.780	168	3.50	168	3.140

表3 D公司不同繁育村间繁育蚕品种秋·华的成绩

村名代号	2008			2010			2011		
	收蚁量（g）	收茧量（kg/g）	制种量（张/kg）	收蚁量（g）	收茧量（kg/g）	制种量（张/kg）	收蚁量（g）	收茧量（kg/g）	制种量（张/kg）
C	274	5.262	3.757	486	4.810	3.572	656	5.079	2.832
G	126	4.264	2.708	622	5.000	3.000	904	4.957	2.619

表4 D公司不同繁育村、不同繁育批间蚕品种秋·华的繁育成绩

年份	村名代号	繁育批	繁育蚁量（g）	收茧量（kg/g）	制种量（张/g）
2010	C	A	98	5.340	4.305
		B	214	4.243	2.917
		C	174	5.228	3.953
		平均	—	4.937	3.725
	G	A	76	5.587	2.834
		B	64	4.892	3.731
		C	100	4.324	1.965
		D	71	5.429	3.624
		平均	—	5.058	3.038
2011	C	A	208	5.089	3.064
		B	156	5.656	3.167
		C	291	4.763	2.442
		平均	—	5.169	2.891

（续）

年份	村名代号	繁育批	繁育蚁量（g）	收茧量（kg/g）	制种量（张/g）
2011	G	A	180	4.552	3.465
		B	194	4.903	2.278
		C	197	5.257	2.285
		E	148	5.104	2.271
		F	184	4.970	2.884
		平均	—	4.957	2.637

同一繁育村在不同的繁育批之间也存在着很大的差异。由表4可见，2010年C繁育村，B批克蚁制种量仅是A批的53.8%，G繁育村的C批仅是B批的46.55%。在2011年繁育中，当年实际气候环境良好，2个繁育村8个饲育批间，克蚁收茧量差距不大。这说明在合适的环境条件下，繁育技术水平不能充分体现，但在环境条件变劣时，繁育技术水平就体现出较大差距。

2　不平衡的原因

克蚁收茧量的差异主要是由当地技术管理水平确定的，在同年、同期、同单位的情况下，地域气象环境总体差异不大，可以认为是一致的，其差异是因为技术管理差异而造成的。

千克茧制种量的差异决定因素很多，但主要因素是种茧死笼率太高，造成参与制种的个体太少；另外与制种技术水平有关，单蛾产卵量少或不良卵比例过高同样会造成千克茧制种量低下，因此有必要对繁育技术、制种技术进行规范化培训，以提高千克茧制种量。

3　措施

笔者认为通过内部技术管理，把繁育水平相对较低的繁育村、繁育批提高到一定程度，可以较大幅度提高繁育系数，降低繁育成本，提高繁育单位自身经济效益。对原蚕区的繁育户进行必要的技术辅导与帮助，使其达到较高水平，就其管理内容来看，既要提高桑园管理水平，提高桑叶质量，也要提高原蚕繁育技术水平，提高克蚁收茧量及千克茧制种量。

桑园的管理重点是提高施用有机肥比例，确保桑叶适熟及合理的C/N，即确保桑叶内在的营养价值，其次是做好桑园的害虫防治工作，确保桑叶的外在质量及桑叶的清洁度；在繁育管理上，重点要做好消毒防病工作，并确保其相对适合的温湿度，在合适的桑叶营养条件下，提高原蚕食下率、消化率与转化率，最终确保有良好的结茧率、健蛹率。

在做好上述工作的基础上，再配以良好的制种技术，相信能较大幅度地提高雄蚕品种杂交繁育系数，提高经济效益。

家蚕雄蚕1号和雄蚕2号饲料转化率试验①

黄文功　黄玲莉　韦博尤　苏红梅　张桂征　张雨丽　蒙艺英　闭立辉

（广西蚕业科学研究院　南宁　530007）

自"东桑西移"产业转移以来，广西成功承接东部蚕桑业产业转移，桑园面积和蚕茧产量连续大幅攀升，已成为我国乃至世界最大的蚕茧生产基地。但广西地处高温多湿南亚热带气候区，主推蚕品种两广2号已应用20多年，茧质、丝质、出丝率一直低于长江、黄河流域蚕区，这种现象对保障我国茧丝质量极其不利。因此，提升广西茧质和丝质，促进单位面积桑园养蚕效率已迫在眉睫。

据文献报道，雌蚕所吸取的营养物质有很大一部分用于卵巢和蚕卵，繁殖后代，而雄蚕不需要合成这些物质，用于合成蚕丝的营养成分比重比雌蚕大。在相同条件下，雌蚕全茧量和蛹体重虽然大于雄蚕，但雄蚕在茧层率、叶丝转化率、茧丝质量等优于雌蚕。专养雄蚕大约比饲养同一品种的雌雄蚕产量高19%～20%，比普通饲育产量高约7%～10%，在蚕业经济方面仍然是最有诱惑力的。刘俊凤等研究表明，家蚕雄蚕比雌蚕食桑量少，但饲料效率雄蚕比雌蚕高，专养雄蚕可获得较高的经济效益。范国明等研究表明，雄蚕品种的生产表现较好，蚕种孵化整齐，生长发育快，桑叶利用率高，茧层率、鲜茧出丝率、清洁和净度等指标表现良好。

广西蚕业技术推广总站于2005年从浙江省农业科学院蚕桑研究所引进性连锁平衡致死系基础品种材料平28和平32等，通过杂交转育手段将性连锁平衡致死基因转育到广西常规基础品种，在高温多湿环境下多年选育，形成了优良的品种材料平桂228等。笔者对该站利用亚热带性连锁平衡致死系系统新育成的雄蚕品种雄蚕1号、雄蚕2号进行实验室综合评价试验，旨在了解亚热带雄蚕品种的饲料转化率、叶丝转化率等方面的优势。

1　材料与方法

1.1　参试品种

雄蚕品种：雄蚕1号和雄蚕2号，由广西蚕业技术推广总站供种。
对照品种：两广2号，由广西蚕业技术推广总站供种。

---

①　本文原载于《广西蚕业》，2014，51（2）：1-5。

1.2 试验方法

2013年8月19日，同期收蚁饲养两广2号（CK）正交和反交、雄蚕1号、雄蚕2号。自然环境下饲养，饲养温度25～30℃，相对湿度75%～85%。大蚕期每个杂交组合饲养8区，每区400头；以品种为单位，4龄饷食起至熟蚕，每回给桑进行称量和记录，并在下回给桑时把上回蚕儿食剩余的桑叶称量减除，计算实际食桑量。熟蚕统一采用折蔟上蔟营茧，7d后采茧并进行茧质、雄蛹率调查。采用二次烘干法干燥蚕茧，每个杂交组合随机抽取样茧，送横县桂华茧丝绸有限责任公司作丝质测试。

2 结果与分析

2.1 蚕期发育

雄蚕1号、雄蚕2号1～3龄龄期经过与对照种两广二号正交和反交相仿，但全龄和4～5龄经过分别比对照短约1d和0.5d。雄蚕1号全龄经过为19d 7h，5龄经过5d 7h；雄蚕2号全龄经过为19d 10h，5龄经过5d 12h；两广2号全龄经过为20d 6h，5龄经过为6d。雄蚕1号和雄蚕2号个体绝大多数为雄蚕，雄蛹率调查结果分别为100%和99.5%，而对照种为雄蚕和雌蚕各50%左右，因此在饲养中能观察到雄蚕杂交组合眠起比对照种整齐，老熟也更齐一。

2.2 强健性

利用每个品种8个试验区调查结果作多重比较，结果：雄蚕1号、雄蚕2号结茧率分别为99.59%、99.71%，对照为98.81%，经反正弦转换后作多重比较，结茧率均比对照约高1%，差异显著；虫蛹生命率分别为99.03%、98.22%，对照为97.70%，经反正弦转换后作多重比较，雄蚕1号比对照高，差异显著，雄蚕2号比对照略高，但无显著差异；万蚕收茧量分别为14.291kg、15.186kg，对照为15.138kg，多重比较结果显示雄蚕1号比对照种低，差异显著，雄蚕2号与对照无显著性差异；万头茧层量分别为2.978kg、3.091kg，对照种为2.895kg，均比对照种高，多重比较结果显示雄蚕1号与对照无显著差异，雄蚕2号与对照差异显著（详见表1）。

表1 雄蚕1号和雄蚕2号的强健性LSD多重比较

因变量	品种名	品种名	均值差	标准误	显著性
结茧率	两广2号（CK）	雄蚕1号	−2.85990*	0.90833	0.004
		雄蚕2号	−3.02522*	0.90833	0.002
虫蛹生命率	两广2号（CK）	雄蚕1号	−2.98304*	0.86167	0.002
		雄蚕2号	−0.82245	0.86167	0.348
万头收茧量	两广2号（CK）	雄蚕1号	0.833562*	0.178998	0.000
		雄蚕2号	−0.058438	0.178998	0.746

（续）

因变量	品种名	品种名	均值差	标准误	显著性
万头茧层量	两广2号（CK）	雄蚕1号	−0.089625	0.058124	0.134
		雄蚕2号	−0.201750*	0.058124	0.002

注：*表示均值差的显著性水平为0.05。

2.3 饲料转化率

试验结果表明，雄蚕1号、雄蚕2号4～5龄期的饲料转化效率较好，与两广2号相比：50kg桑产茧量分别高9.78%、6.11%；50kg桑产茧层量分别高19.64%、12.99%；万蚕用叶量分别少14.00%、5.47%；生产1kg茧用叶量分别少8.96%、5.73%（详见表2）。由此可见，蚕农在相同的桑园条件下饲养雄蚕1号、雄蚕2号时，亩桑蚕茧产量将比饲养现行当家品种两广2号分别增产9.78%、6.11%；在当前蚕业生产以生产茧丝为主要目的的生产方式下，在不扩张桑园面积的情况下，饲养雄蚕1号、雄蚕2号时，用于加工生丝、家纺等的有效茧层量将比饲养两广2号分别增产19.64%、12.99%。饲养雄蚕将有效地提高饲料转化率和亩桑生产效率，实现蚕农与缫丝企业双赢和产业增产增效。

表2 4～5龄期雄蚕1号和雄蚕2号饲料效率

项目		两广2号（CK）			雄蚕1号	雄蚕2号
		正交	反交	正反平均		
8区总用叶量	（g）	67656	68474	136130	64455	72040
8区总产茧量	（g）	4433.80	4337.15	8770.95	4560.19	4925.62
50kg桑产茧量	实数（kg）	3.277	3.167	3.222	3.537	3.419
	指数（%）	101.71	98.29	100.00	109.78	106.11
50kg桑茧层量	实数（kg）	0.627	0.604	0.616	0.737	0.696
	指数（%）	101.79	98.05	100.00	119.64	112.99
万蚕用叶量	实数（kg）	231.71	238.05	234.92	202.02	222.08
	指数（%）	98.63	101.33	100.00	86.00	94.53
1kg茧用叶量	实数（kg）	15.26	15.79	15.52	14.13	14.63
	指数（%）	98.32	101.74	100.00	91.04	94.27

2.4 茧质性状

雄蚕1号、雄蚕2号的全茧量分别为1.435g、1.523g，略低于两广2号，茧形也略小，但茧层率却分别高1.711、1.230个百分点，SPSS分析8区调查成绩结果显示存在极显著性差异；雄蚕1号的万蚕收茧量比两广2号低5.60%，但万蚕茧层量高2.87%；雄蚕2号的万蚕收茧量与两广2号相仿，万蚕茧层量高6.77%（详见表3）；这说明，雄蚕1号、雄蚕2号的张种产茧量略低于两广2号，但茧丝量分别比两广2号高2.87%、6.77%。

表3　雄蚕1号和雄蚕2号的茧质性状

| 项　目 | | 两广2号（CK） | | | 雄蚕1号 | 雄蚕2号 |
		正交	反交	正反平均		
全茧量	（g）	1.536	1.527	1.532	1.435	1.523
茧层量	（g）	0.294	0.291	0.293	0.299	0.310
茧层率	（%）	19.141	19.057	19.125	20.836	20.355
万蚕收茧量	实数（kg）	15.186	15.078	15.138	14.291	15.186
	指数（%）	100.32	99.60	100.00	94.40	100.32
万蚕茧层量	实数（kg）	2.907	2.873	2.895	2.978	3.091
	指数（%）	100.41	99.24	100.00	102.87	106.77

2.5　丝质

横县桂华茧丝绸有限责任公司对样茧缫丝结果表明：与两广2号相比，雄蚕1号的一茧丝长长86m，解舒率、干茧出丝率、净度分别高4.00个百分点、1.25个百分点、2分，茧丝纤度细0.158dtex；雄蚕2号的一茧丝长长143m，解舒率低3.8个百分点，干茧出丝率、净度分别高1.38个百分点、1.5分，茧丝纤度细0.267dtex（详见表4）。

表4　雄蚕1号和雄蚕2号缫丝成绩

品　种	上车率（%）	干茧出丝率（%）	茧丝长（m）	解舒丝长（m）	解舒率（%）	纤度（dtex）	净度（分）
两广2号（CK）	96.80	38.27	780.0	593.0	76.0	2.427	93.0
雄蚕1号	96.10	39.52	866.0	693.0	80.0	2.269	95.0
雄蚕2号	98.90	39.65	923.0	666.0	72.2	2.160	94.5

雄蚕1号、雄蚕2号的出丝率和茧丝质量均高于两广2号，这为下一步提高广西茧丝质量带来了希望。

3　讨论与小结

3.1　雄蚕品种强健好养

雄蚕1号、雄蚕2号与两广2号相比，结茧率、虫蛹生命率等强健性指标优，且龄期经过约短0.5d，发育齐一，老熟齐涌，这些特点对广西现行全年多批次滚动式养蚕模式和方格蔟自动上蔟模式尤为适合。

3.2 饲养雄蚕亩桑产值高

雄蚕1号、雄蚕2号的饲料效率优于两广2号，50kg桑产茧量分别高9.78%、6.11%；50kg桑茧层量分别高19.64%、12.99%；万蚕用叶量少14.00%、5.47%；生产1kg茧所用叶量少8.96%、5.73%，即饲养雄蚕品种可提高亩桑产茧量和亩桑产值，实现蚕农与丝厂双赢和产业增产增效。但是，雄蚕茧的茧形相对较小，在当前目测计价的收购中，易造成收购部门误判压价，农户也有产量低的误判，因此，在推广应用过程中应注重引导和宣传。

3.3 饲养雄蚕缫丝企业效益高

雄蚕1号、雄蚕2号的茧丝纤度较细，且一茧丝长也比两广2号长，干茧出丝率、净度均有所提高，这将有利于生丝品位和缫丝企业效益的提高。

3.4 雄蚕品种推广中的难题

性连锁平衡致死雄蚕品种杂交一代种的孵化率只有50%左右，同样的用种量，良繁的成本就比常规品种高约一倍，因此，缫丝企业于受益的同时，需适当补贴蚕种生产单位，确保蚕种场、蚕农、缫丝企业三方均受益，解决雄蚕品种推广中的难题。

家蚕新品种雄蚕1号和雄蚕2号繁育试验①

黄玲莉　闭立辉　张桂征　黄文功　韦博尤　苏红梅　张雨丽　蒙艺英

（广西蚕业技术推广总站　南宁　530007）

雄蚕具有食桑量少、叶丝转化率高、老熟齐涌等优点，雄蚕茧不但茧层率和出丝率高，而且丝质亦优于常规品种蚕茧。专养雄蚕比饲养同一品种的雌雄蚕产量大约高19%～20%，比普通饲育产量高7%～10%，在蚕业经济方面仍然是具有诱惑力的，可大幅降低养蚕生产成本，提高出丝率和生丝品位，使蚕农和缫丝企业双赢、产业增产增效。我站经过多年的选育研究，选配成9·芙×平桂2286A（雄蚕1号）、9·10×平桂2286A（雄蚕2号）2个亚热带型雄蚕新品种，为进一步了解这两个雄蚕品种的良繁特性，探索性连锁平衡致死雄蚕品种杂交一代的繁育技术，笔者于2013年5月对这两个雄蚕品种进行了小批量的繁育试验。

1　材料与方法

1.1　参试品种

中系杂交原种：9·芙（雄蚕1号的常规中系杂交原种）、9·10（雄蚕2号的常规中系杂交原种），均由广西蚕业技术推广总站供种。

日系原种：平桂2286A（雄蚕1号、雄蚕2号的性连锁平衡致死日系原种），由广西蚕业技术推广总站家蚕育种室供种。

1.2　试验方法

常规中系杂交原种与平衡致死日系原种的蚕种催青、蚕期饲养、蛹期保护和后期发蛾调节等环节的温湿度按现行常规杂交原种要求进行处理，饲养蚁量按中系：日系约为2∶1进行收蚁饲养；采用常规品种（♀）×平衡系（♂）的交配方式繁育雄蚕杂交一代平附种。调查计算克蚁产茧量、克蚁制种量、千克茧制种量等蚕种繁育主要指标。

---

①　本文原载于《广西蚕业》，2015，52（2）：1-4。

2 主要技术措施

2.1 饲养量与出库调节

由于在良繁过程中，只用常规品种的雌性个体和平衡致死系的雄性个体，且平衡致死系的整体孵化率在48%左右。为合理安排雌雄比例，提高良繁效果，原种出库时常规品种原种数量与平衡致死系原种数量以1.5∶1～1∶1为宜，可保证常规品种原种饲养蚁量与平衡致死系原种饲养蚁量为3∶1～2∶1左右。

雄蚕1号、雄蚕2号中系杂交原种为常规品种9·芙、9·10，发蛾集中；日系原种为平衡致死系平桂2286A，发蛾较为分散，为确保对交品种间发蛾高峰期基本一致，平衡致死系平桂2286A宜比常规系9·芙、9·10提前2d出库，提前2d收蚁，早1d上蔟。蛹期再视各品种的发育情况通过适当调控种茧保护温度进行微调。

2.2 原种高温长光照两段式催青

雄蚕1号、雄蚕2号的杂交原种中，其中1个亲本是932，在不良的环境下容易发生不越年卵。为稳定化性，采用高温长光照两段式进行蚕种催青。前期：戊$_3$胚子前，催青温度24～25℃为宜，干湿差2～2.5℃，自然光照；后期：戊$_3$胚子后，催青适宜温度27～29℃，干湿差1～1.5℃，人为给予18h长光照。

2.3 卵期优选

常规系杂交原种在卵期优选中，选除卵量、良卵率等不达广西良繁标准要求的卵圈；平衡致死系的平衡致死控制基因在继代过程中，偶有遗失的现象，严格淘汰不符合平衡致死系特性的卵圈。分区包种，全黑保护；收蚁时，分小区收蚁，严格淘汰有完全转青卵圈的小区。

2.4 蚕期精养

2.4.1 精养小蚕

中系杂交原种9·芙、9·10小蚕期趋密性较强，应做到提前扩座，避免蚕座过密，做好眠起处理，促使蚕儿发育齐一；日系原种平衡致死系平桂2286A的两个平衡致死基因携带有油蚕基因，小蚕期的雄蚕体色有油蚕特征，呈半透明灰黑色，且发育比雌蚕稍慢，因此，各期小蚕眠期处理要注意，可适当淘汰早眠、体色青白的雌蚕，多留入眠略迟的体色呈半透明灰黑色的雄蚕；按各龄要求喂适熟偏嫩叶；温度28～29℃、干湿差2～2.5℃为宜。

2.4.2 大蚕稀放、良桑饱食

大蚕期蚕体发育较快，特别是5龄盛食期，蚕座宜稀，500～600头/m²为宜。壮蚕良桑饱食忌喂湿叶、露水叶、发酵叶等不良叶；蚕室注意做好通风排湿，避免高温闷湿。大蚕饲养温度

26～27℃、干湿差3℃左右为宜。

2.4.3 加强防微

做好养蚕前、中、后期的消毒防病工作，减少蚕病发生。为提高防微效果，采用0.3%有效氯溶液对全龄用桑叶进行消毒，防止微粒子病病原经口传染。

2.5 蛹期保护与调节

种茧放于25～27℃的制种室内进行蛹期保护，上蔟后第9天削茧、鉴蛹等。若对交品种间发现盛蛾期不一致，可进行微调，对发育慢的适当加温，对快的适当降温保护，调节温度以23～29℃为宜，不宜过高或过低。

2.6 交配产卵

按性连锁平衡致死雄蚕品种杂交一代的制种要求，采用常规品种（♀）×平衡系（♂）的交配方式繁育雄蚕1号、雄蚕2号雄蚕杂交一代种，即只用中系杂交原种9·芙、9·10的雌性个体和平衡致死系平桂2286A雄性个体。

平桂2286A的雄蛾活跃，易密集打堆消耗体能，降低交配性能，因此摊蛹宜稀，感光前宜在地上铺纸或稻草，减少落地蛾损失；同时，为提高平衡系雄蛾的利用率，要注意保护好，当天可进行2次交配，第1次交配整理好后3h左右就可进行拆对，拆对后应立即投蛾进行第2次交配，时间3～4h为宜；暂时用不上的雄蛾，应及时放入8℃左右的冷库进行保护。9·芙、9·10出蛾齐涌，雌蛹出蛾后易趋光和密集打堆，故摊蛹宜稀，感光宜迟，对拾好的雌蛾要分批及时投放雄蛾交配、理对；理好对的蛾宜放在光线较暗、温度25℃左右、湿度约80%的房间内保护；产卵房间要求黑暗、温度25℃、湿度约70%为宜。

3 良繁效果

3.1 原种饲养成绩

本次原种饲养过程中，蚕室温度没有超过32℃，因此，除小蚕期进行适当补温外，大蚕期均是自然温湿度。平衡致死系若按卵色限性选除雌卵，只养雄蚕时，小蚕期温度28～29℃雄蚕各龄发展齐一；本次良繁量较大，平衡致死系的雌卵未选除，实行雌雄混养，由于小蚕期雄蚕发育较雌的慢，为缩短差距、避免夜眠，1～4龄蚕期温度调高到30～31℃。中系杂交原种9·芙、9·10的强健性较好，死笼茧率分别为1.07%、1.71%，分别比平衡致死系平桂2286A低10.85、10.21个百分点。9·芙、9·10、平桂2286A的全茧量分别为1.69g、1.76g、1.46g；克蚁收茧量分别为3.80kg、3.97kg、3.29kg。平桂2286A的5龄经过比9·芙、9·10快1～1.5d（见表1）。

表1 原种饲养成绩

| 品种名 | 饲养量（g） | 5龄 | | 全龄 | | 蔟中 | | 龄期经过 | | 死笼率（%） | 全茧量（g） | 茧层率（%） | 克蚁收茧量（kg） |
		温度（℃）	温湿差（℃）	温度（℃）	温湿差（℃）	温度（℃）	温湿差（℃）	5龄（d:h）	全龄 d:h				
平桂2286A	22.0	27.2	0.0	30.3	0.2	26.0	3.2	5:18	20:04	11.92	1.46	17.91	3.29
9·芙	19.1	27.4	0.3	28.7	1.2	26.0	3.0	6:20	20:04	1.07	1.69	21.42	3.80
9·10	20.1	27.6	0.0	28.7	1.2	26.0	3.0	7:08	21:04	1.71	1.76	21.29	3.97

注：平桂2286A 2013年5月5日收蚁；9·芙、9·10 5月7日收蚁。

3.2 杂交种繁育成绩

本次良繁中，常规系杂交原种9·芙、9·10的雌蛾发蛾盛期与平衡系雄蛾的发蛾盛期基本一致。雄蚕1号（9·芙×平桂2286A）、雄蚕2号（9·10×平桂2286A）2个雄蚕品种正交的克蚁制种量分别为11.67张、12.20张；千克茧制种量分别为3.72张、3.64张（见表2），与现行品种两广二号相仿。但由于平衡系的雌茧、常规系的雄茧均不发挥作用，因此，种茧的总体千克茧制种量只有2.5张，比正交的约少30%，总体千克茧制种量较常规品种的明显偏低。

表2 一代杂交种繁育成绩

品种名	制种日期	制种量（张）	克蚁制种量（张）	千克茧制种量（张）
雄蚕1号（正交）	6月8～10日	270	11.67	3.72
雄蚕2号（正交）	6月9～11日	291	12.20	3.64

注：因雄蚕1号、雄蚕2号的杂交一代种的反交没有平衡致死的特性，因此只制正交种。

4 结果讨论

雄蚕1号、雄蚕2号属性连锁平衡致死三元雄蚕杂交种，只采用中常·中常×日平杂交方式繁育杂交一代种（正交），常规系杂交原种9·芙、9·10强健性好，平衡系原种平桂2286A为单交原种，强健性相对较弱，且雌雄同时饲养时，小蚕期雌蚕较雄蚕发育快，饲养温度偏低时易出现发育不齐的现象。

雄蚕1号、雄蚕2号正交的千克茧制种量分别为3.72张、3.64张，繁育系数与现行品种两广二号相仿；但由于反交不能制种，种茧的总体千克茧制种量只有2.5张左右，总体千克茧制种量较常规品种的明显偏低。

平衡系平桂2286A具有卵色限性特征，黄白色卵为雄性、黑褐色卵为雌性，可考虑通过设备自动分离的方式分选出雄性蚕卵，饲养原种时只养雄蚕，在有效提高小蚕期发育整齐度的同时，也可提高繁育系数，降低蚕种生产成本。

雄蚕品种秋·华×平30基地繁育探讨①

陈　曦

（浙江省杭州蚕种场　杭州　310021）

秋·华×平30由浙江省农科院蚕桑所培育，于2005年通过浙江省省级审定，是国内第一个通过审定的雄蚕品种。通过用家蚕性连锁平衡致死系的雄性与常规家蚕品种的雌性相交，下一代雌性在胚胎期死亡，仅雄性正常孵化、发育并结茧，可实现专养雄蚕，为实现蚕业的高效、省力化打下良好基础。杭州蚕种场是较早试繁雄蚕杂交种的专业蚕种场之一，但由于雄蚕繁育难度大、繁育系数低、蚕种场由专业场向原蚕区转移等原因，曾有数年繁育间断。为促进杭州地区雄蚕品种的大面积推广，杭州蚕种场从2012年开始，在淳安原蚕区基地进行雄蚕品种秋·华×平30试繁。在3年实践中，逐步掌握了雄蚕原蚕区基地繁育的技术要点，实现了雄蚕繁育稳产优质的目标，在此与大家共同探讨其中的经验教训。

1　原蚕区基地和原蚕户的选择

1.1　原蚕区基地的选择

选择淳安县界首乡燕上原蚕区作为秋·华×平30的试繁点。该基地地处山区，山清水秀，民风朴实，在县内养蚕技术与蚕茧产质量较高，桑园管理水平相对较强，此地气候条件也比较适合蚕种、特别是平30的繁育。

1.2　原蚕户的选择

原蚕户主要选择条件齐全，具有专用蚕室、专用贮藏室且劳动力充足的人家。要求原蚕户有较高的饲养水平，能严格执行各项防病措施，使用的蚕室保温、保湿性能良好。

2　原种性状

2.1　平30

日本系统，二化性四眠，性连锁平衡致死系，限性卵色原种。越年卵雌性为紫色，雄性黄

---

①　本文原载于《蚕学通讯》，2015，35（3）：31-33。

色，每蛾总卵数500粒左右，因属平衡致死系，雌雄各有一半在胚胎期死亡，孵化率30%左右，孵化齐一，蚁蚕黑褐色，小蚕趋密性强，小蚕用叶要求适熟偏嫩，中秋期饲养若小蚕用叶偏老，易发生五眠蚕，大蚕体色灰褐，普斑，体质强健好养，茧色白，茧形浅束腰，缩绉中等，蚕蛾交配性能适中。

发育经过：催青11d，幼虫期23～24d，蛰中17d，全蚕期51～52d，利用限性卵色可区分雌雄，在繁制雄蚕杂交种时，只饲养雄性黄卵。

2.2　秋·华

中国系统，二化性四眠。秋·华是限性皮斑品种秋丰与华光组成的中系杂交原种，越年卵灰绿色，卵壳淡黄色，每蛾总卵数520粒左右，良卵率95%左右。蚕种孵化齐一，蚁蚕黑褐色，文静，克蚁头数2100～2300头，各龄眠起齐一，食桑猛，行动活泼，强健好养，壮蚕体色青白，限性皮斑，雌性花蚕，雄性白蚕。在繁制雄蚕杂交种时，只利用雌蛾，故在4龄第2天应去掉雄性白蚕，只养雌性花蚕，以降低成本。熟蚕营茧快，茧色洁白，茧形椭圆，缩皱中等。

发育经过：催青10d，幼虫期23～24d，蛰中经过16d，全蚕期49～50d，与平30对交需掌握起点胚子一致，推迟2d出库催青为宜。由于秋·华4龄去雄，因此平30与秋·华出库蚁量以1∶5为宜。

表1　原种平30、秋·华各龄温湿度及蚕发育经过

	龄期		1龄	2龄	3龄	4龄	5龄	蛰中温度调节
平30	温湿度（℃）	温度	29～29.5	29	27～27.5	26	25～25.5	调节范围：21～28℃ 差2～3℃
		干湿度	1～1.5	1～1.5	2	2.5	3	
	龄期经过（d:h）	食桑中	2:22	2:02	2:20	3:15	6:12	
		眠中	1:00	1:00	1:00	1:17		
秋·华	温湿度（℃）	温度	27.5～28	27.5～28	26.5	25.5	24～25	调节范围：23～26℃ 差2～3℃
		干湿度	1～1.5	2	2.5	3		
	龄期经过（d:h）	食桑中	2:18	2:08	2:16	3:19	7:00	
		眠中	1:00	1:00	1:00	2:00		

3　饲养中的注意事项

3.1　平30的饲养

平30的饲养比较困难，注意做好以下几点：

（1）温度适当偏高，一龄29.5℃，二龄29℃为宜，特别是小蚕期。

（2）及时提青分批。由于平30小蚕期容易出现发育不齐的现象，不能等等齐再加提青网分

批，而应及时分批提青，分批饲养，特别是加强迟批的饲养，确保珍贵的平30的健蛹率。

（3）叶质要适熟偏嫩，稀放饱食。做到薄饲多回，严防蚕子过厚，导致遗失蚕增多。各龄眠起时，注意湿度，防止不脱皮、未脱皮蚕的发生。

（4）方格蔟上蔟中及时捉好游山蚕，重新上蔟，并保证蔟中温湿度合理。空气状况适宜，提高营茧率。

（5）适时采茧，加强种茧保护，确保每颗好茧不受损伤。

3.2　秋·华的饲养

秋·华的饲养比较容易，但要注意抓好两个关键：

（1）注意及时分批，要人为地有意识拉开批次，防止过于整齐导致发蛾太涌。

（2）4龄去雄时，要及早安排劳力，集中时间去雄，并重复去雄，检查去雄效果，这也是确保雄蚕杂交种雄蚕率的关键措施。

平30和秋·华的发育经过见表1。

3.3　制种技术

关键要解决雄蛾多次交配的技术问题，提高受精率。

（1）发蛾调节中要确保雄蛾适当提前1～2d发蛾，保证交配，尽量减少雌蛾冷藏。

（2）一日多交，做到边拆边交，雄蛾一日以2～3次交配为宜，超过3次，不受精卵明显增多。当日，1交时间为2.5～3h，2交时间为3h，3交时间为4h。

（3）当日不再交配的雄蛾要及时进雄蛾冷藏室，7℃左右温度冷藏，每匾或一筐雄蛾不能太多，防止损伤。

3.4　蚕病防控

原蚕区繁育雄蚕，关键在于防控微粒子病，要严抓常规消毒，重视大环境消毒，严格做好叶面消毒，从而确保每一项微防措施都落实到位。

4　繁育成绩

通过从2012年秋季开始连续5期在燕上原蚕点基地繁育秋·华×平30的实践，杭州蚕种场已基本掌握了这对品种的繁育技术，可将单产稳定在10张/g左右，繁育成绩位居各雄蚕杂交种繁育单位前列，实现了雄蚕杂交种的基地繁育，为雄蚕品种的大面积推广奠定了良好的基础。秋期及春期繁育成绩见表2、表3。

表2 秋期繁育成绩

品种	年份	饲养蚁量（g）	收茧量（kg）	不良蛹颗数（粒）	制种量（g）	千克茧颗数（粒）	不良蛹率（%）	千克茧制种量（g）	克蚁制种量（张）
秋·华	2012秋	330	2237.84	34		591	0.085		
平30	2012秋	170	504.26	24		737	0.060		
合计		500	2742.1		4148			1.51	8.30
秋·华	2013秋	140	929.89	19		532	0.048		
平30	2013秋	80	268.73	17		787	0.043		
合计		220	1198.62		3281.5			2.74	14.92
秋·华	2014秋	650	3931.29	31		559	0.078		
平30	2014秋	350	1008.61	60		811	0.150		
合计		1000	4939.9		9903			2.00	9.90

表3 春期繁育成绩

品种	年份	饲养蚁量（g）	收茧量（kg）	不良蛹颗数（粒）	制种量（g）	千克茧颗数（粒）	不良蛹率（%）	千克茧制种量（g）	克蚁制种量（张）
秋·华	2014春	520	2714.93	6		488	0.015		
平30	2014春	254	783.66	11		750	0.028		
合计		774	3498.59		9808			2.80	12.67
秋·华	2015春	650	4111.53	8		485	0.020		
平30	2015春	350	989.32	7		731	0.018		
合计		1000	5100.85		135.3			2.65	13.50

雄蚕品种秋·华 × 平30在淳安县原蚕区的繁育实践[①]

曾光远

（杭州蚕种场　杭州　310021）

利用家蚕性连锁平衡致死系的雄性与常规蚕品种的雌性杂交，杂交一代的雌性个体在胚胎期死亡，不能正常孵化与发育，而雄性个体则能正常生长发育并结茧，从而实现专养雄蚕的目的。秋·华 × 平30是由浙江省农业科学院蚕桑研究所育成，并于2005年通过省级审定的国内外第1个平衡致死系雄蚕品种。杭州地区是全国率先大规模推广饲养雄蚕品种的蚕桑主产区之一，杭州蚕种场也是较早繁育雄蚕杂交种的专业蚕种场。早期由于雄蚕种繁育难度大、繁育系数低、繁育成本高，加上当时杭州蚕种场正由专业场向原蚕区转移等原因，导致中间有几年中断了雄蚕杂交种的繁育。为实现雄蚕杂交种繁育的本地化，促进杭州地区雄蚕杂交种的大面积推广，从2012年开始，杭州蚕种场在淳安县界首乡燕上村原蚕区开展了雄蚕品种秋·华 × 平30的试繁；经过连续4年的繁育实践，逐步掌握了原蚕区繁育雄蚕杂交种的关键技术，实现了雄蚕杂交种繁育的稳产、高产、优质的目标，在此与广大蚕业工作者共同探讨在原蚕区繁育雄蚕杂交种的经验和体会。

1　原蚕区和原蚕户的选择

1.1　原蚕区的选择

淳安县界首乡燕上村地处山区，呈狭长的峡谷状延伸，两边为高山，中间有清澈的溪流通过村庄，是淳安县桑园管理、养蚕技术、蚕茧产质量较高的蚕桑村，独特的气候条件，比较适合于蚕种生产，尤其适宜于平衡致死系原种平30的饲养。因此，选择该原蚕点作为雄蚕品种秋·华 × 平30的试繁点。

1.2　原蚕户的选择

雄蚕杂交种繁育的成功与否，关键是平衡致死系原种平30的饲养成功与否。饲养平30原蚕，一般要选择蚕室条件齐备，具有专用蚕室、专用贮桑室的原蚕户，要求房屋保温、保湿性能好，饲养水平高，防病能力强，桑园肥培好，特别是劳动力比较充足的原蚕户。

---

①　本文原载于《中国蚕业》，2016，37（1）：71-74。

2 原种的性状与原蚕饲养技术及注意事项

养好原蚕，首先要了解原蚕的性状特点，尤其是雄蚕品种的性状特点，以便采取相应的技术处理。为此，我们要求每个技术员都充分了解雄蚕品种的性状特点和饲养技术要点。

2.1 原种性状

2.1.1 秋·华

秋·华是斑纹限性蚕品种秋丰与华光的中系杂交原种，二化性，四眠。越年卵灰绿色，卵壳淡黄色，每蛾总卵数520粒左右，良卵率95%左右。蚕种孵化齐一，蚁蚕黑褐色，文静，克蚁头数2100～2300头，各龄眠起齐一，食桑猛，行动活泼，强健好养；壮蚕体色青白，斑纹限性，雌性为花蚕，雄性为白蚕。在繁制雄蚕杂交种时，只利用雌蛾，故在4龄第2天应去掉雄性白蚕，只饲养雌性花蚕，以降低饲养成本。熟蚕营茧快，茧色洁白，茧形椭圆，缩皱中等。

发育经过：催青期10d，幼虫期23～24d，蛹中经过16d（表1），全蚕期49～50d，与平30对交需掌握起点胚胎一致，推迟2d出库催青。

2.1.2 平30

平30为日本系统性连锁平衡致死系卵色限性原种，二化性，四眠。越年卵雌性为灰紫色，雄性为黄色，每蛾总卵数500粒左右，因是平衡致死系原种，雌雄各有1/2在胚胎期死亡，孵化率40%左右，孵化齐一，蚁蚕黑褐色，小蚕趋密性强，小蚕用叶要求适熟偏嫩，中秋蚕期饲养时，如小蚕用叶偏老，易发生五眠蚕；大蚕体色灰褐，普斑，体质强健好养；茧色白，茧形浅束腰，缩皱中等，雄蛾交配性能适中。

发育经过：催青期11d，幼虫期23～24d，蛹中经过17d（表1），全蚕期51～52d，与秋·华对交需提前2d出库催青。

表1　平30、秋·华原种各龄蚕的发育经过、全龄经过和蛹中经过（d:h）

原种名称	1龄		2龄		3龄		4龄		5龄	全龄经过	蛹中经过
	食桑时间	眠中时间	食桑时间	眠中时间	食桑时间	眠中时间	食桑时间	眠中时间	食桑时间		
平30	2:22	1:00	2:02	1:00	2:20	1:02	3:15	1:17	6:12	22:18	17:00
秋·华	2:18	1:00	2:08	1:00	2:16	1:10	3:19	2:00	7:00	23:21	16:00

利用平衡致死系的限性卵色性状，在卵期可利用CCD光电分卵仪区分雌卵与雄卵，在繁制雄蚕杂交种时，种场只饲养黄色的雄性卵。

为降低雄蚕种生产成本，利用雄蛾可以再交的特性，繁育实践显示秋·华与平30的出库蚁量以5∶1为宜，秋·华4龄去雄后，参与制种的秋·华雌与平30雄的蚁量比为2.5∶1为宜。

2.2　温湿度饲育标准

平30、秋·华原种各龄的饲育温湿度见表2。

表2　平30、秋·华原种各龄蚕的饲育温湿度

龄期	平30		秋·华	
	温度（℃）	相对湿度（%）	温度（℃）	相对湿度（%）
1龄	28.5～29.0	88.0～91.0	27.5～28.0	86.0～91.0
2龄	28.0～28.5	85.0～89.0	27.0～27.5	82.0～85.0
3龄	27.0～27.5	80.0～84.0	26.0～26.5	78.0～80.0
4龄	26.0～26.0	75.0～78.0	25.0～25.5	74.0～76.0
5龄	25.0～25.5	70.0～73.0	24.0～25.0	70.0～72.0
蛰中	21.0～28.0	75.0～80.0	23.0～26.0	75.0～80.0

2.3　原蚕饲养技术及注意事项

2.3.1　平30的饲养技术及注意事项

平30的饲养相对较难，要注意做好以下几点工作：（1）饲养温度适当偏高。1龄以28.5～29.0℃，2龄以28.0～28.5℃为宜，特别是小蚕期要适当提高饲育温湿度。各龄眠起时，特别是大眠时要注意相对湿度，防止不脱皮、半脱皮蚕的发生。（2）及时提青分批。由于平30小蚕期容易出现发育不齐的现象，不能等等齐再加提青网分批，而应及时分批提青，分批饲养，特别是加强较迟批次原蚕的饲养，确保平30的头数与健蛹率。（3）良桑饱食。叶质要适熟偏嫩，稀放饱食，做到薄饲多回，严防残桑过厚，导致遗失蚕增多。（4）加强上蔟工作。用方格蔟上蔟，蔟中及时捉去游山蚕，重新上蔟，并保证蔟中有合适的温湿度，以提高营茧率。（5）做好种茧期保护工作。适时采茧，加强种茧保护，确保每粒蚕茧不受损伤。

2.3.2　秋·华的饲养技术及注意事项

秋·华的饲养比较容易，但要注意抓好2个关键技术：一是及时分批，要人为地拉开饲养批次，防止过于整齐而导致发蛾太涌，造成雌蛾损失。二是饲养至4龄去雄蚕时，要及早安排好人员集中时间去雄蚕，并做好复检工作，这是确保雄蚕杂交种雄蚕率的关键措施。

2.4　制种技术特点及注意事项

繁育秋·华×平30的一代杂交种，关键要解决雄蛾多次交配的技术问题，提高受精卵率。为此，在制种过程中要注意以下几点：一是做好发蛾调节，确保雄蛾适当提前1～2d发蛾，以保证有足够的雄蛾交配，并尽量减少雌蛾冷藏。二是合理安排交配时间，控制雄蛾交配次数，提高受精卵率。雄蛾每天交配次数以1～2次为宜，如超过3次，不受精卵明显增多。当日1交雄

蛾，交配时间以 2.5 ~ 3.0h 为宜；2 交雄蛾，交配时间以 3.0h 为宜；如果必须使用 3 交雄蛾，则交配时间应延长到 4.0h 以上。三是当日不再交配的雄蛾要及时进雄蛾冷藏室，以 7℃ 左右温度冷藏，每匾或每筐雄蛾数量不能放太多，防止损伤。

2.5 蚕病防控

原蚕区繁育雄蚕杂交种，关键在于防控家蚕微粒子病，要严抓常规消毒，重视大环境消毒，严格做好叶面消毒，从而确保每一项家蚕微粒子病防治（以下简称"防微"）措施都落实到位。

3 原蚕区繁育实绩

3.1 秋·华、平 30 的繁育成绩

从表 3 可以看出，2012 年秋期在原蚕区第 1 次繁育雄蚕种时，饲养秋·华为 330g 蚁量、平 30 为 170g 蚁量，由于是第 1 次在原蚕区饲养，原蚕户经验不足，加上当年原蚕区的家蚕微粒子病防控情况不理想，有部分雄蚕种因"超毒"被淘汰，虽然收茧量不错，但千克茧制种量仅为 1.51 盒/kg，克蚁制种量仅为 8.30 盒/g。由于该原蚕区 2013 年春期家蚕微粒子病暴发，毛种淘汰率高达 81.6%，大家对秋期的家蚕微粒子病防控工作没有信心，不敢大规模饲养；所以，在 2013 年秋期只安排秋·华为 140g 蚁量、平 30 为 80g 蚁量进行试繁，通过严格的"防微"措施，规范化、标准化的繁育过程，取得了非常好的成绩，无毒率达到 100%，克蚁制种量突破了历史新高，达 14.92 盒/g。

有了 2 季秋蚕期的繁育经验，2014 年整个原蚕区开始大面积繁育雄蚕杂交种，其中春期繁育秋·华为 520g 蚁量、平 30 为 254g 蚁量，秋期繁育秋·华为 650g 蚁量、平 30 为 350g 蚁量；春期繁育成绩都很好，秋蚕期由于全省桑螟大暴发，燕上原蚕区也不例外，"防微"形势非常严峻，为做好预防工作，我们采取提高叶面消毒浓度及浸渍时间的措施，从而导致平 30 雄蛾的交配性能有所下降，不受精卵较多，特别是 3 交以上的雄蛾大部分为不受精卵，影响了蚕种产量。2014 年和 2015 年 2 年的春期繁育成绩均十分理想。2012—2015 年共繁育 5 个批次的雄蚕品种，共繁育秋·华 × 平 30 蚕种 40644 盒，平均千克茧制种量 2.33 盒，平均克蚁制种量 11.63 盒，雄蚕杂交种母蛾检验平均无毒率达到 84%（表 3）。

表 3 2012—2015 年杭州蚕种场雄蚕品种秋·华 × 平 30 的繁育成绩

原种名称	繁育时期	饲养蚁量（g）	收茧量（kg）	千克茧颗数（粒）	不良蛹率（%）	制种量[①]（盒）	千克茧制种量（盒）	克蚁制种量[②]（盒）	母蛾检疫毛种淘汰率（%）	母蛾检疫毛种无毒率（%）
秋·华	2012 年秋	330	2237.84	591	8.5	4148	1.51	8.30	9.0	25
平 30		170	504.26	737	6.0					

（续）

原种名称	繁育时期	饲养蚁量（g）	收茧量（kg）	千克茧颗数（粒）	不良蛹率（%）	制种量[①]（盒）	千克茧制种量（盒）	克蚁制种量[②]（盒）	母蛾检疫毛种淘汰率（%）	母蛾检疫毛种无毒率（%）
秋·华平30	2013年秋	140	929.89	532	4.8	3282	2.74	14.92	0	100
		80	268.73	787	4.3					
秋·华平30	2014年春	520	2714.93	488	1.5	9808	2.80	12.67	0	100
		254	783.66	750	2.8					
秋·华平30	2014年秋	650	3931.29	559	7.8	9903	2.00	9.90	0	95
		350	1008.61	811	1.5					
秋·华平30	2015年春	650	4111.53	485	2.0	13503	2.65	13.50	0	100
		350	989.32	731	1.8					
秋·华平30	合计/平均	2290	13925.48	531	4.9	40644	2.33	11.63	1.8	84
		1204	3554.58	763	3.3					

①由于雄蚕品种不同于常规品种，只有单交品种秋·华×平30的制种量，装卵量为62000～64000粒/盒；②千克茧制种量是以制种量除以秋·华与平30的合计收茧量来计算，克蚁制种量是以制种量除以秋·华与平30的合计收蚁量来计算；表4相同。

3.2　秋·华×平30的卵质成绩

从2012—2015年杭州蚕种场雄蚕品种秋·华×平30的卵质调查成绩（表4）看，各季繁育的秋·华×平30的良卵率、实用孵化率及无毒率成绩都比较理想，繁育5个批次的秋·华×平30雄蚕品种，平均良卵率99.07%，平均实用孵化率61.35%，符合浙江省地方标准DB33/T 698.1—2008的《雄蚕种》中质量（良卵率≥97.0%、实用孵化率≥49.0%、雄蚕率≥98.0%、微粒子病蛾率≤0.5%、盒装良卵量62000±1000粒）的要求。

表4　2012—2015年杭州蚕种场雄蚕品种秋·华×平30的卵质调查成绩

年份	制种期别	批次	良卵数（粒/g）	良卵率（%）	盒装良卵数（粒）	实用孵化率（%）
2012	秋制种	1210070	1840	99.03	63200	59.38
2013	秋制种	1310028	1750	98.98	62516	62.91
2014	春制种	1406172	1756	99.25	62805	61.18
2014	秋制种	1410096	1735	99.20	62613	61.09
2015	春制种	1506120	1710	98.90	63512	62.18
平均			1758	99.07	62929	61.35

4　小结与讨论

通过连续5期在燕上原蚕区繁育秋·华×平30雄蚕种的实践，杭州蚕种场已基本掌握了这对雄蚕品种的繁育技术，平均克蚁制种量基本稳定在10盒以上，繁育成绩位列各雄蚕杂交种繁育单位的前列，并完全实现了原蚕区的基地化繁育，为下一步雄蚕品种的大面积推广奠定了良好的基础。

实践证明，雄蚕杂交种原蚕区繁育是完全可行的，其产量及质量完全可以与专业蚕种场相媲美。雄蚕杂交种原蚕区繁育的关键，一是要有一个能确保雄蛾冷藏温度的冷库；二是平30原蚕饲养户的饲养条件要好、饲养水平与技术要高；三是为了提高雄蚕杂交种的雄蚕率，一定要做好秋·华原蚕在4龄的去雄工作，而且去雄一定要彻底。

由于雄蚕种繁育综合成本较高，对原蚕区、原蚕户的要求高，建议在雄蚕种的定价上要体现新品种、新技术和高成本的因素，提高雄蚕种的出场价，提高蚕种场的经济效益。

四、品种示范与推广篇

雄蚕品种试养初报①

廖荣成¹ 石义兵¹ 高峰林² 李 红² 王光旭²

（1.金寨县南溪镇蚕桑站 金寨 237300；2.金寨县蚕桑生产办公室 金寨 237300）

提高蚕茧质量，增加蚕农收入，从而提高生丝品位，以此增强市场竞争能力，是当今各地茧丝绸稳定和发展的主导方向。而通过饲养多丝量、高品位丝的家蚕品种，乃是提高蚕茧质量的第一重要环节，其在目前茧丝绸市场大滑坡的新形势下，显得尤为重要。南溪镇是金寨县蚕桑大镇，可产桑园面积533hm²多，1998年养蚕量1.63万张，年产茧500t以上。近年来，除受市场环境影响外，"三低"（产出低，质量低，效益低）始终困扰着我镇蚕桑生产的稳定和发展。因此，在县科委、县蚕桑办的直接指导下，南溪镇蚕桑站于今秋进行了雄蚕（春日×平1）的试养试验。从饲育、茧质、缫丝成绩可以看出，雄蚕具有好饲养，抗逆强、干壳量、茧层率、出丝量高等特点，现将试验结果初报如下：

1 调查项目与试验方法

试验、对照对比调查项目包括：（1）孵化、眠起齐一程度；（2）抗病性强弱程度；（3）全龄经过比较；（4）食桑量；（5）张种单产及蚕农经济效益；（6）茧质调查及缫丝成绩。

2 试验方法

2.1 选址

南溪镇南湾村大术居民组，汪承凤等7户重点户。

---

① 本文原载于《蚕桑通报》，1999，30（2）：24-25。

2.2 试验张数

雄蚕（春日 × 平 1）10 张，由浙江省农科院提供。对照品种春蕾 × 镇珠 10 张，由金寨县第二蚕种场提供。

2.3 饲养条件

试验户饲养同等数量，对照品种、饲养过程全部在同一条件下进行饲养操作。共有 7 个组合。

3 试验结果

由实际饲养观察及表 1、表 2 可见。

表 1　饲养平均成绩调查

品种	饲养张数（盒）	饲养经过			一日孵化率（%）	龄期经过（d:h）						5龄用叶量（kg/盒）	上蔟趋散性	单产（kg）	千克茧用叶（kg）	50粒茧死笼蚕条数（头）
		收蚁月日	上蔟月日	采茧月日		1龄（d:h）	2龄（d:h）	3龄（d:h）	4龄（d:h）	5龄（d:h）	全龄（d:h）					
雄蚕（试验）	10	8.24	9.18	9.24	50	4:07	3:15	4:03	5:11	7:15	25:03	399	强	33	14.5	1
春蕾×镇珠（对照）	10	8.24	9.17	9.23	70	4:01	3:05	3:19	5:11	7:21	24:09	374	弱	28	16	5

表 2　茧质调查、缫丝成绩

品种	千克茧粒数（粒）	烘折（kg）	干壳量（g）	全茧量（g）	茧层量（g）	茧层率（%）	解舒缫折（kg）	茧层缫率（%）	每粒茧丝长（m）	干茧出丝率（%）	解舒率（%）	平均茧幅（mm）	V均力差	整齐率（%）
雄蚕（试验）	692	232	9.9	1.445	0.312	21.6	236	78.39	1035.23	42.37	71.40	17.23	0.954	94.45
春蕾×镇珠（对照）	622	245	9.2	1.607	0.318	19.8	254	70.96	972.18	39.37	70.41	17.96	1.213	93.25

（1）雄蚕基本上为一日孵化，一日孵化率明显高于对照。但雄蚕蚕体开差较大（2 龄起蚕后已较明显），眠起较不齐一，落二眠前开始提青，分成两批。

（2）雄蚕抗病性明显高于对照，病蚕淘汰较少，经过 7 组 50 粒茧调查，平均雄蚕死笼率为 2%，而对照高达 8%。

（3）龄期经过雄蚕平均比对照长 20h 左右。

（4）雄蚕食桑量较对照略偏高 6% 左右，但千克茧用叶低于对照。

张种单产雄蚕平均为 33kg，对照为 28kg，单产高 15%，但因雄蚕蚕头数多于对照，春日 × 平 1，卵量 30000 粒，春蕾 × 镇珠 25000 粒。故增产差异不显著。

（5）经过茧质调查，雄茧形大小均匀，均匀度好，干壳量平均高于对照 0.7g，茧层率高 1.8 个百分点，差异显著。从缫丝成绩可看出，雄蚕较对照，解舒缫折低 28.26kg，茧层缫丝率高 7 个百分点，粒茧丝长长 63.05m，出丝率高 3 个百分点，成绩喜人。

4　效益分析

4.1　蚕农效益

雄蚕张种产茧 33kg，价格按县下达秋茧中准价 11.00 元计算，干壳量高 0.7g，4 个等级，其千克茧价 12.12 元，收入 399.96 元。对照种单产 28kg，价格 11.00 元，收入 308.0，雄蚕种较对照种多收入 91.96 元，除去蚕种款差价 48.00 元，蚕农张种净增效益 43.96 元。

4.2　丝厂效益

雄蚕张种产茧 33kg，折干茧 14.22kg，出丝 6.03kg，缫丝品位 $4A^{+50}$，按吨丝 18 万元计算，价值 1085 元，对照张种产茧 28kg，折干茧 11.42kg，出丝 4.5kg 缫丝品位 3A，按吨丝 16 万元计算，价值 720 元。雄蚕正效益 365.40 元，减去负效益 48 元，张种净增利 317.40 元。由此可看出，蚕农张种增益不明显，丝厂增益显著。

5　讨论

（1）经过实养、茧质、缫丝成绩调查，雄蚕具有孵化齐一，好养，稳产，抗病性强，多丝量，丝质好的特点，从提高蚕茧质量角度来看，很值得推广。

（2）因存在眠起较不齐一，龄期经过偏长，上蔟蚕儿逸散性较强的雄蚕自身生理特点，在实际推广中，需提高蚕农养蚕技术，加大技术培训力度。

（3）若试验种春日 × 平 1 是春用种，这样就能解释龄期略长，发育不齐等。

（4）推广此多丝量、高品位丝蚕品种，要有一定适度的规模，形成可体现自身优势的庄口，并形成一个与之相配套的环境，要切实保护蚕农利益，加大以工贸补农的力度，方可正式实施推广，并真正达到蚕农增收，丝厂增效，提高质量，创树名牌，增强综合竞争能力的目的。

雄蚕品种春日 × 平1春期试养简报①

沈建华　丁　农

（浙江省湖洲蚕桑科学研究所　湖州　313000）

雄蚕品种具有较高的叶丝转化率，而且能缫制出高品位生丝，因此专养雄蚕，一直是蚕业界的梦想，现在这一梦想得以实现。1996年浙江省农科院蚕桑研究所从俄罗斯科学院引进了桑蚕性连锁平衡致死系 S-8、S-14 等品种，他们通过这几年的辛勤培育、选拔，已选育出几对能达到实用化的雄蚕品种。为了更进一步与现行当家品种进行比较，检验雄蚕品种的实用化程度，我们于今年春期对春日 × 平1进行了试养试验。

1　供试蚕品种及来源

春日 × 平1：雄蚕品种，浙江省农科院蚕研所制造，散卵。

菁松 × 皓月：全国鉴定区试对照种，镇江蚕业所制造，散卵。

春蕾 × 镇珠：农村当家品种，湖洲蚕研所制造，散卵。

2　试验条件和方法

春日 × 平1，取自湖州市城区催青室，从发放到农村去的雄蚕普通种当中随机抽样，催青方法与农村普通种相同。

菁松 × 皓月和春蕾 × 镇珠，在本所催青。

5月1日收蚁，每品种正、反交各收蚁 1.5g（春日 × 平1无反交，下同），余多蚁蚕调查克蚁头数，每品种正、反交各称三个重复，每个重复用电子秤称准 0.3g 左右（精确到小数点后三位），烘蚁蚕，以后安排空余时间点蚁蚕。收蚁第2天，调查蚕种实用孵化率。

养蚕按常规，采用打孔薄膜覆盖全龄三回育，小蚕 1 ～ 3 龄蚁量育，4龄起蚕分区，每品种正、反交各4区，并设1个预备区，共5区，每区400头。上蔟时适时捉取熟蚕，分区上蔟，蔟具用塑料折蔟，上蔟后6d采茧，第7天进行茧质调查。本次试验用叶，桑叶叶质良好。5龄开始，每品种正、反交分别称量给桑记录5龄全部给桑量。

---

①　本文原载于《北方蚕业》，2000，21（3）：24-25。

2000年春蚕期天气：小蚕期以晴好天气居多，大蚕期到上蔟至茧质调查以阵雨天气为多。

3 试验结果和分析

3.1 养蚕及茧质调查成绩

见表1、表2。

表1 各品种间养蚕比较

品种	实用孵化率（%）	克蚁头数（头）	5龄经过（d:h）	全龄经过（d:h）	结茧率（%）	死笼率（%）	健蛹率（%）	500g茧颗粒（粒）	普茧率（%）
春日×平1	54.26	2287	8:07	24:06	99.12	2.10	97.04	243	96.63
菁松×皓月	99.12	2425	7:07	23:06	96.92	1.49	95.48	235	94.76
皓月×菁松	98.33	2377	7:07	23:06	95.65	2.31	92.44	242	92.28
平均	98.72	2401	7:07	23:06	96.28	1.90	93.96	239	93.52
春蕾×镇珠	99.13	2257	8:06	23:18	99.08	0.93	98.16	234	96.78
镇珠×春蕾	98.57	2213	8:06	23:18	99.53	2.72	96.84	227	96.45
平均	98.85	2235	8:06	23:18	99.31	1.82	97.50	231	96.62

表2 各品种间茧质成绩比较

品种	全茧量（g）	茧层量（g）	茧层率（%）	全茧量（g）	其中雄蚕茧层量（g）	茧层率（%）	万蚕产茧量（kg）	万蚕产茧层量（kg）	5龄50kg桑产茧量（kg）	5龄50kg桑产茧层量（kg）
春日×平1	1.97	0.538	27.31	1.97	0.538	27.31	20.390	5.562	2.252	0.615
菁松×皓月	2.09	0.520	24.88	1.85	0.506	27.30	20.464	5.096	2.337	0.581
皓月×菁松	1.99	0.494	24.87	1.76	0.483	27.35	19.612	4.877	2.432	0.605
平均	2.04	0.507	24.88	1.81	0.494	27.32	20.038	4.987	2.384	0.593
春蕾×镇珠	2.11	0.56	26.60	1.85	0.548	29.61	21.259	5.655	2.477	0.659
镇珠×春蕾	2.175	0.58	26.66	1.91	0.566	29.63	21.801	5.812	2.532	0.675
平均	2.142	0.57	26.63	1.88	0.557	29.62	21.530	5.773	2.504	0.667

3.2 丝质成绩

综合茧质、丝质成绩，我们认为：雄蚕品种春日×平1已达到实用化阶段，大部分经济性状

优于菁松 × 皓月，但与春蕾 × 镇珠相比，还需进一步改良。经济效益预测与饲养春蕾 × 镇珠相当，比饲养菁松 × 皓月好（见表3）。

表3　各品种间丝质成绩比较

品种名（%）	上车茧率（%）	一茧丝长（m）	解舒丝长（m）	解舒率（%）	茧丝量（g）	茧丝纤度（dtex）	鲜茧出丝率（%）	净度（分）	清洁（分）
春日 × 平1	86.40	1326	1152	86.91	0.4454	3.02	19.68	95	98
菁松 × 皓月	90.63	1252	1018	81.31	0.4287	3.01	18.78	93	97
春蕾 × 镇珠	94.12	1378	1158	84.03	0.4707	3.07	20.12	92	98

4　几点建议

建立一套有别于常规养蚕的专养雄蚕实用化技术措施，很有必要。本期试养雄蚕品种春日 × 平1，特别的一点体会是该雄蚕品种小蚕期比较难养，2～3龄眠性慢，提青多、分批多。这可能与该品种的性别控制、染色体变异有关，茧质调查时，春日 × 平1的死笼率也最高。这说明：一方面，该品种在抗逆性方面还有待进一步提高；另一方面，目前常规的养蚕方法也许不很适应专养雄蚕。今后必须逐步摸索和建立一套适合专养雄蚕的实用化饲养方法，从小蚕期的温、湿度控制标准到对上蔟环境的要求等一系列实用化配套技术，使专养雄蚕能够有一套技术标准，便于广大农户饲养雄蚕时有章可循，使雄蚕品种能真正发挥效益高、丝质优等特点。

建立雄蚕茧的专收、专烘、专缫体系。雌雄茧混合缫，不能体现出雄蚕茧的丝质优良特征，为了使雄蚕茧能真正缫出高品位生丝，必须建立专养雄蚕基地，形成规模，实行养蚕缫丝的雄蚕茧一体化经营，提高生丝品位，也就是做细做好雄蚕茧的深加工技术，使之能够创造出更高的经济效益。

在目前执行的茧价政策上，对雄蚕茧的收购，应该有别于一般品种，适当提高雄蚕茧的价格，鼓励农户专养雄蚕。现行的蚕茧收购政策，按50g鲜茧干壳量计价，雄蚕品种茧层率高这一特性，能得到价格的体现，但雄蚕品种丝质优良的特性，目前农户还无实惠。据报道，雄蚕茧所缫生丝可提高2个品位，丝厂得益，丝厂应该返还给农户一部分利益。专养雄蚕，提高生丝品位，作为未来市场经济条件下丝绸产业发展的一个方向，现在正是刚起步阶段，当然也需要从政策上及时给予适当扶持，鼓励农户专养雄蚕，形成规模，使传统的丝绸产业能够在生丝品位方面上一个台阶。

试论雄蚕品种在农村的推广①

陶红卫

（湖州市城区蚕业指导站 湖州 313000）

1996年，浙江省农业科学院蚕桑研究所从俄罗斯科学院引进了蚕性别控制配套品种，开始了专养雄蚕研究。1997年春蚕期开始，在湖州市蚕业管理总站统一组织下，在城区织里镇太湖片率先开展养雄蚕的试养与应用。

1997年、1998年两年为准试验阶段。从1999年起，雄蚕饲养在织里镇开始边试验边示范，2000年底湖州市雄蚕杂交种的应用研究课题通过鉴定，2001年雄蚕饲养在织里镇全面推开。

1 织里镇推广饲养雄蚕品种的工作阶段

1.1 试验示范阶段

经过省农业科学院实验室和织里镇农村2年试养，雄蚕品种显示了良好的应用前景。1999年由湖州市科委立题正式开始雄性杂交种的应用研究。在市、区、镇三级技术人员指导下，选择在乡、村蚕桑干部、蚕桑科技户及蚕桑重点村进行点面结合试验饲养。通过在饲养过程中与其他普通蚕品种比较，探索雄蚕品种的性状和饲养特点，不断改进和完善雄蚕饲养技术措施。总结形成了雄蚕品种的饲养技术模式。两年内有东乔、金溇、伍浦、许溇、潘溇5个村200多农户参与雄蚕试养。饲养蚕种453张，平均单产比普通种高2.87kg/张，张产值增加129.69元/张。连续4期饲养雄蚕品种成功，在周围农户中引起了对饲养雄蚕品种的关注并产生了浓厚的兴趣。

1.2 大面积推广阶段

2000年12月，湖州市科委组织有中国农业科学院蚕研所、浙江省农业科学院等著名专家组成的评审委员会对雄蚕杂交种的应用课题进行评审并通过了成果鉴定，标志着雄蚕饲养进入了大面积推广阶段。经过前两年试养，雄蚕品种茧质优、产量高、强健好养的特点已被全镇广大蚕农所认识，纷纷要求饲养雄蚕，2001年春蚕期仅有的3133张雄蚕种远不能满足蚕农饲养需要。经过13个村2000多农户精心饲养，雄蚕种平均张产48.6kg，比镇珠、春蕾提高3.8kg左右。春期雄蚕品种的普遍丰收，更激起了农民养雄蚕的积极性，全镇15000张秋蚕种蚕农要求全部订购雄

---

① 本文原载于《江苏蚕业》，2001，4：31-32。

品种，估计仅能满足7000张左右，雄蚕品种供不应求，计划2002年春期饲养雄蚕的农户已交定金每张20元。

2 组织实施"雄蚕试养"的经验

2.1 通过边试验边示范，为全面推广饲养雄蚕打下了基础

农村中的蚕桑专业户、科技户、村蚕桑干部等人，他们和一般农民比较，具有科学文化素质较高，富于创新，勇于变革，对周围农民有较强的号召力。选择他们作为蚕桑创新的试验点，能引起周围较多农民的兴趣，一旦成功，其他农户会以极大的热情主动参与。在雄蚕试养的两年中，试养户大多属于此类，他们在取得试养成功的同时，也对其他蚕农产生了很好的示范带动作用，使2001年大面积推广饲养雄蚕品种的步伐更快。

2.2 搞好全方位的技术服务是雄蚕饲养成功的关键

雄蚕品种是一项新生事物，有其自身的特点和要求。为此，专门成立了有市蚕业管理总站、城区蚕业指导站，镇农业服务站三级技术部门人员参加的技术指导组，负责对全镇饲养雄蚕的农户进行技术指导，聘请浙江省农业科学院蚕桑研究所夏建国研究员和孟智启研究员为技术顾问。在每期蚕饲养前，专门召集乡村技术骨干和饲养员进行技术培训，特别是2001年春期，由市、区技术人员直接到各饲养雄蚕村巡回举办技术讲座，受训饲养员1300多人，发放技术资料2500份，户均一份。蚕期中有关技术人员放弃休息日，下村入户开展面对面的技术指导。为了充分发挥雄蚕品种茧层厚、丝质优的特点，又组织供应了16万片方格蔟，使雄蚕方格蔟上蔟率达到95%以上。总之，由于雄蚕品种良种良法得到了全面贯彻，产量高、茧质优、茧价高，蚕农和丝厂都满意。

优质优价的茧价政策对雄蚕品种的推广起到了巨大的推动作用。一项新技术、新品种是否有生命力，能否推广，关键是看它能否产生更高的经济效益，雄蚕品种属多丝量品种，50g鲜茧干壳量平均比普通蚕种高0.5～1.5g，鲜茧出丝率高2个百分点左右。几年来，由于在雄蚕茧的收购中坚持实行组合售茧，缫丝计价，较好地体现了优质优价的茧价政策，蚕农饲养雄蚕品种得到了实惠。特别2001年春茧收购普遍实行目评定价的情况下，对雄蚕茧按组合缫丝鲜茧出丝率与面上普通蚕茧鲜茧出丝率比较定价，较好地维护了饲养雄蚕蚕农的利益。饲养雄蚕给蚕农所带来的较高经济效益，是全镇蚕农饲养雄蚕的积极性空前高涨的重要因素。

3 建议

3.1 尽快扩大雄蚕种繁育规模，满足生产需要

雄性杂交种作为新品种已进入大面积饲养推广阶段。饲养雄蚕，蚕种是基础。目前，雄蚕种

的生产，远不能满足蚕农养蚕的需要，成了制约雄蚕种推广的主要因素。2000年春蚕期湖州市塔山蚕种场首次成功进行了雄性杂交种的批量繁育，在总结经验的基础上，应尽快扩大雄性杂交种的繁育规模，生产更多的雄蚕种满足蚕茧生产需要。

3.2　建立雄蚕茧的专收、专烘、专缫体系，使雄蚕茧能真正缫出高品位生丝

在雄蚕大面积推广阶段，饲养要相对集中，形成规模，实行养蚕到缫丝的雄蚕茧一体化经营，提高生丝品位，做好雄蚕茧的深加工技术，使之能创造出更高的经济效益，调动生产、加工、经营三方面的积极性，共同推动饲养雄蚕的推广步伐。

雄蚕杂交种的应用研究[①]

马秀康[1]　沈志华[2]　陶红卫[3]　朱欣方[4]　费建明[1]　沈根生[3]　楼黎静[1]

（1.浙江省湖州市蚕业管理总站　湖州　313000；2.湖州市丝绸集团公司　湖州　313000；
3.湖州市城区蚕业指导站　湖州　313000；4.湖州市织里镇农业服务站　湖州　313000）

雄蚕和雌蚕相比，具有生命力强，食桑省、叶丝转化率高，茧层率、出丝率高，丝质优等显著特点。因此，培育雄蚕品种，专养雄蚕成为蚕业科技的主攻目标之一。它的开展对于发展21世纪我国蚕业、推进效益蚕业进程，对于改造提升传统蚕丝业具有十分重要的意义。

浙江省农业科学院蚕桑研究所1996年春从国外引进家蚕性连锁平衡致死系为主体蚕性别控制材料，同时开展了转育改良和选配雄蚕杂交种等研究。湖州市蚕业管理总站主动承担了先期的雄蚕杂交种农村饲养应用研究，1997年春在我国农村首次试养了这些雄蚕品种，获得成功。在浙江省农科院蚕研所专家指导下，至2000年秋，我们连续4年8个蚕期不断扩大示范试养，计7对杂交组合共788张蚕种。通过比较试验，探索了雄蚕的特性与饲养技术，取得了良好成绩。并于2000年春，在塔山蚕种场首次进行了较大规模的雄性杂交种的繁育，制成优质雄蚕种4200张。

现将4年来在雄蚕杂交种的应用研究上所做的主要工作和饲养雄蚕的经济效益分析，简报如下。

1　材料与方法

1.1　1997年

春期。雄蚕杂交种：春晓×S-8和54A×S-8，（S-8后来改名为平1），框制种，各1张；对照种为镇珠×春蕾。地点：城区织里镇朱欣方家，饲养技术与条件相同，方格蔟上蔟，按组缫抽样、茧质检定由浙江省第三茧检所进行。

秋期。雄性杂交种：白云×平1，28张，夏5×平2，2张；对照种：丰1×54A。织里镇东桥村18户饲养，其中5户设同时饲养雄蚕与普通蚕比较试验。售茧时每个组合体抽取2kg样茧，1kg作干壳量茧质检验，1kg送茧质检定，实行缫丝计价（下同）。

---

①　本文原载于《蚕桑通报》，2001，32（4）：22-25。

1.2　1998年

春期。雄蚕杂交种：春晓×平1,26张，春日×平1,4张；对照种：镇珠×春蕾，地点：织里东桥村，南浔区练市镇。

秋期。雄蚕杂交种：夏4×平1,30张；对照种：秋丰×白玉。地点：织里镇东桥、许缕、两村农户。

1.3　1999年

春期。雄蚕杂交种：春日×平1,60张；对照种：镇珠×春蕾，华峰×雪松。太湖、重兆两乡3个点，长兴、安吉两县2个点。

秋期：雄蚕杂交种：夏4×平1,120张；对照种：秋丰×白玉。地点：织里镇东桥、许缕、金缕村。

1.4　2000年

春期。雄蚕杂交种：春日×平1,36张，夏·华×平8,9张，夏4×平1,43张，共计88张；对照种：镇珠×春蕾。地点：织里镇许缕、金缕两村。

秋期。雄蚕杂交种：夏·华×平8,343张；对照种：白玉×秋丰，镇珠×春蕾。地点：城区、南浔区和安吉、长兴县共4个点。

2　试验结果与分析

2.1　雄蚕不同杂交组合比较

1997—2000年4年8期饲养了7个杂交组合，与对照种比较，春用的夏·华×平8、春日×平1和秋用的夏4×平1具有好养、高产、茧质优良的性状。夏·华×平8经2000年秋持续高温干旱的考验，平均张产达34.2kg，比对照高出2.4kg。证明其也可以在秋期饲养，为春秋兼用品种。相对而言，其余4个品种优势不明显，在本地区不宜推广。

2.2　雄蚕杂交种的饲养成绩

雄蚕杂交种与现行推广品种相比，张种产茧量不低，干壳量明显提高，1998—2000年试验，春期饲养雄蚕茧干壳量较普通种提高0.40～0.99g，秋期饲养，提高1.55～1.80g。

2.3　雄蚕杂交种蚕茧缫丝成绩

从表1可以看出，雄蚕茧茧丝长，解舒好，鲜茧出丝率明显高于普通种。春期饲养结果，1998—2000年3年中，雄蚕茧鲜茧出丝率比对照分别高出1.74,2.34和2.18个百分点，秋期饲养，

1997—2000年4年，雄蚕茧鲜茧出丝率比对照分别高出1.95，2.59，2.80和3.16个百分点。

表1 1997—2000年湖州城区织里镇雄蚕饲养成绩

年别	期别	区别	品种	调查张数（张）	平均张产（kg）	茧丝长（m）	解舒丝长（m）	解舒率（%）	鲜茧出丝率（%）	张种产值（元）	雄蚕增值（元）	指数
1997	春	雄蚕	春晓×S-8			1302.0	1080.0	82.96	17.90			
			54A×S-8			1283.1	1087.6	84.76	19.00			
		对照	镇珠×春蕾			1311.7	1022.2	77.95	18.87			
	秋	雄蚕	白云×平1	26	34.7	959.0	644.6	63.10	16.95			
			夏5×平2	2	34.5	1046.6	669.1	63.70	17.30			
		对照	秋丰×白玉	5.25	41.8	896.1	524.5	55.80	15.35			
1998	春	雄蚕	春日×平1	4	51.8	1253.9	1043.1	83.30	20.45	1164.93	+206.66	121.6
			春晓×平1	19.5	36.5	1261.1	847.3	67.30	18.96	761.24	-197.03	79.5
		CK	镇珠×春蕾	486	47.1	1268.2	995.5	76.90	18.70	958.00		100
	秋	雄蚕	夏4×平1	29	40.9	143.9	855.8	74.65	18.09	739.88	+178.78	131.9
		CK	秋丰×白玉	315	36.2	1081.21	785.7	72.67	15.50	561.00		100
1999	春	雄蚕	春日×平1	37.5	50.3	1220.6	660.6	53.95	19.88	934.99	+139.49	117.5
		CK	春蕾×镇珠	240.7	49.2	1267.9	674.8	53.22	17.54	795.50		100
	秋	雄蚕	夏4×平1	119	27.1	1025.3	750.5	73.10	16.77	414.87	+130.96	146.1
		CK	秋丰×白玉	1182	23.7	853.1	542.6	63.60	13.97	283.91		100
2000	春	雄蚕	夏4×平1	36	45.2	1096.2	462.8	42.08	16.91	899.61	+95.26	111.80
			夏·华×平8	9	49.7	1200.6	738.0	61.60	18.49	1081.61	+277.26	134.4
			夏4×平1	43	45.7	1149.9	567.1	49.50	16.95	911.72	+107.37	113.3
		CK	镇珠×春蕾	188	41.9	1187.1	610.3	51.30	16.31	804.35		100
	秋	雄蚕	夏·华×平8	202.5	34.2	1035.3	655.2	63.30	17.17	843.18	+202.53	131.6
			白玉×秋丰	187.25	31.8	878.6	696.1	79.20	14.01	640.65		100

2.4 雄蚕杂交种用桑量与叶丝转化率调查

1999—2000年，雄蚕杂交种与对照种饲育到3眠后，各设3个小区，每个小区500头，给予相同叶质之桑叶，调查用桑量，食下量，残桑量和蚕茧产量，比较其叶丝转化率，计算100kg桑产茧层量与茧丝量，调查2年4个蚕期的结果，见表2。

春期饲育，雄蚕杂交种100kg桑产丝量1999年与2000年分别为1587.4g和1427.4g，分别比对照种增产11.4%和14.4%。秋期饲育，雄蚕杂交种的100kg桑产丝量1999年和2000年分别为1590.1g和1564.2g，则比对照分别增产24.5%和15.4%。从而明显地显示其叶丝转化率高的特性。

表2　雄蚕用桑量与健蚕率调查分析

期别	蚕品种	试验区（头）	4～5龄用桑量（kg）	折合全龄用桑量（kg）	产茧量（g）	50克鲜茧干壳量（g）	100kg桑		指数	结茧头数（头）	结茧率（%）
							产茧量（g）	产丝量（g）			
1999年春	春日×平1	500×3	38.05	40.2	3210	11.6	7985	1587.4	111.4	1473	98.2
	镇珠×春蕾	500×3	39.89	41.1	3340	11.1	8126	1425.3	100	1482	98.8
2000年春	夏·华×平8	500×3	37.50	38.6	2980	10.9	7220	1427.4	114.4	1487	99.0
	镇珠×春蕾	500×3	37.40	38.6	2950	10.3	7648	1247.4	100	1461	97.9
1999年秋	夏4×平1	500×3	21.74	22.4	2124	10.5	9482	1059.1	124.5	1486	99.1
	秋丰×白玉	500×3	23.88	24.6	2250	9.8	9146	1277.7	100	1468	97.4
2000年秋	夏·华×平8	500×3	26.30	27.1	2469	10.7	9110	1564.2	115.4	1446	96.4
	秋丰×白玉	500×3	24.90	25.7	2487	9.1	9677	1355.7	100	1406	93.7

注：2000年秋，夏·华×平8试验区蚕儿发生农药中毒死亡，蔟中还有25条蚕不能结茧。秋丰×白玉有蚕病发生。

2.5　雄蚕杂交种强健好养、抗逆力强

近2年对比试验实践表明，雄蚕杂交种不断转育改良，孵化齐一、体质强健、抗氟、抗病等性状明显。从表2可以看出，小区2年试验调查，4期平均雄蚕结茧率98.2%，比对照96.9%高出1.3个百分点。2000年秋期，我市遇到了连续高温干旱，发种前半月至蚕期仅下雨0.3mm，几乎采不出适熟的小蚕用叶，343张夏·华×平8依然获得了好收成。织里镇202.5张平均张产34.2kg，比对照高出2.4kg。

从1998年春开始，选择严重氟污染区的练市镇进行雄蚕饲养试验，没有发生氟污染中毒症状，2000年又在该镇朱家兜村饲养了两期秋蚕共62张，据典型户调查，平均张产分别为37.6kg和44kg，比夏7×夏6和秋丰×白玉高出1.6kg和1kg。

2.6　雄蚕杂交种经济效益

1998—2000年6期的茧质检定，通过缫丝计价返利结算，3个雄蚕杂交组合与对照种相比，各期雄蚕杂交种张种增收95.26～277.26元。尤其是夏·华×平8，2000年春、秋两期平均每张分别比对照种增收277.26元和202.53元，增幅高达34.4%和31.6%。

为了进一步验证雄蚕的推广应用价值，探索其茧丝绸整体经济效益，湖州市丝绸（控股）集团公司开展了"雄蚕茧在工业生产中的应用研究及同比测试"项目。大利新公司缫丝成绩表明，雄蚕茧与普通茧（镇珠×春蕾）相比，春茧干茧层率为53.43%，高出3.95个百分点，解舒丝长

春秋茧分别增加51m和196.2m，干茧出丝率春秋茧分别提高了2.24和5.2个百分点。由于缫折减少，干茧成本价降低，台时产量提高和生丝品位提高1～2个等级；三者合计，每吨生丝可增加经济效益1.28万元。

由昌荣公司织造，雄蚕丝的成品练白绸19005斜纹绸，经省丝绸产品质量监督检验站检验，雄蚕丝撕破强力、断裂强力、尺寸变化率等指标明显高于对照。

据丝绸部门测算，平均每张蚕种生丝产值可净增312元左右。

3 小结与讨论

（1）4年来我市饲养雄蚕杂交种的试验，显示出专养雄蚕能够大幅度提高蚕茧质量，提高生丝产量，提高生丝品位，大幅度提高蚕茧经济效益，是21世纪改造提升蚕丝业的突破性有效新途径。它的最大优点：能够提高鲜茧出丝率，据4年7期统计，比对照提高1.74～3.16个百分点，平均2个百分点以上；可以缫制高品位生丝，提高生丝品位1～2A级；可以节省桑叶，提高叶丝转化率11.4%～24.5%，4期平均为15.3%。同时，雄蚕体质强健，抗病抗氟，生长发育与上蔟齐一，因而深受农民欢迎，出现了各地蚕农抢购雄蚕种现象。

自1998年春开始，雄蚕试验与示范应用逐步扩大到南浔、菱湖两区和德清、长兴、安吉三县，反映良好。

通过4年试验的实践，目前，我们已总结了专养雄蚕的技术经验，并制订了技术模式，初步形成了雄蚕杂交种的繁育制种技术，并将进一步完善提高。

（2）雄蚕杂交种的应用，经济效益十分显著，据茧质检定缫丝计价，每张蚕种农民可以增收130～200元。丝绸工业部门初步试缫织造反映较好，据测算每张蚕种可增收312元。

为了进一步探索专养雄蚕这项高新技术，湖州市已计划2001年扩大雄蚕杂交种的推广应用5000～8000张，其中春蚕3800张；扩大雄蚕杂交种的繁育，计划制种1万张，并开展雄蚕茧缫丝、织造、印染等测试，为我国专养雄蚕事业作进一步探索。

（3）建议继续深入开展雄蚕杂交种的科学研究，根据丝绸市场的需求，育成强健好养、茧丝质量更为优异的新品种；建议开展雄蚕丝绸的研究，尽快使这一科技成果能够扩大推广应用。

（4）雄蚕杂交种的应用，是一项国际领先水平的科技成果，它的推广必须要有良好的蚕茧收购秩序和相配套的价格政策，真正体现优质优价。为此，建议省和国家主管部门及有关单位组织调研、测试，制订相应价格政策和快速、公正、准确、高效的评茧计价办法。

雄蚕品种引进试验初报[①]

管帮福[1] 匡英秋[1] 黄伍龙[1] 朱铭件[1] 叶武光[2] 章海宾[2]

（1.江西省蚕桑茶叶研究所 南昌 330202；2.江西省蚕种场 南昌 330202）

雄蚕品种是浙江省农科院蚕桑研究所从俄罗斯引进培育成功的划时代良种。据该所介绍，专养雄蚕可降低养蚕成本，提高蚕茧出丝率和生丝率品位，综合效益可提高10%以上。我省蚕业起步较晚，蚕业科技水平相对落后，各县蚕桑规模适中，基本建立了一体化经营体系，发展雄蚕产业容易一步到位，如能率先引进专养雄蚕技术，可增强我省茧、丝、绸行业的综合实力和市场竞争能力。为此，课题组从1999年开始从浙江省蚕桑研究所引进雄蚕品种在我省进行试验、示范研究。2000年春、中秋期课题组引进了2对雄蚕品种（夏·华×平8、秋·华×平30）进行了实验室对比试验，并选定本省东乡县东乡缫丝总厂为"公司+农户+基地"一体化管理模式的试养示范点，以探讨雄蚕品种在本省区域的适应性和增值性能。现将有关研究内容报告如下：

1 实验室试验

1.1 材料与地点

春期：夏·华×平8（雄蚕品种）、菁松×皓月（对照）。

中秋期：秋·华×平30（雄蚕品种）、芙蓉×湘晖（对照）。

试验地点在江西省蚕桑茶叶研究所蚕桑试验中心。

1.2 试验方法

参试雄蚕品种与现行对照种相比较，一个品种为一个处理，每个处理设3个重复小区，处理之间横向随机排列，各重复小区竖向轮流放置，处理之间设有1.5m左右的隔离空间。

全龄3回育，1～3龄各处理蚁量育，从4龄起蚕24h开始各重复小区定量饲育400头蚕，数蚕后各小区实行称叶定量给桑（每次称叶量的依据是各小区能饱食而不剩残桑），除此之外，其他技术处理和操作、饲养和蚕期保护环境基本保持一致。

1.3 试验内容与结果分析

---

① 本文原载于《蚕桑通报》，2002，33（1）：26-28。

1.3.1 饲养成绩和茧质成绩调查

试验表明：雄蚕品种夏·华×平8、秋·华×平30同对照相比在同期都表现出了孵化齐一、发育快、小蚕发生少、食桑旺盛、雄蚕率高等特点，但雄蚕品种小蚕期对叶质要求较严（适熟偏嫩），否则会使群体开差拉大、批次增多。

由表1可见，雄蚕品种个体偏小、收茧量偏低（万蚕收茧量比对照低3.8%～7.3%），但表现出较强的强健性，4龄起蚕结茧率、虫蛹率都接近和超过对照；同时雄蚕在茧质方面具有明显的优势，夏·华×平8、秋·华×平30的茧层率分别比对照提高3.59和2.48个百分点，万蚕茧层量分别比对照提高3.3%、3.6%。

表1　实验室养蚕和茧质成绩

期别	品种	全龄经过（d:h）	雄蚕率（%）	4龄起蚕结茧率（%）	虫蛹率（%）	万蚕产茧量（kg）		万蚕产茧层量（kg）		全茧量（g）	茧层量（g）	茧层率（%）	
						实数	指数	实数	指数			实数	增减
春期	夏·华×平8	24:04	99.7	99.2	97.0	19.00	96.2	4.936	103.2	1.94	0.504	25.98	+3.59
	菁松×皓月	24:01	50	98.1	96.0	19.75	100	4.783	100	2.02	0.488	22.39	
中秋	秋·华×平30	21:06	99.0	98.4	97.9	14.00	92.6	3.360	103.6	1.45	0.348	24.00	+2.48
	芙蓉×湘晖	21:07	50	99.0	98.2	15.12	100	3.244	100	1.58	0.340	21.52	

1.3.2 经济效益分析

从表2可知，在张种效益方面，雄蚕品种夏·华×平8、秋·华×平30都明显优于对照，张种产茧量分别超过对照14.1%和4%，张种产值分别比对照提高24.99%和17.38%；如果以相同张种装盒量计算，张种产值以夏·华×平8最高，比对照高4.2个百分点，而秋·华×平30则低于对照。在担桑产值方面，雄蚕品种比对照约提高5%以上，这说明雄蚕品种具有食桑省、叶丝转化率高、可以提高桑园单位面积的经济效益。

表2　实验室蚕品种试验效益分析

期别	品种	收茧量（kg/张）		干壳量（g）	单价（元/50kg）	担桑产值（元）		张种产值（元）	
		实数	指数			实数	指数	实数	指数
春期	夏·华×平8	49.7（41.42）	114.1（95.1）	10.6	826	49.89	105.4	821.04（684.25）	124.99（104.2）
	菁松×皓月	43.56	100（100）	9.75	754	47.35	100	656.88	100（100）
中秋	秋·华×平30	35.84（29.87）	104.0（86.7）	10.2	790	42.34	105.7	566.27（471.95）	117.38（97.88）
	芙蓉×湘晖	34.46	100（100）	9.15	700	40.04	100	482.44	100（100）

2 农村示范试验

2000年中秋、晚秋在本省东乡县缫丝总厂进行了两期农村示范饲养，参试雄蚕品种为夏·华×平8（中秋发种30张、晚秋10张），对照品种薪杭×白云。中秋期安排在岭美村饲养，晚秋期在养蚕技术水平基本相同的全家村和乡基地饲养，乡基地饲养雄蚕10张，全家村饲养对照种10张。

课题组从发种开始就委派了一名专业技术人员参与试验示范的技术指导，规范操作标准，并跟踪调查各饲养户（点）的成绩等，蚕期结束后由总厂收茧，统一标准评茧计价（50g鲜茧干壳量）。调查情况见表3。

表3 2000年东乡县缫丝总厂中试示范成绩

期别	饲养户	品种	全茧量（g）	茧层量（g）	茧层率（%）	收茧量（kg）	张种产值（元）
中秋	吴能荣	夏·华×平8	1.31	0.304	23.21	36.80	655.04
		薪·杭×白云	1.40	0.280	20.00	40.60	649.60
	吴看龙	夏·华×平8	1.45	0.329	22.69	34.50	586.50
		薪杭×白云	1.41	0.267	18.94	40.20	627.12
	史仁昌	夏·华×平8	1.40	0.321	22.93	31.20	536.64
		薪杭×白云	1.50	0.300	20.00	34.60	546.68
	谢斌辉	夏·华×平8	1.31	0.292	22.29	35.68	613.69
		薪杭×白云	1.70	0.342	20.12	33.76	560.41
	平均	夏·华×平8	1.37	0.312	22.78	34.54	597.97
		薪杭×白云	1.50	0.297	19.76	37.29	595.95
晚秋	乡基地	夏·华×平8	1.56	0.367	23.50	44.91	781.43
	全建辉	薪杭×白云	1.62	0.312	19.26	37.50	585.00
	全罗国	薪杭×白云	1.60	0.308	19.25	37.00	592.00
	全锦茂	薪杭×白云	1.68	0.321	19.11	38.20	595.92
	全国祥	薪杭×白云	1.71	0.329	19.24	38.50	608.30
	全良顺	薪杭×白云	1.67	0.325	19.46	37.80	597.24
	平均	薪杭×白云	1.66	0.319	19.26	37.80	595.69

（1）雄蚕品种夏·华×平8 在示范饲养过程中表现了孵化齐一、壮蚕食桑旺盛、雄蚕率高、强健好养的品种特性。其龄期经过与对照种无明显差异。

（2）夏·华×平8 品种在农村示范饲养时的成绩不太稳定，中秋的示范成绩基本上与对照持平，没有表现出较好的效益增值，张种效益指数仅为100.3，丝质成绩也同对照接近；晚秋成绩同对照相比达到了显著水平，张种产量比对照提高18.8%，张种效益比对照增长31.2%，如果以扣除种款差价48元/张计，张种净增产值137.74元。

（3）两次示范成绩的不同与参试户（点）对雄蚕新品种的接受和认识程度有密切关系，一个桑蚕新品种的育成，尤其是新类型特殊品种的雄蚕，势必会有其独特的品种特性和饲养技术标准，如新品种夏·华×平8小蚕期对叶质要求较严、眠起发育较快，小蚕饲养技术没掌握好，就会造成小蚕发育欠齐、批次增多，如还按传统的技术标准操作，人为增加蚕头遗失量和影响蚕体强健度，最终造成张种产量和效益的低下，这可能就是中秋蚕成绩不理想的原因。晚秋饲养时，各示范户（点）对雄蚕品种的特性有了新的认识，在饲养方法上能根据品种特点进行技术处理，因此晚秋雄蚕品种夏·华×平8的参试成绩较优，实现了增收增效的目的。

3 小结与讨论

通过实验室比较和部分农村中试示范研究，新型桑蚕雄蚕品种与现行推广品种相比有其显著的优势，值得省内产业化推广，但同时也存在某些方面的缺陷，有待进一步技术创新和品种改良。

（1）夏·华×平8、秋·华×平30都能表现出孵化齐一、抗性强、大蚕期食桑快、食桑省、雄蚕率高等特点。夏·华×平8茧形大、茧层率高、易饲养、易稳产，是一个相对优良的新品种；秋·华×平30饲养容易，但茧形较小、产量偏低、比较效益不明显（经过实验室对比试验后不列入农村示范计划），其品种性状有待改良和提高。

（2）夏·华×平8小蚕期对叶质要求较严，易导致批次多，发育欠齐。因此在品种推广前要加强蚕期技术指导，加大饲养技术培训力度，进一步提高雄蚕饲养户（点）的操作技术水平，才能体现新品种的优势，获得稳产、高产和高效。

（3）雄蚕品种的丝质成绩目前不甚理想，可能与品种需要特有的收烘、缫丝工艺有关，有待进一步探讨。

雄蚕杂交种的示范推广应用[①]

马秀康[1]　费建明[1]　钱文春[1]　楼黎静[1]　沈根生[2]　陶红卫[2]　陈国勋[3]　朱欣芳[4]

（1.浙江省湖州市蚕业管理总站　湖州　313000；2.湖州市城区蚕业指导站　湖州　313000；
3.长兴县农业局　湖州　31300；4.织里镇农业服务中心　湖州　313000）

1996年从浙江省农业科学院蚕桑研究所引进家蚕性连锁平衡致死系后，开展了转育改良和选配雄蚕杂交种等研究。1997年春湖州市蚕业管理总站在浙江省农业科学院蚕桑研究所专家指导下，于国内首次进行了雄蚕杂交种饲养试验获得初步成功，至2000年秋连续4年8个蚕期不断扩大示范试养，计7对杂交组合788张蚕种，取得了显著成绩。通过试验，探索了雄蚕的特性与饲养技术，比较了不同杂交组合的生物学、经济学性状，并且于2000年春在塔山蚕种场进行了国内首次较大规模的雄蚕杂交种繁育制种，生产优质雄蚕杂交种4100余张，为兄弟省份雄蚕饲养研究提供了雄蚕种。在此基础上，我们在2001—2002年扩大了雄蚕杂交种的示范推广应用，共饲养雄蚕杂交种12937.5张，繁育制种11808张。现将示范推广应用情况报告如下。

1　材料与方法

1.1　材料与分布

2001年春期全市饲养夏·华×平8雄蚕杂交种3904张，其中湖州城区织里镇12个村2347户饲养3133张，德清县高桥镇湖墩村660张，长兴县吕山乡110张。城区织里镇以镇·珠×春·蕾、长兴县以夏6×夏7为对照种。2001年秋期饲养雄蚕杂交种2354.5张，其中秋·华×平30为2096.5张、夏·华×平8计258张，主要集中在织里镇8个村饲养雄蚕杂交种2337.5张。此外，长兴县秋·华×平30有110张，安吉县秋·华×平30有6张。湖州市城区以秋丰×白玉，长兴县以夏6×夏7作为对照种。

2001年春期在塔山蚕种场安排了雄蚕杂交种的繁育，饲养蚁量分别为夏·华300g，平8150g、秋·华100g，平30 50g。

2002年春期扩大雄蚕杂交种示范饲养量达6042张，其中夏·华×平8达6033张，秋·华×平30为9张、新育成品种中933×平30为2.5张、学45×平20为1.5张；城区织里镇饲养5854张、南浔区88张、长兴县吕山等100张。湖州市区以秋丰×白玉、长兴县以春·蕾×镇·珠为对照种。

---

①　本文原载于《中国蚕业》，2003，24（2）：74-76。

秋期由于缺少雄蚕种，本期仅饲养637张秋·华×平30，其中城区织里镇423张、长兴县吕山等乡214张；还有新育成品种871·秋丰×平44有6张、学45×平20有7张。湖州市区以秋丰×白玉、长兴县以夏6×夏7为对照种。秋期繁育方面，饲养秋·华蚁量133g、平30为67g。

1.2 方法

试验种与对照种均采用小蚕共育、一日两回大蚕到户少回育的省力化饲育方法，方格蔟上蔟。由浙江省第三茧检所检定茧质，部分样茧采用密码编号送浙江省蚕桑所检定。

2 实施结果

2.1 强健好养

雄蚕杂交种好养，抗病性强，最明显的是蚕的生长发育齐，眠性快，老熟齐涌，对病毒病、细菌病等抵抗力强，基本上没有蚕病发生。春、秋蚕茧平均张产分别比对照种高3.5kg和5kg。

据近两年较大面积示范推广应用证明，秋·华×平30是目前较为优良的雄蚕杂交组合，它强健好养，优质高产。尤其是秋茧明显高于对照种，2002年秋平均张产茧达35.78kg，比对照种高出4.98kg，出丝率2002年春期高达19.74%，比对照种高出5.61个百分点；秋期也达到了17.49%，比对照高出3.84个百分点（表1）。

表1　1997—2000年织里镇饲养成绩调查

蚕期	品种	张产（kg）	茧丝长（m）	解舒丝长（m）	解舒率（%）	出丝率（%）
1997春	春晓×S-8		1302	1080	82.96	17.90
	54A×S-8		1283	1088	84.76	19.00
	镇·珠×春·蕾		1312	1022	77.95	18.87
1997秋	白云×平1	34.7	959	645	63.10	16.95
	夏5×平2	34.5	1047	669	63.70	17.30
	秋丰×白玉	41.9	896	524	55.80	15.35
1998春	春日×平1	51.8	1254	1043	83.30	20.45
	春晓×平1	36.5	1261	847	67.30	18.96
	镇·珠×春·蕾	47.1	1268	996	76.90	18.70
1998秋	夏4×平1	40.9	1144	856	74.65	18.09
	秋丰×白玉	36.2	1081	786	72.67	15.50
1999春	春日×平1	50.3	1220	661	53.95	19.88
	春·蕾×镇·珠	49.2	1268	675	53.22	17.54
1999秋	夏4×平1	27.1	1025	751	73.10	16.77
	秋丰×白玉	23.7	853	543	63.60	13.97

（续）

蚕期	品种	张产（kg）	茧丝长（m）	解舒丝长（m）	解舒率（%）	出丝率（%）
2000春	春日×平1	45.2	1096	463	42.08	16.91
	夏·华×平8	49.7	1201	738	61.60	18.49
	夏4×平1	45.7	1150	567	49.50	16.95
	镇·珠×春·蕾	41.9	1187	610	51.30	16.31
2000秋	夏·华×平8	34.2	1035	655	63.30	17.17
	白玉×秋丰	31.8	879	696	79.20	14.01

2.2　茧丝质优良

雄蚕茧质好，可以缫制高品位生丝。雄蚕茧蛹体偏小，干壳量、出丝率高。春蚕期雄蚕茧夏·华×平8鲜茧出丝率和秋·华×平30干茧出丝率分别比对照种高出5.10和1.17个百分点，秋期雄蚕秋·华×平30干茧出丝率分别比对照种高出3.5和4.47个百分点（表2）。从浙江省第三茧质检定所检定成绩看，2001年春蚕期雄蚕夏·华×平8鲜茧平均出丝率比对照高0.57个百分点，2002年春干茧出丝率高1.84个百分点，2002年秋雄蚕茧比对照干茧出丝率提高5.65个百分点。丝厂反映，雄蚕茧缫折小，出丝率高，解舒好，纤度偏细而匀，净度优，可缫5A级以上生丝。从三天门丝厂与菱湖、溪西丝厂缫丝成绩看，夏·华×平8出丝率较高，但解舒较差，纤度偏粗，净度不理想，而秋·华×平8春秋茧解舒率高达74.45%、86.83%和70.43%，解舒丝长分别达932m、954m和677m，净度明显优于对照种和夏·华×平8。从三天门丝厂实缫结果看，2001年秋、2002年春净度分别达93分和93.69分，分别比同庄口秋丰×白玉高出2.3分和0.52分（表3和表4）。

表2　湖州市雄蚕品种示范推广饲养比较成绩

蚕期	地点	品种	数量（张）	张产（kg）	上车率（%）	茧丝长（m）	解舒丝长（m）	解舒率（%）	出丝率（%）	纤度（dtex）	清洁（分）	净度（分）
2001春	织里	夏·华×平8	3133	48.6	90.50	1101	650.5	59.11	17.69	3.020		
		镇·珠×春·蕾	2052	44.8	89.79	1151	733.7	63.74	17.12	3.111		
2001秋	织里	夏·华×平8	2337	39.0	91.83	972	721.3	74.28	16.26	2.455		
		秋丰×白玉	2592	36.0	90.91	938	707.8	75.77	14.98	2.533		
2002春	织里	夏·华×平8	5933	51.8	82.60	1070	680.7	63.64	34.71	2.918	98.75	94.00
	南浔	秋丰×白玉	2459	48.0	87.15	1003	678.0	67.57	33.91	2.831	97.00	94.12
2002春	长兴	夏·华×平8	100	50.5	85.83	1077	791.4	73.50	35.75	3.093	95.25	93.25
		春·蕾×镇·珠	135	47.9	82.26	1202	842.9	70.10	32.88	3.241	94.85	88.38
2002秋	织里	秋·华×平30	423	34.7	85.23	930	694.3	74.68	35.34	2.430	97.75	94.00
		秋丰×白玉	636	29.0	87.60	786	591.4	75.29	32.92	2.655	98.50	94.62
2002秋	长兴	秋·华×平30	195	41.7	89.96	1105	869.8	78.70	37.59	2.635	96.75	93.58
		夏6×夏7	276	35.0	85.86	851	577.9	67.90	30.71	2.938	97.50	92.75

表3　雄蚕茧丝厂缫丝成绩调查

蚕期	丝厂	品种	上车率（%）	茧丝长（m）	解舒丝长（m）	解舒率（%）	出丝率（%）	纤度（dtex）	光折（kg）	清洁（分）	净度（分）
2001春	菱湖	夏·华×平8	97.44	1127	613.6	54.45	43.25	3.025	225.3	97.50	92.88
		秋丰×白玉	94.17	1073	830.3	77.40	38.15	2.979	246.9	99.19	94.19
2001秋	三天门	秋·华×平30	97.54	1015	615.2	60.61	41.90	2.409	232.5	98.20	93.00
		秋·华×白玉	97.48	931	959.5	64.00	38.40	2.561	253.6	99.20	90.70
2002春	三天门	夏·华×平8	91.50	1107	741.0	66.92	37.81	2.994	242.0	99.13	93.69
		秋丰×白玉	91.60	1087	668.8	61.51	36.74	2.951	249.3	98.21	93.17
2002秋	溪西	秋·华×平30	97.10	948	677.3	70.43	39.60	2.377		99.50	93.25
		秋丰×白玉	88.50	870	696.0	80.00	34.53	2.937		99.00	93.25

表4　雄蚕杂交组合的茧丝质成绩调查

蚕期	品种	上车率（%）	茧丝长（m）	解舒丝长（m）	解舒率（%）	出丝率（%）	纤度（dtex）	清洁（分）	净度（分）
2002春	学45×平30	96.57	1230	818.0	66.52	18.90	2.859	99.0	93.55
	中933×平30	96.43	1188	889.0	74.87	17.30	2.846	99.5	94.00
	秋·华×平30	94.22	1250	932.0	74.45	19.74	2.908	99.0	92.50
	白玉×秋丰	91.09	1053	666.5	63.29	14.13	2.942	100.0	93.50
2002秋	学45×平30	94.85	1106	945.0	85.47	16.00	2.676	99.0	93.50
	871·秋丰×平30	94.33	1047	897.0	85.72	16.24	2.938	97.0	95.25
	秋·华×平30	96.59	1099	954.0	86.83	17.49	2.296	100.0	94.75
	秋丰×白玉	93.68	927	733.0	79.26	14.01	2.664	98.5	93.50

据湖州丝绸（控股）集团公司送浙江省丝绸产品质量监督检验站检验结果，雄蚕丝织成的绸缎撕破强力径向为24N，比普通丝11.2N高出1倍；纬向为16.2N，比普通丝12.4N高3.8N；断裂强力，径向为773N，也比普通丝高出20N。

2.3　掌握了繁育技术

从2000年以来连续3年成功地进行了雄蚕杂交种的繁育制种，共计饲养蚁量1250g，生产优质雄蚕种11808张，其中夏·华×平8蚁量900g，制种8641张；秋·华×平30蚁量350g，制种3167张。经过近年较大面积的示范推广应用与繁育制种，使我们比较完善地总结了一整套雄蚕饲养与繁育制种的经验，制定的雄蚕饲养技术要点和饲养技术模式已被数千户蚕农熟练地在生产实践中应用，雄蚕种的繁育技术已为蚕种场职工所掌握，其经验为兄弟场所借鉴。

3　小结与讨论

3.1　推广雄蚕专养好处多

经6年试验与示范推广应用的实践，显示出雄蚕杂交种具有以下几方面的优点：①能较大幅度地提高蚕茧质量，提高出丝率；②能提高蚕茧的解舒与生丝洁净度，从而提高生丝品位，开发雄蚕丝绸新品种，增强我国丝绸在国际丝绸市场上的竞争力；③雄蚕的叶丝转化效率高，专养雄蚕可节约用桑15%左右；④雄蚕体质强健，抗病性能强，生长发育与上蔟齐一，尤其是秋期饲养雄蚕种更能达到高产稳产；⑤雄蚕茧丝质量好，专养雄蚕经济效益显著。尤其是杂交种秋·华×平30是一个出丝率高、解舒好、纤度匀、净度优的质量优异、强健好养的雄蚕杂交组合，建议通过有关部门审定后大面积推广应用。

3.2　规模化推广雄蚕专养

饲养雄蚕必须集中连片便于技术指导，根据良种良法要求，贯彻配套饲养技术。雄蚕茧茧层率高，要配备优良的蔟具和加强蔟中管理，以充分发挥其优良的特性。同时，必须要有稳定的蚕茧收购秩序及相配套的价格政策和评茧方法，以真正体现优质优价，必须有专门的茧站收烘，并实行雄蚕茧相应的烘茧与缫丝工艺。为此提出以下几点建议：①对雄蚕茧必须定点收购，确定专门丝厂缫丝，丝厂与农技部门结合建立自己的雄蚕茧生产基地；②必须恢复仪评，实行优质优价。有条件的地区收购雄蚕茧可执行组合售茧，抽取鲜茧样品，由茧质检定所进行茧质检定，实行缫丝计价，返利于蚕农；③蚕丝科研部门协作攻关，早日研制快速、简便、公正、准确的评茧仪。

3.3　建立相应的推广应用机制

由于专养雄蚕是一件新生事物，用普通养蚕方法和蚕茧收烘制度显然不能适应其要求，故应尽快请有关部门深入研究并制订出相应的激励机制与措施，使专养雄蚕的推广得以健康发展。

雄蚕夏·华×平8、秋·华×平30饲养情况调查①

陈国勋　邹国平

（浙江省长兴县农业局　湖州　313100）

2002年长兴县饲养雄蚕295张，其中春蚕期饲养夏·华×平8，秋蚕期饲养秋·华×平30，两期蚕均取得较好成绩，现将情况报告如下。

1　饲养情况

2002年春期饲养夏·华×平8 100张，饲养地点在吕山乡南敖村，平均张产达到50.5kg，比普通蚕的45.2kg，增加5.3kg。按春茧茧价每50kg595.5元计，每张雄蚕茧款增收31.56元，加上春期雄蚕茧收购加二级36元，这样蚕农每张雄蚕种增收67.56元，除去蚕种价高25元，净增42.56元。中秋期饲养秋·华×平30 195张，其中长潮乡60张，林城镇95张，吕山乡40张，平均张产41.7kg，其中长潮乡60张蚕种张产达到45.2kg。中秋平均张产比普通蚕增加3.35kg，按中秋茧价457.13元计，每张雄蚕增茧款30.6元，加上雄蚕茧收购每50kg加10元，这样秋期蚕农每张雄蚕增收38.9元，除去蚕种价高25元，实际增收13.9元。见表1。

表1　2002年农村雄蚕饲养成绩统计

期别	蚕品种	饲养张数（张）	张产茧（kg）	张产值（元）
春期	夏·华×平8	100	50.5	605.91
	春蕾×镇珠	135	45.2	538.35
中秋期	秋·华×平30	195	41.7	358.89
	夏6×夏7	276	35.0	319.99

2　丝质调查

雄蚕由于体质强健，抗逆性强，高产、好养、效益高，蚕农欢迎。为了了解雄蚕丝质情况，根据长兴县丝绸总公司提供的省第三茧质检定所资料，我们做了调查，见表2、表3。

---

① 本文原载于《江苏蚕业》，2003，2。

表2　春蚕期夏·华×平8与春蕾×镇珠丝质调查

品种	张数	上车率 （%）	一茧丝长 （m）	解舒丝长 （m）	解舒率 （%）	出丝率 （%）	纤度 （dtex）	清洁 （分）	净度 （分）
夏·华×平8	100	85.83	1076.8	791.4	73.5	35.75	2.812	95.25	93.75
春蕾×镇珠	全县平均	82.26	1202.5	842.9	70.1	32.88	2.946	94.85	88.38
±		3.57	−125.7	−51.5	3.4	2.87	−0.134	0.4	5.37

表3　中秋蚕期秋·华×平30与夏6×夏7丝质调查

品种	张数	上车率 （%）	一茧丝长 （m）	解舒丝长 （m）	解舒率 （%）	出丝率 （%）	纤度 （dtex）	清洁 （分）	净度 （分）
秋·华×平30	195	89.96	1105.3	869.8	78.7	37.59	2.395	96.75	93.58
夏6×夏7	全县平均	85.86	851.2	577.9	67.9	30.71	2.671	97.50	92.75
±		4.10	254.1	291.9	10.8	6.88	−0.276	−0.75	0.83

（1）春蚕期夏·华×平8一茧丝长1076.8m，比春蕾×镇珠1202.5m短125.7m；解舒丝长791.4m，比春蕾×镇珠842.9m短51.5m；解舒率73.5%，比春蕾×镇珠70.1%，增加3.4个百分点；干茧出丝率35.75%，比春蕾×镇珠32.88%，增加2.87个百分点。清洁、净度都比较好。

（2）中秋期秋·华×平30一茧丝长1105.3m，比夏6×夏7 851.2m长254.lm；解舒丝长869.8m，比夏6×夏7 577.9m长291.9m；解舒率78.7%，比夏6×夏7 67.9%增加10.8个百分点；干茧出丝率37.59%，比夏6×夏7 30.71%增加6.88个百分点；清洁减0.75分，净度增加0.83分。

（3）中秋期饲养的雄蚕秋·华×平30，比春期的夏·华×平8丝质成绩要好。表现为一茧丝长长28.5m，解舒丝长长78.4m，解舒率提高5.2个百分点，干茧出丝率提高1.84个百分点，清洁增加1.5分，净度都在93分以上。

雄蚕品种夏·华×平8的农村饲养体会[①]

佘柳涛[1]　薛卫东[1]　卢玉才[2]　沈春生[2]

（1.如皋市蚕桑技术指导站　如皋　226500；2.如皋市高明镇农技站　如皋　226500）

家蚕雌雄个体间经济性状存在着明显差异。雄蚕食桑少，叶丝转化率、茧层率和出丝率高，专养雄蚕能够有效提高蚕茧生产效益。雄蚕的茧丝纤度细，专养雄蚕能够克服雌雄混养时蚕茧大小不一，茧丝纤度开差大的问题，能够有效提高生丝品质。

近年来，有大量使用浙江省农业科学院从俄罗斯引进并改造的雄蚕专养品种获得成功的报道。为全面提高我市蚕桑生产的行业优势，增强茧丝绸行业的市场竞争力，及时了解该品种对江苏中部地区长江北岸的气候、叶质及饲养管理等方面的适应性，2002年春，我市引进雄蚕杂交种夏·华×平8品种，进行农村生产鉴定，并进行了茧丝质的跟踪调查，现将结果整理如下。

1　饲养和调查方法

雄蚕杂交种品种为夏·华×平8，由浙江省农业科学院生产，浙江省农业厅蚕种冷库提供。对照蚕品种为如皋蚕种场生产的苏镇×春光，由如皋蚕种冷库提供。

为了确保饲养取得成功，饲养地点选择在有自主收购蚕茧权利的高明镇，并确定饲养技术较高的农技站长及茧站站长等8户为雄蚕饲养点。参照朱俭勋和谢德松（2001）的方法，结合本地实际，制订雄蚕杂交种饲养技术标准（表1），分发到饲养者手中。蚕卵简化标准催青，转青后点数5×100粒转青卵，分装5小袋，留样调查孵化率。1～2龄稚蚕集中共育，3龄起蚕后分户饲养。

表1　雄蚕品种夏·华×平8饲养标准

	1龄	2龄	3龄	4龄	5龄
温度（℃）	29.5	28.5	26.0	24.0	常温
用叶标准	第3叶	第4叶	三眼叶	三眼叶	摘芯新梢
饲育形式	稚蚕一日2回育	大蚕一日2回斜面条桑育			

---

① 本文原载于《江苏蚕业》，2003，4：23-24。

2　结果与分析

2.1　雄蚕品种孵化情况

夏·华×平8蚕品种是利用性连锁平衡致死系培育的雄蚕杂交种，如果品种性状稳定，将基本只有雄蚕孵化。雄蚕品种胚胎期发育正常，二日实用孵化率调查高达56.5%，说明有6.5%以上的雌蚕孵化。由于蚕卵的实用孵化率一般达不到100%（雄蚕品种为总卵量的48%左右），所以收蚁的蚕中混有8%以上的雌蚕。

雄蚕品种理论上只有雄蚕孵化，因此制种单位提供的张种卵装量为普通蚕品种的一倍。蚕种生产单位考虑了雄蚕食桑量明显少于雌蚕的因素，为使农民饲养一张种的用桑量与普通蚕品种接近，张种装卵量标示为6万粒，实际抽样调查卵量均超过标识量。本次调查的夏·华×平8蚕品种张种收蚁数大于33900头，而对照张种收蚁数约为24000头，雄蚕品种比对照品种多40%以上。

2.2　饲养成绩

饲育期比对照蚕品种苏镇×春光眠起齐一、入眠快，食桑快而旺，群体发育整齐，体质强健，老熟齐涌，营茧快，属于易饲养蚕品种。

夏·华×平8蚕品种壮蚕体色应该为白蚕，但3龄以后发现部分蚕的体色偏深，至5龄时，将群体中3%左右的深色斑纹蚕挑出专门饲养，至结茧化蛹后调查，全部为雌性。

2002年春蚕期如皋市有长达20多天的低温阴雨，3～4龄期饲育温度比饲育要求低2℃左右；另外，由于日照不足，桑叶成熟度差，饲养期间不能满足雄蚕品种需要的偏高温度及偏熟叶的要求。幼虫期经过延长，壮蚕体型偏小，全龄经过与对照种持平，都为28d左右，饲养期短的优势不明显。

2.3　蚕茧成绩

夏·华×平8蚕品种的蚕茧成绩如表2。张种产茧量与对照品种苏镇×春光接近，但由于夏·华×平8蚕品种张种收蚁头数比对照品种多40%以上（卵量多），按照25000粒（雄卵）/张的标准，实际张种产茧量应该比对照品种苏镇×春光低40%左右。从全茧量看夏·华×平8品种比对照苏镇×春光低20%左右，与其他报道一致，说明本次饲养的雄蚕品种遗失蚕多。

表2　雄蚕品种夏·华×平8的茧丝成绩

蚕品种	张数（张）	单产（kg/张）	全茧量（g）	茧层率（%）	茧丝长（m）	解舒丝长（m）	解舒率（%）	上车率（%）	毛折（kg）	清洁（分）	净度（分）
夏·华×平8	20	38.6	1.52	24.3	977.5	694	71.0	93.70	249	98.10	87.19
苏镇×春光	50	39.2	1.83	24.2	1109	744	67.1	90.93	271	97.81	89.69

夏·华×平8蚕品种的茧丝长比对照苏镇×春光短122m，解舒丝长只短50m，解舒率比对照高4.8%；雄蚕品种茧丝的清洁度和净度与对照接近，但上车率高，缫折低，毛折比对照少22kg。

3　饲养体会

鉴于雄蚕品种夏·华×平8在本地的饲养成绩，笔者以为要在本地推广饲养雄蚕品种，仍需做好以下几方面工作：

（1）品种选育单位应该进一步改进雄蚕品种的生产性能，加强实用化技术研究，特别需要进一步提高雄蚕发生率，提高茧丝量，进一步凸现饲养雄蚕的优势。

（2）进一步开展雄蚕品种的饲养技术研究。本次饲养由于壮蚕期温度较低，天气连续阴雨，桑叶成熟度不够，结果夏·华×平8雄蚕品种相对发育速度延缓，收蚁头数结茧率偏低，与其他地区的饲养成绩出现较大差异。说明应该进一步研究制定该品种的饲育技术标准，加大技术培训和宣传力度，使良种良法得到落实。为便于推广时蚕农计算饲养量，张种装卵量应以现行蚕品种张种用桑量为基础适当调整，避免桑叶过剩或不足。

（3）由于雄蚕茧小，现行收购手段对饲养者极为不利。有关单位应该尽快组织调查研究、测试，制定配套的收购政策和快速、公正、准确、高效的评茧计价办法，建立良好的雄蚕茧收购秩序，真正体现优质优价，使蚕农得到实惠。同时，需要根据丝绸市场的需求，深入开展雄蚕茧丝和绸产品的开发研究，打出品牌、推出特色，尽快使这一科技成果能够扩大推广应用，使雄蚕茧丝良好的经济性状得以充分发挥。

雄蚕品种试验示范及产业化推广探讨①

匡英秋[1]　管帮富[1]　彭晓虹[1]　朱铭件[1]　卢卫芳[2]　曾加兴[3]

（1.江西省蚕桑茶叶研究所　南昌　330202；

2.修水县蚕桑局；3.东乡县缫丝总厂　抚州　331800）

农业生产水平的进步都离不开优良品种的推广与使用。蚕业生产是我国的传统优势产业，其中优良蚕品种的使用是本行业发展的基础，从20世纪60年代至今，我国进行了多次蚕品种的更新换代，使蚕茧的产量和质量都得到了较大幅度的提高。我省作为蚕业发展新区，自20世纪90年代初"蚕桑工程"的实施，使省内蚕业得到了较快发展。但长期以来，由于蚕茧质量差、出丝率低、生丝品位低，缺乏市场竞争力，困扰着我省蚕业的持续发展；但在另一方面，我省有丰富的土地、劳力资源和适宜的气候环境，再加上发展蚕业的优越区域条件，蚕业在我省是大有发展前途的。因此，立足于蚕业，引进与选育具有优良经济性状的家蚕新品种，努力提高茧、丝品质和我省蚕业的整体经济效益，是我们蚕业科技工作者的重要研究内容。

在家蚕饲养中，雄蚕与雌蚕相比具有强健好养、食桑省、出丝率高、茧丝质优等优良经济性状，专养雄蚕比目前常规品种雌雄混养可明显提高全行业的经济效益。我所自1999年开始引进雄蚕品种进行试验示范，并取得了初步成效，于2000年得到省科技厅的批准立项，开展了"雄蚕品种试验示范与产业化开发"课题的研究，通过实验室对比，筛选出了综合经济性状相对较优的雄蚕新品种夏·华×平8，并进行产业化推广，现报告如下。

1　实验室引进对比试验

进行了多次实验室养蚕对比试验，结果见表1。

（1）雄蚕品种夏·华×平8雄蚕率平均为98%，具有孵化齐一、发育整齐而快（全龄期经过比对照短6h左右）、小蚕发生少、强健好养、食桑省而旺等显著特点，达到了实用化推广水平。

（2）除单茧个体偏小、收茧量稍低外（这是由品种个体性别所决定的），其他综合经济性状皆全面优于对照（以菁松×皓月为对照），雄蚕品种表现出了较强的强健性，4龄起蚕结茧率、虫蛹率都超过对照；在茧质方面，雄蚕品种的茧层率与对照相比提高16%，万蚕产茧层量提高3.2%。

---

①　本文原载于《广西蚕业》，2003，40（4）：28-31。

表1　1999—2001年雄蚕品种实验室成绩调查表

品种		雄蚕率	4龄起蚕结茧率（%）	虫蛹率（%）	全茧量（g）	茧层量（g）	茧层率（%）	收茧量（kg/张）	张种产值（元）	万蚕产茧量（kg）	万蚕产茧层量（kg）
夏·华×平8	实数	99.7	99.2	97	1.94	0.504	25.98	49.70	821.04	19.00	4.936
	指数	199.4	101.1	101.0	96.0	112.5	116.0	114.1	125.0	96.2	103.2
菁松×皓月	实数	50	98.1	96	2.02	0.488	22.39	43.56	656.88	19.75	4.783
	指数	100	100	100	100	100	100	100	100	100	100

在张种效益方面，雄蚕品种夏·华×平8与对照相比具有明显的优势，增幅达25%。实验室饲养成绩充分说明了饲养雄蚕品种的高效益，是现行常规家蚕品种不可相比的。

2　农村中试示范试验

2000年中晚秋、2001年春、2002年春，根据本省不同的气候条件及区位特点，选择东乡县、全南县、修水县、弋阳县等4个蚕桑生产基地进行了农村中试示范饲养试验，参试雄蚕品种为夏·华×平8，对照品种为现行推广品种菁松×皓月、薪杭×白云；课题组从发种开始委派专业技术人员参与试验示范的技术指导，规范操作标准，并跟踪调查各饲养户（点）的成绩等，蚕期结束后统一收茧、统一标准评茧计价（50g鲜茧干壳量）。几年来的反馈成绩见表2。

表2　2000—2002年中试点雄蚕品种示范饲养成绩调查表

中试点		东乡县		全南县	
品种		夏·华×平8	菁松×皓月	夏·华×平8	菁松×皓月
全茧量（g）		1.55	1.61	1.61	1.6
茧层量（g）		0.366	0.333	0.373	0.365
茧层率（%）		23.61	20.68	23.10	22.80
收茧量（g）	实数	42.53	39.81	41.7	37.3
	指数	106.8	100	111.8	100
张种产值	实数	710.18	621.92	586.14	507.8
	指数	114.2	100	115.4	100
上车茧率（%）		91	87	93	91
茧丝长（m/粒）		1146.8	1012.7	1013.8	1063.4
干茧出丝率（%）		43.72	40.56	36.99	37.75
解舒率（%）		66.84	68.81	76.00	74.00
茧丝纤度（dtex）		2.5624	2.5126	2.5866	2.5155
净度（分）		95.5	94.0	99.0	98.0

（1）雄蚕品种夏·华×平8在中试过程中都表现出孵化齐一、壮蚕食桑旺盛、雄蚕率高、强健好养的品种特性。其龄期经过与对照种无明显差异。

（2）东乡县（赣东）、全南县（赣南）两个示范点分别地处我省两个不同的气候环境区域，然而中试结果基本一致，张种产量比对照同期增长6.8%～18%，张种效益提高14.2%～15.4%；茧层率也明显比对照高。

（3）丝质成绩调查。在同一工艺条件（浙江省农业科学院蚕桑研究所提供）下作独立缫丝对比试验，从表2中的调查成绩可以看出，雄蚕品种的上车茧率、干茧出丝率、茧丝长、净度等指标明显高于对照品种，茧丝纤度适中，解舒率与对照基本接近。

3　雄蚕品种农村饲养技术标准

课题组通过对雄蚕品种的对比试验研究（实验室和农村中试），将其所特有的品种性状和饲养技术要求进行分析和整理，配合产业化发展的要求制订饲养操作技术标准，为雄蚕产业化发展作好技术准备，见表3。

表3　雄蚕品种饲养技术标准

龄期		1龄	2龄	3龄	全龄
饲育温度（℃）	雄蚕品种	29～29.5	28～28.5	26～26.5	
	常规品种	28～28.5	27～27.5	25～25.5	
干湿差（℃）	雄蚕品种	0.5	0.5	1	
	常规品种	0.5	0.5	1	
张种最大蚕座面积（m²）	雄蚕品种	1	2.01	4.9	
	常规品种	0.85	2.0	4.2	
全龄用桑量（kg）	雄蚕品种		550		550
	常规品种		600		600

注意事项：

①常规的操作技术标准基本上与现行品种基本相同，如小蚕期的防干育、眠起处理、综合消毒防病等；②雄蚕品种小蚕期都有较强的趋密性，因此要注意其蚕座密度和面积，给桑前及时扩座，促使蚕儿发育齐一；③小蚕期用叶要适熟偏嫩，并用稍高温度（比常规品种高0.5～1℃）保护，给桑要均匀适度，以给叶前稍留残桑为宜，提高小蚕匀整度和强健度；④雄蚕眠起较快，处理要及时，在发育欠齐的情况下，宁可多分批次，也不能等齐，否则易造成"三代见面"的局面，增加饲养难度；⑤壮蚕期（5龄）雄蚕经过日数比常规品种稍短约6～10h。雄蚕食桑旺盛，体重增长快，要注意良桑饱食，但一次性给叶不能太多，以不留残桑为宜，残叶过多会产生踏叶现象；⑥雄蚕吐丝营茧快，要注意上蔟初期的适温偏高（26～26.5℃）和营茧后通风排湿的保护，有利于提高雄蚕茧茧质，充分发挥其优良的品种特性。

4 产业化示范推广效益分析

以东乡县养蚕和缫丝调查为例，进行效益分析。

（1）雄蚕茧生产效益分析见表4。蚕农每饲养一张雄蚕种，蚕茧收入减去蚕种差价后，比对照增加50.26元。

表4 雄蚕茧生产张种效益分析表

蚕品种	种款（元）	茧层率（%）	张种产量（kg）	张种产值（元）
夏·华×平8（雄蚕）	70	23.61	42.53	710.18
薪杭×白云（CK）	32	20.68	39.81	621.92
差额	48	2.93	2.72	88.26

（2）生丝增值（丝厂）效益分析。从表5可以看出：雄蚕品种的后加工效益非常明显，以每张蚕种生产的蚕茧计算，经收烘和缫丝加工后，产值可增加395.88元，扣除蚕茧成本后，工厂净增效益307.62（395.88-88.26）元。

（3）行业整体效益分析。以上研究结果表明，雄蚕品种的引进和产业化推广，同常规品种相比，在蚕茧和生丝生产两大环节上均能产生较大的增值效益，尤其是蚕茧后加工效益（丝厂）明显超过蚕茧生产效益（蚕农），因此，应采取以工贸补农的途径（如降低蚕种差价和合理调整蚕茧收购政策等），切实保护好广大蚕农的生产积极性。以上分析也充分证明了雄蚕品种的产业化推广在我省具有广阔的市场前景和发展潜力。

表5 雄蚕蚕茧加工的效益分析表

蚕品种	张种产量（kg）	蚕茧款（元）	烘折（kg）	干茧量（kg）	干茧出丝率（%）	生丝产量（kg）	生丝品位	单价（万元/t）	产值（元）
夏·华×平8（雄蚕）	42.53	710.18	231	18.43	43.72	8.058	4A^{+50}	18	1450.44
薪杭×白云（CK）	39.81	612.92	245	16.25	40.56	6.591	3A	16	1054.56
差额	2.72	88.26	-0.14	2.18	3.16	1.467		2	395.88

5 雄蚕产业化推广建议

专养雄蚕技术是一项国际领先水平的科研成果，它的推广应用在蚕业经济上的效益非常显著，但其经济效益的增值主要表现在蚕茧后加工（生丝、丝织品）产品上，因此，雄蚕品种的产业化推广必须进一步加快理顺贸、工、农三者之间的关系，均衡利益分配，制定实行能真正体现优质优价的评茧方法，推广良好的蚕茧收购体系和相配套的价格政策，切实平衡好蚕农与生产企业之间的利益分配关系，充分调动全行业的生产积极性，使雄蚕生产产业化步入一个健康、有序的发展轨道。

雄蚕杂交种秋·华×平30饲养试验与示范推广[①]

马秀康[1]　沈根生[2]　陈国勋[3]

（1.浙江省湖州市蚕业管理总站　湖州　313000；
2.浙江省湖州市城区蚕业指导站　湖州　313000；3.浙江省长兴县蚕桑技术推广站　长兴　313100）

我市于2001年春开始在塔山蚕种场进行雄蚕杂交种秋·华×平30的首次繁育制种，当年秋期开展了上规模的农村饲养试验，至今已示范推广了4期，共饲养秋·华×平30 4488张。现将饲养与示范推广情况报告如下。

1　材料与方法

1.1　试验材料

雄蚕杂交种秋·华×平30 2001年秋至2003年春4期4065张由塔山蚕种场生产，2002年秋423张由浙江省农科院蚕桑研究所提供（山东省青州蚕种场生产）。

对照种：吴兴区为秋丰×白玉，我市春、秋蚕当家品种，由塔山、吴兴蚕种场生产；长兴县为夏6×夏7，由长兴蚕种场生产。

1.2　试验地点与方法

主要集中于吴兴区织里镇太湖片，长兴有批量饲养，吕山等乡镇两年示范推广324张。南浔区练市镇、南浔镇及安吉县也有少量试养。

试验示范区与对照区采摘桑叶和饲养方法相同，小蚕采用一日两回共育，大蚕到户应用少回育，上蔟、评茧方法相同。吴兴区试验示范与对照区均采用方格蔟上蔟。评茧方法均为目评，由湖州中维茧丝有限公司收烘后，抽取大样送浙江省第三茧质检定所检定茧丝成绩。

2　饲养结果分析

2.1　养蚕经过与表现

大面积4期示范饲养表明，雄蚕秋·华×平30蚕体发育齐一，抗逆、抗病性强，强健好养，

---

①　本文原载于《蚕桑通报》，2003，34（4）：27-29。

结茧率高，老熟齐涌。蚕期经过比秋丰×白玉略长，春期长 10 ～ 12h，秋期长 4 ～ 6h。

2.2 养蚕成绩

秋·华×平30蚕茧产量高于对照种，尤其是秋蚕，明显高于对照种。据吴兴区织里镇4期3587张秋·华×平30。蚕种饲养结果调查，平均张产42.1kg，比对照种秋丰×白玉高出2.1kg，长兴吕山195张秋·华×平30，张产41.7kg，比对照夏6×夏7高出6.7kg。秋·华×平30用桑省，营上层茧率高，干壳量明显高于对照，3期多次样茧调查，平均达10.33g，比秋丰×白玉高出1.09g，平均每张种茧款收入568.48元，比对照增加60.31元。详细成绩见表1。

表1 雄蚕秋·华×平30养蚕成绩

蚕期	地点	蚕品种	蚕种（张）	平均张产（kg）	总产（kg）	张产（kg）	茧款收入（元/张）	50g鲜茧干壳量（g）
2001年秋	吴兴	秋·华×平30	2337.5	39.0	91162.5	32.8	577.02	10.25
	织里	秋丰×白玉	2592	36.0	93312	29.9	528.00	8.90
2002年春	吴兴	秋·华×平30	9	42.1	379	39.1		10.60
	织里	秋丰×白玉	268.5	45.7	12270.5	39.7		9.70
2002年秋	吴兴	秋·华×平30	423	34.7	14661.2	28.9	525.40	
	织里	秋丰×白玉	636	29.0	18444	23.2	368.16	
	长兴	秋·华×平30	195	41.7	8131.5		358.16	
	吕山	秋丰×白玉	276	35.0	9660		319.99	
2003年春	吴兴	秋·华×平30	817.5	55.0	44880	42.2	616.56	10.13
	织里	秋丰×白玉	1673.3	50.2	82825.9	36.3	561.73	9.12
3期合计平均	吴兴	秋·华×平30	3587	42.1	151082.7	34.5	568.48	10.33
	织里	秋丰×白玉	5169.7	40.0	20685.4	31.7	508.17	9.24

注：2001年长兴饲养秋·华×平30 110张，安吉县6张，未列入。

2.3 茧丝质量成绩

据浙江省第三茧质检定所对湖州中维茧丝有限公司抽取的茧站大样茧检定成绩分析，雄蚕秋·华×平30茧丝长，茧层率高，出丝率高，纤度偏细而匀，清洁、净度均高于对照。吴兴区织里镇雄蚕饲养3期（2002年春大批为夏·华×平8，秋·华×平30仅9张，故未能抽取大样茧）平均成绩为：秋·华×平30茧丝长1036.8m，比对照秋丰×白玉994.2m长37.6m，干茧出丝率42.26%，比对照高出2.72个百分点。光折237.9kg，比对照减少16.9kg，纤度2.591dtex，偏细0.119dtex。

清洁、净度分别为98.08分和94.15分，比对照秋丰×白玉提高0.46分和0.71分。特别是2003年春茧，秋·华×平30净度达到95.06分，是缫制高品位生丝的优质原料茧。

2002年秋，长兴吕山的秋·华×平30与夏6×夏7比较，各项成绩占明显优势，茧丝长1105.3m，解舒丝长869.8m，分别比对照长254.1m和291.9m，出丝率达37.59%，比对照提高6.88个百分点。

详细成绩见表2。

表2　雄蚕秋·华×平30茧质检定成绩

蚕期	地点	品种	蚕茧(干)数量(kg)	上车茧率(%)	干茧层率(%)	茧丝长(m)	解舒率(%)	解舒线长(m)	纤度(dtex)	光折(kg)	干茧出丝率(%)	清洁(分)	净度(分)
2001年秋	吴兴	秋·华×平30	15250.7	85.14	52.37	1015.4	77.02	731	2.419	232.1	43.08	98.25	93.38
	织里	秋丰×白玉	8928.8	89.96	48.80	943.5	77.40	782.1	2.614	255.2	39.18	96.25	92.0
2002年春	吴兴	秋·华×平30		94.22		1250	74.45	932	2.940		鲜19.24	99	92.5
	织里	秋丰×白玉		91.09		1053	63.29	666.5	2.972		鲜14.13	100	93.5
2002年秋	吴兴	秋·华×平30	3879.4	85.23	50.63	929.7	74.68	694.3	2.454	241.1	41.48	97.75	94.0
	织里	秋丰×白玉	11367.4	90.31	47.84	877.9	80.06	702.9	2.600	262.1	38.15	98.0	93.5
	长兴	秋·华×平30		89.96		1105.3	78.7	869.8	2.661		37.59	96.75	93.58
	吕山	夏6×夏7		85.86		851.2	67.9	577.9	2.968		30.71	97.5	92.75
2003年春	吴兴	秋·华×平30	13008.6	89.28	50.01	1165.05	76.49	891.3	2.900	236.8	42.22	98.25	95.06
	织里	秋丰×白玉	24581.2	89.30	48.13	1161.3	73.48	853.3	2.917	242.7	41.20	98.62	94.81
3年合计平均	吴兴	秋·华×平30	32138.7	86.52	51.00	1036.8	76.06	772.2	2.591	237.9	42.26	98.08	94.15
	织里	秋丰×白玉	44877.4	89.85	48.26	999.2	77.17	779.3	2.710	254.8	39.54	97.62	93.44
		+−		-3.33	2.74	37.6	-1.11	-7.1	-0.119	-16.9	2.72	0.46	0.71

2001年秋与2002年秋，三天门丝厂与溪西丝厂都分到了雄蚕杂交种蚕茧进行缫丝，现将两厂提供的缫丝成绩列于表3。

表3　雄蚕杂交种秋·华×平30丝厂缫丝成绩

蚕期	丝厂	蚕品种	茧丝长(m)	解舒丝长(m)	解舒率(%)	干毛茧出丝率(%)	纤度(dtex)	清洁(分)	净度(分)
2001年秋	三天门	秋·华×平30	1015	615.2	60.61	41.90	2.677	98.70	93.00
		秋丰×白玉	931	695.5	64.00	38.40	2.846	99.26	90.70
2002年秋	溪西	秋·华×平30	948	677.3	70.43	39.00	2.401	99.5	93.25
		秋丰×白玉	870	696.0	80.00	35.53	2.967	99.0	93.25
合计平均		秋·华×平30	981.5	642.25	65.52	40.45	2.539	98.85	93.43
		秋丰×白玉	900	645.75	72.0	36.46	2.907	99.1	91.98
		+−	81.5	-3.5	-6.48	3.99	-0.368	-0.25	1.45

2002年春我们进行了夏·华×平8、秋·华×平30、学35×平20、中933×平30等4个品种对比试验，经茧质检定，秋·华×平30各项成绩均优于夏·华×平8。茧丝长、解舒丝长分别为1250m、932m，比对照夏·华×平8高出176mm、278m，解舒率达74.45%，比对照高出13.57个百分点，出丝率高达19.74%，比对照高出3.39个百分点，清洁、净度分别高出3分。

3　小结与讨论

（1）综观3年4期秋·华×平30的试养与示范推广成绩，我们认为，它是目前我市农村试验饲养的十多个雄蚕杂交种中最为优良的杂交组合。蚕农普遍认为：秋·华×平30强健好养，发育齐一、食桑省、抗逆、抗病力强，上蔟齐涌，平均张产略高于秋丰×白玉，颇受蚕农欢迎。

（2）秋·华×平30茧丝质量优异，好于现行推广品种。从3年实践看，秋·华×平30平均干壳量10.33g，比对照秋丰×白玉高出1.09g，干茧茧层率，比对照高出2.74个百分点；茧丝长1036.8m，比对照长37.6m。干茧出丝率42.26%，高出对照2.72个百分点；特别是清洁、净度平均达98.08分和94.15分，分别高出对照0.46分和0.71分。也显著优于雄蚕杂交种夏·华×平8，由于它的解舒率，出丝率和清洁净度大大超过夏·华×平8，深受丝绸企业的好评。

（3）雄蚕杂交种蚕茧是缫制高品位生丝的优质原料茧，要充分发挥其优异质量的性能，就更需要重视良种良法，在饲养管理上采取一系列技术措施。特别要针对雄蚕茧茧层厚、干壳量高，对蔟中相对湿度比较敏感的特点，采用优良蔟具，加强蔟中管理，通风排湿，提高解舒率。

（4）近两年雄蚕茧茧丝质量优异的性能还没有充分发挥出来，与当前评茧方法改为目评有关。由于目评，优劣茧子基本同价，导致蚕农未能按品种性状要求做，蔟中管理较为粗放，特别是雄蚕杂交种秋·华×平30蚕期比对照品种长，却同时卖茧，蛹体偏嫩，上茧率偏低。

因此，雄蚕杂交种的推广，必须要有相应的优质优价政策相配套，以调动蚕农实行良种良法，采取提高茧质配套技术，进一步挖掘雄蚕杂交种秋·华×平30提高茧质的潜力。

雄蚕秋·华×平30秋期农村鉴定饲养报告[①]

陈国勋[1]　李涂成[1]　周慧春[2]

（1.浙江省长兴县农业局　湖州　313100；2.长兴县吕山乡　湖州　31300）

根据浙江省农科院蚕桑研究所安排，长兴县在2003年中秋期承担雄蚕品种秋·华×平30的农村饲养鉴定试验，现将试验饲养情况报告如下。

1　试验方法

1.1　试验材料

雄蚕杂交种秋·华×平30，由湖州市塔山蚕种场提供，对照种夏6×夏7由长兴县蚕种场生产。蚕种质量检验均达到合格检准。经过调查确定在生产条件较好，中秋饲养量较多的重点蚕区吕山乡南蒋村饲养。该村饲养中秋蚕171张，其中夏6×夏7 117张，秋·华×平3054张。

1.2　试验方法

秋·华×平30与夏6×夏7 12个品种均按照普通催青标准进行催青，在桑叶采摘和饲养方法上都相同。采取同日收蚁，小蚕期采用一日二回育，大蚕期普通片叶育，上蔟统一为蜈蚣蔟自动上蔟。评茧均为目评，并由长兴县茧丝绸公司收烘后，抽样送浙江省茧质检定所检定茧丝成绩。

2　饲养结果

2.1　饲养成绩

饲养期间，秋·华×平30表现为蚕体发育齐一，抗逆抗病性强，强健好养，结茧率高。龄中食桑旺，用桑省，5龄经过期比对照种延长5h。养蚕成绩：秋·华×平30茧产量明显高于夏6×夏7，平均张产达到43.75kg，比对照种高出5.05kg。同时秋·华×平30茧层厚，茧层率高，

---

①　本文原载于《中国蚕业》，2004，25（1）：76。

平均每张蚕种茧款收入924元，比对照种增加130元（表1）。

表1　秋·华×平30养蚕成绩表

蚕品种	数量（张）	张产茧（kg）	产值（元/张）	50kg桑产值（元）	5龄经过（d:h）	全龄经过（d:h）
秋·华×平30	54	43.75	924.0	85.8	7:05	21:06
夏6×夏7	117	38.70	794.0	76.3	7:00	21:01

2.2　茧丝质量

根据长兴县丝绸公司提供的浙江省第三茧质检定所关于"桑蚕茧（干茧）检验证书"资料：雄蚕秋·华×平30茧丝长1034.9m，比夏6×夏7长171.5m；解舒丝长613.3m，比夏6×夏7长176.5m；解舒率59.26%，比夏6×夏7增加8.66个百分点；干茧出丝率34.23%，比对照高出4.01个百分点；光折241.3kg，比对照减少34.7kg；纤度2.58dtex，偏细0.098dtex；清洁、洁净分别为99.50分和94.56分，比对照夏6×夏7提高2分和0.68分（表2）。

表2　秋·华×平30茧质检定成绩表

蚕品种	上车茧率（%）	茧丝长（m）	解舒丝长（m）	解舒率（%）	光折（kg）	出丝率（%）	纤度（dtex）	清洁（分）	洁净（分）
秋·华×平30	84.59	1034.9	613.3	56.26	241.3	34.23	2.582	99.50	94.56
夏6×夏7	85.40	863.4	436.8	50.60	276.0	30.22	2.680	97.50	93.88

3　小结

从本次农村试养情况看，雄蚕秋·华×平30在饲养性状和饲养成绩各项指标方面均优于对照种。蚕农普遍反映该品种强健好养，发育齐一，食桑旺，用叶省，抗逆、抗病率强，上蔟齐，产量高且稳。同时秋·华×平30茧丝长长、出丝率高、缫折小、解舒好、纤度细而匀、净度优，是丝厂缫制高品位生丝的优质原料茧。随着雄蚕茧丝质量优异性能的进一步发挥，开发雄蚕丝绸新品种，以及雄蚕杂交种的繁育与饲养技术的完善，专养雄蚕生产前景广阔。

雄蚕品种夏·华×平8在固原地区的引进试验简报[①]

崔秀梅　吴国平　杨治科　周皓蕾　杜占文

（宁夏回族自治区固原市农科所　固原　756000）

据报道，雄蚕具有强健好养、食桑少、叶丝转化率、茧层率和出丝率高的特点，而且可以缫制出高品位生丝，适合丝绸制品向高档化发展的要求。为了提高农户养蚕效益，探索21世纪固原地区蚕桑发展方向，我们于2003年秋期，开展了专养雄蚕试验，引进浙江农科院蚕研所育成的第二代雄蚕品种夏·华×平8 2张，并与当地现行推广品种进行比较，以检验雄蚕品种在固原地区的实用化程度。现简报如下。

1　试验材料和方法

1.1　供试品种及来源

夏·华×平8，雄蚕品种由浙江省农科院蚕研所供种；陕蚕4号，由陕西省蚕桑丝绸研究所供种；陕蚕5号，由陕西省蚕桑丝绸研究所蚕种场供种。

1.2　试验方法

供试蚕种与生产用种统一催青，8月27日统一收蚁，共育至3龄第2天，生产用种发给农户饲养，试验蚕种由专人共育至4龄起蚕，小区试验与农户试养同时进行。统一按常规饲养，1～3龄采用塑料薄膜每日4回育。4龄起蚕分区，每个品种每小区400头蚕，5个重复，4龄每日4回育，5龄每日6回育，统一饲喂同一桑树品种优质桑叶，每次给桑前桑叶按区组称重记载。用塑料折蔟，见熟蚕手捉适时上蔟，并适时采茧调查茧质。同时在4龄饱食后将雄蚕种分3户农户各饲养0.3张，与其他生产蚕种（陕4）同室饲养，每日4回育，重点调查其抗病性及饲养的难易程度。

1.3　调查项目

饲养经过，眠起齐一程度、用桑量、死笼率、全茧量、茧层率，50g鲜茧干茧量、普茧率等生物学性状。

---

①　本文原载于《北方蚕业》，2004，25（3）：16-17。

2 试验结果与分析

2.1 眠起齐一程度调查

雄蚕种夏·华 × 平8与陕蚕4号、陕蚕5号相比较入眠快，蜕起快而齐一，但农户反映若蚕室温度低于标准温度，则较陕蚕4号入眠慢，眠性差。

2.2 生长发育经过

夏·华 × 平8全龄发育经过与陕蚕4号基本一致，较陕蚕5号略长（见表1）。从眠蚕体重上看，夏·华 × 平8从开始即低于陕蚕4号和陕蚕5号，生长速度不及对照。

表1 生长发育经过比较

品种	1龄（d:h）			2龄（d:h）			3龄（d:h）			4龄（d:h）			5龄（d:h）	全龄（d:h）		
	食桑	眠中	小计	食桑	眠中	小计	食桑	眠中	小计	食桑	眠中	小计	食桑	食桑	眠中	小计
夏·华 × 平8	2:18	1:11	4:05	2:06	1:21	4:03	3:04	1:16	4:20	3:21	2:07	6:04	9:07	21:08	7:07	28:15
陕蚕4号	2:17	1:08	4:01	2:06	1:18	4:00	3:09	1:17	5:02	4:02	2:06	6:08	9:04	21:14	7:01	28:15
陕蚕5号	2:17	1:11	4:04	2:07	1:20	4:03	3:04	1:16	4:20	4:02	2:06	6:08	8:22	21:04	7:05	28:09

2.3 大蚕期用桑量及经济性状调查

综合小区试验及农户试养结果，雄蚕品种夏·华 × 平8大蚕期食桑量较对照低，其蚕体较小，但活泼易养，不需特殊处理，对桑叶及饲养环境要求较低，抗病性较对照强，缺点是张种产茧量较低（见表2）。

表2 不同品种饲育结果

品种	结茧率（%）	死笼率（%）	好蛹率（%）	千克茧粒数（粒/kg）	普茧率（%）	全茧量（g）	茧层量（g）	茧层率（%）	50g样茧干壳量（g）	万蚕产茧量（kg）	万蚕产茧层量（kg）	5龄50kg桑产茧量（kg）	5龄50kg桑产茧层量（kg）
陕蚕4号	94.20	2.34	94.70	450	95.22	2.22	0.531	23.98	11.504	20.65	5.310	3.05	0.739
陕蚕5号	97.50	2.15	93.75	444	95.54	2.25	0.541	24.24	11.496	21.70	5.411	3.01	0.723
夏·华 × 平8	93.40	2.14	96.40	552	97.95	1.81	0.456	25.36	12.168	18.12	4.511	2.72	0.685

从表2可以看出，雄蚕品种夏·华 × 平8的普茧率、茧层率及50g样茧干壳量均明显高于对照，但其全茧量明显低于对照，5龄50kg桑产茧及5龄50kg桑产茧层量这两个衡量蚕种优劣的重

要指标也明显低于对照。

3　小结与讨论

（1）雄蚕品种夏·华×平8群体发育整齐，孵化齐一，老熟齐涌，抗逆性与抗病性均较对照强，特别是在农户中试养的雄蚕种，对于秋期常见的蚕血液型脓病，表现出了较强的抗病性。

（2）与固原地区现行推广的陕蚕系列蚕种相比，夏·华×平8最突出的缺点是全茧量较小，其叶茧转化率高的特性未能表现出来，这也许是由于目前固原地区常规的养蚕方法不适应雄蚕种所致。

（3）据报道，雄蚕鲜茧出丝率高，每50kg鲜茧可多缫生丝1000g以上，而且雄蚕茧的纤度细，偏差小，丝质优，一般可缫5A级高品位生丝，是未来市场经济条件下茧丝绸产业发展的方向。但目前固原地区蚕桑发展水平不高，全地区乃至整个宁夏尚未实行"组合售茧、缫丝计价"，专养雄蚕其茧层率高、丝质优良的特性，无法在价格上得到体现，农户得不到实惠。建议先由科技部门进行小范围试验试养，逐步摸索和建立一套适合固原地区气候特点、专养雄蚕的实用化技术方案，待条件成熟时再大规模推广。

雄蚕品种夏·华×平8农村试养报告[①]

张　斌[1]　周伟林[1]　朱引根[2]

（1.江苏省吴江市震泽镇蚕桑站　吴江　215200；2.江苏省吴江市蚕桑站　吴江　215200）

雄蚕具有强健好养、食桑少、叶丝转化率、茧层率和出丝率高及丝质优等特点，专养雄蚕可以显著提高蚕茧产量和质量，对促进吴江蚕桑老区的传统产业具有重要意义。为了解该品种对江南地区的气候、叶质及饲养管理等方面的适应性，吴江市震泽镇在2003年春蚕期开始引进，进行农村试养，并进行了茧丝质量跟踪调查。

从生理上分析，雄蚕不用承担孕育后代的重任，相对雌蚕食桑少，叶丝转化率高，干壳量重，很受农户的欢迎；实践证明：雄蚕茧解舒好，能缫出高品位的丝产品，深受加工企业欢迎，因此，雄蚕在吴江市震泽镇的引进，为蚕桑老区的传统产业注入了新的科技活力。现把雄蚕夏·华×平88的农村试养情况总结如下。

1　供试材料与方法

1.1　供试蚕品种

夏·华×平8，由浙江省蚕研所提供，张种卵量为34.8g，6万粒，共饲养10张；对照种：苏镇×春光，由江苏省浒关蚕种场提供，张种卵量为13.4g，2.55万粒。

1.2　饲养技术

2004年春期，江苏省吴江市震泽双阳村饲养雄蚕品种。1～3龄采用电加温大共育室集中饲养，4龄、5龄采用立体平台育分户饲养（饲育标准见表1）。共分6户，其中2户同时饲养苏镇×春光，进行对比试养，即各养雄蚕1张和苏镇×春光1张，确保对比试验正确，其他4户全部饲养雄蚕。养蚕前集中培训，统一消毒，饲养过程中每2d上门观察一次，统一饲养技术标准，及时采取措施。饲养温湿度要求具体见表1。

1.3　调查方法

饲养期间数据以两户对比试验户为标准，详细记载孵化率、饲养技术处理、时间、温度、湿

---

① 本文原载于《广西蚕业》，2005，42（2）：5-8。

度、给桑叶量等数据。茧质调查时6户均调查，雄蚕重复调查12次，雌蚕重复调查2次，对比的苏镇×春光重复调查4次。丝质调查由吴江市震丰缫丝厂进行。

表1 饲育温湿度

项目	1龄	2龄	3龄	4龄	5龄
温度（℃）	28	27	26	自然育	
温湿度（℃）	0.25～0.5	0.25～0.5	1～1.5		

2 结果与分析

2.1 蚕种孵化率调查

表2 夏·华×平8一日孵化率情况

项目	重复次数（次）	调查张数（张）	平均一日孵化率（%）	张种健蚕头数（头）	指数
夏·华×平8	7	10	61.25	28950	114.5
苏镇×春光	7	7	99.13	25279	100

由表2可知，夏·华×平8一日孵化率仅为61.25%，主要是绝大部分雌蚕卵在收蚁时自然死亡，死亡率为38.75%。

2.2 全龄经过与食桑量调查

表3 夏·华×平8全龄经过与食桑量（1张种）

项目		1龄	1龄眠中	2龄	2龄眠中	3龄	3龄眠中	4龄	4龄眠中	5龄	全龄
最大蚕座面积（m²）	雄蚕	—	2	—	3	—	4	—	16	—	—
	对照	—	3	1	3	2	3	—	12.2	—	—
食桑眠中时间（d:h）	雄蚕	2:21	0:23	2:07	1:01	3:02	1:10	5:05	2:06	7:17	26:20
	对照	2:21	0:23	2:08	1:01	3:01	1:05	5:08	1:07	7:21	26:23
食桑量（kg）	雄蚕	—	—	—	—	—	—	—	—	—	729.45
	对照	—	—	—	—	—	—	—	—	—	679.50

由表3可知，全龄经过夏·华×平8为26d20h，苏镇×春光为26d23h，雄蚕品种比对照种发育快3h；全龄张种用桑量雄蚕品种比对照种多49.95kg；4龄最大蚕座面积，夏·华×平8比苏镇×春光分别多3.8m²，原因是夏·华×平8张种蚕头数多。

2.3 蚕体重调查

表4 蚕体重量

项目	4龄眠蚕体重（g/10条）	指数	熟蚕体重（g/10条）	指数
雄蚕	10.53	100	39.80	100
雄蚕中的雌蚕	11.04	104.84	46.88	117.8
苏镇×春光	10.96	104.08	43.58	109.5

由表4可知，无论4龄眠蚕体重还是熟蚕体重，雄蚕品种的体重显著比对照要轻，比雄蚕中的雌蚕轻。

2.4 收茧量调查

表5 夏·华×平8收茧量调查

项目	性别	张数	总产（kg）	指数	张产（kg）	指数	价格（元/kg）	指数
夏·华×平8	雄蚕	10	469.1	104.13	46.91	104.13	13.88	102.06
	雌蚕	10	5.25	—	0.53	—	12.1	88.97
	小计	10	474.35	105.29	47.44	105.29	13.86	101.91
苏镇×春光	雌雄混合蚕	10	450.5	100	45.05	100	13.6	100

由表5可知，夏·华×平8在春季饲养的产量，平均张产47.44kg，其中，雄蚕为46.91kg，占98.89%；雌蚕茧为0.53kg，占1.11%；以蚕的数量计，雄蚕率高达99.59%，且雄蚕率普遍较稳定。对照苏镇×春光平均张产45.05kg，雄蚕比苏镇×春光张产高1.86kg，高4.13%，但由于收购体制等原因，价格并不如人意。

2.5 茧质调查

表6 夏·华×平8春鲜茧茧质调查

项目	性别	原量（g）	干壳量（g）	茧层率（%）	好蛹率（%）	含水率（%）	上茧率（%）	千克茧粒数	其中	
									双宫茧	次茧
夏·华×平8	雄蚕	11.73	10.35	23.46	100	11.76	97.4	542	9	5
	雌蚕	10.1	8.89	20.20	100	11.98	97.05	474	8	6
苏镇×春光	雌雄混合	11.35	10.13	22.70	98	10.75	96.01	526	13	8

由表6可知，夏·华×平8雄蚕的干壳量、茧层率、好蛹率、上茧率都比对照高。

2.6　干茧丝质和吨丝效益分析

由表7、表8可知，夏·华×平8茧的丝质比苏镇×春光有明显提高，虽然茧丝长减少26.69m，解舒丝长却增加158.46m，解舒率大幅度提高11.19个百分点，茧丝纤度只有对照的89.69%，解舒缫折、光折和毛折比对照分别下降了27.96kg、32kg和21kg。

表7　夏·华×平8春干上茧丝质对比

项目	夏·华×平8	苏镇×春光
上茧率（%）	75.12	82.5
次茧率（%）	13.17	8.61
茧丝长（m）	975.12	1001.81
解舒丝长（m）	498.38	339.92
解舒率（%）	51.11	39.92
茧丝纤度（dtex）	2.428	2.707
万米类吊（次/万米）	3.01	2.79
清洁（分）	99.33	99.33
洁净（分）	92.67	93.33
解舒缫折（kg）	267.36	295.32
光折（kg）	288	320
毛折（kg）	339	360

表8　成本对比分析

项目		夏·华×平8	苏镇×春光
规格		20/22D	20/22D
等级		3A	3A
台时产（g）	D101	173	155
	D301	222	200
日产（kg）		407	366
工费（万元）		2.95	3.28
茧本（万元）		10.36	11.52
下脚回收（万元）		1.67	1.7
吨丝成本（万元）	无税	11.64	13.1
	含税	13.62	15.32

干茧价3.6万元/t，工费1.2万元/d，开台数6.5组自动缫，其中3.5组D101B型、3组D301B型，长吐（条吐）价格6.2万元/t，汰头价格4.5万元/t，干下脚平均价2.3万元/t。

夏·华×平8蚕茧，实缫20/22D规格3A级厂丝，由于解舒率明显比对照品种蚕茧高，致使台时产量明显提高，日产量高约41kg，工费降低了0.33万元/t，约为10.06%，加工蚕茧的成本降低了1.16万元/t，约为10.06%。含税吨丝成本比对照下降了1.7万元。

3 讨论

（1）农村饲养夏·华×平8雄蚕品种，一日孵化率达61.25%，最终获得的健康雄蚕稳定达28000条左右，约占48%。经过调整卵量到60000粒后，张产茧量比对照增加2.385kg，增长5.03%。所获雄蚕茧的茧丝纤度为2.4280dtex，解舒率大幅度提高11.19个百分点。经过丝厂实缫，吨丝增效可达1.7万元，深受厂家欢迎。

（2）该品种发种卵量比普通蚕种增量140%是合适的。由于实养健康雄蚕头数的增加，在饲养过程中，4～5龄的饲育面积要相应增加。在饲养至5龄时，发现极小部分雌蚕未死亡，约占健康蚕头数的0.9%，还有待进一步纯化。

（3）应该进一步开展雄蚕品种的饲养技术研究。制定该品种的饲育技术标准，加大技术培训和宣传力度，使良种良法得到落实。

（4）与该品种相配套的收茧政策有待出台。由于雄蚕茧小，现行收购手段对饲养者极为不利，今年我镇按普通春鲜茧收购政策收购夏·华×平8雄蚕的鲜上茧平均价为694元/50kg，比全镇苏镇×春光680元/50kg只高了14元/50kg。50g鲜上春茧干壳量为10.35g，比苏镇×春光10.13g高0.22g，优茧得不到高价。有关单位应该尽快组织调查研究、测试，制定配套的收购政策和快速、公正、准确、高效的评茧计价办法，建立良好的雄蚕茧收购秩序，真正体现优质优价，使蚕农得到实惠，促进科技成果尽快转化为现实生产力。

3对新雄蚕品种试养初报[①]

沈根生　楼黎静　马秀康

（浙江省湖州市经济作物技术推广站　湖州　313000）

秋丰×平28、秋玉×平68和限7×平48是浙江省农业科学院蚕桑研究所最近育成的雄蚕新品种。为了探索它们的性状与饲养技术，了解茧丝质量情况，我们于2004年秋期进行了农村饲养试验，并与已在示范推广的雄蚕秋·华×平30和大面积应用的秋丰×白玉作比较，现将试验情况报告如下。

1　材料与方法

1.1　供试品种

秋玉×平68、限7×平48由浙江省农业科学院蚕桑研究所提供，秋丰×平28系长兴县蚕种场生产，秋·华×平30、秋丰×白玉系湖州塔山蚕种制造公司生产。

1.2　试验方法

在吴兴区织里镇选择饲养环境条件、饲养技术和桑叶质量基本相近的5户蚕农进行对比试验，其中3户1～4龄共育，饲养雄蚕4户均采用方格蔟上蔟，试验过程作调查记载。采茧后各品种抽取2kg鲜茧烘干后送省第三茧质检定所作茧丝质量检定。

2　试验结果与分析

2.1　饲养成绩

根据本期试养，雄蚕秋玉×平68、限7×平48、秋丰×平28与秋·华×平30均表现出孵化率高发育齐一、强健好养、老熟齐涌，对血液型脓病抗性强等特点。前3对品种平均张产茧分别比秋·华×平30高15.2kg、6.8kg和8kg，而秋·华×平30又高于秋丰×白玉2kg。从抗病性

---

①　本文原载于《中国蚕业》，2006，27（1）：35-36。

看，限7×平48发现极少量血液型脓病，秋·华×平30、秋丰×平28和秋玉×平68均未发现，秋丰×白玉则有少量血液型脓病发生；秋丰×平28发现少数细菌病，但未造成损失，其他3个雄蚕品种未发现。从营茧情况看，雄蚕系列蚕儿老熟齐涌，营茧部位多在蔟的中上部，营茧快，茧质好（表1）。

表1 2004年秋几对雄蚕品种农村试养调查成绩

蚕品种	5龄（d:h）	全龄（d:h）	壮蚕用桑（kg/张）	张产茧（kg）	干壳量（g）	张产值（元）	上车率（%）	茧丝长（m）	解舒丝长（m）	解舒率（%）	纤度（dtex）	光折（kg）	出丝率（%）	清洁（分）	净度（分）
秋玉×平68	6:00	21:03	763.9	51.2	10.5	785	94.11	1151	965	83.85	2.797	224.0	42.01	99.2	95.3
限7×平48	6:03	21:11	679.0	42.8	10.2	683	92.61	1056	827	78.27	3.334	228.8	40.47	—	—
秋丰×平28	6:16	21:03	637.0	44.0	10.1	687	91.11	1055	844	80.00	2.534	229.2	40.10	99.2	95.2
秋·华×平30	6:18	21:08	658.0	36.0	10.0	590	92.98	895	725	80.97	2.885	256.3	36.28	98.2	94.9
秋丰×白玉		21:04	—	34.0	8.8	558	86.10	852	687	80.65	2.533	270.3	33.45	97.4	94.4

2.2 茧丝质量

雄蚕秋玉×平68、限7×平48、秋丰×平28与秋·华×平30茧层较厚，前3个品种50g鲜茧干壳量分别达10.5g、10.2g和10.08g，比秋·华×平30的10.0g高出0.5g、0.2g和0.08g，与秋丰×白玉的8.8g相比，分别高出1.7g、1.4g和1.28g。

根据省第三茧质检定所对样茧的检定，雄蚕新品种各项主要成绩均优于秋丰×白玉。①上车茧率：秋玉×平68、限7×玉48、秋丰×平28和秋·华×平30都在90%以上，分别达94.11%、92.61%和92.98%，比秋丰×白玉的86.14%明显提高。②茧丝长：秋玉×平68、限7×平48、秋丰×平28均在1000m以上，分别达1150.7m、1055.9m、1054.9m，比秋·华×平30高出255m、160.9m、159.9m，与秋丰×白玉相比则分别高出298.5m、203.4m、202.7m。③解舒丝长：秋玉×平68、限7×平48、秋丰×平28分别为964.9m、826.5m、843.9m，分别比秋·华×平30的724.7m高出240.2m、101.8m、119.2m，而秋丰×白玉解舒丝长仅687.3m。④干毛茧出丝率：秋玉×平68、限7×平48、秋丰×平28分别达42.01%、40.47%、40.10%，分别高出秋·华×平305.73、4.19和3.82个百分点，而秋丰×白玉出丝率仅为33.45%。⑤清洁、净度：秋玉×平68、秋丰×平28与秋·华×平30皆为优秀（限7×平48送样漏检）。清洁成绩秋玉×平68与秋丰×平28均为99.2分，比秋·华×平30高出1.0分，比秋丰×白玉高出1.8分；净度成绩秋玉×

平68、秋丰×平28分别为95.3分、95.0分，比秋·华×平30高出1.4分、0.1分，比秋丰×白玉分别高出0.9分和0.8分（表1）。

3 小结与讨论

秋玉×平68、秋丰×平28、限7×平48、秋·华×平30等雄蚕品种的体质强健，茧丝质量优异，尤其是雄蚕抗病力较强，稳产高产，茧丝长长，解舒丝长长，出丝率高，清洁、净度优，是缫制高品位生丝的优质原料茧，综合成绩均高于秋丰×白玉。限7×平48纤度偏粗，对血液型脓病抗性相对偏弱，适宜春蚕饲养。秋·华×平30体质强健，茧丝长比秋丰×白玉长80m左右，2003—2004年秋茧平均清洁、净度分别达98.52分和94.19分，比秋丰×白玉分别高出0.87分和0.6分，本期试验的清洁、净度分别为98.2分和94.9分，比秋丰×白玉高出0.8分和0.5分，是值得推广的品种。

雄蚕品种秋·华×平30和秋丰×平28饲养初报 [①]

范国明[1]　韩有魁[1]　杨春玲[1]　董占鹏[2]　白兴荣[2]　廖鹏飞[2]

（1.云南省保山市隆阳区蚕桑站　保山　678000；

2.云南美誉蚕业科技发展有限公司　蒙自　661101）

随着国内外丝绸市场的竞争不断加剧，我国缫丝织绸设备正在全面升级换代，现代化丝绸工业对原料蚕茧的要求越来越高。优质茧蚕品种的筛选和推广是提高茧丝产量和质量最经济有效的手段，蚕桑生产的发展离不开蚕品种的更新换代，蚕的新品种引进和推广工作越来越重要。家蚕在数量性状和质量性状上都表现出显著的性别效应，例如全茧量和蛹体重等性状总是表现为雌明显大于雄，而茧层率则是雄大于雌，每个雌性个体在卵巢发育和营造数百粒蚕卵上消耗了大量的营养物质，用在生产茧丝的营养相对较少，而雄性个体在性发育中消耗的营养物质则相对较少，大量营养用于造丝，从而使其在出丝率、叶丝转化率、茧丝质量以及抗逆性等方面都优于雌性。雄蚕与雌蚕相比，具有茧质优、丝质好、叶丝转化率高、抗性强等优点，通过育种手段实现雄蚕专养是蚕桑科技的重大进步，目前我国已培育出一系列雄蚕品种。云南省保山市隆阳区古称永昌，是我国南方丝绸之路重镇，蚕桑生产条件得天独厚，目前蚕桑产业已初具规模，为了不断提高蚕茧质量和种桑养蚕的经济效益，增加农民收入，根据产业发展的要求，结合隆阳区实际情况，我们开展了雄蚕品种饲养试验，旨在引进筛选出茧质好、丝质优、抗性好、产量高、经济效益好的雄蚕品种，摸索一套雄蚕饲养的生产实用技术，为今后推广饲养雄蚕品种做好准备。

1　材料与方法

本试验选用浙江省农业科学院蚕桑研究所新近选育的秋·华×平30和秋丰×平28共2个夏秋用雄蚕品种，以夏秋用普通蚕品种7532·湘晖×932·芙蓉（即两广2号）为对照种。蚕种均系云南省美誉蚕业科技有限公司提供。

试验地点安排在保山坝蚕区，于2006年分夏蚕和中秋蚕2批在金鸡乡郑官村蚕桑基地、板桥镇卧佛村第四村民小组董福秀户和河图镇青阳村第二村民小组张建国户进行。

夏蚕期设董福秀户（A）和蚕桑基地（B）2个点，每个点安排3个品种各1盒；中秋蚕期设

---

① 本文原载于《中国蚕业》，2007，28（2）：27-29。

董福秀户（A）、蚕桑基地（B）及张建国户（C）3个试验点，A点设秋丰×平28品种1盒，B点设秋·华×平30、秋丰×平28和对照种各1盒，C点设秋·华×平30和对照种各1盒。2个雄蚕品种试验区与对照区的采叶和饲养方法相同，小蚕期采用保鲜薄膜覆盖一日2回育，大蚕期采用一日3回育，熟蚕上蔟全部使用塑料折蔟，评茧方法采用干壳量计价法。试验过程中全程观察记载各龄期经过时间、全龄操作情况、温湿度、每次用桑量、发育表现和发病率等情况。缫丝样茧由试验小组随机抽取并编号，交由隆阳区板桥蚕茧收烘站烘烤，然后再送往保山茧丝绸公司缫丝厂缫丝并检定茧丝质量。

2 试验结果

2.1 雄蚕品种的龄期经过与饲养表现

在雄蚕品种的蚕卵中，一半为雄性，正常孵化，另一半为雌性，不能孵化。雄蚕品种的理论孵化率为50%，即为非雄蚕品种的一半。经过夏蚕和中秋2批蚕的饲养试验，秋·华×平30龄期经过平均为21d3h，秋丰×平28为21d0.5h，对照种龄期经过为22d1h，2个雄蚕品种均比对照种快约1d。雄蚕各龄发育齐一，4眠较对照种快4～6h，老熟齐涌，游山蚕很少，营茧较快。

在夏蚕和中秋蚕2次试验中，阴雨天气较多，连续饲喂带雨水的桑叶，而且桑园普遍发生桑粉虱和褐斑病，桑叶质量较差，所以各试验小区都发生了少量血液性脓病，但在品种间有明显差异，雄蚕品种显示抗病性较强，尤其是秋·华×平30抗病性最好。农户反映这2个雄蚕品种强健好养，结茧率高，希望以后继续饲养。

2.2 雄蚕品种的桑叶利用效率

雄蚕品种表现出生长发育较快，同样的温湿度饲养条件下，雄蚕品种的全龄经过较短，桑叶消耗量较少，叶丝转化率较高，1kg蚕茧的用桑量较小，显示雄蚕品种的桑叶利用效率较高（表1）。试验结果显示秋华×平30和秋丰×平28，1kg蚕茧用桑量均比对照（7532·湘晖×932·芙蓉）少，其叶茧比为15.67和15.91，分别比对照种减少1.49和1.25，500kg桑叶产茧量分别为31.9kg和31.4kg，分别比对照种提高9.6%和7.9%。农户反映雄蚕品种比普通蚕品种好养、不挑桑叶好坏、不踏叶、桑叶吃得干净。

2.3 雄蚕品种的饲养成绩

雄蚕品种饲养成绩见表2。从表2中可看出，夏蚕饲养成绩好于中秋蚕成绩，总的来说雄蚕品种产茧量、茧层率、干壳量等都优于对照种；平均1kg茧价较对照种提高20～30元，盒种产量、盒种产值均高于对照，其中秋·华×平30的平均盒种产量、盒种产值分别比对照种增长26.67%和30.40%；雄蚕品种鲜茧茧层较厚，平均干壳量较对照种高0.4～0.6g，相当于提高了

2～3个蚕茧基价等级；茧层率和上车茧率分别比对照种提高2～3个百分点和3～5个百分点，鲜茧洁白、匀整，其千克茧粒数小于对照种。养蚕农户反映较好。

表1　雄蚕品种1kg茧用桑量情况调查（kg）

| 品种 | 夏蚕期 | | 中秋蚕期 | | | 平均 | 500kg桑叶产茧量 |
	A	B	A	B	C		
秋·华×平30	16.44	16.02	—	15.32	14.90	15.67	31.9
秋丰×平28	15.37	16.07	16.31	15.90	—	15.91	31.4
对照	17.78	17.07	—	17.03	16.80	17.16	29.1

表2　雄蚕品种的饲养成绩调查

蚕期	品种	产茧量（kg/盒）	产值（元/盒）	茧层率（%）	干壳量（g）	千克茧颗粒（粒）
夏蚕	秋·华×平30	46.48	986.55	25.9	11.2	552
	秋丰×平28	47.25	951.05	25.7	10.9	546
	对照	36.50	748.54	23.0	10.3	702
中秋蚕	秋·华×平30	41.35	858.30	23.3	10.0	624
	秋丰×平28	38.25	827.35	23.1	9.9	656
	对照	32.85	666.20	21.8	9.7	778

注：表中缫丝成绩是试验点的平均数。

2.4　雄蚕品种的缫丝成绩

经对试验品种进行缫丝及丝质检验，雄蚕品种的解舒较好，茧丝纤度较细，清洁和净度得分较高，万米吊糙次数明显优于对照，仅为3.2次和3.3次（表3）。雄蚕品种有利于缫丝厂提高生丝品位，节省蚕茧原料，降低生产成本，提高综合效益。

表3　雄蚕品种的缫丝成绩调查

蚕期	品种	上车茧率（%）	茧丝长（m）	解舒丝长（m）	鲜茧出丝率（%）	光折（kg）	清洁（分）	净度（分）	万米吊糙（次）	纤度（dtex）
夏蚕	秋·华×平30	98.66	1247.2	641.1	18.80	248.5	99.80	94.70	3.0	2.588
	秋丰×平28	98.87	1218.1	629.3	18.31	234.3	99.90	92.60	3.2	2.585
	对照	97.68	963.4	608.0	17.19	234.0	98.70	92.60	5.1	2.677
中秋蚕	秋·华×平30	95.70	1097.6	577.0	18.24	243.5	98.90	94.10	3.4	2.562
	秋丰×平28	94.93	1084.1	585.5	17.95	243.8	98.90	92.10	3.4	2.574
	对照	95.72	867.0	559.4	16.85	244.6	98.20	92.20	5.3	2.658

注：表中缫丝成绩是试验点的平均数。

2.5　雄蚕率调查

在每批蚕化蛹后，随机抽样调查蚕蛹性别，计算出雄蚕率（表4）。从表4中看出，2个雄蚕品种的雄蚕率都在99%以上，2期蚕平均雄蚕率秋·华×平30为99.31%，秋丰×平28为99.48%。

表4　雄蚕品种的雄蚕率调查

蚕期	品种	雌蛹∶雄蛹	雄蚕率
夏蚕	秋·华×平30	6∶993	99.39
	秋丰×平28	4∶994	99.60
中秋蚕	秋·华×平30	8∶994	99.20
	秋丰×平28	6∶996	99.40

3　小结与讨论

3.1　雄蚕品种生产表现好

秋·华×平30、秋丰×平28两个雄蚕品种的生产表现较好，蚕种孵化整齐，一日孵化率高，性别单一，群体开差较小，生长发育快，抗性强，桑叶利用率高，是较为好养的蚕品种。其中，秋·华×平30平均盒种产茧量比对照种提高9.25kg，茧层率提高2.2个百分点，干壳量提高0.6g，鲜茧出丝率提高1.32个百分点，光折减少6.7kg，清洁和净度得分也明显高于对照，是茧质、丝质较优的蚕品种。秋丰×平28较秋·华×平30略差，但好于对照种。

3.2　雄蚕品种饲养中出现群体开差

在饲养过程中出现少量迟眠蚕，经过检查并不是病蚕引起，后通过向云南省蚕蜂研究所咨询，认为是雄蚕品种中出现少量雌蚕孵化造成，这部分迟眠蚕发育到2龄甚至3龄期就成为弱小蚕，经检查未发现任何病原。

3.3　雄蚕品种的选择

本试验采用了国内新近培育的夏秋用雄蚕品种，所以选择7532·湘晖×932·芙蓉的夏秋种作为对照。2个雄蚕品种的蚕体相对较小，其茧形小于目前隆阳区普遍使用的春用种，其中秋丰×平28的千克茧颗数已超过600粒，而隆阳区目前饲养的蚕品种是春用品种菁松×皓月，千克茧颗数为500～540粒，本试验中2个雄蚕品种千克茧颗数虽然少于对照种，但已明显超过了春用品种。云南省大部分蚕区气候条件较好，一般夏秋蚕期也普遍饲养多丝量的春用蚕品种，但目前尚缺乏春用型的雄蚕品种，希望各研究单位能选育出春用品种的雄蚕良种。就本试验看秋·华×平30和秋丰×平28均适合在隆阳区饲养，其中又以秋·华×平30表现最好，更适合在本地区推广应用。

3.4 雄蚕品种饲养中应注意的几个问题

①做好催青工作提高一日孵化率。雄蚕品种秋·华×平30和秋丰×平28在催青初期胚胎发育较缓慢，同期出库的蚕种中雄蚕品种应在催青后期比非雄蚕品种提高0.5℃，发种后补催青时要严格做好保温、补湿和遮黑工作，确保蚕种孵化齐一，力争一次性完成收蚁工作，以便于小蚕共育和小蚕一日2回育技术的贯彻。②精心饲养，提高产茧量。秋·华×平30和秋丰×平28两个雄蚕品种小蚕期发育较慢，饲养温度应比春用品种饲养标准提高0.5～1℃。夏秋蚕合理安排桑叶采摘，精选桑叶，避免连续饲喂雨水桑叶。小蚕期间要做好超前扩座和匀座，大蚕期间要增大饲养面积，良桑饱食，以弥补蚕体偏小的品种缺点。③把好上蔟关，确保茧质。2个雄蚕品种都是茧丝质优良的蚕品种，但要注意合理上蔟和加强蔟中管理。雄蚕性别单一，发育齐，老熟涌，要尽早做好上蔟准备，适时上蔟。上蔟前既要充分饱食又要注意除去蚕沙并适当扩座，做到适熟稀上减少双宫茧率。雄蚕品种老熟整齐，熟蚕蚕尿量偏多，上蔟后有一个明显的高湿时段，要特别注意通风排湿。为节省劳动力可利用塑料折蔟或方格蔟搞自动上蔟，并在上蔟后24～48h撑高蔟具，除去蚕沙杂质，大开门窗，排除湿气。

3.5 雄蚕品种推广的有关问题

雄蚕品种是家蚕育种技术的重大进步，雄蚕茧层厚、丝质优、出丝率高，雄蚕品种的选育推广将推动蚕桑丝绸产业的提质增效。但是目前雄蚕品种推广中也面临着困难和问题，首先是制种成本较高，其蚕种价格比普通品种高出近1倍；其次，雄蚕茧丝质量虽有明显提高，但在现行的干壳量计价和鲜茧茧层率计价方法中只能体现茧层增厚和上车茧率提高带来的茧价变化，而丝质内在质量（诸如洁净、清洁、出丝率等）的提高不能直接体现为蚕茧价格的提高，养蚕生产者既要承担蚕种的高价，又不能充分享受到茧丝质量带来的茧价增值，这样在生产上就难以推广；对缫丝企业来说，只有在雄蚕品种规模化推广实现单独缫丝加工才能够真正提质增效。

雄蚕品种的推广有待于今后采取一些积极的工作措施。第一，蚕种场要降低雄蚕种的制种成本，降低蚕种价格；第二，丝绸工业应加快对雄蚕茧丝的利用和开发，切实让雄蚕品种发挥应有的效益；第三，蚕茧收购企业要针对性地制定雄蚕茧的茧价，划定庄口实行雄蚕蚕茧专收，或者直接推行缫丝计价法收购鲜茧，优茧优价，使蚕农真正得到实惠；第四，是由有关部门筹集雄蚕品种推广专项经费，专门补助蚕农或蚕种场，降低蚕种价格负担，切实加快雄蚕品种的推广。

伴性平衡致死系雄蚕品种材料杂交试养初报[①]

韦博尤 闭立辉 胡乐山 罗 坚 苏红梅 黄玲莉 蒙艺英

（广西蚕业技术推广总站 南宁 530007）

从常规养蚕生产实践中发现，家蚕由于雌雄性别的不同，其主要经济性状表现也各有不同：雄蚕比雌蚕体质强健、好养、食桑少、产丝率高、茧丝品质好。为培育"专养雄蚕"的育种新素材，进一步提高广西茧丝质量，实现专养雄蚕，2005年广西蚕业技术推广总站从浙江省农业科学院蚕桑研究所引进了5个伴性平衡致死雄蚕品种进行饲养试验。以广西常规中系杂交原种芙蓉·932为母本，伴性平衡致死雄蚕品种为父本进行杂交，进一步了解雄蚕品种杂交组合的主要经济性状，了解雄蚕杂交组合在广西亚热带气候饲养环境中的适应性，为下一步进行热带亚热带型雄蚕品种育种时亲本及相关育种素材的选择提供试验依据。

1 试验时间和地点

2005年6月在广西蚕业技术推广总站育种室。

2 试验材料和方法

2.1 试验品种

伴性平衡致死雄蚕日系品种：平28、平30、平32、平40、平48，浙江省农业科学院蚕桑研究所提供；中系二元杂交原种：芙蓉·932，广西蚕业技术推广总站提供；一代杂交品种（对照种）：芙·9×7·湘（两广2号），广西蚕业技术推广总站提供。

2.2 试验方法

以芙蓉·932为母本，雄蚕品种为父本按"中×日"的形式组配成三元杂交种：芙蓉·932×平28、芙蓉·932×平30、芙蓉·932×平32、芙蓉·932×平40、芙蓉·932×平48，与芙·9×7·湘（两广2号）在同蚕室按常规方式进行饲养，小蚕期各个品种采取混区饲养，4龄起蚕定头数，每个品种饲养3个重复区，每区300头。调查其龄期经过、幼虫生命力、

---

① 本文原载于《广西蚕业》，2007，44（3）：15-18。

死笼茧率、虫蛹生命力和茧层率等指标。

3 试验成绩

3.1 龄期经过

新组配的家蚕品种由于两个伴性平衡致死基因的存在，在孵化前的胚胎期使雌体死亡，只有雄体可以孵化，理论上实用孵化率为50%，5个组合都为雄蚕专养，只有对照种为雌雄混养。在平均温度为28.5℃，平均湿度为80%的条件下饲养，全龄饲养成绩见表1。

表1 雄蚕杂交组合饲育成绩表

调查指标品种名	5龄经过（d:h）	全龄经过（d:h）	病蚕率（%）	幼虫生命力（%）	死笼茧率（%）	虫蛹生命力（%）
芙蓉·932×平28	6:08	19:06	2.13	97.87	16.45	81.77
芙蓉·932×平30	6:08	19:06	2.53	97.47	11.35	86.41
芙蓉·932×平32	6:08	19:06	2.13	97.87	15.50	82.50
芙蓉·932×平40	6:08	19:06	3.47	96.53	18.15	79.01
芙蓉·932×平48	6:08	19:06	1.47	98.53	19.25	79.56
芙·9×7·湘（对照）	6:08	19:06	1.73	98.27	3.50	94.83

从表1看，伴性平衡致死雄蚕杂交组合大蚕5龄经过和全龄经过与对照种没什么大的差异，伴性平衡致死基因基本上不会影响雄蚕的生长时期，由于高温条件所致，使其全龄期比平时缩短。伴性平衡致死雄蚕杂交组合的幼虫生命力（即结茧率）与对照种相差不大；但死笼茧率均有所偏高，比对照种高7.35%～15.75%，导致虫蛹生命力均偏低，虫蛹生命力比对照种低8.42%～15.82%。

3.2 茧质调查

在茧质方面，主要调查其全茧量、茧层量、茧层率，结果见表2。

表2 雄蚕杂交组合茧质调查成绩表

品种名	全茧量（g）	茧层量（g）	茧层率（%）
芙蓉·932×平28	1.426	0.364	25.53
芙蓉·932×平30	1.392	0.356	25.58
芙蓉·932×平32	1.480	0.389	26.28
芙蓉·932×平40	1.624	0.417	25.68
芙蓉·932×平48	1.564	0.401	25.64
芙·9×7·湘（对照）	1.713	0.388	22.65

注：表中的茧质成绩为3区的平均成绩，对照种为雌雄平均成绩。

雌雄蚕混养的对照种平均全茧量都高于专养雄蚕各品种组合的平均全茧量，在茧层量方面，芙蓉·932×平32、芙蓉·932×平40、芙蓉·932×平48都比对照种高；雄蚕杂交组合的平均茧层率高于对照种2.88～3.53个百分点，可见雄蚕专养的确能提高叶丝转化率。

3.3 雄蛹率调查成绩

为了解伴性平衡致死雄蚕品种雄蚕的比例，了解伴性平衡致死基因作用的程度，是否真正实现了专养雄蚕。对每个品种每一区任意抽取100粒茧调查雄蛹的比例。

从表3可知，各品种组合的雄蚕率均在95%以上，达到专养雄蚕的要求。其中，芙蓉·932×平30的平均雄蛹率相对偏低，只有96.33%。芙蓉·932×平28、芙蓉·932×平40各有一区出现雌蛹，但其平均雄蛹率均达到99%以上；芙蓉·932×平48的平均雄蛹率能达到100%。

表3 雄蚕杂交组合雄蛹率调查表

品种名	区号	调查总数（粒）	雄蛹数（只）	雄蛹率（%）
芙蓉·932×平28	1区	100	100	100.00
	2区	100	99	99.00
	3区	100	100	100.00
	平均			99.66
芙蓉·932×平30	1区	100	95	95.00
	2区	100	97	97.00
	3区	100	97	97.00
	平均			96.33
芙蓉·932×平32	1区	100	100	100.00
	2区	100	100	100.00
	3区	100	100	100.00
	平均			100.00
芙蓉·932×平40	1区	100	100	100.00
	2区	100	99	99.00
	3区	100	100	100.00
	平均			99.66
芙蓉·932×平48	1区	100	100	100.00
	2区	100	100	100.00
	3区	100	100	100.00
	平均			100.00

注：由于对照种都是雌雄混养，故不把其列入调查范围内。

3.4 伴性平衡致死雄蚕日系品种饲养成绩

表4表明，引进的雄蚕伴性平衡致死系在广西高温季节饲养时，生命力还很低，虫蛹生命力只有26.60%～50.72%，比常规品种的二元杂交原种芙·9低46.66～70.78个百分点，还不能直接用于生产进行繁育，需进一步选育和改良。

表4　雄蚕伴性平衡致死系日系品种饲养成绩

调查指标 品种名	5龄经过 （d:h）	全龄经过 （d:h）	平均温度 （℃）	蔟中经过 （d:h）	幼虫生 命力（%）	死笼茧率 （%）	虫蛹生 命力（%）
平·28	6:12	20:02	28	12:22	42.25	35.00	27.46
平·30	6:12	20:02	28	12:22	62.61	24.11	47.51
平·32	6:12	20:02	28	13:22	70.49	30.42	49.05
平·40	6:12	20:02	28	14:22	68.08	25.50	50.72
平·48	6:12	20:02	28	15:00	35.71	25.50	26.60
芙·9（对照）	6:06	20:00	28	12:00	98.86	1.50	97.38

4 讨论

利用5个引进的伴性平衡致死系雄蚕品种与芙蓉·932组配成的三元杂交组合，蚕期经过与芙·9×7·湘相仿；虫蛹生命力比对照低8.42～15.82个百分点，全茧量均低于对照，但茧层率比对照高2.88%～3.63%；各杂交组合的雄蚕率除芙蓉·932×平·30略低为96.33%外，其他组合均接近100%。

引进的雄蚕伴性平衡致死系是适合浙江省温带气候型的雄蚕品种，在广西高温季节饲养时，生命力还很低，虫蛹生命力只有26.60%～50.72%，比常规二元杂交原种芙·9低46.66～70.78个百分点，在良繁方面存在一定的难度，还不能直接用于生产，需进一步选育和改良，培育出适合广西的热带亚热带型伴性平衡致死系雄蚕品种，才能在广西实现雄蚕专养。

本试验未对雄蚕杂交组合的丝质进行调查，下一步将增加这方面的试验，以便了解雄蚕品种的茧丝特性。

雄蚕新品种秋丰×平28农村试养初报[①]

楼黎静　　沈根生　　马秀康

（浙江省湖州市经济作物技术推广站　湖州　313000）

秋丰×平28是浙江省农科院蚕桑研究所继秋·华×平30后育成的又一对雄蚕新品种，为了探索该品种的性状与饲养技术，了解茧丝品质。我市以正在推广饲养的秋丰×白玉作为对照，于2003年秋期对其开展农村饲养试验。现将试验情况总结如下：

1　材料与方法

1.1　供试品种

秋丰×平28原种由浙江省农科院提供，一代杂交种系长兴县蚕种场生产。

1.2　试验方法

在吴兴区织里镇推广，其中选择饲养环境条件、饲养技术和桑叶质量基本相近的朱金水和莫云妹2户作为调查户，详细记录龄期经过和茧质的调查，同时测定秋丰×平28抗氟性能。试验户同时发种收蚁，饲养方法、叶质、饲养技术处理一致，均采用小蚕一日2回育，大蚕少回育。上蔟条件相同，织里户与对照种采用方格蔟上蔟，双林镇1户试验与对照种用蜈蚣蔟上蔟。分别采茧调查产量，卖茧时，试验种与对照种均抽取等量样茧，密码编号、送浙江省第三茧质检定所进行茧丝质量检定。

2　试验结果调查

分2组调查，一组由大面积饲养调查其产量和茧丝成绩。因为雄蚕饲养采取"订单蚕业"二次返利的方法，蚕茧产量和茧丝成绩试验都由浙江中维丝绸集团有限公司提供。另一组从试验户记录整理出龄期经过，用桑量以及养蚕成绩与蚕茧质量。

[①]　本文原载于《蚕桑通报》，2007，38（1）：25-26。

2.1 大面积饲养产量与茧质检定成绩调查

雄蚕秋丰×平28从2003年秋引进12张种开始，以后春、秋期逐渐增加饲育数量，至2006年春已推广10743张，现将2003—2006年各期推广数量汇总，根据浙江中维集团公司提供的产量以及茧质情况，采取平均加权法计算养蚕成绩与茧丝成绩，对照种为秋丰×白玉（正反交）。详见表1。

表1 2003—2006年雄蚕秋丰×平28与秋丰×白玉饲养成绩与茧质调查

蚕期	品种	推广量（张）	平均张产（kg）	张种产值（元）	上车茧率（%）	一茧丝长（m）	解舒丝长（m）	解舒率（%）	生丝纤度（dtex）	毛茧出丝率（%）	清洁（分）	洁净（分）
秋期	秋丰×平28	4520	37.2	723.3	92.3	1081	853	78.6	2.474	39.41	98.51	95.10
	秋丰×白玉（正反交）	318900	34.2	663.3	87.8	983	737	75.1	2.428	34.00	99.10	94.65
春期	秋丰×平28	6223	54.3	1189.5	89.5	1241	889	72.0	2.887	39.90	98.82	94.04
	秋丰×白玉（正反交）	308150	50.5	1100.3	84.5	1049	804	77.0	3.061	33.25	98.86	95.00

从表1可知，雄蚕秋丰×平28张种产量比秋丰×白玉，平均高3kg，张种产值平均增加74.75元，各项茧丝成绩优于秋丰×白玉品种，尤其是干茧出丝率明显高秋丰×白玉6个百分点，清洁、净度相仿，可缫高品位生丝。

2.2 试验户饲养成绩调查

为了掌握春、秋两期雄蚕秋丰×平28的性状表现与茧丝成绩，2004年秋在织里镇朱金水户饲养，2005年春在双林镇莫云妹户饲养。两户饲养的对照种为秋丰×白玉。详见表2。

表2 2004秋期和2005年春期试验户调查结果

试验户	蚕期	品种	5龄经过（d:h）	全龄经过（d:h）	壮蚕用桑（kg）	万蚕茧产量（kg）	上车茧率（%）	一茧丝长（m）	解舒丝长（m）	解舒率（%）	干茧出丝率（%）	清洁（分）	洁净（分）
织里	秋期	秋丰×平28	6:12	23:12	682	12.6	88.33	1209.5	987.3	81.63	39.63		
		秋丰×白玉	6:08	23:08	689	13.4	85.80	985.1	869.8	88.30	31.03		
双林	春期	秋丰×平28	6:16	22:03	637	14.60	91.11	1054.9	843.9	80.00	40.10	99.2	95.2
		秋丰×白玉	6:15	22:04	670	15.17	86.10	852.2	687.3	80.65	33.45	97.4	94.4

从表2试验户调查结果分析，①龄期经过与养蚕成绩：全龄经过为22～23d，品种间差异

不大；万头蚕产量秋丰×白玉要略高于秋丰×平28 1kg左右，这是因为雄蚕蛹体小而略影响张种产量，平均每粒蛹重为1.874g，而秋丰×白玉为2.024g；②上车茧率秋丰×平28平均为89.72%，而秋丰×白玉为85.95%，提高3.77百分点；③一茧丝长秋丰×平28平均为1026.7m，比秋丰×白玉778.55m要高248.15m，所以表现出丝率高，干茧出丝率秋期和春期分别要高8.65和6.65百分点；④解舒率都在80%以上，净度94分以上，雄蚕品种略高一点，没有明显的差异。

3 小结与讨论

雄蚕品种秋丰×平28在相同用桑量的情况下，表现出叶丝转化率高，蛹体小，茧层厚，一茧丝长长和干茧出丝率高，是缫制高品位生丝的优质原料茧，综合成绩均优于秋丰×白玉。

秋丰×平28是一对好养优质的春秋兼用种，二化四眠，壮蚕体色灰白，普斑，因是雄性杂交种性别单一，发育齐，老熟涌。在饲养过程中，1～3龄饲育温度比秋丰×白玉要提高0.5～1℃，小蚕用叶要适熟偏嫩，做到稀放稀养，良种良法，充分发挥其雄蚕品种的优势。

秋丰×平28，抗氟性能好，在双林试验户饲养中经11次桑叶抽样，测定平均含氟量达81.1mg/kg，蚕儿没有发生氟化物危害的症状，产量高，茧质好，可以在工业相对发达的地区推广饲养。

雄蚕品种秋丰×平28蛹体小，在盒装卵量相同的情况下，产量略偏低，为了达到张种产量相同，每盒卵粒需增加7%～10%的比例，才能与其他品种张种产量相当。

雄蚕品种秋丰×平28，由于丝质好，抗氟性强，相对来说，对血液型脓病较敏感，要十分重视养蚕前、中、后的防病消毒工作。同时在蚕期布局中不宜在早秋期高温期间饲养。

雄蚕新品种限7×平48饲养性状比较[①]

陈志英[1]　徐建生[2]　陈福良[2]　林葵芬[2]　周均铭[2]

（1.浙江省海盐县蚕种场　嘉兴　314300；2.浙江省海盐县蚕业管理站　嘉兴　314300）

雄蚕品种因具有抗性强、张种产茧量高、茧质优、出丝率高、综合经济效益可提高10%以上等优点而为蚕业科技工作者所重视。海盐县自1999年开始引入雄蚕品种进行试养，先后饲养筛选了8对雄蚕品种，推广了雄蚕品种5万余张，取得了良好的社会效益和经济效益。为摸索适合本地饲养的最佳雄蚕品种，2007年晚秋蚕期，海盐县引进了浙江省农业科学院蚕桑研究所最新育成的限7×平48雄蚕品种并和秋·华×平30、秋丰×白玉进行了比较试验与饲养技术探讨，现将试养结果综述如下。

1　试验方法

1.1　供试品种

雄蚕新品种限7×平48，由浙江省农业科学院蚕桑研究所提供；雄蚕对照种秋·华×平30，由山东省青州蚕种场生产（第1420批）；普通对照种秋丰×白玉，由海盐县蚕种场生产（第16批）。

1.2　试验方法

试验在海盐县澉浦镇分2个点进行，试验点1是限7×平48与秋·华×平30比较，在青石组钟梅芬等4户中进行，每户饲养限7×平48和秋·华×平30各0.5张蚕种，共计饲养4张蚕种；试验点2是限7×平48与秋丰×白玉比较，在沈虎林等3户中进行，每户饲养限7×平48与秋丰×白玉各0.5张蚕种，共饲养3张蚕种。为确保试验的准确性，蚕种均由海盐县催青室称量后直接发给蚕农收蚁，饲养期间调查各品种的生长发育习性、蔟中表现以及各品种的张种产茧量；上蔟采茧后每区抽取样茧4kg，经茧站烘干后送海盐县第一丝厂缫丝，调查茧丝质量等指标。

---

①　本文原载于《中国蚕业》，2008，3：32-33，36。

2 试验结果

2.1 龄期经过与蚕体发育情况调查

限7×平48蚕孵化涌、收蚁齐，一日孵化率为98.9%，优于秋·华×平30的98.1%、秋丰×白玉的98.0%。限7×平48小蚕期生长快、发育齐一。全龄经过26d4h，与秋·华×30的26d，秋丰×白玉的25d21h相差不大。5龄经过限7×平48为7d23h，比秋·华×平30的7d18h、秋丰×白玉的7d20h略长（表1）。

从蚕体生长看，限7×平48食性好、吃叶猛、不踏叶。根据钟美芬户称叶调查，限7×平48张种用桑793kg，比秋·华×平30张种用桑760kg多33kg，增加4.65%；比秋丰×白玉张种用桑753kg多40kg，增加5.38%。限7×平48蚕体略大于对照，其中限7×平48 3眠蚕重为0.182g/头、4眠蚕重为0.820g/头，而秋·华×平30分别为0.180g/头与0.810g/头，秋丰×白玉分别为0.178g/头与0.800g/头；熟蚕重限7×平48为3.623g/头，秋·华×平30为3.573g/头，秋丰×白玉为3.546g/头，从上述比较看限7×平48优于2个对照种（表1）。

表1 雄蚕品种限7×平48的龄期经过与蚕体发育情况调查

品种	一日孵化率（%）	龄期经过（d:h）		3眠蚕重（g/头）	4眠蚕重（g/头）	熟蚕重（g/头）	食桑量（kg/张）
		5龄	全龄				
限7×平48	98.9	7:23	26:04	0.182	0.820	3.623	793
秋·华×平30	98.1	7:18	26:00	0.180	0.810	3.571	760
秋丰×白玉	98.0	7:20	25:21	0.178	0.800	3.546	753

2.2 雄蚕品种限7×平48饲养成绩

限7×平48上蔟齐，营茧快，大都结中上层茧，且茧匀、茧色洁白、蚕茧略大于对照品种，从采茧后调查结果可见（表2），在试验点1，限7×平48的张产茧53.54kg、干壳量9.85g、张种收入834.08元，比秋·华×平30的张产茧48.61kg、干壳量9.50g、张种收入757.35元，分别增加了10.14%、3.68%、76.73元。在试验点2，限7×平48的张产茧43.20kg、干壳量9.60g、张种收入673.05元，比秋丰×白玉的张产茧41.30kg、干壳量8.35g、张种收入636.02元，分别增加了4.60%、14.97%、37.03元。限7×平48张种产茧量、干壳量和产值明显高于2个对照品种，饲养限7×平48雄蚕品种经济效益明显。

表2　雄蚕品种限7×平48饲养成绩比较

品种	试验点	饲养量（张）	总产茧（kg）	张产茧（kg/张）	蚕茧收入（元）	张种收入（元/张）	千克茧颗粒（粒/kg）	干壳量（g）	统茧价（元/kg）
限7×平48	试验点1	2.0	107.07	53.54	1668.15	834.08	580	9.85	15.58
秋·华×平30		2.0	97.22	48.61	1514.69	757.35	620	9.50	15.58
限7×平48	试验点2	1.5	64.80	43.20	1009.58	673.05	596	9.60	15.58
秋丰×白玉		1.5	61.95	41.30	954.03	636.02	640	8.35	15.40

2.3　限7×平48丝质鉴定成绩比较

由表3可见限7×平48茧丝质量指标显著高于秋·华×平30与秋丰×白玉，尤其是解舒率达到了75.61%，比秋·华×平30的64.84%，秋丰×白玉的71.23%，分别高出10.77与4.38个百分点。在出丝率上限7×平48达到了42.17%，比秋·华×平30提高1.39个百分点，比秋丰×白玉提高5.24个百分点。

表3　限7×平48丝质鉴定成绩比较

品种	解舒率（%）	解舒丝长（m）	茧丝长（m）	解舒光折（kg）	出丝率（%）	茧丝纤度（dtex）	清洁（分）	洁净（分）
限7×平48	75.61	736.10	1005.5	237.1	42.17	2.992	100	93.75
秋·华×平30	64.84	667.40	1029.3	245.2	40.78	2.596	98.50	95.00
秋丰×白玉	71.23	689.80	967.9	270.8	36.93	2.872	97.97	93.30

2.4　抗性情况

2007年10月晚秋饲养期的温度比常年略低，再加龄期经过时间长，上述3个品种均有僵病及病毒病发生，但相比较而言限7×平48僵病的发病率高于秋丰×白玉与秋·华×平30，但病毒病的发病率低于秋丰×白玉与秋·华×平30。

3　小结与讨论

3.1　限7×平48的性状优良

经农村饲养表明，雄蚕新品种限7×平48容易饲养、产量高、茧质好。限7×平48的龄期经过与秋·华×平30、秋丰×白玉基本相似，饲养中限7×平48发育快而齐、抗性强，受到了蚕农的喜爱。

3.2　限7×平48的丝质成绩好

从缫丝成绩看，雄蚕新品种限7×平48的丝质好，是近年来雄蚕品种中最为出色的1对新品种，尤其是解舒率、出丝率，分别达到了75.61%与42.17%，超过了现行推广的雄蚕品种与普通蚕品种。

3.3　限7×平48的经济效益高

据钟美芬户调查，雄蚕新品种限7×平48张种收入达834.08元，比秋·华×平30的757.35元增收76.73元，增长了10.13%，沈虎林限7×平48试验区张种收入673.05元，比秋丰×白玉张产636.02元增加37.03元，增长了5.82%。

3.4　加速推广雄蚕品种限7×平48

通过2007年晚秋蚕的农村试养，我们认为雄蚕新品种限7×平48的蚕茧产量、质量明显高于现行推广的雄蚕品种秋·华×平30，也领先于海盐县推广的现行当家品种秋丰×白玉，受到了蚕农的欢迎；该品种的推出是雄蚕品种研究上的重大进展，为雄蚕品种的大面积推广打下了良好的基础，建议继续扩大试养。

楚雄彝族自治州雄蚕品种经济性状比较试验[①]

刘江洪

（楚雄州茶桑站　楚雄　675000）

为实现楚雄彝族自治州家蚕品种更新换代工作，寻找具有较好经济性状，更适应本地环境、气候和技术等饲养条件的家蚕品种，改善楚雄州家蚕品种结构，实现更好的社会效益和经济效益，楚雄州茶桑站与云南省农科院蚕桑蜜蜂研究所合作，于2006年、2007年连续2年在楚雄市、大姚县进行雄蚕品种经济性状比较试验，现将试验结果总结如下。

1　材料与方法

1.1　供试品种

雄蚕种2个：秋·华×平30、秋丰×平28；普通种1个：云7×云8。
对照种2对：菁松×皓月（正反交）、9·芙×7·湘（正反交）。

1.2　试验地点

楚雄试验点选在东瓜镇车坪村委会，以小区试验为主；大姚试验点选在赵家店乡江头村委会，以农村饲养为主，2个村的蚕室条件、农户的饲养技术一般。饲养成绩由各县茶桑站进行跟踪调查。

1.3　试验方法

各品种春、夏、秋季正反交各设3个小区，收蚁后每小区定量饲养400头，同室饲养，专人负责，按同一标准饲养。

1.4　数据调查

主要调查项目：一日孵化率、全龄经过时间、熟眠蚕体重、强健度、茧质、丝质指标、张种产量、产值。

---

①　本文原载于《云南农业科技》，2008，4：32-33。

2 结果与分析

2.1 一日孵化率

从表1可以看出，雄蚕品种的一日孵化率不如普通种。

2.2 全龄经过时间

雄蚕品种的5龄经过、全龄经过与对照种相差不大（见表1）。9·芙×7·湘属于热带种，夏季抗高温的特性较明显，5龄期经过较短。

表1 各品种一日孵化率和龄期经过

项目	云7×云8	菁松×皓月	秋·华×平30	秋丰×平28	9·芙×7·湘
一日孵化率（%）	97	96	45	48	95
指数	101	100	54.17	65.63	100
5龄经过（d:h）	8:04	8:15	8:11	8:07	8:09
全龄经过（d:h）	28:14	26:12	26:20	27:04	28:02

2.3 强健度

从2年饲养情况来看，在相同的饲养条件下，秋·华×平30的强健度较对照品种高，但不如普种云7×云8（见表2）。

表2 各品种强健度

项目	云7×云8	菁松×皓月	秋·华×平30	秋丰×平28	9·芙×7·湘
4龄起蚕结茧率（%）	97	93	96	93	93
统一生命率（%）	93	90	95	91	91
死笼率（%）	2	4	2	2	2

2.4 熟眠蚕体重

从表3可以看出，雄蚕品种的蚕体重比对照种和普种小。

表3 各品种熟眠蚕体重

项目	云7×云8	菁松×皓月	秋·华×平30	秋丰×平28	9·芙×7·湘
4眠蚕体重（g/10头）	8.85	8.00	7.00	7.00	7.20
指数	110	100	88	88	90

（续）

项目	云7×云8	菁松×皓月	秋·华×平30	秋丰×平28	9·芙×7·湘
5龄第3天体重（g/10头）	24.7	23.0	23.0	24.0	22.0
指数	107	100	100	104	96
熟蚕体重（g/10头）	36.8	34.0	32.0	32.0	30.0
指数	108	100	94	94	88

2.5 茧质、丝质调查

从表4、表5可以看出，雄蚕品种在全茧量、茧层量方面不如对照种和普种，但在千克茧粒数方面表现较好；另外在干茧出丝率、解舒率、解舒丝长等几方面雄蚕品种都有较好表现。

表4 各品种茧质情况

项目	云7×云8	菁松×皓月	秋·华×平30	秋丰×平28	9·芙×7·湘
千克茧粒数（粒）	470	530	632	634	646
指数	89	100	110	119	122
全茧量（g）	1.12	1.90	1.59	1.63	1.55
指数	60	100	84	86	82
茧层量（g）	0.446	0.409	0.372	0.361	0.310
指数	109	100	91	88	76
茧层率（%）	22.3	22.25	23.6	23.4	21.18
指数	100.2	100	106	105	95

表5 各品种丝质情况

项目	云7×云8	菁松×皓月	秋·华×平30	秋丰×平28	9·芙×7·湘
干茧出丝率（%）	38.8	37.5	40.95	38.9	36.9
指数	103	100	109	103	98
解舒率（%）	65.05	64.60	72.50	60.00	77.70
指数	100.7	100	112	93	120
茧丝长（m）	1214.6	1165.6	1127.5	1092.2	912.3
指数	104	100	97	94	78
解舒丝长（m）	790.00	732.25	817.00	658.50	707.80
指数	108	100	112	90	97
生丝等级	A	A	3A	2A	2A

2.6 张种产茧、产值

张种产茧、产值结果（表6）表明，在当前楚雄州混合收茧的情况下，雄蚕品种的优势无法得以体现。

表6　各品种张种产茧、产值情况

项目	云7×云8	菁松×皓月	秋·华×平30	秋丰×平28	9·芙×7·湘
蚁量（g）	10	10	10	10	10
产茧（kg/张）	45	41	38	37	30
指数	110	100	93	90	73
产值（元/张）	1125	1031	950	925	750
指数	109	100	92	90	73

3　小结与讨论

综合各种成绩，各品种在蚕期中都有较好表现。在食桑方面以云7×云8为最好，但具有较强的趋光性，需要随时调箔。在强健度方面以雄蚕品种为最好，蚕期表现发育齐一，蚕儿好养，发病少。建议在当前鲜茧收购不按茧质定价或缫丝定价的情况下以养普种云7×云8为主。

2007年雄蚕对比饲养试验①

袁金祥　郭石生　高东芬

（陆良县蚕桑站　陆良　655600）

专养雄蚕技术被蚕业界称为"是利用一代杂交种后20世纪中叶以来，蚕业界最具革命性的技术创新"。在云南省农科院蚕蜂所雄蚕课题组的指导下，陆良县于2006年开始了雄蚕饲养试验，在此基础上，2007年扩大了品种量、饲养量，为雄蚕品种规模饲养，大面积推广应用提供了科学依据。现将雄蚕饲养试验总结如下。

1　材料与方法

1.1　供试品种

雄蚕品种：秋丰×平28、秋·华×平30、限7×平48、蒙草×sm2、云7×px2。对照品种（或参照品种）：菁松×皓月正反交、9·芙×7·湘正反交。

1.2　试验地点

陆良县蚕桑站试验基地（芳华镇狮子口村）。

1.3　试验方法

试验品种设计：雄蚕品种秋丰×平28、秋·华×平30、限7×平48与9·芙×7·湘正反交对照，菁松×皓月作参照；雄蚕品种蒙草×sm2、云7×px2与菁松×皓月正反交对照。

饲养条件：雄蚕品种与对照品种在同一蚕室，饲喂同一田块桑叶，同一技术处理。

比试品种收蚁时各品种均用一张蚕种采用棉纸吸收法称量分区饲养，调查张种蚁量、龄期经过、用桑量、产茧量。

各品种饲养至4龄第2天随机抽样数蚕分小区饲养，每个小区400头，每个品种设3个小区，各小区编号挂牌饲养，上蔟时每个小区上一塑料蔟片，并用覆蔟网覆盖，防止熟蚕爬行品种混杂。调查项目：饲养成绩、缫丝成绩。

———————————
①　本文原载于《云南农业科技》，2008，增刊：7-9。

2　结果与分析

2.1　饲养成绩（表1～表3）

表1　雄蚕品种农村饲养试验成绩

杂交形式（品种）	5龄经过（d:h）	全龄经过（d:h）	4龄起蚕结茧率（%）	虫蛹生命率（%）	雄蚕率（%）	千克茧粒数（粒）	克蚁收茧量（kg）	万蚕收茧量（kg）	万蚕茧层量（kg）	盒种收茧量（kg）	50kg桑产茧量（kg）	盒种产值（元）	单粒全茧量（g）	单粒茧层量（g）	茧层率（%）	死笼率（%）
秋丰×平28	9:07	30:20	95.9	95.0	99	585	3.930	16.75	4.12	49.7	3.49	983.70	1.660	0.407	24.53	1
秋·华×平30	9:07	30:20	94.8	94.8	100	590	3.900	17.75	4.68	52.6	3.55	1040.90	1.650	0.435	26.38	0
限7×平48	9:07	29:19	96.3	96.3	99	598	3.850	17.13	4.27	42.9	3.69	849.60	1.680	0.416	24.96	0
7·湘×9·芙	9:07	30:90	92.9	92.9		616	3.730	16.45	3.49	40.8	3.47	808.60	1.600	0.340	21.23	0
9·芙×湘·7	9:07	30:90	95.8	95.8		620	3.710	16.63	3.51	40.3	3.44	789.50	1.550	0.328	21.13	0
平均	9:07	30:90	94.3	94.3		618	3.720	16.54	3.50	40.6	3.46	803.55	1.575	0.334	21.18	0
皓月×菁松	9:03	30:20	95.4	93.5		507	4.540	19.67	1.91	52.6	3.43	1041.90	1.910	0.468	24.95	2
菁松×皓月	9:03	30:20	96.5	96.5		501	4.590	19.79	4.60	48.5	3.42	960.70	1.930	0.448	23.26	0
平均	9:03	30:20	96.0	95.0		504	4.565	19.73	4.76	50.6	3.43	1001.30	1.920	0.458	24.11	1

注：地点：狮子口试验基地，时间：2007年6月10日，季节：春季。

表2　雄蚕品种农村饲养试验成绩

杂交形式（品种）	5龄经过（d:h）	全龄经过（d:h）	4龄起蚕结茧率（%）	虫蛹生命率（%）	雄蚕率（%）	千克茧粒数（粒）	克蚁收茧量（kg）	万蚕收茧量（kg）	万蚕茧层量（kg）	盒种收茧量（kg）	50kg桑产茧量（kg）	盒种产值（元）	单粒全茧量（g）	单粒茧层量（g）	茧层率（%）	死笼率（%）
秋丰×平28	7:16	25:20	98.7	98.7	100	544	3.190	17.92	4.76	49.8	3.47	946.20	1.832	0.487	26.55	0
皓月×菁松	8:12	25:22	98.4	96.4		491	3.240	20.17	5.05	39.9	2.92	758.10	1.975	0.494	25.03	2.0
菁松×皓月	8:12	25:22	96.7	95.7		483	4.000	20.25	5.05	46.2	3.41	877.80	2.020	0.504	24.95	1.0
对照平均	8:12	25:22	97.6	96.1		487	3.620	20.21	5.05	43.1	3.17	817.95	1.998	0.499	24.99	1.5

注：地点：狮子口试验基地，时间：2007年7月20日，季节：正秋。

表3　雄蚕品种农村饲养试验成绩

杂交形式（品种）	5龄经过（d:h）	全龄经过（d:h）	4龄起蚕结茧率（%）	虫蛹生命率（%）	雄蚕率（%）	千克茧粒数（粒）	克蚁收茧量（kg）	万蚕收茧量（kg）	万蚕茧层量（kg）	盒种收茧量（kg）	50kg桑产茧量（kg）	盒种产值（元）	单粒全茧量（g）	单粒茧层量（g）	茧层率（%）	死笼率（%）
云7×px2	8.00	27:22	95.1	94.1	100	550	2.796	18.40	4.56	43.7	3.32	830.30	1.820	0.447	24.77	1.0
蒙草×sm2	8.00	27:22	95.3	95.3	100	544	3.174	18.79	4.57	41.0	3.27	778.10	1.840	0.450	24.32	0.0
菁松×皓月	8:10	28:80	88.7	85.2		520	3.501	19.24	4.49	42.1	3.38	799.00	1.920	0.449	23.33	4.0
皓月×菁松	8:10	28:80	82.2	79.7		485	2.791	20.28	4.70	36.4	3.02	691.60	2.060	0.478	23.20	3.0
对照平均	8:10	28:80	85.5	82.5		503	3.146	19.76	4.60	39.2	3.20	745.30	1.990	0.464	23.27	3.5

注：地点：狮子口试验基地，时间：2007年9月4日，季节：正秋。

2.1.1　龄期经过

因饲养温度偏低，眠起处理上饷食时有人为控制因素，全龄经过雄蚕品种与对照品种开差不大，趋于一致。

限7×平48全龄经过29d：19h，秋丰×平28、秋·华×平30 30d：2h，分别比对照种9·芙×7·湘正反交少14h和7h，与对照种菁松×皓月正反交相同。

蒙草×sm2、云7×px2全龄经过均为27d：22h，比菁松×皓月正反交少10h。

2.1.2　4龄起蚕结茧率和虫蛹生命率

4龄起蚕结茧率和虫蛹生命率雄蚕都高于对照品种。

秋丰×平28、秋·华×平30、限7×平48 4龄起蚕结茧率分别比9·芙×7·湘正反交高1.6个百分点、0.5个百分点和2.0、1个百分点；秋丰×平28、秋·华×平30、限7×平48虫蛹生命率分别比9·芙×7·湘正反交高0.7个百分点、0.5个百分点和2.0个百分点。

云7×px2、蒙草×sm2 4龄起蚕结茧率分别比菁松×皓月正反交高9.6个百分点和9.8个百分点；云7×px2、蒙草×sm2虫蛹生命率分别比菁松×皓月正反交高11.6个百分点和12.8个百分点。

2.1.3　雄蚕率

秋·华×平30、蒙草×sm2、云7×px2雄蚕率为100%，秋丰×平28、限7×平48雄蚕率为99%。

2.1.4　千克茧粒数

秋丰×平28、秋·华×平30、限7×平48千克茧粒数优于对照种，分别比9·芙×7·湘正反交少33粒、28粒和20粒，但差于参照种。

云7×px2、蒙草×sm2千克茧粒数差于对照种，分别比菁松×皓月正反交多47粒和41粒。

2.1.5　克蚁收茧量

秋丰×平28、秋·华×平30、限7×平48克蚁收茧量分别比9·芙×7·湘正反交高

0.21kg、0.18kg、0.13kg,但差于参照种菁松×皓月正反交。

云7×px2克蚁收茧量比菁松×皓月正反交低0.35kg,蒙草×sm2克蚁收茧量比菁松×皓月正反交多0.028kg。

2.1.6 盒种收茧量

秋丰×平28、秋·华×平30、限7×平48盒种收茧量分别比9·芙×7·湘正反交高9.1kg、12.0kg、2.3kg。

云7×px2、蒙草×sm2盒种收茧量分别比菁松×皓月正反交高4.5kg和1.8kg。

2.1.7 50kg桑产茧量

秋丰×平28、秋·华×平30、限7×平48 50kg桑产茧量分别比9·芙×7·湘正反交高0.03kg、0.09kg、0.23kg,优于参照种菁松×皓月正反交。

云7×px2、蒙草×sm2 50kg桑产茧量分别比菁松×皓月正反交高0.12kg和0.07kg。

2.1.8 单粒全茧量

秋丰×平28、秋·华×平30、限7×平48单粒全茧量分别比9·芙×7·湘正反交高0.085g、0.075g和0.105g,但差于参照种菁松×皓月正反交。

云7×px2、蒙草×sm2单粒全茧量分别比菁松×皓月正反交低0.017g和0.014g。

2.1.9 茧层率

秋丰×平28、秋·华×平30、限7×平48茧层率分别比9·芙×7·湘正反交高3.35个百分点、5.20个百分点和3.78个百分点,优于参照种菁松×皓月正反交。

云7×px2、蒙草×sm2茧层率分别比菁松×皓月正反交高1.5个百分点和1.05个百分点。

2.1.10 死笼率

秋丰×平28、秋·华×平30、限7×平48死笼率与9·芙×7·湘正反交无明显差异。

云7×px2、蒙草×sm2死笼率分别比菁松×皓月正反交低2.5个百分点和3.5个百分点。

2.2 丝质成绩

春、夏、正秋3期样茧已烘干,因千佛茧丝绸集团公司破产重组,工业生产未正常运转,待晚秋试验结束一同送丝厂缫丝鉴定。

3 结论

从饲养成绩看,雄蚕品种具有孵化齐,一日孵化率高,抗病、抗逆性强,体质强健好养,叶丝转化率高,茧层率高,茧质优等特点。但由于饲养量少,蚕茧数量少,未引起工业生产的重视。建议扩大雄蚕饲养量,以村为规模,批量生产;丝厂参与,优茧优价,缫制高品位生丝,实现蚕农和工厂共赢,提高产品市场竞争力。

推广雄蚕品种　提升海盐蚕业层次①

吕立峰¹　林葵芬¹　周均铭¹　徐忠玲²

（1.浙江省海盐县蚕业管理站　嘉兴　314300；2.浙江省海盐县百步镇农技站　嘉兴　314300）

海盐县是浙江省主要的雄蚕品种推广基地。近年来在浙江省农科院蚕桑研究所的支持下，先后繁育及试养了8对雄蚕品种，并从中筛选出适合本县推广的雄蚕品种秋·华×平30，该品种经近年的试养均取得了较好成绩。在此基础上于2007年开始大面积推广，全县共计推广饲养雄蚕种13977张，占全县全年实发蚕种121968张的11.46%，共计生产雄蚕茧639t，与全县同期饲养的秋丰×白玉相比，增产蚕茧43t，增加茧丝绸综合经济效益391万元。雄蚕品种的推广有力促进了海盐蚕业经济的发展。

1　雄蚕品种的推广提升了我县蚕业层次

1.1　建立雄蚕种繁育基地，提高了制种生产水平

为推广雄蚕品种，海盐县蚕种场在雄蚕种繁育上，一是选择了3个村为原蚕饲养基地，并在基地陆续发展原蚕户103户，专桑360亩。二是加大了对基地的技改力度，先后投入40余万元，添置脱水机361台，添置洗叶用塑料桶260只，按每户1～2只发给原蚕饲养户使用，每年还提供原蚕户30t养蚕消毒药品。三是在技术上，场部还给每个原蚕村配备了3～5名场部技术人员，指导雄蚕种生产，迅速提高了雄蚕种产量和质量。其中雄蚕种克蚁制量由开始的6张，上升到现在的10张。目前全场已形成了年饲养蚁量7000g，生产蚕种12万张，其中雄蚕种达到年2万张的生产能力。

1.2　建设起具有一定规模的雄蚕种推广饲养基地，增强了雄蚕茧生产能力

在雄蚕种推广工作中，本县重点建起了澉浦、秦山、通元、西塘桥镇等雄蚕种饲养基地，基地现有19个村，专桑9755亩，蚕农6004户，年可饲养雄蚕种20000余张。为推进雄蚕饲养，蚕业部门进一步加大了对基地的技改力度。其中优化改造桑园3215亩，建立桑园操作道8600m，排灌渠15000m，新建机埠3座，共育室2个，推广塑料折蔟15000片，建立蚕业合作社1个。先后在基地投入资金160万元，使基地成了本县蚕茧的主产区，不仅完成了全部的雄蚕种饲养任

---

① 本文原载于《江苏蚕业》，2008，3：54-55。

务，而且在技术上辐射带动全县的蚕茧生产。

1.3 加强技术指导，增加了蚕农生产技术含量

在全县大面积推广雄蚕品种的过程中，为帮助蚕农养好雄蚕，省农科院蚕桑专家亲临指导，县镇蚕业部门在基地各村轮流举办技术培训班，对各镇饲养两张春种以上的大户全面轮训一遍，提高了蚕农对饲养雄蚕品种的认识。据统计，基地共计举办培训班58期，培训人员4568人次，发放技术资料4520份。在实际生产中，蚕业辅导人员针对基地蚕户对"雄蚕种出蚁率不高"的误解，深入基层进行解释，并实地做好现场示范，提高了蚕农思想认识和技术水平，增强了信心，使春期饲养的8500张雄蚕，平均张种产茧48.54kg，比同期饲养的秋丰×白玉张种45.3kg增产3.24kg，增长7.15%。

1.4 开展横向联系，促进了雄蚕茧生产产业化发展

为提高雄蚕生产经济效益，蚕业部门积极与县丝绸公司进行联系，进行产业化生产。共同协商落实雄蚕饲养地点和茧站收购点，以确保茧站统一集中收购，丝厂缫出同一批雄蚕丝来。经过多次协商确定了漖浦、秦山等镇为雄蚕饲养基地，避免了收购时与普通蚕茧混杂。实践证明，这样安排非常有利于秋·华×平30等雄蚕茧的产业化生产。同时还就雄蚕茧收烘，雄蚕茧缫丝等加工工艺的改进进行探索，为雄蚕茧丝一条龙产业化生产打好了基础。

2 雄蚕品种推广上存在的问题

目前雄蚕品种在大面积推广上存在的问题主要有两个方面。一是蚕种场生产雄蚕种的成本还较高，在一定程度上制约了推广速度。二是丝绸公司反哺蚕农的力度还不够，影响了蚕农生产情绪。

3 加快雄蚕种推广饲养的措施

3.1 加快雄蚕种繁育技术研究

为此，在雄蚕原种饲养制种过程中，要通过合理饲养♀♂比例、适时淘汰常规对交种中的雄蚕、开展平衡致死系雄蛾的多次交配、实行原蚕户就地制种等技术措施，以提高蚕种质量，降低制种生产成本，为农村雄蚕种大面积推广打好基础。

3.2 探索推进雄蚕茧丝生产产业化步伐

近年本县在雄蚕茧丝产业化生产上组成了以丝绸公司为龙头，以蚕种场与农村基地为主的繁育、饲养推广模式，有效推进了雄蚕种的推广速度。但产业化生产的关键是利益分配问题，目前

丝绸公司虽然给予蚕种场每张雄蚕种20元的补贴，给予蚕农每公担茧30元的扶持，但显然力度不足。丝绸公司应从实际盈利出发，摆正位置，做到各方利益均沾，才能保证产业化生产发展。

3.3 探索茧丝生产技术，提高雄蚕茧丝产品质量

雄蚕茧相对于普通种蚕茧来说，具有干壳量高，一般在9.8g左右，比秋丰×白玉的9g增加4个等级。故在收烘、缫丝处理方面应加强技术研究。如在烘茧上根据雄蚕蛹体相对雌蚕蛹小，体内水分少的特点，雄蚕茧烘茧用温应适当低于普通蚕茧；在煮茧缫丝上温度可略高于普通茧，以降低烘折与缫折。

3.4 重视抓好雄蚕种农村饲养布局

农村推广饲养雄蚕种，在布局上一定坚持集中饲养原则，要选择一个镇或相连的几个镇同时饲养雄蚕种，使茧站庄口收烘的雄蚕茧不掺杂其他茧子，以便于雄蚕茧丝生产。同时，雄蚕种推广在全年的布局上以春蚕、晚秋蚕大面积推广为宜，才能充分发挥雄蚕种最大的经济效益。

雄蚕品种秋丰×平28在德清县农村的试养[①]

金杏丽[1]　沈凤华[2]　潘伟勇[2]

（1.浙江省德清县蚕桑站　德清　313200；2.德清县乾元镇政府农办　德清　313200）

雄蚕秋丰×平28是浙江省农业科学院培育的雄蚕新品种，具有强健好养、茧丝质良好的特点。近年来我县在饲养秋丰×白玉品种单一的情况下，受湖州市吴兴区及淳安县茧丝绸公司等饲养雄蚕成功的启发，于2007年晚秋期和2008年春期在湖州市蚕桑站的支持和指导下，在乾元镇幸福村、城北村进行试养，并与现行品种秋丰×白玉作了比较。现将雄蚕秋丰×平28农村试养情况小结如下。

1　试养成绩

1.1　供试品种

2007年晚秋期试养雄蚕秋丰×平28品种330张，蚕种系德清莫干蚕种场繁育，饲养点设在乾元镇幸福村和城北村的22个村民小组。2008年春期试养秋丰×平28品种530张，蚕种系德清东衡蚕种场繁育，饲养点设在乾元镇城北村的13个村民小组。

1.2　饲养成绩

表1列出了2期蚕的饲养成绩，从表1可见，2007年晚秋蚕试养雄蚕秋丰×平28，平均张产46.3kg，而乾元镇同时发放的晚秋蚕秋丰×白玉1005张，平均张产41.0kg，比对照的秋丰×白玉张产提高5.3kg，雄蚕品种张产明显高于秋丰×白玉。2008年春期试养的雄蚕秋丰×平28平均张产为45.2kg，乾元镇同期发放的秋丰×白玉6582张，统计平均张产为48.0kg，雄蚕品种比对照的秋丰×白玉张产减少2.7kg，雄蚕品种产量略低于秋丰×白玉。根据表1计算，2008年春雄蚕张种茧数是28160粒，与2007年秋相当，张种卵量与省定标准相当。但常规品种秋丰×白玉的张种结茧数是28704粒，加上不孵化卵、遗失蚕、死亡蚕和不结茧蚕等，其张种装卵量将接近29000粒，而该批蚕种冷库盒装卵量28214粒。因此秋丰×白玉千克茧颗数或统计平均张产上有些误差。按照正常张种结茧数雄蚕品种与对照的秋丰×白玉产量相当。

---

①　本文原载于《蚕桑通报》，2008，39（4）：30-31。

表1　2007年晚秋蚕和2008年春蚕雄蚕试养成绩

蚕期	品种	饲养数量（张）	5龄经过（d:h）	全龄经过（d:h）	千克茧颗粒	张种产量（kg）	张种收入（元）
2007晚秋	雄蚕	330	7:03	23:01	618	46.3	831.73
	秋丰×白玉	1005	7:02	23:03	603	41.0	692.24
	对比（+−）		0:01	0:02	15	503	139.49
2008春蚕	雄蚕	530	6:11	22:09	623	45.2	922.08
	秋丰×白玉	6582	6:10	22:06	598	48.0	979.20
	对比（+−）		0:01	0:03	25	−2.7	−37.12

1.3　茧质检定成绩

表2列出了2个品种在德清佳绫茧丝公司的样茧缫丝结果，从表2可见，2007年晚秋蚕雄蚕上车率88.27%，秋丰×白玉83.01%，比对照提高5.26个百分点；一茧丝长雄蚕972.2m，秋丰×白玉968.3m，比对照长3.9m；净度94.2分，比秋丰×白玉提高2分；解舒率与秋丰×白玉相仿。雄蚕茧质好、丝质优、出丝率高。

表2　2007年晚秋蚕和2008年春蚕雄蚕试养成绩

蚕期	品种	上车茧率（%）	茧丝长（m）	解舒率（%）	解舒丝长（m）	光折（kg）	丝纤度（dtex）	清洁（分）	净度（分）
2007晚秋	雄蚕	88.27	972.20	65.48	636.60	242.3	2.43	95.2	94.2
	秋丰×白玉	83.01	968.30	66.82	647.02	240.1	2.45	93.6	92.0
	对比（+−）	+5.26	+3.90	−1.34	−10.42	+2.2	−0.02	+1.8	+2.0
2008春蚕	雄蚕	89.51	928.63	40.71	378.05	281.0	2.56	95.8	94.4
	秋丰×白玉	85.22	950.58	42.76	406.47	275.5	2.56	94.4	92.4
	对比（+−）	+4.29	−21.95	−2.06	−28.42	+5.5	0.0	+1.4	+2.0

2008年春期雄蚕上车率89.51%，秋丰×白玉85.22%，比对照提高4.29个百分点，一茧丝长雄蚕928.63m，秋丰×白玉950.58m，比对照减少21.95m；净度94.4分，比秋丰×白玉提高2分；雄蚕解舒率比秋丰×白玉解舒率略低。春蚕期雄蚕品种茧丝质与秋丰×白玉相仿。

1.4　试养经济效益

为了充分发挥雄蚕品种优势，与德清佳绫茧丝有限公司协作，实行订单蚕业，发放售茧卡，通过缫丝计价实行返利补贴。

2007年晚秋期试养雄蚕成绩显示，雄蚕平均张种茧款收入781.73元，秋丰×白玉平均张种茧款收入692.24元，佳绫茧丝公司雄蚕返利张种50元，雄蚕品种比秋丰×白玉张种收入提高

139.49元，蚕农获得较好的经济效益。

2008年春蚕期雄蚕张种茧款收入922.08元，秋丰×白玉平均张种茧款收入979.2元，佳绫茧丝公司雄蚕返利张种20元，雄蚕品种比秋丰×白玉收入张种减少37.12元。但若能按预期返利张种50元计算，蚕农饲养雄蚕品种张种茧款收入972.08元，基本与饲养秋丰×白玉收入持平。

2　雄蚕饲养注意要点

2.1　抓好雄蚕品种的催青和补催青工作

由于雄蚕具有欧洲血统，胚子发育较慢，在催青过程中催青积温比普通蚕要高，因此，催青后期温度应偏高0.5℃，补催青过程中尤其注意湿度，干湿差控制在1～1.5℃，做好补湿工作，防止孵化不齐，补催青要求绝对黑暗，利于孵化齐一。

2.2　严格掌握小蚕期温湿度，避免分批过多

雄蚕小蚕期发育偏慢，温湿度比现行标准偏高0.5～1℃为好，才能控制10d眠3眠的要求，促使眠起齐一，避免分批多，造成饲养管理上的不便。在小蚕期更应精心饲养。

2.3　强化蔟中管理

雄蚕性别单一、发育齐、老熟涌，要选用优良蔟具，强化蔟中管理，有条件的应使用方格蔟，充分发挥其茧丝质优势，用蜈蚣蔟、折蔟上蔟，蔟中一定要注意通风排湿。2007年晚秋蚕雄蚕饲养虽然取得成功，但当时幸福村在上蔟后第2天反映雄蚕不上蔟营茧，现场观看后发现蔟中多湿闷热有浓烈异味，加强开门开窗通风换气后才正常营茧。

3　体会与建议

3.1　雄蚕品种性状需进一步摸索

2007年晚秋期试养的雄蚕在全部蚕卵近50%达点青及转青，40%左右转青卵时发种，孵化齐一，小蚕发育整齐。2008年也在掌握发种适时情况下发种，蚕农反映孵化欠齐，收蚁后第2天、第3天也有少量孵化。小蚕饲养中群体发育欠整齐，分批多。同期对比的秋丰×白玉发育齐整。孵化不齐直接影响雄蚕饲养成绩及对比的准确性。因此雄蚕推广还需科研及生产部门筛选培育性状优良稳定的杂交品系，催青和农村饲养过程中还要进一步摸索性状发挥其优良性能。

3.2　雄蚕规模推广需协调多方利益

雄蚕选育采用性连锁平衡致死原理，杂交种生产成本高，雄蚕千克茧颗数多，2008年春期调查雄蚕千克茧颗数623粒，同比秋丰×白玉598粒，卵量相同蚕种单产低于秋丰×白玉，雄蚕

张种卵量要适当增加，蚕种生产成本提高，蚕种定价上需要补贴。蚕农饲养雄蚕品种同比于现行推广品种秋丰×白玉要体现效益优势，蚕农才乐意接受。丝厂实行定向收购，体现其茧丝质优良的品种特性，缫制出高品位生丝，才能受丝厂欢迎。只有三方共同受益，规模推广，才能顺利进行。

3.3　雄蚕饲养要合理布局

由于仅试养2007年晚秋蚕和2008年春蚕，对雄蚕饲养情况还有待于摸索。从两期试养情况看，晚秋蚕饲养成绩和经济效益显著，很受蚕农欢迎，春蚕试养在饲养环境良好情况下，同比秋丰×白玉单产和经济效益不体现优势。雄蚕品种在抗逆性方面优势显著，晚秋期适宜推广雄蚕饲养。

3.4　要充分发挥其优良特性

雄蚕由于其出丝率高，茧丝质优良受到丝厂欢迎，而影响茧丝质因素最主要的是蔟中管理，雄蚕茧茧层厚，蔟中要特别强调通风排湿工作，老熟齐涌，避免上蔟过密，减少黄斑茧发生，在目前方格蔟推广存在一定困难的情况下，选用优良蔟具上蔟提高茧丝品质，是推广雄蚕品种需要解决的问题。

夏秋用雄蚕品种秋·华×平30在云南的饲养初报[①]

董占鹏[1] 白兴荣[1] 廖鹏飞[1] 祝新荣[2] 何克荣[2] 柳新菊[2]

（1.云南美誉蚕业科技发展有限公司 蒙自 661101；
2.浙江省农业科学院蚕桑研究所 杭州 310021）

雄蚕具有强健好养、茧丝质优等特点，专养雄蚕能够提高茧丝质量，促进产业提质增效，是蚕业发展的主要方向之一。目前，专养雄蚕技术是浙江省农业科学院蚕桑研究所利用性连锁平衡致死系材料开发出的技术体系，雄蚕品种秋·华×平30作为其主要研究成果之一，已在生产中逐步推广应用。秋·华×平30是国内外第1个通过审定的夏秋用三元杂交雄蚕品种，该品种强健好养，眠起齐一，食桑旺盛，叶丝转化率高，老熟涌，茧层率和出丝率高，茧丝纤度细，净度优，适宜缫高品位生丝。云南省是我国"东桑西移"重点地区，也是全国优质蚕茧原料基地；因此，引进和开发利用专养雄蚕技术，符合云南省蚕业发展需要。2005年起，云南美誉蚕业科技发展有限公司与浙江省农业科学院蚕桑研究所，开展专养雄蚕技术研发合作；作为合作研究的一部分，云南美誉蚕业科技发展有限公司引进雄蚕品种秋·华×平30，在云南省蚕业生产条件下试养，旨在评估该品种在云南省的适应性和生产性能。

1 材料与方法

1.1 试验材料

雄蚕品种：秋·华×平30（良卵数30000粒/张），由浙江省农业科学院蚕桑研究所提供；对照品种：两广2号（932·芙蓉×7532·湘晖，良卵数28000粒/张），菁松×皓月（良卵数26000粒/张），均由云南美誉蚕业科技发展有限公司提供。

1.2 试验方法

1.2.1 实验室鉴定

于2005年秋蚕期，2006年与2007年春、秋蚕期，在云南美誉蚕业科技发展有限公司品种试验场，进行雄蚕品种秋·华×平30的饲养试验。试验时秋·华×平30和对照种两广2号（正反交）分别收蚁2g，采用常规技术饲养至4龄饷食第2次给桑后数蚕分区，每区400头蚕，每个品

[①] 本文原载于《中国蚕业》，2009，2：32-35。

种4个重复，共16区，调查养蚕成绩；上蔟7d后采茧，每个品种抽取2kg样茧，送云南省农业科学院蚕桑蜜蜂研究所丝产品检验中心进行缫丝，调查丝质成绩。

1.2.2 农村鉴定

于2006年夏、秋蚕期，2007年春、夏、秋蚕期，2008年春、夏蚕期，在云南省的蚕桑主产区陆良、楚雄、祥云、鹤庆和保山县（区、市），各选择3个典型蚕区，每个点不少于3户，每户饲养量3～4张，每户雄蚕品种秋·华×平30与对照种两广2号各饲养1/2，采用常规饲养技术，各户均调查养蚕成绩。各县将各户随机抽取的2kg蚕茧，收集混匀后再抽2kg样茧；鹤庆县样茧送云南省农业科学院蚕桑蜜蜂研究所丝产品检验中心进行检测，其他4个县的样茧均在各地缫丝厂进行检测。

1.2.3 农村大面积饲养

2007—2008年在云南省蚕桑主产区陆良、楚雄、祥云、鹤庆和保山县（区、市）进行了农村大面积饲养，2007年秋蚕共饲养秋·华×平30雄蚕品种1450张，对照种两广2号1000张、菁松×皓月1500张；2008年春蚕共饲养秋·华×平30雄蚕品种1760张，对照种两广2号500张、菁松×皓月2000张；2008年夏蚕共饲养秋·华×平30雄蚕品种1950张，对照种两广2号1000张、菁松×皓月1500张。各地各季均抽取5%的蚕户，调查养蚕成绩。

1.3 调查项目

调查龄期经过、雄蚕率、4龄起蚕虫蛹率、千克茧颗数、全茧量、茧层量、茧层率、死笼率、万蚕产茧量、万蚕产茧层量、克蚁产茧量、产茧量、产值等养蚕成绩；调查上车率、干壳量、茧丝长、解舒率、解舒丝长、缫折、鲜茧出丝率、纤度、洁净和生丝等级等丝质成绩。

2 结果与分析

2.1 实验室鉴定成绩

2.1.1 实验室鉴定养蚕成绩

从雄蚕品种秋·华×平30实验室饲养成绩看（表1），秋·华×平30的雄蚕率春蚕期为99.6%、秋蚕期为99.3%；秋·华×平30的虫蛹率春蚕期略低于对照种两广2号、秋蚕期高于对照种；龄期经过与对照种基本一致。春蚕期饲养时雄蚕品种秋·华×平30的茧层率为25.22%、万蚕产茧层量为4.035kg、千克茧颗数为590粒，分别比对照种两广2号高16.5%、8.8%、4.6%；秋·华×平30的全茧量为1.688g、万蚕产茧量为16.01kg，分别低于对照种0.044g、1.14kg。秋蚕期饲养时雄蚕品种秋·华×平30的茧层率为24.87%、万蚕产茧层量为4.009kg，分别比对照种两广2号高14.0%、12.3%，秋·华×平30的全茧量为1.644g、万蚕产茧量为16.12kg、千克茧颗数为595粒，分别比对照种低0.046g、0.43kg、1.7%。

2.1.2　实验室鉴定缫丝成绩

从雄蚕品种秋·华×平30的实验室鉴定缫丝成绩看（表2），在春蚕期饲养时，雄蚕品种秋·华×平30的茧丝长为1084m、解舒丝长为843m、鲜茧出丝率为18.60%、洁净为95.9分，分别比对照种两广2号高209m、131m、9.3%、6.8分；解舒率为77.5%，比对照低3.8个百分点；干壳量为10.71g，比对照种高4个等级；生丝等级评价为6A，比对照种高4个等级。在秋蚕期饲养时，雄蚕品种秋·华×平30的茧丝长为1176m、解舒丝长851m、鲜茧出丝率18.88%、洁净95.7分，分别比对照种两广2号高158m、63m、7.2%、3.0分；解舒率为72.4%，比对照种低5.1个百分点；干壳量为11.19g，比对照种高5个等级；生丝等级评价为6A，比对照种高2个等级。2季蚕的缫丝结果均表明雄蚕品种秋·华×平30茧丝质优良，可缫制高品位等级生丝。

表1　雄蚕品种秋·华×平30的实验室鉴定养蚕成绩

品种	蚕期	5龄经过（d:h）	全龄经过（d:h）	雄蚕率（%）	虫蛹率（%）	死笼率（%）	全茧量（g）	茧层量（g）	茧层率（%）	千克茧颗粒（粒）	万蚕产茧量（kg）	万蚕产茧层量（kg）	克蚁产茧量（kg）
秋·华×平30	春蚕	6:21	24:17	99.6	98.91	0.33	1.688	0.425	25.22	590	16.01	4.035	3.616
两广2号		6:21	24:17	—	99.55	0.12	1.732	0.374	21.64	564	17.15	3.707	3.502
秋·华×平30	秋蚕	7:00	24:05	99.3	98.89	0.33	1.644	0.409	24.87	585	16.12	4.009	3.441
两广2号		7:02	24:15	—	96.59	1.28	1.690	0.368	21.82	605	16.55	3.571	3.517

注：春蚕期一栏的数据为2006—2007年的2年养蚕成绩平均数，秋蚕期一栏的数据为2005—2007年的3年养蚕成绩平均数；表2相同。

表2　雄蚕品种秋·华×平30的实验室鉴定缫丝成绩

品种	蚕期	上车率（%）	干壳量（g）	茧丝长（m）	解舒丝长（m）	解舒率（%）	缫折（kg）	纤度（dtex）	鲜茧出丝率（%）	清洁（分）	洁净（分）	等级
秋·华×平30	春蚕	95.7	10.71	1084	843	77.5	232	3.022	18.60	98.5	95.9	6A
两广2号		95.5	9.76	875	712	81.3	255	3.290	17.02	98.5	89.1	2A
秋·华×平30	秋蚕	94.6	11.19	1176	851	72.4	228	2.738	18.88	98.7	95.7	6A
两广2号		91.6	10.19	1018	788	77.5	245	3.048	17.61	98.0	92.7	4A

2.2　农村鉴定成绩

2.2.1　农村鉴定养蚕成绩

通过实验室饲养了解了雄蚕品种的特性后，2006年逐步进入农村饲养试验。2006—2008年3年7季的雄蚕品种秋·华×平30农村鉴定养蚕成绩结果表明（表3）：雄蚕品种秋·华×平30的雄蚕率达98%以上，龄期经过春蚕期为29d3h、夏蚕期为24d13h、秋蚕期为26d10h，与对照种两广2号相仿；雄蚕品种秋·华×平30强健好养，春蚕期虫蛹率为96.50%、夏蚕期为96.65%、秋蚕期为92.92%，明显高于对照种两广2号的94.46%、95.11%、87.41%；全茧量、万蚕产茧量接近或超过对照种，万蚕产茧层量、茧层率明显高于对照种两广2号。

表3　雄蚕品种秋·华×平30农村鉴定养蚕成绩

品种	蚕期	5龄经过（d:h）	全龄经过（d:h）	雄蚕率（%）	虫蛹率（%）	死笼率（%）	全茧量（g）	茧层量（g）	茧层率（%）	千克茧颗粒（粒）	万蚕产茧量（kg）	万蚕产茧层量（kg）
秋·华×平30	春蚕	9:07	29:03	99.3	96.50	1.67	1.770	0.434	24.52	568	17.91	4.409
两广2号		9:01	29:02	—	94.46	1.73	1.740	0.377	21.68	571	17.73	3.787
秋·华×平30	夏蚕	7:18	24:13	98.0	96.65	1.77	1.702	0.419	24.62	589	16.59	4.087
两广2号		7:18	24:18	—	95.11	2.64	1.697	0.360	21.20	585	16.57	3.565
秋·华×平30	秋蚕	8:01	26:10	98.2	92.92	1.60	1.622	0.384	23.92	593	16.12	3.864
两广2号		8:05	26:16	—	87.41	3.16	1.616	0.340	21.04	609	15.28	3.245

注：春蚕期一栏的数据为2007—2008年的2年养蚕成绩平均数，夏蚕期一栏的数据为2006—2008年的3年养蚕成绩平均数，秋蚕期一栏的数据为2006—2007年的2年养蚕成绩平均数；表4相同。

2.2.2　农村鉴定缫丝成绩

2006—2008年3年7季的雄蚕品种秋·华×平30农村鉴定缫丝结果表明（表4）：雄蚕品种秋·华×平30的茧丝质较好，茧丝长在1100m以上。雄蚕品种秋·华×平30与对照种两广2号相比，干壳量高0.84～1.13g，茧丝长长141～227m、解舒丝长长102～121m，缫折低13～19kg，鲜茧出丝率高9%以上，洁净高0.3～1.3分，但是雄蚕品种秋·华×平30的解舒率比对照种两广2号低0.16～5.49个百分点。

表4　雄蚕品种秋·华×平30农村鉴定缫丝成绩

品种	蚕期	上车率（%）	干壳量（g）	茧丝长（m）	解舒丝长（m）	解舒率（%）	缫折（kg）	纤度（dtex）	鲜茧出丝率（%）	清洁（分）	洁净（分）
秋·华×平30	春蚕	94.47	10.75	1232.7	980.3	79.52	229	2.749	19.04	98.0	94.7
两广2号		95.08	9.62	1033.8	858.6	83.06	247	2.696	17.17	97.6	93.7
秋·华×平30	夏蚕	94.24	11.60	1168.5	858.1	73.43	231	2.650	19.14	96.5	93.5
两广2号		94.63	10.76	1027.0	755.8	73.59	250	2.804	17.55	97.1	92.2
秋·华×平30	秋蚕	95.45	10.57	1178.8	821.0	69.65	226	2.653	20.05	98.1	94.2
两广2号		91.39	9.61	951.5	714.9	75.14	239	2.706	17.83	97.7	93.9

2.3　农村大面积饲养成绩

在农村区试的基础上，2007年起陆续向云南省陆良、楚雄、祥云、鹤庆和保山等县（区、市）农村投放雄蚕品种秋·华×平30一代杂交种5160张，对照种两广2号2500张、菁松×皓月5000张进行扩大饲养，对产量性状进行了调查（表5）。2007—2008年2年3季的养蚕成绩结果表明：雄蚕品种秋·华×平30平均张种产茧41.2kg，张种平均产值937.7元，均不低于当地春用品种和对照种；雄蚕品种产量、产值稳定，强健性好，蚕户能够接受。

表5　雄蚕品种秋·华×平30农村大面积养蚕成绩

品种	蚕期	全茧量（g）	茧层量（g）	茧层率（%）	千克茧颗数（粒）	死笼率（%）	张种产量（kg/张）	张种产值（元/张）
秋·华×平30	2007年秋蚕	1.701	0.416	24.46	582	1.97	41.52	969.1
	2008年春蚕	1.736	0.436	25.12	563	1.68	42.75	957.8
	2008年夏蚕	1.611	0.373	23.15	619	2.14	39.34	886.3
	平均	1.683	0.408	24.24	588	1.93	41.20	937.7
两广2号	2007年秋蚕	1.672	0.362	21.65	592	2.12	36.42	840.2
	2008年春蚕	1.691	0.373	22.06	586	1.82	37.53	774.8
	2008年夏蚕	1.608	0.333	20.71	617	2.87	35.17	805.5
	平均	1.657	0.356	21.48	598	2.27	36.37	806.8
菁松×皓月	2007年秋蚕	1.851	0.415	22.42	538	4.34	40.67	955.7
	2008年春蚕	1.889	0.441	23.35	528	3.49	42.33	890.4
	2008年夏蚕	1.798	0.395	21.97	560	4.92	38.74	856.2
	平均	1.846	0.417	22.59	542	4.25	40.58	900.8

注：表中数据均为陆良、楚雄、祥云、鹤庆和保山5个县（区、市）的平均数据。

3　小结

云南省气候温和，各蚕区全年都可饲养春用品种。随着新蚕区的发展和省力化养蚕技术的要求，蚕农需要饲养强健好养的蚕品种；因此，夏秋用蚕品种开始在云南一些地区使用，表现出稳产、省力、好养的特点，使用量逐渐增加。夏秋用雄蚕品种秋·华×平30通过实验室鉴定饲养、农村鉴定饲养和农村大规模饲养后证明：该品种性状稳定、雄蚕率高、发育齐一、产量稳定、茧丝质量较好，可以在云南省夏、秋蚕期和部分地区春蚕期推广应用。

雄蚕品种鲁菁×华阳在日照市农村饲养初报[①]

韩霞[1]　刘峰[2]　刘仁忠[1]　李增乐[1]　陈成泉[1]　房德文[3]

（1.日照市东港海通蚕茧有限公司　日照　276800；2.山东省丝绸集团有限公司　济南　250000；
3.山东广通蚕种集团有限公司　青州　262500）

雄蚕专养技术是20世纪以来现代蚕业取得的重大科技成就之一，它是将家蚕平衡致死基因导入蚕体内，使雌蚕卵胚胎只能发育到一定阶段，然后停止发育而自然死亡，而雄蚕卵却能健康完成全部胚胎发育过程，实现专养雄蚕。饲养雄蚕与饲养雌蚕相比，具有好养、眠起齐一、抗病力强、食桑省、叶丝转化率高等优点；同时雄蚕还具有产丝量高、茧层率高、纤度细、偏差小等特点；雄蚕丝适合缫制高档生丝，符合丝绸制品向高档化方向发展的趋势。为验证雄蚕品种鲁菁×华阳的优势和在农村大面积推广饲养的可行性，日照市东港海通蚕茧有限公司从2005年夏蚕期开始进行了试养，饲养成绩表明，雄蚕品种鲁菁×华阳的茧层率等指标明显高于对照品种9405×9406；2006年与2007年春蚕期又在东港区陈疃镇连续进行了2期试养，2008年春蚕期又将雄蚕品种推广到陈疃、南湖、黄墩3个乡（镇）饲养，从几年的养蚕成绩看，雄蚕品种鲁菁×华阳的茧层率、出丝率等指标明显高于对照品种鲁7×9202，取得了较好的经济效益。现将这4年来的试验及饲养情况报告如下。

1　材料与方法

1.1　试验材料

雄蚕品种：鲁菁×华阳（2005年是28000粒/盒，2006—2008年均是29000粒/盒）；对照品种：9405×9406（28000粒/盒），鲁7×9202（2006—2008年均是27000粒/盒），所有品种均由山东广通蚕种集团有限公司生产。

1.2　试验方法

2005年夏蚕期：将小区试验点安排在碑廓镇小湖村司朝森的大棚内进行，雄蚕品种鲁菁×华阳和对照品种9405×9406各饲养2盒。

2006年春蚕期：在陈疃镇饲养雄蚕品种鲁菁×华阳1453盒，在与陈疃镇饲养环境相近的巨

---

①　本文原载于《中国蚕业》，2009，3：31-34。

峰镇饲养对照品种鲁7×92021045盒。根据雄蚕食桑量稍少这一情况，从2006年起我们对雄蚕品种鲁菁×华阳的装盒量进行了调整，雄蚕品种每盒蚕种多装2000粒，即，雄蚕品种鲁菁×华阳每盒蚕种29000粒，鲁7×9202每盒蚕种27000粒，虽然雄蚕品种盒种卵量稍多，但2个品种单位面积桑园的发种量基本相同。

2007年春蚕期：继续在陈瞳镇安排饲养雄蚕鲁菁×华阳1624盒，仍然在与陈瞳镇饲养环境相近的巨峰镇饲养对照品种鲁7×92021338盒。

2008年春蚕期：我们将雄蚕品种饲养推广到陈瞳、南湖、黄墩3个乡（镇），共饲养雄蚕品种鲁菁×华阳6120盒，其余8个乡（镇）（两城、西湖、后村、高兴、巨峰、碑廓、安东卫、奎山）饲养对照品种鲁7×92022 1748盒。

调查各个品种的生长发育习性、饲养成绩、缫丝成绩，采茧后各取样茧5kg送茧站烘干，2005年样茧送日照市西湖缫丝厂缫丝，2006—2008年样茧送山东省生丝检验所缫丝。

2 结果与分析

2.1 雄蚕品种鲁菁 × 华阳发育情况

雄蚕品种鲁菁×华阳生长快、眠起与发育齐一、食桑较快、病蚕少，上蔟时老熟齐涌、活泼、喜上爬；蚕茧的茧幅略小于对照品种9405×9406与鲁7×9202。

2.2 2005年夏雄蚕品种鲁菁 × 华阳饲养情况

从2005年夏雄蚕品种鲁菁×华阳的养蚕与缫丝成绩看（表1），雄蚕品种鲁菁×华阳盒种产茧量为31.5kg/盒，略低于对照种9405×9406（32.8kg/盒），雄蚕品种鲁菁×华阳的茧层率为22.5%，明显高于对照种的21.3%。雄蚕品种鲁菁×华阳的茧丝长为1053.0m，比对照品种高出65.9m；雄蚕品种鲁菁×华阳的干茧出丝率为35.27%、比对照高近1个百分点；雄蚕品种鲁菁×华阳的茧丝纤度为2.078dtex，对照为2.414dtex，雄蚕品种较对照细0.327dtex。雄蚕品种与对照品种的解舒率都较低，造成解舒低的主要原因是2005年夏季高温多雨，试验区大棚地势低洼，棚内排湿困难，造成蔟中环境高温多湿。通过小区试验可以看到，雄蚕品种鲁菁×华阳除盒种产茧量稍低外，其他饲养成绩及缫丝成绩都表现出了优势。

表1 2005年夏雄蚕品种鲁菁 × 华阳的养蚕与缫丝成绩

品种	龄期经过（d:h）	产茧量（kg/盒）	茧层率（%）	茧丝长（m）	解舒丝长（m）	解舒率（%）	光折（kg）	毛折（kg）	干茧出丝率（%）	纤度（dtex）	清洁（分）	洁净（分）
鲁菁 × 华阳	22:4	31.5	22.5	1053.0	471.0	44.70	259.86	283.57	35.27	2.807	98.63	93.38
9405 × 9406	22:8	32.8	21.3	987.1	431.0	43.64	261.22	291.57	34.30	2.414	99.43	92.67

2.3 2006年春雄蚕品种鲁菁 × 华阳的饲养情况

2.3.1 养蚕成绩

从2006年春雄蚕品种鲁菁 × 华阳的养蚕成绩看（表2），雄蚕品种鲁菁 × 华阳的平均盒种产茧量为39.2kg/盒、茧层率为23.7%、收购均价为28.54元/kg、盒种产值为1118.77元，雄蚕品种鲁菁 × 华阳的盒种产茧量比对照种鲁7×9202高5.8kg、茧层率高1.2个百分点、收购均价高0.22元/kg、盒种产值高172.88元。

表2 2006年春雄蚕品种鲁菁 × 华阳的养蚕成绩

品种	试验点	发种量（盒）	产茧量（kg/盒）	茧层率（%）	茧价（元/kg）	盒种产值（元）
鲁菁 × 华阳	陈疃镇	1453	39.2	23.7	28.54	1118.77
鲁7×9202	巨峰镇	1045	33.4	22.5	28.32	945.89

2.3.2 缫丝成绩

从2006年春雄蚕品种鲁菁 × 华阳的缫丝成绩看（表3），雄蚕品种鲁菁 × 华阳的干茧茧层率达52.86%、解舒率为69.2%、干茧出丝率为44.80%、洁净93.7分，分别比对照种鲁7×9202高出1.42个百分点、8.5个百分点、1.03个百分点、1.2分。而且雄蚕品种的烘折比对照种低。雄蚕品种鲁菁 × 华阳的茧丝长1144.2m，比对照种（1281.8m）低137.6m；茧丝纤度2.799dtex，比对照种（2.679dtex）粗0.120dtex。

表3 2006年春雄蚕品种鲁菁 × 华阳的缫丝成绩

品种	试验点	烘折（kg）	干茧茧层率（%）	茧丝长（m）	解舒率（%）	纤度（dtex）	干茧出丝率（%）	洁净（分）
鲁菁 × 华阳	陈疃镇	230	52.86	1144.2	69.2	2.799	44.80	93.7
鲁7×9202	巨峰镇	231	51.44	1281.8	60.7	2.679	43.77	92.5

根据雄蚕食桑量稍少这一情况，我们从2006年起对雄蚕品种鲁菁 × 华阳的装盒量进行了调整，雄蚕品种每盒蚕种多装2000粒（雄蚕品种鲁菁 × 华阳每盒蚕种29000粒，鲁7×9202每盒蚕种27000粒），在调整雄蚕品种每盒蚕种的卵量后，雄蚕品种与对照品种单位面积桑园的发种量基本相同；因而，饲养雄蚕单位面积桑园产值高，蚕农受益；而且蚕茧的茧层率和出丝率高、解舒好、洁净优。

2.4 2007年春雄蚕品种鲁菁 × 华阳的饲养情况

2.4.1 养蚕成绩

从2007年雄蚕品种鲁菁 × 华阳的饲养成绩看（表4），雄蚕品种鲁菁 × 华阳与对照种鲁

7×9202盒种产茧量相近，但茧层率高出1.1个百分点、盒种产值高出9.46元。

表4　2007年春雄蚕品种鲁菁×华阳的养蚕成绩

品种	试验点	发种量（盒）	产茧量（kg/盒）	茧层率（%）	茧价（元/kg）	盒种产值（元）
鲁菁×华阳	陈疃镇	1624	37.8	23.5	21.08	796.82
鲁7×9202	巨峰镇	1338	38.0	22.4	20.72	787.36

2.4.2　缫丝成绩

从2007年春雄蚕品种鲁菁×华阳的缫丝成绩看（表5），雄蚕品种鲁菁×华阳的干茧茧层率为52.92%、解舒率为68.73%、干茧出丝率为43.66%，分别比对照种鲁7×9202高出1.23个百分点、3.66个百分点、0.81个百分点；雄蚕品种鲁菁×华阳的烘折为227kg、茧丝长为1181.9m，分别比对照种低5kg、111.4m。雄蚕品种鲁菁×华阳的茧丝纤度为2.682dtex，比对照种（2.610dtex）高0.072dtex。从陈疃镇与巨峰镇的饲养对比情况看，各项成绩与2006年春季试验成绩基本吻合。

表5　2007年春雄蚕品种鲁菁×华阳的缫丝成绩

品种	试验点	烘折（kg）	干茧茧层率（%）	茧丝长（m）	解舒率（%）	纤度（dtex）	干茧出丝率（%）	洁净（分）
鲁菁×华阳	陈疃镇	227	52.92	1181.9	68.73	2.682	43.66	94.0
鲁7×9202	巨峰镇	232	51.69	1293.3	65.07	2.610	42.85	93.8

2.5　2008年春雄蚕品种鲁菁×华阳的养蚕与缫丝成绩

从2008年春各乡（镇）雄蚕品种鲁菁×华阳的养蚕与缫丝成绩看（表6），雄蚕品种鲁菁×华阳干上茧试样平均价格70047.40元/t，对照种鲁7×9202干上茧试样平均价格67017.51元/t，雄蚕品种高出3029.89元/t；雄蚕品种鲁菁×华阳的干茧茧层率平均为53.56%、毛茧出丝率平均为40.06%，分别比对照种高出3.65个百分点、2.14个百分点；雄蚕品种鲁菁×华阳的内印率平均为1.4%、茧丝长平均为1160.9m，分别比对照种低了0.4个百分点、36.6m；雄蚕品种鲁菁×华阳的茧丝纤度平均为2.683dtex，比对照种（2.580dtex）粗0.103dtex；解舒率及洁净指标2个品种成绩接近。养蚕成绩由于受市场因素干扰，部分蚕茧外流，产茧量未做统计。

表6　2008年春各乡（镇）雄蚕品种鲁菁×华阳的养蚕与缫丝成绩

品种	试验点	发种量（盒）	收购茧价（元/kg）	干上茧量（t）	干上茧试样价格（元/t）	茧丝长（m）	解舒率（%）	毛茧出丝率（%）	茧层率（%）	洁净（分）	纤度（dtex）	内印（%）
鲁菁×华阳	黄墩	3000	23.52	48150.4	70444.62	1153.4	56.21	40.38	53.19	93.5	2.693	0.7
	陈疃	1520	23.45	24004.4	68776.26	1177.9	55.90	39.43	53.43	94.1	2.628	1.7
	南湖	1600	23.32	24268.6	70516.60	1159.1	63.44	54.41	54.41	94.1	2.722	1.3
	平均/合计	6120	23.43	96423.4	70047.40	1160.9	57.96	53.56	53.56	93.8	2.683	1.4

（续）

品种	试验点	发种量（盒）	收购茧价（元/kg）	干上茧量（t）	干上茧试样价格（元/t）	茧丝长（m）	解舒率（%）	毛茧出丝率（%）	茧层率（%）	洁净（分）	纤度（dtex）	内印（%）
鲁7×9202	两城	4967	22.80	71949.9	67098.88	1159.1	58.57	50.56	50.56	94.0	2.543	1.3
	西湖	4350	23.15	75167.7	69026.99	1248.3	61.28	49.84	49.84	93.4	2.628	1.2
	后村	1330	23.16	20423.8	69547.59	1232.0	59.82	50.47	50.47	93.8	2.517	1.8
	高兴	3289	22.92	50856.7	65227.24	1201.4	55.19	49.89	49.89	93.5	2.637	3.3
	巨峰	1464	23.46	24355.3	65967.08	1163.7	60.23	48.46	48.46	93.9	2.540	1.5
	碑廓	1380	23.42	25782.5	67818.14	1208.7	60.37	50.46	50.46	94.2	2.598	2.7
	安东卫	1545	23.04	23394.8	64656.67	1160.0	57.96	49.05	49.05	94.4	2.567	2.1
	奎山	3418	22.96	26951.1	64889.34	1175.8	56.94	49.45	49.45	93.7	2.518	1.6
	平均/合计	21748	23.11	31881.8	67017.51	1197.5	58.84	49.91	49.91	93.8	2.580	1.8

3 小结

3.1 雄蚕品种鲁菁×华阳的生产性状

雄蚕品种鲁菁×华阳的蚁蚕行动活泼，各龄眠性快，眠起齐一，抗病性较强、好养。壮蚕体色青白、普斑，体形粗长结实，食桑旺盛，老熟齐涌，茧形椭圆中等，茧色洁白，茧层率、出丝率高，洁净优，解舒好。

3.2 经济效益分析

鲁7×9202一直是日照市这几年来春秋兼用的当家品种，从历年试验成绩可以看出雄蚕品种鲁菁×华阳无论在茧层率、解舒率、干茧出丝率、洁净等指标上均表现出明显优势，而且烘折低。但茧丝长、茧丝纤度等指标反而降低，特别是茧丝纤度偏粗，与理论值不符。这些方面的问题有待在今后的生产实践中进一步研究。需要注意的是，雄蚕茧形略小、茧层厚、蛹体小，因此在烘茧过程中，原则上应注意较常规品种烘茧时间略短，以免烘得过老，既影响烘折，又造成解舒成绩下降。

总之，通过近几年日照市东港海通蚕茧有限公司试养实践证明，专养雄蚕品种的经济效益比较好，雄蚕品种鲁菁×华阳是一个非常具有推广价值的新品种。相信随着生产技术的进一步完善，它对传统养蚕业必将带来重大影响。

利用蚕桑一体化优势推广雄蚕品种[①]

柯红成

（浙江省淳安县茧丝绸总公司 杭州 311700）

专养雄蚕是近年来蚕业界最具革命性的技术创新，是解决当前蚕桑生产技术瓶颈的有效手段之一。"千岛湖"牌蚕茧的定位不仅是缫制高品位生丝的优质原料，而且要具有多样性，能满足丝厂中高档产品对多种蚕茧的需求。为增强"千岛湖"牌蚕茧的竞争力，促进蚕桑产业的稳定发展，淳安县茧丝绸总公司于2004年春蚕开展雄蚕品种饲养试验获得了成功，在浙江省农科院、杭州市农业局等单位的大力支持下，利用农工贸一体化的体制优势，连续5年对雄蚕的综合经济性状、收烘特点、适应性等方面进行探索，并在农村规模推广，取得显著的效益。

1 规模推广雄蚕基本情况

5年来，共示范推广雄蚕79645张，其中秋丰×平28共40320张、秋·华×平30共39325张。从规模推广结果看，雄蚕品种发育齐一，强健好养，抗性强，产茧量高，经济效益好，特别在秋蚕期遇到不良的气候环境时，抗逆性明显优于常规品种，取得了良好的经济和社会效益（见表1）。

表1 淳安县2004—2008年雄蚕品种推广情况

年份	秋丰×平28（张）	秋华×平30（张）	合计（张）
2004年	300	20	320
2005年	4800	1010	5810
2006年	1380	7700	9080
2007年	17280	4700	21980
2008年	16560	25895	42455
合计	40320	39325	79645

2007年，对雄蚕品种的饲养推广及茧丝质情况进行一系列调查试验，每期均按雄蚕品种和常规品种抽取等量样茧，密码编号，送浙江省第三茧质检定所进行茧丝质量鉴定。从茧质指标

---

① 本文原载于《江苏蚕业》，2009，4：19-21。

看，雄蚕在干壳量、茧层率、毛茧出丝率、毛折、洁净等几个指标上与现行当家品种菁松×皓月、秋丰×白玉等对比有较大的优势，特别是中秋、晚秋蚕期，非常有利于雄蚕体现品种的优势。在干茧的销售及厂丝的经营过程中，从客户反馈的实缫成绩和商检成绩看，雄蚕茧一般均可缫6A级丝，缫折、净度等指标都相当优秀。

2 规模推广雄蚕优势和措施

2.1 利用技术优势规模推广

2.1.1 做好对比试验

为探索雄蚕的品种特性，特别是对"千岛湖"独特小气候的适应性，我们利用一支专业素质高、具有生产实践经验的蚕桑科技队伍（其中具有高级技术职称的7名、中级技术职称38名、初级职称33名），一个拥有县、片、乡、村四级网络的健全的服务体系，针对全年各期蚕的不同气候环境，制定雄蚕品种与菁松×皓月对照、雄蚕品种与秋丰×白玉对照、雄蚕品种与薪杭×白云对照、不同雄蚕品种之间相互对照的4种试验方案，安排好饲养点，落实好试验户，记录好养蚕日记，认真做好对比试验调查工作，基本掌握了雄蚕品种在我县饲养的适宜性，为规模化推广雄蚕品种做好了必要的技术保障。

2.1.2 抓好技术推广

雄蚕的品种特性和饲养特点与常规品种存在着一定差异。为保证雄蚕规模推广，充分发挥农业龙头企业和技术力量优势，以"蚕桑服务月"和"科技入户、蚕桑增效"等活动为载体，每人联系一个雄蚕饲养重点村，养蚕季节与蚕农同吃、同住、同劳动，利用进村入户、面对面的形式组织开展内容具体、实际实用的技术专题培训，加深了蚕农对雄蚕品种特性的认识，为规模推广打下了坚实的基础。5年来，为饲养雄蚕品种的乡镇、村共举办各类技术培训班460余期，受训人数达3.9万人次，召开现场会32余次、人数达2368人次，发放雄蚕技术资料5.8万余份，切实提高了蚕农的思想认识和饲养水平。

2.1.3 规范技术措施

做好蚕种催青，以"前期按标准温度控制，后期以高于标准0.5℃温度控制"的标准催青，待90%以上转青发种；正确认识、宣传雄蚕品种1张种发给2张种的卵量，但有近一半不孵化，少量孵化出的也在1～2龄死去的现象，避免盲目恐慌；小蚕期温度以现行标准偏高0.5～1℃为宜，以达到10d眠3眠的要求，但也不能用过高温度（≥29.5℃）；雄蚕虽个体较小，食桑量稍低于普通品种，但按浙江省地方标准（DB33/T 698.1—2008），雄蚕一代杂交种每张种卵量为62000±1000颗左右，故给桑标准要相应增加，同时在蚕座面积上要扩大稀放，每张蚕种大蚕期要放足面积40m²以上，促进良桑饱食，以充分发挥其高产性状。雄蚕对农药、氟化物比较敏感，要严防农药、氟化物中毒。雄蚕杂交种性别单一，发育齐，老熟涌，上蔟前要充分做好准备，适熟偏早上蔟，同时要比普通种多准备20～30片方格蔟。雄蚕茧茧层厚，要特别重视蔟中管理，及时清理蔟室场地，开门开窗、加强通风排湿。

2.2　利用收烘优势保全茧质

2.2.1　坚持按质论价收购

完善"公司＋农户"和"合同蚕业"机制，对雄蚕饲养农户，在实行"价高随行就市，价低补偿保护"的基础上，根据其茧层厚、干壳量高的特点坚持仪评，让蚕农充分享受到雄蚕茧干壳量高的质量优势，对应用加温桶、靠壁灶等暗火加温，在规定时间指定茧站投售的，每50 kg茧给予10～15元的奖励；对应用方格蔟营茧，每50 kg茧给予50～70元的奖励。

2.2.2　加强管理保全茧质

雄蚕茧在收烘过程中有以下特点：①雄蚕上蔟时如遇夏季连续高温，则容易出现较多的尿黄茧；由于总体发育较为齐一、老熟齐涌，双宫茧也偏多，影响上车茧率。②雄蚕茧形大小相对齐一，茧层厚薄基本均匀。蛹体小而均匀，烘茧处理易适干程度均匀。③由于茧层率较高，烘折相对较低，增加了收烘部门效益。④雄蚕茧层厚，茧丝纤度相对较细，致使茧层间密度相对较高，使茧层的通透性下降，如处理不当，色泽和解舒会受到一定影响。

针对雄蚕茧的特点，利用收烘技术的优势，采取了相应技术处理，尽最大可能保全茧质，保持雄蚕茧的优良工艺品质：严格选茧，特别是要选除尿黄茧、双宫茧，以提高上车率，提高解舒率；是鲜茧要及时进烘、及时装篮，严禁拢堆，以防蒸热；半干茧处理要注意解决好散热、排湿问题，以保全茧质；在烘茧工艺上，头冲排湿更要充分，温度控制可稍低，以达到干燥快、丝胶变性小的目的；雄蚕发育稍快，在蚕茧处理上要及时，以防出蛾。

2.3　利用贸易优势反哺农业

2.3.1　蚕种差价实行贴补

雄蚕茧从销售情况看，春茧、中秋茧和晚秋茧一般可缫6A级丝，销售价格与普通蚕茧价格相比每吨干茧要高2500～3000元，仍供不应求；夏茧、早秋茧销售价格稍高于普通蚕茧，一般可缫5A～6A级丝，销售较为平稳。从丝厂情况看，由于雄蚕单纤度、洁净等综合指标较好，可缫制高品位生丝，生丝价格优势比较突出，同时雄蚕茧层率高、缫折低，降低了生丝成本。我们通过雄蚕茧在贸易上的优势，对雄蚕种等进行贴补。在雄蚕推广伊始，蚕农对1张雄蚕种价格太高难以接受，为实现雄蚕的规模推广，我们对雄蚕饲养户的蚕种价格与常规品种一样收取，不足部分由淳安县茧丝绸总公司统一贴补。这一补助政策的实施，大大提高了蚕农饲养雄蚕品种的信心和积极性，加快了雄蚕品种示范推广工作的节奏和步伐。

2.3.2　拨足经费示范推广

为使雄蚕规模推广工作做落到实处，公司下拨给基层蚕茧管理总站试验经费10余万元，用于品种试验、典型示范及技术推广，促进了雄蚕的试验推广，辐射带动了全县规模化雄蚕饲养。

3 经验与体会

3.1 培育新的雄蚕品种

我国从俄罗斯引进家蚕性别控制系列基本材料，开展雄蚕品种选育才10年时间，还存在着一些问题。如雄蚕从理论上讲，孵化率为50%左右，但在实际生产中，实用孵化率均超过50%，高者甚至达70%以上。如2007年春蚕期，山东产的1—4—5批秋·华×平28，在催青室内调查，实用孵化率为70.2%。由于孵化率过高，在1～3龄小蚕饲养过程中，陆续出现较多的死蚕。一方面蚕农不知是自然死亡还是中毒死亡，到处议论、造成紧张的社会舆论，另一方面也造成技术处理上的误差，如过早淘汰、过分担心蚕头造成叶种平衡失调等。因此，科研部门应加强研究，在精确控制性别上下功夫。

3.2 实现经济利益共赢

经6年雄蚕品种的规模推广，显现出良好的经济效益和社会效益，部分地区的蚕农甚至对饲养雄蚕情有独钟。笔者认为淳安县雄蚕推广之所以取得如此好的效果，是蚕农、蚕茧经营单位（茧丝绸总公司）、丝厂三者之间实现了经济利益共赢。对蚕农而言，养雄蚕的经济效益明显高于普通种；对经营单位而言，销售干茧价格要高于普通种茧，经济效益明显；就丝厂而言，雄蚕茧要毛折小出丝率高，真正质优能缫高品位丝。由于实现了三方的经济利益共赢，突破了雄蚕种推广的瓶颈问题。

3.3 规范雄蚕品种技术措施

经5年的规模推广，淳安县在雄蚕饲养上掌握了一些规律，积累了一些经验，但尚未形成标准化的技术操作规程。大面积规模推广雄蚕必须从蚕种催青开始，在饲养、上蔟、收烘、缫丝，配套整套技术规程，才能发挥雄蚕茧优势，充分显现雄蚕茧的经营优势。

雄蚕新品种限7×平48试养初报[①]

戴建忠[1]　　汪伟萍[1]　　吕炳岚[1]　　陈子良[2]　　周建浩[2]

（1.浙江省海宁市蚕桑技术服务站　海宁　314400；
2.海宁市硖石街道农技服务中心　海宁　314400）

限7×平48是浙江省农业科学院蚕桑研究所育成的一对夏秋用雄蚕品种。为了进一步探索该品种在农村生产中的性状和经济效益，根据蚕品种农村区试计划安排，分别于2007年中秋和2008年晚秋在海宁市硖石街道联和村进行了雄蚕新品种限7×平48的农村对比试验，现将试验结果报告如下。

1　材料与方法

1.1　供试蚕品种

试验种限7×平48由浙江省农科院蚕桑研究所提供，对照种2007年中秋为秋丰×白玉，由海宁市新兴蚕种制造公司生产；2008年晚秋为雄蚕品种秋·华×平30，由山东广通蚕种集团有限公司生产。

1.2　试验地点与饲养量

两期试验均在海宁市硖石街道联和村蚕桑生产条件较好，饲养量较多的王彐荣等30户农户饲养。2007年中秋限7×平48饲养量为50张，对照种为秋丰×白玉3张、2008年晚秋限7×平48饲养量为30张，同是雄蚕品种的秋·华×平30作为对照种为3张。其中各选3户进行2对品种对比饲养，饲养量为每户试验种和对照种各1张。

1.3　试验方法

试验区与对照区用桑和饲养方法相同，小蚕期采用保鲜薄膜覆盖一日2回育，大蚕期应用少回育，上蔟与评茧方法均相同。

试验按照浙江省蚕品种农村试验要求详细记载各项性状数据，调查数据源自对比饲养户实测平均值，缫丝样茧随机抽取并编号，由海宁市中三丝业有限公司检测。

---

① 本文原载于《蚕桑通报》，2009，40（2）：27-28。

2 饲养结果与分析

2.1 龄期经过与饲养成绩

从两期饲养情况看（见表1），限7×平48龄期经过比对照略长，5龄、全龄经过均比对照长4h，这与陈志英等试验有相似结果，试验种各龄眠起齐一，体质强健好养，食桑旺盛，全龄用桑量与对照接近；蚕体大，发育齐一，抗性较强，老熟齐涌。试验种限7×平48茧子小于对照但结茧率高，张产茧量比对照高31.03%和3.14%，茧层率比对照种秋丰×白玉高2.74个百分点，与雄蚕品种秋·华×平30接近。张种茧款收入比对照秋丰×白玉高176.80元，与秋·华×平30相仿。

表1　限7×平48龄期经过和饲养成绩比较

期别	品种	全龄经过（d:h）	5龄经过（d:h）	全龄用桑量（kg）	5龄用桑量（kg）	张种产茧量（kg）	千克茧颗数（粒）	50kg茧价（元）	张种茧款（元）	50kg桑产值（元）	全茧量（g）	茧层量（g）	茧层率（%）
2007中秋	限7×平48	22:23	6:18	510	433	38	762	805	611.8	59.98	1.31	0.295	22.52
	秋丰×白玉	22:17	6:12	508	432	29	725	750	435.0	42.81	1.38	0.273	19.78
	±值	0:06	0:06	2	1	9	37	55	176.8	17.17	-0.07	0.022	2.74
	±%	—	—	0.39	0.23	31.03	5.1	7.33	40.64	40.09	-5.07	8.06	13.85
2008晚秋	限7×平48	26:07	7:02	575	481	46.0	608	705	648.6	56.40	1.64	0.386	23.54
	秋·华×平30	26:05	7:00	584	490	44.6	606	715	637.8	54.61	1.65	0.388	23.52
	±值	0:02	0:02	-9	-9	1.4	2	-10	10.8	1.79	-0.01	-0.002	0.02
	±%	—	—	-1.54	-1.84	3.14	0.33	-1.40	1.69	3.29	-0.61	-0.52	0.09

2.2 丝质成绩

据海宁市中三丝业有限公司对样茧的检测结果分析（见表2），限7×平48比2个对照品种都优的质量指标有：上车茧率、茧丝量、清洁、出丝率和光折。其中上车茧率平均比对照高2.48和2.41个百分点，出丝率比对照种高1.87和1.22个百分点，光折比对照低0.7和0.8kg。

但限7×平48也有部分指标虽优于秋丰×白玉，但与秋·华×平30接近或略差。如一茧丝长和解舒丝长比秋丰×白玉长186.6m和154.5m，但比秋·华×平30短24.3m和91.9m，解舒率比秋丰×白玉高2.22个百分点，但比秋·华×平30低8.27个百分点。

表2　限7×平48丝质成绩比较

期别	品种	上车茧率（%）	一茧丝长（m）	解舒丝长（m）	解舒率（%）	茧丝量（g）	茧丝纤度（dtex）	清洁（分）	净度（分）	出丝率（%）	光折（kg）
2007中秋	限7×平48	96.74	1045.0	758.7	72.61	0.2813	2.4576	99.25	98.00	40.69	242.1
	秋丰×白玉	94.26	858.4	604.2	70.39	0.2729	2.8607	98.00	94.50	38.82	242.8
	±值	2.48	186.6	154.5	2.22	0.0084	−0.4031	1.25	3.50	1.87	−0.7
	±%	2.63	21.74	25.57	3.15	3.08	−14.09	1.28	3.70	4.82	−0.29
2008晚秋	限7×平48	96.32	1122.2	807.3	71.94	0.3187	2.5557	99.50	95.25	42.66	225.8
	秋·华×平30	93.91	1146.5	899.2	78.43	0.3119	2.4486	99.00	95.50	41.44	226.6
	±值	+2.41	−24.3	−91.9	−6.49	+0.0068	+0.1071	+0.50	−0.25	1.22	−0.8
	±%	+2.57	−2.12	−10.22	−8.27	+2.18	+4.37	+0.51	−0.26	+2.94	−0.35

由于限7×平48的上车茧率、清洁、出丝率和光折等重要指标明显高于对照，所以缫丝企业对该品种评价较高。

3　小结与讨论

从新品种试养情况看，限7×平48食桑旺，抗性强，上蔟齐涌，产量高，效益好，较受蚕农欢迎。其中，2007年中秋试养期间，饲养气候较适宜，但5龄期雨水偏多，后期桑螟危害较重，叶质差，加上大田防治农药污染，中秋蚕发病、不结茧等情况较多，单产较低。而限7×平48抗性较强，尽管茧形偏小，但结茧率高，张产明显高于对照种。

限7×平48茧丝质量优良。其中在上车茧率、茧丝量、清洁、出丝率等重要指标上高于对照，纤度适中，光折低，对缫丝企业而言有较高的实用价值。

限7×平48是雄蚕品种，为充分发挥其质量优的性能，更需要重视良种良法，在饲养管理上需采取配套技术措施。稚蚕期宜用偏高温湿度饲养，促进眠起齐一；要认真做好分批提青和消毒防病工作；特别要针对茧层厚、干壳量高、对蔟中湿度比较敏感的特点，嘉湖蚕区宜在春蚕和晚秋蚕饲养，同时应选用优良蔟具，加强蔟中通风排湿，提高解舒率，充分发挥雄蚕茧丝质量优的特点。

提高秋·华×平30经济效益措施的探讨[①]

葛小兴

（海宁市新兴蚕种制造有限责任公司　海宁　314400）

雄蚕品种由于叶丝转化率高、强健好养而被广大蚕农所接受，也由于茧层率高、丝质好而深受缫丝企业的青睐。与现行普通的蚕品种相比，其提增的效益十分显著，已得到业界的广泛认可，因此，扩大推广雄蚕品种符合不断优化蚕桑产业的发展方向。但雄蚕种的繁育难度大、生产成本高，致使蚕种生产单位缺乏繁育积极性，已成为影响其推广进度的主要原因之一。因此，在调控好雄蚕茧收烘秩序，从而理顺雄蚕种价格的前提下，蚕种生产单位通过提高单位产量来降低单位成本，从而提高生产效益显得尤其重要。

1　数量控制与发蛾调节

在雄蚕品种秋·华×平30生产过程中，平30饲养的是雌性不育的全雄蚕，秋·华饲养的是在幼虫期3、4龄剔除雄蚕后的全雌蚕。这就为合理地少育雄（平30）多育雌（秋·华），从而提高千克茧制种量提供了机会，当然也增加了由于缺少雄蛾使部分雌蛾无法得到交配而受到严重损失的可能。所以应根据雄蛾冷藏保管条件、技术操作水平等因素，合理确定两品种收蚁比例并协调地做好发蛾调节工作。

1.1　掌握适当的对交品种比例

雄蚕品种的原种提供单位已将两品种的蚁量比例配置好，但是值得注意的是：平30是按颗数标准装盒的散卵，只要孵化率正常，其单盒收蚁头数不会有太大开差，但秋·华原种的张种头数在不同的批次之间可能相差20%甚至更高（其他品种的框制原种虽可能也如此，但可调剂的余地大），因此有必要根据事先做的孵化试验所得结果进行适当调整。收蚁时的雌雄原蚕头数比例以2.6～2.8∶1比较合理，结茧头数比例一般以2.5～3∶1为妥。

1.2　原蚕饲养户制种设施的合理安排

饲养秋·华品种的原蚕户，由于养成的全部是雌性，因而制种量比常规品种多一倍，这就可

---

①　本文原载于《蚕桑通报》，2011，42（2）：35-36。

能给该户带来制种生产用房、用具及制种劳力上的困难而造成损失。所以，饲养秋·华品种量大的原蚕户，可采取分天收蚁，或按总饲养量的25%～50%安排已共育至2眠（或3眠）的平30原种，可缓解制种压力。

1.3 做好发蛾调节

由于秋·华品种发育齐涌，应结合发蛾调节，尽可能拉大同一原蚕户中秋·华品种的迟早发育开差，以避免由于发育过齐使得上蔟、削茧鉴蛹、制种等工作陷于忙乱而造成损失。这可以通过3眠就眠后分室分别用温、一部分尽可能延长眠中时间等办法，使其中30%～50%迟0.5～1d上蔟，并继续使这两部分旺发蛾时间差1～2d。

雄蚕种繁育中的发蛾调节工作难度较高，根据两个原种的品种性状，秋·华的60%～70%比平30迟2d收蚁，30%～40%迟3d收蚁，上蔟日差控制基本维持收蚁日差较为理想。但蔟中、蛹期温度偏高时，秋·华的蛹期明显缩短，且发蛾更涌；而当蛹期温度偏低时，秋·华的蛹期又会明显延长，因而必须比对两品种的化蛹、复眼着色、触角着色时间、比例，及时调整用温，并注重湿度管理。

2 雄蚕品种性状特性明显，饲育管理抓重点

平30是平衡致死系原种，其品种性状与现行其他原种有很大差异，因此饲养中应积极采取应对性技术措施。

2.1 催青积温高

平30的高催青积温是常规品种中罕见的，在11d催青的情况下，各段用温标准应提高1～1.5℃。生产实践后认为，胚子发育至缩短期（戊₃）后用27℃催青比用25～26℃小蚕时更齐更好养。

2.2 小蚕饲养温度宜偏高

平30在1、2龄饲育温度比常规品种高1℃，用叶偏嫩半个到一个叶位，以利发育整齐，减少头数损失。3龄后用桑应充分成熟（增施P、K肥，提早摘芯）并控制好给桑量，既减少桑叶浪费又使蚕儿多食叶脉而提高体质，还可达到控制千克茧颗数的目的。一般认为千克茧颗数以700～750颗为好。

2.3 做好蔟中环境控制

平30对蔟中环境要求较高，蔟室中应通风干燥并给予26℃左右的温度。由于平30营茧性能较差，因而上蔟密度和蔟具的种类对结茧率的影响很大，理想的蔟具是塑料折蔟，上盖覆蔟网。

无覆蔟网的，在蚕儿大多定位后上面再纵向放置塑料折蔟，或稍迟些在上面盖油菜籽梗、竹梢叶等既不影响蔟中通风换气又增加营茧位置之物，或再稍迟些捉去尚未定位的游山蚕（包括开始吐平板丝的蚕儿）。如用蜈蚣蔟上蔟，则需更认真捉游山蚕。此品种最好不用伞形蔟上蔟，以利减少只吐平板丝不营茧（非病态）的不结蚕发生。

3　妥善实施秋·华去雄，降低叶、工成本

秋·华是斑纹限性遗传品种，其体色为雌花雄素，在3龄起蚕就可分辨，4龄起蚕后则相当清晰易区分。一般原蚕户劳力紧桑叶又不宽裕，而挑蚕虽比鉴蛹容易，但时间安排必须与饲育操作相穿插，无法安排长的时间段用来专门挑蚕。一般3龄起蚕可开始挑，至4龄一昼时内基本挑好，以后结合饲养操作进行复查。偏早挑虽可减少用桑量，但因蚕体小花纹不清晰使得操作困难，花工多且易伤蚕体；偏迟挑虽易操作，但用桑量多，所以应根据各原蚕户的具体情况灵活掌握。

4　制种工作重措施，提高单产降成本

秋·华×平30的制种工作，难在雌雄比例开差大，因而要重点围绕提高雄蛾利用率做文章，并且对秋·华雌蛾的管理也应与之相配合。

4.1　严格掌握成熟交配

在雄蛾少的情况下，往往会采取用当天发的雌雄蛾进行提早交配来增加一次雄蛾当天交配次数的做法。但这样做的后果是大为降低了雌蛾的产出卵率，因此必须保证在蛹室温度24℃左右的前提下，雌蛾感光6h后（2时感光）、雄蛾感光4h后（4时感光）才可开始进行交配，宁可交配时间安排得短些也不能提早交配。

4.2　合理掌握雄蛾的交配时间与次数

新鲜雄蛾1交2.5h，2交3.5h。如气温较高或雄蛾总量偏紧，可在当天安排雄蛾3交，时间近4h；如气温较低且雄蛾总量不紧张，也可不安排3交，这些雌、雄蛾可存放至第2天。

4.3　多余雌蛾的保存

当天余下的雌蛾可在与雄蛾隔离的荫凉处存放，第2天用2时感光的新鲜雄蛾在6时交近2h，产卵情况不会比上一天交的差，且这部分雄蛾当天再交2次在时间上比较宽裕，放至第2天还可安排交2次，利用率很高。这里应特别注意的是：一方面，上一天发的雌蛾放至第2天交，因易散对且散对后即产卵，因而须用新鲜雄蛾交且宜短交，这样既可减少卵量损失又可降低不受精卵

率；另一方面，上一天发的雌蛾（包括在雌蛹匾内的二发蛾也应在傍晚前捉掉）不能与当天发的雌蛾混杂，因为二者的成熟度不一样，混杂后易出现散对或因不成熟交配而损失卵量。

4.4 合理计划制种形式

由于秋·华雌蛾需在1d内分2、3次交，因此投蛾时间在同一天内拉得很长。而原蚕户一般都无条件将每一次投蛾都单列一个产卵室，因而对于投蛾结束晚的，为不使产卵量受大的影响可安排制越年种，在第2天适当延迟收种时间。但冬季浴种时应采取重复轻比或再辅以风选的办法来确保淘汰不充实卵。

4.5 雄蛾的保管

雄蛾的使用（保管）时间不宜过长，一般在发蛾后至第3天应完成使用，这就对发蛾调节提出了更高要求。因为时间长后不但雄蛾数量损失，从生产实践中发现更为严重的是，即使将1交甚至新鲜雄蛾放在10℃左右的冰库中，3、4d后也正常交配，但雌蛾的产出卵率会受严重影响（其程度在不同品种间有开差，严重的减产近半）。

雄蚕新品种华菁×平72在山东农村的试养初报[①]

娄齐年[1]　王安皆[1]　张凤林[1]　周丽霞[1]　王书轩[2]　张洪文[2]

（1.山东省蚕业研究所　烟台　264002；

2.山东省海阳沃德茧丝绸有限公司　海阳　265100）

雄蚕专养技术是20世纪以来现代蚕业所取得的重大科技成就，它是利用基因工程技术，将家蚕平衡致死基因导入蚕体内，使雌蚕卵胚胎发育到一定阶段时就停滞不再发育而自然死亡，而雄蚕卵却能健康地完成全部的胚胎发育过程，如此达到专养雄蚕的目的。专养雄蚕具有三大主要优势，一是容易饲养；二是食桑量少，饲料效率高；三是出丝率高，茧丝品质优，可缫制高品位生丝。与目前的雌雄蚕各半混养相比，专养雄蚕可大幅提高蚕丝的生产质量和蚕桑的经济效益，因此，专养雄蚕被称之为继饲养一代杂交种之后最有价值的一项创新技术。

2010年受浙江省农业科学院蚕桑研究所委托，结合山东家蚕饲育特点，我们在山东省海阳市大闫家镇对该所育成的春用雄蚕品种华菁×平72进行了农村生产鉴定试验，现将有关情况简报如下。

1　材料与方法

1.1　试验材料

试验蚕品种华菁×平72，由浙江省农科院蚕桑研究所提供；对照种菁松×皓月，由山东省海阳沃德茧丝绸有限公司提供。

1.2　试验方法

2010年春季采用简易法催青，5月24日收蚁，参加试验的华菁×平72蚕品种10张，对照蚕品种菁松×皓月10张，分别安排在山东省海阳市大闫家镇路疃村5户蚕农饲养，饲养农户均具有丰富的养蚕经验和饲育水平，每户饲养的试验品种和对照品种均占其饲养总量的一半，所有调查项目均按试验品种和对照品种分别进行。晚秋蚕也采用简易法催青，9月11日收蚁，参加试验的华菁×平72蚕品种5张，对照蚕品种菁松×皓月5张，分别安排在山东省海阳市大闫家镇石前庄村5户蚕农饲养，农户饲养水平、试验设区等方法均与春季相同。鲜茧采用二次烘干法，烘

---

①　本文原载于《北方蚕业》，2011，32（1）：27-28，31。

干样茧春季送山东泰安泰山成通制丝有限公司进行丝质鉴定，晚秋季送四川省农业科学院蚕业研究所进行丝质鉴定。

2　试验结果

综合2010年春季、晚秋季的蚕期饲养情况，各蚕期总体表现良好，生长发育正常，蚕农比较满意，样茧缫丝成绩真实可靠，基本反映农村试验情况（见表1～表4）。

2.1　春季饲养成绩

从表1可以看出，雄蚕品种华菁×平72的5龄经过、全龄经过与对照种菁松×皓月相比基本相同，华菁×平72张种产茧量平均低于对照蚕品种菁松×皓月2kg，全茧量较对照低0.52g，茧层率较对照高1个百分点，50kg桑养蚕产值、张种产值均高于对照蚕品种菁松×皓月。

表1　家蚕新品种华菁×平72农村生产试验成绩调查表（2010年春，海阳）

蚕品种	张种产茧量（kg）	张种产值（元）	担桑产值（元）	全龄经过（d:h）	5龄经过（d:h）	千克茧粒数（粒）	全茧量（g）	茧层量（g）	茧层率（%）
华菁×平72	48	1632	152	24:04	7:06	640	1.53	0.394	25.72
菁松×皓月	50	1600	144	24:08	7:10	500	2.05	0.507	24.73

2.2　春季缫丝成绩

从表2的缫丝成绩来看，雄蚕品种华菁×平72除了茧丝长、解舒丝长较对照菁松×皓月短以外，其他丝质鉴定检验项目，如解舒率、干毛茧出丝率、洁净、清洁等均高于对照，茧丝纤度较对照细，解舒光折较对照少6.70kg，干茧茧层率较对照高1.83个百分点。

表2　家蚕新品种华菁×平72农村生产试验缫丝成绩表（2010年春，海阳）

蚕品种	茧丝长（m）	解舒丝长（m）	解舒率（%）	茧丝纤度（dtex）	干毛茧出丝率（%）	解舒光折（kg）	洁净（分）	清洁（分）	干茧茧层率（%）
华菁×平72	1167	792	67.86	2.516	44.50	218.90	92.54	99.17	55.28
菁松×皓月	1473	972	66.00	2.672	43.22	225.60	90.88	97.50	53.45

2.3　秋季饲养成绩

2010年晚秋季饲养雄蚕品种华菁×平72、对照品种菁松×皓月的蚕期试验成绩（如表3所示）：雄蚕品种华菁×平72的全茧量1.46g，较对照品种少0.24g；茧层率21.84%，较对照品种高1.08个百分点，全茧量、茧层率的表现与春期试验成绩表现基本一致；雄蚕品种张种产茧量

41.63kg，较对照品种提高了28.17%，晚秋季雄蚕品种华菁×平72的张种产茧量与春期略低于对照的结果比较相差很大，分析产生的原因可能是晚秋蚕细菌病、僵病等发生较为严重，雄蚕品种华菁×平72与对照品种菁松×皓月相比发病轻、减蚕少，从而表现出雄蚕品种华菁×平72的张种产茧量大幅度高于对照品种菁松×皓月，由此可见，雄蚕品种华菁×平72较对照品种菁松×皓月体质强健、抗病抗逆性强、产量高。

表3　家蚕新品种华菁×平72农村生产试验茧质调查表（2010年晚秋，海阳）

蚕品种	张种产茧量（kg）	500g茧粒数（粒）	全茧量（g）	茧层量（g）	茧层率（%）
华菁×平72	41.63	335	1.46	0.319	21.84
菁松×皓月	32.48	300	1.70	0.353	20.76

2.4　秋季缫丝成绩

从表4晚秋蚕缫丝成绩看，与春季明显不同的是华菁×平72分别比对照品种菁松×皓月的茧丝长长30m、解舒丝长长140.2m，其他茧丝质检验项目如解舒率、干毛茧出丝率、干茧茧层率等均高于对照，茧丝纤度2.324dtex，较对照细，茧丝纤度综合均方差0.477dtex较对照小，解舒光折较对照少5.5kg，缫丝成绩优势非常明显，能缫制高品位生丝。

表4　家蚕新品种华菁×平72农村生产试验缫丝成绩表（2010年晚秋 海阳）

蚕品种	茧丝长（m）	解舒丝长（m）	解舒率（%）	茧丝纤度（dtex）	茧丝纤度综合均方差（dtex）	干毛茧出丝率（%）	解舒光折（kg）	洁净（分）	清洁（分）	干茧茧层率（%）
华菁×平72	1117	928.2	83.10	2.324	0.477	42.70	234.4	98.7	99.8	51.10
菁松×皓月	1087	788.0	72.50	2.585	0.550	41.72	239.9	99.4	99.8	50.10

3　小结与讨论

从2010年春、晚秋两季农村初步试养及缫丝成绩看出：雄蚕品种华菁×平72具有孵化齐、食桑猛、眠起齐、老熟齐、抗病抗逆性强、单产高、茧形均匀等特性，同时还具有出丝率高、缫折小、解舒好、茧丝纤度细而匀、净度优等特点，总体表现良好，是茧丝绸生产企业向缫丝厂提供缫制高品位生丝首选的优质原料茧蚕品种。丝绸公司、茧站和试养农户普遍反映，华菁×平72体健、好养、高产、效益高，是一对综合性状优良的雄蚕新品种，强烈要求明年继续加大试养力度，为进一步做好雄蚕品种推广打下良好基础。同时，建议各地丝绸公司为配合做好该品种的推广工作，应积极制定相应配套的收购政策与措施，切实保护蚕农利益，真正做到公司提高蚕茧质量、蚕农增收、丝厂增效，达到茧丝绸行业整体增强竞争能力之目的。

雄蚕新品种华菁 × 平72春蚕试养初报[①]

马建红 徐建生 陈其芬

（海盐县蚕业管理站 嘉兴 314300）

由于雄蚕具有饲养效率高、强健好养、经济效益好等优点，且雄蚕产丝量多，茧层率和鲜茧出丝率均高于雌蚕。雄蚕丝纤度细、偏差小，利于缫制高档生丝，符合丝绸制品向高档化发展的要求。因此专养雄蚕是传统蚕桑业的重大创新，近年来雄蚕新品种也不断涌现。华菁 × 平72是浙江省农科院蚕桑研究所育成的一对高丝量雄蚕品种，为了比较与了解该新品种的特性及其在海盐的适应性，海盐蚕业管理站于2011年春蚕始引进试养，现将试养结果小结如下。

1 材料方法

1.1 供试品种

华菁 × 平72，由浙江省农业科学院蚕桑研究所提供，山东青州蚕种场2010年秋制，批号1220，盒装孵量64590粒，良孵率98.75%。对照种秋·华 × 平30，由浙江省农科院蚕桑研究所提供，山东青州蚕种场2010年春制，批号1410，盒装孵量64824粒，良孵率98.77%。

1.2 试验方法

试验分小区和大区试验。小区试验地点在海盐县通元镇长山河村何忠英、何忠奎和联新村的何虎顺等3户，其中何忠英饲养新品种2张，何忠奎饲养新品种1张，何虎顺饲养新品种2张，3户对照种均为1张。小区试验时要求严格分区，防止品种混杂，饲养条件保持一致。大区试验选择秦山镇许油车村两个饲养水平相近的蚕桑组，其中杜家汇组12户饲养新品种30张，张家组20户饲养对照种46.75张。小区试验5龄时均为带条叶，试验区蔟具为伞形蔟。

1.3 调查内容

小区试验主要调查饲养习性、茧质等指标，如给桑量、眠起时间以及抗性情况等，2眠、3眠、4眠称50条眠头体重，熟蚕时称500g头数。大区试验以调查蚕茧产茧量及丝质指标为主。小区茧质调查样茧抽取在上蔟5d后进行，大区试验调查样茧抽取在上蔟5 ～ 8d后进行。

---

① 本文原载于《蚕桑通报》，2012，43（1）：25-26。

2　饲养结果与分析

2.1　蚕体发育经过比较

华菁×平72与对照种秋·华×平30均于4月30日傍晚发种，5月2日上午约8时收蚁，饲养经过及蚕体重如表1所示。华菁×平72全龄经过比对照区秋·华×平30的延长了8h。华菁×平72收蚁齐、生长快、发育匀、蚕体强健，食性好，食桑旺盛，全龄张种用桑华菁×平72比对照种增加116kg，多用桑7.53%。华菁×平72蚕体大于对照种，3户50头眠头平均体重，2眠、3眠、大眠分别比对照种增长4.76%、3.03%与3.81%；熟蚕每500g头数比对照减少了6头，体重增幅4.88%。两品种抗性相仿，无明显差异，饲养中均未发生较明显的蚕病感染。在产量方面，华菁×平72平均张种产茧小区试验户比对照种高3.0kg，增幅5.31%；从大区调查看，新品种产量高于对照种0.1kg，为53.6kg。

2.2　茧质、丝质比较

从小区试验户中各抽取500g，测定500g茧颗数和干壳量。在大区试验户售茧时新、老品种各随机抽取10户，每户500g，各5kg茧，在通元茧站烘干后送海盐丝厂试缫。结果如表2所示。由表2可见，华菁×平72除一茧丝长较短外，大部分经济性状均优于秋·华×平30或相仿，尤其是解舒率明显高于对照种，解舒丝长增加一成以上，解舒光折、出丝率指标也较优。

表1　小区试验生长发育及茧质比较

试验户	品种	张数	全龄经过（d:h）	张用桑量（kg）	500g熟蚕头数	500g茧颗数	总产（kg）	单产（kg）	万蚕产茧量（kg）	干壳量（g）
何虎顺	秋·华×平30	2	25:5	1625	117	275	125	62.5	19.52	10.1
	华菁×平72	1	25:4	1745	112	258	131	65.5	20.54	10.3
何忠奎	秋·华×平30	1	24:6	1384	125	294	102	51.0	15.93	10.4
	华菁×平72	1	24:15	1487	121	278	105	52.5	16.46	10.3
何忠英	秋·华×平30	2	24:10	1613	127	264	112	56.0	17.49	10.0
	华菁×平72	1	25:4	1738	118	282	120	60.0	18.81	10.4
小区合计	秋·华×平30	5	24:15	1541	123	278	/	56.5	17.65	10.2
	华菁×平72	3	24:23	1657	117	273	/	59.5	18.66	10.3
±数			8	116	−6	−3		3.0	1.01	0.1
±%			1.35%	7.53%	−4.88%	−1.10%		5.31%	5.72%	0.98%

表2 大区试验丝质比较

蚕品种	解舒率（%）	解舒丝长（m）	一茧丝长（m）	解舒光折（kg）	出丝率（%）	生丝纤度（dtex）	茧丝纤度（dtex）	清洁（分）	洁净（分）
秋·华×平30	50.96	631.9	1240	233.3	42.86	24.00	3.00	99	94.5
华菁×平72	67.06	743.1	1108.1	230.4	43.41	21.71	2.71	99	94.5
±数	16.1	111.2	−131.9	−2.9	0.55	−2.29	−0.29	0	0
对照为100的指数	131.59	117.60	89.36	98.76	101.28	90.46	90.33	100.00	100.00

3 小结与讨论

本次试验表明，华菁×平72新品种在生产性状方面，表现出了生长发育齐、眠性好、体质较强等特点，饲养容易，产量较高。在丝质方面，该品种茧质优、纤度细，可缫制高品位生丝，受到丝厂的欢迎。但该品种食桑量较大，要想获得优质高产，必须加强桑园培肥，提高桑叶产量和质量并给予良桑饱食的条件，才具有较高的经济效益优势。

我们还将加大试养规模，综合考察并评价该品种的性状表现。

两对新型单交蚕品种的繁育初报①

邵云华[1]　祝新荣[2]　鲁华云[3]　姚陆松[2]　何秀玲[2]　王永强[2]

（1.淳安县千岛湖蚕种有限公司　杭州　311700；
2.浙江省农业科学院蚕桑研究所　杭州　310021；3.杭州市种子总站　杭州　310020）

近些年来，蚕蛹雌雄鉴别技术人员缺乏、工作量大、时间紧等已逐渐成为蚕种生产企业面临的主要问题之一。因此，培育雌雄鉴别容易、蚕种生产效率高的家蚕新品种十分迫切。从今后家蚕育种方向来看，培育双限性多元杂交种，在蚕期依据斑纹（普斑为雌、素蚕为雄）鉴别原种雌雄，较蛹期雌雄鉴别可提高效率，是解决上述问题的途径之一。若能更进一步，在杂交种生产中实现原种的性别控制，形成一方专养雌蚕，另一方专养雄蚕的"单交蚕种"生产模式，杂交种生产将不再需要雌雄鉴别，蚕种生产效率进一步提高，有效降低蚕种生产成本，同时提高蚕种杂交彻底率和蚕种质量。现将这种新型单交蚕种生产模式及两对单交蚕品种的试繁育情况介绍如下。

1　新型单交蚕种生产模式及单交蚕品种的培育

浙江省农业科学院蚕桑研究所从1996年开始利用雌蚕无性克隆（也称孤雌生殖、无性繁殖）技术选育高发生率和高孵化率的实用化雌蚕无性克隆系（基因型完全相同、后代全部为雌性的品种），已成功育成了发生率和孵化率达90%和80%以上，综合性状优良的实用化雌蚕无性克隆系。利用雌蚕无性克隆系作为家蚕杂交种生产的母本，经济性状优良的限性卵色品种或平衡致死系（根据卵色能将雌、雄分开）作为父本，在杂交种生产中可实现原种的性别控制，形成一方专养雌蚕，另一方专养雄蚕的"单交蚕种"生产模式，见图1。

利用以上"单交蚕种"生产模式，结合雄蛾可多次交配的特性，原种饲养的雌雄比例可从目前的1∶1提高到2∶1以上，可实现"蚕种场多养雌蚕"的目标，对资源进行合理的配置和利用，提高蚕种场的制种效率。从理论上分析，生产同样数量的蚕种，原种饲养规模将缩小1/3，将有效降低蚕种生产成本。如以蚕种场繁育300g蚁量为例，按照图1在现行模式下，后代有正反交2种形式，用于制种的雌蚕饲养量为150g，而在总饲养量相同的单交模式下，后代只有一种单交形式，用于制种的雌蚕饲养量可达200g，较现行生产模式提高33.33%。

---

①　本文原载于《蚕桑通报》，2012，43（2）：18-20。

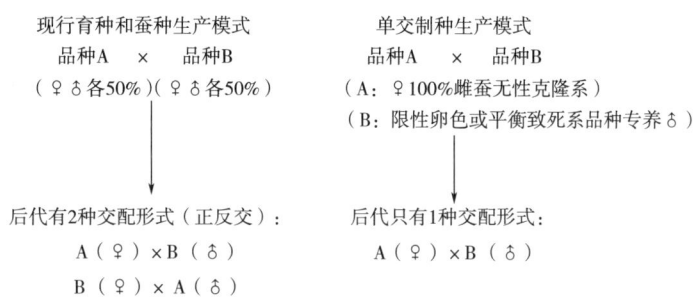

图1　单交蚕种生产模式与现行模式比较

经实验室多年多期的组合比较试验，已筛选出综合经济性状优良的新型单交品种雌29×卵36、新型雄蚕品种雌35×平28。其中雌29×卵36 2010年已通过浙江省家蚕新品种实验室鉴定，目前正在参加农村中试；雌35×平28已申请参加2012年度浙江省家蚕新品种实验室鉴定。两对新品种从2007年秋期开始先后在我省淳安、湖州、海盐、海宁、长兴、德清、安吉等县（市）累计试养近1000张，综合性状表现良好。为进一步了解单交蚕品种的繁育性能，淳安县千岛湖蚕种有限公司于2010年春期、2011年秋期先后试繁了雌29×卵36、雌35×平28。

2　新型单交品种雌29×卵36试繁情况

2010年春期，淳安千岛湖蚕种有限公司在临岐镇叶家畈原蚕区对省农业科学院蚕桑所育成的新型单交品种雌29×卵36进行试繁，对照种为薪杭×白云，主要成绩见表1。其中雌蚕无性克隆系雌29（全部为雌性）、卵36（全部为雄性），按2∶1以上收蚁，收蚁量分别为24g、10.5g。

表1　新型单交品种雌29×卵36繁育成绩

品种	蚁量（g）	收茧量（kg）	健蛹率（%）	千克茧颗数（粒）	蚕种数量（张）	克蚁制种量（张）	千克茧制种量（张）
雌29	24.0	133.2	97.50	450			
卵36	10.5	44.0	92.50	627			
平均	34.5	177.2	95.0	538	872	25.27	4.92
较对照种指数			100	89.67		139.84	123.00
对照种	392	1771	95.0	600	7085	18.07	4.00

注：对照种为薪杭、白云的平均值。

从繁育过程来看，这对新品种健康易繁，生长发育各龄期经过与薪杭、白云基本类似。雌29×卵36实际生产蚕种872张。克蚁制种量25.27张，千克茧制种量4.92张，较常规对照种薪杭×白云分别提高39.84%、23.0%。

3 新型雄蚕品种雌35×平28试繁情况

利用雌蚕无性克隆系与平衡致死系雄蚕杂交选育的新型雄蚕品种，将进一步降低雄蚕杂交种的生产成本，促进"专养雄蚕"的产业化进程。为进一步了解其繁育性能，2011年秋期在淳安县千岛湖蚕种有限公司汾口原蚕区试繁了新型雄蚕品种雌35×平28，饲养蚁量共33 g，主要成绩见表2。

经2011年冬季浴种，共繁育雄蚕种345张（装卵量62000粒/张），千克茧制种量2.30张，按照雄蚕种收购价68元/张计，千克茧产值156.4元，与该原蚕区繁育的秋丰×白玉相比，增加21.2元，提高15.68%。从整个蚕期饲养情况看，雌蚕无性克隆系表现为蚕体大，强健好养，健蛹率达92.50%，比秋丰、白玉平均健蛹率90.38%提高2.12个百分点。

表2　新型雄蚕品种雌35×平28繁育成绩

品种名	蚁量 （g）	产茧量 （kg）	克蚁收茧量 （kg）	千克茧颗数 （粒）	健蛹率 （%）	蚕种数量 （张）	千克茧制种量 （张）	千克茧产值 （元）
雌35	22	116.9	5.31	620	92.50	345	2.30	156.4
平28	11	33.0	3.00	909	92.25			

注：雄蚕按每张68元，常规种按每张42元计算千克茧产值。

4 讨论

2000年，浙江省农科院蚕桑所提出了选育全雌家蚕品种组配新型杂交种的设想，主要用于与平衡致死系对交生产雄蚕杂交种，提高蚕种生产效率，降低雄蚕种的生产成本。十多年来，通过雌蚕无性克隆系的累代选育及组合的多年多期实验室比较，成功筛选出了综合性状优良、各具特色的两对新型单交蚕品种雌29×卵36和雌35×平28，并在我省主蚕区成功饲养，综合性状表现优良。

通过2010—2011年两对单交新品种在原蚕区的试繁情况来看，繁育性能优良。特别是雌蚕无性克隆系表现为蚕体大，强健好养，健蛹率优于对照，这与雌蚕无性克隆系选育的育种素材为杂交原种有关。两对单交品种在原蚕区的试繁表明，这种新型的蚕种生产模式免去了雌雄鉴别这道复杂的工序，生产相同数量的蚕种可缩小饲养规模，大幅度提高制种效率，降低蚕种生产成本，提高了蚕种生产企业的经济效益。同时，由于这种新型的蚕种生产模式，提供给蚕种生产企业的原种一方全部为雌，另一方全部为雄，杂交时避免了纯种的发生，提高了蚕种杂交彻底率和蚕种质量。由于两对单交蚕品种各具特色，其中雌29×卵36为常规品种，后代雌雄各半；雌35×平28为雄蚕品种，后代全雄，可满足不同县（市）对蚕品种类型的需求。希望该类型的单交蚕品种尽早通过浙江省农作物品种审定委员会审定，从而得到大面积推广应用。

家蚕新品种雌35×平28春蚕饲养初报①

吕立峰¹ 张建奎² 沈见友³

（1.浙江省海盐县蚕业管理站 嘉兴 314300；2.浙江省海盐县澉浦镇农水中心 嘉兴 314300；

3.浙江省海盐县于城镇农水中心 嘉兴 314300）

家蚕新品种雌35×平28是浙江省农科院蚕桑研究所新近育成的一对雄蚕新品种。海盐县于2011年春蚕开始引进试养。经饲养表明，该品种在张产、张值、茧质等主要指标上表现良好，现将试养结果总结如下。

1 材料方法

1.1 供试品种

雌35×平28，由浙江省农业科学院蚕桑研究所提供，盒装卵量64216粒，良卵率99.60%。对照种秋·华×平30，由浙江省农业科学院蚕桑研究所提供，山东青州蚕种场2010年春制，批号1410，盒装孵量64824粒，良卵率98.77%。

1.2 试验方法

选择通元镇联新村徐和生户，饲养该品种2张，对照种为1.5张。小区试验时要求严格分区，防止品种混杂，饲养条件保持均一。

1.3 调查内容

龄期经过、蚕体大小、用桑量等饲养习性指标，干壳量等茧质指标，以及解舒率、出丝率等丝质指标。

2 饲养结果

2.1 蚕体发育经过

雌35×平28与对照种秋·华×平30均于4月30日傍晚发种，5月2日上午约8时收蚁，雌

---

① 本文原载于《蚕桑通报》，2012，43（3）：29-30。

35×平28全龄经过24d 16h，比对照种秋·华×平30长了2d，雌35×平28 5龄经过7d 13h，比对照种增加4h。雌35×平28生长发育时间比对照种稍长。

2.2 生长发育比较

雌35×平28孵化齐、生长快、发育匀、蚕体强健，对桑叶要求不高，食性较好。但至4龄后，食桑量稍不如对照种。全龄张种用桑雌35×平28为756.5kg，比对照种806kg减少49.5kg，用桑量减幅6.14%。两品种抗性相仿，饲养中均未有较明显的蚕病发生，但对照种50g鲜茧中有死笼1颗。

2.3 蚕体重及产量比较

雌35×平28蚕体重与对照种无明显差异，眠头50头体重，3眠9.0g，大眠42.2g；对照种为9.1g、41.8g。雌35×平28熟蚕每500g为135头，比秋·华×平30的132头增加3头，体重略轻。雌35×平28平均张种产茧57.35kg，比对照种低1.3kg。

2.4 蚕茧质量比较

茧丝质量比较在试验户大批售茧时抽取，两区各抽4kg样茧，送通元茧站，抽取50g鲜茧测干壳量。其余烘干后，送海盐丝厂400粒定缫各2个样本，结果见表2。

表1 小区试验生长发育习性比较

品种	张数	全龄经过（d:h）	5龄经过（d:h）	用桑量（kg）	张种用桑（kg）	千克熟蚕（条）	总产（kg）	单产（kg）
秋·华×平30	1.5	24:14	7:09	1209	806	264	88.0	58.65
雌35×平28	2	24:16	7:13	1513	756.5	270	114.7	57.35
±数	/	0:02	0:04	/	−49.5	6	/	−1.3
以对照为100的指数		100.33	102.26		93.86	102.27		97.78

表2 雌35×平28与秋·华×平30茧丝质量比较

蚕品种	50g鲜茧颗数	干壳量（g）	千克干茧颗数	解舒率（%）	解舒丝长（m）	一茧丝长（m）	解舒光折（kg）	出丝率（%）	生丝纤度（dtex）	茧丝纤度（dtex）	清洁（分）	洁净（分）
秋·华×平30	28	10.3	623	62.67	747.7	1193.2	240.2	41.63	20.16	2.520	97.5	94.75
雌35×平28	28	10.0	635	62.48	726.0	1162.0	245.4	40.76	19.89	2.486	96.5	93.50
±数	0	−0.3	12	−0.19	−21.7	−31.2	5.2	−0.87	−0.27	−0.034	−1.00	−1.25
以对照为100的指数	100.00	97.09	101.93	99.70	97.10	97.39	102.16	97.91	98.66	98.65	98.97	98.68

3　小结与讨论

3.1　优势方面

雌35×平28生长发育齐而匀，体质强发病少，饲养容易，茧丝纤度细，丝质优良。

3.2　不足方面

该品种小蚕时食桑均一且较快，蚕体比对照种大而重。但至大蚕后，食桑量有所下降，蚕体及蚕茧都略小于对照种，因此产量略低。丝质上，解舒率、净度等尚有提升空间。

3.3　总体评价

该品种各项指标与对照种基本相近，无明显弱点，是优质高产的雄蚕品种，建议对其针对性改良后可大面积推广。

雄蚕品种秋·华×平30在山西省的饲养试验[①]

靳月琴　王玉珏　王乃红　张永会　王　莉　冯红芳　胡山林　芦　城　韩红发

（山西省蚕业科学研究院　运城　044000）

雄蚕系列品种是浙江省农业科学院于1996年开始引进，并通过转育改良和选配而育成的系列家蚕新品种。雄蚕品种秋·华×平30是夏秋用三元雄蚕杂交种，具有体质强健好养、丝质优良、茧层率与鲜茧出丝率高、能缫制高品位生丝等特点。为了进一步了解该品种性状特点及在山西省的适应性，以便今后在山西省进行大面积推广应用，山西省蚕业科学研究院于2012年秋季引进雄蚕新品种秋·华×平30杂交种在院试验基地进行饲养试验，现将试验结果总结如下。

1　材料与方法

1.1　试验材料

参试蚕品种：雄蚕品种秋·华×平30，由浙江省农业科学院提供。

对照蚕品种：菁松×皓月正反交、野三元正反交，由山西省蚕业科学研究院提供。

1.2　试验方法

雄蚕品种秋·华×平30，对照品种野三元（正反交）、菁松×皓月、皓月×菁松5个处理区，每处理区3个重复小区，共15个小区。

所有参试品种在同一实验室同一饲养条件下进行，每个品种间隔开，全龄实行三回育，1～3龄各品种收取2g蚁量育，4龄饷食1d后每小区数蚕400头，5龄称叶定量饱食给桑；按常规方法进行蚕期和茧期调查；茧质调查结束后，每个品种各选取1.5kg样茧（野三元未取）送垣曲缫丝厂进行丝质鉴定。

2　结果与分析

2.1　孵化情况

雄蚕品种实用孵化率48.34%，菁松×皓月实用孵化率98.14%，野三元实用孵化率为

---

①　本文原载于《北方蚕业》，2013，34（1）：22-23，26。

98.02%。

2.2　蚕期经过及茧质调查（表1）

表1　2012年秋秋·华×平30、菁松×皓月、野三元养蚕成绩

品种	孵化率 （%）	全龄经过 （d:h）	5龄经过 （d:h）	千克 茧粒数	结茧率 （%）	全茧量 （g）	茧层量 （g）	茧层率 （%）	死笼率 （%）
秋·华×平30	48.34	23:05	7:00	614	96.54	1.805	0.42	23.26	5
菁松×皓月	98.14	24:06	8:01	539	92.55	1.855	0.43	23.18	10
野三元	98.02	23:14	7:10	564	97.43	1.825	0.43	23.56	8

雄蚕品种秋·华×平30卵灰绿色，卵壳淡黄色或白色，克蚁头数2400粒，小蚕具有趋光、趋密性，对叶质要求不严，各龄眠起齐，区内发育匀整，区间开差小，壮蚕普斑，间有个别素蚕，上蔟齐而涌，喜营中上层茧，茧形椭圆形，缩皱中等，易感染血液型脓病及细菌病，5龄经过比对照种菁松×皓月缩短了25h，比野三元缩短了10h；菁松×皓月小蚕期对叶质要求严、眠起稍欠齐一；区内、区间发育开差不大，壮蚕普斑，上蔟齐而涌，喜营中上层茧；野三元小蚕对叶质要求不严，眠起、老熟较齐，而且野三元最明显的一个特点就是其茧形特大且匀称，大蚕期野三元与菁松×皓月、雄蚕品种相比，其蚕体粗壮、爬行、食叶速度快，且在同样饲养条件下，病蚕少，结茧率高。

2.3　丝质成绩

雄蚕品种与对照种菁松×皓月丝质成绩相比（表2），解舒丝长长30.1m，解舒率高10.7个百分点，茧丝长比对照短113.7m，茧层率高2.3个百分点，茧丝纤度高0.023dtex；上车茧率高2.8个百分点，出丝率高1.4个百分点；洁净、清洁与对照基本相仿。

表2　2012年秋秋·华×平30、菁松×皓月的丝质成绩

品种	上车率 （%）	茧层率 （%）	茧丝长 （m）	解舒丝 长（m）	解舒率 （%）	茧丝 纤度 （dtex）	解舒光 折（kg）	万米吊 糙（次）	清洁 （分）	洁净 （分）	出丝率 （%）
秋·华×平30	93.2	51.2	1098	955	87.0	2.479	245	2.0	93.0	91.5	38.0
菁松×皓月	90.4	48.9	1212.3	924.9	76.3	2.456	247	2.4	98.0	92.5	36.6

3　雄蚕饲养表现和技术要求

3.1　雄蚕饲养表现

雄蚕品种秋·华×平30卵灰绿色，孵化率48%左右，卵壳淡黄色或白色，克蚁头数2400粒

左右，小蚕具有趋光、趋密性，对叶质要求不严，各龄眠起齐，食桑旺，区内发育匀整，区间开差小，应注意充分饱食。壮蚕体色灰白，普斑，间有个别素蚕，大小均匀，上蔟齐而涌，喜营中上层茧，茧形椭圆形，缩皱中等。全龄经过23d左右，5龄经过7d左右，因性别单一，发育齐，老熟涌，须提前做好上蔟准备，蔟中要特别注意通风排湿，避免上蔟过密，以提高茧丝质量。

3.2 雄蚕饲育技术要点

雄蚕具有欧洲血统，胚子发育过程相对较长，因此，在催青过程中，比普通种要提高0.5℃，加强催青和补催青，提高一日孵化率；严格蚕室蚕具的清洗与消毒和蚕体、蚕座消毒，秋期饲养要特别注意脓病和细菌病的防治；加强饲养管理，小蚕期饲育温度适当偏高0.5～1℃为好，注意用叶防止偏嫩，提前做好扩座、匀座工作，促使发育齐一；大蚕期要良桑饱食，注意通风换气，眠起处理要求做到"眠前吃饱、眠中管好、适时饷食"；雄蚕发育齐，老熟涌，要提前做好上蔟准备，蔟具最好使用方格蔟，充分发挥其茧优质的优势，避免上蔟过密，蔟中温度要保持25～26℃，特别注意通风排湿工作，上蔟营茧24h后捉游山蚕，同时适时采茧。

4 小结与讨论

雄蚕品种秋·华×平30杂交率高达99%以上，从今年秋季饲养情况表明雄蚕品种孵化好，蚕期发育齐一，眠起齐，抗性强，特别是秋期遇到不良的环境，表现为抗逆性、抗病性较强。今年秋季由于高温、干燥、雨少等特殊气候原因，桑树病害多，桑树封顶严重，脓病、细菌病以及蝇蛆病等蚕病发生较往年严重，同样饲养条件下，雄蚕品种较对照品种野三元、菁松×皓月表现出其特殊的品种优势。而且专养雄蚕对广大蚕农来说，一是能节省桑叶增加养蚕的数量；二是蚕期短，能为蚕农留出足够的消毒空档；三是蚕期技术处理相对普通品种较容易；四是在夏秋季或其他特殊气候条件下，蚕病发生较低，能降低蚕农损失，适合在山西省晋南蚕区引进推广应用。该品种是否适合在山西省大面积推广应用还需做进一步的实验室研究和农村中试。

雄蚕新品种华菁×平72春蚕期饲养初报[①]

胡金寿[1]　余根龙[1]　涂　伟[2]　刘娟英[3]

（1.开化县特产局（茶叶局）　开化　324300；2.开化县华埠镇政府　开化　324300；
3.开化县池淮镇政府　开化　324300）

雄蚕新品种华菁×平72是浙江省农业科学院蚕桑研究所新育成的一对雄蚕新品种。开化县于2012年春蚕引进试养。经饲养表明，该品种在张产量、张产值、茧质、丝质等主要指标上表现优良，现将饲养结果报告如下。

1　材料方法

1.1　供试品种

华菁×平72，由浙江省农科院蚕桑研究所提供，盒装卵量65012粒，良卵率99.21%。对照品种菁松×皓月，由浙江省蚕种公司提供，盒装卵量28340粒，良卵率99.55%。

1.2　试验设置与安排

2012年春蚕，选择试验农户3户，其中桐村镇桐村村陈维顺户，池淮镇寺坞村方春根、余德明等2户。试验种华菁×平72安排10张，对照种菁松×皓月安排10张。小区试验时要求严格分区饲养，防止品种混杂，饲养条件保持均一。

1.3　调查内容

龄期经过、张种用桑量等饲养习性指标，干壳量、张产量、粒重等茧质指标，以及解舒丝长、解舒率、一茧丝长、清洁等丝质指标。

2　饲养结果

2.1　蚕体发育经过

华菁×平72与对照种菁松×皓月均于4月26日早上9时整发种，4月26日上午约8时收

---

① 本文原载于《蚕桑通报》，2013，44（3）：25-26。

蚁。华菁×平72 5龄平均全龄经过7d11h，比对照区菁松×皓月短15h，华菁×平72全龄经过27d15h，比对照种短11h。华菁×平72生长发育时间比对照种短（见表1）。

表1　2012年春季华菁×平72农村饲养成绩调查

蚕品种	张数（张）	张产量（kg）	张产值（元）	张种用桑量（kg）	担桑产值（元）	5龄经过（d:h）	全龄经过（d:h）
菁松×皓月	10	101.3	1724	824	52.31	8:02	27:15
华菁×平72	10	107.2	1830.33	803.5	55.57	7:11	27:04
负数	/	5.9	106.33	/	3.26	0:15	0:11
对照为100的数	/	105.82	106.17	/	106.23	92.27	98.34

2.2　生长发育比较

华菁×平72孵化齐、发育匀、生长快、蚕体强健，对桑叶要求不高，食桑旺盛。发育至4龄后，食桑量略微减少，不如对照种。华菁×平72全龄张种用桑平均为803.5kg，比对照种平均824kg减少20.5kg，用桑量减少2.55%（见表1）。

2.3　产量产值比较

试验种华菁×平72平均张产量53.6kg，比对照种菁松×皓月增产2.95kg，增幅5.8%。平均张产值1830.33元，比对照种菁松×皓月增收106.33元，增幅6.1%（见表1）。

2.4　蚕茧质量比较

根据缫丝试验数据分析，华菁×平72在粒重、一茧丝长、解舒丝长等指标比菁松×皓月略有差距。其他净度、清洁、万米吊糙、解舒光折等指标比对照种好（见表2）。

表2　华菁×平72与菁松×皓月茧丝质比较

蚕品种	一茧丝长（m）	解舒丝长（m）	解舒率（%）	粒重（g）	纤度（dtex）	单纤度（dtex）	净度（分）	清洁（分）	万米吊糙（次）	解舒光折（kg）
菁松×皓月	1088	756	69.56	0.835	23.298	2.913	94	98	4.6	263
华菁×平72	1058	724	68.43	0.7194	22.898	2.863	94.5	98.2	2.8	254
指数	97.24	95.77	98.38	86.16	109.190	109.19	100.53	100.20	60.87	96.58

3　小结与讨论

3.1　比较优势

雄蚕品种华菁×平72在开化县试养综合表现出四大优势性状：一是蚕体强健，发育整齐，易饲养；二是抗病性强，与菁松×皓月对比，特别是对血液型脓病具有较高的抗性；三是产量高，产值高，给饲养农户增加了收入；四是茧质好、丝质好，受到收购单位和加工单位欢迎。

3.2　存在不足

该品种发育整齐，食桑均一且较快。大蚕期，食桑有所下降，蚕体及蚕茧都略小于对照种，解舒丝长，解舒率等尚有提升空间。

3.3　总体评价

该品种各种指标与对照品种相比基本相近，无明显弱点，是优质高产的雄蚕品种，建议对其针对性改良后可大面积推广。

新型雄蚕品种雌35 × 平28农村试养小结[①]

邵国庆

（淳安县蚕桑管理总站　杭州　311700）

雌35是浙江省农业科学院蚕桑研究所利用性别控制技术育成的雌蚕无性克隆系，后代全部为雌蚕，以其作为杂交种生产的母本，利用经济性状优良的限性卵色系或平衡致死系为父本，在杂交种生产中可实现原种的性别控制，形成一方只养雌蚕，另一方只养雄蚕的生产模式（即为"单交制种"），能实现"蚕种场多养雌蚕"的目标，建立起一种全新的家蚕杂交种生产模式。利用创新的"单交制种"模式，结合家蚕雄蛾可多次交配的特性，原种饲养的雌雄比例可从目前的1∶1提高到2∶1以上，可实现"蚕种场多养雌蚕"的目标，能有效地降低蚕种生产成本。

2013年晚中秋，淳安县从省农业科学院蚕桑研究所引进了利用雌蚕无性克隆系与平衡致死系杂交育成的新型雄蚕品种雌35 × 平28，以现行雄蚕主推品种秋·华 × 平30为对照种进行比较试验。经对比饲养，新型雄蚕品种综合性状优良，大部分指标优于秋·华 × 平30，现将试养情况小结如下。

1　试验方法

1.1　供试蚕种

新型雄蚕品种雌35 × 平28 5张由省农业科学院蚕桑所提供，对照种秋·华 × 平30由德清东庆蚕种公司生产。

1.2　试验方法

对比试验安排在威坪镇光辉村的李丙良户、杨家畈的王强志户进行，分别饲养1张雌35 × 平28，另设1张秋·华 × 平30作对照，其余3张在威坪镇岭脚村王理傲户试养。

1.3　调查内容

蚕期生长发育情况，龄期经过与蚕茧产质量等项目。

---

① 本文原载于《蚕桑通报》，2014，45（4）：20-21。

2 试验结果

2.1 生长发育情况

2013年9月19日收蚁，雌35×平28实用孵化率为53.5%，秋·华×平30为58.0%，对照种孵化率稍高，部分雌蚕孵化后于13龄期间陆续死亡。新品种与对照种1～4龄发育经过基本相同，雌35×平28 5龄与全龄经过略长，分别为8d 13h、21d 14h，对照种秋·华×平30分别为8d 8h、21d 9h。新品种眠起整齐，发育匀快。

2.2 体质

新品种蚕体粗壮，抗逆性强。熟蚕头数两品种相仿，雌35×平28 500g熟蚕为138头，秋·华×平30为140头；新品种体型略大，体质两品种基本相同，均未发现大面积发病现象。

2.3 蚕茧产质量比较

从表1可见，雌35×平28无论是张种产茧量还是蚕茧质量均优于对照种，其中新品种张种产量51.4kg，干壳量10.0g，分别比对照种提高21.2%和1.0%。王理傲户试养的3张新品种也取得较好成绩，其中张种产量、张种产值分别达52.2kg、2210元，干壳量达10.2g。

表1 新型雄蚕品种雌35×平28蚕期饲养成绩

户名	蚕品种	饲养数量（张）	5龄经过（d:h）	全龄经过（d:h）	实用孵化率（%）	千克茧粒数（粒）	张种产茧量（kg）	50g鲜茧干壳量（g）
李丙良	雌35×平28	1	8:11	21:12	53.0	622	52.5	10.2
	秋·华×平30	1	8:06	21:07	57.1	603	43.5	10.1
王强志	雌35×平28	1	8:15	21:16	54.0	638	50.2	9.8
	秋·华×平30	1	8:09	21:10	58.9	601	41.3	9.7
平均	雌35×平28	2	8:13	21:14	53.5	630	51.4	10.0
	秋·华×平30	2	8:08	21:09	58.0	602	42.4	9.9
相比	新品种比对照（实值）		0:05	0:05	−4.5	28	9.0	0.1
	新品种比对照（指数）					104.7	121.2	101.0

注：以对照种秋·华×平30的指数为100。

2.4 丝质成绩比较

表2为雌35×平28茧丝质成绩，从表2可知，雌35×平28与对照种相比，出丝率、上车率、

解舒率分别高3.3、2.82、8.31个百分点；茧丝长、解舒丝长分别长82.2m、142.2m；清洁高3.0分；茧丝纤度、解舒光折、洁净分别低0.039dtex、13.73kg、0.5分。

表2 新型雄蚕品种雌35×平28茧丝成绩

饲养品种	出丝率（%）	上车率（%）	茧丝长（m）	茧丝纤度（dtex）	解舒丝长（m）	解舒光折（kg）	解舒率（%）	洁净（分）	清洁（分）
雌35×平28	39.38	92.96	1038.5	2.733	792.4	236.08	76.30	93.5	99.00
秋·华×平30	36.08	90.14	956.3	2.772	650.2	249.81	67.99	94.0	96.00
对比	3.3	2.82	82.2	−0.039	142.2	−13.73	8.31	−0.5	3.0

3 分析与小结

经农村初步试养表明：新型雄蚕品种雌35×平28具有孵化齐、食桑猛、眠起齐、抗性强、单产高、老熟齐、茧形大而匀等特性，特别是解舒优良，洁净略低。

试养户反映雌35×平28好养、高产、效益高，是一对优良的雄蚕新品种，建议加大新品种的饲养力度，继续探索该品种特性。

雌35×平28淳安农村试养小结[①]

吴茂东　　王昌爱　　邵国庆　　余成武

（淳安县蚕桑管理总站　杭州　311700）

雌35×平28是浙江省农业科学院蚕桑研究所利用雌蚕无性克隆系与平衡致死系杂交育成的新型雄蚕品种。为了解该品种的性状和在淳安县饲养的适应性，于2014年晚中秋和2015年晚中秋期将雌35×平28与现行雄蚕主推品种秋·华×平30为对照种进行对比试养。现将有关情况报告如下。

1　材料与方法

1.1　试验材料

试验蚕品种：雌35×平28，由浙江省农业科学院蚕桑研究所提供；2014年晚中秋蚕期25张，安排2户作对比试验；2015年晚中秋蚕期58张，安排2户作对比试验；其余作普通饲养，调查饲养成绩。试验对照蚕品种为秋·华×平30，由千岛湖蚕种有限公司生产提供。

1.2　试验方法

对比试验2014年安排在威坪镇厚屏村和浪川乡瑞塘村饲养，2015年安排在浪川乡姜坞口村和姜家镇东山下村饲养。试验种和对照种均按常规技术饲养，养蚕环境、叶质等所有条件相同。在饲养过程中观察品种特性，调查记载龄期经过、温湿度、用桑量、产茧量等项目。

2　试验结果

2.1　龄期经过与食桑量

雌35×平28与对照种秋·华×平30相比，实用孵化率与对照种相仿；龄期经过略短、5龄食桑量稍少（表1）。在饲养过程中，雌35×平28表现出食桑旺、眠起齐一、蚕体大等性状。

---

①　本文原载于《蚕桑通报》，2016，47（1）：31-32。

表1　雌35×平28的龄期经过及食桑量

饲养品种	实用孵化率（%）	5龄经过（d:h）	全龄经过（d:h）	5龄用桑量（kg）
雌35×平28	54.8	8:08	25:22	532
秋·华×平30	56.3	8:17	26:06	539
指数	97.33	98.19	97.19	98.61

注：表中数据为对比户两年平均值，以100/秋·华×平30为基数。

2.2　饲养成绩

从2014年和2015年雌35×平28产茧量及茧质调查情况看（表2），雌35×平28与对照种秋·华×平30相比，张种产茧量高6.7kg，万头产茧量高0.1kg，张产值高277元，分别较对照种提高16.5%、0.4%和16.6%；千克茧颗数少1粒；干壳量高0.1g。2014年面上饲养的23张雌35×平28张种产茧量平均达46.3kg，张种产值1956元，干壳量9.17g。

表2　雌35×平28的产茧量及茧质调查

饲养时间	品种	张种产茧量（kg）	万头产茧量（kg）	干壳量（g）	张种产值（元）	千克茧颗数（粒）
	雌35×平28	49.9	16.3	10.0	2069	460
2014年	秋·华×平30	39.6	15.9	9.7	1661	475
	指数	126.17	102.43	103.09	125.15	96.84
	雌35×平28	44.6	14.9	9.70	1821	680
2015年	秋·华×平30	41.5	15.1	9.80	1681	663
	指数	107.35	98.34	98.98	108.27	102.64
	雌35×平28	47.2	15.6	9.85	1945	570
两年平均	秋·华×平30	40.5	15.5	9.75	1671	569
	指数	116.53	100.44	101.03	116.40	100.22

2.3　缫丝成绩

雌35×平28蚕品种试验干茧检验成绩见表3。从表3可知，雌35×平28与对照种相比，绝大部分指标均好于对照种，上车茧率、解舒率、清洁和干茧出丝率分别高1.33个百分点、0.87个百分点、0.58分、0.30个百分点，茧丝长、解舒丝长分别短22.15m和8.8m，茧丝纤度细0.025dtex，洁净略低0.16分，但能达到94.72分的高分。

表3　雌35×平28蚕品种试验干茧检验成绩表

年度	蚕品种	上车茧率（%）	茧丝长（m）	解舒丝长（m）	解舒率（%）	茧丝纤度（dtex）	清洁（分）	净度（分）	干茧出丝率（%）
2014年	雌35×平28	90.80	1054.4	818.2	77.63	2.522	99.6	94.78	39.06
	秋·华×平30	90.32	1077.0	829.4	77.11	2.522	99.4	94.60	38.54
	对比±	0.48	−22.6	−11.2	0.52	0	0.2	0.18	0.52
	指数	100.5	97.9	98.7	100.7	100.0	100.2	100.2	101.4
2015年	雌35×平28	94.60	925.5	740.80	79.94	2.332	99.50	94.65	37.40
	秋·华×平30	92.42	947.2	747.23	78.73	2.382	98.53	95.15	37.32
	对比±	2.2	−21.7	−6.4	1.2	−0.050	0.97	−0.50	0.08
	指数	102.4	97.7	99.1	101.5	97.9	101.0	99.5	100.2
两年平均	雌35×平28	92.70	989.95	779.5	78.79	2.427	99.55	94.72	38.23
	秋·华×平30	91.37	1012.1	788.3	77.92	2.452	98.97	94.88	37.93
	对比±	1.33	−22.15	−8.8	0.87	−0.025	0.58	−0.16	0.30
	指数	101.5	97.8	98.9	101.1	99.0	100.6	99.8	100.8

注：以100/秋·华×平30为基数。

3　小结与讨论

从2014—2015两年秋期中试情况看，雌35×平28蚕品种孵化齐一，一日孵化率高，小蚕期趋密性强，各龄蚕眠起齐一，体质强健好养，食桑旺，抗病力好，上蔟齐涌，喜结上层茧，张产和万头蚕产量高，是具有优良综合经济性状的新品种。丝质成绩与秋·华×平30相比，解舒率高，上车茧率高；茧丝长、解舒丝长略短，清洁净度好，净度略低，但处于较高水平。与淳安县现行当家品种秋·华×平30相比，张种产茧量和万头蚕产量优势比较明显，在淳安春期和晚秋期饲养比较适宜。

雄蚕杂交种秋·华×平30繁育体会①

傅志莉　邵云华　郭　勤　方忠仙

（杭州千岛湖蚕种有限公司　杭州　311700）

秋·华×平30是浙江省农业科学院蚕桑研究所育成的雄蚕品种，2005年通过浙江省农作物品种审定委员会审定，是目前生产上的雄蚕主推品种。在蚕种饲养量不断下降的产业形势下，雄蚕品种秋·华×平30饲养量以稳中有升的势态进入大众视野，2016年累计推广近7万张，较2015年增加39%。由于雄蚕技术的成熟及前景诱人，该品种在全国的杂交种繁育权于2016年被杭州市蚕桑技术推广总站买断，体现出该品种的生命力。杭州千岛湖蚕种有限公司自2013年开始繁育雄蚕杂交种至今已连续4年，现将繁育总体情况与体会报告如下。

1　繁育总体情况

2013—2016年累计饲养雄蚕原蚕4938g，其中饲养秋·华原蚕3130g（不含应淘汰的秋·华蚁量的雄蚕），平30原蚕1808g，平均雌雄比例为1.73：1。共繁育雄蚕杂交种56508张，平均克蚁单产达到11.44张，从近4年繁育总体情况来看，雄蚕品种秋·华×平30性状与主要繁育性状成绩稳定，其中2016年春、秋两期主要繁育成绩见表1。

表1　2016年雄蚕品种秋·华×平30主要性状繁育成绩

品种	饲养量（g）		健蛹率（%）		克蚁收茧量（kg）		克蚁单产（张）		盒装卵量（粒）
	春期	秋期	春期	秋期	春期	秋期	春期	秋期	
秋·华	750	400	99.0	98.0	5.1	5.9	11.94	11.00	64000±500
平30	500	270	96.6	94.6	2.4	2.1			

2　体会

雄蚕杂交种繁育还是一个新颖的技术，与常规品种有许多不同之处，总结公司多年多期繁育雄蚕杂交种的实践经验，谈如下几点体会，与雄蚕杂交种繁育单位的同行共同探讨。

---

① 本文原载于《蚕桑通报》，2016，47（3）：58-59。

2.1 雌雄原蚕饲养比例的确定

雄蚕杂交种只有一种杂交方式，即常规品种中系与平衡致死系日系杂交而成，现行的雄蚕品种秋·华×平30就是这种形式。为提高制种效率，降低繁育成本，根据科研单位提出的技术设计，通常我们利用雄蛾的再交，人为设定雌、雄原蚕饲养比例。根据浙江省地方标准DB33/T 990—2015，平衡致死系原蚕与对交品种的实收蚁量比控制在1：4为宜。但由于常规品种中系原种与日系平衡致死系原种的成品卵形式不同，通常平衡致死系原种为"标准化"的原种，盒卵量为常数（34000粒），盒收蚁量决定于良卵率及孵化率。常规品种原种是"非标准化"的原种，它的张种收蚁量决定于圈卵数、良卵率及孵化率。根据多年的经验，平30原种盒种收蚁量在5g左右，秋·华原种张种收蚁量通常在6g以上。如果按1盒平30原种配4张秋·华原种的惯例配比，则实际收蚁量比为1：5左右，超出了省颁标准。另外，从饲养角度讲，秋·华饲养容易，结茧率、虫蛹率均高于平30，到最终种茧个体数量比会达到1：3或更高，会造成雌蛾的浪费，将严重影响制种质量。根据我们的繁育实践认为：收蚁时秋·华雌蚕头数与雄蚕头数之比为2.2：1最为合适，最终种茧个数比例为2.5：1。因此建议今后在雄蚕原种配比上要以盒孵化率及对应的张孵化率为配比依据，以免造成不必要的损失或影响蚕种质量。

2.2 原种出库的日差

由于秋·华、平30的催青经过及发育经过不同，加之羽化习性不同及雄蚕的再利用，因此发蛾调节在雄蚕杂交种繁育中是非常重要的一个技术环节，而做好发蛾调节最重要的一环是通过催青日差进行调节。我们通常是做到：平30原种提前于秋·华原种3d出库，2d收蚁，1d上蔟，秋·华则根据总量的多少，1批或2批收蚁，前后批相差2d，如1批收蚁则在饲养过程中人为地拉开一些距离，以防以后秋·华种茧羽化过于集中造成雌蛾损失。

2.3 原蚕的饲养及微粒子病防治

秋·华是十分容易饲养的一个品种，但秋·华原种中的雄性原蚕在饲养过程中会带来负效益，因此为最大限度地降低繁育成本，从4龄起利用秋·华限性品种的特点，逐匾逐条淘汰白蚕（雄蚕）。但由于数量多、时间紧，是不可能一次性淘汰彻底的，因此要反复不断地巡视蚕座，以4眠止桑前1～2顿为最佳复查时间，发现遗漏的，及时淘汰，要求达到99.5%以上，这既是降低繁育成本的一项措施，也是确保所繁蚕种雄蚕率的一个决定性因素，因此在秋·华饲养过程中，淘汰白蚕是确保繁育质量最为关键的技术措施。平30原蚕饲养难度远高于秋·华，但如果做到小蚕期用叶适当偏嫩，饲养温度适当偏高，适度分批提青，分批饲养，上蔟温度也要偏高于其他品种，及时捡游蚕，总体饲养还是容易的。平30原蚕相对于其他品种，比较忌湿叶，在当前为防微粒子病，普遍采用桑叶全程漂白粉液消毒的情况下，要根据条件尽可能进行晾干使用，如果能做到这一点，对饲养好平30原蚕还是有把握的。

家蚕微粒子病是目前影响蚕种繁育安全的主要因素。目前在生产中，我们对桑叶进行全程叶面消毒及消毒后的隔离，只要工作做到位，微粒子病还是可以防治的。理论上微粒子病的胚胎传染与平衡致死系无关，但检种会造成假阳性，因而应重点对秋·华做好防病工作。通过几年实践，我们在微粒子病防治上都取得了较好的成绩。

2.4　平30雄蛾的利用、冷藏及秋·华雌蛾的冷藏

由于在雄蚕杂交种繁育过程中，为降低繁育成本，人为地调整了雄、雌原蚕饲养比例，最终达到雌、雄种茧个体比例为2.5∶1为最佳，以达到既降低繁育成本又确保繁育质量的最佳平衡点。在这个最佳种茧比例下，由于秋·华雌蛾的羽化集中度高，往往同日秋·华雌蛾羽化的数量远远多于平30雄蛾羽化的数量。因此，我们在工作实践中做到雄蛾早见苗蛾1d，且单雄蛾一日2交，新鲜雄蚕交配3h，再交雄蚕交配4h，通过这种方式利用雄蚕，可以达到最大效率及确保蚕种质量。当天使用后的多余雄蛾应即放置到不超过10℃而尽可能低的环境中冷藏，次日备用。单一雄蚕最多交配次数不多于4次。有时由于各种原因，造成当日羽化的秋·华雌蛾没有雄蚕交配而不得不冷藏，根据我们的多年经验，主要把多余的雌蛾放置到5℃以下而尽可能低的环境中进行冷藏，次日从冷藏中取出，适当回暖，用新鲜的雄蛾进行交配2h即拆对、投蛾产卵，不会对秋·华雌蛾产卵质量与数量造成影响。

雄蚕品种秋·华×平30试验初报①

冉龙平　向文丽　陈　聪

（宁南县蚕业局　宁南　615400）

为提升宁南茧丝品质，2015年春季宁南县南丝路集团从山东青州蚕种场引进雄蚕品种（秋·华×平30）进行试养探索。据资料介绍，秋·华×平30是一对夏秋用三元雄蚕杂交种，具有体质强健好养，茧丝质性状优良，茧层率与出丝率高，能缫制高品位生丝等特点，杂交种雄蚕率高达98%以上。雌卵几乎全在胚胎期死亡，正常孵化率48%左右，但有时也会有少部分雌蚕孵化（孵化率会超过50%），但孵化的雌蚕通常在1龄末2龄初自然死亡，只有雄卵能正常孵化生长，克蚁头数2300头左右。此次试验共引进雄蚕品种500张，试验地点选择在宁南县幸福乡顺河村，试验涉及农户135户。

1　饲育技术

1.1　小蚕共育

（1）催青。按二化性蚕品种标准，后期温度可偏高0.5℃。

（2）补催青。领种前1d蚕室加温至24℃。蚕种到室后，将蚕卵平摊于蚕盒中。蚕室遮光保持黑暗，温度24℃，相对温度80%，保护2d，收蚁前1d傍晚将温度升高到25.5℃。

（3）收蚁时间及方法。早晨5～6时开始感光，要求光源距离蚕卵1.5m以上。收蚁时要求每户的蚕种进行称量编号收蚁，进行二日孵化。农户进行分户编号收蚁，特别要求每家收量不能混合，二日孵化的雌蚕比例相对较多，在1龄末2龄初自然死亡。

（4）小蚕用叶宜适熟偏嫩，饲育温度以较常规蚕品种偏高0.5～1℃。

（5）小蚕期趋密性强，每次给桑前应做好匀扩座工作。

（6）做好共育两次除沙工作。

1.2　大蚕饲养

（1）分批提青，春蚕有80%左右眠蚕加眠网，进行提青，青蚕分批饲养，做到饱食就眠。做好3、4期的提青分批。

---

① 本文原载于《四川蚕业》，2016，3：23-24。

（2）稀蚕、良桑饱食。蚕座内蚕儿分放均匀，稀放。做好每次给桑前蚕座内略有新鲜桑叶，不让蚕儿出现掉食饥饿，确保桑叶无污染不发热，不变质。该品种纤度偏细，要特别注意5龄期充分饱食，以增加茧丝纤度，提高解舒率。

（3）通风换气。因雄蚕杂交种性别单一，发育齐、老熟涌，茧层率高，5龄中后期应开门开窗，加强通风，切忌密闭饲养。不要强风直吹。蔟中要特别强调通风排湿，避免上蔟过密，以提高茧丝质量。

（4）售茧时带上售茧单据统一交售于王坤田茧站。在生产中我们参考了涪城区的经验，在农户饲养中加大了饲养量，确保了蚕农实际养蚕收益。

2 试验结果

此次试养结果见表1。从表中可以看出，雄蚕品种共500张，按350张种量发放到农户。总收购鲜茧19351.1kg。张平单产55.29kg，平均价格为37.9元/kg。张种售茧收入为2095.5。雄蚕品种茧层率高，50g鲜茧的鲜壳量比普通品种（菁松×皓月）重1.2g。单价多1.9元/kg。从农户饲养收入来看。以出库张数计算张茧收入为1466.7元，普通品种每张售茧收入为1538.6元，减少72.6元。

表1 雄蚕品种与普通品种经济效益比较

	产茧量（kg）	实发种量（张）	实发单产（kg/张）	实发张种收入（元）	出库单产（kg）	出库张种收入（元）	20%补贴张种单产（kg/张）	20%补贴张种收入（元）	千克茧粒数（粒）	鲜壳量（g）	均价（元）
秋·华×平30	19351	350	55.29	2095.5	38.7	1466.7	46.44	1760.1	660	12.4	37.9
菁松×皓月（对照）	52113	1016	51.29	1846.4	42.74	1538.6	51.29	1846.4	600	11.2	36
比对照（±）		4	249.1		−4.04	−72.6	−4.85	−86.3	60	1.2	1.9

表2 2015年春季丝厂缫丝成绩对照表

品种	茧丝长（m）	解舒率（%）	茧丝平均纤度（dtex）	清洁（分）	洁净（分）	僵死内染率（%）	缫丝地点
菁松×皓月	1149.7	76.59	2.68	97.7	94.8	11.0	宁南丝厂（全县综合）
秋·华×平30	1185.3	71.46	2.351	97.5	95.25	10.5	涪城丝厂
秋·华×平30	1253.78	73.26	2.69	97.5	94.5	10.5	宁南丝厂

3 结论

我们把相同混合样分送到不同丝厂进行了试缫，从表2中可见，宁南丝厂秋·华×平30

单茧茧丝长，其他指标和现有当家品种相差不大，以涪城丝厂的纤度来看，符合其细纤度品种特性。

根据其品种特性，此品种只适合宁南县春蚕饲养，饲养温度要求高于其他品种。由于生产中雌蚕的不孵化和后期死亡，在饲养量上一定要进行增量发放，才能满足蚕农的量桑养蚕。秋·华×平30蛹体99%均为雄蚕蛹，蛹体小，单粒茧丝长长。雄蚕品种出丝率高，能降低丝厂生产成本。

多丝量雄蚕新品种华菁×平72在云南省实验室比较试验[①]

江 亚 普琼华 廖鹏飞

（云南省农业科学院蚕桑蜜蜂研究所 蒙自 661101）

雄蚕与雌蚕相比，具有体质强健、容易饲养、叶丝转化率高、茧层率高、茧丝纤度细以及丝质优等特点，其蚕茧适合于缫制高品位生丝。华菁×平72是浙江省农业科学院蚕桑研究所用平衡致死系平72与多丝量限性斑纹品种华菁组配选育而成的一对以多丝量为主要特征同时兼顾强健性的雄蚕新品种，雄蚕率达100%。云南省农业科学院蚕桑蜜蜂研究所于2012—2013年引进多丝量雄蚕新品种华菁×平72，并对该品种与菁松×皓月进行了实验室比较试验，现将有关情况总结如下，希望给云南省引进推广该品种提供参考。

1 材料与方法

1.1 试验材料

供试蚕品种：华菁×平72，雄蚕品种，由浙江省农业科学院蚕桑研究所提供。对照蚕品种：菁松×皓月，由云南省农业科学院蚕桑蜜蜂研究所提供。

1.2 试验方法

试验在云南省农业科学院蚕桑蜜蜂研究所进行，2012年春蚕期和2013年春蚕期各进行1次。试验蚕品种华菁×平72和对照蚕品种菁松×皓月均采用多蛾区卵混合催青孵化，然后分别收取1g蚁量的蚁蚕，在相同的环境和饲养技术条件下用普通桑叶饲养，一日3回育，饲养至4龄第2天数蚕分区（400头/区），每个品种设置3个重复小区（蚕体大小均匀），饲养过程中保证每个处理区的家蚕均足桑饱食，熟蚕使用塑料折蔟上蔟，上蔟7d后采茧，调查虫蛹率、全茧量、茧层量、茧层率、万蚕收茧量、万蚕产茧层量等成绩；然后每个品种3个重复的蚕茧集中混合后，选取2.0kg样茧送云南省农业科学院蚕桑蜜蜂研究所丝产品研发中心进行丝质鉴定。

1.3 数据处理

试验数据利用Excel2003软件进行统计，采用IBM SPSS Statistics 19软件进行独立样本t检验。

[①] 本文原载于《中国蚕业》，2017，38（1）：24-26。

2　结果与分析

2.1　饲养成绩调查

雄蚕品种华菁×平72在2012年春蚕期和2013年春蚕期饲养的雄蚕率均达到了100%，全龄经过同对照蚕品种菁松×皓月一样，均为26d5h。从华菁×平72饲养成绩（表1）可以看出，华菁×平72的虫蛹率98.98%、茧层率26.67%，分别比菁松×皓月高1.59个百分点和3.20个百分点；全茧量1.80g、茧层量0.48g、万蚕收茧量18.16kg、万蚕产茧层量4.79kg，分别比菁松×皓月低15.49%、4.00%、12.57%、3.43%。

IBM SPSS Statistics软件分析结果（表2）显示，雄蚕品种华菁×平72的虫蛹率、茧层率的显著性检验值（Sig值）小于其临界值0.05，而全茧量、茧层量、万蚕收茧量、万蚕产茧层量的Sig值均大于其临界值0.05，说明华菁×平72和对照蚕品种菁松×皓月这2个蚕品种之间，虫蛹率、茧层率存在显著性差异，而全茧量、茧层量、万蚕收茧量和万蚕产茧层量差异不显著。

表1　华菁×平72饲养成绩

蚕品种	蚕期	虫蛹率（%）	全茧量（g）	茧层量（g）	茧层率（%）	万蚕收茧量（kg）	万蚕产茧层量（kg）
华菁×平72	2012年春	98.91	1.60	0.43	26.88	16.07	4.35
	2013年春	99.04	1.99	0.53	26.63	20.25	5.23
	平均	98.98	1.80	0.48	26.67	18.16	4.79
菁松×皓月	2012年春	97.10	1.94	0.47	24.22	18.43	4.70
	2013年春	97.67	2.31	0.53	22.94	23.11	5.22
	平均	97.39	2.13	0.50	23.47	20.77	4.96

表2　华菁×平72饲养成绩的t检验

项目	t值	自由度（df）	显著性检验（Sig）	均值差值	标准误差值	差分的95%置信区间	
						下限	上限
虫蛹率	5.439	2	0.032	1.59000	0.29232	0.33226	2.84774
全茧量	−1.228	2	0.344	−0.33000	0.2679	−1.48653	0.82653
茧层量	−0.343	2	0.764	−0.02000	0.05831	−0.27089	0.23089
茧层率	4.869	2	0.040	3.17500	0.65209	0.36927	5.98073
万蚕收茧量	−0.832	2	0.493	−2.61000	3.13747	−16.10943	10.88943
万蚕产茧层量	−0.333	2	0.771	−0.17000	0.51108	−2.36899	2.02899

2.2 蚕茧质量调查

从表3可以看出，雄蚕品种华菁×平72在2012年春蚕期和2013年春蚕期饲养的丝质成绩要优于对照蚕品种菁松×皓月，并且茧丝纤度细、洁净高。华菁×平72的茧丝长、解舒丝长、解舒率、干茧出丝率分别为1227.5m、980.5m、79.9%、44.8%，与菁松×皓月相比，分别高出3.67%、10.48%、4.9个百分点、4.0个百分点，特别是解舒丝长、解舒率和干茧出丝率3个指标差别较大。

表3 华菁×平72丝质成绩

蚕品种	蚕期	茧丝长（m）	解舒丝长（m）	解舒率（%）	干茧出丝率（%）	茧丝纤度（dtex）	清洁（分）	洁净（分）
华菁×平72	2012年春	1216.0	976.0	80.2	45.2	2.8	98.0	97.0
	2013年春	1239.0	985.0	79.5	44.4	3.1	99.0	95.0
	平均	1227.5	980.5	79.9	44.8	3.0	98.5	96.0
菁松×皓月	2012年春	1176.0	899.0	76.5	40.9	3.0	98.0	94.5
	2013年春	1192.0	876.0	73.5	40.6	3.4	99.0	94.7
	平均	1184.0	887.5	75.0	40.8	3.2	98.5	94.6

IBM SPSS Statistics软件分析结果（表4）显示，雄蚕品种华菁×平72的解舒丝长、干茧出丝率的Sig值小于其临界值0.05，而茧丝长、解舒率、茧丝纤度、清洁、洁净的Sig值均大于其临界值0.05，说明华菁×平72和对照蚕品种菁松×皓月这2个蚕品种之间，解舒丝长、干茧出丝率存在显著性差异，而茧丝长、解舒率、茧丝纤度、清洁和洁净差异不显著。

表4 华菁×平72丝质成绩的t检验

项目	t值	自由度（df）	显著性检验（Sig）	均值差值	标准误差值	差分的95%置信区间 下限	上限
茧丝长	3.105	2	0.090	43.50000	14.00893	−16.77554	103.77554
解舒丝长	7.531	2	0.017	93.00000	12.34909	39.86616	146.13384
解舒率	3.149	2	0.088	4.85000	1.54029	−1.77734	11.47734
干茧出丝率	9.480	2	0.011	4.05000	0.42720	2.21191	5.88809
茧丝纤度	−0.861	2	0.480	−0.21775	0.25294	−1.30608	0.87058
清洁	0.000	2	1.000	0.00000	0.70711	−3.04243	3.04243
洁净	1.393	2	0.298	1.40000	1.00499	−2.92411	5.72411

3 小结

　　雄蚕品种华菁×平72和对照蚕品种菁松×皓月在2012年春蚕期和2013年春蚕期实验室试养成绩显示，华菁×平72具有蚕体强健、孵化整齐、茧层率高、丝质优良等特点，特别是在虫蛹率、茧层率、解舒丝长和干茧出丝率这4个指标上存在显著性差异，是缫制高品位生丝的优质原料茧用蚕品种，适宜春蚕期饲养，且在叶质条件较好的区域饲养为佳。此外，因华菁×平72为雄蚕品种，其全茧量、万蚕收茧量低于菁松×皓月，建议参照普通品种盒种用桑量，适当增加华菁×平72每盒蚕种的装卵量，并依据优质优价的原则适当提高华菁×平72蚕茧的收购价格，以保障饲养雄蚕品种的总体经济效益不低于饲养普通蚕品种。

提高雄蚕品种秋·华×平30繁育成绩的几点认识①

王涤龙　陈　曦　陈素娟

（杭州市蚕桑技术推广总站　杭州　310021）

　　雄蚕品种由于叶丝转化率高、强健好养而广受好评，也因茧层率高、丝质好而深受缫丝企业的青睐，与现行普通蚕品种相比，其提质增收的效果十分明显，得到蚕业界的广泛认可。推广雄蚕品种符合当前浙江省蚕桑产业作为历史经典产业传承与创新发展的方向。

　　但是，雄蚕品种的繁育存在着繁育难度大、繁育系数低、繁育成本高等问题，一直困扰着蚕种繁育单位，已成为影响雄蚕品种推广进程的主要原因。秋·华×平30是国内外第1个通过审定的雄蚕品种，也是目前生产上主推的雄蚕品种。杭州市蚕桑技术推广总站自2012年引进秋·华×平30并试繁至今已有6年，经过多年的实践和不断摸索，逐步掌握了秋·华×平30的繁育技术，实现了秋·华×平30繁育的稳产、高产、优质。现将杭州市蚕桑技术推广总站繁育秋·华×平·30的情况及提高秋·华×平30繁育成绩的措施总结如下，供同仁参考。

1　秋·华×平30的繁育情况

　　从表1和表2可以看出，2012年杭州市蚕桑技术推广总站饲养秋·华蚁量330g，饲养平30蚁量170g，由于是第1次试繁，经验不足，千克茧制种量仅为51盒/kg，克蚁制种量为8.30盒/g。2012年至2017年，杭州市蚕桑技术推广总站共进行了4期春繁、4期秋繁（2015年秋未繁育），共饲养原蚕种蚁量6724g，其中饲养秋·华蚁量4313g，饲养平30蚁量2411g，饲养的原蚕平均雌雄（秋·华：平30）比例为1.79：1，雄蚕品种秋·华×平30制种量为80627.5盒，平均克蚁制种量为12.0盒/g。杭州市蚕桑技术推广总站通过实施严格的防治微粒子病措施，全程规范化、标准化的操作，慢慢摸索出雄蚕品种繁育的技术特点，不断总结经验教训，改进繁育措施，取得了较好的繁育成绩，克蚁制种量基本稳定在10.0盒/g左右，其中2013年的秋期克蚁制种量最高，主要是由于当年气候适宜，桑园病虫害发生少、桑叶质量高，为浙江蚕区大面积推广饲养雄蚕品种打下了良好的基础。

---

　　① 本文原载于《中国蚕业》，2017，38（4）：57-59。

表1　2012—2016年秋·华×平30的秋期繁育成绩

年份	品种	饲养蚁量（g）	收茧量（kg）	不良蛹数（头）	千克茧颗数（粒）	不良蛹率（%）	秋·华×平30		
							制种量（盒）	千克茧制种量（盒）	克蚁制种量（盒）
2012	秋·华	330	2237.84	34	591	0.085	4148.0	1.51	8.30
	平30	170	504.26	24	591	0.060			
2013	秋·华	140	929.89	19	532	0.048	3281.5	2.74	14.92
	平30	80	268.73	17	787	0.043			
2014	秋·华	650	3931.29	31	559	0.078	9903.0	2.00	9.90
	平30	350	1008.61	60	811	0.150			
2016	秋·华	400	2486.70	30	542	0.055	7368.0	2.15	11.00
	平30	270	945.00	38	778	0.048			
合计#	秋·华	1520	9585.72	114	556	0.067	24700.5	2.10	10.33
	平30	870	2726.60	139	778	0.075			

注：由于秋·华×平30不同于常规品种是单交品种，千克茧制种量是以制种量除以秋·华加平30的收茧量来计算，同样克蚁制种量是以制种量除以秋·华加平30的蚁量来计算；秋·华×平30的盒种卵量为62000～64000粒；#—饲养蚁量、收茧量、不良蛹数、制种量为各年的总和，千克茧颗数、不良蛹率、千克茧制种量、克蚁制种量为各年成绩的平均值；表2同。

表2　2014—2017年秋·华×平30的春期繁育成绩

年份	品种	饲养蚁量（g）	收茧量（kg）	不良蛹数（头）	千克茧颗数（粒）	不良蛹率（%）	秋·华×平30		
							制种量（盒）	千克茧制种量（盒）	克蚁制种量（盒）
2014	秋·华	520	2714.93	6	488	0.015	9808.0	2.80	12.67
	平30	254	783.66	11	750	0.028			
2015	秋·华	650	4111.53	8	485	0.020	13503.0	2.65	13.50
	平30	350	989.32	7	731	0.018			
2016	秋·华	740	4810.40	7	473	0.015	13616.0	2.15	11.12
	平30	485	1.503.50	6	723	0.009			
2017	秋·华	883	5209.70	8	491	0.016	19000.0	2.90	14.23
	平30	452	1310.80	6	746	0.008			
合计	秋·华	2793	16846.56	59	738	0.017	55927.0	2.63	12.90
	平30	1541	4587.28	139	778	0.016			

2　提高雄蚕品种秋·华×平30繁育成绩的措施

2.1　合理控制雌雄原蚕的饲养比例

在繁育雄蚕品种秋·华×平30的过程中，平30饲养的是雌性不育的全雄蚕，秋·华饲养的是在幼虫3、4龄期剔除雄蚕后的全雌蚕。这就为合理少育雄蚕（平30）多育雌蚕（秋·华）提高千克茧制种量提供了机会，当然也增加了由于雄蛾数量不足，使部分雌蛾无法得到交配而造成损失的可能性，所以控制好雌雄原蚕的饲养比例显得十分重要。据我们的实践，平衡致死系原蚕与对交品种的收蚁量比以控制在1：4为宜，2015年颁布的浙江省地方标准《雄蚕种繁育技术规程》也将平衡致死系原蚕与对交品种的收蚁量比例规定为1：4。

但由于常规品种中系原种（秋·华）与日系平衡致死系原种（平30）的成品卵形式不同，通常平衡致死系原种为"标准化"的盒装原种，盒种卵量为常数（34000粒/盒），盒种收蚁量决定于良卵率及孵化率。常规品种中系原种是"非标准化"的框制原种，它的张种收蚁量决定于卵圈数、良卵率及孵化率。

平30原种盒种收蚁量在5g左右，秋·华原种张种收蚁量在6g以上，如果按1盒平30原种配4张秋·华原种的比例进行收蚁饲养，则实际收蚁量的比例约为1：5，超出了浙江省地方标准。此外，从家蚕饲养的角度来讲，秋·华容易饲养，结茧率、虫蛹统一生命率均高于平30，最终使它们的种茧数量比例超过1：3，造成雌蛾的浪费，严重影响繁育成本。经过多年的繁育实践摸索，我们认为收蚁时秋·华的雌蚕头数与平30的雄蚕头数比例以控制在2.3～2.6：1为宜，结茧数比例一般以控制在2.4～2.7：1较为合理。

2.2 合理调节原种的出库日差

由于秋·华发育齐，应结合发蛾调节，尽可能拉大秋·华的发育日差，以避免由于其发育过齐种茧羽化发蛾过于集中造成雌蛾损失。繁育的发蛾调节工作难度较大，应根据2个原种的品种性状，协调原种出库日差，一般收蚁时秋·华收蚁量的60%～70%比平30迟2d收蚁，秋·华收蚁量的30%～40%比平30迟3d收蚁，上蔟日差的原蚕比例控制在收蚁日差的原蚕比例范围内较为理想。

2.3 加强原蚕饲育管理工作

平30是日系平衡致死系原种，其品种性状与现行原种有很大差异，因此在饲养中应积极采取针对性技术措施。平30的高催青积温是常规品种中罕见的，在催青11d的情况下，各段温度应比标准催青温度提高1～1.5℃。经过多年的繁育实践，我们认为蚕卵胚子发育至缩短期（戊₃）后用27℃催青比用25～26℃催青小蚕发育更齐、更好养。平30在1、2龄期饲育的温度应比常规品种高1℃，用叶偏嫩1个叶位，以保证其发育整齐，减少小蚕损失。3龄后用桑应充分成熟（通过增施P、K肥和提早摘蕊等措施促进桑叶成熟），并控制好给桑量，既能减少桑叶浪费，又能使家蚕良桑饱食而提高体质，还可达到提高千克茧颗数的目的。一般认为千克茧颗数以700～750粒为宜。平30原蚕相对于其他蚕品种，比较忌湿叶，在当前为了防治微粒子病普遍采用桑叶全程漂白粉溶液叶面消毒的情况下，要根据条件将叶面消毒的桑叶尽可能晾干后使用。

秋·华是斑纹限性品种，其体色雌蚕为普斑，雄蚕为素蚕（白蚕），是十分容易饲养的家蚕品种。但秋·华原种中的雄性原蚕在蚕种繁育中无用，饲养只会白白浪费桑叶及劳动力，因此为了最大限度地降低繁育成本，要从4龄开始利用秋·华斑纹限性的特点，逐步淘汰"白蚕"（雄蚕）。但由于雄蚕数量多，时间紧，不太可能一次性淘汰彻底，因此要在饲养过程中反复不断地巡视蚕座，以4眠止桑前1～2次给叶时期为最佳复查时间，发现遗漏未淘汰的白蚕，要及时淘汰，确保白蚕淘汰率达到99.5%以上。这既是降低繁育成本的一项措施，也是确保所育成的雄蚕品种蚕种雄蚕率高的一个决定性因素，因此在秋·华的饲养过程中，加强淘汰"白蚕"的工作是确保新蚕品种繁育质量的关键所在。

2.4 强化制种各环节工作

由于雄蚕品种的原蚕特性不同，秋·华羽化集中度高，往往秋·华雌蛾同日羽化的数量远远多于平30雄蛾同日羽化的数量。在雄蛾不足时，往往会采取用当天羽化的雄蛾与雌蛾提早进行交配的做法，来增加1次雄蛾当天的交配次数，但此法若处理不当会大大降低雌蛾的产卵量。因此必须保证在蚕蛹保护室温度为24℃左右的前提下，雌蛾感光（凌晨2:00感光）6h后（早上8:00后）、雄蛾感光（凌晨4:00感光）4h后（早上8:00后）方可进行交配。宁可交配时间短，也不能提早（早于早上8:00）交配。新鲜雄蛾1交时间长度为2.5h，2交时间长度为5h。如气温较高或雄蛾总量偏少，可在当天安排雄蛾3交，3交时间长度为4.0h。

当天使用后的多余雄蛾应放置到温度不超过10℃的环境中冷藏，以备次日使用。雄蛾的使用（保存）时间不宜过长，平30雄蛾交配4次不会影响蚕种质量，但同一雄蛾交配次数最多不得多于4次，一般在发蛾后至第3天应完成使用，以提高雄蚕品种的蚕种质量。

四元雄蚕品种菁·云×平28·平30试繁初报 [①]

傅志莉　余体花　郭　勤　邵云华

（杭州蚕种场　杭州　310021）

　　雄蚕品种秋·华×平30经过十余年的推广，已在全国优质茧基地得到大面积推广应用，累计推广量已超过100万张，对优质茧基地茧丝质量的提升与综合经济效益的提高起到了积极作用，雄蚕种需求量逐年提升。但作为蚕种繁育单位，雄蚕种繁育系数偏低、蚕种生产成本相对较高，一直是雄蚕种扩大再生产的一个制约因素。

　　针对雄蚕种繁育系数偏低、繁育成本较高的问题，浙江省农科院蚕桑研究所新育成了四元雄蚕新品种菁·云×平28·平30，该品种2017年3月通过了浙江省家蚕新品种实验室联合鉴定，2017—2018年获准进入省级农村生产试验。

　　为满足农村生产试验的需要，杭州千岛湖蚕种有限公司于2017年春期，对该四元雄蚕品种进行了试繁，并与现行主推雄蚕品种秋·华×平30的繁育性能进行了比较，现将试繁育结果总结如下。

1　蚕期表现与繁育实绩

　　2017年春期，雄蚕新品种菁·云×平28·平30试繁在杭州千岛湖蚕种有限公司界首乡燕上原蚕区进行，2对品种的常规对交种与平衡致死系均采用在饲养条件相当的农户分户饲养，2对品种的常规对交种与平衡致死系的蚁量配比，均按1.75：1的比例收蚁，收蚁量分别为：平28·平30杂交原种4.8g，菁·云杂交原种8.4g；平30原种16g，秋·华杂交原种28g。试繁表明：原蚕的全龄经过平30比平28·平30快22h；秋·华比菁·云快2d7h。2个中系原种均表现为小蚕趋光性、大蚕背光性，起蚕易打堆密集，各龄蚕发育整齐，大蚕食桑旺盛，蚕体粗壮，熟蚕营茧快，上茧易。克蚁收茧量平28·平30比平30高0.62kg，菁·云比秋·华低0.14kg，千克茧颗数菁·云与平28·平30均少于对照秋·华与平30。克蚁制种量菁·云×平28·平30为15.4张，秋·华×平30为13.3张，提高2.1张，增幅达15.79%。各品种的饲养与繁育成绩分别列于表1、表2。

---

① 本文原载于《蚕桑通报》，2017，48（4）：33-34。

表1　各品种的发育经过

品种/龄别	1龄（d:h）	2龄（d:h）	3龄（d:h）	4龄（d:h）	5龄（d:h）	蛹中（d:h）	全龄（d:h）
平30	3:12	3:00	3:11	5:02	8:00	17:00	40:01
平28·平30	3:14	3:01	3:16	5:04	8:12	17:00	40:23
秋·华	3:12	2:17	4:01	5:08	7:06	15:00	37:20
菁·云	3:16	2:19	4:04	5:12	8:00	16:00	40:03

表2　饲养与制种成绩

品种/蚁量	蚁量（g）	收茧量（kg）	400粒茧死笼颗数（粒）	克蚁收茧量（kg）	千克茧颗数（粒）	克蚁制种（张）
平30	16.0	47.50	11	2.97	675	
平28·平30	4.8	17.23	9	3.59	669	
秋·华	28.0	156.80	5	5.60	425	13.3
菁·云	8.4	47.50	5	5.46	397	15.4

2　讨论

通过2017年春期试繁，四元雄蚕新品种菁·云×平28·平30的最大优势是繁育系数高，克蚁制种量明显优于主推雄蚕品种秋·华×平30，提高了蚕种企业生产效益。通过试繁，根据新品种的性状特点，在繁育过程中要注意以下2点：

（1）杂交原种平28·平30与平30，1～2龄蚕都必须用28～29℃较高温度饲育，否则容易出现发育不齐现象。另外，由于日系品种的起蚕具有较强的逸散性，各龄饷食时间要适时。由于平衡致死系品种食桑缓慢、抗湿性差，给桑时要多回薄饲，桑叶消毒后要适当晾干后再喂饲，如果全龄吃湿叶，对其交配性能及耐冷藏能力会产生不利影响。杂交原种平28·平30除了发育经过比平30稍慢外，其他各项性状优良，主要表现为营茧快，上茧易。

（2）常规对交种菁·云与秋·华均表现为发育整齐，眠性快，蚕体大，食桑旺，耐湿叶，上茧易，营茧快，发蛾齐涌，产卵量多，平均每蛾产卵量达600粒，多的甚至达700粒以上。同时由于菁·云发育较秋·华要慢，蚕体也较秋·华要大，蔟中更要防止高温多湿，否则易发生不结茧蚕。

总体来看，菁·云×平28·平30是一对高产易繁的雄蚕新品种，其克蚁制种量明显高于秋·华×平30，能显著提高雄蚕种的繁育系数，降低雄蚕种生产成本，望今后能继续试繁育，进一步摸索其品种性状，以充分发挥新品种的优良特性。

家蚕新品种雌29×平30试养初报①

徐向宏[1]　徐新权[1]　张姣萍[1]　王夏英[1]　杜　鑫[2]　钱建平[1]　方小友[1]　叶立红[1]　管圣浩[1]

（1.淳安县蚕桑管理总站　淳安　311700；2.浙江省农业科学院蚕桑研究所　杭州　310021）

雌29×平30是浙江省农业科学院蚕桑研究所利用雌蚕无性克隆系雌29与平衡致死系平30杂交育成的新型雄蚕品种。为了解该品种的性状和在淳安山区饲养的适应性，我县于2017年春期在威坪镇进行了农村生产试养，现将试养情况报告如下。

1　材料与方法

1.1　供试蚕品种

试验品种雌29×平30与对照品种秋·华×平30，均由杭州千岛湖蚕种有限公司生产，卵量62000粒/张。蚕种由县茧丝绸总公司蚕种催青中心统一催青。

1.2　试验方法

春期试养地点在威坪镇邵宅、五星、楼厦等村，饲养雌29×平30蚕种126张，其中邵宅村38户饲养123张，对比试验户五星村方益光饲养试验种和对照种各1张、楼厦村方永明饲养试验种和对照种各2张。

对比试验户在饲养时，试验种和对照种全龄在同一环境饲养，进行相同的技术处理，在饲养过程中观察品种特性，调查记载龄期经过、熟蚕头数、蚕茧产量、产值等性状和经济指标，通过蚕茧仪评调查蚕茧质量指标。同时在邵宅村安排18户农户作蚕茧产量、产值和茧质等调查记录。在2户对比试验户中安排1户抽1组各1kg干茧样茧，安排邵宅村生产的蚕茧中抽1kg干茧样茧，共3个样茧送湖州市纤维检验所检测蚕茧生丝指标。

2　结果与分析

2.1　饲养情况

对比试验中，2个品种同时于4月24日发种，26日孵化收蚁，一日孵化率雌29×平30为

---

① 本文原载于《蚕桑通报》，2018，49（1）：30-31，48。

60.0%、对照种为64.5%；5龄经过和全龄经过时间试验种比对照种均长2h；每千克熟蚕雌29×平30为330条、秋·华×平30为329条（见表1）。

表1　雌29×平30饲养发育经过

户名	蚕品种	一日孵化率 （%）	5龄经过 （d:h）	全龄经过 （d:h）	熟蚕 （头/kg）
方益光	雌29×平30	60.0	8:00	25:00	320
	秋·华×平30	65.0	7:20	24:20	322
方永明	雌29×平30	60.0	8:03	24:03	340
	秋·华×平30	64.0	8:03	24:03	336
平均	雌29×平30	60.0	8:01	24:13	330
	秋·华×平30	64.5	7:23	24:11	329

2.2　饲养成绩

2.2.1　对比试验户饲养成绩

　　方益光户试验种雌29×平30与对照种相比，张种产量高2.5kg，干壳量相同，茧层率高0.4个百分点。方永明户在饲养过程中试验种因农药中毒损失部分蚕，影响了张种产量（未影响茧质），试验种雌29×平30张种产量比对照种低8.5kg，干壳量略高于对照种，茧层率高1.2个百分点（见表2）。

表2　雌29×平30对比户饲养成绩

户名	品种	蚕种数量 （张）	50g鲜茧		总产茧量 （kg）	张种产量 （kg）	张种产值 （元）	茧层率 （%）
			粒数	干壳量（g）				
方益光	雌29×平30	1	31	10.6	62.4	62.4	3279	24.8
	秋·华×平30	1	31	10.6	59.9	59.9	3109	24.4
方永明	雌29×平30	2	36	10.7	103.6	51.8	2724	25.0
	秋·华×平30	2	35	10.5	120.7	60.3	3158	23.8

2.2.2　调查户饲养成绩

　　对邵宅村18户农户收购调查统计：饲养雌29×平30蚕种56.8张，50g鲜茧平均颗数30粒、干壳量10.5g，总产茧3033.1kg，总茧款159610元，平均张种产量53.4kg，平均茧价2631元/50kg，张种产值2813元（见表3）。

表3　雌29×平30调查户饲养成绩

户名	蚕种（张）	50g鲜茧		总产茧量（kg）	总茧款（元）	张种产量（kg）	张种产值（元）
		颗数	干壳量（g）				
邵建祥	4.0	28	10.1	223.5	11537	55.9	2884
邵旱发	5.5	26	10.7	299.1	15822	54.4	2877
邵江会	2.5	28	10.9	128.9	6819	51.6	2728
王梅红	4.0	31	10.9	224.2	11860	56.1	2965
邵永康	2.0	32	10.3	97.7	5133	48.9	2566
邵国良	5.0	29	10.1	296.6	15659	59.3	3132
邵教仁	3.0	28	10.7	201.3	10649	67.1	3550
王旱花	1.5	31	10.2	78.1	4117	52.1	2745
王桂梅	3.0	31	10.3	150.9	7983	50.3	2661
邵前进	2.0	31	10.4	89.3	4626	44.7	2313
邵美兰	1.5	30	10.1	101.3	5286	67.5	3524
邵大力	2.5	30	10.7	140.7	7443	56.3	2977
邵明良	2.5	30	10.7	119.3	6311	47.7	2524
邵祥贵	3.0	29	10.5	146.4	7797	48.8	2599
徐有花	1.8	29	10.9	87.5	4629	50.0	2645
邵庐	3.0	30	10.9	123.9	6554	41.3	2185
邵国正	7.0	33	10.6	370	19499	52.9	2786
王美花	3.0	31	9.9	154.4	7887	51.5	2629
合计	56.8	30	10.5	3033.1	159610	53.4	2813

注：数据由威坪镇方宅茧站提供。

2.3　收烘成绩

淳安县茧丝绸总公司方宅茧站全额收购邵宅村38户蚕农蚕茧6418kg，张种产量平均52.2kg，平均茧价2637元/50kg。其中称取7户蚕农鲜茧1159.7kg进行烘干，烘折为223.8kg，比该茧站收购的秋·华×平30蚕茧烘折低2.7kg（该茧站其他村全部饲养雄蚕主推品种秋·华×平30）。

2.4　丝质成绩

从表4两组蚕茧丝质检测数据看，试验种比对照种上车茧率高、一茧丝长略短、解舒率低、万米吊糙要多、洁净成绩相仿。

表4 雌29×平30茧丝质成绩表

户名	品种	上车茧率（%）	茧丝长（m）	解舒丝长（m）	解舒率（%）	毛茧出丝率（%）	洁净（分）	万米吊糙（次）
邵宅村	雌29×平30	88.98	1113.2	584.0	52.46	35.45	94.8	4.4
方宅茧站	秋·华×平30	85.46	1132.7	725.2	64.02	36.62	95.0	3.9
方永明	雌29×平30	92.79	1147.4	882.3	76.90	38.86	94.9	2.9
方永明	秋·华×平30	90.80	1189.4	967.6	81.36	40.27	95.0	2.8

3 小结

通过春期试养，雌29×平30孵化齐一，各龄眠起快而齐，群体生长发育整齐，抗病性强，好养，食桑旺、不踏叶，上蔟涌，营茧速度快，张种产茧量高、产值高，受蚕农欢迎。现行雄蚕主推品种秋·华×平30在杂交种生产过程中，依据秋·华原种的限性斑纹，在4龄期淘汰全部雄蚕的过程，一定程度上增加了饲养的成本和不必要的劳动力开支。该品种可通过进一步比较试验进行示范推广。

新型雄蚕品种浙凤2号繁育初试①

吴红亚　　袁胜逸

（嵊州市蚕种场　　嵊州　　312432）

秋·华×平30等雄蚕系列品种在浙江繁育推广多年，由于现行雄蚕品种繁育过程需要人为淘汰中系原种秋·华的雄蚕、增加了生产过程的浪费和劳动力支出，一定程度上致使繁育系数降低、繁育成本升高。针对繁育过程中的一系列问题，浙江省农科院蚕桑研究所在原有雄蚕系列品种的基础上，利用雌蚕无性克隆系雌35（后代全雌）与平衡致死系平28（可依据卵色用CCD蚕卵自动分选机将雌雄蚕卵分开，只提供雄性原种）杂交育成了新型雄蚕品种浙凤2号（雌35×平28），2016年通过浙江省农作物品种审定委员会审定。育成的新型雄蚕品种，在原雄蚕系列品种的基础上提升了生产效率、提高了繁育系数与蚕种繁育效益，并具有茧丝质优的特点。我场于2016年晚秋在原蚕区进行了浙凤2号的繁育试验，并取得了初步成功。现将繁育试验结果报道如下。

1　试验地点

位于嵊州市崇仁镇床江村界石自然村。该地区属于丘陵地带，具有独特无污染的小气候环境和玄武岩风化的土壤条件，为优质蚕种繁育地点。该村蚕种场建有标准蚕室，并配套储桑室和上蔟室。根据我场初次试养雄蚕品种和兄弟单位的繁育经验，我们挑选了养蚕技术好，劳动力充裕的原蚕户两户作为本次试验的试养户，特别是平28的试养户，压缩了生产规模。

2　饲育经过

2.1　饲育经过

中系雌35原种9月5日出库，10d催青、9月15日收蚁，幼虫期经过23d13h，蛹期经过15d，全龄经过38d13h。日系平28原种9月2日出库，11d催青、9月13日收蚁，幼虫期经过24d10h，蛹期经过16d，全龄经过40d10h。具体每个龄期发育经过见表1。

---

①　本文原载于《蚕桑通报》，2018，49（2）：35-37。

表1 发育时间经过

品种	1龄（d:h）	2龄（d:h）	3龄（d:h）	4龄（d:h）	5龄（d:h）	幼虫期（d:h）	蛹期（d:h）	合计（d:h）
雌35	3:13	3:12	3:20	5:04	7:12	23:13	15:00	38:13
平28	4:20	3:05	4:02	5:07	7:00	24:10	16:00	40:10

2.2 饲育标准

根据省农业科学院品种性状介绍及兄弟单位繁育的经验，结合本场的生产条件，制定了雌35常规标准饲养、平28特殊标准饲养的基本原则（见表2）。在实际饲养过程中，温度基本能控制在标准范围内，相对湿度因1～2龄是全防干育、3龄是半防干育，与实际蚕体感受的湿度有一定差异。

表2 饲育标准

龄期	雌35			平28		
	温度（℃）	相对湿度（%）	给桑（回/d）	温度（℃）	相对湿度（%）	给桑（回/d）
1	28	85～90	4	30.0	85～90	4
2	27	85～90	4	29.0	85～90	4
3	26	80～85	4	27.5	80～85	4
4	25	80～85	4	26.0	80～85	4
5	24	75～80	4	26.0	75～80	4
蛹期	24	85～90		26.0	80～85	

3 生产成绩

由于是第一次繁育雄蚕品种，对交品种雌雄蚕饲养比例为2∶1.3，合计饲养33g，生产种茧110.25kg，生产蚕种285张（盒装卵量62200粒），克蚁单产8.64张，千克茧制种2.58张，生产的蚕种微粒子检疫无毒；对于种场而言，有一定经济效益，具体结果见表3。

表3 饲养成绩

品种	蚁量（g）	克蚁头数	1龄眠重（g）	2龄眠重（g）	3龄眠重（g）	4龄眠重（g）	熟蚕重（g）	产茧量（kg）	千克茧颗数	良蛹率（%）	生产蚕种（张）	克蚁单产（张）	千克茧制种量（张）
雌35	20	2163	0.7	3.1	18.5	86	402	80.05	550	99.5	285	14.25	3.56
平28	13	2356	0.6	2.8	16.0	77	262	30.20	742	98.0			
合计	33							110.25			285	8.64	2.58

4 技术措施

4.1 做好品种性状调查，安排好制种户和人员

一是到浙江省农业科学院蚕桑研究所、杭州市蚕种场对雄蚕系列品种的繁育性状进行了全面调查和探讨，了解和掌握雄蚕原种的品种性状和特点、饲养繁育过程技术细节和要点。二是结合我场的生产模式制定了从催青开始到制种结束各个时期的饲养标准和技术要点、明确每个阶段的主要管理内容。三是在全场生产基地范围内挑选技术操作好、年龄轻的饲育制种户负责浙凤2号的饲养繁育；同时落实一位技术人员专职负责本次繁育试验农户的生产技术指导工作。

4.2 注意事项

4.2.1 催青

雌35原种9月5日出库，10d催青、9月15日收蚁，平28原种9月2日出库，11d催青、9月13日收蚁。两对交品种出库日差3d，收蚁日差2d，点青结束后进行遮黑管理，按预定日期进行感光收蚁，催青温湿度按照原种常规标准。一次性收齐雌35品种20g蚁蚕，平28品种13g蚁蚕。

4.2.2 饲养

雌35原种饲养比较容易，一般按照中系品种要求饲养即可，在生产中注意两点：①发育齐一，要求及时提青分批、特别是1、2龄期人为拉开批次；②预防大蚕期桑叶含水率高造成消化不良发病。平28原种的饲养是整个雄蚕繁育过程中的最大难点，在饲养中应注意：①饲养温度宜偏高，1龄30.0℃、2龄29.0℃、3龄27.5℃、4～5龄26.0℃。②桑叶新鲜适熟偏嫩、多回薄饲，平28活动逸散性强、食桑缓慢、易踏叶，故对叶质和给桑要求较高。③发育迟缓、眠性不齐，在饲养过程中要及时提青分批，确保批内匀整度，确保蚕强健度，特别是小蚕期容易出现发育不齐的现象，更需要及时提青分批，确保蚕头数量。④加强上蔟管理，宜偏熟上蔟、密度均匀、蔟下要垫好物具接落地蚕、及时捉去过山蚕另行上蔟；早采茧宜偏迟；加强上蔟室的温湿度控制，保持空气新鲜。

4.2.3 发蛾调节

两对交品种出库日差3d、收蚁日差2d、上蔟日差1d；种茧保护阶段雌35用24～25℃、相对湿度85%保护，平28用26℃、相对湿度85%～90%保护，裸蛹保护阶段相对湿度85%～90%保护；平28发蛾控制在比雌35提早0.5d为宜；平28雄蛾交配时候宜采用拆交及时再次交配提高雄蛾效率。雄蛾要配备专门的低温室10℃进行保护，并标注各匾雄蛾的交配次数防止混扰。

4.2.4 制种

雄蚕的制种管理关键是平28雄蛾的管理。雄蛾的管理关键是在做好发蛾调节的基础上避免制种过程中的浪费；首先削茧可以在劳力安排的基础上推迟1～2d；其次雄蛾活泼性很强，要及时捉蛾交配、冷藏；最后是尽量用拆交交配方法，1d中最多安排3次交配，1交交配时间3h、

2交交配时间3.5h、3交交配时间4h。

5　小结与讨论

雄蚕系列品种作为我国家蚕育种的一个独立系列，自2005年育成第一对雄蚕品种秋·华×平30通过浙江省农作物品种审定至今有十多年的应用历史，目前在杂交种生产过程中，依据秋·华原种的限性斑纹，在4龄期淘汰雄蚕的操作，一定程度上增加了饲养成本和不必要的劳动力支出。浙凤2号作为新型单交雄蚕品种，雌35原种性别单一、后代全雌，不需要在生产中挑选淘汰雄蚕，提高了蚕种繁育的生产效率，而且从根本上解决了因纯对造成的雄蚕率问题，提高了雄蚕种的质量。

2016年晚秋的实践表明，原蚕区晚秋繁育浙凤2号是完全可行的，饲养成绩、制种过程稳定，制种结果符合预定的目标。生产过程中还可以进一步优化完善：雌雄配比可以进一步扩大雌35的比例；平28的饲养上可以采取多收蚁多淘汰的方法以提高饲养效率；制种过程中需要加强雄蛾的发育调节和雄蛾冷藏管理。另外可以试验不用削茧自动化蛾制种的方法。通过本次实践，我场初步掌握了雄蚕繁育技术，基本摸清楚了雄蚕繁育要点，对原蚕区如何做好雄蚕繁育管理有了深刻的认识，为我场以后的规模化繁育雄蚕种奠定了基础。

雄蚕种的繁育对蚕种场、原蚕区、原蚕户、技术员都提出了新的更高要求，如何在茧丝绸一体化的产业中更能体现出雄蚕品种的优势、兼顾繁育单位的效益是今后"育繁推"工作中值得不断思考的问题。

家蚕新品种浙凤2号春期饲养试验调查[①]

徐向宏[1]　余荣峰[2]　杜　鑫[3]　柯红成[1]　祝新荣[3]　王昌爱[1]　姚仙岭[1]　张建华[4]　潘美良[5]

（1.淳安县蚕桑管理总站　淳安　311700；2.淳安县农业局　淳安　311700；
3.浙江省农业科学院蚕桑研究所　杭州　310021；4.淳安县人民政府办公室　淳安　311700；
5.浙江省种植业管理局　杭州　310020）

浙凤2号是省农业科学院蚕桑研究所利用雌蚕无性克隆系雌35与平衡致死系平28杂交育成的新型雄蚕品种，2016年通过浙江省农作物品种审定委员会审定。为加快该品种的推广应用，2017年春期淳安县引进浙凤2号品种285张在浪川乡联欢村试养示范，并选择1户同时饲养浙凤2号与现行主推雄蚕品种秋·华×平30进行对比试验，了解新品种春期饲养的性状和农村饲养的适应性，现将有关情况报告如下。

1　材料与方法

1.1　试验材料

试验蚕品种：由省农业科学院蚕桑研究所育成的浙凤2号，嵊州市蚕种场生产（秋制32批，卵量60746粒/张）。对照蚕品种为省农业科学院蚕桑研究所育成的现行雄蚕主推品种秋·华×平30，杭州千岛湖蚕种有限公司生产（秋制64批，卵量63872粒/张）。

1.2　试验方法

对比试验2017年春期安排在浪川乡联欢村方顺基户饲养。在饲养过程中观察品种特性，调查记载龄期经过、温湿度、用桑量、产茧量等项目。

要求试验种和对照种均按常规技术饲养，养蚕环境、叶质等饲养条件基本相同；两个品种均于4月15日同时出库，经千岛湖蚕种催青中心统一催青后于4月25日发种，小蚕由"十天养蚕法"示范点按《桑蚕小蚕共育技术规程》（DB3301/T 135.5—2009）要求规范化饲养，大蚕期在方顺基户常规饲养，用方格蔟上蔟，由淳安县茧丝绸总公司通过仪评收购，按《蚕茧收烘技术规程》（DB3301/T 135.4—2008）要求烘干、进仓、抽样，送湖州市纤维检验所（国家茧丝质量监督检验中心）检验。

---

①　本文原载于《蚕桑通报》，2018，49（3）：25-27。

2 试验结果

2.1 浙凤2号品种性状

2.1.1 卵量

从表1可知，浙凤2号与对照种秋·华×平30相比张种克数多0.1g，克卵粒数少104.5g，张种粒数60746粒，比对照种少3036粒，符合62000±500粒/张标准，良卵率一样。

表1 浙凤2号蚕种质量检验及孵化率调查表

品种	张种克数（g）	克卵粒数（g）	张种粒数（粒）	良卵率（%）	催青室孵化率（%）		农户孵化率（%）	
					一日	二日	一日	二日
浙凤2号	16.4	1852	60746	99.5	57.0	61.8	42.0	60.0
秋·华×平30	16.3	1957	63782	99.5	58.0	61.2	48.0	60.0
对比（±）	0.1	−105	−3036	0	−1.0	0.6	−6.0	0
指数（%）	100.6	94.7	95.2	100.0	98.3	101.0	87.5	100.0

注：表中指数以秋·华×平30的基数为100。

2.1.2 孵化率

浙凤2号催青室一日、二日孵化率分别为57.0%、61.8%；农户一日、二日孵化率分别为42.0%、60.0%，实用孵化率与对照种秋·华×平30相仿。

2.1.3 龄期经过与食桑量

浙凤2号与对照种秋·华×平30相比，1～4龄经过稍长，5龄期经过略短，全龄经过比对照种稍长；5龄食桑量稍少（表2）。在饲养过程中，浙凤2号表现出食桑旺、眠起齐一、蚕体大等性状。

表2 浙凤2号的龄期经过及食桑量

饲养品种	1～4龄经过（d:h）	5龄经过（d:h）	全龄经过（d:h）	5龄用桑量（kg）
浙凤2号	19:18	8:08	28:02	541
秋·华×平30	18:20	8:13	27:09	548
对比（±）	0:22	−0:05	−0:17	−7
指数（%）	104.87	97.56	102.59	98.72

注：表中指数以秋·华×平30的基数为100。

2.2 浙凤2号饲养成绩

从浙凤2号饲养成绩调查情况看（表3），与对照种秋·华×平30相比，浙凤2号张种产茧量提高0.1kg，上茧率提高0.1个百分点，千克茧颗数多20粒，干壳量少0.2g，张产值高89元，100kg鲜茧价高94元。经分别比较：除干壳量稍低外，其他指标均优于对照品种。

表3 浙凤2号饲养成绩调查表

品种	张种产茧量（kg）	上茧率（%）	千克茧颗数（粒）	干壳量（g）	张种产值（元）	100kg鲜茧价（元）
浙凤2号	56.7	99.0	582	10.0	2918	5146
秋·华×平30	56.6	98.9	562	10.2	2829	5052
对比（±）	0.1	0.1	20	−0.2	89	94
指数（%）	100.2	100.1	103.6	98.0	103.1	101.9

2.3 浙凤2号茧质成绩

浙凤2号与对照种秋·华×平30茧质调查情况相比（表4）：全茧量低0.1g，茧层量低0.01g，茧层率高0.8个百分点，健蛹率相等，万头产茧量低0.6kg。经分别比较：除茧层率稍高外，其他指标均没有明显好于对照品种。

表4 浙凤2号茧质调查表

品种	全茧量（g）	茧层量（g）	茧层率（%）	健蛹率（%）	万头产茧量（kg）
浙凤2号	1.70	0.42	24.7	98.0	17.2
秋·华×平30	1.80	0.43	23.9	98.0	17.8
对比（±）	−0.1	−0.01	0.8	0	−0.6
指数（%）	94.4	97.7	103.3	100.0	96.6

2.4 浙凤2号丝质成绩

从表5可知，浙凤2号与对照种相比，上车茧率低9.35个百分点，茧丝长、解舒丝长分别短46.2m、31.8m，解舒率提高0.12个百分点，茧丝纤度粗0.227dtex，洁净高0.7分，万米吊糙多0.3次，光折高13.2kg，干毛茧出丝率少6.21个百分点。除解舒率、洁净优于对照种秋·华×平30外，其他指标均稍低于对照种。

表5 浙凤2号茧丝质检验成绩表

蚕品种	上车茧率（%）	茧丝长（m）	解舒丝长（m）	解舒率（%）	茧丝纤度（dtex）	洁净（分）	万米吊糙（次）	解舒光折（kg）	干毛茧出丝率（%）
浙凤2号	86.37	1170.8	841.4	71.86	2.639	95.2	3.9	240.3	35.94
秋·华×平30	95.72	1217.0	873.2	71.74	2.412	94.5	3.6	227.1	42.15
对比（±）	−9.35	−46.2	−31.8	0.12	0.227	0.7	0.3	13.2	−6.21
指数（%）	90.23	96.20	96.36	100.17	109.41	100.74	108.33	105.81	85.27

3　小结与讨论

2017年春期淳安县引进浙凤2号品种试养后调查表明：该品种孵化齐一，一日孵化率高，小蚕期趋密性强，各龄蚕眠起齐一，体质强健好养，抗病力好，食桑旺，上蔟齐涌、喜结上层茧。但茧质指标比秋·华×平30略差。丝质指标只有解舒率、洁净优于对照种秋·华×平30，其他指标表现低于对照种。浙凤2号品种的主要优势在于利用雌蚕无性克隆系代替限性斑纹品种，与平衡致死系杂交，进一步减轻了一代雄蚕杂交种繁育过程中蚕蛹雌雄鉴别工作量，降低了雄蚕种的生产成本。在农户饲养中的表现与秋·华×平30相仿，但茧丝质成绩低于与秋·华×平30，在优质茧生产基地推广仍然要慎重。威坪镇厚屏村，浪川乡瑞塘村，姜家镇东山下村农户于2014年、2015年晚中秋期将浙凤2号与现行雄蚕主推品种秋·华×平30为对照种进行对比试养，结果表明：该品种体质强健好养，食桑旺，抗病力好，张产和万头蚕产量高；上车茧率高，解舒率高，清洁净度好，是具有优良综合经济性状的新品种。说明浙凤2号在秋期饲养的表现优于春期，可通过进一步比较试验进行示范推广。

雄蚕繁育基地化的探索①

张炎林　陈　曦

（杭州蚕桑技术推广总站　杭州　310021）

用家蚕性连锁平衡致死系的雄性与常规家蚕品种的雌性相交，下一代雌性在胚胎期死亡，仅雄性能正常孵化、发育并结茧，可实现专养雄蚕，从而实现农村专养雄蚕这一蚕业技术的革命，为实现蚕业的高效、省力奠定了技术基础。2005年，秋·华×平30由浙江省农业科学院蚕桑所培育并通过浙江省省级审定，同时也是国内外第一个通过审定的雄蚕品种。杭州地区是全国率先大规模推广雄蚕品种的蚕桑主产区，杭州蚕桑技术推广总站也是较早繁育雄蚕杂交种的专业蚕种场站。由于雄蚕繁育难度大、繁育系数低、繁育成本高，加上杭州蚕桑技术推广总站由专业场向原蚕业转移等原因，导致中间有几年繁育间断。为实现雄蚕杂交种繁育自主化，促进杭州地区雄蚕的大面积推广，从2012年开始，杭州蚕桑技术推广总站开始在原蚕区进行雄蚕品种秋·华×平30这一对品种试繁。经过6年的实践，不断摸索经验，逐步掌握了原蚕区雄蚕繁育的技术，实现了雄蚕繁育稳产、高产、优质的综合目标，在此与大家共同探讨繁育中的经验和教训。

1　原蚕区和原蚕户的选择

1.1　原蚕区的选择

选择淳安县界首乡燕上原蚕区作为秋·华×平30的试繁点。该原蚕点地处山区，呈狭长的峡谷状延伸，两边高，中间有清澈的溪流通过，山清水秀，民房错落有致，民风朴实，是淳安县养蚕技术、蚕茧产质量较高的蚕桑庄，桑园管理水平较高，加上此地特有的气候条件，比较适合蚕种的繁育，特别是有利于平30的繁育。

1.2　原蚕户的选择

原蚕户的选择关键是平30原蚕户的选择。一般选择蚕室条件齐全，具有专用蚕室、专用贮藏室及楼房的人家，确保保温、保湿性能好，饲养水平高，防病能力强，桑园肥培水平高，特别是劳动力比较充足的原蚕户饲养平30。

---

①　本文原载于《蚕学通讯》，2018，38（1）：21-23。

2　原种性状

2.1　秋·华

中国系统，二化性四眠。秋·华是限性皮斑品种秋丰与华光组成的中系杂交原种，越年卵灰绿色，卵壳淡黄色，每蛾总卵数520粒左右，良卵率95%左右。蚕种孵化齐一，蚁蚕黑褐色、文静，克蚁头数2100～2300头。各龄眠起齐一，食桑猛，行动活泼，强健好养，壮蚕体色青白，限性斑纹，雌性普通斑，雄性姬蚕。在繁制雄蚕杂交种时，只利用雌蛾，故在4龄第2天应去掉雄性姬蚕，只养雌性普通斑蚕，以降低成本。熟蚕营茧快，茧色洁白、茧形椭圆、缩皱中等。

发育经过：催青10d，幼虫期23～24d，蛰中经过16d，全蚕期49～50d，与平30对交需掌握起点胚子一致，推迟2d出库催青为宜。

2.2　平30

二化性四眠日本系统性连锁平衡致死系，限性卵色原种，越年卵雌性为紫色，雄性黄色。每蛾总卵数500粒左右，因属平衡致死系，雌雄各有一半在胚胎期死亡，孵化率30%左右。孵化齐一，蚁蚕黑褐色，小蚕趋密性强，小蚕用叶要求适熟偏嫩，中秋期饲养若小蚕用叶偏老，易发生五眠蚕，大蚕体色灰褐，普通斑，体质强健好养，茧色白，茧形浅束腰，缩绉中等，蚕蛾交配性能适中。

发育经过：催青11d，幼虫期23～24d，蛰中17d，全蚕期51～52d，利用限性卵色可区分雌雄，在繁制雄蚕杂交种时，只饲养雄性黄卵。

由于秋·华实行4龄去雄的技术措施，因此实际出库蚁量为平30：秋·华即1：5为宜。

3　饲养中的注意事项

3.1　平30的饲养

平30的饲养比较困难，注意做好以下几点：①温度适当偏高，1龄29.5℃，2龄29.0℃为宜，特别是小蚕期。②及时提青分批：由于平30小蚕期容易出现发育不齐的现象，需及时分批提青，分批饲养，特别是加强迟批的饲养，确保珍贵的平30的健蛹率。③叶质要适熟偏嫩，稀放饱食。做到薄饲多回，严防藜子过厚，导致遗失蚕增多。各龄眠起时，注意湿度，防止不脱皮、未脱皮蚕的发生。④方格蔟上蔟中及时捉好游山蚕，重新上蔟，并保证蔟中温湿度合理。空气状况适宜，提高营茧率。⑤适时采茧，加强种茧保护，确保每颗好茧不受损伤。

3.2　秋·华的饲养

秋·华的饲养比较容易，但要注意抓好两个关键：①注意及时分批，要人为地有意识拉开批次，防止过于整齐导致发蛾太涌。②4龄去雄时，要及早安排劳力，集中时间去雄，并重复去次，检查去雄效果，这也是确保雄蚕杂交种雄蚕率的关键措施。

3.3 制种技术

关键要解决雄蛾多次交配的技术问题，提高受精率。①发蛾调节中要确保雄蛾适当提前1～2d发蛾，保证交配，尽量减少雌蛾冷茧。②一日多交，做到边拆边交，雄蛾1d以2～3次交配为宜，超过3次，不受精卵明显增多。当日1交时间为2.5～3.0h，2交时间为3.0h，3交时间为4.0h。③当日不再交配的雄蛾要及时进雄蛾冷藏室，7℃左右温度冷藏，每匾或一筐雄蛾不能太多，防止损伤。

3.4 蚕病防控

原蚕区繁育雄蚕，关键在于防控微粒子病，要严抓常规消毒，重视大环境消毒，严格做好叶面消毒，从而确保每一项微防措施都落实到位。

4 繁育成绩

从2012年秋，杭州市蚕桑技术推广总站积极引进秋·华×平30进行繁育。由表1可以看出，2012年饲养秋·华蚁量330g，平30蚁量170g，由于是第1次试繁，经验不足，千克茧制种量仅为1.51盒/kg，克蚁制种量为8.3盒/g。2012—2017年，杭州市蚕桑技术推广总站共进行4期春繁、4期秋繁（2015年秋未繁育），共饲养原蚕种蚁量6724g，其中饲养秋·华蚁量4313g，饲养平30蚁量2411g，饲养的原蚕平均雌雄（秋·华：平30）比例为1.79∶1.00，共繁育雄蚕品种秋·华×平308万盒，平均克蚁制种量为12.0盒/g。多年来，杭州市蚕桑技术推广总站通过实施严格的防治微粒子病措施，全程规范化、标准化操作，慢慢摸索出雄蚕品种繁育的技术特点，不断总结经验教训，改进繁育措施，取得了较好的繁育成绩，克蚁制种量基本稳定在10.0盒/g左右，其中秋期2013年的克蚁制种量最高，详见表2。其繁育成绩位列各雄蚕杂交种繁育单位的前列，并且完全实现了雄蛾杂交种的基地化繁育，为浙江蚕区大面积推广饲养雄蚕品种打下了良好的基础。

表1 2012—2016年秋·华×平30的秋期繁育成绩

年份	品种	饲养蚁量（g）	收茧量（kg）	不良蛹数（头）	千克茧颗数（粒）	不良蛹率（%）	秋·华×平30		
							制种量（盒）	千克茧制种量（盒）	克蚁制种量（盒）
2012	秋·华	330	2237.84	34	591	0.085	4148	1.51	8.30
	平30	170	504.26	24	737	0.060			
2013	秋·华	140	929.89	19	532	0.048	3282	2.74	14.92
	平30	80	268.73	17	787	0.043			

（续）

年份	品种	饲养蚁量（g）	收茧量（kg）	不良蛹数（头）	千克茧颗数（粒）	不良蛹率（%）	秋·华 × 平30		
							制种量（盒）	千克茧制种量（盒）	克蚁制种量（盒）
2014	秋·华	650	3931.29	31	559	0.078	9903	2.00	9.90
	平30	350	1008.61	60	811	0.150			
2016	秋·华	400	2486.70	30	542	0.055	7368	2.15	11.00
	平30	270	945.00	38	778	0.048			
合计	秋·华	1520	9585.72	114	556	0.067	24701	2.10	10.33
	平30	870	2726.60	139	778	0.075			
总计		2390	12312.32	253	—	0.071	24701	2.10	10.33

表2　2014—2017年秋·华 × 平30的春期繁育成绩

年份	品种	饲养蚁量（g）	收茧量（kg）	不良蛹数（头）	千克茧颗数（粒）	不良蛹率（%）	秋·华 × 平30		
							制种量（盒）	千克茧制种量（盒）	克蚁制种量（盒）
2014	秋·华	520	2714.93	6	488	0.015	9808	2.80	12.67
	平30	254	783.66	11	750	0.028			
2015	秋·华	650	4111.53	8	485	0.020	13503	2.65	13.50
	平30	350	989.32	7	731	0.018			
2016	秋·华	740	4810.40	7	473	0.015	13616	2.15	11.12
	平30	485	1503.50	6	723	0.009			
2017	秋·华	883	5209.70	8	491	0.016	19000	2.90	14.23
	平30	452	1310.80	6	746	0.008			
合计	秋·华	2793	16846.56	59	738	0.017	55927	2.63	12.90
	平30	1541	4587.28	139	778	0.016			
总计		4334	21433.84	253		0.016	55927	2.63	12.90

提高雄蚕品种秋·华×平30繁育系数之我见①

沈国芳　郭　勤　程彩花　钱荣花

（杭州蚕种场　杭州　310021）

秋·华×平30是由浙江省农业科学院蚕桑所选育，于2005年通过浙江省省级审定，在国内外第一个通过审定的雄蚕品种。杭州蚕桑技术推广总站（杭州蚕种场）从2012年开始承担秋·华×平30蚕种的专业繁育，助推雄蚕品种在浙江大范围推广，杭州地区也成为全国率先大规模推广雄蚕品种的蚕桑主产区。

2012年，我场引进秋·华、平30开始在原蚕区进行第一次大批量繁育，秋季饲养秋·华蚁量330g，平30蚁量170g，千克茧制种量仅为3.0张/kg，克蚁制种量为10张。随后，我场共进行6期春繁、6期秋繁（2015年秋未繁育），克服了雄蚕品种饲养难度大、繁育成本高等缺点，加上种场由自有桑园生产向原蚕区桑园生产转移等因素，繁育成绩较好。总计饲养原蚕种蚁量8724g，其中饲养秋·华蚁量5813g，平30蚁量2911g，饲养的原蚕平均雌雄（秋·华：平30）比例为1.99∶1，共繁育雄蚕品种秋·华×平30一代杂交种104688张，平均克蚁制种量为12.0张。

在雄蚕品种繁育的7年实践中，杭州蚕种场通过全程规范化、标准化操作，慢慢摸索出雄蚕品种繁育的技术特点，不断总结经验教训，改进繁育措施，取得了较好的繁育成绩，2013年秋期的克蚁制种量最高，其繁育成绩位列各雄蚕杂交种繁育单位的前列，并且完全实现了雄蛾杂交种的基地化繁育，为浙江蚕区大面积推广饲养雄蚕品种打下了良好的基础。

我们认为，提高雄蚕品种繁育系数，实现稳产高产、优质的综合目标，必须做好以下工作。

1　掌握了解原种性状

1.1　秋·华原种性状

中国系统，二化性四眠。秋·华是限性皮斑品种秋丰与华光组成的中系杂交原种，越年卵灰绿色，卵壳淡黄色，每蛾总卵数520粒左右，良卵率95%左右。蚕种孵化齐一，蚁蚕黑褐色，文静，克蚁头数2100～2300头，各龄眠起齐一，食桑猛，行动活泼，强健好养，壮蚕体色青白，限性皮斑，雌性花蚕，雄性白蚕。在繁制雄蚕杂交种时，只利用雌蛾，故在4龄第2天应去掉雄

①　本文原载于《四川蚕业》，2019，1：33-34。

性白蚕，只养雌性花蚕，以降低成本。熟蚕营茧快，茧色洁白，茧形椭圆，缩皱中等。发育经过：催青10d，幼虫期23～24d，蛰中经过16d，全蚕期49～50d，与平30对交需掌握起点胚子一致，推迟2d出库催青为宜。

1.2　平30原种性状

二化性四眠日本系统性连锁平衡致死系，限性卵色原种，越年卵雌性为紫色，雄性黄色，每蛾总卵数500粒左右，因属平衡致死系，雌雄各有一半在胚胎期死亡，孵化率30%左右，孵化齐一，蚁蚕黑褐色，小蚕趋密性强，小蚕用叶要求适熟偏嫩，中秋期饲养若小蚕用叶偏老，易发生五眠蚕，大蚕体色灰褐，普斑，体质强健好养，茧色白，茧形浅束腰，缩绉中等，蚕蛾交配性能适中。

发育经过：催青11d，幼虫期23～24d，蛰中17d，全蚕期51～52d，利用限性卵色可区分雌雄，在繁制雄蚕杂交种时，只饲养雄性黄卵。

由于秋·华实行4龄去雄的技术措施，因此实际出库蚁量为平30∶秋·华即1∶2.2为宜。

2　选择好原蚕区和原蚕户

2.1　原蚕区的选择

秋·华、平30的试繁点，我场选择在淳安县界首乡燕下、燕上原蚕区。该原蚕点地处山区，是淳安县养蚕技术、蚕茧产质量较高的蚕桑村，桑园管理规范，桑叶产量高，特有的气候条件，比较适合秋·华、平30蚕种的繁育。

2.2　原蚕户的选择

原蚕户的选择是关键，特别是饲养平30原蚕户的选择。尽量选择劳动力比较充足，桑园肥培水平高，蚕室条件齐全，具有专用蚕室、专用贮藏室及楼房的农户，确保正常饲养。

3　做好饲养工作

3.1　原种平30的饲养

饲养难度较大，应注意做好以下几点：①温度适当偏高，1龄29.5℃，2龄29℃为宜，特别是小蚕期。②及时提青分批。由于平30小蚕期容易出现发育不齐的现象，不能等齐才加提青网分批，而应及时分批提青，分批饲养，特别是加强迟批的饲养，确保平30的健蛹率。③叶质要适熟偏嫩，稀放饱食。做到薄饲多回，严防饲过厚，导致遗失蚕增多。各龄眠起时，注意湿度，防止不脱皮、未脱皮蚕的发生。④方格蔟上蔟中及时捉好游山蚕，重新上蔟，并保证蔟中温湿度合理。空气状况适宜，提高营茧率。⑤适时采茧，加强种茧保护，确保每颗好茧不受损伤。

3.2 原种秋·华的饲养要点

原种秋·华的饲养比较容易，但要注意抓好两个关键：①注意及时分批，要人为地有意识拉开批次，防止过于整齐导致发蛾太涌。②4龄去雄时，要及早安排劳力，集中时间去雄，并重复去次，检查去雄效果，这也是确保雄蚕杂交种雄蚕率的关键措施。

4 规范制种技术

4.1 发蛾调节

要确保雄蛾适当提前1～2d发蛾，保证交配，尽量减少雌蛾冷茧。

4.2 交配管理

关键要解决雄蛾多次交配的技术问题，提高受精率。一日多交，做到边拆边交，雄蛾1d以2～3次交配为宜，超过3次，不受精卵明显增多。当日，1交时间为2.5～3h，2交时间为3h，3交时间为4h。

4.3 雄蛾保护

当日不再交配的雄蛾要及时进雄蛾冷藏室，7℃左右温度冷藏，每匾或一筐雄蛾不能太多，防止损伤。

5 注重蚕病防控

原蚕区繁育雄蚕，关键在于防控微粒子病，要严抓常规消毒，重视大环境消毒，严格做好叶面消毒，从而确保每一项微防措施都落实到位。

家蚕新品种菁·云×平28·平30农村生产试验初报①

吴茂东[1] 邵国庆[1] 柯红成[1] 曹光华[2] 董有根[2] 方新华[2]

（1.淳安县农业农村局 淳安 311700；2.淳安县茧丝绸有限公司 淳安 311700）

通过高产卵量中系杂交原种的选配与平衡致死系杂交原种强健性的提高，培育四元雄蚕新品种，可显著提高雄蚕种的繁育系数，降低雄蚕种生产成本，有利于提高生产种场的经济效益与生产积极性，促进专养雄蚕技术的推广应用。菁·云×平28·平30是浙江省农业科学院蚕桑研究所育成的四元雄蚕新品种，为了解该品种的性状和在淳安县饲养的适应性，我县于2017年晚中秋和2018年晚中秋期，将菁·云×平28·平30与现行雄蚕主推品种秋·华×平30为对照种进行对比试养。现将有关情况报告如下。

1 材料与方法

1.1 试验材料

试验蚕品种：菁·云×平28·平30，由浙江省农业科学院蚕桑研究所提供。

2017年晚中秋蚕期25张，其中4户作对比试验；2018年晚中秋蚕期26张，其中4户作对比试验，调查饲养成绩；其余作新品种示范饲养，试验对照蚕品种均为秋·华×平30，由杭州千岛湖蚕种有限公司提供。

1.2 试验方法

试验对比调查户，2017年，安排在威坪镇高洲村章利仙户、厚屏村徐来香户、梓桐镇结蒙村徐荣木户、梓桐镇后州村汪顺有户饲养；2018年，安排在浪川乡马石村王丁升、王丁建、王建设户和枫树岭镇汪村村王田贵户饲养。试验种和对照种均按常规技术饲养，养蚕环境、叶质等所有条件相同；在饲养过程中观察品种特性，调查记载龄期经过、温湿度、用桑量、产茧量等项目。

---

① 本文原载于《蚕桑通报》，2019，50（2）：23-25。

2 试验结果

2.1 龄期经过与食桑量

2017年、2018年晚中秋期，菁·云×平28·平30的龄期经过及食桑量等情况见表1。

表1 菁·云×平28·平30的龄期经过及食桑量等调查表

饲养品种	实用孵化率（%）	5龄经过（d:h）	全龄经过（d:h）	全龄用桑量（kg）
菁·云×平28·平30	55.75	7:09	24:10	783
秋·华×平30	52.75	7:08	24:08	782
新品种比对照种	3.00	0:01	0:02	1
指数（%）	105.7	100.1	100.1	100.1

注：表中数据为试验调查户2017年、2018年两年平均值。

从表1可见，菁·云×平28·平30与对照种秋·华×平30相比，实用孵化率比对照种高，龄期经过和全龄食桑量相仿。在饲养过程中，菁·云×平28·平30表现出食桑旺、眠起齐一、蚕体大等性状。

2.2 饲养成绩

2017年、2018年，菁·云×平28·平30的产茧量及茧质成绩见表2。

表2 2017—2018年菁·云×平28·平30的产茧量及茧质成绩调查表

饲养时间	品种	张种产茧量（kg）	干壳量（g）	张种产值（元）	健蛹率（%）	千克茧颗数（粒）
2017年	菁·云×平28·平30	47.35	10.35	2855	99.30	586
	秋·华×平30	46.65	10.13	2795	98.10	626
	指数（%）	101.5	102.2	102.1	101.2	93.6
2018年	菁·云×平28·平30	53.48	9.93	2843	98.3	626
	秋·华×平30	48.75	10.00	2598	98.1	644
	指数	109.7	99.3	109.5	100.2	97.2
2年平均	菁·云×平28·平30	50.41	10.14	2849	98.81	606
	秋·华×平30	47.70	10.06	2696	98.10	635
	指数	105.7	100.8	105.7	100.7	95.4

从表2可见，菁·云×平28·平30与对照种秋·华×平30相比，张种产茧量高2.71kg，张产值高153元，均比对照种提高5.7%；干壳量高0.08g，其中2017年高0.22g；健蛹率达98.81%，

比对照高0.71个百分点；千克茧颗数少29粒，减少4.6%。2018年，示范饲养的19.5张菁·云×平28·平30，产茧量平均达49.5kg，张种产值2558元，干壳量9.86g。

2.3 缫丝成绩

2017年、2018年，菁·云×平28·平30的缫丝成绩见表3。

表3 2017—2018年菁·云×平28·平30试验干茧缫丝检验成绩

年份	品种	上车茧率（%）	茧丝长（m）	解舒丝长（m）	解舒率（%）	茧丝纤度（dtex）	毛茧出丝率（%）	清洁（分）	洁净（分）	万米吊糙（次）
2017年	菁·云×平28·平30	93.9	1142.5	806.9	70.62	2.399	43.07	98.9	95.3	4.1
	秋·华×平30	93.9	1105.8	736.4	66.47	2.333	41.24	98.7	95.3	5.6
	与对照种比（±）	0	36.80	70.50	4.15	0.07	1.83	0.20	0	−1.5
	指数（%）	100	103.3	109.6	106.2	102.8	104.4	100.2	100.0	73.2
2018年	菁·云×平28·平30	88.19	1036.2	795.5	83.62	2.420	35.96	99.3	95.4	2.4
	秋·华×平30	87.32	1043.4	759.6	78.72	2.309	33.74	99.3	95.3	5.8
	与对照种比（±）	0.87	−7.20	35.9	4.90	0.11	2.22	0	0	−3.4
	指数（%）	101.0	99.3	104.7	106.2	104.8	106.6	100.0	100.1	41.4
2年平均	菁·云×平28·平30	91.05	1089.35	801.2	77.12	2.410	39.52	99.1	95.3	3.3
	秋·华×平30	90.61	1074.6	748.0	72.60	2.321	37.49	99.0	95.3	5.7
	与对照种比（±）	0.44	14.75	53.2	4.52	0.09	2.03	0.1	0	−2.5
	指数（%）	100.5	101.4	107.1	106.2	103.8	105.4	100.1	100.0	57.0

从表3可知，菁·云×平28·平30与对照种相比，绝大部分指标均好于对照种，其中上车茧率、茧丝长、解舒率、清洁、解舒丝长和毛茧出丝率，分别高0.44个百分点、14.75m、4.52个百分点、0.1分、53.2m和2.03个百分点，茧丝纤度细0.09dtex，万米吊糙少2.5次，洁净相仿。

3 小结与讨论

该品种孵化齐一，一日孵化率高，小蚕期趋密性强，各龄蚕眠起齐一，体质强健好养，健蛹率略高于对照种，食桑旺，抗病力好，张产量高，是具有优良综合经济性状的新品种。上蔟齐涌、喜结上层茧。丝质成绩与秋·华×平30相比，上车茧率、茧丝长、解舒率、清洁、解舒丝长和干毛茧出丝率均高于对照种，茧丝纤度略细0.09dtex，万米吊糙少2.5次，洁净相仿。与我县现行当家雄蚕品种秋·华×平30相比，张种产茧量优势比较明显，在淳安春期和晚秋期饲养是比较适宜的。但在饲养中该品种发现了有花、白蚕，原因有待分析。

五、基础研究篇

家蚕无性繁殖性状的基因效应分析①

王永强[1, 2]　徐孟奎[2]　孟智启[1]　曹锦如[1]　姚陆松[1]　叶爱红[1]　何秀玲[1]

（1.浙江省农业科学院蚕桑研究所　杭州　310021；2.浙江大学动物科学院　杭州　310029）

目前对数量性状基因效应进行分析的方法较多，其中利用世代平均值分析多元回归程序进行基因效应估计是既简单又方便的方法，一些学者将此方法应用于猪产仔性、高粱产量性状、家蚕产卵量性状、家蚕纤度性状、家蚕耐氟性性状等基因效应分析、家蚕茧质性状基因效应分析等，均取得了理想效果。因此有必要对家蚕品种资源无性繁殖性状进行基因效应分析，可为家蚕无性繁殖品种选育提供新的方法和理论依据。本试验利用世代平均值分析多元回归程序对家蚕无性繁殖性状的基因效应进行了分析，其主要研究结果如下。

1　材料与方法

1.1　供试蚕品种与试验设计

2001年夏季，将高发生率无性繁殖系无1（从俄罗斯引进）与低发生率的品种白玉配制成6个世代，即亲本无1和白玉；杂交F_1代正交无1×白玉；回交世代2个即（无1×白玉）×白玉、无1×（无1×白玉），及无1×白玉F_2代。于2001年秋季在相同条件下饲养，每个品种于4龄起蚕1d后分区，每区500头蚕。待结茧、化蛹、羽化后，每个世代随机取24蛾进行温汤处理，每2蛾为1区，每个品种设12个重复区。

无性繁殖发生率的计算公式为：

$$无性繁殖发生率（\%）=着色卵率（\%）=\frac{着色卵数}{着色卵数+未着色卵数}\times100$$

①　本文原载于《浙江农业学报》，2002，14（6）：308-310。

（续）

1.2 遗传模式及数理统计原理

统计方法采用Mather与Jinks的世代平均值分析模式（表1），利用多元回归程序进行基因效应分析。用SAS软件进行数据处理。

表1 不同世代基因效应构成模式

世代	m	a	d	aa	ad	dd
P_1	1	1	0	1	0	0
P_2	1	−1	0	1	0	0
F_1	1	0	1	0	0	1
F_2	1	0	0.5	0	0	0.25
BC_1	1	0.5	0.5	0.25	0.25	0.25
BC_2	1	−0.5	0.5	0.25	−0.25	0.25

2 结果与分析

2.1 无性繁殖发生率世代间的差异

表2的数据经方差分析（表3）可知，家蚕无性繁殖发生率各世代间达极显著水平，说明不同世代群体遗传结构不同，世代间无性繁殖发生率性状确实存在差异，因此，需进行基因效应分析。

表2 不同世代的无性繁殖发生率

世代	着色卵数（粒）	未着色卵数（粒）	总卵数（粒）	无性繁殖发生率（%）
P_1	676	173	849	79.31
P_2	417	482	900	45.16
F_1	810	266	1076	75.13
BC_1	719	285	1004	71.88
BC_2	602	455	1057	57.24
F_2	768	335	1102	68.55

注：表中无性繁殖繁殖发生率数据为各重复区的平均值。

表3 无性繁殖发生率方差分析结果

变异来源	自由度	平方和	F值	显著水平（$Pr > F$）
世代	5	9749.4847	9.16**	0.0001
误差	66	14054.6991		
总和	71	23804.1837		

2.2 家蚕无性繁殖性状基因效应估值

在不同参数的遗传模型中，3参数和6参数最重要。首先利用 χ^2 测验对3参数模型进行适合性检验（见表4）。无性繁殖性状不同模型下估计的基因效应值见表5。从结果分析来看，3参数模型下 $\chi^2 = 0.3342 < \chi^2 0.95$（df = 3）= 0.3518，$P > 0.95$，表明家蚕无性繁殖性状符合3参数模型的概率已超过了95%，可以认为，家蚕无性繁殖性状的遗传明确为加性—显性遗传模式。

表4 无性繁殖性状加性—显性模式的适合性测验

世代	观测值（O）	期望值（E）	$O–E$	（$O–E$）^{2}	（$O–E$）$^2/E$
P_1	79.31	77.84	1.4726	2.168515	0.02786
P_2	45.16	44.66	0.4986	0.24859	0.005566
F_1	75.13	73.16	1.9712	3.885535	0.053111
F_2	68.55	67.20	1.3459	1.811398	0.026954
BC_1	71.88	75.50	−3.6181	13.09078	0.173392
BC_2	57.24	58.91	−1.6701	2.789294	0.047348
Σ					0.334231

从家蚕无性繁殖性状基因效应的估值来看（表5），加性效应（a）的估值相差不大，即使6参数模式中引入上位效应对其估值也影响不大。从结果来看，从俄罗斯引进改良后的高发生率雌蚕无性繁殖系无1其加性值比现行品种白玉高16.588，无性繁殖性状基因对白玉的等位基因呈显性，显性度为（d/a）=11.9094/16.588=0.718，因而其无性繁殖性状为部分显性遗传。

表5 不同模式对无性繁殖发生性状基因效应估值

项目	m	a	d	aa	ad	dd
3参数	61.2494	16.5880	11.9094			
4参数	58.3644	16.5880	15.5637	3.2696		
5参数	58.3644	17.0750	15.5637	3.2696	−4.8700	
6参数	78.1950	17.0750	−35.5150	−15.9600	−4.8700	32.4500

2.3 遗传平方和的分剖

为了解基因效应在总遗传变异中的相对重要性，对各基因效应的平方和进行分剖，并估算出不同来源的遗传变异的水平和百分比（表6）。从表6可以看出，在对家蚕无性繁殖性状所引起的各基因效应分析中，基因上位效应均未达到显著水平，表明仅用加性—显性遗传模式即可说明家蚕无性繁殖性状的遗传规律。另外从表中数据也可以看出，显性效应达到显著水平，而基因加性效应却达到极显著水平，表明无性繁殖性状遗传中，加性效应起主导作用，显性效应的作用低于加性效应。在家蚕无性繁殖性状的遗传变异中，加性效应引起的变异比例最大，为84.68%，显性效应变异为12.37%，明显低于加性效应，上位效应的比例仅为2.95%，基本可以忽视。

表6　平方和的剖分及各基因效应的百分率

变异来源	自由度	平方和	百分率（%）
世代	5	812.364	100
a	1	687.904**	84.68
d	1	100.466*	12.37
离差	3	23.994	2.95
aa	1	2.122	0.26
ad	1	2.372	0.29
dd	1	19.500	2.40

3　讨论

从试验结果来看，家蚕无性繁殖性状主要遗传因素是加性效应和显性效应，不存在互作效应，加性效应远远高于显性效应，说明育种时采用无性繁殖发生率高的品种作亲本，直接依据无性繁殖发生率的表现型进行选择是有效的。雌蚕品系无1的无性繁殖性状基因的加性效应值比现行品种白玉高16.5880，其无性繁殖性状基因对白玉等基因呈显性，显性效应值为0.719。本文的分析结果对优良雌蚕无性繁殖系的培育具有重要的参考价值。在育种实践中可通过杂交导入俄罗斯的高发生率性状基因，通过选择可快速获得高发生率品种，这与目前正在进行的二化性雌蚕无性繁殖系构建的研究结果相吻合，即利用俄罗斯引进的雌蚕品种与我国现行品种杂交，其后代进行无性繁殖性状的选择，已经获得了高发生率的无性繁殖品种。

家蚕温汤处理无性繁殖性状的遗传分析[①]

王永强[1, 2] 徐孟奎[2] 孟智启[1] 何克荣[1] 曹锦如[1] 何秀玲[1]

（1.浙江省农业科学院蚕桑研究所 杭州 310021；2.浙江大学动物科学院 杭州 310029）

家蚕无性繁殖指的是一个雌性生殖细胞直接发育成新个体的现象。在自然状态下其发生的频率很低，但人为地用理化因素进行刺激可获得一定比例的无性繁殖发育卵或幼虫。笔者从1996年开始，用温汤处理方法以无性繁殖发生率为指标进行后代选择，已育成了经济性状优良，发生率和孵化率具实用价值的二化性雌蚕无性繁殖系9个，表明该性状是可遗传的。须贝利用无性繁殖发生率高和低的品种进行卵巢移植试验，结果表明品种间无性繁殖发生率的差异，不但受卵巢发育的体内环境影响，同时品种间的遗传因素也很大；武井在对无性繁殖影响因素的分析后认为遗传因素大于环境因素。但是，目前关于该性状的遗传规律还不清楚。本文测定了无性繁殖性状的遗传参数包括杂种优势率和狭义遗传力，推算了控制该性状的基因数，并利用世代平均值多元回归方法分析了其基因效应，以阐明其遗传规律。

1 材料与方法

1.1 供试蚕品种与试验设计

利用高发生率无性繁殖系PC43（从俄罗斯引进）与低发生率的品种白玉配制6个世代，即亲本PC43和白玉；杂交F_1代即PC43×白玉；回交世代2个即（PC43×白玉）×白玉、PC43×（PC43×白玉），及PC43×白玉F_2代。在相同条件下饲养，各世代于4龄起蚕1d后分区，每区500头蚕。待结茧、化蛹、羽化后，每个世代随机取24蛾进行处理，每2蛾为1区，设12个重复区。

1.2 无性繁殖发生率调查

参照王永强等（2001）的方法，调查各重复区的无性繁殖发生率，计算公式如下，并计算各世代的平均值。

$$无性繁殖发生率（\%）=\frac{着色卵数}{着色卵数+未着色卵数}\times 100\%。$$

---

① 本文原载于《蚕业科学》，2004，30（2）：133-136。

1.3　杂种优势系数测定

杂种优势系数以杂种优势率 $V.R$ 为指标进行测定，方法参照向仲怀（1995），其计算公式为：$V.R$（％）=（F_1MP）/$MP \times 100\%$。

1.4　遗传力和基因数测定

遗传力和基因数测定方法参照文献；遗传力以狭义遗传力 h^2_N 为指标，计算公式为：$h^2_N=2V_{F_2}-$（$V_{B_1}+V_{B_2}$）/$V_{F_2} \times 100\%$；基因数 n 的推算公式为：$n=$（P_1-P_2）$^2/8$（$V_{F_2}-V_{F_1}$）。

1.5　基因效应分析

根据 Mather 等提出的不同世代平均值基因效应构成模式（表1），利用世代平均值分析多元回归方法，建立不同模式下的多元回归方程，估算各类基因效应值，并对世代平均值平方和进行剖分，分析各类基因效应在总遗传变异中的比例。

表1　不同世代的基因效应构成

世代	m	a	d	aa	ad	dd
P_1	1	1	0	1	0	0
P_2	1	−1	0	1	0	0
F_1	1	0	1	0	0	1
F_2	1	0	0.5	0	0	0.25
BC_1	1	0.5	0.5	0.25	0.25	0.25
BC_2	1	−0.5	0.5	0.25	−0.25	0.25

注：m 为群体平均值，a 为基因加性效应，d 为基因显性效应，aa 为加性 × 加性上位效应，ad 为加性 × 显性上位效应，dd 为显性 × 显性上位效应。

2　结果与分析

不同世代的无性繁殖发生率及方差见表2。

表2　不同世代的无性繁殖发生率和方差

世代	着色卵数（粒）	未着色卵数（粒）	总卵数（粒）	无性繁殖发生率（％）	方差
P_1	676	173	849	79.31	
P_2	417	482	900	45.16	
F_1	810	266	1076	75.13	189.458
BC_1	719	285	1004	71.88	111.017
BC_2	602	455	1057	57.24	294.982
F_2	768	335	1102	68.55	322.264

注：着色卵数，未着色卵数，总卵数及发生率为所有重复区的平均值。

2.1 杂种优势系数测定结果

根据公式 $V.R（\%）=F_1-MP/MP \times 100$，测定无性繁殖性状杂种优势率为20.71%。根据家蚕数量性状杂种优势率强弱的划分标准，无性繁殖性状属于杂种优势特别强的类型。

2.2 遗传力测定结果

根据公式 $h_N^2 = 2V_{F_2}-（V_{B_1}+V_{B_2}）/V_{F_2} \times 100$ 测定无性繁殖性状狭义遗传力为74.02%；根据公式 $n=（P_1-P_2）^2/8（V_{F_2}-V_{F_1}）$，推算无性繁殖性状的基因数为1.10。结果表明，家蚕无性繁殖性状的狭义遗传力水平比较高，微效基因的累加作用相当大，而且该性状由1对以上的多基因所控制。

2.3 基因效应分析结果

首先对各世代无性繁殖发生率进行方差分析，结果表明世代间差异达极显著水平见表3。世代间的无性繁殖发生率差异是由不同基因型或基因频率所造成的，因此可利用世代平均值多元回归方法进行基因效应分析。

表3 无性繁殖发生率方差分析

变异来源	自由度	平方和	F值	显著水平
世代	5	9749.4847	9.16**	0.0001
误差	66	14054.6991		
总和	71	23804.1837		

2.3.1 不同参数模式下的基因效应估值

利用不同参数模式对各类基因效应进行了估值，结果见表4。从表中数据可以看出，不同参数模式下的基因加性效应 a 值很接近，即使在引入各类上位效应的6参数模式下，其估算值也变化不大，准确性较高。在3参数模型下所估算的群体平均值 $m=61.2494$，基因加性效应 $a=16.588$，基因显性效应 $d=11.9094$。经 χ^2 测验，$\chi^2 = 0.3342 < \chi^2 0.95（df = 3）= 0.3518$，$P > 0.95$，表明无性繁殖性状符合3参数模型，即符合加性—显性遗传模式（表5）。

表4 无性繁殖性状基因效应估算

参数模式	m	a	d	aa	ad	dd
3参数	61.2494	16.5880	11.9094			
4参数	58.3644	16.5880	15.5637	3.2696		
5参数	58.3644	17.0750	15.5637	3.2696	−4.8700	
6参数	78.1950	17.0750	−35.5150	−15.9600	−4.8700	32.4500

表5 无性繁殖性状加性—显性模式的适合性测验

世代	观测值（O）	期望值（E）	$O-E$	$(O-E)^2$	$(O-E)^2/E$
P_1	79.31	77.84	1.4726	2.168515	0.02786
P_2	45.16	44.66	0.4986	0.24859	0.005566
F_1	75.13	73.16	1.9712	3.885535	0.053111
F_2	68.55	67.20	1.3459	1.811398	0.026954
BC_1	71.88	75.50	−3.6181	13.09078	0.173392
BC_2	57.24	58.91	−1.6701	2.789294	0.047348
Σ					0.334231

2.3.2 遗传平方和剖分

为分析各类基因效应在总遗传变异中所起的作用大小，对世代平均值平方和进行剖分，并计算各基因效应的比例，结果见表6。在无性繁殖性状遗传变异中，基因加性效应达到极显著水平，其遗传变异占总变异的84.68%，表明加性效应起主导作用；基因显性效应达到显著水平，其遗传变异占总变异的12.37%，与基因加性效应一起，占总遗传变异的97.05%，两者起了决定性的作用；基因上位效应均未达到显著水平，其遗传变异很小，仅占总变异的2.95%。因此，用加性—显性遗传模式即可说明家蚕无性繁殖性状的遗传方式。

表6 平方和剖分及各基因效应的百分率

变异来源	自由度	平方和	百分率（%）
世代	5	812.364	100
a	1	687.904**	84.68
d	1	100.466*	12.37
离差	3	23.994	2.95
aa	1	2.122	0.26
ad	1	2.372	0.29
dd	1	19.500	2.40

3 讨论

本研究以无性繁殖发生率差异很大的2个品种所配的6个不同世代为材料，首次测定了无性繁殖性状的杂种优势率为20.71%，属于杂种优势特别强的性状类型。这与不同品种无性繁殖发生率的调查结果相吻合，即杂交种的无性繁殖发生率水平明显高于原种，因此，培育具有高发生率的杂交种无性繁殖系比较容易达到目的，而培育出一个经济性状优良、发生率高的原种无性繁殖系相对就比较难；所测定的无性繁殖性状狭义遗传力为74.02%，并由1对以上的多基因所控制，因此，通过累代选择累加，可提高无性繁殖性状水平。

通过多元回归方程对无性繁殖的基因效应分析结果表明，加性效应和显性效应在该性状的遗传中起了决定性作用，说明以无性繁殖发生率高的品种作杂交材料进行选择或直接对低发生率的品种以发生率为指标进行选择提高都是有效的。在过去近8年的研究中，笔者利用俄罗斯引进的高发生率无性繁殖系与我国经济性状优良的二化性现行品种进行杂交，对其后代进行选择，已经培育成功了无3、无5等雌蚕无性繁殖系，其茧丝质性状明显优于引进品种；直接以我国二化性品种为材料进行无性繁殖发生率的选择提高，也已经培育成功了雌蚕12号、雌蚕29号等优良的雌蚕无性繁殖系。因此，基因效应的研究结果与育种实践也相吻合。

另外，就目前有关家蚕数量性状的基因效应研究现状来看，无性繁殖性状的遗传模式与耐氟性状遗传模式非常相似。本研究相关试验结果，为今后优良雌蚕无性繁殖系的培育提供了理论基础。

家蚕孤雌生殖系与有性生殖系亲本的血液比较蛋白质组学研究[①]

刘培刚[1, 2] 王永强[2] 陈金娥[2] 何秀玲[2] 李卫国[1]

（1.山东农业大学林学院 泰安 271018；2.浙江省农业科学院蚕桑研究所 杭州 310021）

家蚕孤雌生殖（parthenogenesis）是指雌性生殖细胞在未受精情况下直接发育成新个体的现象，属于偶发性，包括非减数分裂孤雌生殖（ameiotic parthenogenesis，AMP）和减数分裂孤雌生殖（meiotic parthenogenesis，MP）2种形式。家蚕非减数分裂孤雌生殖后代全部为雌性，基因型与母本完全相同后代个体间遗传组成完全一致。由于其独特的遗传结构，建立家蚕孤雌生殖系可为遗传育种和杂种优势机制等基础研究提供新的材料与方法。

前人在家蚕孤雌生殖的人工诱导方法方面做了大量研究工作，其中俄罗斯Astaurov等建立的温汤处理诱导非减数分裂孤雌生殖的方法，由于简单有效至今仍被许多研究者采用。之后，须贝悦治等、王永强等和Gangopadhyay等在不同诱导方法和品种间的孤雌生殖发生率差异分析方面开展研究，构建了高发生率和孵化率的实用化品系，并在育种上得到了应用。但是，目前对家蚕孤雌生殖发生机制及相关基础研究还未深入开展。如非减数分裂孤雌生殖虽然完全拷贝母本基因型，但在后代针对发生率和孵化率的选择效果却很好，显然是不能用经典遗传学理论解释的，这些问题的阐明将丰富发育生物学和遗传学的研究成果。

家蚕血液中的蛋白质大部分由脂肪体合成并分泌，并且多数具有时期特异性表达的特征，在家蚕生长发育过程中具有不同的生理功能。因此，家蚕血液蛋白质组成的变化一定程度上可揭示其生理功能变化。Li等对家蚕5龄幼虫不同时期的血液蛋白质组成进行分析，发现57个差异蛋白，推测可能与丝蛋白的合成、幼虫到蛹的变态发育有关；Zhou等对人工饲料育和桑叶育条件下家蚕血液蛋白质组成进行了比较分析，发现39个差异蛋白质，推测可能与家蚕对2种不同饲育条件发生的生理适应有关。

本研究在前人对家蚕孤雌生殖和家蚕血液蛋白研究的基础上，以连续培养10多代具有高发生率和高孵化率的孤雌生殖系，与其原始有性生殖系亲本进行血液比较蛋白质组学研究，探索孤雌生殖发生的相关机制。

---

① 本文原载于《蚕业科学》，2010，36（2）：243-249。

1 材料与方法

1.1 材料和主要试剂

1.1.1 供试材料

家蚕孤雌生殖系无14和有性生殖系亲本54A，由浙江省农业科学院蚕桑研究所家蚕育种中心保存。孤雌生殖系无14是以现行日系原种54A为亲本，利用优化的二化性品种温汤处理条件继代，对后代发生率、孵化率和经济性状进行选择提高获得，至2008年秋期已选育至14代，综合性状达实用化水平，其中发生率和孵化率分别达85.33%和81.00%。2个材料于2008年秋季在相同条件下饲养，分别至5龄第3天、第5天和第7天时，剪破腹足收集血液，其中有性生殖系亲本54A通过解剖，依据卵巢和精巢鉴别雌雄后，留取雌蚕血液。血液收集完毕后迅速液氮冷冻，于–70℃保存备用。

1.1.2 主要试剂

IPG胶条（24cm，pH3～10）、尿素（urea）、硫脲（thiourea）、CHAPS、碘乙酰胺（iodoacetamide）、低熔点琼脂糖（agrose）、覆盖油、87%甘油、二硫苏糖醇（DTT）、十二烷基硫酸钠（SDS）、丙烯酰胺（polyacrylamide）、N，N-亚甲基双丙稀酰胺（MBA）、过硫酸铵（AP）、甘氨酸（glycine）、三羟甲基氨基甲烷（trisbase）等试剂购自GE公司；无水乙醇、冰乙酸、硫代硫酸钠、甲醛、硝酸银等试剂均为分析纯，购自华东医药集团。

1.2 血液蛋白样品的制备

分别取孤雌生殖系无14和有性生殖系亲本54A分3d收集的6个血液样本，完全解冻后各取50μL与450μL裂解缓冲液（8mol/L尿素，4% CHAPS，2mol/L硫脲，20mmol/L三羟甲基氨基甲烷，30mmol/L DTE，2% IPG buffer）混合，冰上电笔匀浆2min后，在4℃下、16000r/min离心2次，每次20min，取上清分装后–70℃保存备用。用Bradford法精确测定各血液样品的蛋白质浓度。

1.3 血液蛋白样品的双向电泳

分别取含120μg蛋白的血液样品，与适量水化液（8mol/L尿素，2% CHAPS，0.5% IPG buffer，30mmol/L DTT，0.002%溴酚蓝）混合（总体积450μL），震荡混匀后，在4℃下16000r/min离心20min后上样。第1向等电聚焦采用梯度升压的方法：主动水化（30V）12h，100V 30min，200V 30min，500V 30min，1000V 30min，2000V 30min，4000V 30min，6000V 1h，8000V 10h。等电聚焦结束后，胶条在平衡液Ⅰ[50mmol/L Tris-HCl（pH 8.8），6mol/L尿素，30%甘氨酸，2% SDS，0.002%溴酚蓝，1% DTT]中平衡20min，然后放入平衡液Ⅱ[50mmol/L Tris-HCl（pH 8.8），6mol/L尿素，30%甘氨酸，2% SDS，0.002%溴酚蓝，4%碘乙酰胺]中平衡

20min。平衡结束后，在15℃恒温条件下进行第2向SDS-PAGE电泳，12.5%分离胶。以每块胶1W恒定功率电泳45min后，改为每块胶12W恒定功率电泳至溴酚蓝指示剂达到底部边缘1cm时结束电泳。采用银染方法进行凝胶染色。

为了保证试验的重复性，6个样品按照上述程序在同等条件下重复3次双向电泳。

1.4 双向电泳图谱分析

利用GE公司的ImageMaster™ 2D Platinum 6.0分析软件对扫描的双向电泳凝胶图谱分别进行背景消减、点的检测、图像匹配、显示差异蛋白点和统计等分析。

1.5 质谱分析和蛋白鉴定

通过对5龄不同发育时期孤雌生殖系无14与有性生殖系亲本54A两个品系的血液蛋白双向电泳图谱的比较分析，从凝胶上逐个挖出特异表达和表达量相差2倍以上的差异蛋白点，依次进行脱色、脱水、酶解消化（trypsin，37℃，20h）、肽段抽提、浓缩、脱盐（ZIPTip）等处理，然后点靶用美国ABI公司的Voyager-DE PRO生物质谱仪进行分析，对获得的差异蛋白肽质量指纹（PMF）图谱利用MASCOT软件（http://www.matrixscience.com）在NCBInr数据库进行搜索比对。搜索参数分别为：最大漏切位点为1，肽段误差为±0.1D，固定修饰为carbamidomethyl（C），可变修饰为oxidation（M）。

2 结果与分析

2.1 家蚕孤雌生殖系无14和有性生殖系亲本54A血液蛋白的双向电泳图谱分析

分别对家蚕孤雌生殖系无14及其有性生殖系亲本54A 5龄幼虫第3天、第5天和第7天血液蛋白进行双向电泳、银染及图像扫描后，获得了背景比较浅、点形状规则且重复性好的双向电泳图谱（图1）。从图谱中可以发现，血液蛋白主要分布在相对分子质量15000～80000、等电点（pI）为4～7的范围。利用ImageMaster™ 2D Platinum 6.0软件对各时期双向电泳图谱进行分析，结果显示：有性生殖系亲本54A的第3天、第5天和第7天的血液蛋白图谱（图1.B）上分别检测到146、152和154个清晰蛋白点；而在孤雌生殖系无14的第3天、第5天和第7天血液图谱（图1.A）上则分别可检测到142、148和156个清晰蛋白点。

2.2 家蚕孤雌生殖系无14和有性生殖系亲本54A的血液差异蛋白质谱鉴定

利用ImageMaster™ 2D Platinum 6.0软件，通过图像格式转化、凝胶图像修剪、背景消减和灰度值设定，对不同发育时期的图谱（图1）进行定量、定性分析。在5龄第3天的血液双向电泳图谱中，孤雌生殖系无14较其有性生殖系亲本54A有10个蛋白的表达量上调2倍以上，其中有1个特异表达蛋白，有13个蛋白表达量下调2倍以上；另有1个蛋白在有性生殖系亲本54A中特异表达。在5龄第5天的血液双向电泳图谱中，孤雌生殖系无14较其有性生殖系亲本54A有12个蛋白表达量上调2倍以上，其中有1个特异表达蛋白，有9个蛋白的表达量下调2倍以上；另有4个蛋白在有性生殖系亲本54A中特异表达。在5龄第7天的血液双向电泳图谱中，孤雌生殖系无14较其有性生殖系亲本54A有8个蛋白的表达量上调2倍以上，有6个蛋白表达量下调在2倍以上；另有3个蛋白在有性生殖系亲本54A中特异表达。

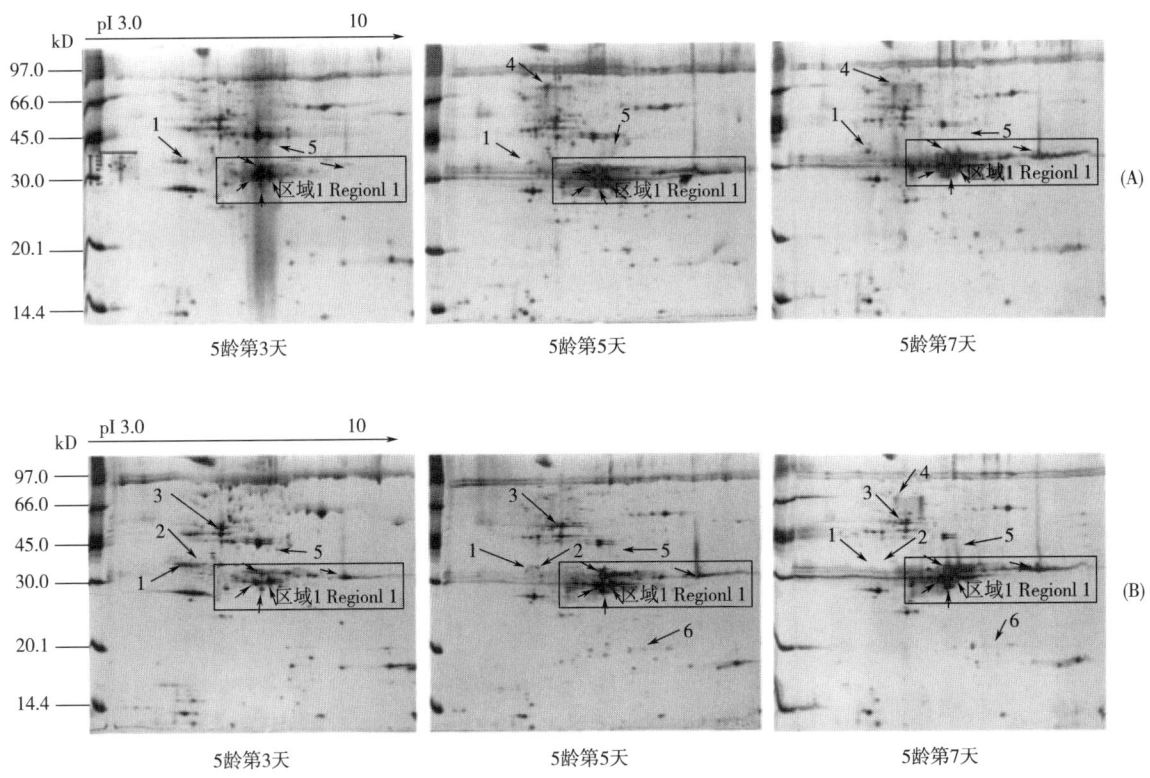

图1　家蚕孤雌生殖系无14（A）和有性生殖系亲本54A（B）5龄幼虫不同时期的血液蛋白双向电泳图谱
图中箭头编号为差异蛋白编号，图3、4同

综合孤雌生殖系无14与有性生殖系亲本54A不同发育时期的血液双向电泳图谱（图1）的比较分析结果，发现有6个蛋白（分别为蛋白1～6）在5龄不同时期均有明显差异或只在某一品系中特异表达。对6个差异蛋白进行MALDI-TOF/MS分析、数据库搜索及生物信息学分析，结合其表观等电点、相对分子质量和家蚕品种特点，其中2个蛋白与家蚕已知蛋白具有较高的同源性（表1），其余4个蛋白没有得到较好的匹配，推测可能为新的蛋白类型。

表1　家蚕孤雌生殖系无14和有性生殖系亲本54A 5龄幼虫血液差异蛋白鉴定结果

蛋白点编号	蛋白名称	NCBI gi登录号	MASCO得分	理论相对分子质量	等电点（pI）	序列覆盖率（%）
1	保幼激素结合蛋白	gi6625566	80	26900	4.73	39
3	胰凝乳蛋白抑制剂-8A	gi14028769	93	43900	5.20	25

蛋白1在双向电泳图谱中的表观相对分子质量为34400、等电点为4.73。质谱鉴定后对获得的蛋白点1的肽质量指纹图谱（图2）利用MASCOT搜索NCBInr数据库，并结合其表观等电点、相对分子质量及家蚕品种特点等综合分析，将蛋白1鉴定为家蚕保幼激素结合蛋白（juvenile hormone binding protein，JHBP），其理论相对分子质量为26900、等电点为5.03，氨基酸序列覆盖率为39%。对孤雌生殖系无14和有性生殖系亲本54A各自5龄第3天、第5天和第7天幼虫的血液双向电泳图谱进行分析，发现差异蛋白JHBP的表达量随着家蚕5龄幼虫的发育均表现出下降趋势，且该蛋白在孤雌生殖系无14的5龄不同时期血液中的含量，均为有性生殖系亲本54A的2倍以上。蛋白斑点局部放大图（图3）和相应的三维分析图（图4）清晰直观地显示了差异蛋白JHBP在家蚕5龄幼虫不同时期的含量变化及品系间的差异。

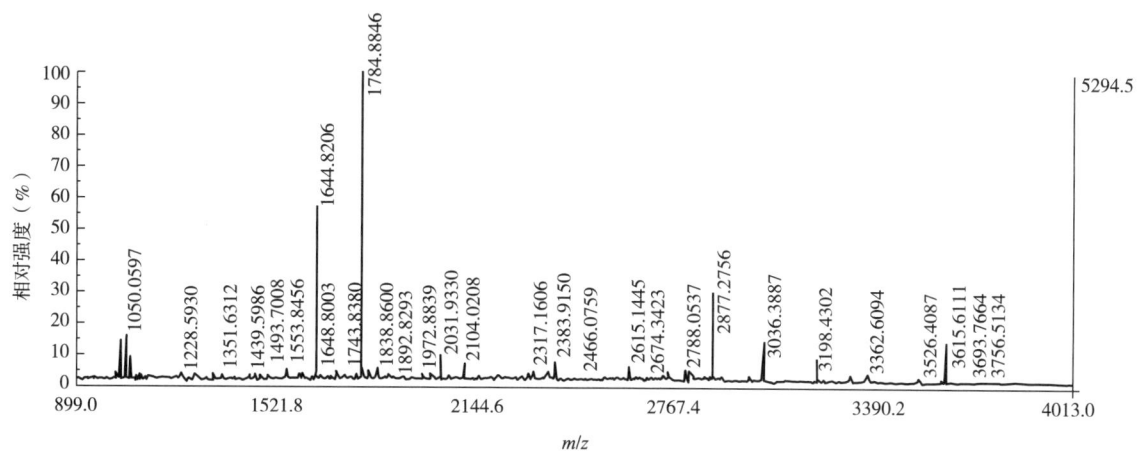

图2 家蚕孤雌生殖系无14和有性生殖系亲本54A 5龄幼虫血液差异蛋白1的肽质量指纹图谱

蛋白2和蛋白3仅在有性生殖系亲本54A的5龄第3天、第5天和第7天幼虫血液中特异表达，而在孤雌生殖系无14中没有表达，经质谱鉴定和MASCOT搜索NCBInr数据库，结果显示：差异蛋白3来源于家蚕的胰凝乳蛋白酶抑制剂-8A（chymotrypsin inhibitor-8A，CI-8A）。CI-8A是家蚕血液蛋白酶抑制剂之一，理论相对分子质量为43900、等电点为5.20，氨基酸序列覆盖率为25%。从蛋白斑点局部放大图（图3）和相应的三维分析图（图4）可以清晰看到蛋白2在有性生殖系亲本54A不同时期的表达量均很高，但经软件搜索，尚未找到合适的匹配，推测可能为家蚕血液中的一种新蛋白。

在5龄幼虫各时期血液图谱中，相对分子质量在30000左右的区域1蛋白含量很高，区域1中箭头所指的是5龄初期血液中最多的一种蛋白质类型，属于相对分子质量30000蛋白家族。随着5龄幼虫发育的进行，血液中相对分子质量30000蛋白的浓度急剧上升，是家蚕生长发育过程中的主要贮藏蛋白。

运用ImageMaster™ 2D Platinum 6.0软件，对箭头所指表达量较高的5个相对分子质量30000蛋白，在孤雌生殖系无14和有性生殖系亲本54A 5龄不同时期血液中的表达量进行分析，发现2

个品系血液的相对分子质量30000蛋白表达量都随着发育的进行而明显增加，同时各时期2个品系互有表达量高于对方2倍以上的相对分子质量30000蛋白。根据相对分子质量30000蛋白家族中5个表达量较高的蛋白相对含量的统计数据，可以看出有性生殖系亲本54A血液中相对分子质量30000蛋白增长速度要快于孤雌生殖系无14（表2）。

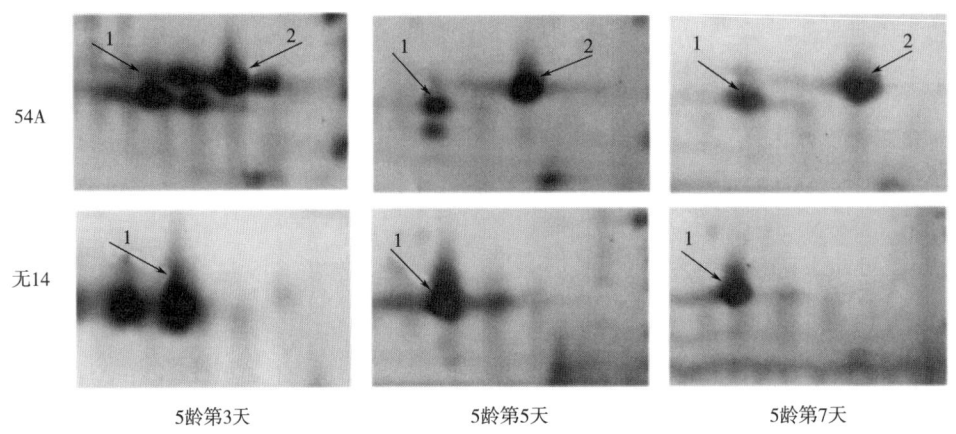

图3　家蚕孤雌生殖系无14和有性生殖系亲本54A 5龄幼虫不同时期的血液差异蛋白点的局部放大图

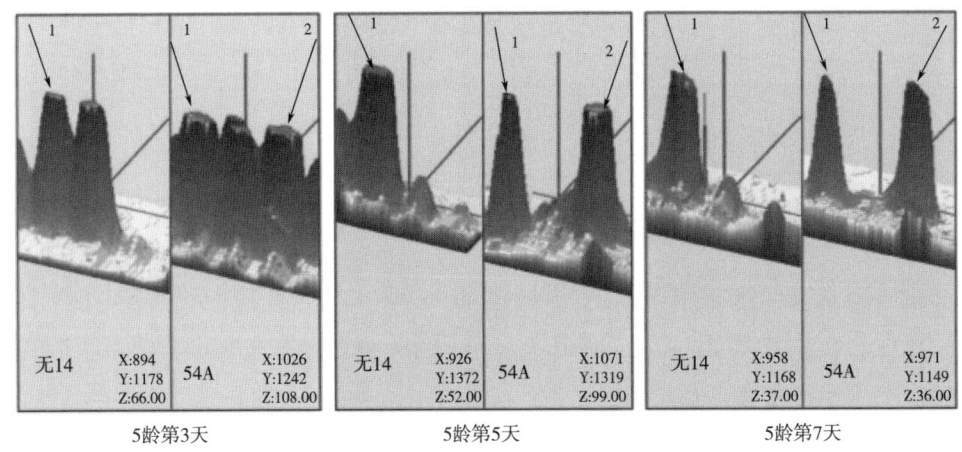

图4　家蚕孤雌生殖系无14和有性生殖系亲本54A 5龄幼虫不同时期的血液差异蛋白的三维图谱

表2　家蚕孤雌生殖系无14和有性生殖系亲本54A 5龄幼虫不同时期血液中
5个主要高表达相对分子质量30000蛋白的相对含量

品种	5个主要高表达蛋白的相对含量（%）		
	第3天	第5天	第7天
有性生殖系亲本54A	19.02	26.97	32.92
孤雌生殖系无14	19.84	23.61	27.24

3　讨论

本研究运用蛋白质组学方法对孤雌生殖系无14（高发生率、高孵化率）同其有性生殖系亲本54A（低发生率、低孵化率）家蚕幼虫血液蛋白质组成进行了比较分析，发现在5龄幼虫血液中持续表达的6个差异蛋白，并成功鉴定了其中的2个蛋白。

家蚕血液保幼激素结合蛋白（JHBP）主要功能是结合血液中的保幼激素（JH），形成复合体并随循环而将JH输送到靶细胞。在昆虫血液中，JH水平的提高能调节JHBP的浓度，因此，血液中JHBP表达量变化趋势体现了血液中JH表达量的变化趋势。JH在昆虫幼虫期由咽侧体分泌，具有保持幼虫虫态、阻止化蛹的作用，在昆虫幼虫末龄，JH的减少和蜕皮激素（EH）的分泌能引起幼虫化蛹蜕皮。经上述研究发现，JHBP在孤雌生殖系和有性生殖系5龄幼虫血液中均表现出下降趋势，暗示随着5龄发育的进行，血液中JH的含量下降；同时孤雌生殖系家蚕的JHBP含量始终要高于亲本有性生殖系2倍以上，说明孤雌生殖系中的JH含量要比有性生殖系高很多，预示着孤雌生殖系家蚕的幼虫发育经过要长于有性生殖系，这也与育种过程中，孤雌生殖系的5龄发育经过和全龄发育经过都要长于其亲本有性生殖系相吻合。Mine等、Izumi等研究表明，当家蚕5龄第3天幼虫血液中的JH消失或人为去除JH源后，相对分子质量30000蛋白作为血液的主要蛋白开始被大量合成，到初蛹期其浓度达到最大值。研究发现相对分子质量30000蛋白与胚胎的早期生长发育有一定关系，发育中可能是作为其他功能蛋白合成的氨基酸库源。数据显示，在5龄初期，孤雌生殖系相对分子质量30000蛋白的含量要接近甚至稍微高于其亲本有性生殖系；但随着发育的进行，JH大量减少，2个品系的相对分子质量30000蛋白都大量增加，但由于2个品系的血液中JH下降速度的差异，预示孤雌生殖系血液相对分子质量30000蛋白增长速度要慢于有性生殖系。推测这种慢增长趋势是与孤雌生殖系5龄幼虫发育经过长于有性生殖系相关。

胰凝乳蛋白酶抑制剂（chymotrypsin inhibitor，CI）是在家蚕中发现的对胰凝乳蛋白酶具有抑制活性的蛋白，其作用是停止、阻止或者降低胰凝乳蛋白酶的活性。CI-8含有1个分子单糖，在酸性条件下易失活，碱性条件下较稳定，可以抑制中肠相对分子质量35000的酶的活性，还能与中肠相对分子质量30000的蛋白相结合，而中肠相对分子质量35000的酶对营养物质的吸收起着重要作用。Ueno等研究表明，CI-8在化蛹时期明显高于5龄幼虫期，在化蛹时家蚕组织发生溶解及蜕变等剧烈变化时，能抑制对蚕体有害酶的活性而起到保护作用。相对于亲本有性生殖系5龄血液中CI-8持续表达现象，CI-8A在孤雌生殖系家蚕5龄幼虫血液中却未见表达，推测可能与2种生殖系不同生殖方式的生理、生殖调节差异有关。

家蚕幼虫血液蛋白对其生长发育、变态和生殖等过程起着重要的调节作用。推测孤雌生殖系和其亲本有性生殖系5龄幼虫血液中的差异表达蛋白，以及不同发育时期蛋白的差异变化，可能和孤雌生殖系与其有性生殖系亲本不同的生理生殖调节方式相关。

家蚕性连锁平衡致死系雌性胚胎的组织形态学初步研究 [①]

李凤波　刘　岩　牛宝龙　陈金娥　王海龙　何秀玲　翁宏飚　何丽华　沈卫峰　孟智启

（浙江省农业科学院蚕桑研究所　杭州　310021）

家蚕（*Bombyx mori*）为雌体异配性别昆虫，雌蚕性染色体组成为ZW，雄蚕性染色体组成为ZZ。家蚕W染色体上除了决定雌性的基因外，还没有确认存在其他基因，而Z染色体上存在许多重要的功能基因。凡是Z染色体上的基因所支配的性状表现为性连锁遗传。如果隐性致死突变发生在Z染色体上，就表现为性连锁致死。早在20世纪60～70年代，俄罗斯科学院发育生物学研究所Strunnikov院士等运用辐射诱变等技术手段，通过诱导家蚕Z染色体上2个非等位的隐性致死基因l_1和l_2，首次成功构建了家蚕性连锁平衡致死系。1996年，浙江省农业科学院从俄罗斯科学院引进了家蚕性连锁平衡致死系，经过近10年的研究，育成了秋·华×平30等家蚕性连锁平衡致死实用品种，茧层率和出丝率比常规品种提高20%左右，综合经济效益提高25%左右，展现出良好的推广应用前景。

由于性连锁致死基因的作用，家蚕性连锁平衡致死系自交后代中，雌雄各有一半在胚胎发育过程中致死。本课题组在育种实践中发现，家蚕性连锁平衡致死系自交后代中，携带隐性纯合致死基因l_1的雄性胚子（简称l_1胚子）和携带隐性致死基因l_2的雌性胚子（简称l_2胚子）的致死时间不同：l_1胚子大多在转青期致死；而l_2胚子在胚胎发育过程中就致死。然而，l_2胚子确切的致死时间和原因并不清楚。本研究收集家蚕性连锁平衡致死系品种平2不同胚胎发育时期的雌卵，从组织形态学方面确定l_2胚子确切的致死时间并推测其致死原因，为进一步解析家蚕性连锁致死的机制提供组织形态学依据。

1　材料与方法

1.1　材料和主要试剂

家蚕性连锁平衡致死系品种平2，由浙江省农业科学院蚕桑研究所提供。平2为二化性限性卵色品种，在卵期区分性别，雄性为黄卵，雌性为黑卵。平2自交后代在胚胎发育过程中，雌性胚子有一半为胚胎期致死的l_2胚子，以此为实验材料；另一半胚子能正常发育，以此作为实验对照材料。

---

① 本文原载于《蚕业科学》，2010，36（3）：529-533。

主要试剂：乙烯基环乙烯二氧化物（VCD，FLUKA公司），多聚丙二醇二缩水甘油醚（DER-736，FLUKA公司），十一烷琥珀酐（NSA，FLUKA公司），二甲基氨乙醇（DMAE，Taab Laboratories，England公司），Spurr树脂包埋剂由10.0g VCD，8.0g DER-736，26.0g NSA和0.4g DMAE组成。

1.2　蚕卵收集

平2自交产卵后，采用即时浸酸处理。根据雌雄蚕卵卵色不同，选择雌雄蚕卵供试。以丙$_2$期为第1次取样点，以后每隔24h取样1次，每次收集30～100粒卵，直到蚕卵孵化出蚁蚕。

1.3　蚕卵解剖及形态学观察

蚕卵解剖参照苏州蚕桑专科学校蚕体解剖生理学教研组（1983）的方法并稍加改进。取15%KOH溶液加热煮沸，达沸点后移去热源；用钢制小瓢盛卵20粒左右，待溶液不产生气泡时浸入，并轻轻摇动，经10 s左右卵呈赤豆色时，迅速取出放清水中漂洗；洗净药液后，将卵倒入盛有蒸馏水的培养皿中，用吸管反复吸水冲击，使胚子与卵壳分离，取出的胚子置于0.9% NaCl溶液中。

将解剖好的胚子置于Olympus光学显微镜下，观察并拍照记录不同发育时期胚胎的形态特征。镜检后的胚子放在2.5%戊二醛溶液中，4℃固定过夜。

1.4　胚胎半薄切片制备及组织学观察

按以下步骤处理不同发育时期胚胎样品：倒掉固定样品的戊二醛溶液，用0.1mol/L的磷酸缓冲液（pH 7.0）漂洗样品3次，每次15min；用1%锇酸溶液固定样品1～2h；倒掉固定液，再用0.1mol/L磷酸缓冲液（pH 7.0）漂洗3次，每次15min；用梯度浓度（体积分数50%，70%，80%，90%和95%）的乙醇溶液对样品进行脱水处理，每种浓度乙醇溶液处理15min后再用100%的乙醇处理20min；用纯丙酮处理20min；用Spurr树脂包埋剂与丙酮的体积比为1∶1的混合液处理样品1h；用Spurr树脂包埋剂与丙酮体积比为3∶1的混合液处理样品3h；纯Spurr树脂包埋剂处理样品过夜；将经过渗透处理的样品包埋后70℃加热过夜，即得到包埋好的样品。

包埋好的样品在Reichart-Jung ULTRACUT E 型超薄切片机上连续切0.5μm左右的半薄切片，将切好的半薄切片贴在载玻片上，用0.5%亚甲基蓝加温染色后，在Olympus光学显微镜下观察胚胎内部组织结构，并用相机记录图像。

2　结果与分析

2.1　家蚕性连锁平衡致死系 l_2 胚子的形态学观察

胚胎形态学观察结果表明：在胚胎发育早期和中期，不能从形态上区分由家蚕性连锁平衡致死系自交产生的l_2胚子和正常胚子（图1）。此外，从图1可见，从丙$_2$期开始的第4～7天取样的雌性胚胎的形态发育时期分别对应于常规家蚕品种胚胎发育的4个典型发育时期，即戊$_2$期（突起发达后期）、戊$_3$期（缩短期）、己$_1$期（反转期）和己$_2$期（反转期终了）。这一观察结果说明，l_2胚子从丙$_2$期开始取样的第4～7天处于正常发育过程中。

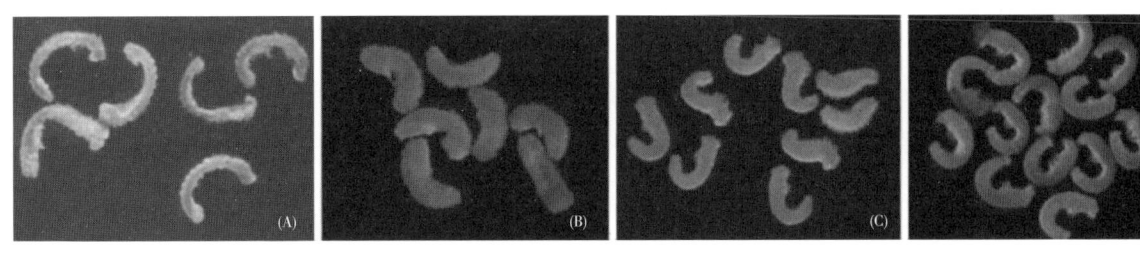

图1　家蚕性连锁平衡致死系胚胎发育早期和中期雌性胚子的形态图谱
A、B、C、D分别为自丙$_2$期开始第4、5、6、7天的取样

　　进一步观察胚胎发育晚期的l_2胚子和作为实验对照的正常胚子，二者在形态上出现差异（图2）。如图2所示，在发育晚期的雌性胚子中，只有约一半胚子体表正常着色并发育至点青期，符合家蚕性连锁平衡致死系自交后代中只有一半胚子正常发育的规律，因此推断那些发育晚期仍没有正常着色的胚子即为致死的l_2胚子。为了明确l_2胚子确切的致死时间，通过比较l_2胚子和实验对照胚子发育早期、中期和晚期形态特征（图1、图2）发现，l_2胚子最早可能在丙$_2$期开始取样的第7天致死，而此时观察到胚胎形态特征与发育至己$_2$期的常规家蚕品种胚胎的形态特征相似，因此推测l_2胚子致死时间可能在己$_2$期。

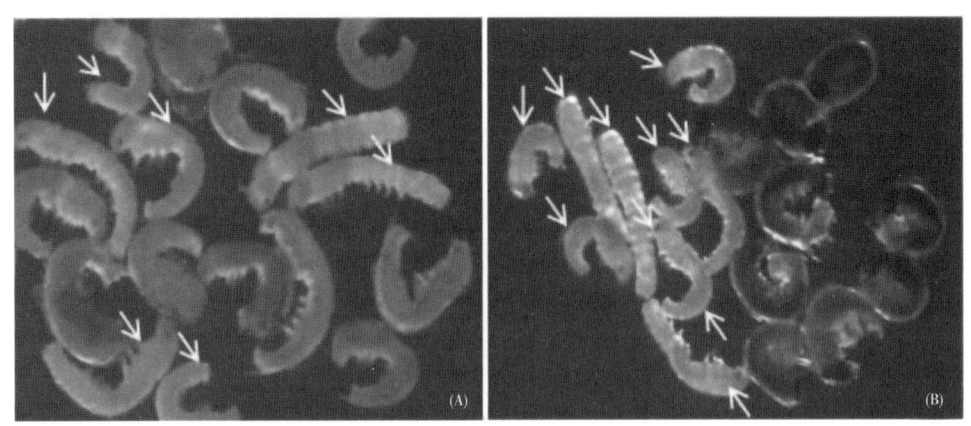

图2　家蚕性连锁平衡致死系胚胎发育后期l_2胚子的形态图谱
A、B分别为自丙$_2$期开始第8、9天的取样；图中箭头所指为l_2胚子

　　与作为实验对照的正常胚子进一步比较发现，发育至己$_2$期的l_2胚子之后没有继续发育至己$_3$期或者己$_4$期，其形态一直停留在己$_2$期（图3），推测l_2胚子在己$_2$期后发育即停滞，直至最后死亡。综上分析，l_2胚子在胚胎发育的己$_2$期可能由于发育停滞而致死。

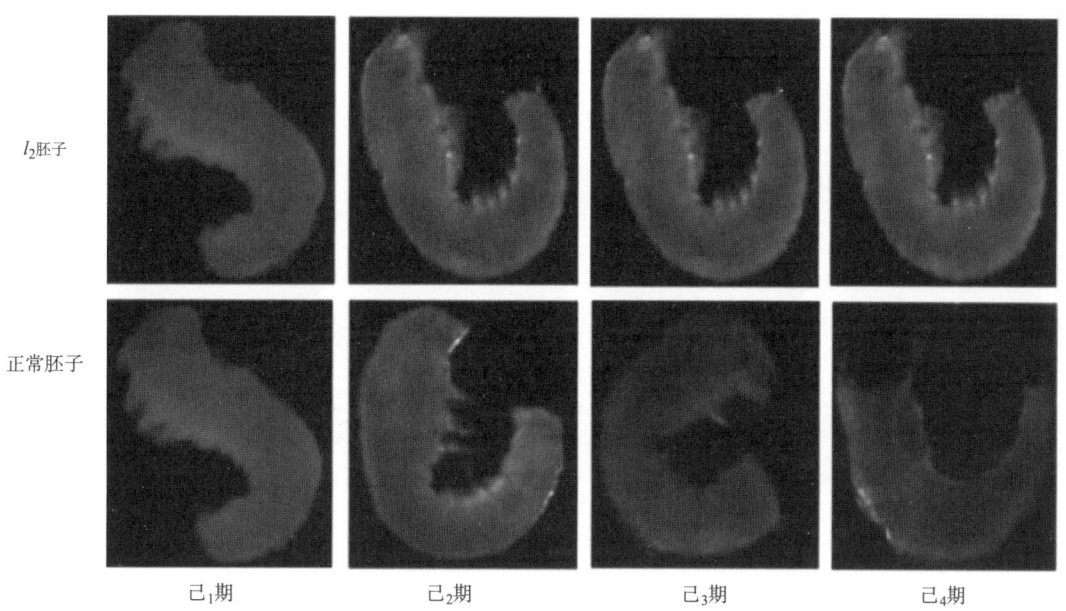

图3　家蚕性连锁平衡致死系l_2胚子与正常胚子发育后期的形态比较

己$_1$～己$_4$期分别对应于从丙$_2$期开始取样的第6、7、8、9天（图4同）

2.2　家蚕性连锁平衡致死系 l_2 胚子的组织学观察

从己$_2$期发育至己$_3$期是家蚕胚胎发育过程中的一个重要时期，伴随着一些组织器官的结构变化，比如胚子体表开始发生刚毛，气管开始着色，但消化管仍在进一步发育中。对不同发育时期的l_2胚子和正常胚子进行了组织切片，观察结果表明：从丙$_2$期开始取样的第9天，正常胚子已发育至己$_4$期，其内部消化管前后完全贯通，而处于同一天的l_2胚子的组织器官发育状态却与己$_2$期的正常胚子相似，但其组织器官结构完整，即与己$_2$期的正常胚子相比，l_2胚子没有表现出明显的组织结构异常（图4）。因此初步认为，l_2胚子发育停滞可能不是由于其组织器官结构异常所致。

正常胚子　　　　　　　　　　　　　　　　　　　　　l_2胚子

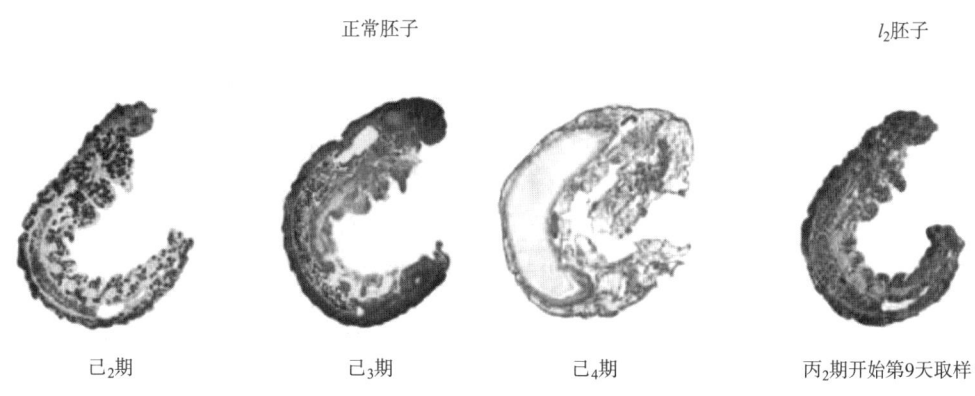

己$_2$期　　　　　　　己$_3$期　　　　　　　己$_4$期　　　　丙$_2$期开始第9天取样

图4　家蚕性连锁平衡致死系l_2胚子与正常胚子组织器官发育状态比较

3 讨论

家蚕胚胎形态学研究虽然起始较早，但综观其研究结果大多为文字描述、手绘示意图或电子显微镜图，即使是常规家蚕品种胚子在光学显微镜水平的显微实物照片也不多见，至于家蚕性连锁平衡致死系的胚胎形态学研究更未系统开展。本研究以常规家蚕品种正常胚子的典型发育图谱为参照，对家蚕性连锁平衡致死系雌性胚子（包括l_2胚子和正常发育的胚子）进行了形态学观察，观察结果表明，l_2胚子可能在己$_2$期由于发育停滞而致死。

家蚕正常胚子从己$_2$期发育至己$_3$期会经历一些重要的发育事件，如胚子体表开始发生刚毛、气管开始着色以及消化管进一步发育等，结合对家蚕性连锁平衡致死系雌性胚子形态学观察结果，推测致死基因l_2可能由于表达调控异常导致l_2胚子在己$_2$期发育停滞而致死，致死基因l_2可能是与体表刚毛发生、气管着色或者消化管发育等相关的基因。对此需通过经典图位克隆技术定位和克隆致死候选基因，通过RNA干涉实验和基因挽救实验来验证候选基因的功能等。对家蚕平衡致死系l_2胚子的组织形态学研究结果将有助于缩小致死候选基因的筛选范围，从而有助于致死基因l_2的鉴定。

家蚕性连锁平衡致死系致死基因的SSR定位[①]

轩 楠 牛宝龙 王海龙 庄 俐 孟智启

（浙江省农业科学院蚕桑研究所 杭州 310021）

俄罗斯科学家V.A.Strunnikov院士等运用辐射诱变技术，成功培育了家蚕性连锁平衡致死系S-9和S-14。S-14品系有两个分别位于两条Z染色体的非等位隐性致死基因（l_1和l_2），l_1和l_2的致死时期分别是胚胎发育期的转青期和G_2期，两个致死基因位点间的交换率为0.8%；S-14品系的W染色体携带一段来自Z染色体的易位片段，该易位片段携带能掩盖l_1致死效应的$+l_1$基因和掩盖隐性os油蚕性状的$+os$基因。S-14品系雄蛾性染色体基因型是$Z^{l_1,+l_2}/Z^{+l_1,l_2}$，雌蛾性染色体基因型是$W^{+l_1}Z^{l_1,+l_2}$。1996年浙江省农科院从俄罗斯科学院引进了这两个品系，经过多年的努力，已成功地把引进种S-14品系的群体性比控制相关基因转移到了中国现行优良家蚕品种，育成了实用的雄蚕品种，并在浙江等蚕茧主产区推广应用，展现出良好的经济效益。迄今为止，人们对S-14品系两个致死基因的突变信息知之甚少。

随着家蚕分子生物学研究的发展，许多分子标记被开发、应用到遗传连锁图构建和基因定位中，目前已构建了RAPD、RFLP、AFLP、SSR和SNP等家蚕分子标记遗传连锁图，家蚕全基因组序列的公布大大加快了家蚕的基因定位等研究进度，完善了家蚕基因分离和功能鉴定体系。

微卫星或简单重复序列（Simple sequence repeat，SSR）是由2～6个核苷酸重复单位组成，两侧一般是保守的单一序列，其多态性来源于重复单位的重复次数不相同。SSR标记广泛存在于所有原核和真核生物基因组中，具有高多态性、分布均匀、共显性遗传模式、稳定性好、操作简便、检测技术简单高效等优点，已被成功应用于家蚕多种功能基因的定位、QTLs分析、DNA指纹和品种鉴定、种质资源系谱分析和分子标记辅助育种等研究工作中。

本研究通过筛选S-14和P50 Z染色体上的SSR多态性标记，检测回交群体P50×（P50×S-14）雌性个体，对l_1和l_2隐性致死基因进行定位，为致死基因的图位克隆奠定基础。

1 材料和方法

1.1 材料蚕品种及组配

实验材料为浙江省农业科学院引进的家蚕性连锁平衡致死系（S-14）和P50品系。P50的雌

---

① 本文原载于《遗传》，2010，32（12）：1269-1274。

蛾与S-14的雄蛾配对，F_1代的雄蛾（基因型为$Z^{+l_1,+l_2}/Z^{l_1,+l_2}$或$Z^{+l_1,+l_2}/Z^{+l_1,l_2}$）与P50雌蛾进行单蛾回交构建回交1代种群（BC1），交配后的雄蛾冻存，待雌蛾产卵，分卵圈催青，根据卵圈中死亡胚胎所处的发育时期（转青期或G_2期）判断每个卵圈各自携带的是l_1或l_2的Z染色体，并推断其父本（F_1代雄蛾）的基因型，分别记作F_1♂-l_1和F_1♂-l_2。分别提取F_1♂-l_1和F_1♂-l_2基因组DNA，用以筛选多态性标记。两个BC1群体根据携带的致死基因l_1或l_2分别记作BC1-l_1和BC1-l_2，并分别催青孵化和饲养，成虫期区分雌雄，雌蛾进行单蛾基因组DNA提取，用于致死基因的定位。实验材料配制过程见图1。

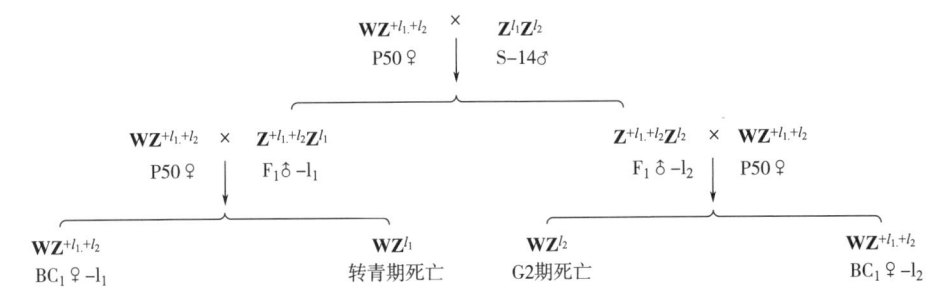

图1　P50与平衡致死系S-14杂交1代（F_1）雄蛾基因型及回交1代（BC1）雌蚕卵的4种基因型
图中来自P50的Z染色体为$Z^{+l_1,+l_2}$，Z^{l_1}代表$Z^{l_1,+l_2}$染色体，Z^{l_2}代表Z^{+l_1,l_2}染色体

1.2　方法

1.2.1　家蚕基因组DNA提取

取蚕蛾头部组织用基因组抽提试剂盒（北京百泰克生物技术有限公司）提取其基因组DNA。操作过程按照试剂盒说明书的操作步骤。最后用TE溶出DNA，并稀释。每个样品DNA经分光光度计定量后将其稀释到10ng/μL，放-20℃保存备用。BC1-l_1和BC1-l_2回交群体中的雌蛾采用单蛾提取基因组DNA。P50雌雄蛾、F_1代雄蛾根据携带的致死基因l_1或l_2分类，采用多蛾合并方法，各自提取基因组DNA。

1.2.2　Z染色体os端基因组序列分析及SSR标记引物设计

根据SilkDB（http://silkworm.genomics.org.cn/silkdb/genome/）数据库显示，在家蚕28个连锁群中，第1号连锁群为Z染色体，全长大约22.39Mb，含5个scaffold（nscaf 2210、nscaf 1690、nscaf 3068、nscaf 3040和nscaf 2734）。已知与os油蚕性状标记连锁的分子标记N20.80b（基因登录号：AB023114）位于nscaf 3040的contig 17283中，在Z染色体连锁群19.2Mb附近。SSR标记S0104（基因登录号：DQ242806）位于nscaf 3040的contig 17045中，Z染色体连锁群16.6Mb附近。选取从S0104标记到染色体末端约5.7Mb染色体片段（即16.600Mb～22.395Mb，其中包括nscaf 3040中的部分序列和nscaf 2734全部序列）的DNA序列用来筛选多态性标记。用SSRHunter1.3软件进行SSR标记搜寻，设定重复单位大于等于5个核苷酸，利用Prime5软件在SSR标记两侧设计特异性引物。通过对5.7Mb DNA序列的SSR分析，共设计195对SSR特异性引物（由上海生工生物工程技术服务有限公司合成），用以筛选P50 $Z^{+l_1,+l_2}$染色体与S-14两条Z染色体（$Z^{l_1,+l_2}$或Z^{+l_1,l_2}）之间的多态性标记。

1.2.3　筛选多态性标记及PCR扩增

分别以P50、$F_1 ♂ -l_1$和$F_1 ♂ -l_2$的基因组DNA为模板，用设计的195对引物分别进行扩增。PCR产物用1.2%的琼脂糖凝胶进行检测［PCR相关试剂购自宝生物（大连）有限公司］。

PCR扩增体系：$10 \times$ PCR缓冲液（500mmol/L KCl、100mmol/L Tris-HCl pH 8.4、15mmol/L $MgCl_2$）$2\mu L$，dNTP各0.2mmol/L，正反向引物各$0.2\mu mol/L$，Taq DNA聚合酶0.5U，DNA模板20ng，加ddH_2O到终体积$20\mu L$。

PCR扩增程序：95℃预变性5min；95℃ 50s，60℃复性50s；72℃延伸1.5min，35个循环；72℃ 10min。

1.2.4　致死基因定位

检测回交后代雌蛾中每个多态性标记的基因型，并计算每个位点发生染色体交换的样本数，结合家蚕P50的Z染色体精细图谱，确定与致死基因紧密连锁的分子标记，精确定位致死基因。

2　结果与分析

2.1　致死基因的区分

在家蚕性连锁平衡致死系S-14中，雄蚕的两个Z染色体上分别携带有致死基因l_1、l_2，l_1与l_2非等位、紧密连锁、且致死时期不同，l_2在G_2期致死，l_1在转青期致死。当平衡致死系S-14雄与P50雌杂交，F_1代的雌性个体全部在胚胎期致死，雄性个体为杂合（$Z^{+l_1,+l_2}/Z^{l_1,+l_2}$或$Z^{+l_1,+l_2}/Z^{+l_1,l_2}$）存活。取20头$F_1$代的雄蛾与P50雌蛾回交，回交后代中雌卵有一半死亡。将20个回交卵圈分开催青，待蚁蚕孵化后，在解剖镜下解剖观察每个卵圈中死亡胚胎的形态，其中11个卵圈的死亡胚胎已具有蚁蚕形态，即为转青期，说明其携带致死基因l_1；另9个卵圈的死亡胚胎体态呈C型且尚未着色，即为G_2期，说明携带致死基因l_2。根据卵圈携带致死基因的不同将回交后代分成BC1-l_1和BC1-l_2两个群体饲养，到成虫期区分雌雄，BC1-l_1有1100头雌蛾，BC1-l_2有560头雌蛾，单蛾提取BC1雌蛾的基因组DNA，进行多态性标记检测。

2.2　多态性标记的筛选

由于$F_1 ♂ -l_1$（$Z^{+l_1,+l_2}/Z^{l_1,+l_2}$）和$F_1 ♂ -l_2$（$Z^{+l_1,+l_2}/Z^{+l_1,l_2}$）的性染色体为杂合型，其中$Z^{+l_1,+l_2}$染色体来自P50，另一条为来自S-14的$Z^{l_1,+l_2}$或$Z^{+l_1,l_2}$，在利用195对SSR引物进行差异标记筛选时，如果有一标记在P50、$F_1 ♂ -l_1$或$F_1 ♂ -l_2$的PCR产物均为一条带，说明该标记在P50的$Z^{+l_1,+l_2}$染色体与$Z^{l_1,+l_2}$或Z^{+l_1,l_2}染色体间表现一致；如果某一标记在P50基因组DNA中扩增产物是一条带，但在$F_1 ♂ -l_1$或$F_1 ♂ -l_2$的PCR产物为两条带，说明该标记在P50的$Z^{+l_1,+l_2}$染色体与$Z^{l_1,+l_2}$或Z^{+l_1,l_2}染色体

之间存在差异，由此可以筛选出多态性标记（图2）。

图2中引物A对P50、F_1 ♂ -l_1、F_1 ♂ -l_2 3种基因组的PCR产物电泳条带是大小一致的单一条带，说明引物A扩增位点的SSR标记在P50的$Z^{+l_1, +l_2}$与S-14的$Z^{l_1, +l_2}$和Z^{+l_1, l_2}染色体间大小没有差异；引物B在P50和F_1 ♂ -l_2基因组中的PCR产物为大小相同的单一条带，在F_1 ♂ -l_1基因组中的PCR产物电泳条带是双带，并且大的电泳条带与P50和F_1 ♂ -l_2基因组PCR产物条带大小一致，说明F_1 ♂ -l_1基因组PCR产物中小的电泳条带来自$Z^{l_1, +l_2}$染色体，大的电泳条带来自P50 $Z^{+l_1, +l_2}$染色体，即引物B扩增位点的SSR标记在P50的$Z^{+l_1, +l_2}$和S-14的$Z^{l_1, +l_2}$染色体之间存在多态性，该SSR标记可用作l_1基因的定位的差显标记；引物C在P50和F_1 ♂ -l_1基因组中的PCR产物为大小相同的单一条带，在F_1 ♂ -l_2基因组中的PCR产物电泳条带是双带，且大的电泳条带与P50和F_1 ♂ -l_1基因组PCR产物条带大小一致，同理分析，引物C扩增位点的SSR标记在P50的$Z^{+l_1, +l_2}$和S-14的Z^{+l_1, l_2}染色体之间存在多态性，该SSR标记可用作l_2基因定位的差显标记；引物D在P50基因组中的PCR产物为单一电泳条带，在F_1 ♂ -l_1和F_1 ♂ -l_2基因组中的PCR产物均为两条电泳条带，并且两个小的电泳条带与P50基因组PCR产物条带大小一致，说明小的电泳条带来自P50 $Z^{+l_1, +l_2}$染色体，两条大的电泳条带分别来自S-14的$Z^{l_1, +l_2}$和Z^{+l_1, l_2}染色体，该SSR标记在P50的$Z^{+l_1, +l_2}$与S-14的$Z^{l_1, +l_2}$和Z^{+l_1, l_2}染色体之间均存在多态性，可用于致死基因l_1和l_2的定位分析。

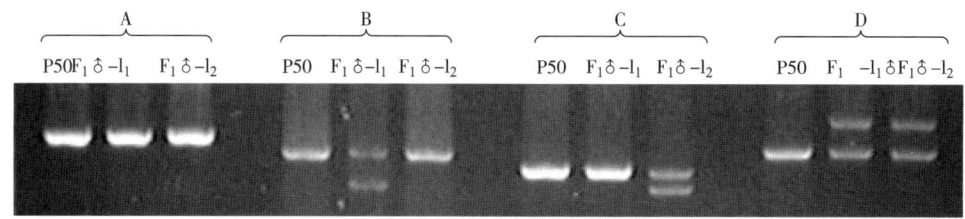

图2　S-14品系两条Z染色体$Z^{l_1, +l_2}$或Z^{+l_1, l_2}与P50品系$Z^{+l_1, +l_2}$染色体间差显标记的筛选

F_1 ♂ -l_1、F_1 ♂ -l_2分别表示P50的雌蛾与S-14雄蛾杂交后代各自携带致死基因l_1和l_2的F_1代雄蛾。
A、B、C、D分别表示用不同引物检测P50、F_1 ♂ -l_1、F_1 ♂ -l_2基因组DNA的电泳结果，
用以筛选P50的$Z^{+l_1, +l_2}$染色体与Z^{l_1, l_2}的差显标记

依据上述A、B、C、D 4种引物PCR产物电泳结果的分析方法，用前面设计的195对SSR特异性引物对3种基因组模板（P50、F_1 ♂ -l_1、F_1 ♂ -l_2）进行PCR扩增及电泳检测，寻找P50的$Z^{+l_1, +l_2}$与S-14的$Z^{l_1, +l_2}$和Z^{+l_1, l_2}染色体之间的差显标记，用作l_1和l_2基因定位。通过分析在P50的$Z^{+l_1, +l_2}$与S-14的$Z^{l_1, +l_2}$、Z^{+l_1, l_2}染色体之间分别获得16个和18个差显标记（表1）。

表1　家蚕性连锁平衡致死系S-14 Z染色体上与致死基因l_1或l_2连锁的差显SSR标记

标记符号	正向引物序列（5′→3′）	反向引物序列（5′→3′）	Z染色体上位点	连锁分析的致死基因
Z-1	CGATGCATTAGTATCGAGCGATG	GTGTTAAATGTGGCCACTTCAGTC	16644350-16645493	l_1, l_2
Z-2	CGATAGCTCACATATCTCACAAG	GGTTACATACTGTTCATTACACC	17005064-17006145	l_1, l_2

标记符号	正向引物序列（5′→3′）	反向引物序列（5′→3′）	Z染色体上位点	连锁分析的致死基因
Z-3	GAACGAGCTTGGCGTGTCAATAG	GCTCGAAATTGAAACCCGCCTTG	17454740-17455514	$l_1. l_2$
Z-4	CGTCGGCCACTAGATGGCTTCAC	GACGTACAGAGGAACAAGCGCTG	17866468-17867453	$l_1. l_2$
Z-5	CTGAGCTGGCCTGCACGTTGGGAC	CTAGGCACCGACGAGTTCTACGAC	17911775-17912701	l_2
Z-6	GGGAGACGAGCTCAATATCCATC	GCTCGTCCGTCCACTGTTCTTAGC	18316410-18317218	$l_1. l_2$
Z-7	CGAGGAAGATTGCGAACCAGGTG	CGTCATGAACGCTGACTCCAACA	18330137-18331033	l_1
Z-8	CCATGATGTGACGAAATGTGCAC	CTGATCACCGTTCTATCTACCAAC	18557672-18558774	l_2
Z-9	CAACAGGCTCTCCACATCGCACA	GAAATAGGCTGTGTCTGGCAGTGC	18655954-18656803	l_2
Z-10	GGTACGAGGTATCATTGTACGTG	CAAGTCCCTAAGGACTCCGTAAC	18829746-18830481	$l_1. l_2$
Z-11	GAGAACCGTAATCGCCAGCGCATG	GTAAGATTAGTCCCGTCGCCTATC	19080027-19081151	$l_1. l_2$
Z-12	GGATACGCTGCGGAGACGTGGAC	GTAACCTCGAGGGGTCATGCTAG	19265579-19266750	$l_1. l_2$
Z-13	AATTAAGTCAGACAGCGGATCCG	GATTTACGTCGTGCTGGGCAAACC	19461303-19462228	$l_1. l_2$
Z-14	CAGACGTTCCAAGTTCAAGTTCC	CACACTTTCCACTGTACCTAATC	19536287-19537102	l_2
Z-15	GTATTGCATCCACGGTCGAACAG	CCGCGCCCTCACTCTTCCTCAG	19791337-19792444	l_1
Z-16	CAGAGTACGCACTCCACTTGAAC	CAGGAACGAATGGTTGCCCATAG	19835030-19835876	l_2
Z-17	GGTACTCTGCTGGTTTCGCTTC	CGTGCTTGATATACAAGTTCACG	20418696-20417210	l_1
Z-18	CTGCCGTCATCTCAACCCTCAC	CAGCTCGGTGGATGATCAGCTC	20618698-20617687	$l_1. l_2$
Z-19	GATGGCTCAAGCAATTGGGTGAG	CACGTATGTCCGTATGCGACAGTC	21010515-21009336	$l_1. l_2$
Z-20	CCTCCGGAGGCGCTAAGGTAGC	GCAGTGGACGTCTGTGGGCTGG	21304619-21303195	$l_1. l_2$
Z-21	CGATCTCCCTGTGCTCGGACAC	GCTAGACGTGAATGTACCGAAGG	21633063-21632490	l_1
Z-22	GAACTGCCGAAGGACACTGCAAC	CCTCCTCCTCGCGTCGTTTCCTC	22148029-22147076	l_2

2.3　致死基因的定位

因为回交后代雌蚕只有一条Z染色体，所以在每一个回交后代雌蛾中每个标记仅有一种基因型，即PCR产物只有一个带条。携带l_1或l_2致死基因的雌蚕在胚胎期致死，用于检测的BC1代雌蛾均不携带l_1或l_2致死基因，与致死基因紧密连锁的SSR差显标记在被检的BC1代雌蛾中仅携带P50型等位基因。通过检测回交种群中每个雌蛾的基因型，就可计算出与致死基因紧密连锁的标记。选取1100个BC1-l_1和560个BC1-l_2雌蛾的单蛾基因组DNA分别进行多态性标记检测，并用

P50的基因组DNA做对照，从电泳的条带结果判断每个雌蛾的每个多态性标记的基因型。

电泳结果显示，在被检测的1100个BC1-l_1雌蛾个体中，Z-17、Z-18、Z-19、Z-20和Z-21 5个多态性标记均是P50型，其余11个标记都有两种基因型，说明致死基因l_1和Z-17、Z-18、Z-19、Z-20和Z-21 5个多态性标记均紧密连锁；在被检的560个BC1-l_2雌蛾个体中，Z-6多态性标记均是P50型，其余17个标记都有两种基因型，说明致死基因l_2和Z-6多态性标记紧密连锁。统计不同标记之间发生染色体交换的样本数，分别绘制致死基因l_1和l_2的连锁图（图3）。

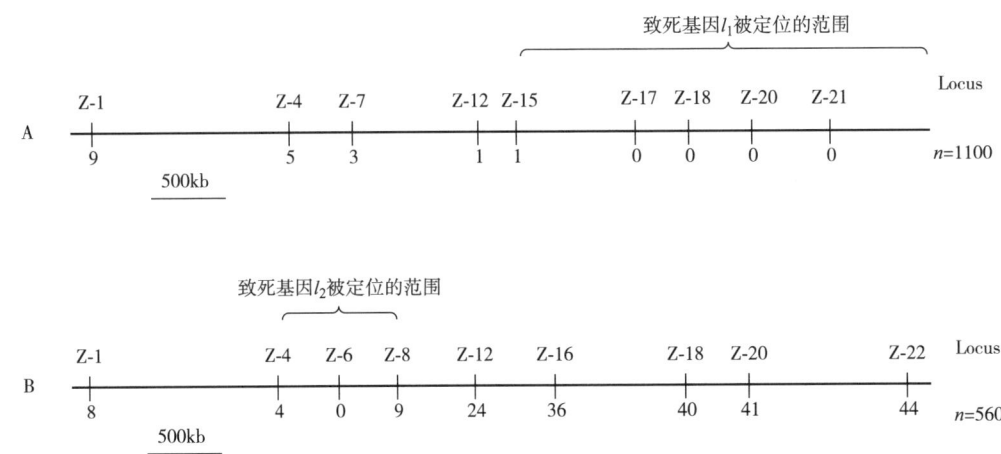

图3　家蚕性连锁平衡致死系S-14致死基因l_1、l_2与SSR标记的连锁图

A：致死基因l_1的连锁图；B：致死基因l_2的连锁图。n表示用于检测、绘制连锁图的回交1代（BC1）雌蛾样本数；连锁图上的符号表示SSR标记；连锁图下的数字表示在被检样本（n）中该标记为平衡致死系基因型标记的样本数

3　讨论

家蚕性连锁平衡致死系是通过对多个品系辐射诱变、杂交培育而成的，其携带致死基因的两条Z染色体有可能来自不同的家蚕品种，且两个致死基因间的交换很低，在该品系内两个致死基因附近的序列多态性永久保持。因此本实验首先根据致死基因l_1和l_2作用时期的不同，通过性连锁平衡致死系S-14的雄蛾与P50的雌蛾杂交，在杂交1代将两个致死基因分开，并分别筛选每个致死基因所在的Z染色体和P50的Z染色体之间的差异标记，结果显示在两个致死基因所在的Z染色体片段nscaf 3040和nscaf 2734中，不仅和P50之间存在差异，两个致死基因所在的Z染色体片段之间也存在差异。

SSR标记是共显性的，相对于RAPDs或者AFLP有着明显的优势，SSR标记在家蚕基因组中分布广泛，并且没有品种的特异性，更适合于基因定位克隆。由于雌蚕的性染色体为ZW型，仅有一条Z染色体，且家蚕具有雌性不发生交换的特点，在回交BC1雌性群体中，每个个体其Z染色体上的每一个标记就仅有一种基因型，因此用回交BC1雌性个体进行Z染色体上致死基因的连锁分析更为简便。

本研究初步将致死基因l_2精确定位于Z-6标记附近，从标记Z-4到Z-8约0.69Mb的范围内；

致死基因l_1初步定位在从标记Z-15到染色体末端2.60Mb的范围内，虽然检测了1100个回交BC1-l_1雌性个体，但未能将l_1精确定位。比较致死基因l_1连锁图（图3A）和致死基因l_2连锁图（图3B）发现，1100个BC1-l_1雌蛾中从多态性标记Z-1到染色体末端5.75Mb范围内发生交换个体有9个，交换率为0.81%；而560个BC1-l_2雌蛾中5.75 Mb范围内发生交换个体有52个，交换率为9.28%，两条Z染色体在该区域内的交换率差异约10倍。并且在多态性标记Z-17到染色体末端约1.97Mb的片段中，两个连锁图上发生染色体交换的个体数具有显著的差异。在被检测的560个BC1-l_2雌蛾中，该区域发生染色体交换的样本至少有4个；而在1100个被检测的BC1-l_1雌蛾中，该染色体片段内的多态性标记Z-17、Z-18、Z-19、Z-20和Z-21都是P50型，没有发生染色体交换。由此推测$Z^{l_1+l_2}$染色体在从标记Z-17到染色体末端的区域可能存在结构异常，从而抑制了$Z^{l_1+l_2}$染色体与P50 Z染色体在该区域发生交换。通过对P50的Z染色体精细图谱中Z-15标记到染色体末端的基因组序列分析可知，该区域内约有60多个功能基因，其中约有20个基因是胚胎发育的关键基因，这些基因的突变均有可能引起致死，其中哪一个属于致死基因l_1还需要进一步研究。

Proteome Analysis on the Lethal Effect of l_2 in the Sex−linked Balanced Lethal Strains of Silkworm, *Bombyx mori* [①]

Jine Chen[1, 2], Baolong Niu[2], Yongqiang Wang[2], Yan Liu[2], Peigang Liu[2], Zhiqi Meng[2], Boxiong Zhong[1]

(1. College of Animal Sciences, Zhejiang University, Hangzhou 310029, P.R. China

2. Institute of Sericultural Research, Zhejiang Academy of Agricultural Sciences, Hangzhou 310021, P.R. China)

1 INTRODUCTION

Silkworm is an economically important insect that has been domesticated for silk production. Additionally, it is a major insect model with its genome being sequenced. Silkworm gender is dominantly controlled by the W chromosome. Male silkworms are homogametic (ZZ), and females are heterogametic (ZW). Male silkworm has significant advantages in sericulture for its strong vitality, high yield and silk grade. Thus developing effective technologies for sex-control of silkworms is a hot field pursued by many sericultural researchers. Until recently, a cross of sex-linked balanced lethal (SLBL) strains with normal ones is a practical and stable way for male-only silkworm raising, as the female offspring will die due to the lethal mutants during the embryonic stage. SLBL system is enforced heterozygosis on sex chromosome obtained from artificial transmutation and selection. In SLBL strains of silkworm, the male double Z chromosome carries two non-allelic recessive lethal genes, l_1 and l_2 respectively; the female z chromosome carries one lethal l_1, and its W chromosome was rearranged by translocation with a fragment from a wild Z chromosome.

Chromosome aberrations have distinct effects on the development of an organism, many of which end up being lethal. The SLBL strains of silkworm are embryolethal mutants. The embryos with homozygous lethal genes will die at certain developmental stages. This principle of sex-control by SLBL system provide a conception for insect pest control by decreasing the pest natural population using SLBL genes. The previous studies on the SLBL genes mainly focused on the genetic analysis and genetic breeding of silkworm strains in sericulture, while theirmolecular mechanism of action still

---

① 本文原载于 *Biotechnology and Bioprocess Engineering*，2012，17：298-308。

remains unclear. This drawback has limited the extensive application of the SLBL system. Proteins are the productions of genes and the active agents in cellular function and processes. Proteomic analysis using two-dimensional electrophoresis (2-DE) and mass spectrometry has unfolded the temporal and spatial gene expression profile under certain physiological or pathological conditions at specific development stages. To see the lethal effect on silkworm embryos of one lethal gene l_2, the comparative proteomic analysis was carried out between the survival embryos and the lethal ones before the lethal stage. In the inbred SLBL lines, the females have two types of genotypes, $W^{+l_1}Z^{l_1+l_2}$ and $W^{+l_1}Z^{+l_1l_2}$. The embryos with $W^{+l_1}Z^{l_1+l_2}$ will develop normally and ultimately hatch, and those with $W^{+l_1}Z^{+l_1l_2}$ will die at a certain development stage under the effect of the lethal gene l_2. According to the typical morphology, silkworm embryo development is characterized into twelve stages over 11 days:critical development I, critical development II, neural groove appearance, abdominal outgrowth appearance, labrum appearance, shortening, head-thorax differentiation, embryonic reverse, tubercle appearance, head pigmentation, body pigmentation and hatching. The lethal stage of l_2 was confirmed by observing the typical morphology of the dead embryos. Analysis of the functions and biological pathways of those differentially expressed proteins between the survival embryos and the lethals ones will offer insight to the lethal effects of l_2, and also provide useful information for the clone of l_2 at the protein level.

2　MATERIALS and METHODS

2.1　Silkworms and embryos

The SLBL strain s14 was adopted from Russia and maintained by Zhejiang Academy of Agricultural Sciences of China. The diapause-terminated female eggs of its inbred strain were distinguished and sorted by egg color (male eggs were white, and female eggs were dark). The eggs were hatched under $22 \sim 25\,^{\circ}\mathrm{C}$ and $70\% \sim 80\%$ relative humidity conditions. Approximately 0.2g (about 400 grains) of eggs was dissected by softening eggshells with 30% boiling potassium hydroxide. The development stages of embryos were distinguished using an optical microscope (Leica-DM 2500, German). Embryos were collected at 12h intervals from the fifth day until the seventh day, the day before the survival embryos and the lethal ones could be differentiated by morphologic distinctions. The collected embryos were rinsed in PBS three times and were placed in one Eppendorf tube each, then snap-frozen in liquid nitrogen and stored at $-70\,^{\circ}\mathrm{C}$ for later use.

2.2　Protein sample preparation

Every embryo was homogenized in 15μL of lysis buffer containing 8M urea, 2M thiourea, 1% CHAPs, 0.5% IPGbuffer, 30 mM DTE on ice for 2min using a sample grinding pestle, and sonicated 30s twice with a 30s interval on ice. It was then subjected to centrifugation at 15000g at 4℃ for 10min, and the supernatant was collected. The precipitate was used for genotype analysis.

The survivals ($W^{+l_1}Z^{l_1+l_2}$) and the lethals ($W^{+l_1}Z^{+l_1l_2}$) before lethal stage were distinguished with the method described by Xuan *et al*. Briefly, the DNA extracted from every single embryo were used as templates which were amplified by polymerase chain reaction with the following specific primer F:GAAGAGTAAGGAGGTCTCGGAAC R:GACGTTTGGATAGACCGGCTGAAG (Sangon Bio, Shanghai, China). The primer was designed with online software Prime5 according to the two ends sequences of the polymorphic SSR molecular marker closely linked to the lethal l_2. The survival embryos and the lethal ones were categorized by the PCR results showed by 1.2% agarose gel electrophoresis.

All protein lysates of the same genotype embryos were gathered and centrifuged at 15000g at 4℃ for 10min again, and the supernatant was stored at −70℃ for the following two-dimensional electrophoresis(2-DE) procedure. The protein concentration was measured using the method described by Bradford.

2.3　2–DE and image analysis

The 2-DE procedure was performed as per the manufacturers' (Amersham Biosciences) instructions with slight modification. Protein lysate containing 100 μg of protein was mixed with rehydration buffer containing 8M Urea, 1% CHAPS, 30 mM DTT, and 0.002% bromophenol blue in a total volume of 450mL. It was then loaded onto a 24cm immobiline dry strip (pH 3~10, linear; Amersham Biosciences) for the isoelectric focusing (IEF). The IEF was conducted by IPGphor isoelectric focusing system (Amersham Biosciences) at 20℃ and the program was scheduled as follows:30V for 12h, 200V for 1h, 500V for 1h, 2000 V for 1 h, 4000 V for 1h, and 8000 V for 11 h (a total of 95060 Vh). The strips were equilibrated for 15min twice in equilibration buffer (6 M urea, 30% glycerol, 2% SDS, 0.05M Tris pH 8.8) with 1% DTT, and 2.5% iodoacetamide respectively before transferring to SDS-PAGE. The second dimensional procedure was performed using an Ettan DALT six electrophoresis unit (Amersham Biosciences) with 12.5% SDS polyacrylamide gel at 15 ℃ under the following settings:5w per gel for 45min, then 15W per gel until completed. The SDS-PAGE gels were visualized with silver and scanned at 300 dpi using a high resolution image scanner (Amersham Biosciences). Spot detection, spot matching and relative expressed abundance analysis were evaluated automatically with ImageMaster 2D software (version Elite Platinum 6.0) supplied by the manufacturer. Each sample was performed in triplicate and a comparison of relative volume (%) of every detected protein between the survival embryos and the lethals was conducted. An expression ratio higher than 1.8 ($\log_{1.8}$Ratio ≥ 1) or lower than 0.56 ($\log_{1.8}$Ratio ≤ −1) was set as a threshold of prominent changes. The ratio (lethals/survivals) higher than 1.8 was considered as upregulation in lethal embryos, while less than 0.56 was considered as down-regulation.

2.4　In–gel digestion

The protein spots of interest were excised from the silverstained gels, washed twice in Milli-Q water, destained with a 1:1 solution of 30 mM potassium ferrocyanide and 100 mM sodium thiosulfate. The residual destained solution was removed, followed by two additional washes in MilliQ water, dehydrated by acetonitrile (ACN), and dried in a SpeedVac (Thermo Savant). The dried gel particles were rehydrated on ice with 0.02μg/μL trypsin (proteome grade；Promega, Madison, WI) in 25 mM ammonium bicarbonate containing 10% ACN solution, and then incubated at 37℃ for 16 ~ 18h. The resulting peptides were incubated with 50μL of the solution including 5% trifluoroacetic acid (TFA) and 67% ACN for 30min at 37℃, twice. The peptides were extracted, sonicated for 15min, and dried in a SpeedVac for later use.

2.5　Protein identification and database searching

The above prepared peptide samples were resolved in 0.1% TFA, mixed with an equal volume of matrix solution (R-cyano-4-hydroxy-cinnamic acid (CHCA, Sigma, St. Louis, MO) and spotted on the target plate. Then samples were allowed to air-dry and analyzed by ABI 4700 MALDI-TOF/TOF Proteomics Analyzer (Applied Biosystems, Foster City, CA). The obtained MS and MS/MS data were analyzed using GPS Explorer software (Applied Biosystems, Foster City, CA), which is used to create and search files in the Mascot search engine (Matrix Science, London, U.K.) for peptide and protein identification with the following parameters:NCBInr_20100612 Metazoa (Animals), trypsin digest with one missing cleavage, variable modifications of acetamidation on cysteine and oxidation on methionine, without fixed modification. The peptide mass tolerance was set to 0.1 Da, and fragment mass tolerance was 0.25 Da.

2.6　Bioinformatics analysis

The related gene ontology (GO) categories of identified proteins were searched by UniProtKB (http://pir.georgetown.edu/pirwww/search/blast.shtml) searching tool based on the sequence of the identified proteins. The chromosome distribution analysis was carried out by tBlastn against KAIKObase (http://sgp.dna.affrc.go.jp/KAIKObase/) with protein sequences. The hit length and e-value were considered for selection of the best hit if multiple hits were obtained. The protein-protein interaction network was performed by the software Pathway Studio 7.1 (Ariadne Genomics, Inc., Rockville, MD). The Drosophila homologs of those down-regulated proteins were obtained using a BLASTp search against the NCBI RefSeq protein database (http://blast.ncbi.nlm.

nih.gov/Blast.cgi) of Drosophila melonogaster with those protein sequences. The protein name list of the homologs was searched against the database for Drosophila interaction database developed by Ariadne Genomics, which consisted of protein-protein interaction relationships extracted from the published literatures. Then, the biological association networks related to those down-regulated proteins were built on those database-matched proteins with the filter "the shortest path with all entity type in all direction relation and all relation type".

3 RESULTS AND DISCUSSION

3.1 The lethal stage of l_2

The developmental morphologies of embryos from the 1st day during hatching were observed under an optical microscope (Leica-DM 2500). Almost all the embryos were found to have the same development morphologies from the 1st day to the 7th day. By the 8th day, morphological differences between two kinds of embryos was obvious, which could even be discriminated by the naked eye (Fig.1A), and the difference was more prominent on the 9th day with further development of the survival embryos (Fig.1B). The results indicated that the lethal embryos stopped developing before the 8th day, and according to the morphology of the dead embryos, the lethal stage was found to be just at the tubercle appearance (TA) stage (Fig.1C). The TA stage (about the 7th day) is considered to be the completion of organogenesis. At this stage, the embryo formed the larva-like shape, with the appearance of thoracic and abdominal legs, stemma, seta, stigmata and caudal horn. Compared with the survival embryos, the development of dead embryos stopped without trachea pigmentation. The lethal embryos stopped development at TA stage, without visible difference in organogenesis and body size from the survival ones indicating the lethal gene l_2 may not be the control gene for organ differentiation and body growth.

3.2 The protein expression profile and protein identification

Before the TA stage, the survival and lethal embryos were found to have the same typical developmental morphology. We distinguished them using a polymorphic SSR molecular marker that was closely linked to the lethal l_2 (Fig. 2). The larger fragments were amplified from the genotype $W^{+l_1}Z^{+l_2}$, representing the lethal embryos, while the smaller fragments were from $W^{+l_1}Z^{l_1+}$, representing the survival embryos. The comparative proteome analysis was carried out between these two sets of embryos. As embryo development is an intricate and complicated process, involving sequential expression of massive genes, the genes required for the later stage may have been expressed in the early stage. Therefore we analyzed the protein expression profile of five time points prior to the lethal stage.

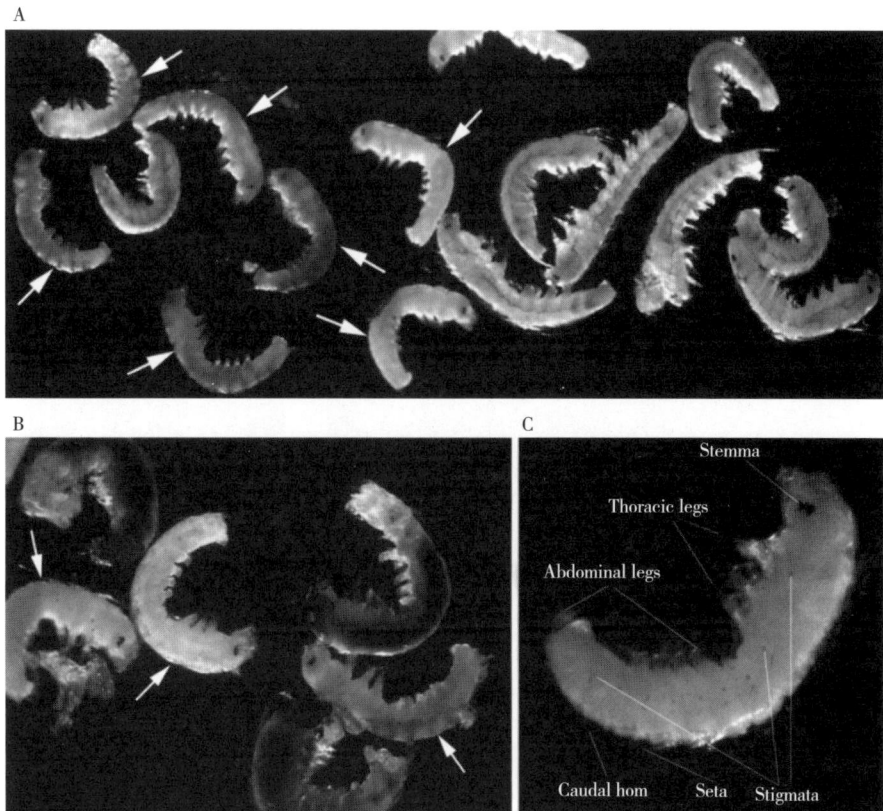

Fig. 1 (A) The embryos from the 8th day during hatching. Those embryos indicated with arrows were the dead embryos, which remained at the tubercle stage (TA). The remaining were the survival embryos that were found at the immediate later stage of TA. The typical morphology of this stage is the appearance of trachea plexus, which is indicated by the black string across the embryo body. (B) The embryos from the 9th day during hatching. Dead embryos are noted with arrows. The survival embryos were developed to the head pigmentation stage. (C) The morphology of the dead embryo, which has the typical development morphology of TA stage.

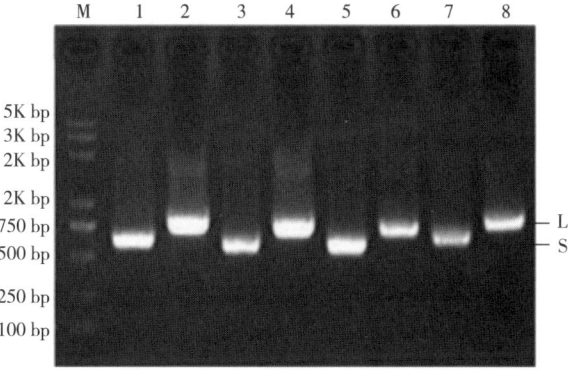

Fig. 2 The PCR results for genotype analysis of the two types of genotype embryos. The larger fragments indicated with L were amplified from the genotype , representing the lethal embryos；the smaller ones indicated with S were from , representing the survival embryos. The Arabic numerals 1~8 were the serial numbers designated to the embryo samples where the PCR production was amplified.

The average number of spots for the survival embryos ($W^{+l_1}Z^{l_1+l_2}$) from the first time point of the 5th day to the first time point of the 7th day were about 362, 350, 412, 354, 359 and for the lethal condition ($W^{+l_1}Z^{l_1+l_2}$) were about 340, 338, 430, 329, 352 (Fig. 3). On the basis of average relative volume ratios of protein spots between two kinds of embryos, there were a total of 36 significantly differentially

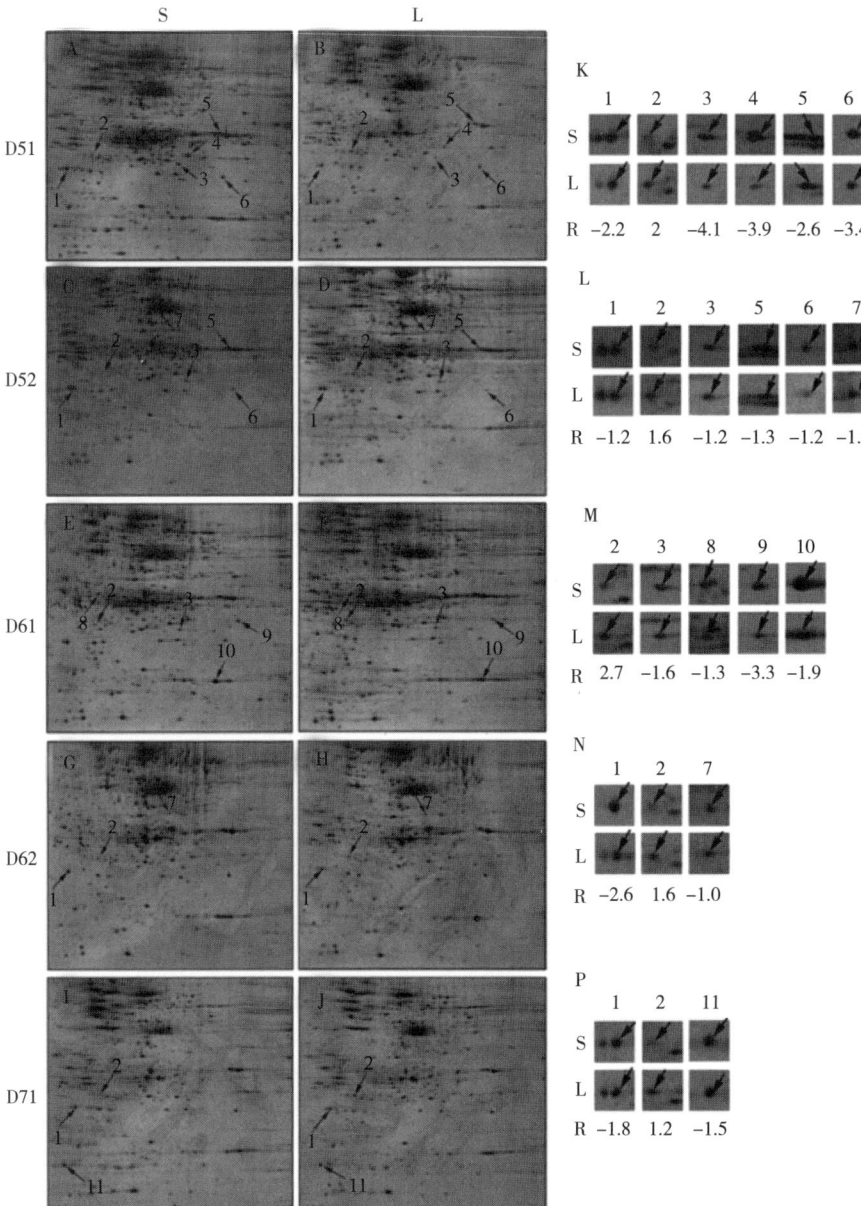

Fig. 3 The 2–DE patterns of embryo proteins from the first time point of the 5th day to the first time point of the 7th day, designated by (A) to (J). D51 and D52:the first and second time point of the 5th day respectively. D61 and D62:the first and second time point of the 6th day respectively. D71:the first time point of the 7th day. S and L:represent the genotypes of and, also represent the survival embryos and the lethal embryos. The identified protein spots were marked with arrows and each given a serial ID number. (K) to (P) represent the more distinct images for the differentially expressed proteins at each time point. The ratios (R) of the protein abundance (lethals/survivals) were transformed, a protein with |log$_{1.8}$ ratio |$\geq$ 1 was considered as differentially expressed proteins. Positive (+) log ratios indicated proteins up–regulated in the lethal embryos and the negative (–) down–regulated.

expressed protein spots detected. Out of these, 29 spots were cut off for MS/MS analysis. Low abundance was the primary reason for not cutting off the other 7 spots for MS identification. Finally, 11 spots were identified by in-gel digestion and MALDI-TOF/TOF MS (Table 1). The differential expression of 2-DE patterns between the survivals and the lethals on the 5th day revealed that l_2 gene has been expressed from the 5th day. The identified proteins were expressed constantly at all the five time points, indicating that they have crucial roles in embryo development and growth. Among all of the 11 identified proteins, only 1 protein (spot 2) was up-regulated ($\log_{1.8}\text{Ratio} \geq 1$) in the lethal embryos, the others were all down-regulated ($\log_{1.8}\text{Ratio} \leq -1$).

3.3 Protein functions and lethal effect of l_2

The up-regulated protein was identified as HSP20.4, which belongs to the small heat shock protein (sHSPs) family. HSPs are multifunctional molecules involving in many physiological phenomena such as growth, development and apoptosis. The acknowledged function for HSPs is to act asmolecular chaperones that help folding of nascent or unfolded proteins. Highly abnormal polypeptides which can't be folded properly may result from mutations. The appearance of aberrant protein may be a signal for induction of HSPs. We suggest that the upregulation of HSP20.4 may result from the expression of abnormal polypeptides in the lethal embryos, and the l_2 maybe a mutant that expresses aberrant protein. Accumulation of abnormal polypeptides can have very deleterious effects on cell functions and survival. The lethal embryos may die partly (if not all) for this reason. HSP20.4 has been identified in silkworm embryos indicating that it maybe an important component for silkworm embryo development, although its exact function remains unknown. sHSPs express specifically in the central nervous system (CNS) during embryogenesis and also adult in *Drosophila melonogaster*. Their critical roles in CNS were also confirmed in mouse. Those suggest the protective or stabilizing function of sHSPs in the nervous system. Our previous shotgun proteomic analysis on different silkworm tissues and organs revealed that HSP20.4 was strongly expressed in larvae brain and subesophageal ganglion of silkworm, indicating that it may also be CNS-specific. Considering the in silkworm expression of sHSPs, the lethal effect of l_2 may impose on the nervous system of silkworm embryo.

Another spot (Spot 1) identified as translationally controlled tumour protein (TCTP) was almost always down-regulated in the lethal embryos except for expression in the first time point in the sixth day. The expression of TCTP in this time point may be also different between the survivals and the lethals but filtered by the high criteria of 1.8 fold. Therefore, the TCTP may also be a key protein during the lethal event. TCTP was evolutionarily conserved in plants, animals and human, indicating a crucial role in cellular processes, specifically being implicated in growth and apoptosis-related processes. Knockout of TCTP in Drosophila melanogaster leads to early embryonic lethality associated with lack

Table 1 Differentially expressed proteins identified by MALDI-TOF-TOF between the survival embryos and the lethal ones.

Protein ID[a]	Protein Name	Accession Number[b]	Theoretical PI/ MW(kDa)[c]	Experimental PI/MW(kDa)[d]	Protein score[e]	Confidence interval[f]	Matched peptides[g]	Sequence coverage[h]	Species[j]	Biological process[j]	Molecular function[k]	Cell component[l]	Chromosome NO.[m]
1	translationally-controlled tumor protein homolog	gi|112982880	4.66/19.9	4.61/25	196	100%	8	23%	Bombyx mori	tRNA splicing	2' -phosphot ransferase activity	cytoplasm	4
2	heat shock protein 20.4	gi|112983152	5.59/19	5.31/27	70	99.8%	1	7%	Bombyx mori	embryo development	unknown	mitochondrion	27
3	alpha-crystallin	gi|12743945	6.54/20.4	7.44/25	168	100%	2	23%	Bombyx mori	unfolded protein binding	response to unfolded protein	mitochondrion	27
4	GTP-binding nuclear protein Ran	gi|114052751	6.96/24.3	7.65/27	242	100%	5	26%	Bombyx mori	protein transport	protein binding	Nucleus	10
5	apolipophorin-III precursor	gi|1381796	9.06/20.8	8.45/32	85	95.5%	6	37%	Bombyx mori	unknown	lipid transport	extracellular region	16
6	peptidylprolyl isomerase B	gi|114052472	7.88/21.9	8.53/24	97	100%	4	39%	Bombyx mori	protein folding	peptidyl-prolyl cis-trans isomerase activity	cytoplasm	1
7	phosphoribosyl pyrophosphate synthetase	gi|114052675	6.08/35.1	7.08/55	220	100%	16	45%	Bombyx mori	Nucleoside metabolic	Magnesium ion binding	cytoplasm	21
8	proteasome alpha 3 subunit	gi|114051245	5.27/28.4	5.32/32	101	99.8%	10	19%	Bombyx mori	ubiquitin-dependent protein catabolic process	endopeptidase activity	Proteome core complex	18

（续）

Protein ID[a]	Protein Name	Accession Number[b]	Theoretical PI/MW(kDa)[c]	Experimental PI/MW(kDa)[d]	Protein score[e]	Confidence interval[f]	Matched peptides[g]	Sequence coverage[h]	Species[i]	Biological process[j]	Molecular function[k]	Cell component[l]	Chromosome NO.[m]
9	glutathione s-transferase delta 2	gi|112983444	7.71/24.2	8.75/27	129	100%	3	36%	*Bombyx mori*	embryo development ending in birth or egg hatching	transferase activity	Cytoplasm	6
10	cyclophilin-like protein	gi|60592747	7.74/18	8.15/18	338	100%	5	32%	*Bombyx mori*	protein folding	Cyclin-dependent protein kinase regulator activity	cytoplasm	9
11	ribosomal protein P2	gi|112984336	4.68/11.5	4.32/17	123	100%	1	16%	*Bombyx mori*	Translational elongation	structural constituent of ribosome	ribosome	16

[a]Protein ID is the symbol for every identified protein, which also noted on the 2-DE patterns(Fig.3). [b] Accession number is the protein identifier in the NCBI database (http://www.ncbi.nlm.nih.gov/). [c]The theoretical PI/MW represents the values of isoelectric point and molecular weight retrieved from protein databases of NCBI. [d]Experimental PI/MW represents the values calculated by ImageMaster 2D software based on the stan dardmolecular weight marker. [e]Protein score is the results from mascot searching, and is the main parameter for identification confidence. [f]The confidence interval is also obtained from mascot search and is the another important parameter for idenfication confidence. [g]Matched peptides is the number of paring an experimental spectrum to a known protein. [h]Sequence coverage is the ratio that the total number of amino acid in mass spectrometry identified peptides divided by the total number of amino acid in the matched protein. [i]Species indicating the organism that the matched proteins identified from. [j]Biological process, [k]Molecular function and [l]Cell component are the three category of gene ontology. [m]Chromosome NO. is the number of the chromosome that the gene harbored.

of proliferation and excessive cell death. The early lethality also suggests that TCTP is a very important component for embryo development. Disruption of Drosophila TCTP expression in an organspecific manner leads to size reduction of the targeted organ due to reduction in cell number and defects in cell growth. Although TCTP has a regulatory role in growth, it is not the induction factor for growth. This could help interpret our results that demonstrate the down-regulation of TCTP in lethal embryos did not result in significant alteration in the body size of the lethal embryos. Various stress conditions will result in either up- or downregulation of TCTP, which suggests that the stress stimuli produced from the mutant of l_2 may be a signal to down-regulate TCTP expression in the lethal embryos. The death of silkworm embryos may partly result from several important processes related to TCTP, such as growth and apoptosis, being disturbed.

Down-regulation of α-crystallin was also detected in the lethal embryos at three time points (Fig. 3). α-crystallins are major lens-specific structural proteins of the vertebrate eye, which function in reflection of light. They also exhibit chaperone functions with a protective role in specific organ and tissue. The down-regulation of α-crystallin in the lethal embryos may be due to its tissue- or organspecific expression having no direct affection from the lethal stimuli. Whether the expression of l_2 would result in abnormal structure and function of silkworm stemma remains to be seen and needs further analysis.

The remaining 8 spots were down-regulated only in one or two time points (Fig. 3). They may not the essential or major effectors of l_2 like protein HSP20.4 and TCTP, while be influenced in specific stages with the development of embryo. Glutathione s-transferase proteins (GSTs) are a large family of multifunction enzymes involved in intracellular transport, biosynthesis of hormones and protection against oxidative stress. The development of the silkworm embryo is regulated by different types of hormone, including juvenile hormone andmolting hormone. The down-regulation of GST (spot 9) may also result in abnormal embryo development since hormones are vital regulators for development. Apolipophorin-III (spot 5) is synthesized during early embryogenesis, which is essential for the delivery of lipids for organogenesis during early embryo development. Its down-regulation in the lethal embryos on the 5th day may cause abnormal construction or constitution of the organ to some extent in certain developmental stages. Peptidylprolyl isomerase B (spot 6) was thought to be an identical protein to cyclophilin, functioning as a facilitator of protein folding. It was also found to have essential regulation role in mitosis. Phosphoribosyl pyrophosphate synthetase (spot 7) provides an important substrate for synthesis of almost all nucleotides and is a critical control factor for de novo synthesis of purines. Protein degradation controls cell proliferation by regulation of a number of proteins important for cell cycle. Proteosome alpha 3 subunit (spot 8) was down-regulated in the lethal embryos, which suggests that the protein degradation progression may have decreased or was inhibited, thereby affecting the normal development of the embryo as cell proliferation was negatively effected. Ribosomal proteins (RP) (spot 11) have a catalyzing role in messenger RNA to process protein synthesis. Inhibition of certain RP genes can give rise to specific changes in the developing embryo with different degrees of abnormality. Some abnormality in the embryo may occur with the down-regulation of RP. On the other hand, the down regulation of RP will decrease protein synthesis and in turn indicates that the development and metabolism in dying embryos may have weakened near the lethal stage (the 7th day).

The GO annotation showed that Cyclophilin-like protein (spot 10) termed as "Cyclin-dependent protein kinase regulator activity" maybe a target protein regulated by Proteosome alpha 3 subunit (spot 8), known for its involvement in cell proliferation. We also investigated the chromosome position of those identified proteins. Only protein peptidylprolyl isomerase B has the better hit on the sex chromosome (chromosome 1) at position 5022229-5022648; however, it was not in the predicted location(17866468-18558774) for l_2, and as a result it cannot be assigned as the candidate protein for l_2. The lack of detection for the candidate protein of l_2 highlights the limits of 2-DE technology and MS technology as not all of the differential protein spots were detected and identified.

The protein-protein interaction network built on the Drosophila homologs of the down-regulated proteins. The pathway showed that most of the proteins directly or indirectly regulate morphogenesis, spindle assembly, integrity and cytokinesis via one or two neighbor proteins (Fig.4). The protein cyp1 (cyclophilin like protein, spot 10) showed positive regulation in the morphogenesis process; ran (GTP-binding nuclear protein Ran, spot 4) regulated mitotic spindle assembly, integrity and cytokinesis. Ran is an abundant GTPase that is highly conserved in eukaryotic cell and localizes around the microtubule spindle in vivo during mitosis in drosophila embryos to modulate both the spindle and nuclear envelopes assembly. Rplp2 binding ftz-f1 are also regulators in the morphogenesis process. Ftz-f1 has been found to play a determining role in muscle-derived morphogenesis. The network provides a clue that the death of the embryo maybe caused by abnormalities in cell proliferation and morphogenesis. However, from the microscopic and histomorphological observation of embryos during development, all of the lethal embryos were observed to be superficially normal with every typical stage being distinguishable, indicating that the l_2 does not affect most of the superficial characters. In fact, this coincides with our proteome results, which showed most of the identified proteins were only different in protein abundance and only at one or two time points between the survival and lethal embryos. This would have been different if the protein expression between both the embryos was specific and constant.

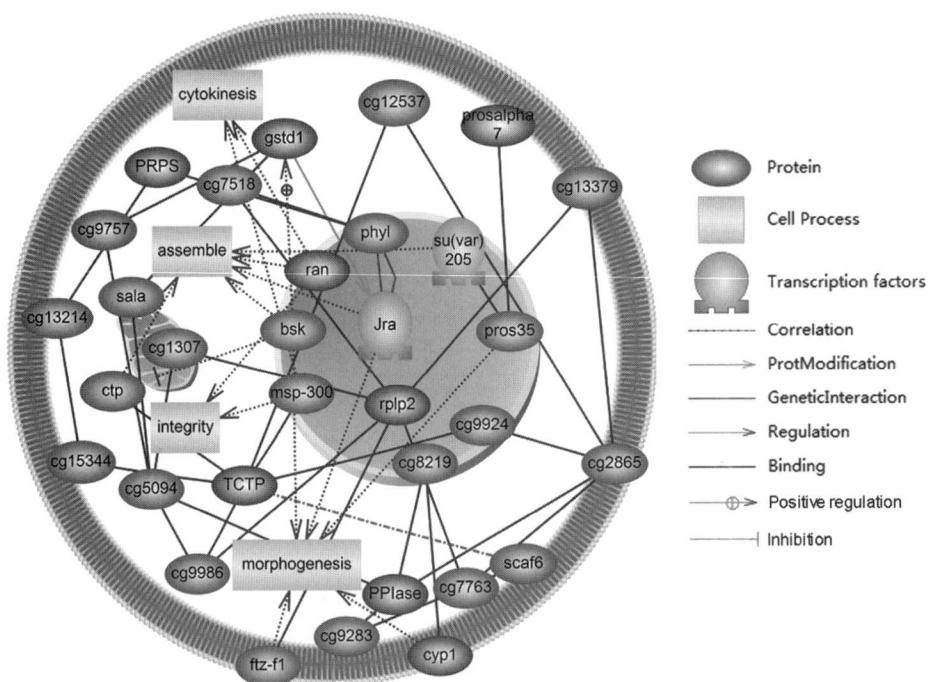

Fig. 4 The protein–protein interaction networks. The ellipse represents protein. The blue indicates the identified proteins. The red represent proteins with binding and other relations to the identified proteins. The other entities and relationship represented by different shapes and colors are listed in the figure legends.

Table 2 The abbreviations for Drosophila homologies in the pathways (Fig. 4) and their corresponding to the identified proteins of silkworm.

[a]Protein name	[b]Accession number	[c]Entities in pathway	[d]Description	[e]Identities	[f]Score	[g]Query coverage	[h]E value
translationally-controlled tumor protein homolog	gi|112982880	TCTP	translationally controlled tumor protein	80%	288	99%	2e-101
GTP-binding nuclear protein Ran	gi|114052751	ran	ran, isoform A	91%	409	98%	6e-148
peptidylprolyl isomerase B	gi|114052472	PPIase	CG2852	77%	285	88%	7e-99
phosphoribosyl pyrophosphate synthetase	gi|114052675	PRPS	CG6767, isoform A	93%	620	100%	0
proteasome alpha 3 subunit	gi|114051245	prosalpha7	proteasome alpha7 subunit	61%	316	98%	1e-109
glutathione S-transferase delta 2	gi|112983444	GstD2	glutathione S transferase D2	54%	251	97%	4e-85
cyclophilin-like protein	gi|60592747	cyp1	cyclophilin 1	80%	285	98%	3e-99
ribosomal protein P2	gi|112984336	rplp2	ribosomal protein LP2, isoform A	72%	94.4	58%	2e-26

[a]Protein name is the identified proteins those with high homology with Drosophila melanogaster's. [b]Accession number is the identifier in the protein databases in NCBI(http://www.ncbi.nlm.nih.gov/). [c]Entities in pathway is the abbreviation in the biology pathway (Fig.4). [d]Description is the full name of the Drosophila homolgoies. [e]Identities, [f]Score, [g]Query coverage and [h]E-value are obtained from the matched results when the sequence of the identified protein Blastp against the protein Refseq database (http://blast.ncbi.nlm.nih.gov/Blast.cgi).

4 CONCLUSION

We used proteomic analysis to investigate the lethal effect of the lethal gene l_2 in the SLBL strain of silkworm. Some differentially expressed proteins were identified by 2-DE combining MALDI-TOF/TOF MS. The up-regulation of HSP20.4 throughout all the time points in the lethal embryos indicated presence of abnormal polypeptides, and we suggest that the l_2 maybe a mutant expressing aberrant protein. The bioinformatics analysis on the down-regulated proteins revealed their involvement in cell proliferation and morphogenesis. However no significant abnormality in morphology was found through microscopic and histomorphological observation. This suggests that the l_2 may cause the anomaly at the cellular or sub-cellular level. Although the candidate protein for l_2 was not easily detected by proteomic methods due to the inherent limits of the technology, as well as due to the downstream trait of protein level, the findings will provide some directional suggestions for subsequent study. For example ultra thin section analysis by electronmicroscope observation is necessary in order to obtain more details on morphological abnormality in ultrastructure CNS-specific expression of HSP20.4 also gives a clue to investigate the lethal effect on neural system. The results also provide expression level information to our ongoing positional cloning of l_2.

A Comparative Proteomic Analysis of Parthenogenetic Lines and Amphigenetic Lines of Silkworm[①]

Peigang Liu[1,2], Yongqiang Wang[2], Xin Du[2], Fangxiong Shi[1], and Zhiqi Meng[2]

(1. College of Animal Science and Technology, Nanjing Agricultural University, Nanjing 210095, China;

2. Sericulture Research Institute, Zhejiang Academy of Agricultural Sciences, Hangzhou 310021, China)

1 Introduction

Parthenogenesis is a fairly common phenomenon in the animal kingdom, parthenogenetic reproduction can be found in most animal species, especially in insects. Parthenogenesis in insects covers a wide range of mechanisms, and exhibits different forms, including thelytoky, gynogenesis, automisis, and apomixis. Mulberry silkworm (*Bombyx mori* L.), a typical representative of Lepidoptera and a good model organism, has been raised for silk production for more than 5000 years. Sexual reproduction is the common mode of silkworm reproduction. However, parthenogenetic forms can occur sporadically among bisexual forms under special conditions. In parthenogenetic reproduction, unfertilized silkworm eggs develop into normal embryos or larvae without fecundation. The occurrence of natural parthenogenetic development is very low in silkworm. Parthenogenetic silkworm eggs have been found, but hatching has not been reported because of abnormal embryogenesis.

Artificial parthenogenesis in silkworms was first reported by Tichomoiroff in 1886. Many artificially induction methods have been shown to transition to parthenogenetic eggs in silkworm through diverse physicochemical stimuli, such as chemical reactions, oxygenation, electric pulses, mechanical wrapping, centrifugation, or cooling. Among all these treatments, the hot-water treatment (46℃ , 18min) for unfertilized eggs, which was established by Astaurov, is the most effective and widely used techniques. In this parthenogenetic treatment, the progeny are practically all female, because the maternal genotype is repeated or cloned.

Comparing to females, male silkworms have advantages in economic characteristics, such as lower

---

① 本文原载于 *Biotechnology and Bioprocess Engineering*, 2014, 19: 641-649。

food consumption, better fitness, higher silk yield and quality. Due to the economic advantages of male silkworms, male-only rearing has gradually become the research hot spot in sericulture, thus, developing effective technologies for silkworm sex control is very important for sericulture. The sex-linked balanced lethal (SLBL) of silkworm serve as the main effective system for silkworm sex-control. To date, crossing SLBL race with commercial variety is a practical and stable method for raising male-only silkworms, and some male-only hybrids races were structured by our institute and also widely applied to agricultural production in China. Crossing SLBL race with commercial variety increased sericultural economic benefits, but in this method, male-only F1 obtained only through a stable cross mode that SLBL male parent cross commercial variety female parent. In this cross mode, commercial variety given that only normal females are used and males were wasted, so silkworm egg production costs are raised. Stable parthenogenetic lines of silkworm have been constructed through several generations' selection by hot water treatment. These parthenogenetic lines are with high pigmentation rate and high hatching rate, and are close to the sexual reproduction, therefore have gradually been used in silkworm eggs production. Parthenogenetic lines have benefit of cutting down the costs of silkworm egg production because the offspring will be all female.

Proteomics is a large-scale study of gene expression at the protein level, which ultimately provides a direct measurement of protein expression levels as well as insight into the activity and state of all relevant proteins. The key elements of classical proteomics are the separation of proteins in a sample using two-dimensional gel electrophoresis (2-DE) and their subsequent identification using biological mass spectrometry (MS). To date, several studies have reported on silkworm proteome, such as midguts, silk glands, hemolymphs, newly hatched silkworms, fat bodies, and the profile analysis of other organ protein expressions as well as on silkworm resistance, growth regulation, and other functional analysis.

The molecular mechanism of silkworm parthenogenesis has been studied. However, previous studies mainly focused on the basic silkworm breeding and cytological analysis. The molecular mechanism of silkworm parthenogenesis remains poorly understood. Furthermore, maternal genotypes are repeated during parthenogenetic progress, whereas the pigmentation and hatching rate of parthenogenetic lines can increase gradually and become much higher than these of maternal lines after several generation selections. The mechanism of this phenomenon still remains unclear, and therefore the quick construction and actual utilization of parthenogenetic lines has been limited. In the present study, the proteomic approach in combination with bioinformatics analysis were used to investigate the differentially protein expression of newly hatched silkworms between the parthenogenetic lines and amphigenetic lines to gain insight into the molecular mechanism of silkworm parthenogenesis.

2　Materials and Methods

2.1　Genetic materials and silkworm rearing

Two silkworm lines (*B. mori* L.) from parthenogenetic lines wu 14 and amphigenetic lines 54A were used. Parthenogenetic lines wu 14 obtained from females of amphigenetic lines 54A using the hot-water induction method (46℃, 18min, Astaurov). Two lines were maintained by the Sericultural Research Institute, Zhejiang Academy of Agricultural Science of China. Experimental silkworm larvae were hatched under standard techniques and conditions (25℃, 80% relative humidity). Before rearing, wu 14 have experienced 21 generation' hot-water-induced selection, and the pigmentation rate of it was higher than that of 54A, and the hatching rate of it was remarkably higher than that of 54A. Pigmentation rate is the ratio of the number of pigmented eggs to total number of eggs treated, and hatching rate is the ratio of the number of eggs which hatched into new hatched silkworm to total number of eggs treated.

2.2　Sample preparation and protein extraction

Eighty newly hatched silkworms of each strain were collected into a 1.5 mL centrifuge tube after they were washed with Mill-Q water. Then, the two newly hatched silkworm samples were immediately frozen in nitrogen and stored at −70℃ for later use. An approximately 30 mg sample of newly hatched silkworms were homogenized by grinding in a 450 μL lysis solution (8M urea, 2 M thiourea, 4% CHAPS, 0.5% IPG buffer, and 1% DTT). It was then centrifuged at $25000 \times g$ for 20min at 4℃. The supernatants were collected for further centrifugation at $25000 \times g$ for 20min at 4℃. The protein supernatant was stored at −70℃ until electrophoresis was performed. The protein concentrations were determined using the Bradford method.

2.3　Protein electrophoresis

120 μg protein obtained in above section were dissolved in 450 μL rehydration solution (8mol/L Urea, 2% CHAPS, 0.5% IPG buffer, 30mmol/L DTT, 0.002% Bromophenol blue). After the protein sample was mixed and centrifuged, it was loaded onto 24-cm long IPG DryStrips (pH 3 ~ 10, nonlinear) using the in-gel rehydration method and was subjected to electrophoresis using an Ettan IPGphor IEFunit (GE Healthcare) at 20℃. The procedure was as follows:30 V for 12h, 500V for 1h, 2000V for 1h, 4000V for 1 h, and 8000V for 10h; for a total of 98237V/h. After IEF separation, the strips were immediately equilibrated at 2×15min in 50 mM Tris-HCl buffer (pH 8.8) containing 6 M urea, 2% SDS, and 30% glycerol. DTT (1%) was added in the first step of equilibration, and 2.5% iodoacetamide was added in the second step to avoid the reduction and alkylation. The strips were subjected to 2-DE using

an Ettan DALTsix multiple-gel electrophoresis unit (GE Healthcare) on top of 12.5% polyacrylamide gels for SDS-PAGE. The electrophoresed protein spots were stained with an MS-compatible silver stain. Three gel replicates for each breed (amphigenetic and parthenogenetic lines) were conducted.

2.4　Analysis for 2D-PAGE pattern

Spots were scanned at an optical resolution of 400 dpi using the high-resolution image scanner Ⅱ (GE Healthcare). The scanned gels were analyzed using Image Master TM 2D Platinum 6.0 software according to the protocols provided by GE Healthcare, including background subtraction, spot detection, spot matching, and spot intensity normalization analysis (total density of gel image).

2.5　Protein identification by matrix-assisted laser desorption/ionization time-of-flight mass spectrometry (MALDI-TOF/TOF MS)

Some interesting differentially protein spots were manually excised from the silver-stained gels after being analyzed using the Image Master TM 2D Platinum 6.0 software. The gels were washed twice in Milli-Q water, and then, destained using 30mM potassium ferrocyanide and 100 mM sodium thiosulfate. The gel pieces were washed again with MilliQ water twice after the residual destaining solution was removed, and then dehydrated by acetonitrile (ACN) and dried in a SpeedVac (Thermo Savant). The dried gel pieces were rehydrated using 0.02μg/μL trypsin and 25mM ammonium bicarbonate containing a 10% ACN solution on ice and digested at 37℃ for 16 to 18h. The enzymatic reactions were stopped using 50μL of a solution including 5% trifluoroacetic acid (TFA) and 67% ACN. After centrifugation, the peptide mixture was transferred into a centrifuge tube and sonicated for 15min, and then concentrated in a SpeedVac before being analyzed in a mass spectrometer. These MS analysis were replicated twice for each protein spots in this experiment.

2.6　Protein identification by database searching

The prepared peptide samples were resolved in 0.1% TFA, mixed with an equal volume of matrix solution α-cyano-4hydroxy-cinnamic acid (CHCA, Sigma, St. Louis, MO) and spotted on the target plate. The samples were then allowed to air-dry before being analyzed using an ABI 4700 MALDI-TOF/TOF Proteomics Analyzer (Applied Biosystems, Foster City, CA). Protein identification using peptide mass fingerprinting was performed using the Mascot search engine (Matrix Science, London, UK) against the NCBI protein database. The following search parameters were used:enzyme of trypsin；monoisotopic masses；fixed modifications of carbamidomethyl；variable modifications of acetamidation on cysteine；oxidation on methionine；peptide charge state of 1+；peptide mass tolerance of ± 100ppm；and one max missed cleavage. Only significant hits, as defined by a mascot probability analysis ($P < 0.05$), were accepted.

3 Results

3.1 Differential phenotypes of two lines

Through the hot-water induction method (46℃, 18min, Astaurov), the parthenogenetic generation of the silkworms copied the maternal genotype theoretically. However, the pigmentation rate and hatching rate of the parthenogenetic lines increased gradually through several generations' selection before a relatively stable high level was finally maintained. Parthenogenetic lines wu14 used in this experiential have experienced 21 generations' selection before experiment. The pigmentation rate of the amphigenetic lines was lower than that of the parthenogenetic lines, and the individuals in the amphigenetic lines differed greatly, contrary to the individuals in the parthenogenetic lines. The hatching rate of amphigenetic lines was far lower than that of the parthenogenetic lines, even some sets of eggs (one set egg laid by one moth) have no newly hatched silkworms hatched, whereas the hatching rate of the parthenogenetic lines was nearly similar to the fertilized eggs of sexual reproduction (Figs. 1A, 1B, and Table 1).

Most pigmented eggs from the amphigenetic lines shriveled and died during the periods of silkworm eggs protection. Less than 5% egg hatched successfully into newly hatched silkworms, and some newly hatched silkworms turned out to be abnormal individuals (Figs. 1C, 1E and Table 1). By contrast, most pigmented eggs from the parthenogenetic lines developed smoothly and were kept full before hatching, and nearly 80% of the newly hatched silkworm successfully hatched. None of hatched eggs from the parthenogenetic lines turned out to be cacogenic individuals (Figs. 1D, 1F and Table 1). The development speed of embryos and larvae of parthenogenetic lines were slower than amphigenetic lines, and this phenomenon were also described in some previous studies.

Table 1 Pigmentation rate and hatching rate of two lines.

Variety	Pigmentation rate (%)[b]	Hatching rate (%)[c]
54A (amphigenetic line)	62.76	4.75
wu14 (parthenogenetic line)	83.83	78.15

[a]The data of pigmentation rate and hatching rate were average value of 6 sets of eggs (one set of eggs laid by one moth). The data of pigmentation rate and hatching rate obtained in October of 2012 and May of 2013, respectively. [b]Pigmentation rate is the ratio of the number of pigmented eggs to total number of eggs treated. [c]Hatching rate is the ratio of the number of eggs which hatched into new hatched silkworm to total number of eggs treated.

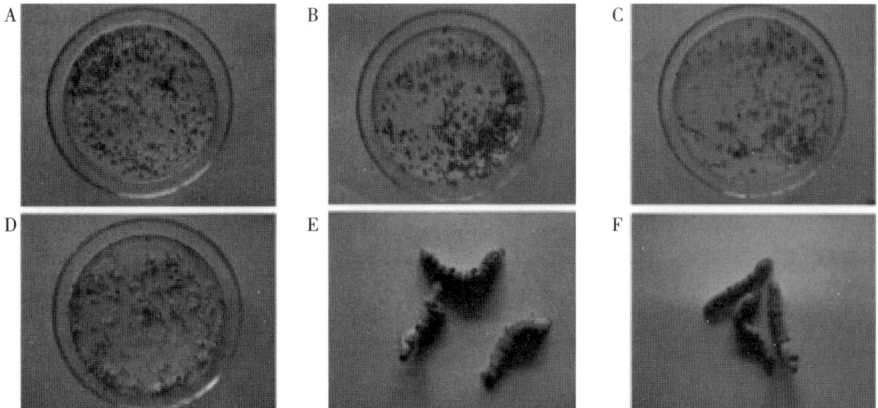

Fig. 1 Differential phenotypes of two lines. (A) Pigmentation outcome of 54A eggs (laid by one moth), the dark eggs are the pigmentation eggs which show successful activation and the yellow eggs are the unpigmentation eggs which show unsuccessful activation. (B) Pigmentation outcome of wu 14 eggs (laid by one moth). (C) Hatching outcome of 54A eggs (laid by one moth), the white eggs (only egg shell) were the hatched eggs, the other were the unhatched eggs, the same as picture (D). (D) Hatching outcome of wu 14 eggs (laid by one moth). (E) Abnormal larvae of 54A (1st day of 4th instar). Most of them are cacogenic individuals, mainly manifest as increase or decrease of feet. (F) Normal larvae of wu 14 (1st day of 4th instar).

3.2 Qualitative comparisons of 2–DE protein patterns

All the extracted proteins from the newly hatched silkworms were loaded onto a first-dimension gel for isoelectric focusing using pH 3 ~ 10 immobilized pH gradient dry strips (24 cm in length). Furthermore, all sample preparation steps for the 2-DE were performed more than thrice to test. for reproducibility. The results showed that the image pattern had high reproducibility sufficient for 2-DE analysis (Figs. 2A and 2B). The image analysis software typically detected approximately 1000 spots on each gel following silver staining. Themolecular mass of most proteins ranged from 20 to 80 kD inmolecular mass, and isoelectric point ranged from pH 4 to 7.

In these proteome profiles, 1025 and 1014 protein spots were detected in 54A and wu 14, respectively. The corresponding reproducibilities of the three productions were 91.2 and 89.7%. A comparison of the location and volume of each spot revealed that the majority of proteins were expressed at similar levels in two lines (Figs. 2A and 2B). However, there were 45 proteins that expressed differentially with at least a two-fold difference among two lines after analyzed using Image Master TM 2D Platinum 6.0 (GE Healthcare). Of these proteins, 19 were unique or up-regulated, whereas 26 were either missing or downregulated in parthenogenetic lines wu 14. It was speculated that the differentially proteins were associated with the occurrence and regulation of silkworm parthenogenesis.

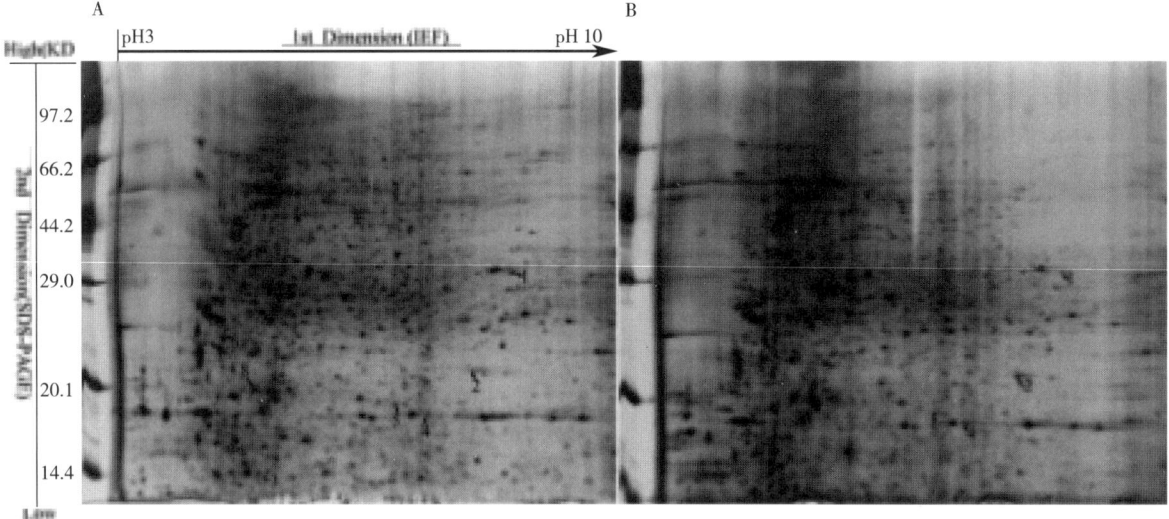

Fig. 2　Two-dimensional electrophoretograms of protein spots from newly-hatched silkworm of two lines (24cm, pH 3 ~ 10), arrow numbers in electrophoretograms are the number of identified differentially protein spots. (A) 54A；(B) wu 14.

3.3　Protein identification and bioinformatics analysis

Of the 45 differentially expressed protein spots, nine protein spots were chosen for MALDI-TOF/ TOF MS (Fig. 4A), and some peptides were analyzed by MS/MS (Fig. 4B). The primary reason for not choosing other spots for MALDI-TOF/TOF MS identification is their lower yields. Seven proteins with high-quality peptide fingerprints and obvious signal-to-noise ratio (SNR) were found through MS analysis. Those seven proteins were given good appraisal results after their peptide fingerprints were analyzed through a database search and bioinformatics analysis (http://www.matrixscience.com). They were also combined with the apparent isoelectric species andmolecular species. Proteins 1 and 4 did not have good match results. The results of the seven successful identified protein points are shown in Table 2 and the peptide information are shown in Supplementary data 1.

4　Discussion

Until now, proteomic approaches have been successfully used in a variety of fields of silkworm researches, while little has been reported on silkworm parthenogenesis. Therefore, 2-DE and MALDI-TOF/TOF MS combined with bioinformatics approaches were employed to perform a comparative proteome analysis of newly hatched silkworms for investigating the molecular mechanism of silkworm parthenogenesis. Some differentially expressed proteins were observed between the parthenogenetic lines and amphigenetic lines. Nine proteins were chosen for MS analysis, and seven of them were

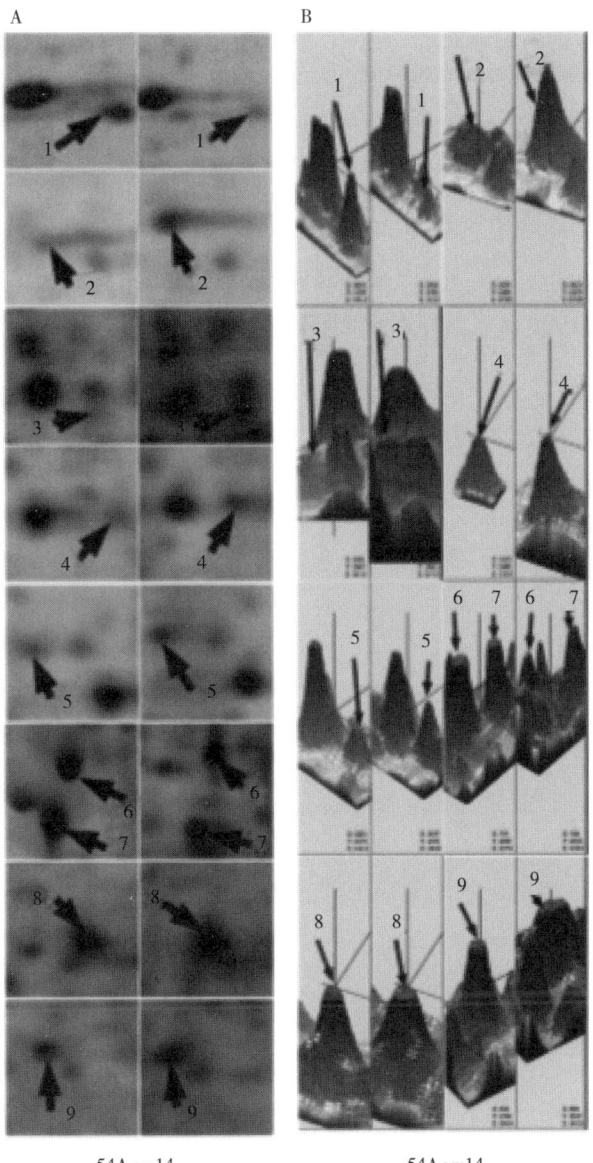

Fig. 3 Enlarged partial views and 3D pattern of identified differentially protein spots from newly-hatched silkworm, arrow numbers in electrophoretograms are the number of identified differentially protein spots. (A) Enlarged partial views of identified differentially protein spots of wu 14 and 54A. (B) 3D pattern of identified differentially protein spots of wu 14 and 54A.

successfully identified. Our results suggest that the differentially expressed proteins may be related to silkworm parthenogenesis.

Among differentially expressed proteins identified, actins were expressed at significantly higher levels in parthenogenetic lines than in amphigenetic lines, including beta-actins for spot 8, and muscle-type A1 actins for spot 9. Actins are a class of globular multi-functional proteins that participate in various important cellular processes such as cell division and spindle orientation. Centrosome is the primary microtubule organizing center (MTOC) of the cell and the key organelle for spindle assembly in sexual reproduction species, however, spindle assembly in unfertilized eggs could occur normally in the absence of MTOC in parthenogenetic species. The spindle apparatus plays a significant role in the occurrence of parthenogenesis. The most important components of the cytoskeleton, such as actins and tubulins, participate in spindle apparatus assembly and chromosome drawing. In the absence of MTOC, spindle apparatus may need more actins and other cytoskeletons (tubulins) during the cell division periods in the parthenogenetic species of rice water weevils and water fleas. Differential expression of actins between two lines may be associated with differential cell structure patterns between two lines.

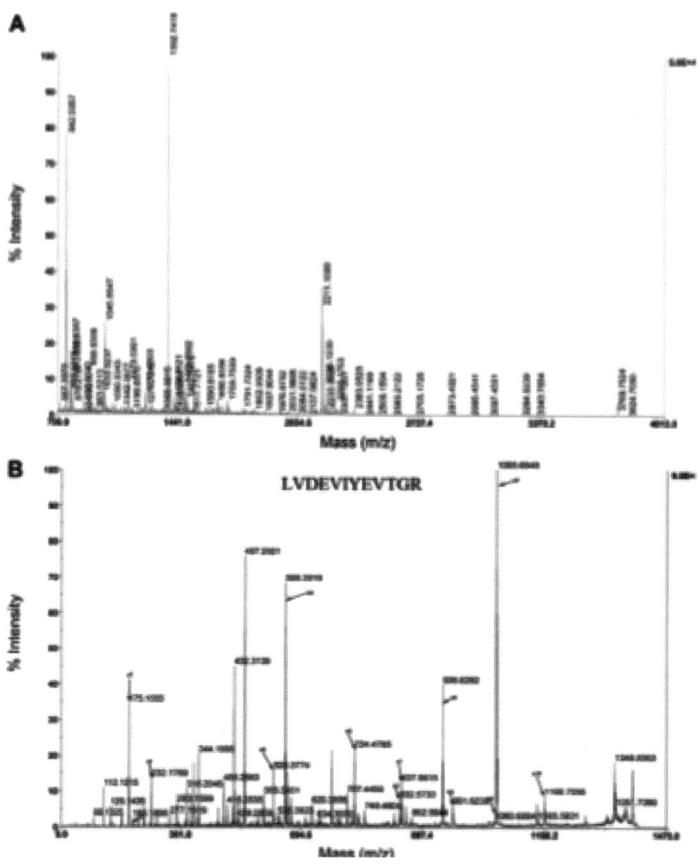

Fig. 4　Identification of spot 6 from newly-hatched silkworm by peptide mass fingerprint and MS/MS. (A) MALDI-TOF/TOF MS on ingel-digested peptides of spot 6. (B) MS/MS spectra of ion 1392.74 from translationally controlled tumor protein homology.

An up-regulated protein (spot 2) in the parthenogeneticlines was detected and identified as muscular protein 20 (mp20). Mp20 is the first muscle proteins that does not appear in any form of asynchronous muscles and is only detected in synchronous muscles. Mp20 is similar to the high-affinity calcium-binding and actin-binding sites of other proteins. Previous experimental evidence have shown that mp20 was involved in several biological processes such as cell shape regulation, myoblast fusion, and cell adhesion. Mp20 was also linked to muscle contraction in the GO hierarchy analysis. In the present study, the up-regulation of actins may have a correlation with overexpression of mp20, because they could interact with each other. Thus, mp20 along with actins may be involved in the spindle apparatus in parthenogenetic process.

Table 2　Differentially expressed proteins by MALDI –TOF–TOF MS between two lines.

Spot No.[a]	Protein name	NCBIGI [b]	MW(kD)/pI [c]	Score[d]	Pep Count[e]	Species[f]	Functional Annotation[g]	Express Change[h]
1	Unknown	—	—	—	—	—	—	↓
2	muscular protein 20	114052470	20.29/8.70	84	14	*Bombyx mori*	Unknown	↑
3	odorant binding protein LOC100301497	237648976	16.11/5.08	175	7	*Bombyx mori*	Odorant binding	↑
4	Unknown	—	—	—	—	—	—	↑
5	glutathione S-transferase delta	112983444	24.27/7.71	66	3	*Bombyx mori*	Transferase activity	↑
6	translationally controlled tumor protein homolog	112982880	19.90/4.66	218	7	*Bombyx mori*	Involved in calcium binding and microtubule stabilization	↓
7	cuticular protein RR-1 motif 19	290558792	19.73/4.88	59	4	*Bombyx mori*	Structural constituent of cuticle	↓
8	beta-actins	17467079	6.52/8.93	123	2	*Gecarcinus lateralis*	Cytoskeleton, ATP-binding Nucleotide-binding	↑
9	muscle-type A_1 actins	187281814	42.25/5.30	136	9	*Bombyx mori*	Cytoskeleton, ATP-binding Nucleotide-binding	↑

[a]Protein ID is the symbol for every identified protein, which also noted on the 2-DE patterns (Fig. 2). [b]Accession number is the protein identifier in the NCBI database (http://www.ncbi.nlm.nih.gov/). [c]The theoretical pI/MW represents the values of isoelectric point (pI) and molecular weight (MW) retrieved from protein databases of NCBI. [d]Protein score is the results from mascot searching, and is the main parameter for identification confidence. [e]Matched peptides are the number of paring experimental spectrums to a known protein. [f]Species indicate the organism that the matched proteins identified from. [g]Functional annotation of the identified success protein. [h]Expression changes of differentially expressed proteins between two lines.

Another over-expressed protein (spot 5) in the parthenogenetic lines was identified as glutathione S-transferase delta, which belongs to the delta class of glutathione S-transferase. Glutathione S-transferases (GSTs； alsoknown as glutathione transferases) are a supergene family of multifunctional dimeric enzymes found ubiquitously in aerobic organisms. GSTs have a major role in defense mechanisms against oxidative stress, detoxification of xenobiotics, and metabolism of endogenously formed lipid peroxidation products. In insects, GSTs also participate in the resistance against viruses and pesticides. A previous study suggests that lower intracytoplasmic of GST activity is the most important reasons for the decreased parthenogenetic activation in old mouse cells. Over-expression of GST genes was discovered in the bispermic androgenetic eggs of silkworms after prolonged thermal shock in previous research. In the current study, the up-regulation of GSTs helped parthenogenetic lines detoxify xenobiotics after prolonged thermal shock (46℃, 18min), and leaded to parthenogenetic embryos developing smoothly. By contrast, in the amphigenetic lines, toxic substances emerged after thermal shock that cannot be removed promptly because of a lack of sufficient GSTs, which resulted in embryo-fetal death.

Another upregulated spot (spot 3) from the parthenogenetic lines was identified as odorant binding protein LOC100301497, a member of the OBP family. OBPs are small water soluble extracellular proteins, which are believed to transport hydrophobic odorants from the environment to the olfactory receptors. They play key roles in the survival and reproductive success of insects. The up-regulation of OBPs in the parthenogenetic lines might be because its tissue- or organ-specific expression is not directly affected by parthenogenetic stimuli. It remains unclear whether parthenogenetic activation changes silkworm olfactory, and further analysis is required.

The data showed that the expression of translationally controlled tumor protein homolog (TCTP, spot 6) in parthenogenetic lines was lower compared with that of the amphigenetic lines 54A. Therefore, TCTP may be a key protein in parthenogenetic regulation. TCTP is a highly conserved protein and widely expressed in all eukaryotic organisms. It participates in numerous important cellular activities, including microtubule stabilization, calciumbinding activities, and apoptosis. TCTP also plays a role in cell cycle regulation and cell morphology maintenance by interacting with actins. The quantity of TCTP knockout mice cells decreased compared with the wildtype controls. Silkworm parthenogenetic lines which had a low expression level of TCTP, the number of embryo cells was also cut down compared with the amphigenetic lines at the early stages of eggs developments after artificial induction, suggesting that TCTP is involved in cell regulation of silkworm parthenogenesis. Moreover, the development and consumption speed of the main proteins of parthenogenetic larvae were slower than those of the amphigenetic lines embryo. The down-regulation of TCTP may be related to the phenomenon of low reproduction speed of the parthenogenetic lines which found in some previous studies.

Cuticular protein RR-1 motif 19 (spot 7, CPR 19) is another important protein down-regulated identified in parthenogenetic lines. It is known that CPR 19 belongs to the RR 1 form of cuticular proteins. Cuticular proteins are associated with the formation of the epidermis and are seen as a dynamic structure in the embryonic, postembryonic, and adult stages of insects. Cuticular proteins, an important structural class of proteins in insects, play an important role in cuticle formation together with chitin. They also participate in many physiological functions, such as protecting the insect's body from dehydration, invasion of pathogens, penetration of insecticides, and physical injury. Larval cuticle protein is synthesized in dermal cells and secreted to its surface after exuviations. Many more cuticular protein genes were found in the sexual lines than in the parthenogenetic lines in Daphnia. They also had a higher expression of the cuticular protein gene than other genes. This gene may play a role in the gene conversion in parthenogenesis and sexual reproduction in Aphid, as previously reported. In the current study, silkworm cuticular protein was also down-regulated in the newly hatched silkworms from the parthenogenetic lines. It is suggested that the down-regulation of the cuticular protein may be result of its participation in silkworm parthenogenesis.

Transcriptome Analysis of Thermal Parthenogenesis of the Domesticated Silkworm[①]

Peigang Liu[1] , Yongqiang Wang[1] , Xin Du[1], Lusong Yao[1], Fengbo Li[1,2], Zhiqi Meng[1,2]

(1. Sericultural Research Institute, Zhejiang Academy of Agricultural Sciences, Hangzhou, People's Republic of China

2. State Key Laboratory Breeding Base for Zhejiang Sustainable Pest and Disease Control, Sericultural Research Institute, Zhejiang Academy of Agricultural Sciences, Hangzhou, People's Republic of China)

Introduction

Parthenogenesis is the phenomenon production of offspring proceeds without fertilization. As a means of reproduction, parthenogenesis is usually considered an evolutionary dead end, because of the inability to respond genetically to the change of physical and biotic environments. However, parthenogenesis occurs spontaneously in a handful of organisms in nature, and is the sole reproductive mode in some organisms.

B. mori is a holometabolous lepidopteran insect that has been raised for the purpose of silk production for more than 5000 years. In most cases, B. mori females give birth to offspring by mating; however, a few exceptions are reproduced by parthenogenesis without needing a mate. Facultative parthenogenesis in B. mori was observed as early as the 18th century, and the artificial induction of parthenogenesis was first observed in 1847 by Boursier from female silkworms maintained under sun exposure, and then by Tichomirov in unfertilized eggs treated with sulfuric acid in 1886. Many experimental treatments have since been proven to be effective in inducing parthenogenesis, including chemicals, oxygenation, electric pulses, mechanical wrapping, centrifugation and cooling. In particular, Astaurov (1940) induced silkworm thermal parthenogenesis by precise spatiotemporal temperature activation (46℃, 18min) in a water bath of unfertilized eggs.

By continuous subculture using an optimized version of Astaurov's hot-water induction method, the parthenogenetic ability of silkworms can be gradually increased, leading to clones (parthenogenetic

---

① 本文原载于 *PLoS ONE*, 2015, 10(8)。

lines (PLs)) with high pigmentation rate, high hatching rate, high survival rate and rare abnormal offspring, such that silkworms can be reproduced by parthenogenesis as easily as bisexual breeds reproduce by fertilization. Certain PLs maintained in our laboratory have shown the practical implication of cost reduction of male-only breeding. Some special cross combinations of silkworm (PLs in combination with the sex-linked balanced lethal strains), which produce all-male hybrid progeny, have created a new type of sericulture worldwide. The technique of rearing only male silkworms in rural areas and rearing more female silkworms in egg-producing stations is very important to improve the yield and quality of cocoon silk, and to reduce the production costs of male silkworm hybrid eggs.

Silkworm parthenogenesis research has mainly focused on the induction method and construction of PLs, with few studies on the mechanism. Astaurov's hot-water induction method is very effective to induce silkworm parthenogenesis; however, itsmolecular mechanism remains unclear. In silkworm thermal parthenogenesis, all parthenogenetic progeny are females with their maternal genotype being repeated or cloned, in theory. Although parthenogenetic offspring copy the maternal genotype during thermal parthenogenetic induction, variations in parthenogenetic ability (pigmentation rate, hatching rate, survival rate and abnormal rate) occur in the inductive process and the mechanism is poorly understood.

The parthenogenetic ability of silkworms can increase after long-term selection. It is hypothesized that the selected eggs' transcriptomes would differ from those of the non-selected eggs. Characterization of the general differences between stable PL and its original parent the amphigenetic line (AL) could help to explain the differences in parthenogenetic ability between them. To this end, we employed RNA-seq to characterize the transcriptome differences between PL and AL before and after thermal induction. We observed that a number of transcripts were differentially regulated between the two lines at each time interval. The potential effects of these differences in egg gene expression on the differences in parthenogenetic ability are discussed. These findings are very important to understand the intracellular signaling mechanisms of silkworm thermal parthenogenesis.

Methods

Egg sampling and hot-water induction

The silkworm strains, Wu 14 (PL) and 54A (AL), maintained in the Sericultural Research Institute of Zhejiang Academy of Agricultural Sciences, were used in this study. 54A is an important Japanese AL that reproduces by mating from generation to generation. Wu 14 is a stable PL that reproduces by parthenogenetic induction and was obtained from female moths of 54A through several generations of selection by the hot-water induction method (46℃, 18min) of Astaurov. Before RNA-seq was employed, Wu 14 had experienced 23 generations of hot-water inductive selection. The insects were reared at 25℃ and 70%-80% relative humidity (RH). Five hundred larvae were reared in one feeding-tray and fed with the same weight of mulberry leaves. Eggs representing distinct stages of development were collected from at least 40 female individuals and dissected out.

Eleven hours after eclosion of the female moths, the non-induced eggs were obtained by dissecting the female moths and rinsed using room temperature water. After drying, one-third of the collected eggs were immersed quickly in liquid nitrogen and stored at −70℃ ; the remainder were soaked in a water bath at 46℃ for 18min and rapidly cooled in a water bath at 25℃ for 3min. The induced eggs were air dried and divided into two groups:one group was immersed quickly in liquid nitrogen；and the other was stored at 16℃ under 80% RH for 3d for the statistical analysis of parthenogenetic ability.

Four egg samples were prepared for RNA-seq analysis:non-induced AL eggs (ALUI_eggs), non-induced PL eggs (PLUI_eggs), hot-water induced AL eggs (ALHI_eggs) and hot-water induced PL eggs (PLHI_eggs).

Library construction and high–throughput sequencing

Silkworm eggs (0.2 g) were collected from each sample for RNA extraction. Total RNA extraction was performed using the TRIzol reagent, following the manufacturer's instructions (Ambion, Foster City, CA, USA). The total RNA concentration was determined using a Qubit RNA Assay Kit in Qubit 2.0 Flurometer (Life Technologies, Carlsbad, CA, USA) and the quality of the RNA samples was assessed by agarose gel electrophoresis.

RNA library construction was performed by Novogene Bioinformatics Technology Co., Ltd, Beijing, China (http://www.novogene.cn/). Before the library construction, the integrity of the RNA samples was confirmed using an RNA Nano 6000 Assay Kit in the Agilent Bioanalyzer 2100 system (Agilent Technologies, Santa Clara, CA, USA). The mRNA was purified from about 3μg of total RNAs using poly-T oligo-attached magnetic beads. Fragmentation was carried out using divalent cations at 94℃ for 5min in NEBNext First Strand Synthesis Reaction Buffer (5×). First strand cDNA was synthesized using random hexamer primers and M-MuLV Reverse Transcriptase (RNase H-). Second strand cDNA synthesis was subsequently performed using DNA polymerase I in RNase H. Remaining overhangs were converted into blunt ends via exonuclease/polymerase activities. After adenylation of the 3 ends of the DNA fragments, a NEBNext Adaptor with a hairpin loop structure was ligated to prepare for hybridization. To select cDNA fragments of the preferred 150–200 bp in length, the library fragments were purified using the AMPure XP system (Beckman Coulter, Beverly, CA, USA). Then, 3μL USER Enzyme (NEB, Ipswich, MA, USA) was used with size-selected, adaptor-ligated cDNA at 37℃ for 15min, followed by 5min at 95℃ before polymerase chain reaction (PCR). PCR was performed with Phusion High-Fidelity DNA polymerase, universal PCR primers and the Index (X) Primer. Finally,

PCR products were purified (AMPure XP system) and library quality was assessed using the Agilent Bioanalyzer 2100 system.

Reads mapping to the reference genome

The raw reads in the fastq format were first processed using in-house perl scripts. In this step, clean reads were obtained from the raw reads by removing reads containing adapters, reads containing poly-N and low-quality reads (quality limit 0.05). The clean, high-quality reads were used for downstream analyses. At the same time, the Q20, Q30 and GC contents of the clean data were calculated.

The reference genome and gene model annotation files of B. mori were downloaded from the genome website (http://www.silkdb.org/silkdb). An index of the reference genome was built using Bowtie (version 2.0.6) and paired-end clean reads were aligned to the reference genome using TopHat (version 2.0.9). The transcriptome coverage was deduced using the transcriptome data in this study (4.34~4.70Gb) divided by the standard silkworm genome data (432Mb) of the International Silkworm Genome Consortium.

Bioinformatic analysis of RNA-seq data

The reads number mapped to each gene was counted using HTSeq (version 0.5.4p3). The reproducing kernel particle method (RKPM) value of each gene was calculated based on the length of the gene and read count mapped to this gene.

Differential expression analysis of the two lines was performed using the DESeq R package (1.12.0). The P-values were adjusted using the Benjamini & Hochberg method. A corrected P-value of 0.005 and a log2 (fold-change) of 1 were set as the thresholds for significantly differential expression.

Validation of RNA-Seq by quantitative real-time reverse transcription polymerase chain reaction (qRT-PCR)

To validate DEGs in the libraries, seven DEGs were selected for qRT-PCR confirmation. The primer sequences and related information are shown in S1 Table.

According to the SYBR Premix Ex Taq Kit (TaKaRa, Shiga Pref, Japan) protocol, the reactions were run on an Opticon lightcycler (BioRad, Hercules, CA, USA) using a 20-μL reaction system. The reaction conditions were:95℃ for 5s；followed by 45 cycles at 60℃ for 10s and 72℃ for 10s. All samples were performed in triplicate. The cycle threshold (Ct) values obtained from 18S rRNA (a housekeeping gene of silkworm) amplification in the same plate were used to normalize the relative expression levels. The data of relative expression levels were analyzed and normalized relative to 18S rRNA transcript levels using the Opticon Monitor analysis software (MJ Research, Waltham, MA, USA).

The relative gene expression of four samples was calculated using the 22DDct method.

GO and KEGG pathway enrichment analyses

Gene ontology (GO) enrichment analysis of DEGs was implemented by the GOseq R package (version 1.10.0), in which gene length bias was corrected. GO terms with corrected P-values less than 0.05 were considered significantly enriched by DEGs. The KOBAS software, available from http://kobas. cbi.pku.edu.cn/home.do, was used to test the statistical enrichment of DEGs in Kyoto Encyclopedia of Genes and Genomes (KEGG) pathways analysis. KEGG pathways with a corrected P-value less than 0.05 were considered significantly enriched by DEGs.

Results

Differential phenotypes of PL and AL

PL was obtained from female moths of AL through several generations of selection by the thermal inductive method. Our previous studies demonstrated that PL was superior to AL in the parthenogenetic ability after more than 20 generations of selection, mainly manifested in four aspects:the pigmentation rate, the hatching rate, the survival rate and abnormal rate of larvae. Unfertilized eggs of PL and AL subjected to the same thermal parthenogenetic progress displayed differential parthenogenetic abilities. In terms of reproductive ability and vitality, PL was similar to AL (selfing) in which the female gives birth to offspring by mating with a male (Fig. 1). In terms of the pigmentation rate of thermally induced eggs, PL was higher than AL, and there were significant differences between AL individuals. In contrast, there were no significant differences between PL individuals. Most pigmented eggs from the AL were shriveled and died during the period of silkworm eggs protection；therefore, the hatching rate of AL was significantly lower than that of PL；indeed, some eggs of AL moths hatched no larva. Artificial extrusion and milling harm eggs, which reduce the inducibility；therefore, in thermally induced eggs, the pigmentation rate and hatching rate of PL were slightly lower than in the fertilized eggs of AL (selfing). The results of parthenogenetic ability obtained in October 2013 are shown in Table 1. The differences in the parthenogenetic abilities of the two lines are shown in Fig. 1.

Only 11.2% (56 moths obtained from 500 newly-hatched silkworms) of the parthenogenetic offspring of AL developed completely from egg to moth, much less than the parthenogenetic offspring of PL and amphigenetic offspring of AL. We also found that the parthenogenetic offspring of AL contained 18.8% (56 abnormal individuals to 298 individuals of 3rd day of the 5th instar) abnormal individuals, while no abnormal individuals were found in the offspring of PL. Results of survival rate and abnormal rate are listed in Table 1.

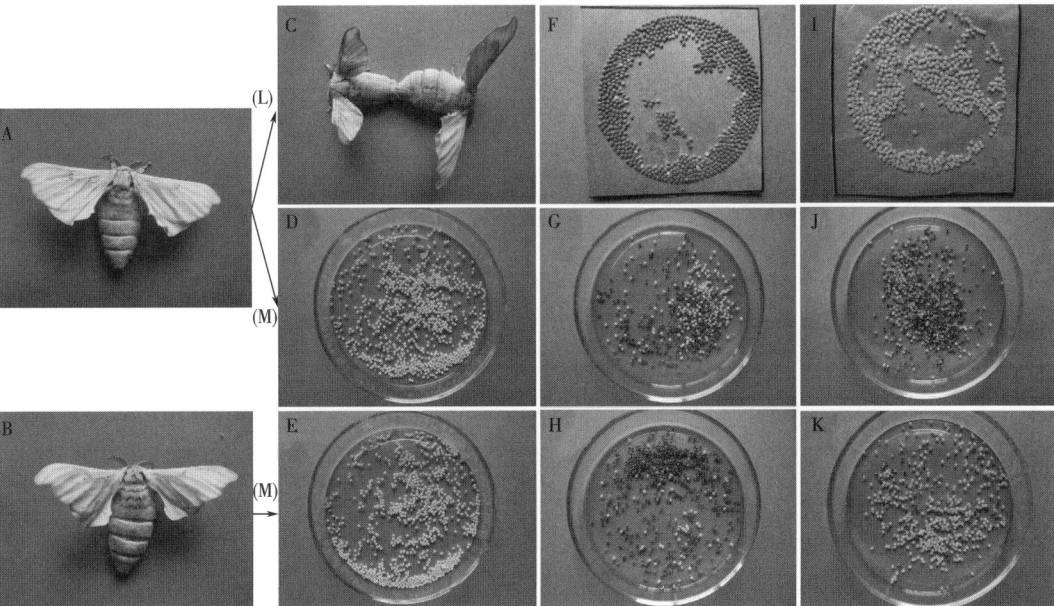

Fig .1   Comparison of parthenogenetic ability and fertilization between PL and AL.

(A) and (B) The virgin female moths of 54A and wu 14, respectively. (C) Selfing by mating of 54A. (D) and (E) Non-thermally induced eggs of 54A and wu 14 dissected from the virgin female moths, respectively. (F), (G) and (H) Pigmentation rate of 54A (selfing), 54A (parthenogenetic induction) and wu 14 (parthenogenetic induction), respectively. (I), (J) and (K) Hatching rate of 54A (selfing), 54A (parthenogenetic induction) and wu 14 (parthenogenetic induction), respectively. (L) Selfing through mating. (M) Parthenogenetic induction.

Table 1   Parthenogenetic ability between PL and AL

Variety	Pigmentation rate (%)[a]	Hatching rate (%)[b]	Survival rate (%)[c]	Abnormal rate (%)[d]
54A (AL, selfing)	99.83	98.48	89.28	0
54A (AL, parthenogenetic induction)	60.51	4.37	11.25	18.83
wu14 (PL, parthenogenetic induction)	89.46	81.78	78.55	0

Notes:The data of pigmentation rate, hatching rate were average value of 20 sets of eggs (one set of eggs laid by one moth), the abnormal rate of parthengenetic offspring obtained from 300 individuals. The data of pigmentation rate obtained in October of 2013 and hatching rate, abnormal rate obtained in May of 2014, respectively. [a] Pigmentation rate is the ratio of the number of pigmented eggs to the total number of eggs treated. [b] Hatching rate is the ratio of the number of eggs which hatched into new hatched silkworm to the total number of eggs treated. [c] Survival rate is the ratio of developed complete silkworm (egg to moth) to the total number of parthenogenetic offspring. [d] Abnormal rate is the ratio of abnormal individuals to the total number of parthenogenetic offspring, the number of abnormal individuals obtained in 3rd day of 5th instar of larvae.

Mapping of RNA–seq reads to silkworm genome

Using RNA-seq, it is possible to characterize the transcriptomic landscapes of PL and AL. To accomplish this, two rounds of linear amplification of mRNA were carried out to obtain sufficient RNA input of individual eggs for analysis. Amplified RNAs, all with the same sire, from 0.2g eggs (approximately 400 eggs) of PL and AL were pooled, multiplexed, and sequenced on the HiSeq2000 (Illumina, San Diego, CA, USA). High-throughput sequencing generated 45.36–53.26 million (M) raw reads for each sample. The total length of the clean reads was 4.34–4.70 gigabases (Gb) after quality filtering, representing more than 10-fold coverage of the B. mori genome and more than 130-fold coverage of the annotated transcriptome.

After quality filtering, all short reads were mapped onto the B. mori genome using TopHat. The ratio of reads that could be uniquely aligned to the genome was 76.41%–77.94%, in which approximately 55% of the reads were mapped to known exons and 22% were located in predicted intergenic or intronic regions (Table 2).

Table 2 Statistics for the filtering and mapping of reads

Sample name	ALUI_eggs	ALHI_eggs	PLUI_eggs	PLHI_eggs
Raw reads	45642086	45367550	48829078	53267444
Q20	96.73	96.65	96.96	96.95
Q30	90.73	90.48	91.07	91.08
GC Content(%)	44.27	44.94	43.72	43.73
Clean reads	43667962	43490662	47090892	50396006
Total mapped	34595613 (79.22%)	34905084 (80.26%)	37608858 (79.86%)	39878143 (79.13%)
Multiple mapped	1228265 (2.81%)	1008424 (2.32%)	1034802 (2.2%)	809244 (1.61%)
Uniquely mapped	33367348 (76.41%)	33896660 (77.94%)	36574056 (77.67%)	39068899 (77.52%)
Non-splice reads	24256073 (55.55%)	23843258 (54.82%)	26266881 (55.78%)	27936302 (55.43%)
Splice reads	9111275 (20.86%)	10053402 (23.12%)	10307175 (21.89%)	11132597 (22.09%)

Analysis of DEGs

Before DEGs analysis, Pearson correlation between samples was determined by the RNA-seq correlativity analysis, and the results are shown in Fig. 2A. The expression similarity between samples was very close and the sample selection in this study was reasonable ($R2 > 0.8$). Subsequently, the mapping data generated by TopHat, transcript assembly, and differential expression were analyzed using the Cufflinks software. The abundance of gene transcripts was expressed as reads per kilobase of transcript per million fragments mapped (RPKM). The results of RPKM distribution and RPKM density distribution of the four samples are shown in Fig 2B and 2C, respectively.

Genes between AL and PL with fold-change $\geqslant 2$, P-value > 0.05 and q-value < 0.05 were considered to be differentially expressed. The number of DEGs is summarized in Table 3 and the fold-change distribution of DEGs is shown in Fig. 3A. Setting AL as the comparison, in non-thermally induced eggs, fewer genes were upregulated in PL than were downregulated, while small differences were observed between the upregulated and downregulated genes in thermally induced PL eggs (Fig 3B).

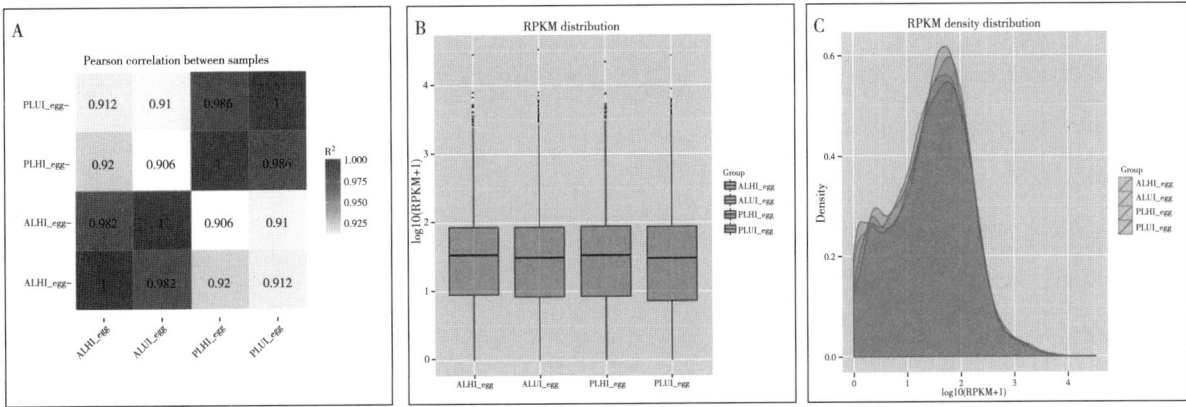

Fig. 2　Bioinformatic analyses of RNA–seq data.

(A) Pearson correlation between four sets of egg samples. (B) Reproducing kernel particle method (RKPM) distribution of four sets of egg samples. (C) RPKM density distribution of four sets of egg samples.

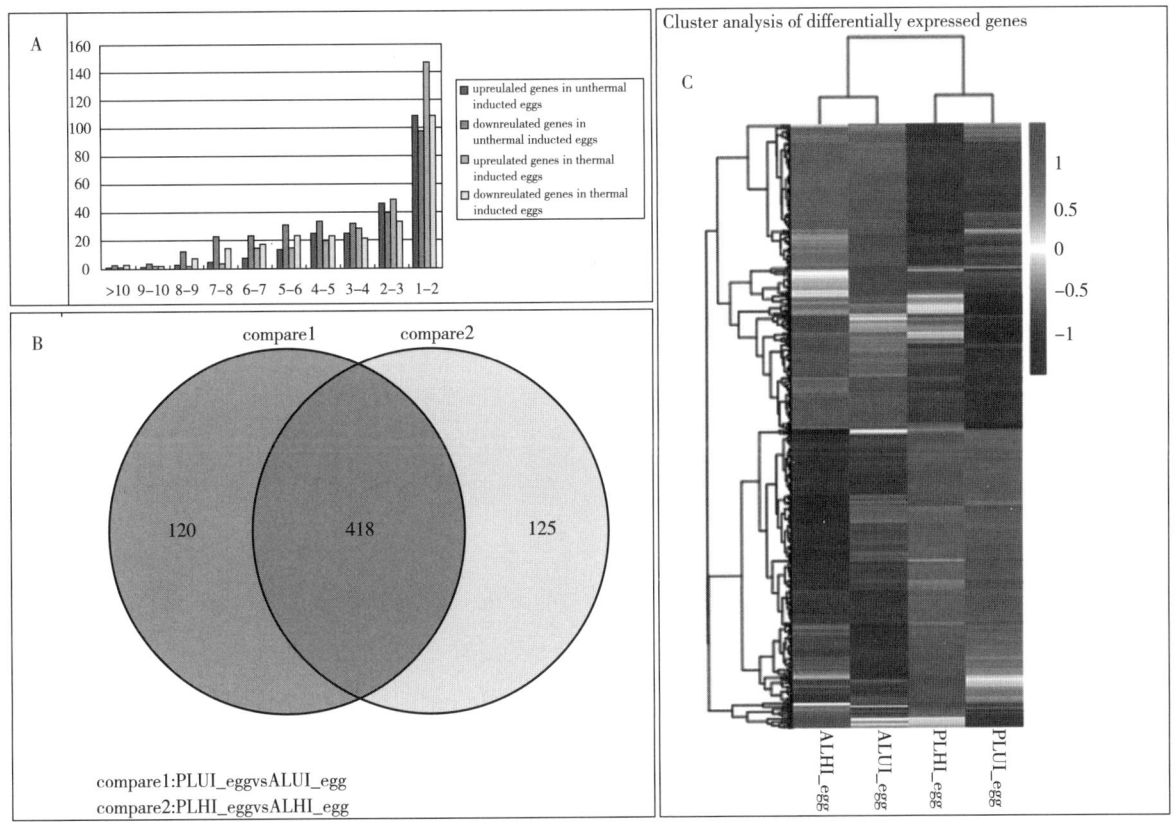

Fig. 3　Bioinformatic analysis of DEGs.

(A) The fold-change distribution of DEGs. (B) Number of up-regulated and down-regulated genes in non-induced and thermally induced eggs. (C) Venn diagrams showing the number of DEGs between the two lines before and after thermal induction. (D) Cluster analysis of DEGs.

The gene expression data for the non-thermally induced eggs showed that a total of 538 DEGs were identical between PL and AL (S2 Table), of which 238 DEGs were upregulated and 300 DEGs were downregulated in PL. Before thermal induction, genes such as clavesin-1 (CLVS1), enkurin (ENKUR), putative alpha-L-fucosidase (FUCO) and metabotropic glutamate receptor 7 (GRM7) were highly expressed in PL. In AL, regulated genes, including some chorion family genes, such as chorion class A protein L12 (CHA2), chorion class CB protein M5H4 (CHCB1) and chorion class CA protein ERA.1 (CHCA1), were highly expressed.

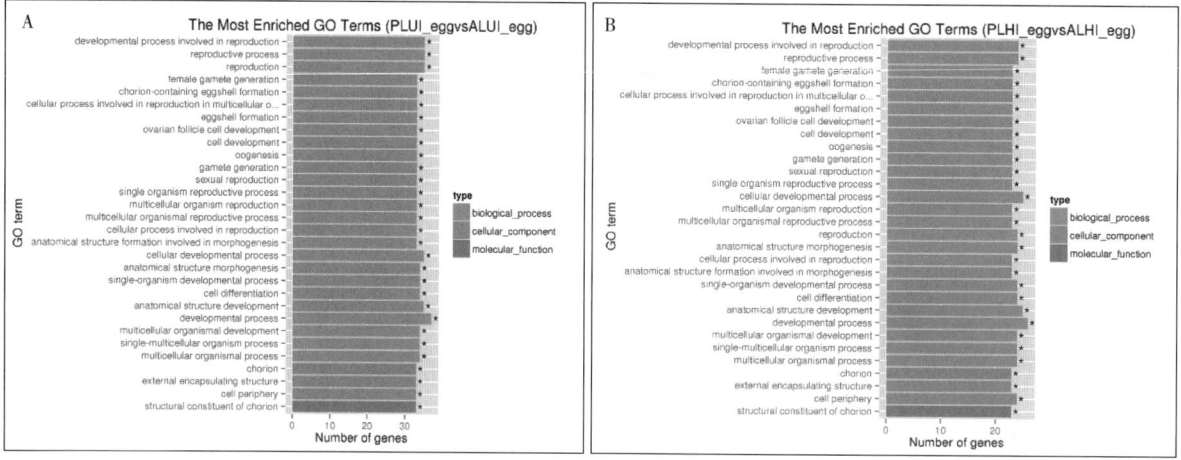

Fig. 4   GO bar chart of DEGs between PL and AL.
(A) The most enriched GO terms for DEGs between two the lines in non-thermally induced eggs.
(B) The most enriched GO terms for DEGs between two lines in thermally induced eggs.

In thermally induced eggs, the number of up and downregulated genes of PL were 285 and 258, respectively. The statistics of DEGs in thermally induced eggs are shown in S3 Table. After thermal induction, CLVS1, ENKUR, FUCO and cyclic nucleotide-gated cation channel beta-1 (CNGB1) were highly expressed in PL, while genes such as chorion class B protein L12 (CHB2), CHA2, Bardet-Biedl syndrome 5 protein homolog (BBS5), chorion class A protein L11 (CHA1) and myrosinase 1 (MYRO1) were highly expressed in AL.

Venn diagram analysis of the DEGs between the PL and AL lines in non-induced and induced eggs revealed that 418 DEGs were present in both types of eggs, in which 120 DEGs displayed expression differences only in non-induced eggs and 125 gene expression differences induced eggs. The results of Venn diagram analysis are displayed in Fig 3C and the statistics of DEGs classification are listed in S4 Table.

The DEGs cluster analysis (Fig 3D) showed that DEGs could be classified into three groups, comprising two large groups and a small one. Interestingly, in the two large groups, one group was mainly upregulated in AL and downregulated in PL, and the other group displayed the opposite expression pattern. The small group contained DEGs that were upregulated in non-induced eggs and downregulated in induced eggs in the two lines.

Table 3　Statistics of genes regulated between two lines.

Classification	DEGs of Compare 1	DEGs only belong to Compare 1	DEGs belong to Compare 1 and Compare 2	DEGs only belong to Compare 2	DEGs of Compare 2
Upregulated genes	238	27	211	74	285
Downregulated genes	300	93	207	51	258

Note:Compare 1:PLUI_eggs vs. ALUI_eggs, Compare 2:PLHI_eggs vs. ALHI_eggs.

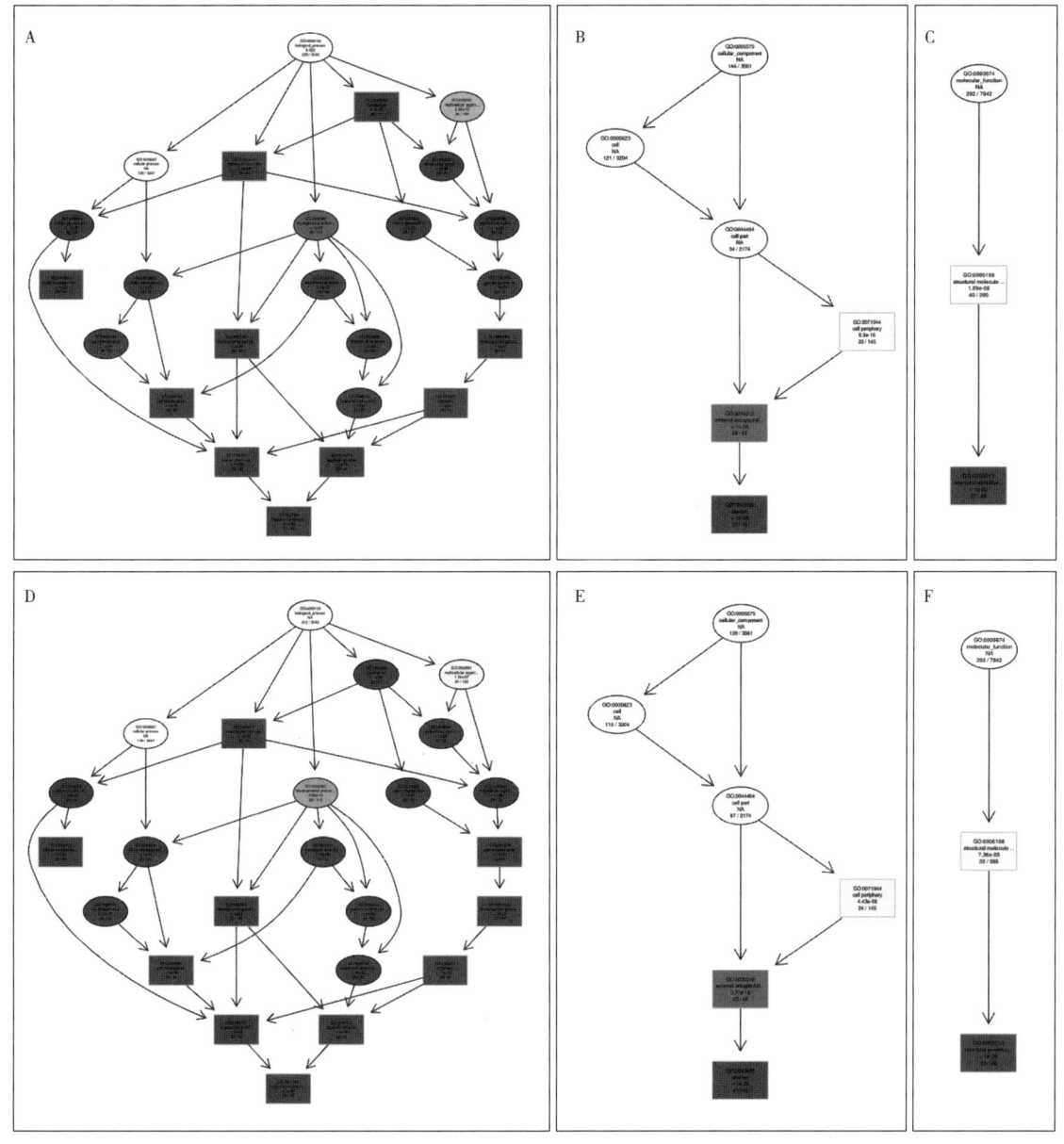

Fig. 5　GO enrichment analysis for DEGs between two lines.

(A) Biological process for DEGs before thermal induction. (B) Cellular component for DEGs before thermal induction. (C)molecular function for DEGs before thermal induction. (D) Biological process for DEGs after thermal induction. (E) Cellular component for DEGs after thermal induction. (F)molecular function for DEGs after thermal induction. The sizes of the circles are proportional to the number of genes associated with the GO term. The arrows represent the relationship between parent-child terms. The color scale indicates the corrected P-value of the enrichment analysis

Validation by qRT–PCR

To validate the expression profiles from the RNA-seq analysis, the relative mRNA levels of seven genes that displayed significant differences between the two lines were analyzed using qRT-PCR. The fold-changes of the results for RNA-seq and qRT-PCR are compared in Table 4. The expression trends of most of the genes in RNA-seq were consistent with those from qRT-PCR. The fold-changes were different between qRT-PCR and RNA-seq, which could be attributed to the different probes used for qRT-PCR and RNA-seq.

Table 4 Comparions between RNA–seq data and qRT–PCR results

Gene name	Fold change			
	PLUI_eggvsALUI_egg		PLHI_eggvsALHI_egg	
	RT–qPCR	RNA–seq	RT–qPCR	RNA–seq
60S ribosomal protein L29	1.89	5.17	6.44	5.83
Heat shock protein 68	1.16	−2.62	−4.01	−3.02
Protein Mpv17	1.67	1.52	27.67	1.91
Cysteine synthase	−0.18	4.10	21.60	4.25
Ribokinase	−2.11	4.84	8.51	< 1
Purine nucleoside phosphorylase	1.24	4.67	189.49	6.59
Chorion class B protein L11	−1.62	−7.35	−3.41	−8.36

GO enrichment analysis of genes

DEGs between PL and AL in non-induced and induced eggs were analyzed and categorized functionally based on three GO categories at P-values $\leq$ 0.05 using Blast2 GO. The results of the GO term analysis in non-induced and induced eggs are shown in S5 Table and S6 Table, respectively.

These results showed that in non-induced eggs, structural molecule activity and biological process were significantly enriched for 96 upregulated genes in PL. In particular, biological processes included 94 upregulated genes, while 132 downregulated genes in PL were significantly enriched in 33 pathways (S5 Table). As shown in Fig. 4A, four main functional categories of reproductive process, reproduction, multicellular organismal process and structural molecule activity were significantly enriched for DEGs between the two lines. More specific terms for these enriched categories were the structural constituent of chorion, chorion-containing eggshell formation and chorion [Fig. 5(A–C)].

In thermally induced eggs, only structuralmolecule activity was significantly enriched for three upregulated genes in PL compared with AL, while 31 downregulated genes were significantly enriched in 33 pathways (S6 Table). The major groups of downregulated genes in PL belong to developmental processes involved in reproduction, reproductive processes and the structural constituent of chorion. Four main functional categories of reproduction, reproductive process, multicellular organismal process and structural molecule activity were significantly enriched for DEGs between the two lines (Fig. 4B). More specific terms for these enriched categories were structural constituent of chorion, chorion-containing eggshell formation and chorion [Fig. 5(D–F)].

The results of GO enrichment analysis indicated some differences in the multiple biological processes between the two lines.

KEGG pathway enrichment analysis of regulated genes

Analysis of DEGs through KEGG showed that 538 DEGs between the two lines in non-induced eggs could be assigned to 72 pathways, while 545 DEGs between two lines in induced eggs were assigned to 74 pathways. There was no enriched pathway observed for DEGs between the two lines before and after thermal induction. The results of KEGG pathway analysis in non-induced and induced eggs are shown in S7 Table and S8 Table, respectively. Metabolic pathways are the major pathways in non-induced and induced eggs, in which 4.1% and 4.7% of associated genes were differentially expressed between the two lines, respectively. Other metabolic pathways were differentially regulated between the two lines, for example carbohydrate metabolism, lipid metabolism, nucleotide metabolism, amino acid metabolism, metabolism of other amino acids, glycan biosynthesis and metabolism, metabolism of cofactors and vitamins, and xenobiotics biodegradation and metabolism. This result indicated that there were some differences in basal metabolism between the two lines.

Many pathways involved in signal transduction, such as the hedgehog signaling pathway, Wnt signaling pathway, Notch signaling pathway, Hippo signaling pathway-fly, Jak-STAT signaling pathway and MAPK signaling pathway-fly, were represented by DEGs between the two lines. Furthermore, the pathways associated with signaling molecules and interaction, such as neuroactive ligand-receptor interaction and ECM-receptor interaction, were represented by a certain number of DEGs. These findings indicated that there are some differences between the two lines' pathways of signal transduction and signalingmolecules and interaction.

Certain DEGs participate in pathways associated with transport and catabolism, such as peroxisome, endocytosis, lysosome phagosome and regulation of autophagy. These findings indicated that changes in transport and catabolism pathways might be related to regulation of parthenogenesis.

The results of pathway enrichment analysis indicated significant differences in the pathways used between the two lines.

Discussion

Our results demonstrated that PL and AL silkworm eggs have different gene expression patterns. Previously, few works were devoted to the analysis of the transcriptome difference between parthenogenetic and fertilized individuals. An early study by Hanson et al. showed that a large number of genes are involved in the parthenogenetic progress in different species. In insects, a RNA-seq study on the obligate parthenogenetic (OP) and cyclical parthenogenetic (CP) strains of a monogonont rotifer indicated that in these two strains, the expressions of 88% genes overlapped, and several genes that showed increased expression in CP strains were mainly involved in steroid signaling, meiosis, gametogenesis and dormancy, and some genes relating to asexual egg production were highly expressed in OP strains. Microarray analysis on the parthenotes and fertilized embryos developed in vitro indicated transcript differences for 749 mouse genes (using a cut-off of 1.8-fold-change). Transcriptomic profile analysis in rabbits indicated that 2541 genes were differentially expressed between parthenotes and normally in vivo fertilized blastocysts. In addition, among those DEGs, 76 genes related to DNA and RNA binding were upregulated and 16 genes related to transport and protein metabolic process are downregulated in in vivo cultured parthenote blastocysts (using a cut-off of 3-fold-change).

The type and mechanism of parthenogenesis vary between organisms. Therefore, in the present study, we investigated the transcript level of all genes in eggs using RNA-seq to further address the molecular mechanism of silkworm thermal parthenogenesis. To the best of our knowledge, this is the first report of a high-resolution snapshot of the transcriptomic differences between PL and AL in silkworms. In addition, the reliability and accuracy of transcriptional data were validated by qRT-PCR. In this dataset, the numbers of DEGs between PL and AL in non-induced and thermally induced eggs were 538 and 543, respectively. Among the DEGs in the non-induced eggs, there were fewer upregulated genes than downregulated ones, while there were more upregulated genes than downregulated genes in thermally induced eggs. KEGG analysis showed that the DEGs were involved in many crucial processes and pathways, such as metabolic pathways; nicotinate and nicotinamide metabolism; valine, leucine and isoleucine degradation; glutathione metabolism; and pyruvate metabolism. These findings are important for further studies of silkworm thermal parthenogenesis.

In the carbohydrate metabolism pathway, PL contained more downregulated genes than the AL. Among the DEGs in this pathway, some showed large fold-changes, including putative hydroxypyruvate isomerase (DANRE), phosphoenolpyruvate carboxykinase (PCKG), NADP-dependent malic enzyme (PHAVU) and Ribokinase (RBSK). PCKG is a key enzyme in gluconeogenesis, which is an important metabolic pathway. The main function of gluconeogenesis is to supply glucose as the major fuel to tissues for metabolism. Downregulation of PCKG suggested that gluconeogenesis between two lines was different. Two PHAVU genes were downregulated in PL and one of them showed the expression difference only after thermal induction (by more than 20-fold). The PHAVU enzyme is widely distributed and is implicated in diverse metabolic pathways. The activity of PHAVU increased in response to certain stresses, including high temperature; this increase was related to the heat shock response to high temperature. Thus, the difference in expression of the PHAVU gene after thermal induction may be ascribed to a thermal stability difference between two lines. A larger heat shock response was induced in AL after thermal induction, resulting in changes in the expressions of some heat shock-regulated genes.

In non-induced eggs, RBSK was expressed in higher in PL than in AL; however, there was no difference in expression between two lines in the thermally induced eggs. Ribokinase (encoded by RBSK) is a member of the superfamily of carbohydrate kinases and participates in the first step of ribose metabolism. D-ribose-5-phosphate is a product of this ribose metabolism, which may subsequently enter the pentose phosphate pathway and is used in the synthesis of amino acids (histidine and tryptophan). High expression of RBSK may be related to the high demand for pentoses in cells of non-induced eggs of PL.

Most DEGs associated with amino acidic metabolism and metabolism of other amino acids pathway were increased in PL, such as isovaleryl-CoA dehydrogenase, mitochondrial (IVD), ornithine decarboxylase 1 (DCOR1), omega-crystallin (CROM), 5-oxoprolinase (OPLA) and cysteine synthase (CYSK). In addition, homocysteine S-methyltransferase 1 (HMT1), kynurenine 3-monooxygenase (KMO), dihydropyrimidine dehydrogenase (DPYD) and glycine N-methyltransferase (GNMT) were downregulated in PL. Cysteine synthase, encoded by CYSK, is a key enzyme that catalyzes the formation of cysteine from O-acetylserine. It plays an important role in early development of silkworm embryos because of its participation in the degradation of ovovitellin during embryonic development. In silkworms, tryptophan metabolism pathways, which include the products of KMO and CROM, are involved in the color formation and ommochrome composition of eggs. Changes in the tryptophan metabolism pathway revealed in this study may be associated with the pigmentation difference between the two lines. In the arginine metabolism pathway, ornithine decarboxylase 1 (DCOR1) participates in the conversion of arginine to ornithine. Ornithine is further converted into the α-amino acid, which is important for embryonic development through transamination.

Of particular interest is the finding that in the translation pathway of PL, there were more upregulated genes than downregulated genes. Genes with high fold-changes, such as 60S ribosomal protein L29 (RL29), polycomb protein 1 (1) G0020 (U202) and aladin (AAAS), are involved in translation. For example, RL29, RL37 and RT17 were differentially expressed between two lines. Differential expression of ribosomal protein genes between PLs and ALs in the present work agrees with a previous observation by He et al., who showed that ribosomal protein L7 was differentially expressed between sexual and parthenogenetic reproduction of silkworm eggs. Other work by Hanson et al. also revealed that some RPL and RPS genes were differentially expressed between OP and CP strains of the monogonont rotifer. Gene U202 encodes a polycomb protein 1 (1) G0020 (U202), which plays an important role in remodeling chromatin structure during which epigenetic silencing of genes takes place. The polycomb genes are considered to be the homeotic switch gene regulators that maintain homeotic gene repression through a possible chromatin regulatory mechanism. Miri et al. found that in non-induced parthenogenetic trophoblast stem cells (TSCs), loss of a polycomb gene (SFMBT2) resulted in defects in the maintenance of trophoblast cell types necessary for development of the extra-embryonic tissues, particularly the placenta. Therefore, upregulation of U202 might be important for the success of PL parthenogenesis.

In transport and catabolism pathways, 11 genes were differentially expressed between the two lines in non-induced eggs and 12 differentially expressed in thermally induced eggs. The majority of these DEGs were upregulated in PL, accounting for almost 65% and 75%, respectively, in the non-induced and thermally induced eggs. Genes with high fold-changes, such as putative fatty acyl-CoA reductase CG5065 (A1ZAI5), transcriptional enhancer factor TEF-3 (TEAD4), polypeptide N-acetylgalactos aminyltransferase 1 (ACT), heat shock protein 68 (HSP68) and mpv17-like protein 2 (M17L2), are involved in this pathway. As a mitochondrial inner membrane protein, MPV proteins, encoded by MPV genes, are implicated in the metabolism of reactive oxygen species (ROS). ROS are formed as a natural byproduct of the normal metabolism of oxygen; however, ROS levels are increased dramatically by environmental stresses, such as UV and heat exposure, resulting in significant damage to cellular structures. In the present study, the MPV-17 and M17L2 genes were highly expressed in PL, and may be involved in scavenging ROS resulting from thermal induction. HSP68 was highly expressed in AL and its expression level increased after thermal activation. This gene encodes a 68-kDa heat shock protein, a member of the heat shock protein 70 (HSP 70) family. HSP 70 is activated by heat shock, as well as a wide range of stresses, such as treatment of amino acid analogs, heavy metals and inhibitors of oxidative phosphorylation. High expression of HSP68 in AL before thermal induction might be associated with stress in response to the dissection of the moth body and washing of the eggs. The increased expression after thermal induction might be related to the stress response to the thermal activation. AL might be unable to adapt to the dissection, washing and thermal activation during this first thermal induction.

In replication and repair pathway, many genes related to DNA repair, such as DNA repair protein RAD51 homolog 3 (RA51C), DNA repair protein REV1 (REV1), mismatch repair endonuclease PMS2 (PMS2) and WD repeat-containing protein 48 homolog (WDR48), were differentially expressed. In addition to endogenous DNA damage in organisms, DNA damage can also be induced by various environmental stresses and chemicals agents, such as ionizing radiation, UV light and thermal shock.

Organisms have evolved several systems to detect DNA damage, signal its presence and mediate its repair. RA51C is a member of the RAD51 protein family, which assists in repairing DNA double strand breaks. REV1 recruits DNA polymerases involved in the translation synthesis (TLS) of damaged DNA. Expression changes of genes involved in the replication and repair pathways suggested that thermal induction caused different levels of DNA damage in the two lines, which led to a regulatory change in gene expression. The more effective DNA repair system of PL could be an important factor for the success of PL thermal parthenogenesis. Increased numbers of DEGs associated with replication and repair pathways emerged after thermal induction. Thus, long-term thermal induction might cause DNA damage in the two lines.

Among the DEGs between the two lines, there were many homologous genes of CHB1 whose expressions were downregulated in PL. For example, the numbers of CHBI genes in non-induced and induced eggs were 38 and 25, respectively. These homologous genes belong to the chorion gene family and were all downregulated in PL, by up to 64-fold at the transcript level. The chorion genes of B. mori comprise a large multigene family that is expressed in a developmentally complex manner during eggshell formation. In silkworms, chorion complexes are a group of structural protein genes comprising more than 200 members distributed in the early, medium and later stages of oogenesis, with one α - and two β -branches. Many chorion genes are linked, forming at least three clusters on chromosome 2. The highly expressed chorion genes in AL and their decreased expression after thermal induction indicated that the oogenesis progress to maturity is different between PL and AL.

After thermal induction, most eggs of PL were similar to fertilized eggs; however, only a fraction of the eggs of AL were induced successfully and most of these induced eggs of AL could not hatch offspring. After thermal induction, 125 DEGs were identified that represented new differences between the two lines.

Pigmentation of eggs (silkworm eggs should shift from yellow to brown or gray, even very dark) is the mark of successful thermal induction of silkworm parthenogenesis. The expressions of certain transport-related genes were increased in PL after thermal induction, such as ATP-binding cassette sub-family G member 4 (ABCG4) and Major facilitator superfamily domain-containing protein 8 (MFSD8). ATP-binding cassette sub-family G member 4 (ABCG4) belongs to the ATP-binding cassette (ABC) transporter family, which plays an important role in various biological reactions in all living organisms. In insects, ABC transporters participate in uric acid metabolism, development and, possibly, insecticide resistance. Some ABC members are also involved in the pigment transport progress. Major facilitator superfamily domain-containing protein 8 (MFSD8) is a member of the major facilitator super family (MFS), which is one of the largest groups of secondary active transporters and are conserved from bacteria to humans. MFS proteins play important roles in the pigmentation process. Therefore, upregulation of ABCG4 and MFSD8 in PL after thermal induction might be related to enhanced pigment transport, because more eggs were induced successfully in PL, requiring more pigment production and transport.

In addition to the above-mentioned DEGs involved in DNA repair pathways, a DEG emerged after thermal induction that encoded a protein possibly related to DNA repair. Three prime repair exonuclease 2 (TREX2) was upregulated in PL after thermal induction. TREX2 was reported to participate in double-stranded DNA break repair. Alfonso et al. found that a DNA repair protein gene was downregulated in rabbit parthenogenetic blastocysts developed under in vivo conditions. We hypothesized that downregulation of DNA repair proteins may be the major reason why parthenogenesis in rabbits can be induced but cannot develop completely. Therefore, high expression of some repair-related genes, including TREX2, in silkworm PL after thermal induction may be an important reason for the high parthenogenetic ability of PL.

RIF1 encodes a telomere-associated protein RIF1, which is involved in capping chromosome ends (telomeres). RIF1 acts as a negative regulator of telomere length. Yu et al. found that pES cells generated from parthenogenetically activated oocytes exhibit telomere elongation or even slightly longer telomeres compared with fES cells. TAR1, encoded by TAR1, is probably involved in auxin production and is required for proper embryo patterning. TAR1 expression increased in thermally induced eggs of AL, indicating that it might be required for proper embryo patterning, because abnormal embryo development and patterning emerged after thermal shock of AL. TAR1 is closely associated with embryonic development, cell differentiation and oncogenesis.

Interestingly, three zinc finger protein genes (ZFP genes) were upregulated in AL:zinc finger protein 57 (ZNF57), zinc finger protein 26 (ZFP26) and zinc finger protein ZPR1 (ZPR1). Zinc finger proteins (ZFPs) are a super family of proteins involved in numerous activities during organisms' growth and development. ZFPs also regulate resistance mechanism to various biotic and abiotic stresses. ZFPs play a role in post-transcriptional regulation of the heat shock response. The upregulation of the three ZFPs in AL after thermal induction might be related to the transcriptional regulation of the heat shock response.

Conclusions

In conclusion, the present work revealed differences in the parthenogenetic ability between PL and AL of silkworms at the transcript level. Transcriptomic analysis identified many DEGs encoding proteins that are key component for crucial biological processes and signaling pathways, such as carbohydrate metabolism, amino acid metabolism, translation transport and catabolism. These findings provide clues for further investigation of themolecular mechanisms of silkworm parthenogenesis.

图书在版编目（CIP）数据

家蚕性别控制技术与应用/王永强，祝新荣主编
. —北京：中国农业出版社，2019.12
　　ISBN 978-7-109-26411-3

　　Ⅰ.①家⋯　Ⅱ.①王⋯ ②祝⋯　Ⅲ.①家蚕 – 性别控
制　Ⅳ.①S881

中国版本图书馆CIP数据核字（2019）第288289号

家蚕性别控制技术与应用

JIACAN XINGBIE KONGZHI JISHU YU YINGYONG

中国农业出版社出版
地址：北京市朝阳区麦子店街18号楼
邮编：100125
责任编辑：贾　彬　徐　晖　　文字编辑：耿增强　贾　彬
版式设计：王　晨　　责任校对：刘丽香
印刷：北京通州皇家印刷厂
版次：2019年12月第1版
印次：2019年12月北京第1次印刷
发行：新华书店北京发行所
开本：889mm×1194mm　1/16
印张：48
字数：1420千字
定价：860.00元